# 六盘山地形云研究论文集

主　编　桑建人
副主编　常倬林　舒志亮

气象出版社
China Meteorological Press

## 内容简介

本书收录了六盘山地形云研究过程中形成的系列成果。全书分为六大部分，内容涵盖了发展规划、空中云水资源、云雾降水宏微观特征、作业天气背景分析、数值模拟及作业效果检验、人影装备应用技术等方面。六盘山区是国家生态主体功能区"两屏三带"的"黄土高原-川滇生态屏障"的重要组成部分，是我国黄土高原西部具有代表性的温带山地森林生态系统和重要的水源涵养地。地形云降水是我国西北地区主要的降水来源，对地形云云水资源的开发利用是解决地区水资源匮乏的重要途径之一。

本书可供从事地形云宏微观特征研究、人工影响天气业务技术及科学研究等人员应用与参考。

### 图书在版编目（CIP）数据

六盘山地形云研究论文集 / 桑建人主编. -- 北京：气象出版社，2021.10
ISBN 978-7-5029-7552-4

Ⅰ. ①六⋯ Ⅱ. ①桑⋯ Ⅲ. ①六盘山－地形云－研究 Ⅳ. ①P426.5

中国版本图书馆CIP数据核字(2021)第187286号

Liupan Shan Dixingyun Yanjiu Lunwenji

**六盘山地形云研究论文集**

桑建人　主编

| | | | |
|---|---|---|---|
| 出版发行： | 气象出版社 | | |
| 地　　址： | 北京市海淀区中关村南大街46号 | 邮政编码： | 100081 |
| 电　　话： | 010-68407112（总编室）　010-68408042（发行部） | | |
| 网　　址： | http://www.qxcbs.com | E-mail： | qxcbs@cma.gov.cn |
| 责任编辑： | 林雨晨 | 终　　审： | 吴晓鹏 |
| 责任校对： | 张硕杰 | 责任技编： | 赵相宁 |
| 封面设计： | 地大彩印设计中心 | | |
| 印　　刷： | 北京中石油彩色印刷有限责任公司 | | |
| 开　　本： | 787 mm×1092 mm　1/16 | 印　　张： | 33.75 |
| 字　　数： | 870千字 | | |
| 版　　次： | 2021年10月第1版 | 印　　次： | 2021年10月第1次印刷 |
| 定　　价： | 178.00元 | | |

本书如存在文字不清、漏印以及缺页、倒页、脱页等，请与本社发行部联系调换。

# 《六盘山地形云研究论文集》编撰组

主　　编：桑建人

副 主 编：常倬林　舒志亮

成　　员：田　磊　穆建华　马思敏　林　彤

　　　　　邓佩云　周积强　曹　宁　孙艳桥

　　　　　党张利　陶　涛

# 序

我国西北地区水资源匮乏,特别是近年来随着全球气候的变化,干旱、冰雹等气象灾害严重威胁着西北地区粮食生产、水资源和生态环境安全,制约着西北地区经济社会的可持续发展。地形云降水是我国西北地区主要的降水来源,对地形云云水资源的开发利用是解决地区水资源匮乏的重要途径之一。

地形云可以提供稳定丰富的云水资源,是人工增雨效率较高的催化作业云系。正是这种对自然的发现,促进了几代人为之努力,开展了有关地形云和降水及其人工影响的科学研究和外场试验。但是,目前国内对于地形云云水资源开发利用的科技水平和创新能力仍然存在明显不足,针对地形云开发利用的关键理论、技术的研究也亟待加强。对地形云的研究,一方面目前的认识仍然处在半定量化阶段,数值天气模式中对地形云和降水物理过程的描述和定量化预报仍存在很多不确定性,另一方面对地形云的宏微观特征、人工增雨的机理和效果等问题也需要进一步深入研究。上述研究的实施需要对地形云开展系统性的观测试验,从而为理论发展提供支撑。

六盘山区是国家生态主体功能区"两屏三带"的"黄土高原—川滇生态屏障"的重要组成部分,是我国黄土高原西部具有代表性的温带山地森林生态系统和重要的水源涵养地,拥有年平均高达 153 天雾日和 127 天雨日的丰富气候资源,是宁夏、甘肃中部和陕西渭北高原近千万人口的主要水源涵养地,是开展地形云野外科学试验的极佳的试验场地。据此,宁夏回族自治区气象局针对云降水物理和人工影响天气发展、大气科学观测系统发展、国家科技创新基地及地方经济社会发展建设需求,集中优势资源,在六盘山区建设地形云野外科学试验基地,依托六盘山自然山脉走势,在垂直方向上每隔 200 m 左右在山的东西两侧及山顶布设雨滴谱仪、三维超声风速仪和六要素自动气象,形成从西坡山脚横跨整座山体至东坡山脚的梯度观测平台;在东西两侧及山顶核心站点布设了微波辐射计、微雨雷达、GNSS/MET 水汽探测系统、Ka 波段测云仪、三维超声测风仪、雨滴谱仪、雾滴谱仪、云凝结核计数器、X 波段双偏振雷达等特种观测设备,初步开展了地形云宏微观物理结构特征及形成机制、地形云人工增雨及防雹作业及相应的效果评估工作。

为系统梳理宁夏回族自治区气象局在六盘山地形云研究中的成果,推动地形云人工催化试验的开展,提高地形云催化播撒技术,促进地形云云水资源的开发利用,宁夏回族自治区气象局组织编撰了本书,收录了六盘山地形云野外科学试验基地建设以来宁夏回族自治区气象局在地形云云水资源、云雾降水宏微观特征、地形云人工影响天气作业天气背景、地形云人工影响天气作业效果检验等方面的研究论文。该论文集以六盘山地形云野外科学试验基地观测数据为基础来说明地形云云水资源开发中的一些关键技术问题,易于广大读者阅读和研究。

本书适合于从事野外科学试验、地形云研究及人工影响天气的工作者,可以从不同的角度,以不同的阅读方式来研究本书的各种观点和内容,无疑,这对于提高地形云的人工影响天气科技水平与实际应用具有重要意义。

2021 年 3 月

---

\* 毛节泰,北京大学物理学院,教授,博士生导师,主要从事大气辐射、云物理与气溶胶的探测与研究工作。

# 自　　序

作为"六盘山地形云野外科学试验基地"的倡导者与实践者，撰写该自序真是百感交集、感慨万千，可谓"想尽千方百计、走遍千山万水、说尽千言万语、尝遍千辛万苦"的真实写照。

**想尽千方百计。**一是明确思路。宁夏回族自治区人工影响天气中心2016年底成立伊始就确定"作业规范、催化适当、特色带动"的发展目标，利用自然资源禀赋，提出六盘山地形云基地建设初步构想，建立以六盘山作为"筑巢引凤"的发展思路；二是打造品牌。通过构建六盘山人工影响天气专业探测网，参加国家级试验研究项目，使六盘山试验项目跻身祁连山、天山研究项目之列，创立六盘山地形云品牌；三是规划未来。"六盘山地形云野外科学试验基地发展规划"在杨兴国研究员的鼎力支持、亲自"操刀"下，其间经过反复打磨，终成其稿。

**走遍千山万水。**一是遍访名家。诚恳、遍邀国内知名人影专家赴六盘山现场踏勘指导百余人次，对试验基地未来的发展方向、规划设计、试验研究、设备布设、技术合作等提出不同层面的建议；二是开拓视野。先后派遣技术骨干50余人次参加国内各类学术交流活动和到先进省份调研考察，开拓技术人员的学术视野，了解国内外在人影领域的前沿技术和研究成果，为六盘山地形云人工增雨技术研究试验工作和基地建设做好技术储备；三是提升格局。与韩国学术交流奠定基地建设的国际视野。在中国气象局人工影响天气中心（简称人影中心）的支持下，通过邀请韩国人影专家到六盘山进行现场学术交流访问及参加由韩国气象厅（KMA）气象科学研究院（NIMS）在韩国首尔组织召开的"国际人工影响天气和云-气溶胶研讨会"，为六盘山基地拓展国际合作交流奠定基础。

**说尽千言万语。**一是宣传推介。利用一切时机和场合上下、内外、左右宣传推介"六盘山地形云野外科学试验基地"，找依据、寻支持、打基础、造影响、布规划、鼓干劲、抓落实。"六盘山地形云野外科学试验基地"尘埃落定于中国气象局局长刘雅鸣与宁夏回族自治区主席咸辉签署的省部战略合作协议，奠定了六盘山基地的发展战略；二是价值导向。通过"苦口婆心"持续"造梦""筑梦"、"愿景"实现等思想意识教育手段，激发职工的斗志，不同场合引导、不遗余力宣讲、现身说法为例、驻场观测体验、试验探讨研究、价值引导为主，以"大道至简、实干为要"精神理念为指导组织运作系列活动，力求职工对六盘山基地由"感性认识"到"理性认识"、由被动到主动达成共识，并以此为载体体现员工的人生价值；三是稳步推进。面向全国成功举办大型"六盘山地形云云水资源开发利用学术交流会"七次，通过系列学术交流"宣介"推进，创制六盘山logo、视频演示、基地手册、仪器布局、阶段成果等，有条不紊地展现我们建设六盘山基地的恒心与力量。

**尝遍千辛万苦。**一是组织支持。感谢中国气象局人影中心、宁夏气象局领导和同仁，没有他们的支持，六盘山科学试验基地不可能开展，其支持的不同层次和类型的建设和项目奠定了基地的发展基础，为全面建设社会主义现代化国家，实现气象强国目标构建相适应的宁夏人工影响天气现代化的人才队伍打下坚实基础。二是科研奠基。六盘山科学试验基地的技术支撑建设从无到有，过程艰辛异常。首先应感谢中国科学院大气物理研究所的孙继明研究员，他的意见醍醐灌顶，可以讲没有他的具体技术指导和帮助就没有今天的六盘山地形云研究的提出。其次，应感谢中国气象科学研究院的姚展予研究员，成功申报国家自然科学基金面上项目"六盘山区地形云结构特征及其人工催化试验效果检验"的支持，并由此奠定了宁夏人影作业队伍向研究型业务转型的支撑问题；**三是核心奠基**。六盘山梯度站建设是六盘山基地的奠基石，特别要感谢宁夏林业草原局的史振亚先生，大力支持六盘山区生态环境建设，支持六盘山科学试验项目的开展，可以说没有梯度站的硬件建设，六盘山基地的一切都是空中楼阁；**四是团队执行**。感谢我的团队，没有他们踏踏实实、一步一个脚印的辛勤努力与付出，再美的"愿景"亦是过眼云烟，再好的"创意"也要落实到人的行动上，其成长过程宛如一幅优秀作品的再现。

一道道的灵光乍现、一遍遍的电话求助、一重重的面对面交流、一步步的实地踏勘、一场场的宣传推介、一丝丝的萌芽希望、一阵阵的欲哭无泪、一回回的彻夜难眠、一句句的苦口婆心、一次次的会战加班、一天天的疲惫不堪、一滴滴的热泪盈眶，正如习近平总书记讲的"我们都在努力奔跑，我们都是追梦人"，都是为了"梦想成真"的那一刻……

初衷只是尝试走一条人工影响天气原本应该走的路，没承想，回眸一望，弹指一挥间的 4 年，今天六盘山人影专业探测网已成规模、试验平台已经搭建、基地规划已然出台、研究队伍已具雏形，曙光已现、顺势而为，六盘山地形云这艘航母将乘风破浪，前景不可估量，安慰与价值同显，吾心足矣。

2021 年 3 月

---

\* 桑建人，宁夏回族自治区气象灾害防御技术中心主任，正研级高工，主要从事人工影响天气和天气气候研究。

# 前　言

自1940年代以来,在云物理学研究中提出碘化银对冰晶形成的催化作用之后,云物理学研究从相变理论到与大气动力过程相互作用的动力理论、云的动力与微物理相结合的理论与数值模拟、云与气溶胶的气候效应等方面取得了大量研究成果。随着云降水物理学的发展,以及干旱、冰雹等灾害性天气的频发,以及人工影响天气试验及作业在我国的广泛开展,需要在云降水微物理过程、不同云型人工增雨效果评估、人工消雹效率分析、新催化剂使用等方面开展深入研究。

地形云作为人工增雨的主要作业对象之一,Bergeron(1949)在考虑对各类云进行有效的人工影响的可能性时,最早指出:正是由于相对固定的地形强迫作用,尤其是稳定的冬季气流特征,特别有助于简化云、降水形成的动力条件。近60多年的试验研究和催化作业表明,正是地形云提供了稳定丰富的和易于支配的云水资源。2018年以来,在宁夏回族自治区政府、中国气象局的大力支持下,宁夏回族自治区气象局在六盘山区建设六盘山地形云野外科学试验基地,六盘山区地形云有哪些特殊的宏微观特征,如何基于六盘山地形云野外科学试验基地更加科学地开展地形云人工催化试验,如何提高六盘山区地形云催化播撒技术,如何提高六盘山地形云人工增雨作业效果评估技术等,是基地建设以来在六盘山区开展人工影响天气工作面临的紧迫性问题。经过近几年的努力,基于基地多源探测设备,宁夏回族自治区气象局有针对性地组织开展了多次野外科学试验,形成了六盘山区地形云研究的初步成果,经过编写组的认真收集整理及专家评审,最终将这些成果汇编形成了本论文集。

本论文集搜集整理了六盘山地形云野外科学试验基地建设以来宁夏回族自治区气象局在地形云云水资源开发利用方面的52篇论文,分为6大部分,内容涵盖了六盘山地形云野外科学试验基地建设规划、空中云水资源、云雾降水宏微观特征、六盘山区作业天气背景、人影作业效果检验和评估、数值模拟及数据质量控制等。

本论文集由宁夏回族自治区气象灾害防御技术中心(宁夏人工影响天气中心)整理汇编,由国家自然基金项目"六盘山区地形云结构特征及其人工催化试验效果检验"(41775139)、第二次青藏高原综合科学考察研究项目(2019QZKK0104)、宁夏回族自治区重点研发计划项目(2019BEG03001)、西北区域人影建设研究试验项目(RYSY201904、RYSY201909)、中国气象局旱区特色农业气象灾害监测预警与风险管理重点实验室指令性项目(CAMP-202010、CAMP-2019)、宁夏自然科学基金项目(2020AACD3469)共同资助,在整理编写过程中,得到中国气象局人工影响天气中心、宁夏回族自治区气象局相关领导、专家、同行给予大力支持和帮助,在此一并致以衷心的感谢。

在本书的编撰过程中,虽力图避免种种差错,但由于时间仓促,编者水平有限,难免会存在不少错漏之处,敬请各位读者批评指正。

《六盘山地形云研究论文集》编撰组
2021年3月

# 目 录

序 …………………………………………………………………………………………（Ⅰ）
自序 ………………………………………………………………………………………（Ⅱ）
前言 ………………………………………………………………………………………（Ⅴ）

## 第一部分　规　　划

地形云催化历史与人工影响天气科学试验进展 ………… 常倬林　桑建人　党张利等（3）
六盘山建设地形云野外科学试验基地可行性研究 ………… 舒志亮　桑建人　田磊等（11）
六盘山地形云催化核心试验区建设构想 ………………………… 桑建人　常倬林　田磊（17）
六盘山地形云野外科学试验基地建设与管理探讨 ………… 舒志亮　常倬林　桑建人等（23）
六盘山地形云野外科学试验基地建设进一步构想 ………… 常倬林　桑建人　田磊等（29）
六盘山区人工影响天气观测场规范化建设的思考 ……………… 舒志亮　田磊　桑建人（36）

## 第二部分　空中云水资源

六盘山地区空中水资源特征及水凝物降水效率研究 ………… 张沛　姚展予　贾烁等（45）
1989—2018年六盘山区水汽条件及输送特征分析 ………… 邓佩云　桑建人　穆建华等（59）
六盘山区夏秋季大气水汽、液态水特征初步分析 …………… 田磊　桑建人　姚展予等（71）
基于微波辐射计的宁夏六盘山夏季大气水汽含量与降水的关系
　………………………………………………………………… 林彤　桑建人　田磊等（84）
基于微波辐射计的宁夏六盘山西侧大气水汽变化特征
　………………………………………………………………… 林彤　桑建人　田磊等（92）
宁夏空中水资源分布特征的初步分析 ……………………… 田磊　常倬林　曹宁等（103）
基于CERES的宁夏空中云水资源特征及其增雨潜力研究
　………………………………………………………………… 常倬林　崔洋　张武等（109）
GNSS/MET反演整层大气可降水量在宁夏人影业务中的应用
　………………………………………………………………………… 常倬林　崔洋　田磊（118）
基于DARDAR数据的中国不同地区冰云特征 ……………… 林彤　桑建人　田磊等（127）

## 第三部分　云雾降水宏微观特征

六盘山两次大雾过程宏微观物理特征分析 ………………… 党张利　桑建人　褚永伟（139）
六盘山区一次连阴雨过程的雨滴谱空间分布特征
　………………………………………………………………… 马思敏　戴言博　穆建华等（147）
基于Ka波段云雷达的六盘山顶云宏观特征初步分析
　………………………………………………………………… 田磊　桑建人　姚展予等（158）

· 1 ·

六盘山区 1030—1101 降水天气过程的云雷达观测特征分析
　　………………………………………………………… 邓佩云　陶涛　曹宁　等（168）
基于 FY-2 卫星云反演产品的宁夏六盘山区层状云降水特征分析
　　………………………………………………………… 孙艳桥　舒志亮　林彤（178）
六盘山区夏季一次混合相态降水过程云降水宏微观特征分析
　　………………………………………………………… 穆建华　曹宁　戴言博　等（186）
六盘山区夏季典型层状云降水演变及宏微观特征观测分析
　　………………………………………………………… 曹宁　舒志亮　姚展予　等（197）
六盘山区一次非典型冰雹天气过程微物理量特征的分析
　　………………………………………………………… 陶涛　张立新　桑建人　等（215）
六盘山区一次层状云降水过程演变特征分析 ……… 党张利　曹宁　穆建华（226）
六盘山区 2019 年 8 月 25—26 日降水过程云系宏微观特征分析 …… 马思敏　舒志亮（233）

## 第四部分　作业天气背景分析

六盘山区暴雨天气时空分布及环流背景特征分析
　　………………………………………………………… 穆建华　邓佩云　马思敏　等（251）
1961—2018 年宁夏地区降雹时空分布特征 ……… 陶涛　邓佩云　曹宁　等（261）
基于新一代天气雷达产品的宁夏人工防雹指标研究 ……… 田磊　翟涛　穆建华　等（268）
六盘山区 830—831 降水天气过程天气背景及云雷达特征分析
　　………………………………………………………… 邓佩云　舒志亮　田磊　等（276）
宁夏六盘山西侧 2018 年降水天气近地层垂直气流分析
　　………………………………………………………… 周积强　黄艳红　柳佳俊　等（283）
六盘山区一次典型混合云降水过程的云物理特征分析
　　………………………………………………………… 林彤　舒志亮　穆建华　等（296）
六盘山区一次对流天气综合观测分析 ……… 党张利　常倬林　贾乐（306）
基于云雷达及 ERA 资料的六盘山区 830—831 降水天气过程分析
　　………………………………………………………… 邓佩云　舒志亮　孙艳桥　等（316）

## 第五部分　数值模拟及作业效果检验

六盘山区一次典型暴雨过程的敏感性模拟试验
　　………………………………………………………… 马思敏　穆建华　孙艳桥　等（327）
不同云滴数浓度对六盘山区一次对流性天气影响的数值模拟
　　………………………………………………………… 马思敏　常倬林　孙艳桥　等（341）
基于典型个例的 CPEFS 模式预报产品初步检验
　　………………………………………………………… 曹宁　常倬林　姚展予　等（357）
宁夏一次降水过程人影模式系统云和降水预报产品检验分析
　　………………………………………………………… 马思敏　翟涛　常倬林　等（372）
卫星反演产品在一次飞机增雨效果检验中的应用
　　………………………………………………………… 田磊　孙艳桥　翟涛　等（378）

固原市一次春季防雹的分析研究 ………………………………… 马思敏（385）
基于多普勒雷达的宁夏六盘山区冰雹特征及人工防雹效果浅析
　………………………………………… 武军军　穆建华　杨文海 等（392）
宁夏增雨效果评估及个例防雹效果分析 ………… 常倬林　姚展予　曹宁 等（402）
2003—2015年宁夏人影作业情况的降水特征分析 ……… 周积强　沙勇　黄艳红 等（414）

## 第六部分　人影装备应用技术

RPG_HATPRO_G4型地基微波辐射计温度数据质量控制方法与效果分析
　………………………………………… 孙艳桥　汤达章　桑建人 等（425）
六盘山区两种地基微波辐射计观测个例对比分析 ………… 林彤　温芸芸　田慧 等（436）
六盘山西侧一次降水过程不同微波辐射计与FY-2卫星数据对比
　………………………………………… 林彤　桑建人　孙艳桥 等（447）
MRR-2型微雨雷达的组成及物理基础 ……… 曹宁　桑建人　马思敏 等（457）
三维风速仪数据质量控制软件设计和应用　……… 周积强　程晓龙　黄艳红 等（468）
三维风速仪在人工影响天气应用中的问题分析　……… 周积强　黄艳红　桑建人 等（475）
HMB-KPS型云雷达质量控制说明及其在六盘山区探测能力研究
　………………………………………… 邓佩云　常倬林　孙艳桥 等（485）
六盘山区两种不同型号云雷达探测个例的对比分析
　………………………………………… 邓佩云　常倬林　田磊 等（496）
三维风速仪在人工影响天气中的初步应用研究
　………………………………………… 周积强　黄艳红　桑建人 等（506）
宁夏人工影响天气装备弹药物联网管理系统设计
　………………………………………… 李伟　孙许浩　穆建华 等（515）

**六盘山地形云野外科学试验基地建设大事记** …………………………………（522）

# 第一部分 规 划

# 地形云催化历史与人工影响天气科学试验进展*

常倬林  桑建人*  党张利  田 磊  曹 宁  林 彤

(1. 中国气象局旱区特色农业气象灾害监测预警与风险管理重点实验室,银川 750002；
2. 中国气象局云雾物理环境重点开放实验室,北京 100081)

**摘 要**：山地对气的影响已讨论了2000多年。自20世纪中叶,世界各国先后开展了对地形云的观测研究和催化试验,取得了在山脉地形效应解释、山脉对地面风和降水的影响、山地波的垂直传播、山脉对气候变化的影响等方面形成了一系列研究成果,部分试验效果显著。我国著名气象学家、人工影响天气科学技术开拓者、奠基人之一顾震潮先生1958年4月率先在祁连山开展地形云人工增雨试验,随后,中国科学家在衡山、泰山和庐山开展了云雾观测,分析了云雾的化学组成特征。改革开放以来,中国云雾物理研究取得了较快发展,从2018年开始,在祁连山、天山、六盘山开展了一系列地形云野外科学试验,对地形云天气气候背景和云宏观微观结构特征开展了初步研究。

**关键词**：地形云；人工影响天气；碘化银

## 1 引言

自1940年代以来,在云物理学研究中提出碘化银对冰晶形成的催化作用之后,云物理学研究从相变理论到与大气动力过程相互作用的动力理论、云的动力与微物理相结合的理论与数值模拟、云与气溶胶的气候效应等方面取得了大量研究成果[1]。随着云降水物理学的发展,以及干旱、冰雹等灾害性天气的频发,以及人工影响天气试验及作业在我国的广泛开展,需要在云降水微物理过程、不同云型人工增雨效果评估、人工消雹效率分析、新催化剂使用等方面开展深入研究。人类活动会对天气过程产生影响,在云中播撒催化剂也会在云中引起一些变化,但是,还不能将这种诱导变化转化为可证实的降水、降雹或降雪,有一些个例中有很强的迹象表明,催化后的变化时存在的,但显著性和可重复性没有得到检验[2]。针对具有稳定丰富和易于支配云水资源的地形云的研究,一方面目前的认识仍然处在半定量化阶段,数值天气预报模式中对地形云和降水微物理过程的描述和定量化预报仍存在很多不确定性,另一方面对地形云的宏微观特征、人工增雨的机理和效果等问题也需要进一步深入研究。上述研究的实施需要对地形云开展系统性的观测试验,从而为理论发展提供支撑。

---

\* 基金资助：国家自然科学基金面上项目(41775135),第二次青藏高原综合科学考察研究项目(2019QZKK0104),西北区域人影建设研究试验项目(RYSY201904),宁夏回族自治区重点研发计划项目(2019BEG03001)。
作者简介：常倬林,女,1981年10月生,硕士研究生,高级工程师,主要从事的工作为大气物理及人工影响天气。E-mail：changzhl05@126.com。
通讯作者：桑建人(1964—),男,汉族,正研级高工,学士,主要从事大气物理与大气环境。sangjr@126.com。

# 2 地形云催化历史

## 2.1 国外对地形云的认识及人工催化的提出

山地对天气的影响已讨论了 2000 多年。亚里士多德曾推测山高对云高的影响。Bergeron 1949 年指出,相对固定的地形强迫作用和稳定的冬季气流,特别有助于简化云、降水形成的动力条件,冬季风暴中典型活跃的云和降水微物理过程适于开展云系动力学的微物理研究[3]。Ludlam 1955 年提出了冬季地形云人工增雨概念模型,奠定地形云人工增雨(雪)的科学基础[4]。美国科罗拉多州立大学在落基山脉开展的 Climax 计划(1960—1965,1965—1970),是少数在统计上具有显著性并在物理上获得一定解释的播云增雨的成功试验之一,证实了地形云人工催化增加降水是可行的,它标志着广泛进行地形云作业的开始。1960—1970 年代以 Hobbs 主持的喀斯科特山冬季云和降水观测及其人工影响试验 Cascade(1969—1974)为先驱,在试验设计和实施中对播云的效应进行了直接观测,开创了非随机化播云试验先河,随后出现了一系列注重物理检验的人工催化冬季地形云试验[5]。

近 70 年来,随着气象探测技术快速发展,国际上开展了许多山地气象相关的野外观测项目(表 1),在山脉地形效应解释、山脉对地面风和降水的影响、山地波的垂直传播、山脉对气候变化的影响等方面形成了一系列研究成果。Houze 和 Medina 发现,在层结稳定的情况下,地形上空形成的降水性层状云中,云中冰晶粒子主要通过凝华和碰并增长;在层结为弱不稳定时,气流遇到地形时会激发出对流单体,进而产生丰富的云水,对冷云和暖云降水过程都起着重要作用[6]。Kirshbaum 等发现,气流通过小尺度障碍物后,地形背风波会在地形云的前缘形成上升气流,触发并形成背风波雨带[7]。

表 1 国际主要山地气象外场试验一览表

| 序号 | 试验项目 | 简称 | 时间(年) | 地点 | 解决的科学问题 |
| --- | --- | --- | --- | --- | --- |
| 1 | 塞拉波项目(Sierra Wave Project) | — | 1951,1952,1955 | 加利福尼亚州 | 观测分析了静止山波及其相关动量通量 |
| 2 | 背风波试验(Colorado Lee Wave Experiment) | — | 1970 | 科罗拉多州 | 背风波形成机理等 |
| 3 | 克里马克斯计划 | Climax I,Climax II | 1960—1970 | 克里马克斯 | 人工影响地形云的可能性、确定可播性的标准,提出作业方案 |
| 4 | 喀斯喀特计划 | Cascade | 1969—1974 | 喀斯喀特山脉 | 研究冬季云和降水的结构、机制及人工催化对云和降水的影响 |
| 5 | 阿尔卑斯山脉试验(Alpine Experiment) | ALPEX | 1982 | 阿尔卑斯山脉 | 研究了背风坡气旋生成、山地-大气动量输送、重力波 |
| 6 | 美国冬季地形云增雨试验 | SCCP-1 | 1982—1983 | 美国 | 对地形云局部人工增雨催化技术进行研究 |
| 7 | 比利牛斯山脉试验(Pyrenees Experiment) | PYREX | 1990 | 比利牛斯山脉 | 提高对风场的认识,定量测量了地表和高空湍流 |

续表

| 序号 | 试验项目 | 简称 | 时间(年) | 地点 | 解决的科学问题 |
|---|---|---|---|---|---|
| 8 | 南阿尔卑斯山脉试验(Southern Alps Experiment) | SALPEX | 1993,1995 | 新西兰 | 山脉对降雨、降雪、融雪、积雪的强度及分布的影响 |
| 9 | 加利福尼亚地形增雨试验(California Landfalling Jets Experiment) | CALJET | 1997—1998 | 加利福尼亚州 | 利用海岸风廓线仪研究了加州沿海山区的地形降雨 |
| 10 | 中尺度阿尔卑斯山脉试验(Mesoscale Alpine Project) | MAP | 1999 | 阿尔卑斯山脉 | 山地降水、三维环流系统和有关气象灾害 |
| 11 | 加利福尼亚山地影响试验(Terrain-Induced Rotor Experiment) | T-REX | 2006 | 加利福尼亚州 | 山脉波动的行为和数值特征 |
| 12 | 对流和地形引发降水研究(Convective and Orographically Induced Precipitation Study) | COPS | 2007 | 德国北部 | 对流分解中尺度集合模型中深对流降水的起源 |
| 13 | 冷池研究试验(Persistent Cold-Air Pool Study) | PCAPS | 2010—2011 | 美国犹他州 | 热带由山体激发的对流和降水的动力强迫物理机制 |
| 14 | 多米尼加试验(Dominica Experiment) | DOMEX | 2011 | 多米尼加 | 热带地区山地对流降水和观测对模式中对流降水的改进 |
| 15 | 重力波项目(Deep Gravity Wave Project) | DEEPWAVE | 2014 | 新西兰 | 量化重力波在低空产生的源的演化及与其他波的相互作用 |
| 16 | 奥林匹克山试验(Olympic Mountains Experiment) | OLYMPEX | 2015—2016 | 美国华盛顿州 | 在锋面系统自海洋经过山地时GPM遥感反演降水的有效性 |

## 2.2 国内地形云观测及催化历史

我国针对地形云也开展了很多外场观测研究。1958年4月，著名气象学家、我国人工影响天气科学技术开拓者、奠基人之一顾震潮先生率先在祁连山开展地形云人工增雨试验。随后，科学家们在衡山、泰山和庐山开展了云雾观测，发现了云雾中气流垂直速度及云微物理量等的起伏、双峰分布、超绝热含水量等现象，并分析了云雾的化学组成特征[8-11]。1972年，中央气象局、南京大学、北京大学、南京气象学院及湖南、江西、福建、安徽等省气象局共同组建了庐山云雾试验室及古田统计检验试验基地。改革开放以来，随着研究云雾物理相关领域观测资料的不断丰富和数值模拟水平的不断提高，中国云雾物理研究取得了较快发展。学者们对云雾宏微观特征、云降水特征、云凝结核和冰核、气溶胶间接效应、云中闪电、云和气候等相关问题进行了深入研究，并取得了一系列成果。1980年代"北方层状云人工降水试验研究"，对天山山区的系统性层状云和地形云进行了综合外场观测研究，并分析了天山北侧冬季云资源情况、云和降水物理过程、人工增雪催化的方法和途径[12]。1997年河南省进行了"人工影响天气优化技术研究",进行了云和降水的数值模拟等技术研究,取得了重要进展[13]。

近年来,针对祁连山地形云开展了较多的观测研究[14]。付双喜等[15]2008年发现祁连山区强降水是在有利的天气尺度环流背景下和特殊地形叠加下形成的,不同于一般的过山气流形成的地形云。陈添宇等[16]2010年提出了祁连山地形云发展和演变的概念模型,发现祁连山区夏季云量丰富,平均云量在6成以上,西南气流天气背景下总云量多达8成,山区出现积雨云的比率达50%~60%,比川区出现的比率高10%~40%。从2018年开始,在西北人工影响天气能力建设等项目的支持下,在祁连山、天山、六盘山开展了一系列地形云野外科学试验,对地形云天气气候背景和云宏观微观结构特征开展了初步研究。

## 3 人工影响天气野外试验进展

### 3.1 国际人工影响天气野外试验进展

世界上首次符合物理原理并获得一定成效的人工影响天气科学试验是美国Houghton(1938年)在麻省理工学院野外试验站用吸湿性物质($CaCl_2$)播入暖雾中进行的消雾试验。Schaefer[18]于1946年首次开展冷层云干冰催化试验。同时,Vonnegut[19]选择碘化银(AgI)晶体作为人工冰核的成冰试验获得成功,并很快成功地应用于人工影响天气作业。此后,全世界开展了大规模、持续的人工影响天气试验。

美国联邦政府主持实施的《卷云计划》,从1947年4月开始进行飞机在云中播撒干冰的试验,并在同年10月首次开展人工影响飓风的尝试,并对热带云进行飞机播撒干冰的消云试验(1948—1949年)。1960—1970年代,美国开展的有代表性的人工影响天气试验主要包括:在中西部产粮区实施的著名的白顶计划(1960—1964年)、人工影响飓风的狂飙计划(1961—1983年)、积云试验(1963—1980年)、国家冰雹研究试验(1966—1979年)、大湖计划(1968—1972年)、塞拉合作试验(1977—1988年)、美国高原试验计划-Ⅰ(1979—1980年)。1980年代以来开展的试验主要有:浓积云催化试验(1987年)、大气影响计划(1979—1993年)、天气灾害改变计划(2002—2006年)、冬季人工增雪研究计划(2006—2011年)、碘化银催化效果研究(2012—2013年)、SNOWIE项目(2017年)[20]。

除美国以外,世界许多国家也相继开展了人工影响天气试验(表2)。澳大利亚最早在1947年初就进行了对层积云的飞机播撒干冰试验,Kraus和Squires[7]首次提出动力催化概念,实施了斯诺伊山区计划(1955—1959年),获得了一定成效,此后进行了冬季播云增雪研究计划(2004—2010年)和"暖云"播撒研究(2006—2011年)。以色列开展了随机化播撒试验,包括以色列冬季过冷大陆积云人工增雨试验-Ⅰ(1961—1967年)、以色列-Ⅱ(1969—1975年)以及以色列-Ⅲ积云增水计划(1976—1994年),得到国际云降水物理学界较普遍的认可,也为以色列随后进行的人工增雨业务化作业提供了较系统的科学依据和方法。1962—1965年苏联开展了对雹云同时播撒碘化银和盐粉的试验。加拿大艾伯塔冰雹研究计划(1967—1968年)对超级单体、传播式多单体、强切变风暴和飑线进行了研究。南非进行了大陆积云催化试验(1984—1985年、1985—1986年、1986—1987年),对半孤立的多单体风暴边缘新发展的云进行播撒试验。1976年在世界气象组织通过了著名的PEP增水计划。印度2008年在Andhra Pradesh的12个地区开展了播云试验[20]。

表2  国际人工影响天气野外科学试验一览表

| 序号 | 试验项目 | 简称 | 时间(年) | 地点 | 解决的科学问题 |
|---|---|---|---|---|---|
| 1 | Houghton开展的消雾野外科学试验 | — | 1938 | 麻省理工学院试验站 | 吸湿性物质($CaCl_2$)播入暖雾中进行消雾 |
| 2 | Schaefer开展的过冷云催化试验 | — | 1946 | 马萨诸塞州西部 | 首次对过冷云进行催化试验 |
| 3 | 卷云计划 | Project Cirrus | 1947 | 美国 | 进行飞机在云中播撒干冰的试验,首次开展人工影响飓风的尝试 |
| 4 | 层积云飞机播撒干冰 | — | 1947 | 澳大利亚 | 首次观测到播云使云体向上发展,提出动力催化概念 |
| 5 | 消云试验 | | 1948—1949 | 中美洲的洪都拉斯 | 对热带云进行飞机播撒干冰的消云试验和在新墨西哥对积云进行多次播撒干冰试验 |
| 6 | 斯诺伊山区计划 | | 1955—1959 | 澳大利亚 | 用碘化银进行播撒的斯诺伊山区计划,试验获得了一定成功 |
| 7 | 白顶计划 | White Top | 1960—1964 | 密苏里州 | 通过播撒碘化银以触发或增强该地区夏季对流云降水 |
| 8 | 狂飙计划(人工影响飓风) | NHRP | 1961—1983 | 佛罗里达州 | 促使飓风外围发展并与内云墙竞争水分,使外云墙扩大以减小内云墙的最大风力 |
| 9 | 以色列-Ⅰ、Ⅱ、Ⅲ | — | 1961—1967、1969—1975、1976—1994 | 以色列 | 积云人工降水随机化试验 |
| 10 | 防雹试验 | | 1962—1965 | 格鲁吉亚加盟共和国 | 开展对雹云同时播撒碘化银和盐粉的试验 |
| 11 | 国家冰雹研究试验 | NHRE | 1966—1979 | 科罗拉多州东北部 | 针对高原雹暴和抑雹的试验 |
| 12 | 艾伯塔冰雹研究计划 | ALHAS | 1967—1968 | 加拿大 | 对超级单体、传播式多单体、强切变风暴和飑线进行研究 |
| 13 | 大湖计划(针对严冬雪暴) | Great Lake | 1968—1972 | 美国大湖区 | 通过过量播撒引起地面降水的重新分布 |
| 14 | 塞拉合作试验(冬季风暴和增雨) | SCPP | 1977—1988 | 加利福尼亚州中部 | 直接测量跟踪催化气块中的冰质粒的演化过程,证实了催化效应 |
| 15 | 积云试验 | FACE-1 FACE-1 | 1970—1976 1978—1980 | 美国佛罗里达 | 以飞机下投碘化银焰弹对积云进行动力播撒 |

续表

| 序号 | 试验项目 | 简称 | 时间(年) | 地点 | 解决的科学问题 |
|---|---|---|---|---|---|
| 16 | 美国高原试验计划 | HIPLEX-1 | 1979—1980 | 美国 | 复杂的物理与统计紧密结合的物理效应统计检验 |
| 17 | 大陆积云催化试验 | — | 1984—1985、1985—1986、1986—1987 | 南非 | 选择半孤立的多单体风暴边缘新发展的云进行播撒试验 |
| 18 | 浓积云催化试验 | — | 1987 | 北达科他 | 对播撒浓积云的降水发展完整的循环过程进行了充分的观测 |
| 19 | 天气灾害改变计划 | | 2002—2006 | 美国6个西部州 | 针对美国西部严重干旱,开展大气云水资源的开发利用研究 |
| 20 | 冬季播云增雪研究计划 | | 2004—2010 | 澳大利亚 | 冬季人工增雪试验 |
| 21 | "暖云"播撒研究 | | 2006—2011 | 澳大利亚东南区域 | 缓解澳东南区域的持续性干旱"暖云"播撒研究 |
| 22 | 冬季人工增雪研究计划 | — | 2006—2011 | 美国怀俄明 | 冬季人工增雪试验 |

## 3.2 国内人工影响天气野外科学试验进展

1956年,我国在《气象科学研究12年远景规划》中提出了云与降水物理过程和人工控制水分状态的试验研究,1958年开始云雾降水物理研究。同年7月,由中国科学院地球物理研究所与甘肃省气象局在兰州共同开展了18架次飞机观测与催化试验。1958年8—9月,吉林省遇到60年未遇的特大干旱,开展了20架次飞机人工增雨试验作业。同年夏季,在湖北、江苏、河北等地也开展了飞机人工增雨、消雾、造云试验,在河北开展地面燃烧碘化银人工增雨试验,加快了我国人工影响天气试验研究步伐,开始了有组织的人工影响天气试验。1960年代初期,中国科学院、中央气象局、北京大学、南京大学等单位用仪器观测并收集了有关我国云和降水物理结构特征的第一批较为完整的资料。1969—1978年历时10年,中国科学院大气物理研究所在山西开展了人工防雹的探测试验研究。1975年开始,福建省气象局和南京大学、南京气象学院等单位在福建古田水库进行了历时12年的高炮作业人工增雨随机试验,得出增雨20%~24%的结论。1980—1991年实施的"北方层状云人工降水试验研究",开展了人工增雨资源研究。1980年代以来,湖南开展了积云增雨试验,内蒙古开展了防雹试验,中国气象科学研究院、中国科学院兰州高原大气物理研究所以及上海、云南、广东气象局等单位和空军曾先后开展过人工消雨、人工引雷等方面的试验,东北、西北和华北一些省份开展了人工防霜试验。1996—2000年,中国科学院大气物理研究所在陕西开展了人工防雹减灾技术研究试验。1990年代,北京市气象局用碘化银和液氮催化冷雾获得明显效果[21]。

## 4 宁夏人工影响天气野外科学试验发展现状

1995年,宁夏气象科学研究所完成了ZY-Ⅱ型机载碘化银播撒器定型工作,设备荣获了首届"宁夏发明暨科技成果展览会"金奖,20余套设备在国内部分省区推广应用,成为1990年代国内飞机人工增雨作业的主要设备之一。牛生杰等[22]利用1988—1989年5—7月宁夏人工增雨作业期间数据,系统分析了宁夏夏季降水性层状云的微结构特征。1994—1995 年 6 月,利用美国 MEE 公司生产的 130 型云凝结核计数器在贺兰山机场观测点共获取观测资料 61 组,并利用 1994 年 6 月 6—30 日资料分析了云凝结核浓度的平均特征。1996 年、1997 年 4—5 月分别在内蒙古吉兰泰气象站、阿拉善右旗气象站和宁夏贺兰山机场气象站、盐池气象站开展了综合观测试验。其研究成果主要体现在 3 个方面:(1)在云和降水的微物理研究方面,主要包括云和降水微结构研究、水凝物粒子谱分布的研究、云和降水过程及其人工催化的数值模拟研究、人工影响天气优化作业技术方法的研究;(2)在雹云微物理学及防雹效果研究方面,分析了雹云生长条件的同位素氢-氘的含量,冰雹胚胎的研究,冰雹谱分布及 $Z$-$E$ 关系,人工防雹效果的统计,冰雹云人工催化的数值模拟研究;(3)在大气气溶胶的试验研究方面,主要观测和分析了大气冰核浓度和凝结核等[23-25]。

## 5 结论与讨论

综上所述,从 2000 多年开始国内外对地形在人工影响天气中的讨论从未间断,从亚里士多德开始科学家讨论地形对天气的影响,特别是美国科罗拉多州立大学在落基山脉开展的 Climax 计划,我国在祁连山开展的一系列人工增雨试验,为国内外人工影响天气奠定了基础,同时为学者认识到地形在人工影响天气中的影响。

20 世纪 60 年代祁连山开展的地形云人工增雨试验为我国地形云人工增雨试验开创先河,在湖南、江西、福建、安徽组建了庐山云雾试验室及古田统计检验试验基地,对云雾宏微观特征、云降水特征、云凝结核和冰核、气溶胶间接效应、云中闪电、云和气候等相关问题进行了深入研究,并取得了一系列成果。近年来,在祁连山、天山、六盘山开展了一系列地形云野外科学试验,对地形云天气气候背景和云宏观微观结构特征开展了初步研究。基于国内野外科学试验基地建立,加强不同下垫面人工影响天气作业条件分析,为地方经济、生态修复和空气质量、森林保护等工作提供理论依据。

## 参考文献

[1] 南方云物理和人工降水研究组,北方层状云人工降水研究组,气象科技情报研究院. 人工影响天气新进展[M]. 北京:气象出版社,1983.

[2] (美国)国家科学院国家研究理事会美国人工影响天气研究和作业现状与未来发展专业委员会. 人工影响天气研究中的关键问题[M]. 郑国光,等,译. 北京:气象出版社,2005.

[3] BERGERON T. The problem of artificial control of rainfall on the globe. Ⅱ. The coastal orographic maxima of precipitation in autumn and winter[J]. Tellus,1949,1(3):15-32.

[4] LUDLAM F H. Artificial snowfall from mountain clouds [J]. Tellus,1955,7(3):277-290.

[5] HOBBS P V, RADKE L R. The nature of winter clouds and precipitation in Cascade Mountains and their modification by artificial seeding. Part Ⅱ:Techniques for the physical evaluation of seeding[J]. J Appl Meteor,1975,14(5):805-818.

[6] HOUZE R V JR, HOBBS P V. Organization and structure of precipitating cloud systems[J]. Adv Geophys,1982(24):225-315.

[7] KIRSHBAUM D J,BRYAN G H,ROTUNNO R. The triggering of orographic rainbands by small-scale topography[J]. J Atmos Sci,2007,64:1530-1549.

[8] 周秀骥,顾震潮. 关于云雾微结构和降水过程理论的若干问题[J]. 科学通报,1963(6):1-7.

[9] 许焕斌.衡山云雾微结构起伏的初步观测试验[J].气象学报,1964,34(4):539-547.
[10] 温景嵩,朱珍华.马尔柯夫型起伏凝结过程与一次不连续碰并过程在镇平对流暖云大云滴增长速度谷中的作用[J].气象科学,1987(3):50-55.
[11] 丁国安,纪湘明,房秀梅,等.庐山云雾水化学组分的某些特征[J].气象学报,1991,49(2):190-197.
[12] 毛耀顺.北方层状云人工降水试验研究[Z].中国气象年鉴,1993.
[13] 张存,周毓荃.人工影响天气优化技术研究[M].北京:气象出版社,2000.
[14] 樊鹏,余兴.陕甘宁人工增雨技术开发研究[M].北京:气象出版社,2003.
[15] 付双喜,张鸿发,楚荣忠,等.祁连山中部一次地形强降水多普勒雷达资料分析[A]//第十五届全国云降水与人工影响天气科学会议论文集[C].2008.
[16] 陈添宇,郑国光,陈跃,等.祁连山夏季西南气流背景下地形云形成和演化的观测研究[J].高原气象,2010(29):152-163.
[17] 张肖融,干昌明,魏荣爵.声波对水雾消散作用的初步实验研究[J].南京大学学报(物理学),1963,1(5):21-28.
[18] SCHAEFER V I. The production of ice crystals in a cloud of supercooled water droplets[J]. Science, 1946,104:457-459.
[19] VONNEGUT B. The nucleation of ice formation by silver iodide[J]. J Appl Phys,1947,18(7):593-595.
[20] 郑国光,郭学良.人工影响天气科学技术与发展趋势[J].中国工程科学,2012,14(9):20-27.
[21] 李大山.人工影响天气现状与展望[M].北京:气象出版社,2002.
[22] 牛生杰,马铁汉,管月娥.宁夏季降水性层状云微结构观测分析[J].高原气象,1992,11(3):241-248.
[23] 陈玉山,牛生杰.宁南冰雹胚胎的研究[J].大气科学,1990,14(3):369-372.
[24] 牛生杰,安夏兰,陈跃.贺兰山地区大气冰核浓度的测量及初步分析[J].南京气象学院学报,2000,23(2):294-298.
[25] 牛生杰,安夏兰,桑建人.不同天气系统宁夏夏季降雨谱分布参量特征的观测研究[J].高原气象,2002,21(1):37-44.

# 六盘山建设地形云野外科学试验基地可行性研究*

舒志亮 桑建人* 田磊 曹宁 戴言博

(1. 中国气象局旱区特色农业气象灾害监测预警与风险管理重点实验室,银川 750002;
2. 中国气象局云雾物理环境重点开放实验室,北京 100081)

**摘 要**:六盘山区处于暖温带森林边界区和半湿润区到半干旱区的过渡带,是西北内陆地区空中水汽输送的主要通道之一,位于季风区的边缘,是全国为数不多的近南北走向的狭长山地,山地东坡陡峭西坡和缓,夏季经常在六盘山区 3000 m 高度附近形成西南暖湿气流,东侧谷地向东南延伸有利于夏季低层东南气流向六盘山东侧行进,在东侧辐合抬升,地形条件独特。六盘山气象观测站海拔高度 2842 m,接近 700 hPa 等压面,雨雾日数多,水汽、对流、扩散、催化环境得天独厚,年平均气温 1.5 ℃,气候资源极其丰富,是实施地形云人工影响天气试验的天然实验室。六盘山及其东西两侧的泾源和隆德气象站均具有超 50 年的连续标准气象资料,具备野外科学试验的基础保障能力,六盘山区有飞机、带电粒子等 5 种不同种类的催化作业装备,初步建成了探测地形云宏微观特征的观测系统,分布合理,种类较齐全,适合对云、降水、气溶胶等进行对比分析研究。根据六盘山独特的地理位置和地形地貌,以及特殊的天气气候特点,适于开展地形云降水机理的观测试验、云-辐射-气溶胶-降水的相互作用的观测试验、人工增雨效果评估观测试验及新型探测设备和新型催化设备的适用性观测试验。综合分析六盘山区具备建设成国家级野外科学试验基地条件。

**关键词**:六盘山;地形云;人工影响天气;野外科学试验基地

## 1 引言

六盘山区是国家生态主体功能区"两屏三带"的"黄土高原—川滇生态屏障"的重要组成部分,是我国黄土高原西部具有代表性的温带山地森林生态系统和重要的水源涵养地,同时是黄河水系泾河、清水河、葫芦河的发源地,在涵养水源、调节气候、保持生态平衡等方面起着重要的作用,是宁夏、甘肃中部和陕西渭北高原近千万人口的主要水源涵养地。该地区同时也是气候变化敏感区和生态环境脆弱区,干旱、冰雹等灾害性天气频发、重发,对农业生产及经济社会发展影响极大。六盘山区位于青藏高原东北缘和黄土高原西侧交接之地,处于暖温带森林边界区和半湿润区到半干旱区的过渡带,也是西北内陆地区空中水汽输送的主要通道之一,地处东亚夏季风、西风带和高原季风交汇处,是国内为数不多的南北走向的山脉,气候资源丰富,是开展地形云野外科学试验的极佳场地。

---

\* 基金资助:国家自然科学基金面上项目(41775135);第二次青藏高原综合科学考察研究项目(2019QZKK0104);西北区域人影建设研究试验项目(RYSY201904);宁夏回族自治区重点研发计划项目(2019BEG03001)。
作者简介:舒志亮,男,1981 年生,高级工程师,主要从事人工影响天气及大气物理方面研究。E-mail:8633204@163.com。
通讯作者:桑建人(1964—),男,汉族,正研级高工,学士,主要从事大气物理与大气环境研究。sangjr@126.com。

## 2 具备的基础条件

### 2.1 地理位置优势

六盘山位于青藏高原东北缘,处在西风带的中低层,位于受青藏高原阻挡而形成的南北两支气流的交汇区域,同时也处于季风区的边缘、是胡焕庸线经过的地区,具有独一无二的气候条件,在涵养水源、调节气候、保持生态平衡等方面起着重要的作用。

### 2.2 地形条件优势

从大地形条件来看,六盘山位于黄土高原西部,西临青藏高原,西南部为四川盆地,东南部为秦岭。夏季,西风带受青藏高原阻挡而形成的南支气流绕过高原南部,从云贵高原东侧沿四川盆地向东北方向行进,经常在六盘山区 3000 m 高度附近形成西南暖湿气流。六盘山东侧谷地向东南延伸与关中平原西北端相接,形成了西北狭窄、东南开阔的喇叭口地形,有利于夏季低层东南气流向六盘山东侧行进,在六盘山东侧辐合抬升。独特地形条件全国独一无二。同时,六盘山是全国为数不多的近南北(与南北方向夹角不足 30°)走向的狭长山地,其主峰海拔 2942 m,山体高度适宜开展野外科学试验,山地东坡陡峭,坡度 26°~60°,西坡和缓,坡度 20°~35°,为气流在连续山脉的传播以及云降水物理过程的研究提供了有利条件[1]。

### 2.3 气候资源优势

位于六盘山区核心区域的六盘山气象观测站海拔高度 2842 m,接近 700 hPa 等压面,雨雾日数多,水汽、对流、扩散、催化环境条件得天独厚,是实施地形云人工影响天气试验的天然实验室。近 30 年资料统计结果表明,六盘山区雨雾日数多,常年雾日高达 153.4 d,大于 0.1 mm 的雨日高达 127.1 d,降雪日数达 64.7 d,年降水量为 617.5 mm。水汽条件充沛,年平均相对湿度高达 69%。对流条件好,常年发生雷暴日数达 27.3 d。扩散上升条件好,常年日均风速达 5.8 m·s$^{-1}$,近 1/3 的时段吹 6 级以上的大风。数值模拟发现,有降水过程时,试验区 2.0~3.5 km 各个高度层均有上升气流出现,一般每日 09—20 时为上升气流,21—08 时为下沉气流。催化条件适宜,常年日均温度为 1.5 ℃,11 月至翌年 3 月月平均温度为 -9.9~-3.5 ℃,适宜开展冷云催化作业。

### 2.4 观测条件及资料优势

六盘山国家级气象站,位于六盘山脉中部区域峰顶(2842 m.a.s.l.),建于 1969 年,承担的观测项目有:云、能见度、天气现象、气压、空气温度和湿度、风向和风速、降水、日照、蒸发、地面温度、雪深及浅层和深层地温、雪压、电线积冰等,具有超过 50 年连续气象资料。隆德县气象观测站(2078 m.a.s.l.),位于六盘山气象观测站西偏南约 10 km 处,是六盘山区主导气流西南气流影响的典型代表区,可作为六盘山地形云发生发展阶段的主要观测点,建于 1960 年,具有超过 60 年连续气象资料。泾源县气象观测站(1949 m.a.s.l.),位于六盘山气象观测站东南约 21 km,可作为六盘山地形云的发展消亡阶段的主要观测点,同时也是东南气流及研究东亚季风影响的主要观测点,建于 1960 年,位于主基地的东南方向,南面和西面为自然山体,北面和东面空旷开阔无遮挡,具有超过 60 年的连续气象资料。大湾乡的大湾人工影响天气标准化作业点(2053 m.a.s.l.),位于六盘山气象观测站东偏北约 7 km,可作为六盘山主基地与西侧隆德县气象观测站对应的东侧观测站点。

## 2.5 催化试验优势

六盘山区有不同种类的催化作业装备。现有增雨飞机 1 架,高炮 52 门、火箭发射架 53 部、地面烟炉 16 部。初步建成了探测地形云宏微观特征的观测系统(图1,图2)。试验区现有 C 波段多普勒天气雷达 1 套、闪电定位仪 1 套、高空探测站 1 个;自动站 182 套,其中 5 要素(温度、降水、风速、风向、相对湿度)3 套、6 要素(温度、降水、风速、风向、相对湿度、气压)45 套。试验区还布设了 X 波段双偏振多普勒天气雷达、Ka 波段云雷达、激光云高仪、雨滴谱仪、微波辐射计、微雨雷达、GNSS/MET 站和三维超声测风仪等专业探测设备。

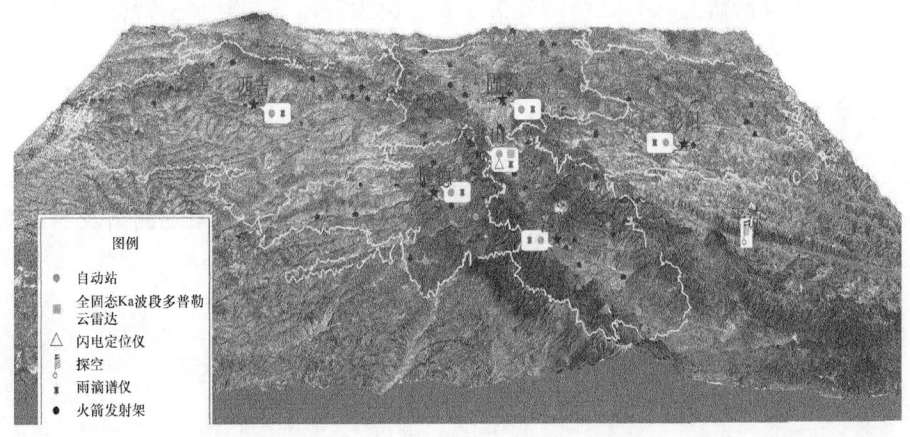

图 1 六盘山地形云野外科学试验基地核心试验区常规气象探测仪器布局

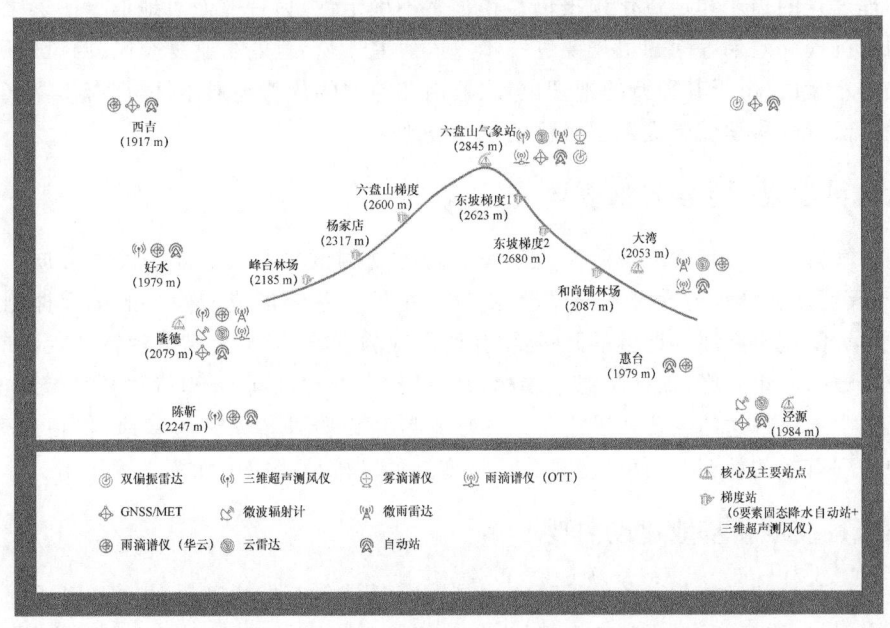

图 2 六盘山地形云野外科学试验基地核心试验区专业探测设备布局

## 2.6 技术条件优势

1995年,宁夏气象科学研究所研制的 ZY-Ⅱ型机载碘化银播撒器荣获"宁夏发明暨科技成果展览会"金奖,在国内多省区推广应用,成为1990年代国内飞机人工增雨作业的主要设备之一。牛生杰等[2]利用1988—1989年宁夏人工增雨作业观测数据,系统分析了宁夏夏季降水性层状云的微结构特征。1994—1995年6月,利用云凝结核计数器在贺兰山机场开展观测,分析了云凝结核谱分布特征。1996年、1997年在宁夏及周边地区开展了沙尘气溶胶综合观测试验。其研究成果主要体现在3个方面:(1)开展了云和降水微结构、水凝物粒子谱分布、云和降水过程及其人工催化的数值模拟、人工影响天气优化作业技术方法的研究;(2)开展了六盘山雹云生长条件的同位素氢-氘的含量、冰雹胚胎、冰雹谱分布、Z-E关系、人工防雹效果、冰雹云人工催化数值模拟的研究;(3)观测并分析了贺兰山大气冰核和凝结核特征。具备开展野外可续试验的技术条件。

## 2.7 保障条件优势

初步具备开展野外科学试验的基础保障能力。试验区六盘山气象观测站到达六盘山试验基地各站点交通便利,六盘山气象观测站可提供40人住宿。隆德气象观测站及泾源气象观测站也能提供会议和住宿等试验研究条件。

## 3 需求分析

### 3.1 云降水物理和人工影响天气发展需要

目前针对地形云的研究,一方面仍然处在半定量化阶段,数值天气预报模式中对地形云和降水微物理过程的描述和定量化预报仍存在很多不确定性,另一方面对地形云的宏微观特征、人工增雨的机理和效果等问题也需要进一步深入研究[3-4]。地处东亚夏季风、西风带和高原季风交汇处的六盘山,由于其独特的地理位置、近南北走向的优势地形条件,拥有丰富气候资源,为开展地形云野外科学试验提供了极佳的试验场地。

### 3.2 大气科学观测系统发展需要

我国大气科学发展将大型观测系统建设和野外观测试验作为重要的发展方向[5],内容包括气溶胶、辐射、云、降水的观测系统建设,地形对中尺度系统形成与发展的机理探测,青藏高原、西北干旱区、黄土高原等地区的陆-气相互作用观测试验,以及云宏微观特征观测等。六盘山区位于青藏高原东北缘,地处暖温带森林边界区和半湿润区到半干旱区的过渡带,也是西北内陆地区空中水汽输送的主要通道之一。在该地区建设野外科学试验基地,将在地球系统地基观测中起到有效的补充,在气候变化和环境变迁的基础性研究中发挥支撑作用。

### 3.3 国家科技创新基地建设需要

科技创新基地和科技基础条件保障能力是国家科技创新能力建设的重要组成部分,国家鼓励在生态保护、资源环境、农林业资源、生物多样性、地球物理、重大自然灾害防御等方面建设一批国家野外科学观测研究站[6-9]。在六盘山建设野外科学试验站,符合国家科技创新基地和科技基础条件保障能力建设的目标,将有利于探索推动跨领域、跨部门、跨区域的协同创新合作机制,有利于推进科技资源的开放共享,有利于吸引和集聚大气科学及相关领域的科技人才集中攻关,有利于大气科学技术创新和科技成果转移扩散。

## 4 可开展的关键科学试验研究

根据六盘山独特的地理位置和地形地貌,以及特殊的天气气候特点,充分考虑人工影响天气面临的关键科技问题,采用野外观测试验、理论分析和数值模拟为主要技术手段,可开展以下关键科学技术的观测试验研究:(1)开展西风带与季风交汇处的半湿润半干旱过渡带天气气候背景条件下地形云降水机理的观测试验,建立地形云降水概念模型,并定性提出地形、天气、气候等因素对地形云形成及降水的影响机理。(2)开展地形云宏微观物理结构特征及形成机制,以及云-辐射-气溶胶-降水的相互作用的观测试验,探索地形云云微物理参数化方案和地形云次网格参数化方案,研究地形云降水效率。(3)开展地形云人工增雨、防雹作业及效果评估观测试验,并建立相应的作业和效果评估方案。(4)开展复杂地形下垫面陆面过程长期定位观测研究,发展人工影响天气对生态影响的观测试验,研究人工增雨对生态环境和地表水资源影响。(5)开展针对新型探测设备和新型催化设备的适用性观测试验,研究制定相应的技术标准。

## 5 建设目标

按照"监测精密、预报精准、服务精细"的要求,以创新驱动和生态优先发展战略为引领,以深入推进气象防灾减灾、空中云水资源开发利用为主线,以气象现代化建设为抓手,以提升气象科技自主创新能力为目标,聚焦地形云机理观测试验,适时拓展观测试验内容,通过长期野外观测试验获取基础科学数据、发现新现象、验证新技术、解决关键技术问题。紧密围绕大气科学领域,乃至生态环境领域科技发展需要,综合考虑区域代表性和基础条件,聚焦地形云科学研究和关键技术研发。强化科技引领,推动在地形云宏微观结构特征、云和降水微物理数值模拟试验、复杂天气现象形成机理、云水资源开发利用、生态与环境气象保障等方面创新。以地形云科学试验为基础,统筹兼顾气象防灾减灾、扶贫开发、乡村振兴和生态建设等领域对气象服务的需求,按照整体设计、分步逐级实施的原则,循序渐进、重点突出,效益先导、务求实效,积极推进规划实施。发挥试验基地野外观测试验研究平台作用,加强科研设施、科学数据等科技资源共享,加强衔接,推进试验基地向国内外科研人员开放,为国内外高校、科研院所、科技公司及社会团体提供开展科学研究的理想场所。

以六盘山南北走向(中小型)山体及西北干旱区地形为典型,精准定位地形云科学研究、技术应用前沿与难点,充分利用六盘山地形云独特的资源优势,聚焦西风带与季风交汇处地形云形成机制及降水机理、云-辐射-气溶胶-降水的相互作用、地形云人工增雨防雹作业及效果评估技术、复杂地形下垫面陆面过程以及西北内陆山地生态等关键科学问题,整合内外资源,科学规划、稳步推进,逐步提升六盘山地形云野外科学试验基地综合探测能力,培育高水平研究队伍,实现大气物理与大气环境领域重大科学研究试验、人工影响天气新装备和云雾降水相关探测装备试验、云雾降水环境试验、人工影响天气作业指挥实习与科普教育体验五大功能。填补我国在地形云野外试验、人工影响天气作业装备和探测设备野外考核的空白,提高区域人工影响天气作业效益,力争短期内将其建设成国家级野外科学试验基地,10年内打造成国内一流和国际有影响力的开放型的地形云野外科学试验基地。

## 参考文献

[1] 樊鹏,余兴. 陕甘宁人工增雨技术开发研究[M]. 北京:气象出版社,2003.

[2] 牛生杰,马铁汉,管月娥. 宁夏夏季降水性层状云微结构观测分析[J]. 高原气象,1992,11(3):241-248.

[3] (美国)国家科学院国家研究理事会美国人工影响天气研究和作业现状与未来发展专业委员会. 人工影响天气研究中的关键问题[M]. 郑国光,等,译. 北京:气象出版社,2005.

[4] 张存,周毓荃. 人工影响天气优化技术研究[M]. 北京:气象出版社,2000.

[5] 黄荣辉,吴国雄,陈文,等. 大气科学和全球气候变化研究进展与前沿[M]. 北京:科学出版社,2014.

[6] 王亮. 中国气象局遴选出第二批野外科学试验基地[N]. 中国气象报,2019-10-12(003).

[7] 贾庆宇,王笑影,谢艳兵,等. 东北地区生态与农业气象野外科学试验基地建设规划[J]. 气象与环境学报,2018,34(6):161-168.

[8] 陈蓉,黄健,万齐林,等. 茂名博贺海洋气象科学试验基地建设与观测进展[J]. 热带气象学报,2011,27(3):417-426.

[9] 李耀辉. 中国气象局定西干旱气象与生态环境野外科学试验基地[J]. 干旱气象,2019,37(3):45.

# 六盘山地形云催化核心试验区建设构想*

桑建人　常倬林*　田 磊

(1. 宁夏气象灾害防御技术中心,银川 750002;2. 宁夏气象防灾减灾重点实验室,银川 750002)

**摘　要**:本文基于六盘山地区 30 年的各气象要素的气候统计资料及地理信息等资料,分析了六盘山地区的水汽、对流、催化等建设人工影响天气核心试验区的天然的天气气候及地理条件,明确了六盘山地形云人工影响天气催化的核心试验区建设的目的,提出了在六盘山地区建设人工影响天气地形云催化核心试验区关键的设计方案,为科学掌握利用该地区的水汽资源,高效挖掘云水资源潜力及防灾减灾工作提供了重要的决策支持。

**关键词**:六盘山区;人影试验;地形云;地面烟炉

## 1　引言

六盘山区位于青藏高原东部,黄土高原的西北边缘,近似南北走向(与南北方向夹角近30°),区域内以六盘山为南北脊柱,山脊海拔超过 2500 m,最高峰米缸山达 2942 m,山地东坡陡峭,坡度 26°～60°,坡向以东—东北为主,西坡和缓,坡度 20°～35°,坡向以西南为主。六盘山将该区域分为东西两壁,呈南高北低之势,海拔大部分在 1500～2200 m。西华山、南华山、月亮山、六盘山由西北向东南遍布该区域的大部分,其相对高度仅 1000 m 上下,山脊海拔高度却在 2500 m 以上。整个地区除泾源县部分地区有森林外,大部分是光山秃岭,水地流失严重,地面侵蚀破碎,经长年冲刷,形成丘陵起伏,沟壑纵横,梁峁交错,山多川少,塬、梁、峁、壕交错的地理特征,属黄土丘陵沟壑区。该地区既是关中平原的天然屏障,又是北方重要的分水岭,黄河水系的泾河、清水河、葫芦河均发源于此。六盘山同时也是西北重要的水源涵养林基地,被誉为黄土高原上的"绿岛"和"湿岛"生物资源的"基因库""天然动物植物园",担负着陕、甘、宁三省(区)13 县 180 万人口的水源地供水责任,水源涵养、水土保持、生物多样性保护等生态功能独特,生态区位十分重要。

地形云作为重要的降水云系,对其研究历来受到高度重视,其产生的降水是很多重要河流、冰川形成的主要来源,同时也是产生暴雨、滑坡、泥石流等灾害的重要因素,与人们的生产、生活密切相关。同时,地形云作为最具有前景和可行的人工影响云系,更是受到人工影响天气工作者和研究人员的重视。世界气象组织(WMO)关于人工影响天气的声明也指出:就当前的认识水平而言,用成冰性催化剂催化气流越过山而形成的地形云,可增加其降水量,具有最好的经济前景[1]。对地形云的研究主要集中在对地形云的观测研究及地形对降水的数值模拟等方面。在观测研究方面,我国人影工作者在祁连山区开展了数年的地形云观测研究,陈添宇

---

\* 作者简介:桑建人(1964—),男,汉族,正研级高工,学士,主要从事大气物理与大气环境研究。sangjr@126.com。
通讯作者:常倬林(1981.10—),女,山西文水,硕士,高级工程师,主要从事大气物理与大气环境、人工影响天气、卫星遥感等研究。E-mail:changzhl05@126.com。

等[2]利用2010年夏季祁连山地形云探测试验期间的风廓线和气球探空资料进行统计分析,以检验资料变化趋势的一致程度和资料的偏离程度。用风廓线资料分析了祁连山区一次明显的降水天气过程的风场演变。陈乾等[3]利用祁连山地形云野外观测的资料,分西南气流移动、西南气流阻塞、西北和平直西风气流型,用三维插值方法分型计算湿静力总温度T场和总降水场,分析了不同的大尺度流型下冷龙岭西段降水分布与能量场特征的关系。周万福等[4]利用2007年07月12—08月19日的地面观测资料和三轴风速仪资料,对祁连地形云的形成与垂直风速之间的关系进行了分析;在地形对降水的数值模拟方面,国内研究者通过模式模拟的手段对中尺度地形对降水的影响做了大量研究。肖庆农等[5]利用二维滞弹性非静力平衡锋生模式对冷锋过山时的锋生锋消机制进行数值研究后指出,在冷锋开始爬坡时锋生,爬过半山腰后开始锋消,过山顶后锋面强度变化不明显或有微弱锋生。朱民等[6]利用包含类似大别山地形作用的简化数学模型研究发现,一定强度($>20$ m·s$^{-1}$)的过山气流会在背风坡形成定常的波扰动,当暴雨区移至背风坡的适当位置,暴雨会增强。楼小凤等[7]利用地形追随坐标三维云模式,对湖北的一次对流降水过程进行了平坦地面和理想斜坡地形的模拟试验。于晓晶等[8]以新疆天山山区2013年8月24—26日一次典型强降水过程为例,利用WRFv3.5.1中尺度模式,通过改变初始场中的天山地形高度进行敏感试验,进而揭示天山地形对夏季山区及邻近区域降水的基本影响机制。

在宁夏六盘山地区,地形云是主要降水云系,也是开展人工增雨的主要作业对象。综上所述,研究该地区的地形云的降水机制,进而研究地形云的催化机理具有重要的科学意义和应用价值。目前由于观测资料的缺乏,对于该地区地形云的降水机制的研究存在许多不足。因此,建立六盘山地形云人影核心试验区,在海拔2840 m的六盘山气象站及其东西两侧架设烟炉,安装云雷达、雨滴谱仪、微波辐射计、GNSS/MET等人影专业探测设备,配合卫星、雷达及自动站观测等多种手段,从宏观和微观多种角度探究和评估六盘山地形云的催化效果,深入探究六盘山区地形云的降水机制和催化机理,为该地区地形云人工增雨作业经验积累、开发利用空中云水资源和防灾减灾提供科学依据十分必要。

## 2 六盘山区地形云人影作业的条件分析

### 2.1 天然的地缘气候条件

六盘山区地处青藏高原与黄土高原的交汇地带,是黄土高原重要的水源涵养地、生态保护区及国家级扶贫开发区。据近30年六盘山区气候资料统计表明(表1),拟选地形云催化核心区的六盘山气象站位于主峰接近3000 m(海拔高度2842 m),高度接近700 hPa等压面,雨雾日数多,水汽、对流、扩散、催化地缘环境条件得天独厚,是实施地形云人工影响天气试验的天然区域。一是雨雾日数多:常年雾日高达153.4 d,大于0.1 mm的雨日也高达127.1 d,近1/3的时段是阴天,每日的低云量接近4成,近1/5的时段有降雪产生(日数达64.7 d),近1/4的时段地面有积雪(累积日数87.1 d),年积累降水量617.5 mm;二是水汽条件充沛:常年近1/5的时段吹西南风,相对湿度高达69%(比宁夏境内最少的石炭井高出26个百分点);三是对流条件好:常年发生雷暴日数达27.3 d,出现冰雹4.8 d,观测出现对流性云(云底高度600~2000 m)69.5次,稳定性云(云底高度600~2500 m)60.9次;四是垂直扩散上升条件好:常年日均风速达5.8 m·s$^{-1}$,近1/3的时段吹6级以上的大风。根据六盘山核心试验区连续一年

(2009年6月—2010年5月)MM5数值模拟分析表明(分辨率3 km×3 km),有降水天气过程时,试验区2.0~3.5 km各个高度层均有上升气流出现,一般每日09—20时为上升气流(东西两侧最大分别为1.86 m·s$^{-1}$和1.96 m·s$^{-1}$),21—08时为下沉气流;五是催化条件适宜:常年日均温度为1.5 ℃,接近冷云催化温度窗,一年中近半年(11月至翌年3月)时间月均温度低于0 ℃(−3.5~−9.9 ℃)适宜开展冷云催化作业。

表1 六盘山区各气象站关键气候要素统计表

| 站名 | 雨雾日数/d | | | | | | 年平均降水/mm | 水汽条件 | |
|---|---|---|---|---|---|---|---|---|---|
| | 年雾日数 | 大于0.1 mm降水日数 | 年阴天日数 | 年均低云量 | 年降雪日数 | 积雪日数 | | 年最多10 m风风向及频率 | 年平均相对湿度/% |
| 六盘山 | 153.4 | 127.1 | 116 | 3.5 | 64.7 | 87.1 | 617.5 | SW,19% | 69 |
| 泾源 | 37.6 | 114.6 | — | — | 47.6 | 49.3 | 618.3 | WNW,14% | 65 |
| 隆德 | 4 | 110.1 | — | — | 49.7 | 42.2 | 492 | SE,17% | 65 |
| 固原 | 7.8 | 89.8 | 98.7 | 1.4 | 40.2 | 40.2 | 425.5 | E,11% | 61 |
| 西吉 | 6.4 | 91 | 104.9 | 3.1 | 38.4 | 30.5 | 391 | W,11% | 65 |

| 站名 | 对流条件 | | | | | 扩散条件 | | 催化条件 |
|---|---|---|---|---|---|---|---|---|
| | 雷暴日数/d | 年冰雹日数/d | 年对流性云出现次数/次 | 稳定性云出现次数/次 | 年冰雹日数/d | 年平均风速/m·s$^{-1}$ | 年大风日数/d | 年平均温度/℃ |
| 六盘山 | 27.3 | 4.8 | 69.5 | 60.9 | 4.8 | 5.8 | 118.2 | 1.5 |
| 泾源 | 27.6 | 2.3 | 58.8 | 53.6 | 2.3 | 3.1 | 13.9 | 6.2 |
| 隆德 | 25.2 | 2.8 | 60.5 | 89.6 | 2.8 | 2.2 | 4.7 | 5.6 |
| 固原 | 25.7 | 1.8 | 114.1 | 74.6 | 1.8 | 2.6 | 9.5 | 6.9 |
| 西吉 | 20.8 | 2 | 48.5 | 74.4 | 2 | 2.0 | 3.2 | 5.8 |

## 2.2 天然的水汽交汇带

六盘山区处于西南季风区西北边缘,一年四季盛行西南风,来自印度洋、孟加拉湾和南海一带的水汽源源不断输送至此,水汽条件十分充沛,当有来自西北或偏西方向的高空冷槽、冷涡、切变或地面冷锋等天气系统携冷空气影响该区域时,暖湿空气受到动力和热力作用抬升,极易出现降水天气(图1)。

# 3 六盘山人工影响天气核心试验区建设的目的

建立六盘山地形云实验区,开展六盘山地形云水汽、云物理特征综合观测对比试验和地形云催化实验,利用不同仪器对六盘山水汽特征进行综合观测,建立六盘山水汽和云物理综合观测方法、分析技术和地形云作业指标,结合数值模式,进行外场验证试验,确立基于六盘山地形云条件下不同作业装备的催化剂类型和催化剂量及影响范围。

图 1 六盘山区天然水汽交汇带示意图

## 4 六盘山人工影响天气核心试验区设计方案

### 4.1 试验区的选点及地面烟炉的建设

根据地形云冷云催化和观测实验要求,六盘山区人工影响天气核心试验区设计如下:拟以六盘山气象站为中心点,选择六盘山西侧的隆德城关、大庄、陈靳三个点及六盘山东麓的泾源大湾、什字、惠台三个点共 7 个点,布设 7 部地面烟炉,结合布设在隆德城关、大庄、陈靳及泾源大湾、什字、惠台的 6 部增雨火箭,构成同心圆试验区。站点选择满足以下条件:

(1)试验烟炉间距布设适当:拟选各站点距离六盘山气象站及与各站点之间的半径距离基本在 10 km 左右的同心圆影响区;

(2)人工催化条件适宜:拟选站点的海拔高度均在 2000 m 以上,雨雾日数、水汽、对流、扩散、催化地缘环境条件俱佳地;

(3)仪器安装、维护及资料传输便利:拟选站点尽量选择六盘山区气象观测站或人工增雨防雹的标准化作业点;

(4)有利于云微物理催化试验科学验证:构建核心试验区人工影响天气专业探测网。

### 4.2 试验区人影专业探测仪器的布设

六盘山区人工影响天气核心试验区人影专业探测网设计思路:以地面烟炉、增雨火箭(同心圆试验区)催化地形云为主,结合六盘山区水汽输送及自然降水天气过程特点,拟将试验主要人影探测设备(微波辐射计、微雨雷达、全固态 Ka 波段多普勒云雷达、GNSS/MET 站)集中布设在六盘山脉西南侧的隆德站(海拔 2079 m)及六盘山顶的六盘山站(海拔 2842 m),用于对比观测六盘山地形云在迎风坡和山顶的宏微观特征以及六盘山地形云在爬坡、翻山过程中的水汽、液态水及云垂直结构的演变特征;将 3 台超声三维测风仪分别布设在位于六盘山迎风坡、山顶、背风坡的地面烟炉作业点(隆德、六盘山、泾源什字),对比观测各作业点上升气流的特征及出现的时间窗口,精确指导开展烟炉增雨作业;在试验区同心圆烟炉、增雨火箭作业点布设六要素自动气象站,用于监测作业点基本气象要素的变化特征及评估烟炉的增雨效果;在试验区9个站点(县站和烟炉作业点)布设雨滴谱仪,组成雨滴谱仪观测网,观测分析在不同地形条件(迎风坡、背风坡、山顶及其他情况)的影响下的降水微物理特征,尝试开展增雨效果物理检验。具体见图2。

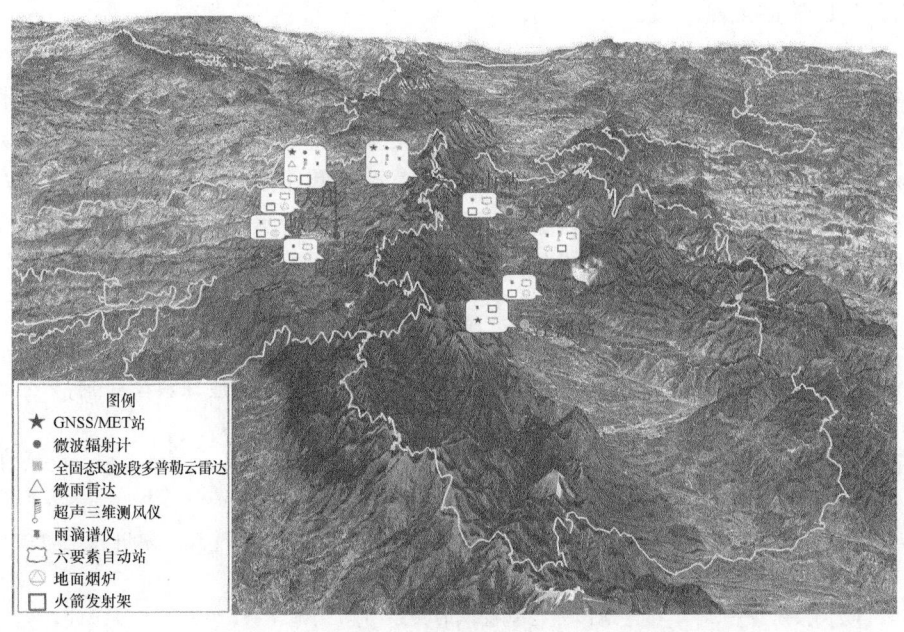

图2 六盘山核心试验区仪器设备布局图

(1)微波辐射计2台:六盘山站、隆德站各布设1台,拟用于实时、连续监测大气边界层和对流层的温度、湿度、液态水廓线和总量变化特征。可用于人工增雨作业过程指导、人工增雨作业效果评估、监测锋面、暴风雨等中小尺度天气现象。

(2)微雨雷达2台:六盘山站、隆德站各布设1台,拟用于观测降水的垂直结构,实时监测不同高度上的降雨率、液态水含量、降落速度、滴谱分布等特征,,可建立人工增雨、防雹的预警及作业指标,指导人影作业。

(3)全固态Ka波段多普勒云雷达2台:六盘山站、隆德站各布设1台,主要用于测量云底、云顶高度、云廓线结构、垂直速度等参数,同时配合微波辐射计等设备,探测过境云系的垂直结构及宏微观特征,研究掌握降水云尤其是冰雹云生成、发展、消亡规律,为科学把握增雨及防雹目标云的催化作业部位、催化时机提供依据。

(4)雨滴谱仪9部:隆德、泾源、六盘山站各布设1台,大庄、陈靳、大湾、什字、惠台、城关人影作业点各布设1台,可以连续观测雨滴直径和雨滴下落的速度,在此基础上可以计算出雨滴浓度、雨滴谱分布、雨强、雨量等各种降水参量。可以用来分析云降水微物理特征,了解自然降水的微物理过程。

(5)GNSS/MET站3个:隆德、泾源、六盘山站各布设1个,主要测量垂直方向的水汽含量同时配合微波辐射计,可以对试验区空中云水资源进行实时监测评估。

(6)超声三维测风仪3台:隆德、六盘山站泾源什字作业点各布设1台,主要测量三维方向的(水平及垂直方向)的风速,用于观测研究人影地面烟炉作业点的上升气流时间窗口,精确指导开展地面烟炉催化作业。

## 5 结论

(1)六盘山地区雨雾日数多,水汽、对流、扩散、催化地缘环境条件得天独厚,是实施地形云人工影响天气试验的天然区域。

(2)建立六盘山地形云人工影响天气核心试验区对开展六盘山地形云水汽、云物理特征综合观测对比试验和地形云催化实验,建立六盘山水汽和云物理综合观测方法、分析技术和地形云作业指标,科学高效开发该地区空中云水资源意义重大。

(3)六盘山地形云人工影响天气核心试验区的建设及其作用的发挥,还需要大量人影专业探测设备配合雷达、卫星及自动站等多源探测资料在该区域云水资源的探测、作业条件的预报监测及预警、作业效果的评估等方法发挥重要作用。

### 参考文献

[1] 郑国光,陈跃,陈添宇,等. 祁连山夏季地形云综合探测试验[J]. 地球科学进展,2011,26(10):1057-1070.
[2] 陈添宇,陈乾,李宝梓. 卫星资料反演大气水汽密度的应用研究[J]. 地球科学进展,2005,21(增刊):125-130.
[3] 陈乾,陈添宇,张逸轩. 祁连山区能量场特征与降水分布的关系分析[J]. 冰川冻土,2011,33(5):1047-1054.
[4] 周万福,肖宏斌,孙安平,等. 祁连地形云与垂直风的关系[J]. 山地学报,2012,30(6):641-647.
[5] 肖庆农,伍荣生,张颖. 地形的动力作用与冷锋锋生的研究[J]. 大气科学,1997,21(3):289-296.
[6] 朱民,余志豪,陆汉城. 中尺度地形背风坡的作用及其应用[J]. 气象学报,1999,57(6):795-804.
[7] 楼小凤,胡志晋,王广河. 对流云降水过程中地形作用的数值模拟[J]. 应用气象学报,2001,12(增刊):113-121.
[8] 于晓晶,赵勇. 地形对天山夏季降水影响的模拟[J]. 中国沙漠,2016,36(4):1134-1143.

# 六盘山地形云野外科学试验基地建设与管理探讨*

舒志亮　常倬林*　桑建人　田　磊

(1.宁夏气象灾害防御技术中心,银川 750002;2.宁夏气象防灾减灾重点实验室,银川 750002)

**摘　要**:通过调研建设发展较好的四个气象野外科学试验基地,发现六盘山地形云野外科学试验基地发展建设过程中存在特种探测设备种类不齐全及布局不完善、科学技术研究不深入、对外合作深度和广度不够以及管理制度不健全等问题。针对存在的问题,提出了四条解决办法:(1)加快推进探测设备建设进程,尽快形成种类齐全、手段多样、布局合理的观测体系;(2)建设标准化人影观测场;(3)开展观测数据质量控制方法引进及研究,加快基础科学的研究,加大科技成果转化力度,开展新技术、新装备、新方法的试验和应用;(4)加强对外合作,推进更多合作项目落地六盘山,推动技术发展和人才培养;(5)尽快建立健全运行、管理制度,建立工作机制、成果转化办法及人才培养措施。

**关键词**:六盘山地形云;野外科学试验基地;特种观测设备;建设与管理

## 1　引言

主要围绕野外科学试验基地建设及管理中存在的主要问题,针对中国气象局长江中游暴雨监测野外科学试验基地(武汉暴雨研究所)、中国气象局南海(博贺)海洋气象野外科学试验基地(博贺海洋气象科学试验基地内)、华南云物理与强降水野外科学试验基地及中国气象局邢台大气环境野外科学实验基地,在仪器布设、研究试验开展、基地管理等方面进行调研,推动六盘山地形云野外科学试验基地的建设,将其打造为中国气象局认证的"地形云野外综合试验基地",为地形云雾基础理论的研究、解决气象业务中的关键核心问题提供支撑平台。

## 2　中国气象局野外科学试验基地建设的总体情况

中国气象局 2018 年在灾害性天气、大气化学、生态与农业气象、应用气象、大气物理以及大气探测等领域遴选了 21 个野外科学试验基地(图 1)[1-3]。其中在生态环境及农业气象方面有东北地区生态与农业、淮河流域典型农田生态、青海高寒生态、锡林浩特草原生态、固城农业 5 个气象野外科学试验基地;在大气化学方面有临安、龙凤山、上甸子、瓦里关 4 个试验基地;在大气物理与大气环境方面,有华北云降水、吉林云物理、秦岭气溶胶与云微物理 3 个试验基地;此外还有针对中小尺度暴雨监测预警预报的长江中游暴雨监测野外科学试验基地,针对沙漠气象的塔克拉玛干沙漠气象野外试验基地,针对大理山地气象野外科学试验基地,针对干旱的干旱气象与生态环境野外科学试验基地,针对青藏高原气象的高原陆气相互作用野外科学试验基地。

---

\* 作者简介:舒志亮,男,1981年生,高级工程师,主要从事人工影响天气及大气物理方面研究。E-mail:8633204@163.com。

通讯作者:常倬林(1981.10—),女,山西文水,硕士,高级工程师,主要从事大气物理与大气环境、人工影响天气、卫星遥感等研究。E-mail:changzhl05@126.com。

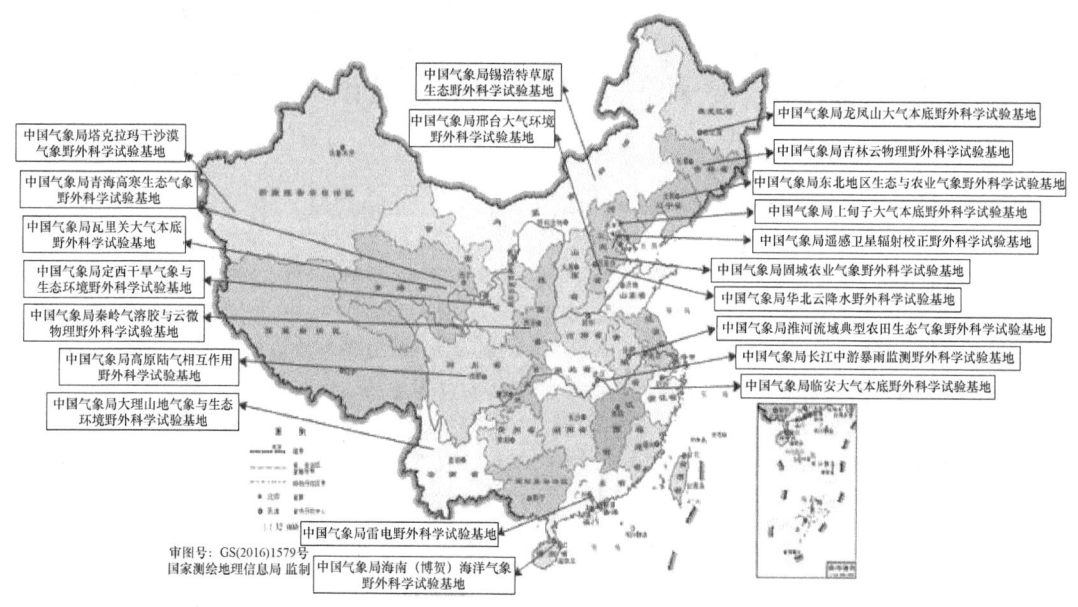

图 1　中国气象局野外科学试验基地的分布情况

## 3　部分基地的相关做法和经验

### 3.1　基地建设目标明确

武汉暴雨研究所以全面提升中小尺度暴雨系统观测能力为中心,以功能先进、结构优化、布局合理、集约开放为设计原则,依托气象业务观测设施,以高空探测系统、边界层探测系统及高密度 GPS/MET 水汽监测网、云观测系统、强降水过程宏微观特征观测系统及高山梯度观测系统为建设重点,最终目标是对中尺度暴雨系统从水汽传输—成云发展—降水形成—强降水演变这一完整生命史开展综合观测。博贺海洋气象野外科学试验基地是我国首个海洋气象科学综合试验基地,解决的科学问题是:热带季风区大气边界层结构、海气相互作用的多尺度演变特征和规律、海洋水汽输送条件、台风内部结构特征及风雨分布、台风路径变化成因、海洋灾害性天气(强风、海雾、海岸带暴雨过程等)的结构特征、数值模式近海面通量参数化设计、海盐气溶胶对天气气候的影响等诸多问题。华南云物理与强降水野外科学试验基地主要针对云降水物理过程观测,获取云降水的微物理和动力参数的垂直廓线数据,针对华南季风/台风强降水预报难题,在关键区域采用多种手段进行加密观测,为华南强降水机理研究和精细数值预报模式研发提供重要的科学研究数据。中国气象局邢台大气环境野外科学试验基地主要承担气象行业、大专院校、科研机构等开展大气环境综合观测试验,大气环境多设备协同观测技术研究,新设备考核对比观测试验,制定大气环境观测设备的技术标准和观测方法,开展太行山地形对华北区域雾、霾机理研究,边界层污染物-气象要素垂直结构精细探测研究,气象条件对大气污染物传输路径影响的研究,以及大气物理、大气化学等方向的相关研究[4-7]。

### 3.2　观测设备多样、布局合理

武汉暴雨研究所建成了武汉、咸宁、荆州三个探测基地,在长江中游初步形成了点、面相结合的观测布局。基地建设的特种观测设备包括车载 X 波段和 C 波段双偏振雷达共 3 部、边界层风廓线雷达 5 套、毫米波测云雷达 1 部、微波辐射计 3 台、地基 GPS/MET 站 59 个，激光雨滴谱仪 5 台，大气边界层梯度观测塔 1 座。博贺海洋气象野外科学试验基地由几部分构成，一是在近海陆地设置的多要素陆基观测站安装了观测设备，如 GPS 探空系统、边界层风廓线仪、微波辐射计、辐射表、能见度仪、雾滴谱仪、土壤温湿度观测系统、全天空成像仪、云高仪、光电雨量计、雨滴谱仪、测波雷达、地波雷达等。二是在距海岸 6 km 左右的海上气象观测平台，重点对海气相互作用进行监测，观测内容包括涡动协方差观测系统、五层风温湿梯度观测、四分量净辐射、红外皮温观测仪、雨滴谱仪、Flow Quest 多普勒流速波浪仪、超声水位计、红外海温遥测仪、温盐梯度链、5 层超声风温仪、高速红外成像仪、飞沫滴谱仪（$0.5\sim20~\mu m$，$2\sim50~\mu m$）、激光测风雷达等。三是在距海岸 4.5 km 的峙仔岛上建立的 100 m 通量观测塔，进行风温湿梯度、湍流输送观测，包括超声风温仪（40 m，80 m）、风速风向（10 m，20 m，40 m，60 m，80 m，100 m）、温度和湿度（10 m 20 m 40 m 80 m）。四是观测海洋和气象要素的大型海上浮标观测平台，观测内容包括风速风向（2 层）、温度湿度（2 层）、气压、雨量、短波/长波辐射、能见度、波浪参数、海流参数、海表温度盐度、叶绿素浊度等。华南云物理与强降水野外科学试验基地主要建设有气溶胶激光雷达、云凝结核、气溶胶粒径谱仪、颗粒物质谱仪、GNSS/MET 站、负氧粒子探测仪、闪电定位仪、边界层风廓线雷达、C 波段垂直连续波雷达、微波辐射计、全天空成像仪、双偏振毫米波云雷达、微雨雷达、激光雨滴谱仪、边界层辐射和通量观测系统、测风雷达、激光云高仪、拉曼激光雷达、2 dVD 雨滴谱仪等专业探测设备。中国气象局邢台大气环境野外科学试验基地建设有环境气象观测仪器：3 d 可视型气溶胶激光雷达、风廓线雷达、微波辐射计、β 射线法大气颗粒物监测仪、激光云高仪、超声风速温度仪、多要素空气质量监测仪、降水降尘自动采样器等。地面气象观测仪器：降水现象仪、能见度传感器、温湿度传感器、翻斗式雨量传感器、风向风速传感器、气压传感器、称重式雨量传感器、蒸发传感器、暗筒式日照计等。高空气象观测：GFE(L)型二次测风雷达一部、GNSS/MET 水汽。其他观测设备：携带气溶胶观测探头的飞机 3 架、可接收多种卫星的地面卫星接收站 1 套。还建设有大气负离子监测仪、地基太阳光度计、连续波测风雷达、拉曼温廓线激光雷达、激光云高仪、通量观测塔（100 m）、涡度相关设备、自动日照计、大型蒸渗计、土壤热通量仪，多层气象要素观测等观测仪器。

## 3.3 科研成果丰富

武汉暴雨研究所建站以来，成功开发了雷达短时临近预报系统、地基 GPS 大气水汽监测系统、新型探测资料综合显示平台，开展了双偏振雷达探测技术、毫米波云雷达探测技术、青藏高原的大气观测资料分析、微波辐射计资料误差分析、边界层风廓线雷达资料误差分析等研究。博贺海洋气象野外科学试验基地优化海-气动量拖曳系数参数化方案，获得近海风浪统计关系，依托海雾研究项目的进展对比分析了两种平流冷却雾的边界层条件和垂直结构特征，探讨了两种平流冷却海雾在物理机制上存在的差异。开展了华南季风降水试验加密观测、上层海洋与海气相互作用观测、地波雷达长期观测试验、大气湍流探空观测试验、近海及登陆台风强度变化科学试验等科研实验和观测项目。华南云物理与强降水野外科学试验基地开展了多波长雷达资料融合和云降水参数反演方法研究，基于双偏振雷达前期研究成果开展降水粒子相态和地面降水二次产品研发，为华南前汛期不同降水类型云降水微物理过程研究和数值模式云微物理参数优化研究提供数据支撑。中国气象局邢台大气环境野外科学试验基地围绕大气环境方向开展科研取得一系列科研成果,初步建成了较为先进的河北省环境气象业务体系,在大气污染防治工作中发挥了显著作用。

## 3.4 对外合作广泛

武汉暴雨研究所与 NCAR(美国国家大气研究中心),NCEP(美国国家环境预报中心),NOAA(美国国家海洋大气局)等下属科研业务单位保持了稳定的合作关系,并与澳大利亚天气气候研究中心建立了初步的合作管理,多名科研人员在 NOAA 下属的强风暴实验室与地球系统研究实验室、NCAR、马里兰大学等国外一流业务单位、科研机构与大学短期访问与客座研究。博贺海洋气象野外科学试验基地面向各部门专家学者、业务人员开放了实验室,与多个部门进行了科研、业务合作,如与中科院大气所、南海所联合开展台风边界层与海洋飞沫大型观测试验,与中山大学合作开展了海-陆下垫面过程和台风破坏力观测试验,与中国气象科学研究院、南京大学等联合开展了台风海气耦合边界层观测试验,与国家海洋局第一海洋所开展水下能量传输观测试验,与中科院南海海洋所合作开展地波雷达观测试验等。华南云物理与强降水野外科学试验基地与中国气象科学研究院、中国气象局气象探测中心、广东省气象局、南京大学、香港天文台等多个单位开展了协同观测试验。中国气象局邢台大气环境野外科学试验基地 2006 年、2014 年两次与北京大学环境科学与工程学院联合开展大气污染气溶胶观测,2016 年,与北京师范大学合作,依托"云、气溶胶及其气候效应的观测与模拟研究"项目在邢台基地联合开展地面空中综合观测试验,共 34 种国内外先进观测设备参加试验,积累了大量辐射和气溶胶理化特征、云-降水观测、温度水汽风廓线等要素的观测数据。

## 3.5 试验管理规范

武汉暴雨研究所建立了《中国气象局武汉暴雨研究所暴雨外场试验基地科研设备和观测数据共享管理办法》,规定了对符合业务观测条件并纳入气象业务观测体系的科研设备,其维护运行数据传输由湖北省气象局负责,武汉暴雨所负责相关技术研发与资料的应用;对尚未纳入气象业务观测体系的科研设备,由武汉暴雨所负责;对于安装在地方气象台站的设备,武汉暴雨所研究以外场试验协作的方式委托地方气象局予以协助并与台站以项目合作的方式共同开展试验;基地实行课题制管理和动态人事管理制度。博贺海洋气象野外科学试验基地由广东省气象局独立设置的海洋气象观测站机构,委托茂名市气象局按照直属事业单位管理。中国气象局邢台大气环境野外科学试验基地由河北省气象局为野外试验基地的建设、运行和管理提供必要条件,邢台市气象局具体管理,河北省气象与生态环境重点实验室、河北省环境气象中心技术支撑,邢台基地具体承担野外科学试验的架构模式。

## 4 六盘山地形云野外科学试验基地存在的问题

### 4.1 探测设备建设问题

(1)C 波段和 X 波段雷达的还没有组网,Ka 波段云雷达、微雨雷达以及激光云高仪还没有对比分析,风的垂直结构只有梯度站 10 m 高的三维风速仪一种手段,对于更高层的风场结构探测尚属空白;(2)能够观测降水粒子形状和相态的双偏振雷达在核心区布网不全面;对 2 维雨滴谱的观测,对气溶胶粒子的观测还很缺乏;六盘山山脊上的水汽的垂直探测还缺乏相应的手段;(3)在热力场、水汽场、动力场等的观测方面,六盘山核心站点仍然缺少能够连续、实时遥感大气风场的有效工具;(4)六盘山试验基地西侧无探空站,东侧的探空站距离试验区的核心站点较远。

## 4.2 试验科技成果问题

虽然经开展了六盘山区的天气气候背景、作业指标、空中云水资源、云雷达微雨雷达微波辐射计等特种观测资料的研究,但是上述的研究仅仅还处于初步阶段,对于观测仪器数据的质量控制,地形云形成的机理研究,天气系统过境时各设备数据特征量的变化等方面的问题还没有很好的手段去解决。

## 4.3 对外合作问题

目前,六盘山基地在西北人工影响天气能力建设等项目的支撑下,与中国气象局人工影响天气中心、华中科技大学、兰州大学、南京信息工程大学等单位虽然已经开展了一些初步的合作,但是合作深度和广度都有待加强,特别是参与大型的野外科学试验还比较少,申报和吸引落地的国家级项目不多,与其他各地的协同野外科学试验开展还不够。

## 4.4 基地管理问题

建设现代化基地,需要积极研究和探索推进野外科学试验基地建设和发展机制,提高野外科学试验基地的观测、试验手段和数据处理能力,实现资源共享并实现观测和试验数据的网络化;在仪器设备管理维护等方面建立长效机制;建立仪器设备的管理和维护制度。目前六盘山基地在管理方面还未形成相应的制度。

# 5 六盘山基地建设建议

## 5.1 尽快完善六盘山基地特种探测设备

在云的宏观结构、微观结构及热力场、水汽场、动力场的观测等方面增加如下设备:在六盘山山顶以及东西两侧增加全天空成像仪4部;在六盘山西北侧的西吉增加1部X波段双偏振多普勒雷达;在六盘山气象站增加1部二维视频雨滴谱仪;1部气溶胶粒径谱仪;在六盘山东西两侧各增加1部边界层风廓线雷达;在六盘山山顶增加1部微波辐射计;在六盘山西侧建设移动探空设备;在山顶和东坡梯度站增加涡度观测设备。尽快完善六盘山基地观测系统。

## 5.2 加快科技成果的转化

加快基础数据质量控制方法的研究和引用,在保证数据准确的同时对观测数据进行大量的对比分析,结合天气形势和背景,查找天气过程前、中、后各观测数据特征量的变化,以及可利用的规律;开展地形云发展变化的基础研究,搞清楚地形云以及地形云降水自然发展过程的各宏微观特征因子演变过程;在六盘山基地开展人工影响天气试验,分析试验结果,提高人工影响天气业务水平,开展新技术、新装备、新方法在六盘山基地的试验和研究。

## 5.3 加强对外合作

全面提升开放合作力度,加强与南京大学、华中科技大学、兰州大学、南京信息工程大学等高校局校合作以及地方科研院所等的合作交流,完善信息共享、科研合作、社会力量参与等方面的合作机制,吸引更多的理论研究、探测装备、科学试验等项目落地六盘山基地,还要加强与国际相关机构和试验的合作,推动技术发展和人才培养。建设科研实训平台,更好地完成科学研究任务,从而为基地的建设和完善提供实践和理论双方面的支持。

## 5.4 完善基地建设及管理制度

尽快建立健全六盘山基地运行、管理制度,建立对外开放、合作、共享的工作机制,建立科研成果转化的相关办法,建立人才引进培养的相关措施,明确各相关单位的权利和义务、分工和职责,做到六盘山基地在仪器建设和维修维护,对内管理和对外合作,成果转化和人才培养等方面都做到有法可依。

### 参考文献

[1] 王亮.中国气象局遴选出第二批野外科学试验基地报[N].中国气象,2019-10-12(003).

[2] 贾庆宇,王笑影,谢艳兵,等.东北地区生态与农业气象野外科学试验基地建设规划[J].气象与环境学报,2018,34(6):161-168.

[3] 王奉安.我国近代气象科学研究机构及其贡献述略[A]//推进气象科技创新加快气象事业发展——中国气象学会2004年年会论文集(下册)[C].2004.

[4] 陈蓉,黄健,万齐林,等.茂名博贺海洋气象科学试验基地建设与观测进展[J].热带气象学报,2011,27(3):417-426.

[5] 中国气象局兰州干旱气象研究所野外观测体系[J].地球科学进展,2007(6):2.

[6] 李耀辉.中国气象局定西干旱气象与生态环境野外科学试验基地[J].干旱气象,2019,37(3):45.

[7] 王德英.2008年我国南方暴雨野外科学试验(SCHeREX)[R].中国气象科学研究院年报,2010.

# 六盘山地形云野外科学试验基地建设进一步构想*

常倬林　桑建人*　田　磊　舒志亮　曹　宁

(1. 中国气象局旱区特色农业气象灾害监测预警与风险管理重点实验室,银川 750002;
2. 中国气象局云雾物理环境重点开放实验室,北京 100081)

**摘　要**:为了尽快将六盘山区建设成国家级的野外科学试验基地,根据拟研究的关键科学问题,本文进一步提出了建设的构想。首先以"1主2翼3辅助"试验站为重点,建设"天、地、空"一体化的综合探测系统,从多维度对云和降水系统进行多要素、连续跟踪监测,以揭示六盘山地形云降水系统的宏微观特征和降水形成机制,以及降水云系的动力、热力和微物理时空变化特征,为空中云水资源的分析预测、开发利用和人工影响天气作业及效果评估等提供科学的基础依据,为开展地形云精细化结构特征、云和降水微物理数值模拟试验、气象灾害形成机理和生态气象与环境等研究提供基础支撑。其次利用综合探测系统开展西风与季风交汇对地形云形成及灾害性天气形成影响、地形云-气溶胶-降水的相互作用观测、地形云人工增雨防雹关键技术提升三大试验计划。六盘山地形云野外科学试验基地的建设,将极大提升宁夏气象业务能力和服务能力,减少干旱、冰雹等灾害性天气造成的经济损失。

**关键词**:六盘山;地形云;野外科学试验基地;试验计划

## 1　引言

根据《六盘山建设地形云野外科学试验基地可行性研究》和《建设六盘山人工影响天气核心试验区的设想》,六盘山独特的地理位置和地形地貌,以及丰富的气候资源,具备建设成国家级野外科学试验基地条件[1-4],开展五个方面的关键科学问题研究[5]:(1)开展西风带与季风交汇处的半湿润半干旱过渡带天气气候背景条件下地形云降水机理的观测试验,建立地形云降水概念模型,并定性提出地形、天气、气候等因素对地形云形成及降水的影响机理[6-7]。(2)开展地形云宏微观物理结构特征及形成机制,以及云-辐射-气溶胶-降水的相互作用的观测试验,探索地形云云微物理参数化方案和地形云次网格参数化方案,研究地形云降水效率[8-9]。(3)开展地形云人工增雨、防雹作业及效果评估观测试验,并建立相应的作业和效果评估方案[10]。(4)开展复杂地形下垫面陆面过程长期定位观测研究,发展人工影响天气对生态影响的观测试验,研究人工增雨对生态环境和地表水资源影响。(5)开展针对新型探测设备和新型催化设备的适用性观测试验,研究制定相应的技术标准[11]。为了更好地开展关键技术研究,尽快将六盘山区建设成国家级的野外科学试验基地,本文进一步提出了建设的构想。

---

\* 基金资助:国家自然科学基金面上项目(41775135),第二次青藏高原综合科学考察研究项目(2019QZKK0104),西北区域人影建设研究试验项目(RYSY201904),宁夏回族自治区重点研发计划项目(2019BEG03001)。
作者简介:常倬林(1981.10—),女,山西文水,硕士,高级工程师,主要从事大气物理与大气环境、人工影响天气、卫星遥感等研究。E-mail:changzhl05@126.com。
通讯作者:桑建人(1964—),男,汉族,正研级高工,学士,主要从事大气物理与大气环境研究。sangjr@126.com。

## 2 总体布局

根据拟研究的关键科学问题,试验基地建设可以"1主2翼3辅助"试验站为主(图1),包含空中、山顶、地面以及山体两侧观测试验:"1主"为六盘山气象观测站,位于六盘山脉中部区域峰顶(2842 m.a.s.l.),是试验基地"主试验站"。"2翼"为河东飞机增雨基地和固原长城梁观测站。河东飞机增雨基地位于宁夏银川市兴庆区(1121 m.a.s.l.),距银川河东机场6 km,负责保障人工增雨探测飞机。固原长城梁观测站位于宁夏固原市长城梁生态保护区内(1839 m.a.s.l.),距六盘山机场3 km,负责保障无人机催化探测作业等。"3辅助",一是位于六盘山气象观测站西偏南约10 km处,隆德县气象观测站(2078 m.a.s.l.),作为六盘山地形云发生发展阶段的主要观测点。二是位于六盘山气象观测站东南约21 km的泾源县气象观测站(1949 m.a.s.l.),作为六盘山地形云的发展消亡阶段的主要观测点,同时也是东南气流及研究东亚季风影响的主要观测点。三是位于六盘山气象观测站东偏北约7 km的大湾人工影响天气标准化作业点(2053 m.a.s.l.),可作为六盘山主基地与西侧隆德县气象观测站对应的东侧观测站点。

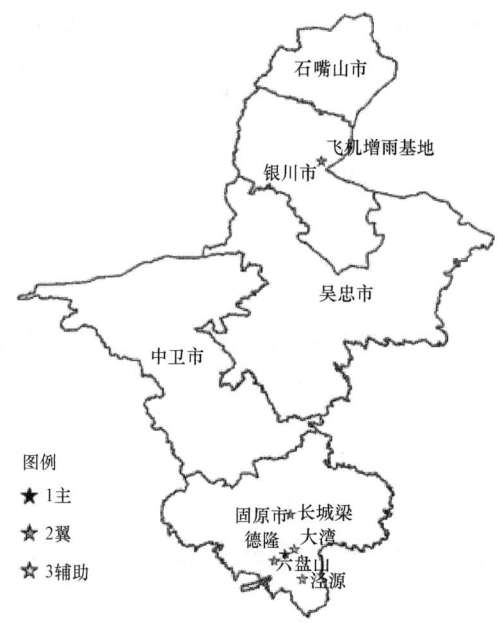

图1 六盘山区地形云野外科学试验基地"1主2翼3辅助"试验站分布

## 3 探测能力建设

以"1主2翼3辅助"试验站为重点,建设"天、地、空"一体化的综合探测系统,从多维度对云和降水系统进行多要素、连续跟踪监测,以揭示六盘山地形云降水系统的宏微观特征和降水形成机制,以及降水云系的动力、热力和微物理时空变化特征,为空中云水资源的分析预测、开发利用和人工影响天气作业及效果评估等提供科学的基础依据,为开展地形云精细化结构特征、云和降水微物理数值模拟试验、气象灾害形成机理和生态气象与环境等研究提供基础支撑。

## 3.1 地基探测能力建设

基于经济性、可靠性、时效性和可行性等方面综合研判,地面观测主要以六盘山气象观测站为"主试验站",隆德气象观测站、泾源气象观测站及泾源大湾等为"辅助试验站",构建云-辐射-气溶胶-降水的地面观测系统,最终形成包括兼具大范围遥感探测和小范围高精度综合观测的地面观测网(图2,图3)。

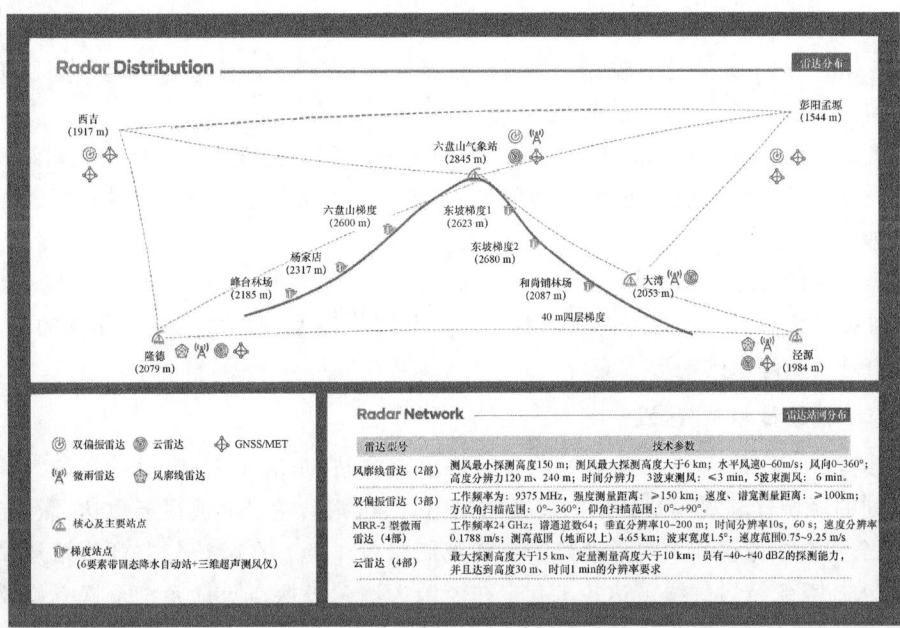

图2 建成后的雷达站网与水汽网分布图

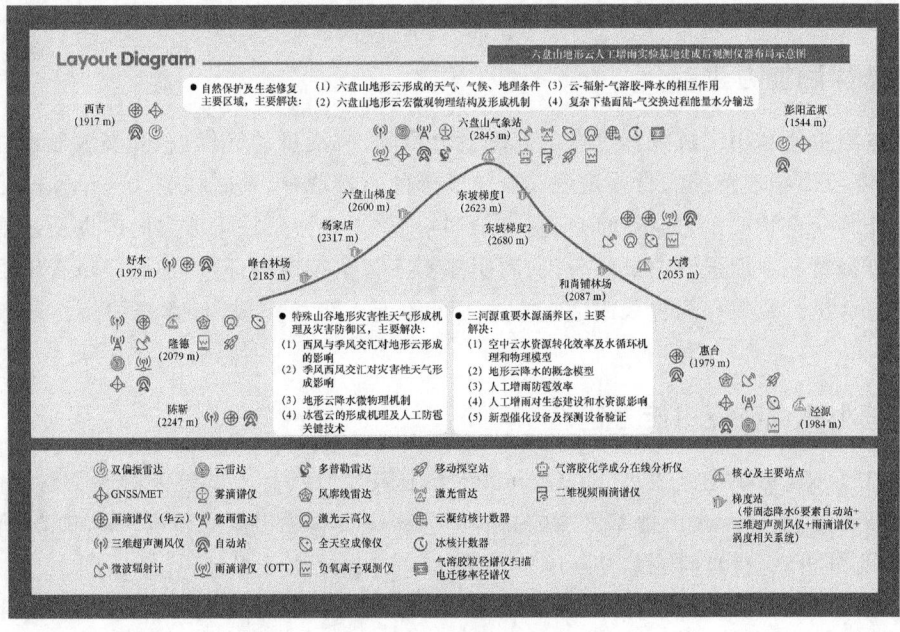

图3 建成后的地面探测设备分布图

### 3.1.1 "主试验站"建设

将六盘山气象观测站建成覆盖云雾、降水、气溶胶等监测功能的"主试验站"。在现有 1 部多普勒天气雷达的基础上，布设体扫偏振多普勒云雷达、微雨雷达、Ka 波段云雷达各 1 套，以实时获取云及降水的雷达遥感数据，监测过境云系的宏微观特征；布设微波辐射计、GNSS/MET 站、探空火箭、激光雷达和激光云高仪各 1 套，以实时获取大气温度、湿度、水凝物和气溶胶垂直廓线数据。布设气溶胶粒径谱仪、扫描电迁移率粒径谱仪、气溶胶化学组分在线分析仪、云凝结核计数器、冰核计数器、雾滴谱仪、激光雨滴谱仪和二维视频雨滴谱仪各 1 套，对粒径范围在 3 nm~20 μm 的气溶胶、大气冰核、云凝结核、雾滴及雨滴进行实时监测。布设全天空成像仪和大气负氧离子自动观测仪各 1 套。

在六盘山东西两侧分别按照垂直高度 200 m 左右的间隔共设置 8 套梯度观测站。每个观测点布设涡度相关观测系统、6 要素自动气象站（带固态降水）、雨滴谱仪及辐射仪、土壤温湿度和土壤热通量观测设备各 1 套，主要用于在山体不同高度上同时直接观测降水量、近地面垂直风和地面湍流的变化特征，再结合云雾-降水观测及气溶胶观测，便于更好地研究高山地区大气边界层和自由大气交换过程对气溶胶、云、雾和降水以及它们之间相互作用的影响，综合评估六盘山对云及降水的地形效应。

### 3.1.2 "辅助试验站"建设

在"主试验站"西偏南约 10 km 处的隆德气象观测站、东偏北 7 km 处的泾源大湾及东南约 21 km 处的泾源气象观测站分别布设微波辐射计、微雨雷达、Ka 波段云雷达、激光云高仪、雨滴谱仪、全天空成像仪和大气负氧离子自动观测仪各 1 套。在隆德气象观测站建设移动探空站、探空火箭系统及风廓线雷达各 1 套。在泾源大湾建设探空火箭系统及探空旋翼无人机系统各 1 套。在"主试验站"西北约 55 km 处的西吉吉强及东北约 65 km 处的彭阳孟源各建设 1 部 X 波段双偏振多普勒天气雷达。与"主试验站"共同组成六盘山地形云野外科学试验基地地形云雾-降水观测系统。

## 3.2 空基探测能力建设

空基探测主要利用飞机观测具有的高垂直分辨率、灵活机动等优点，开展地形云垂直剖面的温度、湿度及微物理特征的直接观测和云粒子等的直接取样，适时探测人工干预前后地形云微物理特征的变化状况，为分析地形云垂直结构特征、人工增雨技术方案的改进及效果评估提供基础探测资料。在加强观测试验阶段，利用探测飞机执行观测任务，地勤保障有宁夏河东飞机增雨基地承担。常规探测将采用适宜本地飞行的无人飞机完成，日常维护停靠地点设在六盘山机场。

## 3.3 天基观测资料应用能力建设

收集 A-Train 卫星集群的 Aqua、CloudSat 等卫星过境六盘山试验区时的资料，针对典型的地形云降水过程，将六盘山地基观测的高时间分辨率资料和卫星大范围、高空间分辨率资料相结合，重点分析六盘山区典型、高影响地形降水云的有效粒子半径、光学厚度、云量、云顶温度和云相态等宏观及微观物理特性，并研究地形云垂直结构分布廓线及演变特征，为建立六盘山区地形云概念模型提供支撑。

引进 FY-4 卫星资料云产品反演系统,利用 FY-4A 卫星观测数据及云反演产品,结合雷达、探空、降水等常规观测资料及六盘山区地基人工影响天气特种观测资料,针对云降水显式预报系统(CPEFS)的预报产品,开展六盘山地形云的发展演变特征、云系的宏观特征、云系的微观特征、云性质和降水特征定性检验;开展六盘山地形云宏微观特性及演变监测;针对六盘山地形云作业过程,开展地形云增雨作业效果检验,通过比较作业影响区和对比区的 FY-4A 云参量和雷达回波的演变特征,分析六盘山地形云的作业效果。

## 4 六盘山地形云观测试验计划

### 4.1 西风与季风交汇对地形云形成及灾害性天气形成影响试验计划

利用空地观测系统,开展西风与季风交汇处地形云形成及灾害性天气形成影响的综合科学试验,收集该区域的气溶胶、雨水、冰雹、土壤样品,结合典型天气过程,基于梯度站的涡度观测系统等分析区域湍流特征,结合常规气象探测资料、再分析资料、卫星资料、天气雷达资料等多源资料,研究西风带与季风交汇处复杂下垫面的陆-气交换过程中能量、水分输送特征,研究分析西风与季风交汇对地形云形成及灾害性天气形成的影响,精细化评估六盘山地形引起的降水增强或再分配效应及地形降水和环境要素的关系。开展复杂地形下垫面陆面过程长期定位观测试验,研究人工增雨对生态环境和地表水资源影响。

### 4.2 地形云-气溶胶-降水的相互作用观测试验计划

气溶胶和云相互作用因对地气系统的辐射平衡、水循环和能量循环有着重要影响而成为气候和天气预测中的重要组成部分,但因缺乏对其辐射过程、与大气环流作用等的深入了解,也使其成为主要的不确定因素。基于试验基地云-辐射-气溶胶-降水观测系统,开展气溶胶、辐射、云降水天空地一体化组网观测科学试验。

#### 4.2.1 六盘山地形云宏微观结构及形成机制

科学设定外场试验方案,综合观测迎风坡、背风坡、山顶不同位置降水粒子的宏微观形状特征,跟踪观测地形云在发生、发展、演变和消亡过程中的云微物理特征;建立适合六盘山地形云特点的云物理综合观测方法,深入研究六盘山地形云及降水的微物理特征及机制。

#### 4.2.2 气溶胶直接间接效应

对气溶胶、云凝结核、大气冰核的理化特征与云和降水的关系等进行观测试验研究,开展气溶胶作为云凝结核和冰核对云物理的影响机理研究,定量评估气溶胶间接辐射效应,将其应用于人工影响天气、灾害性天气预警等工作。

#### 4.2.3 气溶胶-云相互作用

气溶胶对云宏、微观特征的影响机理和反馈机制,气溶胶辐射效应对大气热力结构及对局地对流性天气的影响。

#### 4.2.4 数值模式参数化方案改进

通过观测六盘山地形云的微物理特征及气溶胶、大气冰核和云凝结核的变化规律,观测研究六盘山地形云与气溶胶相互作用,开展地形云云微物理过程参数化方案和地形云次网格参数化方案研究,改进天气预报模式中云微物理过程参数化方案,增强对六盘山区气溶胶-云-降水关键物理过程模拟水平,进而提高天气预报模式对复杂地形影响下降水过程的模拟能力,通过模拟对不同云型采用不同催化方式下的人工增雨效率变化特征,研究提高人工增雨效率的原理。

### 4.3 地形云人工增雨防雹关键技术提升试验计划

对六盘山不同类型的地形云开展综合加密观测,在六盘山关键增雨(雪)季节针对不同云型选取若干试验区,设计空地配合试验方案,开展空地联合催化及加密观测试验。

#### 4.3.1 地形云作业天气背景条件观测试验分析

包括对六盘山区复杂地形下精细化雨量场、气流场、水汽场等分析,建立六盘山地形云降水概念模型。

#### 4.3.2 地形云人工增雨作业概念模型建立

分析不同天气条件下不同催化装备人工增雨作业的云宏微观条件、作业时机及作业部位,建立六盘山地形云人工增雨作业概念模型。

#### 4.3.3 适用于本地的人工增雨优化方案构建

研究我国西北地区地形云的催化温度窗区,在不同的地形、环流特征、水汽条件、云凝结核条件下,采用何种催化剂、使用多少播撒量能够产生较佳的催化效果。

#### 4.3.4 地形云的催化效果

针对我国西北地形云的随机催化试验研究较少的现状,充分发挥六盘山基地的优势,开展持续随机化人工增雨试验,获取足够数量的样本,并采用统计检验方法,开展地形云的随机催化效果检验研究。同时利用观测设备对作业目标云系开展立体化同步跟踪观测,对目标云系在人工影响天气作业前后的云系宏微观特征进行分析,寻找作业后的云降水物理响应,建立人工影响天气作业效果物理检验方法和统计检验方法。

#### 4.3.5 冰雹云识别及人工防雹

利用地面双偏振雷达、风廓线雷达及微波辐射计等观测设备,观测分析六盘山区强雷暴过程的形成机制及其生命发展过程,发展本地区的冰雹云识别方法,研究冰雹云的形成机制;估算雹击带和冰雹路径;探索强雷暴过程和气象环境要素的关系;开展人工消雹试验,分析并评估人工消雹效率,从而为防雹作业提供理论支持。

#### 4.3.6 新型催化及探测设备应用

以六盘山试验区人工影响天气综合探测网为基础,在六盘山区开展带电粒子、燃气炮、飞秒激光和声波等人工增雨防雹新设备及新技术的催化试验,科学设计试验方案、合理布设催化及探测设备,有效激发敏感区域,通过试验观测验证各设备的催化作业效果,分析各设备及技术在人工影响天气中业务应用的必要性及可行性。

## 5 效益分析

### 5.1 经济效益

六盘山区气候复杂多变,干旱、冰雹等灾害多发,呈现范围广、活动频率高、持续时间长、群发比率大、连锁反应强和灾情危害重的特征,是全国受气象灾害影响最为严重的地区之一。六盘山地形云野外科学试验基地的建立,可极大提升宁夏气象业务能力和服务能力,减少干旱、冰雹等灾害性天气造成的经济损失。

## 5.2 社会效益

建设六盘山地形云野外科学试验基地,将强化宁夏地形云的观测与试验研究能力,改善地形云观测环境和科研条件,丰富地形云科学观测数据,深化对地形云降水和水分循环过程及形成机理的理解,揭示西风-季风交汇处其协同作用及影响,解决人工影响天气卡脖子技术问题,为国内外地形云研究及人工影响天气研究提供开放创新平台,吸引相关重大项目的研究试验落户基地开展试验研究。

## 5.3 生态效益

六盘山地形云野外科学试验基地建设,是落实黄河流域生态保护和高质量发展的重要技术支撑,是充分利用六盘山等生态保护重点区域的优势资源的手段之一,可进一步发挥六盘山在生态建设中的屏障作用,特别是推进六盘山三河源水源涵养区地形云水资源开发,对降低六盘山区域风沙治理、水土流失治理、荒漠化综合治理等生态保护、修复和灾害防治的成本具有重要意义。

## 参考文献

[1] 王亮. 中国气象局遴选出第二批野外科学试验基地[N]. 中国气象报,2019-10-12(003).
[2] 贾庆宇,王笑影,谢艳兵,等. 东北地区生态与农业气象野外科学试验基地建设规划[J]. 气象与环境学报,2018,34(6):161-168.
[3] 陈蓉,黄健,万齐林,等. 茂名博贺海洋气象科学试验基地建设与观测进展[J]. 热带气象学报,2011,27(3):417-426.
[4] 李耀辉. 中国气象局定西干旱气象与生态环境野外科学试验基地[J]. 干旱气象,2019,37(3):45.
[5] (美国)国家科学院国家研究理事会美国人工影响天气研究和作业现状与未来发展专业委员会. 人工影响天气研究中的关键问题[M]. 郑国光,等,译. 北京:气象出版社,2005.
[6] 王德英. 2008年我国南方暴雨野外科学试验(SCHeREX)[R]. 中国气象科学研究院年报,2010.
[7] 樊鹏,余兴. 陕甘宁人工增雨技术开发研究[M]. 北京:气象出版社,2003.
[8] 张华,王志立,赵树云,等. 大气气溶胶及其气候效应[M]. 北京:气象出版社,2017.
[9] 中国气象局兰州干旱气象研究所野外观测体系[J]. 地球科学进展,2007(6):2.
[10] 张存,周毓荃. 人工影响天气优化技术研究[M]. 北京:气象出版社,2000.
[11] 黄荣辉,吴国雄,陈文,等. 大气科学和全球气候变化研究进展与前沿[M]. 北京:科学出版社,2014.

# 六盘山区人工影响天气观测场规范化建设的思考*

舒志亮　田　磊*　桑建人

(1. 中国气象局旱区特色农业气象灾害监测预警与风险管理重点实验室,银川 750002;
2. 中国气象局云雾物理环境重点开放实验室,北京 100081)

**摘　要**:本文通过调研学习国内气象野外观测基地的先进经验,结合六盘山区仪器种类、观测环境等现状,在人工影响天气专业探测设备怎样合理的规划布局方面进行了探索性思考,提出了六盘山人工影响天气观测场规范化建设方案。以期通过六盘山人工影响天气观测场规范化建设,使观测场各仪器既互不干扰又利于协同观测,为六盘山地形云试验研究提供有力支撑。

**关键词**:六盘山区;人工影响天气观测场;规范化建设

## 1　引言

六盘山区是全国为数不多的近南北走向的狭长山地,雨雾日数多,水汽、对流、扩散、催化地缘环境条件得天独厚,是实施地形云人工影响天气试验的优良场所。目前,六盘山地形云野外科学试验基地发展规划已初步完成,基地观测站点主要以"1主3辅助"(1主:六盘山气象站,3辅助:隆德县气象局、泾源县气象局、大湾人工影响天气标准化作业点)核心区域建设为主,近几年在基地各站点陆续建设了人工影响天气特种观测设备,但各观测设备大多以因地制宜、方便安装的原则建设。通过到国内知名气象野外观测试验基地及仪器设备生产厂家调研,了解到目前人工影响天气(简称人影)观测设备种类繁多,且没有标准的布设、数据传输规范,结合对六盘山各站点的观测环境及基础条件摸底后认识到,为了拟建的设备及未来几年增建设备协同观测、数据传输方便及布局整齐美观等需求,急需在六盘山气象站、隆德气象站、泾源气象站等主要观测点规划设计场地建设人影观测场。本文主要根据国内人影观测场建设现状以及六盘山仪器布设等信息,在人工影响天气专业探测设备怎样合理的规划布局方面进行了探索性思考,提出了六盘山人工影响天气观测场规范化建设方案。以期通过六盘山人工影响天气观测场规范化建设[1],使得观测场各仪器既互相不干扰又有利于协同观测,为六盘山地形云试验研究提供有力支撑。

## 2　国内人工影响天气观测场建设现状

### 2.1　中国气象局大气探测中心

中国气象局大气探测中心在北京南郊观象台建立观测基地,开展大城市综合观测、新型气

---

\* 作者简介:舒志亮,男,1981年生,高级工程师,主要从事人工影响天气及大气物理方面研究。E-mail:8633204@163.com。
通讯作者:田磊,男,1984年生,工程师,主要从事人工影响天气及大气物理方面研究。

象仪器校准和验证、大型科研项目野外观测试验等。观测场主要有一个固定观测场及几个移动方舱组成,其中固定观测场主要布设23所Ka波段云雷达、华腾的Ka波段三个不同天线尺寸的云雷达[2]、MRR-2型微雨雷达、青岛22所的微波辐射计、德国RPG微波辐射计、美国MP-3000型微波辐射计及不同厂家的常规气象观测仪器等,几个移动方舱分别属于中国科学院大气物理研究所、北京师范大学等几个不同的科研部门,主要承载X波段雷达及大气成分、气溶胶及辐射方面的观测设备。观测场观测设备布设间距约为3～5 m,不同厂家的Ka波段云雷达在不涉时做了调频处理,以防互相干扰,不同厂家的微波辐射计除青岛22所生产的因布设时发现被干扰而做了相关波段的屏蔽外,其他没做任何抗干扰处理。观测场建设专门的数据转接箱,仪器数据线通过转接箱转接为光纤信号再传递到旁边办公楼的数据监控室。

## 2.2 平谷人工影响天气基地

北京平谷人工影响天气试验基地参照气象台站标准观测场而建,固定布设的仪器主要有2维视频雨滴谱仪1台、激光雨滴谱仪1台、雪深仪1台、太阳辐射观测系统1套、雨量筒1个、6要素自动气象站1个,观测场还有一部分仪器(比如微波辐射计、云凝结核计数器、雾滴谱仪、冰核计数器、气溶胶粒径谱仪等)在重点观测期会移动到海坨山观测点进行观测。

## 2.3 其他云物理观测基地

广东龙门基地[3]和湖北咸宁基地[4-5]均布设大量云降水物理特征观测设备,但没有建设专门的观测场,而是在台站空地依地形地势布设地沟,沿地沟布设云物理探测设备。

# 3 六盘山试验区人影观测场仪器布设现状

在自治区人影经费的支持下,为打造六盘山地形云野外催化试验基地,近两年在六盘山区各台站布设了若干人工影响天气观测设备,具体情况如下。

## 3.1 六盘山气象站

六盘山气象站现有Ka波段云雷达1台、微雨雷达1台,均安装在六盘山业务楼楼顶,ka波段云雷达控制终端在新一代雷达机房内,通过布设在房顶的光纤与云雷达主机连接,控制并收集云雷达数据;微雨雷达控制终端在业务楼西侧二楼走廊,通过微雨雷达标配的数据线与微雨雷达主机连接,控制并收集微雨雷达数据。

## 3.2 隆德县气象站

隆德县气象站现有德国产的微波辐射计1台、微雨雷达1台,微波辐射计安装在气象站观测场边,微波辐射计控制终端安装在气象站观测室,通过布设在气象站观测场地沟内的光纤与微波辐射计主机连接,控制并收集微波辐射计数据;微雨雷达安装在气象站观测室楼顶,微雨雷达控制终端安装在气象站观测室,通过微雨雷达标配的数据线与微雨雷达主机连接,控制并收集微雨雷达数据。

## 3.3 人工影响天气作业点

在隆德陈靳、城关、好水、泾源大湾、惠台及西吉田坪作业点各布设华云公司生产的雨滴谱仪 1 台,隆德陈靳、城关、好水各有三维超声测风仪 1 台;隆德陈靳、城关、好水三个作业点安装了无线网卡进行仪器远程操控及数据收集,泾源大湾、惠台及西吉田坪作业点通过有线网络进行仪器远程操控及数据收集。

## 4  六盘山试验区拟建的人影观测仪器情况

根据《六盘山地形云野外科学试验基地发展规划(2019—2023)》,计划在六盘山气象站计划建设微波辐射计、Ka 波段云雷达、风廓线雷达、激光雷达、微雨雷达、全天空成像仪、激光云高仪各 1 套;建设气溶胶粒径谱仪、扫描电迁移率颗粒径谱仪、气溶胶化学组分在线观测组仪、云凝结核计数器、冰核计数器、雾滴谱仪、激光雨滴谱仪、二维视频雨滴谱仪各 1 台;建设气相色谱仪、气相色谱质谱仪、地基多轴差分吸收光谱仪、大气负氧离子自动观测仪各 1 台。

在隆德气象站建设 X 波段双偏振多普勒天气雷达、微波辐射计、微雨雷达、ka 波段云雷达、雨滴谱仪、激光云高仪、全天空成像仪、大气负氧离子自动观测仪各 1 套。

在泾源气象站建设风廓线雷达、微波辐射计、微雨雷达、Ka 波段云雷达、雾滴谱仪、雨滴谱仪、激光云高仪、全天空成像仪、大气负氧离子自动观测仪各 1 套。

这些设备中,风廓线雷达、X 波段双偏振多普勒天气雷达为车载移动式,不需要专门的观测场;气溶胶粒径谱仪、扫描电迁移率颗粒径谱仪、气溶胶化学组分在线观测组仪、云凝结核计数器、冰核计数器气相色谱仪、气相色谱质谱仪、地基多轴差分吸收光谱仪可以集中放置在移动方舱内。

需要布设在人影观测场的仪器为:微波辐射计、微雨雷达、Ka 波段云雷达、激光云高仪、雾滴谱仪、激光雨滴谱仪、二维视频雨滴谱仪、全天空成像仪、大气负氧离子自动观测仪等,具体功能如下。

微波辐射计:可实时监测大气温度、湿度和云中液态水的垂直分布廓线变化。用于研究六盘山地形云水汽变化特征、建立作业指标、评估增雨作业效果等。且可与 GNSS/MET 站及火箭探空数据联合使用,可获取基地水汽场、风场等数据,用于改善地形云模式初始场,提高预报结果准确性。

微雨雷达:探测六盘山区降水的垂直廓线,测量雨滴大小分布,雨滴谱(drop size distribution,DSD)、降雨率、液态水含量等的垂直廓线分布,以及多普勒光谱、雷达反射因子、多普勒速度和路径积分衰减。

Ka 波段云雷达:获取六盘山区云厚、云高、云层数等云宏观特征,云粒子大小、滴谱分布、冰与液态水含量等微观参数,资料可用于作业指标建立、作业效果评估等。

激光云高仪:根据米散射原理,通过测量大气对发射光束的后向散射信号廓线,判断光路方向上是否存在云层,计算云底高度、云层穿透厚度、气溶胶的消光系数、天大气边界层 高度、天空模糊时输出垂直能见度,通过建立云底高度的时间序列可统计估算云量。

雾滴谱仪:用于研究六盘山区雾物理结构及气溶胶与雾的相互作用,连续测量雾和低云粒子数浓度尺度谱分布。

激光雨滴谱仪:精确测量各种类型降水的降水量、颗粒大小和速率,分辨降雨类型;统计所有的降水粒子在速度和粒径上的分布(雨滴谱),计算降水强度、总量。研究六盘山区地形降水演变特征、建立作业指标、增雨作业评估效果等。

二维视频雨滴谱仪:通过两个摄像头对高速运动物体进行线形扫描,定性定量记录降水过程,可测定降水总量、大小、强度、雨滴运动速度、雨滴大小、形状及雨滴分布等;可以用于校正雷达数据及降水微物理特征观测。

全天空成像仪:实时监测六盘山区天空云量和天气状态。另可用于太阳能产能预报和光伏发电性能评估等,其嵌入太阳能监测系统可以极大增强区域太阳能资源研究和预测的能力。

大气负氧离子自动观测仪:全天候实时监测大气负氧离子含量及空气温湿度等气象要素。采用"电容式吸入法"原理进行负离子监测,测量空气中的负离子浓度值。

## 5 人影观测场建设情况

### 5.1 建设专业人影观测场的设想

鉴于六盘山试验区需求及人影观测场的目前情况,拟在六盘山气象站、隆德气象站及泾源气象站选址建设人影观测场,用于集中布设人影观测设备,以便于仪器的协同观测及管理,人影观测场选址应满足以下几个原则:(1)人影观测场不能影响台站标准观测场内仪器的正常观测;(2)尽可能选在标准观测场地沟附近,便于共同利用地沟,节约建设经费;(3)周边没有明显遮挡。观测场建设地沟,提前布设好电缆及通信光纤,四周建设围栏,在台站办公区协调房间,作为人影观测室。

### 5.2 存在的问题

#### 5.2.1 数据传输问题

人影观测仪器多种多样,不同厂家、不同型号的仪器的传输方式不同。经学习总结,仪器数据传输线缆总体分为串口数据线、单模光纤、多模光纤三类,但不同厂家、不同设备的数据传输光纤的具体型号不相同。将多种仪器布设在观测场时就存在数据传输线转接的问题。

#### 5.2.2 电源问题

人影观测仪器大多不自带稳压设备,过高、过低的电压均会对仪器造成不可逆转的损害;另外,在观测中常会遇见跳闸、检修等因素引起的短时停电的情况,为了尽量保证观测数据的连续性,需要应急电源使仪器度过短暂的停电期。

#### 5.2.3 信号干扰

德国生产的 RPG-G4 型微波辐射计及青岛 22 所生产的微波辐射计接收通道均在 K 波段(22~32 GHz)和 V 波段(51~59 GHz)范围之内;Ka 波段云雷达及激光云高仪发射的电磁波不在微波辐射计的接收通道,理论上不会对其产生影响;微雨雷达发射的电磁波在微波辐射计的接收通道内,但微雨雷达为顶空观测且本身发射功率很小,理论上电磁波在空气中的衰减和距离的平方成正比,因此微雨雷达离微波辐射计的距离大于 5 m 后,对其的影响可忽略不计。中国气象局大气探测中心在北京南郊观测场布设了 Ka 波段云雷达、微雨雷达、德国生产的微波辐射计、美国生产的微波辐射计及青岛 22 所生产的微波辐射计,仪器之间距离约 3~5 m;除青岛 22 所生产的微波辐射计在安装时因考虑干扰做了部分波段的电磁屏蔽处理外,其他微波辐射计未做任何处理,对观测后的数据对比后没有发现仪器之间互相干扰的情况。激光雨滴谱仪及二维视频雨滴谱仪是主动激光波束直接探测设备,存在激光发射,杂散光有可能会对激光云高仪造成干扰,因此在观测场布局时激光雨滴谱仪及二维视频雨滴谱仪发射端应尽量避免对着激光云高仪。全天空成像仪以连续成像的方式监视天空状况,安装地点周边不应有明显遮挡。雾滴谱仪、大气负氧离子自动观测仪采用自动连续采样的方式工作,不受其他仪器干扰。

#### 5.2.4 仪器布局问题

在多种仪器集中布设的情况下,一方面要考虑仪器相互之间的遮挡、干扰问题,要求仪器间的距离不能太近;另一方面也需要考虑各仪器之间的协同、对比观测问题,要求仪器间的距离不能太远。因此如何在有限面积的人影观测场内合理布设各种仪器也是建设观测场需要考虑的问题之一。

#### 5.2.5 仪器日常维护问题

为保证仪器观测的数据的质量,需要对仪器进行定期检查、维护及定标工作,比如,微波辐射计需一季度液氮标定一次、半年更换微波窗口,雨滴谱仪需要定期擦拭镜头等等。将仪器集中放置在观测场内将方便维护及排查问题。

## 6 六盘山区人影观测场建设方案

### 6.1 人影观测场整体布局

结合人工影响天气观测场拟建仪器设备的特点,考虑在六盘山气象站、泾源气象站空余场地根据实际情况选择一个方形区域(约 10 m×10 m～16 m×16 m),在该区域参照台站观测场建设地沟、围栏等设施,各仪器之间的距离为 5 m,地沟布设光纤、电缆,与台站人影观测室联通,以方便布设人影观测设备及收集应用观测数据。

### 6.2 人工影响天气观测场仪器数据传输

微波辐射计、Ka 波段云雷达采用光纤进行控制和数据传输,微雨雷达、激光云高仪、雾滴谱仪、激光雨滴谱仪、二维视频雨滴谱仪、全天空成像仪、大气负氧离子自动观测仪自带数据线接口为 RS232,串口数据线信号耗损较大,不易长距离进行数据传输,因此串口数据线标配长度小于 50 m;泾源、隆德人工影响天气观测场离设备控制室超过 200 m。综合考虑,需在观测场建设数据转接设备,将仪器的串口数据转接为光纤,在地沟统一布设 12 芯单模光纤和 12 芯双模光纤各一根,到设备控制室后再由光纤转接为串口连接控制电脑,这样可以避免数据信号在传输中的损失。

### 6.3 人工影响天气观测场设备用电

为了不影响台站气象观测设备用电,人影观测场需配备大于 5000 W 的在线式 UPS 电源。UPS 电源放置在台站配电室,从配电室通过地沟布设一根电缆到观测场配电柜,方便各观测设备用电。

## 7 关于人影观测场建设的几点建议

### 7.1 多部门协作,共同建设

六盘山区人影观测场建设涉及区局相关处室、人影中心、固原市局及相关各县局,在观测场选址、建设及仪器电、网配置等工作均需要区局相关处室的支持及人影中心、固原市局及相关各县局的相互协作下才能很好地完成。

## 7.2 加大经费投入

六盘山区人影观测场规范化建设是个系统的工程，涉及观测场地沟及基础、UPS 电源、通信及电源线路、通信转接设备、观测室等方面的建设，需要加大这方面的经费投入，根据实际情况分步推进观测场建设、逐步完善相关配套设施。

## 7.3 培养人工影响天气观测技术人员

因目前人工影响天气设备种类较多且同类观测设备也没有相应生产标准，人工影响天气观测场规范化建设尚没有范例参考，人工影响天气观测场规范化建设涉及诸多技术问题，有些问题需要在实际观测试验中发现、解决及验证；因此需要培养人工影响天气观测技术人员，建立一支人工影响天气观测技术团队，为六盘山区人工影响天气科学观测提供支撑。

### 参考文献

[1] 胡玉峰,刘钧,孙平,等. 地面气象监测网络技术保障业务系统的设计[A]//中国气象学会2006年年会"提高大气监测自动化水平、为业务技术体制改革作贡献"分会场论文集[C].2006.

[2] 李思腾,马舒庆,高玉春,等. 毫米波雷达与激光云高仪观测数据对比分析[J]. 气象,2015,41(2):212-218.

[3] 中国气象局兰州干旱气象研究所野外观测体系[J]. 地球科学进展,2007(6):2.

[4] 熊国华. 我省大气探测技术保障业务体系建设探讨(摘要)[A]//"促进中部地区崛起"气象论坛优秀论文汇编[C].2007.

[5] 秦建峰,项经魁. 发展适应武汉城市圈"两型社会"建设的气象综合观测体系[A]//武汉区域气象中心城市群发展气象服务工作论坛优秀论文汇编[C].2008.

# 第二部分　空中云水资源

# 六盘山地区空中水资源特征及水凝物降水效率研究*

张沛[1]　姚展予[1]*　贾烁[1]　常倬林[2]　桑建人[2]　高亮书[1]
赵文慧[1]　王伟健[1]　祝晓芸[1]

(1. 中国气象科学研究院中国气象局云雾物理环境重点实验室,北京 100081；
2. 中国气象局旱区特色农业气象灾害监测预警与风险管理重点实验室,银川 750002)

**摘　要**：为了利用人工增雨技术合理开发六盘山地区空中水资源,首先需要了解该地区水汽场、地形对当地降水的影响和空中水资源的特征及典型降水过程中云系的降水效率。本文采用欧洲中期天气预报中心(ECMWF)发布的高时空分辨率 ERA5 再分析数据集和中分辨率成像光谱仪(MODIS)数据,通过统计分析研究了该地区水汽的输送、地形强迫作用下的辐合抬升状况和地形云参量特征,并分别利用 WRF 模式数值模拟的输出结果和 ERA5 再分析数据,估算 2016—2017 年夏季自西向东移经该山区的多次混合降水云系的水凝物降水效率。研究结果表明:位于西北地区东部的六盘山地区具有较为丰沛的大气可降水量和更强的水汽输送。受亚洲季风影响,夏季偏南风向六盘山地区输送了丰沛的水汽,山区成为相对湿度高值区；春、夏、秋季午后山区云量(CF)达 70% 及以上,夏季云水路径(CWP)和云光学厚度(COT)均明显大于周边地区。在夏季降水过程中,地形引起的动力场对降水有明显的影响,在日降水量 5 mm 以上强度的过程中,气流遇迎风坡地形产生明显辐合抬升,且辐合抬升越强时降水强度越大。夏季典型降水系统中,山区水凝物降水效率平均约为 48.1%,空中还有较大部分的水凝物未能成为降水。因此作为水源涵养地的六盘山地区夏季空中水资源相对丰富而降水量不足,空中水资源具有一定开发空间。

**关键词**：六盘山；空中水资源；降水效率

# 1　引言

　　为了解一个地区降水形成的背景,为人工增雨雪、气候变化做些基础性研究,到目前为止,已有许多对山区水汽和云量特征的研究。研究表明,水汽输送的方向和强度能够影响整层水汽通量和大气可降水量,进而对山区降水产生影响[1-3]。Durán 等[4]分析伊比利亚半岛的瓜达拉马山脉在不同水汽输送背景下整层水汽通量与地形降水的相关关系,发现自西南输送的水汽具有更高的降雨率。我国对西北山地和高原地区的水汽输送和云水资源有过不少研究。深居内陆的祁连山区常年水汽含量值较小,水汽输送主要受西风带、偏南季风和东亚季风的共同影响[5-7],经向和纬向水汽收支对区域净水汽收支分别有正向和负向贡献[8]；陕西、宁夏南部和甘肃东南部为水汽含量的高值区和水汽辐合中心,水汽以西南风和西风输送为主[9]。许多研究表明,云量最大值主要出现在触发对流的高原山地上空[10-13],即使山脉海拔较低、坡度平缓

---

\* 资助项目：科技部战略性国际科技创新合作重点专项(2016YFE0201900),国家自然科学基金项目(41775139),科技部公益性行业(气象)科研专项(GYHY201406033)。
作者简介：张沛,女,1993 年出生,硕士研究生,主要从事云降水与人工影响天气研究。Email:zhangp1919@126.com。
通讯作者：姚展予,Email:yaozy@cma.gov.cn。

且抬升凝结高度较高,空气的上升运动仍然能够提供足够的浮力并产生对流云[14]。西北干旱半干旱区的高山地区总云量和低云量均高于周围地区,云厚度和含水量也高于同纬度华北地区,做出主要贡献的是云层深厚,含水量较高的层云、雨层云和深对流云[15-18]。

降水效率是降水的一个重要特征,也是判断云水资源开发潜力的重要因素。国际上对降水效率有三种定义:雨水微物理降水效率;云微物理降水效率;大尺度降水效率[19]。李宏宇等[20]定义拟降水效率为地面累积降水与进入计算域内的总水汽(资源)量之比。洪延超和周非非[21]将地面降水量分成凝结水和凝华水两部分,分别求出了凝结水和凝华水的降水效率。但目前大多评估降水过程的水汽降水效率[22-25]和凝结水降水效率,无法了解水凝物的降水效率平均状况。

六盘山地处西北地区东部,是全国为数不多的西北—东南走向(与南北方向夹角近30°)的狭长山地,范围约为(34.9°—36.2°N,105.6°—106.7°E),山脊海拔超过2500 m,最高峰米缸山2942 m,山地东坡陡峭而西坡和缓。与西北其他区域相比,六盘山地区水汽更为充沛,但降水仍比较匮乏,属于北半球同纬度降水量较少的地区[26]。六盘山作为西北重要的水源涵养地,是陕、甘、宁三省(区)13县180万人口的水源地。然而干旱少雨制约了该地区农业和经济发展,因此合理开发利用六盘山地区空中水资源显得尤为重要,目前人工增雨雪仍然是重要的开发手段。作为人工增雨技术研究的基础工作,应该了解此地区水汽场、地形对降水的影响,空中水资源的特征,以及典型降水过程中云水资源的降水效率,目前针对这方面还少有人研究。因此本文利用高时空分辨率的ECMWF ERA5再分析数据集分析包括六盘山在内的西北地区东部(34.5°—42°N,95°—110°E)水汽的输送和分布的多年平均特征以及在六盘山地区地形对大气动力场和水汽输送的影响,其中包括地形作用下的辐合抬升状况,同时采用MODIS遥感数据分析该地区云参量变化特征,并利用WRF模式输出结果估算夏季多次典型自然降水过程中的水凝物降水效率,为开发利用六盘山地区云水资源的工作提供科学依据。

## 2 资料

所用资料为2016—2017年数据,包括:(1)中国地面降水月值格点数据集V2.0,分辨率为0.5°×0.5°。(2)经质量控制的近6000个中国气象局业务布网的自动气象站逐小时雨量资料。(3)欧洲中期天气预报中心(ECMWF)发布的ERA5再分析资料。2017年7月ECMWF发布的ERA5气候再分析数据集,与ERA-Interim相比融合了更多的观测数据,具有更高时空分辨率,时间分辨率提高至1 h,分析场水平分辨率31 km、垂直分层137层,对于较小区域的研究更为有利。(4)搭载于Aqua卫星的中分辨率成像光谱仪MODIS数据,空间分辨率为1 km×1 km。(5)固原市天气雷达资料。(6)FY-2G相当黑体亮温数据。

## 3 西北地区东部降水和水汽分布及输送特征

受纬度、复杂地形、天气系统等影响,西北地区东部水汽和降水分布较为不均。朱晓炜等[27]指出地形是影响西北东部降水形势的重要因素之一,其中最明显的地形影响是高原,其次是六盘山、沙漠戈壁等地形。由1987—2017年间西北地区东部降水分布的平均状况(图1)来看,主要分布趋势大致为自东南向西北减少且高值区与地形分布密切相关。祁连山和青藏高原东北边坡等大地形对降水均有明显影响,年降水量为420~600 mm;位于宁夏南部与甘肃交界处的六盘山地区和宁夏北部贺兰山地区地形尺度虽然相对较小,对降水量分布也有着明显影响,其中六盘山地区年降水量与祁连山相近,明显大于降水量不足 250 mm 的贺兰山地区,但与中国东南地区相比,降水仍十分匮乏。

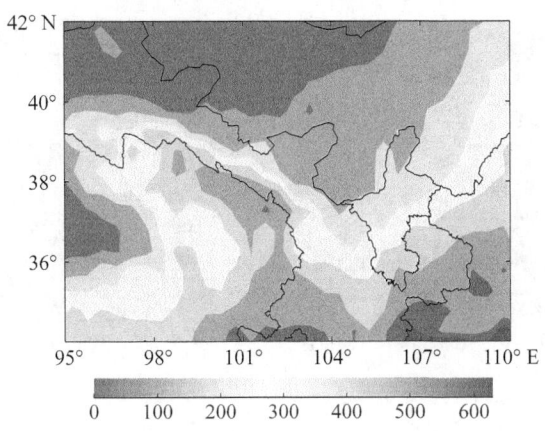

图 1  1987—2017 年西北地区东部平均年降水量分布(单位:mm)

为了解六盘山地区的水汽分布和输送的平均状况,计算大气可降水量和整层水汽通量并分别分析高层和低层的水汽输送特征。大气可降水量($W$)和水汽通量($Q$)计算公式分别为

$$W = -\frac{1}{g}\int_{p_s}^{300} q \mathrm{d}p \tag{1}$$

$$Q = -\frac{1}{g}\int_{p_s}^{300} \bm{V} q \mathrm{d}p \tag{2}$$

式中,$g$ 为重力加速度,$q$ 为比湿,$p$ 为气压,$p_s$ 为地面气压,$\bm{V}$ 为全风速矢量。由于 300 hPa 以上高度的水汽输送很小,计算大气可降水量和整层积分的水汽通量以及后文中水汽通量散度时均取从地面至 300 hPa 的垂直积分[28]。

大气可降水量表示从地面到大气顶的单位截面积大气柱中所含水汽总量全部凝结降落到地面可以产生的降水量。图 2 为 2010—2017 年西北地区东部平均大气可降水量的分布。除陕西和宁夏南部之外,年平均的大气可降水量低至 12 mm 以下(图 2a);夏季平均的可降水量分布与年平均的分布相似(图 2b),但其值明显大于年平均的可降水量,六盘山地区达 22～27 mm。对六盘山山区 2010—2017 年相对湿度的统计分析(图略)也表明,六盘山对应着相对湿度高值区,夏季午后山顶的相对湿度平均达 75% 以上。因此该山区在年平均尤其是夏季平均中,比西部其他主要山区有着更为充沛的水汽条件。水汽通量反映了流经某地的水汽的大小和方向,2010—2017 年整层水汽通量的年平均分布和夏季平均分布与大气可降水量相似(图 3a,b),祁连山地区的水汽输送强度也弱于包括六盘山区在内的西北地区东南部,这与海拔较高以及山地对水汽的阻挡作用等因素有关[29]。

六盘山地区海拔 2000 m 左右,最高峰达 3000 m 左右,计算西北地区东部在 700 hPa 高度处的水汽输送通量不考虑(32°—40°N,95°—104°E)的高海拔地区,发现在宁夏北部和中部地区的低层水汽主要来源于西北风输送,南部地区则主要为西南风水汽通量,并与西北风通量相汇后继续向东南方向输送(图 4a)。宁夏南部处于季风西北影响区边缘,夏季来自西南方向的水汽沿青藏高原东北边坡继续向北输送至 38°N 左右(图 4b)(与赵光平等[30]计算的 40°N 有一定偏差,可能与选取研究年限不同、所用再分析资料分辨率不同有关),在该南风水汽通量的影响下,六盘山地区水汽丰沛。到了 500 hPa 及以上高度,西北地区东部的水汽输送均为西风纬向输送,且水汽输送通量的强度低于低层(图略),这与赵光平的研究结果相符。

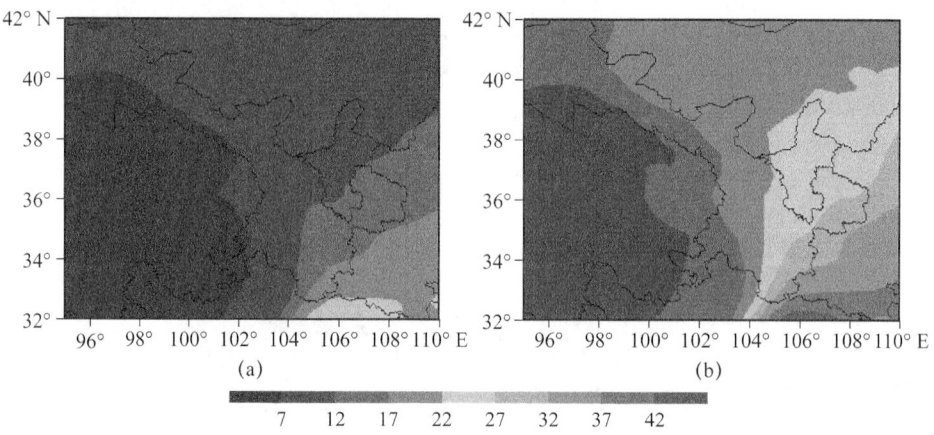

图 2 2010—2017 年西北地区东部(a)年平均和(b)夏季平均的大气可降水量分布(单位:mm)

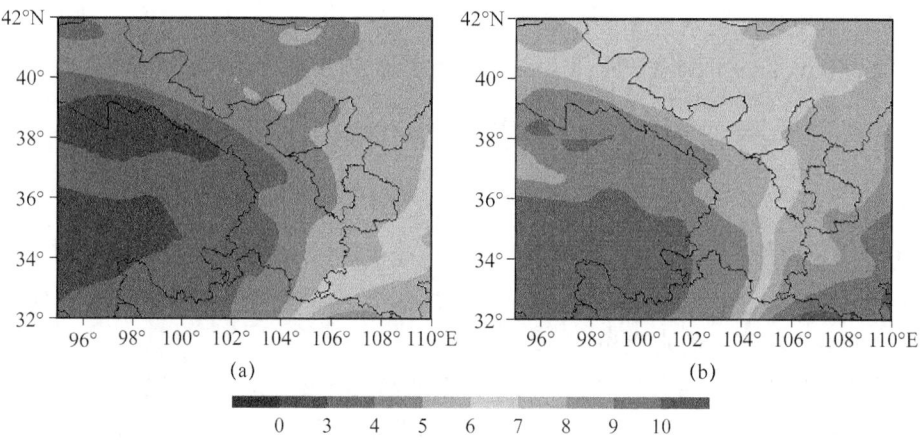

图 3 2010—2017 年西北地区东部(a)年平均和(b)夏季平均的整层水汽通量分布(单位:g·cm$^{-1}$·s$^{-1}$)

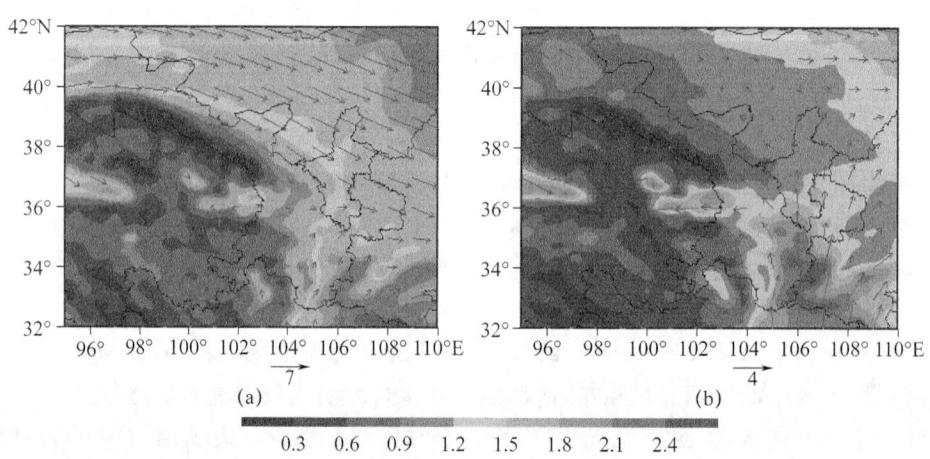

图 4 2010—2017 年西北地区东部(a)年平均和(b)夏季平均的
700 hPa 水汽通量(阴影,单位:g·s$^{-1}$·hPa$^{-1}$·cm$^{-1}$)和风场(箭头,单位:m·s$^{-1}$)分布

## 4 六盘山地区水汽通量散度特征

水汽输送通量仅表示水汽流经某地时的大小和方向,而降水主要是由水汽辐合造成,水汽辐合则主要由低层通量辐合造成[31]。低层辐合高空辐散的高低空配置可为对流的发生和维持提供很好的动力条件。在夏季平均状况下,六盘山地区具备较好的水汽条件,这对降水的产生是有利的;但有利的水汽条件并不一定产生降水,还要有动力辐合场的配合。那么六盘山地形作用对动力场的影响能否使低层水汽产生辐合,在不同降水强度下表征水汽辐合强度的水汽通量散度具有什么特征?

本文选取2010—2017年夏季六盘山地区降水过程为研究对象,按照当地降水强度,将降水强度(日降水量)分为5类:(1)0.1~5 mm;(2)5~10 mm;(3)10~15 mm;(4)15~25 mm;(5)>25 mm。并分析不同降水强度下,地形对动力场的影响。整层($D$)和某层($A$)的水汽通量散度计算公式分别为

$$D = -\frac{1}{g}\int_{p_s}^{300} \nabla \cdot (\boldsymbol{V}q) \mathrm{d}p \tag{3}$$

$$A = -\frac{1}{g}\nabla \cdot (\boldsymbol{V}q) \tag{4}$$

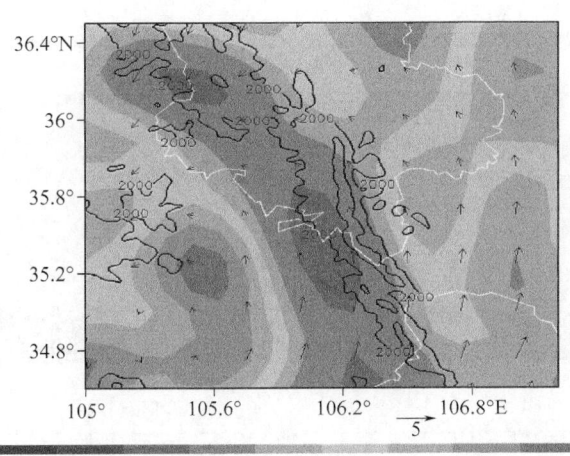

图5 2010—2017年六盘山山区夏季较强降水过程(第2—5类)中750 hPa高度处风场(箭头,单位:m·s$^{-1}$)及水汽通量散度(阴影,单位:g·s$^{-1}$·cm$^{-2}$·hPa$^{-1}$)的平均水平分布
(黑色实线为海拔2000 m以上地形,白色实线为省界线)

计算并分析水汽通量散度发现,第一类降水中没有出现明显的水汽通量辐合;而在降水强度较大的过程中,低层(750 hPa高度层)来自西南偏南方向的水汽输送在地形作用下,在迎风坡产生了明显辐合,较强辐合区的分布与山脉走向基本一致(图5),由此说明,较强降水的形成与地形产生的水汽通量辐合有关,这从图6可以看得更为清楚。图6a-d分别为第2—5类降水强度下水汽通量散度沿35.5°N的垂直剖面,均沿西坡出现明显辐合,降水强度与低层水汽通量辐合强度具有很密切的关系,低层辐合越强时,降水强度越大,且在降水强度大于15 mm·d$^{-1}$的过程中,辐合层高出山顶并延伸至东坡;相似地,图6e—h为沿106.2°E的剖面,显示明显的水汽通量辐合主要出现在南坡,第(2)类降水强度的水汽通量散度弱于$-2\times10^7$ g·s$^{-1}$·cm$^{-2}$·hPa$^{-1}$,

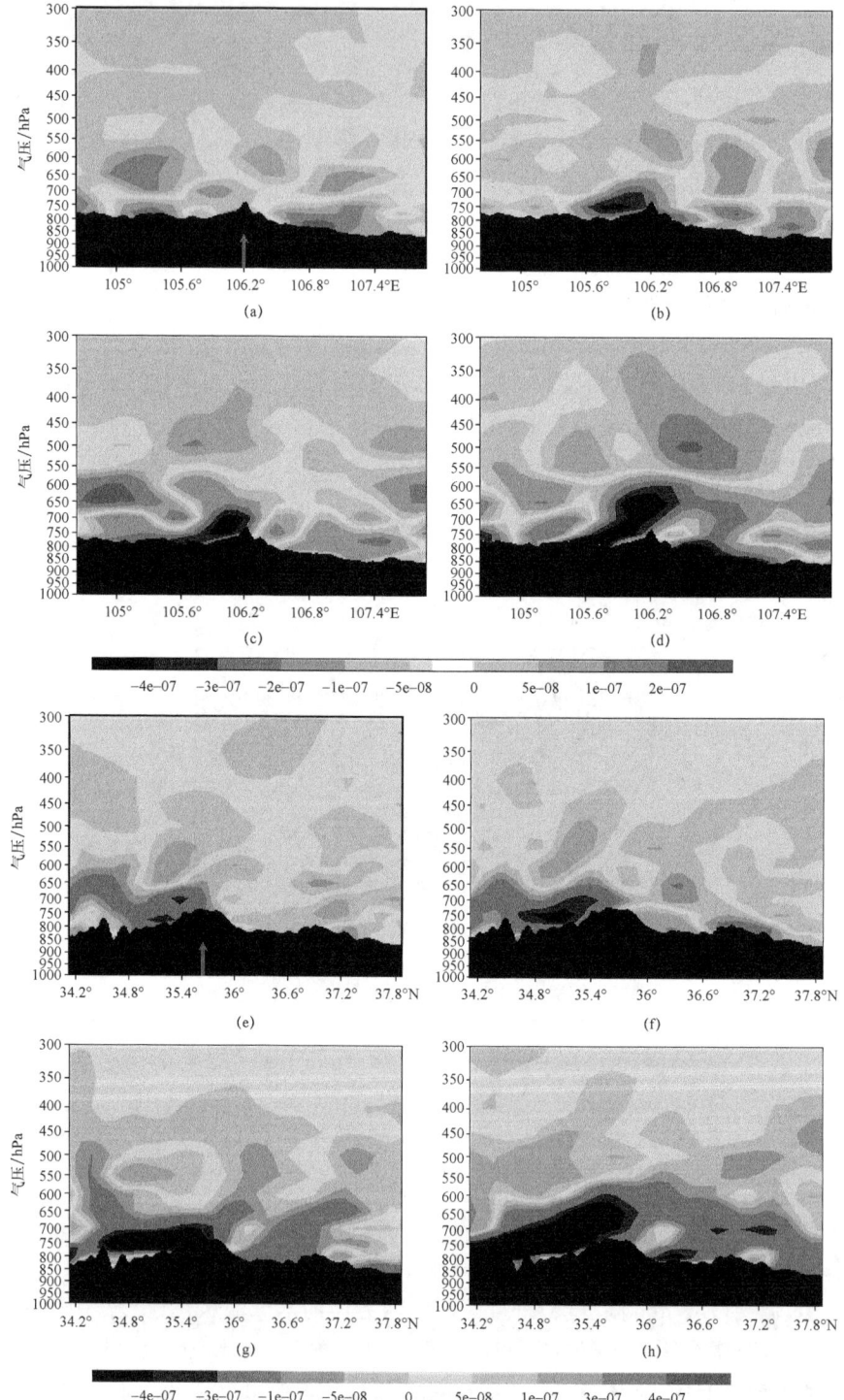

图6 2010—2017年六盘山地区水汽通量散度(阴影,单位:g·s$^{-1}$·cm$^{-2}$·hPa$^{-1}$)
在(a,e)第2类(5~10 mm)、(b,f)第3类(10~15 mm)、(c,g)第4类(15~25 mm)、
(d,h)第5类(>25 mm)降水强度下沿(a—d)35.5°N、(e—h)106.2°E的垂直剖面的平均分布
(下部黑色阴影为地形,箭头所指为六盘山山顶所在位置)

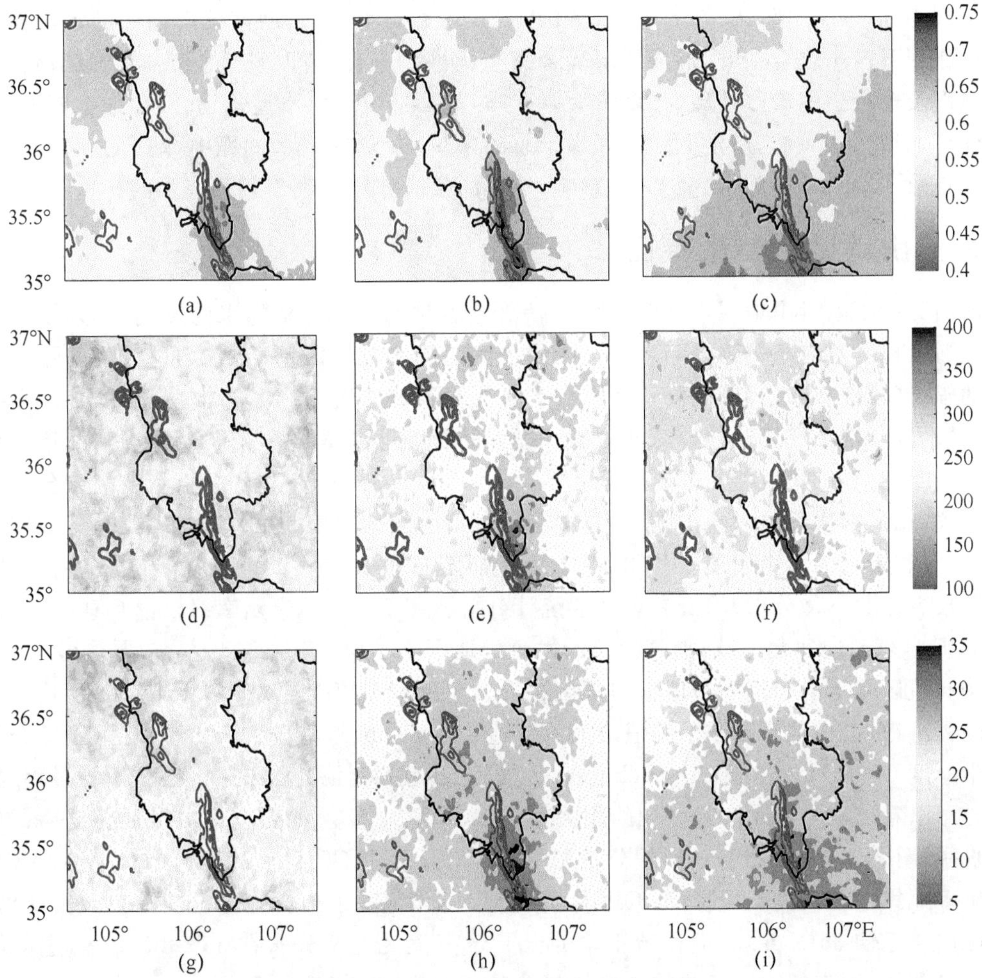

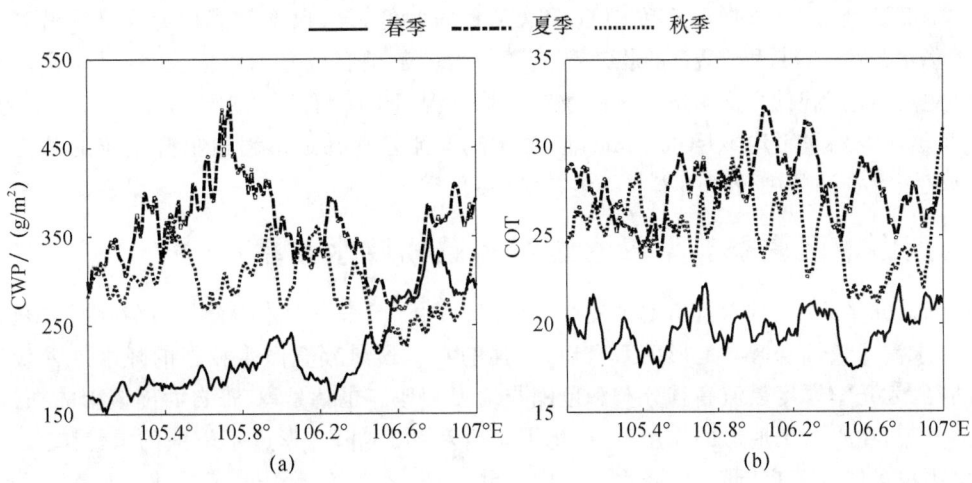

图7 六盘山地区春季(a,d,g)、夏季(b,e,h)、秋季(c,f,i)的云参量平均分布。(a—c)云量CF;(d—f)云水路径CWP(单位:g·m$^{-2}$);(g—i)云光学厚度COT。灰色实线为2000 m以上海拔,黑色实线表示省界

图8 六盘山地区春、夏、秋季降水云系的(a)CWP(单位:g·m$^{-2}$)和(b)COT沿35.5°N的纬向分布

第五类则达到$-4\times10^7$ g·$s^{-1}$·$cm^{-2}$·$hPa^{-1}$。由此可见，来自西南偏南输送的水汽在六盘山地形作用下产生辐合抬升，形成低层辐合高空辐散的高低空配置。随着水汽通量辐合强度的增强以及辐合层的增厚，降水强度增大。此外，地形造成的水汽通量辐合，在强度较大时，可以扩展到地形的背风坡，产生更强的降水。总的来说，在夏季降水过程中，地形引起的低层辐合高空辐散的动力场对降水有明显的影响，地形的抬升作用有利于较强降水的产生和发展。

## 5 六盘山地区云参量特征

前面分析了六盘山地区水汽输送特征以及地形对水汽输送和降水的影响，结果表明较强的水汽通量辐合对应于较强的降水。这说明水汽是降水的物质基础，它通过气流的输送和动力场的辐合(辐散)等过程影响降水[32]，然而水汽并不能够直接产生降水，要经过一个重要的环节，即水汽凝结形成云。通过对云中微观过程的影响可提高云系的降水效率，从而增加地面降水。因此，对云的参数特征的研究至关重要。MODIS 是搭载在 Aqua 卫星上的中分辨率成像光谱仪，每日两次经过六盘山上空，其中午后过境的当地时间是 13:00—14:35，午后较易发生对流，有利于云的发生发展。利用 MODIS 遥感资料对 2010—2017 年的春、夏和秋三季(冬季云量较少在此不做分析)的云参量做了统计分析。图 7a—c 为宁夏南部云量 CF(cloud fraction)，CF 自东南向西北递减，沿着狭长的六盘山地区年平均 CF 达 70% 左右，夏季可达 75%，且夏季高值区的走向和范围与地形非常接近。云水路径 CWP(cloud water path)反映云中含水量的大小，六盘山地区夏季平均值最大值可达 400 g·$m^{-2}$，明显大于周边地区(图 7 d—f)。云光学厚度 COT(cloud optical thickness)是描述云辐射特性最重要的参数，从原理部分的公式推导可以看出它与液水含量密切的相关关系。COT 大于 30 的云也集中出现在夏、秋季，尤其是夏季(图 7 h)，其分布与地形的分布相一致。对比夏季 CF 和 CWP(或 COT)，发现 CF 较大值更多地集中在六盘山山脊，而 CWP(或 COT)的大值除了山脊外还出现在东坡。此外，尽管山脉向北延伸 36°N 左右，但季节平均的云参量高值区主要分布在 35°—35.6°N，这可能与山脉对自南部、西南部输送至此的气流的阻挡和消耗作用有关。

除对所有云进行季节平均外，还对降水云系的分布分春、夏、秋季节进行了研究。图 8a、b 分别为降水云系的 COT 和 CWP 沿 35.5°N 的纬向分布(山区范围约 105.6°—106.7°E，山脊位于 106.2°E 处)。春季降水云系 COT 和 CWP 均偏低，夏、秋季数值相近且夏季偏高。夏、秋两季降水云系 COT 和 CWP 的相对高值区与山区范围有较好的对应关系，其中夏季 CWP 高值区主要对应着西坡，这与所有云的季节平均状况(图 7e)有所区别。综上对云参量的统计发现，虽然年降水量平均不足 600 mm，但在水汽丰沛且存在地形强迫抬升效应的条件下，六盘山地区云水资源的确较周围丰富得多，尤其是夏季。

## 6 六盘山地区夏季典型降水过程水凝物降水效率

前面研究结果说明，六盘山地区夏季产生降水的气流来自西南偏南，气流在地形影响下产生辐合，水汽通量辐合区与地形关系密切，较强的水汽通量辐合产生较强的降水。云量、云液态水路径、云光学厚度数值高且分布和范围与地形相似。也就是说，来自西南偏南的携带丰沛水汽的气流，在六盘山地形的作用下，产生了辐合和抬升过程，形成了较强的自然降水。对于人工增雨技术研究而言，此地区降水过程中的动力场、水汽场、云场和云参数都是需要了解的。此外，自然降水过程中云系的降水效率对于开发空中水资源而言也是关键参数。

对 2014 年 8 月到 2017 年 8 月共计 193 次降水天气过程中雷达回波移动方向的统计结果表明,91.6%的六盘山地区雷达回波从偏西向偏东方向移动,且主要集中在夏季。因此这里利用 FY-2G 卫星相当黑体亮温数据,选取夏季发生的、较典型的 5 次降水过程(表1),它们为混合云系降水,自偏西向偏东方向移动,具有一定代表性。对天气形势的分析表明该五次降水主要受高空槽、700 hPa 风切变以及副热带高压(以下简称"副高")外围暖湿气流等的影响。

表1　5 次降水过程的天气系统、系统移向、模拟与实况降水场的空间相关系数 $R$ 和均方根误差 RMSE

| 个例日期 | 天气系统 | 系统移向 | $R$ | RMSE/mm |
|---|---|---|---|---|
| 2016 年 6 月 22—23 日 | 500 hPa 高空槽+700 hPa 风切变 | 东—西 | 0.820 | 6.228 |
| 2017 年 6 月 3—4 日 | 500 hPa 高空槽+700 hPa 风切变 | 东—西 | 0.759 | 3.939 |
| 2017 年 7 月 26—27 日 | 冷涡+副高西北侧西南暖湿气流 | 东—西 | 0.664 | 5.320 |
| 2017 年 8 月 6—7 日 | 高原槽+副高北侧暖湿气流 | 西北—东南 | 0.709 | 7.801 |
| 2017 年 8 月 21—22 日 | 500 hPa 高空槽+700 hPa 风切变 | 东—西 | 0.718 | 4.358 |

注:$R$ 值均通过 0.001 显著性水平检验。

依据目前的观测资料来研究降水效率比较困难,因此利用数值模拟的结果来估算降水效率。利用 WRF 中尺度数值模式进行模拟,采用分辨率为 1°×1°,时间间隔为 6 h 的 NCEP 再分析资料作为模式初始场和侧边界条件,双层双向嵌套方案中粗细网格分辨率分别为 9 km 和 3 km,主要物理过程参数设置为:Thompson 云微物理方案,RRTM 长波辐射方案,Dudhia 短波辐射方案,Kain-Fritsch 积云对流参数化方案(只在外层使用),修正的 MM5 Monin-Obukhov 近地面层方案,以及 YSU 边界层方案等。模拟域的设置如图9所示。

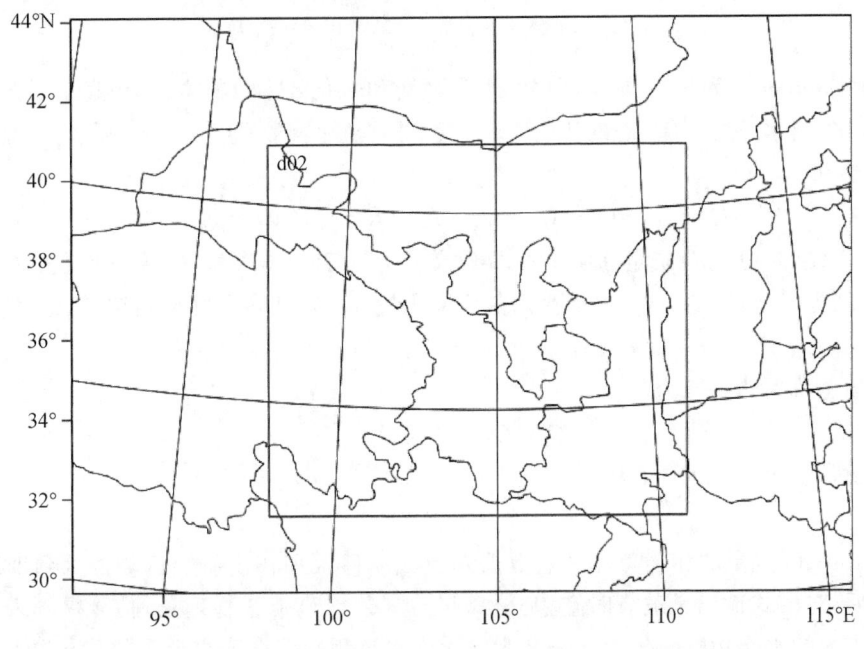

图 9　WRF 模式两层嵌套的模拟域示意图

利用 WRF 数值模式模拟了选取的五次降水过程,将模拟的降水量与利用近 6000 个自动气象站逐小时雨量资料计得到的降水量进行对比,发现模拟结果能够较好地反映降水发生时间、范围和强度。为了能够直观地比较模拟与实测降水的差异,对 5 次降水过程的降水量做平均,得到图 10。为定量评估模式对降水的模拟效果,分别计算五次过程中模拟的降水场与对应的自动气象站实测降水场的空间相关系数 $R$,并计算均方根误差 RMSE(表 1)。相关系数小于 0.4 为低度相关,处于 0.4～0.7 间为显著相关,处于 0.7～1 间为高度相关。由表 1 结果来看,5 次模拟的降水场与实测的降水场存在显著或高度的空间相关性,且通过 0.001 显著性水平检验。均方根误差则反映了模拟与实测值的偏差程度,平均为 5.5 mm 左右,但仍能正确反映实际的降水强度。因此认为模式对降水的位置、强度等的模拟结果可信。

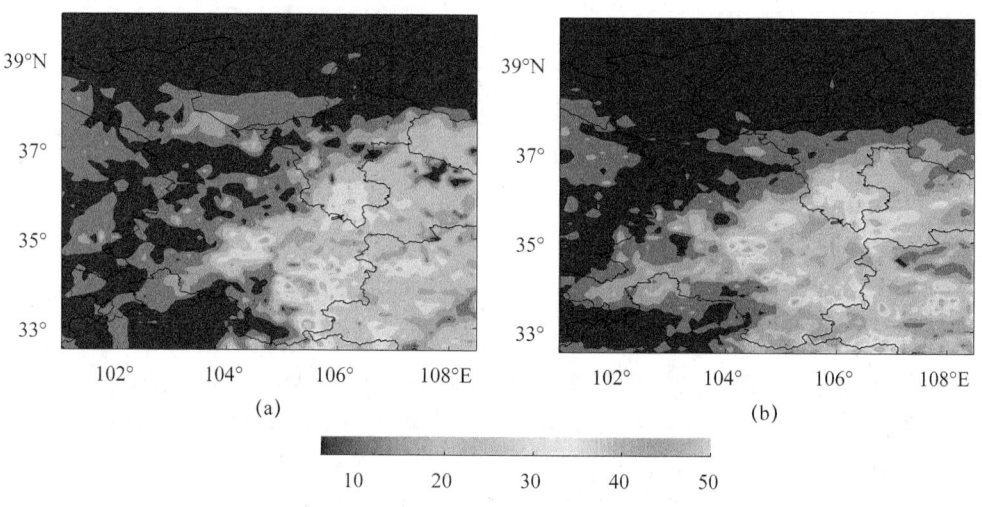

图 10 5 次降水过程的降水量平均值(单位:mm)
(a)自动气象站雨量资料;(b)WRF 模式模拟

根据周非非等[33]和陶玥等[34]利用的水分平衡和转化效率分析方法,由显示云微物理方案中水汽、云水、雨水、冰晶、雪、霰的比含水量方程得到总水凝物(包括云水、雨水、冰晶、雪和霰)的平衡等式为

$$Q_c + Q_d + Q_{ti} - Q_e - Q_s - Q_{to} - R - Q_{rv}(Q_{rt} - Q_{r0}) = 0 \tag{5}$$

式中,$Q_c$ 为凝结量,$Q_d$ 为凝华量,$Q_{ti}$ 为总水凝物输入量,$Q_e$ 为蒸发量,$Q_s$ 为升华量,$Q_{to}$ 为总水凝物输出量,$R$ 为降水量,$Q_{rv}$ 为总水凝物内留量变化量,$Q_{rt}$ 为最终水凝物内留量,$Q_{r0}$ 为初始水凝物内留量。

水凝物总量($Q_t$)定义为

$$Q_t = Q_c + Q_d + Q_{r0} + Q_{ti} \tag{6}$$

水凝物降水效率($E$)定义为

$$E = R/Q_t \tag{7}$$

利用 FY-2G 卫星的相当黑体亮温数据判断云体移入和移出研究区域的大致时间来确定评估时段后,对模式输出量进行时空积分得到公式(6)、(7)中各物理量,估算得到六盘山区域在评估时段内的水凝物降水效率。表 2 为 5 次降水过程中混合降水云系的移向以及评估时段内六盘山区域的水凝物总量和水凝物降水效率,可见夏季当系统由偏西向偏东方向移经六盘山区域且降水云系为混合云系时,六盘山区平均水凝物降水效率约为 48.1%。同时利用 ERA5

再分析数据(水平分辨率取0.125°×0.125°,包括风场、水汽、各水凝物含量等物理量),采用同样的计算方法估算得到该五次个例中研究区域的平均降水效率约为44%,结果较为相近。计算云中水凝物降水效率的文献目前还较少,且由于不同地区的地理环境、气候条件和降水机制等不尽相同,因此不便将前人的结果与本文计算的结果直接进行比较,但作为参考仍具有一定意义。周非非等[33]和陶玥等[34]对发生在不同地区的个例进行计算得到的水凝物降水效率大小分别为69.7%(河南)和44.9%(北京);Sui等[35]定义的降水效率(CMPE2)与本文定义的水凝物降水效率相似,本文选取的5次过程降水强度在3 mm·h$^{-1}$以上,而在其研究结果中,3 mm·h$^{-1}$以上强度的降水对应的降水效率(CMPE2)为45%~90%。因此就这一结果来说,本文中5次过程的降水效率均处于比较低的水平区间。

表2 利用WRF模式模拟结果估算五次降水过程中评估时段内六盘山地区水凝物总量和降水效率

| 个例日期 | 评估时段(UTC) | 水凝物总量/10$^{11}$ kg | 水凝物降水效率/% |
|---|---|---|---|
| 2016年6月22—23日 | 6月22日12时至次日02时 | 5 | 49.5 |
| 2017年6月3—4日 | 6月4日00—12时 | 2.9 | 50.2 |
| 2017年7月26—27日 | 7月26日15时至次日03时 | 1.5 | 47 |
| 2017年8月6—7日 | 8月6日20至次日08时 | 2.1 | 53.9 |
| 2017年8月21—22日 | 8月21日16至次日02时 | 4.6 | 40.1 |

为对比六盘山与周边地区的水凝物降水效率,还选定(34°—38°N,104°—108°E)区域范围,将其分为每2500 km$^2$(0.5°×0.5°)一个子评估区域,利用上述模式模拟数据和计算方法估算得到五次过程中该区域范围内平均的水凝物降水效率分布(图11),可见六盘山地区平均水凝物降水效率较周围低海拔地区稍高,即山区更易产生降水,但低于其西侧的青藏高原东部边坡(该处海拔与六盘山地区相近)。由此结果看来在六盘山区域空中还有较大部分的水凝物未能成为降水,具有一定的开发空间。

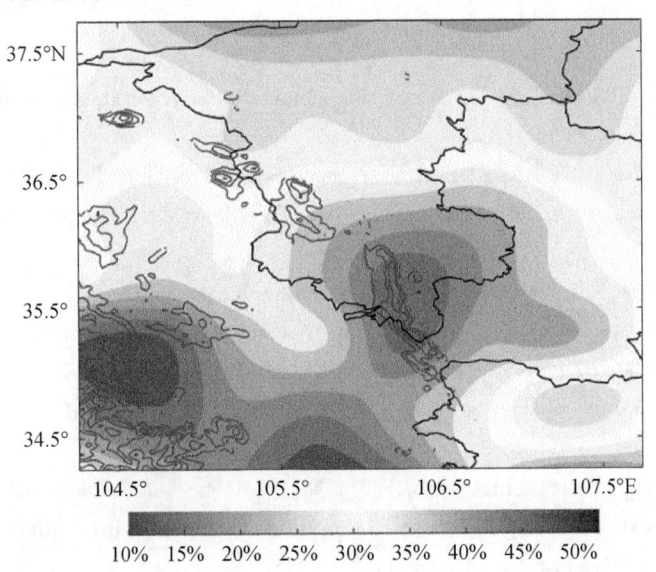

图11 利用WRF模式模拟结果估算5次降水过程中评估时段内水凝物降水效率的平均分布
(灰色实线表示海拔高于2000 m,黑色实线表示省界)

## 7 结论和讨论

本文利用目前国际上较高时空分辨率的 ECMWF ERA5 再分析数据集、MODIS 数据和 WRF 数值模拟结果对六盘山地区空中水资源分布特征以及夏季典型降水过程的降水效率进行了统计分析,为今后开发六盘山地区空中水资源做了相关工作。初步结论如下:

(1)受亚洲季风影响,夏季来自偏南风的水汽通量为六盘山地区提供了丰沛的水汽,山区对应相对湿度高值区,午后达 75% 以上。

(2)春、夏、秋三季午后山区上空云量较周围偏多,夏季云量达 75%;夏季平均云水路径和云光学厚度均明显大于周边地区;夏季降水云系的云水路径和云光学厚度的高值区也主要出现在山区。

(3)六盘山地形对夏季降水有明显影响。地形产生的水汽通量辐合区走向和范围与山区一致。山区低层辐合高空辐散的配置产生的动力作用有利于降水的发生和发展。在降水强度达 $5~\mathrm{mm} \cdot \mathrm{d}^{-1}$ 以上的过程中,地形对水汽的辐合抬升作用明显,且辐合越强时降水强度越大。

(4)夏季当系统由偏西向偏东方向移经六盘山区域、降水云系为层积混合云时,六盘山地区水凝物的降水效率平均为 48.1% 左右。因此空中还有较大部分的水凝物未能成为降水,仍具有一定的开发空间。

六盘山地形走向为西北—东南,夏季来自西南偏南的水汽输送在地形作用下形成水汽通量辐合,和周边相比,形成的云量、云的液态水路径和光学厚度的数值都较高,动力场、水汽场和云场及云参数相对而言有利于降水的形成,再考虑到降水量不足、夏季混合云云系的降水效率平均不足百分之五十,可在这个地区进一步开展人工增雨相关研究。本研究仅了解了六盘山地区降水形成的动力场、水汽场、云场和降水的一般情况,今后可以将结合直接探测和遥感资料与模式结合,深入了解云的微物理结构、降水形成的微观过程和动力机制,分析影响降水效率大小的因素,进而研究人工增雨条件的评估技术和催化作业技术。

**参考文献**

[1] KAWASE H,TAKEUCHI Y,SATO T,et al. Precipitable water vapor around orographically induced convergence line [J]. Sola,2006,2:25-28.

[2] GIOVANNETTONE J P, BARROS A P. Probing regional orographic controls of precipitation and cloudiness in the central Andes using satellite data [J]. Journal of Hydrometeorology,2009,10(1):167-182.

[3] SMITH B L,YUTER S E. Water vapor fluxes and orographic precipitation over northern California associated with a landfalling atmospheric river [J]. Mon Wea Rev,2010,138(1):74-100.

[4] DURÁN L,RODRÍGUEZ-FONSECA B,YAGÜE C,et al. Water vapour flux patterns and precipitation at Sierra de Guadarrama mountain range(Spain)[J]. International Journal of Climatology,2015,35(7):1593-1610.

[5] 张良,王式功,尚可政,等. 祁连山区空中水资源研究[J]. 干旱气象,2007,25(1):14-20,47.

[6] ZHANG Q, ZHANG J, SUN G W, et al. Research on water-vapor distribution in the air over Qilian mountains [J]. Acta Meteor Sinica,2008,22(1):107-118.

[7] MA X G,JIA W X,ZHU G F,et al. Stable isotope composition of precipitation at different elevations in the monsoon marginal zone [J]. Quaternary International,2018,493:86-95.

[8] WANG X J,PANG G J,YANG M X,et al. Precipitation changes in the Qilian mountains associated with the shifts of regional atmospheric water vapour during 1960—2014 [J]. International Journal of Climatology,2018,38(12):4355-4368.

[9] 王可丽,江灏,赵红岩. 西风带与季风对中国西北地区的水汽输送[J]. 水科学进展,2005,16(3):432-438.

[10] BENDIX J,ROLLENBECK R,PALACIOS W E. Cloud detection in the Tropics—A suitable tool for climate-ecological studies in the high mountains of Ecuador [J]. Int J Remote Sens,2004,25(21):4521-4540.

[11] VONDOU D A. Spatio-temporal variability of western central African convection from infrared observations [J]. Atmosphere,2012,3(3):377-399.

[12] CARRASCO E,AVILA R,ERASMUS A,et al. A satellite survey of cloud cover and water vapor in the southwestern USA and northern Mexico [J]. Publications of the Astronomical Society of the Pacific,2017,129(973):035005.

[13] SUMARGO E,CAYAN D R. Variability of cloudiness over mountain terrain in the western United States [J]. Journal of Hydrometeorology,2017,18(5):1227-1245.

[14] BARTH E L. Cloud formation along mountain ridges on Titan [J]. Planetary and Space Science,2010,58(13):1740-1747.

[15] 刘洪利,朱文琴,宜树华,等. 中国地区云的气候特征分析[J]. 气象学报,2003,61(4):466-473.

[16] 宜树华,刘洪利,李维亮,等. 中国西北地区云时空分布特征的初步分析[J]. 气象,2003,29(1):7-11.

[17] 石晓兰,杨青,姚俊强,等. 基于ERA-Interim资料的中国天山山区云水含量空间分布特征[J]. 沙漠与绿洲气象,2016,10(2):50-56.

[18] 刘玉芝,常姝婷,华珊,等. 东亚干旱半干旱区空中水资源研究进展[J]. 气象学报,2018,76(3):485-492.

[19] ZHOU Y S,LI X F,GAO S T. Precipitation efficiency and its relationship to physical factors [J]. Chinese Physics B,2014,23(6):260-265.

[20] 李宏宇,王华,洪延超. 锋面云系降水中的增雨潜力数值研究[J]. 大气科学,2006,30(2):341-350.

[21] 洪延超,周非非. 层状云系人工增雨潜力评估研究[J]. 大气科学,2006,30(5):913-926.

[22] 袁野,王成章,蒋年冲,等. 不同云天条件下水汽含量特征及其变化分析[J]. 气象科学,2005,25(4):394-398.

[23] 程菲,杨军. 东天山迎风坡与高海拔区域降水效率对比研究[J]. 科学技术与工程,2016,16(22):12-19.

[24] SUN B L,ZHANG X,SUN K,et al. Study on potential and countermeasures of artificial precipitation enhancement in Fuxin region [J]. Meteorological and Environmental Research,2016,7(6):13-21,28.

[25] 张扬,李宝富,陈亚宁. 1970—2013年西北干旱区空中水汽含量时空变化与降水量的关系[J]. 自然资源学报,2018,33(6):1043-1055.

[26] 杨瑜峰. 中国西北东部近50a降水异常分布及变化特征[J]. 干旱气象,2014,32(5):701-705,711.

[27] 朱晓炜,杨建玲,崔洋,等. 1961—2009年西北地区东部降水时空分布及成因[J]. 干旱区研究,2013,30(6):1096-1099.

[28] 周晋红,李丽平,武捷. 山西春季典型干湿年份水汽输送特征差异[J]. 气象,2011,37(10):1270-1276.

[29] 林志强,唐叔乙,何晓红,等. 西藏高原汛期水汽输送特征与降水异常[J]. 气象,2011,37(8):984-990.

[30] 赵光平,姜兵,王勇,等. 西北地区东部夏季水汽输送特征及其与降水的关系[J]. 干旱区地理,2017,40(2):239-247.

[31] 杨辉,宋正山,朱抱真. 1979年5月东南亚夏季风的建立和青藏高原的作用[J]. 大气科学,1998,22(6):858-866.

[32] 王宝鉴,黄玉霞,何金海,等. 东亚夏季风期间水汽输送与西北干旱的关系[J]. 高原气象,2004,23(6):912-918.
[33] 周非非,洪延超,赵震. 一次层状云系水分收支和降水机制的数值研究[J]. 气象学报,2010,68(2):182-194.
[34] 陶玥,李军霞,党娟,等. 北京一次积层混合云系结构和水分收支的数值模拟分析[J]. 大气科学,2015,39(3):445-460.
[35] SUI C H,LI X F,YANG M J,et al. On the definition of precipitation efficiency [J]. J Atmos Sci,2007,64(12):4506-4513.

# 1989—2018 年六盘山区水汽条件及输送特征分析*

邓佩云 桑建人* 穆建华 曹 宁 田 磊

(1. 中国气象局旱区特色农业气象灾害监测预警与风险管理重点实验室,银川 750002;
2. 中国气象局云雾物理环境重点开放实验室,北京 100081)

**摘 要**:利用 1989—2018 年欧洲中期天气预报中心(ECMWF)发布的 ERA-Interim 的高时空分辨率($0.125°×0.125°$)的再分析资料以及气象站降水观测资料,对六盘山区近 30 年东西坡降水及空中水汽条件差异特征进行诊断分析。结果表明:(1)近 30 年六盘山区大气可降水量、700 hPa 比湿、水汽通量与降水量空间分布特征较为一致,呈东高西低、南大北小的特征。(2)近 30 年六盘山区的水汽主要来源于低层孟加拉湾、南海及印度洋的暖湿气流的水汽输送。(3)六盘山区的水汽输送特征表现为 700 hPa 和 750 hPa 以西南风水汽输送为主导,750 hPa 以下六盘山东侧为东南风迎风坡,受地形强迫的影响,东南暖湿气流在东坡抬升。(4)六盘山系东坡存在高层辐散、低层辐合或弱辐散的动力场配置,加之地形、东亚季风与天气系统之间相互作用的共同影响,造成六盘山区降水及空中水汽条件呈东高西低的分布特征。初步的研究结果可揭示区域空中水汽条件的分布特征,为该地云水资源开发提供可参考性依据。

**关键词**:六盘山区;大气可降水量;水汽通量;水汽通量散度;风场;地形

## 1 引言

在全球变暖的大背景下,我国区域经济发展和有限的环境资源禀赋之间的矛盾日益突出,以干旱灾害为代表的生态问题严重制约着当地社会的发展,其重要性愈加受到政府、公众和学界的关注[1,2]。西北干旱区深居亚欧大陆腹地,是我国水资源最短缺的地区之一,干旱缺水的生态特点造成西北地区土地贫瘠,灾害频发,对农业和区域生态环境的影响巨大[3,4]。中国西北地区降雨成因较复杂,水汽含量相对较低,姚俊强等[5]探讨了西北干旱区的气候变化特征及其对生态环境的影响;郑丽娜[6]利用近 55 年中国西北地区气象站点的日降水数据以及再分析资料,揭示了该地区夏季降水的时空演变特征;陈楠等[7]利用 NCEP/NCAR 月均再分析资料,初步探讨了宁夏水汽通量的年际、年代际演变特征以及不同区域和不同季节的分布特征。已有研究表明[8],西北地区水汽含量随海拔高度的升高而减少,降水效率随海拔高度的升高而增大,其来源主要为西风带水汽输送,少量来自于西西伯利亚,王宝鉴等[9]研究表明东部季风区是西北地区大气水汽含量最丰富的地区,西风带区次之,高原区最少,巩宁刚等[10]研究发现,近 38 年西北腹地的祁连山区大气水汽含量呈东南多、西北少的空间分布特征,且随海拔的升

---

\* 基金资助:西北区域人影建设研究试验项目(RYSY201904),第二次青藏高原综合科学考察研究项目(2019QZKK0104),宁夏回族自治区重点研发计划项目(2019BEG03001),国家自然科学基金面上项目(41775135)。
作者简介:邓佩云,女(1993—),硕士研究生,助理工程师,主要从事工作为大气物理及人工影响天气研究。E-mail: 734785297@qq.com。
通讯作者:桑建人(1964—),男,汉族,正研级高工,学士,主要从事大气物理与大气环境研究。sangjr@126.com。

高而逐渐减少,整层大气水汽主要集中在 5000 m 以下,并揭示了该地区空中水资源的开发潜力;祁连山区水汽输送主要受西风带、偏南季风与东亚季风的共同影响[11,12]。此外,研究表明,山地上空的云量较周边区域偏多[13],空气的上升运动在较低海拔山脉也能产生对流云[14]。

六盘山作为西北地区东部的主要山脉,位于青藏高原东部,黄土高原的西北部,六盘山区是中国气象局精准扶贫行动计划示范区,是重要的水源涵养地及雨养农业区,也是海洋暖湿气流进入西北内陆的门户,维系西北内陆地区空中水汽输送的关键区域,担负着陕、甘、宁三省(区)水源的供水重任,然而其干旱少雨、灾害性天气多、区域降水差异大等气候特征严重制约着当地经济发展。空中水汽条件的分布以及水汽的输送对山区降水至关重要[15],但六盘山区针对此方面还鲜有研究,因此,明晰该区域空中水汽条件特征及其成因,可为区域降水预测、农业气象评估以及人工影响天气等提供科学依据,具有重要的现实意义和科学价值。

为此,本文基于六盘山区的气象站逐日降水量观测资料,对六盘山区 1989—2018 年的降水特征进行分析,并基于同期的 ERA-Interim 高分辨率再分析资料对包括六盘山在内的西北地区东部的空中水汽条件特征进行分析,进一步探究六盘山区的水汽来源以及东西坡降水和空中水汽条件的差异特征及其成因,以期为后续云和降水物理过程参数化方案等相关研究和应用提供可参考性依据。

## 2 资料及方法

### 2.1 资料

使用的资料包括 1989 年 1 月—2018 年 12 月期间六盘山区的气象站(西吉站、隆德站、六盘山站、泾源站、固原站、彭阳站)逐日降水量观测资料以及同期 ECMWF 的 ERA-Interim 高分辨率再分析资料(10°—70°N,30°—160°E)。ERA-Interim 再分析资料时间分辨率为 6 h,空间分辨率为 $0.125°×0.125°$,垂直分为 16 层等压面(本文选取 1000~500 hPa)。具体包括:大气可降水量、位势高度场、风场、相对湿度、表面气温、海平面气压和垂直速度等。

### 2.2 方法

#### 2.2.1 计算方法

单位气柱内整层水汽通量的计算[16]:

$$Q = -\frac{1}{g}\int_{p_s}^{p_t} Vq\,dp \tag{1}$$

垂直积分水汽通量的计算[16]:

$$Q_u = -\frac{1}{g}\int_{p_s}^{p_t} qu\,dp \quad Q_v = -\frac{1}{g}\int_{p_s}^{p_t} qv\,dp \tag{2}$$

某层水汽通量散度的计算[17]:

$$D = -\frac{1}{g}\nabla \cdot (Vq) \tag{3}$$

大气可降水量的计算[18]:

$$W = -\frac{1}{g}\int_{p_s}^{p_t} q\,dp \tag{4}$$

式中,$Q$ 为水汽通量,其中 $Q_u$ 为纬向水汽通量,$Q_v$ 为经向水汽通量,单位:$g·(s·hPa·cm)^{-1}$;

$D$ 为某层的水汽通量散度,单位:g·(s·hPa·cm$^2$)$^{-1}$;$W$ 为大气可降水量,单位:mm;$q$ 为各层大气的比湿,单位:g·kg$^{-1}$;$V$ 为风速矢量,其中 $u$ 为纬向风,$v$ 为经向风,单位:m·s$^{-1}$;$p$ 为气压,其中 $p_s$,$p_t$ 分别为大气柱下界气压和上界气压,单位:hPa;$g$ 为重力加速度,单位:m·s$^{-2}$。

#### 2.2.2 六盘山区地理及气候特征

六盘山位于宁夏南部,是我国大地形中比较小的一个典型近似南北走向(与南北方向夹角近30°)的连续山脉(西北接青藏高原北麓祁连山东部余脉,东南接秦岭西部的余脉),山地东坡陡峭,坡度为26°～60°,坡向以东—东北为主,西坡和缓,坡度为20°～35°,坡向以西南为主。区域内以六盘山为南北脊柱,范围约在105.2°—107°E,34.7°—36.5°N内,海拔高度大于宁夏的其余地区,大部分在1500～2200 m,山脊海拔高度在2500 m以上,最高峰米缸山达2942 m。本文以六盘山站为基准,向东至宁夏东部边缘范围为六盘山东坡区域,即106.2°—107°E,34.7°—36.5°N,向西至宁夏西部边缘范围为六盘山西坡区域,即105.2°—106.2°E,34.7°—36.5°N,见图1。表1为六盘山区6个国家气象站基本情况,其中,西吉、隆德站位于六盘山的西坡,泾源、固原、彭阳站位于六盘山的东坡。

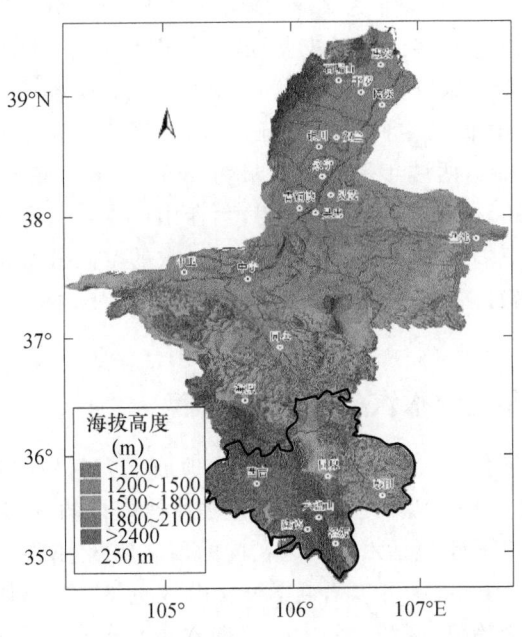

图1 宁夏地区地形图(黑色加粗区域为六盘山区)

表1 六盘山区6个国家气象站基本情况表

| 站名 | 海拔高度/m | 距六盘山站距离/km |
|---|---|---|
| 西吉国家基本气象站 | 1916.5 | 43.83 |
| 隆德国家气象观测站 | 2078.6 | 9.36 |
| 六盘山国家基准气候站 | 2845.2 | 0 |
| 泾源国家气象观测站 | 1984.7 | 21.3 |
| 固原国家基准气候站 | 1752.8 | 37.55 |
| 彭阳国家气象观测站 | 1496.0 | 31.27 |

六盘山区气候属中温带半湿润向半干旱过渡带，具有大陆性和海洋季风边缘气候特点,春低温少雨,夏短暂多雹,秋阴涝霜早,冬严寒绵长,区域年均降水量高于宁夏的引黄灌溉区与中部干旱带,但降水仍为匮乏且差异大,其中东坡年均降水量大于西坡。具有雨雾日数多、水汽条件充沛、对流条件以及垂直扩散上升条件好、催化条件适宜等特征,人工增雨潜力较大,其特殊的地理优势与气候特征为西北山区气候的研究提供了天然的实验场。

## 3 六盘山区近30年降水量与空中水汽条件的时空分布特征

### 3.1 六盘山区近30年降水量的时空分布特征分析

基于1989—2018年六盘山区降水量距平图(图2a)对研究区降水量的年际变化特征进行分析,历年降雨量变化过程表现为1990年、1992年、2003年、2005年、2013年、2014年、2017年、2018年为8个雨量偏多年;1989年、1991年、1993年、1994年、1995年、1996年、1997年、1998年、1999年、2000年、2001年、2002年、2004年、2006年、2007年、2008年、2009年、2010年、2011年、2012年、2015年、2016年为22个雨量偏少年,整个分析期六盘山区降水量以降水偏少年居多,降水偏多年次数不多但变幅较大,最高年份为2013年,年降水量为771.54 mm。由六盘山区近30年的6个国家气象站各站的年均降水量统计图(图2b)可见,降水量分布呈现显著的南多北少和东高西低的空间分布特征,六盘山区年均降水量为520.09 mm,其中东坡年均降水量为531.15 mm,西坡年平均降水量为456.49 mm,逐年的降水量在六盘山区东坡大于西坡的年份高达90%。进一步分析表明,六盘山区暴雨日数共计72 d,大雨为483 d,中雨为1964 d,小雨日数为10676 d,各类型的降雨日数的空间分布特征也均表现为六盘山东坡高于西坡的空间分布特征。此外,六盘山区降水量的季节变化特征表现较为明显,降水过程主要集中在夏季。

### 3.2 六盘山区近30年空中水汽条件分布特征

大气可降水量($W$),又称为大气水汽含量,表示地面上大气柱的总水汽量,是评估区域空中水资源的重要指标。为明晰六盘山区近30年空中水汽条件的分布特征,利用ERA-Interim再分析资料计算1989—2018年包括六盘山区在内的西北地区东部($33°—37°N, 103°—109°E$)的大气可降水量分布图(图3a),可以看出,六盘山区近30年年均大气可降水量达12~14 mm,呈东南向西北递减趋势,区域内的大气可降水量显著高于宁夏中北部地区,区域平均大气可降水量为12.89 mm,其中六盘山东坡年均区域平均大气可降水量为13.43 mm,而西坡仅为12.46 mm。基于ERA-Interim再分析资料与站点资料有很好的一致性,进一步将再分析资料插值到六盘山区的各站点中,并求取出六盘山区各站点近30年的年均大气可降水量(图3b),可以看出,近30年的年均大气可降水量在六盘山系东西坡具有显著的差异,尤其以东坡的泾源辖区为代表的区域各站点,最大年均大气可降水量高达12.94 mm以上,而西坡的隆德各站点的年均可降水量显著低于东坡,最大年均大气可降水量为12.59~12.94 mm,这与实际降水量的空间分布差异特征一致。进一步分析表明,六盘山区大气可降水量的季节变化表现为夏季最大、春秋季次之、冬季最少(图略),其年际变化表现为20世纪80—90年代呈降低趋势,90年代后呈上升趋势[7],2006年后呈下降趋势[18],其时空变化规律与田磊等人[19]利用气象观测站资料的验证结果一致。

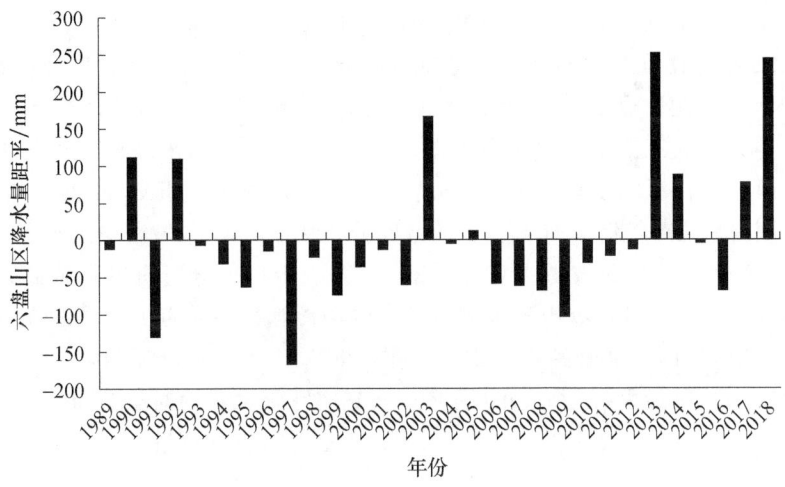

图 2a 1989—2018 年六盘山区降水量距平图

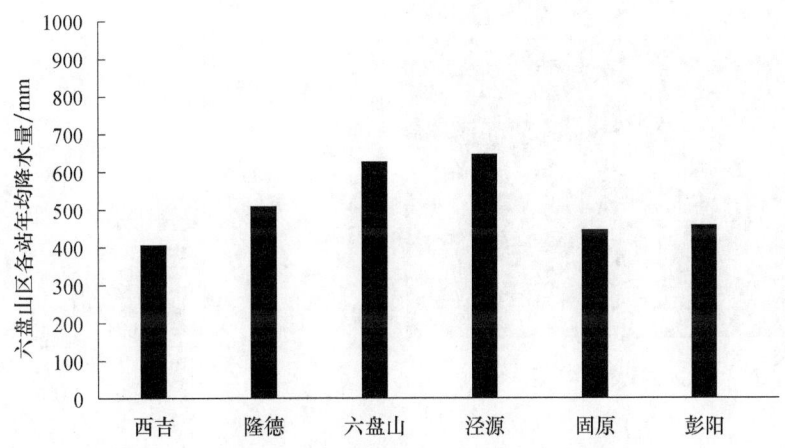

图 2b 1989—2018 年六盘山区各站年均降水量统计图

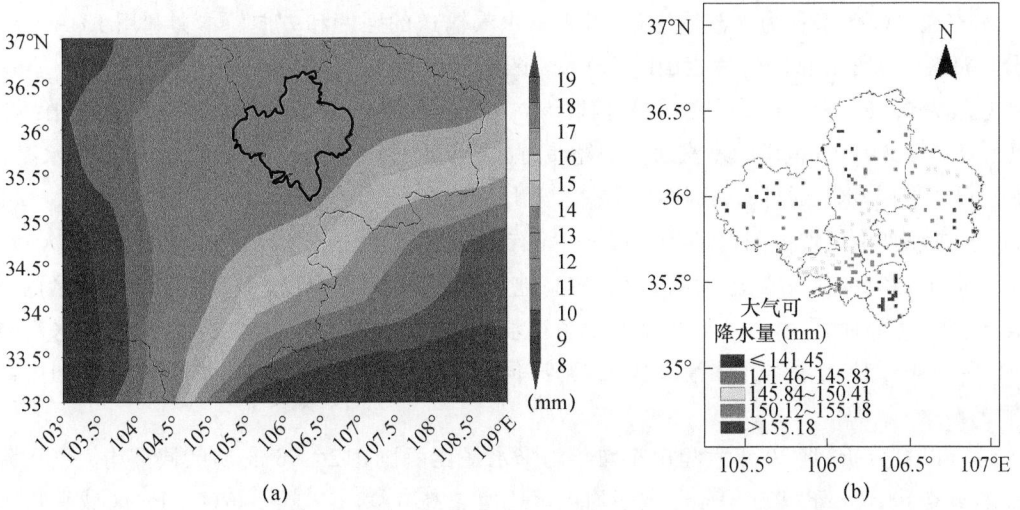

图 3 1989—2018 年西北地区东部(a)和六盘山区各站点(b)年均大气可降水量分布图

比湿($q$),又称为水汽含量,指湿空气中的水汽质量与湿空气的总质量之比。赵美等[20]研究表明,700 hPa高空比湿对地面降水具有强烈的指示意义,总的降水趋势是随着700 hPa比湿的增大而降水的可能性也增大,六盘山区东西坡700 hPa比湿场的显著差异,对揭示该区域东西坡降水差异以及人工影响天气有着重要的指示作用。利用1989—2018年的再分析资料对六盘山区700 hPa比湿的变化特征进行分析(图4a),六盘山区近30年的年均比湿在3.6~4.2 g·kg$^{-1}$范围内呈现南高北低、东高西低的空间分布特征,年均区域平均比湿为4.02 g·kg$^{-1}$,其中东坡为4.03 g·kg$^{-1}$,西坡为4.01 g·kg$^{-1}$,进一步将再分析资料插值到六盘山区的各站点中(图4b),可以看到以六盘山系东坡为代表的泾源辖区各站点的比湿均在3.94 g·kg$^{-1}$以上,而西坡隆德区域内大部分站点的比湿值在3.88~3.94 g·kg$^{-1}$内,其值显著低于东坡,其季节变化表现为夏季最大,冬季最小(图略),这与实际降水量的时空分布特征一致。

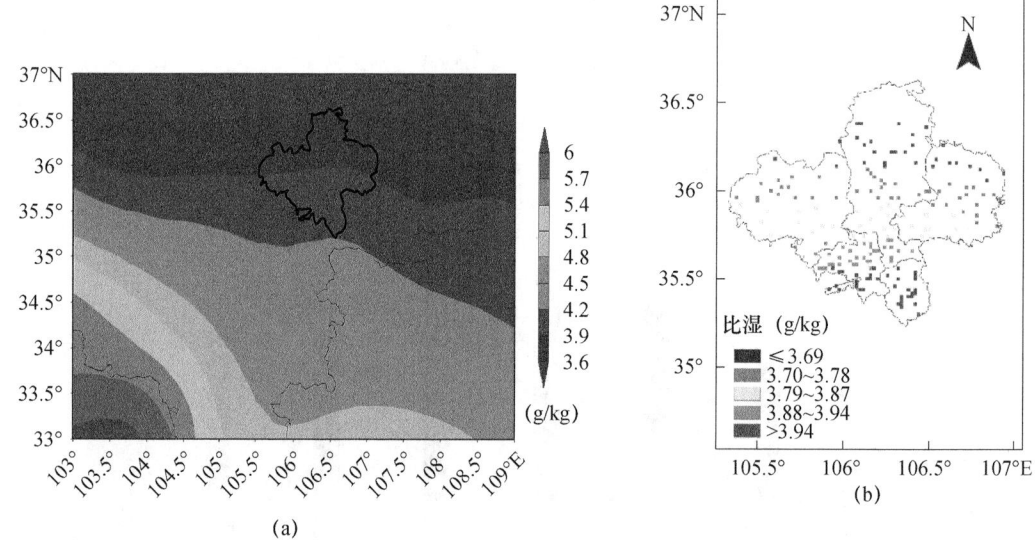

图4 1989—2018年700 hPa西北地区东部(a)和六盘山区各站点(b)年均比湿分布图

水汽通量($Q$),又称为水汽输送量,可表示水汽输送的强度和方向。本文利用ERA-Interim再分析资料计算得出近30年六盘山区700 hPa区域平均水汽通量值为0.56 g·(s·hPa·cm)$^{-1}$,其中东坡为0.66 g·(s·hPa·cm)$^{-1}$,西坡为0.47 g·(s·hPa·cm)$^{-1}$,进一步沿六盘山站对六盘山区850~500 hPa范围的水汽通量的经纬向进行剖面(图5),由图5a可以看出,高层水汽通量的强度低于低层,水汽通量的大值区集中在六盘山东坡800 hPa左右,高达2.2 g·(s·hPa·cm)$^{-1}$及以上,在六盘山西坡范围内,800~750 hPa有一次高值区,达2 g·(s·hPa·cm)$^{-1}$及以上,较大值区主要集中在沿六盘山脉的海拔较高地。由图5b可以看出,南部地区水汽通量的大值区范围高于北部地区,水汽主要积聚在山系东坡,西坡的水汽有抬升作用,六盘山区水汽通量近30年的年际变化表现为逐渐减少的趋势,但其值仍高于宁夏区域内的引黄灌区和中部干旱带[7]。

综合以上分析,近30年六盘山东坡年均降水量比西坡高74.66 mm,区域平均大气可降水量比西坡高0.97 mm,700 hPa区域平均比湿比西坡高0.02 g·kg$^{-1}$,700 hPa区域平均水汽通量比西坡高0.19 g·(s·hPa·cm)$^{-1}$,相较于海拔较高地处于西风带气候区的天山以及高原气候区的祁连山[21],六盘山区具有更为充沛的水汽条件,这与海拔较高以及山地对水汽的阻挡作用等因素有关[22]。

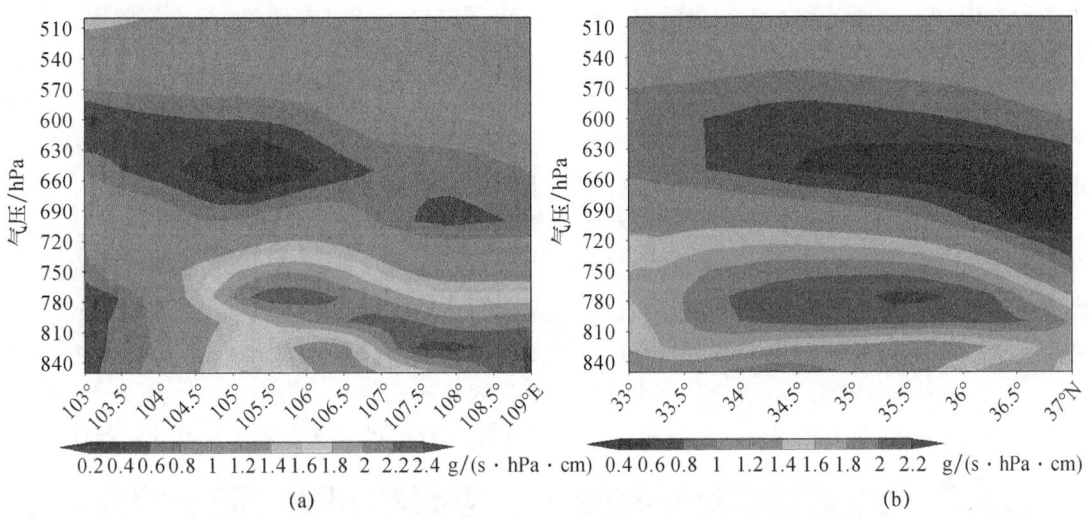

图 5  1989—2018 年西北地区东部夏季水汽通量剖面图
(a)沿 35.67°N 剖面;(b)沿 106.20°E 剖面

## 4  六盘山区近 30 年空中水汽条件分布成因

### 4.1  六盘山区水汽来源

水汽输送是产生降水的一个重要物理因子,考虑到气候平均状况下水汽源地上空的水汽通量相当充沛,水汽输送源地可能是水汽输送路径上水汽通量大值区下方的海洋、江河及湖泊等地,已有研究表明[7],在水汽输送偏多年,西太平洋到孟加拉湾有较大闭合比湿中心,这是西北地区东部重要的水汽来源地之一。为进一步分析六盘山区的水汽来源,绘制(10°—70°N,30°—160°E)范围内的 30 年年均的水汽通量与风场的叠加图(图 6),可以看出,六盘山区近 30 年水汽来源于孟加拉湾、南海及印度洋。700 hPa 从孟加拉湾有明显的西南风水汽输送带延伸至甘肃东南部、宁夏南部、陕西一带;850 hPa 从南海有一明显的西北向水汽输送带,此外,印度洋—孟加拉湾的水汽输送带向东北方向输送,两支水汽输送带经云南、四川转为向西北输送,在青藏高原的地形的影响下[23],将水汽输送至六盘山区。

### 4.2  六盘山区水汽通量散度场

某层的水汽通量散度($D$),指的是单位时间、单位体积中,从水平方向汇合进来或辐散出去的某层的水汽量,是表征水汽输送的主要物理量,若 $D<0$,水汽通量辐合,若 $D>0$,水汽通量辐散。利用 1989—2018 年的 ERA-Interim 再分析资料计算可得,500 hPa 六盘山区年均区域水汽通量散度值为 $-5.67$ g·(s·hPa·cm$^2$),其中东坡年均区域平均值为 4.25 g·(s·hPa·cm$^2$)$^{-1}$,水汽辐散,而西坡年均区域平均值为 $-17.06$ g·(s·hPa·cm$^2$)$^{-1}$,水汽辐合;700 hPa 六盘山区平均水汽通量散度值为 $-1.98$ g·(s·hPa·cm$^2$)$^{-1}$,其中东坡年均区域平均水汽通量散度值为 $-5.22$ g/(s·hPa·cm$^2$)$^{-1}$,水汽辐合,西坡年均区域平均水汽通量散度值为

0.60 g/(s·hPa·cm²),水汽辐散;850 hPa 六盘山区年均区域平均值为 241.12 g·(s·hPa·cm²)⁻¹,其中东坡为 81.52 g·(s·hPa·cm²)⁻¹,西坡高达 368.80 g·(s·hPa·cm²)⁻¹。为进一步明晰六盘山区东西坡站点水汽通量散度场的差异性,将 1989—2018 年的水汽通量散度插值到六盘山区的各站点(图 7),可以看出,500 hPa 水汽通量散度正值集中在六盘山东坡,其中大值区位于泾源县,水汽通量散度值>19.54 g·(s·hPa·cm²)⁻¹的站点居多,水汽辐散,而西坡大部分区域为负值区或弱正值区,水汽辐合或弱辐散。由图 7b 可见,850 hPa 水汽通量散度正值的大值区集中在六盘山系西坡区域,其中水汽通量散度最大值多集中在隆德辖区,高达 354.92 g·(s·hPa·cm²)⁻¹以上,水汽显著辐散,而在东坡范围内大部分站点的水汽通量散度值为负值或弱正值,水汽辐合或弱辐散,六盘山东坡存在着高层辐散、低层辐合或弱辐散的配置。进一步分析表明,近 30 年六盘山区在主要降水天气过程前期,700 hPa 青海东南部—甘肃南部—宁夏南部—陕西西部一带通常存在明显的水汽辐合区,水汽通量散度值可达(−6~−3)g·(s·hPa·cm²)⁻¹。因此,六盘山东坡受地形的抬升作用引起的高层辐散、低层辐合或弱辐散的动力场[24],使东坡相较于西坡有着更为有利的较强降水发生发展条件。

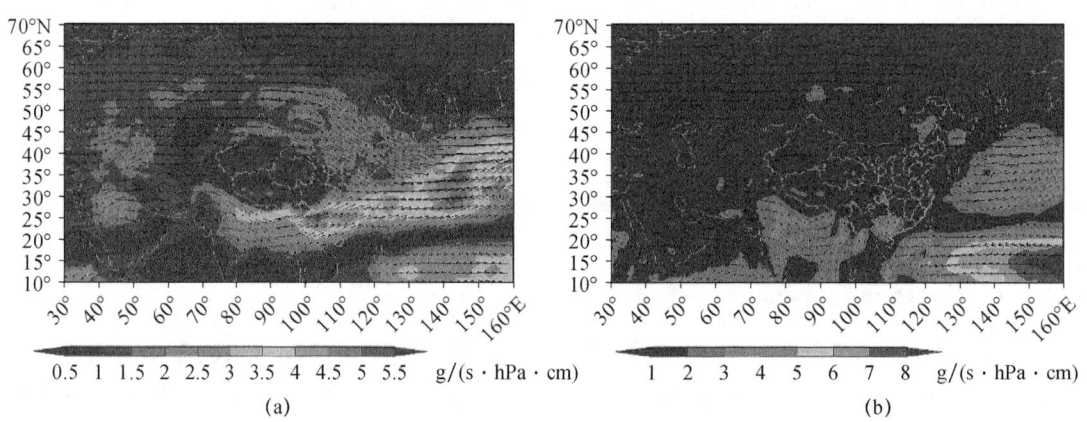

图 6　1989—2018 年水汽通量分布图(左:700 hPa;右:850 hPa)

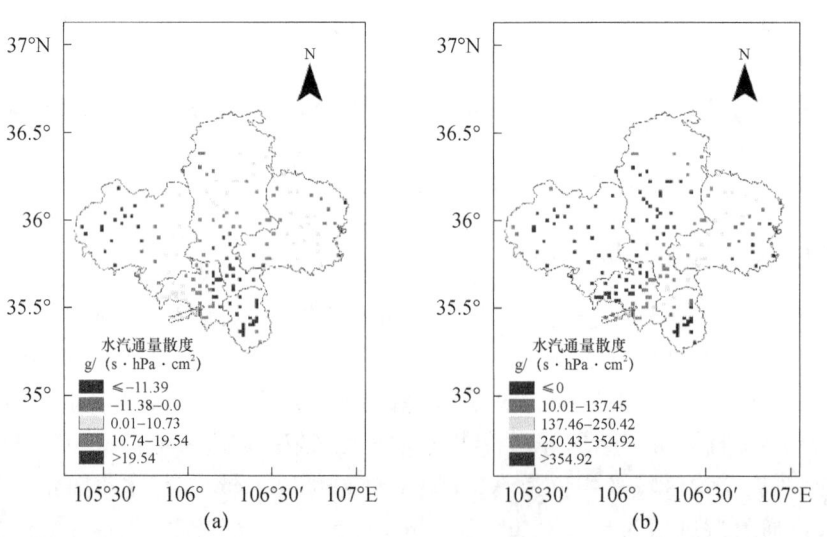

图 7　1989—2018 年六盘山区水汽通量散度分布图(a:500 hPa;b:850 hPa)

## 4.3 六盘山区近30年空中水汽条件分布成因初探

宁夏六盘山区近30年较好的空中水汽条件主要集中在4—10月,季节变化表现为夏季最为充沛,冬季相对较弱(表2),这与六盘山区的降水实况相符。已有研究表明[25],东亚季风对西北地区降水的影响较为显著,季风是由海洋和大陆的热力特征差异造成的气候现象,其盛行风向随季节变化。进一步分析可见(表3),六盘山区在750 hPa(约2.5 km高度)以下于4月开始盛行东南风,并于10月消退,季节变化表现为冬季盛行干冷的西北气流,夏季盛行东南风,六盘山区空中水汽条件的优劣与东南季风的进退具有较好的吻合性。六盘山区地处青藏高原东北部与黄土高原西北边缘的狭长喇叭口地带,在夏季受青藏高原的影响,西南暖湿气流很难到达海拔较高地,六盘山区位于东南季风及其边缘影响区域,受东亚季风影响较大,低层来自孟加拉湾、南海及印度洋的较为稳定的东南暖湿气流,受西太平洋副热带高压北抬的影响将水汽输送到六盘山区,并在六盘山系附近积聚,空中水汽含量较多[20],而宁夏中部干旱带及北部川区由于所处纬度较高,受到东亚季风的影响减弱,水汽很难到达,因此六盘山区的空中水汽条件相较于宁夏其他地区更为充沛。

表2 1989—2018年六盘山区逐月空中水汽条件

| 月份 | 1 | 2 | 3 | 4 | 5 | 6 | 7 | 8 | 9 | 10 | 11 | 12 |
|---|---|---|---|---|---|---|---|---|---|---|---|---|
| 大气可降水量/mm | 3.99 | 5.11 | 7.10 | 9.88 | 13.62 | 19.93 | 26.28 | 25.57 | 20.58 | 12.23 | 6.74 | 4.21 |
| 700 hPa比湿/g·kg$^{-1}$ | 0.013 | 0.013 | 0.013 | 0.013 | 0.013 | 0.014 | 0.013 | 0.013 | 0.006 | 0.013 | 0.013 | 0.013 |
| 700 hPa相对湿度/% | 47.57 | 53.12 | 55.88 | 52.40 | 51.96 | 58.16 | 66.42 | 69.80 | 66.70 | 59.88 | 46.56 | 40.24 |
| 700 hPa水汽通量/g·(s·hPa·cm)$^{-1}$ | 0.555 | 0.556 | 0.557 | 0.557 | 0.559 | 0.559 | 0.560 | 0.560 | 0.561 | 0.562 | 0.562 | 0.562 |

表3 1989—2018年六盘山区逐月主导风向

| 月份 | 1 | 2 | 3 | 4 | 5 | 6 | 7 | 8 | 9 | 10 | 11 | 12 |
|---|---|---|---|---|---|---|---|---|---|---|---|---|
| 700 hPa | NW | NW | NW | NW | NW | SW | SW | SW | SW | NW | NW | NW |
| 750 hPa | NW | W | W | W | W | SW | SW | SW | SW | NW | NW | NW |
| 800 hPa | NW | W | S | SE | SE | SE | SE | SE | SE | SE | NW | NW |
| 850 hPa | NW | W | S | SE | SE | SE | SE | SE | SE | S | NW | NW |

六盘山区东西坡降水量及空中水汽条件的明显差异,除了东坡受地形的抬升作用引起的高层辐散、低层辐合或弱辐散的动力场外,还受制于地形、季风与天气系统之间相互作用的共同影响。基于ERA-Interim再分析资料对六盘山区近30年大到暴雨降水过程的天气系统及影响系统进行分析,结果表明两槽一脊和一脊一槽为最主要的降水环流形势,主要影响系统为500 hPa低压槽和700 hPa切变及急流,切变一般位于六盘山区,急流区一般位于甘肃东南部至陕西一带,六盘山区处于急流区西侧,进一步分析表明,六盘山区近30年在700 hPa与750 hPa以西南风水汽输送为主,并与西北风通量汇合后继续向东南方向输送(图8a,b),这与张沛等[17]研究结果相符,而在750 hPa以下以东南风水汽输送为主,以800 hPa、850 hPa为例(见图8c,d),六盘山区地形大部分在750 hPa以下,因此在此高度范围内,六盘山东坡为迎风坡,且地势更为陡峭,降水潜力更大,尤其在主要降水天气过程下,此风场特征更为显著,水汽

输送受六盘山地形的强迫辐合抬升,加之有利的天气系统配合,造成六盘山系多年年均降水量及空中水汽条件呈东高西低分布特征。

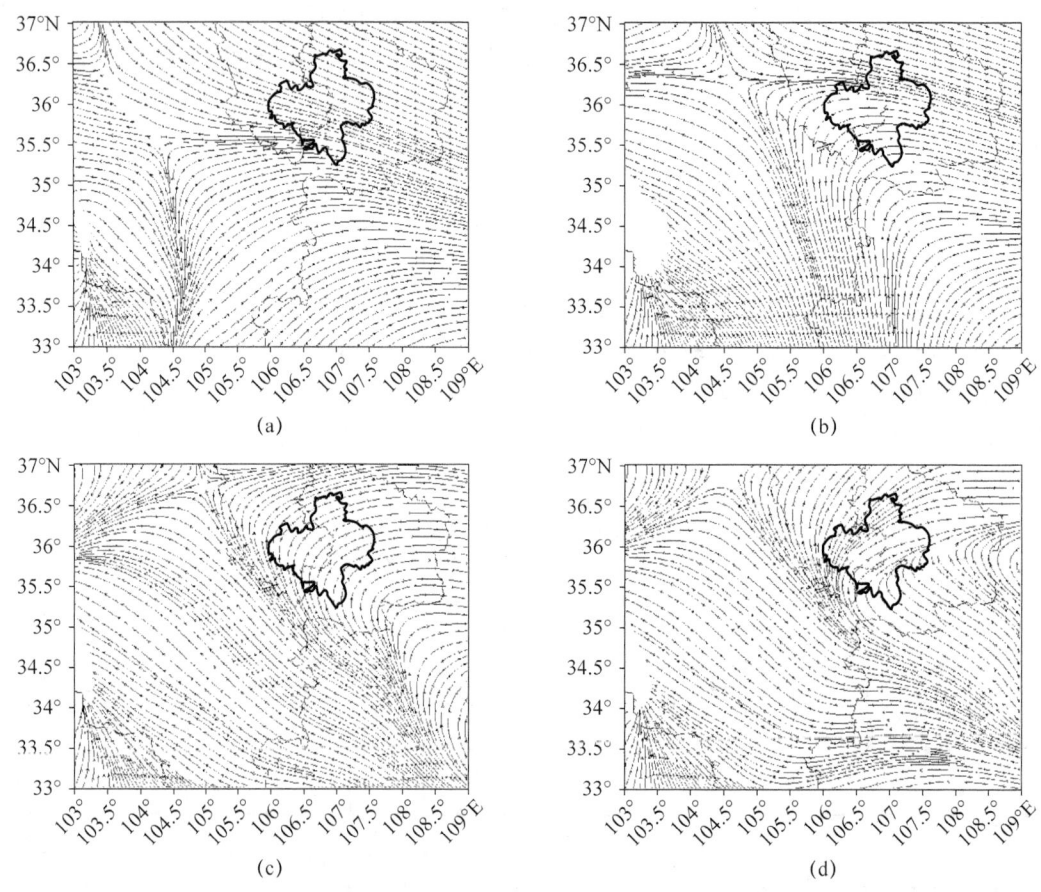

图 8　1989—2018 年西北地区东部风场图
(a)700 hPa;(b)750 hPa;(c)800 hPa;(d)850 hPa

## 5　结论

(1)近 30 年六盘山区年均区域平均大气可降水量为 12.89 mm,700 hPa 区域平均比湿为 4.02 g·kg$^{-1}$,水汽通量为 0.69 g·(s·hPa·cm)$^{-1}$,其中东坡年均降水量比西坡高 74.66 mm,各类型的降雨日数也高于西坡,年均区域平均大气可降水量、700 hPa 比湿、相对湿度、水汽通量与降水量空间分布特征较为一致,呈东高西低、南大北小的特征,并存在明显的夏高冬低的季节变化特征。

(2)700 hPa 从孟加拉湾有明显的西南风水汽输送带延伸至甘肃东南部、宁夏南部、陕西一带,850 hPa 六盘山区水汽主要来源于孟加拉湾、南海及印度洋,经云南、四川转为向西北输送,在青藏高原的地形的影响下,将水汽输送至六盘山区。

(3)六盘山区在 700 hPa 和 750 hPa 以西南风水汽输送为主,并与西北风通量汇合后向东南方向输送,750 hPa 以下六盘山东侧为东南风迎风坡,东南季风于 4 月开始进入六盘山区,并于 10 月消退,受六盘山地形强迫影响,东南暖湿气流在东坡抬升,使东坡相较于西坡有着更为有利的降水发生发展条件。

（4）受地形的抬升作用引起的高层辐散、低层辐合或弱辐散的动力场，加之地形、东亚季风与天气系统之间相互作用的共同影响，造成六盘山系降水及空中水汽条件呈东高西低的分布特征。

## 参考文献

[1] 黄会平.1949—2005年全国干旱灾害若干统计特征[J].气象科技,2008(5):39-43.

[2] 任国玉,吴虹,陈正洪.我国降水变化趋势的空间特征[J].应用气象学报,2000,11(3):322-330.

[3] 徐利岗,周宏飞,杜历,等.1951—2008年中国西北干旱区降水时空变化及其趋势[J].中国沙漠,2015,35(3):724-734.

[4] 白虎志.西北地区东部秋季降水日数时空特征分析[J].气象科技,2006,34(1):47-51.

[5] 姚俊强,杨青,陈亚宁,等.西北干旱区气候变化及其对生态环境影响[J].生态学杂志,2013,32(5):1283-1291.

[6] 郑丽娜.近55a中国西北地区夏季降水的时空演变特征[J].海洋气象学报,2018,154(2):53-62.

[7] 陈楠,陈豫英,彭维耿,等.宁夏近44年水汽时空分布及环流差异特征分析[J].干旱区资源与环境,2008,22(7):49-54.

[8] 刘芸芸,张雪芹.西北干旱区空中水资源的时空变化特征及其原因分析[J].气候变化研究进展,2011,7(6):385-392.

[9] 王宝鉴,黄玉霞,王劲松,等.祁连山云和空中水汽资源的季节分布与演变[J].地球科学进展,2006,21(9):948-955.

[10] 巩子刚,孙美平,闫露霞,等.1979—2016年祁连山地区大气水汽含量时空特征及其与降水的关系[J].干旱区地理,2017,40(4):762-771.

[11] MA X, JIA W, ZHU G, et al. Stable isotope composition of precipitation at different elevations in the monsoon marginal zone[J]. Quaternary International,2018,S1040618218302209-.

[12] 张良,王式功,尚可政,等.祁连山区空中水资源研究[J].干旱气象,2007,25(1):14-20.

[13] SUMARGO E, CAYAN D R. Variability of Cloudiness over Mountain Terrain in the Western United States[J]. Journal of Hydrometeorology,2017,18:1227-1245.

[14] BARTH E L. Cloud formation along mountain ridges on Titan[J]. Planetary and Space Science,2010,58:1740-1747.

[15] SMITH B L, YUTER S E. Water Vapor Fluxes and Orographic Precipitation over Northern California Associated with a Landfalling Atmospheric River[J]. Mon Wea Rev,2009,138:74-100.

[16] TRENBERTH K E. Climate Diagnostics from Global Analyses:Conservation of Mass in ECMWF Analyses[J]. Journal of Climate,1991,4(4):707-722.

[17] 张沛,姚展予,谭超,等.六盘山地区空中水资源特征及水凝物降水效率研究[J].大气科学,2019,43(6):421-434.

[18] 黄露,范广洲.影响青藏高原大气可降水量的因素及其变化特征[J].气象科技,2018,46(6):110-117.

[19] 田磊,翟涛,常倬林,等.宁夏空中水资源分布特征的初步分析[J].宁夏工程技术,2016,15(3):193-196.

[20] 赵美,李永,张军,等.高空700 hPa规定层比湿与地面降水关系分析[A]//"推进气象科技创新,提高防灾减灾和应对气候变化能力"——江苏省气象学会第七届学术交流会论文集[C].2011.

[21] 宋连春,张存杰.20世纪西北地区降水量变化特征[J].冰川冻土,2003,25(2).

[22] 王凌梓,苗峻峰,韩芙蓉.近10年中国地区地形对降水影响研究进展[J].气象科技,2018,46(1):

64-75.
[23] 乔钰,周顺武,马悦,等. 青藏高原的动力作用及其对中国天气气候的影响[J]. 气象科技,2014,42(6):1039-1046.
[24] 廖菲,洪延超,郑国光. 地形对降水的影响研究概述[J]. 气象科技,2007,35(3):309-316.
[25] 张存杰,谢金南,李栋梁,等. 东亚季风对西北地区干旱气候的影响[J]. 高原气象,2002(2):193-198.

# 六盘山区夏秋季大气水汽、液态水特征初步分析*

田 磊[1,3]　桑建人[1,3]*　姚展予[2,4]　常倬林[1,3]　单新兰[1,3]　曹 宁[1,3]　孙艳桥[1,3]

(1. 中国气象局旱区特色农业气象灾害监测预警与风险管理重点实验室,银川 750002;
2. 中国气象局云雾物理环境重点开放实验室,北京 100081;
3. 宁夏气象防灾减灾重点实验室,银川 750002;4. 中国气象科学研究院,北京 100081)

**摘 要**:六盘山区是我国典型的农牧交错带和生态脆弱带,也是黄土高原重要的水源涵养地、生态保护区及国家级扶贫开发区。本文利用2017年6—11月隆德气象站地基多通道微波辐射计资料,结合同期平凉探空站及隆德地面降水等观测资料,分析了六盘山区夏秋季大气水汽、液态水变化特征。结果表明:六盘山区夏秋季在降水天气背景下,大气水汽含量和液态水含量均较高,平均分别是无降水天气背景下的1.4倍和7倍;降水天气背景下水汽在5000 m以下有明显的增加,且在此高度范围内的水汽密度随高度的递减率比无降水天气背景下明显偏小;各高度层的液态水相比无降水天气背景下均有明显增大,除6月外,主峰值均出现在0℃层高度层以下。六盘山区夏秋季各月中,6—9月,大气水汽含量高值区均出现在正午到傍晚时段,低值区均出现在日出前后;液态水含量在日出前、午后及傍晚分别出现峰值,最明显的峰值出现在午后。对一次对流性降水天气过程分析后发现,降水发生前40 min大气水汽含量和液态水含量出现两次明显的跃增,水汽向上输送不断加强,2500～7500 m高度的相对湿度明显增大。

**关键词**:微波辐射计;大气水汽;液态水;日变化;六盘山

## 1 引言

水汽在大气中所占的比例很小,仅为0.1%～3%,但却是全球水循环过程中最为活跃的成分,是天气和地球系统中的关键因子之一[1-2];水汽还是一种很重要的温室气体,以多种形式影响地球的能量收支[3],研究者已把大气水汽研究作为全球变化研究的主要内容[4]。同时,空中水汽是降水的基础[5-6],其作为云降水物理过程的重要介质对云和降水的预报及提高人工影响天气效率有着不可忽视的作用[7-11]。云液态水是云模式的微物理过程及气候积云模式的重要参数,也是人工增雨潜力区判断的重要依据[12]。

地基微波辐射计高时间分辨率、高探测精度、可无人值守并能全天候连续工作的优点使其逐渐成为监测大气水汽和云液态水的有力工具[13-14]。随着探测设备及探测技术的发展,微波辐射计从双通道发展到了多通道,反演方法也从最初的回归算法发展到神经网络算法,并在不断的改进[15-19],反演精度的提高使其越来越广泛的应用于气象科研和业务当中。

在双通道微波辐射计观测研究方面,魏重等[20]针对双通道微波辐射计天线着水做了订

---

\* 资助项目:西北人工影响天气工程,国家自然科学基金面上项目(41775139),宁夏青年科技人才托举工程(TJGC2018023),宁夏自然科学基金项目(2019AAC03255,NZ17232)。
作者简介:田磊,男,1984年生,工程师,主要从事人工影响天气及大气物理方面研究。
通讯作者:桑建人(1964—),男,汉族,正研级高工,学士,主要从事大气物理与大气环境研究。sangjr@126.com

正,通过分析北京雨天观测实例得出,在雨强小于 20 mm·h$^{-1}$ 范围内,双通道微波辐射计可以定量得到大气水汽含量和云液态水含量。雷恒池等[21]在西安观测发现,降雨开始前,大气水汽和云液态水含量的数值均有跃增现象,并提出在降水云系前方(周围)存在丰水区的假设。李铁林等[22]在河南新乡观测发现,不同天气背景时对应不同的大气水汽含量及云液态水含量分布,云液态水含量的变化与云量的增减有关,也发现了降水开始之前大气水汽和云液态水含量有明显跃增的现象。黄彦彬等[23]分析了西宁市不同月份晴天少云、阴天及降水天气条件下大气总含水量和云中液态水含量的分布规律。陈添宇等[24]观测发现张掖甘州降水发生的前提是大气水汽含量需超过某一阈值,且雨强与大气水汽含量在时间上同步。王黎俊等[25]分析了黄河上游河曲地区的云水特征,并探讨了利用微波辐射计预测降水及制定人工增雨作业指标的可能。田磊等[26]分析了银川地区不同季节大气水汽和云液态水的日变化特征及各个时次的降水分布。

近年来,多通道微波辐射计逐渐替代了双通道微波辐射计,越来越受到研究者的关注。刘红燕等[27]对比了地基微波辐射计、探空、GPS 三种探测水汽方法之间的差异,并分析了北京地区水汽的日变化特征及水汽与温度的相关性。黄建平等[28]分析了黄土高原半干旱区大气水汽和云液态水的变化特征。张志红等[29]对北京一次积层混合云降水过程观测发现,雷达回波垂直分布趋势与微波辐射计液态水的垂直分布趋势有较好的对应关系,底层液态水的分布与地面降水的产生有直接的关系。李军霞等[30]在山西观测发现,初夏季节降水前大气水汽和液态水含量的迅速增大预示着测站上空水汽的迅速聚集,可作为降水可能发生的指示因子。张文刚等[31]发现武汉地区降水发生时,水汽在垂直方向上有明显的变化特征。汪小康等[32]通过分析武汉地区不同强度降水发生前的水汽、液态水及相对湿度等微波辐射计反演参数的差异,探讨了这些参量在降水预报中的参考意义。黄治勇等[33]对湖北两次冰雹过程观测发现,这两次冰雹都发生在 2~3 km 层增温过程中,降雹前约 20 min,0 ℃以下液态水含量急剧增长,在降雹开始前快速减小。众多研究成果表明,多通道微波辐射计在监测分析降水条件方面有很好的应用前景。

六盘山区地处青藏高原与黄土高原的交汇地带,是我国典型的农牧交错带和生态脆弱带,也是黄土高原重要的水源涵养地、生态保护区及国家级扶贫开发区。该地区降水季节分布不均,夏秋季(6—11 月)降水约占全年总降水量的 70% 以上,水资源短缺是制约当地农业发展的关键因素之一,通过人工增雨的方式增加地面降水对缓解该地区水资源短缺、促进生态环境建设、保障社会经济发展具有重要意义。

目前,针对六盘山区大气水汽、液态水特征的观测研究很少。本文利用六盘山区隆德气象站的地基多通道微波辐射计资料,结合地面降水等观测资料,深入分析了该地区夏秋季大气水汽含量、云液态水含量及水汽、液态水垂直廓线等参量的变化特征。

## 2 资料与方法

### 2.1 观测站点

宁夏回族自治区隆德气象站位于六盘山脉西侧,地理坐标为 106°07′E,北纬 35°37′N,海拔为 2079 m;甘肃平凉探空站位于六盘山脉东侧,海拔为 1468 m,距隆德气象站直线距离约 42 km,是离隆德气象站距离最近的探空站;具体位置见图 1。据隆德气象站近 30 年降水资料统计,该站年平均降水量为 492 mm,其中夏秋季平均降水量为 393 mm,占年降水量的 79%。

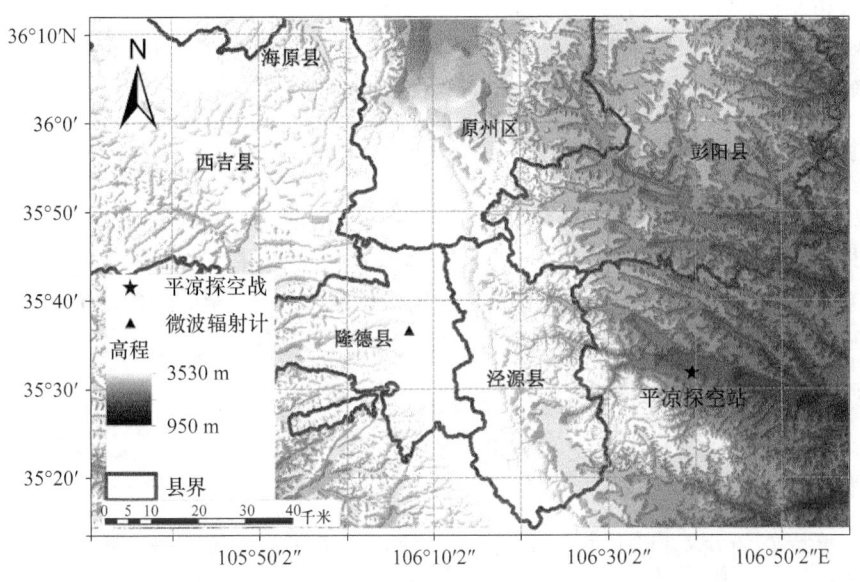

图 1 观测站位置

## 2.2 仪器介绍

RPG-HATPRO-G4 型多通道微波辐射计布设在隆德气象站内空旷地带,其采用并行 42 通道设计,其中 K 频段(22.24～31.9 GHz)21 个通道主要用于测量及反演大气水汽廓线、水汽含量及液态水含量,V 频段(51.26～58.0 GHz)21 个通道主要用于测量及反演大气温度廓线。微波辐射计基本性能参数见表 1。

表 1 微波辐射计性能参数

| 性能参数 | 参数值 |
| --- | --- |
| 垂直分辨率(共 93 层) | 25 m(0～100 m);30 m(100～500 m);40 m(500～1200 m);60 m(1200～1800 m);90 m(1800～2500 m);120 m(2500～3500 m);160 m(3500～4500 m);200 m(4500～6000 m);300 m(6000～10000 m) |
| 温度廓线精度 | 0.25 K RMS(0～500 m);0.50 K RMS(500～1200 m);0.75 K RMS(1200～4000 m);1.00 K RMS(4000～10000 m) |
| 湿度廓线精度 | 0.1 kg·m$^{-3}$ RMS(绝对湿度);5% RMS(相对湿度) |
| 液态水路径 LWP | 精度:±10 g·m$^{-2}$;噪声:2 g·m$^{-2}$ RMS |
| 综合水汽含量 IWV | 精度:±0.12 kg·m$^{-2}$ RMS;噪声:0.05 kg·m$^{-2}$ RMS |
| 系统噪声温度 | 22.2～31.4 GHz:<400 K;51.4～58.0 GHz:<600 K |
| 辐射分辨率 | K 波段:0.10 K RMS;V 波段:0.15 K RMS(1 s 积分时间) |
| 绝对亮温精度(定标后) | 0.2 K |
| 辐射测量范围 | 0～800 K |
| 长期亮温漂移 | 0.2 K/a |
| 工作温度范围 | −60～60 ℃ |
| 工作相对湿度范围 | 0～100% |

探空数据来源于甘肃平凉探空站 2017 年 6—11 月 L 波段探空雷达监测秒数据。气象资料包括地面温、压、湿、风、降水等来源于隆德县气象站。

## 2.3 数据处理方法

在数据分析和处理当中,我们将隆德气象站出现有效降水(日降水量大于 0.1 mm)的一天记为降水日,反之,记为非降水日。为了避免降水对微波辐射计测量大气水汽、液态水等参量的误差,在对资料统计分析之前,参照隆德气象站的降水资料,剔除了降水时段的资料,以保证资料的可靠性。

# 3 结果分析

## 3.1 微波辐射计和探空的对比

本文选取 2017 年 6—11 月平凉探空站每天两次(08 时和 20 时)的探空资料,因平凉探空站和隆德气象站的海拔高度不同,首先进行高度订正,将平凉探空得到的平均温度、水汽密度及相对湿度数据线性插值到隆德气象站微波辐射计 93 层数据的高度(海拔高度)上,然后根据每天平凉探空开始观测至气球上升至微波辐射计探测最高高度(海拔高度)时刻提取出对应时间段的微波辐射计温度、水汽密度及相对湿度廓线数据,并将每次平凉探空观测时段的微波辐射计分钟数据做平均,视为此次平凉探空观测时次对应的微波辐射计观测值,利用由此得到的 354 个观测时次的平凉探空和微波辐射计数据,对两个探测设备获得的温度、水汽密度及相对湿度廓线进行对比分析。

计算了两个探测设备的 3 个特征参量在观测期内的平均廓线及其相关系数和均方根误差,统计了 354 组数据在各高度层的相关系数,统计的相关系数均通过了置信度为 0.01 的显著性水平检验,如图 2。整体来看,两个仪器在观测期内的平均温度廓线、水汽密度廓线及相对湿度廓线的相关系数分别为 0.99、0.99 及 0.85,均方根误差分别为 0.86 ℃、0.46 g·m$^{-3}$ 及 10.32%。从三个特征参量在各高度层的对比来看,两个设备观测的温度在各高度层均有较好的相关性,整层相关系数均超过 0.8,9000 m(离隆德气象站地面的高度,下同)以下相关系数均超过 0.9,和探空相比,微波辐射计观测的温度在 4500 m 以下略大,4500 m 以上略小;水汽密度在 5000 m 以下有较好的相关性,相关系数均超过 0.83,5000 m 以上相关系数随高度逐渐递减,从 0.83 递减至 0.54,和探空相比,微波辐射计观测的水汽密度在各高度层均偏大,其中 1000 m 以下和 4000~6000 m 区间偏差较大;相对湿度在 3000 m 以下相关性较好,相关系数均超过 0.75,3000~5500 m 区间相关系数随高度迅速递减,从 0.75 递减至 0.47,5500 m 以上相关系数随高度逐渐变差,和探空相比,微波辐射计观测的相对湿度除 1200~2300 m 内比探空略小外,其他高度层均比探空明显偏大。两个观测设备观测的廓线存在差别的可能原因主要有:(1)采样方式有一定差异。由于平凉探空的采样时间一般为 30~45 min,且采样地点相对探空站有水平位移,而微波辐射计的采样时间为 1 s,在固定位置以天顶模式观测。(2)微波辐射计观测地点与平凉探空站直线距离约 42 km,海拔相差近 600 m,且两地观测期的天空状况的不同也会造成一定误差。

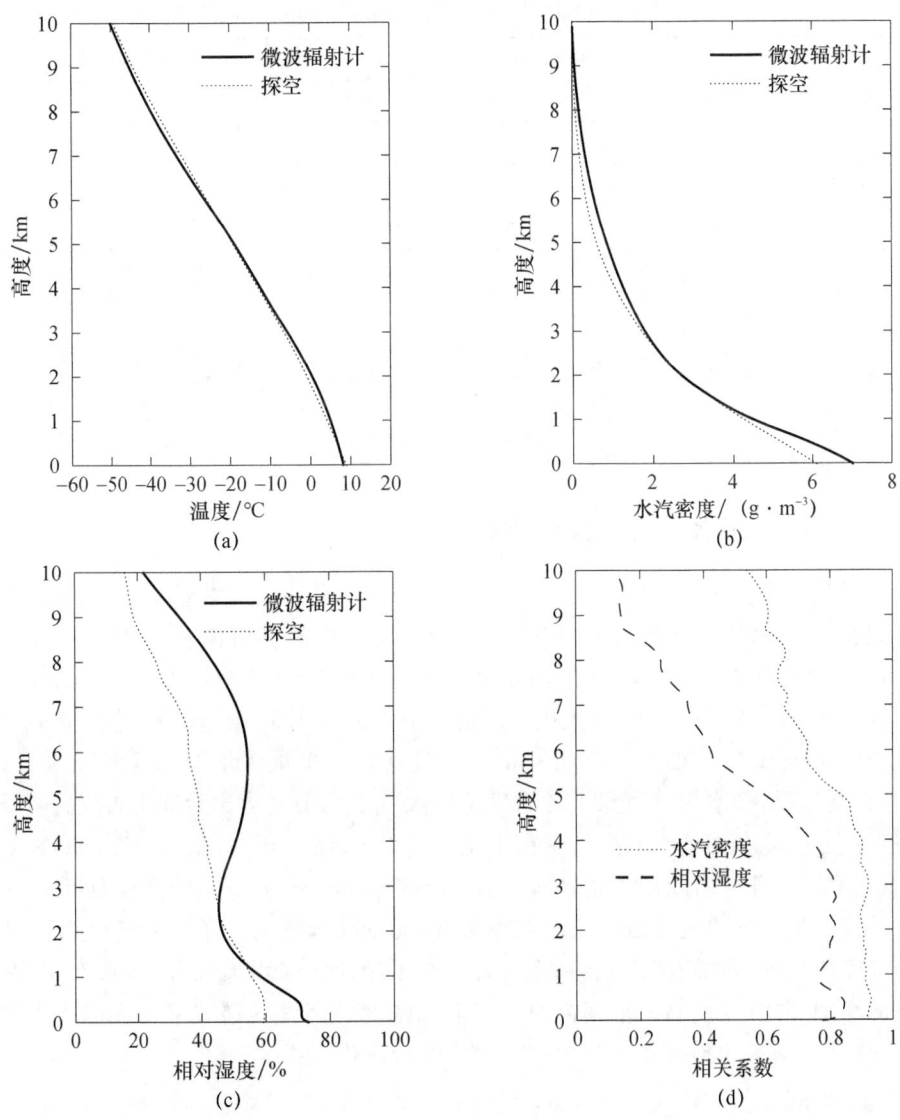

图2 微波辐射计和探空的温度(a)、水汽密度(b)、相对湿度(c)平均廓线及各高度层相关系数(d)的对比

## 3.2 大气水汽、液态水含量变化特征

统计夏秋季各月降水日和非降水日的大气水汽及液态水含量的平均值和标准差,结果见表2。从夏秋季各月大气水汽含量来看,8月降水日平均大气水汽含量最大,为30.12 mm,降水量也为各月最多,为167.1 mm;各月非降水日大气水汽含量7月最大,为21.8 mm,11月最小,为2.9 mm。从各月液态水含量来看,8月月平均液态水含量最大,为0.48 mm,11月液态水含量很小,几乎可忽略不计;除11月外,各月降水日的液态水含量均在0.2 mm以上。从整体来看,在降水天气背景下,大气水汽含量和液态水含量均较高,大气水汽含量和无降水天气背景下的大气水汽含量总体在一个相同数量级,比无降水的情况平均高5.72 mm,液态水含量相比无降水天气背景相差较大,基本差一个数量级,平均是无降水天气背景下的7倍。

表 2  降水日和非降水日水汽和液态水含量的统计特征　　　　（单位:mm）

| 月份 | 降水量 | 大气水汽含量 | | | | 液态水含量 | | | |
|---|---|---|---|---|---|---|---|---|---|
| | | 降水日 | | 非降水日 | | 降水日 | | 非降水日 | |
| | | 平均值 | 标准差 | 平均值 | 标准差 | 平均值 | 标准差 | 平均值 | 标准差 |
| 6 | 149.10 | 19.32 | 2.80 | 15.39 | 4.55 | 0.32 | 0.32 | 0.03 | 0.04 |
| 7 | 68.90 | 28.48 | 5.74 | 21.79 | 6.84 | 0.28 | 0.24 | 0.03 | 0.04 |
| 8 | 167.10 | 30.12 | 5.71 | 20.38 | 4.74 | 0.48 | 0.32 | 0.04 | 0.05 |
| 9 | 24.80 | 23.28 | 2.99 | 17.32 | 5.52 | 0.22 | 0.12 | 0.06 | 0.07 |
| 10 | 60.10 | 17.95 | 5.04 | 11.09 | 2.82 | 0.34 | 0.29 | 0.06 | 0.07 |
| 11 | 0.50 | 7.21 | 1.38 | 6.08 | 2.38 | 0.05 | 0.04 | 0.02 | 0.04 |
| 平均值 | | 21.06 | 3.94 | 15.34 | 4.48 | 0.28 | 0.22 | 0.04 | 0.05 |

## 3.3　水汽密度、液态水垂直廓线变化特征

六盘山区夏秋季各月中,在 7—11 月无论降水还是非降水天气背景下,大气水汽密度都呈逐渐减小趋势。降水天气背景下,7—11 月,大气水汽密度平均值从 5.45 g·m$^{-3}$ 减小至 1.00 g·m$^{-3}$,最大值从 10.92 g·m$^{-3}$ 减小至 2.34 g·m$^{-3}$,大气水汽密度最大值均出现在近地层。无降水天气背景下,7—11 月大气水汽密度平均值从 4.58 g·m$^{-3}$ 减小至 0.70 g·m$^{-3}$,最大值从 10.34 g·m$^{-3}$ 减小至 2.00 g·m$^{-3}$,大气水汽密度最大值均出现在近地层。从图 3 可以看出,在夏秋季,降水天气背景下各高度层的大气水汽密度均比无降水天气背景下明显增大,两者各高度层差值的最大值出现在 8 月,为 2.02 g·m$^{-3}$,最小值出现在 11 月,为 0.48 g·m$^{-3}$;6—9月各高度层差值的最大值出现在 1000~2500 m 的高度范围内,10、11 月各高度层差值的最大值出现在近地层。整体来看,无论降水还是无降水天气背景下,大气水汽密度均随高度的增加呈逐渐减小趋势,降水天气背景相比无降水天气背景,水汽在 5000 m 以下有明显的增加,并且在此高度范围内的大气水汽密度随高度的递减率比无降水天气背景下明显减小,这对于降水的预报及人工增雨有一定的指示作用。

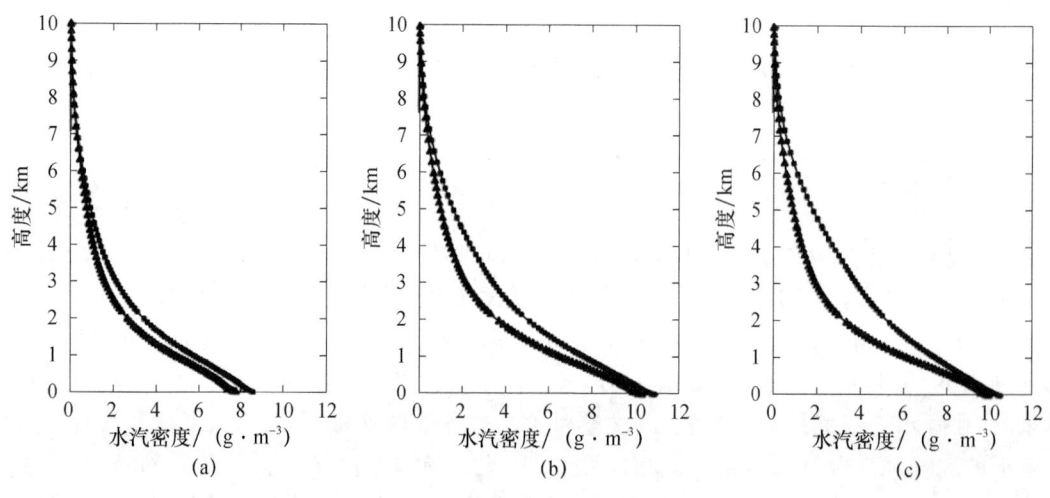

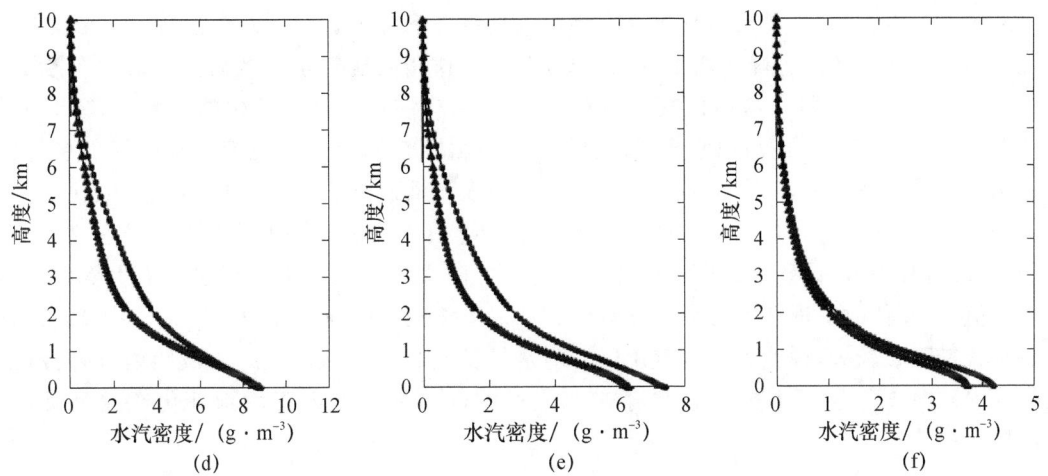

图3 降水和非降水天气条件下大气水汽密度垂直廓线月分布
(6月(a)、7月(b)、8月(c)、9月(d)、10月(e)及11月(f))

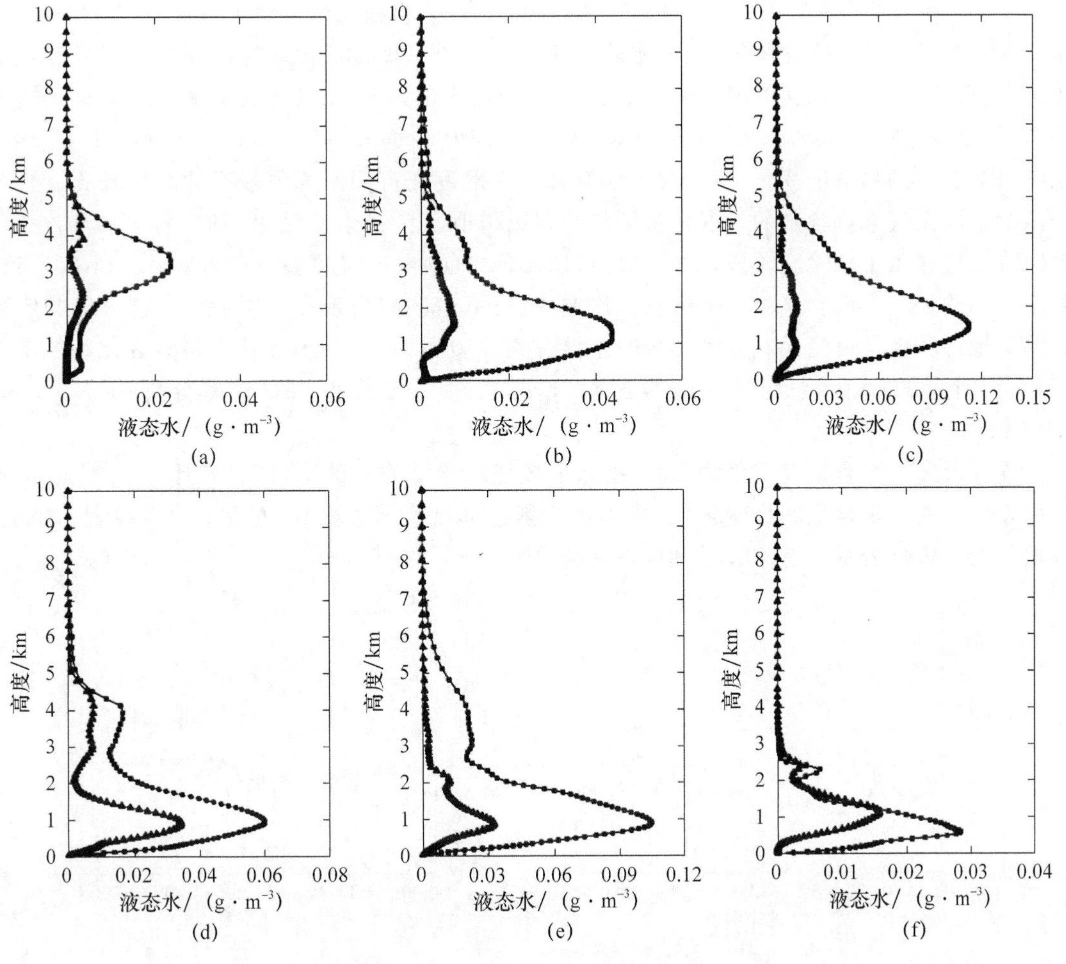

图4 降水和非降水天气条件下液态水平均垂直廓线月分布
(6月(a)、7月(b)、8月(c)、9月(d)、10月(e)及11月(f))

从图 4 可以看出,六盘山区夏秋季在降水天气条件下各个高度层的液态水均有明显增长,经统计,除 6 月外,各月主峰值均出现在 0 ℃层以下,这和洪延超等[34]的研究结果"0 ℃层到云底为液水层"一致,说明六盘山区夏秋季降水云以具有催化—供给结构的层状云降水为主,0 ℃层以下的供给云中的液态水含量较高,从而使得在该高度层出现液态水廓线的主峰值。六盘山区夏秋季各月中,6月、7月、8月及11月降水日液态水含量主峰值出现高度比非降水日高 500～800 m,9月、10 月降水日液态水含量主峰值出现高度和非降水日基本一致。除 6 月和 8 月外,其他各月降水天气条件下除主峰值之外,在 0 ℃层以上还存在一个次峰值,但相比主峰值,次峰值时的液态水含量明显较低。和夏季相比,秋季在无降水天气条件下峰值时的液态水含量明显较大,说明秋季六盘山区非降水性低云出现的频率高。微波辐射计探测的夏秋季降水云在 0 ℃层以上的液态水存在的位置可以作为判断人工增雨催化作业高度的参考依据。

## 3.4 大气水汽、液态水含量日变化特征

如图 5 所示,图中黑色圆点表示平均值,方框中的横线表示中值,方框的上下边界表示 25％和 75％值,垂直竖线表示 5％和 95％值。可以看出,六盘山区夏秋季各月中,6—9月大气水汽含量有相似的日变化特征,大气水汽含量在 08:00—09:00(北京时,下同)出现日变化最小值,此后逐渐上升,15:00—16:00 出现日变化的最大值,16:00 以后大气水汽含量又迅速下降,夜间下降速度逐渐减小;6—9月平均日较差分别为 3.1 mm、3.2 mm、2.16 mm、2.15 mm;从各月数据集的离散度变化来看,大气水汽含量离散度在夜间平均值较小的时段较大。夏秋季六盘山区大气水汽含量的日变化特征与同期银川地区[26]的观测结果相似,大气水汽含量高值区均出现在正午到傍晚时段,低值区均出现在日出前后;这与北京的观测结果[27]不太一致,北京同期的大气水汽含量的高值区都出现在凌晨,低值区则出现在正午前后。这可能与宁夏和北京地理环境及所受天气系统影响的差异有关。10月、11月大气水汽含量日变化特征不太明显,无明显的峰值,平均日较差也相对较小,10月、11月平均日较差分别为 0.9 mm、0.44 mm。

在分析液态水含量日变化特征时,剔除了液态水含量为 0 的值,即只统计有云情况,得到夏秋季各月液态水含量的日变化,如图 6,图中黑色圆点表示平均值,方框中的横线表示中值,方框的上下边界表示 25％和 75％值,垂直竖线表示 5％和 95％值。

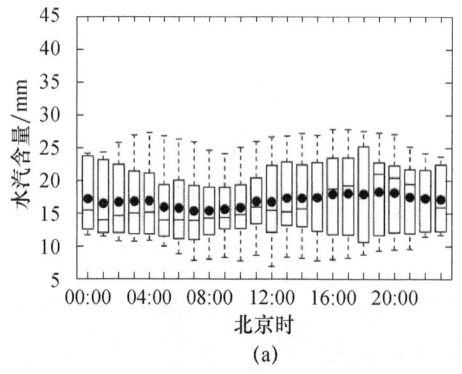

(a)

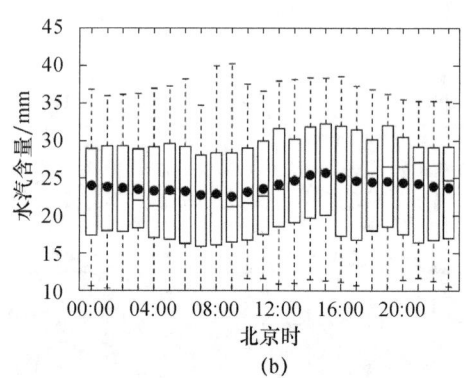

(b)

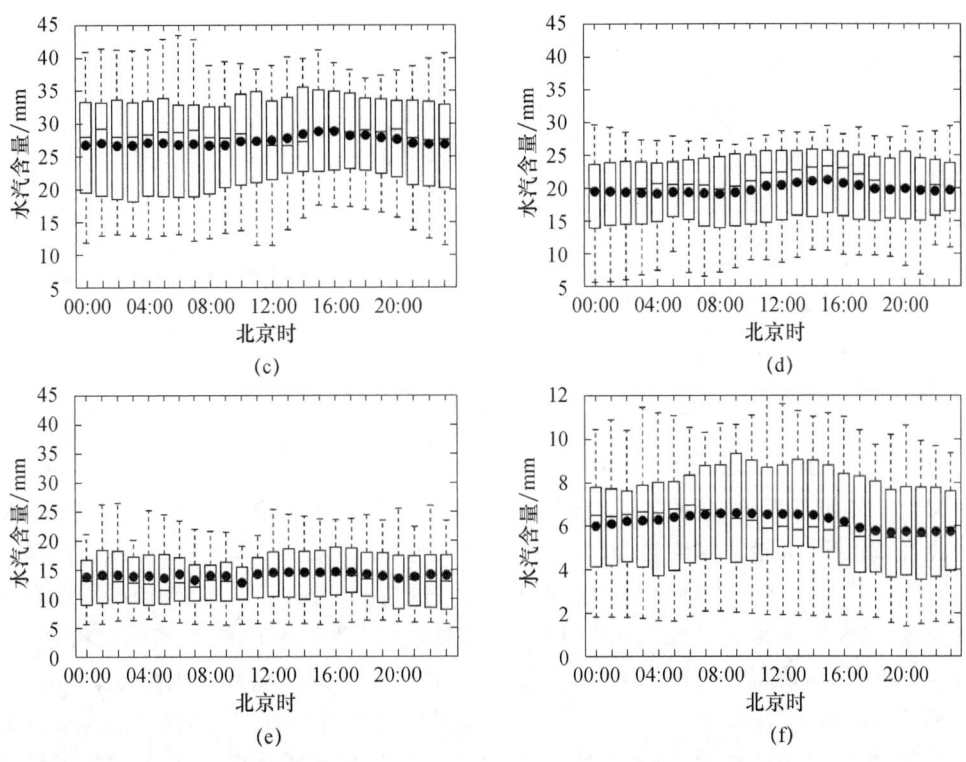

图5 大气水汽含量的日变化特征(6月(a)、7月(b)、8月(c)、9月(d)、10月(e)及11月(f))

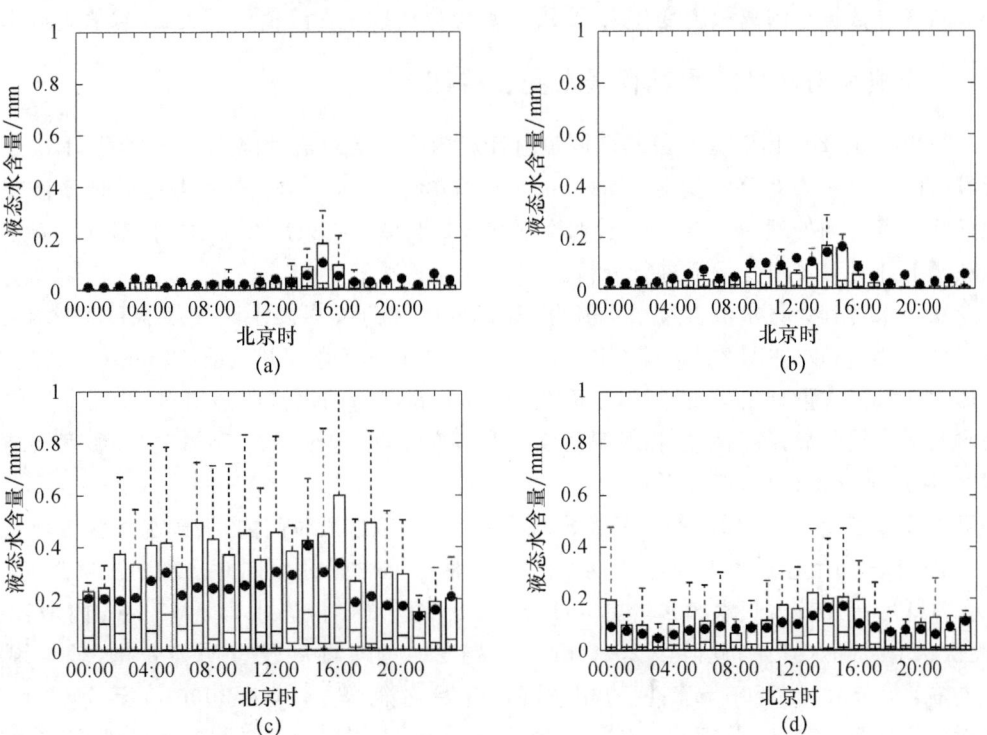

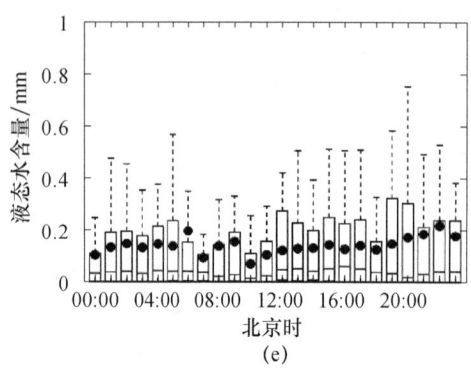 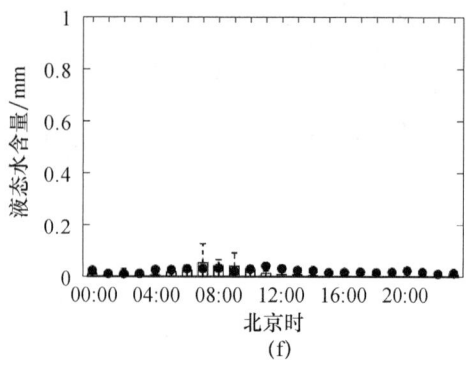

图 6 液态水含量的日变化特征(6月(a)、7月(b)、8月(c)、9月(d)、10月(e)及11月(f))

可以看出,六盘山区夏秋季各月中,6—9月液态水含量日变化特征比较相似,在午后、傍晚及日出前分别出现峰值,最明显的峰值出现在午后。结合上述分析发现,日出前后,大气水汽含量出现低值区,而液态水含量却出现峰值;其中原因可能是六盘山区处在西北内陆地区,本地地表蒸发对大气水汽含量的变化的影响较大,日出前后为一天气温最低时段,地表蒸发在一天中也最弱,从而使得此时段水汽含量较低;另外,在同等条件下,气温较低也有利于云、雾的形成及发展,从而使得该时段液态水含量出现峰值。液态水含量和云的生成、发展、成熟和消亡过程及云的种类、厚度和高度密切相关,6—9月六盘山区因处在副热带高压边缘,水汽输送条件较好,加之该地区地形复杂,午后大气层结不稳定,易出现对流云,从而使得午后液态水含量比较高。相对而言,10月、11月液态水含量日变化特征不太明显,其中11月液态水含量很小。从各月数据集的离散度变化来看,液态水含量离散度在峰值处最大,在谷值处最小。

## 3.5 一次典型对流性降水过程云水变化特征

2017年7月20日,隆德气象站微波辐射计观测到一次对流性降水天气过程,本次过程降水持续时间为1 h,过程降水量为16.8 mm。为了方便对比,本文在处理数据时把微波辐射计及地面降水资料均处理为5 min 1次,取降水前2 h至降水结束后2 h的数据对此次降水过程中微波辐射计各参量演变特征进行分析。

此次降水过程大气水汽含量平均值为38.18 mm,高于7月降水天气背景下日平均大气水汽含量(28.48 mm);如图7所示,降水开始前2 h(11:00)至降水开始前40 min(12:20),这段时间内大气水汽含量开始缓慢增长,地面至5000 m高度内的水汽明显增多,此高度层中高度越高水汽增加越明显;各高度层相对湿度没有明显变化,基本维持在70%左右;温度层结变化不明显;液态水含量很小,接近于0。

降水开始前40 min(12:20)至开始出现降水(13:00)这段时间内,大气水汽含量增长速度加快,同时水汽向上输送也加强,大气水汽含量和液态水含量几乎同时出现两次明显跃增,液态水含量跃增幅度较大气水汽含量更为明显,第2次跃增中液态水含量15 min内增长近10倍,此次跃增后降水开始;此阶段2500 m以下高度的相对湿度没有明显变化,基本维持在70%左右,2500 m至7500 m高度的相对湿度开始逐渐增大,其中3000 m至6000 m高度的相对湿度在降水前已接近100%。出现降水时大气水汽含量为40 mm,液态水含量为5.47 mm。

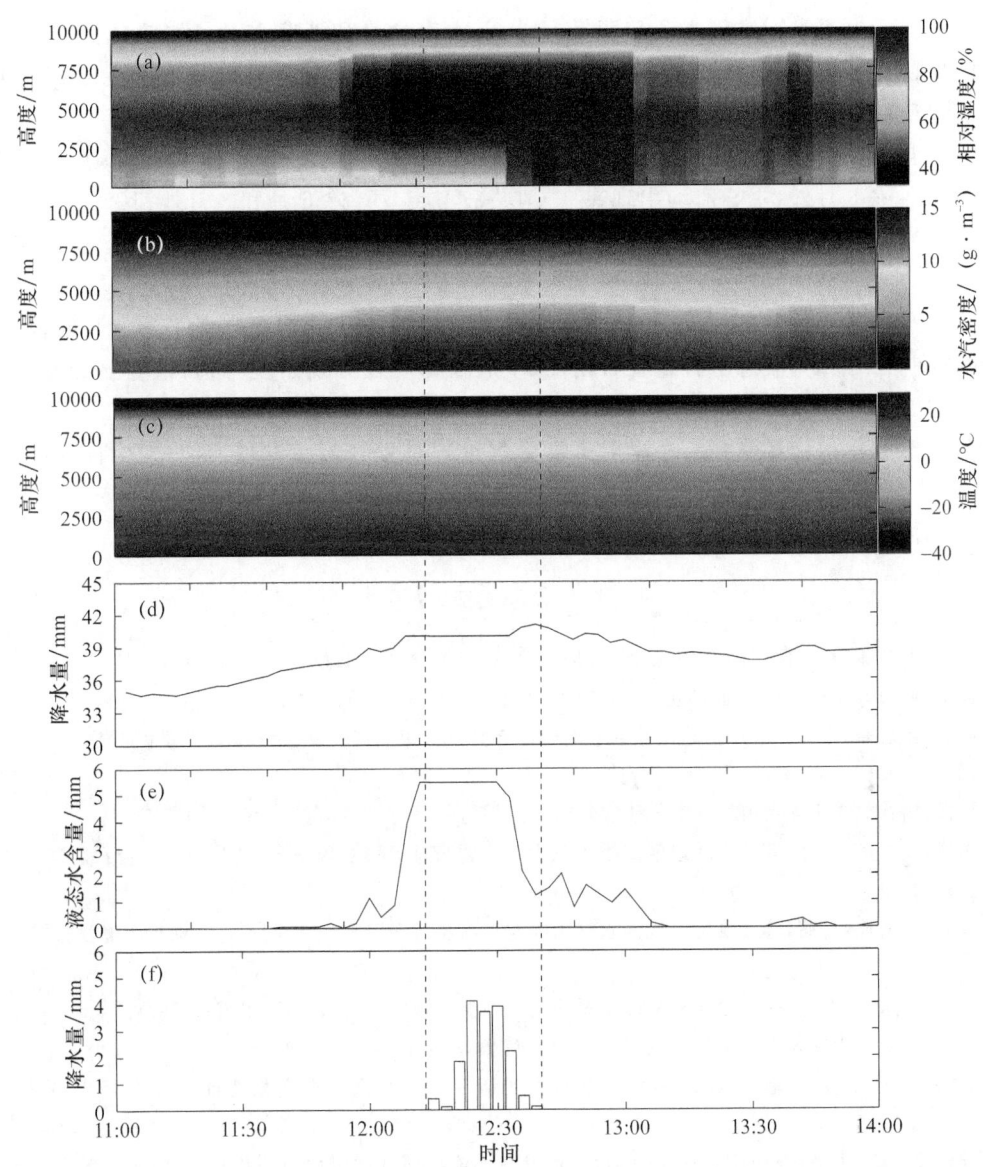

图 7 2017 年 7 月 20 日一次对流性降水过程相对湿度廓线(a)、水汽密度廓线(b)、温度廓线(c)、大气水汽含量(d)、液态水含量(e)、地面降水量(f)演变特征

降水结束后(14:00)大气水汽含量和液态水含量均波动下降,各高度层的相对湿度也逐渐下降。受降水蒸发的影响,降水后 2 h 内的大气水汽含量、5000 m 以下各高度层的水汽密度及 3000 m 以下的相对湿度明显比降水前 2 h 大。

## 4 结论与讨论

通过以上分析,得出如下主要结论。

(1)隆德气象站微波辐射计和平凉探空的平均温度廓线、水汽密度廓线及相对湿度廓线的相关系数分别为 0.99、0.99 及 0.85,均方根误差分别为 0.86 ℃、0.46 g·m$^{-3}$ 及 10.32%,各高度层的相关系数随高度逐渐递减。

（2）六盘山区夏秋季在降水天气背景下，大气水汽含量和液态水含量均较高，平均分别是无降水天气背景下的 1.4 倍和 7 倍；大气水汽在 5000 m 以下有明显的增加，并且在此高度范围内的大气水汽密度随高度的递减率比无降水天气背景下明显减小。

（3）六盘山区夏秋季在降水天气背景下，各高度层的液态水含量相比无降水天气背景下均有明显增长，除 6 月外，主峰值均出现在 0 ℃ 层高度层以下；除 6 月和 8 月外，其他各月除主峰值之外，在 0 ℃ 层高度层以上存在一个次峰值，但相比主峰值，次峰值时的液态水含量明显较低。

（4）六盘山区夏秋季各月中，6—9 月大气水汽含量高值区均出现在正午到傍晚时段，低值区均出现在日出前后；液态水含量在日出前、午后及傍晚及分别出现峰值，最明显的峰值出现在午后。10 月、11 月大气水汽、液态水含量日变化特征不太明显。

（5）对微波辐射计观测到的一次对流性降水天气过程分析后发现，降水发生前 40 min 内大气水汽含量和云液态水含量出现两次明显的跃增，水汽向上输送不断加强，2500～7500 m 高度的相对湿度明显增大。

## 参考文献

[1] 盛裴轩,毛节泰,李建国,等. 大气物理学[M]. 北京:北京大学出版社,2003:17-19.
[2] 陆桂华,何海. 全球水循环研究进展[J]. 水科学进展,2006,17(3):419-424.
[3] 毕研盟,杨忠东,李元. 应用全球定位系统、太阳光度计和探空仪探测大气水汽总量的对比[J]. 气象学报,2011,693(3):528-533.
[4] 姚俊强,杨青. 近 10a 我国大气水汽研究趋势及进展[J]. 干旱气象,2011,29(2):151-55.
[5] 韩军彩,周顺武,刘伟,等. 华北地区夏季水汽含量变化特征及影响因子分析[J]. 气象与环境学报,2012,28(6):32-37.
[6] 王晓立,王恬茹,杨萌,等. 潍坊市地面水汽压时空分布特征及其影响因素[J]. 气象与环境学报,2018,34(3):78-85.
[7] 张强,赵映东,张存杰,等. 西北干旱区水循环与水资源问题[J]. 干旱气象,2008,26(2):1-8.
[8] 张良,王式功. 中国人工增雨研究进展[J]. 干旱气象,2006,24(4):73-81.
[9] 黄艇,黄振,朱晶,等. 基于地基 GPS 遥感的大连地区大气水汽总量变化特征[J]. 气象与环境学报,2014,30(2):45-50.
[10] 程航,程相坤,朱晶,等. GPS 遥感大气可降水量在大连地区 3 次降水过程中的应用[J]. 气象与环境学报,2014,30(5):38-48.
[11] 吴志彦,李宏江,赵海军,等. 卫星水汽图像和位势涡度场在一次变性台风暴雨过程中的解译应用[J]. 气象与环境学报,2018,34(3):1-8.
[12] 王颖,李国春,高阳华,等. AMSR-E 数据参数化法反演液态云水路径研究[J]. 气象与环境学报,2016,32(2):59-65.
[13] SNIDER J B. Long-term observations of cloud liquid, water vapor and cloud-base temperature in the North Atlantic Ocean[J]. J Atmos Oceanic Technol,2000,17(7):928-939.
[14] HAN Y,WESTWATER E R. Remote sensing of tropospheric water vapor and cloud liquid water by integrated ground-based sensors[J]. J Atmos Oceanic Technol,1995,12(5):1050-1059.
[15] 朱磊,卢建平,雷连发,等. 地基多通道微波辐射计大气廓线反演方法研究[J]. 火控雷达技术,2014,43(4):21-25.
[16] 张秋晨,龚佃利,王俊,等. 基于地基微波辐射计反演的济南地区水汽及云液态水特征[J]. 气象与环境

学报,2017,33(5):35-43.

[17] 刘亚亚,毛节泰,刘钧,等. 地基微波辐射计遥感大气廓线的 BP 神经网络反演方法研究[J]. 高原气象, 2010,29(6):1514-1523.

[18] 李青,胡方超,楚艳丽,等. 北京一地基微波辐射计的观测数据一致性分析和订正实验[J]. 遥感技术与应用,2014,29(4):547-556.

[19] 李建强,李新生,董文晓,等. RPG-HATPRO 微波辐射计反演的温度和湿度数据适用性分析[J]. 气象与环境学报,2017,33(6):89-95.

[20] 魏重,雷恒池,沈志来等. 地基微波辐射计的雨天探测[J]. 应用气象学报,2001,12(3):65-72.

[21] 雷恒池,魏重,沈志来,等. 微波辐射计探测降雨前水汽和云液水[J]. 应用气象学报,2001,12(3):73-79.

[22] 李铁林,刘金华,刘艳华,等. 利用双频微波辐射计测空中水汽和云液水含量的个例分析[J]. 气象,2007,33(12):62-68.

[23] 黄彦彬,德力格尔,王振会. 利用地基双通道微波辐射计遥感青藏高原大气云水特征[J]. 南京气象学院学报,2001,24(3):391-397.

[24] 陈添宇,陈乾,丁瑞津. 地基微波辐射仪监测的张掖大气水汽含量与雨强的关系[J]. 干旱区地理,2007,30(4):501-506.

[25] 王黎俊,孙安平,刘彩红,等. 地基微波辐射计探测在黄河上游人工增雨中的应用[J]. 气象,2007,33(11),28-33.

[26] 田磊,孙艳桥,胡文东,等. 银川地区大气水汽、云液态水含量特性的初步分析[J]. 高原气象,2013,32(6):1774-1779.

[27] 刘红燕,王迎春,王京丽,等. 由地基微波辐射计测量得到的北京地区水汽特性的初步分析[J]. 大气科学,2009,33(2):389-396.

[28] 黄建平,何敏,阎虹如,等. 利用地基微波辐射计反演兰州地区液态云水路径和可降水量的初步研究[J]. 大气科学,2010,34(3):548-558.

[29] 张志红,周毓荃. 一次降水过程云液态水和降水演变特征的综合观测分析[J]. 气象,2010,36(3):83-89.

[30] 李军霞,李培仁,晋立军,等. 地基微波辐射计在遥测大气水汽特征及降水分析中的应用[J]. 干旱气象,2017,35(5):767-775.

[31] 黄治勇,徐桂荣,王晓芳,等. 基于地基微波辐射计资料对咸宁两次冰雹天气的观测分析[J]. 气象,2014,40(2):216-222.

[32] 张文刚,徐桂荣,万蓉,等. 基于地基微波辐射计的大气液态水及水汽特征分析[J]. 暴雨灾害,2015,34(4):367-374.

[33] 汪小康,徐桂荣,院琨. 不同强度降水发生前微波辐射计反演参数的差异分析[J]. 暴雨灾害,2016,35(3):227-233.

[34] 洪延超,周非非. "催化-供给"云降水形成机制的数值模拟研究[J]. 大气科学,2005,29(6):885-896.

# 基于微波辐射计的宁夏六盘山夏季大气水汽含量与降水的关系*

林 彤　桑建人*　田 磊　常倬林

(1. 中国气象局旱区特色农业气象灾害监测预警与风险管理重点实验室,银川 750002;
2. 宁夏气象防灾减灾重点实验室,银川 750002;)

**摘　要**：地基微波辐射计可以很好地反演大气水汽,为降水过程中水汽含量的变化分析提供了可靠的依据。本文使用 2018 年夏季(6—8 月)微波辐射计所得到的大气水汽含量和云液态水含量信息以及同时段内的小时雨强数据,分析了宁夏六盘山区降水过程中各参量的变化情况。结果表明：宁夏六盘山区降水发生的其中一个条件就是大气水汽含量需要达到某一阈值(34.95 mm),并且雨强与其在时间上分布一致;宁夏六盘山区夏季降水和大气水汽含量的日变化趋势基本保持一致,且与祁连山区 2008—2014 年夏季(6—8 月)降水的日变化具有一定相似性;在临近降水前 1 h,云液态水含量(LWP)的值剧烈增长出现跃增现象。此结果不仅可为预测云系是否处于降水产生阶段,而且可为人工增雨提供技术参考。

**关键词**：六盘山;微波辐射计;大气水汽含量;云液态水含量;雨强;相关关系

## 1　引言

水汽作为大气中最为活跃的元素之一,在各个时空尺度的天气过程中都扮演着非常重要的角色,其中,大气含水量的分布及其变化对降水、辐射传输和气候变化等也起着重要的作用。降水形成的条件主要包括以下三个方面,一是充足的水汽;二是使气块抬升并冷却凝结的空气动力条件;三是有适量的凝结核,水汽含量是影响降水的重要因素之一[1-2]。因此,及时准确地获取高精度、高时间分辨率的大气水汽资料,对降水及天气、气候变化的研究和提高人工影响天气的效率具有重要的意义。

获取大气水汽资料的方法有很多,但随着科学技术的不断发展,微波辐射计的应用逐渐广泛且探测水汽的方法也日益成熟,由于微波辐射计具有自动监测、移动性较强、高时间分辨率以及能够连续监测水汽变化等特征,已经越来越受到学者们的重视和青睐,并且微波辐射计能探测到空中云液态水含量的变化情况,可以用于人工增雨作业潜势条件的识别判定[3]。国内外一些学者已经使用常规观测资料进行对比分析,证明了微波辐射计资料的可靠性[4-5],目前,学者们多使用微波辐射计的资料和探空资料对大气水汽含量变化等进行研究。陈添宇等[6]使用地基微波辐射仪的资料分析了张掖降水过程中的大气水汽含量变化情况,结果表明该地区

---

\* 资助项目：西北区域人影建设研究试验项目(RYSY201904),国家自然科学基金面上项目(41775139),宁夏自然科学基金项目(2019AAC03255),宁夏回族自治区重点研发计划一般项目(2019BEG03001)共同资助。

作者简介：林彤(1993—),女,山东烟台人,硕士,助理工程师,主要从事人工影响天气及大气物理方面研究。E-mail：lintong0213@126.com。

通讯作者：桑建人,男,正研级高级工程师,E-mail：sangjr@126.com。

降水发生的前提是大气水汽含量需达到某一阈值且雨强与大气水汽含量在时间上同步分布；傲雪等[7]使用地基微波辐射计资料分析了降水前1 h大气水汽含量、云液态水含量的分布、演变和降水之间的关系；王健等[8]对乌鲁木齐地区的一次降水过程分析，认为水汽含量在该地区的降水阈值达到5 cm，液态水含量值开始增加的时候，发生降水的可能性大；杨青等[9]使用30年的探空实测资料分析了伊犁河流域水汽含量和降水量的时空分布特征，并分析夏季干湿年、典型强降水过程中水汽输送特征；巩宁刚等[10]使用再分析资料和降水资料分析了祁连山地区大气水汽含量的时空变化特征、降水转化率的空间变化特征以及风场分布规律，并对比了我国西部不同地区降水转化率的变化趋势；张扬等[11]使用近40年西北干旱区高空和地面气象资料，分析了西北干旱地区水汽含量的时空变化特征与降水量的关系。以上研究都是针对大气水汽含量和降水关系的研究，但研究对象和地区不同，对于宁夏六盘山山区水汽含量和降水的研究较少，由于六盘山地区夏季降水较多又是产生地形云的理想山区，该地区的大气水汽含量、降水特征等研究对于该地区地形云降水有重要应用价值。

六盘山位于我国黄土高原西部、西北地区的东部和宁夏回族自治区的南部，处于青藏高原与黄土高原的交汇处，山峰高度在2700 m左右，主峰位于宁夏隆德和泾源两县交界处，最高峰达到2942 m。由于六盘山区地处东亚季风区的边缘，夏季受到东南季风的影响冬季受干冷蒙古高压控制，因此形成了温差较大并且四季分明的大陆性季风气候特征，六盘山区作为黄土高原重要的水源涵养地，水汽相对较丰富并且由于六盘山地形的抬升作用，在山顶附近经常形成地形云从而产生降水。有研究表明[12]，六盘山区的年降水量在676 mm，降水主要集中在夏季，7—8月为降水高峰期。

因此探究宁夏六盘山区的大气水汽含量与降水之间的关系对于进一步研究六盘山区地形云产生的降水特征有重要意义，并且可以用于判断该地区云系是否处于降水产生阶段，从而应用于人工增雨作业，对于暴雨的监测也起着重要的作用。

## 2 数据来源与方法

### 2.1 观测站点

选用位于宁夏六盘山西侧隆德气象站，其海拔高度为2079 m，地理坐标是106°07′E，35°37′N，距离山顶最高点的高度差约800 m。由于该站布设有RPG-HATPRO-G4型多通道微波辐射计并且该气象站有比较准确的降水量和雨强数据，因此本文用来分析的站点资料是基于隆德气象站所得资料进行研究的。

### 2.2 观测仪器

RPG-HATPRO-G4型多通道微波辐射计，采用独有的多通道并行测量技术，性能稳定、测量精确、高度自动化，软件功能卓越，能实时和连续检测大气边界层和对流层的温度、湿度、液态水廓线和总量信息。多地域适应、全天候和全天时观测。时空覆盖率比探空气球大，近地层观测精度比卫星高，晴空观测比天气雷达优越。其采用42通道和14个接收器并行和波导捷变频测量技术，其中K频段（22.24~31.9 GHz）的21个通道主要用于测量及反演水汽含量、液态水含量及大气水汽廓线，V频段（51.26~58.0 GHz）21个通道主要用于获得大气温度廓线。该仪器同时能够获得0~10 km范围内的大气温度、湿度廓线、大气水汽含量、液态水含量、水汽密度等数据产品。

RPG-HATPRO采用的多通道并行测量核心技术,是通过把波导滤波器和多个接收器模块化(MMIC技术),实现多通道并行测量,且各通道带宽独立,中心频率定位精度极高。与传统单接收器扫频技术相比,多通道并行滤波接收器组测量更精确、系统更稳定、采样更快速。优化的大天线窄波束改善了空间分辨率。天顶方向与独有的边界层多角度扫描两种观测模式联合使用,大大提高了垂直廓线分辨率。

本文选取 2018 年夏季(6—8 月)的微波辐射计获得的大气水汽含量和液态水含量数据,结合同时间段隆德气象站获得的降水量与雨强资料,对六盘山区大气水汽含量与降水的关系进行分析,在数据分析和处理中,使用的时间为北京时间。

## 2.3 物理量选取

本文所选取的物理量包括:大气水汽总含量(PWV 或 V)也称为大气可降水量,是指某一时刻假设单位平方米大气柱中的水汽凝结成液态水并以降水形式落到地面上的液态水厚度,单位为 mm,它是衡量大气中水汽含量的重要物理量;云液态水含量,也称为液态水路径(LWP 或 L),是指云中液态水密度在垂直方向上的积分总量,单位为 mm;这两个物理量的分布和变化与对应天气系统的变化密切相关,且在降水开始前,PWV 和 LWP 都有一定的变化,它们可以对降水的发生有一定的指示意义。

# 3 结果分析

## 3.1 六盘山水汽含量与雨强的变化

产生降水的先决条件就是要有充足的水汽,因此研究六盘山地区降水首先要分析该地区的水汽含量与降水之间的变化。图 1 是 2018 年 6 月 1 日 08 时(07—08 时)至 9 月 1 日 08 时微波辐射计获得的大气水汽含量与同时间段内由隆德气象站得到的小时雨强随时间的变化分布图。如图 1 所示,一般降水时段对应着大气水汽含量的峰值,当开始发生降水时,大气水汽含量最低都达到 15 mm(6 月 10 日)以上,降水发生时大气水汽含量的平均值在 34.95 mm,尤其 7—8 月份的降水,水汽含量达到更高的值,说明大气水汽含量达到一定的阈值是产生降水的其中一个条件。

虽然降水发生时大气水汽含量的平均值在 34.95 mm,但在很多时段大气水汽含量远远大于 34.95 mm 时,雨强却很小甚至没有降水发生,例如:7 月 19 日 12:00—16:00 的时段,大气水汽含量高达 40.83 mm,雨强却为 0 mm·h$^{-1}$;另外在某些时段,小时雨强非常大但水汽含量却较小,例如:6 月 21 日 19:00 时,小时雨强达到了 7.6 mm·h$^{-1}$,大气水汽含量却只有 24.03 mm。因此,大气水汽含量并不能作为判断降水的唯一条件,只是具有指导意义。

## 3.2 六盘山水汽含量与雨强的日变化特征

如图 2 所示,图中实线为大气水汽含量的值,虚线为小时雨强。可以看出,六盘山区 2018 年夏季各月大气水汽含量具有相似的日变化特征,大气水汽含量从 00:00 开始逐渐下降,午后又逐渐上升,在午后大约 15:00 左右(北京时,下同)出现日变化最大值,此后逐渐下降,6 月、7 月和 8 月日变化均出现最小值在早晨 08:00 左右,明显的峰值出现在午后;这与 2017 年夏秋季的六盘山区水汽含量变化趋势相似。1 h 降水量,即小时雨强各月的日变化差异较大,其中 6 月出现多峰值,降水各时段差异明显,在凌晨、午后和傍晚均出现降水,降水在午后出现最大值;7 月降水出现 3 个峰值,峰值出现在 00:00、15:00 和 22:00 三个时间段;8 月降水时段主要出现在午后,3 个峰值处在上午 08:00—09:00、中午 13:00 和下午 16:00 左右。整个夏季平均的降水变化趋势和大气水汽含量整体变化趋势相一致,逐时平均降水量与降水频率在 7 月最大(0.28 mm),8 月次之(0.14 mm),6 月最小(0.135 mm),这与刘雪梅等[13]使用自动站与降水产品分析的 2008—2014 年夏季(6—8 月)祁连山区降水的日变化具有一定的相似性。但 2018 年六盘山夏季的水汽含量日变化与刘红燕等人在北京的观测结果不同[14],北京夏季的大气水汽含量的高值区都出现在凌晨 03:00—04:00,低值区则出现在正午前后,这样的差异可能是由于六盘山地区和北京的地理环境及所受的不同天气系统有关。

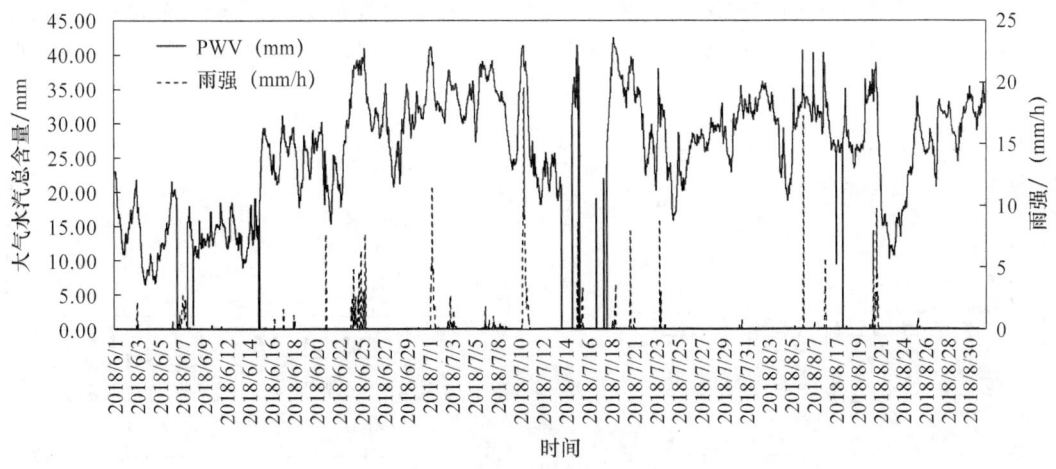

图 1 六盘山夏季大气水汽含量与雨强随时间的变化

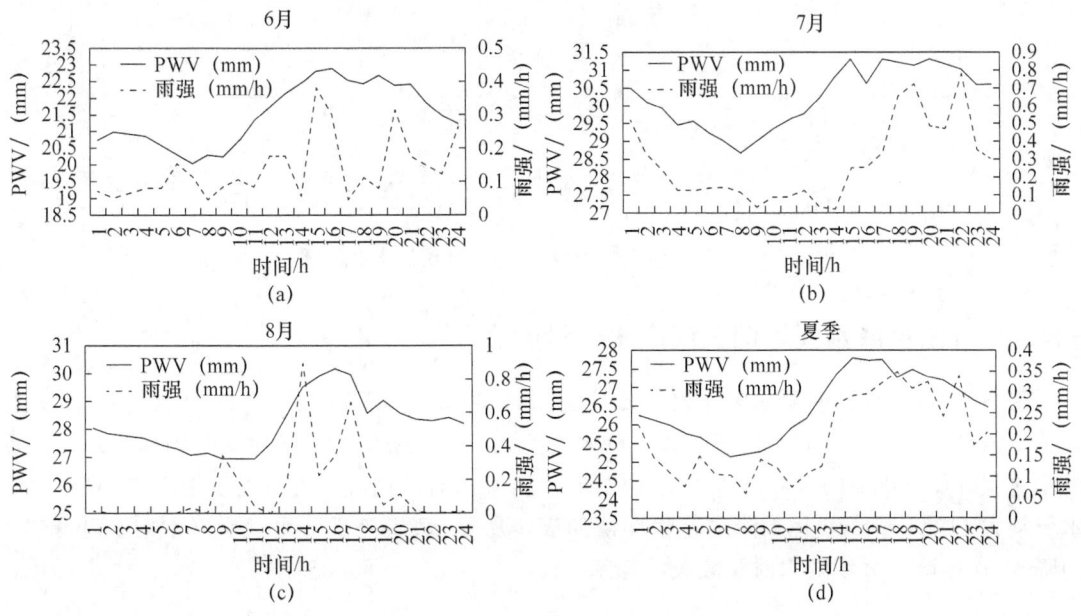

图 2 夏季与各月大气水汽含量与雨强的日变化

## 3.3　六盘山降水过程中水汽含量与雨强的变化

图3是在2018年六盘山地区6—8月降水过程中挑选出来的4个典型的连续性降水过程,由图3可以看出,大气水汽含量和小时雨强的整体变化趋势相辅相成。图3a是6月24日凌晨到6月25日下午的一次间歇性降水过程,水汽含量和雨强都呈现多峰分布,该次降水持续时间长、阶段性降水量不是很大,时断时续,变化较缓慢且降水时间长短不一;图3b是7月1日到7月2日出现的一次连续性降水过程,小时雨强呈现单峰分布,该次降水强度比6月的强,且为连续不间断降水;图3c为7月10日到7月11日出现的一次较强连续性降水,大体也呈现单峰分布,为连续不间断降水;图3d是8月21日出现的一次连续性降水,小时雨强大体呈现双峰分布。以上4次降水过程都是在大气水汽含量明显上升并且达到某一阈值时发生,这4次降水过程发生时大气水汽含量都大于30 mm,且其他降水个例,当降水强度较强时大气水汽含量均达到30 mm以上,说明降水形成的其中一个必要条件就是大气水汽含量需达到一定的阈值,才有可能产生降水。

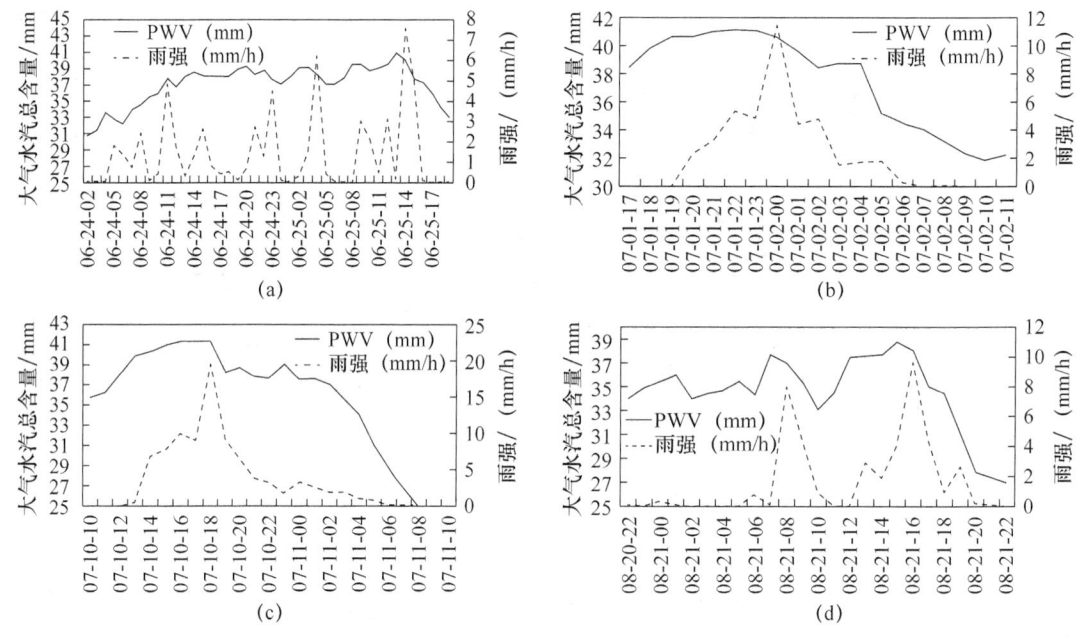

图3　2018年六盘山地区6—8月较强降水过程

## 3.4　六盘山区降水开始前云液态水含量的变化

有研究表明[15-20],在降水发生之前云液态水含量(LWP)都存在一个跃增现象,为了更好地了解六盘山区地形云降水的机理以及降水发生的条件,挑选出2018年夏季的降水过程进行降水过程开始前2 h的云液态水含量变化的分析,其中有阵性降水也有连续性降水,且小时降水量均大于0.1 mm,具体的降水过程详情如表1所示,表中阵性降水表示降水时长小于3 h的降水,连续降水表示降水时长较长的降水。

表1  28个降水个例降水前的大气水汽含量值及降水类型

| 时间 | PWV/mm | 降水类型 |
| --- | --- | --- |
| 6月3日 | 21.08 | 3 h阵性降水 |
| 6月6日 | 21.49 | 阵性降水 |
| 6月10日 | 17.08 | 阵性降水 |
| 6月11日 | 18.10 | 阵性降水 |
| 6月15日 | 29.22 | 阵性降水 |
| 6月16日 | 25.40 | 阵性降水 |
| 6月17日 | 31.09 | 阵性降水 |
| 6月18日 | 29.25 | 3 h阵性降水 |
| 6月21日 | 25.97 | 阵性降水 |
| 6月23日 | 33.49 | 连续降水 |
| 7月1日 | 40.62 | 连续降水 |
| 7月3日 | 34.18 | 连续降水 |
| 7月6日 | 37.23 | 连续降水 |
| 7月8日 | 32.76 | 阵性降水 |
| 7月10日 | 38.15 | 连续降水 |
| 7月15日 | 36.75 | 连续降水 |
| 7月18日 | 38.05 | 连续降水 |
| 7月20日 | 34.83 | 阵性降水 |
| 7月20日 | 39.10 | 阵性降水 |
| 7月23日 | 37.88 | 阵性降水 |
| 8月1日 | 33.52 | 阵性降水 |
| 8月6日 | 36.52 | 阵性降水 |
| 8月7日 | 40.18 | 阵性降水 |
| 8月8日 | 40.19 | 连续降水 |
| 8月18日 | 34.90 | 阵性降水 |
| 8月20日 | 35.47 | 阵性降水 |
| 8月21日 | 35.47 | 连续降水 |
| 8月25日 | 33.23 | 连续降水 |

图4给出了2018年6月到8月中出现降水的28个个例在降水开始前2 h云液态水含量的变化图,几乎所有降水个例在降水前1 h内LWP的值都出现了一个急剧增长的现象,称为降水前的跃增现象,这与敖雪等[7]、雷恒池等[16]对LWP降水前变化的研究具有很好的相似性,并且在6月17日、6月21日、6月23日、7月1日、7月18日、7月23日、8月6日、8月8日和8月21日的9个降水个例中,全部为连续性降水或强阵性降水,降水量均大于1.5 mm,发现在出现较强降水之前,跃增值较大。但也有个别降水个例在降水前跃增值较小的情况下也出现了连续性降水或强阵性降水(例如7月10日),主要由于降水刚开始时降水量很小,降水开始后的过程中才慢慢增大。在临近降水前,LWP的值剧烈增长,利用这个特点,可以判断

降水是否临近,可以预测云系是否处于降水产生的阶段并且为人工增雨作业保障、指挥等提供一定的参考。

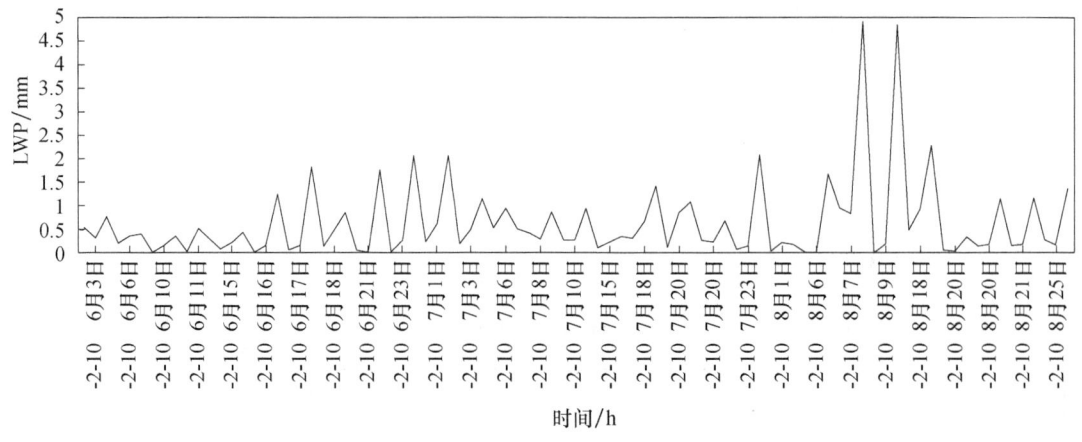

图 4　降水开始前 2 h 云液态水含量(LWP)的变化

## 4　结论与探讨

本文利用地基微波辐射计资料与自动站降水资料分析了六盘山地区大气水汽含量与降水之间的关系,得到以下结论。

(1)六盘山地区夏季的一般降水时段对应着大气水汽含量的峰值,降水发生时大气水汽含量的平均值在 34.95 mm,说明大气水汽含量达到一定的阈值是产生降水的其中一个条件,只有达到某一阈值后才能在其他机制的触发下产生降水,且与雨强存在一定的相关关系。

(2)六盘山区夏季各月大气水汽含量具有相似的日变化,与该地区夏季日变化具有相似的变化趋势,由于六盘山地区和北京的地理环境及所受的天气系统不同,因此与北京的观测结果有所不同。整个夏季平均的降水变化和大气水汽含量整体变化趋势相一致,逐时平均降水量与降水频率在 7 月最大(0.279 mm),8 月次之(0.14 mm),6 月最小(0.135 mm),这与其他学者使用自动站与降水产品分析的 2008—2014 年夏季(6—8 月)祁连山区降水的日变化具有一定的相似性。

(3)六盘山地区当降水强度较强时大气水汽含量均达到 30 mm 以上,说明降水形成的其中一个必要条件就是大气水汽含量需达到一定的阈值,才有可能产生降水。

(4)在临近降水前 1 h,LWP 的值剧烈增长出现跃增现象,利用这个特点,可以判断降水是否临近,可以预测云系是否处于降水产生的阶段并且为人工增雨作业保障等提供一定的参考。

### 参考文献

[1] 段英,吴志会.利用地基遥感方法监测大气中汽态、液态水含量分布特征的分析[J].应用气象学报,1999(1):34-40.

[2] 李军霞,李培仁,晋立军,等.地基微波辐射计在遥测大气水汽特征及降水分析中的应用[J].干旱气象,2017,35(5):767-775.

[3] 王周翔,王旗,于翠红,等.微波辐射计的应用及研究进展[J].现代农业科技,2017(9):223-224.

[4] 黄晓莹,毛伟康,万齐林,等.微波辐射计在强降水天气预报中的应用[J].广东气象,2013,35(3):50-53.

[5] Mobile Integrated Profiling System(MIPS) observations of boundary layer and water vapor variations around boundaries and storms [C]. American Meteorological Observations and Instrumentation, Long Beach,California,2003:10-13.

[6] 陈添宇,陈乾,丁瑞津.地基微波辐射仪监测的张掖大气水汽含量与雨强的关系[J].干旱区地理,2007,30(4):501-506.

[7] 敖雪,王振会,徐桂荣,等.地基微波辐射计资料在降水分析中的应用[J].暴雨灾害,2011,30(4):358-365.

[8] 王健,吕新生.地基微波辐射计对乌鲁木齐暴雨天气过程的观测分析[J].沙漠与绿洲气象,2012,6(3):45-49.

[9] 杨青,姚俊强,赵勇,等.伊犁河流域水汽含量时空变化及其和降水量的关系[J].中国沙漠,2013,33(4):1174-1183.

[10] 巩宁刚,孙美平,闫露霞,等.1979—2016年祁连山地区大气水汽含量时空特征及其与降水的关系[J].干旱区地理,2017,40(4):762-771.

[11] 张扬,李宝富,陈亚宁.1970—2013年西北干旱区空中水汽含量时空变化与降水量的关系[J].自然资源学报,2018(6):1043-1055.

[12] 曹荣荣,胡永强,杨彩虹,等.六盘山西峡林区降雨量与海拔高度关系的初步研究[J].园艺与种苗,2018(2):26-27.

[13] 刘雪梅,张明军,王圣杰,等.2008—2014年祁连山区夏季降水的日变化特征及其影响因素[J].地理学报,2016,71(5):754-767.

[14] 刘红燕,王迎春,王京丽,等.由地基微波辐射计测量得到的北京地区水汽特性的初步分析[J].大气科学,2009,33(2):388-396.

[15] 张志红.云降水结构及演变特征的遥感观测分析[D].南京:南京信息工程大学,2008.

[16] 雷恒池,魏重,沈志来,等.微波辐射计探测降雨前水汽和云液水[J].应用气象学报,2001,12(z1):73-79.

[17] 崔雅琴,张佃国,龚佃利,等.新探测仪器资料在短时强降水过程中的应用[J].气象科技,2016,44(6):875-881.

[18] 万文龙,孙荣,王旭,等.微波辐射计资料在东营市降水和大雾天气研究中的应用[J].现代农业科技,2017(23):213-216.

[19] 胡振菊,佘高杰,陈国锋.地基微波辐射计在常德强降水过程中的应用[C].第31届中国气象学会年会,2014.

[20] 张志红,周毓荃.一次降水过程云液态水和降水演变特征的综合观测分析[J].气象,2010,36(3):83-89.

# 基于微波辐射计的宁夏六盘山西侧大气水汽变化特征[*]

林 彤[1,2,3]　桑建人[1,2,3*]　田 磊[1,2,3]　姚展予[2,4]　孙艳桥[1,2,3]　常倬林[1,2,3]

(1. 中国气象局旱区特色农业气象灾害监测预警与风险管理重点实验室,银川 750002;
2. 中国气象局云雾物理环境重点开放实验室,北京 100081;
3. 宁夏气象防灾减灾重点实验室,银川 750002;4. 中国气象科学研究院,北京 100081)

**摘 要**:本文采用隆德气象站 2 年德制微波辐射计与同期降水资料,利用统计法分析了六盘山脉西侧大气水汽含量以及云液态水含量特征,并分析了 92 次不同降水性质、不同降水量级的降水个例,得到降水前跃增时间的变化特征。剔除降水背景结果统计表明:(1)六盘山西侧大气水汽含量和云液态水含量有明显的季节变化,其中夏季是大气水汽含量最多的季节,平均为 23.44 mm,占年均水汽含量的 47.7%;(2)大气水汽含量和云液态水含量日变化呈一谷一峰分布,春夏秋三季均在午后出现最大峰值,冬季在 11:00 出现峰值;大气水汽含量低值区春夏秋季出现在日出前后,冬季出现在 22:00;(3)87% 的降水个例在降水发生之前大气水汽含量都在 12 mm 以上,且其值随着降水的量级增大而增大;(4)降水前云液态水含量发生明显跃增现象,春、夏季表现强,根据降水性质及降水量级不同,降水前跃增时间也不同。

**关键词**:六盘山;微波辐射计;大气水汽含量;云液态水含量

## 1 引言

大气水汽在大气中占比很小,小于大气成分的 3%,却是大气中最活跃的元素之一,由于水的相态转换、传输和循环预示着降水天气的发生、发展和消亡,并且对大气辐射、全球能量平衡和气候变化等方面都起着至关重要的作用,因此,及时、准确、连续的获取高精度、高时间分辨率的大气水汽相关资料,对降水、天气的预报和提高人工影响天气工作效率等方面是十分有意义的[1-3]。

获取大气水汽资料的方法有很多,但随着科学技术的发展,微波辐射计的应用逐渐广泛,其探测水汽的方法也日益成熟。微波辐射计能够连续、自动、长时间的获得大气水汽观测资料,具有时间分辨力高、可移动、可操作性强等优点,在资料同化、灾害天气分析等方面得到了较为广泛的应用,并且微波辐射计能够探测到空中云液态水含量的变化情况,可以用于识别和判定人工增雨作业潜势条件[3-4]。随着近几年微波辐射计的推广应用,国内外学者针对其探测精度和数据质量等方面进行了研究,并使用常规观测资料进行对比分析,证明了微波辐射计资料的可靠性,Cossu 等[5]将 WRF 模型模拟的结果与微波辐射计的综合水汽(integrated water

---

[*] 资助项目:西北区域人影建设研究试验项目(RYSY201904),国家自然科学基金面上项目(41775139),宁夏自然科学基金项目(2019AAC03255),宁夏回族自治区重点研发计划一般项目(2019BEG03001)共同资助。

作者简介:林彤(1993—),女,山东烟台人,硕士,助理工程师,主要从事人工影响天气及大气物理方面研究。E-mail:lintong0213@126.com。

通讯作者:桑建人,男,正研级高级工程师。E-mail:sangjr@126.com。

vapour,IWV)和综合云液态水(integrated liquid water,ILW)测量的结果进行对比,发现二者的 IWV 吻合度高,平均偏差仅为 0.7 mm,而 WRF 模型得到的 ILW 高估了晴空出现概率的比例(WRF 为 83%,微波辐射计为 60%);Steinke 等[6]通过对比两个微波辐射计的探测结果,发现测量角度的空间分布和扫描的角分辨率对于获得最佳水汽场有一定影响;NAVAS-GUZMÁN[7]使用微波辐射计与其他技术同步测量的温度数据,对比结果证明微波辐射计在平流层高度对温度的测量性能良好;He 等[8]采用多层神经网络法分析发现微波辐射计的水汽密度谱与探空观测的水汽密度谱吻合度高;Liu 等[9]对比了 CloudSat 卫星产品和在 ASCOS(北极夏季云海研究)航行中获取的微波辐射计(MWR)中云液态水路径的数据,发现二者反演的散点图相关性较差,中分辨率成像光谱仪(MODIS)图像证实了该现象可以由其中两天云量的不均匀性来解释;刘建忠等[10]利用统计法分析了探空和微波辐射计的观测资料,并评价了该型微波辐射计的性能。学者们也对微波辐射计得到的大气水汽含量、云液态水含量等特征量产品进行了研究;Xu 等[11]使用微波辐射计资料发现暴雨发生前约 30 min,云水和水汽密度开始大幅增加;陈添宇等[12]使用地基微波辐射计资料分析了张掖降水过程中的大气水汽含量变化情况,结果表明该地区当大气水汽含量达到某一阈值降水才会发生且雨强与大气水汽含量在时间分布上具有相同趋势;敖雪等[13]使用地基微波辐射计资料分析了降水前 1 h 大气水汽含量、云液态水含量的分布、演变和降水之间的关系。以上研究大都是针对微波辐射计精度或中国中东部地区的研究,对于中国西北地区的研究较少。

西北地区是我国缺水最严重的地区,其降水主要集中在山区,靠山区降水转化为山区冰雪或与冰雪融水相汇合,形成地表径流,成为滋润绿洲的宝贵水源;六盘山位于青藏高原与黄土高原的交汇处,主峰位于宁夏隆德和泾源两县交界处,最高峰达到 2942 m,它是西风带与东亚季风的过渡带,是海洋暖湿气流进入西北内陆的通道之一,也是西北内陆地区空中水汽输送的重要区域。由于六盘山区由南到北气候从半湿润区、半干旱过渡到干旱区,具有大陆性和海洋季风边缘气候特点,且其作为黄土高原重要的水源涵养地,水汽相对较丰富并且由于地形的抬升作用,围绕山脉附近经常形成地形云从而产生降水。因此,开发利用山区的空中云水资源,人工催化增加山区降水成为该地区人影作业的重点,而探究六盘山区的大气水汽含量、云液态水含量等特征量与降水的分布特征,对于进一步研究六盘山区地形云降水特征有重要意义及应用价值,并且可以用于判断该地区云系是否处于降水产生阶段,更好的应用于人工增雨作业,从而开发利用六盘山区的空中云水资源。

## 2 数据来源与方法

### 2.1 站点、仪器

本文选取宁夏回族自治区固原市隆德县的隆德国家气象观测站(106°6′E,35°36N′,海拔高度为 2079 m),气象观测站位于六盘山脉的西侧,距离山顶最高点约 800 m,其具体地理位置如图 1 所示。该站布设有一台德国 RPG 公司的 RPG-HATPRO 型地基微波辐射计,并已经积累了两年以上的数据,可以很好地监测六盘山西侧的大气水汽特征量。该仪器采用多通道并行技术进行测量,具有时空分辨率高、全天候和全天时观测的优点,可以实时连续监测并获得 0~10 km 范围内的大气温、湿度廓线、综合大气水汽含量、云液态水含量、云底高度等数据产品。为检验该型微波辐射计数据的适用性,孙艳桥等[14]利用 5 种检查方法对微波辐射计数据进行质量控制并与同期探空资料进行了比对,结果表明数据质量以晴空最优、云天次之、降水稍差,质量控制结果在各高度层上相关性都处在较高水平;田磊等[15]使用该仪器与同期探空数据对比发现,二者观测的平均温度廓线、水汽密度廓线等相关系数较高,说明该仪器数据可信并且可用度较高。

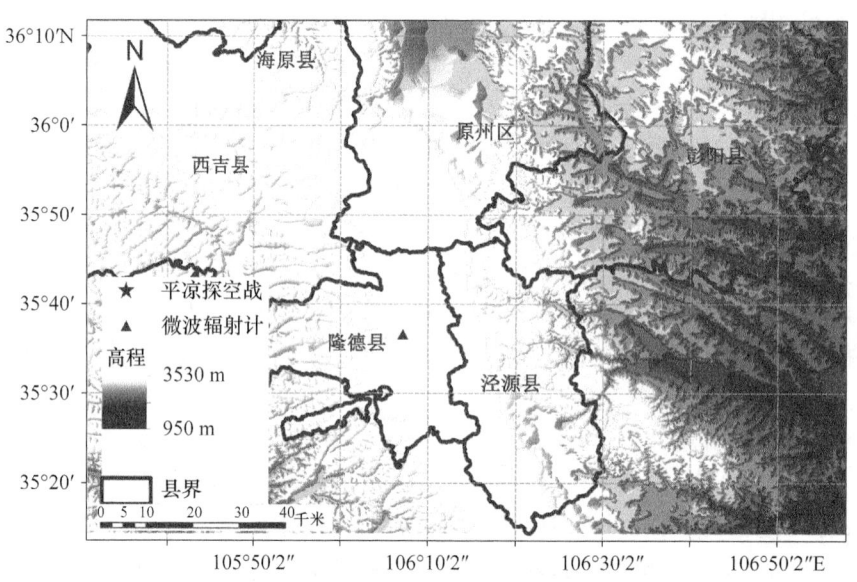

图 1 隆德地理位置

## 2.2 数据处理与方法

本文采用 2017 年 12 月 1—2019 年 11 月 30 日的降水资料与同期同址微波辐射计得到的大气水汽含量和云液态水含量进行统计分析。在处理微波辐射计资料的过程中,将秒数据平均为分钟数据,并将世界时间转换为北京时间。

有研究表明[15-19],微波辐射计的误差来源之一就是微波辐射计天线罩上附着的液态水导致亮温测量值的偏高。因此,为了避免降水对探测精度的影响,本文分析时剔除微波辐射计所有降水时段的数据,并使用极值检查法和内部一致性检查法剔除异常值,用数理统计分析方法进行数据分析。尝试得到六盘山西侧空中云水的季、月、日变化,并分析降水前一刻大气水汽含量与云液态水含量的变化特征,寻求其对降水发生的指示作用。

## 3 结果分析

### 3.1 六盘山西侧大气水汽及云水的季、月变化特征

由大气水汽含量、云液态水含量与降水的四季变化图(图 2)可见,六盘山地处东亚季风区的边缘,夏季日照丰富,冬季干燥寒冷,大气水汽含量和云液态水含量在夏季达到最大(23.44 mm 和 0.09 mm),大气水汽含量占年均水汽含量的 47.7%,有研究表明,西北地区的水汽输送主要以季风和西风两个环流系统为主,其中夏季从印度洋来的季风所携带的水汽对影响区的降水贡献较高,并且占全年的主要地位[20];其次是秋季(12.26 mm 和 0.06 mm)和春

季(9.23 mm和0.04 mm),分别占年均水汽含量的24.9%和18.8%;冬季大气中水汽含量最少,形成云的可能性最小,因此冬季的大气水汽含量和云液态水含量(4.26 mm和0.02 mm)显著低于其他季节,且冬季大气水汽含量仅占年均水汽含量的8.6%;降水前大气水汽含量逐渐增加,降水后逐渐减小,且年波动幅度较大,其中春季整体呈增加趋势,秋季整体呈逐渐减小趋势,夏季和冬季增减趋势不明显。云液态水含量在降水前较大并伴随出现跃增现象,该特征对降水的预报和人工影响天气作业有一定的指示作用。

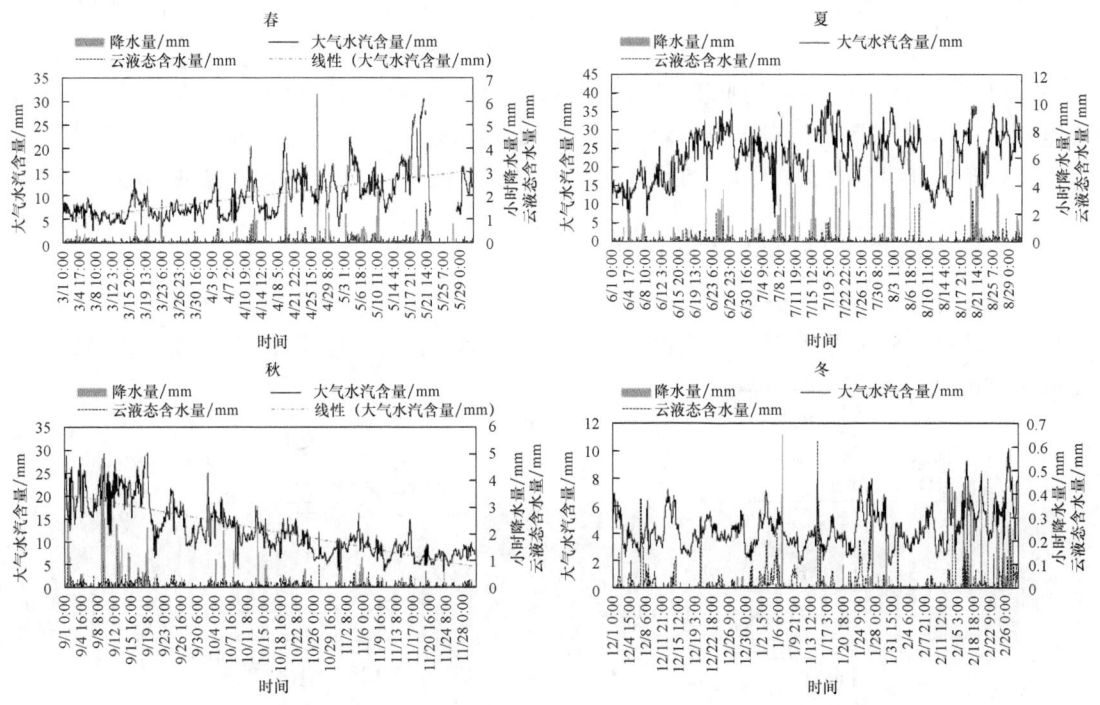

图2 大气水汽含量、云液态水含量与降水的四季变化图

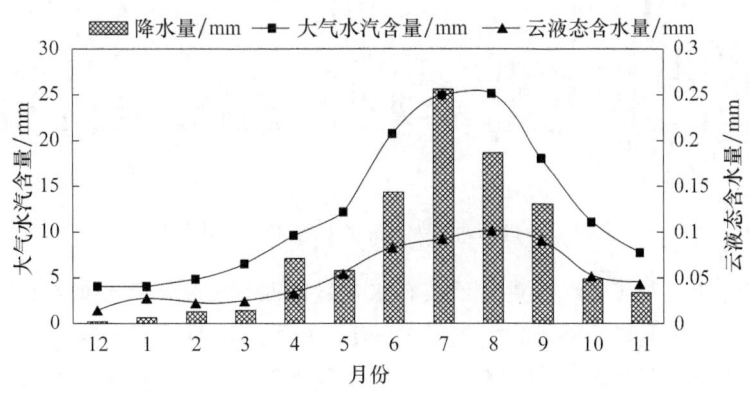

图3 大气水汽含量、云液态水含量与降水的月平均图

由大气水汽含量、云液态水含量与降水的月平均图(图3)看出大气水汽含量、云液态水含量与降水的分布趋势相似,计算得出,降水与大气水汽含量相关系数为0.97,降水与云液态水含量相关系数为0.91,降水与水汽特征量高度正相关;大气水汽含量和云液态水含量在1—8

月逐渐增大，特别是入夏以来大气水汽含量与云液态水含量有明显增加，这与夏季六盘山地区降水频率及降水量的明显增加密切相关，8—11月呈现逐渐减小趋势，12月各表征量最小，出现该分布特征的主要原因是六盘山区夏季受到来自印度洋的西南季风和来自太平洋的东南季风影响，建立了稳定的水汽输送通道，而冬季主要受到来自西伯利亚、内蒙古高压带来的西北、东北偏北风影响，水汽较少且冬季寒冷，虽然宁夏地理位置偏内陆，受季风影响较弱但仍然处于季风区的影响内[21-23]。

降水频率的计算按照雨/雪日（一日内出现降水量大于等于0.1 mm，当日即被计算为雨/雪日）与计算时段内全部天数的比值进行计算，得到夏季的降水频率最高（46.7%）且量级最大，秋季和春季的降水频率分别为37.9%和34.8%，隆德的冬季（12月—翌年1月）气温较低，降水基本是以降雪的形势出现，降水频率为18.3%；以上结论说明六盘山区西侧的空中云水情况和降水有明显的季节变化，且水汽主要集中在夏秋季，占年均水汽含量的72.6%。

## 3.2 六盘山西侧大气水汽与降水的日变化

将微波辐射计反演的大气水汽含量、云液态水含量以及降水资料取小时平均，再计算每个季节相同时刻的平均值，得到六盘山西侧大气水汽四季的日变化特征（图4）。图中横坐标上0表示00:00—01:00时，以此类推。

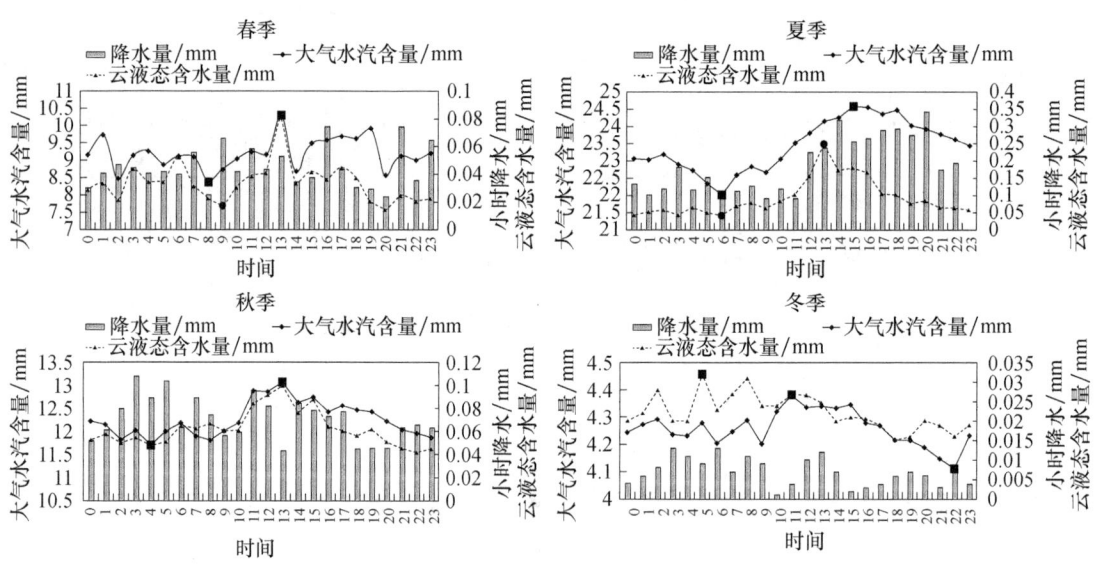

图4 六盘山西侧大气水汽四季的日变化特征

由图4可以看出，大气水汽含量和云液态水含量的四季变化趋势相似，夏季的大气层结稳定度最低，最容易形成午后热对流天气现象[24]，并且有较大的日变化幅度（大气水汽含量日变化差2.58 mm，云液态水含量日变化差0.2 mm）；大气水汽含量的日变化差春季大于秋季：春季的变化范围从8.38 mm到9.74 mm，日变化差为1.36 mm；秋季的变化范围从11.69 mm到12.88 mm，日变化差为1.19 mm。而在冬季，六盘山受北方冷高压控制，大气层结相对稳定，日变化振幅也最小（大气水汽含量日变化差0.27 mm，云液态水含量日变化差0.017 mm）；春、夏、秋、冬四季大气水汽含量从最小值到最大值的变化时间间隔分别为6 h、8 h、6 h和10 h，冬季变化时间最长。

春季降水最大时间段出现在08:00,夏季和秋季出现在17:00,冬季出现在6:00。大气水汽含量和云液态水含量表现为一谷一峰的日变化特征,大气水汽含量低值区春夏秋三个季节均出现在凌晨04:00—08:00,而冬季则出现在夜间22:00。云液态水含量春夏秋三季的峰值均出现在午后,其中春秋两季与大气水汽含量峰值出现时间一致,冬季云液态水含量最大值出现在凌晨05:00,最小值在傍晚18:00;春夏秋三个季节大气水汽含量的峰值均出现在午后13:00—15:00,冬季在11:00出现最大峰值。出现该日变化特征的原因是由于日出之前地表温度下降,低层大气容易形成逆温层,大气中的水汽不断凝结并降落,使得大气水汽含量不断下降,而日出之后,地表及大气温度逐渐回升,大气对流使得水汽对流至高空中形成云,从而使得大气水汽含量与云液态含水量逐渐增加,并在午后达到最大值,之后又随着温度的逐渐降低,水汽凝结并降落,大气水汽含量和云液态含水量又出现下降趋势。冬季大气水汽含量与云液态含水量的低值区出现在傍晚,是由于在冬季傍晚的山脚下气温偏低导致。

水汽的变化是快速、多变且复杂的过程,每日最大值和最小值出现的具体时间实际都不是一定的,原因目前还不是非常明确,这需要我们以后更加深入细致的研究才能进一步解释。

## 3.3 降水前特征量变化

### 3.3.1 六盘山西侧降水前大气水汽含量变化特征

由于降水发生时微波辐射计所测得的结果有较大误差,为了寻找降水前大气水汽含量和云液态水含量的变化特征,我们将2018—2019年典型降雨过程前一刻的大气水汽含量的值以及降水前2 h的云液态水含量提取出来进行统计分析,得到表1。

表1 92个降水个例天气情况及降水前大气水汽含量的值

| 时间<br>(年.月.日) | 降水前大气<br>水汽含量/mm | 天气<br>情况 | 24 h降水量<br>/mm | 降雨<br>类型 | 时间<br>(年.月.日) | 降水前大气<br>水汽含量/mm | 天气<br>情况 | 24 h降水量<br>/mm | 降雨<br>类型 |
|---|---|---|---|---|---|---|---|---|---|
| 2018.3.4 | 11.27 | 小雨 | 3.7 | 连续性 | 2018.8.5 | 34.57 | 小雨 | 0.2 | 阵性 |
| 2018.3.5—6 | 9.83 | 小雨 | 2 | 连续性 | 2018.8.6 | 36.53 | 中雨 | 21.6 | 连续性 |
| 2018.3.17 | 19.34 | 小雨 | 3.2 | 连续性 | 2018.8.7 | 40.18 | 小雨 | 0.5 | 阵性 |
| 2018.3.18 | 12.9 | 小雨 | 0.1 | 阵性 | 2018.8.8 | 40.2 | 中雨 | 11.7 | 连续性 |
| 2018.3.20 | 10.24 | 小雨 | 6.1 | 连续性 | 2018.8.18 | 34.91 | 小雨 | 0.2 | 阵性 |
| 2018.3.30 | 13.68 | 小雨 | 0.4 | 阵性 | 2018.8.21 | 34.84 | 小雨 | 0.4 | 阵性 |
| 2018.4.4—5 | 19.55 | 小雨 | 4.9 | 连续性 | 2018.8.21 | 35.48 | 大雨 | 40.4 | 连续性 |
| 2018.4.5—6 | 6.36 | 小雨 | 0.3 | 阵性 | 2018.8.25 | 33.24 | 小雨 | 2.2 | 阵性 |
| 2018.4.11—13 | 22.04 | 中雨 | 24.2 | 连续性 | 2018.9.1—2 | 39.61 | 小雨 | 5 | 连续性 |
| 2018.4.20 | 22.17 | 小雨 | 4.9 | 连续性 | 2018.9.4 | 35.86 | 小雨 | 4.7 | 连续性 |
| 2018.4.22 | 17.11 | 小雨 | 0.2 | 阵性 | 2018.9.9 | 24.52 | 小雨 | 2 | 连续性 |
| 2018.4.23 | 20.95 | 小雨 | 1.6 | 连续性 | 2018.9.13 | 23.38 | 小雨 | 0.1 | 阵性 |
| 2018.4.24 | 17.56 | 小雨 | 1.7 | 连续性 | 2018.9.14—15 | 24.98 | 小雨 | 8.6 | 连续性 |
| 2018.4.27 | 14.98 | 小雨 | 0.5 | 阵性 | 2018.9.16 | 24.05 | 小雨 | 0.7 | 连续性 |
| 2018.4.28 | 16.48 | 小雨 | 3.3 | 阵性 | 2018.8.1 | 33.52 | 小雨 | 0.1 | 阵性 |
| 2018.4.30 | 16.09 | 小雨 | 0.1 | 阵性 | 2018.9.17 | 27.18 | 小雨 | 2.2 | 阵性 |

续表

| 时间<br>(年.月.日) | 降水前大气<br>水汽含量/mm | 天气<br>情况 | 24 h 降水量<br>/mm | 降雨<br>类型 | 时间<br>(年.月.日) | 降水前大气<br>水汽含量/mm | 天气<br>情况 | 24 h 降水量<br>/mm | 降雨<br>类型 |
|---|---|---|---|---|---|---|---|---|---|
| 2018.5.5 | 16.26 | 小雨 | 0.1 | 阵性 | 2018.9.18 | 27.2 | 小雨 | 5.8 | 连续性 |
| 2018.5.9—10 | 20.91 | 中雨 | 24.6 | 连续性 | 2018.9.19 | 28.47 | 小雨 | 1.9 | 连续性 |
| 2018.5.17 | 24.19 | 小雨 | 0.6 | 阵性 | 2018.9.20 | 17.48 | 小雨 | 0.8 | 阵性 |
| 2018.5.19 | 27.05 | 中雨 | 11.1 | 连续性 | 2018.9.21 | 19.87 | 小雨 | 1 | 阵性 |
| 2018.5.21 | 30.12 | 中雨 | 13.3 | 连续性 | 2018.9.25 | 27.83 | 小雨 | 0.9 | 间歇性 |
| 2018.6.3 | 21.08 | 小雨 | 3.4 | 连续性 | 2018.9.27 | 21.96 | 小雨 | 0.1 | 阵性 |
| 2018.6.6 | 21.49 | 小雨 | 0.7 | 阵性 | 2018.10.2 | 13.38 | 小雨 | 0.4 | 阵性 |
| 2018.6.8 | 15.61 | 小雨 | 0.2 | 阵性 | 2018.10.8 | 16.54 | 小雨 | 2.9 | 阵性 |
| 2018.6.10 | 17.09 | 小雨 | 0.3 | 阵性 | 2018.10.13 | 17.8 | 小雨 | 8.4 | 连续性 |
| 2018.6.11 | 18.1 | 小雨 | 0.2 | 阵性 | 2018.10.14 | 13.94 | 小雨 | 0.3 | 阵性 |
| 2018.6.15 | 29.23 | 小雨 | 0.3 | 阵性 | 2018.10.18 | 12.71 | 小雨 | 1.8 | 间歇性 |
| 2018.6.16 | 25.4 | 小雨 | 0.8 | 阵性 | 2018.10.19 | 15.88 | 小雨 | 1.8 | 连续性 |
| 2018.6.17 | 31.092 | 小雨 | 2.6 | 阵性 | 2018.10.20 | 18.21 | 小雨 | 2.9 | 连续性 |
| 2018.6.18 | 29.25 | 小雨 | 2 | 阵性 | 2018.10.22 | 11.21 | 小雨 | 0.1 | 阵性 |
| 2018.6.21 | 25.97 | 中雨 | 10.8 | 阵性 | 2018.10.24 | 16.92 | 小雨 | 0.7 | 阵性 |
| 2018.6.24—25 | 33.49 | 大雨 | 58 | 连续性 | 2018.11.4 | 12.43 | 小雨 | 3.7 | 连续性 |
| 2018.6.30 | 34.02 | 小雨 | 0.1 | 阵性 | 2018.11.5 | 10.73 | 小雨 | 3.9 | 连续性 |
| 2018.7.1—2 | 40.62 | 大雨 | 41.7 | 连续性 | 2018.11.5—6 | 10.63 | 小雨 | 3.1 | 连续性 |
| 2018.7.3 | 34.18 | 小雨 | 9.9 | 连续性 | 2018.11.6 | 9.74 | 小雨 | 1.7 | 阵性 |
| 2018.7.6—8 | 37.24 | 小雨 | 8 | 间歇性 | 2018.11.10 | 11.13 | 小雨 | 2.1 | 间歇性 |
| 2018.7.9 | 32.77 | 小雨 | 0.2 | 阵性 | 2018.11.14 | 11.63 | 小雨 | 1.1 | 连续性 |
| 2018.7.10—11 | 38.16 | 大雨 | 89.2 | 连续性 | 2018.11.15 | 10.11 | 小雨 | 1.6 | 连续性 |
| 2018.7.4 | 35.33 | 小雨 | 2.4 | 阵性 | 2018.11.16 | 9.4 | 小雨 | 4.6 | 连续性 |
| 2018.7.19 | 38.06 | 小雨 | 9 | 连续性 | 2019.8.26 | 41.45 | 大雨 | 26.4 | 连续性 |
| 2018.7.20 | 34.84 | 中雨 | 12 | 连续性 | 2019.9.18—19 | 27.56 | 中雨 | 13.5 | 连续性 |
| 2018.7.21 | 39.11 | 小雨 | 1.4 | 阵性 | 2019.10.3 | 26.3 | 小雨 | 2.8 | 连续性 |
| 2018.7.23 | 37.89 | 中雨 | 12 | 连续性 | 2019.10.4 | 27.1 | 小雨 | 5.5 | 连续性 |
| 2018.7.24 | 31.36 | 小雨 | 0.6 | 阵性 | 2019.10.5 | 24.4 | 小雨 | 0.1 | 阵性 |
| 2018.7.31 | 31.81 | 小雨 | 0.4 | 阵性 | 2019.10.6 | 23.32 | 中雨 | 14.7 | 连续性 |
| 2018.7.31 | 35.4 | 小雨 | 0.8 | 阵性 | 2019.11.1 | 17.9 | 小雨 | 5.2 | 连续性 |

表1是2018—2019年92个降水个例(春季21个、夏季35个、秋季37个)的天气情况以及降水前的大气水汽含量的值,天气情况是采用24 h降水量来进行划分的,24 h降水量在0.1~9.9 mm为小雨,10~24.9 mm为中雨,25~49.9 mm为大雨。

从表中可以看出,小雨发生前,春季大气水汽含量均值为15.82 mm,夏季大气水汽含量均值为30.76 mm,秋季大气水汽含量均值为19.43 mm。中雨发生前,春季大气水汽含量均值为 22.04 mm,夏季大气水汽含量均值为 31.69 mm,夏季 87.5% 的中雨发生前大气水汽含量的值大于 25 mm。大雨(只发生在夏季)发生前微波辐射计记录的大气水汽含量均值为 37.84 mm,捕捉到的 5 次大雨过程中大气水汽含量均大于 33.49 mm。图 5 得到降水发生大气水汽含量的比例,春季 90.5% 的降水个例的大气水汽含量在 10 mm 以上,夏季 85.7% 的降水个例的大气水汽含量在 25 mm 以上,秋季 94% 的降水个例的大气水汽含量在 10 mm 以上;87% 的降水个例在降水发生之前大气水汽含量都在 12 mm 以上,并且其值随着降水的量级增大而增大。

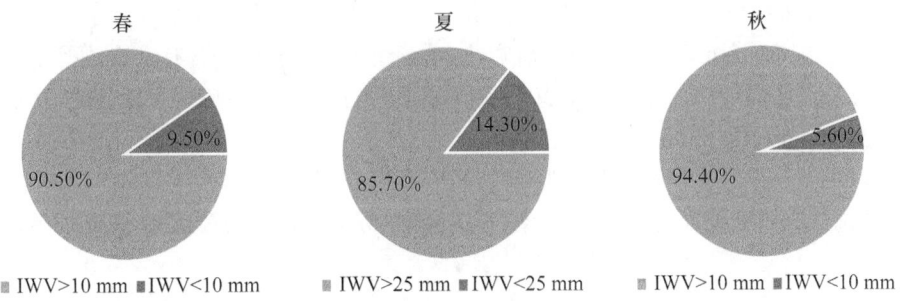

图 5 降水发生大气水汽含量比例

### 3.3.2 六盘山西侧降水前云液态水含量变化特征

数据分析过程中发现,降水之前云液态水含量发生跃增现象在春夏季最为明显,秋季次之,冬季隆德气温较低,降水均以降雪形式发生,跃增现象表现最弱,根据降水量的大小以及降水的性质不同,降水前跃增现象发生的时间也不同。为进一步得到降水性质及降水量大小对降水前跃增时间的影响,将 92 个降水个例按照降水类型和天气情况分类并提取降水前 120 min 的云液态水含量数据,得到 42 个阵性降水(降水开始和停止突然并且时间小于 3 h)、47 个连续性降水(降水持续时间长且大于等于 3 h)和 3 个间歇性降水(降水伴有明显断续现象),连续性降水中又分为 32 个连续性小雨、10 个连续性中雨和 5 个连续性大雨,得到阵性、连续性和间歇性降水前 120 min 云液态水含量的变化(图 6)。

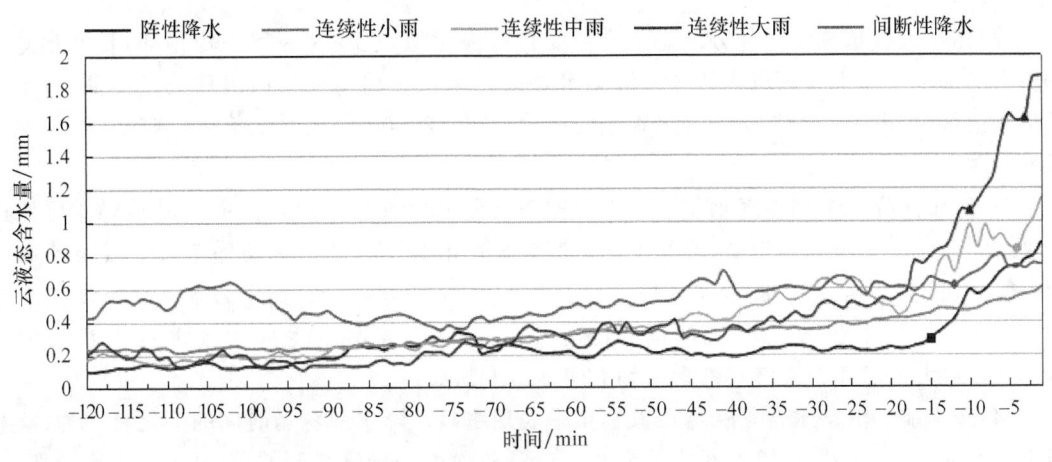

图 6 阵性、连续性和间歇性降水前 120 min 云液态水含量的变化

其中,阵性降水在降水之前云液态水含量有显著的跃增现象,跃增时间分布在降水前6～23 min,91%的阵性降水分布在前10～20 min。将所有阵性降水个例做平均,得到在降水开始前15 min云液态水含量开始跃增,跃增量大约为0.6 mm。

连续性小雨的云液态水含量在降水开始前都小于0.6 mm,在降水前1 h开始平缓增加,增加量为0.2 mm以上,没有明显的跃增时间;连续性中雨个例的云液态水含量在降水开始前40 min内有两个先增后减的变化,具体为降水开始前40 min先增大后减小,降水前20 min快速增大至接近1 mm后云液态水含量的值又有所减小,在临近降水前4 min再次跃增超过1 mm,最后一次跃增值在0.3 mm左右;连续大雨云液态水含量在降水开始前17 min开始剧烈增加,到降水前12 min左右增至1 mm以上,在降水前10 min左右有一次剧烈跃增,跃增值大约为0.6 mm,在临近降水前3 min又一次跃增至接近2 mm,最后一次跃增值为0.3 mm左右。以上结论与敖雪等[12]的研究结论相似。

间歇性降水个例均为小雨,降水发生前120 min云液态水含量在0.3～0.8之间波动,在临近降水前12 min左右出现跃增现象,至降水前6.5 min达到最大后有所减小,跃增量约0.2 mm。

## 4 结论与探讨

本文利用地基微波辐射计资料与同址自动站降水资料分析了六盘山西侧大气水汽含量、云液态水含量与降水的季节分布特征,与以往研究不同的是,本研究还通过多个个例在不同降水量及降水性质下,对其降水前大气水汽含量的值和云液态水含量的跃增时间进行分类统计分析,结论对研究区域的人工影响天气降水预判方面提供了基础参考和技术支撑。具体结论如下:

(1)非降水背景下,六盘山脉西侧的大气云水情况有明显的季节变化,且水汽主要集中在夏秋季,占年均水汽含量的72.6%。春季呈增加趋势秋季呈逐渐减小趋势;夏季大气水汽含量最大且降水频率最高;冬季大气水汽含量最小,仅为4.26 mm,占年均水汽含量的8.6%。一年中8月大气水汽含量最大、12月最小,降水前大气水汽含量逐渐增加,降水后逐渐减小,且年波动幅度较大。

(2)四季大气水汽含量和云液态水含量变化趋势相似,表现为一谷一峰特征,日变化差夏季最大冬季最小。大气水汽含量和云液态水含量春夏秋三季均在午后出现最大峰值,日出前后出现最低值;冬季在中午11:00出现最大峰值,夜间22:00出现最低值,该变化特征与地表温度相关。

(3)87%的降水个例在降水发生前大气水汽含量都在12 mm以上,并且其值随着降水的量级增大而增大。小雨发生前,春季大气水汽含量均值为15.82 mm,夏季为30.76 mm,秋季为19.43 mm。中雨发生前,春季大气水汽含量均值为22.04 mm,夏季为31.69 mm,且夏季87.5%的中雨发生前大气水汽含量的值大于25 mm。大雨发生前大气水汽含量均值为37.84 mm,大雨过程中大气水汽含量均大于33.49 mm。

(4)降水前云液态水含量跃增现象春夏季表现明显。降水前跃增时间的变化特征为:阵性降水开始前15 min发生跃增,跃增量为0.6 mm;连续性小雨降水开始前60 min平稳增加,无明显跃增;连续性中雨降水开始前40 min内有两个先增后减的过程,在临近降水前4 min跃增超过1 mm;连续大雨降水前10 min有一次剧烈跃增,跃增值大约为0.6 mm,临近降水前

3 min 又一次跃增至接近 2 mm，最后一次跃增值为 0.3 mm 左右；间歇性降水临近降水前 12 min 出现跃增现象，跃增量约 0.2 mm。

本文得到的是初探性结果，可以为预判降水是否临近、预测云系是否处于降水产生阶段提供一定的技术参考，并且可以为人工增雨作业条件指标提供一定参考价值，但在实际应用中需要对指标进一步检验，并结合其他气象观测仪器进行综合决策。

## 参考文献

[1] 张秋晨,龚佃利,王俊,等. 基于地基微波辐射计反演的济南地区水汽及云液态水特征[J]. 气象与环境学报,2017(5):35-43.

[2] 巩宁刚,孙美平,闫露霞,等. 1979—2016 年祁连山地区大气水汽含量时空特征及其与降水的关系[J]. 干旱区地理,2017,4(4):762-771.

[3] 张文刚,徐桂荣,万蓉,等. 基于地基微波辐射计的大气液态水及水汽特征分析[J]. 暴雨灾害,2015,34(4):367-374.

[4] 李军霞,李培仁,晋立军,等. 地基微波辐射计在遥测大气水汽特征及降水分析中的应用[J]. 干旱气象,2017(5):61-69.

[5] COSSU F, HOCKE K, MARTYNOV A, et al. Atmospheric water parameters measured by a ground-based microwave radiometer and compared with the WRF model[J]. Atmospheric Science Letters,2015,16(4):465-472.

[6] STEINKE S, LOHNERT U, CREWELL S,et al. Water Vapor Tomography With Two Microwave Radiometers[J]. IEEE Geoscience and Remote Sensing Letters,2014,11(2):419-423.

[7] NAVAS-GUZMÁN F, KÄMPFER N, SCHRANZ F, et al. Intercomparison of stratospheric temperature profiles from a ground-based microwave radiometer with other techniques[J]. Atmospheric Chemistry and Physics,2017,17(22):14085-14104.

[8] HE J Y, SUN F L, ZHANG S W, et al. The Analysis of Atmospheric Water Vapor Based on Ground-Based Microwave Radiometer[J]. Key Engineering Materials,2012,500:335-340.

[9] LIU S, HEYGSTER G, ZHANG S. Comparison of CloudSat cloud liquid water paths in arctic summer using ground-based microwave radiometer[J]. Journal of Ocean University of China,2010,9(4):333-342.

[10] 刘建忠,何晖,张蔷. 不同时次地基微波辐射计反演产品评估[J]. 气象科技,2012,40(3):332-339.

[11] XU Wenjing, LIU Hongyan. Ground-Based Microwave Radiometer Profiler Observations before a Heavy Rainfall[J]. Applied Mechanics and Materials,2011,137:312-315.

[12] 陈添宇,陈乾,丁瑞津. 地基微波辐射仪监测的张掖大气水汽含量与雨强的关系[J]. 干旱区地理,2007,30(4):501-506.

[13] 敖雪,王振会,徐桂荣,等. 地基微波辐射计资料在降水分析中的应用[J]. 暴雨灾害,2011,30(4):358-365.

[14] 孙艳桥,汤达章,桑建人,等. RPG_HATPRO_G4 型地基微波辐射计温度数据质量控制方法与效果分析[J]. 干旱区地理,2019,42(6):1282-1290.

[15] 田磊,桑建人,姚展予,等. 六盘山区夏秋季大气水汽和液态水特征初步分析[J]. 气象与环境学报,2019,35(6):28-37.

[16] 徐桂荣,孙振添,李武阶,等. 地基微波辐射计与 GPS 无线电探空和 GPS/MET 的观测对比分析[J]. 暴雨灾害,2010,29(4):315-321.

[17] 刘建忠,张蔷. 微波辐射计反演产品评价[J]. 气象科技,2010,38(3):325-331.

[18] 刘红燕. 三年地基微波辐射计观测温度廓线的精度分析[J]. 气象学报,2011,69(4):719-728.

[19] 赵玲,马玉芬,张广兴. MP-3000A 微波辐射计的探测原理及误差分析[J]. 沙漠与绿洲气象,2009,3(5):53-57.

[20] 王凯,孙美平,巩宁刚. 西北地区大气水汽含量时空分布及其输送研究[J]. 干旱区地理,2018,41(2):73-80.

[21] 刘洁遥,张福平,冯起,等. 陕甘宁地区降水稳定同位素特征及水汽来源[J]. 应用生态学报,2019,30(7):2191-2200.

[22] 孙艺杰,刘宪锋,任志远,等. 1960—2016年黄土高原多尺度干旱特征及影响因素[J]. 地理研究,2019,38(7):1820-1832.

[23] 常倬林,崔洋,张武,等. 基于CERES的宁夏空中云水资源特征及其增雨潜力研究[J]. 干旱区地理,2015:175-188.

[24] 黄建平,何敏,阎虹如,等. 利用地基微波辐射计反演兰州地区液态云水路径和可降水量的初步研究[J]. 大气科学,2010(3):548-558.

# 宁夏空中水资源分布特征的初步分析[*]

田 磊 常倬林 曹 宁 孙艳桥

(1. 中国气象局旱区特色农业气象灾害监测预警与风险管理重点实验室,银川 750002;
2. 宁夏气象防灾减灾重点实验室,银川 750002)

**摘 要**:本文利用宁夏25个气象观测站气象资料,采用地面湿度参量计算公式计算大气可降水量的方法,分析了宁夏近30年(1971—2012年)大气可降水量的变化特征,结果显示,宁夏年大气可降水量在1970年代初到1980年代中期呈下降趋势,1980年代中期到2000年代中期呈上升趋势,2007年开始又呈下降趋势;年大气可降水量和年降水量并没有明显的相关性。通过分析宁夏大气可降水量、降水量、自然降水率的空间分布发现,宁夏年均降水量与自然降水率的空间分布比较一致,均呈南多北少的趋势;与新疆天山地区(10%~20%)、东北地区(11%)相比,宁夏自然降水率(8%)较低,有较大的人工增雨潜力。

**关键词**:宁夏;大气可降水量;自然降水率;降水量

## 1 引言

宁夏地处我国西北地区,干旱少雨,干旱半干旱区域占全区总面积的70%以上,水资源严重缺乏。根据2011年宁夏水资源公报,宁夏水资源总量为8.752亿 $m^3$,其中地表水资源6.895亿 $m^3$,可利用地下水资源1.857亿 $m^3$。人均占有水资源不仅远低于全国人均水平,也低于西北其他四省区。宁夏川区用水主要来源于黄河,由于国家对黄河引水量严格配额限制,水资源短缺已成为宁夏经济快速增长的"瓶颈"之一,宁夏经济和环境可持续发展面临的首要问题就是水资源短缺。人工增雨是利用科技手段开发空中水资源,缓解水资源短缺的一种经济有效地途径。合理开发空中云水资源,首先需要客观地认识和评价宁夏空中水资源的时空分布特征。

目前,空中水资源的主要计算方法有以下几种。

(1)用探空实测资料直接计算:其优点为,数据客观准确,资料序列较长;是一种常规的计算水汽的方法,可以用来验证其他计算方法。缺点是,探空站分布少(尤其是在西部及山区),一般每天仅进行早晚两次探测,时空分辨率低。

(2)地基GPS结合遥感资料反演方法:其优点为,运行成本低;具有较高的精度,可以全天候观测而不受气溶胶、云和降水的影响,具有很高的垂直分辨率和时间分辨率(可获得0.5 h甚至几分钟高时间分辨率水汽资料),缺点是,观测年限短;数据序列不足。

(3)微波辐射计反演方法:其优点为,运行成本低,可得到连续实时、可全天候观测的高精

---

[*] 作者简介:田磊,男,1984年生,工程师,主要从事人工影响天气及大气物理方面研究。
通讯作者:常倬林(1981.10—),女,山西文水,硕士,高级工程师,主要从事大气物理与大气环境、人工影响天气、卫星遥感等研究。E-mail:changzhl05@126.com。

度、高时间分辨率的观测数据。缺点是,观测年限短,数据序列不足;仪器价格昂贵,布点较少,空间分辨率很低;降水对其观测精度的影响较大。

（4）大气可降水量与地面气象要素的经验公式:可通过增加区域站点数量,提高空间分辨率;计算方法简单,效果较好。缺点是,受纬度、海拔等影响,计算结果存在一定误差。

（5）再分析资料计算:其优点是,获取免费、方便;数据时间序列长,覆盖面广;网格化数据。缺点是,数据网格较粗,影响精细化计算;其结果适用性需实测数据验证。

国内研究者在探索空中云水资源分布特征方面做了大量工作,德力格尔等[1]采用动力气象学原理,利用探空气象站资料计算了青海高原东北部春季水汽输送、辐合辐散情况,利用微波辐射计观测了总水汽含量、液态水含量的情况。结果表明,青海高原东北部有近83%的水汽影响该地区后移出青海,大气凝水量远大于实际降水量,平均降水效率为0.12,具有较好的人工增雨潜力。龚佃利等[2]利用逐日探空资料和同期水文观测资料,分析了山东省空中水汽资源的时空分布特征及地—气系统的水量平衡关系。结果表明,山东省全年的水汽输入量很大,但空中水汽资源转化为地面降水的效率不足5%,而降水转化为水资源的量约为27.31%,空中水汽资源具有很大开发潜力。张雪梅等[3]利用1950—2002年NCAR/NCEP再分析逐日平均资料,计算了我国西北地区整层水汽输送通量,分析了西北地区水汽输送在推进过程中逐候的气候特征及其年际、年代际变化特征。研究发现,北疆和河西走廊常年为偏西风水汽输送,渭水流域中上游、陕西和高原东北侧偏西风和西南风水汽输送交替出现,高原和南疆的水汽输送常年都很弱;西南风水汽输送主要集中在6—10月,8月达到38°N附近的北界。陈楠等[4]利用NCEP/NCAR月平均再分析资料,对宁夏水汽含量的年际、年代际演变特征及不同区域和不同季节的分布特征进行分析;同时,结合同期宁夏24个气象站降水实况资料,通过对夏季水汽输送偏多年和偏少年环流差异特征的合成对比诊断分析,结果表明,1961年以来,宁夏水汽含量呈明显减少趋势,2001年后有所增加,中部干旱带水汽含量最小,固原市水汽含量最大。

2002年,杨景梅等[5]提出了一个由地面湿度参数计算整层大气可降水量的经验计算模式,并通过检验和比较,证实了经验计算模式有较好的精度和实际应用价值。尤其在气象探空站稀少的地区,该模式有很好地利用价值。孙立等[6]利用此经验计算模式分析了东北地区整层大气可降水量和自然降水率的空间分布特征的时间变化规律,结果表明,东北地区1961—2002年的大气可降水量线性变化是增加的,在空间上呈东多西少、南多北少的分布特征。王维佳等[7]利用此模式分析了四川上空大气可降水量时空分布特征,结果表明,四川地区大气可降水量和降水效率空间分布不均,东部大气可降水量高于西部,但西部自然降水率高于东部。宁夏地域小,区内只有一个探空站,再分析资料网格较粗（2.5°×2.5°）,因此利用大气可降水量与地面气象要素的经验公式计算大气可降水量的方法能够充分利用区内25个站点的资料,提高空间分辨率。

## 2 资料及方法

在空中云水资源计算中,大气可降水量是指大气垂直气柱所含有的水汽总量,假设某地上空整层大气水汽全部凝结,并积聚在气柱底面上所具有的液态水深度。

本文利用宁夏25个气象站1971—2012年的地面大气水汽压和降水的逐日资料,采用利用地面湿度参数推导的经验公式计算大气可降水量：

$$W = a'_0 + a'_1 e$$

式中，$W$ 为大气可降水量（cm）；$e$ 为地面水汽压（hPa）；$a'_0$ 和 $a'_1$ 为经验系数。

经验系数为：

$$a'_0 = \begin{cases} 0.03\exp(-1.39H^2+2.74H+0.15)(\varphi \geqslant 33°) \\ 0.04\exp(0.6H)-d_1+d_2(\varphi<33°) \end{cases}$$

$$a'_1 = \begin{cases} 0.17+d_3(\varphi \geqslant 33°) \\ (0.2-d_3)d_4(\varphi<33°) \end{cases}$$

其中

$$d_1 = \frac{0.05}{(\varphi-25)^2+0.25}$$

$$d_2 = \begin{cases} 0(\varphi>20°) \\ -0.9(\varphi \leqslant 20°) \end{cases}$$

$$d_3 = \frac{0.066}{(\varphi-33)^2+4.41}$$

$$d_4 = 1$$

式中，$\varphi$ 为地理纬度（°）；$H$ 为海波高度（km）。

利用经验公式，先计算得到银川的大气可降水量，然后取 2011—2012 年日均值资料与同期银川河东基地微波辐射计观测得到的大气可降水量日均值进行了对比分析，得出两者之间变化趋势一致，用经验公式计算的大气可降水量偏小。

## 3 结果分析

### 3.1 宁夏大气可降水量年变化特征

本文根据经验公式，利用宁夏 25 个气象站 1971—2012 年的气温、相对湿度日均值资料计算出大气可降水量的日均值。将各月逐日日均值相加得到逐月的大气可降水量；然后依照春季（3 月、4 月、5 月）、夏季（6 月、7 月、8 月）、秋季（9 月、10 月、11 月）、冬季（12 月、1 月、2 月）的划分标准，将逐年各季节 3 个月的大气可降水量相加得到逐年各季节值；同理，将每年 12 个月的大气可降水量相加得到各年的大气可降水量。

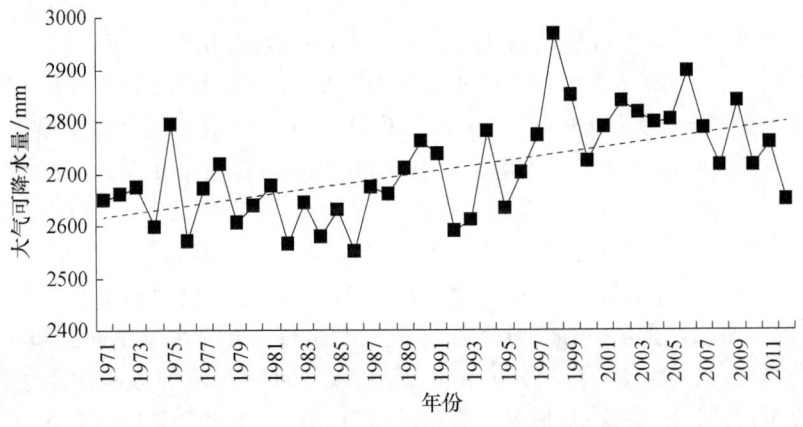

图 1 宁夏年平均大气可降水量变化特征

由图1可见,从线性拟合线来看,近40年来,宁夏平均大气可降水量线性变化呈增加趋势;宁夏平均大气可降水量为2500~3000 mm,1971—2012年,年大气可降水量在1970年代初到1980年代中期呈下降趋势,1980年代中期到2000年代中期呈上升趋势,2007年开始又呈下降趋势。宁夏大气可降水量30年平均值为2709 mm,最大值出现在1998年,为2998 mm;最小值出现在1986年,为2550 mm。

宁夏年平均降水量为150~400 mm,见图2。从线性趋势线来看,整体没有明显的增减趋势,但波动较大,使用快速傅里叶变换计算出宁夏年平均降水量年变化的平均周期为6 a。全区年平均降水量为275 mm,年降水量最大值出现在1985年,为369 mm;年降水量最小值出现在1982年,为167 mm。宁夏年大气可降水量和年降水量相关系数小于0.1,并没有明显的相关性,这与年降水量除了受大气可降水量影响外,还受天气系统及云系降水效率等因素的影响有关。

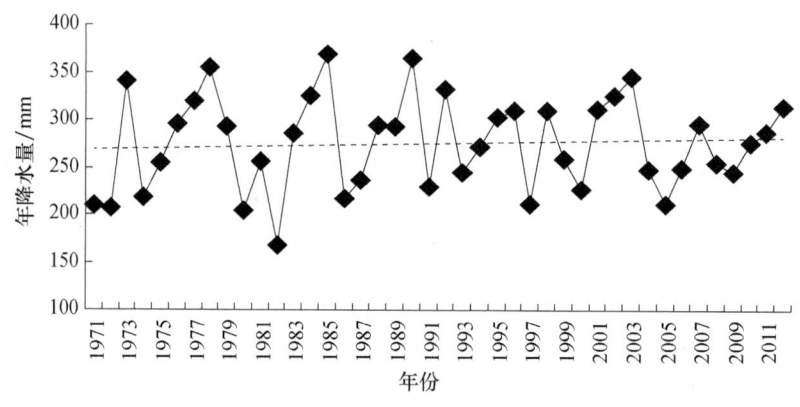

图2 宁夏平均年降水量变化及趋势

## 3.2 宁夏大气可降水量空间分布特征

本文利用1971—2012年宁夏25站大气可降水量资料,分四季讨论宁夏大气可降水量的空间分布特征。六盘山区地势较高,利用经验公式计算得到的水汽含量失真,本文对这一区域没做分析。

如图3,宁夏大气可降水量夏季最高(1000~1700 mm),春秋次之(500~800 mm),冬季最低(120~200 mm)。春季,宁夏大气可降水量呈"南北少,中间多"的分布特征,青铜峡—韦州一线大气可降水量较多,为700~800 mm;石嘴山及南部六盘山大气可降水量较少,为400~500 mm。夏季,大气可降水量在青铜峡附近有个大值中心,石嘴山北部、盐池东部大气可降水量较低。秋季,银川周边、中卫东南部大气可降水量较高,石嘴山北部及同心韦州一带大气可降水量较低。冬季,全区大气可降水量都较低,基本都在200 mm以下。

宁夏年平均大气可降水量为2000~3400 mm,如图4在吴忠、青铜峡有一个大值中心,然后向北、向东依次递减。张苗苗等[8]研究表明黑龙江省大气可降水量空间分布呈从东南向西北依次递减的趋势,整体为3800~5600 mm。宁夏大气可降水量的分布跟黑龙江省有差异,这可能与宁夏黄河灌区水系较多,地表水蒸发从而造成地表水汽含量较高有很大关系。

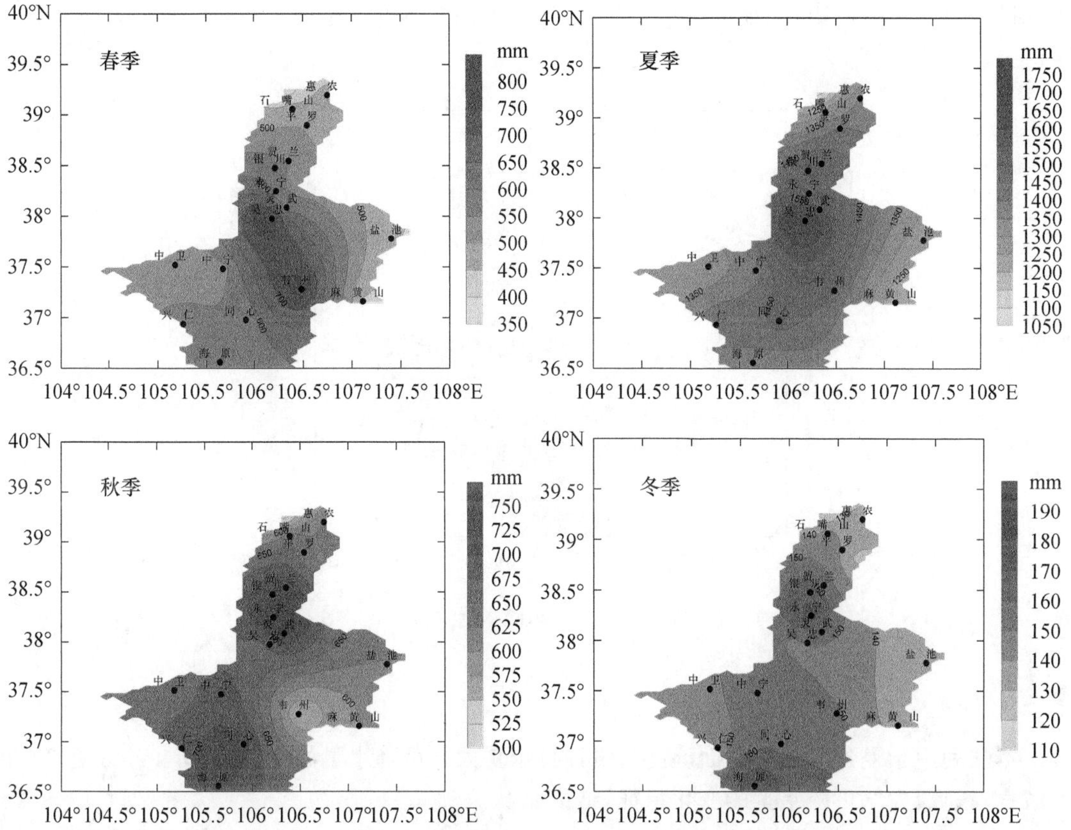

图 3 宁夏四季大气可降水量分布图

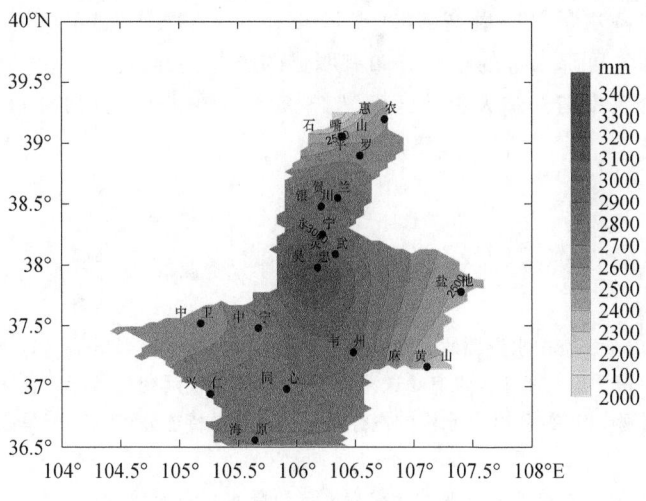

图 4 宁夏年平均大气可降水量分布图

## 3.3 宁夏自然降水率空间分布特征

自然降水率为实际降水量与整层大气可降水量之间的比值,它反映大气自然降水的效率。由图 5 可见,宁夏自然降水率整体呈东南向西北减低的趋势,从 13% 一直减少 7%;与新疆天山地区(10%～20%)、东北地区(11%)相比,宁夏平均自然降水率(8%)较低,有较大的人工增雨潜力。

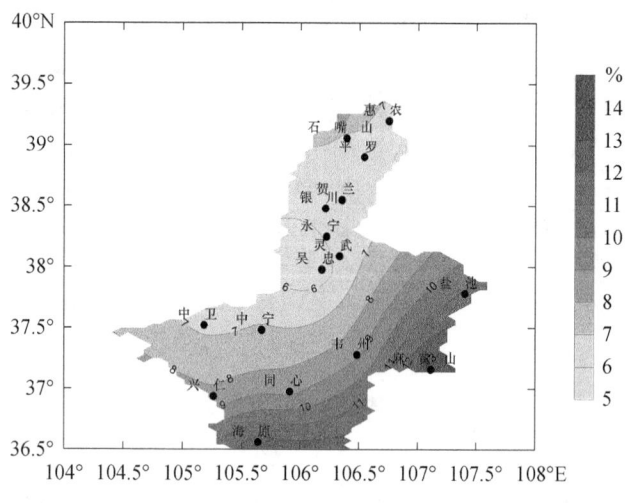

图 5　宁夏自然降水率分布图

## 4　小结

本文利用宁夏各气象站地面湿度参量计算宁夏大气可降水量的方法,分析了宁夏近 30 年(1971—2012)大气可降水量的变化特征,结论如下。

(1)宁夏平均大气可降水量为 2500～3000 mm,均值为 2709 mm,最大值出现在 1998 年,为 2998 mm;最小值出现在 1986 年,为 2550 mm。

(2)宁夏大气可降水量夏季最高(1000～1700 mm),春秋次之(500～800 mm),冬季最低(120～200 mm);大气可降水量的空间分布有明显的季节差异。

(3)宁夏自然降水率与新疆天山地区(10%～20%)、东北地区(11%)相比较低,有较大的人工增雨潜力。

### 参考文献

[1] 德力格尔,黄彦彬,李仑格.青海省东北部地区春季空中水资源潜力分析[J].高原气象,2002,21(6):623-627.

[2] 龚佃利,边道相.山东省空中水资源的初步分析[J].气候与环境研究,2002,7(4):475-482.

[3] 张雪梅,江志红,兰博文.西北地区水汽输送特征及其年际、年代际变化[J].灾害学,2010,25(4):27-32.

[4] 陈楠,陈豫英,彭维耿.宁夏近 44 年水汽时空分布及环流差异特征分析[J].干旱区资源与环境,2008,22(7):49-54.

[5] 杨景梅,邱金桓.用地面湿度参量计算我国整层大气可降水量及有效水汽含量方法的研究[J].大气科学,2002,26(1):9-22.

[6] 孙立.中国东北地区空中水资源的时空分布特征[J].地理科学,2007,27(增刊):2-9.

[7] 王维佳,陈碧辉.四川上空大气可降水量时空分布特征[J].高原山地气象研究,2010,30(3):52-57.

[8] 张苗苗,张云峰,王会山,等.黑龙江省空中水资源的时空分布特征[J].安徽农业科学,2010,38(27):15167-15171.

# 基于CERES的宁夏空中云水资源特征及其增雨潜力研究[*]

常倬林[1]　崔洋[1]　张武[2]　田磊[1]　翟涛[1]

(1. 宁夏气象防灾减灾重点实验室,银川 750002;
2. 半干旱气候变化教育部重点实验室,兰州大学大气科学学院,兰州 730000)

**摘　要**:利用2009—2014年NASA地球观测系统(EOS)云与地球辐射能量系统(CERES)云资料和气象站降水资料,对宁夏北部引黄灌区、中部干旱带及南部山区三个具有不同地形、地貌、气候特征的地区云水资源及增雨潜力特征进行了对比研究。结果表明:宁夏地区大气可降水量在空间分布上呈现从东南向西北方向递减,从季节变化看表现出随夏秋春冬依次递减的特征。在东亚季风和贺兰山地形的共同影响下,全年总云量和低云量在南部山区最大,北部川区最小。云光学厚度与水云粒子半径及冰云等效直径呈显著的负相关关系,其中中部干旱带相关关系最强是开展人工增雨效果最显著的地区。随着全年四季天气气候变化,宁夏人工增雨主要潜力区会逐渐由春季的贺兰山沿山、中部干旱带地区,移动到夏季的银川以南同心以北和固原西南部地区,秋季缩减到海原、西吉一带。

**关键词**:CERES;云水资源;人工增雨;开发潜力

## 1　引言

宁夏地处黄土高原、蒙古高原和青藏高原的交汇地带[1],干旱少雨,北部年降水量只有160～300 mm左右,南部山区年降水量400～600 mm。干旱、冰雹作为宁夏的主要气象灾害,所造成的成灾面积占全区自然灾害成灾面积的61.2%[2]。研究也表明,人工影响天气工作,不仅是农业抗旱和防雹的需要,更是合理开发空中云水资源、缓解水资源短缺和改善生态环境的重要手段。云作为人工影响天气催化作业的主要对象,总云量、高云量、低云量、云水路径、云的光学厚度、云滴有效半径、整层大气可降水量等则是人工增雨作业条件选择的重要参考依据,开发空中水汽资源是干旱半干旱地区低成本增加水资源最有效的手段。美国在其西部山区进行的地形云人工增雨试验也表明,开发空中云水资源,可使半干旱地区山区的季节降水量增加10%～15%[3]。而深入了解和掌握空中云水资源分布及时空变化规律及特征,则是影响干旱半干旱地区人工影响天气工作效益高低的关键因素之一。

国内,廉毅等[4]、黄荣辉等[5]利用国际计划"夏季季风试验"期间的观测资料和ECMWF数值分析资料,对夏季东亚季风区水汽含量和水汽输送特征进行了系统的研究;张强等[6-8]、陈

---

[*] 资助项目:宁夏自然基金(NZ12279,NZ13253),公益性行业(气象)科研专项(GYHY201306027),中国气象局关键技术集成(CMAGJ2014m59),宁夏气象局科学技术研究项目(利用多普勒雷达定量估算层状云降水效率)共同资助。

作者简介:常倬林(1981.10—),女,山西文水,硕士,高级工程师,主要从事大气物理与大气环境、人工影响天气、卫星遥感等研究。E-mail:changzhl05@126.com。

通讯作者:崔洋(1982- ),男,宁夏吴忠人,博士,主要从事大气物理、气候变化与数值模式相关研究。E-mail:cuiyang@cma.gov.cn。

勇航等[9-12]、李照荣等[13]、王宝鉴等[14]利用多源资料对西北地区、祁连山区的云水资源分布特征进行了分析研究,探讨了云特性参量对云辐射强迫的影响;黄建平[15]等利用微波辐射仪观测资料,分析了兰州地区液态云水路径和降水量的变化特征;俞亚勋等[16]利用探空站以及美国 NCEP/NCAR 月平均再分析网格点资料,对甘肃省河东地区空中水资源时空分布进行了分析,初步了解了该地区空中水汽条件的分布状况;程炳岩等[17]运用 29 年各月逐日各时次探空资料以及标准网格点高空资料对河南省空中水资源的分布进行了研究,向亮等[18]利用正交分解、突变性检验等方法分析了河北省降水的时空分布;周晓丽等[19]利用风云卫星资料对天山山区暴雨云进行了研究,邱学兴等[20]、王洪强等[21]、阿丽亚·拜都热拉等[22]利用 CERES 资料对新疆山区低层云特性、低层冰云云水资源、总云量的时空变化等进行了研究,为新疆地区云水资源的开发利用提供了依据;陈豫英等[23]、纳丽等[24]对宁夏地区可利用降水、降水集中度和集中期的年际变化特征进行了分析,但是对宁夏地区更精细化的空中云水资源变化特点,尤其是月尺度上空中水资源的变化情况,以及产生变化的主要原因鲜有报道。

NASA"云与地球辐射能量系统(Clouds and the Earth'S Radiant Energy System, CERES)"资料空间分辨率高、针对性强、采用先进的反演方法确保云特性参数的准确性,非常适合用来研究中小尺度区域、不同地形条件下的云水资源的相关特征,而在气候变化、极端干旱事件多发的背景下,利用该资料对宁夏地区三个具有不同地形、地貌、气候特征的区域的精细化的云水资源的研究成为了宁夏地区主动应对气候变化对水资源的影响的迫切需求。

本文利用 CERES 和站点观测资料,对宁夏北部引黄灌区、中部干旱带及南部山区三个具有不同地形、地貌、气候特征的地区大气云水资源及其人工增雨潜力的月际、及季节变化和空间分布特征进行分析,研究有助于深入了解和掌握宁夏地区空中云水资源的时空变化分布特征,对增强和提升宁夏地区空中云水资源的开发利用效率具有重要的科学理论和现实指导意义。

## 2 资料和方法

本文使用资料为 NASA 地球观测系统(EOS)云与地球辐射能量系统(CERES)2009 年 6 月至 2014 年 6 月的 CERES SSF Terra MODIS Edition3A 云资料与宁夏自动站降水资料。SSF 是研究云、气溶胶和辐射对气候作用的产品。SSF 中对于云微物理性质的反演算法主要是采用 VISST 技术,利用红外辐射确定云的有效温度,可见光波段的反射率确定云的光学厚度($r$),近红外波段(3.7 μm)用来确定云的有效粒子半径($r_e$)[25]。

在云水资源开发潜力的计算主要使用公式(1)

$$L = \left(1 - \frac{w}{pw}\right) \times 100\% \tag{1}$$

式中,$L$ 表示某个站点某个月的增雨潜力,$w$ 表示统计时段内某个站点总降雨量,$pw$ 表示统计时段内某站点大气可降水量。

在资料处理过程中,本文首先读取整个宁夏范围大气可降水量、总云量、低云量、云光学厚度、水云粒子半径、冰云等效直径等数据进行平均处理后再插值到 0.1°×0.1° 的格点上,经过计算得出月平均值。同时,依据宁夏的地理、地形和气候特征,结合农牧业分布及生态环境状况,将宁夏划分为三个区域:(1)北部川区,主要为河套平原地带(包括石嘴山、惠农、平罗、贺兰、银川、永宁、中卫、中宁、青铜峡等地);(2)中部干旱带,主要为风蚀沙化草原区(包括同心、盐池、灵武等地);(3)南部山区,主要为黄土丘陵区。针对三个不同特征区域云特性进行具体分析。

## 3 结果分析

### 3.1 宁夏大气可降水量时空分布特征

图1为宁夏地区大气可降水量分季节多年平均的空间分布图,总体上看,宁夏地区空中大气可降水量的分布主要受大气环流和下垫面地理因子等影响,具有明显的地域及季节变化特征。从空间分布来看,宁夏地区大气可降水量总体上南部高于中部,中部高于北部,东部高于西部,整体上呈现出从东南向西北方向递减的特征,这与宁夏年降水量的空间分布趋势相一致,也充分表明了大气可降水量对水资源分布的支配作用。这可能是由于宁夏南部山区位于东亚季风水汽输送带的边缘,同时受到地形抬升作用的影响,中部干旱带及北部川区由于所处纬度较高受到东亚季风的影响减弱,且受到贺兰山大地形的阻挡,水汽很难到达。分季节来看,宁夏地区大气可降水量在夏季最大,均值大约在 20.7~26.7 mm,秋季次之,均值在 9.3~14.1 mm,春季再次之,均值在 6.3~10.8 mm,冬季最小,均值在 2.8~4.7 mm,且各区域大气可降水量的差异在冬季最小,秋季、春季次之,夏季最大。即地理因子的影响在冬季最小,秋季、春季次之,夏季最大。这与宁夏降水量的变化特征趋于一致,可能与季风活动情况有关。夏季是四季中大气可降水量最多的季节,这与夏季高温、含水量增加有关。冬季寒冷、干燥,春秋季处于丰水期和枯水期过渡期,春季暖湿气流开始加强,但冷空气活动仍很频繁。秋季,冷空气开始活动,但还较弱,这在很大程度上决定了宁夏大气可降水量的季节分布特征。

从宁夏多年平均整层大气可降水量的逐月变化来看(图2),宁夏三个区域大气可降水量的变化基本一致,都呈现出单峰型的变化特征,从1月到7月大气可降水量逐月增加,7月开始到12月大气可降水量逐月减少。7月大气可降水量值最大,在北部川区、中部干旱带和南部山区分别达到 24.3 mm、25.9 mm 和 27.3 mm,其次是8月份,在三个区域基本上达到了 20 mm 以上,而1月大气可降水量在三个区域最小,分别仅为 2.5 mm、3.0 mm 和 3.4 mm。不同的是,整体上看,北部川区与中部干旱带大气可降水量的差异较中部干旱带与南部山区的差异要大,即大气环流对大气可降水量的影响较下垫面地理因子的影响更大。冬季三个区域大气可降水量的差异最小。大气可降水量的逐月变化率能够反映空中水汽增减变化特征,总体上看,宁夏地区大气可降水量在1—7月是增长期,8—12月大气可降水量逐月减少。北部川区大气可降水量变化率逐月波动最大,中部干旱带和南部山区逐月波动较小,这可能与北部川区贺兰山大地形的影响有关。中部干旱带和南部山区大气可降水量的增长率在5月份最大,分别为 55.3% 和 54.4%,在3月份增长率最小为 19%,北部川区大气可降水量的增长率在6月份最大,为 74.4%,3月份最小,为 16.5%。9—10月,中部干旱带和南部山区大气可降水量的减少率小于北部川区,而8月、11月和12月正好相反,中部干旱带和南部山区大气可降水量的减少率在11月份最大,分别为 47% 和 46.7%,在1月份减少率最小分别为 5.8% 和 2.8%,北部川区大气可降水量的减少率在10月份最大,为 50.9%,8月份最小,为 7.6%。

### 3.2 宁夏总云量与低云量分布特征

为了更直观地了解宁夏三个不同区域云性质的变化,我们对北部、中部和南部山区各区的所有格点的总云量值、低云量取平均后,再对每个月取年平均,结果如表1所示。

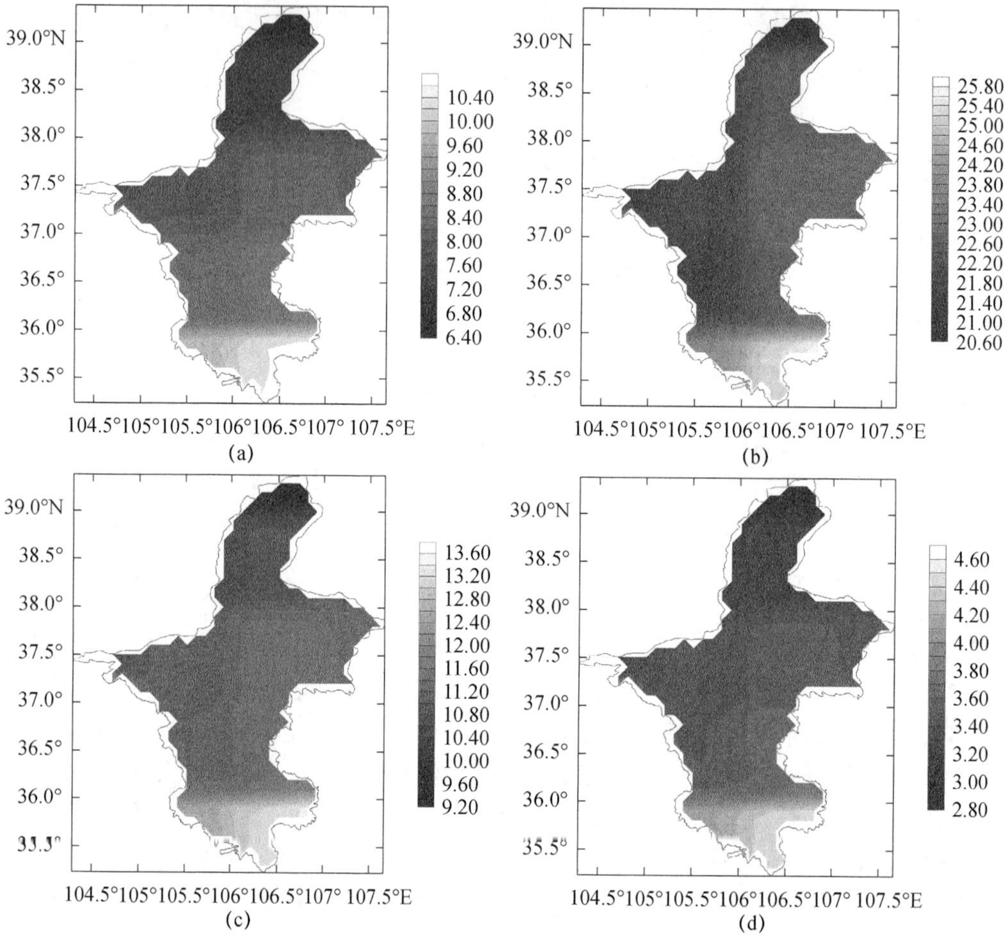

图1 大气可降水量(mm)分季节多年平均的空间分布
(a)春季;(b)夏季;(c)秋季;(d)冬季

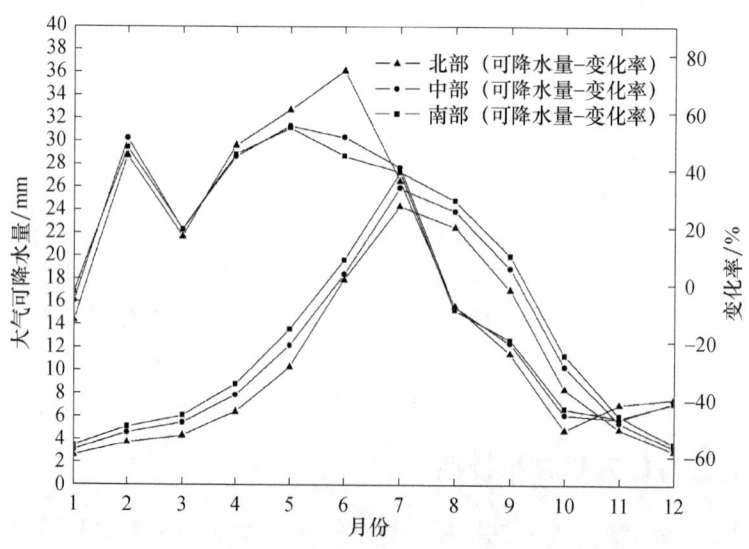

图2 不同地区大气可降水量的月均值及月变化率特征

表1 宁夏不同地区总云量和低云量的月均值(%)

| 月份 | 总云量 | | | 低云量 | | |
| --- | --- | --- | --- | --- | --- | --- |
| | 北部 | 中部 | 南部 | 北部 | 中部 | 南部 |
| 1月 | 26.319 | 34.532 | 38.349 | 23.527 | 29.871 | 32.141 |
| 2月 | 41.439 | 52.940 | 60.782 | 34.603 | 42.603 | 46.821 |
| 3月 | 50.612 | 59.552 | 61.811 | 42.279 | 49.621 | 50.172 |
| 4月 | 45.271 | 52.806 | 58.235 | 33.327 | 39.375 | 44.673 |
| 5月 | 49.407 | 59.502 | 64.219 | 34.897 | 42.122 | 47.516 |
| 6月 | 51.317 | 55.442 | 62.155 | 36.613 | 40.179 | 45.168 |
| 7月 | 55.788 | 64.361 | 70.928 | 37.787 | 45.905 | 55.147 |
| 8月 | 50.989 | 57.143 | 63.921 | 36.426 | 43.285 | 52.080 |
| 9月 | 54.649 | 66.344 | 73.538 | 41.396 | 51.402 | 58.891 |
| 10月 | 34.476 | 47.130 | 57.610 | 25.950 | 35.354 | 46.271 |
| 11月 | 30.121 | 38.912 | 46.756 | 23.606 | 30.526 | 38.249 |
| 12月 | 30.978 | 36.071 | 40.790 | 24.493 | 29.211 | 33.954 |

从表1来看,宁夏地区总云量和低云量值在南部山区(均值为73.5)高于中部地区(均值为66.3),中部地区高于北部川区(均值为55.8)。总云量在北部、中部和南部山区月平均值的范围分别为26.3%~55.8%、34.5%~66.3%、38.3%~73.5%,宁夏地区总云量的最高最低值之间相差达到47.2%,低云量在北部、中部和南部山区的月平均值的范围分别为23.5%~42.3%、29.2%~51.4%、32.1%~58.9%,最高与最低值的差别达到35.4%。上述空间分布的原因可能是北部川区水汽供给条件差,加上地势相对平坦,缺乏形成上升气流的条件,难以形成云,而南部山区可以得到其以东和以南方向传来的水汽,具有形成云的条件。从月季变化来看,中南部地区最大值在9月,北部地区出现在7月,低云量的最大值在三个区域都出现在9月,总云量低云量的最小值都出现在1月,1—3月三个地区的总云量都呈增长的趋势,4—7月呈现些微的增长,9月以后,总云量急剧减少,低云量的变化趋势与总云量基本相近,1—3月、4—7月呈增长的趋势,9月以后开始减少,但减少的幅度要小于总云量减少。这可能是由于宁夏地区处于季风区的西北边缘,春夏秋季都会出现多云量,冬季来自中亚的水汽到达宁夏的机会较少,因此云量较少。

## 3.3 云光学厚度、水云粒子半径和冰云等效直径时空变化及相互关系

对CERES资料反演的云光学厚度、水云粒子半径、冰云等效直径资料进行平均插值处理,对宁夏地区三个不同区域内值进行区域平均处理后进行月平均处理,结果如图3所示。陈勇航等[9]曾指出西北地区东部(包括陕西、宁夏、甘肃河西走廊东段以东、青海东部一带)云光学厚度在整个西北区域月均值最大,总光学厚度区域平均为10.8。图3(a)表示宁夏地区云光学厚度在三个不同区域月均值的变化,由图可见,总体上看,宁夏地区云光学厚度月均值大约为9.16,其中,宁夏南部山区云光学厚度月均值最大,大约为14,其次为中部地区10.7,云光学厚度最小区域为北部,均值约为7.8。这同样与南部山区受东亚季风环流影响且地势较高,北部相对地势较低受到西风环流影响及贺兰山阻挡作用有关。从季节变化来看,夏秋季宁夏地区云光学厚度较大,冬春季较小,且秋季云光学厚度在北部、中部和南部山区三个区域的差

异最大,冬季这种区域差异最小。这可能与夏季地面蒸发、对流强度等区域变化较大有关。从月变化来看,各区域月平均值大约为4.6~19.4,其中9月云光学厚度值最大,1月云光学厚度值最小,从1月开始到12月云光学厚度总体呈现出先增大后减小的变化趋势。

宁夏全区水云粒子半径和冰云等效直径均值分别为10.5和43.7,从区域分布来看,冰云等效直径(1月除外)在北部大于中部地区,中部地区大于南部山区,水云粒子半径的区域变化较冰云等效直径的变化复杂,在5—10月南部山区水云粒子半径大于中北部,11月—翌年4月北部水云粒子半径大于中南部。这可能与南部山区地势较高且受到东南季风的影响在5—10月更为明显,而北部贺兰山地形的抬升作用及西风环流影响在11月—翌年4月影响起主要作用有关。特别要注意的是在12月—翌年3月冰云等效直径在宁夏北部中部及南部差异较大,而水云的有效半径在这三个区域差异则较小,说明在12月—翌年3月地形对低云的影响较大,对高云的影响较小。在其他月份,云滴粒子的半径(直径)整体上看在中南部的差异较小,与北部的差异较大,说明贺兰山大地形的阻挡抬升作用较地势高度本身的影响在云滴粒子半径(直径)的变化上要小。从月变化来看,云滴粒子半径(直径)随着月变化基本上呈现出了先减小后增大的变化趋势,不同的是冰云等效直径在7月出现了谷值,而水云粒子半径的谷值出现在8月,云滴粒子半径(直径)在1月、12月较大,7—9月最小。

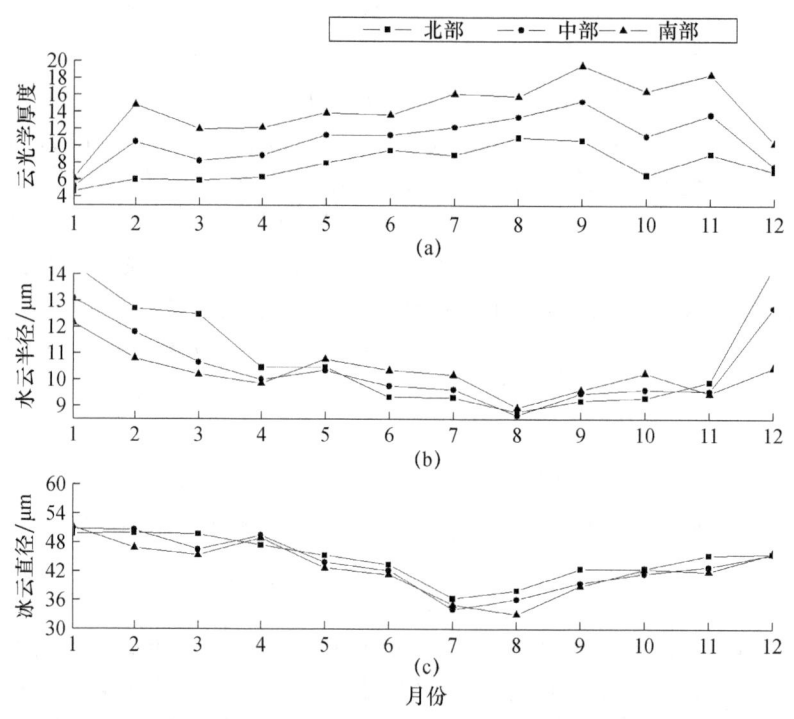

图3 云光学厚度(a)、水云粒子半径(b)及冰云等效直径(c)的月变化

云光学厚度、云滴半径(直径)的变化及其相互关系从一定程度上可以了解气溶胶的间接效应对气候变化的影响。气溶胶作为云凝结核(CNN)可以通过改变云滴的半径(直径)云滴的浓度进而影响云的光学厚度,云的生消过程和降水的效应,间接地影响地-气系统的能量收支。段皎等[25]等曾通过对云滴有效半径与云光学厚度的相关关系的研究指出气溶胶的间接气候效应可能在夏季最强,长江以南地区和青藏高原地区可能是气溶胶间接气候效应比较

显著的地区。从宁夏地区云光学厚度与水云粒子半径及冰云等效直径的相关关系看(表2),宁夏地区云光学厚度与水云粒子半径及冰云等效直径在北部、中部和南部都呈负相关关系,这与段皎[25]等得到的在中国西部冰云等效直径与冰云光学厚度之间呈正相关,中国大部分地区水云的光学厚度与水云粒子半径呈负相关有一定的差异。从区域相关来看,云光学厚度与水云粒子半径及冰云等效直径的相关在宁夏中北部地区要高于南部山区,也显示了两者之间在中北部地区更紧密的联系,这可能暗示云滴半径(直径)的变化对云光学厚度的影响可能在中北部地区高于南部山区,也就是说,气溶胶通过影响云滴半径(直径)改变云光学厚度的作用(气溶胶的间接效应)在中北部地区高于南部山区,即宁夏中北部地区(特别是中部地区)可能是气溶胶间接气候效应比较显著的地区,也可能是宁夏地区开展人工增雨效果最显著的区域。

表2 云光学厚度与水云粒子半径、冰云等效直径相关关系

| 云光学厚度 | 全区 | 北部 | 中部 | 南部 |
| --- | --- | --- | --- | --- |
| 水云粒子半径 | −0.811 | −0.765 | −0.823 | −0.741 |
| 冰云等效直径 | −0.771 | −0.767 | −0.723 | −0.699 |

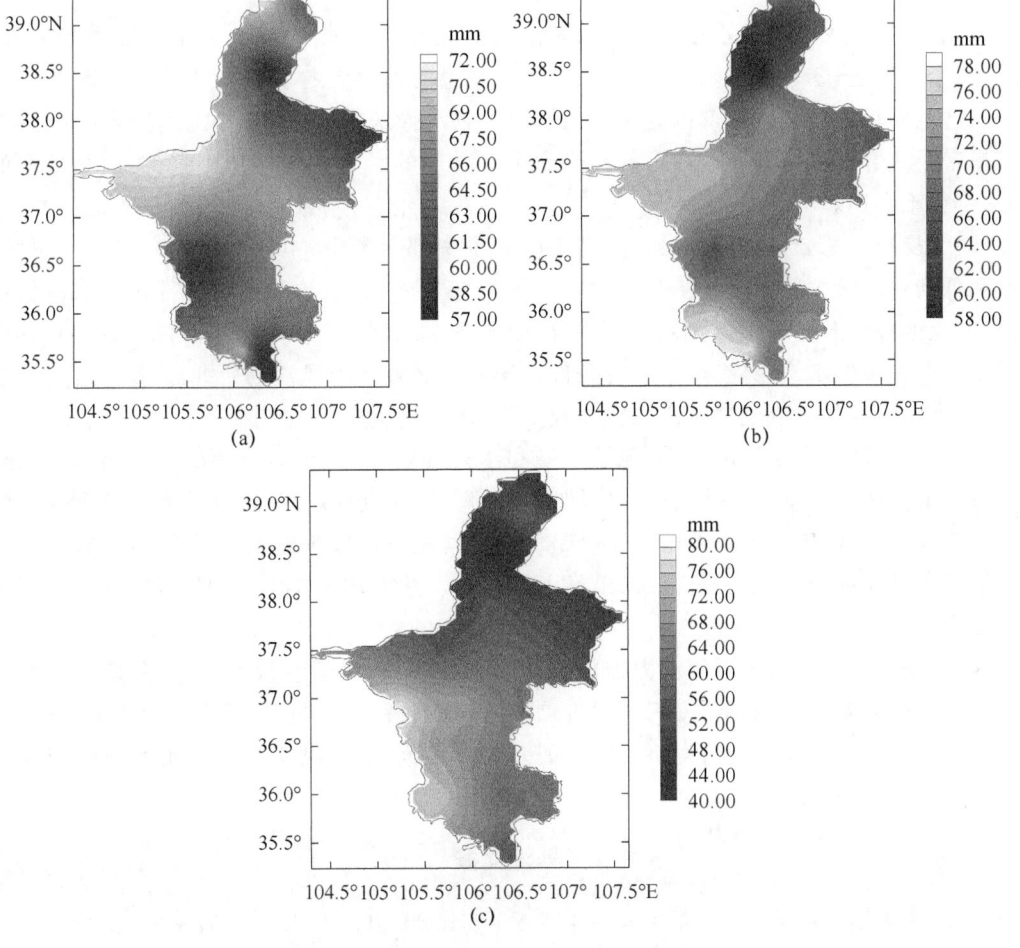

图4 春、夏、秋季宁夏人工增雨潜力分布
(a)春季;(b)夏季;(c)秋季

## 3.4 春夏秋三季宁夏云水资源人工增雨潜力时空分布特征

针对宁夏人影作业的主要三个季节春季、夏季和秋季计算各站点的人工增雨潜力,结果如图4所示,由图4可见,宁夏地区春夏秋三季人工增雨潜力分别为55%～75%,60%～80%,43%～79%。总体来看,夏季宁夏地区人工增雨潜力高于春秋两季,春季,大部地区增雨潜力略高于秋季。即宁夏地区开展人工增雨作业的最佳季节是在夏季,其次是春季和秋季。具体来看,春季宁夏中北部地区增雨潜力高于南部山区,北部川区西部增雨潜力高于东部,中部干旱带增雨潜力由西南方向向东北方向递减,南部山区东部增雨潜力高于西部。春季,增雨潜力较高的地区主要位于贺兰山沿山、中卫、同心一段。夏秋季,中南部地区增雨潜力明显高于北部地区。中南部地区增雨潜力由西向东递减。其中,夏季,人工增雨潜力较高区域位于银川以南同心以北及固原西南部地区;秋季,人工增雨潜力较高地区位于海原、西吉一带。即春季,宁夏中北部地区较南部山区更适合开展人工增雨作业,夏秋季,中南部地区较北部地区更适合开展人工增雨作业。

## 4 结果与讨论

(1)宁夏地区大气可降水量呈现出从东南向西北方向递减的特征,其值在夏季最大,秋季次之,春季再次之,冬季最小,且各区域大气可降水量的差异在冬季最小,秋季、春季次之,夏季最大。这主要是由于宁夏南部山区位于东亚季风水汽输送带的边缘,同时地势较中北部高,中部干旱带及北部川区由于所处纬度较高受到东亚季风的影响减弱,且受到贺兰山大地形的阻挡,水汽很难到达。

(2)宁夏地区总云量和低云量在南部山区高于中部干旱带,中部干旱带高于北部川区,高云量和低云量的最大值出现在7月、9月,最小值出现在1月。这是由于北部川区水汽供给条件差,加上地势相对平坦,缺乏形成上升气流的条件,难以形成云,而南部山区可以得到其以东和以南方向传来的水汽,具有形成云的条件。宁夏地区处于季风区的西北边缘,9月也会多云量,冬季来自中亚的水汽到达宁夏的机会较少,因此云量较少。

(3)宁夏地区云光学厚度、水云粒子半径和冰云等效直径均值分别为$9.16\mu m$、$10.5\mu m$和$43.7\mu m$,在宁夏中北部地区(特别是中部地区)云滴半径(直径)的变化对云光学厚度变化的贡献要高于南部山区,宁夏中北部地区可能是气溶胶间接气候效应比较显著的地区,即中北部地区可能是宁夏地区开展人工增雨效果最显著的区域。建议加大在中北部地区特别是中部地区的作业力度。

(4)根据宁夏地区人工增雨潜力的季节及区域分布,相对于春秋季,建议在夏季应加大人工增雨的作业力度,建议春季,人工增雨重点作业区应放在贺兰山沿山、中部干旱带,夏季主要在银川以南同心以北及固原西南部地区开展人工影响天气,而秋季人工增雨的主要作业区应放在宁夏的海原西吉一带。

### 参考文献

[1] 胡文东,陈晓光,李艳春,等. 宁夏月、季、年降水量正态性分析[J]. 中国沙漠,2006,26(6):963-968.
[2] 武艳娟,李玉娥,刘运通,等. 宁夏气象灾害变化及其对粮食产量的影响[J]. 中国农业气象,2008,29(4):491-495.

[3] 姚展予.关于云降水物理和人工影响天气领域发展趋势及国际合作策略的思考[J].气象科技合作动态,2009(1):10-17.

[4] 廉毅.中国和东亚大气中的水汽含量和输送(根据夏季风实验)[J].气象科技,1997(3):61-63.

[5] 黄荣辉,张振洲,黄刚,等.夏季东亚季风区水汽输送特征及其与南亚季风区水汽输送的差别[J].大气科学,1998,22(4):460-469.

[6] 张强,孙昭萱,陈丽华,等.祁连山空中云水资源开发利用研究综述[J].干旱区地理,2009,32(3):381-390.

[7] 张杰,张强,田文寿,等.祁连山区云光学特征的遥感反演与云水资源的分布特征分析[J].冰川冻土,2006,28(5):722-727.

[8] 张强,张杰,孙国武,等.祁连山山区空中水汽分布特征研究[J].气象学报,2007,65(4):633-643.

[9] 陈勇航,黄建平,陈长和,等.西北地区空中云水资源的时空分布特征[J].高原气象,2005,24(6):905-912.

[10] 陈勇航,毛晓琴,黄建平,等.西北典型地域条件下云量的对比分析[J].气候与环境研究,2009,14(1):77-84.

[11] CHEN Yonghang,PENG Kuanjun,HUANG Jianping,et al. Seasonal and regional variability of cloud liquid water path in northwestern China derived from MODIS/CERES observations[J]. International Journal of Remote Sensing,2010,31(4):1037-1042.

[12] CHEN Yonghang,BAI Hongtao,HUANG Jianping,et al. Seasonal variability of cloud optical depth over Northwestern China derived from CERES/MODIS satellite measurements[J]. Chinese Optics Letters,2008,6(6):454-457.

[13] 李照荣,陈添宇,庞朝云,等.西北地区水汽时空分布特征[A]//樊鹏,余兴.陕甘宁人工增雨技术开发研究[M].北京:气象出版社,2003:285-289.

[14] 王宝鉴,黄玉霞,陶健红,等.西北地区大气水汽的区域分布特征及其变化[J].冰川冻土,2006(28):15-21.

[15] 黄建平,何敏,阎虹如,等.利用地基微波辐射计反演兰州地区液态云水路径和可降水量的初步研究[J].大气科学,2010,34(3):548-558.

[16] 俞亚勋,陈添宇,赵建华.甘肃省河东地区空中水汽资源初步分析[A]//樊鹏,余兴.陕甘宁人工增雨技术开发研究[M].北京:气象出版社,2003:296-303.

[17] 程炳岩,张永亮,霍锐.河南省空中水汽输送气候研究[A]//人工影响天气优化技术研究[M].北京:气象出版社,2000:30-32,33-35.

[18] 向亮,郝立生,安月改,等.51河北省降水时空分布及变化特征[J].干旱区地理,2014,37(1):56-65.

[19] 周晓丽,胡列群,马丽云,等.基于FY-3A资料的天山山区暴雨云相态分析[J].干旱区地理,2014,37,667-675.

[20] 邱学兴,张萍,陈勇航,等.基于CERES资料的山区低层云特性时空变化研究[J].兰州大学学报(自然科学版),2012,48(3):46-51.

[21] 王洪强,陈勇航,彭宽军,等.基于Aqua卫星总云量资料分析山区云水资源[J].自然资源学报,2011,26(1):89-96.

[22] 阿丽亚·拜都热拉,邱学兴,陈勇航,等.新疆山区低层冰云云水资源初探[J].资源科学,2011,33(9):1727-1734.

[23] 陈豫英,冯建民,陈楠,等.西北地区东部可利用降水的时空变化特征[J].干旱区地理,2012,35(1):56-66.

[24] 纳丽,李欣,朱晓炜,等.宁夏近50a降水集中度和集中期特征分析[J].干旱区地理,2012,35(5):724-729.

[25] 段皎,刘煜.中国地区云光学厚度和云滴有效半径变化趋势[J].气象科技,2011,39(4):408-416.

# GNSS/MET 反演整层大气可降水量在宁夏人影业务中的应用[*]

常倬林[1,2]　崔洋[1]　田磊[1,2]

(1. 中国气象局旱区特色农业气象灾害监测预警与风险管理重点实验室,银川 750002;
2. 宁夏回族自治区气象灾害防御技术中心,银川 750002)

**摘　要**：本文利用 GNSS/MET 反演的整层大气水汽资料、卫星反演的整层大气水汽资料及宁夏区域自动站及探空站的资料。根据天气气候的影响、地理地貌的影响等将宁夏全区分为北部川区、中部干旱带东部、中部干旱带西部、南部山区东部及南部山区西部 5 个区域,分析了不同天气条件下不同地区整层大气可降水量的分布特征,并结合典型个例探讨了分析了不同地区大气水汽含量与实际降水的发生消亡之间的关系。得出如下结论:宁夏整层大气水汽含量基本从东南向西北方向逐渐减少。宁夏夏季降水前 5~6 h 大气水汽含量会出现增长,在大气水汽含量开始下降后 2~3 h 降水会基本结束,夏季宁夏中北部地区及南部山区整层大气水汽含量分别达到 35 mm、40 mm 且呈现随时间上升的趋势时区域可能会出现降水,当该值分别达到 40 mm 及 45 mm 时可能出现大于 1 mm 的降水。

**关键词**：GNSS/MET;大气可降水量;作业指标

## 1　引言

　　GNSS/MET 观测网作为气象综合观测系统的一个重要组成部分,近年来得到迅速发展。它具有自动化程度高,资料结果客观、精确、连续观测和高密度等优点,大大弥补了人工观测不足。尽管水汽在大气中所占的比例最多不超过 4%,但是水汽在各种大气物理过程中起着至关重要的作用。强天气现象都是在对流层中发生的,可根据对流层的水汽含量、温度、不稳定指数等研究暴雨的生成和发展。GNSS/MET 探测的实时整层水汽可以弥补水汽分析的不足,有效改善强天气系统的预警能力。大气水汽是人工影响天气基础条件之一,整层大气水汽总量及其动态变化是云水资源考察的关键性因素之一,一些研究利用地基微波辐射计对云天水汽含量和云液态水含量进行监测,研究人工增雨的最佳作业区[1-2],也有利用 GNSS 监测水汽的结果[3-5]。地基 GNSS 接收机的相位信号可用于计算整层大气的水汽含量,其时间精度可达到 15 min,而且,GNSS 测量大气水汽含量的方法是一种绝对测量,不需要校准,并可以全天候自动进行。所以,GNSS 测量的大气水汽含量将会越来越多地应用到天气、气候、人工影响

---

[*] 基金资助:宁夏回族自治区重点研发计划项目(2019BEG03001),六盘山区地形云人工增雨作业效果检验技术研究及应用(CAMP—201917)。

作者简介:常倬林(1981.10—),女,山西文水,硕士,高级工程师,主要从事大气物理与大气环境、人工影响天气、卫星遥感等研究。E-mail:changzhl05@126.com。

通讯作者:崔洋(1982-),男,宁夏吴忠人,博士,主要从事大气物理、气候变化与数值模式相关研究。E-mail:cuiyang@cma.gov.cn。

天气等诸多领域。

1993年,毛节泰[3]对地基GPS反演大气水汽技术进行了全面深入的介绍。随后,李成才等[4]介绍了地基GPS遥感大气水汽总量的方法,并分析了影响各种误差原因以及消除办法,总结了湿延迟推算水汽总量的方法。杨光林等[5]、梁宏等[6]在青藏高原进行GPS监测大气水汽实验,利用GPS水汽资料分析青藏高原大气水汽特征。陈小雷等[7]利用石家庄、张家口、秦皇岛三站的GPS大气水汽含量资料分析了河北省大气水汽含量的时空分布特征并与实际降水的关系进行了研究。而为了获得水汽的三维结构,宋淑丽等[8]利用层析技术将GPS/MET反演得到的三维水汽场资料用于数值模式的改进,曹玉静等[9]建立了新的GPS层析方程垂直约束条件模型;分析不同层析垂直分层方法对层析结果的影响;比较三种不同的先验方案对层析结果的影响;采用蒙特卡罗随机模拟方法确定最佳层析解,分析不同模拟次数对蒙特卡罗层析解算的影响。

宁夏地处西北地区东部,干旱半干旱区域占全区总面积的70%以上,水资源严重缺乏,天然水资源总量在全国30个省(区、市)中居末位。北部的年降水量只有160～300 mm左右,中部干旱带常常出现人畜饮水困难;南部山区虽然年降水量400～600 mm,但由于处于山区,水土流失严重。干旱对社会经济、生产生活、生态建设等造成了严重的威胁。2013年,宁夏国土资源厅与宁夏气象局在宁夏全区范围内建设了23部GNSS/MET站,但是如何把这些资料应用到气象预报中,如何发挥这些资料在宁夏抗旱减灾中的作用,在此方面宁夏还是空白。因此,为了充分发挥新型遥感探测资料在气象预报及人工增雨防雹中的作用,开展宁夏地基GNSS资料的应用开发研究是十分必要的。

## 2 数据和方法

### 2.1 数据资料

研究中使用的资料为2014—2017年宁夏全区23个GNSS/MET站反演的整层大气水汽资料及与其相对应的宁夏区域自动站资料,具体分布见图1。在研究的过程中,根据天气气候的影响、地理地貌的影响等,同时根据GNSSMET站点的分布将全区分为北部川区、中部干旱带东部、中部干旱带西部、南部山区东部及南部山区西部5个区域(图1)。

### 2.2 方法

GNSS/MET遥感大气水汽是利用地基高精度GNSS接收机,通过测量GNSS信号在大气中湿延迟量的大小来遥感大气中水汽总量。可以用下式表示:

$$ZTD=ZHD+ZWD \tag{1}$$

式中,$ZTD$为总的延时量,$ZHD$和$ZWD$分别为干延时量和湿延时量。而整层水汽含量$IPWV$可表示为

$$IPWV=K \times ZWD \tag{2}$$

式中,$ZWD$单位为长度,$K$为比例系数

$$K=\left[10^6\left(\frac{k_3}{T_m}+k_2'\right)R_v\rho\right]^{-1} \tag{3}$$

式中,$\rho$为水的密度;$R_v$为水汽的气体常数;$T_m$为大气的温度加权平均;$k_2'$可表示为

$$k'_2 = k_2 - mk_1 \tag{4}$$

式中，$m$ 为水汽质量与空气干质量之比；$k_1$，$k_2$，$k_3$ 为常用的大气折射率 $N$ 表达式中的 3 个物理常量。

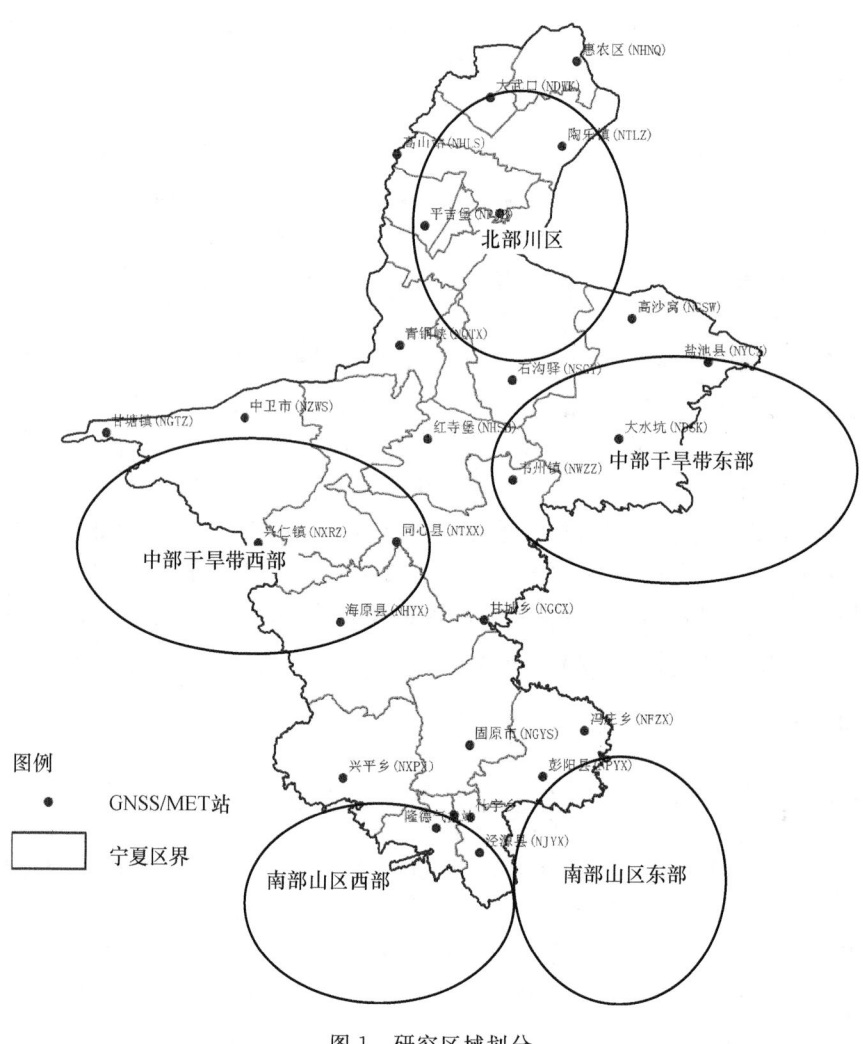

图 1 研究区域划分

## 3 GNSS/MET 反演整层大气可降水量的时空变化特征

对 2014—2017 年宁夏全区 GNSS/MET 站反演的大气水汽含量进行年月日平均，得到如下结论：宁夏全区大气可降水量的年均值为 12.31 mm，从空间分布来看从东南向西北方向逐渐减少。其中南部山区较大为 2.5~13.7 mm，中部干旱带次之，为 11.6~13.0 mm，北部川区最少，为 0.5~12.1 mm。

从季节分布来看(图 2)，宁夏大气可降水量按夏秋春冬依次减少，其中夏季大气可降水量最大，为 0.9~55.52 mm，全区均值大约为 23.48 mm，各地均值为 15.35~26.38 mm；秋季次之，为 0.02~42.62 mm，全区均值大约为 12.29 mm，各地均值为 6.03~14.84 mm；春季再次之，为 0.02~36.06 mm，全区均值大约为 8.71 mm，各地均值为 5.56~10.86 mm；冬季最小，为 0.02～15.92 mm,全区均值大约为 3.86 mm,各地均值为 2.14～4.09 mm。从季节分布的空间分布来看,春季、秋季,大气可降水量从南到北依次减少,夏季大气可降水量从东到西依次减少,特别值得注意的是贺兰山沿山的大气可将水量在春夏秋三季都最少,但在冬季其值大于中北部地区。

从全区各地大气可降水量的月变化特征来看(图略),8 月宁夏各地大气可降水量最大,其次为 7 月份,其月变化呈抛物线形变化,从 1 月到 8 月,大气可降水量逐渐上升,从 9 月到 12 月,大气可降水量逐渐减少。从月变化的空间分布来看,南部山区东部大气可降水量最大,其他四个区域月均值大致相当,特别注意的是贺兰山站大气可降水量的值在全区最小。

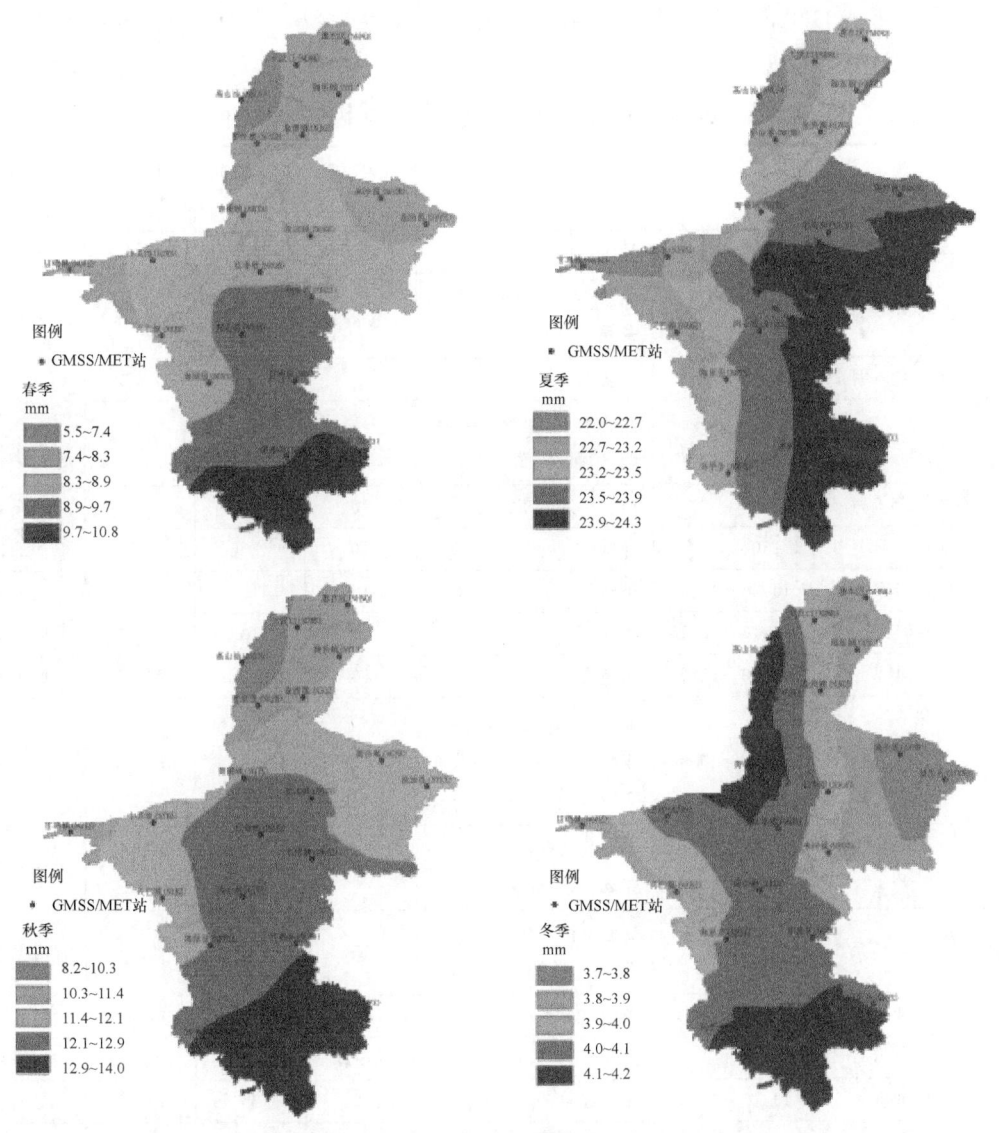

图 2 宁夏大气可降水量的季节变化特征

# 4 大气水汽含量与冰雹降水发生消亡之间的关系探讨

## 4.1 冰雹发生前后 GNSS/MET 反演大气水汽含量的变化

如表1所列,对2016—2017年发生的19次冰雹天气过程,分析对应的最近的GNSS/MET反演的大气水汽含量的变化,由于冰雹天气发生时局地性较强,且持续时间短。GNSS/MET反演的数据为小时数据,且离冰雹发生地点有一定的距离,因此无法建立冰雹天气过程时GNSS/MET反演的大气水汽含量的指标,但是通过分析可以发现,84%的冰雹个例在发生冰雹前,其最近的GNSS/MET站(13～46 km)在冰雹发生前2～3 h有1～2 mm·h$^{-1}$的大气可降水量的增加。

表1 2016—2017年在中南部地区发生的19个冰雹个例

| 序号 | 时间(北京时) | 地点 | 最大冰雹直径/mm | 持续时间/min | 大气水汽含量/mm | 最近GNSS/MET |
|---|---|---|---|---|---|---|
| 1 | 2016年6月12日17:02—17:06 | 泾源惠台 | 3～5 | 5 | 21.32 | 彭阳站 |
| 2 | 2017年7月15日15:43左右 | 温堡乡、联财镇、奠安乡等 | 3 | 15 | 21.14 | 兴平乡 |
| 3 | 2016年6月29日20时 | 曹洼乡 | 5 | 8 | 26.3 | 兴平乡 |
| 4 | 2017年7月14日14:30—19:00 | 西吉县马莲、什字、兴隆、硝河、新营 | 6 | | 17.97 | 兴平乡 |
| 5 | 2016年6月29日21时 | 西吉沙沟乡东沟村 | 10 | 10 | 26.29 | 兴平乡 |
| 6 | 2017年6月6日17:30 | 开城 | 10 | 20 | 14.55 | 固原市 |
| 7 | 2017年7月14日15:35—15:45 | 下马关 | 10 | 10 | 21.17 | 同心县 |
| 8 | 2017年7月14日16:10—16:15 | 预旺 | 10 | | 26.75 | 同心县 |
| 9 | 2017年7月14日16:30—16:35 | 马高庄 | 10 | 10 | 26.75 | 同心县 |
| 10 | 2017年7月15日17:30—18:00 | 原州区寨科乡新淌村、东淌村、李岔村,彭堡镇姚磨村、吴磨村 | 10 | 15 | 15.52 | 固原市 |
| 11 | 2017年6月7日16:02 | 海原县树台乡、红羊乡、关庄乡、关桥乡 | 15 | | 20.25 | 海原县 |
| 12 | 2017年6月7日16:02 | 海原县树台乡、红羊乡、关庄乡、关桥乡 | 15 | | 20.25 | 海原县 |
| 13 | 2017年6月20日22:50 | 中宁长山头 | 15 | 15 | 27.63 | 红寺堡 |
| 14 | 2017年6月7日15:43 | 隆德县观庄、陈靳、城关 | 10～20 | 20 | 18.4 | 兴平乡 |
| 15 | 2017年5月18日13:10—13:35 | 彭阳红河、古城 | 20 | 25 | 19.78 | 彭阳县 |
| 16 | 2017年5月18日13:10—13:35 | 彭阳红河、古城 | 20 | | 19.78 | 彭阳县 |
| 17 | 2016年6月12日15:00—16:10 | 彭阳 | 25 | 30 | 21.32 | 彭阳县 |
| 18 | 2016年7月1日15:40—16:10 | 彭阳 | 25 | 30 | 21.32 | 彭阳县 |
| 19 | 2016年6月12日17:20—18:00 | 隆德沙塘、神林、陈靳 | | | 15.31 | 兴平乡 |

## 4.2 不同类型降水发生前后 GNSS/MET 反演大气水汽含量的变化

收集整理了宁夏2016—2017年期间近30次增雨雪天气过程,分季节对 GNSS/MET 反演的大气可降水量在过程来临前后的变化特征进行了分析。

结合典型的层状云降水天气过程,在上述分析的基础上,对比分析了夏季北部川区、中部干旱带东部地区、中部干旱带西部地区、南部山区的西部地区及南部山区的东部地区五个不同区域的整层大气可降水量与实际降水量。可见,夏季,北部川区当整层大气可降水量大于 30 mm,且该值呈现上升趋势时,1~6 h 候后该区域可能出现降水,当整层大气可降水量大于 40 mm 后可能出现 1 mm 以上的降水。这时也是人工增雨的较好的时机,当整层大气可降水量开始呈现出下降趋势时,且降到 30 mm 以后,2 后降水会基本结束。中部干旱带西部区域当整层大气可降水量大于 34 mm,且该值呈现上升趋势时,1~6 h 后该区域可能出现降水,当整层大气可降水量大于 40 mm 后可能出现 1 mm 以上的降水。中部干旱带东部区域及南部山区的西部区域当整层大气可降水量大于 38.5 mm,且该值呈现上升趋势时,1~6 h 后该区域可能出现降水,当整层大气可降水量大于 40 mm 后可能出现 1 mm 以上的降水。南部山区的东部区域当整层大气可降水量大于 40 mm,且该值呈现上升趋势时,2~3 h 后该区域可能出现降水,当整层大气可降水量大于 45 mm 后可能出现 1 mm 以上的大降水。

具体来看,在晴天天气条件下(图3),不同地区整层大气可降水量的日变化不大,北部川区大气可降水量的值基本在 15~20 mm,中部干旱带的西部及东部整层大气可降水量相近,基本在 20~25 mm,南部山区东部整层大气可降水量略高于南部山区西部地区,大气可降水量的值在 30~35 mm。

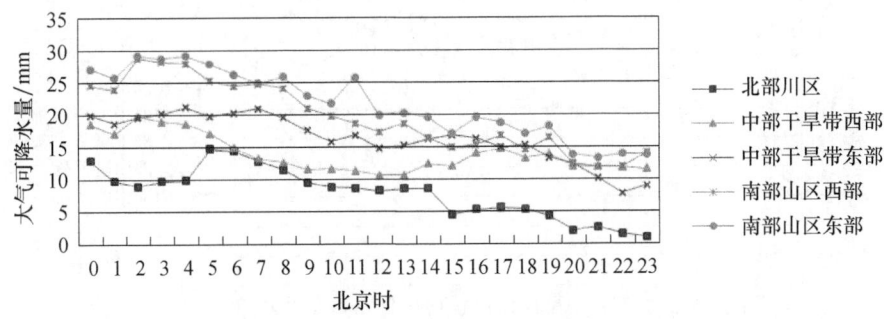

图3 典型晴天天气条件下不同地区的整层大气可降水量的日变化

在阴天天气条件下(图4),不同区域整层大气可降水量的日变化同样不大,呈现出微弱的单峰型分布。整层大气可降水量上午逐渐增加,到中午14时达到最大值,其后开始逐渐减小。北部川区及中部区域整层大气可降水量高于晴天天气条件,其值范围在 30~40 mm,南部山区西部及东部大气可降水量的值同样高于晴天天气条件,但二者的差距高于晴天天气,南部山区西部地区大气可降水量的值在 30~40 mm,东部地区大气可降水量的值在 40~45 mm。

在典型的层状云降水的过程中,图5表示从北到南的全区性天气过程。北部川区及中部干旱带的降水从05时(北京时,下同)开始到11时结束,两个地区整层大气可降水量的值从 00 时到 09 时一直保持在 35 mm 以上,09时以后,整层大气可降水量开始出现急剧下降,在大气可降水量出现下降趋势后 2 h 内降水结束。即大气可降水量的急剧的下降意味着降水天过程的即将结束,在此时段内开展人工增雨,效果将会不显著。中部干旱带的东部降水从10时开始到16时结束,该区域整层大气可降水量00—04时一直保持在35 mm,从04时开始,中部干旱带东部的整层大气可降水量开始缓慢上升到10时达到最大,该区域开始降水,13时以后整层大气可降水量开始下降,特别是在16时后,开始急剧下降,大气可降水量的值降到20 mm。即在降水开始前6 h,整层大气可降水量开始增加,当大气可降水量下降后2 h降水基本结束。南部山区的西部地区降水从11时开始到21时结束,从08时开始整层大气可降水量逐渐增加,10时达到最大值,其后大气可降水量的值一直维持变化不大。南部山区的东部地区降水从14时开始到21时结束。整层大气可降水量一直维持在45 mm,08时开始出现逐渐下降,12时下降到最小值40 mm,其后开始又逐渐增加。与降水的变化基本一致。

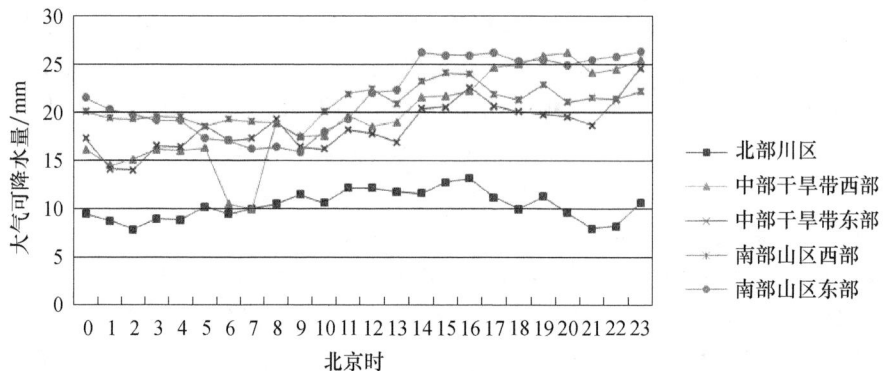

图4 典型阴天天气条件下不同地区的整层大气可降水量的日变化

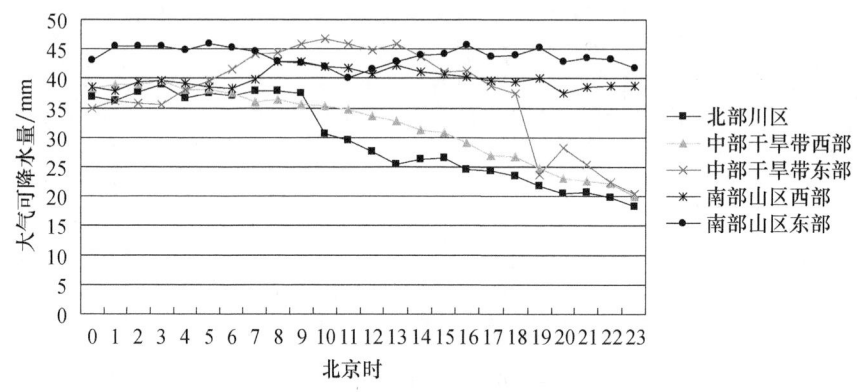

图5 典型全区性天气过程不同地区的整层大气可降水量的日变化

图6表示宁夏中南部地区的局地降水过程。16时前,北部川区及中部干旱带的西部地区及中部干旱带的东部地区整层大气可降水量从15 mm逐渐上升到35 mm,16时后北部川区及中部干旱带西部整层大气可降水量开始下降,一直未出现降水,但中部干旱带东部地区在整层大气可降水量达到35 mm以后继续逐渐增加,该区域在18时开始出现降水,小时降水量在23时达到1 mm以上。南部山区西部及南部山区的东部地区大气可降水量一直在40 mm以上,南部山区的西部地区02时开始整层大气可降水量开始逐渐增加,到11时开始,整层大气可降水量达到40 mm以上,03—11时,该区域出现弱降水,11时开始,区域出现1～5 mm降水量。同样,南部山区的东部地区02时开始整层大气可降水量开始逐渐增加,到11时开始,

整层大气可降水量达到 45 mm 以上,03—11 时,该区域出现弱降水,11 时开始后,区域出现 1~5 mm 降水量。

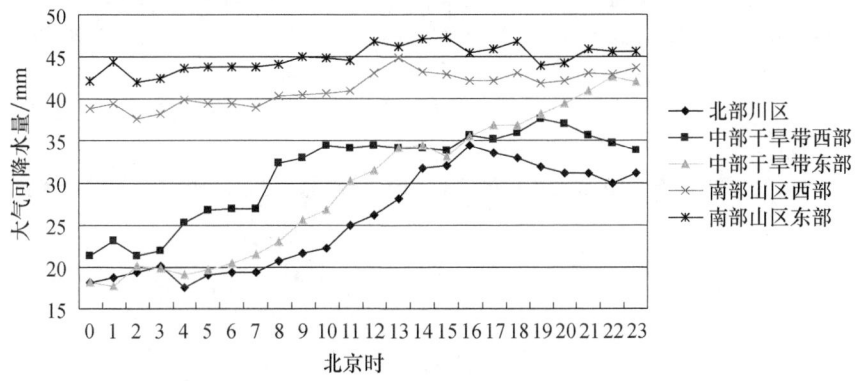

图 6　典型中南部局地性天气过程不同地区的整层大气可降水量的日变化

## 5　结论

(1)从空间分布来看,宁夏整层大气水汽含量基本从东南向西北方向逐渐减少。在不同天气条件下,基本上南部山区的东部整层大气可降水量最大,南部山区西部次之,中部干旱带的东西部差别不大,北部川区整层大气可降水量最小。

(2)夏季,北部川区当整层大气可降水量大于 30 mm,且该值呈现上升趋势时,1~6 h 后该区域可能出现降水,当整层大气可降水量大于 40 mm 后可能出现 1 mm 以上的降水。

(3)夏季,中部干旱带西部区域当整层大气可降水量大于 34 mm,且该值呈现上升趋势时,1~6 h 后该区域可能出现降水,当整层大气可降水量大于 40 mm 后可能出现 1 mm 以上的降水。中部干旱带东部区域及南部山区的西部区域当整层大气可降水量大于 38.5 mm,且该值呈现上升趋势时,1~6 h 后该区域可能出现降水,当整层大气可降水量大于 40 mm 后可能出现 1 mm 以上的降水。

(4)夏季,南部山区的东部区域当整层大气可降水量大于 40 mm,且该值呈现上升趋势时,2~3 h 后该区域可能出现降水,当整层大气可降水量大于 45 mm 后可能出现 1 mm 以上的大降水。

(5)利用 GNSS/MET 反演宁夏大气可将水量在降雹、降雨前后的变化,可以初步为人工增雨及防雹作业时机的把握提供一定的参考,本文只针对夏季冰雹及降水过程前后大气可将水量的变化做了粗浅的分析,下一步将结合更多典型个例对不同季节不同地区不同降水类型的降水过程进行深入分析,以期更深入了解 GNSS/MET 反演大气水汽含量的变化,分析人工增雨防雹的作业效果。

### 参考文献

[1] 袁野,王成章,蒋年冲,等. 不同云天条件下水汽含量特征及其变化分析[J]. 气象科学,2005,25(4): 394-398.

[2] 王黎俊,孙安平,刘彩红,等. 地基微波辐射计探测在黄河上游人工增雨中的应用[A]//第十五届全国云降水与人工影响天气科学会议论文集(Ⅱ)[C]. 2008.

[3] 毛节泰. GPS 的气象应用[J]. 气象科技,1993(4):45-49.

[4] 李成才,毛节泰. GPS 地基遥感大气水汽总量分析[J]. 应用气象学报,1998,9(4):470-477.

[5] 杨光林,刘晶淼,毛节泰. 西藏地区水汽 GPS 遥感分析[J]. 气象科技,2002(5):266-272.

[6] 梁宏. 青藏高原及其周边地区大气水汽分布和变化特征研究[D]. 北京:中国气象科学研究院,2005.

[7] 陈小雷. 地基 GPS 在河北气象中的应用研究[D]. 兰州:兰州大学,2007.

[8] 宋淑丽,朱文耀,丁金才,等. 上海 GPS 层析水汽三维分布改善数值预报湿度场[J]. 科学通报,2005,50(20):2271-2277.

[9] 曹玉静. 地基 GPS 层析大气三维水汽及其在气象中的应用[D]. 北京:中国气象科学研究院,2012.

# 基于DARDAR数据的中国不同地区冰云特征*

林 彤 桑建人 田 磊 常倬林

(1. 中国气象局旱区特色农业气象灾害监测预警与风险管理重点实验室,银川 750002;
2. 宁夏气象防灾减灾重点实验室,银川 750002;)

**摘 要**:利用2012年12月至2016年11月A-Train卫星编队中CloudSat卫星与CALIPSO卫星融合产品DARDAR数据对我国冰云发生概率的水平和季节分布特征,冰水含量和冰云有效半径的垂直分布进行了分析。结果表明,冰云发生概率季节性变化明显,高值区出现在青藏高原东北部,西北地区冰云发生概率四季变化浮动较小;冰水含量在夏季最大,且夏季垂直方向上高度分布比其他季节高,高原地区冰水含量分布高度最高,东北地区最低;冰云有效半径变化与冰水含量变化相似,其垂直分布呈现随高度增高而减少的趋势,在夏季冰云有效半径普遍较大,各地区冰云有效半径分布与其冰水含量分布趋势相似。

**关键词**:冰云;冰云发生概率;冰水含量;冰云有效半径

## 1 引言

云是地球上庞大水循环的有形结果,是影响气候变化和全球天气的重要因素,它在调节地球辐射收支平衡和全球水循环过程中起着非常重要的作用。地球上超过50%的区域都覆盖云,其中冰云全球平均覆盖率达30%,其发生频率不仅与地理位置和季节变化有关,还与光学厚度定义的冰云类型有关,并且冰云对全球大气有着加热和冷却的双重效应,冰晶粒子的不规则形状也为冰云的研究增加了难度,因此,研究冰云的宏微观物理特性及其时空变化对大气气候模式和云、辐射和气候之间复杂的相互作用有重要意义,有助于改进和完善大气环流和天气预报模型。[1-3]

国际上研究云的手段主要有地面观测、飞机观测和卫星观测等。由于卫星观测具有重复率高、覆盖范围广、真实客观、云参数完备等优势,已成为研究云的重要手段之一[4-5]。目前利用卫星资料对冰云的研究有很多,例如Sassen等[6]用CloudSat/CALIPSO数据统计得到全球卷云云量的分布特征,发现全球平均卷云发生率为16.7%;STEIN等[7]用CloudSat、CALIPSO和MODIS的数据,对比了4种不同冰云属性的反演方法,对冰云的反演提供理想依据,为后续冰云研究提供基础;Ham等[8]结合星载多角度偏振辐射计、偏振激光雷达和毫米波雷达对云相态产品进行了研究,结果表明空间优化融合算法能有效实现多源云相态反演,为星载传感器的研制和数据协同提供新技术;杨冰韵[9]利用CloudSat卫星产品,对云微物理特征量的全球分布和季节变化进行统计分析,其结果与Meyer[10]利用MODIS三级产品计算热带地区

---

\* 资助项目:西北区域人影建设研究试验项目(RYSY201904)、国家自然科学基金面上项目(41775139)、宁夏自然科学基金项目(2019AAC03255)、宁夏回族自治区重点研发计划一般项目(2019BEG03001)共同资助。
作者简介:林彤(1993—),女,山东烟台人,硕士,助理工程师,主要从事人工影响天气及大气物理方面研究。E-mail:lintong0213@126.com。

的冰云发生频率和冰水路径结果相似;朝鲁门等[11]使用卫星葵花-8资料,研究了基于亮温的 Himawari-8 的冰云算法,结果表明 Himawari-8 冰云数据与 MODIS 数据对比验证,结果匹配度较高为81.04%;还有一些学者使用 CloudSat 和 CALIPSO 卫星数据分析了中国华北地区云或冰云的特性[12-15],以上对冰云的分析研究都是使用单一传感器在全球范围和典型地区基础上的研究,现阶段学者们致力于使用多个卫星资料联合反演及分析全球或地区的冰云属性。

被动传感器无法获得垂直方向的冰云特性,使用单一的主动遥感技术也只能探测到一部分云。CloudSat 搭载的微波雷达,探测不出冰水含量(ice water content,IWC)小于 0.4 mg·m$^{-3}$ 的冰云,而搭载在 CALIPSO 上的激光雷达只能检测到光学厚度小于 3.0 的冰云[16]。对于冰云总质量,薄冰云贡献很小,但涉及到辐射效应时,因为有强烈的温室效应,薄冰云又变得至关重要。由于两种卫星观测技术对冰云的敏感性不同,在反演方法上存在较大差异,因此将多个传感器联合使用是目前卫星遥感冰云的研究趋势[17-19]。例如 Chen 等[20]结合星载多角度偏振辐射计、偏振激光雷达和毫米波雷达对他们的云相态产品进行了研究,使用空间优化融合算法,实现云相态的空间融合,结果表明该方法能够有效的实现多源云相态反演,为星载传感器的研制和数据协同提供新技术;Hong 等[4]使用 CALIPSO 和 CloudSat 两种卫星联合数据产品 DARDAR(raDAR/liDAR)分析了全球冰云分布与特征,得到理想且更广泛的冰云。但是对中国地区多种传感器联合分析冰云特性的研究少见。

本文使用两种卫星联合数据产品分析了冰云属性在中国地区的特征分布,其中包括冰云的发生概率、冰水含量(IWC)、有效粒子半径($r_e$)、其空间和季节变化特征。

## 2 资料与方法

一种新的协同方法是结合 CALIPSO 卫星和 CloudSat 卫星数据联合反演得到冰云属性,雷丁大学开发的 DARDAR 产品数据结合两个卫星的优点进行联合反演。算法结合雷达反射率、激光雷达后向散射和红外辐射在大气中的水汽窗口反演得到消光系数、冰水含量和有效半径等,使用 non-Rayleiigh 散射模型和激光雷达的多次散射模型,通过状态变量和相关先验估计的选择,使微波雷达和激光雷达探测到的云进行地区间的无缝反演,即当激光的信号不可用(如有强烈衰减)时,使用微波雷达的反射率因子和温度数据;当微波雷达数据不可用(如存在光学薄云)时,使用激光雷达的数据反演[21-22]。Hogan[23]和 Francis 等[24-25]对该算法进行了研究和验证,证明了该方法的可用性和准确性。该方法可以在不考虑光学薄云和厚冰云差异的情况下进行反演。使用 Foot[26]与 IWC 和消光系数相关的有效半径($r_e$)公式,如下:

$$r_e = \frac{3}{2}\frac{IWC}{2\alpha_v \rho_i} \qquad (1)$$

式中,$\rho_i$ 是冰的密度,$\alpha_v$ 是波长为 $v$ 时的消光系数。对于反演的准确性,据估计,消光系数和 IWC 有 60% 的不确定性,而冰云有效半径有 30% 依赖于 mass-size 关系[27]。然而,DARDAR 产品提供了冰云属性相对最好的反演,并且提供了更广泛的冰水路径[28-29]。

本文使用 2012 年 12 月—2016 年 11 月 DARDAR 融合产品有效数据,以卫星过境路线上 73°—136°E,3°—55°N 的区域为研究对象。为辨别冰云,数据处理中只用云分类指标(DAR-MASK_Simplified_Categorization)为 1 的数据,表明此不包含过冷水。为了避免赤道辐合带影响,不考虑中国南海诸岛屿,计算全国平均时选取 72°—136°E,13°—53°N 为研究区域。本文根据中国地理分区划分为 6 个子区域进行分析(图1,略)。

## 3 结果分析

### 3.1 冰云的发生概率

冰云发生率在研究地气系统的辐射中起重要作用。为了确定冰云的空间分布和出现概率,计算冰云发生率 $F_{ice}$ 的公式如下:

$$F_{ice}=N_{ice}/N_{all}\times100\% \tag{2}$$

式中,$N_{ice}$ 是冰云的数量,$N_{all}$ 是所有晴空和云的总数(分辨率为 1 km×1 km 的水平分布)。

从全国冰云发生率图(图2,略)看出,冰云发生率呈中国西北高、东南低的分布特征,青藏高原地区最高(平均值达到 57.3%),在青藏高原东北部出现了一个高值中心(70%),华北地区最低(49.3%)。

不同季节我国冰云发生概率的水平分布存在差异(图3,略),春季冰云发生率最大值出现在青藏高原东北部(87%),低值出现在云贵高原地区(22%);夏季冰云发生率呈现由西南方向东北方减小的趋势,青藏高原地区冰云发生率较大,最大值出现在青藏高原南部地区(85.2%),河北地区出现一个低值区约 46.8%;秋季冰云发生率的高值区在青藏高原东北部与青海省的西南部约为 68.5%,低值区在我国安徽地区与河南湖北的交界处(约 23.3%);冬季冰云发生率较低,高值区仍然出现在青藏高原东北部地区约 60% 左右,极小值出现在我国南部地区尤其在海南省附近,极小值约 11.9%。春秋冬三季在我国青藏高原东北部冰云发生率较大,原因是相对温暖而潮湿的空气随着季节性的热带辐合带(ITCZ)和季风运动,遇到高原高位势高度地形而抬升,使得青藏高原上空成为冰云频发区域;而导致青藏高原东北坡冰云频发主要是由于暖湿空气抬升形成的地形性冰云[24]。

中国各地区冰云发生率季节平均趋势图(图4)看出,全国平均冰云发生概率呈秋冬季低,春夏季高的特点;各个地区冰云发生率随季节变化不同,其中东北地区和青藏高原地区春季冰云发生率较高且季节变化特征较明显;西北相比于中国其他地区,春冬季冰云发生率偏高且季节变化幅度相对较小,南部地区季节变化幅度最大。除华北地区和南部地区冰云发生率在夏季最大且四季变化幅度较大以外,其他地区冰云发生率主要在春季最大且四季变化幅动较小。夏季我国南部地区冰云发生率最大而西北地区较低,冬季西北地区冰云发生率较大而华北和南部地区较小。

### 3.2 冰水含量

从中国地区平均冰水含量的垂直分布图(图5)中看出,中国区域的 IWC 值大部分在 $0.06\ \mathrm{g\cdot m^{-3}}$ 以下,在 18 km 以上几乎没有冷冰水分布。冰云主要分布在 3~6 km,最高达到 $0.06\ \mathrm{g\cdot m^{-3}}$ 以上(5 km 高度附近),区域位于 28°—30°N 和 49°—53°N。

从冰水含量的四季垂直分布图(图6)的差异来看,我国 IWC 呈春夏季大,秋冬季小的趋势,且低纬度地区均出现在 5 km 以上。其中,春季在 15°N 左右的区域出现大于 $0.06\ \mathrm{g\cdot m^{-3}}$ 的值,垂直方向上主要分布在 3~15 km,大值区在 5~8 km。相较于其他季节,夏季 IWC 最大,平均约 $0.035\ \mathrm{g\cdot m^{-3}}$,且夏季呈现 IWC 随纬度增加而减小的趋势,最大值区域分布在 13°—23°N,最高达 $0.06\ \mathrm{g\cdot m^{-3}}$(5~13 km),分布高度最高达 16 km,比其他三个季节都高,这个现象主要因为该区域处于热带向亚热带逐渐过渡地区,温度高,海洋面积较大,蒸发进入大气中的水汽相对较多,从而导致冰云中的含水量相对较大。秋季 IWC 的趋势和夏季相似,呈现 IWC 随纬度增加而减小的趋势,纬度在 43°N 临近地区出现大值($0.03\ \text{g}\cdot\text{m}^{-3}$),纬度 44°—53°N 间存在最小值($0.005\ \text{g}\cdot\text{m}^{-3}$),垂直方向上 IWC 分布高度范围在 3~12 km 间,大值区位于 4~8 km。冬季平均值比其他季节小,存在一个大值区位于 48°—53°N,大值超过了 $0.06\ \text{g}\cdot\text{m}^{-3}$,垂直方向上 IWC 分布高度范围为 2~9 km。相较其他季节,冬季 IWC 大值区高度范围最低,高值分布为 3~6 km。

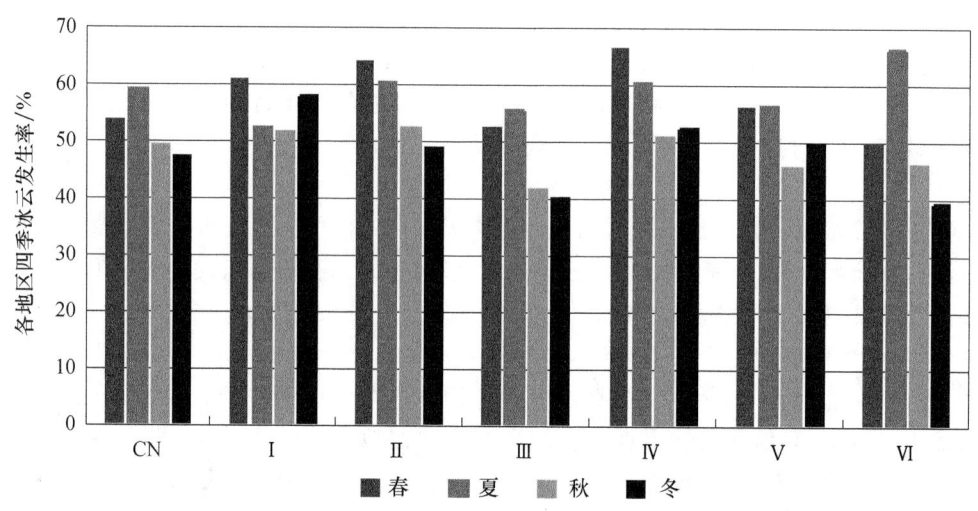

图 4 中国各地区冰云发生率季节平均趋势图(单位:%)

CN 为中国地区;Ⅰ为西北地区;Ⅱ为东北地区;Ⅲ为华北地区;Ⅳ为青藏高原地区;Ⅴ为华中地区;Ⅵ为南部地区

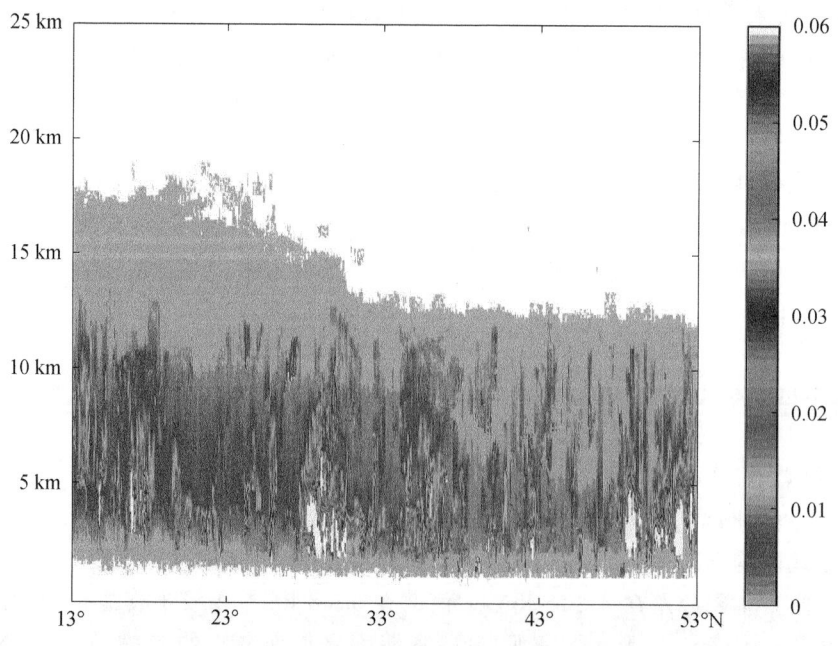

图 5 平均冰水含量垂直分布图(单位:$\text{g}\cdot\text{m}^{-3}$)

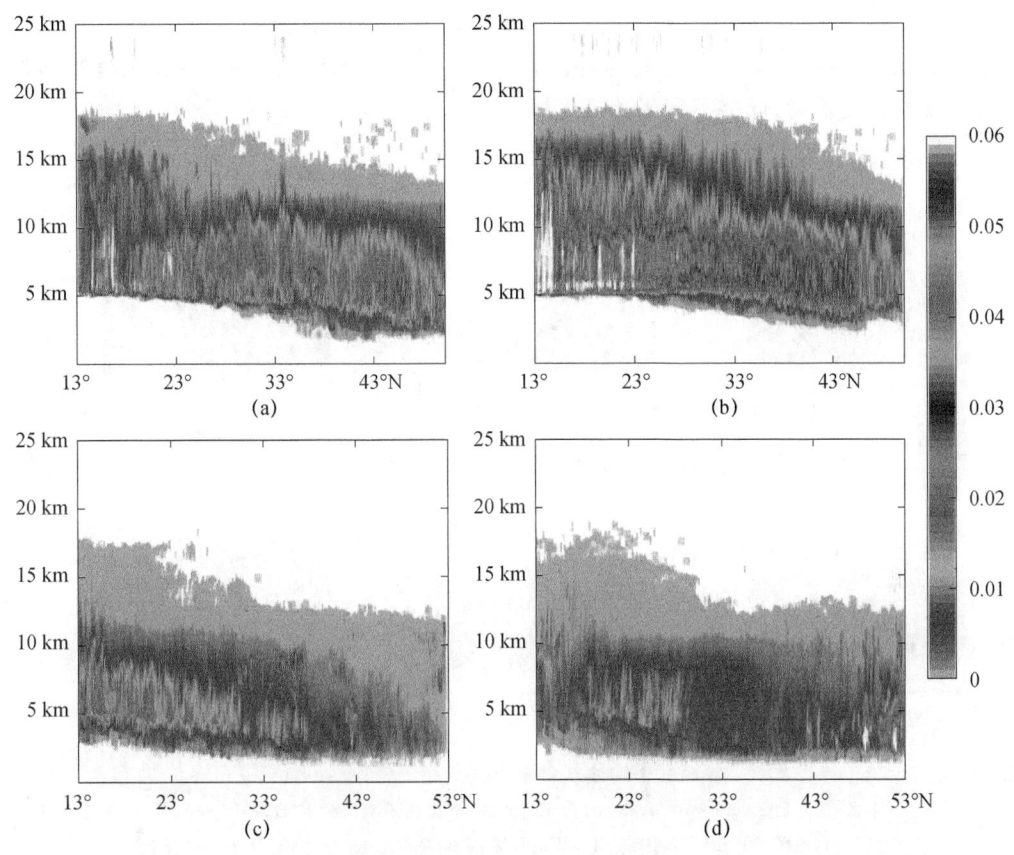

图 6 平均冰水含量四季垂直分布图(单位:g·m$^{-3}$)
(a)春季;(b)夏季;(c)秋季;(d)冬季

从各地区四年冰水含量垂直分布图(图7)的差异得到,东北地区 IWC 相对较少且普遍分布在 5 km 以下;华北地区和高原地区冰水含量分布较平均且较大,西北地区和华中地区次之,华北地区和西北地区普遍分布在 3~10 km,高原地区由于高地势影响使得 IWC 分布较高(7~10 km),南部地区次之(5~8 km);其中在华中地区纬度 28°N 和 31°—32°N 地区与南部地区纬度 18°—20°N 的区域出现大于 0.06 g·m$^{-3}$的大值区。

## 3.3 冰云有效半径

平均冰云有效半径垂直分布图(图8)显示,$r_e$ 一般在 40 μm 以下,且随高度增高而减少。高值区分布在 28°—30°N 和 48°—52°N 的区域之间,平均为 35 μm 左右,且高值区的 $r_e$ 在垂直高度上大约分布在 2~8 km 高度间,最大值超过 40 μm,中国区域 $r_e$ 在垂直高度大于 13 km 以上非常小。

冰云有效半径四季垂直分布图(图9)所示,整体趋势为春夏季大,秋冬季小。春夏季呈现随纬度增加分布高度减小的趋势;春季在垂直方向上主要分布在 4~12 km 之间,大值区主要分布在 5~8 km 高度间;夏季 $r_e$ 与 IWC 变化趋势相似,整体呈随纬度增加而减小的趋势,最大值区域分布在 13°—20°N 间,平均 25 μm 左右,垂直方向上垂直高度最高达到 16 km,大值区从 5 km 延伸至 15 km 高度;秋季我国 $r_e$ 分布较均匀,变化特征不明显,但在青藏高原北部所在纬度上出现一个大值区;冬季位于49°—53°N间存在一个大值区,大值超过30 μm,垂直方向上分布高度范围在2~11 km之间,高值分布在3~7 km之间。夏季$r_e$分布高度整体偏高,主要由于夏季温度较高,低层不利于冰云形成。

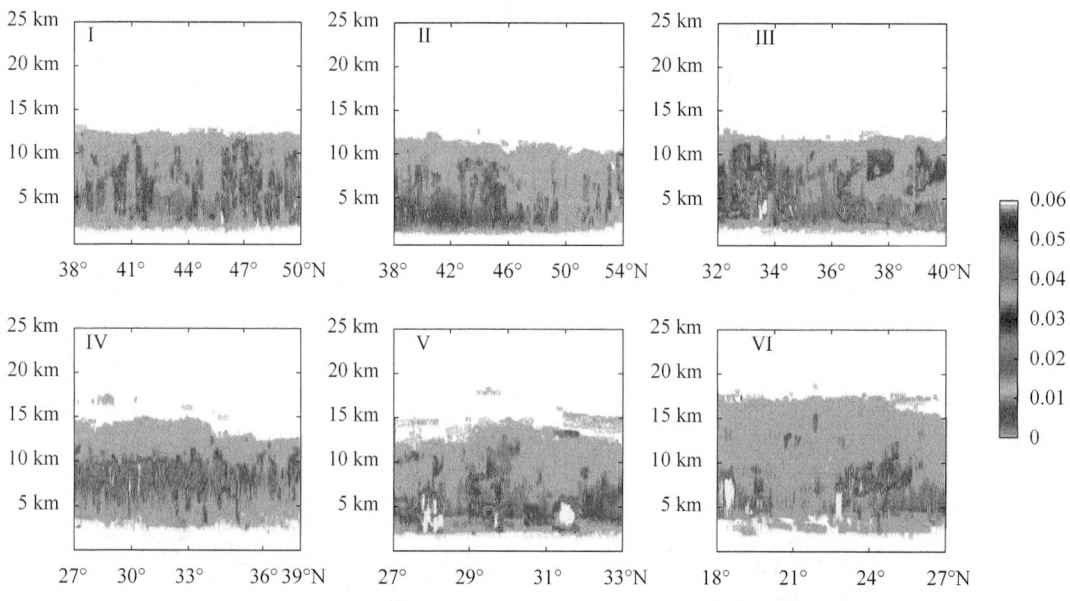

图7 各地区平均冰水含量垂直分布图(单位:g·m$^{-3}$)

Ⅰ区:西北地区(39°—50°N,73°—116°E);Ⅱ区:东北地区(39°—54°N,116°—135°E);
Ⅲ区:华北地区(32°—39°N,105°—123°E);Ⅳ区:青藏高原地区(27°—39°N,75°—105°E);
Ⅴ区:华中地区(27°—32°N,105°—123°E);Ⅵ区:南部地区(18°—27°N,97°—123°E)

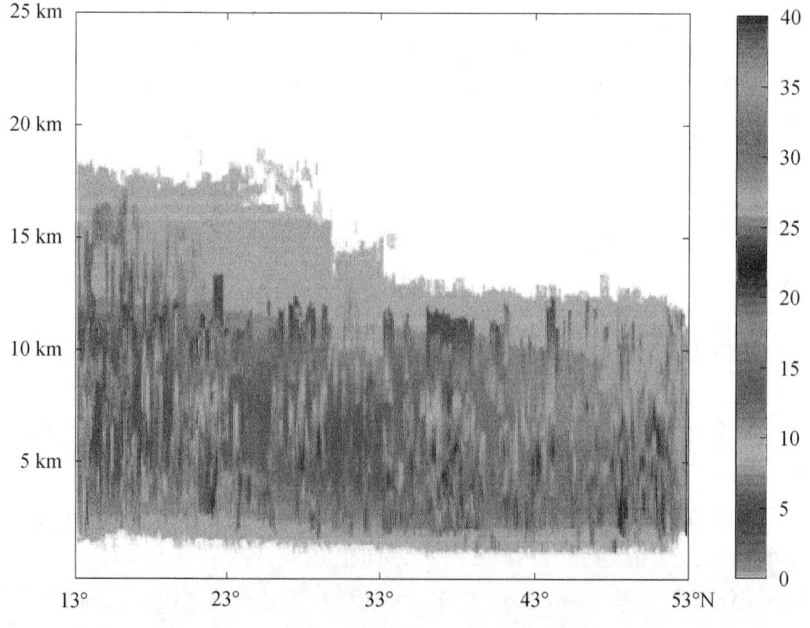

图8 平均冰云有效半径垂直分布图(单位:μm)

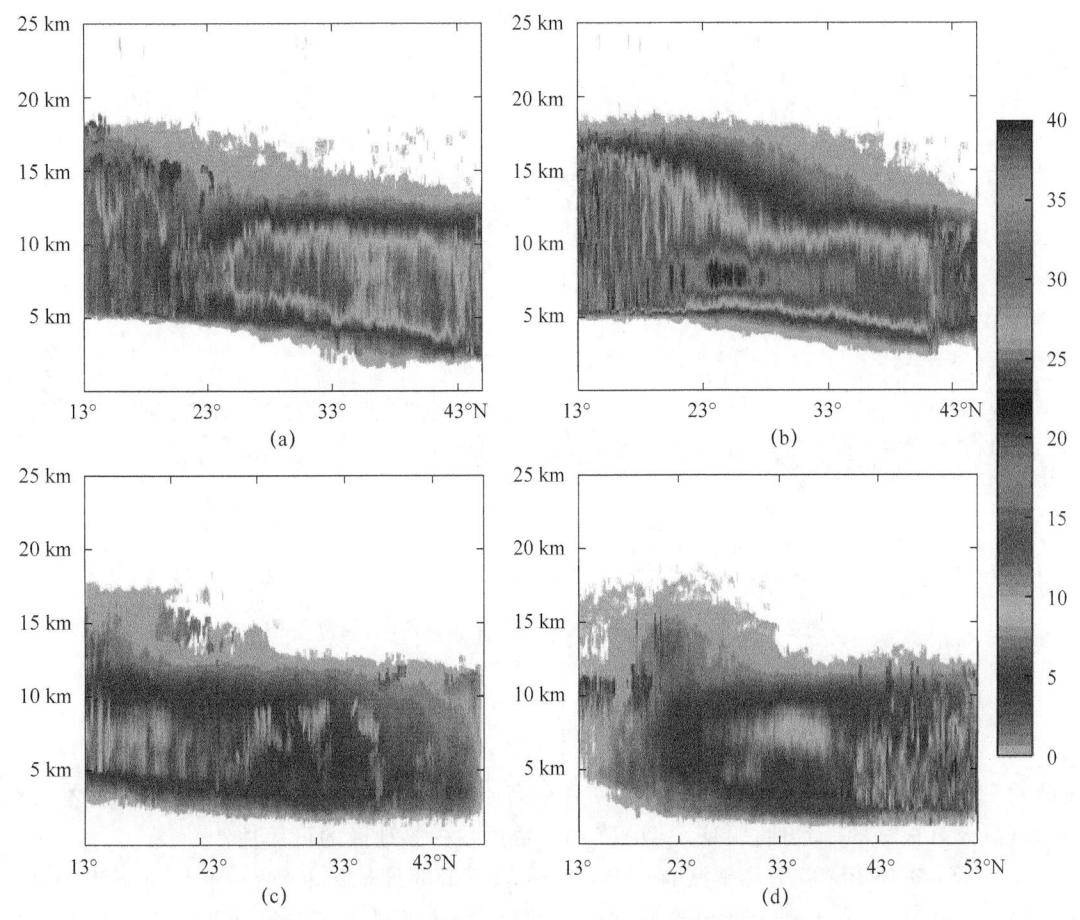

图 9 冰云有效粒子半径四季垂直分布图（单位：μm）
(a)春季；(b)夏季；(c)秋季；(d)冬季

从各地区冰云平均有效粒子半径垂直分布图（图 10）中看出，各地区 $r_e$ 的变化趋势与其 IWC 的变化趋势相似，东北地区 $r_e$ 最小（15 μm）；高原地区 $r_e$ 最大（25 μm），华中地区出现两个大值区使得其平均 $r_e$ 较大（22 μm），西北地区次之（20 μm）；高原地区受高地势影响使得 $r_e$ 分布高度较高（5～10 km），南部地区分布高度次之（4～9 km）。

## 4 结论与讨论

本文研究了中国地区冰云的水平分布和垂直分布特征，并分析其区域及季节变化特征，结论如下。

（1）全国平均冰云发生率约 52.9%，由于青藏高原的特殊地形使暖湿空气抬升，日照引起区域性的强烈辐合与垂直对流运动导致青藏高原东北坡卷云频发，导致地形性冰云概率较大[24]，春秋冬三季青藏高原东北部冰云发生率高；水汽丰富的风暴带和对流旺盛的地区冰云频发，而与西北地区相似的干旱、半干旱地区是缺少冰云存在的[6]，但从 DARDAR 的统计结果看，春冬季西北地区冰云出现较多，主要由青藏高原的特殊地形引起[23]。夏季受 ITCZ 影响且我国南部地区海洋面积大，水汽条件充足，冰云发生率最高，有明显季节变化。除南部和华北地区冰云发生率在夏季较大外，其他地区主要出现在春季。闵敏等[30]发现 ITCZ 与亚洲季

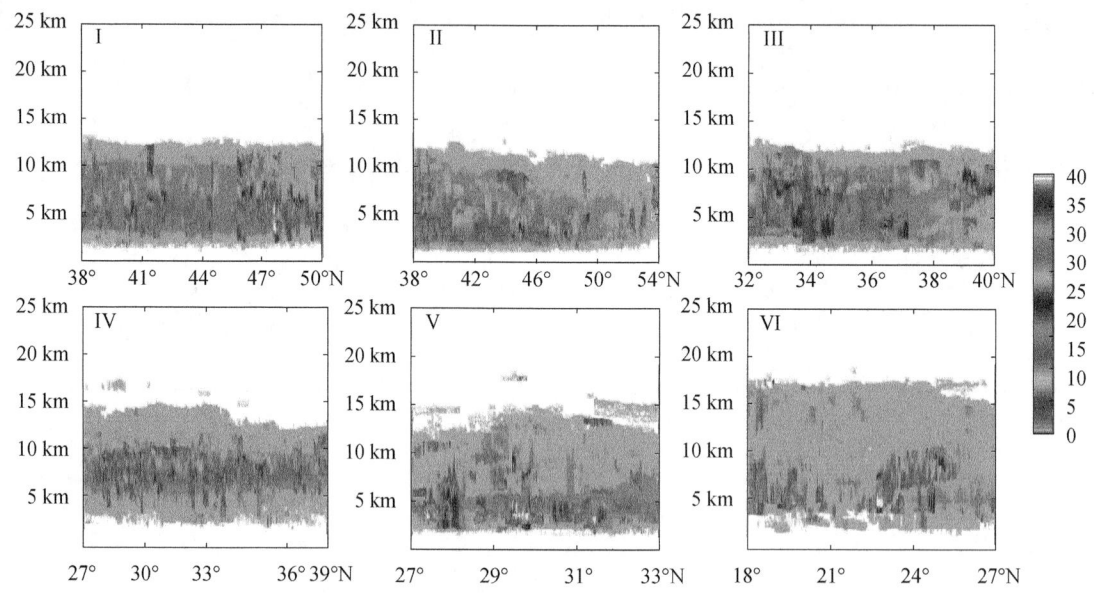

图 10 各地区冰云平均有效半径垂直分布图(单位:μm)

Ⅰ区:西北地区(39°—50°N,73°—116°E);Ⅱ区:东北地区(39°—54°N,116°—135°E);
Ⅲ区:华北地区(32°—39°N,105°—123°E);Ⅳ区:青藏高原地区(27°—39°N,75°—105°E);
Ⅴ区:华中地区(27°—32°N,105°—123°E);Ⅵ区:南部地区(18°—27°N,97°—123°E)

风活动引起季节性卷云的时空变化特征,使青藏高原东北坡出现高值区且春冬季频发,本文结果与其研究有很好的一致性,验证了 DARDAR 数据在中国地区的可用性。

(2)IWC 在 18 km 以上几乎没有分布,5 km 以下低纬度地区非常小,这是由于该区域位于热带地区,温度较高不利于低层形成冰云,大量水汽蒸发进入高层,5 km 以上冰云发生率大;比杨冰韵[9]得到的 IWC 分布范围高 1 km,但相差不大,这说明 DARDAR 数据在中国区域可用,并且比单一传感器得到的 IWC 分布范围更广。另外,我国呈春夏季大、秋冬季小的特征;夏季呈 IWC 随纬度增加而减小的趋势,数值较大,垂直方向高度分布比其他季节高,这是因为夏季温度高,蒸发进入大气中的水汽较多,且在高度较低的区域不容易形成冰云;秋季 IWC 趋势和夏季相似;冬季 IWC 大值区高度范围最低。东北地区 IWC 垂直分布相对较少且普遍分布在 5 km 以下;华北和高原地区 IWC 分布较平均,西北和华中地区次之,高原地区由于高地势影响使得 IWC 分布较高,南部地区次之。

(3)中国区域的有效半径分布与冰水含量的分布规律相似,两者成正相关关系,这与 Wyser[31]的研究结果相同,即在垂直高度上,冰水含量大的地方冰云有效半径一般较大。秋季在青藏高原北部所在纬度上出现一个大值区,夏季冰云有效半径大,冬季最小。各地区冰云有效半径的变化趋势与其冰水含量的变化趋势相似。

本文探究了冰云相关微物理量在中国地区的空间和季节性变化特征,结果显示,使用 DARDAR 数据得出的结论与其他学者使用其他数据的研究结果具有较好相似性,所得到的冰云分布范围更广,表明该数据产品在中国地区可用,具有一定参考价值。

**参考文献**

[1] HEYMSFIELD A J,PROTAT ALAIN,AUSTIN RICHARD T,et al. Testing IWC Retrieval Methods U-

sing Radar and Ancillary[J]. Measurements with in Situ Data,2008,47(1):135-163.

[2] HAYNES J M,VONDER HAAR T H,ECUYER T L,HENDERSON D. Radiative heating characteristics of Earth's cloudy atmosphere from vertically resolved active sensors[J]. Geophysical Research Letters,2013,40(3):624-630.

[3] 王虎,段崇棣,吕容川,等. 星载太赫兹冰云探测技术发展和面临问题[J]. 太赫兹科学与电子信息学报,2017,15(5):722-727.

[4] HONG Y L,LIU G S. The Characteristics of Ice Cloud Properties Derived from CloudSat and CALIPSO Measurements[J]. Journal of Climate,2015,28(9):3880-3901.

[5] 万晓彤. 基于京津冀地区CALIPSO气溶胶消光系数、云垂直结构数据与$PM_{2.5}$关系研究[D]. 北京:中国气象科学研究院,2016.

[6] SASSEN K,WANG Z. Classifying clouds around the globe with the CloudSat radar:1-year of results[J]. Geophysical Research Letters,2008,35(4):228-236.

[7] STEIN T H M,DELANOE J,HOGAN R J. A Comparison among Four Different Retrieval Methods for Ice-Cloud Properties Using Data from CloudSat,CALIPSO,and MODIS[J]. Journal of applied meteorology and climatology. 2011,50:1952-1969.

[8] HAM S H ,SOHN B J,KATO S,et al. Vertical structure of ice cloud layers from CloudSat and CALIPSO measurements and comparison to NICAM simulations[J]. Journal of Geophysical Research:Atmospheres,2013,118(17):9930-9947.

[9] 杨冰韵,张华,彭杰,等. 利用CloudSat卫星资料分析云微物理和光学性质的分布特征[J]. 高原气象,2014(4):1105-1118.

[10] MEYER K,YANG P,GAO B C. Tropical ice cloud optical depth,ice water path,and frequency fields inferred from the MODIS level-3 data[J]. Atmospheric research,2007,85(2):171-182.

[11] 朝鲁门,宁小莉,包玉海,等. 基于葵花-8卫星的白天冰云识别初探[J]. 内蒙古农业大学学报(自然科学版),2019,40(02):51-55.

[12] 陈超,孟辉,靳瑞军,等. 基于CloudSat云分类资料的华北地区云宏观特征分析[J]. 气象科技,2014,42(2):294-301.

[13] HUO Juan. 基于CloudSat/CALIPSO资料的海陆上空中云的物理属性分析[J]. 气候与环境研究,2015,20(1):30-40.

[14] 刘旸,赵姝慧,蔡波,等. 基于CloudSat资料的东北地区降水云及非降水云垂直结构特征对比分析[J]. 气象,2017(11):68-76.

[15] WU D L,AUSTIN R T,DENG M,et al. Comparisons of global cloud ice from MLS,CloudSat,and correlative data sets[J]. Journal of Geophysical Research Atmospheres,2009,114(8):24-43.

[16] LIU Z,OMAR A H,HU Y X,et al. CALIOP algorithm theoretical basis document:Part 3:Scene classification algorithms[R]. NASA-CNES Document PCSCI-202,2005.

[17] MCFARQUHAR G M,HEYMSFIELD A J,SPINHIRNE J,et al. Thin and Subvisual Tropopause Tropical Cirrus:Observations and Radiative Impacts.[J]. Journal of the Atmospheric Sciences,1999,57(12):1841-1853.

[18] ELIASSON S,BUEHLER S A,MILZ M,et al. Assessing observed and modelled spatial distributions of ice water path using satellite data[J]. Atmospheric Chemistry & Physics,2010,11(1):375-391.

[19] GONG J,WU D L,LIMPASUVAN V. Meridionally tilted ice cloud structures in the tropical upper troposphere as seen by CloudSat[J]. Atmos Chem Phys,2015,15,6271-6281.

[20] CHEN,Z T,SUN X B. Dynamic spatial fusion of cloud top phase from PARASOL,CALIPSO,CloudSat satellite data[J]. Journal of Quantitative Spectroscopy and Radiative Transfer,2019(2):32-34.

[21] JULIEN D,HOGAN R J. A variational scheme for retrieving ice cloud properties from combined radar,lidar,and infrared radiometer[J]. Journal of Geophysical Research Atmospheres,2008,113(D7):1829-1836.

[22] JULIEN D,HOGAN R J. Combined CloudSat-CALIPSO-MODIS retrievals of the properties of ice clouds [J]. Journal of Geophysical Research Atmospheres,2010,115(4):1307-1314.

[23] HOGAN R J. Fast approximate calculation of multiply scattered lidarreturns[J]. Applied Optics,2006,45(23):5984.

[24] FRANCIS P N,HIGNETT P,MACKE A. The retrieval of cirrus cloud properties from aircraft multispectral reflectance measurements during EUCREX'93[J]. Quart J Roy Meteor Soc,1998,124:1273-1291.

[25] BROWN P R A,FRANCIS P N. Improved Measurements of the Ice Water Content in Cirrus Using a Total-Water Probe[J]. Journal of Atmospheric & Oceanic Technology,1995,12(2):1139-1145.

[26] FOOT J S. Some observations of the optical properties of clouds. I:Stratocumulus[J]. Quart J Roy Meteor Soc,1988,114(479):129-144.

[27] STEIN T H M,DELANO J,HOGAN R J. A Comparison among Four Different Retrieval Methods for Ice-Cloud Properties Using Data fromCloudSat,CALIPSO,and MODIS[J]. Journal of Applied Meteorology & Climatology,2011,50(9):1952-1969.

[28] ELIASSON S,HOLL G,BUEHLER S A,et al. Systematic and random errors between collocated satellite ice water path observations[J]. Journal of Geophysical Research Atmospheres,2013,118(6):2629-2642.

[29] CHEN B D,LIU X. Seasonal migration of cirrus clouds over the Asian Monsoon regions and the Tibetan Plateau measured from MODIS/Terra[J]. Geophysical Research Letters,2005,32(320):67-106.

[30] 闵敏,王普才,宗雪梅. 中国地区卷云分布特征的星载激光雷达遥感[J]. 气候与环境研究,2011,16(3):301-309.

[31] WYSER K. The Effective Radius in Ice Clouds[J]. Journal of Climate,1997,11(7):1793-1802.

# 第三部分 云雾降水宏微观特征

# 六盘山两次大雾过程宏微观物理特征分析[*]

党张利[1,2,3]  桑建人[1,2,3*]  褚永伟[1,2]

(1. 中国气象局旱区特色农业气象灾害监测预警与风险管理重点实验室,银川 750002;
2. 宁夏气象防灾减灾重点实验室,银川 750002;3. 宁夏回族自治区人工影响天气中心,银川 750002)

**摘 要**:2019年10月31—11月2日六盘山气象站发生了两次大雾天气过程,为初步了解我国北方高山大雾宏微观特征,基于六盘山国家基准气候站和六盘山气象站院内安装的FM-120雾滴谱仪的观测数据对两次过程的雾滴谱分布特征进行综合分析。结果表明,六盘山大雾天气发生发展、爆发和消散迅速,爆发阶段持续时间长;气温、相对湿度、风和雾滴特征的变化早于大雾消散,同时辐射-平流雾在发生发展和消散前能见度与气象要素和雾滴浓度、大小呈反增长关系,而平流雾与液态水含量、中值体积直径、有效直径呈反增长关系;平流雾的粒子数浓度小于辐射雾,而液态水含量大于辐射-平流雾,但整体六盘山粒子数浓度较低。

**关键词**:六盘山;雾滴谱仪;平流雾;辐射-平流雾

## 1 引言

雾是由大量悬浮在近地面空气中的微小水滴或冰晶组成的气溶胶系统,是近地层空气中水汽凝结(或凝华)的产物,影响宁夏地区的雾主要是平流雾和辐射雾。其中平流雾是暖湿空气流经冷的水面或陆面时,低层空气接触冷却降温,达到过饱和而凝结形成平流雾,风向、风速适当时,平流雾持续时间较长平流雾的特点是范围大,雾区面积的等效直径达几百千米到上千千米,雾的结构和物理特征相对均匀,雾层较厚;辐射雾是陆地上最常见的雾,是空气因辐射冷却达到过饱和而形成,主要发生在晴朗、微风、近地面、水汽比较充分的夜间或早晨,多形成在近地层辐射逆温层中,随着温度的上升,雾滴立即蒸发消散,辐射雾的特点是范围小,从几百米到几十千米不等,雾层较薄,雾体物理结构不均匀,雾中能见度变化大。宁夏气象局对于雾预警指标的定义—大雾黄色预警信号:12 h内可能出现能见度小于500 m的雾,或者已经出现能见度小于500 m、大于等于200 m的雾并将持续;大雾橙色预警信号:6 h内可能出现能见度小于200 m的雾,或者已经出现能见度小于200 m、大于等于50 m的雾并将持续;大雾红色预警信号:2 h内可能出现能见度小于50 m的雾,或者已经出现能见度小于50 m的雾并将持续。为了解雾发展前期的粒子浓度、液态水含量、有效直径等物理量,选取能见度≤1000 m时间段为雾开始阶段,同样能见度≥1000 m时雾消散。

Taylor[1]较早用科学的方法研究辐射雾,之后国内外学者开始对雾展开深入的研究。随着经济的增长,交通遍布全国,雾作为一种灾害性气象天气,严重影响了交通输运、输变电线路

---

[*] 资助项目:西北区域人影建设研究试验项目(RYSY201904)、国家自然科学基金面上项目(42075073)、第二次青藏高原综合科学考察研究项目(2019QZKK0104)、宁夏自然科学基金项目(2020AAC03468,2020AAC03469)共同资助。
作者简介:党张利(1988—),女,助工,主要从事人工影响天气与大气物理方面的研究。E-mail:1336833529@qq.com。
通讯作者:桑建人(1964—),男,正研级高工,主要从事大气物理与大气环境。E-mail:sangjr@126.com。

等的正常运行,对国民经济和社会造成严重影响,Tag 等[2]指出雾也有可能是由于低云及地形成的,并且美国 Pilie 等[3-4]开展外场综合观测时发现山谷风在雾的生消过程起到非常重要的作用。对于国内的研究集中在南京、重庆、庐山等南部地区[5-9]或者是济南等[10]重污染地区,得出大气的污染程度对雾微物理结构影响很大,沪宁、重庆、济南等地区雾数浓度在 1.26~2047.7 个·cm$^{-3}$,液态水含量在 0.00004~0.37345 g·cm$^{-3}$,有效直径在 2.8319~16.0 μm;对高山气象站—庐山云雾实验站降水云系的云雾的微观特征,发现庐山云雾比城市雾的粒子数浓度低,有效直径大。庐山地区主要针对降水云系的云雾共性特征进行研究,但针对高山云雾的个性特征需要进一步的研究。

六盘山气象站位于宁夏回族自治区固原市六盘山上,海拔高度为 2842 m,年平均气温 1.5 ℃,年平均相对湿度 69%,年雾日数可达 153.4 d,在六盘山区独特的气候条件下,为探讨六盘山云雾个性特征,在六盘山气象站院内布设了一台 DMT 公司生产的 FM-120 雾滴谱仪,通过连续观测,重点分析六盘山出现大雾天气时的云雾宏微物理特征。

## 2 资料与数据处理

六盘山气象站院内安装了一部 DMT 公司生产的 FM-120 雾滴谱仪,该仪器采用激光前向散射原理,测量的粒子范围为 2~50 μm,能够连续测量云雾粒子数浓度尺度谱分布、数浓度、有效直径、中值体积直径、液态水含量信息。

FM-120 雾滴谱仪从 10 月 24 日 00 时(北京时,下同)至 11 月 4 日 08 时连续观测出两次浓雾生成到消散的始末,利用雾滴谱仪观测的云雾滴浓度、有效直径等粒子信息结合六盘山气象站能见度仪的分钟能见度的观测数据,对六盘山两次浓雾过程分析。

## 3 大雾的宏微观特征

对雾滴谱仪连续观测 10 月 24 日 00 时至 11 月 4 日 08 时六盘山气象站的分钟能见度序列图分析(图 1),在 10 月 24 日 00:00—04:33、10 月 31 日 20:53—11 月 1 日 13:12、11 月 1 日 22:33—11 月 2 日 06:13、11 月 4 日 02:43—08:00 能见度均小于 1000 m,而 10 月 31 日 13:28—20:52、11 月 3 日 22:44—11 月 4 日 00:18 时大时小,这主要与六盘山气象站位于 2841 m 海拔高度处,受低海拔气流爬坡影响,为了解六盘山区云雾粒子生消全部始末,选取 10 月 31 日 20:53—11 月 1 日 13:12 和 11 月 1 日 22:33—11 月 2 日 06:13 两次大雾天气过程进行分析。

### 3.1 10 月 31 日 20:53 至 11 月 1 日 13:12 大雾过程分析

如图 2,10 月 31 日 20 时 500 hPa 高空图上在青海、甘肃存在强冷中心,冷中心的温度达到 −4 ℃,宁夏南部位于暖中心,宁夏地区位于槽前,高空受偏南暖湿气流影响,地面以阴天为主,紧邻宁夏南部的陕西中南部地区大部分站点出现轻雾,通过自动站雨量计观测本次降水从 31 日 06 时开始断断续续到 11 月 1 日 05 时结束,累计降水量为 10.8 mm,从能见度观测资料可以看出第一次雾发生发展过程从 10 月 31 日 20:53 至 11 月 1 日 13:12,起初雾很小,能见度大于 200 m,10 min 后雾迅速变浓,能见度降低,在 23:25 雾达到最浓,能见度仅为 38 m,雾爆发性发展一直持续到 11 月 1 日 11:46,能见度一直维持在 50 m 以下,为强浓雾。在雾发生发展过程仅为 10 min,爆发阶段持续了 883 min,经过 86 min 雾彻底消亡。通过对本次雾过程的环流背景分析第一次雾过程属于平流雾。孟蕾等[11]对降水过程能见度参数化设计时发现降水对雾的能见度影响可忽略不计,但降水对雾滴的粒子数浓度和液态水含量产生影响,本次大雾过程中降水发生在雾发生发展至爆发阶段中后期,在降水结束6 h内能见度均在50 m以下,从雾的微观特征看,降水期间粒子数浓度和液态水含量明显高于降水结束,中值体积直径和有效直径变化不明显。

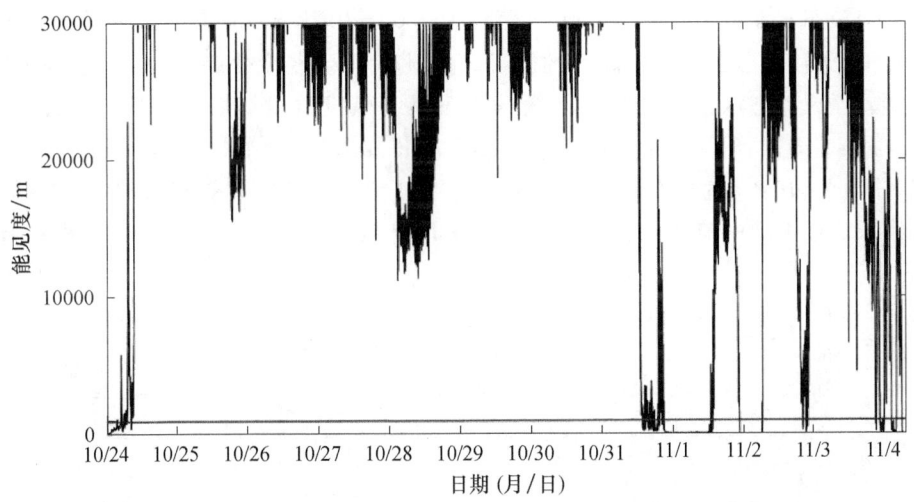

图1 10月24日00:00至11月4日08:00六盘山气象站能见度序列图

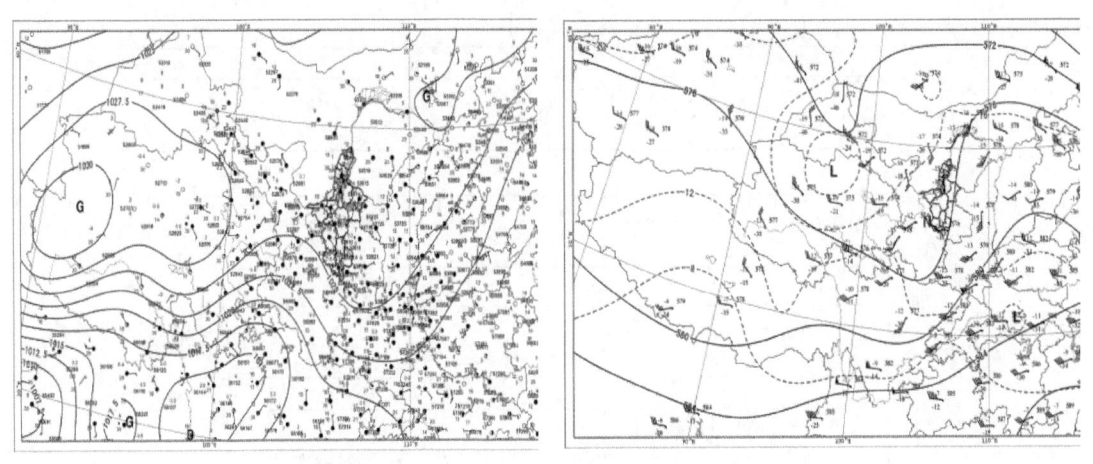

图2 10月31日20时500 hPa(左)、地面(右)天气图

如图3,10月31日20:53至11月1日13:12雾发生发展至消亡阶段,气温在10月31日22:48至11月1日02:34气温大于0 ℃,最高温度出现在00:05,值为0.4 ℃,最低气温出现11月1日08:29至08:52,值为-1.8 ℃,气温大于-0.8 ℃后雾逐渐消散;相对湿度大于98%,爆发阶段相对湿度有明显的增加;风速在0至11.3 m·s$^{-1}$,在爆发阶段开始风速出现下降,最低出现在10月31日21:55,值为2 m·s$^{-1}$,之后呈增加趋势,在10月31日23:56达到最大,后又下降,在11月1日11:09减弱为静风;风向以南偏西风为主,在爆发阶段初期呈南北交替出现。粒子数浓度在雾发生发展过程中有明显的增加,最大值289.1个·m$^{-3}$出现在10月31日21:40,之后在100个·m$^{-3}$附近波动,在11月1日11:04之后出现波动增加,

雾发生发展至消亡阶段平均值为 138.44 个·m$^{-3}$,范围从 1.88～493.48 个·m$^{-3}$,雾滴数密度较少,主要由于六盘山处于海拔 2841.2 m,无人口居住不受人类居住产生污染影响,空气中颗粒物污染较少,主要以自然产生的颗粒物为主;液态水含量在雾发生发展至爆发阶段初期逐渐增加,在 10 月 31 日 23:45 初次增长到最大值 0.16 g·m$^{-3}$,之后 11 月 1 日 01:13 达到另一个峰值 0.21 g·m$^{-3}$,下降后在 0.10 g·m$^{-3}$ 上下波动,11 月 1 日 10:36 开始明显下降,直至雾消失,平均液态水含量为 0.07 g·m$^{-3}$,范围为 0.00～0.23 g·m$^{-3}$,受偏南暖湿气流输送影响,水汽含量充沛,液态水含量较高;中值体积直径和有效直径变化趋势一致,变化趋势与液态水含量一致,但比液态水含量更平滑,在雾发生发展至爆发阶段初期呈增长趋势,最大值分别出现在 10 月 31 日 23:56 μm、23:59,值分别为 17.65 μm、15.93 μm,之后在 15.00 μm 之间波动,在 11 月 1 日 10:07 时(值 21.76、17.18 μm)之后开始下降,有效直径略小于中值体积直径,中值体积直径平均中值体积直径为 12.83 μm,范围为 2.82～21.76 μm,平均有效直径为 11.57 μm,范围为 2.79～17.40 μm,平均中值体积直径与平均有效直径差异不明显,谱宽较宽。

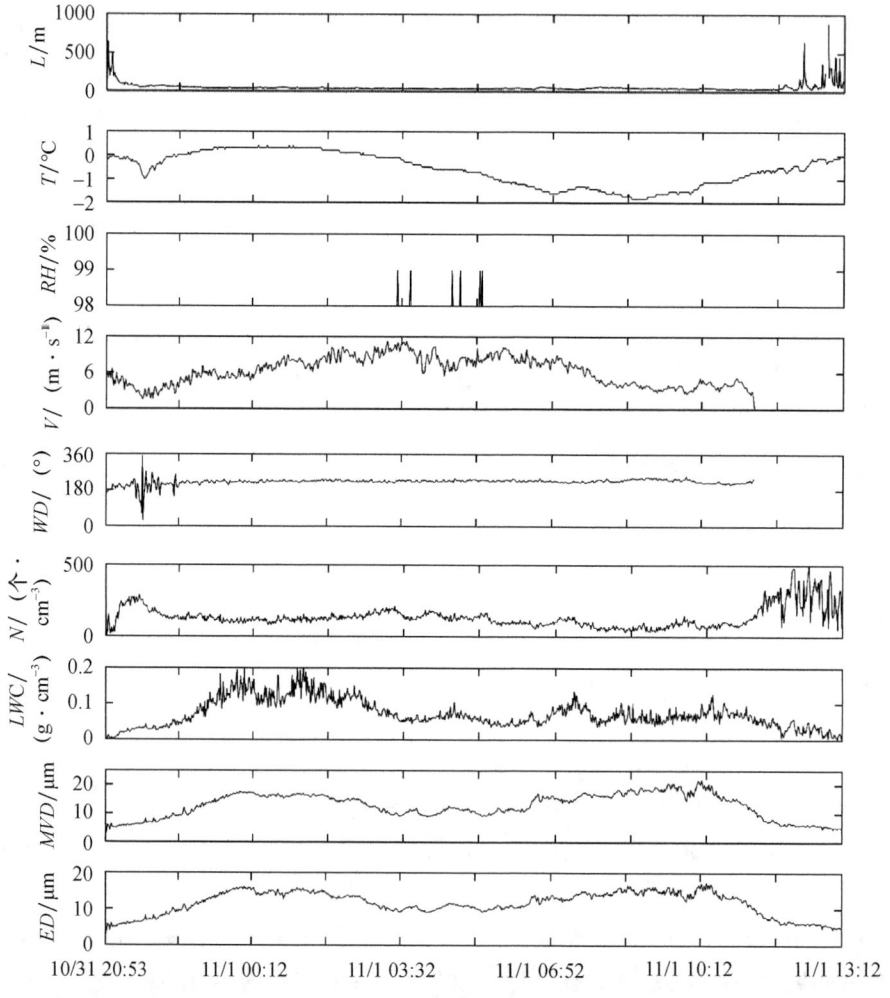

图 3 10 月 31 日 20:53 至 11 月 1 日 13:12 气象要素和云雾微物理变化时序图
(L 为能见度;T 为温度;RH 为相对湿度;v 为水平风速;N 为粒子数浓度;
LWC 为液态水含量;MVD 为中值体积直径;ED 为有效直径)

## 3.2 11月1日22:33至11月2日06:13雾过程分析

第二次雾发生发展过程从11月1日22:33至11月2日06:13,雾一开始能见度就低于200 m,23:12能见度低于50 m,能见度达最低为11月2日02:03能见度仅为26 m,雾的爆发性发展一直持续到11月2日05:59,13 min雾迅速减弱消散。39 min完成雾的发生发展,爆发阶段持续了407 min,13 min雾完全消散。分析11月1日20时高空、地面资料可以看出等温线和等高线基本平行,宁夏位于槽后弱冷平流中,近地层存在不到1 km的逆温层,宁夏南部近地层以晴天少云天气为主,在陕西中南部地区出现轻雾,高空没有明显的暖湿气流输送,地面以晴天为主,雾结束于清晨但雾发展为浓雾时风速较大。

如图4,雾形成前,晴朗条件下强烈的地表长波辐射冷却使地面温度迅速降低,并形成贴地逆温层,由于近地层空气湿度达到70%以上,温度在0 ℃左右,地面雾迅速发生发展。由于水汽凝结释放潜热的加热作用,温度逐渐升高,湍流有了一定的发展,同时雾顶存在较强的辐射冷却,雾开始向上发展,温度升高到2 ℃左右,相对湿度降低到60%以下,地面能见度转好,雾体开始脱离地面并抬升演变为层云,雾逐渐消散。

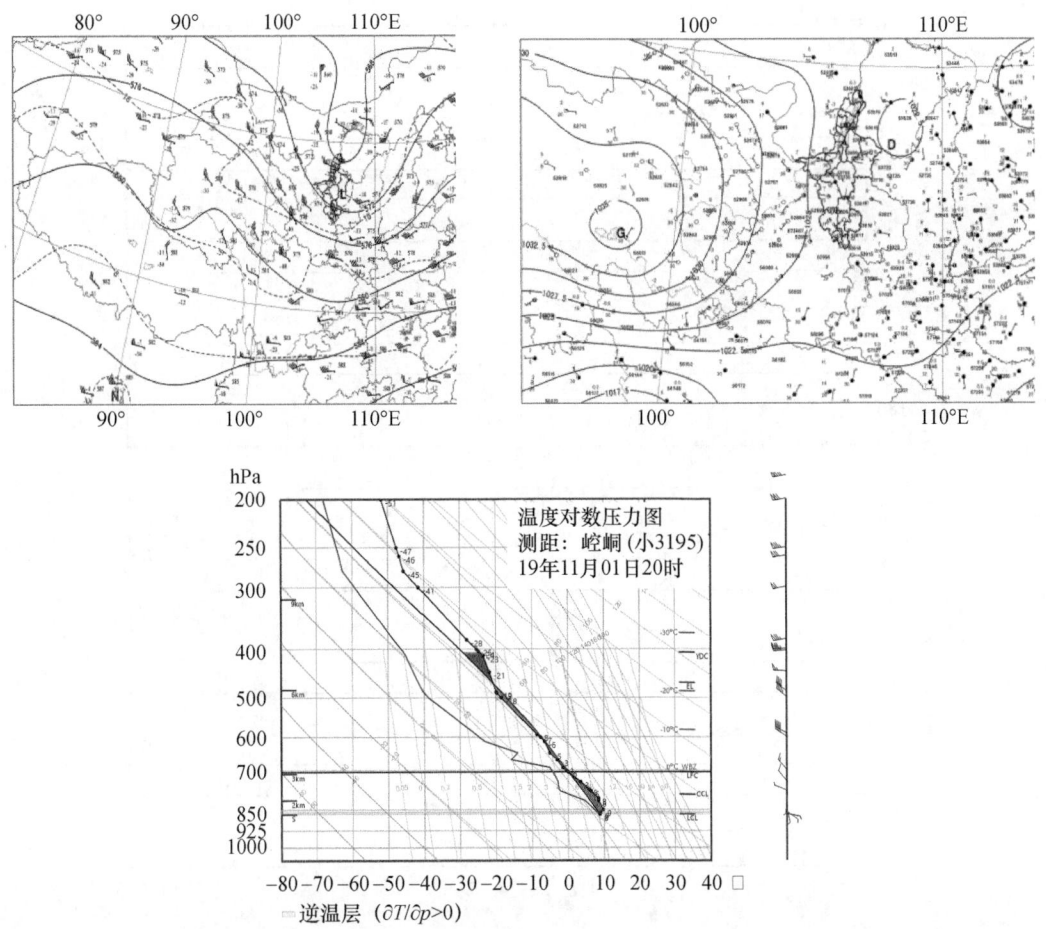

图4 11月1日20时500 hPa(左上图)、地面(右上图)天气图和探空数据(下图)

如图 5,11 月 1 日 22:33 至 11 月 2 日 06:13 大雾天气气温变化不明显,在-0.4~0.1 ℃ 之间波动,11 月 2 日 03:38 气温≥0 ℃,之后又开始降低;相对湿度在雾开始时相对湿度为 97%,11 月 1 日 23:03 相对湿度持续为 98%;水平风速从雾开始 4.7 m·s$^{-1}$ 波动上升,02:18 达到 9.1 m·s$^{-1}$,在消散之前在 8.0 m·s$^{-1}$ 附近波动;风向为西南方向;粒子数浓度从开始阶段的 1.67 个·cm$^{-3}$ 波动增长到 975.30 个·cm$^{-3}$(11 月 2 日 01:33),之后呈波动下降趋势,在粒子数浓度为 138.07 个·cm$^{-3}$ 雾开始消散,平均粒子数浓度为 458.12 个·cm$^{-3}$,范围从 1.67~979.10 个·cm$^{-3}$,雾滴数密度的大小,可以反映空气中颗粒物污染的多少;液态水含量从 0.00 g·m$^{-3}$ 波动增加,在 11 月 2 日 05:55 达到最大值 0.11 g·m$^{-3}$ 之后降低,平均液态水含量为 0.06 g·m$^{-3}$,范围从 0.00~0.11 g·m$^{-3}$,含水量多少与是否有持续的水汽输送有关;中值体积和有效直径变化趋势虽然与液态水含量一致,中值体积和有效直径变化较平滑,中值体积从 5.29 μm 增长到 11 月 2 日 06:02 的 14.38 μm,有效直径从 4.96 μm 增长到 11.35 μm,平均中值体积为 7.21 μm,范围为 4.59~14.38 μm,平均有效直径为 6.96 μm,范围从 4.52~11.42 μm。

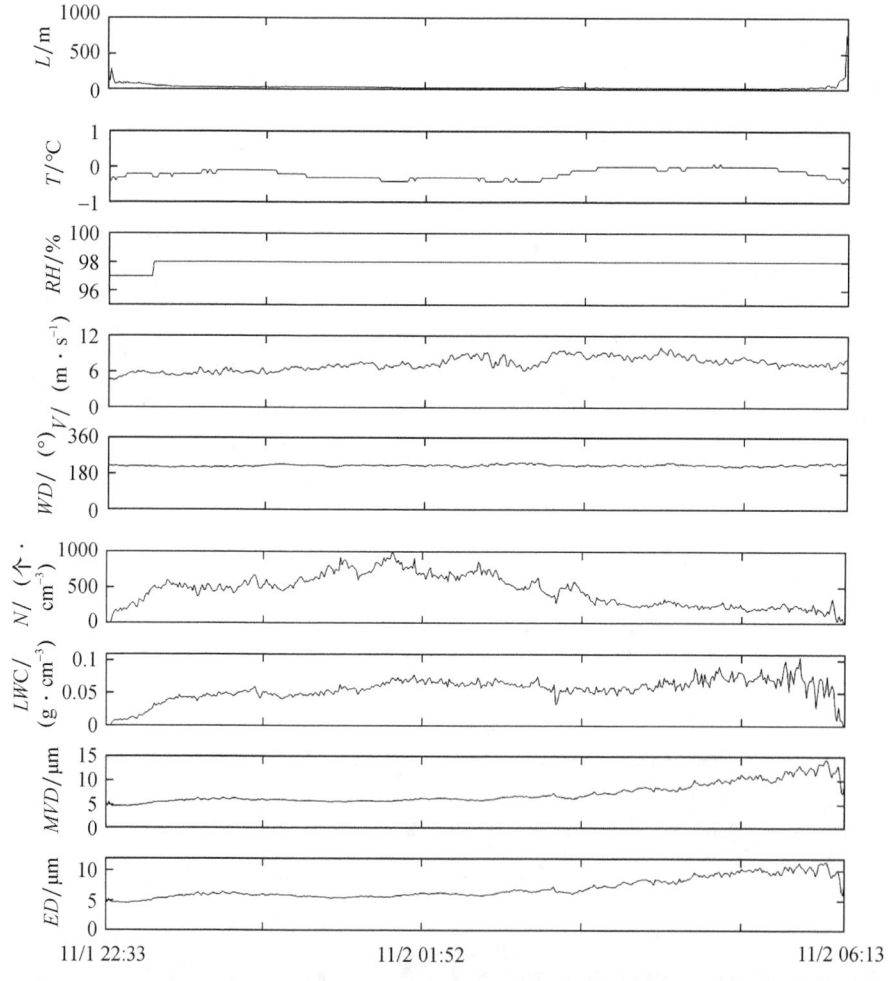

图 5 11 月 1 日 22:33 至 11 月 2 日 06:13 气象要素和云雾微物理变化时序图
($L$ 为能见度;$T$ 为温度;$RH$ 为相对湿度;$v$ 为水平风速;$N$ 为粒子数浓度;
$LWC$ 为液态水含量;$MVD$ 为中值体积直径;$ED$ 为有效直径)

第一次雾过程属于平流雾,第二次雾属于辐射-平流雾,辐射-平流雾的粒子数密度明显高于平流雾,谱宽变化范围广,由于第一次伴随着降水表明平流雾条件下空气中颗粒物浓度较高;平流雾由于有持续的水汽输送液态水含量明显高于辐射-平流雾,粒子直径平流雾大于辐射-平流雾,由于水汽输送加强粒子之间的碰并大滴数增加,而辐射-平流雾雾滴分布比较均匀,大滴数较少。

## 4 小结

(1)六盘山区雾发生发展速度特别快(平流雾仅用 10 min,辐射雾 39 min),爆发阶段的持续时间较长(平流雾仅用 883 min,辐射雾 407 min),消散迅速(平流雾仅用 86 min,辐射雾 13 min)。

(2)雾发生发展至爆发阶段初期,平流雾的粒子数浓度、液态水含量、中值体积直径和有效直径分别增加了 287.22 个·$cm^{-3}$、0.20 g·$cm^{-3}$、14.83 $\mu m$、13.14 $\mu m$,而温度、水平风速先分别先下降了 2.2 ℃、5.2 m·$s^{-1}$ 再增加了 2.2 ℃、9.8 m·$s^{-1}$;辐射-平流雾气象要素和雾滴特征均呈增加趋势,粒子数浓度、液态水含量、中值体积直径、有效直径、气温、水平风速分别增长了 973.65 个·$cm^{-3}$、0.11 g·$cm^{-3}$、9.09 $\mu m$、6.39 $\mu m$、0.5 ℃、4.4 m·$s^{-1}$。

(3)雾消散前期,平流雾气温、粒子数浓度呈增加趋势,水平风速、液态水含量、中值体积直径和有效直径呈减小;辐射-平流雾气象要素和雾滴特征均呈减小趋势。

(4)两次雾发生过程中相对湿度均大于 97%,风速降为 0 m·$s^{-1}$ 时平流雾逐渐消失,平流雾和辐射-平流雾的风向均为西南,气象要素和雾滴特征的变化均早于能见度提高。

(5)辐射-平流雾的粒子数密度明显高于平流雾,谱宽变化范围广;平流雾由于有持续的水汽输送,液态水含量明显高于辐射-平流雾,粒子直径也大于辐射-平流雾。

(6)由于六盘山海拔较高,不受低海拔处人为因素影响,可凝结核较少,雾滴数密度相对较少。

**参考文献**

[1] TAYLOR G I. The formation of fog and mist[J]. Quarterly Journal of Royal Meteorological Society,1917,43:241-268.
[2] TAG P M,PEAK J E. Machine learning of maritime fog foreast rules[J]. J Appl Meteor,1996,35:714-724.
[3] PILIE R J,MACK E J,KOCMOND W C,et al. The life cycle of valley fog. Part 1:micrometeorological characteristics[J]. J Appl Meteor,1975,14:347-363.
[4] PILIE R J,MACK E J,KOCMOND W C,et al. The life cycle of valley fog. Part II:fog microphysics[J]. J Appl Meteor,1975,14:364-374.
[5] 郭丽君,郭学良,楼小凤,等. 庐山云雾及降水的日、季节变化和宏微观物理特征观测研究[J]. 气象学报,2019,77(5):923-937.
[6] 黄建平,梅清银,靳永才,等. 沪宁地区辐射雾的微物理结构及演变[J]. 气象,1998,24(5):3-8.
[7] 康汉青,朱彬,樊曙先,等. 南京北郊冬季大气气溶胶及其湿清除特征研究[J]. 气候与环境研究,2009,14(5):523-530.
[8] 李子华,吴君. 重庆市区冬季雾滴谱特征[J]. 南京气象学院学报,1995,18(1):46-51.
[9] 陆春松,牛生杰,杨军,等. 南京冬季一次雾过程宏微观结构的突变特征及成因分析[J]. 大气科学,2010,

34(4):681-690.

[10] 王庆,李季,樊明月,等. 济南一次平流辐射雾的微物理结构及演变特征[J]. 气象,2019,45(9):1299-1309.

[11] 孟蕾,周奇越,牛生杰,等. 降水对雾中能见度参数化的影响[J]. 大气科学学报,2010,33(6):731-737.

# 六盘山区一次连阴雨过程的雨滴谱空间分布特征[*]

马思敏　戴言博　穆建华　张　翠

(1. 中国气象局旱区特色农业气象灾害监测预警与风险管理重点实验室,银川 750002；
2. 宁夏气象防灾减灾重点实验室,银川 750002)

**摘　要**：本文选取 2018 年 9 月六盘山区一次连阴雨天气过程,利用布设在六盘山区西坡、山顶、东坡的雨滴谱观测资料,对不同空间位置下的降水微物理量及雨滴谱分布特征进行分析,并讨论其中的差异。结果表明：此次降水持续时间长,降水强度小,各直径微物理参量在东坡最大,平均直径、众数直径、中值直径在山顶最小,而最大直径、优势直径在西坡最小；雨强、雷达反射率、液态水含量在东坡最大,但是数浓度在山顶最大,这与山顶小雨滴数量多有关；三个站点均是小于 1 mm 直径的小雨滴对总数浓度、雨强的贡献是最大的。主要降水时段的各雨滴谱微物理量随时间变化趋势比较一致,最大直径变化不大,数浓度越大则雨强越大。对比不同空间位置的平均雨滴谱分布,山顶雨滴更小,小滴的数密度也大,这可能是因为山顶风速较大和山顶雨滴尚未完全碰并、小雨滴下落过程中的蒸发有关,谱宽在东坡最宽,山顶次之,西坡最小。对于此次层状云个例,Gamma 分布拟合效果好于 M-P 分布。雨强与数浓度、最大直径、雷达反射率均近似成幂指数关系,其中雨强与雷达反射率相关性最好。

**关键词**：雨滴谱；六盘山；空间位置

## 1　引言

降水粒子特性代表了云动力过程和微物理过程综合作用的结果,是云降水物理和人工影响天气领域的重要研究内容。雨滴谱(drop size distribution,DSD)是反映降水粒子特性的一项重要指标,即雨滴数密度随雨滴尺度的分布,是描述降水物理过程的最基本微物理量,雨滴谱含有丰富的云降水微物理特征信息,研究雨滴谱的分布可以分析自然降水的微物理结构及其演变特征,对了解自然降水的物理过程、成雨机制,评估人工增雨的云水条件、提高人工影响天气的科学作业水平有很重要的意义。

我国从 20 世纪 60 年代就开展了雨滴谱的研究工作。国内早期雨滴谱的观测常使用滤纸色斑法,该方法操作简单、成本低廉,但实际操作中会有人为误差[1]。90 年代以后,雨滴谱观测方法逐渐多样化,出现很多通过激光技术测量降水的仪器,包括 GBBP-100 型雨滴谱仪,德国 Thies 公司生产的激光雨滴谱仪(LPM)和德国 OTT 公司的 Parsivel 激光雨滴谱仪等[2-4]。

随着雨滴谱观测技术的改进,雨滴谱分布的研究也在不断开展。目前常用的雨滴谱分布经验公式有两种,一种是 1984 年 Marshall 和 Palmer 提出的 M-P 分布,另一种是 1983 年 Ulbrich 提出的三参数的 Gamma DSD 模型。许多学者研究得出不同降水类型采用不同的经验

---

[*] 基金项目：中国气象局旱区特色农业气象灾害监测预警与风险管理重点实验室指令性项目"宁夏夏季对流云降水雨滴谱分布特征研究"和"六盘山区地形云人工增雨作业效果检验技术研究及应用"(CAMP—201917)。
作者简介：马思敏(1991—),女,本科,工程师,主要从事大气物理及云降水物理研究工作。E-mail:msm053@163.com。

公式进行拟合效果不同,但 Gamma 分布对于层状云、积雨云、积层混合云的拟合效果均较好。陈宝君等[5]利用沈阳市 7 月、8 月的雨滴谱资料,对降水进行了层状云、积雨云、积层混合云分类分析,并利用 M-P 和 Gamma 分布进行拟合,发现 M-P 分布对层状云降水拟合结果更为准确,Gamma 分布对三种类型降水普遍适用,对积雨云、积层混合云两种较不稳定降水雨滴谱分布的拟合结果较好。濮江平等[6]对南京 3—6 月雨滴谱资料进行分析,并用 Gamma 分布对雨滴谱进行拟合,表明 Gamma 分布拟合精度较高,标准化 Gamma 分布参数更有意义。

雨滴在下落过程中会发生碰撞碰并、破碎、蒸发等现象,所以雨滴谱特征在不同高度上会有所不同。杨俊梅等[7]利用 2010—2012 年 Parsivel 激光降水粒子谱仪在山西省的 6 个地区观测的雨滴谱资料,根据海拔高度分析了山区和平原雨滴谱统计特征。张昊等[8]、陈聪等[9]利用个例中测得的雨滴谱资料对庐山、黄山不同高度上的降水微物理量及雨滴谱分布进行了分析,以探讨降水微物理特征在垂直高度上的差异。

在以往的宁夏雨滴谱研究工作中,利用吸水滤纸色斑法分析了宁夏不同时间段、不同地点的雨滴谱特征[10-11],利用雨滴谱仪分析雨滴谱变化特征的研究较少。国内对不同降水性质的雨滴谱分布特征的研究较多,对不同空间位置、不同高度的雨滴谱特征研究较少,而对六盘山区不同高度、不同空间位置雨滴谱的研究有助于了解该地区成云致雨的微物理过程。本文选取 2018 年 9 月六盘山区一次连阴雨天气过程,利用布设在六盘山区西坡、山顶、东坡不同空间位置的雨滴谱观测资料进行分析,本次连阴雨过程选取的三个站点累计雨量相差不大,有利于比较三个位置雨滴谱分布特征的差异。

## 2 观测点、仪器介绍及数据处理

### 2.1 仪器介绍

DSG5 型激光雨滴谱仪由华云升达公司生产,是以激光测量为基础的光学粒子测量仪器,共有 32 个尺度通道和 32 个速度通道,其中粒子尺度测量数据范围为 0.2~25 mm,粒子速度测量范围为 0.2~20 m·s$^{-1}$,采样间隔为 1 min。它可以对包括毛毛雨、雨(阵雨)、雪(阵雪)、雨夹雪(阵性雨夹雪)、冰雹等天气现象的自动观测与识别。根据各种观测参数的综合信息,DSG5 型激光雨滴谱仪能反演计算出降水强度、雷达反射率、液态含水量等参数以及表征直径的各微物理量。

### 2.2 观测点

图 1 为六盘山地形云野外科学试验基地雨滴谱仪布局图,本次过程选取的是布设在六盘山西坡的隆德城关人影作业点(海拔 2284 m)、东坡的泾源大湾人影作业点(海拔 1917 m)以及山顶的六盘山国家级观测站(海拔 2845 m)的激光雨滴谱仪资料进行分析。选取的西坡站点和东坡站点距离山顶的直线距离分别为 9.8 km 和 7.1 km,且这三个点基本位于一条直线。选取这三个点 9 月 16—19 日雨滴谱仪的观测资料进行分析。

### 2.3 数据处理

激光雨滴谱仪测得的原始数据是采样时间间隔内(1 min)对应不同尺度和不同速度的雨滴个数。数据质量控制方法采取:(1)DSG5 型激光雨滴谱仪考虑了雨滴的形变,对雨滴的直径进行了订正,在处理数据时不做形变订正处理;(2)剔除采样时间内(1 min)雨滴个数不足10个的样本;(3)人为检查数据,剔除不合理的异常值。通过一定的计算转换可以得到相应的降水微物理量,这些微物理量的均值以及时序变化可以反映出降水过程的基本特征。各微物理量的符号、含义及表达式如表1所示,表中各项含义如下:$N_i(D_i)$表示第 $i$ 个通道的雨滴数目,$D_i$ 表示第 $i$ 个通道所对应的雨滴直径,$v(D_i)$ 表示直径为 $D_i$ 的雨滴降落末速度,$\rho$ 是水的密度为 $1.0 \text{ g} \cdot \text{cm}^{-3}$,激光雨滴谱仪共有32个尺度通道,32个速度通道。

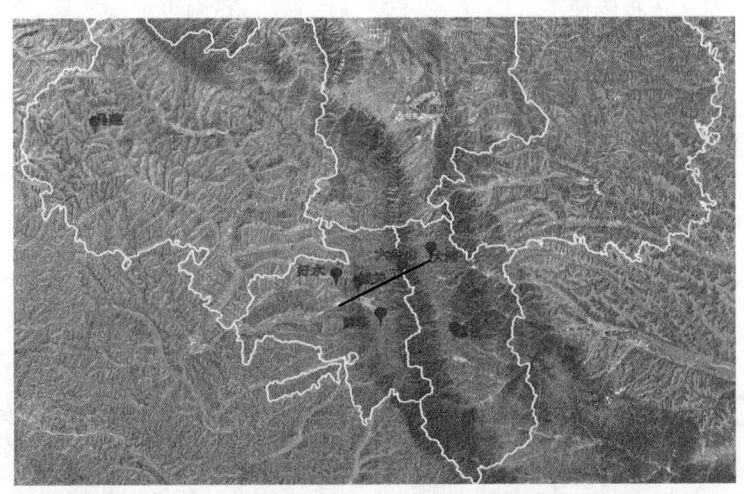

图1 六盘山地形云野外科学试验基地雨滴谱仪布局图

表1 物理量符号、含义及表达式

| 物理量 | 含义 | 表达式 |
| --- | --- | --- |
| 平均直径 $D_{ave}$/mm | 雨滴直径总和除以雨滴总数 | $D_{ave} = \sum_{i=1}^{32} N_i(D_i)D(i) / \sum_{i=1}^{32} N_i(D_i)$ |
| 众数直径 $D_{peak}$/mm | 最大频率直径 | $N_i(D_i)$ 最大值对应的直径 |
| 最大直径 $D_{max}$/mm | 最大雨滴的直径 | $D_i$ 的最大值 |
| 优势直径 $D_{pre}$/mm | 对含水量贡献最多的直径 | $N_i(D_i)D_i^3$ 对应的最大值 |
| 体积中值直径 $D_0$/mm | 含水量的一半是由大于该值的大雨滴组成 | $2\sum_{i=1}^{D_0} N_i(D_i)D_i^3 = \sum_{i=1}^{32} N_i(D_i)D_i^3$ |
| 中值直径 $D_{mid}$/mm | 半数雨滴的直径小于此值 | $2\sum_{i=1}^{D_0} N_i(D_i) = \sum_{i=1}^{32} N_i(D_i)$ |
| 雨强 $I$/mm·h$^{-1}$ | 单位时间内落到单位面积上的雨水的深度 | $I = \dfrac{\pi}{6} \sum_{i=1}^{32} N_i(D_i)D_i^3 v(D_i)$ |
| 雷达反射率 $Z$/mm$^6$·m$^{-3}$ | 雨滴直径的6次方之和 | $Z = \sum_{i=1}^{32} N_i(D_i)D_i^6$ |
| 液态含水量 $Q$/g·m$^{-3}$ | 单位体积内的液态水质量 | $Q = \dfrac{\pi\rho}{6} \sum_{i=1}^{32} N_i(D_i)D_i^3$ |
| 数浓度 $N$/m$^{-3}$ | 单位体积内的数浓度 | $N = \sum_{i=1}^{32} N_i(D_i)$ |

## 3 结果与讨论

### 3.1 天气形势

受高空槽前下滑冷空气和副热带高压外围暖湿气流共同影响,9月16—19日宁夏六盘山区出现了连阴雨天气。此次降水过程,新疆北部有一低压槽,副热带高压位于河套东南部地区附近,六盘山区处于低压槽前、副热带高压西北部,冷暖空气交汇产生降水。18日08时(图2a,b),500 hPa宁夏中北部地区相对湿度在80%以上,700 hPa切变线位于宁夏中部,700 hPa相对湿度全区大部在80%以上。18日20时(图2c,d),700 hPa切变线移动至六盘山区,雨区南落。19日08时(图2e,f),500 hPa副热带高压进一步东退,由于低层水汽条件差,雨区基本移出宁夏,宁夏南部地区有弱降水。

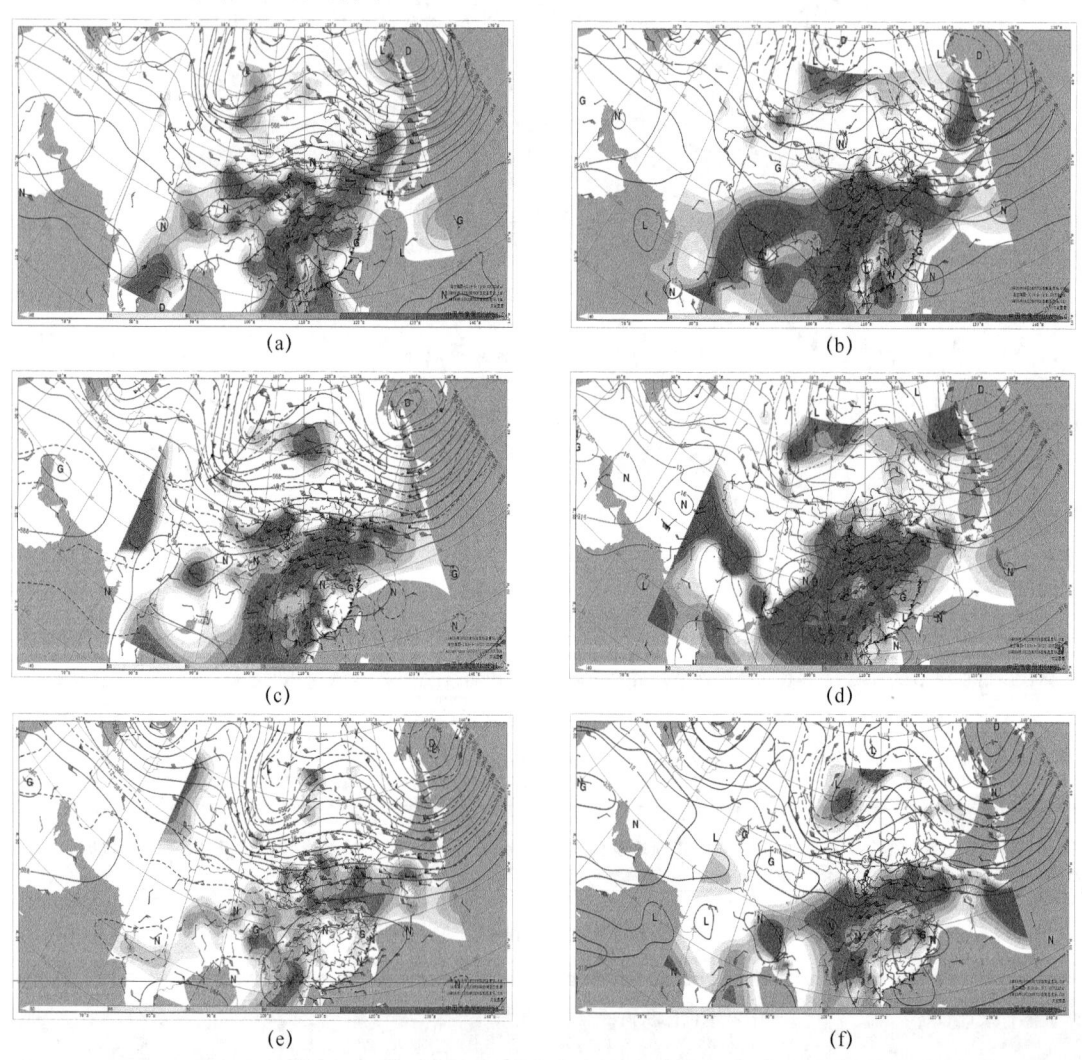

图2 9月18日08时、18日20时、19日08时的500 hPa形势场(a,c,e)和9月18日08时、18日20时、19日08时的700 hPa形势场(b,d,f)(黑色实线为高度场,阴影部分为相对湿度)

## 3.2 微物理量特征

此次六盘山区降水从 16 日 00 时开始,至 19 日 12 时结束,共历时约 84 h,如表 2 所示。山顶降水出现时间最早,西坡降水出现时间最晚,山顶和东坡降水结束时间较早,西坡降水结束时间较晚。山顶降水持续时间最长(约 82 h),东坡和西坡持续时间相当(约 58 h)。山顶的六盘山站累计降水量达到 15.2 mm,东坡的大湾站 13.0 mm,西坡的城关站 10.8 mm,山顶降水量最多,东坡次之,西坡最小。山顶六盘山站雨滴样本个数 1444 个,东坡的泾源大湾样本个数 1342 个,西坡的隆德城关样本个数 1130 个。由于此次降水是受层状云系影响,降水性质属于稳定性降水,可以近似认为这三个观测点是受同一过程同一云系影响。虽然雨滴谱特征随时间空间差异很大,但是此次降水过程范围较大,持续时间较长,选取的西坡站点和东坡站点距离山顶的直线距离分别为 9.8 km 和 7.1 km,相对距离较近,西坡、山顶和东坡三个站点的海拔高度分别为 2284 m、2845 m 和 1917 m,故三个站点可以代表不同高度及不同空间位置的雨滴谱特征。

表 2 降水时间及样本数

| 站点 | 开始时间 | 结束时间 | 降水样本数 |
| --- | --- | --- | --- |
| 山顶 | 9 月 16 日 00:00 | 9 月 19 日 10:01 | 1444 |
| 西坡 | 9 月 17 日 02:34 | 9 月 19 日 12:22 | 1130 |
| 东坡 | 9 月 17 日 00:12 | 9 月 19 日 10:09 | 1342 |

表 3 列出了此次降水过程中各直径微物理量的平均值。直径参量可以反映出雨滴的尺度大小。山顶平均直径 0.332 mm,西坡 0.343 mm,东坡为 0.441 mm,东坡最大,西坡次之,山顶最小,这是因为东坡大雨滴较多的原因,山顶小滴较多使得平均直径最小。最大直径的平均值山顶为 0.546 mm,西坡为 0.494 mm,东坡为 0.662 mm,西坡、山顶、东坡出现的最大粒径分别为 3.25 mm、3.75 mm 和 4.25 mm。众数直径平均值山顶为 0.307 mm,西坡为 0.326 mm,东坡为 0.442 mm,由此也可以看出山顶最大数密度对应的直径较小,导致山顶平均直径最小。优势直径平均值山顶为 0.382 mm,西坡为 0.355 mm,东坡最大为 0.466 mm。中值直径平均值山顶为 0.322 mm,西坡为 0.332 mm,东坡为 0.445 mm。各直径微物理量在东坡最大,平均直径、众数直径、中值直径在山顶最小,而最大直径、优势直径在西坡最小。

表 3 各点直径微物理量均值(单位:mm)

| 站点 | 平均直径 | 最大直径 | 众数直径 | 优势直径 | 体积中值直径 | 中值直径 |
| --- | --- | --- | --- | --- | --- | --- |
| 山顶 | 0.332 | 0.546 | 0.307 | 0.382 | 0.379 | 0.322 |
| 西坡 | 0.343 | 0.494 | 0.326 | 0.355 | 0.359 | 0.332 |
| 东坡 | 0.441 | 0.662 | 0.442 | 0.466 | 0.476 | 0.445 |

从直径微物理量可以得到雨滴的尺度大小,除此之外,还有其他一些可以反映降水性质的物理量,表 4 列出了这些微物理量的平均值,由雨强参量可知此次降水强度,山顶为 0.040 mm·h$^{-1}$,西坡为 0.038 mm·h$^{-1}$,东坡为 0.162 mm·h$^{-1}$,东坡降水强度最大,山顶次之,西坡最小,但由于山顶的降水持续时间最长,所以山顶的累计雨量是最大的。通过雨滴谱计算得到的雷达反射率可以用于校准雷达反演的降水强度,山顶平均雷达反射率为 3.57 mm$^6$·m$^{-3}$,西坡为

1.091 mm$^6$·m$^{-3}$,东坡为 5.741 mm$^6$·m$^{-3}$。液态含水量山顶为 0.0044 g·m$^{-3}$,西坡为 0.0032 g·m$^{-3}$,东坡最大为 0.0132 g·m$^{-3}$,数浓度山顶为 235 个·m$^{-3}$,西坡为 111 个·m$^{-3}$,东坡为 215·m$^{-3}$,与之前的参量不同,山顶的数浓度最大,是由于山顶小雨滴数量多的原因。

表 4　各点其他微物理量均值

| 站点 | 雨强 $I$/mm·h$^{-1}$ | 雷达反射率 $Z$/mm$^6$·m$^{-3}$ | 液态水含量 $Q$/g·m$^{-3}$ | 数浓度 $N$/个·m$^{-3}$ |
| --- | --- | --- | --- | --- |
| 山顶 | 0.040 | 3.570 | 0.0044 | 235 |
| 西坡 | 0.038 | 1.091 | 0.0032 | 111 |
| 东坡 | 0.162 | 5.741 | 0.0132 | 215 |

根据雨滴大小将尺度谱分为4档,第一档是粒径小于1 mm的雨滴,第二档是1～2 mm的雨滴,第三档是2～3 mm的雨滴,第四档是粒径大于3 mm的雨滴。定义4档雨滴对总数浓度和总雨强的贡献依次分别为:$N_1,I_1;N_2,I_2;N_3,I_3;N_4,I_4$;一般第一档为小雨滴,第四档为大雨滴。表5为各档雨滴对数浓度($N$)及雨强($I$)的贡献,可以看出西坡、山顶、东坡均是第一档雨滴对总数浓度的贡献最大,山顶第一档雨滴对总数浓度贡献为 99.5%,西坡为 99.4%,东坡为 99.7%。第二档山顶贡献为 0.5%,西坡为 0.4%,东坡为 0.3%。第三、第四档对总数浓度的贡献很小,忽略不计。三个点第一档粒径对于总数浓度的贡献都是最大的,超过了90%,说明小雨滴数量居多。第一档对总雨强的贡献山顶为 97.8%,西坡为 99.6%,东坡为 98.9%。第二档对雨强的贡献山顶为 2.1%,西坡为 0.4%,东坡为 1.1%。第三、第四档对于雨强的贡献很小忽略不计。三个点均为第一档(粒径小于1 mm)对于数浓度和雨强的贡献最大。说明此次降水小雨滴对于雨强的贡献也是最大的。与庐山观测结果不同的是,庐山高、低海拔的第一档雨滴对数浓度的贡献分别为 69% 和 67.5%,对数浓度的贡献最大,但是第一档雨滴对雨强的贡献是最小的,分别为 2.2% 和 1.9%,反而是对数浓度贡献最小的第四档的大雨滴对于雨强的贡献是最大的[9]。本次六盘山区降水没有发现类似的规律,可能是由于本次过程平均雨强较小,且小于1 mm雨滴占比较多的原因,还需要更多个例去总结规律。

表 5　各档雨滴对数浓度和雨强的贡献(单位:%)

| 站点 | $N_1/N$ | $N_2/N$ | $N_3/N$ | $N_4/N$ | $I_1/I$ | $I_2/I$ | $I_3/I$ | $I_4/I$ |
| --- | --- | --- | --- | --- | --- | --- | --- | --- |
| 山顶 | 99.5 | 0.5 | 0 | 0 | 97.8 | 2.1 | 0.1 | 0 |
| 西坡 | 99.4 | 0.4 | 0.1 | 0 | 99.6 | 0.4 | 0 | 0 |
| 东坡 | 99.7 | 0.3 | 0 | 0 | 98.9 | 1.1 | 0 | 0 |

## 3.3　微物理量演变特征

图3为西坡、山顶和东坡降水集中时段(17日18:00至19日00:00)的各物理参量时间序列图。可以看出,三个站点的各雨滴谱微物理参量变化趋势比较一致,即各峰值和谷值出现的时段基本相同。山顶的数浓度最大值 2049 个·m$^{-3}$,东坡小于山顶为 1419 个·m$^{-3}$,西坡最小为 1223 个·m$^{-3}$;山顶液态水含量最大值为 0.129 g·m$^{-3}$,东坡大于山顶 0.133 g·m$^{-3}$,西坡最小为 0.051 g·m$^{-3}$;山顶雨强最大值为 1.85 mm·h$^{-1}$,东坡大于山顶为 2.01 mm·h$^{-1}$,西坡最小为 0.72 mm·h$^{-1}$;山顶最大直径的最大为 2.13 mm,东坡小于山顶为 1.63 mm,西坡最小为 1.38 mm。

按照降水间隔分为 A,B,C,D 四个阶段进行分析,B 阶段为降水过程雨强最大的时段。山顶 A 阶段(17 日 18:54—23:32)降水粒子粒径较小,且数浓度在较小范围,雨强最大值仅为 0.119 mm·h$^{-1}$;西坡 A 阶段(17 日 18:00—22:20)降水粒径和数浓度最大值均比山顶稍大,故最大雨强大于山顶为 0.37 mm·h$^{-1}$;东坡 A 阶段(17 日 18:12—23:37)存在较大粒径的降水粒子,且数浓度较大,所以雨强最大值高于山顶和西坡,为 0.549 mm·h$^{-1}$。山顶 B 阶段(18 日 00:18—10:54)最大直径、数浓度较 A 阶段明显增大,雨强也有明显的增大,雨强最大值为 1.847 mm·h$^{-1}$;西坡 B 阶段(18 日 00:08 至 05:52)最大直径与 A 阶段变化不大,但数浓度明显增大,最大雨强增大至 0.48 mm·h$^{-1}$;东坡 B 阶段(18 日 00:41—11:12)的最大直径、数浓度较 A 阶段也明显增大,雨强最大值为 2.01 mm·h$^{-1}$。西坡 C 阶段(18 日 09:50—16:50)最大直径和数浓度出现极值,最大雨强增大至 0.72 mm·h$^{-1}$,而 D 阶段(18 日 20:46 至 21:29)数浓度明显减小,雨强也明显减少。山顶 C 阶段(18 日 12:00—17:56)和 D 阶段(18 日 21:37—23:59)的雨强明显减小,最大值分别为 0.296 mm·h$^{-1}$ 和 0.157 mm·h$^{-1}$。东坡 C 阶段(18 日 15:10—18:45)和 D 阶段(18 日 21:40—23:59)最大值分别为 0.745 mm·h$^{-1}$ 和 0.939 mm·h$^{-1}$;山顶和东坡 C,D 阶段的最大直径较 B 阶段均变化不大,但数浓度均明显减小,雨强明显减小。

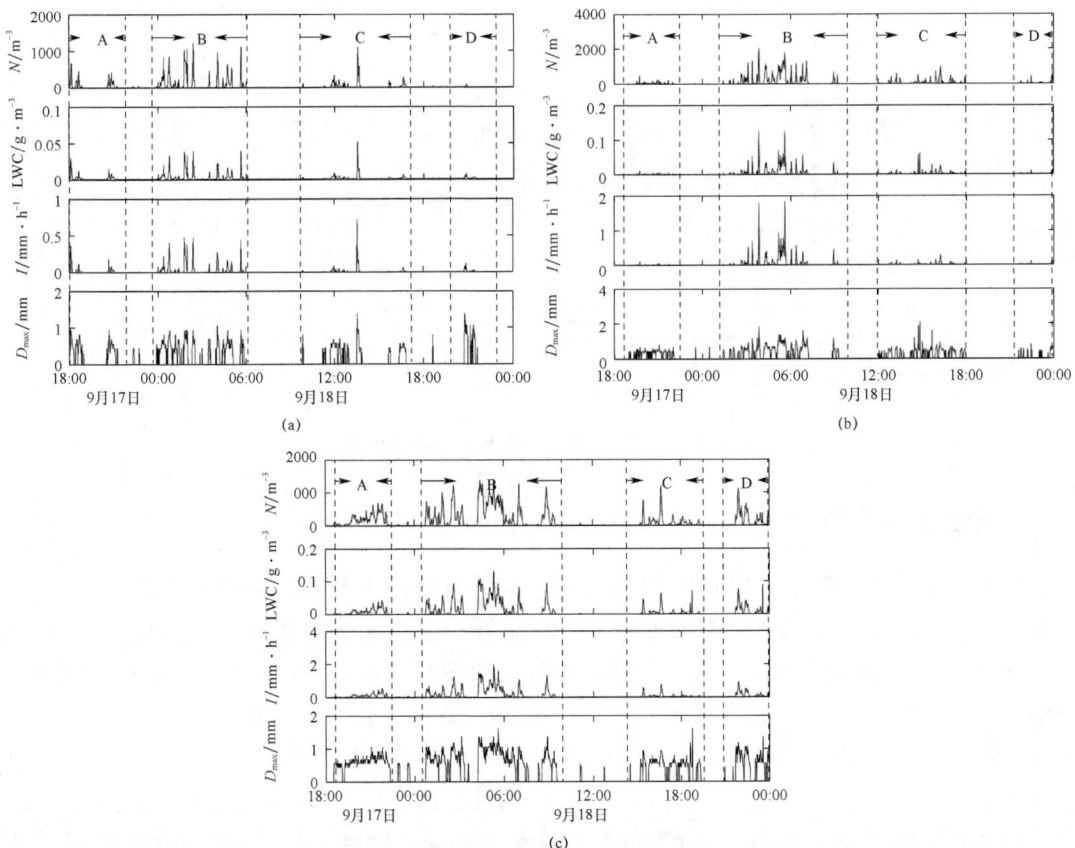

图 3  9 月 17 日 18:00 至 19 日 00:00 的西坡(a)、山顶(b)和东坡(c)的雨滴谱各微物理参量的时间序列图

## 3.4 雨滴谱的分布特征

各微物理量都是由雨滴谱分布决定的,而雨滴在下落过程中会受到碰并、破碎、蒸发等作用,谱分布随之发生改变。图 4 为三个点的平均雨滴谱分布。可以看出,山顶、西坡和东坡的最大峰值分别出现在 0.307 mm、0.326 mm 和 0.442 mm。由观测资料得出降水期间山顶(六盘山站)平均风速为 3.8 m·s$^{-1}$,西坡、东坡(最近的六要素自动站)分别为 1.2 m·s$^{-1}$ 和 1.5 m·s$^{-1}$,可能是山顶风速较大使得大雨滴不稳定从而破碎成小雨滴,所以山顶雨滴更小,小雨滴的数密度也大。还有一个原因是,山顶处于云中,雨滴尚未完全碰并,东坡、西坡站点处于云下,下落过程中由于大雨滴对小雨滴的碰并作用和小雨滴自身的蒸发作用,雨滴碰并增大。东坡雨滴谱谱宽最宽为 4.25 mm,山顶次之为 3.75 mm,西坡最小为 3.25 mm。降水雨强东坡大于山顶大于西坡,且东坡液态水含量、雷达反射率较山顶、西坡都要大,说明水汽条件东坡更有利于降水。

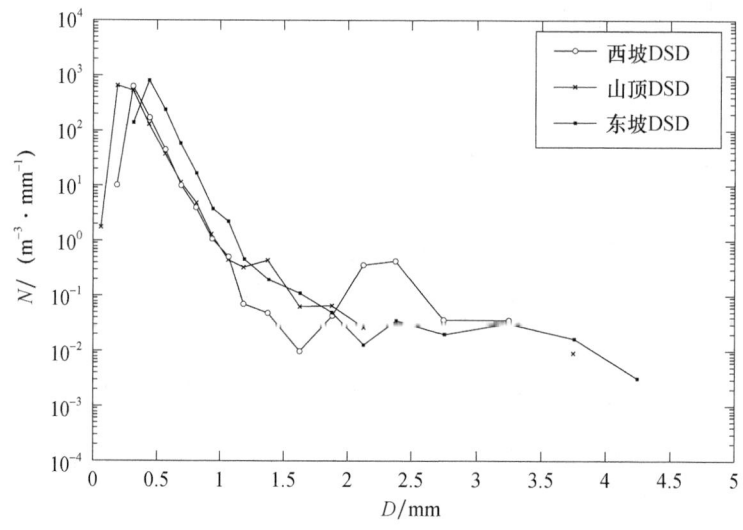

图 4  不同空间位置的平均雨滴谱分布

## 3.5 雨滴谱分布拟合

观测得到的雨滴谱分布都是离散的,通过拟合的方法可得到连续的雨滴谱分布。本文将采用 M-P 分布、Gamma 分布函数对西坡、山顶、东坡三个点雨滴谱数据进行拟合。采用先求平均雨滴谱,再求拟合参数的方法拟合效果较好。图 5 可以看出,西坡由于在 2~2.5 mm 的雨滴数密度有次峰值,所以拟合效果较差,但 Gamma 分布拟合相关系数($r^2=0.68$)好于 M-P 分布($r^2=0.57$);山顶的 Gamma 分布和 M-P 分布的拟合系数均为 0.73;东坡的 Gamma 分布拟合相关系数($r^2=0.93$)好于 M-P 分布($r^2=0.76$);总体来说,对于此次层状云降水,Gamma 分布拟合效果好于 M-P 分布。西坡、山顶、东坡的 Gamma 和 M-P 拟合分布如图 5 所示。

## 3.6 微物理量参数相关性分析

为了进一步讨论三个点的雨强与其他微物理量的关系($N$-$I$、$D_{max}$-$I$,$Z$-$I$ 关系),分别作出三个观测点数浓度、最大直径、雷达反射率随雨强的散点分布图(图 6),来分析数浓度、最大直径、雷达反射率随雨强的变化关系。由图可知,雨强($I$)和数浓度($N$)、最大直径($D_{max}$)、雷达反射率($Z$)都近似为幂指数关系。数浓度随雨强的增大而增大,西坡和山顶的散点分布较分散,山顶的散点分布最广泛,山顶的数浓度与雨强相关性最差($r^2=0.44$),东坡分布较为集中,东坡的数浓度与雨强相关性最好($r^2=0.94$)。$N$-$I$ 拟合的系数西坡最大为 1790.31,指数在东坡最大为 0.86。最大直径的散点分布也较分散,山顶和东坡的分布范围及趋势基本一致,西坡分布范围较窄。最大直径与雨强的相关系数西坡和东坡稍好,山顶相关系数较差($r^2=0.59$),拟合系数和指数三个点的值相差不大。雷达反射率随雨强的散点分布,东坡的相关性最好达到 0.95,山顶的相关性较差为 0.81。$Z$-$I$ 关系常被用于雷达测量反演降水。西坡的系数最小为 22.53,山顶的系数最大为 34.33,东坡为 31.05。西坡和东坡的指数为 1.15,山顶的为 1.18。西坡、山顶、东坡不同空间位置的 $Z$-$I$ 关系是存在差异的。

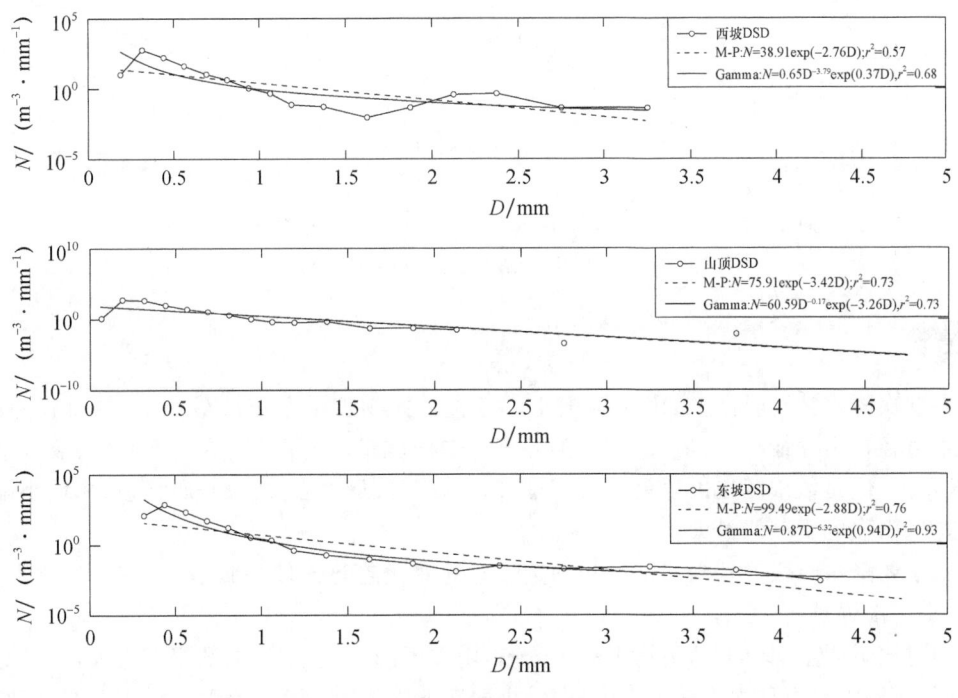

图 5 各站点观测和拟合的谱分布

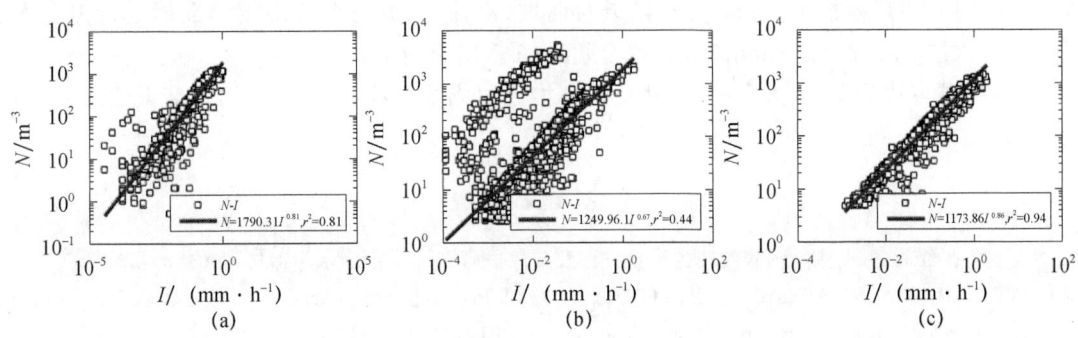

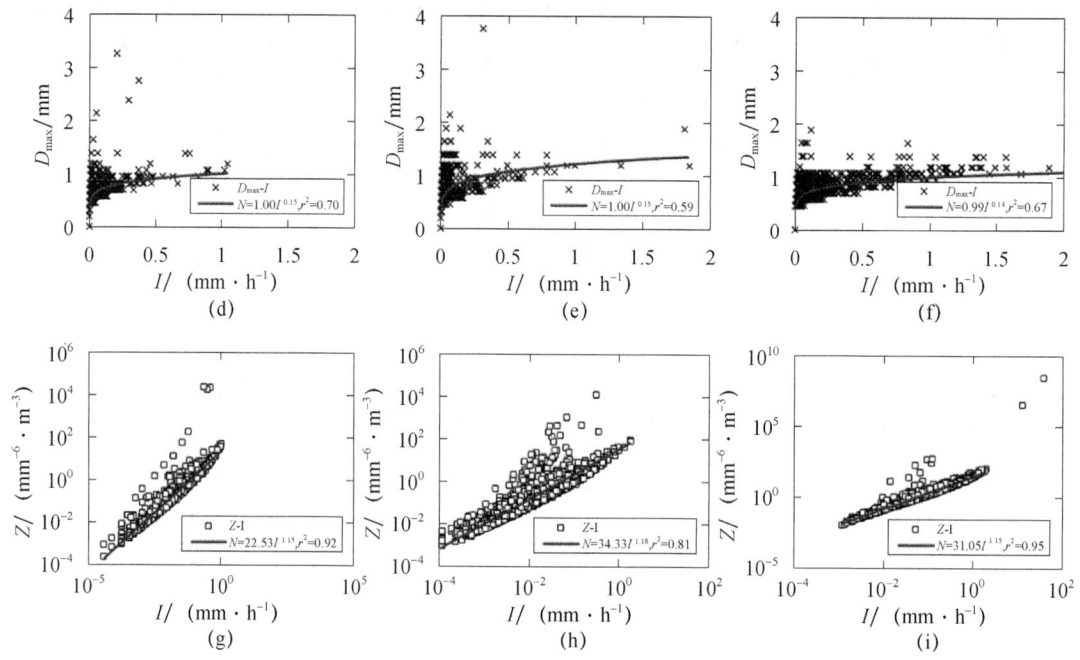

图 6 西坡(a,d,g)、山顶(b,e,h)以及东坡(c,f,i)的数浓度(a,b,c)、最大直径(d,e,f)和雷达反射率(g,h,i)随雨强的分布

## 4 结论

(1)此次降水持续时间长,降水强度小。各直径微物理量在东坡最大,平均直径、众数直径、中值直径在山顶最小,而最大直径、优势直径在西坡最小。雨强、雷达反射率、液态水含量在东坡最大,但是数浓度在山顶最大,这与山顶小雨滴数量多有关。山顶、西坡、东坡小雨滴对总数浓度、雨强的贡献均最大。

(2)主要降水时段的各雨滴谱微物理量随时间变化趋势比较一致,最大直径变化不大,数浓度越大则雨强越大。

(3)对比不同空间位置的平均雨滴谱分布,山顶雨滴更小,小滴的数密度也大,这可能是因为山顶风速较大和山顶雨滴尚未完全碰并、小雨滴下落过程中蒸发有关。谱宽在东坡最宽,山顶次之,西坡最小。

(4)采用 M-P 分布、Gamma 分布函数对西坡、山顶、东坡三个点雨滴谱数据进行拟合,发现对于此次层状云个例,Gamma 分布拟合效果好于 M-P 分布。

(5)雨强与数浓度、最大直径、雷达反射率均近似成幂指数关系,其中雨强与雷达反射率相关性最好。

**参考文献**

[1] 徐向舟,张红武,朱明东. 雨滴粒径的测量方法及其改进研究[J]. 中国水土保持,2004(2):22-25.
[2] BATTAGLIA A,RUSTEMEIER E,TOKAY A,et al. Parsivel snow observations:A critical assessment [J]. Journal of Atmospheric and Oceanic Technology,2010,27(2):333-344.
[3] 胡子浩,濮江平,张欢,等. Parsivel 激光雨滴谱仪观测较强降水的可行性分析和建议[J]. 气象科学,

2014,34(1):25-31.
[4] 王可法,张卉慧,张伟,等.Parsivel 激光雨滴谱仪观测降水中异常数据的判别及处理[J].气象科学,2011,31(6):732-736.
[5] 陈宝君,李子华,刘吉成,等.三类降水云雨滴谱分布模式[J].气象学报,1998,56(4):506-512.
[6] 濮江平,张伟,姜爱军,等.利用激光降水粒子谱仪研究雨滴谱分布特性[J].气象科学,2010,30(5):701-707.
[7] 杨俊梅,陈宝君,李彦萌,等.山西省不同地形条件下雨滴谱统计特征对比[C].第33届中国气象学会年会 S12 大气物理学与大气环境交流论文,2016.
[8] 张昊,濮江平,李靖,等.庐山地区不同海拔高度降水雨滴谱特征分析[J].气象与减灾研究,2011,,34(2):43-50.
[9] 陈聪,银燕,陈宝君.黄山不同高度雨滴谱的演变特[J].大气科学学报,38(3):388-395.
[10] 牛生杰,安夏兰,桑建人.不同天气系统宁夏夏季降雨谱分布参量特征的观测研究[J].高原气象,2002,21(1):37-44.
[11] 林文,牛生杰.宁夏盛夏层状云降水雨滴谱特征分析[J].气象科学,2009,29(1):97-101.

# 基于 Ka 波段云雷达的六盘山顶云宏观特征初步分析[*]

田 磊[1,2,3] 桑建人[1,2,3*] 姚展予[2,4] 常倬林[1,2,3] 舒志亮[1,2,3] 曹 宁[1,2,3]

(1. 中国气象局旱区特色农业气象灾害监测预警与风险管理重点实验室,银川 750002;
2. 中国气象局云雾物理环境重点开放实验室,北京 100081;
3. 宁夏气象防灾减灾重点实验室,银川 750002;4. 中国气象科学研究院,北京 100081)

**摘 要**:本文利用宁夏六盘山气象站 2017 年 9 月至 2018 年 8 月的 Ka 波段云雷达观测资料,统计分析了六盘山顶不同云的出现频率及宏观特征,结果发现:六盘山顶云出现频率最高值出现在 7 月,为 61%,最低值出现在 12 月,为 26%;按云层数划分,六盘山顶出现的云主要以 1 层云、2 层云及 3 层云为主,相对总云的月平均出现频率分别为 68%~86%、14%~27% 及 0.4%~4.8%;按云底高度及云层厚度划分,六盘山顶低云、中云、高云及直展云相对总云的月平均出现频率分别为 29%~53%、14%~58%、6%~22% 及 2%~20%。云底高度在冬春季节高于夏秋季节,云顶高度在夏秋季节高于冬春季节,云层厚度在 1.6~3.6 km,年变化特征与云顶高度类似。整体来看,春、夏、秋季云厚在白天大于夜间,冬季云厚在夜间大于白天,其中夏、秋季云厚日变化特征较为明显。

**关键词**:六盘山;云雷达;云底高度;低云;出现频率

## 1 引言

云覆盖着地球上 60%~70% 的天空,为人类提供水源、调节大气变化,影响着人类赖以生存的地球环境。云是由潮湿的空气在上升运动中绝热膨胀降温而生成,其直接参与降水过程,进而影响地球水循环过程[1-2]。云发射长波辐射、反射太阳辐射和吸收地表发出的长波辐射,从而影响着地-气辐射收支;云的时空变率较大,研究者常将其作为表征天气和气候变化的重要指标之一,在全球能量循环中起重要作用[3-6]。云的辐射强迫与种类有关,低云一般起冷却作用,高云经常对地表起加热作用[7]。观测分析云的宏微观物理特性对深入了解云在气候变化中所起的反馈作用有非常重要的意义[8]。通过观测降水云的垂直结构,能够了解降水云的动力和热力结构特征,有助于加强对降水形成机理的认识,是云降水物理研究的基础[9-10]。另外,作为人工影响天气作业主要催化对象的云,对其宏微观特征及演变规律的观测分析有助于把握催化作业条件,选择合适的催化目标云区,对科学开展人工影响天气催化作业十分重要[11-13]。

目前,对云垂直结构(包括云底、云顶、云厚及多层云的垂直分布)的观测手段主要有探空仪、星载云雷达、激光云高仪及地基毫米波云雷达等。通过探空数据能计算出云的垂直结构,但常规气象探空站一般每天仅观测两次,时间分辨率较低;星载云雷达只能获取过境观测点时

---

[*] 资助项目:西北人工影响天气工程、国家自然科学基金面上项目(41775139)、宁夏自然科学基金项目(2019AAC03255)、宁夏青年科技人才托举工程(TJGC2018023)、宁夏重点研发计划(2018YBZD1883)共同资助。
作者简介:田磊(1984—),男,工程师,主要从事大气物理及人工影响天气研究。E-mail:tianl419@163.com。
通信作者:桑建人(1964—),男,汉族,正研级高工,学士,主要从事大气物理与大气环境研究。sangjr@126.com。

的数据,时间分辨率也较低;激光云高仪因激光在雾霾天气下易衰减的特性,使其在低能见度下对云的探测能力受到很大影响。吴翀和刘黎平等[14]在青藏高原开展了 Ka 波段云雷达和激光云高仪的对比观测,研究发现,与激光云高仪相比,Ka 波段云雷达对总云、中云和高云的探测效率较高,探测到多层云的次数明显较多,但对低云探测效率较低。王喆和王振会等[15]对比 Ka 波段云雷达和无线探空对云的探测能力后发现,Ka 波段云雷达在其有效探测范围之内,对云的云底高度、不同云的云顶高度及云的垂直分层的探测结果和探空观测有很好的一致性。章文星和吕达仁[16]研究发现,毫米波云雷达与云高仪、全天空成像仪相比而言,其穿透云层的能力较强,能够以高时空分辨率连续观测,可以获得各层云的宏观结构信息,但其在云底较低和近地面湿度较高的情况下对云的探测有明显的局限性。研究表明,地基毫米波云雷达具有对云雾探测能力强、探测的多普勒速度精度高、时间分辨率高等特点,受到越来越多研究者的关注[17-19],被广泛用于监测研究云宏微观结构及其演变特征[20-22]。

朱泽恩等[23]、邱玉珺等[24]利用毫米波云雷达,分别观测分析了兰州榆中萃英山顶、安徽省寿县的云底、云顶和云厚的分布变化,探讨了单层云、双层云和三层云的发生频率及变化特征。吴举秀等[25]利用毫米波云雷达、激光雷达及探空等资料,反演分析了层状云中的过冷水垂直分布,分析结果与微波辐射计测得的云中液态水含量和毫米波云雷达的谱型有很好的一致性。谢晓林和刘黎平[26]开发了利用云雷达与微波辐射计联合反演混合性降水云云液态水廓线的算法,通过对比分析两次混合性层云降水过程中反演的云液态水廓线和微波辐射计测得的云液态水廓线发现,利用云雷达与微波辐射计联合反演的云液态水廓线分布更加合理。陈羿辰等[27]利用毫米波云雷达、探空及 S 波段天气雷达对北京三次典型降雪过程的综合分析发现,利用毫米波云雷达可以很好地刻画降雪云系的宏微观结构特征,并通过评估得出,利用毫米波云雷达反演估测降雪量是可行的。

六盘山区地处青藏高原与黄土高原的交汇地带,是黄土高原重要的水源涵养地,其由南到北气候从半湿润区、半干旱区过渡到干旱区,是我国典型的农牧交错带和生态脆弱带[28]。本文利用该地区宁夏六盘山气象站 Ka 波段云雷达 1 年的观测数据,统计分析了六盘山顶的云底高度、云顶高度、云厚及云层数的变化特征,以及对不同季节的云宏观特征日变化进行了研究,研究结果将为地气辐射收支研究及合理开发本地区云水资源提供一定依据。

## 2 资料与方法

### 2.1 观测站点及仪器介绍

宁夏六盘山气象站(海拔高度 2842 m)位于六盘山的山顶,是国家基准气候站,也是本次观测试验的核心站点,具体位置如图 1 所示。宁夏六盘山气象站雨雾日数较多,年均雾日为 153.4 d,大于 0.1 mm 的雨日高达 127.1 d,近 1/3 的时段是阴天,年均降水量 617.5 mm,是观测云雾的优良场所;本试验采用的全固态 Ka 波段云雷达布设在宁夏六盘山气象站观测室楼顶,中心频率为 35 GHz,天线口径 1.6 m,采用全固态、准连续波体制和脉冲压缩的信号形式,以顶空垂直固定扫描的方式进行观测,其最大探测高度大于 15 km,定量测量高度大于 10 km,探测强度范围为 $-40 \sim +40$ dBZ、高度分辨率为 30 m、时间分辨率为 1 min。该云雷达参数测量精度(均方误差)为:高度($H$)小于 15 m,强度($Z$)小于 1 dB,速度($V$)小于 1 m·s$^{-1}$,谱宽小于 1 m·s$^{-1}$,地物杂波抑制度大于 40 dB。

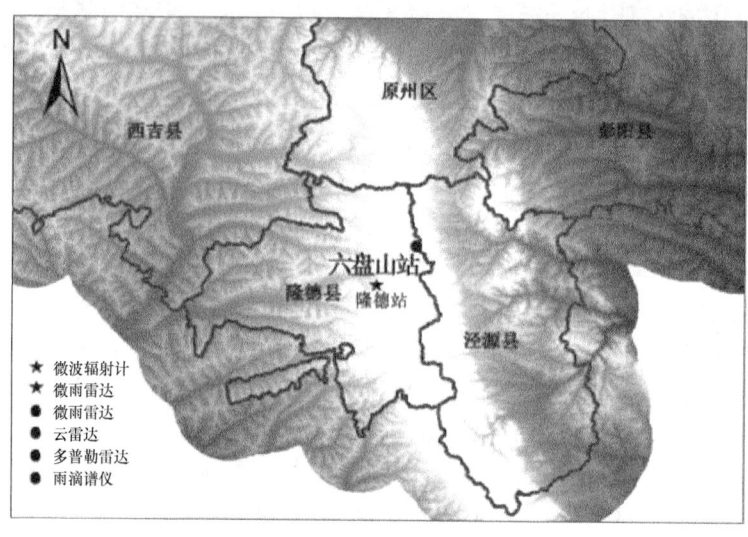

图 1　观测站点位置示意图

## 2.2　数据分析方法

本文取宁夏六盘山气象站 2017 年 9 月至 2018 年 8 月的 Ka 波段云雷达数据，按季节划分标准，将 2018 年 3—5 月视为春季，2018 年 6—8 月视为夏季，2017 年 9—11 月视为秋季，2017 年 12 月及 2018 年 1—2 月视为冬季；利用云雷达反射因子判断云底、云高位置，反射率因子大于背景廓线确定为有云区。按照云底高度及云层厚度对云进行分类[29]：将云底低于 2 km 且厚度小于 6 km 的云定义为低云，云底高于 2 km 且低于 5 km 云定义为中云，云底高于 5 km 的云定义为高云，云底低于 2 km 且厚度高于 6 km 的云定义为直展云。在本文中，云厚为云底到云顶的空间总厚度，云层净厚度为剔除了多层云夹层后的各层云累计净厚度[30]。本文中不同层数的云和低、中、高及直展云是根据不同的分类方法统计得出的，两者之间没有必然联系。除特别注明外，文中涉及的高度均为离地高度。

## 2.3　Ka 波段云雷达和探空对比

2018 年 4 月 23—24 日六盘山区出现一次层状云降水过程，六盘山气象站 24 日 00：00（北京时，下同）至 05：00 出现降水，平均小时降水量为 0.3 mm·h$^{-1}$，最大小时降水量为 1 mm·h$^{-1}$。图 2 为六盘山气象站 Ka 波段云雷达（a）和平凉探空（b）观测的 24 日降水云的垂直结构，可以看出，Ka 波段云雷达可以很好地刻画过境云的垂直结构变化特征，能够清晰地看出此过程中有 2 层云、3 层云出现。24 日 01：00—13：00，六盘山气象站 Ka 波段云雷达观测到有 2 层云，考虑六盘山气象站和平凉探空站相距约 40 km，出现同一云团的时刻有一定差异，则可以认为这和 24 日 08：00 平凉探空的观测结果基本一致，且两者观测的第 1 层云（从下往上数）云顶和第 2 层云云底的高度也基本一致；24 日 20：00，在海拔高度 3000 m 以上，Ka 波段云雷达和平凉探空均观测到有 1 层云。这次个例总体对比来看，Ka 波段云雷达和平凉探空对云垂直结构的观测结果基本一致；Ka 波段云雷达对云垂直结构刻画的更精细，观测的时间分辨率更高。

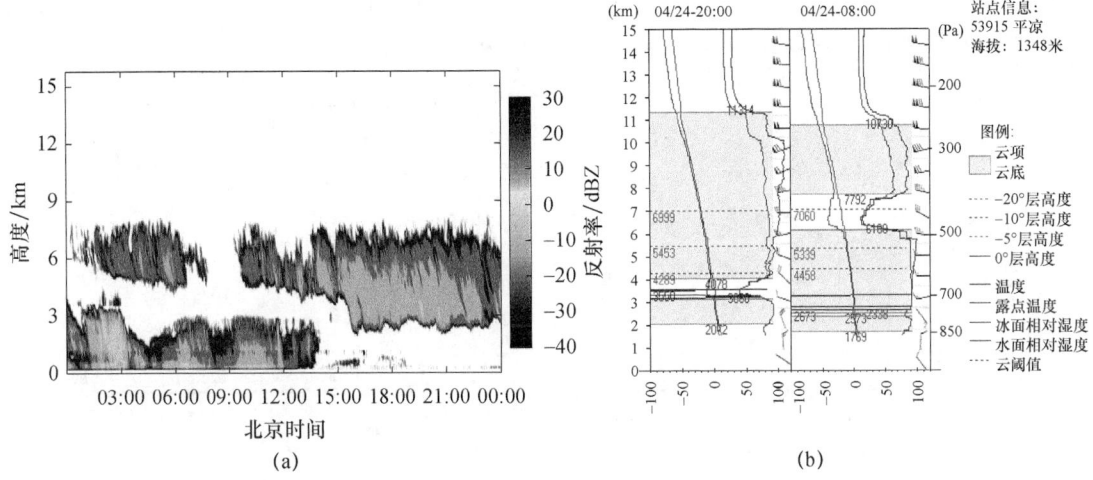

图 2 Ka 波段云雷达(a)、平凉探空(b)观测的一次降水云的垂直结构
（a 中为离地高度,b 中为海拔高度）

## 3 结果分析

### 3.1 六盘山顶不同云的逐月变化特征

根据宁夏六盘山气象站 Ka 波段云雷达观测得到的云宏观特征数据,统计分析得到了云出现频率、不同层数的云及不同类型的云相对总云的出现频率、云宏观参量的逐月变化特征。从总云的出现频率逐月变化图(图 3a)可以看出,一年中,六盘山顶云出现频率最高值出现在 7 月,为 61%,最低值出现在 12 月,为 26%。云出现频率逐月变化呈双峰型,1—3 月,六盘山区多数时间处在西北气流控制之下,寒冷干燥,云出现频率较低,基本稳定在 46% 左右;4 月开始,随着气温升高,西南暖湿气流影响六盘山区的频数逐渐增多,云出现频率开始逐渐增加,在 7 月达到第一个峰值,8 月因副热带高压西升北抬,六盘山区常处在副热带高压控制之下,云出现频率回落至较低值,9 月随着副热带高压东退,受西南暖湿气流再次影响,云出现频率逐渐增加,在 10 月达到第二个峰值,随后六盘山区再次受西北气流控制,云出现频率开始回落。整体来看,总云的出现频率在夏秋季明显大于冬春季。

数值试验表明大尺度模式对云的垂直分布处理很敏感,不同的云重叠假定,对天气气候模式会产生不同程度的影响,从而使结果产生很大的误差;准确探测云的层数等垂直结构参数对提高模式准确度非常重要[31]。本文根据 Ka 波段云雷达反射率垂直廓线判断云中是否有夹层,进而得到有几层云。从不同层数的云相对总云的出现频率逐月变化图(图 3b)可以看出,1 层云相对总云的出现频率在一年的各个月份均最高,其中 12 月份出现频率可达 86%,出现频率最低的 7 月也达 68%,1 层云相对总云的出现频率和云出现频率的逐月变化呈明显负相关关系,相关系数为 -0.78;2 层云相对总云的出现频率在 1 月份最高,为 27%,12 月最低,为 14%,2 层云相对总云的出现频率和云出现频率的逐月变化呈明显正相关关系,相关系数为 0.76,通过了置信度为 0.05 的显著性水平检验;3 层云相对总云的出现频率在 7 月份最高,为 4.8%,12 月最低,为 0.4%,3 层云相对总云的出现频率和云出现频率的逐月变化呈明显正相关关系,相关系数为0.8,通过了置信度为0.05的显著性水平检验;4层云、5层云相对总云在一年各个月份的出现频率均较低,分别在0.6%、0.05%以下。

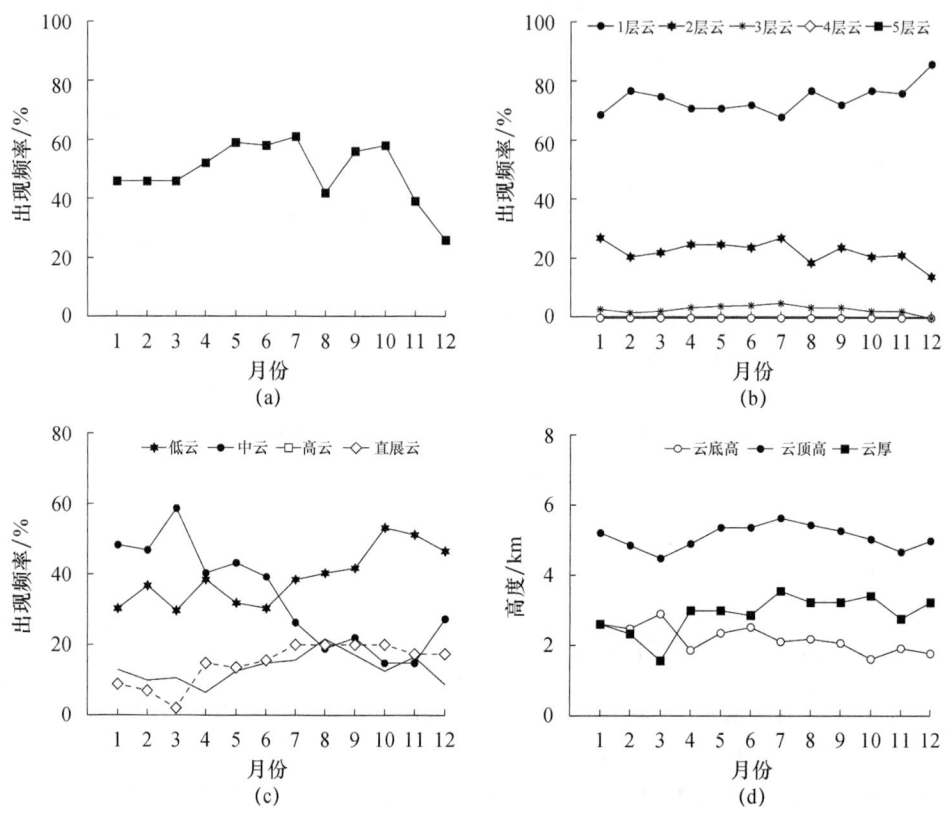

图3 总云出现频率(a)、各层云相对总云出现的频率(b)、不同类型云相对总云出现的频率(c)及云宏观参量(d)逐月变化

从不同种类的云相对总云的出现频率逐月变化图(图3c)可以看出,六盘山顶低云相对总云的出现频率逐月变化整体呈先增大后减小的变化趋势,其中,10月出现最大值,为53%,3月出现最小值,为29%;整体来看,低云相对总云的出现频率在秋冬季明显大于春夏季。中云相对总云的出现频率逐月变化整体呈先增大后减小的变化趋势,其中,3月出现最大值,为58%,10月出现最小值,为14%;整体来看,中云相对总云的出现频率在冬春季明显大于夏秋季。高云相对总云的出现频率逐月变化整体呈先减小后增大再减小的变化趋势,其中8月出现最大值,为22%,4月出现最小值,为6%;直展云相对总云的出现频率逐月变化整体也呈先减小后增大再减小的变化趋势,其中10月出现最大值,为20%,3月出现最小值,为2%。与同处西北地区的兰州榆中萃英山云观测结果[24]相比(表1),六盘山顶总云出现的频率小于兰州榆中,低云出现频率明显大于兰州榆中、高云出现频率明显小于兰州榆中,六盘山顶直展云出现频率远大于兰州榆中,说明相对而言,六盘山顶容易出现低云和直展云。六盘山区水汽充沛(宁夏六盘山气象站年均相对湿度为69%),在迎风坡形成的上升气流容易将湿空气抬升至凝结高度以上,形成局地低云或雾,另外六盘山顶海拔比山两侧平均高约700 m也是云雷达容易观测到低云的原因之一。六盘山区因受山地形强迫,在夏秋季午后容易出现局地对流云,这是直展云比例相对较高的主要原因。

表1 不同地区的不同类型云出现频率列表(单位:%)

| 观测地 | 观测期(年.月) | 总云频率 | 低云频率 | 中云频率 | 高云频率 | 直展云频率 |
|---|---|---|---|---|---|---|
| 宁夏六盘山气象站 | 2017.09—2018.08 | 26~61 (SD:10%) | 29~53 (SD:8%) | 14~58 (SD:15%) | 6~22 (SD:4%) | 2~20 (SD:6%) |
| 兰州榆中萃英山顶[24] | 2014.01—12 | 44.4~75.9 | 3.0~21.9 | 22.3~43.6 | 22.2~47.9 | 1.2 |
| 安徽省寿县[25] | 2008.10.15—12.15 | 54.0 | 14.4 | 37.8 | 38.9 | — |
| 安徽省淮南上窑[32] | 2015.01 | 13.7~21.8 | 44.0 | 29.4 | 26.6 | |

从云底、云顶及云厚度逐月变化图(图3d)可以看出,六盘山顶月平均云底高度为1.7~2.5 km,其中6月最高,12月最低;月平均云顶高度为4.5~5.6 km,其中7月最高,3月最低;整体来看,夏秋季山地地形效应较强,因而形成较多的局地低云或雾,使得云底高度在夏秋季节低于冬春季节,夏秋季气温高,云系发展旺盛,对流多,使得云顶高度在夏秋季节高于冬春季节;云层厚度为1.6~3.6 km,其中7月最大,3月最小,年变化特征与云顶高度类似。

## 3.2 六盘山顶云宏观参数分档百分比

如图4a所示,六盘山顶云底高度、云顶高度及云层厚度分别主要分布在0~9 km、0.5~11.5 km及0.5~10.5 km。云底高度、云顶高度及云层厚度出现频率随高度的变化均有两个明显的峰值,云底高度在0~0.5 km处出现主峰值,为39%,在3.5~4.0 km处出现次峰值,为8%,云顶高度在5.5~6.0 km处出现主峰值,为9.4%,在0.5~1.0 km处出现次峰值,为8.4%,云层厚度在0.5~1.0 km处出现主峰值,为16.2%,在4.5~5.0 km处出现次峰值,为4.0%。和云层厚度相比,云层净厚度在0.5~1.0 km处出现主峰值,峰值频率比云层厚度略高,为18.4%,不同的是云层净厚度没有次峰值。

## 3.3 六盘山顶各季节的云宏观参量日变化特征

从图5可以看出,六盘山顶各个季节的云底高度、云顶高度均有明显的日变化特征;春季,云顶高度先波动下降,在12:00时达到最低值,此后逐渐增大,在傍晚时增速加快,入夜后趋于稳定;云底高度在0:00—10:00时段内比较稳定,10:00后快速下降,在12:00时达到最低值,此后缓慢波动增大;相比云顶高度及云底高度,云厚的日变化并不明显,整体上夜间大于白天。夏季,云顶高度先波动下降,在11:00时达到最低值,此后逐渐波动增大;云底高度先增大,然后缓慢下降,7:00—11:00快速下降,11:00—15:00比较稳定,15:00后逐渐增大;夏季云厚有明显的日变化,六盘山顶午后多对流云,使得云厚在中午至傍晚时段较高,整体上,云厚在白天大于夜间。秋季,云顶高度在日出后逐渐下降,在14:00时达到最低值,此后缓慢升高;云底高度的变化趋势和云顶高度基本一致;秋季六盘山顶以层状云为主,所以云厚没有明显的日变化,白天和夜间云厚基本一致。冬季,云顶高度和云底高度在凌晨至日出前较高;和秋季一样,云厚没有明显的日变化,白天和夜间的云厚基本一致。

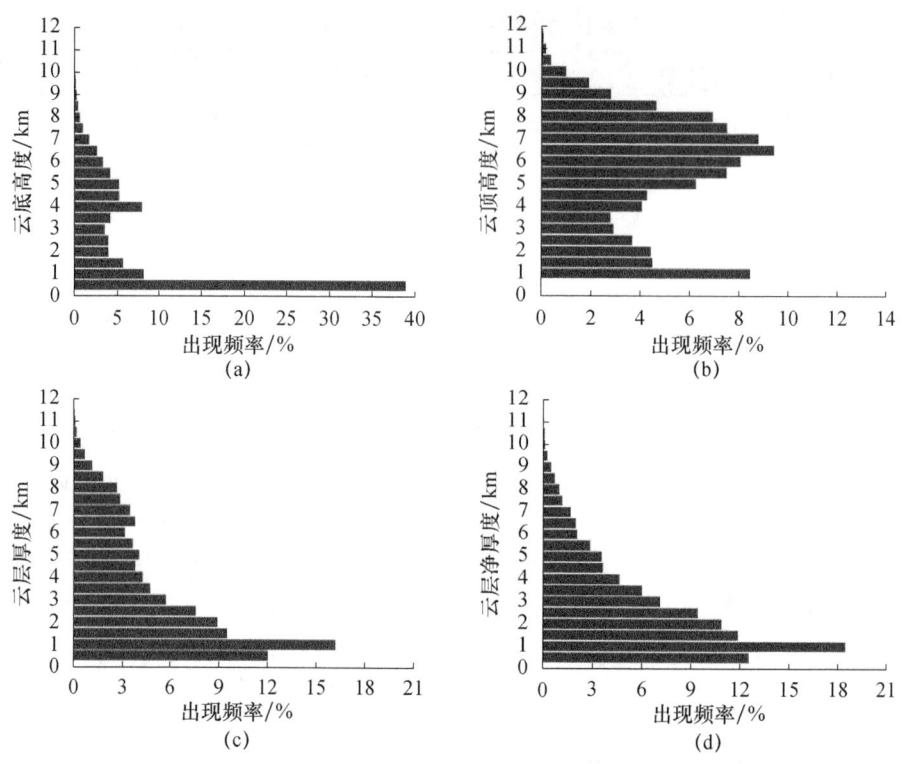

图 4 云底高度(a)、云顶高度(b)、云层厚度(c)及云层净厚度(d)的分档百分比

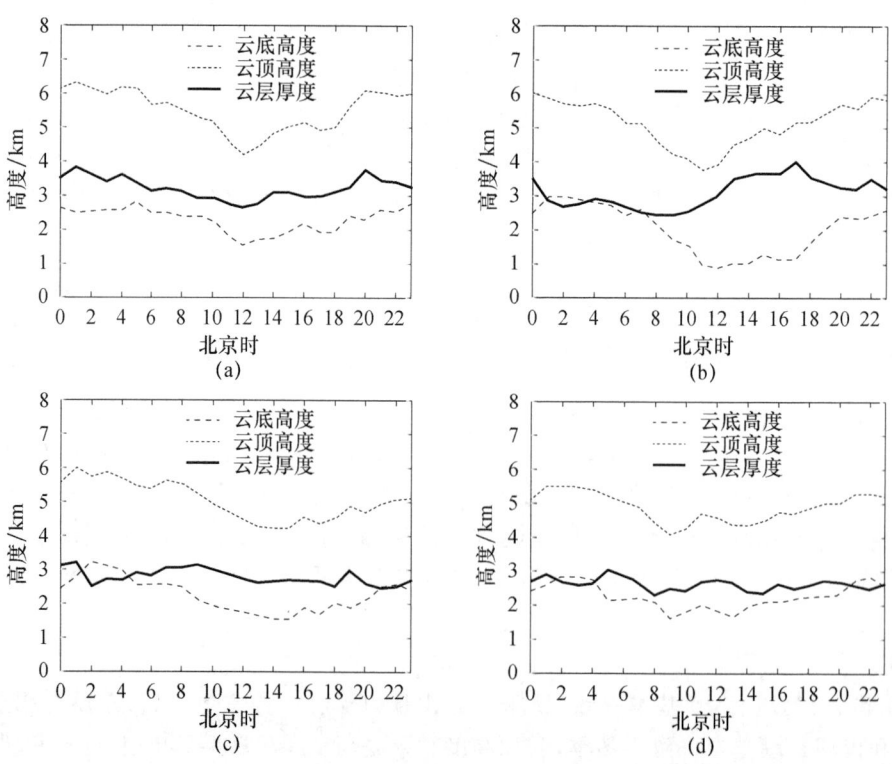

图 5 春季(a)、夏季(b)、秋季(c)和冬季(d)云底高度、云顶高度和云厚日变化

## 3.4 六盘山顶各季节总云及不同层数云出现频率日变化特征

从六盘山顶各季节总云及不同层数的云出现频率的日变化(图6)可以看出,六盘山顶春、夏、秋三季总云、1层云及2层云的出现频率均有明显的日变化特征;日出后,随着地表辐射增强,云量逐渐增加,在中午前后,六盘山的热力、动力条件容易产生局地对流云以及低云,使得山顶的云量达到峰值,然后云量逐渐下降,在日落后稳定少变,整体来看白天出现频率大于夜间,这种规律在夏季尤为明显。六盘山在冬季处于干燥的西北气流控制之下,山顶总云、1层云及2层云的出现频率相对较低且日变化特征不太明显。其中,春季总云的出现频率为46%~66%,最大值出现在13:00,最小值出现在1:00;夏季总云出现频率为36%~76%,最大值出现在13:00,最小值出现在0:00;秋季总云出现频率为40%~66%,最大值出现在15:00,最小值出现在3:00;冬季总云出现频率为31%~45%,最大值出现在19:00,最小值出现在10:00。

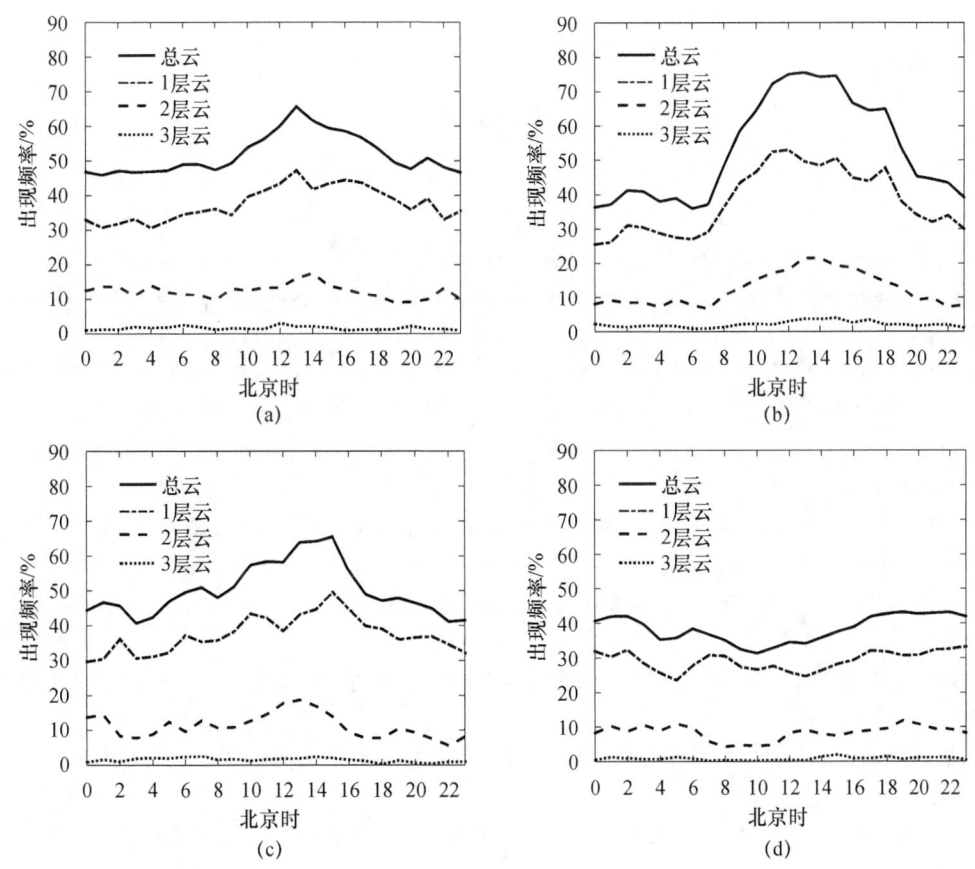

图6 春季(a)、夏季(b)、秋季(c)和冬季(d)不同层数的云的出现频率日变化

## 4 结论与讨论

(1)六盘山顶的云出现频率最高值出现在7月,为61%,最低值出现在12月,为26%;按云层数划分,六盘山顶出现的云主要以1层云、2层云及3层云为主,相对总云的月出现频率

分别为 68%～86%、14%～27%及 0.4%～4.8%；按云底高度及云层厚度划分，六盘山顶低云、中云、高云及直展云相对总云的月出现频率分别为 29%～53%、14%～58%、6%～22%及 2%～20%。

（2）六盘山顶月平均云底高度为 1.7～2.5 km；月平均云顶高度为 4.5～5.6 km；整体来看，云底高度在冬春季节高于夏秋季节，云顶高度在夏秋季节高于冬春季节；云层厚度为 1.6～3.6 km，年变化特征与云顶高度类似。

（3）六盘山顶云底高度、云顶高度及云层厚度出现频率随高度的变化均有两个明显的峰值，云底高度在 0～0.5 km 处出现主峰值，为 39%，在 3.5～4.0 km 处出现次峰值，为 8%，云顶高度在 5.5～6.0 km 处出现主峰值，为 9.4%，在 0.5～1 km 处出现次峰值，为 8.4%，云层厚度在 0.5～1.0 km 处出现主峰值，为 16.2%，在 4.5～5.0 km 处出现次峰值，为 4.0%。云层净厚度随高度的变化呈单峰型。

（4）六盘山顶春、夏、秋三季总云、1 层云及 2 层云出现频率均有明显的日变化特征，整体来看白天出现频率大于夜间，这种规律在夏季尤为明显，而冬季六盘山顶总云、1 层云及 2 层云的日变化特征不太明显，整体来看白天出现频率小于夜间。

## 参考文献

[1] 盛裴轩,毛节泰,李建国,等. 大气物理学[M]. 2 版. 北京:北京大学出版社,2013:296-298.
[2] 韩成鸣,李耀东,史小康. 云分析预报方法研究进展[J]. 地球科学进展,2015,30(4):505-516.
[3] Freud E, Rosenfeld D, Andreae M O, et al. Robust relations between CCN and the vertical evolution of cloud drop size distribution in deep convective clouds[J]. Atmospheric Chemistry and Physics,2008,8(6): 1661-1675.
[4] Lohmann U, Feichter J. Gloabal indirect aerosol effects:A review[J]. Atmos Chem Phys,2005,5:715-737.
[5] 石广玉,王标,张华,等. 大气气溶胶的辐射和气候效应[J]. 大气科学,2008,32(4):826-840.
[6] 杨磊,贺宏兵,杨波,等. 基于 S 波段双线偏振天气雷达的降水粒子相态识别[J]. 气象与环境学报,2019, 35(4):127-132.
[7] Frey R A, Menzel W P, et al. A comparison of cloud top heights computed from airbome lidar and MAS radiance data using $CO_2$ slicing[J]. Journal of geophysical research,1999,104(20):24547-24555.
[8] Ackerman T, Stokes G. The Atmospheric Radiation Measurement Program[J]. Phys Today,2003,56: 38-45.
[9] 雷恒池,洪延超,赵震,等. 近年来云降水物理和人工影响天气研究进展[J]. 大气科学,2008,32(4): 967-974.
[10] 郭学良,付丹红,胡朝霞. 云降水物理与人工影响天气研究进展(2008—2012 年)[J]. 大气科学,2013,37 (2):351-363.
[11] 周毓荃,赵姝慧. CloudSat 卫星及其在天气和云观测分析中的应用[J]. 南京气象学院学报,2008,31 (5):603-614.
[12] 周德平,苏航,耿树江,等. 辽沈地区不同高度大气冰核数浓度的飞机观测[J]. 气象与环境学报,2018, 34(6):133-139.
[13] 康增妹,李忠亮,刘伟,等. 河北省一次降水云系云物理结构的飞机探测研究[J]. 气象与环境学报, 2019,35(4):1-7.
[14] 吴翀,刘黎平,翟晓春. Ka 波段固态发射机体制云雷达和激光云高仪探测青藏高原夏季云底能力和效果对比分析[J]. 大气科学,2017,41(4):659-672.

[15] 王喆,王振会,曹晓钟. 毫米波雷达与无线电探空对云垂直结构探测的一致性分析[J]. 气象学报,2016,74(5):815-826.

[16] 章文星,吕达仁. 地基热红外云高观测与云雷达及激光云高仪的相互对比[J]. 大气科学,2012,36(4):657-672.

[17] 仲凌志,刘黎平,葛润生. 毫米波测云雷达的特点及其研究现状与展望[J]. 地球科学进展,2009,24(4):384-390.

[18] 武静雅,刘黎平,郑佳锋. 固态毫米波雷达探测模式的对比评估与分析[J]. 气象,2016,42(7):790-798.

[19] 刘光普,黄思源,梁莺,等. 毫米波雷达在港口海雾观测和能见度反演中的应用[J]. 干旱气象,2019,37(6):993-1004.

[20] 刘黎平,谢蕾,崔哲虎. 毫米波云雷达功率谱密度数据的检验和在弱降水滴谱反演中的应用研究[J]. 大气科学,2014,38(2):223-236.

[21] 谢丽萍,王德旺,黄宁立,等. 基于云雷达的大气0℃层亮带识别[J]. 干旱气象,2016,34(3):472-480.

[22] 王德旺,曲明星,黄宁立,等. 基于云雷达反射率因子的云宏观参量反演[J]. 干旱气象,2016,34(6):1071-1077.

[23] 朱泽恩,郑创,葛觐铭,等. 利用KAZR云雷达对SACOL站云宏观特性的研究[J]. 科学通报,2017,62(8):824-835.

[24] 邱玉珺,杨会文,倪婷,等. 基于美国AMF寿县观测的云特性研究[J]. 大气科学学报,2012,35(1):80-86.

[25] 吴举秀,魏鸣,王以琳. 利用毫米波测云雷达反演层状云中过冷水[J]. 干旱气象,2015,33(2):227-235.

[26] 谢晓林,刘黎平. 云雷达联合微波辐射计反演混合性降水层云液态水含量的方法研究[J]. 暴雨灾害,2016,35(1):1-9.

[27] 陈羿辰,金永利,丁德平,等. 毫米波测云雷达在降雪观测中的应用初步分析[J]. 大气科学,2018,42(1):134-149.

[28] 田磊,桑建人,姚展予,等. 六盘山区夏秋季大气水汽和液态水特征初步分析[J]. 气象与环境学报,2019,35(6):28-37.

[29] Zhang J Q,Chen H B,Li Z Q,et al. Analysis of cloud layer structure in Shouxian,China using RS92 radio sondeaided by 95GHz cloud radar[J]. J Geophys Res,2010,115:6696-6705.

[30] 周毓荃,蔡淼,欧建军,等. 云特征参数与降水相关性的研究[J]. 大气科学学报,2011,34(6):641-652.

[31] 李积明,黄建平,衣育红,等. 利用星载激光雷达资料研究东亚地区云垂直分布的统计特征[J]. 大气科学,2009,33(4):698-707.

[32] 李海飞,乐满,杨飞跃,等. 基于地基云雷达资料的淮南地区冬季云宏观特征[J]. 干旱气象,2017,35(6):1011-1014.

# 六盘山区 1030—1101 降水天气过程的云雷达观测特征分析*

邓佩云[1,2]　陶涛[1,2]*　曹宁[1,2]　林彤[1,2]　杨勇[1,2]　李化泉[3]　田慧[3]

(1. 中国气象局旱区特色农业气象灾害监测预警与风险管理重点实验室,银川 750002;
2. 宁夏回族自治区气象灾害防御技术中心,银川 750002; 3. 隆德县气象局,固原 756300)

**摘　要**:基于 2019 年 10 月 30 日—11 月 1 日区域自动站和 Ka 波段毫米波云雷达资料,采用特征分析、物理量诊断的分析方法,对六盘山区六盘山、泾源、隆德站一次降水天气过程云系的宏微观特征进行诊断分析。结果表明:(1)在降水发生前,三站云系以多层云为主,降水发生时,云系变为深厚的单层云,降水过程结束时,云体内云层数变为多层云。(2)降水开始前,三站云体内回波强度较低,有微弱的上升运动,速度谱宽值较小并分布较为集中;在降水过程中,回波强度较强,接近雷达天线的低层有明显的降水形成的下落速度,垂直累积液态水含量有剧增现象;在降水过程结束时,回波强度明显减弱,云体内上升运动减弱,同时谱宽值减小,垂直累积液态水含量减弱,云系也逐渐消散,降水逐渐停止。(3)此次降水过程中,六盘山站云系的出现时间最早,同时次的回波强度、径向速度与垂直累积液态水含量最强,次大值为泾源站,隆德站最小,进一步分析表明,受山地形影响,六盘山站更具有地形云特征,泾源站受气流过山诱发的波动的影响,湍流运动更强,加之更优的水汽条件,累积降水量高于隆德站。

**关键词**:六盘山区;毫米波云雷达;云垂直结构

## 1　引言

云作为地球-大气系统中气候的重要影响因子,其显著的辐射效应对全球与区域的能量调控有着不可小觑的作用,在全球变暖的背景下,其重要性愈加受到学界的关注[1-4]。已有研究表明,云与降水的关系密切,二者的分布也可改变区域辐射状况,进而影响大气环流与天气气候[5-6]。刘屹岷等[7]基于卫星资料对青藏高原上云宏观和微观结构特征、云与降水相关性、云辐射效应以及模式中的云-辐射问题等方面进行研究,指出高原上较少的水汽对云层厚度和层数有显著压缩作用,云对总降水的贡献随着云层数增多而减少。陈勇航等[8]对西北地区不同类型云的时空分布及其与降水关系进行分析后,表明高云与部分中云云量空间分布特征与降水有较好高的一致性。王亚敏等[9]研究指出,低云量与降水、相对湿度等呈显著正相关。吴伟等[10]研究发现,总云量时制约我国北方温度变化的主要因素,低云量为影响降水的主要因素。

---

\* 基金资助:第二次青藏高原综合科学考察研究项目(2019QZKK0104),宁夏自然科学基金项目(2021AAC03490),宁夏回族自治区重点研发计划项目(2019BEG03001),中国气象局旱区特色农业气象灾害监测预警与风险管理重点实验室 2020 年度青年培养项目(CAMT—202006)。

作者简介:邓佩云(1993—),女,宁夏银川人,硕士研究生,研究方向为大气物理学与大气环境。E-mail:734785297@qq.com。

通讯作者:陶涛(1983—),男,重庆潼南人,大学本科,在职研究生,工程师,研究方向为大气物理及人工影响天气。E-mail:ala.no.4@163.com。

王小勇等[11]利用2005—2007年春季降水和MODIS云资料对祁连山东部云参数特征与降水的关系进行分析,得出降雨(雪)量与低云量、低云冰水路径、低云云顶-云底气压差呈明显正相关。对于云参数的探测,现已形成机载仪器取样、微波辐射计反演、雷达探测反演、卫星观测反演、云幂测量、无线电探空等多探测手段[12-15]。基于毫米波多普勒云雷达具有体积小、穿透性强、空间分辨力高等特点[16],我国自助研发了最新的Ka波段全固态多普勒毫米波云雷达,科研工作者们也对其探测水平以及应用能力进行了探究,并取得了较好的实验成果[17-19]。刘黎平等[20]利用Ka波段毫米波云雷达等多种雷达观测实验对青藏高原不同类型云的宏观特征进行应用研究,并通过对深对流云的个例分析,指出对流云中存在过冷水和混合相态水成物的可能性,为之后云和降水机理的研究奠定了基础。

西北地区为我国主要的干旱和半干旱地区[21],总云量主要持续时间为7—8月,并受复杂地形的影响,其分布有明显的地域差异[22]。宁夏六盘山区位于青藏高原东部,黄土高原的西北边缘,近似南北走向,与南北向夹角近30°,属雨养农业区与水源涵养区,其地理优势与气候特征为西北地区气候的研究提供了天然的实验场。其中,西吉、隆德站位于六盘山的西坡,泾源、固原、彭阳站位于六盘山的东坡。目前,有关降水天气过程的雷达观测相对较少,特别是利用高时空分辨率的垂直定向雷达研究降水天气过程发生发展时云系的垂直结构与特征更为匮乏,六盘山东西坡云系的宏微观差异特征分析尚属空白。为此,本文利用布设在六盘山站、泾源站与隆德站的Ka波段毫米波云雷达资料,结合区域自动站常规观测资料,对2019年10月30日—11月1日发生在六盘山区的一次降水天气过程Ka波段毫米波云雷达反演的云系宏观特征进行研究,以期明晰此次降水天气过程的成因,初步探讨六盘山区云的宏观参数特征与降水的相关性,为后续云和降水物理过程参数化方案等相关研究和应用提供可参考性依据。

## 2 资料介绍

使用的资料包括2019年10月30日—11月1日隆德站、六盘山站、泾源站HT101型全固态Ka波段毫米波云雷达资料以及同期区域自动站(隆德站、六盘山站、泾源站)逐分钟降水量观测资料。具体说明如下:

(1)云雷达资料来自HT101型全固态Ka波段测云仪,采用顶空垂直探测的工作方式,获取云顶高、云底高、云廓线结构、垂直速度等参数,实现云降水连续演变过程的探测。测量并输出云回波的反射强度($Z$)、垂直速度($V$)、速度谱宽($W$)等一次产品,并且在此基础上反演获得云顶高、云底高、云厚、云量等二次产品。数据采集频率为5 s/次,垂直分辨率为30 m,探测范围可达10 km以上高空,主要包含云底高度、云顶高度、云层数、云厚度、回波强度、垂直速度以及速度谱宽气象产品数据。

(2)地面实测逐分钟降水资料来自宁夏地面基础气象资料服务平台。

## 3 降水实况

2019年10月31日中午至11月1日上午,六盘山区出现一次显著降水过程。此次降水过程六盘山区处在两槽一脊的环流背景下,受不断穿脊东移的冷空气影响,六盘山上游地区形成短波槽东移,配合低层暖湿气流,六盘山区出现了一次明显的自南向北降水天气过程。此次降水过程中,西吉中南部以及隆德、泾源大部降水量大于10 mm,其他地区降水量小于10 mm。从六盘山东西两侧降水分布来看,东侧的泾源站降水量最大,其次是山顶六盘山站,西侧隆德站降水最小。从降水时序来看,降水出现在 10 月 31 日 12:00 至 11 月 1 日 10:00,主降水时段有两次,分别出现在 10 月 31 日 13:00—19:00 和 11 月 1 日 02:00—09:00,其中六盘山站降水从 10 月 31 日 13 时 13 分开始,降水结束在 11 月 1 日 12 时 43 分,降水持续约 24 h,过程累积雨量为 10.8 mm。隆德站降水从 10 月 31 日 13:23 开始,降水结束在 11 月 1 日 08:02,降水持续约 19 h,过程累积雨量为 9.6 mm。泾源站降水从 10 月 31 日 13:07 开始,降水结束在 11 月 1 日 08:47 分,降水持续约 20 h,过程累积雨量为 11.2 mm,见图 1。

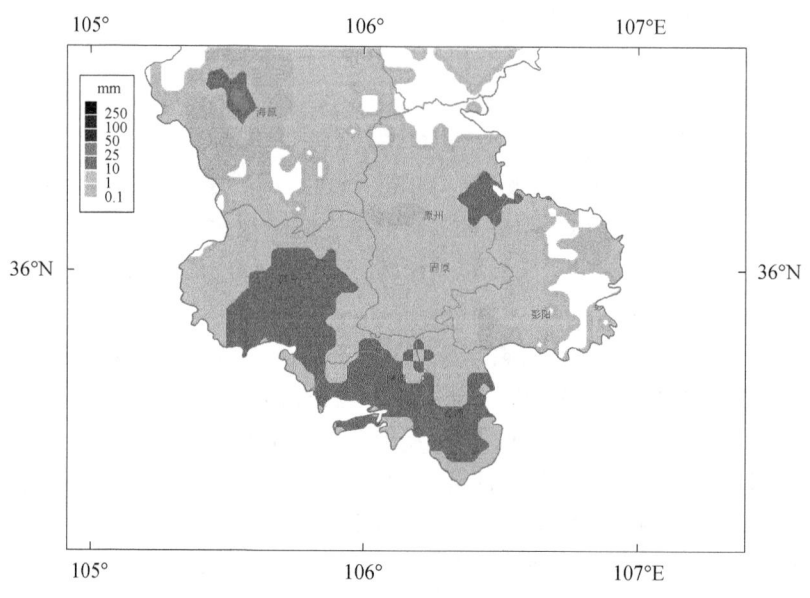

图 1 2019 年 10 月 30 日 20 时—11 月 1 日 20 时六盘山区累积降水量(单位:mm)

## 4 Ka 毫米波云雷达宏微观特征分析

云垂直结构反映了云体内部热力和动力以及微物理过程,在辐射收支、能量平衡、水汽循环等方面对地气系统起着重要作用,有研究表明[23-24],毫米波云雷达可以探测直径远小于雷达波长的粒子,具有穿透云的能力而能描述云内部物理结构,并且可以连续监测云的垂直剖面变化,可为研究云的宏观特性及预测云系发展提供良好的支撑,而降水对毫米波具有一定的衰减,因此,云雷达一般只探测从直径为几微米的云粒子到弱降水粒子的范围,主要研究对象为非降水云、毛毛雨、雾及沙尘暴。为此,本文利用降水过程中的六盘山站、隆德站、泾源三站的云雷达数据,揭示不同降水时段对云宏微观特征的影响,明晰六盘山及其东西坡的云降水宏微观特征差异,为区域云-降水特征提供可参考性依据。

### 4.1 云回波强度垂直变化特征

为了分析此次降水过程六盘山站云系的垂直结构,对六盘山、隆德、泾源三站的 Ka 波段毫米波云雷达反演的回波强度进行对比分析,由图 2 可见,降水发生前,三站云系变为深厚的单层云,云内回波强度增强,云系首先在六盘山站上空出现,云系于 10 月 31 日 11:00 左右即降水发生前的 2 h 开始接地,泾源站的云系于 10 月 31 日 12:00 分开始接地,隆德站的云接地起始时间略晚于泾源站 7 min。从回波强度来看,六盘山站同时次云系的回波强度最强,回波

# 六盘山区 1030—1101 降水天气过程的云雷达观测特征分析

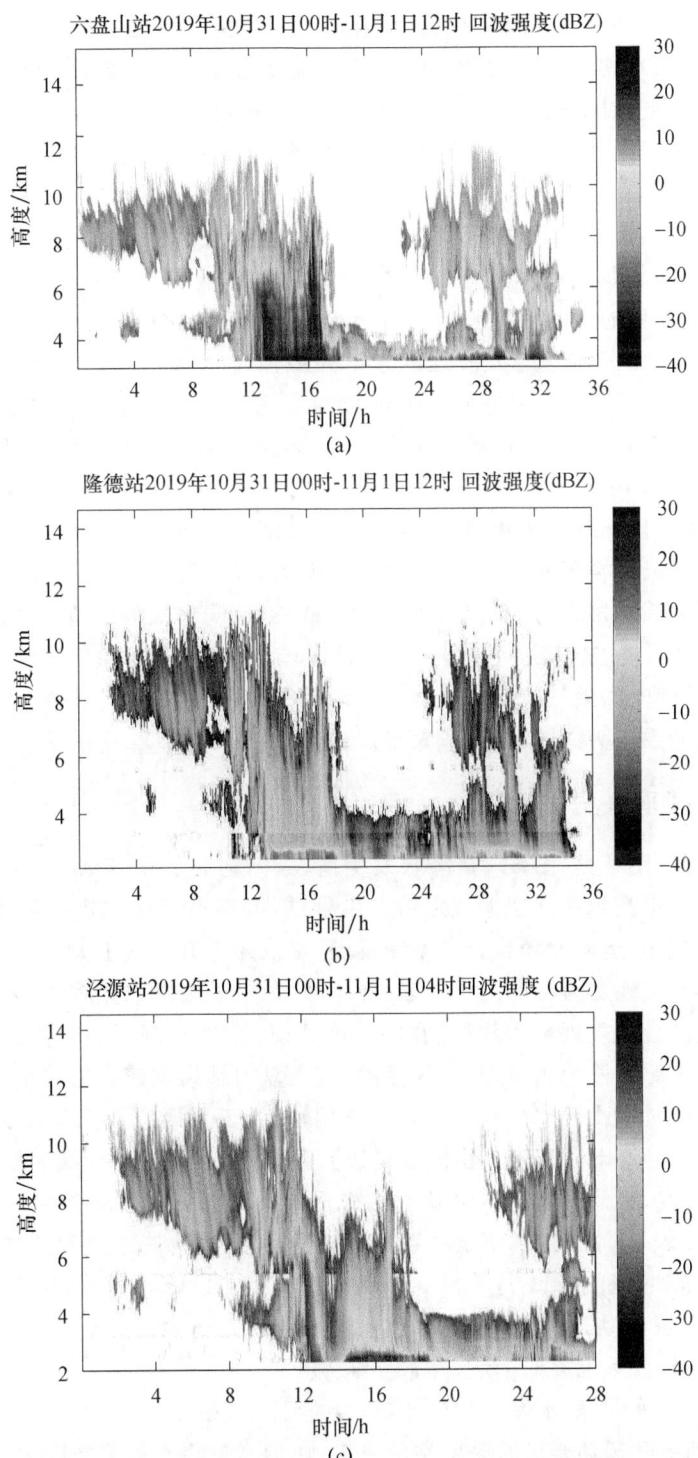

图 2 2019 年 10 月 31 日—11 月 1 日六盘山区 Ka 波段毫米波云雷达回波强度随时间-高度廓线图
(a)六盘山站;(b)隆德站;(c)泾源站。(11 月 1 日 04—12 时缺测)

强度>10 dBZ 的持续时间较多,回波强度次大值区域为泾源站,隆德站最小。从云系发展情况来看,三站云顶高均于 10～12 km 间波动,在降水发生前有一云底高度>5 km 的高云,云系发展的过程中云层数增多,10 月 31 日 08 时起,三站均出现中云,随后云系发展的更为深厚,云厚度增大。综上,此次降水过程前,六盘山站的云接地始时间最早,其次为泾源站,最后为隆德站,且与三站的云雷达回波强度的变化规律相对应,此外,三站云体底部的回波强度在降水发生时均有剧增现象,且云体底部的回波强度均>10 dBZ,云厚度均>8 km。

降水发生后,三站云系的回波强度在垂直结构上已表现出了从高到低增大的特征,六盘山站的云雷达回波分布较均匀,为层状云降水,在回波强度上有一清晰的 0 ℃ 层亮带,高度为 7 km 左右,六盘山站同时次的回波强度显著大于隆德站,泾源站在开始降水阶段,云雷达的回波强度相较最小。三站云雷达的回波强度在雨强最强时也达到最强,六盘山站降水在 10 月 31 日 17—18 时雨强最强,小时雨量为 1 mm,此时云系中下部雷达回波较强,柱状回波明显。隆德站降水在 11 月 1 日 05—06 时雨强最强,小时雨量为 1.6 mm,泾源站降水在 10 月 31 日 13—14 时雨强最强,小时雨量为 2.2 mm,同期泾源站的云雷达回波强度在雨强最强时段要高于隆德站雨强最强时段。降水结束时,三站云系也逐渐减弱至消散。

综上分析,三站云系在降水发生前,云系不断发展,以多层云为主,三站云系发展的云的结构相近,六盘山站云系的出现时间最早,维系时间最长,且同时次的回波强度最大,且回波强度>10 dBZ 的持续时间最多,其次回波强度次大值区域为泾源站,隆德站最小,这可初步印证六盘山站降水过程持续时间最长,其次为泾源站,隆德站降水持续时间最短。此外,受六盘山的影响,六盘山站的云系更为深厚,更易积聚形成地形云。

## 4.2 云径向速度垂直变化特征

由三站径向速度图可见(图 3),在降水发生前,三站为高层层状云,云体内气流有微弱的上升运动,这是因为水汽到达高层大气之后发生凝结,凝结过程中向周围环境释放热量,空气吸收热量上升形成上升运动。随着云系不断发展,水汽随上升气流上升到一定高度后液化形成大粒子降落,云系接地变为深厚的单层云,产生降水,三站在降水过程中,云层上部有频繁上升运动,随后积层混合云发展较为深厚,在距地面 2 km 左右出现了一个范围较小的谱宽大值区(图略),其中以隆德站最为明显,其次为泾源站,六盘山站谱宽较大值较小,说明云体中上部湍流运动剧烈,可能是积状云中雨滴通过碰并作用增大,云系既有上升运动又有下沉运动,云体内湍流运动剧烈,对流十分旺盛。由图 3 可以看到,三站接近雷达天线的低层有明显可见的降雨形成的下落速度,其他的速度不明显。三站云体内均以下沉运动为主。在 10 月 31 日下午第一次降水时段结束后,云体内下层有明显的上升运动,这为降水过程的维持和发展提供了重要的动力因素,进一步形成 11 月 1 日 02:00 开始的第二次降水过程,第二次降水过程云体大部分区域都是下沉运动,在第二次降水过程快结束时云体内上升运动骤减,同时谱宽值减小,云系内对流减弱,云系也逐渐消散,降水逐渐停止。

综上对比分析可见,在降水发生前以及第一次降水时段结束后至第二次降水开始的时段,六盘山站云体内的上升运动要较其余两站的更多,作为维持降水的重要因素,这为此次六盘山站降水过程提供了更好的动力条件,因而降水过程持续时间也最长。泾源站相较于其余两站,在降水过程中,云体内的下沉运动更为剧烈,瞬时雨强也最强,为 2.2 mm·h$^{-1}$。隆德站小时雨强次之,为 1.6 mm·h$^{-1}$。六盘山站小时雨强仅为 1 mm·h$^{-1}$。

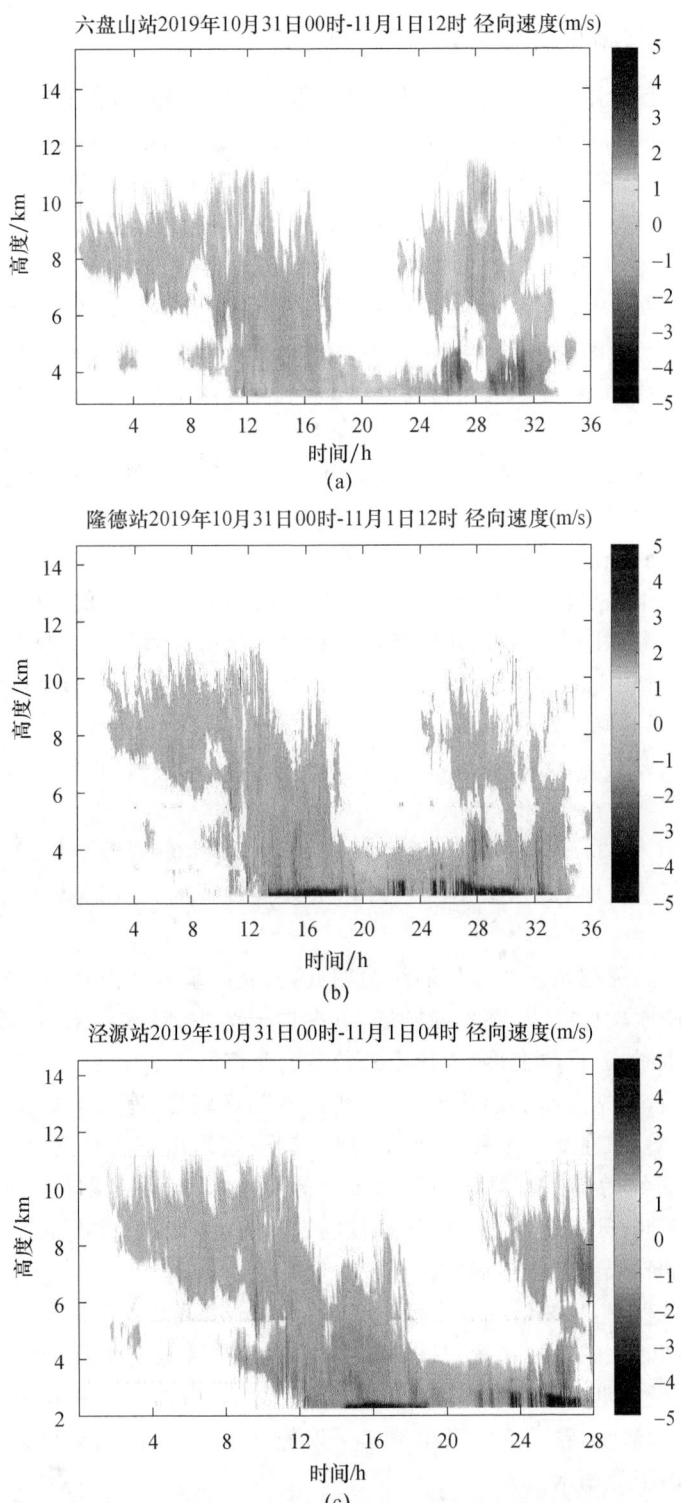

图3 2019年10月31日—11月1日六盘山区Ka波段毫米波云雷达径向速度随时间-高度廓线图
(a)六盘山站；(b)隆德站；(c)泾源站。(11月1日04—12时缺测)

## 4.3 云垂直累积液态水含量垂直变化特征

由云垂直累积液态水含量垂直变化分布图可见(图4),降水开始前六盘山站的云垂直累积液态水含量最为充沛,其次为泾源站,隆德站的最弱,降水过程开始时,三站云系的云液态水含量有一明显的剧增现象。降水开始后,云系云顶高度降低,垂直累积液态水含量有减弱现象,这是由于降水对雷达回波的衰减作用,导致高层的回波变弱,三站垂直累积液态水含量在 4 km 以下均为大值区,六盘山站的最大垂直累积液态水含量最大,达 $1.5 \text{ g} \cdot \text{m}^{-3}$,泾源站达 $1 \text{ g} \cdot \text{m}^{-3}$ 以上,隆德站为 $0.5 \text{ g} \cdot \text{m}^{-3}$。综合以上分析,六盘山站的水汽条件最为充沛,这为降水的发生发展提供了很好的水汽条件,其次水汽条件较好的为泾源站,隆德站的水汽条件相较最差,随着降水过程结束,云系变得浅薄,云系底高增高,云内垂直累积液态水含量降低,云系波动性消散。

进一步分析表明,受六盘山系的山地地形影响,在六盘山上空云粒子易发展积聚形成地形云现象,在此次降水过程中,六盘山站云体内的上升运动最多,的云系存续时间也最长,因此降水时段也最长。此外,泾源站位于六盘山系的东坡,地势低于隆德站,降水过程中云体内上升运动更为剧烈,瞬时雨强也较隆德站更大,这可能受山地地形重力波的影响,湍流运动更强,加之更优的水汽条件,累积降水量也高于隆德站。综合以上分析,HT101 型全固态 Ka 波段毫米波云雷达产品可相对较全面的表征此次降水过程,可根据云雷达的回波强度以及云接地的发展时间初步诊断并预判降水过程。

## 5 结论与探讨

利用 2019 年 10 月 30—11 月 1 日区域自动站逐时降水量观测资以及 HT101 型全固态 Ka 波段毫米波云雷达资料,对六盘山区一次降水天气过程的天气形势及云宏观特征进行分析,得出以下结论。

(1)六盘山、泾源、隆德站云系发展的结构相近,云系的垂直结构有一个多层—单层—再多层的演变过程;在降水发生前,云系不断发展,以多层云为主,降水发生时,云系变为深厚的单层云,降水过程结束时,云层数变多,云体内云层数变为多层云。

(2)降水开始前,三站为高层层状云,云雷达回波强度较低,有微弱的上升运动,速度谱宽值较小并分布较为集中;在降水过程中,回波强度较强,表现出垂直高度上由高到低强度增大的特征,接近雷达天线的低层有明显的降水形成的下落速度,垂直累积液态水含量有剧增现象;在降水过程结束时,云雷达回波强度明显减弱云体内上升运动骤减,同时谱宽值减小,垂直累积液态水含量减弱,云系也逐渐消散。

(3)此次降水过程中,三站最高云顶高达 10~12 km,六盘山站云系的出现时间最早、云接地维系时间最长,同时次的回波强度、径向速度与垂直累积液态水含量最强,次大值为泾源站,隆德站最小,此外,受六盘山的影响,六盘山站的云系更为深厚,更易积聚形成地形云,泾源站受山地激发的地形波影响,粒子在山系东坡的下落速度更大,湍流运动更强,加之更优的水汽条件,累积降水量高于隆德站。

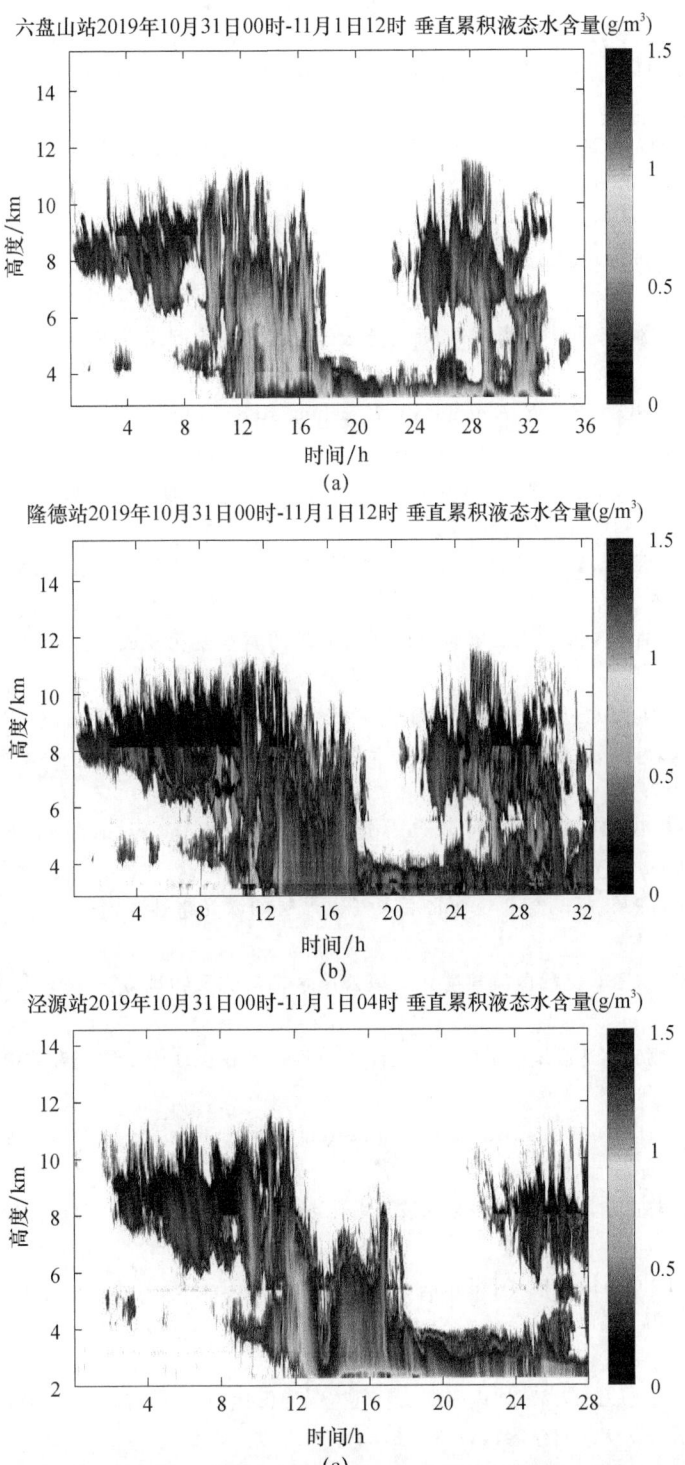

图 4　2019 年 10 月 31 日—11 月 1 日六盘山区 Ka 波段毫米波云雷达垂直累积液态水含量随时间-高度廓线图
(a)六盘山站；(b)隆德站；(c)泾源站。(11 月 1 日 04—12 时缺测)

## 参考文献

[1] LI Z Q, BARKER H W, MOREAU L. The variable effect of clouds on atmospheric absorption of solar radiation [J]. Nature, 1995, 376(6540):486-490.

[2] RANDALL D, KHAIROUTDINOV M, ARAKAWA A, et al. Breaking the cloud parameterization deadlock [J]. Bull Amer Meteor Soc, 2003, 84(11):1547-1564.

[3] LIOU K N. 大气辐射导论[M]. 郭彩丽, 周诗健, 译. 2版. 北京:气象出版社, 2004.

[4] STEPHENS G L. Cloud feedbacks in the climate system: A critical review [J]. J Climate, 2005, 18(2):237-273.

[5] 高翠翠, 李昀英, 寇雄伟, 等. 中国东部暖季对流云与层状云的比例及与降水的对应关系[J]. 大气科学, 2017, 41(3):490-500.

[6] RUTLEDGE S A, HOUZE R A. A diagnostic modelling study of the trailingstratiform region of a midlatitude squall line [J]. J Atmos Sci, 1987, 44(18):2640-2656.

[7] 刘屹岷, 燕亚菲, 吕建华, 等. 基于CloudSat/CALIPSO卫星资料的青藏高原云辐射及降水的研究进展[J]. 大气科学, 2018, 42(4):847-858.

[8] 陈勇航, 黄建平, 王天河, 等. 西北地区不同类型云的时空分布及其与降水的关系[J]. 应用气象学报, 2005, 16(06):15-25, 160.

[9] 王亚敏, 冯起, 李宗省. 1960—2005年西北地区低云量的时空变化及成因分析[J]. 地理科学, 2014, 34(5):635-640.

[10] 吴伟, 王式功. 中国北方云量变化趋势及其与区域气候的关系[J]. 高原气象, 2011, 30(3):651-658.

[11] 王小勇, 张婕, 武岩, 等. 祁连山东部春季云参数特征与降水的关系研究[J]. 安徽农业科学, 2011, 39(33):20885-20887.

[12] THURAIRAJAH B, SHAW J A. Cloud statistics measured with the infrared cloud imager(ICI)[J]. IEEE Trans Geosci Remote Sens, 2005, 43(9):2000-2007.

[13] 闫宝东, 宋小全, 陈超, 等. 2011春季北京大气边界层的激光雷达观测研究[J]. 光学学报, 2013, 33(S1):s128001.

[14] 周珺, 雷恒池, 魏重, 等. 机载微波辐射计反演云液水含量的云物理方法[J]. 大气科学, 2008, 32(5):1071-1082.

[15] 仲凌志. 毫米波测云雷达系统的定标和探测能力分析及其在反演云微物理参数中的初步研究[D]. 北京:中国气象科学研究院, 2009.

[16] BHARTIA P, BAHL I J. Millimeter wave engineering and applications[M]. Hoboken N J:Wiley, 1984:31-35.

[17] 郑佳锋, 刘黎平, 曾正茂, 等. Ka波段毫米波云雷达数据质量控制方法[J]. 红外与毫米波学报, 2016, 35(6):748-757.

[18] LIU Liping, ZHENG Jiafen, RUAN Zheng, et al. Comprehensive radar observations of clouds and precipitation over the Tibetan Plateau and preliminary analysis of cloud properties [J]. J Meteor Res, 2015, 29(4):546-561.

[19] 吴翀, 刘黎平, 翟晓春. 2017. Ka波段固态发射机体制云雷达和激光云高仪探测青藏高原夏季云底能力和效果对比分析[J]. 大气科学, 41(4):659-672.

[20] 刘黎平, 郑佳锋, 阮征, 等. 2014年青藏高原云和降水多种雷达综合观测试验及云特征初步分析结果[J]. 气象学报, 2015, 73(4):635-647.

[21] 林奇胜, 刘洪萍, 张安录. 论我国西北干旱地区水资源持续利用[J]. 地理与地理信息科学, 2003, 19(3):54-58.

[22] 陈少勇,董安祥,王丽萍. 中国西北地区总云量的气候变化特征[J]. 成都信息工程学院学报,2006,21(3):110-115.
[23] 赵静,马尚昌,代桃高,等. Ka波段毫米波云雷达探测能力的分析研究[J]. 成都信息工程学院学报,2016,31(1):29-34.
[24] 仲凌志,刘黎平,葛润生. 毫米波测云雷达的特点及其研究现状与展望[J]. 地球科学进展,2009,24(4):383-391.

# 基于 FY-2 卫星云反演产品的宁夏六盘山区层状云降水特征分析*

孙艳桥　舒志亮*　林彤

(1. 中国气象局旱区特色农业气象灾害监测预警与风险管理重点实验室,银川 750002;
2. 宁夏气象防灾减灾重点实验室,银川 750002)

**摘　要**:本文综合利用 FY-2 卫星云反演产品和六盘山区气象站降水资料,选取 2016—2020 年宁夏六盘山区 22 次层状云降水过程作为研究对象,采用九点平均法进行云参数和降水量的对应,结合云参数产品和降水强度分档方法,统计分析了宁夏六盘山区层状云结构特征参数与降水的相关性特征。研究结果表明,各云特征参数在有降水情况下的频数分布较无降水情况更趋于向高档集中,云的特征参数分档较高的云系发生强降水概率较大、发生弱降水概率较小。

**关键词**:层状云;FY-2 卫星;云特征参数;降水;分档

## 1　引言

层状云是我国西北地区主要的降水云系,也是人工影响天气作业最主要的作业目标云系,云的结构特征与云辐射特性、云降水条件、降水机制、降水效率及人工增雨潜力等紧密相关,研究云特征参数与降水的相关性具有重要意义。

国内外气象学者关于云特征参数与降水相关性的研究,已有一定进展。1994 年,Rosenfeld 等[1]对比分析 NOAA 卫星反演的降水与云粒子有效半径的关系,研究得出有效半径大于 14 μm 是云产生降水的阈值。1997 年,卢乃锰等[2]统计了云顶温度与降水强度的对应关系。2006 年,张杰等[3]分析了 MODIS 云参数与地面降雨量的关系,分析结果表明,祁连山区产生较大降水的云粒子有效半径为 6~12 μm,云光学厚度为 8~20。2007 年,刘健等[4]研究了 FY-1 D 和 NO-AA 极轨卫星反演得到的云光学厚度和地面降水数据,发现地面雨量基本与云光学厚度呈正相关关系。2008 年,周毓荃等[5]利用 FY-2C/D 卫星资料,融合其他多种观测资料,反演了近 10 种云宏微观物理特征参数。2009 年,陈英英等[6]利用 FY-2C/D 卫星反演云参数产品,对比分析了降水过程中雷达回波和小时雨量,发现反演的光学厚度与地面强降水中心能够较好地吻合,云液态水含量的大值区与地面强降水中心的位置基本一致,云液态水含量的大小与地面雨量的大小呈正相关关系。2010 年,王晨曦等[7]研究了云顶温度与降水的关系;廖向花等[8]分析了重庆一次冰雹强对流过程的云微物理参量变化,发现降雹时云粒子有效

---

\* 基金资助:西北区域人影建设研究试验项目(RYSY201904),第二次青藏高原综合科学考察研究项目(2019QZKK0104)。

作者简介:孙艳桥(1983—),男,高级工程师,硕士,研究方向为大气物理与人工影响天气。E-mail:sunyanqiao007@163.com。

通讯作者:舒志亮,男,1981 年生,高级工程师,主要从事人工影响天气及大气物理方面研究。E-mail:8633204@163.com。

半径普遍较大。蔡淼等[9-10]分析了层状云降水过程和对流云降水过程的云参数与降水的关系,发现反演的光学厚度与降水关系密切,云光学厚度等云参数跃变先于地面降水 1～2 h。2015 年,周毓荃等[11]利用多普勒雷达资料、FY-2E 静止卫星和 MODIS 极轨卫星反演产品,研究了一次北京特大暴雨的云降水结构及云雨转化特征。2018 年,田磊等[12]利用 FY-2G 静止卫星反演产品,对宁夏一次典型飞机增雨催化作业后云参数变化情况进行了分析,结果表明,经过催化后,作业区的云光学厚度、液态水含量、云有效粒子半径相比对比区均有明显增长,同时作业区云过冷水含量相比对比区在催化后下降较快。2019 年,龚静等[13]利用云参数卫星反演产品,结合地面自动站观测降水资料,以一次飞机增雨作业为例,对作业区与对比区作业前后的云系进行跟踪,对宏微观物理量、降水量进行统计及对比分析;马思敏等[14]利用 MICAPS4.0 高空实况资料、FY-2G 卫星反演产品、Grapes-cams 人影模式产品以及宁夏六盘山区隆德气象站 42 通道微波辐射计资料对宁夏 2017 年一次大范围连阴雨过程的人工增雨作业条件进行了分析。卫星反演的云参数能够较好地反映出云系的移动发展,且较地面降水的发生具有一定的提前量,可以作为人工增雨作业条件判别的参考依据。

上述研究,分析了卫星反演的云参数与降水的关系,但这些研究结果是否适用于宁夏六盘山区,有待进一步验证。基于这些现状,本文挑选 2016—2020 年宁夏六盘山地区典型的层状云降水过程,综合利用 FY-2 卫星反演云参数产品和该地区气象站降水资料,统计分析层状云结构特征参数与降水的关系,得出降水云系的云参数与雨强的对应关系,为认识云降水发展演变规律、识别人工增雨播云条件和效果等提供帮助。

## 2 资料与方法

### 2.1 资料选取

FY-2 卫星反演产品每半小时发布一次,采用 0.05°×0.05°卫星观测数据进行反演计算,产品空间分辨率为 5 km×5 km,覆盖范围为 0°—60°N、70°—150°E,数据存储格式为二进制格点数据。

本研究挑选 2016—2020 年宁夏六盘山区地区共 22 次层状云降水过程(表 1)的 FY-2 卫星反演云参数产品作为研究对象,结合宁夏六盘山区 7 个大监站(固原、海原、西吉、彭阳、隆德、泾源、六盘山)地面逐时雨量观测资料展开对比分析。其中,FY-2 卫星反演的云特征参数包括:云顶高度、云顶温度、云体过冷层厚度、云光学厚度、云粒子有效半径、云垂直积分液态水含量和云黑体亮温共 7 个参数,各云参数产品的定义见表 2。

因部分反演产品主要利用卫星可见光通道数据进行反演,受可见光通道的限制,主要在白天有观测数据,为此取反演时段为 08—20 时进行区域统计和对比分析。

表 1 本研究所选取的 2016—2020 年层状云降水过程

| 序号 | 时间范围 | 序号 | 时间范围 |
| --- | --- | --- | --- |
| 1 | 2016 年 6 月 9 日 | 12 | 2018 年 9 月 17—9 月 19 日 |
| 2 | 2016 年 6 月 26 日 | 13 | 2019 年 4 月 7—4 月 8 日 |
| 3 | 2016 年 7 月 11 日 | 14 | 2019 年 6 月 19—6 月 23 日 |
| 4 | 2016 年 8 月 10—8 月 26 日 | 15 | 2019 年 9 月 12—9 月 13 日 |

续表

| 序号 | 时间范围 | 序号 | 时间范围 |
|---|---|---|---|
| 5 | 2017年6月3—6月5日 | 16 | 2019年10月5—10月6日 |
| 6 | 2017年7月4—7月5日 | 17 | 2020年5月4—5月5日 |
| 7 | 2017年8月19—8月24日 | 18 | 2020年7月9—7月11日 |
| 8 | 2017年8月27—8月29日 | 19 | 2020年8月17日 |
| 9 | 2018年7月11日 | 20 | 2020年8月23日 |
| 10 | 2018年7月18—7月23日 | 21 | 2020年8月29—8月30日 |
| 11 | 2018年9月15日 | 22 | 2020年9月1日 |

表2 各卫星反演云参数产品的定义

| 名称 | 定义 |
|---|---|
| 云顶高度 | 云顶相对地面的距离,单位:km |
| 云顶温度 | 云顶所在高度的温度,单位:℃ |
| 云体过冷层厚度 | 0 ℃层到云顶之间的厚度,单位:km |
| 云光学厚度 | 云系在整个路径上云消光的总和,为无量纲参数 |
| 云粒子有效半径 | 假设云层水平均一且较厚的条件下,云顶粒子的有效半径,单位:μm |
| 云液态水含量 | 单位面积云体上的垂直方向的液水总量,单位:g·m$^{-2}$ |
| 云黑体亮温 | 卫星观测的下垫面物体的亮度温度,单位:℃ |

## 2.2 资料处理和统计分类方法

### 2.2.1 云参数与降水量时空匹配

本研究采用九点平均法[9]进行云参数与地面降水的时空匹配统计(图1),即以观测点经纬度为中心,取其周边最近的9个格点上相应的云参数的算术平均值,作为该点对应的云参数值;在时间上,取当前时次的卫星反演的云参数值,与其后一个时次雨量观测值进行对比分析。

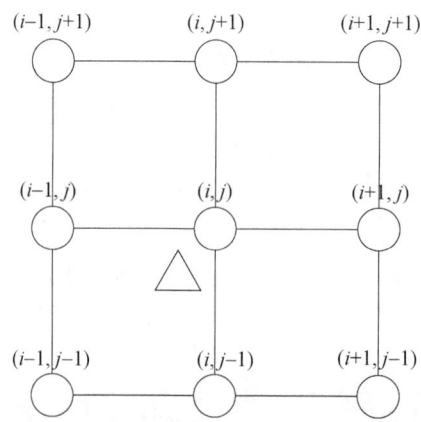

图1 宁夏六盘山区大监站与卫星反演数据像素点位置关系
(△代表大监站位置,○代表卫星反演产品格点数据,坐标为$(i,j)$的格点为距离站点最近的格点)

#### 2.2.2 降水分类

根据雨强($R$,每小时降水量;单位:mm·h$^{-1}$)大小,将降水分为无降水、弱降水、一般降水和强降水4类,见表3。

表3 降水分类与雨强对应关系

| 降水类型 | 雨强/mm·h$^{-1}$ | 降水类型 | 雨强/mm·h$^{-1}$ |
| --- | --- | --- | --- |
| 无降水 | 0 | 一般降水 | $0.5 \leqslant R < 5$ |
| 弱降水 | $R < 0.5$ | 强降水 | $R \geqslant 5$ |

#### 2.2.3 云特征参数分档

参照周毓荃等[14]的云特征参数分档规则,结合宁夏实际作适当修订,将各类云特征参数按数值大小范围进行分档,其分档规定见表4,以统计云参数在各档的出现频数。

表4 各类云特征参数数值分档

| 分档 | 云顶高度/km | 云顶温度/℃ | 云过冷层厚度/km | 云光学厚度 | 云粒子有效半径/μm | 云液态水含量/g·m$^{-2}$ | 云黑体亮温/℃ |
| --- | --- | --- | --- | --- | --- | --- | --- |
| 1 | 0～2 | 0以上 | 0～0.5 | 0～5 | 0～5 | 0～50 | 15以上 |
| 2 | 2～4 | −15～0 | 0.5～2 | 5～10 | 5～10 | 50～150 | 0～15 |
| 3 | 4～6 | −30～−15 | 2～4 | 10～20 | 10～20 | 150～300 | −15～0 |
| 4 | 6～8 | −45～−30 | 4～6 | 20～35 | 20～30 | 300～500 | −30～−15 |
| 5 | 8以上 | −45以下 | 6以上 | 35以上 | 30以上 | 500以上 | −30以下 |

#### 2.2.4 统计样本及降水概率

规定同时次、同站点对应的云参数和降水数据为一个统计样本,定义降水概率为降水样本数在降水和非降水总样本中所占的百分比。

## 3 结果分析

2016—2020年宁夏六盘山区22次层状云降水过程中,卫星观测时段内共有4731个样本,包括3286个无降水样本和1445个降水样本。

### 3.1 云参数的频数分布与降水的关系

图2a—g分别给出了FY-2卫星反演的云顶高度、云顶温度、云过冷层厚度、云光学厚度、云粒子有效半径、云液态水含量和云黑体亮温等7个物理参量的频数分布。具体分析如下。

云顶高度(图2a)在有降水与无降水情况下1—5档的频数分布均呈单峰型,有降水最大值出现在第3档,为553,占有降水样本的38.3%;无降水最大值出现在第2档,为1309,占无降水样本的39.8%。可见,有降水时的云顶高度整体要高于无降水时的云顶高度。

云顶温度(图2b)在有降水与无降水情况下1—5档的频数分布均呈单峰型,最大值均出现在第2档,有降水、无降水分别为623和1362,分别占各自样本量的43.1%和41.4%。

云过冷层厚度(图2c)在有降水与无降水情况下1—5档的频数分布均呈单峰型,最大值均出现在第2档,有降水、无降水分别为565和1049,分别占各自样本量的39.1%和31.9%。

云光学厚度(图 2 d)在有降水时 1—5 档的频数分布呈单峰型,峰值出现在第 3 档,为 596,占有降水样本的 41.2%;无降水情况下呈双峰型,最大峰值出现在第 1 档,为 1388,占无降水样本的 42.2%。

云粒子有效半径(图 2e)在有降水与无降水情况下 1—5 档的频数分布均呈单峰型,峰值均出现在第 1 档,分别为 643 和 1864,占各自样本量的 44.5% 和 56.7%。

云液态水含量(图 2f)在有降水与无降水情况下 1—5 档的频数分布均呈单峰型,峰值均出现在第 1 档,最大值分别为 624 和 2072。

云黑体亮温(图 2g)在有降水与无降水情况下 1—5 档的频数分布均呈单峰型,均出现在第 3 档,分别为 638 和 1335。

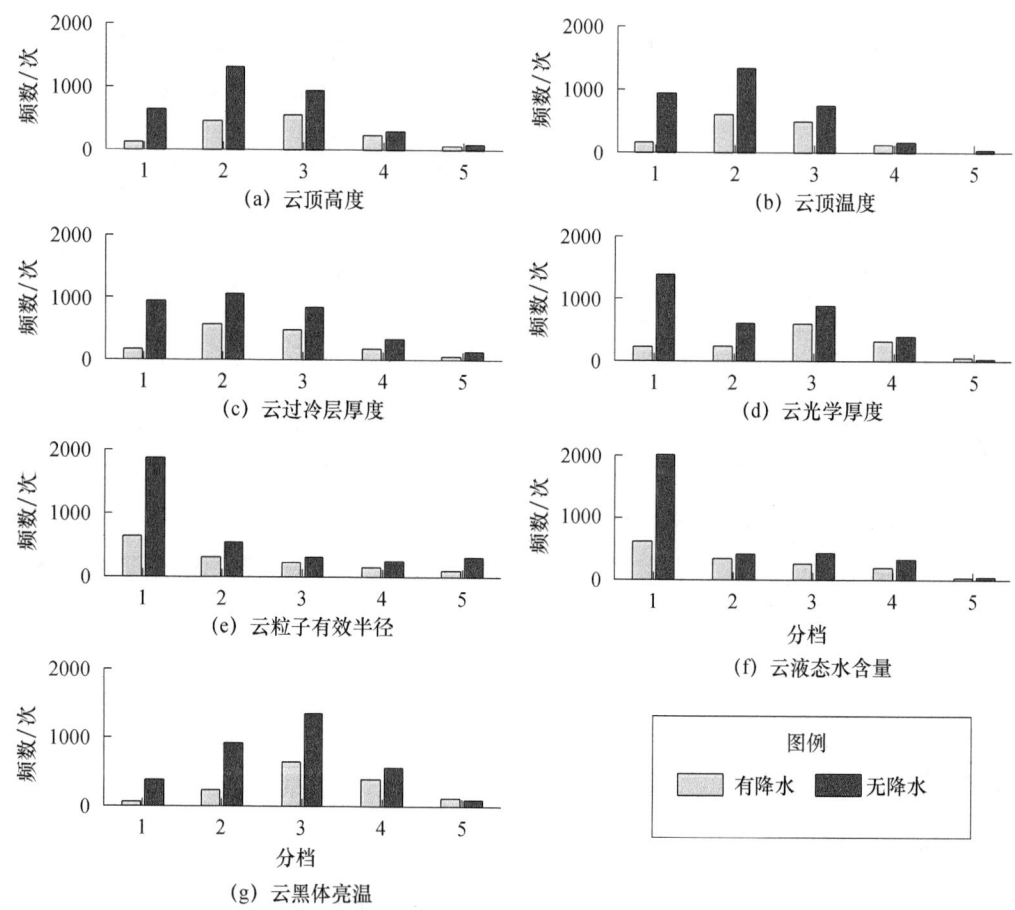

图 2　2016—2020 年宁夏六盘山区层状云降水 08—20 时卫星反演云参数各档的频数分布

综上所述,各云参数在降水情况下的频数分布较无降水情况更趋于向高档集中。但有降水与无降水的频数分布并无明显的界限,各档均可能出现降水,也都可能不出现降水。

## 3.2　各档云参数的降水概率

为进一步了解各类云参数的不同数值大小与降水的关系,按表 4 给出的云参数数值分档,计算得出各档云参数的降水概率,见表 5。具体分析如下。

## 基于FY-2卫星云反演产品的宁夏六盘山区层状云降水特征分析

**表5 卫星反演云参数的各档降水概率(单位:%)**

| 分档 | 云顶高度 | 云顶温度 | 云过冷层厚度 | 云光学厚度 | 云粒子有效半径 | 云液态水含量 | 云黑体亮温 |
|---|---|---|---|---|---|---|---|
| 1 | 16 | 15 | 15 | 14 | 26 | 23 | 14 |
| 2 | 26 | 31 | 35 | 29 | 37 | 45 | 20 |
| 3 | 37 | 40 | 37 | 41 | 42 | 38 | 32 |
| 4 | 44 | 43 | 36 | 45 | 39 | 36 | 41 |
| 5 | 39 | 29 | 29 | 59 | 25 | 39 | 55 |

云顶高度随分档值增大(云顶高度的增加),降水概率先增大后减小,最大值出现在第4档(6~8 km),为44%;最小值出现在第1档,为16%,随着云顶高度的逐渐增大,降水概率也逐渐增大,但超过一定范围,降水率会有所降低,云顶高度在6~8 km,出现降水的概率最大。

云顶温度随分档值增大(云顶温度的降低),降水概率先增大后减小,最大值出现在第4档(-45~-30 ℃),为43%;最小值出现在第1档,为15%,降水概率随云顶温度的降低而逐渐增大,云顶温度在-45~-30 ℃,出现降水的概率最大。

云过冷层厚度随分档值增大(云过冷层厚度的增大),降水概率先增大后减小,最大值出现在第3档(0.5~2 km),为37%;第2档(2~4 km)、第4档(4~6 km)也较大,分别为35%和36%;第1档较小,为15%,云过冷层厚度在0.5~6 km时,出现降水的概率较大。

云光学厚度随分档值增大(云光学厚度的增大),降水概率呈递增趋势,最大值出现在第5档(大于35),为59%;次大值出现在第4档(20~35),为45%;最小值出现在第1档,为14%。云光学厚度体现的是云体的厚实程度,即体现的是剔除夹层的净云厚的厚实程度。可见,云光学厚度超过20时,出现降水的概率较大。

云粒子有效半径随分档值增大(云粒子有效半径的增大),降水概率先增大后减小,最大值出现在第3档(10~20 μm),为42%;次大值出现在第4档(20~30 μm),为39%;第2档(5~10 μm)也较大,为37%;最小值出现在第5档,为25%。可见,云粒子有效半径在5~30 μm时,出现降水的概率较大。

云液态水含量随分档值增大(云液态水含量的增大),降水概率先增大后减小,最大值出现在第2档(50~150 g·m$^{-2}$),为45%;次大值出现在第5档(大于500 g·m$^{-2}$),为39%;第3档和第4档也较大,分别为38%和36%;最小值出现在第1档(小于50 g·m$^{-2}$),为23%,云液态水含量在50~500 g·m$^{-2}$时,出现降水的概率均较大。

云黑体亮温随分档值增大(云黑体亮温的降低),降水概率呈递增趋势,最大值出现在第5档(低于-30 ℃),为55%;次大值出现在第4档(-30~-15 ℃),为41%;最小值出现在第1档,为14%。可见,云黑体亮温低于-15 ℃时,出现降水的概率较大。

### 3.3 云参数分档下同强度降水的概率

对层状云有降水样本进行统计,获得不同强度降水的发生频数和概率分别为:弱降水出现501次,占34.7%;一般降水出现频数最多,为858次,占59.4%;强降水出现频数最少,仅为86次,占6.0%。分析卫星反演云参数分档下同强度降水的概率时剔除1档,结果见表6。具体分析如下。

表6 卫星反演云参数分档下同强度降水的概率

| 云参数 | 雨强/mm·h$^{-1}$ | 不同分档下各类雨强的比率/% | | | |
|---|---|---|---|---|---|
| | | 2档 | 3档 | 4档 | 5档 |
| 云顶高度 | $R<0.5$ | 32 | 44 | 34 | 26 |
| | $0.5 \leqslant R<5$ | 62 | 53 | 61 | 64 |
| | $R \geqslant 5$ | 6 | 4 | 5 | 10 |
| 云顶温度 | $R<0.5$ | 39 | 39 | 33 | 16 |
| | $0.5 \leqslant R<5$ | 57 | 56 | 62 | 68 |
| | $R \geqslant 5$ | 4 | 4 | 5 | 16 |
| 云过冷层厚度 | $R<0.5$ | 36 | 42 | 33 | 19 |
| | $0.5 \leqslant R<5$ | 60 | 53 | 63 | 69 |
| | $R \geqslant 5$ | 4 | 4 | 5 | 13 |
| 云光学厚度 | $R<0.5$ | 37 | 43 | 34 | 31 |
| | $0.5 \leqslant r<5$ | 58 | 52 | 60 | 63 |
| | $R \geqslant 5$ | 5 | 5 | 6 | 6 |
| 云粒子有效半径 | $R<0.5$ | 39 | 33 | 30 | 29 |
| | $0.5 \leqslant R<5$ | 57 | 59 | 65 | 65 |
| | $R \geqslant 5$ | 4 | 8 | 5 | 6 |
| 云液态水含量 | $R<0.5$ | 39 | 34 | 27 | 30 |
| | $0.5 \leqslant R<5$ | 56 | 61 | 66 | 60 |
| | $R \geqslant 5$ | 4 | 5 | 7 | 11 |
| 云黑体亮温 | $R<0.5$ | 25 | 40 | 37 | 35 |
| | $0.5 \leqslant R<5$ | 68 | 57 | 57 | 61 |
| | $R \geqslant 5$ | 7 | 3 | 6 | 5 |

云顶高度随分档值增大,出现强降水概率逐渐增大,由第2档(2~4 km)的6%逐渐降至第5档(≥8 km)的10%,云顶高度越高,说明降水系统垂直发展越旺盛,出现强降水的概率越大。

云顶温度随分档值增大,出现弱降水概率逐渐减小,由第2档(−15~−0 ℃)的39%逐渐降至第5档(≤−45 ℃)的16%;强降水概率逐渐增大,由第2档的4%逐渐增大至第5档的16%。可见,云顶温度越低,说明降水系统垂直发展越旺盛、冰相过程发展更充分,出现弱降水的概率越小,出现强降水的概率越大。

云过冷层厚度随分档值增大,强降水概率逐渐增大,最小值出现在第2档(2~4 km),为4%,随后逐渐增大至第5档的13%。说明过冷层厚度越厚,出现强降水的概率越大。

云液态水含量随分档值增大,出现强降水的概率由第2档的4%逐渐增大至第5档的11%。

云光学厚度、云粒子有效半径随分档值增大,出现弱降水、一般降水和强降水的概率变化不显著。

综上所述,各云参数同强度降水概率随分档值的增大呈以下趋势:弱降水发生概率呈递减趋势,一般降水和强降水发生概率呈递增趋势,尤其是强降水发生概率表现更为明显。

## 4 结论与讨论

(1)各云参数在有降水情况下的频数分布较无降水情况更趋于向高档集中。但有降水与无降水的频数分布并无明显的界限,各档均可能出现降水,也都可能不出现降水。

(2)云参数分档较高的云系发生强降水概率较大,最大值均出现在高档,发生弱降水概率较小,最小值出现在第1档或第2档。

### 参考文献

[1] ROSENFELD D,GUTMAN G. Retrieving microphysical properties near the tops of potential rain clouds by multispectral analysis of AVHRR data[J]. Atmospheric Research,1994,34:259-283.

[2] 卢乃锰,吴蓉璋. 强对流降水云团的云图特征分析[J]. 应用气象学报,1997,8(3):269-275.

[3] 张杰,张强,田文寿,等. 祁连山区云光学特征的遥感反演与云水资源的分布特征分析[J]. 冰川冻土,2006,28(5):722-727.

[4] 刘健,张文建,朱元竞,等. 中尺度强暴雨云团云特征的多种卫星资料综合分析[J]. 应用气象学报,2007,18(2):158-164.

[5] 周毓荃,陈英英,李娟,等. 用FY-2C/D卫星等综合观测资料反演云物理特性产品及检验[J]. 气象,2008,34(12):27-35.

[6] 陈英英,唐仁茂,周毓荃,等. FY-2C/D卫星微物理特征参数产品在地面降水分析中的应用[J]. 气象,2009,35(2):15-18.

[7] 王晨曦,郁凡,张成伟. 基于MTSAT多光谱卫星图像监测全天时我国华东地区的梅雨期降水[J]. 南京大学学报:自然科学,2010,46(3):305-316.

[8] 廖向花,周毓荃. 重庆一次超级单体风暴的综合分析[J]. 高原气象,2010,29(6):1556-1564.

[9] 蔡淼,周毓荃,朱彬. FY-2C/D卫星反演云特征参数与地面雨滴谱降水观测初步分析[J]. 气象与环境科学,2010,33(1):1-6.

[10] 蔡淼,周毓荃,朱彬. 一次对流云团合并的卫星等综合观测分析[J]. 大气科学学报,2011,34(2):170-179.

[11] 周毓荃,蒋元华,蔡淼. 北京"7.21"特大暴雨云降水结构及云雨转化特征[J]. 大气科学学报,2015,38(3):321-332.

[12] 田磊,李化泉,翟涛,等. 卫星反演产品在一次飞机增雨效果检验中的应用[J]. 宁夏工程技术,2018,17(2):109-112.

[13] 龚静,张玉欣,林春英,等. 青海东部地区一次双架次飞机增雨作业的云参数变化与地面降水的相关分析[J]. 青海农林科技,2019(4):21-25.

[14] 马思敏,李化泉,孔承承,等. 宁夏2017年夏季一次连阴雨天气的人工增雨作业条件分析[J]. 宁夏工程技术,2019.18(4):305-312.

# 六盘山区夏季一次混合相态降水过程云降水宏微观特征分析*

穆建华  曹 宁  戴言博  马思敏  党张利  林 彤

(1. 中国气象局旱区特色农业气象灾害监测预警与风险管理重点实验室,银川 750002；
2. 宁夏回族自治区气象灾害防御技术中心,银川 750002)

**摘 要**：2019 年 10 月 31 日 12:00 至 11 月 1 日 10:00 六盘山区出现了一次层状云降水过程,其中六盘山站在 31 日 12 时以后气温降到 0 ℃ 以下,前期降水为雪或雨夹雪,后转为雨,为混合相态降水。利用常规气象观测资料、卫星雷达遥感资料以及人影特种观测资料对此次降水过程环流背景、水汽液态水特征、云降水宏微观特征等进行了综合分析。结果表明：此次降水发生在两槽一脊的环流背景下,主要影响系统为 500 hPa 短波槽、700 hPa 风切变以及急流。此次降水过程先出现高云,然后云层加厚并逐渐出现高中低分层结构的三层云系,降水前云系进一步发展,三层结构消失,发展成深厚云系并接地。在降水开始前,大气水汽含量总体上为 15～22 mm,大气液态水含量基本为 0.5 mm 以内波动变化,降水开始前 20 min,大气水汽含量和大气液态水含量均出现了跃增。降水期间,云顶亮温基本在 −28 ℃ 左右,组合反射率基本在 15～25 dBZ,呈现典型的层状云降水特征；−4 ℃ 层以上,降水水凝物粒子产生和生长过程主要是沉降,−4 ℃ 和 0 ℃ 等温线降水水凝物粒子产生和生长过程主要是聚合和附淞,0 ℃ 等温线以下的物理过程主要是融化。六盘山西侧降水粒子最大直径、平均粒径、含水量和数浓度等明显大于东侧,可能是由于降水系统弱,云系在翻山后减弱。山顶的各参量值要比山脚小,说明山顶靠近云层,雨滴落到山下后充分碰并增长,粒子直径变大。

**关键词**：六盘山；混合相态降水；环流背景；云降水宏微观特征

# 1 引言

位于宁夏南部的六盘山脉是一个典型南北走向的山脉,西北接青藏高原北麓祁连山东部余脉,东南接秦岭西部的余脉。六盘山区毗邻青藏高原东北部,是中国大地形第一阶梯和第二阶梯的过渡地带,处于西风带中低层受高原阻挡而形成的两支绕流气流交汇的区域,同也是西风带和东亚季风的交汇区。独特的地理位置和天气气候条件使得六盘山区成为宁夏降水最多的区域。六盘山区的降水同时还受到山区地形的明显影响,降水分布极不均匀,气候统计表明,位于六盘山主峰东西两侧的泾源气象站和隆德气象站水平距离仅有 20～30 km,但其年平均降水量相差达 100 mm 以上,而位于六盘山顶的六盘山气象站年平均降水量略少于东侧山谷的泾源气象站,但明显多于位于其西南约 10 km 的隆德气象站。因此,研究复杂地形条件和独特天气气候条件共同作用下六盘山区的降水的形成机理和演变特征,对深入认识山地降

---

\* 基金项目：宁夏自然基金项目(2020AAC03470),西北区域人影建设研究试验项目(RYSY201904),国家自然科学基金面上项目(41775139),宁夏回族自治区重点研发计划一般项目(2019BEG03001)共同资助。
作者简介：穆建华(1981—),男,本科,高级工程师,主要从事人工影响天气工作。E-mail：musa328@163.com。

水具有重要意义。

云和降水的形成、发展除了受到动力、热力条件影响外,其内部的微物理过程也起着重要的作用[1]。自然降水过程包括成云过程和致雨过程,即由抬升造成水汽凝结的动力学过程和使云滴增大为降水粒子的微物理过程[2]。微物理过程受到外部大尺度动力和热力条件制约,而云中的微物理过程则又对动力和热力过程有重要的影响。研究表明,云中潜热释放是大气中各种尺度天气现象的重要能量来源,云的潜热释放、成云致雨以及辐射作用都受云内微物理过程影响,这些过程包括暖云粒子和冰相粒子的形成、增长及其间的相互作用[3]。近年来,随着观测技术的快速发展,云降水宏微观结构特征观测分析方面取得了一系列成果。张磊等[4]利用飞机 DMT 探测资料对 2010 年北京一次降水性层状云过程的微物理过程进行了观测分析,得出此次降水的主要微物理机制是"播种-供给"过程。柳臣中等[5]基于微物理特征参量分析了成都地区积云、积层混合云以及层状云降水雨滴谱的总体特征。周毓荃等[6]对 2012 年 7 月 21 日北京市特大暴雨的云降水结构及云雨转化特征进行了综合观测分析。蔡淼等[7]对 2011 年 4 月 17 日广东一次超级单体雹暴过程雷达回波结构和流场特征进行了观测分析。王东海[8]等研究指出,冻结、凝华和冰晶粒子的攀附增长等物理过程共同作用是 2008 年中国南方持续冰冻灾害云中的主要微物理过程;Liu liping 等[9]利用 8.6 mm 云雷达进行了外场试验,给出了探测得到的各种类型云的雷达回波图,并作了初步分析;彭亮等[10]总结了不同相态水凝物粒子对应的毫米波雷达阈值,并对寿县 3 mm 云雷达水凝物相态垂直分布进行了反演研究。刘贵华等[11]利用卫星多光谱云微物理综合分析方法分析过冷水,通过极轨卫星分析了不同过冷层状云及其降水特征,总结出适宜人工增雨作业的卫星判据指标。黄毅梅等[12]利用云雷达、微波辐射计、探空和地面观测等资料对一次冷锋云系的云垂直结构、粒子相态、融化层等进行了综合观测分析,总结云系的演变发展特征。

本文利用常规气象观测资料、卫星雷达遥感资料以及人影特种观测资料对 2019 年 10 月 31—11 月 1 日六盘山区一次混合相态降水过程综合观测分析。

## 2 天气过程概况

### 2.1 降水时间、量级、范围

2019 年 10 月 31 日 12 时至 11 月 1 日 10:00(北京时,下同)六盘山区出现了一次层状云降水过程(图 1),其中六盘山站 12 时以后由于气温降至 0 ℃以下,前期降水为雪或雨夹雪,后转为雨。从降水量级来看,六盘山大部地区出现了小到中雨,西吉中南部以及隆德、泾源大部累积降水量大于 10 mm。从六盘山东西两侧降水分布来看,东侧的泾源站降水量最大,其次是山顶六盘山站,西侧隆德站降水最小。从降水时序来看,降水出现在 10 月 31 日 12:00 至 11 月 1 日 10:00,主降水时段有两次,分别出现在 10 月 31 日 13:00—19:00 和 11 月 1 日 02:00—09:00。

从降水梯度分布来看,降水量随各站海拔高度增加呈现先增后降的特点,降水最多的三个站为海拔高度在 2500 m 以上的六盘山梯度、和尚铺林场和六盘山气象站,三站的降水持续时间也是梯度站中最长的,但其中位于六盘山定的六盘山站降水要略低于六盘山梯度和和尚铺林场。其次是海拔最低、离山体最远的两个梯度站峰台林场、大湾炮点,降水最少的是海拔相对较高,离山近的城关杨家店和六盘山镇两个梯度站。

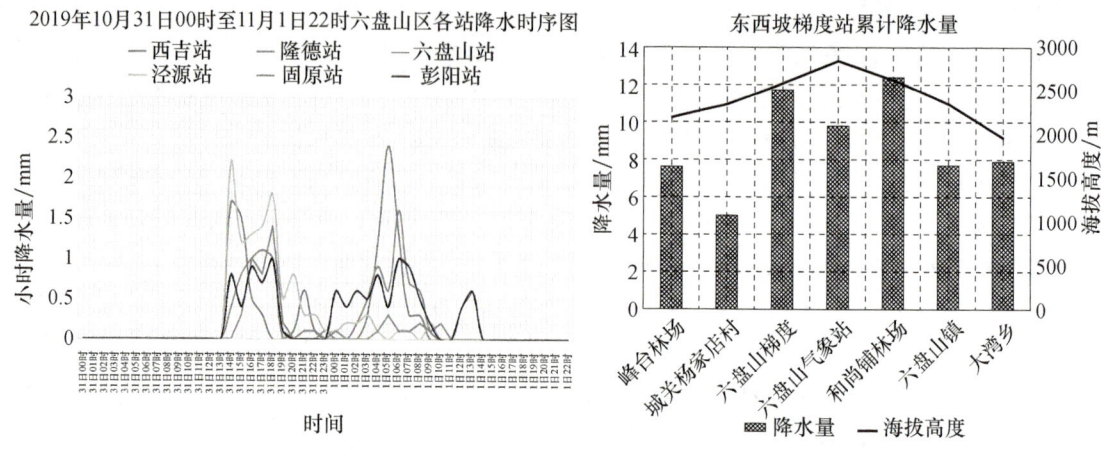

图 1　10 月 31 日 00 时至 11 月 1 日 22 时降水时序图(左)及降水梯度分布(右)

## 2.2　地面气象要素综合分析

利用六盘山西坡和东坡梯度观测站(峰台林场、城关杨家店、六盘山梯度、大湾炮点、六盘山镇、和尚铺林场)以及六盘山气象站、隆德气象站、泾源气象站 9 站 5 min 分辨率观测资料,对风、气压、气温等地面气象要素演变特征进行了分析。

### 2.2.1　风向

降水前风速突变开始到降水开始,各站东南风或南风 14 次(总 27),占比 51.9%;东北风或北风 8 次,占比 29.6%;东风 3 次,占比 11.1%;西南风 2 次,占比 7.4%。总体上东南风占主导,这与地面处于弱高压南部有关(表 1)。

表 1　六盘山区梯度观测站风向特征

| 站点 | 风速开始增加 | | 风速达最大 | | 降水开始时间 | |
| --- | --- | --- | --- | --- | --- | --- |
| | 时间 | 风向 | 时间 | 风向 | 时间 | 风向 |
| 峰台林场 | 12:45 | 西南风 | 13:05 | 东南风 | 13:15 | 东北风 |
| 城关杨家店 | 12:50 | 东北风 | 13:10 | 东北风 | 13:15 | 东北风 |
| 六盘山梯度 | 12:55 | 东风 | 13:05 | 东风 | 13:15 | 东北风 |
| 六盘山气象站 | 12:40 | 东南风 | 12:55 | 东风 | 13:15 | 东北风 |
| 和尚铺林场 | 12:45 | 东东南风 | 13:10 | 东南风 | 13:20 | 东北风 |
| 六盘山镇 | 13:00 | 东南风 | 13:05 | 南风 | 13:35 | 南风 |
| 大湾炮点 | 13:10 | 北风 | 13:25 | 北风 | 13:55 | 北风 |
| 隆德气象站 | 13:05 | 西南风 | 13:25 | 东南风 | 13:25 | 东南风 |
| 泾源气象站 | 12:25 | 东风 | 12:50 | 东南风 | 13:10 | 东南风 |

### 2.2.2　风速

在降水开始前,30 min 左右风速开始明显增加,到降水开始前 14 min 左右达到最大,增幅平均在 2.9 m·s$^{-1}$,然后开始下降(表 2)。

表 2 六盘山区梯度观测站风向特征

| 站点 | 降水开始时间 | 风速开始增加 | | 风速达最大 | | 风速增幅/m·s$^{-1}$ |
|---|---|---|---|---|---|---|
| | | 时间 | 提前/min | 时间 | 提前/min | |
| 峰台林场 | 13:15 | 12:45 | 30 | 13:05 | 10 | 5.7 |
| 城关杨家店 | 13:15 | 12:50 | 25 | 13:10 | 5 | 3.1 |
| 六盘山梯度 | 13:15 | 12:55 | 20 | 13:05 | 10 | 3.7 |
| 六盘山气象站 | 13:15 | 12:40 | 35 | 12:55 | 20 | 1.3 |
| 和尚铺林场 | 13:20 | 12:45 | 35 | 13:10 | 10 | 1.5 |
| 六盘山镇 | 13:35 | 13:00 | 35 | 13:20 | 20 | 3.0 |
| 大湾炮点 | 13:55 | 13:10 | 45 | 13:25 | 30 | 1.8 |
| 隆德气象站 | 13:25 | 13:05 | 20 | 13:25 | 0 | 1.6 |
| 泾源气象站 | 13:10 | 12:25 | 45 | 12:50 | 20 | 4.4 |
| 平均 | — | — | 32 | — | 14 | 2.9 |
| 西坡平均 | — | — | 23.7 | — | 6.3 | 3.5 |
| 东坡平均 | — | — | 40 | — | 20 | 2.7 |

### 2.2.3 气温

在降水开始前,37 min 左右气温开始下降,到降水开始后平均 12 min 左右达到最低,降幅平均 4 ℃,东坡降幅高于西坡,然后开始缓慢回升。

### 2.2.4 气压

在降水开始前,1 小时 40 分钟左右气压开始明显下降,到降水开始后平均 1 小时 17 分钟左右达到最低,降幅平均 2.3 hPa,然后开始缓慢回升。

## 3 降水环流背景分析

### 3.1 环流形势及影响系统

500 hPa,欧亚范围中高纬度环流形势总体为两槽(巴尔喀什湖以西、东北地区东部)一脊(新疆至东北地区西部),其中脊区宽广且较平,不断有冷空气穿脊东移。31 日 08 时甘肃西部、青海中部、西藏东部一带有一明显低压槽,31 日白天低压槽逐渐东移影响六盘山区,31 日 20 时低压槽在东移过程中分裂成南北两段低压槽,北段位于甘肃中部到青海中北部地区,南段位于青海东南部、四川西北部、西藏东部一带,六盘山区受槽前西南气流影响(图2)。

700 hPa,31 日 08 时,青海东北部地区存在一明显的风场切变,四川东南部、甘肃南部、宁夏南部存在一支西南风低空急流,水汽输送条件很好,31 日 20 时,切变和低空急流位置维持少变,低层持续有水汽输送。

综上所述,此次降水发生在两槽一脊的环流背景下,有冷空气不断穿脊东移,在六盘山上游地区形成短波槽东移,配合低层暖湿气流,六盘山区出现了明显降水天气。

### 3.2 探空分析

31 日 08 时,600 hPa 高度附近有一较浅的湿层,其余高度 $t-t_d$ 值均较大,湿度条件差,层结稳定,700 hPa 为 8 m·s$^{-1}$ 南风,随着低层暖湿气流的持续输送加强以及 500 hPa 低压槽东移影响,中低层湿度逐渐增大,31 日 20 时 500 hPa 及以下出现了深厚的湿层,其中 700 hPa 及以下高度接近饱和,700 hPa 依然维持南风,风速加大至 10 m·s$^{-1}$,说明低层水汽输送加强,且无不稳定能量,层结稳定,说明此次降水为层状云降水,低层的偏南气流的维持加强为降水提供了充足的水汽(图3)。

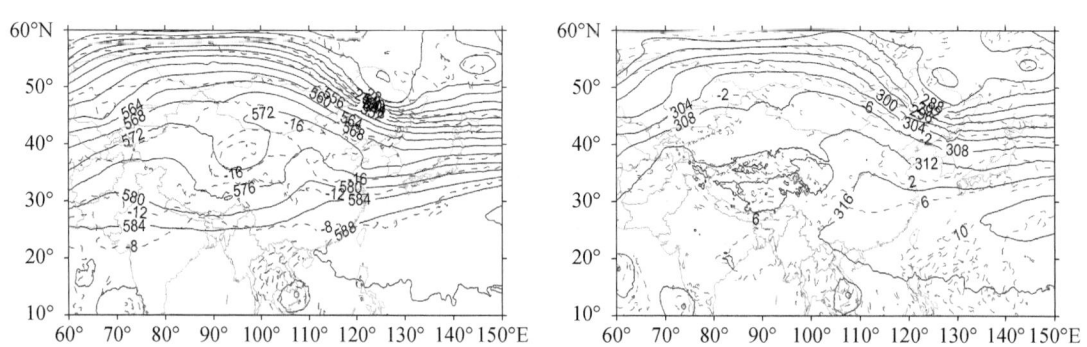

图 2  2019 年 10 月 31 日 08 时 500 hPa(左)、700 hPa(右)形势场

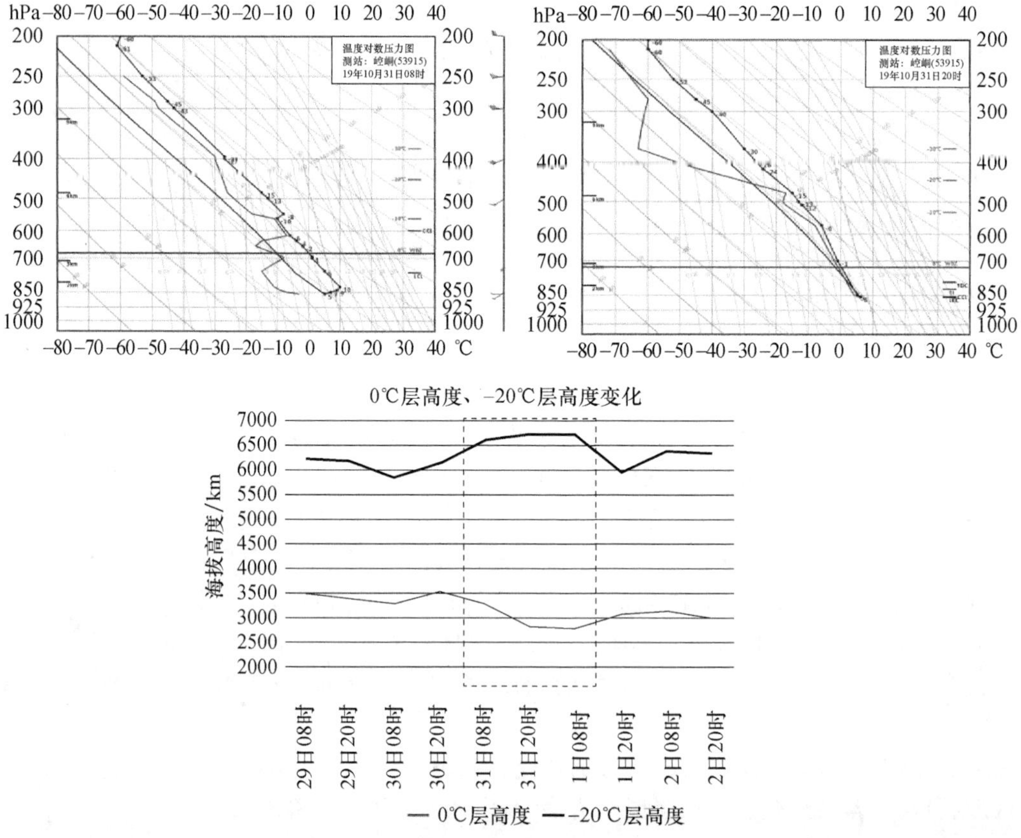

图 3  10 月 31 日 08 时(上左)、20 时(上右)T-ln$p$ 图及 0 ℃、−20 ℃层高度演变(下)

从 0 ℃、−20 ℃层高度变化来看(图3),30日20时至1日08时,0 ℃层高度持续下降,其中31日下午到夜间,0 ℃层高度降至3000 m以下,导致六盘山气象站出现雨夹雪。1日08时之后0 ℃层高度开始逐渐升高,到1日20时之后基本稳定;−20 ℃层高度则呈现相反变化,30日20—1日08时一直呈上升趋势,1日08—20时又开始下降。表明冷空气对大气高层的影响先于中低层,30日08时−20 ℃层达到最低,说明高层已有冷空气侵入,由于冷空气密度大,因此开始下沉,导致0 ℃层高度逐渐降低,而低层暖空气沿着锋面抬升,造成了高层增暖,因而 −20 ℃ 又开始升高。

## 4 云降水宏微观特征演变分析

利用FY-2G静止气象卫星、多普勒天气雷达资料以及六盘山Ka波段云雷达、微波辐射计等特种观测设备观测资料,对此次降水过程降水云系的发展演变特征进行了分析。

### 4.1 云垂直结构演变特征

此次降水过程从云系生成、发展到一直到出现降水,过程可大致分为5个阶段(图4)。

降水前11～5 h,出现中高云系,云顶高度10 km左右,云底从7 km缓慢向下延伸到6 km,维持单层云,反射率由−15 dBZ增加至−5 dBZ左右,云厚增加1 km。

降水前5～3 h,云系开始快速发展,出现高、中、低分层结构,云顶高度10 km左右,低云云底到4 km左右,反射率−20 dBZ左右,整层云厚增加2 km。

降水前3～2 h,云系快速发展,高、中、低分层结构破坏,逐渐连为一体,反射率明显增强,最大5 dBZ左右,云顶高度11 km左右,低云云底到3 km左右整层云厚增加1 km。

降水前1 h,云系开始接地,形成深厚降水云系,最大反射率由5 dBZ增加到25 dBZ左右,受衰减影响,云顶高度由11 km下降到10 km左右,云底到2 km左右,云厚增加1 km。

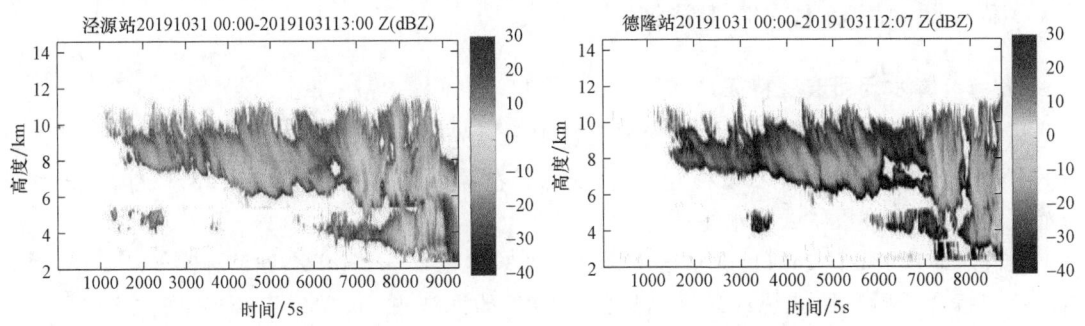

图4  10月31日00—13时泾源(左)、隆德(右)云雷达反射率演变

### 4.2 大气水汽及液态水特征

在降水开始前,大气水汽含量在总体为15～22 mm,大气液态水含量基本在0.5mm以内波动变化。降水前20 min,大气水汽含量出现跃增,由20 mm增加到37 mm,增幅17 mm,后开始迅速下降,降水开始后25 min左右降到最低点10 mm左右,降幅27 mm;大气液态水含量亦在降水前20 min出现跃增,由0.1增加到2,增幅1.9,后开始波动变化(图5)。

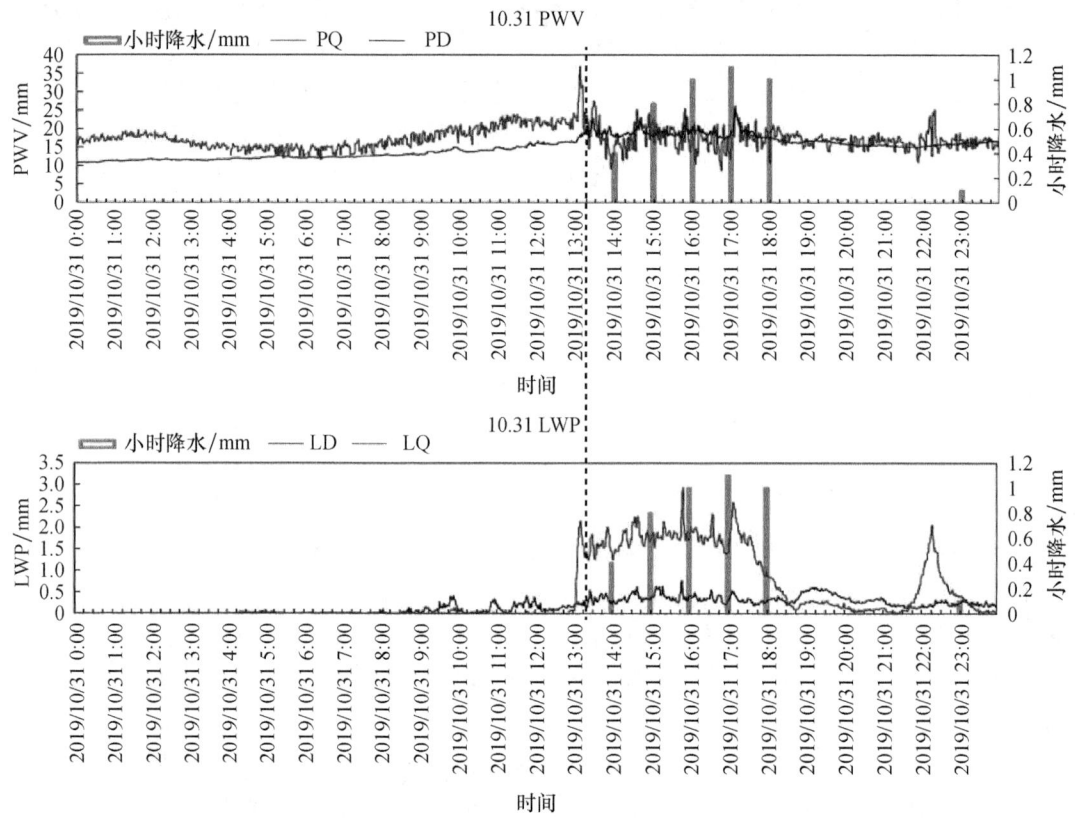

图 5　10月31日 00—23时隆德站大气水汽含量(上)及大气液态水含量(下)演变

## 4.3　降水期间云降水宏微观特征

### 4.3.1　降水云团宏观特征

从红外云图演变来看(图略),此次降水过程云系先由西南向东北方向移动,降水前,六盘山区有中高云系覆盖,主降水过程开始后,受低云覆盖,云顶亮温基本在 −28 ℃ 左右,云系覆盖范围大,呈稳定性层状云降水特征。

主降水时段(31日16:11)降水区组合反射率基本在15～25 dBZ,回波顶高4～6 km,六盘山区范围组合反射率回波统计来看,强度20 dBZ的回波占55.8%,25 dBZ回波占20.5%,15 dBZ回波占15%,属于典型的层状云降水回波(图6)。

通过对降水云团回波的分析发现,降水回波在自西南向东北移动翻越六盘山的过程中,回波有增强趋势,说明降水云系在移过六盘山后得到了进一步的发展。17:04,在原州区至庄浪一带有降水单体,最大回波强度40 dBZ,大于30 dBZ回波面积253 km²。随着向东北方向移动,翻过六盘山有增强趋势,17:33最大回波强度增强至45 dBZ,大于30 dBZ回波面积增大至454 km²。

云雷达反射率0 dBZ到25 dBZ,受降水衰减影响,云顶高度由10 km下降到8～9 km。大气水汽含量在17左右维持,液态水含量在2上下波动变化,降水后期出现明显下降。

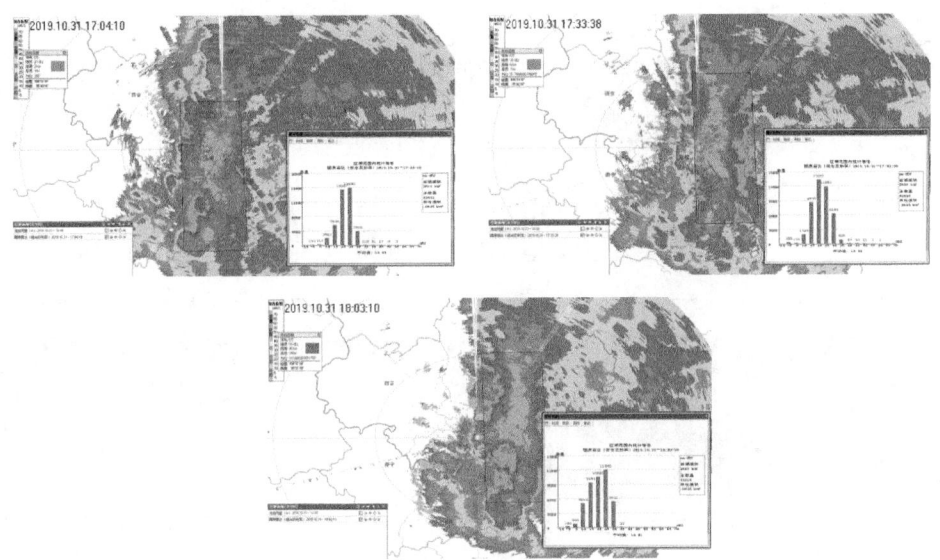

图 6　10月31日17—18时降水云系过山前后雷达回波对比分析图

#### 4.3.2　降水粒子微观特征

(1)降水粒子垂直滴谱和下落末速度特征

在整个降水过程中,从微雨雷达粒子垂直速度特征分析得出,本次降水过程分成3个降水水凝物粒子产生和生长层级,在-4 ℃层以上,降水水凝物粒子产生和生长过程主要是沉降,-4 ℃和0 ℃等温线降水水凝物粒子产生和生长过程主要是聚合和附凇,0 ℃等温线以下的物理过程主要是融化。0~4 ℃等温线之间六盘山区山脊、西麓山谷和东麓山谷降水粒子的下落末速度($w$)分别为2.69 m·s$^{-1}$,2.45 m·s$^{-1}$和2.56 m·s$^{-1}$;降水时段六盘山站近地面固态水凝物的下落末速度为1.0~2.69 m·s$^{-1}$(图7),推断本次降雪过程六盘山站的近地面的固态水凝物粒子为雪花,观测到的地面雪花粒子有六角棱柱体雪花晶体结构,推断雪花在下降的过程中发生了较强的凇附过程,环境中有过冷水存在。

通过对比降水前1 h和降水过程当中隆德(山体西侧)、六盘山(山顶)和泾源(山东侧)三站降水云系宏观特征发现,降水前1 h,隆德和六盘山两站云顶高度相当,泾源云顶高度明显低于其他两站;云底高度三站相当,六盘山站云底高度略高。海拔3000 m高度上,六盘山站固态水凝物的尺度达到2.6 mm,隆德气象站和大湾作业点固态水凝物的尺度达到2.2 mm,同时,六盘山气象站尺度为1.2~1.7 mm固态水凝物所占的比例高于隆德气象站和大湾人影作业点。推断在六盘山山谷云的微物理过程存在比较显著的未凇化雪生长,从而产生了较低密度的雪粒子,而经历凇化过程影响的雪生长使得在山脊产生较高密度的雪粒子。山脊周围山区上空云层的强制抬升可能导致地形过冷效应,导致过冷云滴的凇化增强。

(2)地面雨滴谱特征

如图8所示,此次过程,位于六盘山西侧的陈靳站,主要降水时段在06—10时、17—24时,雨强最大为7.16 mm·h$^{-1}$,粒子最大直径在7.5 mm,平均粒径最大为1.74 mm,含水量最大为1.22 g·m$^{-3}$,数浓度最大为458个/m$^3$。位于六盘山东侧的大湾站,主要降水时段在

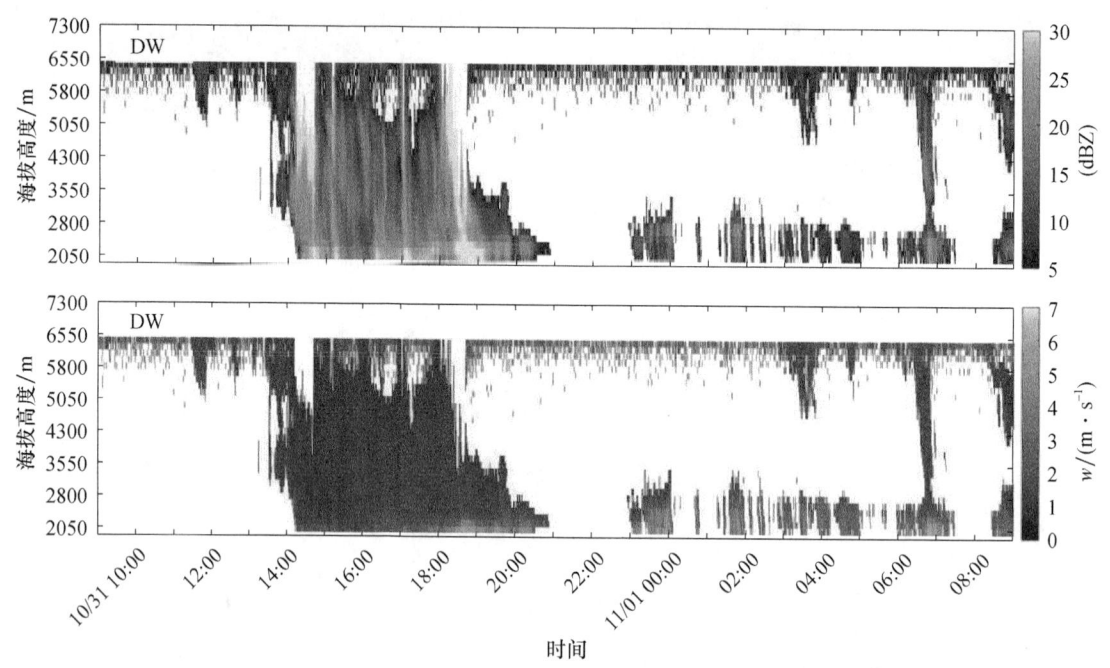

图 7　10 月 31 日 10 时至 11 月 1 日 08 时六盘山气象站微雨雷达反射率(上)及垂直速度(下)演变

06—12 时。雨强最大为 4.25 mm·h$^{-1}$,粒子最大直径在 6.01 mm,平均粒径最大为 0.97 mm,含水量最大为 0.25 g·m$^{-3}$,数浓度最大为 412 个/m$^3$。六盘山西侧的陈靳在雨强、粒子最大直径、平均粒径、含水量和数浓度等明显大于东侧的大湾站,考虑原因可能是此次降水过程较小,云系在翻山后抬升起反作用。平均粒径、最大粒径、平均体积粒径平均值,山顶的各项值要比山脚小,说明山顶靠近云层,雨滴落到山下后充分碰并增长,粒子直径变大。

如图 8 所示,陈靳在 0.3 mm 左右数浓度达到峰值,0.3 mm 左右直径的粒子在此次降水中贡献值最大;大湾在 0.4 mm 左右数浓度达到峰值,0.4 mm 左右直径的粒子在此次降水中贡献值最大;两站点随着粒子直径的增大,数浓度减小,大湾谱宽为 6.5 mm,陈靳谱宽为 7.5 mm。

## 5　总结

(1)此次降水发生在两槽一脊的环流背景下,主要影响系统为 500 hPa 短波槽、700 hPa 风切变以及急流。从巴尔喀什湖以西的冷槽有冷空气不断分裂穿脊东移,在六盘山上游地区形成短波槽东移,配合低层暖湿气流,六盘山区出现了明显降水天气。由于冷空气强度较强,31 日午后 0 ℃层高度下降明显,到 20 时,0 ℃层高度降至 2800 m 左右,而六盘山气象站气温自 31 日 12 时之后就降至 0 ℃以下,因此,此次降水过程六盘山站出现混合相态降水。

(2)此次降水过程从云系生成、发展到一直到出现降水,过程可大致分为 5 个阶段。先是出现高云,然后云层加厚并逐渐出现高中低分层结构的三层云系,降水前云系进一步发展,三层结构消失,发展成深厚云系并接地。

(3)在降水开始前,大气水汽含量在总体上为 15～22 mm,大气液态水含量基本为 0.5 mm 以内波动变化,降水开始前 20 min,大气水汽含量和大气液态水含量均出现了跃增。

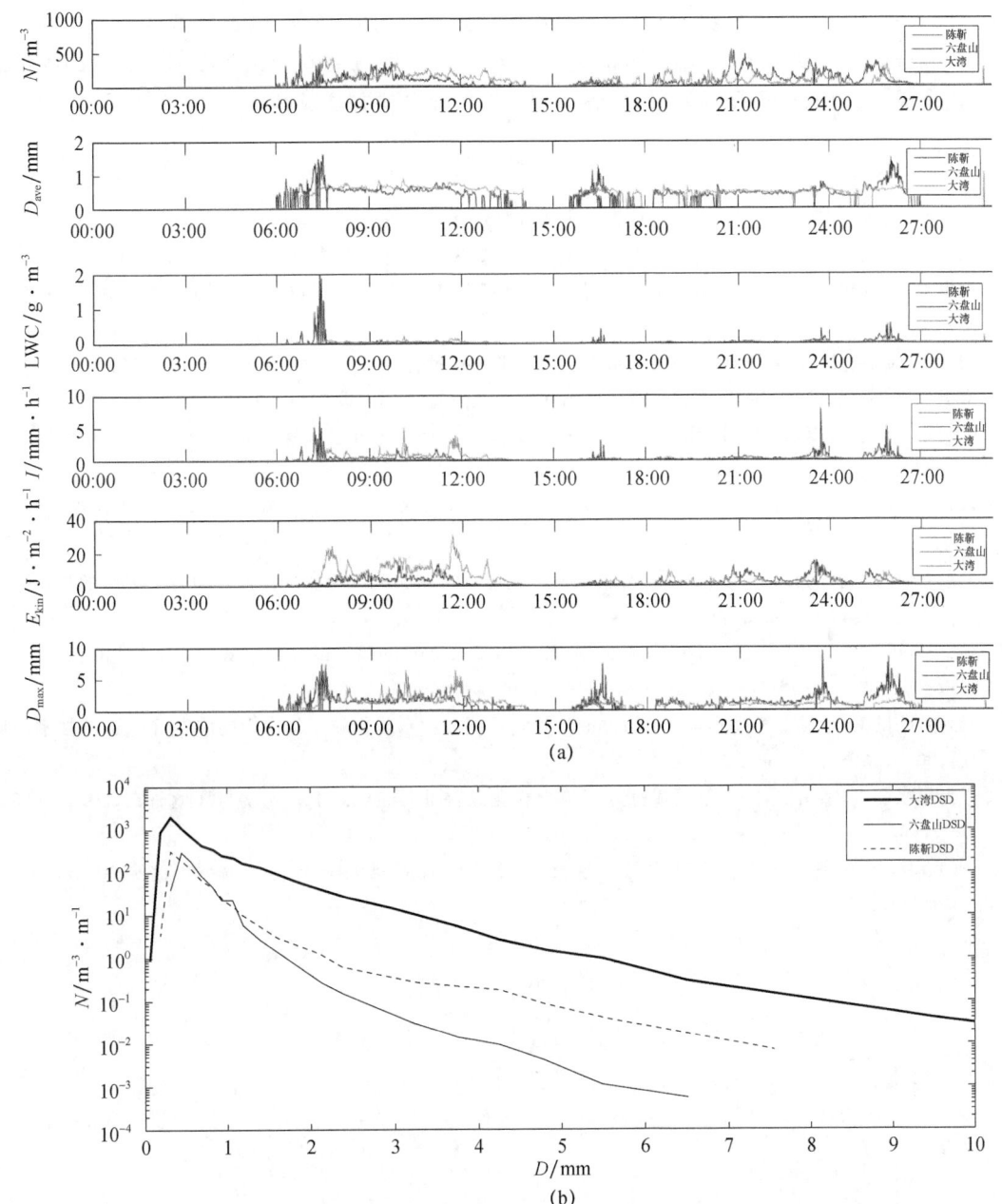

图8 10月31日08时至11月1日20时陈靳、大湾和六盘山三站雨滴谱各参量演变(a)和雨滴谱分布图(b)

(4)降水云团宏观特征来看,云顶亮温基本在 $-28$ ℃左右,云系覆盖范围大;主降水时段降水区组合反射率基本在 15~25 dBZ,回波顶高 4~6 km,强度 20 dBZ 的回波占 55.8%,25 dBZ 回波占 20.5%,15 dBZ 回波占 15%,属于典型的层状云降水回波。

(5)降水过程中,$-4$ ℃层以上,降水水凝物粒子产生和生长过程主要是沉降,$-4$ ℃和 0 ℃ 等温线降水水凝物粒子产生和生长过程主要是聚合和附凇,0 ℃ 等温线以下的物理过程主要是融化。六盘山站降水粒子下落末速度明显低于隆德和大湾站,推断本次降雪过程六盘山站的近地面的固态水凝物粒子为雪花。

（6）通过比较六盘山西侧、山顶以及东侧各站雨滴谱，西侧降水粒子最大直径、平均粒径、含水量和数浓度等明显大于东侧，可能是由于降水系统弱，云系在翻山后减弱。山顶的各参量值要比山脚小，说明山顶靠近云层，雨滴落到山下后充分碰并增长，粒子直径变大。

## 参考文献

[1] 张志红,周毓荃.2010.一次降水过程云液态水和降水演变特征的综合观测分析[J].气象,36(3):83-89.

[2] 毛节泰,郑国光.2006.对人工影响天气若干问题的探讨[J].应用气象学报,17(5):643-646.

[3] 雷恒池,洪延超,赵震,等.2008.近年来云降水物理和人工影响天气研究进展[J].大气科学,32(4):967-974.

[4] 张磊,何晖,黄梦宇,等.2013.一次降水性层状云微物理过程分析[J].气象科技,41(4):742-747.

[5] 柳臣中,周筠珺,谷娟,等.2015.成都地区雨滴谱特征[J].应用气象学报,26(1):112-121.

[6] 周毓荃,蒋元华,蔡淼.2015.北京"7·21"特大暴雨云降水结构及云雨转化特征[J].大气科学学报,38(3):321-332.

[7] 蔡淼,周毓荃,蒋元华,等.2014.一次超级单体雹暴观测分析和成雹区识别研究[J].大气科学,38(5):84-860.

[8] 王东海,柳崇健,刘英,等.2008年1月中国南方低温雨雪冰冻天气特征及其天气动力学成因的初步分析[J].气象学报,2008,66(3):405-422.

[9] LIU Liping, ZHOU Lingzhi, JIANG Yuan, et al. Cloud Radar and Its field Experiments in China[J]. Meteorological Science and Technology,2009,37(5):567-571.

[10] 彭亮,陈洪滨,李柏.模糊逻辑法在3 mm云雷达反演云中水凝物粒子相态中的应用[J].遥感技术与应用,2011,26(5):655-663.

[11] 刘贵华,余兴,岳治国,等.卫星遥感人工增雨作业条件Ⅱ:层状云[J].气候与环境研究,2012,17(6):758-766.

[12] 黄毅梅,周毓荃.95GHz云雷达对一次冷锋云系结构的观测分析[J].高原气象,2012,31(4):1129-1138.

# 六盘山区夏季典型层状云降水演变及宏微观特征观测分析*

曹 宁[1,2]　舒志亮[1,2]*　姚展予[3]　常倬林[1,2]　田 磊[1,2]　马思敏[1,2]

(1. 中国气象局旱区特色农业气象灾害监测预警与风险管理重点实验室,银川 750002;
2. 宁夏气象防灾减灾重点实验室,银川 750002; 3. 中国气象科学研究院,北京 100081)

**摘　要**:本文在对六盘山区 2019 年 8 月 31 日一次典型层状云降水过程降水演变特征、水汽特征等进行分析的基础上,利用微雨雷达、云雷达和雨滴谱仪进行了降水宏微观特征分析,并结合同期降水资料,利用统计法对比并分析了山脊和山谷层状云降水演变和宏微观特征差异,推测了山脊站降水略强的原因。结果表明:(1)六盘山区典型层状云降水多发生在两槽一脊的环流背景下,低层切变和偏南气流提供了水汽条件和辐合条件;(2)大气水汽含量在降水发生前有跃增现象发生,降水时段大气水汽含量最大,大气液态水含量的变化趋势和小时降水变化趋势一致;(3)微雨雷达测得的山脊站融化层亮带的顶高略高于西麓山谷站,亮带底高略低于西麓山谷站,亮带的厚度略大于西麓山谷站。(4)经过比较发现,在融化过程中山脊站融化层水凝物的数浓度略大于西麓山谷站。(5)-4~0 ℃温度层之间山脊雪颗粒和霰的直径和数浓度均略大于山谷,碰并过程导致山脊粒子直径谱宽略大于山谷站,山脊在大滴端的数浓度较多,推测碰并也是山脊累计降水略大于山谷的原因。

**关键词**:六盘山;夏季;层状云;演变特征;宏微观特征;雨滴谱

## 1 引言

Leopold[1]是国际上最早开展地形云研究的学者。Bergeron[2]指出,正是由于相对固定的地形强迫作用,尤其是稳定的冬季气流特征,特别有助于简化云、降水形成的动力条件。云和降水的形成、发展和消亡,除了受热力条件和动力条件影响之外,地形的抬升及云内部的微物理过程也起着重要的作用,云中微物理因素的微小变化都影响着云中结构以及降水的形成[3]。水汽是大气中最活跃的元素之一,由于水的相态转换、传输和循环预示着降水天气的发生、发展和消亡,并且对大气辐射、全球能量平衡和气候变化等方面都起着至关重要的作用,因此对于地形作用、云降水的结构,尤其是云系中液态水的分布及其演变规律等研究,对于了解云和降水,对降水、天气的预报和提高人工影响天气工作效率等方面都是十分有意义的[4-6]。

近年来,国内各个地区针对不同云降水的结构特征进行了一系列的研究和分析[7-11],随着微雨雷达、微波辐射计、毫米波云雷达和雨滴谱仪等特种观测仪器的应用,为加强对云降水过程中宏微观物理结构的进一步了解和探索提供了新的手段和资料[12-19]。在微观层面上,凝结、

---

\* 资助项目:国家自然科学基金面上项目(41775139),六盘山地形云人工增雨技术研究试验(RYSY201904),宁夏回族自治区重点研发计划项目(2019BEG03001),宁夏自然基金(2020AAC03469,NZ17232,2019AAC03255)。
作者简介:曹宁(1981—),男,宁夏西吉人,高级工程师,云降水物理与人工影响天气。E-mail:caoning_2007@163.com。
通讯作者:舒志亮(1981—),男,甘肃酒泉人,高级工程师,主要从事人工影响天气工作。E-mail:8633204@163.com。

碰并和破碎可能是控制雨滴谱的主要因素[20-21]。Willis 和 Heymsfield[22]使用机载云物理学设备和雷达以螺旋体面的形式穿越融化层的研究方式证实了 BB 的存在。Fabry 等[23]和 Huggel 等[24]研究发现 BB 特征与下落粒子的类型有关,BB 可以揭示与降水形成有关的过程。雷达反射率因子和多普勒速度垂直廓线对于 BB 的确定具有重要意义。孙豪等[25]指出 Ka 波段毫米波云雷达、MRR 和 C 波段连续波雷达功率谱谱型基本一致,MRR 具有一定可靠性,米散射效应反映在功率谱上。当降水下落末速度达临界速度时,会对衰减量的计算造成影响,雷达波长越短,受衰减影响越大,衰减对功率谱的影响表现为谱的整体下移,最终导致回波强度小于真值,表现为经过某一速度后回波强度谱密度陡降。崔云扬等[26]将 MRR 与雨滴谱仪和激光云高仪结合,研究了不同相对湿度阶段特下的特征量、雨滴谱(drop size distribution,DSD)的平均垂直分布特征和降水特征量随时间、高度的演变特征。降水在云内和云外受不同微物理过程影响,垂直变化特征也是不一样的。马宁堃等[27]用毫米波雷达功率谱反演云降水大气垂直速度和 DSD 分布,研究发现云雷达、MRR 和地面雨滴谱仪测量回波强度存在一定差异,MRR 相较于云雷达与地面雨滴谱仪测量偏差较小。在稳定降水时,云雷达和 MRR 功率谱密度比对较为一致。在云雷达和 MRR 反演雨滴谱对比实验中,DSD 反演对大气垂直速度十分敏感。宋灿等[28]指出 MRR 与 Parsivel 雨滴谱仪观测降水强度相关性较好,且两种仪器观测的雨滴谱在中等粒子段(0.5~2.5 mm)表现出较好的一致性,而对于小粒子段(雨滴直径小于 0.5 mm)Parsivel 雨滴谱仪观测的数浓度明显低于 MRR。借助多种综合探测手段和多种特种观测设备,来分析云和降水的宏微观结构,有助于对不同类型降水云系的结构模型进行建立,并为科学有效的制定人工增雨催化方案提供基础依据与重要科技支撑。雨滴谱是雨滴数浓度随雨滴尺度变化的函数。雨滴谱作为一种最基本的降水微物理特征,是描述降水事件的一个常见且关键的参数。由于大气和气候系统的复杂性,雨滴谱随着时间和空间的变化而变化。本文在对六盘山区 2019 年 8 月 31 日一次典型层状云降水过程降水演变特征、水汽特征等进行分析的基础上,利用 MRR-2 型微雨雷达、HT101 型雷达毫米波云雷达和 OTT 雨滴谱仪进行了降水宏微观特征分析,并结合同期降水资料,利用统计法对比并分析了山顶山脚层状云降水演变和和宏微观特征差异,并通过雨滴谱分析推测了山脊站降水略强的原因。

## 2 仪器和数据

本文使用的仪器主要有德国 MRR-2 型微雨雷达、国产 HT101 型雷达毫米波云雷达(主要参数见表1),OTT 雨滴谱仪、国产 QFW-6000 型和德国 RPG-HATPRO-G4 型微波辐射计。使用的数据主要有 2019 年 9 月 31 日以上各种仪器的分钟观测数据,此外包括平凉站探空、分钟降水、FY-4 卫星和 C 波段天气雷达数据。

表 1  MRR-2 和 HT101 雷达的主要技术参数

| 参数 | MRR-2 | HT101 |
| --- | --- | --- |
| 工作频率 | 24 GHz | 35 GHz±200 MHz |
| 波长 | 12.38 mm | 8.6 mm |
| 雷达类型 | FM-CW | 脉冲 |
| 传输功率 | 0.05 mW | ≥4 mW |
| 距离库数 | 31 | |

续表

| 参数 | MRR-2 | HT101 |
| --- | --- | --- |
| 谱通道数 | 64 | |
| 垂直分辨率(本文) | 10～200 m(150 m 本文) | 30 m(本文) |
| 时间分辨率(本文) | 10 s,60 s(60 s 本文) | 60 s(本文) |
| 速度分辨率 | 0.1788 m·s$^{-1}$ | ≤1 m·s$^{-1}$ |
| 测高范围(地面以上) | 4.65 km | 10 km |
| 天线直径 | 0.6 m | 1.6 m |
| 天线扫描方式 | 垂直顶空固定指向 | 垂直顶空固定指向 |
| 波束宽度 | 1.5° | 0.4° |
| 速度范围 | 1～12.3 m·s$^{-1}$ | ±15 m·s$^{-1}$ |

# 3 降水演变特征

## 3.1 天气形势分析

2019年8月30日08时,500 hPa高空环流形势为"两槽一脊",巴尔喀什湖附近和东北地区分别为一冷槽,新疆—内蒙古一带受高压脊控制,从巴尔喀什湖冷槽底部不断有冷空气穿脊东移,沿脊形成多个短波槽,六盘山区处于副热带高压588 dagpm线和584 dagpm线之间;700 hPa六盘山区南部到甘肃南部存在一暖湿切变,六盘山区位于一横槽尾部。受500 hPa短波槽、700 hPa横槽及切变、副热带高压外围西南气流共同影响,2019年8月30—31日六盘山区出现了明显降水过程。

由图1可知,500 hPa,2019年8月30日08时欧亚范围中高纬度环流形势总体为两槽(巴尔喀什湖、东北地区)一脊(新疆到蒙古国西部),宁夏处于脊前西北气流中,有冷空气不断从巴尔喀什湖槽底部穿脊东移,在脊区形成多个小波动,其中甘肃中东部到青海东南部有一短波槽,受脊前西北气流引导,自西北向东南方向移动。30日20时,短波槽向东南方向移动,主体位于宁夏海原到青海东部一带,短波槽前部开始影响六盘山区,受此影响,六盘山区开始出现降水,30日21时—31日07时,受短波槽过境影响,六盘山区各站出现了第一次降水峰值。31日08时,短波槽移出,降水明显减弱,此时在宁夏西北部地区又出现一短波横槽,移速较快,主体于31日10—13时影响宁夏六盘山区,造成六盘山区再次出现一次小的降水峰值,14时以后,横槽移出,对六盘山地区影响结束,降水也趋于结束。

700 hPa,30日08时,河北—山西—陕西—宁夏南部有一明显横槽,六盘山区位于横槽尾部,四川东部—陕西南部—宁夏南部—河西走廊一带存在一直东南暖湿气流,为此次降水提供了必要的水汽条件和热力条件。30日20时,横槽东移南压,在六盘山区出现一东北风与东南风的切变,造成低层暖湿气流的辐合抬升,配合500 hPa短波槽,30日后半夜六盘山区出现了明显降水。31日08时,宁夏中南部地区继续受一偏南风和偏东风的切变影响,有较好的低层水汽输送和辐合条件,配合500 hPa横槽,31日中午前后,六盘山区再次出现一次小量降水过程。

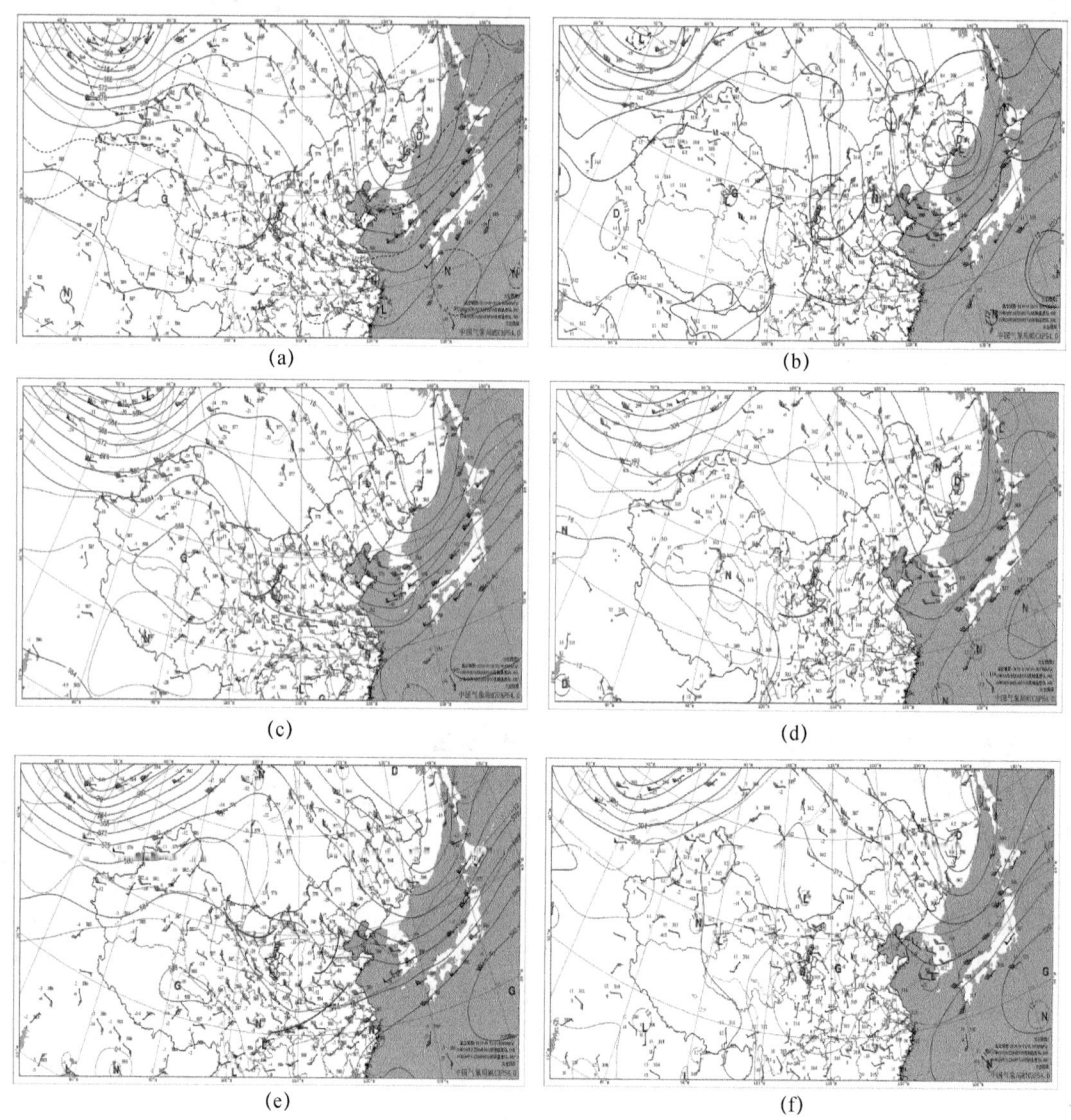

图1 2019年8月30日08时、20时及31日08时环流形势
(a)30日08时500 hPa；(b)30日08时700 hPa；(c)30日20时500 hPa；
(d)30日20时700 hPa；(e)31日08时500 hPa；(f)31日08时700 hPa

## 3.2 降水概况

由图2可知，泾源、隆德两县及西吉县南部降雨量级达到中雨，其余地区小雨。从降水时序来看，隆德、六盘山、泾源三站降水均呈多峰型分布，小时降水量呈波动变化，主降水时段为30日20时至31日12时。从六盘山主峰东西两侧降水分布来看，位于六盘山顶的六盘山站降水量最大，六盘山西侧的隆德站降水量高于东侧的泾源站。通过分析自动站数据发现沿山的雨量大于其他地方，地形对降水影响效果显著。每次降水都带来气压的升高，和风向的突变。

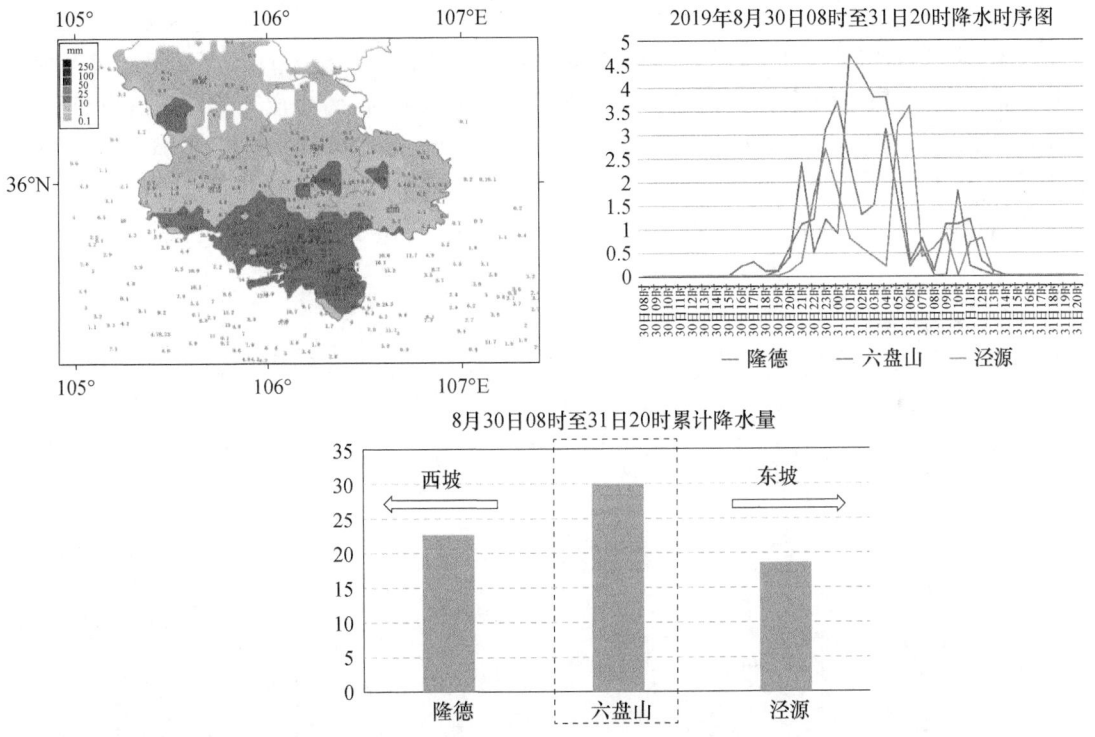

图 2 2019 年 8 月 30 日 08 时至 31 日 20 时六盘山区累积降水量(mm)分布(上右)
及隆德、六盘山、泾源三站降水时序图(上右)及累积降水量(下)

由图 3 可知,山脊站出现的降水时段为 2019 年 8 月 30 日 15:50 至 31 日 12:50,累计降水量为 171.2 mm,平均降水量为 0.68 mm,最大雨强为 25.1 mm·h$^{-1}$;东麓山谷点出现的降水时段为 2019 年 8 月 30 日 15:55 至 31 日 11:50,累计降水量为 105.5 mm,平均降水量为 0.42 mm,最大雨强为 21.6 mm·h$^{-1}$。本次过程山脊站累计降水量、平均降水量和最大雨强均大于东麓山谷站。

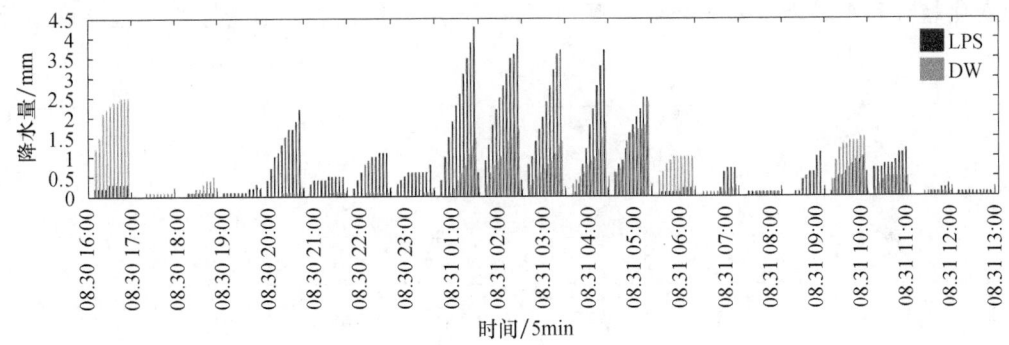

图 3 2019 年 8 月 30—31 日降水过程降水量
(LPS:山脊;DW:东麓山谷)

## 3.3 探空及云水条件特征分析

从 2019 年 8 月 30—31 日平凉站探空资料来看(图 4),30 日 08 时,500~300 hPa 高度,湿

度条件较好,有中高云系存在,500 hPa 及以下湿度条件差,500 和 700 hPa 均为西北风;30 日 20 时,受 500 hPa 短波槽和 700 hPa 切变影响,500 hPa 以下转为西南风,大气湿层逐渐向下扩展,500~300 hPa、600 hPa 附近、750 hPa 附近各有一个高湿区,中层和低层均出现云系,云系呈高中低三层结构,降水开始;31 日 08 时,500 hPa 以上湿度条件变差,无云系,700 hPa 及以下吹偏南风,700~500 hPa 吹偏西风,存在一高湿区,配合 500 hPa 横槽带来的冷空气,上午再次出现降水;31 日 20 时,湿层主要集中在 600 hPa 以下,由于中高层无冷空气配合,无降水出现。

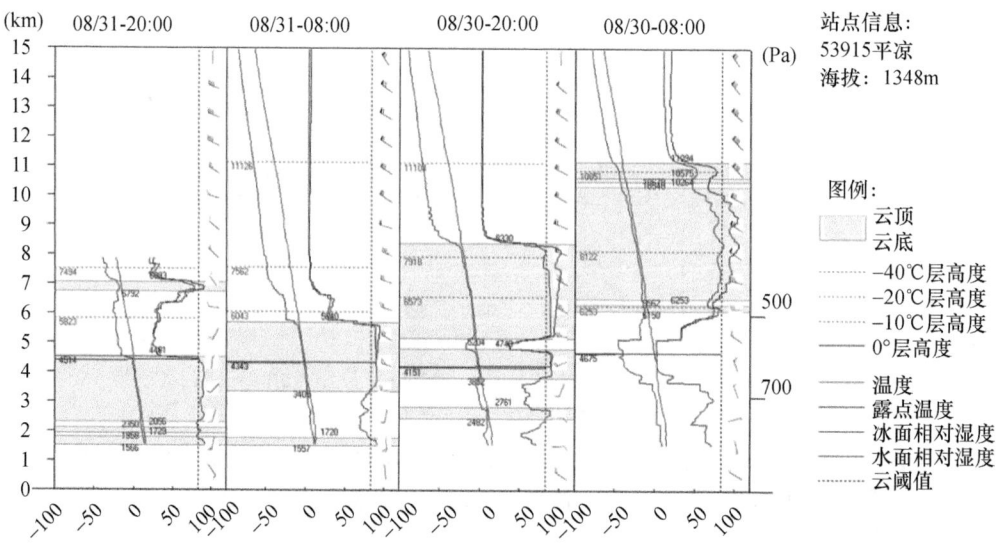

图 4　2019 年 8 月 30 日 08 时至 31 日 20 时平凉气象站 4 个时次探空图

利用隆德站微波辐射计观测资料对 8 月 30—31 日降水过程中大气水汽含量(IWV)、大气液态水含量(LWP)时序变化特征以及与小时降水量的对比分析(图 5)可以看出,大气水汽含量在降水发生前后分别有一个增加、减小的过程,降水时段大气水汽含量最大;大气液态水含量的变化趋势和小时降水变化趋势一致,但有一个小时的提前量,且降水发生前有跃增现象发生。

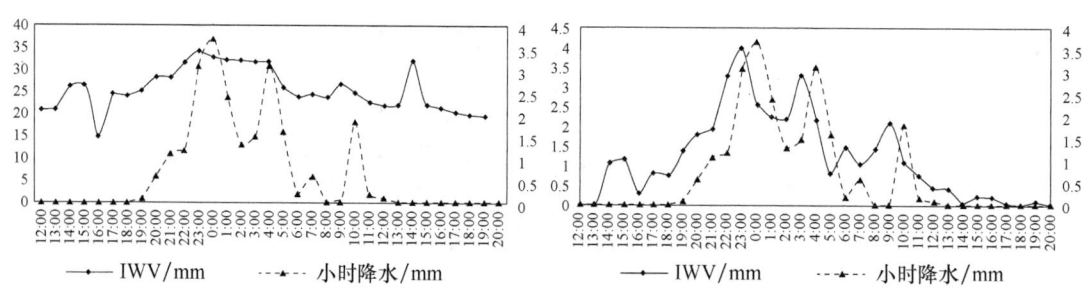

图 5　2019 年 8 月 30 日 12 时至 31 日 20 时隆德站大气水汽含量(左)、大气液态水含量(右)时序变化以及与小时降水量的对比分析

隆德站微波辐射计观测的温度廓线(已剔除异常值)表明过程中隆德站 0 ℃层的相对高度为 2430~3100 m(隆德站海拔高度为 2087 m),降水时段(30 日 18:00—31 日 14:00)内 0 ℃层

的相对高度为 2430～2700 m,0 ℃层厚度为 200～300 m。对比隆德站微波辐射计温度廓线与平凉站探空资料发现(图6),同一时刻微波辐射计所测得的 0 ℃层高度要高于平凉站探空得到的 0 ℃层高度,平均高出 400 m 左右。

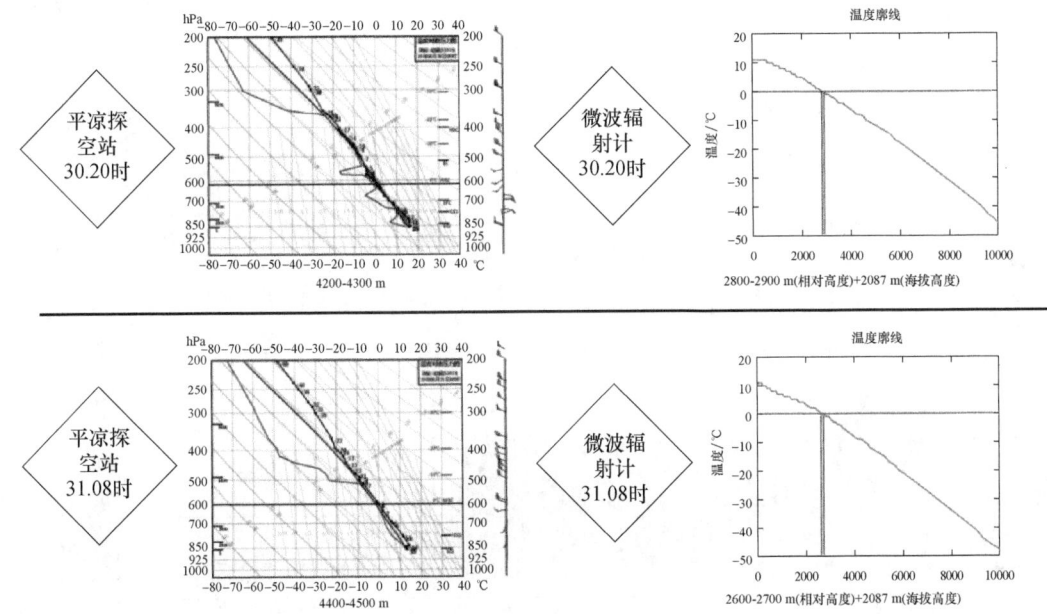

图 6  隆德站微波辐射及温度廓线与平凉站探空资料的对比

## 4 宏微观特征分析

### 4.1 宏观特征

#### 4.1.1 卫星、天气雷达

从红外云图演变来看(图略),此次降水过程云系整体由西北向西南方向移动,云图色调均匀,主降水阶段云顶亮温基本在－10～－20 ℃,云系覆盖范围大,属于稳定性层状云降水(图略)。从卫星反演产品(图7)来看,此次降水过程云顶高度在 4～5 km,云顶温度在－11～－19 ℃,过冷层厚度 1～2 km,光学厚度 12～29 km,有效粒子半径 21～29 μm,液水路径 180～305 mm。从六盘山多普勒天气雷达观测数据(图7)来看,此次降水过程雷达组合反射率分布均匀,呈片状分布,组合反射率强度基本在 30～35 dBZ,回波顶高在 5～7 km,属于典型的层状云降水。

#### 4.1.2 降水云演变特征

图8为 2019 年 8 月 31 日山脊站云雷达云参量随时间和高度变化廓线图,可以看出,本次降水个例最大云高 10500 m,降水时段云高 7700 m 左右,4500 m 左右的高度出现了云雷达的融化层亮带,云雷达的雷达强度最大值出现在近地面(24.5 dBZ),在 3000 m 的高度出现了径向速度的最大值(9 m·s$^{-1}$)。从图7还可以看出,8 月 30 日 02:00 山脊站出现了云,发展初期云底高度在 7500 m 左右,随着云系的进一步发展,云底高度从开始下降,随着雷达强度和径向速度增大,地面开始出现降水。

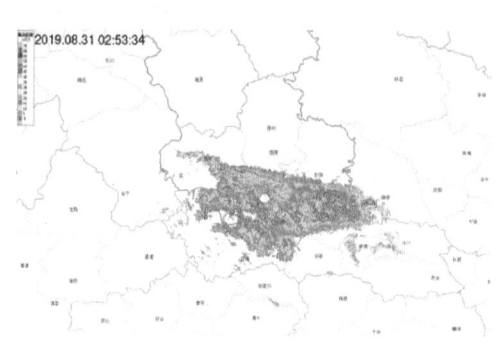 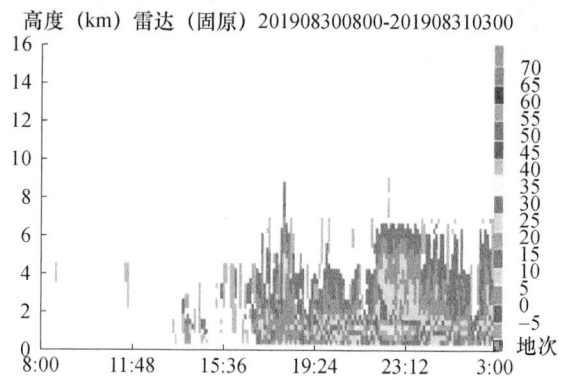

图 7  8 月 31 日 02:53 六盘山雷达组合反射率及东坡反射率-时间剖面图

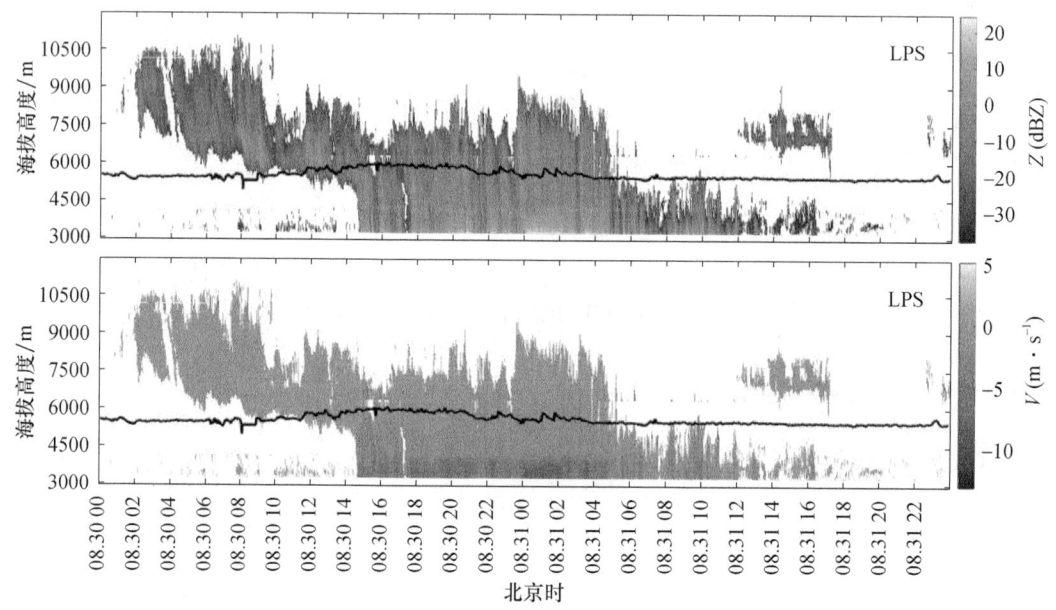

图 8  2019 年 8 月 31 日降水过程山脊站云雷达各数据产品时间-高度剖面
(a)雷达强度;(b)径向速度。(黑色实线为 0 ℃等温线)

从六盘山站和隆德站云雷达径向速度图(图 9)可以看出,云雷达的径向速度时空分布与反射率因子的轮廓基本一致,分层现象更明显。上层云体密度较稀疏,云内部有明显的下沉运动,期间并伴随着间断性上升运动,云体不断发展,其中,0 ℃层亮带以上粒子的下降速度较小,0 ℃层亮带以下,隆德站和六盘山站粒子的下落速度显著增大,基本超过 $-4$ m·s$^{-1}$,六盘山站最大下落速度在 31 日 00—02 时,达 $-8$ m·s$^{-1}$以上,隆德站最大下落速度达 $-9$ m·s$^{-1}$以上。从速度谱宽特征来看(图略),云体下部谱宽大值区和强反射率因子对应,反映了液态过冷水下落过程的碰并增长,六盘山站谱宽最大值为 5 m·s$^{-1}$,出现在本次主要降水时段中 30 日 15 时至 31 日 12 时中,对应时段的小时降水量也较强。隆德站云在接地时段内速度谱宽为 2~4.6 m·s$^{-1}$,结合六盘山区层状云讲述个例分析表明,速度谱宽>2 m·s$^{-1}$时,易产生降雨天气。

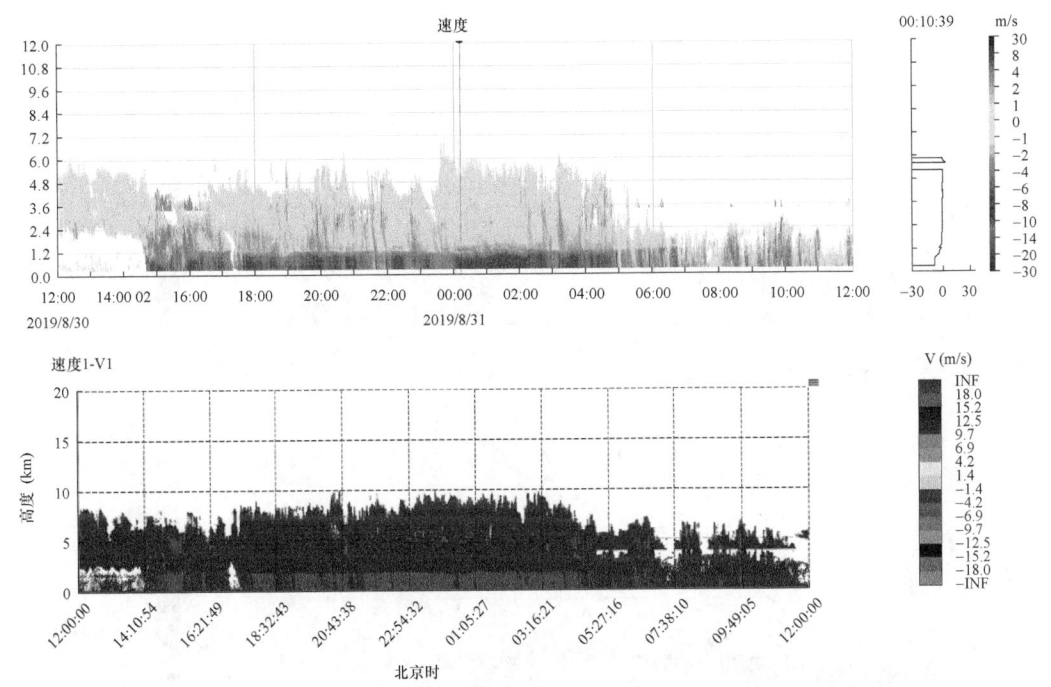

图 9 2019 年 8 月 30 日 12 时至 31 日 12 时云雷达探测的速度分布图
(上:六盘山站;下:隆德站)

已有研究表明,有效粒子半径与降水量关性较好,从隆德站云雷达反演粒子半径和瞬时降雨率产品来看(图10),粒子有效半径在强降雨时段已大于 500 μm,瞬时降雨率与实况也对应良好。由多样本云雷达的二次反演产品瞬时降雨率对比分析可得,瞬时降雨率>2 mm·h$^{-1}$时,对降雨的实况有良好的表征指示作用。

#### 4.1.3 微雨雷达

本节采用以上时段共 300 min 的雷达数据分析两站微雨雷达宏微观特征。图 11 为以上降水时段雷达强度和雨滴下落末速度随时间和高度廓线变化图,可见两站降水粒子在通过 0 ℃ 层后,均出现了融化层亮带,MRR 的雷达前度最大值出现在山脊站和东麓山谷站的近地面,下落的冰相粒子通过 0 ℃等温线融化的过程中速度增加,当其完全融化为雨滴后速度达到最大值,两站的雨滴下落末速度一直到近地面速度几乎恒定,判断本次过程为层状云降水。

图 11 为 2019 年 8 月 31 日 00:00—05:59 降水个例山脊和东麓山谷 MRR-2 降水参数垂直变化的时间-高度廓线图。可见山脊站和东麓山谷站的亮带顶高、底高及厚度分别为 4200 m、3400 m 和 800 m、4200 m、3450 m 和 750 m,0 ℃等温线的高度为 4880 m,此时段山脊站亮带的厚度略大于东麓山谷站。从图 11 可知,本时段亮带以下山脊站雷达强度为 30.04~34.39 dBZ,均值为 32.49 dBZ,雨滴下落末速度为 5.48~6.02 m·s$^{-1}$,均值为 5.78 m·s$^{-1}$。东麓山谷站雷达强度为 25.45~31.28 dBZ,平均值为 27.96 dBZ,雨滴下落末速度为 5.39~5.97 m·s$^{-1}$,均值为 5.67 m·s$^{-1}$。山脊站的 MRR-2 有效雷达反射率和液滴下落末速度均略大于东麓山谷站,由图 12 可知在本次降水过程中,山脊站相对于东麓山谷站而言,降水云内各个高度层均有更多的水凝物。

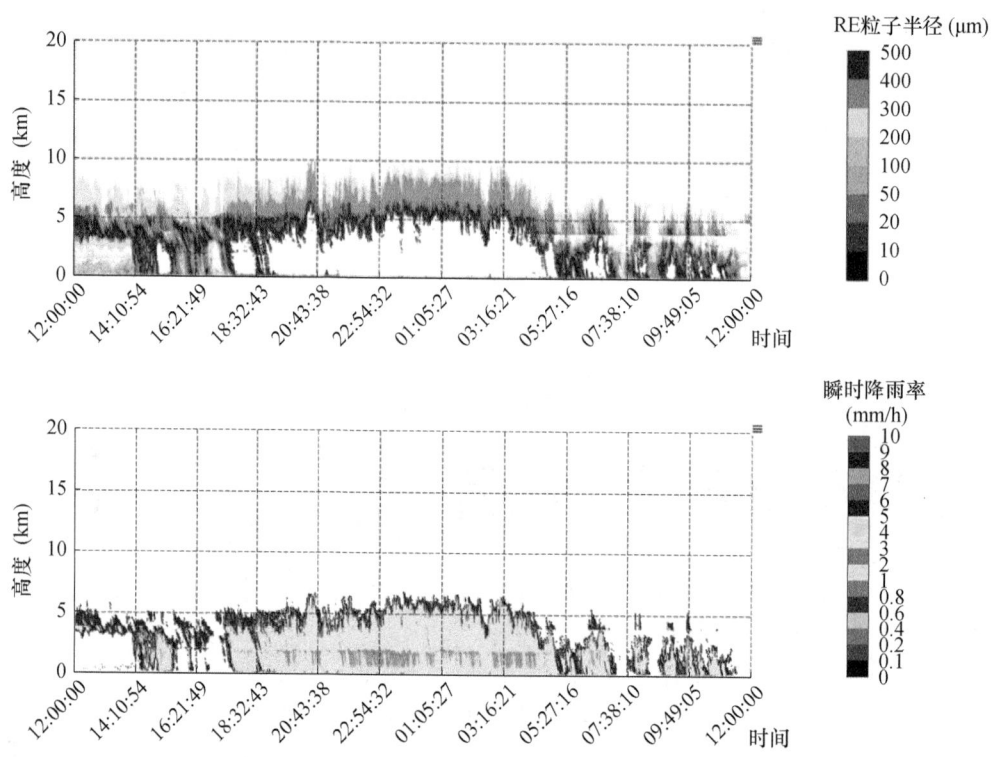

图10 2019年8月30日12时—8月31日12时隆德站云雷达反演粒子半径(上)与瞬时降雨率(下)

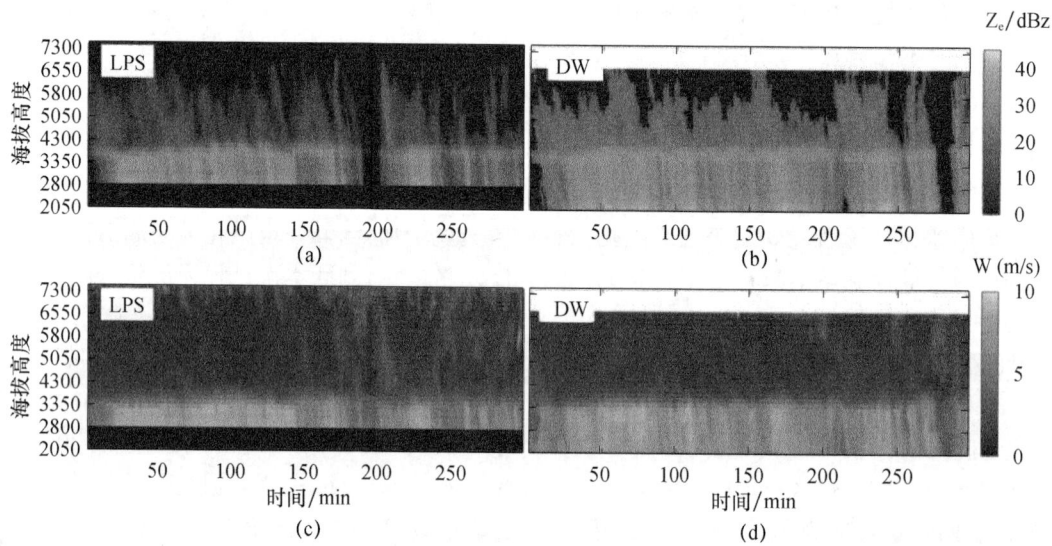

图11 六盘山区MRR-2降水宏观参量随时间和高度变化
(LPS:山脊;DW:东麓山谷。上:有效雷达反射率因子;下:下落末速度)

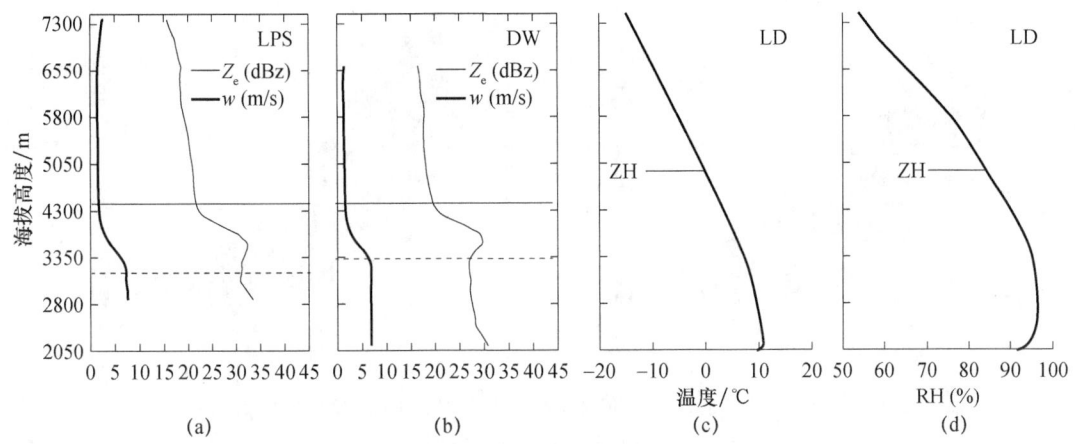

图 12 六盘山区 MRR-2 降水宏观参量平均值垂直变化(LPS:山脊,DW:东麓山谷)
(a)和(b)中黑色和绿色实线分别为融化层亮带的顶高和底高。
(c)和(d)分别为西麓山谷站温度和相对湿度廓线。ZH 为 0 ℃等温线对应的海拔高度。

## 4.2 微观特征分析

### 4.2.1 固态水凝物特征

从图 13 可知,在此降水时段,山脊站层大部分固态水凝物的下落速度稳定在 100～380 cm·s$^{-1}$,平均值为 205 cm·s$^{-1}$,东麓山谷为 100～340 cm·s$^{-1}$,平均值为 193 cm·s$^{-1}$,可见两站的固态水凝物主要是雪和霰,且在降水时段的 150～300 min,较大的霰粒子(雪丸)占主导。山脊站的固态水凝物的粒子尺度在-4～0 ℃等温线高度范围内比东麓山谷站略大。

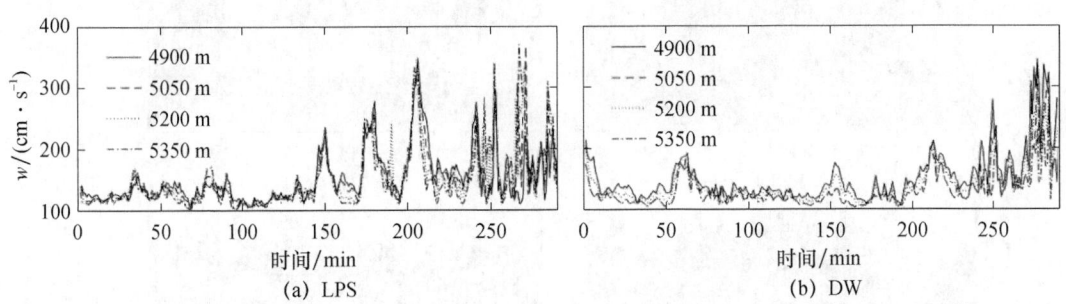

图 13 水凝物粒子在-4～0 ℃等温线的高度层下落末速度随时间的变化(LPS:山脊,DW:东麓山谷)

图 14 为-4～0 ℃等温线的高度层海拔高度上固态水凝物滴谱的 CFADs 图,纵坐标是粒子直径,横坐标是数浓度,可以看出,山脊站大粒子的尺度范围为 0.8～2.6 mm,大粒子端的数浓度为 1～6(单位:m$^{-4}$),山谷站为 1.1～2.2 mm,数浓度为 1～5(单位:m$^{-4}$),山脊站大粒子的尺度范围及其数浓度略大于山谷站。推测在山谷云的微物理过程存在比较显著的未凇化雪生长,从而产生了较低密度的雪粒子,而经历凇化过程影响的雪生长使得在山脊产生较高密度的雪粒子。山脊周围山区的强制抬升可能导致上空云层出现地形过冷效应,从而使得过冷云滴的凇化增强。

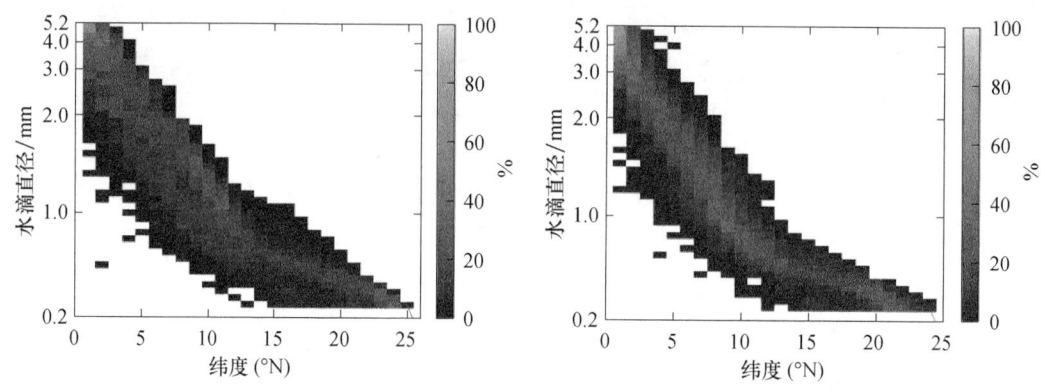

图 14 −4～0 ℃等温线的高度层海拔高度上固态水凝物滴谱的 CFADs 图
左:西麓山谷,右:东麓山谷

#### 4.2.2 融化层亮带 DSD 对比

图 15 为山脊站和东麓山谷站亮带各层 DSD(单位:m$^{-4}$)随时间高度变化图,可见本次层状云降水过程,山脊和东麓山谷站融化层各层数浓度(单位:m$^{-4}$)绝大部分为 0～26,亮带顶高对应的高度上固态水凝物粒子(由上节可知,固态水凝物粒子为雪颗粒和霰)直径在 3.0 mm 以下,大部分的在 1.0 mm 以下。固态水凝物粒子在下降的过程中随着温度的增加开始融化,直径 1.0 mm 以下的水凝物的粒子数在减少,直径在 1.0～3.0 mm 的粒子数在增加,同时出现了直径 3.0～5.2 mm 的大粒子,且待达到亮带底部(温度达到 5.0 ℃)时,固态水凝物粒子完全融化成液滴。在此融化过程中可以看出山脊站融化层各层的水凝物数浓度的值略大于东麓山谷站。

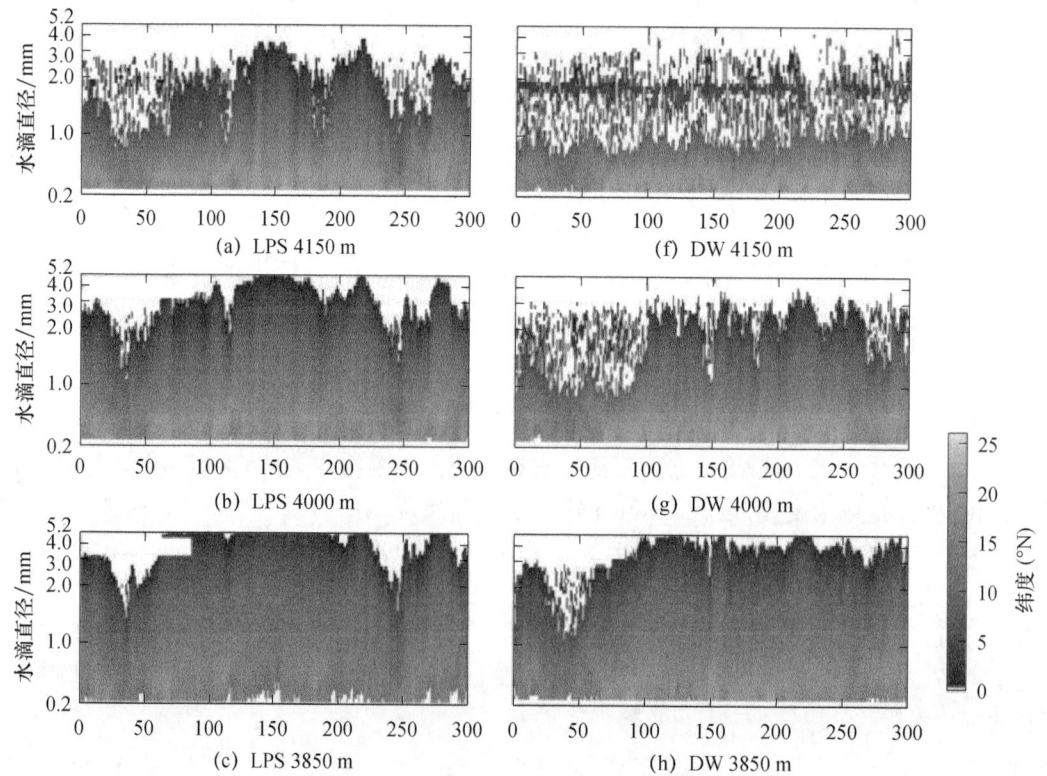

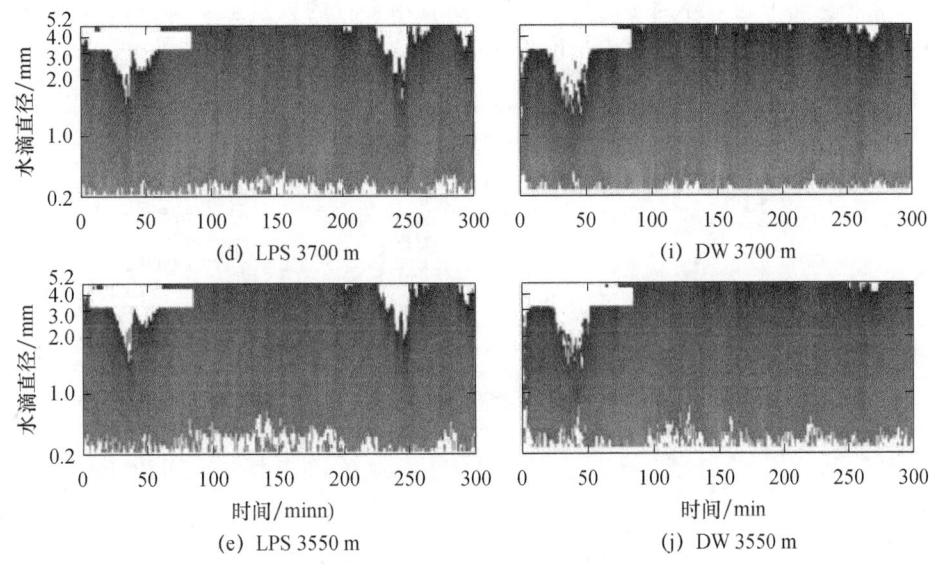

(d) LPS 3700 m  (i) DW 3700 m
(e) LPS 3550 m  (j) DW 3550 m

图15 六盘山区层状云降水 MRR-2 融化层亮带各层 DSD(单位：$m^{-4}$)随时间高度变化
LPS:山脊，DW:东麓山谷

图16为融化层固态水凝物滴谱的 CFADs，可以看出，山脊站大粒子的尺度范围为0.8～2.6 mm，大粒子端的数浓度为1～6(单位：$m^{-4}$)，山谷站为1.1～2.2 mm，数浓度为1～5(单位：$m^{-4}$)，山脊站大粒子的尺度范围及其数浓度略大于山谷站。

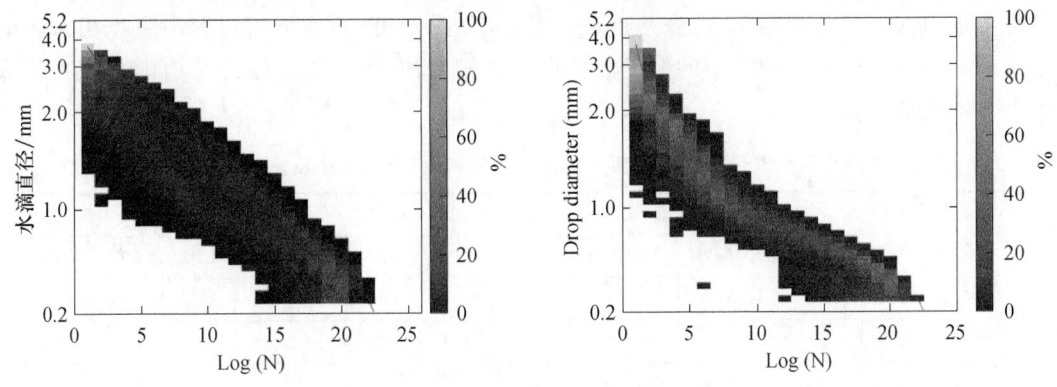

图16 融化层固态水凝物滴谱的 CFADs 图
左:山脊；右:山谷

### 4.2.3 亮带以下各层 DSD 对比

图17为山脊站和东麓山谷站亮带以下各层的雨滴谱谱形，山脊站和东麓山谷站带以下分别为4和10层。雨滴谱谱形在各层大致相同，可见雷达亮带下面各层的雨滴谱适用于伽马分布。由图16可知，本次降水个例中液滴自亮带下落的过程中，粒子直径为1.0～2.0 mm 液滴的数量基本保持不变，直径大于2.0 mm 的液滴数在增加，直径小于1.0 mm 的液滴数在减少。而且从图12还可以看出亮带以下各层的相对湿度在96%以上，说明液滴在下落并经历碰并、破碎和蒸发等的过程中，碰并占主导。以上结果与个例一亮带以下各层 DSD 呈现出类

似的特征,液滴从亮带底下降到接近近地面时,随着小颗粒的数量急剧减少,大颗粒的数目在增加,山脊站各层雨滴的数浓度要大于山谷站。

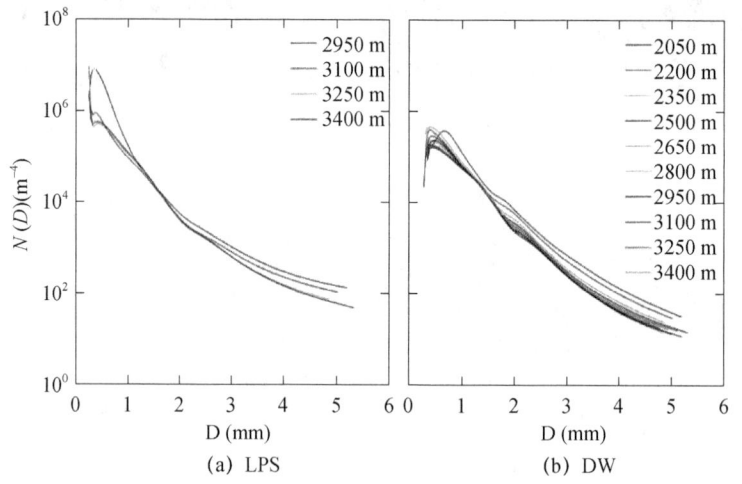

图 17 六盘山区层状云降水亮带以下雨滴谱平均谱形
LPS:山脊;DW:东麓山谷

表 2 是山脊站和东麓山谷站近地面四层高度对应气温、相对湿度及差值列表。由于山脊站和东麓山谷站温度差在这四层分别为 $-0.8$ ℃、$-2.2$ ℃、$-2.2$ ℃ 和 $-2.4$ ℃,相对湿度差分别为 4.2%、1.4%、0.2% 和 $-0.7$%,可知山脊站和东麓山谷站在相同高度上,山脊站的温度更低湿度更大一些。由图 17 山脊站近地面的 DSD 谱形可知,在下落过程中直径相对大的粒子数量在增加的同时直径较小的粒子数量也在急剧增加,此异常现象应是由山脊较大的底层上升气流造成的。

表 2 六盘山区层状云降水近地面 4 层高度对应气温、相对湿度及差值(LPS-DW)

| 项目 | L1 | | | L2 | | | L3 | | | L4 | | |
|---|---|---|---|---|---|---|---|---|---|---|---|---|
| | LPS | DW | LPS-DW | LPS | DW | LPS-DW | LPS | DW | LPS-DW | LPS | DW | LPS-DW |
| 高度/m | 2950 | 2050 | — | 3100 | 2200 | — | 3250 | 2350 | — | 3400 | 2500 | — |
| $T$/℃ | 9.2 | 10.0 | $-0.8$ | 8.7 | 10.9 | $-2.2$ | 8.4 | 10.6 | $-2.2$ | 7.8 | 10.2 | $-2.4$ |
| $RH$/% | 96.1 | 91.9 | 4.2 | 96.0 | 94.6 | 1.4 | 95.9 | 95.7 | 0.2 | 95.6 | 96.3 | $-0.7$ |

注:LPS,山脊;DW,东麓山谷;L1—L4 分别代表两站地面以上的 4 个高度层。

#### 4.2.4 地面雨滴谱特征分析

利用六盘山区隆德 3 部、西吉田坪作业点 1 部、泾源 2 部雨滴谱仪数据和六盘山、隆德气象站的降水现象仪观测资料,反演计算了总数浓度、峰值数浓度、众数粒径、平均粒径、雨强、最大粒径、平均体积粒径、雷达反射率因子、优势粒径、含水量、动量通量等微物理特征量。对此次降水过程降水微物理特征进行了分析(图 18,表 3)。

西坡隆德:从雨强变化看,降水时段为 30 日 08:31 至 31 日 11:08。降水较大时段集中在 30 日 21:00 至 31 日 00:00;雨强最大为 8.09 mm·h$^{-1}$。粒子最大直径 5.5 mm,平均粒径最大为 1.26 mm,数浓度最大为 4646 个/m$^{-3}$,含水量最大为 0.44 g·m$^{-3}$。

六盘山气象站:从雨强变化看,降水时段为30日14:45至31日12:00。降水较大时段集中在31日00:00—03:00;雨强最大为5.45 mm·h$^{-1}$,粒子最大直径6.5 mm,平均粒径最大为1.375 mm,数浓度最大为965个/m$^{-3}$,含水量最大为0.21 g·m$^{-3}$。

东坡惠台:从雨强变化看,降水主要时段为30日16:24至31日11:53。降水较大时段集中在30日22:00至31日01:00;雨强最大为3.63 mm·h$^{-1}$,粒子最大直径4.75 mm,平均粒径最大为1.21 mm,数浓度最大为717个/m$^{-3}$,含水量最大为0.14 g·m$^{-3}$。

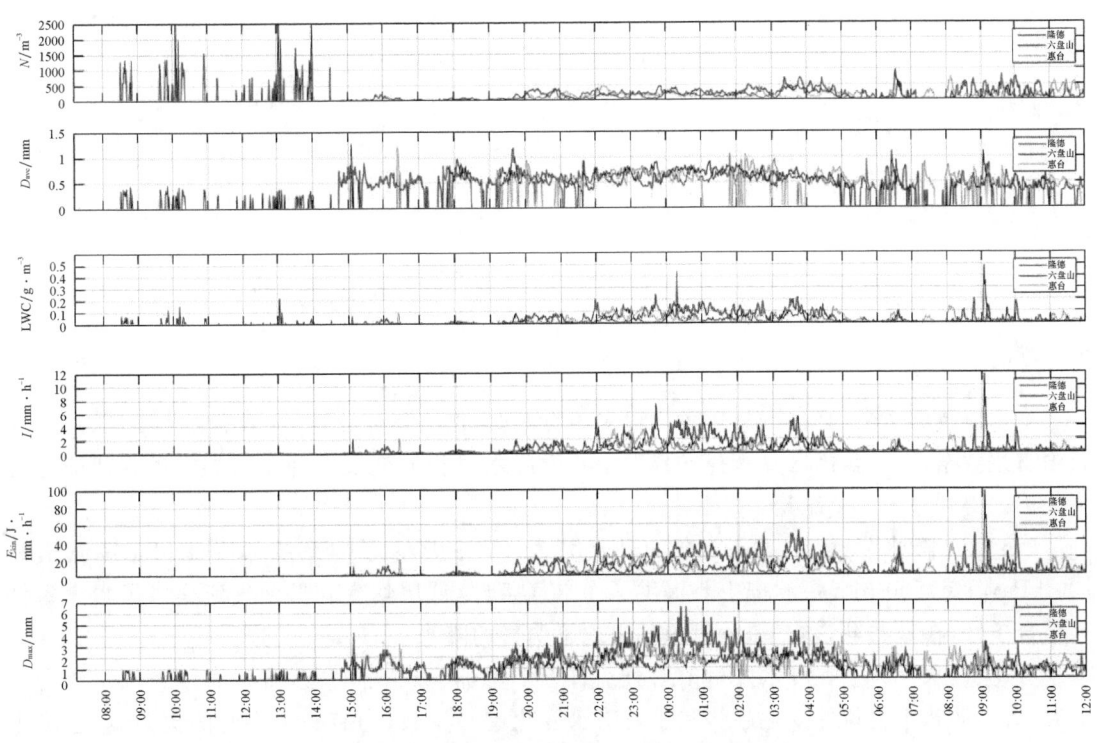

图18 各点雨滴谱微物理特征时序变化对比图

表3 各点雨滴谱微物理特征量均值

| 站点 | 平均直径/mm | 最大直径/mm | 众数直径/mm | 优势直径/mm | 平均体积直径/mm | 雨强/mm·h$^{-1}$ | 数浓度/m$^{-3}$ | 含水量/g·m$^{-3}$ | 动能通量/J·m$^{-2}$·h$^{-1}$ |
|---|---|---|---|---|---|---|---|---|---|
| 六盘山 | 1153 | 0.538 | 1.531 | 0.379 | 1.008 | 0.642 | 0.721 | 161.089 | 0.034 |
| 隆德 | 853 | 0.572 | 1.731 | 0.401 | 1.103 | 0.695 | 0.728 | 230.087 | 0.039 |
| 城关 | 812 | 0.598 | 1.836 | 0.4 | 1.191 | 0.732 | 0.805 | 167.409 | 0.04 |
| 好水 | 867 | 0.619 | 1.826 | 0.412 | 1.249 | 0.767 | 0.73 | 129.029 | 0.041 |
| 陈靳 | 903 | 0.583 | 1.622 | 0.421 | 1.056 | 0.703 | 0.59 | 186.455 | 0.051 |
| 大湾 | 960 | 0.675 | 1.542 | 0.564 | 0.996 | 0.76 | 0.713 | 140.063 | 0.042 |
| 惠台 | 676 | 0.589 | 1.7 | 0.425 | 1.053 | 0.705 | 0.715 | 173.823 | 0.036 |

如图19所示六盘山和隆德雨滴谱呈双峰型,惠台降水强度较小呈现单峰型。三个站在0.4 mm左右都存在数浓度极大值,随着粒子直径增大,数浓度减小。六盘山和惠台谱宽均为6 mm,隆德谱宽为5.5 mm,六盘山在大滴端的数浓度较多,考虑也是降水大的原因。

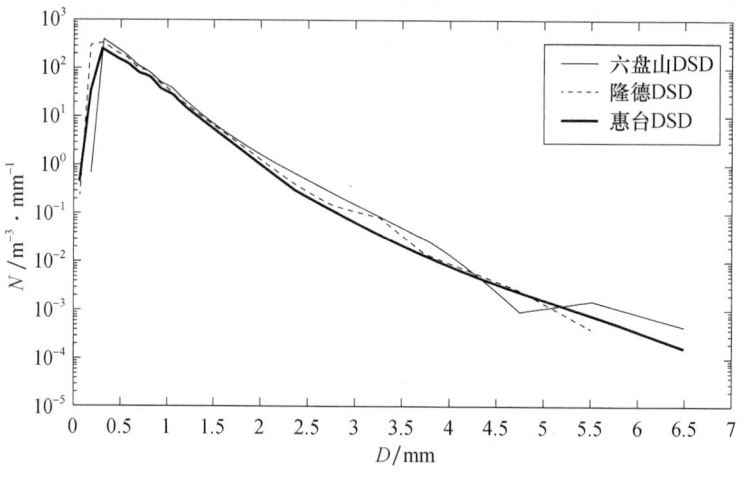

图 19 各站点雨滴谱分布图

## 5 结论

本章节选取六盘山气象站（代表六盘山山脊）和大湾人影作业点（代表六盘山东麓山谷）的微雨雷达数据，对六盘山区夏季一次典型层状云降水过程演变及中降水云的宏微观特征进行了分析。得到以下主要结论：

(1)此次降水发生在两槽一脊的环流背景下，主要的影响系统为 500 hPa 短波槽和 700 hPa 切变，500 hPa 短波槽主要提供了冷空气条件，低层切变和偏南气流提供了水汽条件和辐合条件，在其共同影响下，六盘山区出现了明显的降水。

(2)大气水汽含量在降水发生前后分别有一个增加、减小的过程，降水时段大气水汽含量最大；大气液态水含量的变化趋势和小时降水变化趋势一致，但有一个小时的提前量，且降水发生前有跃增现象发生。

(3)本次个例降水云在卫星、天气雷达、HT101 和 MRR-2 都表现出了层状云降水过程的特性，比如垂直探测的云雷达和微雨雷达都出现了融化层亮带。微雨雷达测得的山脊站融化层亮带的顶高略高于西麓山谷站，亮带底高略低于西麓山谷站，亮带的厚度略大于西麓山谷站。相对于西麓山谷站，除了雷达反射率因子，山脊站的微雨雷达其他降水参数值略大。

(4)本次个例亮带顶高和底高对应温度分别为 3.0 ℃和 5.0 ℃，亮带顶高对应高度上的固态水凝物粒子直径在 3 mm 以下，大部分的在 1 mm 以下。在固态水凝物粒子下降且随着温度的增加开始融化到完全融化的过程中，直径在 1 mm 以下的水凝物的粒子数在减少，直径为 1～3 mm 的粒子数在增加，同时出现了直径为 3～5 mm 的大粒子，在下降到亮带底部时，固态水凝物粒子完全融化成液滴。经过比较发现，在融化过程中山脊站融化层水凝物的数浓度略大于西麓山谷站。

(5)−4～0 ℃温度层之间的水凝物主要是雪颗粒和霰，相对而言，山脊雪颗粒和霰的直径和数浓度均略大于山谷。液滴自亮带下落的过程中，粒子直径为 1～2 mm 液滴的数量基本保持不变，直径大于 2 mm 的粒子数在增加，直径小于 1 mm 的粒子数在减少，说明液滴在下落并经历碰并、破碎和蒸发等的过程中，碰并占主导。从地面雨滴谱分布来看，六盘山和隆德雨滴谱呈双峰型,惠台降水强度较小呈现单峰型。三个站在 0.4 mm 左右都存在数浓度极大值,随着粒子直径增大,数浓度减小。六盘山和惠台谱宽均为 6 mm,隆德谱宽为 5.5 mm,六盘山在大滴端的数浓度较多,推测也是降水稍大的原因。

## 参考文献

[1] LEOPOLD L B. The interaction of trade wind and sea breeze, Hawaii[J]. J Meteor,1949(6):312-320.

[2] BERGERON T. The Problem of Artificial Control of Rainfall on the Globe:Ⅱ. The Coastal Orographic Maxima of Precipitation in Autumn and Winter[J]. tellus,1949,1(3):15-32.

[3] 齐彦斌,郭学良,金德镇. 一次东北冷涡中对流云带的宏微物理结构探测研究[J]. 大气科学,2007,31(4):621-634.

[4] 张文刚,徐桂荣,万蓉,等. 基于地基微波辐射计的大气液态水及水汽特征分析[J]. 暴雨灾害,2015,34(4):367-374.

[5] 张秋晨,龚佃利,王俊,等. 基于地基微波辐射计反演的济南地区水汽及云液态水特征[J]. 气象与环境学报,2017(5):35-43.

[6] 巩宁刚,孙美平,闫露霞,等. 1979—2016 年祁连山地区大气水汽含量时空特征及其与降水的关系[J]. 干旱区地理,2017,40(4):762-771.

[7] 苏爱芳,周毓荃,吴蓁,等. 一次典型降水层状云的结构特征和增雨潜势分析[J]. 气象与环境科学,2007(1):58-65.

[8] STEINKE S,LOHNERT U,CREWELL S,et al. Water Vapor Tomography With Two Microwave Radiometers[J]. IEEE Geoscience and Remote Sensing Letters,2014,11(2):419-423.

[9] COSSU F,HOCKE K,MARTYNOV A ,et al. Atmospheric water parameters measured by a ground-based microwave radiometer and compared with the WRF model[J]. Atmospheric Science Letters,2015,16(4):465-472.

[10] 李军霞,李培仁,晋立军,等. 地基微波辐射计在遥测大气水汽特征及降水分析中的应用[J]. 干旱气象,2017(5):61-69.

[11] 田磊,桑建人,姚展予,等. 六盘山区夏秋季大气水汽和液态水特征初步分析[J]. 气象与环境学报,2019,35(6):28-37.

[12] 王慧娟,熊守权,李德俊,等. 基于激光雨滴谱仪的一次降水云滴谱特征分析[J]. 高原山地气象研究,2013,33(1):17-22.

[13] 王凯,孙美平,巩宁刚. 西北地区大气水汽含量时空分布及其输送研究[J]. 干旱区地理,2018,41(2):73-80.

[14] 胡雅君,张伟,赵玉春,等. "5·7"闽南沿海暖区特大暴雨中尺度特征分析[J]. 气象,2020,46(5):629-642.

[15] 吕珊珊,周青,张勇. 基于毫米波雷达观测及探空反演的云垂直结构对比分析[J]. 气候与环境研究,2021,26(1):1-13.

[16] 霍娟,吕达仁,段树,等. 基于 2014—2017 年 Ka 毫米波雷达数据分析北京地区云宏观分布特征[J]. 气候与环境研究,2020(1):45-54.

[17] 王瑾,岳治国,贺文彬,等. 西安地区积层混合云的 $Z-R$ 关系研究[J]. 暴雨灾害,2020,39(4):409-417.

[18] 袁正旋,覃军,曾向红,等. 湖南岳阳一次大暴雨过程近地层湍流特征分析[J]. 暴雨灾害,2017,36(5):431-439.

[19] 曹宁,张立新,桑建人,等. 基于微雨雷达的六盘山区地形云降水宏微观特征观测分析. 气象科学,2019,39(6):775-785.

[20] SRIVASTAVA R C. Size distribution of raindrops generated by their breakup and coalescence[J]. J Atmos Sci,1971,28(3):410-415.

[21] ATLAS D,SRIVASTAVA R C,SEKHON R S. Doppler radar characteristics of precipitation at vertical incidence[J]. Rev Geophys,1973,11(2):1-35.

[22] WILLIS T W,HEYMSFIELD A J. Strucure of the melting layer in mesoscale convection system stratiform precipitation[J]. J Atmos Sci,1989,46(4):2008-2025.

[23] FABRY F,ZAWADZKI I. Long-term radar observations of the melting layer of precipitation and their interpretation[J]. J AtmosSci,1995,52(5):838-851.

[24] HUGGEL A,SCHMIDT W,WALDVOGEL A. Raindrop size distributions and the radar band[J]. J Appl Meteor,1996,35:1688-1701.

[25] 孙豪,刘黎平,郑佳锋. 不同波段垂直指向雷达功率谱密度对比[J]. 应用气象学报,2017,28(4):447-457.

[26] 崔云扬,周毓荃,蔡淼. 利用微雨雷达研究一次冷锋云系降水的垂直结构分布及演变特征[J]. 大气科学,2019,43(3):618-633.

[27] 马宁堃,刘黎平,郑佳锋. 利用Ka波段毫米波雷达功率谱反演云降水大气垂直速度和雨滴谱分布研究[J]. 高原气象.2019,38(2):325-339.

[28] 宋灿,周毓荃,吴志会. 雨滴谱垂直演变特征的微雨雷达观测研究[J]. 应用气象学报,2019,30(4):479-490.

# 六盘山区一次非典型冰雹天气过程微物理量特征的分析[*]

陶涛[1,2]　张立新[1]　桑建人[2]　吕晶晶[3,4]　聂晶鑫[2]

(1. 南京信息工程大学大气科学学院,南京 210044；
2. 中国气象局旱区特色农业气象灾害监测预警与风险管理重点实验室,银川 750002；
3. 中国气象局气溶胶与云降水重点开放实验室,南京 210044；
4. 南京信息工程大学大气物理学院,南京 210044)

**摘　要**：利用地面激光雨滴谱仪捕捉到的 2017 年 7 月 14 日夜间发生在六盘山区的一次强对流天气降雹过程,其降雨和降雹微物理特征表明：降雹时,粒子各项微物理特征量明显增大,其中数浓度和平均动能通量增幅最为明显,分别增长了 6.3 倍和 13 倍。降雹初期,粒径较大的冰雹粒子增长较快,随着能量的释放,对流减弱,粒径较小的冰雹粒子增加较快。Gamma 型分布更适合拟合降雹前后的粒子谱。用粒子下落末速度公式 $V=aD^b$ 拟合此次降雹过程中的粒子速度效果很好,相关系数超过 0.98,参数 $a$ 的变化范围为 4.55~5.02,参数 $b$ 的变化范围为 0.53~0.59。

**关键词**：六盘山；冰雹云；冰雹粒子谱；微物理特征

## 1　引言

冰雹是典型的气象灾害之一,具随机性、突发性和局地性的特点。宁夏冰雹天气多发生于春末至盛夏,占全年总数的 69.5%。冰雹的形成受地形影响明显[1-2],宁夏地区有 2 个冰雹频发中心,即宁夏南部的六盘山区和北部的贺兰山区[3]。唐仁茂等[4]利用地基微波辐射计对湖北咸宁的一次冰雹过程进行了分析,计算了四个不稳定指数,认为这些指数对强对流天气有一定的临近预警潜力。黄治勇等[5]利用微波辐射计、风廓线雷达分析了湖北咸宁的一次冰雹天气中三种相态粒子的动态变换过程,验证了过冷云系统中混合相态的贝吉隆过程理论。王昀等[6]利用观测记录、探空资料和雷达探测资料对天山北侧的冰雹分布情况进行分析,归纳出了成灾雹云的雷达回波特征及移动路径,确定了成灾雹云预报及雷达特征预警指标。刘峰贵等[7]利用近 60 年的雹灾数据分析了三江源地区冰雹的时空分布特征并得出了成因。

宁夏地区冰雹研究多集中在环流形势和时空分布特征方面[8-9]。牛生杰等[10]利用地面雹谱资料,计算了冰雹落地动能通量,建立了 $Z_e$-$E$ 关系,为开展防雹效果评估等工作打下了基础。徐阳春[11]对六盘山区 151 个暴雹个例进行了统计分析,找出了六盘山区雷达识别冰雹云的定量综合指标。

利用激光雨滴谱仪对六盘山区冰雹微物理量特征的研究工作仍不多见。本文结合地面及高空探测资料、多普勒雷达等资料,对 2017 年 7 月 14 日六盘山区夜间强对流天气降雨和降雹

---

[*] 基金项目：国家自然科学基金项目(41775139)。
作者简介：陶涛(1983—),男,重庆潼南人,大学本科,在职研究生,工程师,研究方向为大气物理与人工影响天气。E-mail：ala.no.4@163.com。

过程发生前后的粒子谱和微物理量特征等方面进行分析。探讨DSG5型激光雨滴谱仪在冰雹微物理特性研究方面的应用,加深六盘山区降雹粒径谱和冰雹落地动能的认识,为今后定量冰雹评价灾害、划分冰雹灾害等级,及人工防雹作业效果评价提供参考。

## 2 观测仪器和数据处理

### 2.1 六盘山地形云试验基地

六盘山地形云试验基地是宁夏人工影响天气中心自2017年初建设,该基地以六盘山气象站为中心,核心试验区半径约为10 km,由山顶的六盘山气象站(海拔2 842 m)、西南侧的隆德气象站(海拔2 079 m)以及山脉东西两侧六个标准化作业点构成,六盘山站架设有多普勒雷达,其余两站和6个作业点布设雨滴谱仪等探测设备。图1为六盘山地形云试验基地雨滴谱仪地理分布示意图。

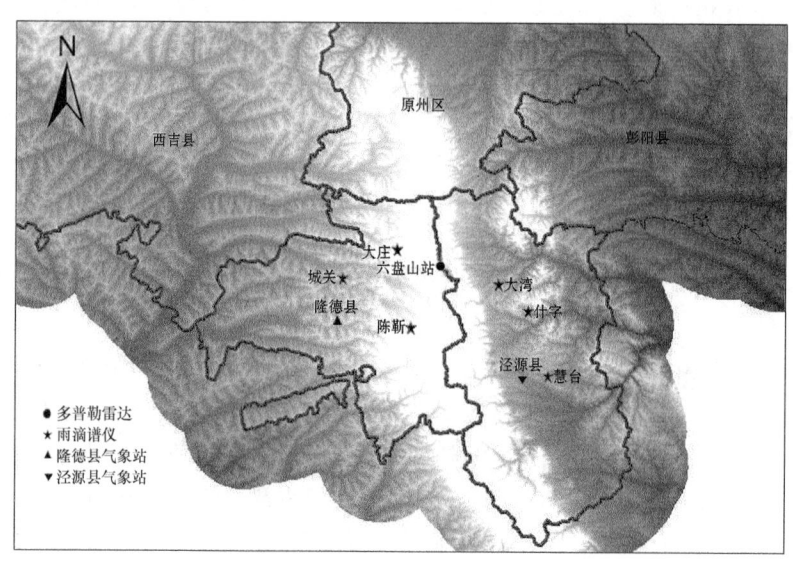

图1 雨滴谱仪地理分布示意图

### 2.2 观测仪器

六盘山地形云试验基地使用的DSG5型激光雨滴谱仪,其核心部件与德国OTT公司生产的Parsivel雨滴谱[12]类似,有32个尺度通道和32个速度通道,其中粒径测量范围为0.2~25.0 mm,速度测量范围为0.2~20.0 m·s$^{-1}$。根据各种观测参数的综合信息,该激光雨滴谱仪能反演计算出瞬时降水强度、降水粒子总数、累计降水量、降水时的能见度和雷达反射率因子等[13]。

### 2.3 数据处理

文中分析用的资料主要有六盘山站雨滴谱资料,冰雹发生当日多普勒雷达图,高空与地面天气图,相邻距离50 km崆峒站的探空资料。

本文所涉及到的降水粒子微物理量特征主要包括粒子数浓度 $N(\text{m}^{-3})$,质量浓度 $Q(\text{g·m}^{-3})$、

降水强度 $I$(mm·h$^{-1}$)、雷达反射率因子 $Z$(mm$^6$·m$^{-3}$)、平均动能通量 $K_E$(J·m$^{-2}$·s$^{-1}$)、平均直径 $D_{ave}$(mm)、最大谱宽 $D_{max}$(mm)、粒子末速度 $V_t$(m·s$^{-1}$)。

降水粒子末速度来源于激光雨滴谱仪的测量值,粒子平均直径、最大谱宽为统计量。其他相应的微物理量计算如公式(2)—(6)所示,我们假设 $\rho = 890$ kg·m$^{-3}$[10]。其中第 $i$ 个尺度通道的雨滴单位尺度空间数密度 $N(D_i)$(m$^{-3}$·mm$^{-1}$),可计算为[13]:

$$N(D_i) = \sum_{j=1}^{32} \frac{n_{ij}}{A \Delta t V_j \Delta D_i} \tag{1}$$

式中:$n_{ij}$ 为在第 $i$ 个尺度通道和第 $j$ 个速度通道的粒子个数;$A$ 和 $\Delta t$ 分别为采样面积(54 cm$^2$)和时间间隔 1 min(60 s);$V_j$ 为第 $j$ 个速度通道的粒子下落速度(m·s$^{-1}$);$\Delta D_i$ 为第 $i$ 个尺度通道的宽度(mm)。

由于尺度通道前两档的雨滴直径较小,信噪比低,所以在处理中不予考虑[14]。

$$N = \sum_{i=3}^{32} N(D_i) \Delta D_i \tag{2}$$

$$Q = \frac{\pi \rho}{6} \sum_{i=3}^{32} D_i^3 N(D_i) \Delta D_i \tag{3}$$

$$I = \frac{\pi}{6} \sum_{i=3}^{32} \sum_{j=1}^{32} D_i^3 V_j N(D_i) \Delta D_i \tag{4}$$

$$Z = \sum_{i=3}^{32} D_i^6 N(D_i) \Delta D_i \tag{5}$$

$$K_E = \frac{\pi \rho}{12} \sum_{i=3}^{32} \sum_{j=1}^{32} D_i^3 V_j^3 N(D_i) \Delta D_i \tag{6}$$

## 3 结果和讨论

### 3.1 天气实况及环流背景

2017 年 7 月 14 日 14—23 时宁夏吴忠市同心县,中卫市沙坡头区、中宁县,固原市隆德县等多地先后出现冰雹天气。其中,固原市隆德县六盘山气象站布设的雨滴谱仪观测到一次强对流天气过程产生的降雨降雹。此次过程分为 3 个阶段,降雹前持续 8 min(22:49—22:56)的降雨过程;持续 5 min(22:57—23:01)的降雹过程;降雹后持续 1 min(23:02—23:03)的降雨过程。

此次夜间降雹天气发生在低层大尺度暖脊之中,对流层中高层东北冷涡后部冷空气下滑渗透等天气系统的合理配置为触发突发性冰雹提供了有利的天气尺度背景条件。从 14 日 08 时 500 hPa 高空图来看(图略),宁夏南部受北风控制。700 hPa 上的风向切变辐合位置较 500 hPa 偏南,宁夏南部受其外围的东南风控制,500 hPa 与 700 hPa 的风向切变显著。700 hPa 西北地区东部在暖脊内,地面受暖低压控制,回暖明显。六盘山当天最高气温超过 22 ℃,高层干冷空气叠加在低层暖湿空气上,大气层结处于不稳定状态,为降雹提供了有利的热力条件。20 时,500 hPa 暖脊发展,冷涡维持,不断有冷空气下滑渗透影响,$\Delta T_{700-500}$ 达 21 ℃。

分析离六盘山气象站最近的崆峒探空站资料,当日 20 时探空曲线表明(图 2a),湿对流有效位能(CAPE)值为 248.7 J·kg$^{-1}$,沙氏指数(SI)为 $-1.72$,存在层结不稳定。0 ℃层在 550 hPa,自由对流高度(LFC)在 0 ℃层附近,平衡高度(ELC)在 364 hPa。冰雹发生在 14 日

23时左右,此时六盘山站的气压722.6 hPa,气温14.2 ℃,露点温度11.9 ℃,用实况数据订正探空(图2b)后,LFC高度略降低,使得气块更容易到达自由对流高度,ELC高度升高至250 hPa,对流有效位能增大,为冰雹发生提供能量条件。

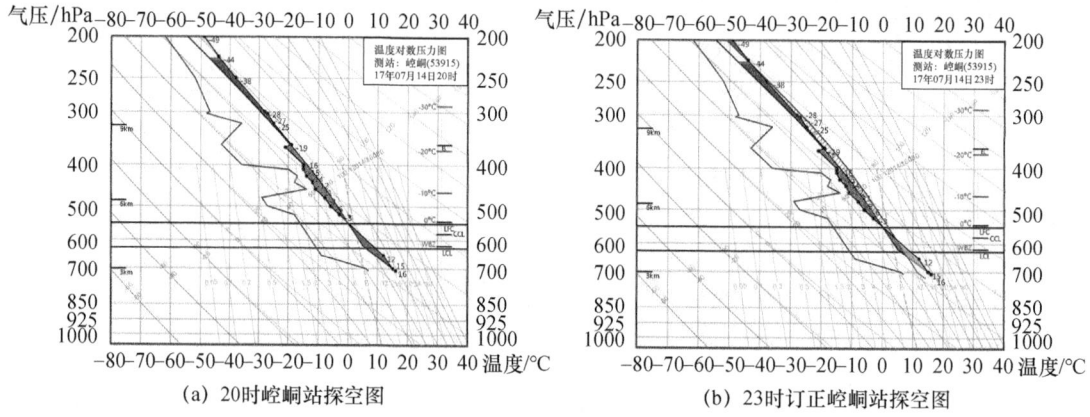

(a) 20时崆峒站探空图　　(b) 23时订正崆峒站探空图

图2　2017年7月14日20时(a)、23时(b)崆峒站探空图

## 3.2　雷达回波特征

分析产生此次冰雹的原因,一方面具备有利于触发突发性冰雹的天气尺度背景;另一方面此次强对流系统与六盘山山脊的位置基本相同且走向基本一致,可能是由于地形原因导致的短时对流过程。宁夏南部的六盘山是冰雹源地[15],山体对气流的强迫抬升作用,再加上地形的热力作用,造成局地辐合上升运动加强,使得山区上空大气处于不稳定状态,为强对流性天气的发生发展提供了有利的条件。

根据六盘山气象站多普勒雷达图(图3),此次强对流天气过程从22:50开始,顺着六盘山山脊生成一条南北走向的条状对流回波,与山势走向基本重合,回波中心强度达到50 dBZ,在原地维持50 min后逐渐消散。从雷达剖面图(图4)可以看到,冰雹发生时40 dBZ强回波延伸高度为3 km,回波顶高5~6 km,且垂直高度上呈倾斜状。对应的径向速度最大为10 m·s$^{-1}$,处于5 km左右高度。

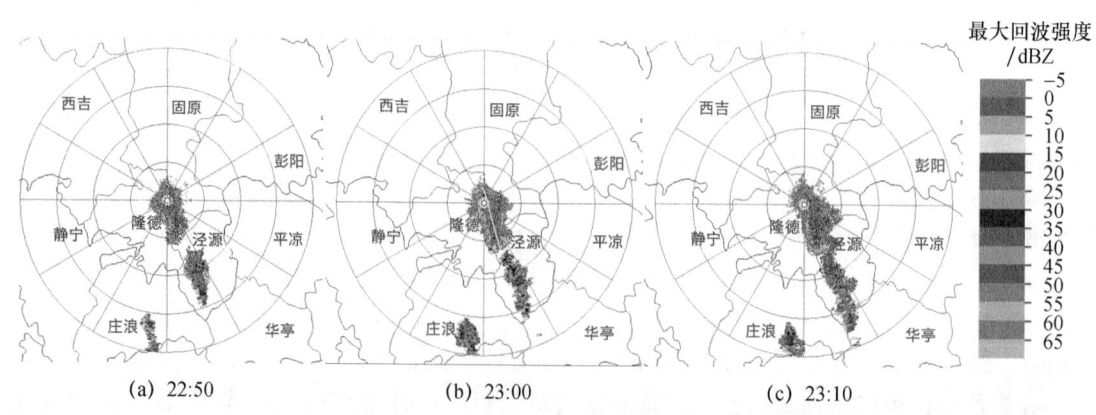

(a) 22:50　　　　　　　(b) 23:00　　　　　　　(c) 23:10

图3　2017年7月14日六盘山1.5°仰角基本反射率因子
(a)22:50;(b)23:00;(c)23:10

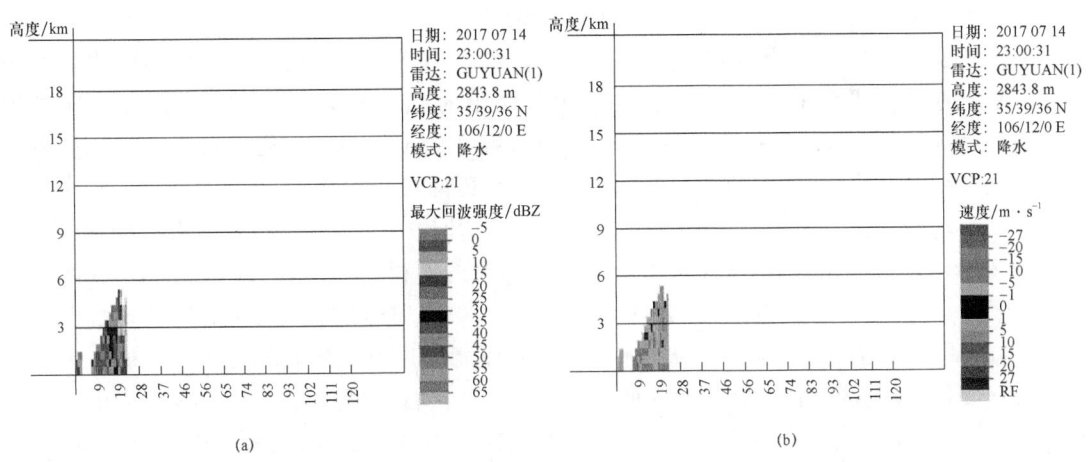

图 4 沿图 3b 剖线处作的反射率因子垂直剖面(a)和速度径向垂直剖面(b)

## 3.3 微物理特征

图 5 给出了对流天气降水(包括降雨和降雹)过程中数浓度($N$)、平均直径($D_{ave}$)、质量浓度($Q$)、平均下落末速度($V_t$)、降水强度($I$)、雷达反射率因子($Z$)、平均动能通量($K_E$)、最大直径($D_{max}$)的时序变化。

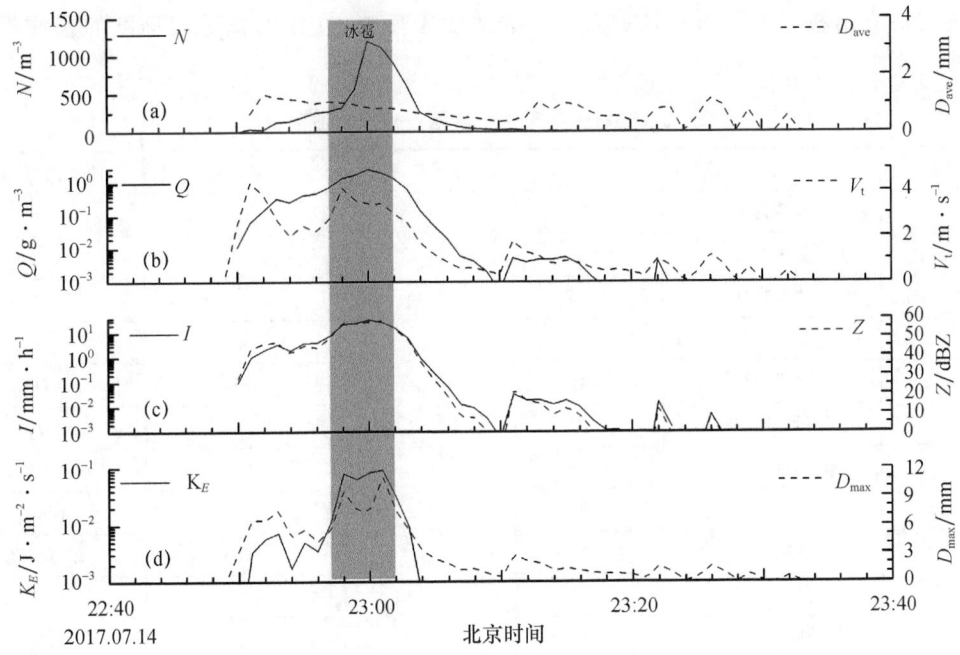

图 5 2017 年 7 月 14 日冰雹过程中降水粒子微物理量演变特征
($N$ 为数浓度;$D_{ave}$ 为平均直径;$Q$ 为质量浓度;$V_t$ 为末速度;$I$ 为降水强度;
$Z$ 为雷达反射率因子;$K_E$ 为平均动能通量;$D_{max}$ 最大谱宽)

此次过程中,数浓度变化显著,降雹前降雨过程的雨滴粒子数浓度从 0.80 个·m$^{-3}$ 迅速增大到 270 个·m$^{-3}$,平均粒子数浓度为 130 个·m$^{-3}$;开始降雹时平均粒子数浓度陡增到

817 个·m$^{-3}$,是降雹前降雨粒子数浓度的 6.30 倍,在 22:59 达到极大值 1 193 个·m$^{-3}$,维持 2 min 后又迅速减少,与雨强、质量浓度变化趋势相一致(图 5a)。粒子平均直径变化相对平稳,降雹时的粒子平均直径为 0.89 mm,降水开始时粒子平均直径从 0.63 mm 突变为 1.33 mm,增加 1 倍多,然后持续减少,直到过程结束(图 5a)。粒子谱宽在过程开始和结束过程中呈现多峰型结构,从过程开始时的 3.25 mm,经历两次峰谷变化,达到最大值 11 mm,降雹时粒子平均最大直径为 8.60 mm(图 5 d);结合雷达回波软件进行分析(图略),计算出分辨率为 0.25 km 的回波格点数,从而得出不同强度回波的面积,从表 1 可以看出,22:50 两项指标(大于 45 dBZ、60 dBZ 回波强度)突然增大,在 23:00(降雹时)大于 45 dBZ 回波基本保持不变,但 60 dBZ 回波强度有所减小,表明冰雹云由盛而衰;23:10 后雷达回波迅速减弱。分析雷达回波速度径向垂直剖面(图略),发现低层(2 km 以下)辐合明显。综合分析表明云中强烈的垂直运动,在降雹前的降雨过程中,粒子不断发生碰并和破碎过程,随着过程的持续,雹胚形成,由于湿增长和干增长交替进行,最终形成冰雹。在整个过程中粒子最大直径和粒子数浓度变化剧烈。质量浓度、降水强度和雷达反射率因子三者的变化趋势基本相同,均是随着过程不断增加,在降雹结束后,迅速回落(图 5b,c)。降雹时,粒子动能通量平均为 0.069 J·m$^{-2}$·s$^{-1}$,较降雹前增长了约 13 倍,它有两个峰值,第一个峰值与粒子平均下落末速度峰值相对应,说明第一个峰值主要是由粒子下落末速度主要贡献。第二个峰值与粒子最大直径峰值和粒子数浓度的次值相对应,即谱分布中直径的最大段,这与牛生杰等[10]在固原利用测雹板进行观测的结果稍有差异,较大直径的冰雹配合较大的数浓度,易出现危害性较大的雹灾,故雹灾灾情应由雹谱的平均直径配合粒子数浓度来反映,这为冰雹致灾程度的预测提供一些参考。

表 1 降雹过程雷达回波格点数及回波面积

| 时间 | 回波强度/dBZ | | 分辨率/km | 格点数 | 回波面积/km$^2$ |
| --- | --- | --- | --- | --- | --- |
| 22:40 | 冰雹指标 | >45 | | 0 | 0 |
| | 最大回波 | 40 | | 2 | 0.125 |
| 22:50 | 冰雹指标 | >45 | | 946 | 59.125 |
| | 最大回波 | 60 | | 55 | 3.437 5 |
| 23:00 | 冰雹指标 | >45 | | 945 | 59.062 5 |
| | 最大回波 | 60 | | 23 | 1.437 5 |
| 23:10 | 冰雹指标 | >45 | 0.25 | 547 | 34.187 5 |
| | 最大回波 | 60 | | 30 | 1.875 |
| 23:20 | 冰雹指标 | >45 | | 388 | 24.25 |
| | 最大回波 | 50 | | 12 | 0.75 |
| 23:30 | 冰雹指标 | >45 | | 97 | 6.062 5 |
| | 最大回波 | 50 | | 24 | 1.5 |
| 23:40 | 冰雹指标 | >45 | | 59 | 3.687 5 |
| | 最大回波 | 50 | | 2 | 0.125 |
| 23:50 | 冰雹指标 | >45 | | 0 | 0 |
| | 最大回波 | 40 | | 1 | 0.062 5 |

从降雹期间雨滴谱各参量的变化来看,在降雹过程中,降雹初期,粒子数浓度的增长速度和平均粒径减小速度基本不变,但粒子谱宽及下落速度均急剧增长,表明此阶段粒径较大的冰雹粒子增加的较快;此后粒子数浓度的急剧增大和平均粒径减小速度基本不变,但粒子谱宽及下落速度均开始下降,表明此阶段粒径较小的冰雹粒子增加的较快;最后,随着对流能量的释放冰雹粒子数开始减少。

## 3.4 冰雹粒子谱分布

将本次过程按照降雹前、降雹时、降雹后及整个过程平均,分析平均雨滴谱、速度谱分布特征(图6)。从图6a看到,降雹时,雨滴谱最宽,数浓度较降雹前和降雹后明显增大,1 mm以内的小粒子数浓度超过100 m$^{-3}$·mm$^{-1}$,随着粒子直径的增大,数浓度明显减少,但是粒子直径为2~6.53 mm时,粒子数浓度随直径的变化趋势较其他阶段偏缓,说明在降雹时段,处于中段(2~6.53 mm)的冰雹粒子数浓度最多。降雹前雨滴谱和数浓度较降雹后宽和大。从谱型来看,降雹时和降雹前呈指数型分布,降雹后谱型呈多峰型结构,其中降雹后雨滴谱线下降趋势最剧烈。在2~2.4 mm 和 3.8~4.3 mm直径段粒子数浓度有一个小的峰值,说明在降雹后大气还处于微弱的不稳定状态。图6b平均速度谱表明整个降水阶段速度谱起伏变化趋势基本一致,降雹后粒子下落平均速度最小,各谱线上粒子浓度在1~3 m·s$^{-1}$均存在两个峰值,峰值明显程度略有差异。在大于3 m·s$^{-1}$降雹时和降雹前均呈指数型下降,而降雹后呈多峰型起伏变化。

在20世纪80—90年代间国内利用测雹板或拍摄技术对冰雹谱进行观测研究。如牛生杰等[10]在固原地区进行观测,石安英等[16]在张家口地区进行观测,郭恩铭[17]在西藏地区进行观测。牛生杰等[10]观测的22个冰雹过程中,冰雹的最大直径为17~27 mm,平均数浓度为9.075 个·m$^{-3}$;最大直径较本文11 mm大得多,但是平均数浓度较本文130 个·m$^{-3}$要小一个量级。

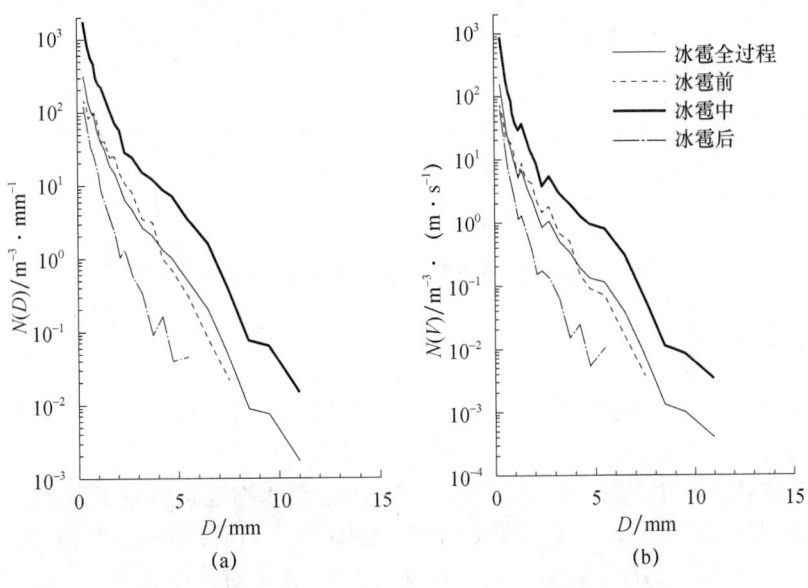

图6 2017年07月14日冰雹过程中降水粒子平均雨滴谱(a)和速度谱(b)

谱分布可以为雷达、卫星反演降水以及云的参数化提供经验关系。1948年Marshall和Palmer[18]最早提出雨滴谱的分布（M-P分布）为指数形式，而Ulbrich[19]则认为使用三种参数的Gamma型分布更能描述实际的雨滴谱分布。图7给出了本次过程各阶段降水粒子M-P分布和Gamma分布，降雹前M-P分布和Gamma分布拟合度基本重合（图7b），粒子的拟合效果也比较好。在降雹时，粒子滴谱Gamma分布比M-P分布拟合优度高，M-P分布在小粒子范围内（1~4 mm）存在较大拟合误差（图7c）。降雹后，整个过程基本结束，两种分布对粒子滴谱的分布拟合优度高。结果表明，Gamma分布更适合描述降雹前后的粒子谱，M-P分布在小滴谱段的拟合误差较大。这与我国气象工作者的研究基本相同[20-23]。

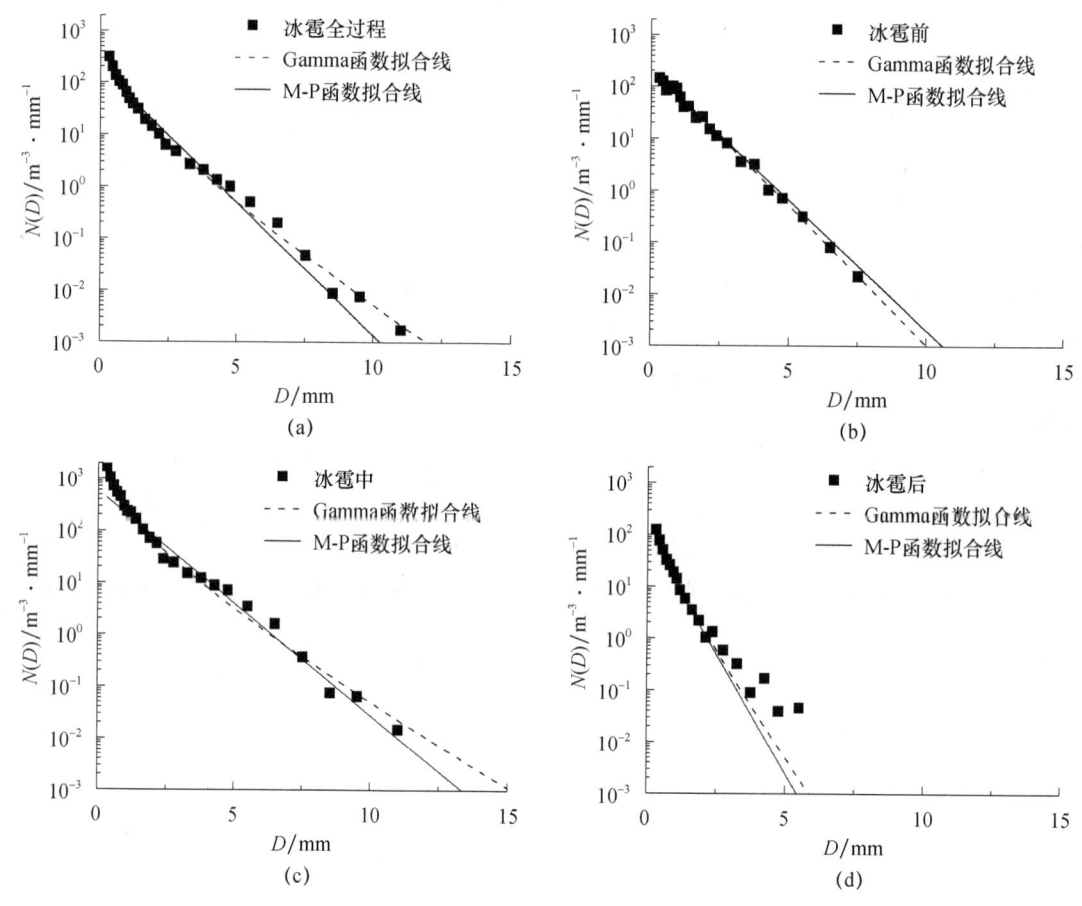

图7 不同阶段降水粒子M-P分布及Gamma分布

## 3.5 平均动能通量

冰雹落地动能的大小直接关系着冰雹造成灾害的程度。因此，在研究冰雹的过程中，对冰雹的落地末速度和冰雹的落地动能尤为关注。本文以 $V=aD^b$ 为计算公式，将观测到的不同粒径对应的速度代入其中，通过最小二乘法来拟合，得到冰雹过程中粒子速度拟合图（图8），相关系数 $R$ 达到 0.98~0.99，拟合效果非常好，其中（图8c）即降雹最强时段的拟合公式 $V=5D^{0.53}$ 与徐家骝[24]的 $V=5D^{0.5}$ 基本一致。在降雹过程中 $a$ 的范围为 4.55~5.02，平均值为 4.85；$b$ 的范围为 0.53~0.59，平均值为 0.56。

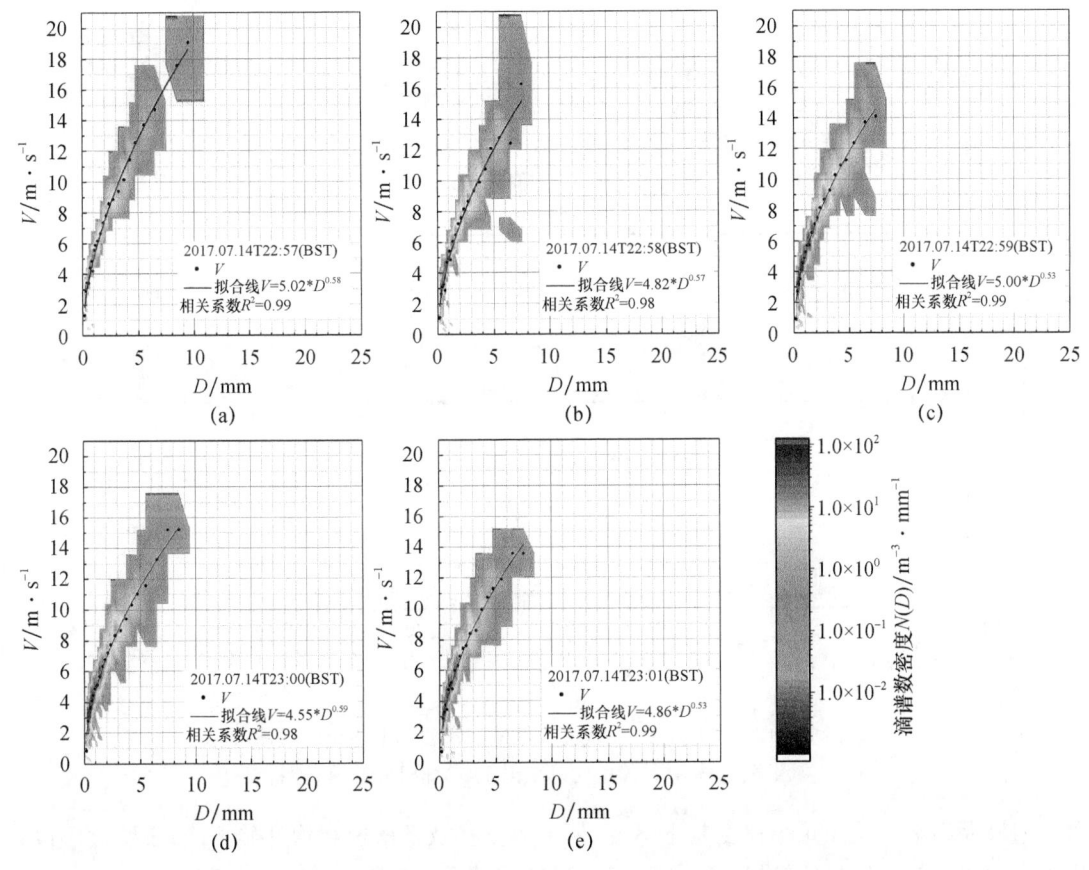

图 8 冰雹过程中粒子速度拟合图

图 9 是冰雹过程中降水粒子平均动能谱(a)、降水强度谱(b)和雷达反射率因子(c)随时间的变化图。3 张图的图形走势基本相同,22:56—23:04 降水粒子平均动能、降水强度和雷达反射率因子明显增强,但同一粒子直径下,大值区的范围按照平均动能、降水强度和雷达反射率因子的顺序由大到小排列。直径最大的降水粒子对平均动能贡献率最大,主要大值区在粒子直径 3~9 mm 范围内。对于降水强度的贡献,反而是中段直径的粒子贡献最大,这是因为降水强度与粒子直径和粒子数浓度成正比。

# 4 结论

本文利用 DSG5 型激光雨滴谱仪等观测资料,对 2017 年 7 月 14 日宁夏六盘山地区夜间出现的冰雹天气进行了降雹粒子微物理特征量分析,主要得到以下结论。

(1)与降雹前的降雨过程相比,出现冰雹后除粒子平均直径缓慢下降外,粒子数浓度、质量浓度、末速度、降水强度、雷达反射率因子、平均动能通量及谱宽均明显增大,其中数浓度和平均动能通量增幅明显较大,粒子数浓度平均为 817 个·$m^{-3}$,平均动能通量平均为 0.069 J·$m^{-2}$·$s^{-1}$,较降雹前分别增长了 6.3 倍和 13 倍,云内降水粒子的生长速度明显较快。

(2)在降雹过程中,降雹初期,粒子数浓度的增长速度和平均粒径减小速度基本不变,但最大直径及下落速度均急剧增长,表明此阶段粒径较大的冰雹粒子增加的较快;此后粒子数浓度

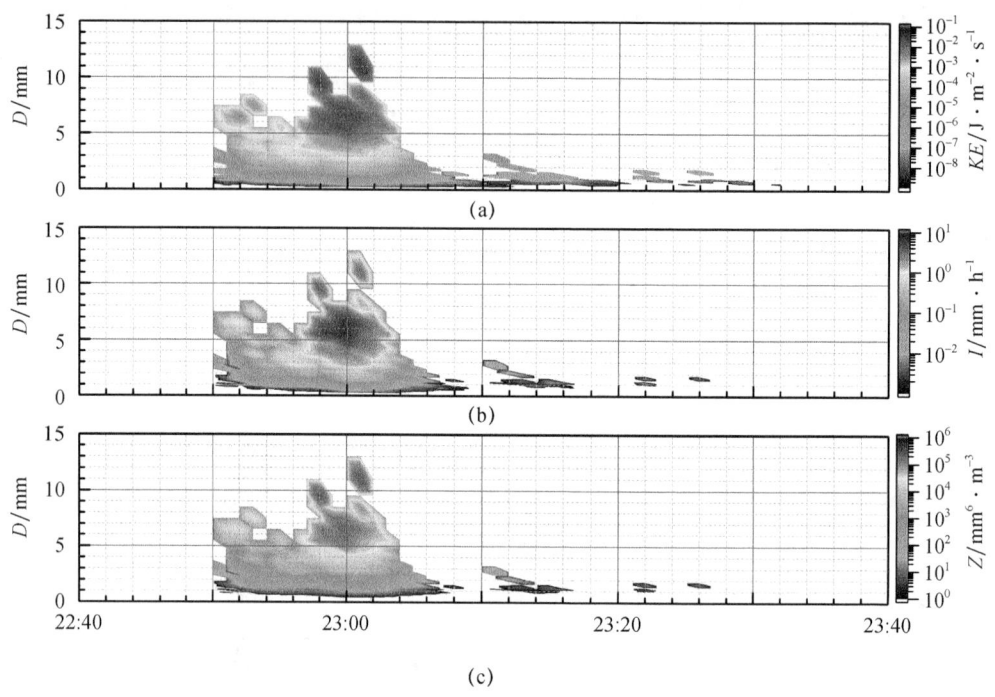

图 9 2017 年 07 月 14 日冰雹过程中降水粒子平均动能谱(a)、
降水强度谱(b)和雷达反射率因子(c)随时间等值线图

的急剧增大和平均粒径减小速度基本不变,但最大直径及下落速度均开始下降,表明此阶段粒径较小的冰雹粒子增加的较快;最后,随着对流能量的释放冰雹粒子数开始减少。

(3)强对流天气在降雹之前会产生少量降雨,且降雨粒子的谱宽比较窄,雨滴粒子数浓度、尺度和下落速度都不大;相比降雹前,降雹时粒子谱变宽,各粒径档粒子的数浓度和下落速度均明显增大。相比 M-P 分布,用 Gamma 分布拟合此次降雹过程的粒子谱效果会更好。

(4)经过模拟计算,以粒子下落末速度公式 $V=aD^b$,拟合此次降雹过程中的粒子速度效果很好,相关系数超过 0.98,$a$ 的平均取值为 4.85,变化范围为 4.55~5.02,$b$ 的平均取值为 0.56。变化范围为 0.53~0.59。

(5)相比降雹前,粒子平均动能、降水强度及雷达反射率因子都比较小,降雹开始后,降水强度增大了 3 倍、粒子平均动能与雷达反射率因子均增大了 7 倍,变化比率基本相同。

**参考文献**

[1] 孙继松,石增云,王令. 地形对夏季冰雹事件时空分布的影响研究[J]. 气候与环境研究,2006,11(1):76-84.
[2] 孙旭映,渠永兴,王坚. 地理因子对冰雹形成的影响[J]. 干旱区研究,2008,25(3):452-456.
[3] 纪晓玲,陈晓光,贾宏元,等. 宁夏冰雹的分布特征[J]. 灾害学,2006,21(4):14-17.
[4] 唐仁茂,李德俊,向玉春,等. 地基微波辐射计对咸宁一次冰雹天气过程的监测分析[J]. 气象学报,2012,70(4):806-813.
[5] 黄治勇,周志敏,徐桂荣,等. 风廓线雷达和地基微波辐射计在冰雹天气监测中的应用[J]. 高原气象,2015,34(1):269-278.

[6] 王昀,谢向阳,马禹,等.天山北侧成灾雹云移动路径及预警指标的研究[J].干旱区地理,2017,40(6):1152-1164.

[7] 刘峰贵,张海峰,周强,等.三江源地区冰雹灾害分布特征及其成因[J].干旱区地理,2013,36(2):238-244.

[8] 纪晓玲,马筛艳,丁永红,等.宁夏40年灾害性冰雹天气分析[J].自然灾害学报,2007,16(3):24-28.

[9] 杨侃,桑建人,李艳春,等.宁夏50a冰雹气候特征[J].干旱气象,2012,30(4):609-614.

[10] 牛生杰,马磊,翟涛.冰雹谱分布及 $Ze$-$E$ 关系的初步分析[J].气象学报,1999,57(2):217-225.

[11] 徐阳春.雷达判别宁南山区冰雹云的综合指标[J].高原气象,1991,10(4):420-425.

[12] LÖFFLERMANG M, JOSS J. An optical disdrometer for measuring size and velocity of hydrometeors[J]. Journal of Atmospheric & Oceanic Technology, 2000, 17(2):130-139.

[13] 濮江平,赵国强,蔡定军,等.Parsivel(R)激光降水粒子谱仪及其在气象领域的应用[J].气象与环境科学,2007,30(2):3-8.

[14] CHEN B, HU Z, LIU L, et al. Raindrop size distribution measurements at 4,500 m on the Tibetan Plateau during TIPEX-III[J]. Journal of Geophysical Research Atmospheres, 2017, 122(20):11092-11106.

[15] 李栋梁,刘德祥.甘肃气候[M].北京:气象出版社,2000:255-256.

[16] 石安英,孙玉稳.冰雹谱分布特征的探讨[J].高原气象,1989,8(3):279-283.

[17] 郭恩铭.西藏冰雹的观测[J].气象学报,1984,42(1):110-113.

[18] MARSHALL J S. The distribution of raindrops with size[J]. Journal of the Meteorological Sciences, 1948, 5(4):165-166.

[19] ULBRICH C W. Natural variations in the analytical form of the raindrop size distribution[J]. J Climate Appl Meteor, 1983, 22(10):1764-1775.

[20] 郑娇恒,陈宝君.雨滴谱分布函数的选择:M-P和Gamma分布的对比研究[J].气象科学,2007,27(1):17-25.

[21] 陈万奎,严采蘩.雨滴谱及其特征值水平分布的个例分析[J].气象,1988,14(1):8-11.

[22] 石爱丽,郑国光,黄庚,等.2002年秋季河南省层状云降水的雨滴谱特征.气象,2004,30(8):12-17.

[23] 陈德林,谷淑芳.大暴雨雨滴平均谱的研究.气象学报,1989,47(1):124-127.

[24] 徐家骝.冰雹微物理与成雹机制[M].北京:农业出版社,1979:110.

# 六盘山区一次层状云降水过程演变特征分析*

党张利　曹　宁　穆建华*

(1. 中国气象局旱区特色农业气象灾害监测预警与风险管理重点实验室,银川 750002；
2. 宁夏气象防灾减灾重点实验室,银川 750002；3. 宁夏人工影响天气中心,银川 750002)

**摘　要**：基于六盘山气象站、大湾人影标准化作业点布设的微雨雷达、雨滴谱仪和雨量计,通过对 2019 年 9 月 11—13 日受槽底部扩散冷空气和高原暖湿空气共同影响下六盘山区一次层状云降水过程中不同时段、不同高度降水量与地面雨滴谱仪和雨量计降水量的统计对比分析,得到：微雨雷达和雨滴谱仪与雨量计 5 min 累计降水量具有较好的一致性,并且提前于地面降水量,其中,微雨雷达灵敏度高于雨滴谱仪,且微雨雷达降水量观测值优于雨滴谱仪；微雨雷达和雨滴谱仪雨强偏差在 2.0 mm·h$^{-1}$ 以内。

**关键词**：六盘山区；微雨雷达；雨滴谱仪；降水量

## 1　引言

我国幅员辽阔,降水分布不均,学者对于降水结构特征以及时空变化的研究众多。雨滴谱是雨滴数浓度随雨滴尺寸的分布变化,对于了解降水微物理过程,改进数值模式,预测降水参数化方案,提高降水预报具有重要作用。华云雨滴谱仪是目前国内观测雨滴谱分布的重要手段,但其仅能观测单点某一高度上的雨滴谱分布,无法观测不同高度的雨滴谱,相关研究也比较少。20 世纪 90 年代以来,微雨雷达(Micro Rain Radar,MRR)的出现对于雨滴谱、定量降水估计和降水微物理结构特征研究具有重大意义,微雨雷达是一种垂直指向的调频连续波多普勒雷达,能够连续测量不同高度降水特征量和雨滴谱的分布特征。近年来,国内外学者对微雨雷达进行了大量研究,在微雨雷达精度的研究中,宋灿等[1]对观测资料、微雨雷达和雨滴谱仪 3 种数据进行对比分析,发现雨滴谱仪和微雨雷达观测降水强度的相关性较好,微雨雷达对于小粒子观测浓度较好；王洪等[2-3]对微雨雷达和雨滴谱仪数据进行对比,也发现两者相关性较好；温龙等[4]根据微雨雷达反演结果发现,微雨雷达对层状云降水过程的探测能力优于对流云降水过程；杨文霞等[5]对河北层状云进行了分析,发现云内粒子下落速度由高空向地面逐渐增大；崔云扬等[6]对河北冷锋云系进行了分析,发现降水在云内和云外受不同微物理过程影响,垂直变化特征不同；曹宁等[7]对六盘山区山脊和山谷不同类型降水过程中的云微物理特征进行了分析,发现六盘山区三类降水云山脊的反射率及反射率衰减程度均高于山谷。

针对微雨雷达敏感性试验,王洪等[2]通过数值模拟,并通过济南市一次降水过程与

---

\* 资助项目：西北区域人影建设研究试验项目(RYSY201904),国家自然科学基金面上项目(42075073),第二次青藏高原综合科学考察研究项目(2019QZKK0104),宁夏自然科学基金项目(2020AAC03468,2020AAC03469)共同资助。

作者简介：党张利(1988—),女,助工,主要从事人工影响天气与大气物理方面的研究。E-mail:1336833529@qq.com。

通讯作者：穆建华(1981—),男,高级工程师,主要从事人工影响天气工作。E-mail:musa328@163.com。

THIES雨滴谱仪数据进行对比,得到微雨雷达与THIES雨滴谱仪在雷达反射率因子、雨强、数浓度、中值体积直径变化趋势和幅度相近,且低层对液滴直径反演的影响大于高层。大部分学者主要针对100 m或者300 m高度的微雨雷达反演产品与雨滴谱仪结果进行对比,崔云扬等[6]对100 m,200 m,300 m微雨雷达、雨滴谱仪和雨量计数据进行对比,MRR(微雨雷达)和雨量计及雨滴谱仪累计雨量结果较为接近,趋势一致,其中在MRR 100 m,200 m,300 m三个高度层中,MRR 200 m雨强值与地面雨滴谱仪雨强值偏差最小,平均偏差为0.05 mm·h$^{-1}$,相关系数为0.93;相比雨滴谱仪,MRR反射率与有效直径偏小,雨强与液态水含量结果接近,雨滴总浓度差别较大;MRR观测到的小滴数浓度出现高估,大滴数浓度出现低估,中滴数浓度较为一致;MRR 100 m雨滴谱和特征量均与雨滴谱仪观测结果偏差较大,可能是由于受到近地层的干扰。

宁夏使用微雨雷达刚刚起步,研究成果不多。本文利用六盘山地形云野外科学试验基地布设在六盘山气象站和大湾人影标准化作业点上的微雨雷达,对六盘山区一次不同高度上层状云降水进行分析,探索六盘山地形影响下不同高度雨滴谱的变化特征,对进一步发掘六盘山地形条件下人工影响天气潜力提供依据。

## 2 资料与方法

研究利用2019年9月11—13日六盘山区一次典型层状云降水过程中六盘山气象站、大湾人影标准化作业点微雨雷达观测资料,分析六盘山区雨滴谱垂直分布特征。六盘山气象站位于35°40′N,106°12′E,海拔高度2842 m,接近700 hPa高度,位于六盘山脉的一座山峰,是国家基准气候站,是获取标准气候资料的气候站,长期稳定的气象资料具有代表性。大湾人影标准化作业点位于泾源县,处于六盘山东坡山腰。

微雨雷达可以定量反演雷达上方的降雨率、雨滴谱分布、雷达反射率、水滴下落速度及其他降雨参数的垂直廓线,探测的垂直分辨率为150 m,时间分辨率为10 s,最大测量距离为4650 m。降雨率$R$的计算公式为:

$$R = \frac{\pi}{6}\int_0^\infty N(D)D^3 v(D)\mathrm{d}D$$

## 3 结果与分析

### 3.1 降水过程概况

由9月11日08:00 500 hPa高空形势图(图1a)可以看出,整个欧亚范围内为两槽一脊形势,巴尔喀什湖前为一大槽,宁夏处于槽底平直西风气流中,其上游存在弱暖脊,受槽底东移扩散冷空气影响,再加上高空西风急流,冷空气势力较强,宁夏北部有冷空气侵入,配合高原的暖湿空气,产生降水天气过程。宁夏处于暖舌中,暖湿空气较为充沛,至11日20:00北部高空槽东移接近10个纬度,宁夏处于槽底偏西气流中,700 hPa与500 hPa环流场基本一致,表现出深厚的冷空气(图2)。从12日20:00 500 hPa高空形势图中看出,冷空气势力强,降温剧烈,700 hPa冷暖切变线位于宁夏南部,从西北方向南下的强冷空气南下,主体南压到北纬30°,高空急流位于北纬30°—45°,13日500 hPa以偏南风水汽输送为主,700 hPa也以偏南风水汽输送为主,存在切变线,13日20:00系统持续发展,高低空均有西南风水汽输送,700 hPa切变线较显著,在此环流背景影响下,降水开始发展。六盘山气象站出现了 46.3 mm 的累计降水,降水从 11 日 19:00 开始,在 12 日 12:00 小时雨量达到峰值,为 8.6 mm,从小时雨强数据看,降水呈先增多后减少,再增多,最后停止的过程,在 12 日 11:00—14:00,21 时—13 日 00 时降水稍偏大。

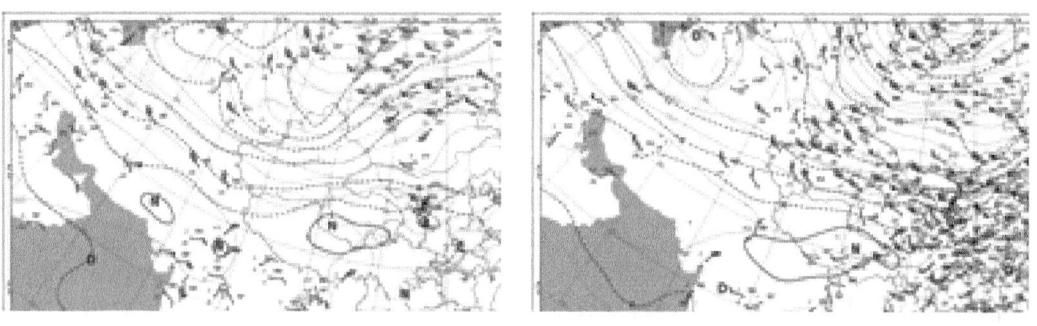

图 1  2019 年 9 月 11 日 08:00(左图)和 13 日 20:00(右图)500 hPa 环流形势

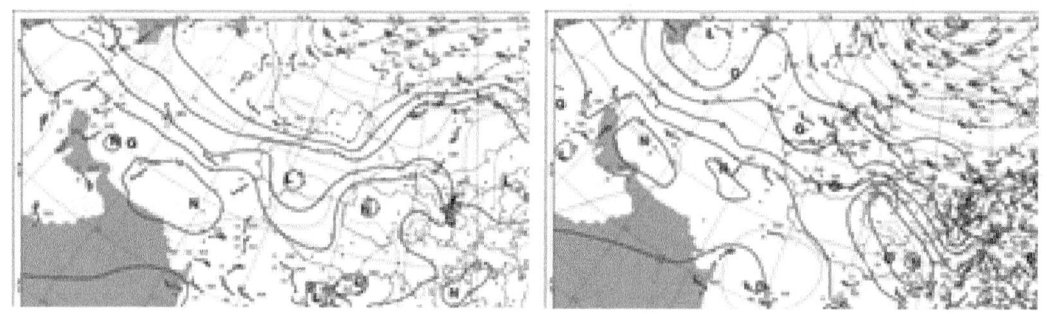

图 2  2019 年 9 月 11 日 08:00(左图)和 13 日 20:00(右图)700 hPa 环流形势

## 3.2  微雨雷达、雨滴谱仪、雨量计降水过程对比

六盘山气象站微雨雷达、雨滴谱仪在同一高度上安装,相距不到 10 m,雨量计安装在六盘山气象站观测场内,高度低于两个特种观测仪器,相距几十米,3 种仪器安装海拔高度一致。为了更直观地分析微雨雷达、雨滴谱仪两种特种观测仪器对雨量的观测误差,通过图 3 描述两种仪器与雨量计实测数据之间的差值。在 12 日 08:00 之前,雨量计观测到 22 次 0.1 mm 的微量降水。微雨雷达对于 12 日 08:00 之前的降水量观测次数大于 22 次,大部分 0.1 mm 的降水量都能提前观测,在时间上提前了 5~15 min,在降水累计量上微雨雷达的观测结果均小于 0.1 mm。雨滴谱仪对于 0.1 mm 的降水量基本既没有预示也没有观测到,分析 11 日 17:05 至 12 日 08:00 156 个样本,发现累计降水量为 0.1 mm 的观测次数出现 22 次,微雨雷达 150 m 处反演出 25 次降水,且对于雨量计的 14 次降水提前 5~10 min,而微雨雷达 300 m 高度处反演出 12 次降水,450 m 处反演出 9 次降水,300~450 m 高度处降水量均出现在雨量计观测降水前,雨滴谱仪反演出 0 次降水,微量降水敏感性较弱。12 日 10:10 至 14:10 出现连续降水,随着降水量的增加,微雨雷达与雨量计差距越来越大,当降水量≥0.4 mm 时,300 m 高度处降水量更接近雨量计实测值,而 150 m 偏低,450 m 偏高,当降水量超过 0.5 mm 时,反演误差增大,从降水开始减弱时,150~450 m 高度处反演结果均小于实测值,这段时间由于雨

滴谱仪故障未能观测到降水。12日14:55至12日18:55降水断断续续,10 min内均会出现降水,微雨雷达和雨滴谱仪均反演出连续降水,但量值小于实测值;12日20:20至13日04:35出现小于0.5 mm的降水,雨滴谱仪和微雨雷达反演的降水量均小于实测值,82%的样本的差值在0.1 mm范围内。

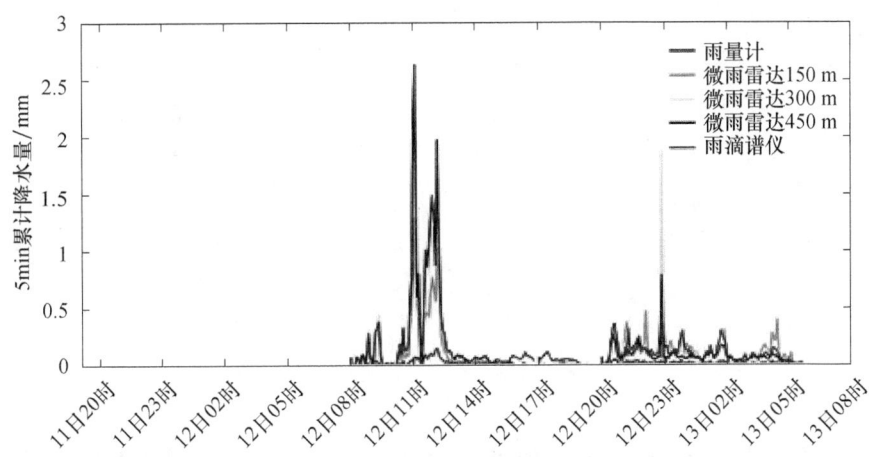

图3 9月11日20:00至13日08:00六盘山气象站微雨雷达、
雨滴谱仪5 min累计降水量与雨量计差值的时间序列图

## 3.3 微雨雷达和雨滴谱仪相关性

9月11日20:00至13日08:00六盘山气象站微雨雷达150 m,300 m,450 m反演的5 min累计降水量与雨量计的散点图分布见图4。从线性拟合结果看,微雨雷达在100 m高度处对于降水量的反演偏小,对于300,450 m高度处,降水量在0.1 mm左右,微雨雷达所得结果偏小,当降水量大于0.6 mm时反演结果偏大,且与150 m处的差值偏小,当降水量在0.4~0.6 mm,反演的降水量与实测值基本吻合,在不同高度处比较发现,微雨雷达在300 m高度处反演的降水量基本与实测结果吻合(图5)。对相关系数和均方根误差分析结果表明,150 m高度处微雨雷达5 min降水量累计值与雨量计之间的相关系数为0.7674,均方根误差为0.7322;300 m高度处相关系数为0.8176,均方根误差为0.4020;450 m高度处相关系数为0.8115,均方根误差为0.4925。这与崔云扬等[6]在河北邢台对微雨雷达和雨滴谱仪比较结果一致,两者都表明300 m处微雨雷达反演降水量更接近于实测值。以上结果表明,微雨雷达安装的海拔高度不会对降水的反演产生影响,150 m高度处降水反演的误差主要受下垫面影响。微雨雷达和雨滴谱仪时间分辨率均为1 min,因此利用1 min数据进行微雨雷达可靠性进行验证。

由于六盘山气象站雨滴谱仪观测资料的缺失,仅对六盘山气象站和大湾人影标准化作业点微雨雷达和雨滴谱仪进行对比,发现两者分钟降水量都能表现出提前预示,且两者之间表现出一致的变化(图略),大湾标准化作业点雨滴谱仪和微雨雷达的雨强散点图发现:3个高度层微雨雷达的雨强与雨滴谱仪的值偏差较小,均方根误差均在2.0 mm·h$^{-1}$以内,两种仪器的相关性较好。

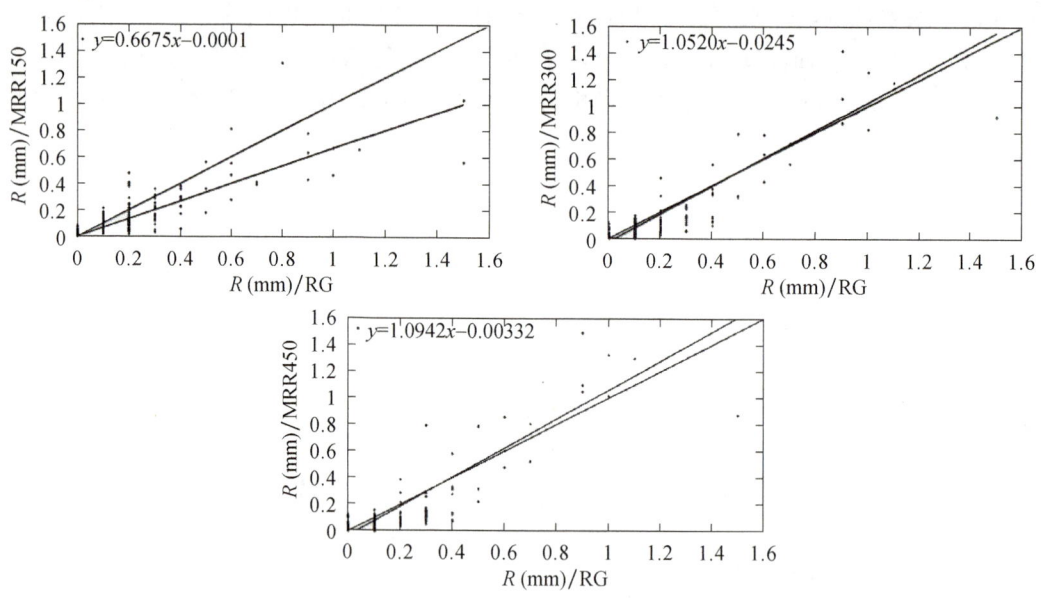

图4  9月11日20:00至13日08:00六盘山气象站微雨雷达150(左上图)、300(右上图)、450 m(下图)反演的5 min累计降水量与雨量计的散点图分布

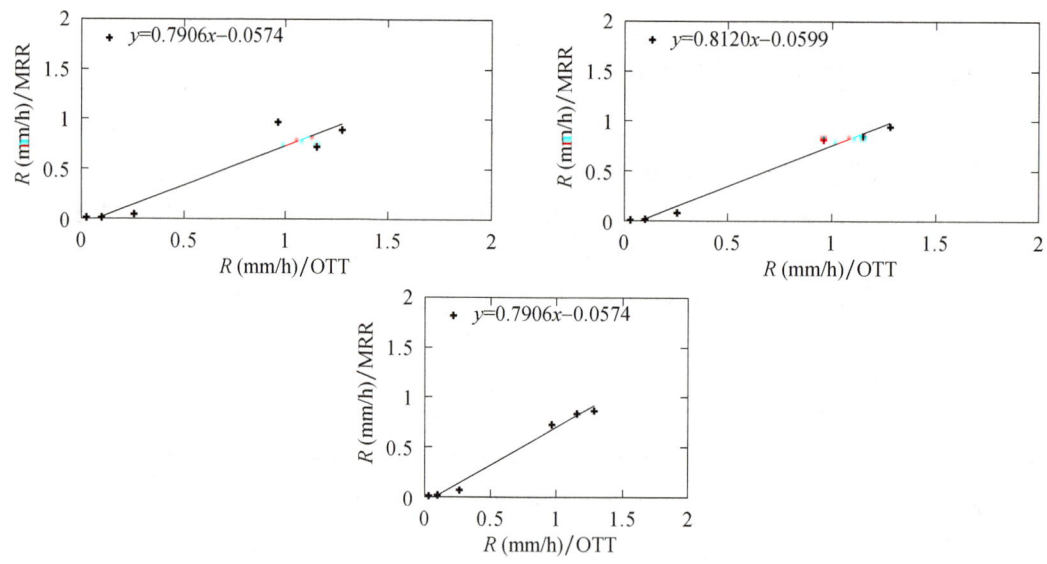

图5  9月11日20:00至13日08:00泾源大湾标准化作业点的微雨雷达150(左上图)、300(右上图)、450 m(下图)和雨滴谱仪雨强散点图分布

## 3.4 降水个例分析

9月11日20:00至13日07:00六盘山降水累计量为46.3 mm,最大雨强出现在12日12:00,值为8.6 mm·h$^{-1}$;最大反射率、降水率均提前于最大雨强,最大值分别为38 dBZ、12 mm·h$^{-1}$;降水量开始于11日20时,微雨雷达强度、雨强、液态水含量和下落末速度没有明显的跃增,12日08时和20:00的跃增明显,但针对12日08时液态水含量、下落末速度对于

降水变化的变化较小，20日20时下落末速度的变化范围更大(图6)。

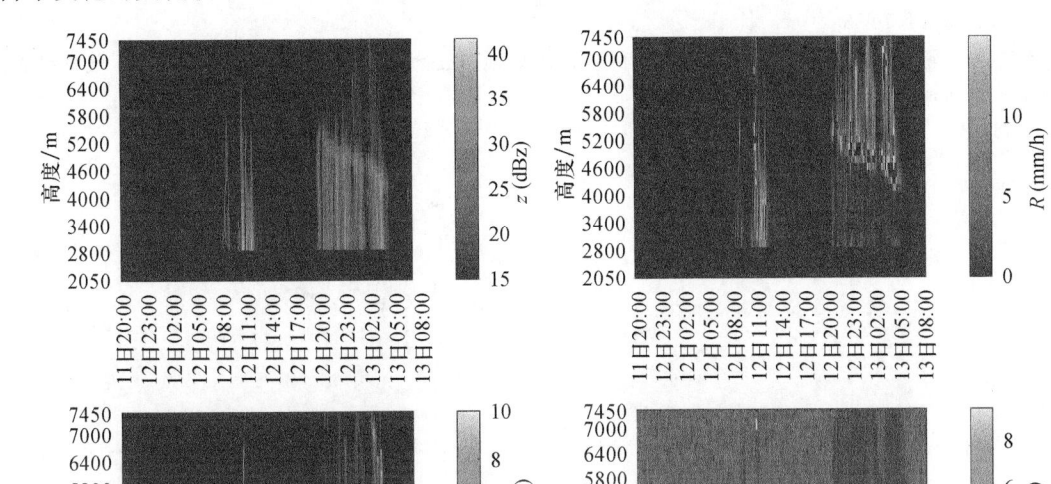

图6 9月11日20:00至13日07:00六盘山微雨雷达反射率、降水率、液态水含量、下落末速度随时间和高度的分布

## 4 结论

(1)六盘山气象站的微雨雷达灵敏度高于雨滴谱仪,尤其对于阵性降雨分辨率更高,随着降水量的增加,当降水量$\geqslant 0.4$ mm时,300 m高度处降水量更接近雨量计实测值。

(2)从相关系数看,微雨雷达在300 m高度处降水量的反演结果好于150,450 m高度处。微雨雷达和雨滴谱仪雨强偏差在2.0 mm·h$^{-1}$以内,相关性较好。

(3)9月11日20:00至13日07:00六盘山气象站最大反射率、降水率均提前于最大雨强,最大值分别为38 dBZ,12 mm·h$^{-1}$;液态水含量、下落末速度对于12日08时降水的反应较差,各物理量对12日20时雨量的反应一致。

### 参考文献

[1] 宋灿,周毓荃,吴志会.雨滴谱垂直演变特征的微雨雷达观测研究[J].应用气象学报,2019,30(4):479-490.

[2] 王洪,雷恒池,杨洁帆.微雨雷达敏感性试验与可靠性分析[C]//第35届中国气象学会年会S13大气物理学与大气环境,2018.

[3] 张逸轩.重庆西部地区降水微物理特征分析[D].兰州:兰州大学,2018.

[4] 温龙,刘溯,赵坤,等.两次降水过程的微降雨雷达探测精度分析[J].气象,2015,41(5):577-587.

[5] 杨文霞,范皓,杨洋,等.一次层状云降水过程多源遥感特征参量演变分析[J].气象,45(9):1278-1287.

[6] 崔云扬,周毓荃,蔡淼. 利用微雨雷达研究一次冷锋云系降水的垂直结构分布及演变特征[J]. 大气科学, 2019,43(3):618-633.

[7] 曹宁,张立新,桑建人,等. 基于微雨雷达的六盘山区地形云降水宏微观特征观测分析[J]. 气象科学, 2019,39(6):775-785.

# 六盘山区 2019 年 8 月 25—26 日降水过程云系宏微观特征分析*

马思敏　舒志亮

(1. 中国气象局旱区特色农业气象灾害监测预警与风险管理重点实验室,银川 750002；
2. 宁夏气象防灾减灾重点实验室,银川 750002)

**摘　要**：本文选取了六盘山区一次典型积层混合云转层状云降水过程,利用卫星、雷达产品,以及布设在六盘山区的云雷达、微雨雷达、微波辐射计、激光雨滴谱仪等特种探测设备获取的连续观测资料分析了此次降水过程。结果表明：(1)降水前期,云顶亮温分布不均匀且变化大,存在较强回波块,属于典型的积层混合云降水回波,后期转为均匀层状云降水；(2)微波辐射计反演的大气水汽含量(PWV)和液态水含量(LWP)与小时降水演变基本一致,且 LWP 在降水前 1 h 左右有明显跃增现象；(3)云雷达、微雨雷达在 0 ℃ 等温线附近观测有一个强雷达回波区,存在 0 ℃ 层亮带,0 ℃ 层上下有明显的粒子相态转换过程,在 −4 ℃ 到 0 ℃ 温度窗水凝物主要是雪和霰；(4)雨滴谱反演的含水量、动能通量、最大粒径最大时段与降水强度变化趋势比较吻合,雨强与雨滴尺度大小的关系更紧密。六盘山站雨滴平均直径、众数直径最小,最大直径最大,是因为六盘山小雨滴和大雨滴数量均较多的原因。

**关键词**：六盘山区；降水个例；宏微观特征

## 1　引言

六盘山区是重要的水源涵养林基地及雨养农业区,也是海洋暖湿气流进入西北内陆的门户,维系西北内陆地区空中水汽输送的关键区域,对于陕、甘、宁三省(区)水源地供水有着重要作用。作为中国气象局精准扶贫行动计划示范区,其干旱少雨、灾害性天气多、区域降水差异大等气候特征严重制约着当地经济发展[1-2]。

降水粒子特性代表了云动力过程和微物理过程综合作用的结果,是云降水物理和人工影响天气领域的重要研究内容。雨滴谱(drop size distribution,DSD)是反映降水粒子特性的一项重要指标,即雨滴数密度随雨滴尺度的分布,是描述降水物理过程的最基本微物理量,雨滴谱含有丰富的云降水微物理特征信息,研究雨滴谱的分布可以分析自然降水的微物理结构及其演变特征,对了解自然降水的物理过程、成雨机制有很重要的意义。20 世纪 90 年代以后,雨滴谱观测方法逐渐多样化,出现很多通过激光技术测量降水的仪器,包括 GBBP-100 型雨滴谱仪,德国 Thies 公司生产的激光雨滴谱仪(LPM)和德国 OTT 公司的 Parsivel 激光雨滴谱仪等[3-5]。本次个例分析使用的激光雨滴谱资料是华云生产的 DSG5 型激光雨滴谱仪,其核心部

---

\* 基金项目：中国气象局旱区特色农业气象灾害监测预警与风险管理重点实验室指令性项目"地形对六盘山区降水影响的数值模拟研究"(CAMP—202009)。
作者简介：马思敏(1991—),女,本科,工程师,主要从事大气物理及云降水物理研究工作。E-mail：msm053@163.com。
通讯作者：舒志亮(1981—),男,甘肃酒泉人,高级工程师,主要从事人工影响天气工作。E-mail：8633204@163.com。

件与德国 OTT 公司生产的 Parsivel 雨滴谱类似,有 32 个尺度通道和 32 个速度通道,其中粒径测量范围为 0.2~25 mm,速度测量范围为 0.2~20 m·s$^{-1}$。

六盘山区的六盘山气象站和大湾作业点各布设了 1 部新型 MRR-2 型微雨雷达,是德国 METEK 公司生产的垂直指向的小型调频连续波(frequency modulated continuous wave,FMCW)雷达,波长为 12.38 mm(Ku 波段),可以得到降水粒子的下落速度($W$)。根据雨滴直径与下落末速度之间的关系可以获取雨滴谱的垂直分布。通过雨滴谱可反演得到 $Z$、降雨率($RR$)、液态含水量($LWC$)等的廓线信息。20 世纪 90 年代以来,MRR 的出现对于雨滴谱分布(drop size distribution,DSD)、定量降水估计和降水微物理结构特征研究意义重大。空间和长时序的雷达反演资料对于研究 DSD 等方面优势明显,相对于风廓线雷达测量,MRR 在 DSD 研究中略显优势[6]。温龙等[7]研究表明了 MRR 探测结果在层状云降水过程中优于对流性降水过程。

六盘山气象站布设有一台德国 RPG 公司的 RPG-HATPRO 型地基微波辐射计,可以很好地监测六盘山西侧的大气水汽特征量。该仪器采用多通道并行技术进行测量,具有时空分辨率高、全天候和全天时观测的优点,可以实时连续监测并获得 0~10 km 范围内的大气温、湿度廓线、综合大气水汽含量、云液态水含量、云底高度等数据产品。在资料同化、灾害天气分析等方面得到了较为广泛的应用,并且微波辐射计能够探测到空中云液态水含量的变化情况,可以用于识别和判定人工增雨作业潜势条件[8-9]。

基于毫米波多普勒云雷达具有体积小、穿透性强、空间分辨力高等特点[16],我国自助研发了最新的 Ka 波段全固态多普勒毫米波云雷达,科研工作者们也对其探测水平以及应用能力进行了探究,并取得了较好的实验成果[10-13]。刘黎平等[14]利用 Ka 波段毫米波云雷达等多种雷达观测实验对青藏高原不同类型云的宏观特征进行应用研究,并通过对深对流云的个例分析,指出对流云中存在过冷水和混合相态水成物的可能性,为之后云和降水机理的研究奠定了基础。六盘山气象站和隆德县气象站分别布设了一部 HT101 型 Ka 波段毫米波云雷达和一部 HMB-KPS 型 Ka 波段毫米波云雷达。

本文选取了六盘山区一次典型积层混合云转层状云降水过程,利用卫星、雷达产品,以及布设在六盘山区的云雷达、微雨雷达、微波辐射计、激光雨滴谱仪等多种人影特种探测设备获取的连续观测资料分析了此次降水过程。

## 2 天气形势及降水实况分析

### 2.1 降水实况

2019 年 8 月 25 日夜间至 26 日上午,受东移冷空气和西南暖湿气流共同影响,六盘山区出现了一次明显的降水天气过程。原州区、彭阳、泾源及隆德大部出现了大雨,局地有暴雨,其余地区中雨。从六盘山东西两侧降水分布来看,六盘山东侧降水量明显高于西侧降水量,隆德、六盘山和泾源三站中,降水量最大的是位于山顶的六盘山站,其次是东侧的泾源站,西侧隆德站降水最小(图1)。从降水时序来看(图略),除固原站外,其他各站降水均呈双峰型,主降水时段有两次,分别出现在 26 日 05—08 时、10—13 时。

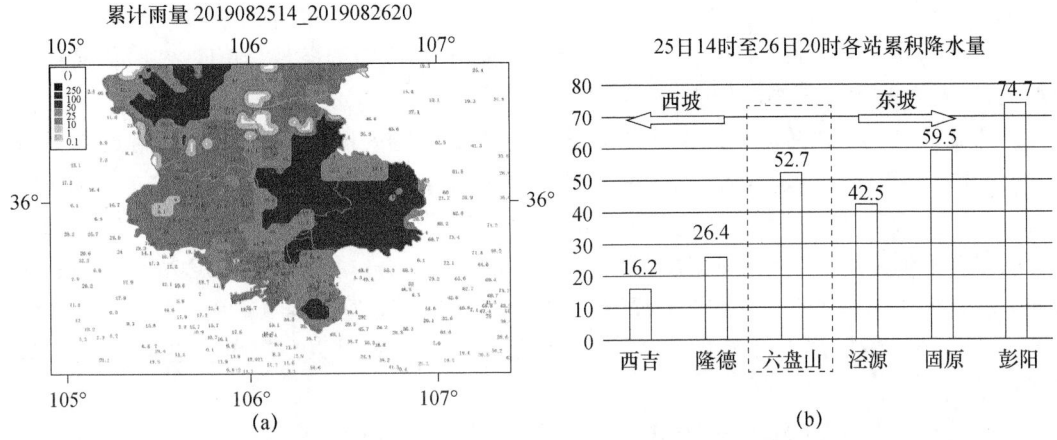

图 1 2019 年 8 月 25 日 14 时至 26 日 20 时六盘山区降水量分布图(a)和各站累计降水量(b)

## 2.2 天气形势分析

如图 2 所示,500 hPa,25 日 08 时欧亚范围中高纬度环流形势总体为一槽(蒙古国西北部)一脊(东北地区),低压槽自西北向东南方向移动,台风"白鹿"在广东东部登陆并向西偏北方向移动,受台风影响,副热带高压先向西偏北方向移动,副热带高压 588 dagpm 线升至宁夏中部地区。26 日 08 时,低压槽东移,主体位于贝加尔湖东南部至宁夏一带,台风"白鹿"移至广西东北部,副热带高压 588 dagpm 线南落至甘肃南部,受低压槽东移和副热带高压南退影响,冷空气开始影响六盘山地区,为六盘山降水提供了冷空气条件。26 日 20 时,低压槽移至内蒙古东北部到山西北部一带,对六盘山地区影响结束,降水也趋于结束。

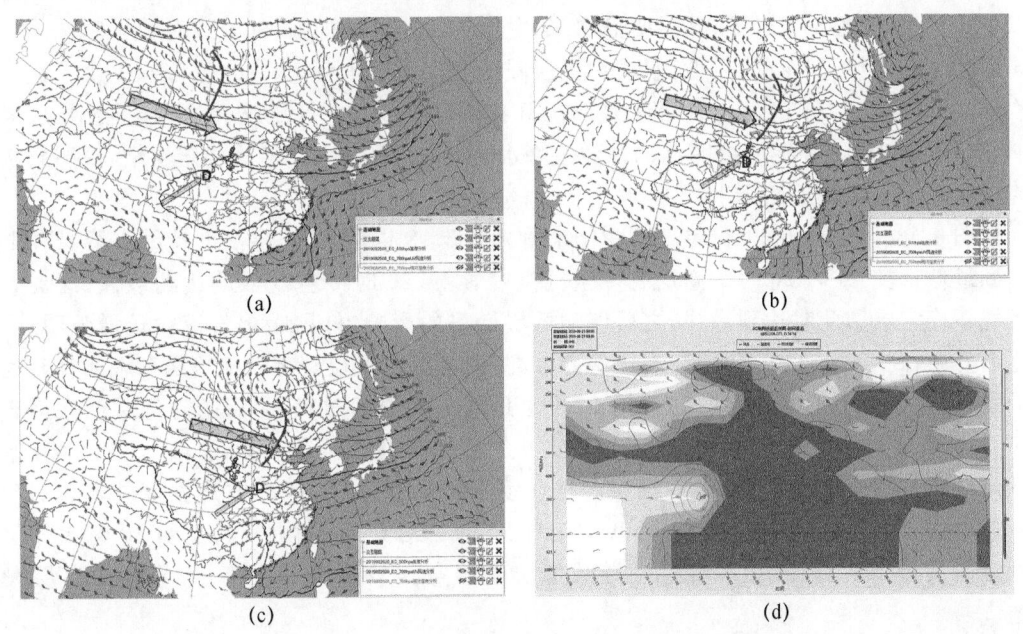

图 2 2019 年 8 月 25 日 08 时(a)、26 日 08 时(b)、26 日 20 时(c)形势场(500 hPa 高度场及 700 hPa 风场)及 25 日 08 时至 27 日 08 时 EC 细网格模式剖面(d)

如图 2 所示,700 hPa,25 日 08 时,青海东南部有一低涡向东北方向移动。26 日 08 时,低涡移至宁夏六盘山区,为降水提供了充足的水汽输送和水汽辐合条件,26 日 20 时低涡移至河南西北部,对六盘山区的影响结束。

从六盘山站 EC 细网格模式剖面图来看(图 2),25 日 08 时,500 hPa 高度附近有一高湿区,低层相对湿度小于 60%,水汽条件差。伴随 500 hPa 低压槽和 700 hPa 低涡东移影响六盘山地区,为降水提供了充分的动力条件和水汽条件,大气相对湿度都迅速增加,26 日 02—11 时,从低层到 300 hPa 大气相对湿度都在 90% 以上,其中 05—08 时相对湿度大于 90% 的区域升至 200 hPa 以上,700~400 hPa 高度存在明显的垂直运动,垂直速度达到 $-10\sim-20$ Pa/s,14 时以后,大气整层湿度开始明显下降,高层逐渐变干,20 时以后高低层相对湿度均降至 90% 以下。

综上所述,此次降水发生在一槽一脊的环流背景下,主要的影响系统为 500 hPa 低压槽和 700 hPa 低涡,副热带高压受台风登陆影响,在降水前期北抬,降水期间明显南落,为冷空气南压提供了有利条件,冷空气和低层低涡带来的暖湿气流共同影响下,六盘山区出现了明显的降水。

## 2.3 探空分析

从平凉站探空资料来看,25 日 08 时(图 3a),600 hPa 及以下有一较浅的湿层,其余高度 $t-t_d$ 值均较大,湿度条件差,层结稳定,500 hPa 为 2 m·s$^{-1}$ 的西北风,700 hPa 为 4 m·s$^{-1}$ 的西南风,随着 500 hPa 低压槽和 700 hPa 低涡东移影响,中高层冷平流和低层暖平流均逐渐增强,25 日 20 时(图 3b),$CAPE$ 值达到 607.9,$K$ 指数达到 42,$SI$ 指数达到 $-2.47$,出现了明显的大气层结不稳定,大气湿层变化不大,中低层南风加强,500 hPa 转为 2 m·s$^{-1}$ 西南风,700 hPa 转为 6 m·s$^{-1}$ 南风,说明低层水汽输送开始逐渐加强。26 日 08 时(图 3c),400 hPa 及以下 $t-t_d$ 值均在 2 ℃ 以下,湿层明显加深,中低层风速继续加强,500 hPa 转为 6 m·s$^{-1}$ 西南风,700 hPa 转为 10 m·s$^{-1}$ 西南风,中低层暖湿气流输送加强,为出现强降水提供了良好的水汽条件,此时 $CAPE$ 值为 0,$K$ 指数为 29,$SI$ 指数为 4.79,大气层结转为稳定层结,从降水前期(25 日 20 时)不稳定层结明显加强到主降水时期(26 日 08 时)转为稳定层结,说明此次降水为混合性降水转稳定性降水。

从图 4 分析 0 ℃、$-20$ ℃ 层高度变化来看,25 日 08 以后,0 ℃ 层高度持续下降,25 日 20 时达到最低,说明 08—20 时中高层有冷空气持续影响,20 时冷空气强度达到最强,这也导致了大气不稳定层结此时达到最强,之后伴随低层低涡的影响,低层暖湿气流输送增强明显,开始逐渐升高,到 26 日 08 时 0 ℃ 层高度达到最高,说明此时低层暖湿气流输送和辐合抬升也达到最强,导致大气中低层增湿增温,而此时段也是降水最强的时段,之后随着低层低涡逐渐移出,0 ℃ 层高度开始下降;$-20$ ℃ 层高度在此次过程中变化不十分明显,自 24 日 20 时开始缓慢下降,25 日 08 时达到最低,说明高层冷空气侵入略早于中层,但冷空气强度并不强,25 日 08—20 时期间 $-20$ ℃ 层高度维持少变,25 日 20 时以后开始缓慢升高,说明 20 时大气层结不稳定达到最强后,大气的垂直运动导致低层暖湿空气被抬升到中高层,导致中高层大气增温。

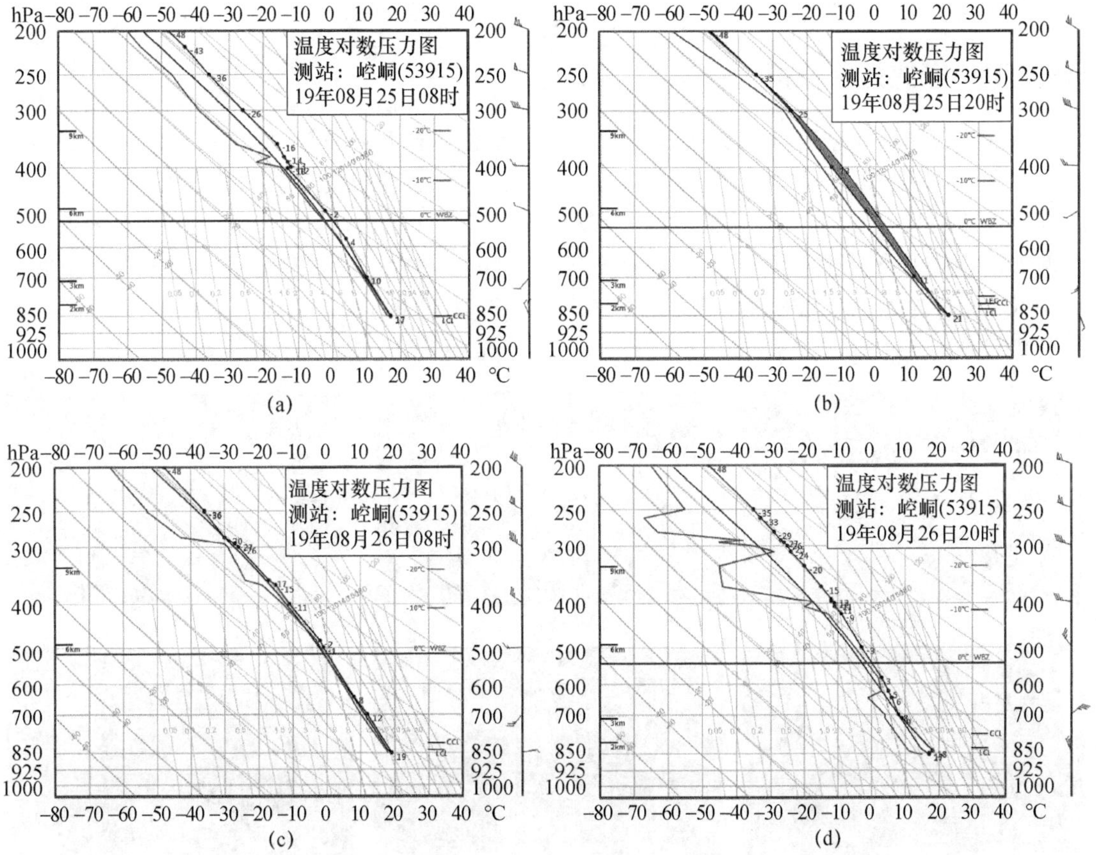

图 3  2019 年 8 月 25 日 08 时(a)、8 月 25 日 20 时(b)、8 月 26 日 08 时(c)和
8 月 26 日 20 时(d)平凉气象站 $T$-$\ln p$ 图

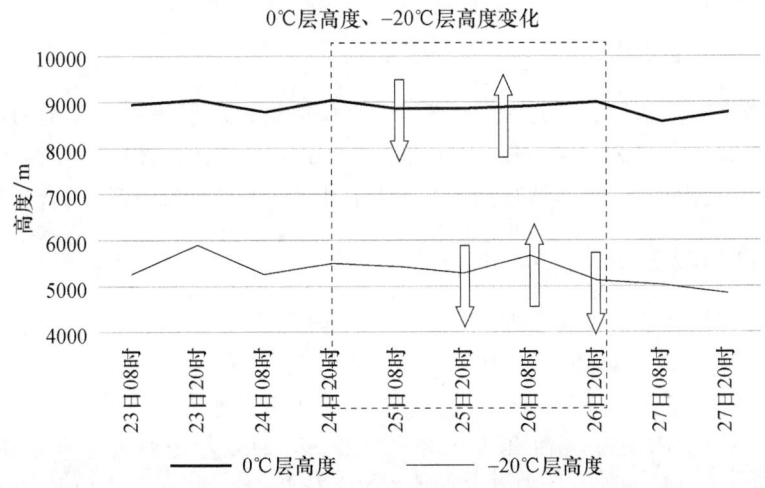

图 4  8 月 23 日 08 时至 27 日 20 时平凉探空站 0 ℃层和 −20 ℃层高度变化

## 3 降水宏观特征分析

### 3.1 卫星遥感特征分析

从红外云图演变来看(图5),此次降水过程云系整体自西向东移动,云系中单体云从西南向东北方向移动。25日23时,在降水前期青海南部有一条明显的带状对流云系,宁夏上游地区有分散的块状云系,此后云系整体向东移动,影响宁夏六盘山区,26日07时,降水云系覆盖六盘山区,从红外云图看,云顶亮温分布不均匀,变化大,平均值为－16.53 ℃,最低为－30 ℃,最高为10 ℃,此时属积层混合降水云系,26日11时,六盘山区上空云系较为均匀,转为层状云系。

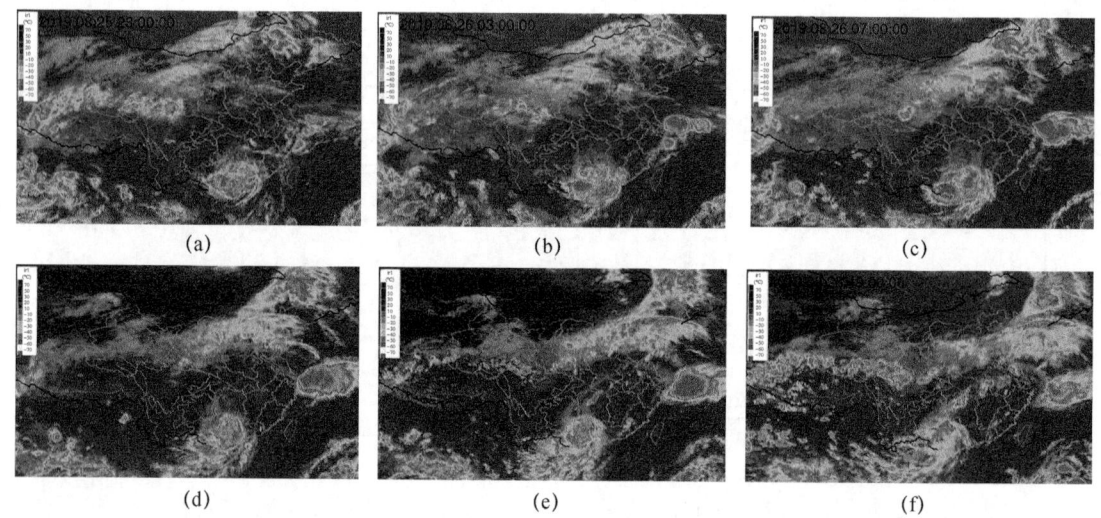

图5　8月25日23时至26日19时红外云图演变
(a)8月25日23时;(b)8月26日03时;(c)8月27日07时;(d)8月26日11时;(e)8月26日15时;(f)8月26日19时)

### 3.2 天气雷达特征分析

图6为主降水时段选取的8月26日07:22的雷达组合反射率因子和剖面图,可以看出,降水区组合反射率基本在25～40 dBZ,大片25～30 dBZ强度的回波区中存在大于35 dBZ的较强回波块,从回波剖面来看,回波顶高6～10 km,此时属于典型的积层混合云降水回波。

### 3.2 单点三维风场分析

将六盘山区三维风速仪观测数据进行逐小时平均统计,好水站平均风向为209°,风向最大为332°,最小为21°。水平风速平均为1.3 m·s$^{-1}$,最大风速为5.62 m·s$^{-1}$,最小风速为0.22 m·s$^{-1}$。垂直风速为－0.02 m·s$^{-1}$,垂直风速上升速度最大为1 m·s$^{-1}$,下沉最大速度为－1.49 m·s$^{-1}$。图7为2019年8月25日02—24时六盘山西坡好水站垂直风、水平风速、风向时序图。可以看出垂直风速在23时之前变化相对稳定,13—18时,垂直风速变化幅度大,19时以后保持相对稳定的上升气流。水平风速在15时之前逐渐增大,直到15时变为最大,15时以后逐渐减弱。风向在15—16时出现逆转。

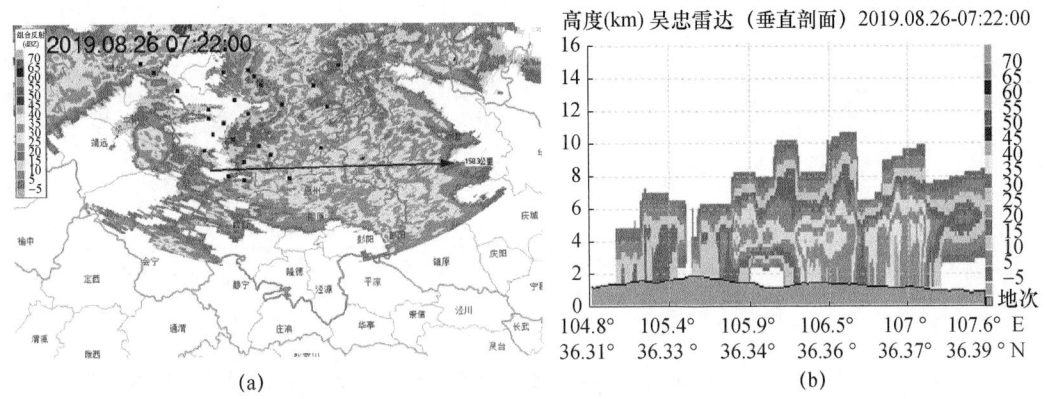

图6 2019年8月26日07:22分吴忠雷达组合反射率(a)及沿箭头的雷达回波剖面(b)

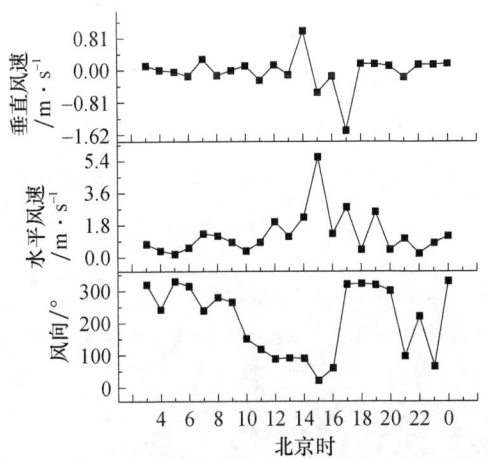

图7 2019年8月25日好水站垂直风、水平风风向风速时序变化图

## 4 降水微观特征分析

### 4.1 微波辐射计水汽、液态水分析

图8为隆德站8月25日08时至27日00时小时降水与大气水汽含量(PWV)以及云液态水含量(LWP)时序变化图。可以看出,降水前后PWV的变化趋势与小时降水基本一致,在降水时段大气水汽含量明显增大,降水结束后PWV又大幅减小;LWP变化趋势与小时降水也一致,但LWP在降水前一个小时左右有明显增加,且增加幅度越大降水时降水量级越大。通过与云雷达回波强度进行对比(图9),与LWP在时间上的变化趋势一致。

如果微波辐射计可以得到LWP的实时监测曲线,根据大量个例分析确定一个阈值,那么当LWP有一个明显跃增且达到阈值时,可以预测该地区1 h以后有降水天气的发生,并且跃增幅度越大,降水强度越强。虽然微波辐射计的资料在晴空条件下最佳,降水条件下误差较大,但通过个例与云雷达和小时降水之间的对比发现,微波辐射计在降水时段内所得到的变化趋势是有一定参考价值的,由此可以监控空中云水资源的变化。

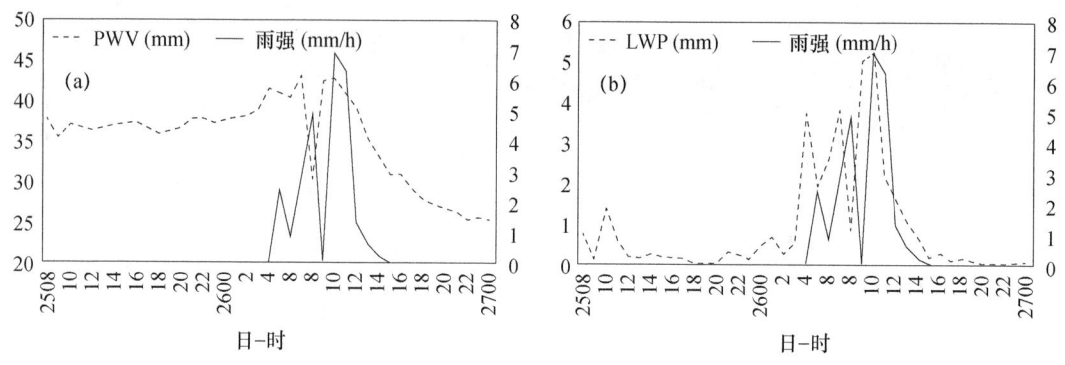

图8 8月25日08时至27日00时隆德站降水量与PWV(a)以及与降水量与LWP(b)时序变化图

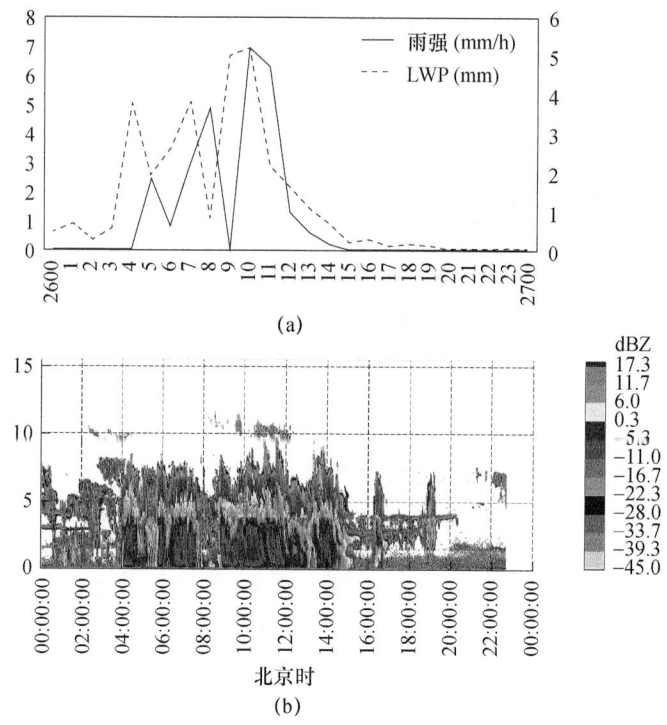

图9 8月25日08时至27日00时隆德站降水量(a)、LWP与云雷达回波强度对比(b)图

## 4.2 云雷达分析

图10为六盘山站8月26日00时至27日00时云雷达产品图。由反射率因子图(图10a)可见,大气单层云的底部(约300 m高度)回波均匀,云顶高度起伏变化很大,约为1~8.4 km;云的回波顶高为8.4 km,回波顶最大强度达到10 dBZ以上,回波强度最大值时段出现在09—10时,对应的小时雨量也最大为19.5 mm。结合反射率因子与径向速度图(图10b)可见,上层云体密度较稀疏,云内部有明显的下沉运动,云体不断发展,在04时以后反射率因子增大,云内降水粒子回波强度增强,2.4 km高度处有明显的0 ℃层亮带回波特征,0 ℃层之下出现较强回波,回波强度集中在0~10 dBZ。云雷达的径向速度时空分布与反射率因子的轮廓基本一致,但分层现象更明显。其中,2.4 km以上粒子的下降速度较小,基本为$-2\sim0$ m·s$^{-1}$,

2.4 km以下,粒子的下落速度显著增大,基本超过-4 m·s$^{-1}$,最大速度达-8 m·s$^{-1}$以上,表明该次观测个例在0 ℃层上下有明显的粒子相态演变过程,冰雪等粒子下落的过程中,通过大气在0 ℃层后,表面开始融化,从固态转化成液态,下落速度增大,渐渐变成液水、毛毛雨到大雨滴。进一步分析垂直速度的廓线图,可见云内下层有上升气流,这是维持这一时段降水稳定维持的因素。

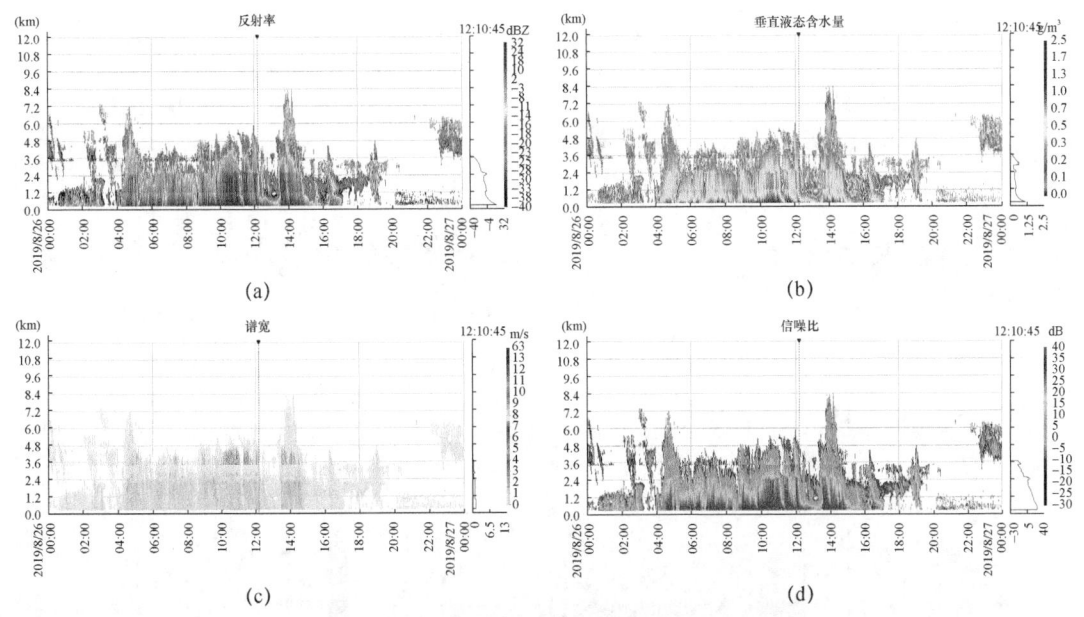

图10 六盘山站8月26日00时至27日00时云雷达产品图
(a)反射率因子;(b)垂直液态水含量;(c)速度谱宽;(d)信噪比

速度谱宽作为云雷达的基本产品之一,可提供由于风切变,湍流和速度样本质量引起的平均径向速度变化的观测。从图10c分析可见,云体下部谱宽大值区和强反射率因子对应,反映了液态过冷水下落过程的碰并增长结果,谱宽最大值为5 m·s$^{-1}$,出现在该过程的主要降水时段中10—12时降水时段中,对应时段的小时降水量也较强。

信噪比的时空变化特征也与此次过程紧密相关,信噪比最大值为30 dB以上,信噪比垂直梯度最大值处的正值高度可用于进行云底高度的判定,进一步对垂直液态水含量与云的底高顶高和云厚度等云的宏微观特征对比分析可得,云雷达产品的各因子可相对较全面的表征此次降水过程。

图11为隆德站8月26日00时至27日00时云雷达产品图。由隆德站的云雷达探测的反射率因子和径向速图(图11a,b),可见回波强度较大值时段出现在04—14时,最大回波强度在10时左右最强,高达20 dBZ,对应的小时雨量也最大,和其余产品有良好的对应关系,0 ℃层亮带基本在3 km左右,谱宽与信噪比的廓线形态也与其余各量的廓线形态相近,谱宽最大值为2.4 m·s$^{-1}$以上,最大值也集中在雨强较强时段。

由隆德站云雷达探测的线性退极化图(图11e)可以看到,冰晶、雪花在下落的过程中,通过0 ℃层,表面开始融化,水凝体的融化及其引起的介电常数、粒子落速、形状、尺度以及浓度的变化,使得雷达反射率和线性退极化都迅速增大,形成了明显的亮带,对参数的敏感性进行了分析,得出线性退极化对融化层的敏感性要更高。

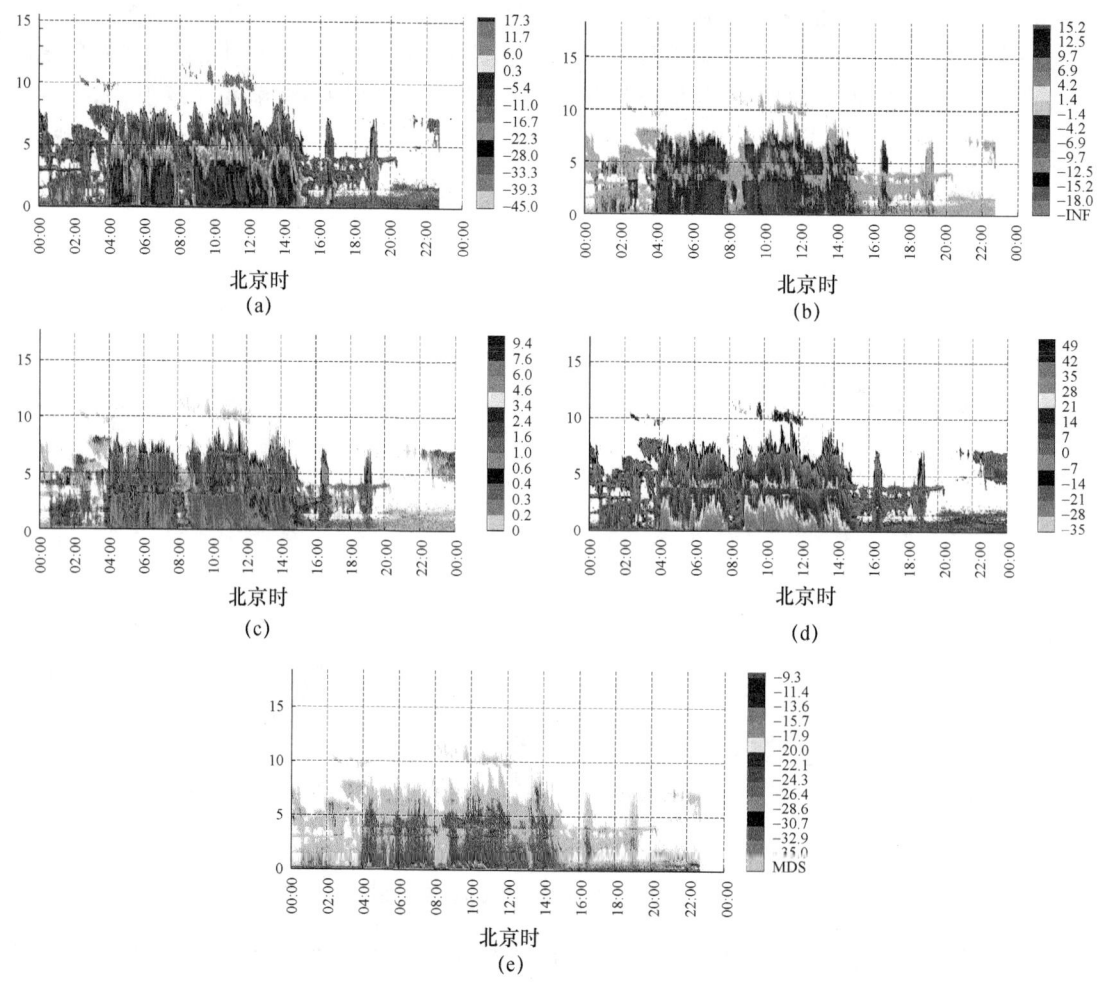

图11　隆德站8月26日00时至27日00时云雷达产品图
(a)反射率因子;(b)径向速度;(c)速度谱宽;(d)信噪比;(e)线性退极化比

### 4.3　微雨雷达分析

选择六盘山区六盘山站(简称LPS,2842 m)作为山脊站;选择大湾作业点(简称DW,2053 m)在六盘山站的东偏北侧约7 km处,作为山谷站,以上两站各布设了1部MRR-2新型微雨雷达山脊站(LPS)与山谷站(DW),两站海拔高度差为789 m。为了方便对比,在作图时以DW站的海拔高度2053 m为基准点,标出了LPS站的地面高度。

图12为MRR-2降水参量随时间和高度变化。MRR-2垂直探测雷达反射率因子在0 ℃等温线以下回波强度先增大后减小,存在一个强雷达回波区,而从地表到强雷达回波区底部的垂直反射率几乎是恒定的,在0 ℃等温线附近垂直速度先增大最后基本稳定,本次过程符合层状云降水特征。

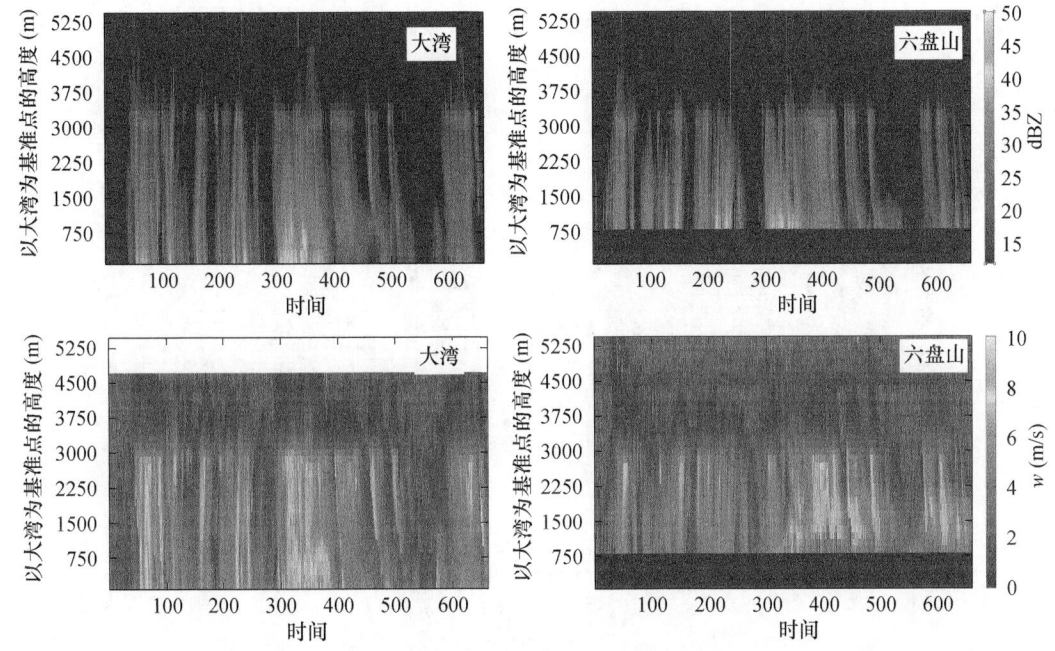

图12 六盘山区 MRR-2 降水参量随时间和高度变化
(上:雷达反射率因子;下:下落末速度)

图13为六盘山区 MRR-2 降水参量箱式图。六盘山区层状云降水在 BBb 以下回波较弱,其 DW 和 LPS 地面的回波强度均值约为 26.8 dBZ 和 27.2 dBZ 且随高度变化很小,DW 略低;DW 和 LPS 垂直速度在地面均值分别为 5 m·s$^{-1}$ 和 4.7 m·s$^{-1}$,LPS 略低。在 0 ℃ 等温线以上,DW 和 LPS 层状云反射率平均值随高度增高而迅速减弱至约 17 dBZ 左右。

图14为本次过程降水参数平均值垂直变化,可见两站的亮带顶高、底高及厚度分别为 3000 m、2700 m 和 300 m 左右,山谷站的亮带顶高、底高及厚度分别为 3105 m、2460 m 和 645 m,0 ℃ 等温线的高度为 3330 m,两站亮带顶高距离 0 ℃ 等温线约 300 m,山脊站和山谷站亮带顶高和底高对应温度分别为 1.9 ℃ 和 3.8 ℃。

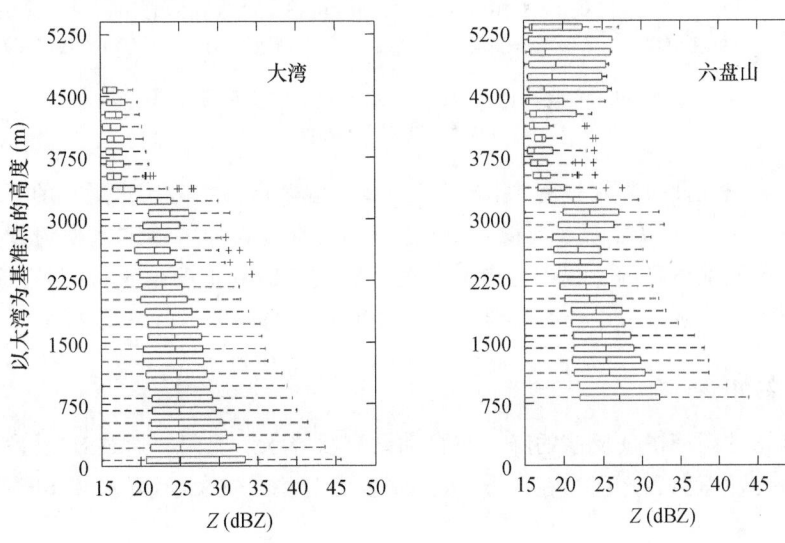

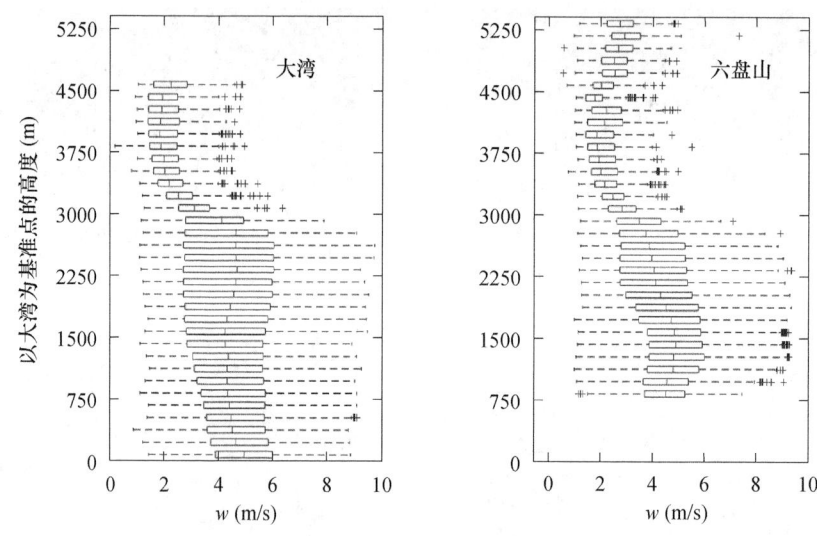

图13 六盘山区 MRR-2 降水参量箱式图
(上:雷达反射率因子;下:下落末速度)

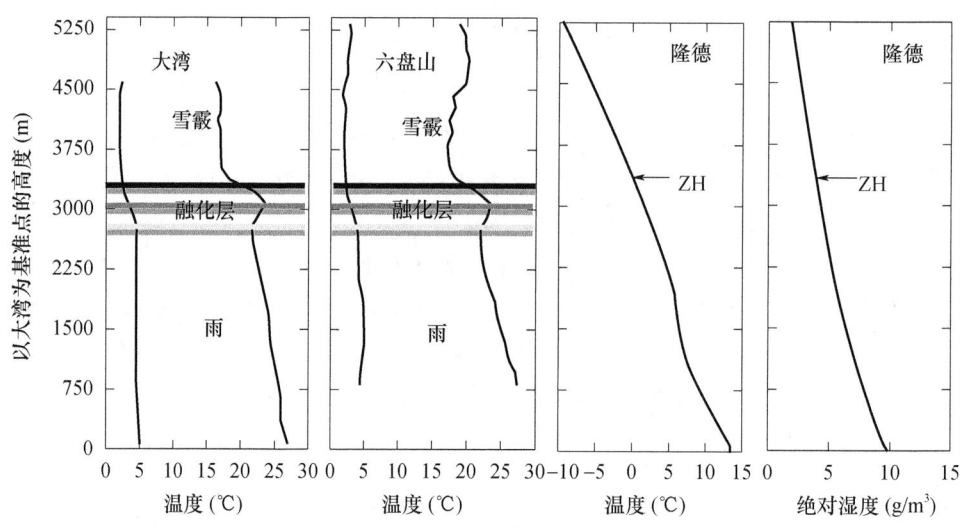

图14 六盘山区 MRR-2 降水参数平均值垂直变化
(ZH 为 0 ℃等温线的高度)

图15可以看出在此次降水过程中,$-4$ ℃到 0 ℃温度窗两站各层水凝物的下落速度稳定在 110～400 cm·$s^{-1}$,可以推断水凝物主要是雪和霰;水凝物的下落末速度随着高度减小而逐渐增大,可以推测在下降的过程中经历淞附过程影响的雪和霰的生长,推测有液态水存在。相对而言,山脊站在降水过程中$-4$ ℃到 0 ℃温度窗水凝物粒子比山谷站略小。

### 4.4 雨滴谱分析

图16是陈靳站雨滴谱仪反演的降水与自动站测得降水对比图。通过对比,发现两者降水变化趋势比较一致,但两者之间存在差异,且降水较大时差异较大,而降水较小时差异较小。

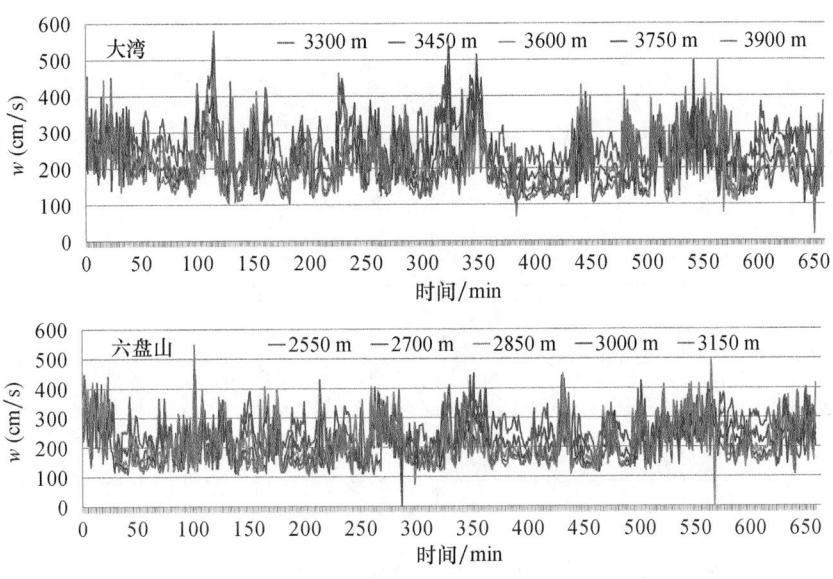

图 15　水凝物在 $-4$ ℃到 $0$ ℃温度窗各层的下落末速度（单位：cm·s$^{-1}$）

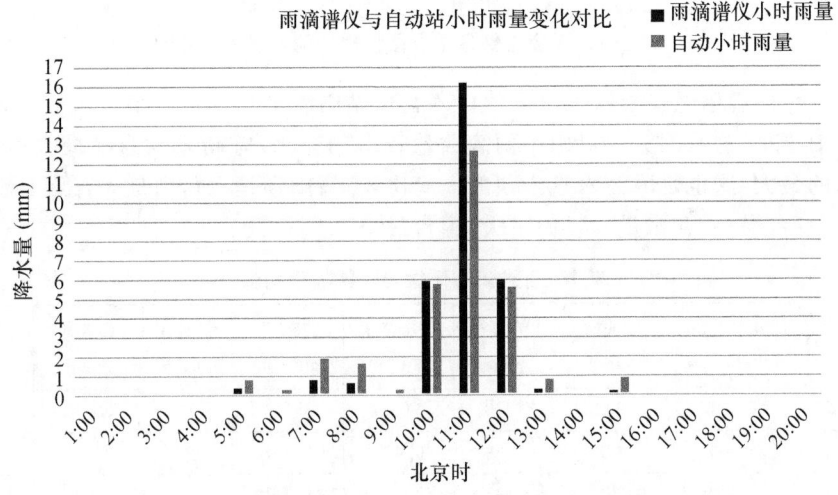

图 16　陈靳站雨滴谱仪反演的降水与自动站测得降水对比

图 17 是六盘山区雨滴谱仪各站点微物理特征量时序变化对比图。由图 17 可以得出以下结论：东坡陈靳降水时段为 02：34—15：38，降水较大时段集中在 10：00—11：00，雨强最大为 14 mm·h$^{-1}$。粒子最大直径 5.5 mm，数浓度最大为 1835 个·m$^{-3}$，含水量最大为 0.63 g·m$^{-3}$；山顶六盘山站降水时段为 01：00 至 16：56，降水较大时段集中在 09：00—10：00，雨强最大为 24 mm·h$^{-1}$，粒子最大直径 8.5 mm，数浓度最大为 21349 个·m$^{-3}$，含水量最大为 3.35 g·m$^{-3}$；东坡惠台降水主要时段为 01：11—15：19，降水较大时段集中在 10：00—11：00，雨强最大为 28 mm·h$^{-1}$，粒子最大直径 4.8 mm，数浓度最大为 9166 个·m$^{-3}$，含水量最大为 1.21 g·m$^{-3}$。

含水量、动能通量、最大粒径最大时段与降水强度变化趋势比较吻合。雨强与雨滴尺度大小的关系更紧密，粒子数量多不一定雨强大。

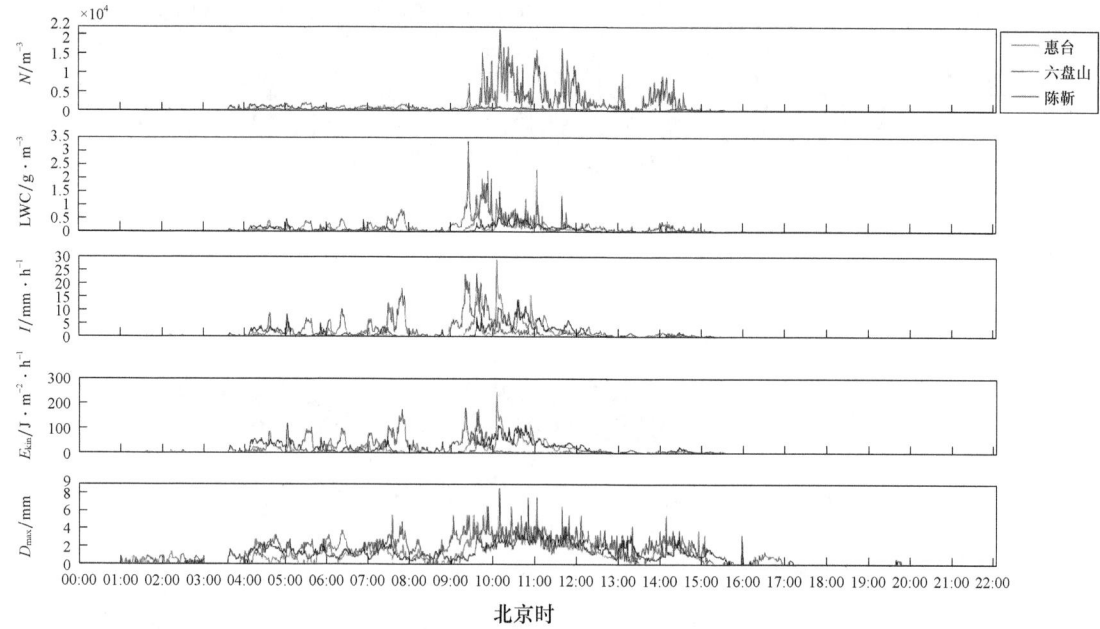

图 17　六盘山区雨滴谱仪各站点微物理特征量时序变化对比图

表 1 为各点雨滴谱微物理特征量均值。六盘山站雨滴平均直径最小为 0.429 mm,众数直径也是六盘山最小,这是因为六盘山小雨滴数量较多的原因,陈靳平均直径最大;最大直径均值是六盘山的最大,这也是因为六盘山顶的大滴比较多;雨强是六盘山最大,惠台最小;数浓度六盘山最大,惠台最小;含水量六盘山最大,惠台最小。

表 1　各点雨滴谱微物理特征量均值

| 站点 | 平均直径/mm | 最大直径/mm | 众数直径/mm | 优势直径/mm | 平均体积直径/mm | 雨强/mm·h$^{-1}$ | 数浓度/m$^{-3}$ | 含水量/g·m$^{-3}$ | 动能通量/J·m$^{-2}$·h$^{-1}$ |
|---|---|---|---|---|---|---|---|---|---|
| 六盘山 | 0.429 | 2.030 | 0.292 | 1.270 | 0.565 | 2.121 | 1904 | 0.188 | 17.258 |
| 陈靳 | 0.524 | 1.477 | 0.372 | 0.858 | 0.615 | 1.557 | 420 | 0.082 | 19.760 |
| 惠台 | 0.471 | 1.394 | 0.333 | 0.791 | 0.557 | 1.411 | 378 | 0.069 | 14.882 |

图 18 为各点的雨滴谱分布图。各地雨滴谱分布均呈单峰型。山顶谱宽最大,东坡次之,西坡最小。三者谱分布均在 0~0.5 mm 出现峰值,六盘山小滴数量最多,考虑是因为六盘山站海拔较高,降水粒子在下落过程中存在碰并、小粒子蒸发。

## 5　结论

(1) 本次降水过程主要的影响系统为 500 hPa 低压槽和 700 hPa 低涡,六盘山东侧降水量明显高于西侧降水量,最大累计降水出现在六盘山站。

(2) 从红外云图、雷达回波图分析,前期云顶亮温分布不均匀变化大,雷达大片回波区中存在较强回波块,属于典型的积层混合云降水回波,后期转为均匀层状云降水;

(3) 微波辐射计反演的大气水汽含量(PWV)和液态水含量(LWP)与小时降水演变基本一致,且 LWP 在降水前 1 h 左右有明显跃增现象。

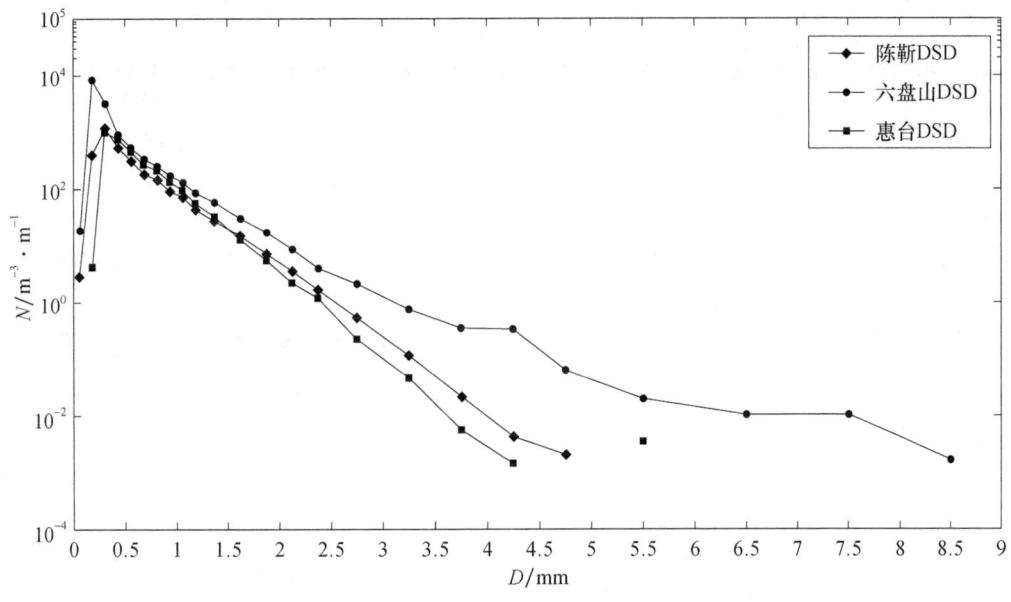

图18 各点雨滴谱分布图

(4)云雷达、微雨雷达在0℃等温线附近有一个强雷达回波区,存在0℃层亮带。0℃层上下有明显的粒子相态转换过程,冰雪等粒子通过大气在0℃层下落,有固态向液态转化过程,导致云雷达探测到在0℃层以下下落速度增大。根据微雨雷达探测下落速度推断,在−4℃到0℃温度窗水凝物主要是雪和霰。

(5)雨滴谱反演的含水量、动能通量、最大粒径最大时段与降水强度变化趋势比较吻合,雨强与雨滴尺度大小的关系更紧密。六盘山站雨滴平均直径、众数直径最小,最大直径最大,是因为六盘山小雨滴和大雨滴数量均较多的原因。

**参考文献**

[1] 陈海波,严华生,陈文,等.宁夏六盘山区多年降水的时空变化分析[J].干旱气象,2009(2):103-110.

[2] 李艳春.宁夏干旱区气候承载力分布特征分析[J].干旱区资源与环境,2010,24(8):96-99.

[3] BATTAGLIA A,RUSTEMEIER E,TOKAY A,et al. Parsivel snow observations:A critical assessment[J]. Journal of Atmospheric and Oceanic Technology,2010,27(2):333-344.

[4] 胡子浩,濮江平,张欢,等.Parsivel激光雨滴谱仪观测较强降水的可行性分析和建议[J].气象科学,2014,34(1):25-31.

[5] 王可法,张卉慧,张伟,等.Parsivel激光雨滴谱仪观测降水中异常数据的判别及处理[J].气象科学,2011,31(6):732-736.

[6] 何思远,刘晓阳,孙大利.测雨雷达反演雨滴谱剔除垂直气流方法的研究[J].气象科技进展,2015,5(4):45-52.

[7] 温龙,刘溯,赵坤,等.两次降水过程的微降雨雷达探测精度分析[J].气象,2015,41(5):577-587.

[8] 张文刚,徐桂荣,万蓉,等.基于地基微波辐射计的大气液态水及水汽特征分析[J].暴雨灾害,2015,34(4):367-374.

[9] 李军霞,李培仁,晋立军,等.地基微波辐射计在遥测大气水汽特征及降水分析中的应用[J].干旱气象,2017(5):61-69.

[10] BHARTIA P,BAHL I J. Millimeter wave engineering and applications[M]. Hoboken N J:Wiley,1984:31-35.

[11] 郑佳锋,刘黎平,曾正茂,等. Ka 波段毫米波云雷达数据质量控制方法[J]. 红外与毫米波学报,2016,35(6):748-757.

[12] LIU Liping,ZHENG Jiafen,RUAN Zheng,et al. Comprehensive radar observations of clouds and precipitation over the Tibetan Plateau and preliminary analysis of cloud properties [J]. J Meteor Res,2015,29(4):546-561.

[13] 吴翀,刘黎平,翟晓春. Ka 波段固态发射机体制云雷达和激光云高仪探测青藏高原夏季云底能力和效果对比分析[J]. 大气科学,2017,41(4):659－672.

[14] 刘黎平,郑佳锋,阮征,等. 2014 年青藏高原云和降水多种雷达综合观测试验及云特征初步分析结果[J]. 气象学报,2015,73(4):635-647.

# 第四部分　作业天气背景分析

# 六盘山区暴雨天气时空分布及环流背景特征分析*

穆建华 邓佩云 马思敏 贾乐 宁欣婷

(1. 中国气象局旱区特色农业气象灾害监测预警与风险管理重点实验室,银川 750002;
2. 宁夏回族自治区气象灾害防御技术中心,银川 750002)

**摘 要**:本文利用六盘山区6个国家级气象站和187个区域加密自动气象站降水资料对六盘山区暴雨的气候特征和时空分布特征进行了分析,利用欧洲中心 ERA-interim 再分析资料对六盘山区暴雨形成的环流背景进行了探讨。结果表明:近30年自2009年以后六盘山区暴雨发生频次也出现了明显的增加趋势,2010—2020年年平均暴雨日数较2009年以前多出近1倍;7月份六盘山区暴雨日数最多,暴雨日数峰值与降水量峰值并不一致,暴雨过程对月降水量的贡献并不是最主要的。六盘山区暴雨日数总体上呈现南多北少、东高西低的特点,东坡的暴雨日数明显多于西坡,年平均暴雨日数大于1 d的区域基本集中在六盘山脉东侧30 km范围内,六盘山东坡的原州区中河乡、彭阳古城镇、泾源六盘山镇、泾源泾河源镇各有一个暴雨中心。六盘山区暴雨多出现在"东高西低"的环流背景下,环流形势主要有两槽一脊、一槽一脊和两脊一槽三类,主要影响系统为500 hPa短波槽、700 hPa偏南急流、700 hPa切变或低涡,暴雨水汽来源主要来自印度洋和孟加拉湾,7—9月暴雨与西太平洋副热带高压的西进有着密切的关系。

**关键词**:六盘山区;暴雨;时空分布;环流背景

## 1 引言

六盘山区地处黄土高原暖温半干旱气候区,是典型的大陆性气候。六盘山区地形复杂,气候多变,是典型的雨养农业区,该地区同时也是气候变化敏感区和生态环境脆弱区,干旱、冰雹等灾害性天气频发、重发,对农业生产及经济社会发展影响极大。境内的六盘山脉近似南北走向(与南北方向夹角近30°),区域内以六盘山为南北脊柱,山脊平均海拔超过2500 m,最高峰米缸山达2942 m。六盘山脉西北接青藏高原北麓祁连山东部余脉,东南接秦岭西部的余脉。六盘山区毗邻青藏高原东北部,是中国大地形第一阶梯和第二阶梯的过渡地带,处于西风带中低层受高原阻挡而形成的两支绕流气流交汇区域西缘,同也是西风带和东亚季风的交汇区,天气气候条件及地形条件十分独特。独特的地理位置和地形特征,使六盘山区成为宁夏降水最多的区域,同时也是暴雨天气出现最为频繁的地区,由于地处黄土高原,暴雨经常带来地质塌陷、滑坡、泥石流、山洪等其他次生灾害[1],对人民群众生命财产安全带来严重威胁。

暴雨的形成和强度主要与水汽分布和供应、上升运动以及地形等因素有关。很多研究表明,中国夏季降水与副热带高压的变化密切相关,副热带高压西北侧是暴雨的频发区,大气的

---

\* 基金项目:宁夏自然基金"宁夏夏季云降水概念模型及云水资源开发技术方法研究"项目(2020AAC03470),西北区域人影建设研究试验项目"六盘山地形云人工增雨技术研究试验"(RYSY201904),中国气象局旱区特色农业气象灾害监测预警与风险管理重点实验室指令性项目"地形对六盘山区降水影响的数值模拟研究"(CAMP—202009共同资助)。
作者简介:穆建华(1981—),男,本科,高级工程师,主要从事人工影响天气工作。E-mail:musa328@163.com。

斜压性和经向环流对暴雨的产生有重要作用[2-4]。副热带高压影响下的对流性天气常发生在西风槽逼近副热带高压西边缘附近,形成强的能量锋区,高空槽带来的冷空气和副热带高压边缘加强暖湿气流交汇的辐合区附近[5-6]。在有利的大尺度环境条件下,还需要一定的抬升触发机制来促成中尺度对流的发生,低空急流、中尺度辐合线、特殊地形等均可以触发中尺度对流[6-8]。侯淑梅等[9]发现,锋面抬升是触发暴雨的动力机制,低空急流是暴雨增强机制。李强等[10]指出,副热带高压控制下大气高温、高湿,不稳定度大,边界层中尺度辐合线触发了局地的强风暴。地形抬升也是对流的触发机制之一,同时也可以引起天气系统的增强、减弱以及影响天气系统的移动等。大量的观测和模拟研究都表明,地形在降水的形成和降水的分布中起到了重要作用。大量的研究结果[11-13]表明,在每年的9、10月份,秦岭、大巴山一带容易出现大暴雨中心。除秦巴山区外,江西庐山、安徽黄山、新疆天山等地的天气气候受地形影响也很明显,地形不仅可以诱发持续性大暴雨,还具有增幅效应[14-16]。

六盘山区的降水分布极不均匀,气候统计表明,位于六盘山主峰东西两侧的泾源气象站和隆德气象站水平距离仅有 20~30 km,但其年平均降水量相差达 100 mm 以上,而位于六盘山顶的六盘山气象站年与东侧山谷的泾源气象站相当,很明显,六盘山地形在降水的分布中起了重要的作用。因此,六盘山区的暴雨天气时空分布也与地形有着密切的关系。本文利用对六盘山区降水的空间分布、暴雨天气时空分布特征进行了统计分析,并利用欧洲中心 ERA-interim 再分析资料对六盘山区不同月份暴雨形成的环流背景、天气系统、水汽特征进行了探讨。

## 2 资料和方法

### 2.1 资料

(1)固原、西吉、隆德、泾源、彭阳和六盘山 6 个国家级气象站 1991—2020 年 30 年降水历史观测资料;

(2)六盘山区 187 个区域加密自动气象站 2015—2019 年降水观测资料;

(3)欧洲中心 ERA-interim 再分析资料,分辨率 0.125°×0.125°。

### 2.2 方法

(1)由于区域加密自动气象站绝大多数无固态降水观测,且 4—10 月降水量占全年降水的 91%,4—10 月降水量可基本反映全年降水空间分布特征。利用 2015—2019 年 4—10 月份降水观测资料,分析六盘山区降水空间精细分布特征。

(2)定义 20—20 时日降水量≥50 mm 为一个暴雨日,统计 1991—2020 年 30 年固原、西吉、隆德、泾源、彭阳和六盘山 6 个国家级气象站暴雨日数,计算 6 站逐年累计暴雨日数,分析 30 年暴雨出现频次和气候演变特征进行了分析。计算六盘山区 187 个区域加密自动气象站和 6 个国家站 2015—2019 年年平均暴雨日数,分析六盘山区暴雨日数的空间分布特征。

(3)选取了近 30 年六盘山区区域性暴雨天气个例,选取标准为隆德、泾源、六盘山三站平均日降水量≥50 mm,利用欧洲中心 ERA-interim 再分析资料(分辨率 0.125°×0.125°)分析了暴雨产生时的大气环流形势、风场以及水汽场特征。根据六盘山所处位置及主要天气系统移动路径,选取 50°—130°E,30°—60°N 为分析区域。

## 3 六盘山区降水基本特征

统计2015—2019年六盘山区固原、西吉、隆德、六盘山、泾源、隆德等6个气象站的降水量发现,六盘山区平均降水量达569 mm,其中位于六盘山顶的六盘山站最多达717 mm,西吉站最少为464 mm,六盘山主峰东南侧山谷中的泾源站降水量略小于六盘山站(图1a)。

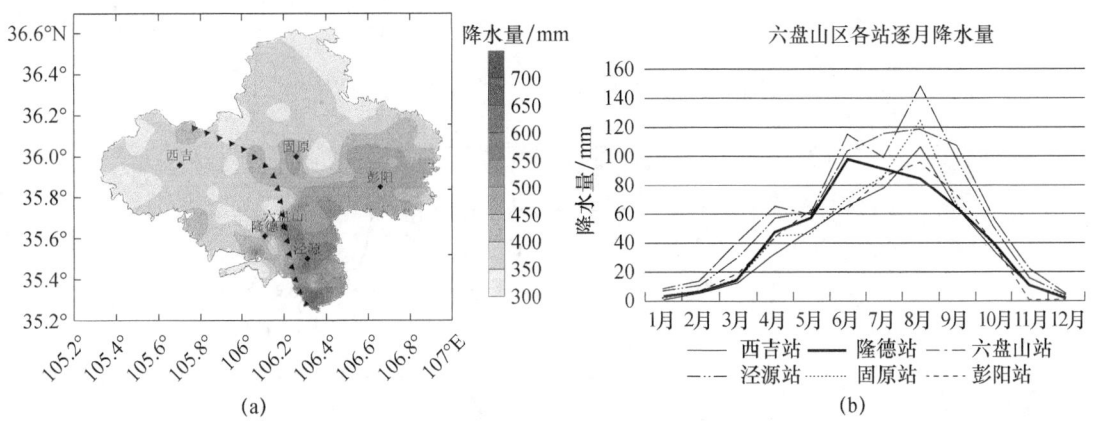

图1　2015—2019年六盘山区4—10月降水空间分布(a)和逐月降水分布(b)
(黑色三角虚线为六盘山脉位置)

从6个国家站的逐月雨量来看(图1b),六盘山区降水主要集中在4—10月份,占全年降水的91%,其中夏季(6—9月)降水占全年降水的65%。隆德站降水最多的月份为6月,而其他各站降水最多的月份则为8月。泾源气象站在6月还存在一个次降水峰值。

从2015—2019年4—10月区域加密自动气象站降水量空间分布来看,六盘山区降水呈南多北少、东高西低的特点。位于六盘山主峰东南部的泾源一带为降水最多的地方,平均降水量在500 mm以上,其中六盘山气象站附近以及东侧的泾源站以及泾源县最南端各有一个超过600 mm的降水中心。从降水的空间分布可以看出,从固原以南到泾源的六盘山脉主峰一带,山脉东西两侧的降水差异十分明显,10~20 km的距离内,降水量差异可达100 mm以上,因此六盘山脉对六盘山区降水的分布起到了重要的作用。

## 4 六盘山区暴雨时空分布特征

### 4.1 近30年六盘山区暴雨日数特征

从1991—2020年六盘山区固原、西吉、隆德、六盘山、泾源、隆德等6个国家站暴雨日数统计来看(图2a),六盘山区年均暴雨日数达2.7 d。2009年以前六盘山区暴雨日数整体上无明显的变化,平均暴雨日数为1.9 d,而2009年以后,六盘山区暴雨日数出现了明显的增加趋势,2010—2020年的年平均暴雨日数达到3.9 d,比2009年以前多了近1倍,说明在全球气候变暖的背景下,六盘山区暴雨发生频次也出现了明显的增加趋势。

西吉和隆德两站位于六盘山西侧,泾源、固原和彭阳三站位于六盘山东侧,对比六盘山东西两侧各站1991—2020年累积暴雨日数(图2b)可以看出,位于西坡的西吉和隆德两站平均累积暴雨日数只有7.5 d,而位于东坡的泾源、固原和彭阳三站的平均累积暴雨日数达到17 d,

比西坡高出近 1.3 倍,其中位于东坡山谷南部的泾源站累计暴雨日数则达到了最多的 24 d。位于山顶的六盘山站暴雨日数也明显多于西坡各站。

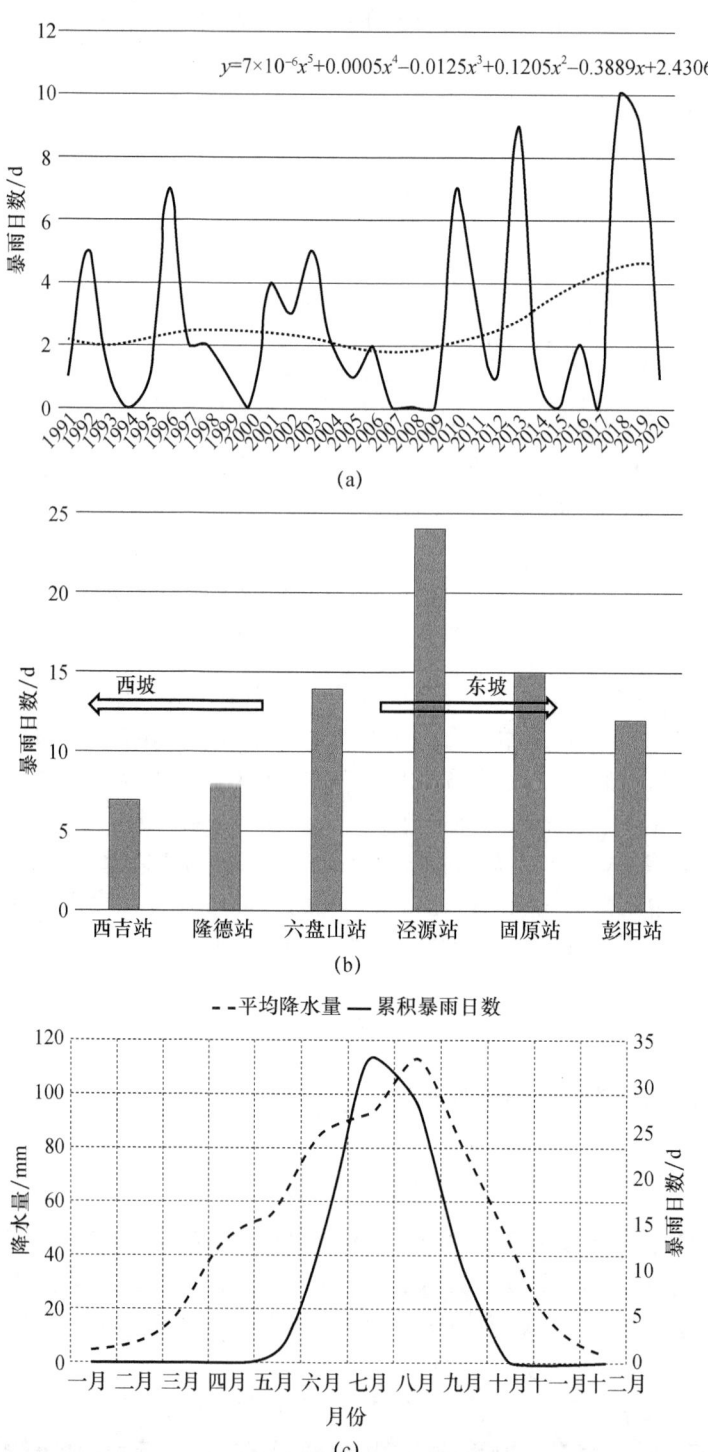

图 2　1991—2020 年六盘山区暴雨时空分布(a.1991—2020 年 6 个国家站暴雨日数;
b.1991—2020 年 6 个国家站累计暴雨日数;c.1991—2020 年月平均降水量与月累积暴雨日数对比)

从1991—2020年各站累计暴雨日数的月分布来看(图2c),六盘山区暴雨集中出现在6—9月,7月为六盘山区暴雨最对的月份,8月次之,7月和8月出现暴雨的日数占到总数的71.7%,6月和9月暴雨日数占总日数的27.1%,5月份也有暴雨出现,但30年期间仅出现了1次。对比逐月降水(图2c)可以发现,暴雨日数峰值与降水量峰值并不一致,六盘山区月平均降水量最大值出现在8月,而暴雨日数最多的月份则为7月,说明暴雨过程对月降水量的贡献并不是最主要的。

## 4.2 2015—2019年六盘山区暴雨日数空间分布情况

利用2015—2019年六盘山区187个区域加密自动气象站和6个国家站降水量观测数据,计算了20—20时日降水量大于等于50 mm的暴雨日数及其5年平均值(图3)。从年平均暴雨日数空间分布来看,与年平均降水量空间分布类似,六盘山区年平均暴雨日数也总体上呈现南多北少、东高西低的特点。但也有明显的不同分布特征,六盘山区年平均暴雨日数大于1 d的区域基本集中在六盘山脉东侧30 km范围内,在原州区西部的中河乡、彭阳县西南的古城镇、泾源县北部的六盘山镇、泾源县南部的泾河源镇各有一个暴雨中心,其中泾河源镇年平均暴雨日数达2.4 d,六盘山镇年平均暴雨日数达2 d,彭阳古城镇年平均暴雨日数1.6 d,原州区中河乡年平均暴雨日数1.8 d。年平均暴雨日数总体上呈现自南向北递减的趋势,且离六盘山越近暴雨日数越多。从暴雨日数的空间分布来看,六盘山脉地形对暴雨的产生有着明显的影响。

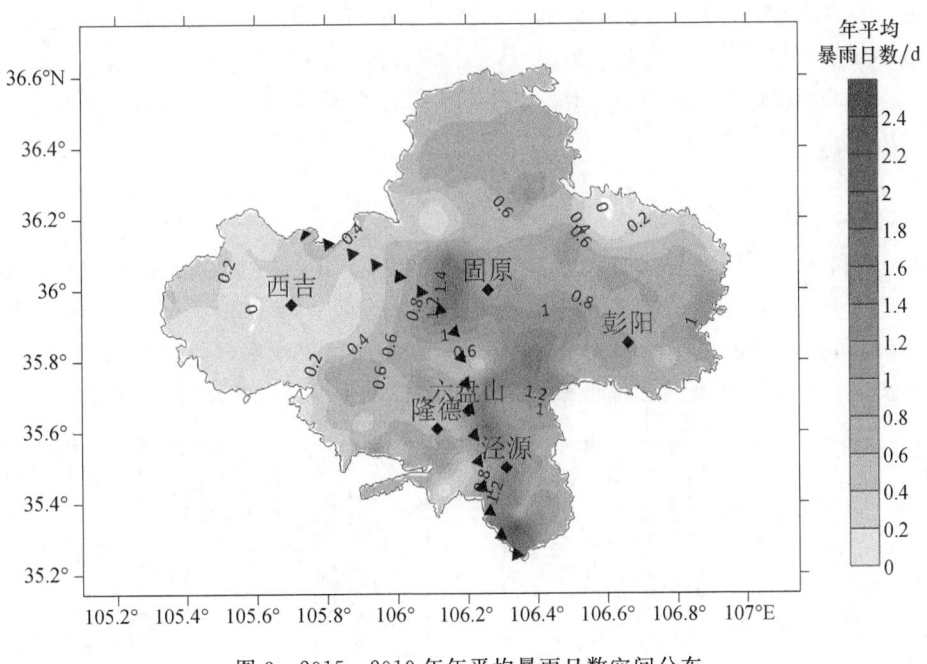

图3 2015—2019年年平均暴雨日数空间分布
(黑色三角虚线为六盘山脉位置)

## 5 六盘山区暴雨天气环流背景

选取了近30年六盘山区区域性暴雨天气个例,利用欧洲中心ERA-interim再分析资料分析了暴雨产生时的大气环流形势、风场以及水汽场特征。近30年隆德、泾源和六盘山三站平均降水量超过50 mm的降水个例,6月、8月和9月各有1例,7月有4例。利用再分析资料绘制了6、8、9月3个暴雨个例当天08时的温压场和风场,对7月份4个个例进行了平均处理,绘制了08时的平均温压场和风场。通过分析各个月份暴雨的环流背景可以发现,每个月产生区域性暴雨的环流背景、影响系统和水汽来源等各有不同。

## 5.1 6月份暴雨

(1)环流形势及影响系统

500 hPa和700 hPa均为明显的东高西低形势,500 hPa中纬度地区为两槽(里海、河西走廊)两脊(中亚、华北东北部)的环流形势,冷空气势力较强,从里海附近低槽有冷空气穿脊东移,影响下游地区。主要的降水影响系统为500 hPa西风槽、700 hPa切变及急流。

(2)风场特征

500 hPa、700 hPa均为一致的西南气流,500 hPa西南风达10 m·s$^{-1}$。700 hPa,四川东部、甘肃东南部、陕西北部、内蒙古中西部存在明显的偏南急流,六盘山区处于急流轴西侧,有偏西风和西南风的辐合切变,华北地区存在反气旋环流。

(3)水汽条件

暴雨过程的水汽主要来源于孟加拉湾。500 hPa,六盘山以东地区存在水汽通量大值中心;700 hPa,陕西北部、鄂尔多斯西部一带存在水汽通量大值中心。500 hPa,山西中部到鄂尔多斯一带存在水汽辐合中心,六盘山区处于水汽辐散区;700 hPa,宁夏东部、额托克前旗、鄂托克旗一带存在水汽辐合中心,六盘山区处于水汽辐合区。500 hPa比湿达5 g·kg$^{-1}$,相对湿度大于95%;700 hPa比湿达11 g·kg$^{-1}$,相对湿度大于96%。

## 5.2 7月份暴雨

(1)环流形势及影响系统

500 hPa和700 hPa均为明显的东高西低形势,500 hPa中纬度地区为一槽(新疆)一脊(华北)的环流形势,槽区范围宽广,从中亚一带到贝加尔湖一带均处在低压槽区,宁夏处于槽前西南气流,同时副热带高压西升北抬,584 dagpm线到达陕西南部,暖湿气流输送加强。主要影响系统为500 hPa新疆西北部低槽底部分裂短波槽、700 hPa低涡切变及急流。

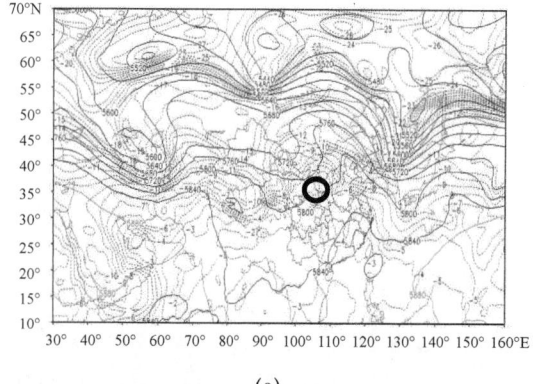

(a)

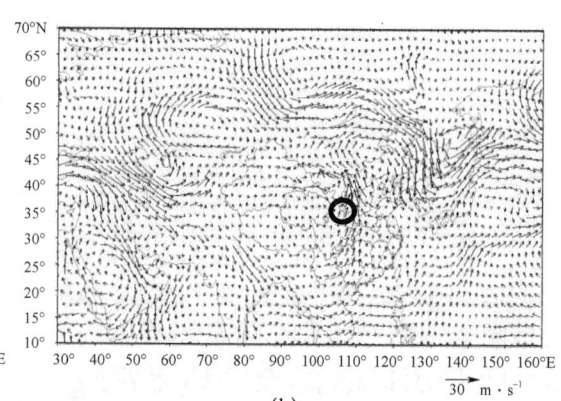

(b)

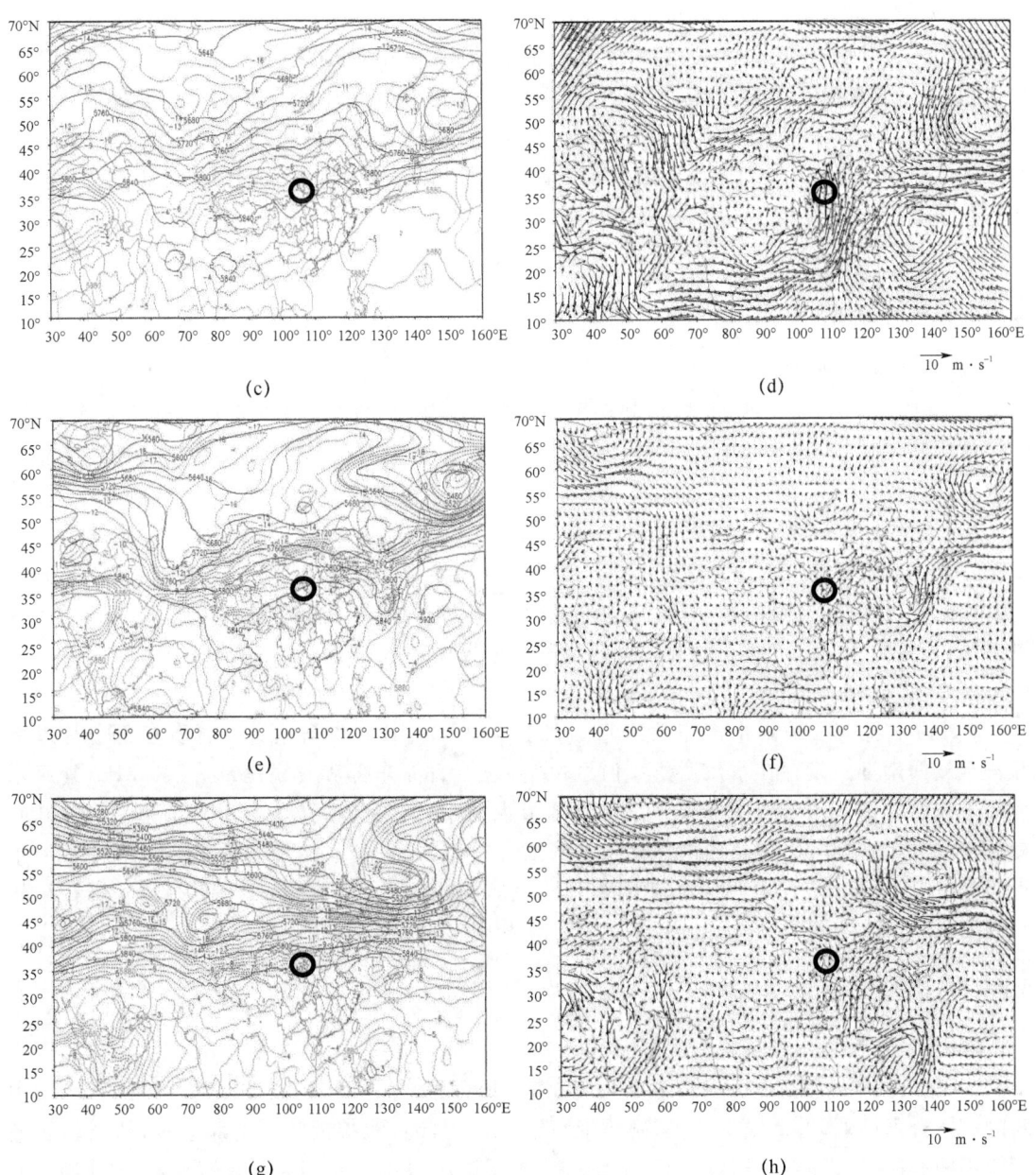

图 4　1989—2018 年六盘山区暴雨 500 hPa 天气形势场和 700 hPa 风场
（a. 6 月暴雨 500 hPa 温压场；b. 6 月暴雨 700 hPa 风场；c. 7 月暴雨 500 hPa 温压场；
d. 7 月暴雨 700 hPa 风场；e. 8 月暴雨 500 hPa 温压场；f. 8 月暴雨 700 hPa 风场；
g. 9 月暴雨 500 hPa 温压场；h. 9 月暴雨 700 hPa 风场；注：黑色圆圈内为六盘山区位置）

（2）风场特征

500 hPa，六盘山区受 7～10 m·s$^{-1}$ 西南风控制。700 hPa，六盘山区受偏南风控制，四川东部、甘肃东南部、宁夏南部存在一支偏南急流 10～15 m·s$^{-1}$，甘肃南部和四川北部有低涡切变。

(3)水汽通量及水汽通量散度

7月份暴雨水汽来源主要为孟加拉湾和印度洋。500 hPa,宁夏南部偏东地区存在水汽通量大值中心;700 hPa,甘肃南部的天水一带存在水汽通量大值中心。500 hPa,宁夏南部的隆德到甘肃庄浪一带存在水汽辐散中心,四川中部、甘肃东南部、陕西中北部、宁夏北部一带存在明显的水汽辐合带,六盘山区处于水汽辐散区;700 hPa 宁夏南部的隆德到甘肃庄浪一带均存在水汽辐散中心,六盘山区处于水汽辐合区。500 hPa 比湿达 6 g·kg$^{-1}$,相对湿度大于 96%;700 hPa 比湿达 11 g·kg$^{-1}$,相对湿度大于 98%。

## 5.3　8 月份暴雨

(1)环流形势及影响系统

500 hPa 中纬度地区为两槽(新疆西部、内蒙古东部)一脊(新疆东部—甘肃青海西北部)的环流形势,副热带高压进一步东升,584 dagpm 线北抬至六盘山区,副热带高压西侧暖湿气流输送条件加强。主要影响系统 500 hPa、700 hPa 短波槽和 700 hPa 切变及急流。

(2)风场特征

六盘山区受槽前及副热带高压西北侧的西南气流控制,500 hPa 西南风风速 5~10 m·s$^{-1}$;700 hPa,四川东部、宁夏南部、甘肃东南部、陕西、山西、内蒙古中部存在 12~15 m·s$^{-1}$西南风急流,六盘山区北部有存在明显的偏北风和西南风的辐合切变。

(3)水汽条件

8 月份六盘山区暴雨水汽主要来自孟加拉湾。500 hPa,青海南部—青海东部—甘肃南部—宁夏西南部一带存在水汽通量大值区,中心位于青海东部和甘肃南部。700 hPa,甘肃东南部—陕西北部—内蒙古中部存在一水汽通量大值带,大值中心位于甘肃东南部。500 hPa,青海东北部、甘肃南部、宁夏西南部存在水汽辐合中心。700 hPa,青海东部、甘肃南部存在一水汽辐合中心。500 hPa、700 hPa 六盘山区均处于水汽辐合区中。500 hPa 比湿达 5.5 g·kg$^{-1}$,相对湿度大于 95%;700 hPa 比湿达 11 g·kg$^{-1}$,相对湿度大于 93%。

## 5.4　9 月份暴雨

(1)环流形势及影响系统

500 hPa 中纬度地区为两槽(新疆西部、东北地区东部)一脊(内蒙古北部)的环流形势,中间的高压脊强度弱,等高线比较平,副热带高压 584 dagpm 线接近宁夏南部边缘,从新疆西部冷槽不断有冷空气穿脊东移,影响下游地区。主要影响系统 500 hPa 分裂短波槽、700 hPa 低槽和 700 hPa 切变及急流。

(2)风场特征

500 hPa、700 hPa 六盘山区均处于副热带高压西北缘的西南气流里。500 hPa 六盘山区西南风风速达 10~15 m·s$^{-1}$,700 hPa 四川东部、甘肃东南部、宁夏南部到陕西中部受 8~12 m·s$^{-1}$西南气流控制,六盘山区处于偏北风和西南风的辐合切变带。

(3)水汽通量及水汽通量散度

9 月份六盘山区暴雨水汽主要来自印度洋及孟加拉湾。500 hPa,甘肃东北—宁夏中部南部—陕西北部存在水汽通量大值带;700 hPa,甘肃南部—四川东北部有一水汽通量大值带,甘肃东北—宁夏南部有一水汽通量次大值带。500 hPa,宁夏中部存在一水汽辐合中心,六盘山区处于水汽辐合区;700 hPa,青海东南部—甘肃南部存在一水汽辐合大值,六盘山也存在明显的水汽辐合。500 hPa 比湿达 5.5 g·kg$^{-1}$,相对湿度大于 95%;700 hPa 比湿达 10 g·kg$^{-1}$,相对湿度大于 98%。

# 6 结论

(1)近 30 年统计表明,在全球气候变暖的背景下,2009 年以后六盘山区暴雨发生频次也出现了明显的增加趋势,2010—2020 年年平均暴雨日数较 2009 年以前多出近 1 倍。

(2)6—9 月六盘山区均有区域性暴雨出现,7 月暴雨日数最多,暴雨日数峰值与降水量峰值并不一致,六盘山区月平均降水量最大值出现在 8 月,而暴雨日数最多的月份则为 7 月,暴雨过程对月降水量的贡献并不是最主要的。

(3)六盘山地形对降水的形成和分布有着重要影响,六盘山区年平均暴雨日数空间分布差异明显,总体上呈现南多北少、东高西低的特点,东坡的暴雨日数明显多于西坡,年平均暴雨日数大于 1 d 的区域基本集中在六盘山脉东侧 30 km 范围内。六盘山东坡的原州区中河乡、彭阳古城镇、泾源六盘山镇、泾源泾河源镇各有一个暴雨中心,其中泾河源镇年平均暴雨日数达 2.4 d。

(4)六盘山区暴雨多出现在"东高西低"的环流背景下,环流形势主要有两槽两脊、一槽一脊和两脊一槽三类,主要影响系统为 500 hPa 短波槽、700 hPa 偏南急流、700 hPa 切变或低涡。7 月、8 月、9 月暴雨的产生还与西太平洋副热带高压的西升有关,六盘山区暴雨常出现在副热带高压 584 dagpm 线附近。暴雨水汽来源主要来自印度洋和孟加拉湾,700 hPa 从四川中部—甘肃东南部—宁夏东南部一带常维持明显的水汽输送带,六盘山区附近常有水汽辐合中心。

## 参考文献

[1] 杜继稳. 降雨型地质灾害预报预警——以黄土高原和秦巴山区为例[M]. 北京:科学出版社,2010:8-17.
[2] 丁一汇. 陶诗言先生在中国暴雨发生条件和机制研究中的贡献[J]. 大气科学,2014,38(4):616-626.
[3] 周鸣盛. 我国北方 50 次区域性特大暴雨的环流分析[J]. 气象,1993,19(7):14-18.
[4] 陶诗言,卫捷,张小玲,2007 年梅雨锋降水的大尺度特征分析[J]. 气象,2008,34(4):3-15.
[5] 周淑玲,闫淑玲,张灿. 2007 年 8 月 10—12 日山东半岛持续性大暴雨的维持机制分析[J]. 热带气象报,2009,25(5):628-634.
[6] 刘还珠,王维国,邵明轩,等. 西太平洋副热带高压影响下北京区域性暴雨的个例分析[J]. 大气科学,2007,31(4):727-734.
[7] 顾清源,肖递祥,黄楚惠,等. 低空急流在副高西北侧连续性暴雨中的触发作用[J]. 气象,2009,35(4):59-67.
[8] 郭英莲,王继竹,李才媛,等. 锋生作用对 2011 年梅汛期湖北暴雨的影响[J]. 气象,2014,40(1):86-93.
[9] 侯淑梅,郭俊建,张磊,等. 西风槽与副高相互作用的暴雨过程动热力场结构特征分析[J]. 气象,2017,43(2):151-165.
[10] 李强,王秀明,张亚萍,等. 一次副高影响下的局地强风暴触发及维持机制探析[J]. 气象,2019,45(2):203-215.
[11] 柳艳菊,孙冷,孙丞虎,等. 2011 年秋季华西秋雨异常及成因分析[J]. 气象,2012,38(4):456-463.
[12] 罗霄,李栋梁,王慧. 华西秋雨演变的新特征及其对大气环流的响应[J]. 高原气象,2013,32(4):1019-1031.

[13] 蒋竹将,马振峰,刘佳,等.一种改进的华西秋雨指数及其气候特征[J].大气科学,2014,38(1):32-44.
[14] 毕宝贵,刘月巍,李泽椿.秦岭大巴山地形对陕南强降水的影响研究[J].高原气象,2006,25(3):485-494.
[15] 刘裕禄,黄勇.黄山山脉地形对暴雨降水增幅条件研究[J].高原气象,2013,32(2):608-615.
[16] 于晓晶,赵勇.地形对天山夏季降水影响的模拟[J].中国沙漠,2016,36(4):1133-1143.

# 1961—2018年宁夏地区降雹时空分布特征*

陶 涛[1,2]　邓佩云[2]　曹 宁[2]　赵金龙[2]　穆建华[2]

(1. 南京信息工程大学大气科学学院,南京 210044；
2. 中国气象局旱区特色农业气象灾害监测预警与风险管理重点实验室,银川 750002)

**摘　要**：利用宁夏地区24个国家气象观测站1961—2018年的逐日观测资料,对降雹时空分布特征进行研究。结果表明：(1)宁夏地区20世纪60—80年代为降雹多发期；(2)宁夏降雹整体上多发生在夏、秋两季,但不同区域发生时间又有所不同,北部川区降雹类型属于夏季频发型,中南部地区属于春末夏初频发型,两种类型降雹高峰期相差1个月左右；(3)9成以上的降雹出现在12:00—20:00；(4)空间分布总体呈现为高原和山地多,平原和沙漠少的特征,主要降雹区域集中在六盘山山脉所在的固原地区。

**关键词**：降雹；时空分布；宁夏

## 1　引言

冰雹是在有利的大尺度天气形势背景下由中小尺度系统直接产生的强对流天气,不仅会大范围影响蔬果等农作物的生产,还严重威胁着人类的生命财产安全,其危害愈加受到各界的关注。冰雹的演变规律及其时空分布特征作为灾害性天气研究的重要组成部分,相关研究成果可为合理部署区域人工防雹作业和业务布局提供理论依据。

我国对冰雹的研究方法主要包括以下2种类型：(1)降雹时空分布,即运用气象站记录的冰雹信息进行研究；(2)雹灾时空分布,主要是使用雹灾案例资料来分析。张芳华等[1]利用1971—2000年我国614个气象站的冰雹观测资料对我国冰雹的时空分布特征进行了初步分析,结果表明我国冰雹分布具有明显的地域特征,其年代际变化呈显著减少趋势,此外,还具有明显的季节变化特征和日变化特征,具体表现在夏季出现概率最高,降雹时刻多集中在午后至傍晚时分。康凤琴等[2]基于1971—2000年西北185个气象站3—9月的降雹数据,对西北地区的冰雹时空分布特征进行分析,得出西北地区冰雹的月变化呈单峰型,主要集中在6—8月并具有明显的空间差异。热苏力·阿不拉等[3]利用近41 a的降雹资料,以冰雹直径和持续时间作为致灾因子,对新疆冰雹天气的时空分布和灾情进行细致分析,得出各区域降雹具有季节性强,雹日数集中的特征。进一步基于GIS技术以及雹灾案例分析表明,我国雹灾的空间分布呈现一带多区特征并呈现显著的季节变化特征,雹灾在地理位置上存在显著的东移以及聚集成团的趋势[4-5]。冰雹的生消特征受制于地形影响[6],针对区域性冰雹的研究有助于明晰当地雹灾的空间分布,为人工防雹、消雹提供决策性依据,具有重要的现实意义。

冰雹作为宁夏地区最主要的灾害性天气之一,具有局地性强、历时短、年际变化大等特征。

---

\* 作者简介：陶涛(1983—),男,汉族,重庆潼南人,工程师,硕士,主要从事大气物理与大气环境及人工影响天气研究。E-mail:ala.no.4@163.com。

纪晓玲等[7]利用宁夏各地1961—2004年降雹资料对该区域冰雹的时空分布特征进行分析,得出宁夏冰雹山地多、平川少、南北多、中部少的地域分布特征,其主要源地集中在六盘山系及贺兰山沿山。饶彤华等[8]分析了宁夏南部山区5个地面气象观测站1960—2009年降雹资料,有针对性地提出了固原地区预防雹灾的措施。科研工作者们虽然做了很多工作,而基于宁夏地区案例数据的雹灾时空分布研究[9]尚少,针对近年来该区域性冰雹的时空分布特征研究尚不清晰。为此,本文通过气象观测站逐日观测资料,对宁夏地区降雹的发生规律、时空分布特征等方面展开系统研究,以期为宁夏地区防雹效益的提高提供技术参考。

## 2 资料和方法

本文使用1961—2018年宁夏全区共26个国家气象观测站逐日观测资料,具体站点见图1所示。站点均在县区所在地,基本能够代表本县区的降雹情况,定义某站点1 d内降雹≥1次为该地区的一个降雹日。

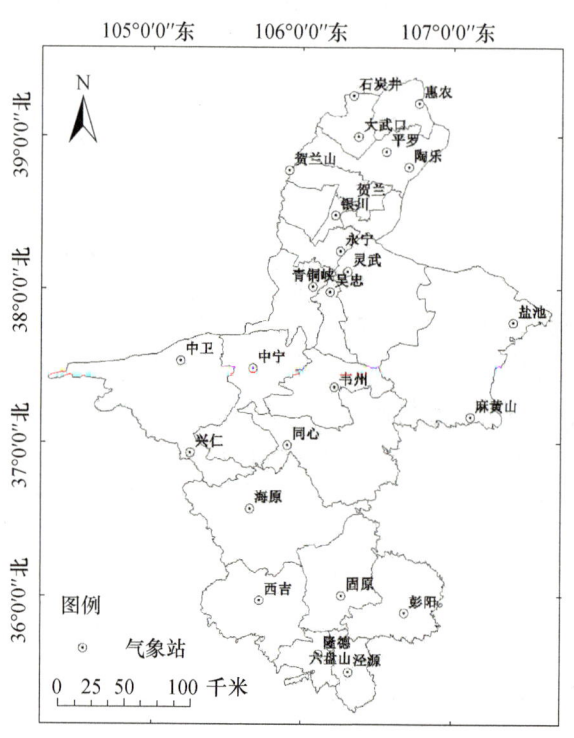

图1 宁夏全区国家气象观测站点分布图

## 3 降雹的时间变化特征

### 3.1 降雹的年代际和年际变化特征

以年为统计单位(图2)发现,宁夏地区冰雹的年降雹次数变幅较大,最高年份为1984年,发生降雹56次,最低年份为2009年,仅降雹4次。整个分析期降雹次数波动较大,呈3个波段变化。第1波段是1961—1990年,降雹次数相对较多,平均年降雹次数为28次;1968年、1973年、1977年和1984年降雹次数均超过40次,最高年份为1984年,达56次;第2波段是

1991—2010年，这个波段降雹基本处于低值区，年均12次，2009年最少，为4次，2004年最多，为24次。第3波段是2011—2018年，起始年就有37次之多，整个处于一个较高的降雹波段。这一波段年均降雹次数略低于第1波段，较第2波段高出一倍以上。从整个分析期变化趋势看，历年降雹次数变化过程表现为波峰波谷型，先升高后降低，再升高。

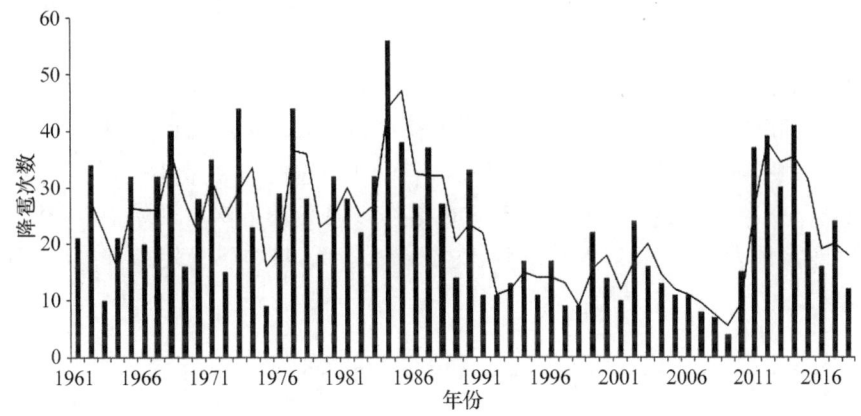

图2 1961—2018年宁夏降雹频次的年际变化

进一步分析降雹的年代际特征(图3)，20世纪60—80年代，降雹频次距平为正距平，该时期为降雹频发期；90年代开始，冰雹发生日数明显减少，这与林纾等[10]和纪晓玲等[7]的研究结果基本一致，一直持续到21世纪10年代结束，降雹频次开始波动性增高。在西北区域降雹多发年，从阿拉伯海到孟加拉湾以及我国大部高度场偏低，有利于冷空气不断南下，同时印缅槽比常年偏深，暖湿空气比较活跃，冷暖空气交汇频繁导致冰雹多发；而在少雹年，孟加拉湾低压槽较常年偏弱，宁夏受副热带高压控制，加之东亚脊偏弱，北方冷空气势力偏北且东移较快，不利于宁夏地区冰雹天气的发生[10-11]。张智等[12]根据1961—2006年4—9月500 hPa高度场平均距平分布图分析得出，20世纪60—80年代宁夏受负距平控制，有利于冰雹天气的发生；而90年代以后宁夏受正距平控制，不利于冰雹天气的发生，可知大气环流的变化是影响宁夏冰雹天气主要因素。

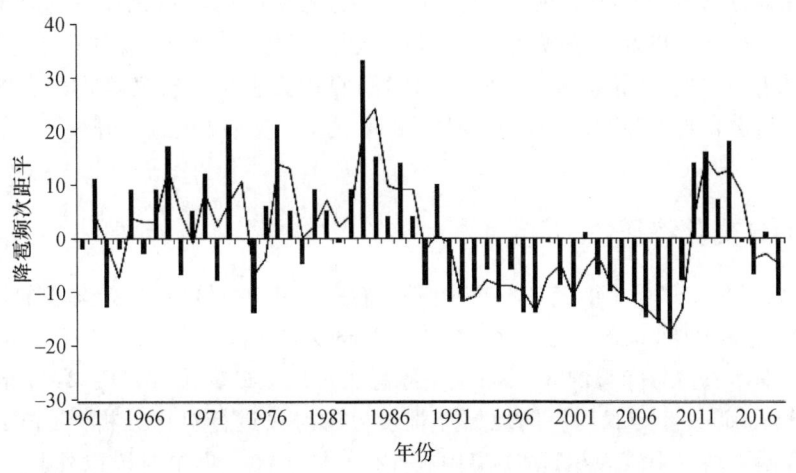

图3 1961—2018年宁夏降雹频次距平的年际变化

## 3.2 降雹的季节、月际变化特征

按照宁夏地区的气候特点来划分季节,即 3—5 月为春季,6—8 月为夏季,9—11 月为秋季,12 月至次年 2 月为冬季。分析得出宁夏地区除冬季外,其他 3 个季节都有冰雹发生,但也具有明显的季节性差异,春、夏及春夏季节多发(图略),夏季冰雹出现次数占总冰雹数的 57.8%,春季冰雹次之为 26.4%,秋季仅占 15.8%。

对降雹个例按月份进行统计(图 4)可以发现,降雹主要发生在 3—10 月,4—9 月为降雹多发时段,占全年的 95.45%。6 月、7 月冰雹出现概率最大,均在 20% 以上,8 月次之在 15% 以上。4 月、5 月、9 月降雹的概率居中,相差不大。10 月降雹的概率最小。11 月至翌年 3 月发生冰雹的记录仅 9 次。这主要与大气环流调整有关,3 月份随着温度开始上升,热力不稳定条件逐渐增强,对流性天气增多,到 8 月以后,气温开始降低,热力不稳定条件减弱,造成对流性天气逐渐减少。

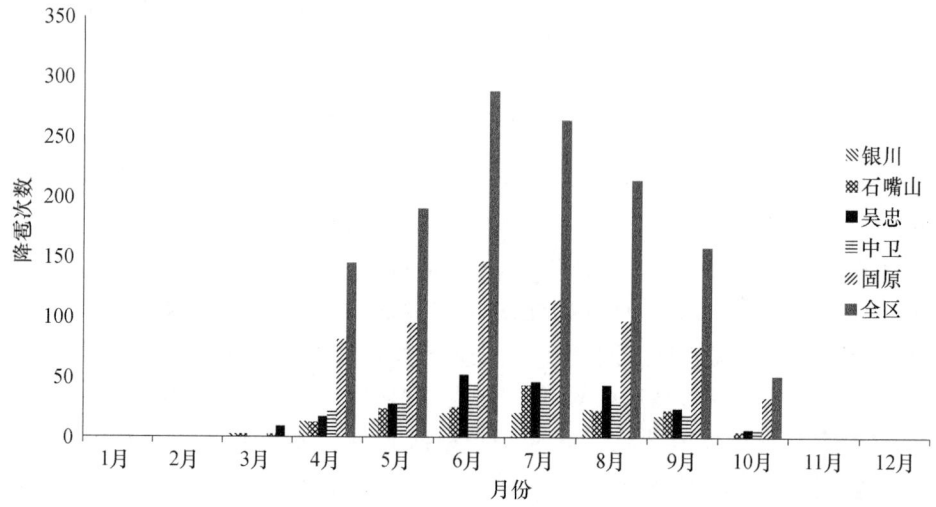

图 4 1961—2018 年宁夏降雹的月际变化

分市统计各月降雹的情况发现,各市降雹的月变化基本一致,但也存在一定的差异性。总体上可以分为春末夏初以及夏季频发 2 种类型。春末夏初频发型降雹在 6 月达到最高峰,主要分布在宁夏中南部地区,包括吴忠、中卫和固原;夏季频发型降雹高峰出现在 7 月、8 月,分布在宁夏北部川区,包括银川和石嘴山。针对 2 种类型,各地市在组织开展人工防雹作业时,应有所侧重。

## 3.3 降雹的日变化特征

表 1 统计了 1961—2018 年宁夏不同时段降雹频率,由表 1 可见,宁夏降雹的日变化特征明显,绝大部分降雹集中在午后到傍晚,12:00—20:00 出现冰雹占总降雹的 93.7%;夜间 20:00 至次日 08:00 出现冰雹占总降雹的 3.5%;上午冰雹出现次数最少,08:00—12:00 出现冰雹只占总降雹的 2.8%。进一步与我国不同地域降雹发生的时段进行对比分析[1],宁夏地区冰雹发生的时段与全国平均水平较为相近,多集中在 12:00—20:00,集中时段以外其他时刻发生的冰雹频次相对较少。

表1 1961—2018年宁夏每日不同时段降雹频率

| 时段 | 12—20时 | 20—08时 | 08—12时 | 合计 |
|---|---|---|---|---|
| 出现频率/% | 93.7 | 3.5 | 2.8 | 100 |

## 4 降雹的空间变化特征

利用 ArcGIS 对宁夏地区各站降雹发生次数的空间分布(图5),由图5可以看出隆德站发生的次数最多,高达192次;其次为泾源站170次,降雹次数达161次。降雹发生次数最少的站是永宁和吴忠站,均为18次。

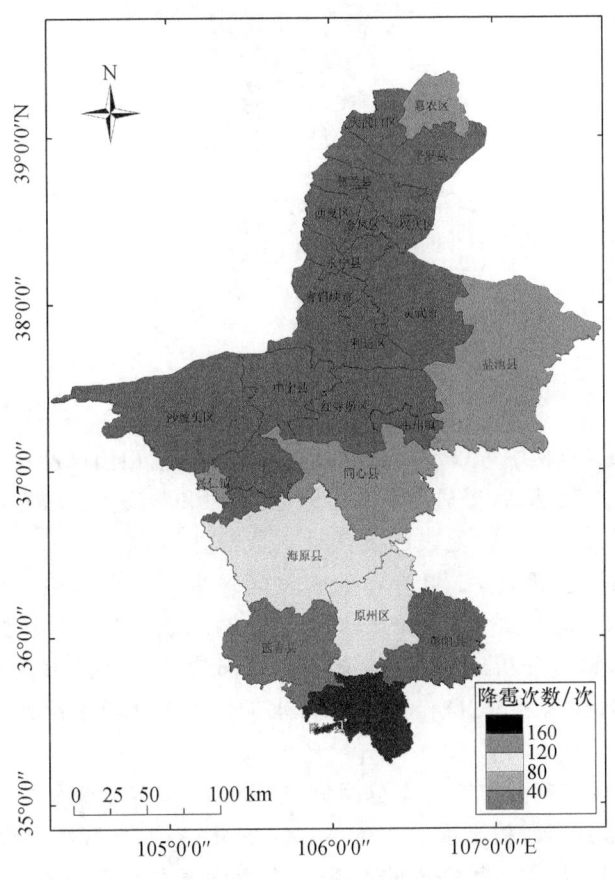

图5 1961—2018年宁夏地区降雹次数空间分布

宁夏位于中国西北部,处在黄河中上游地区及沙漠与黄土高原的交接地带,地形南北狭长,地势南高北低。区内地貌复杂,有六盘山、罗山、贺兰山南中北三段山地(图6)。全区山地丘陵面积为2.78万km²,占全区总面积的41.9%;平原、台地和沙漠面积为3.86万km²,占全区总面积的58.1%。

结合图5和图6可以发现,降雹的空间分布与地形密切相关,降雹的低值区范围沿黄河两岸均匀分布,包括全部的宁夏平原地区和黄土高原的部分地区。降雹的较低值区域包括盐池县、同心县、惠农区和兴仁镇,所辖地域地形复杂,包括丘陵、沟壑、山地和沙漠等地貌类型。六盘山山脉将固原地区分为东西两壁,西边为六盘山山脉,东边彭阳县以黄土丘陵区和河谷残塬

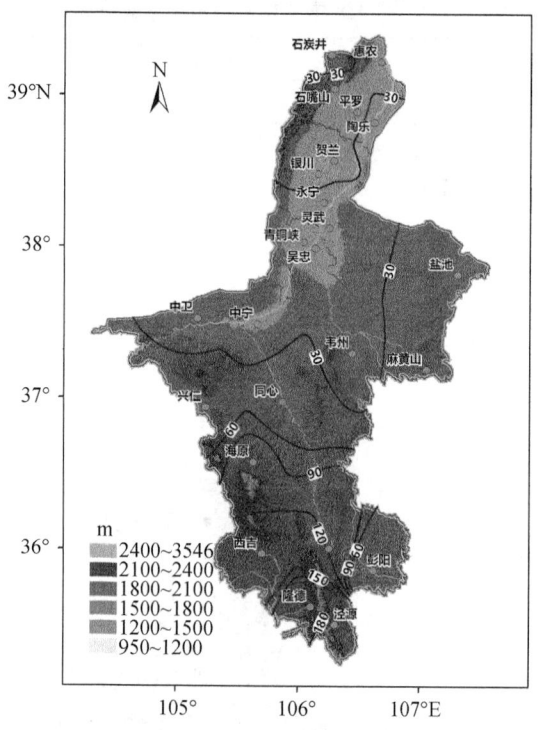

图6　宁夏地形高度及1961—2018年降雹次数(等值线)空间分布

区为主,主要降雹区域(包括中等、较高和高等)均集中在六盘山山脉所在的固原地区。整个宁夏地区,越往南,降雹次数越高,形成高原和山地多,平原和沙漠少的分布特征。进一步分析表明,受制于太阳辐射的影响,山区地表的复杂性造成冷热源水平和垂直分布的差异,易产生对流性天气,有利于降雹,因此,宁夏降雹的频发区多集中在六盘山脉所在的固原区域,北部平原地区地势影响相对较少为降雹的低频区。这与纪晓玲等[7]分析的宁夏有2个降雹频发中心的结论有所差异。分析原因,可能是由于北部贺兰山地区水汽条件较差,年平均降水量为190 mm左右,仅为六盘山地区年平均降水量的1/3,独立的山地条件不足以导致降雹的频发。

海拔高度对冰雹的空间分布影响十分明显,宁夏的多雹区就集中在六盘山山脉。从图6中看出,在宁夏中北部区域海拔高度在1100～1500 m的范围内,降雹次数普遍在50次以下的低值区。从海原站开始,随着海拔高度的不断升高,降雹次数也明显增多,直到海拔最高的隆德站(2079 m),降雹次数也最多,为192次。

已有研究表明,我国降雹的多发地带主要集中在青藏高原,大兴安岭到太行山地区次之[1]。降雹天气受地势的影响较大,结合宁夏地区的地貌特征以及降雹特征对区域性降雹成因进行深入分析,结果表明,在地势起伏、沟壑纵横的山区,如果有冷空气经过,由于冷空气气团较重,容易下沉在山谷地区堆积,形成局部高压区,山脊或向阳坡白天升温快,形成相对低压区,于是就引起山谷风,气流辐合上升,极易引发局地对流,在充足的水汽条件下,山区多发降雹。相关研究结果在奠定宁夏地区防雹减灾的理论基础的同时,也可为其他地区和其他气象条件的类似工作提供借鉴和参考。

## 5 结论

1961—2018年宁夏降雹的时空分布特征为：

（1）近60年来，降雹总体呈现为波峰波谷型，先升高后降低，再升高。20世纪60—80年代是降雹多发期，其中，1968年、1973年、1977年和1984年是降雹多发年，1984年是峰值年；20世纪90年代到21世纪10年代，冰雹发生日数明显减少，2009年仅为4次；21世纪20年代开始，降雹频次开始波动性增高。

（2）宁夏降雹大多出现在夏、秋两季。6月、7月是宁夏降雹概率最大的月份。北部川区降雹类型属于夏季多发型，中南部地区属于春末夏初多发性，2种类型降雹高峰期相差1个月左右。降雹日变化明显，9成以上降雹出现在12:00—20:00，其他时间很少出现降雹。

（3）整个宁夏地区，降雹总体呈现为高原和山地多，平原和沙漠少的分布特征，主要降雹区域集中在六盘山山脉所在的固原地区。从海原站开始，随着海拔高度的不断升高，降雹次数也明显增多，到隆德站达到极值。

（4）宁夏地区两座3000 m左右的山区，六盘山区和贺兰山区降雹空间分布差别极大，地形和海拔高度对降雹虽然有影响，但不是决定性因素，大气环流变化引起的冷暖空气及水汽的变化才是降雹天气的主要原因之一。

## 参考文献

[1] 张芳华,高辉.中国冰雹日数的时空分布特征[J].南京气象学院学报,2008,31(5):687-693.
[2] 康凤琴,张强,郭江勇.中国西北地区冰雹的气候特征[J].干旱区研究,2007,24(1):83-86.
[3] 热苏力·阿不拉,牛生杰,王红岩.新疆冰雹时空分布特征分析[J].自然灾害学报,2013,22(2):158-164.
[4] 赵金涛,岳耀杰,王静爱,等.1950—2009年中国大陆地区冰雹灾害的时空格局分析[J].中国农业气象,2015,36(1):83-92.
[5] 王静爱,史培军.中国1990—1996年冰雹灾害及其时空动态分析[J].自然灾害学报,1999,8(3):46-53.
[6] 何太蓉,嵇涛,杨华.重庆市110年来冰雹灾害的时空分布特征[J].重庆师范大学学报(自然科学版),2013,30(2):22-25.
[7] 纪晓玲,陈晓光,贾宏元,等.宁夏冰雹的分布特征[J].灾害学,2006,21(4):14-17.
[8] 饶彤华,陈海波,张成军.宁夏南部山区冰雹气候特征分析[J].安徽农业科学,2011,39(15):9059-9061.
[9] 王功.清代宁夏冰雹灾害研究[J].宁夏大学学报(人文社会科学版),2016,38(2):71-77.
[10] 林纾,陆登荣.西北地区初夏冰雹及其环流背景气候特征[J].气象科技,2006,(04):400-404.
[11] 纪晓玲.宁夏雷暴天气气候和环流特征及典型过程分析[D].兰州:兰州大学,2009.
[12] 张智,林莉,冯瑞萍,等.宁夏冰雹时空分布特征[J].气象科技,2008,36(5):567-569.

# 基于新一代天气雷达产品的宁夏人工防雹指标研究

田 磊* 翟 涛 穆建华 曹 宁 孙艳桥

(宁夏气象防灾减灾重点实验室,银川 750002)

**摘 要**:本文利用宁夏2014—2016年典型冰雹个例的新一代天气雷达资料,对比分析了冰雹发生前后雷达回波各特征参量的变化特征,结果发现,在冰雹云生命期内,雷达回波各特征参量(基本反射率、组合反射率、液态水含量、回波顶高等)随时间均有比较明显的变化,在冰雹发展及酝酿期内的变化尤为明显;通过总结雷达回波各特征参量的变化特征,并结合人工影响天气指挥经验,初步总结制定了基于银川、固原雷达回波各特征参量的人工防雹指标,以帮助人工影响天气指挥人员及时做出防雹预警,有效把握防雹作业时机,提高人工防雹效率。

**关键词**:指标;基本反射率;液态水含量;回波顶高

## 1 引言

宁夏地处我国湿润气候区与干旱气候区的过渡带,是世界上对气候变化敏感性较强的地区之一。特殊的地理环境和气候条件,使宁夏经常受到气象灾害的侵袭,造就了宁夏"无灾不成年"的气候现状。在宁夏众多气象灾害中,冰雹造成的影响及损失仅次于干旱,对宁夏农业生产和人民生活造成极大危害,一次严重的冰雹天气过程可能造成农作物绝产、绝收。人工防雹是减少和减轻冰雹灾害的有效手段,宁夏在20世纪60年代初就开始开展有组织的人工防雹工作,经过几十年的发展人工防雹的作业手段不断完善、作业规模不断扩大,为宁夏农业生产提供了有力保障。

冰雹天气具有较强的随机性、突发性,发生、发展快,持续时间短等特点。在人工防雹作业中,留给指挥人员及作业人员的预判、指挥、作业准备时间很短,把握最佳的防雹作业时间困难很大。对于冰雹云,如能早期识别,在大冰雹尚未形成前作业,可达到事半功倍的效果。

近年来,随着新一代天气雷达技术的迅速发展,对降雹机制和人工防雹新技术理论研究均取得了许多新的进展[1-3],为各地科学开展人工防雹作业提供了更好的基础和依据。我国人工影响天气工作者在冰雹云预判、识别方面做了大量工作,一些省市得出了本区域内的判别指标,并以此作为是否进行防雹作业的依据。张素芬等[4]利用河南省数字化天气雷达统计了40次冰雹云回波强度,降雹时回波强度均≥40 dBZ最大的可达60 dBZ,把40 dBZ作为有无冰雹的判据之一;樊鹏等[5]根据陕西渭北地区7ll雷达站观测的回波资料和地面降雹资料分析,得出了适合识别渭北地区冰雹云的7个指标;高子毅等[6]研究得到了新疆塔城—额敏盆地识别雹云及其强度的多参数指标方法。李红斌等[7]对大连地区冰雹和强雷雨个例雷达回波强度、回波顶高、30 dBZ回波中心高度、强回波顶高和垂直积分液态水含量等主要雷达参数值以及各参数随时间的变化特征,总结了冰雹云识别的雷达技术指标模型。张正国等[8]通过对广西2009—2010年

---

\* 作者简介:田磊,男,1984年生,高级工程师,主要从事人工影响天气及大气物理方面研究。

3—5月降雹样本资料和新一代天气雷达垂直累积液态含水量(VIL)产品统计分析,得出了VIL产品在人工防雹作业冰雹云识别、作业时机、作业用弹量等方面均有较好的指导作用。

在宁夏冰雹研究方面,纪晓玲等[9-10]研究得出宁夏冰雹有南部六盘山区和北部贺兰山区2个频发中心,具有"山地多、平川少、南北多、中部少"的地域分布特征,冰雹移动路径多从西北向东南方向移动,主要发源于六盘山系和贺兰山沿山;并划分了产生宁夏冰雹灾害的主要天气过程。张智等[11]研究得出宁夏冰雹集中出现在每年4—9月,冰雹天气的持续时间为1～20 min。王小凡等[12]根据致灾因子对宁夏冰雹进行危险性区划,宁夏极高危险区集中在中部干旱带的部分地区和南部山区,低危险区主要在中部干旱带的部分地区和引黄灌区。在宁夏人工防雹方面,指挥和作业多依赖于雷达回波强度的指标及指挥人员的个人经验,尚没有形成基于新一代雷达多参数的防雹作业指标。

本文基于新一代天气雷达资料,建立人工防雹指标,根据防雹指标,结合宁夏的雹云特征,人工影响天气指挥人员可及时对宁夏冰雹天气做出预警,有效把握防雹作业时机,提高人工防雹效率。

## 2 资料及方法

利用2014—2016年宁夏银川和固原新一代天气雷达观测到的16个降雹个例(把一次局地降雹作为一个个例)的雷达资料。对雹云雷达资料通过软件进行处理,得到每个个例的雷达基本反射率(0.5°仰角)、组合反射率、回波顶高、垂直积分液态水含量的参数值。因银川雷达和固原雷达所在的海拔高度不同,且两部雷达所覆盖地区的天气、气候背景也有很大差异,所以将银川雷达和固原雷达范围内的个例分开进行统计分析,初步制定人工防雹指标。

## 3 数据分析

### 3.1 冰雹发生时的雷达回波各特征参量特征统计

对宁夏2014—2016年16次冰雹天气个例的新一代雷达基本反射率、组合反射率、液态水含量、回波顶高等特征参量的变化特征进行了统计分析(表1),这16次个例均出现明显的地面降雹,冰雹持续时间为5～30 min。经统计,在发生冰雹时,银川雷达个例的基本反射率为58～65 dBZ,平均为62 dBZ,组合反射率为63～67 dBZ,平均为64 dBZ,液态水含量为33～48 kg·m$^{-2}$,平均为41 kg·m$^{-2}$,回波顶高为10～12 km,平均为11 km。

表1 银川雷达范围内发生冰雹发生时雷达回波各特征参量特征

| 地点时间 | 基本情况 | 基本反射率/dBZ | 组合反射率/dBZ | 液态水含量/kg·m$^{-2}$ | 回波顶高/km |
| --- | --- | --- | --- | --- | --- |
| 盐池20140731 | 惠安堡出现冰雹,冰雹直径5 mm左右。 | 58 | 63 | 33 | 11 |
| 利通区20140731 | 扁担沟镇出现冰雹。 | 63 | 63 | 48 | 11 |
| 灵武20140731 | 白土岗乡出现冰雹持续时间约10 min,最大直径15 mm。 | 63 | 63 | 33 | 10 |

续表

| 地点<br>时间 | 基本情况 | 基本反射率<br>/dBZ | 组合反射率<br>/dBZ | 液态水含量<br>/kg·m$^{-2}$ | 回波顶高<br>/km |
|---|---|---|---|---|---|
| 青铜峡<br>20140815 | 峡口镇出现冰雹,持续时间约 30 min 左右,冰雹直径约为 30 mm。 | 63 | 66 | 38 | 12 |
| 中宁<br>20140815 | 徐套乡出现冰雹,持续时间约 15 min,最大直径约为 30 mm。 | 63 | 64 | 45 | 12 |
| 灵武<br>20140816 | 郝家桥镇出现冰雹,持续时间约 15 min,最大直径 30 mm。 | 65 | 67 | 48 | 11 |
| 灵武<br>20140817 | 郝家桥镇出现冰雹,持续时间约 20 min,最大直径 20 mm。 | 60 | 62 | 36 | 11 |
| 利通区<br>20140820140816 | 粮桥村出现冰雹。 | 64 | 64 | 51 | 12 |
| 最大值 | | 65 | 67 | 48 | 12 |
| 最小值 | | 58 | 63 | 33 | 10 |
| 平均值 | | 62 | 64 | 41 | 11 |

固原雷达个例的基本反射率为 48~65 dBZ,平均为 55 dBZ,组合反射率为 48~67 dBZ,平均为 56 dBZ,液态水含量为 18~32 kg·m$^{-2}$,平均为 26 kg·m$^{-2}$,回波顶高为 10~13 km,平均为 11 km(表 2)。

表 2　固原雷达范围内发生冰雹发生时雷达回波各特征参量特征

| 站点<br>时间 | 基本情况 | 基本反射率<br>/dBZ | 组合反射率<br>/dBZ | 液态水含量<br>/kg·m$^{-2}$ | 回波顶高<br>/km |
|---|---|---|---|---|---|
| 海原<br>20160611 | 李俊乡蔡祥村出现冰雹。 | 48 | 48 | 30 | 11 |
| 泾源<br>20160619 | 惠台村、泾光村出现冰雹,持续时间约 5 min,直径 2~4 mm。 | 51 | 52 | 18 | 10 |
| 海原<br>20160629 | 曹洼乡出现冰雹,持续时间 11 min,直径约 10 mm。 | 49 | 54 | 24 | 11 |
| 隆德<br>20160612 | 联财、神林、沙塘、张程等乡镇部分村组出现冰雹。 | 48 | 54 | 18 | 10 |
| 彭阳<br>20160701 | 城阳乡出现冰雹,持续最长达 30 min,最大雹径 25 mm。 | 60 | 61 | 31 | 12 |
| 同心<br>20160704 | 下马关、预旺、马高庄、张家塬等乡镇出现冰雹,持续时间 20 min 左右,雹径 20 mm。 | 65 | 67 | 28 | 13 |
| 彭阳<br>20160630 | 彭阳部分乡镇出现冰雹。 | 53 | 57 | 19 | 11 |

续表

| 站点 时间 | 基本情况 | 基本反射率 /dBZ | 组合反射率 /dBZ | 液态水含量 /kg·m$^{-2}$ | 回波顶高 /km |
|---|---|---|---|---|---|
| 彭阳 20160609 | 红河、城阳、孟塬和草庙4乡镇出现冰雹,持续时间最长达30 min,最大直径15 mm,积雹厚度为3 cm。 | 60 | 61 | 32 | 12 |
| 最大值 | | 65 | 67 | 32 | 13 |
| 最小值 | | 48 | 48 | 18 | 10 |
| 平均值 | | 55 | 56 | 26 | 11 |

可以看出银川雷达和固原雷达范围内个例在冰雹发生时的雷达回波各特征参量除回波高度基本一致外,雷达回波的其他特征参量(基本反射率、组合反射率、液态水含量)银川个例明显高于固原个例。

## 3.2 典型冰雹天气个例的雷达回波各特征参量变化特征

新一代天气雷达完成一次体扫一般需要5～6 min,即雷达相邻两个体扫资料的时间间隔为5～6 min。在雷达个例分析中我们将出现冰雹时刻的雷达体扫时间定为$T_0$,前一体扫时刻定为$T_{-1}$,后一体扫时刻定为$T_1$,依次类推。从银川和固原个例中各选4个较为典型的个例,其降雹前后雷达回波各特征参量的变化特征如下。

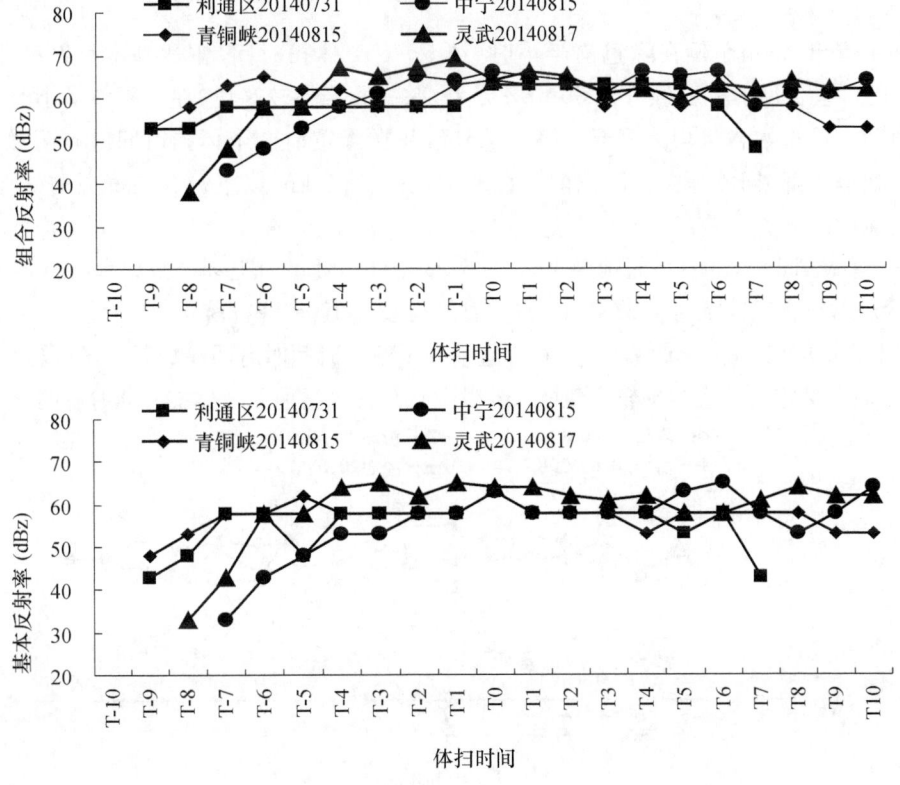

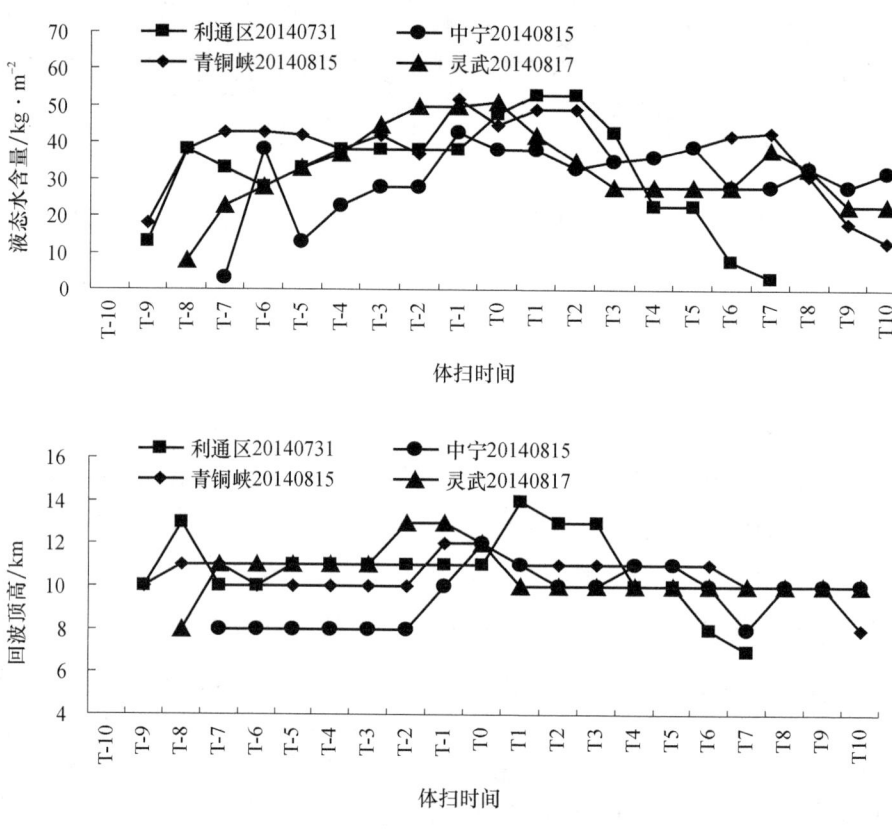

图1 银川雷达范围内雹云降雹前后雷达回波各特征参量的变化特征

由图1看出,银川个例在降雹前半小时(约5～6个体扫时间)雷达基本反射率已经升至45 dBZ以上,组合反射率已经升至50 dBZ以上,并一直维持较高值;在降雹前半小时(约5～6个体扫时间),液态水含量均上升至20 kg·m$^{-2}$,并在降雹前3个体扫时间时有明显的跃升,降雹后又快速下降;回波顶高在降雹前一直维持较高值(8 km以上),并在降雹前3个体扫时间时有明显的跃升。

由图2看出,固原个例在降雹前半小时(约5～6个体扫时间)雷达基本反射率已经升至45 dBZ以上,组合反射率已经升至48 dBZ以上,并一直维持较高值;在降雹前半小时(约5～6个体扫时间),液态水含量均在8 kg·m$^{-2}$以上,并在降雹前3个体扫时间时有明显的跃升,降雹后又快速下降;回波顶高在降雹前一直维持较高值(8 km以上),并在降雹前3个体扫时间时有明显的跃升。

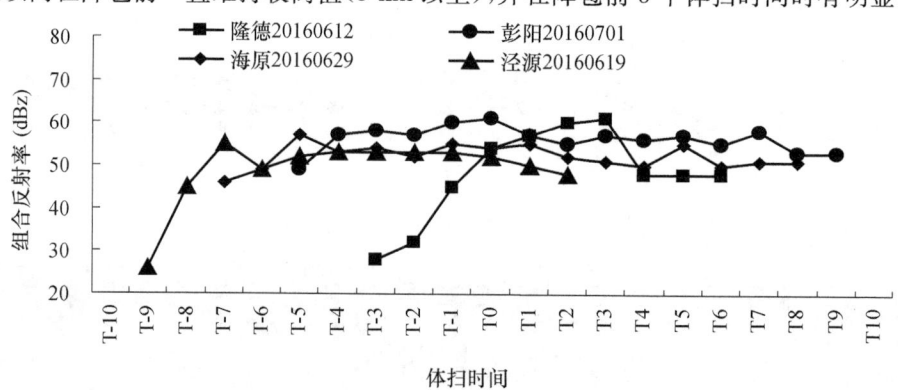

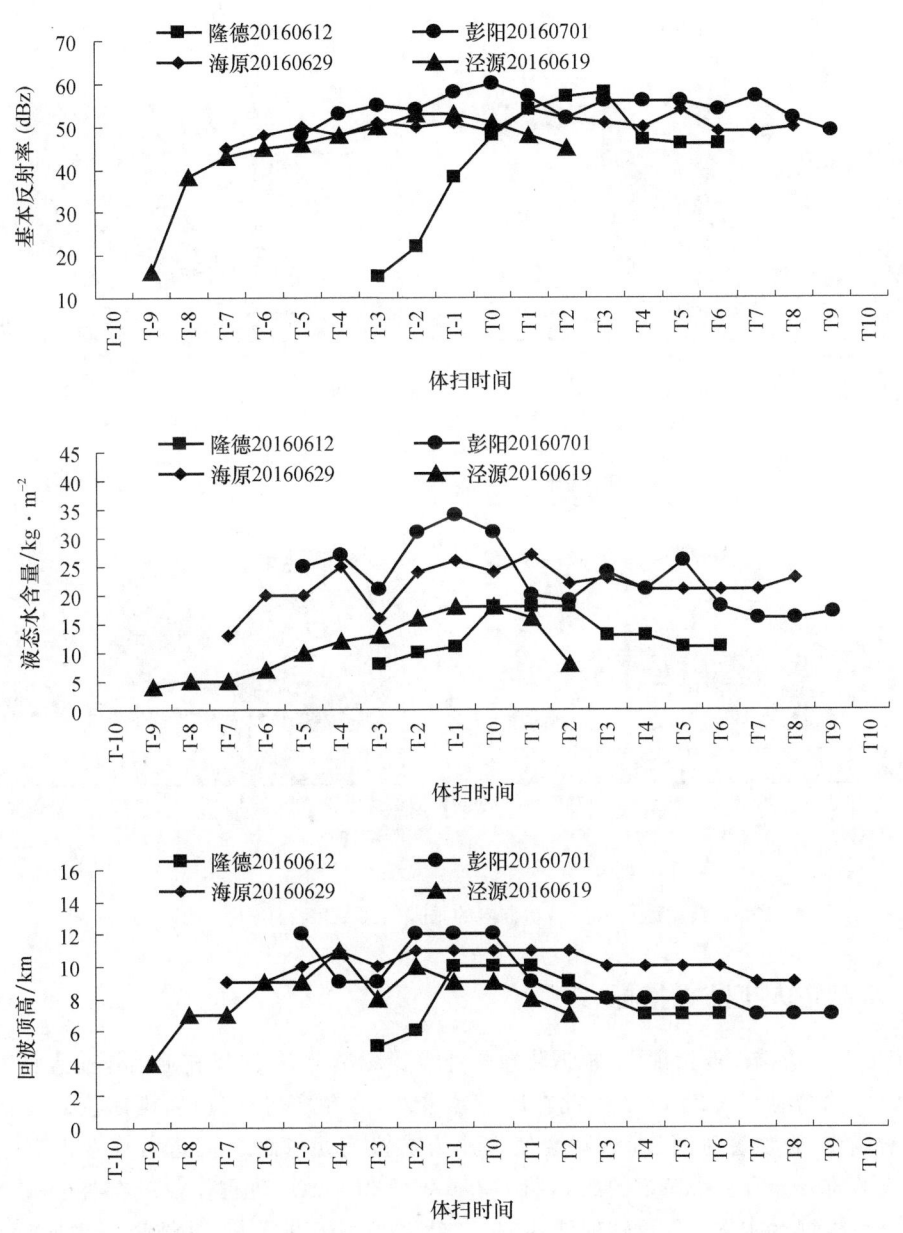

图 2　固原雷达范围内雹云降雹前后雷达回波各特征参量的变化特征

我们对出现冰雹及未出现冰雹的强对流个例的雷达回波各特征参量对比分析,结果发现,出现冰雹的个例和未出现冰雹的个例在对流云单体或多单体生命周期内基本反射率、组合反射率、回波高度没有明显的区别,均达到较高的值。但相对而言,出现冰雹的对流云单体或多单体的液态水含量要比未出现冰雹的强对流个例的大,且在冰雹发生前有明显的跃升增长;同时出现冰雹的个例在沿移动方向上的垂直剖面特征与未出现冰雹的个例有明显不同。一次典型冰雹云沿移动方向的雷达回波垂直剖面变化如图3所示,可以看出垂直方向强回波出现的高度很高,45 dBZ回波的高度在 5 km 以上,回波前倾的特征随着冰雹云的发展越来越明显。

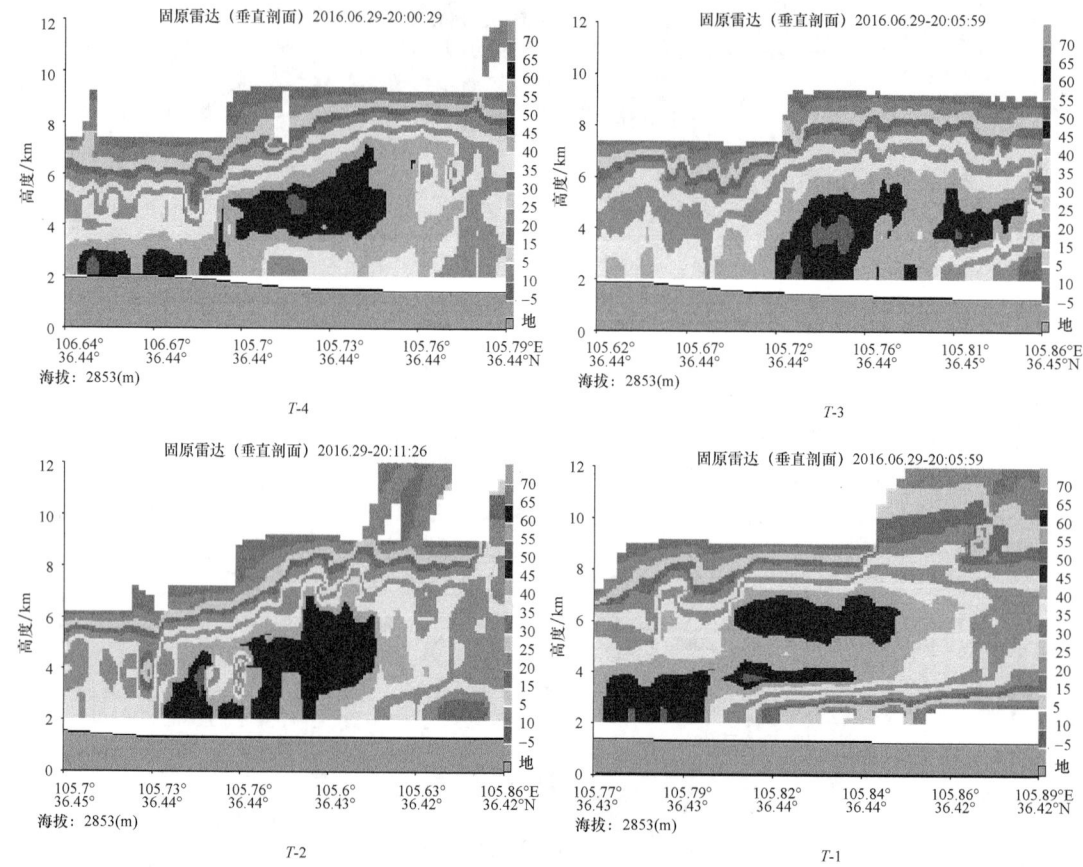

图 3　典型冰雹云沿移动方向的垂直剖面变化特征（$T_{-4}$ 至 $T_{-1}$）

## 3.3　初步制定人工防雹指标

在宁夏人工防雹作业指挥中，根据防雹作业点实际情况，在防雹作业前作业人员需要进行作业准备，大约需时 15～20 min；因此在冰雹预警时，若预警时间过早，则冰雹云特征并不明显，识别有困难；若预警时间过晚，则会使作业人员没有足够的时间进行作业准备。研究表明[1]，成灾的雹云会有一个稳定的成熟期（一般大于 30 min），防雹作业应在雹云成熟期内尽早开展作业；根据对冰雹个例雷达回波各特征参量变化特征的分析，并结合日常业务防雹作业指挥经验，我们以在冰雹出现前 7 个体扫时间（约 42 min）进行预警，出现前 3 个体扫时间（约 18 min）开展作业的原则，初步制定宁夏人工防雹指标见表 3 及表 4。

表 3　银川雷达范围内防雹指标

| | 基本反射率<br>（0.5°）/dBZ | 组合反射率<br>/dBZ | 回波顶高<br>/km | 液态水含量<br>/kg·m$^{-2}$ | 垂直剖面特征 |
|---|---|---|---|---|---|
| 预警指标 | ≥45 | ≥50 | ≥8 | ≥16 | 45 dBZ 回波高度达到 3 km 以上，强回波沿移动方向有明显前倾特征 |
| 作业指标 | ≥50 | ≥55 | ≥9 | ≥25 | 45 dBZ 回波高度达到 4 km 以上 |

表4 固原雷达范围内防雹指标

| | 基本反射率(0.5°)/dBZ | 组合反射率/dBZ | 回波顶高/km | 液态水含量/kg·m$^{-2}$ | 垂直剖面特征 |
| --- | --- | --- | --- | --- | --- |
| 预警指标 | ≥42 | ≥45 | ≥8 | ≥8 | 45 dBZ回波高度达到3 km以上,强回波沿移动方向有明显前倾特征 |
| 作业指标 | ≥45 | ≥50 | ≥9 | ≥15 | 45 dBZ回波高度达到4 km以上 |

在人工影响天气作业指挥中,当对流云雷达各参数满足预警指标后,指挥人员应向就近作业点下达防雹作业准备的指令,做好装备调试、弹药装填等作业准备。当对流云雷达各参数满足作业指标时,指挥人员在得到空域管制部门允许的情况下向防雹作业点下达开始作业的指令。

## 4 小结

(1)本文结合冰雹云在降雹前后的雷达回波各特征参量的变化特征及人工影响天气作业指挥中的实际情况和指挥经验,总结了银川、固原雷达范围内的防雹预警、作业指标,因总结指标所用的个例资料相对较少,在今后的人工影响天气指挥中还需进一步验证并加以修正。

(2)相对于一般强对流云,冰雹云在降雹前雷达液态水含量及回波垂直剖面变化特征有明显差异,冰雹云液态水含量较大且在降雹前快速升高,回波垂直剖面强回波(大于45 dBZ)高度比一般强对流云高。

(3)银川雷达和固原雷达范围内个例在冰雹发生时的雷达回波各特征参量除回波高度基本一致外,雷达回波其他特征参量(基本反射率、组合反射率、液态水含量)银川个例明显高于固原个例,在防雹作业预警和指挥中应注意这一特点。

**参考文献**

[1] 许焕斌,段英,刘海月. 雹云物理与防雹的原理和设计[M]. 北京:气象出版社,2006.
[2] 陈光学,段英,吴兑. 火箭人工影响天气技术[M]. 北京:气象出版社,2008.
[3] 王华,孙继松. 下垫面物理过程在一次北京地区强冰雹天气中的作用[J]. 气象,2008,23(3):16-21.
[4] 张素芬,鲍向东,牛淑贞. 河南省人工消雹作业判据研究[J]. 气象 1999,25(9):36-40.
[5] 樊鹏,肖辉. 雷达识别渭北地区冰雹云技术研究[J]. 气象,2005,30(7):16-19.
[6] 高子毅,张建新. 新疆云物理及人工影响天气文集[M]. 北京:气象出版社,1999.
[7] 李红斌,何玉科,濮文耀等. 多普勒雷达特征参数在人工防雹决策中的应用[J]. 气象,2010,36(10):84-90.
[8] 张正国,汤达章,邹光源等. VIL产品在广西冰雹云识别和人工防雹中的应用[J]. 热带地理,2012,32(1):51-53.
[9] 纪晓玲,陈晓光,贾宏元等. 宁夏冰雹的分布特征[J]. 灾害学,2006,21(4):14-17.
[10] 纪晓玲,马筛艳,丁永红等. 宁夏40年灾害冰雹天气分析[J]. 自然灾害学报,2007,16(3):24-28.
[11] 张智,林莉,冯瑞萍. 宁夏冰雹时空分布特征[J]. 气象科技,2008,36(5):567-569.
[12] 王小凡,陆晓静,苏占胜. 2005—2014年宁夏地区冰雹特征分析及危险性区划[J]. 宁夏气象,2015,36(4):5-8.

# 六盘山区 830—831 降水天气过程天气背景及云雷达特征分析*

邓佩云[1,2]　舒志亮[1,2]*　田　磊[1,2]　孙艳桥[1,2]　于冬梅[1,3]　马　霞[1,3]　褚永伟[4]

(1. 中国气象局旱区特色农业气象灾害监测预警与风险管理重点实验室,银川 750002;
2. 宁夏气象灾害防御技术中心,银川 750002;
3. 泾源县气象局,固原 756400;4. 六盘山气象站,固原 756000)

**摘　要**:基于 2019 年 8 月 30—31 日区域自动站和探空资料,结合 Ka 波段毫米波云雷达,采用特征分析、物理量诊断以及多资料融合分析方法,对六盘山区一次降水天气过程进行诊断分析。结果表明:(1)此次降水天气过程中,六盘山区处于两槽一脊的环流背景下,主要的影响系统为 500 hPa 短波槽和 700 hPa 切变。(2)此次降水在降雨发生降水发生时,云系从多层云变为深厚的单层云,云内回波强度与径向速度增强,云内粒子以下沉运动为主,同时也伴有微弱的上升运动,降水结束时,云层数增加,云体内回波强度与径向速度显著减弱至消散。(3)在降水阶段,稳定性降水过程比阵性降水过程的最大云高更高,回波强度更为稳定,垂直上升的径向速度更弱。

**关键词**:六盘山区;天气背景;毫米波云雷达;云垂直结构

## 1　引言

六盘山区是重要的水源涵养林基地及雨养农业区,也是海洋暖湿气流进入西北内陆的门户,维系西北内陆地区空中水汽输送的关键区域,对于陕、甘、宁三省(区)水源地供水有着重要作用。作为中国气象局精准扶贫行动计划示范区,其干旱少雨、灾害性天气多、区域降水差异大等气候特征严重制约着当地经济发展[1-2]。陈豫英等[3]发现近 50 年来区内可利用降水总体呈东部减少趋势(六盘山区尤甚),因此,明晰该地区降水过程的空间分布成因、水汽源地以及云-水的宏观特征,有利于评估区域空中水资源的利用潜力,为区域降水预测以及人工增雨作业方案提供可参考性依据,具有重要的现实意义和科学价值。

已有研究表明,山地上空的云量较周边区域偏多[4],空气的上升运动在较低海拔山脉可产生对流云[5],崔洋等[6]发现六盘山地形对西北地区东部降水分布有着重要的影响。刘黎平等[7]用 EOF 和相关分析方法研究了平凉地区的对流云和降水的日、月变化规律及地理分布,得到了这些量与地形高度及坡度的关系,并揭示了六盘山对本地区云和降水影响的规律。李强等[8]对宁夏六盘山地区的一次区域性暴雨天气过程进行了诊断分析,得出该区域低层辐合高层辐散,有利于强降水的发生、发展和维持。杨文海等[9]从环流背景、水汽动力等条件对固

---

\* 基金资助:第二次青藏高原综合科学考察研究项目(2019QZKK0104),宁夏自然科学基金项目(2021AAC03490),宁夏回族自治区重点研发计划项目(2019BEG03001),宁夏自然科学基金项目(2019AAC03255),中国气象局旱区特色农业气象灾害监测预警与风险管理重点实验室 2020 年度青年培养项目(CAMT—202006)。

作者简介:邓佩云(1993—),女,宁夏银川,硕士研究生,研究方向为大气物理学与大气环境。E-mail:734785297@qq.com。
通讯作者:舒志亮(1981—),男,甘肃酒泉人,高级工程师,主要从事人工影响天气工作。E-mail:8633204@163.com。

原地区出现的局地暴雨天气过程进行了分析,发现六盘山山脉地形辐合及地形抬升作用,加强了上升运动并引起了降水量的增幅。云作为地球-大气系统中气候的重要影响因子,与降水的关系密切,二者的分布也可改变区域辐射状况,进而影响大气环流与天气气候[10-11]。刘屹岷等[12]基于卫星资料对青藏高原上云宏观和微观结构特征、云与降水相关性、云辐射效应以及模式中的云-辐射问题等方面进行研究,指出高原上较少的水汽对云层厚度和层数有显著压缩作用,云对总降水的贡献随着云层数增多而减少。王亚敏等[13]研究指出,低云量与降水、相对湿度等呈显著正相关。王小勇等[14]利用2005—2007年春季降水和MODIS云资料对祁连山东部云参数特征与降水的关系进行分析,得出降雨(雪)量与低云量、低云冰水路径、低云云顶-云底气压差呈明显正相关。目前,有关降水天气过程的雷达观测相对较少,特别是利用高时空分辨率的垂直定向雷达研究降水天气过程发生发展时云系的垂直结构与特征更为匮乏,六盘山区针对降水天气过程的水汽源地及空间分布差异的成因以及云-降水宏观特征的系统分析还鲜有研究。基于毫米波多普勒云雷达具有体积小、穿透性强、空间分辨力高等特点[15],本文利用布设在六盘山站的Ka波段毫米波云雷达资料,结合地面、高空资料,对2019年8月30—31日发生在六盘山区的一次降水天气过程的天气背景和Ka波段毫米波云雷达反演的云系宏观特征进行研究,初步探讨六盘山区云的宏观参数特征与降水的相关性,为后续云和降水物理过程参数化方案等相关研究和应用提供可参考性依据。

## 2 资料介绍

使用的资料包括2019年8月30—31日HT101型全固态Ka波段毫米波云雷达资料以及同期区域自动站逐分钟加密降水量观测资料。具体说明如下:

HT101型全固态Ka波段毫米波云雷达,设置于宁夏六盘山气象站(简称LPS,2842 m),数据采集频率为5 s/次,垂直分辨率为30 m,探测范围可达10 km以上高空,主要包含云底高度、云顶高度、云层数、云厚度、回波强度、垂直速度以及速度谱宽气象产品数据。地面实测逐分钟降水资料来自宁夏地面基础气象资料服务平台。探空资料来自于MICAPS4.0高空实况资料。

## 3 降水实况及天气背景分析

### 3.1 降水实况

六盘山区位于青藏高原东部,黄土高原的西北边缘,近似南北走向,与南北向夹角近30°。2019年8月30—31日,受东移冷空气和西南暖湿气流共同影响,六盘山区出现了一次明显的降水天气过程,由红外云图演变来看(图略),此次降水过程云系整体由西北向西南方向移动,主要降水阶段云图色调均匀,云顶亮温基本在$-10 \sim -20$ ℃,云系覆盖范围大,进一步由六盘山多普勒天气雷达观测数据来看(图略),此次降水过程从降水开始到8月30日20时有块状回波,并在30日20时伴有短时强降水,雨强达到2.4 mm·h$^{-1}$,为阵性降水阶段,30日20时至31日12时降水阶段雷达组合反射率分布均匀,呈片状分布,组合反射率强度基本在30~35 dBZ,回波顶高在5~7 km,为稳定性层状云降水过程。从8月31日CPEFS模式剖面来看(图略),六盘山顶及六盘山东侧在$0 \sim -20$ ℃高度范围(3500~7000 m)内有明显的雪霰区存在,六盘山顶雪霰混合比在0.05~0.3 g·kg$^{-1}$。

此次降水过程六盘山区的累积降水量分布状况见图1。由图1可见,此次降水过程主要集中在六盘山区南部,沿六盘山系的雨量大于其他地方,地形对降水影响效果显著,每次降水都带来地面气压的升高,和风向的突变。从六盘山主峰东西两侧降水分布来看,山系东坡的累积降水量高于西坡,泾源、隆德两县及西吉县南部降水量级达到中雨,其余地区小雨,利用地面实测逐分钟降水资料分析可见,位于六盘山顶的六盘山站气象站单站累积降水量最高,达30.2 mm,从该站降水时序及雨强的变化特征来看,六盘山气象站降水时段为30日15:52至31日12:05,降水较大时段集中在31日00:00—04:00,雨强最大出现在8月31日00时,为4.7 mm·h$^{-1}$。

本文对此次降水过程的天气背景进行分析,并借助Ka波段云雷达产品对六盘山气象站云的宏观特征及降水过程进行更为详细的探测分析。

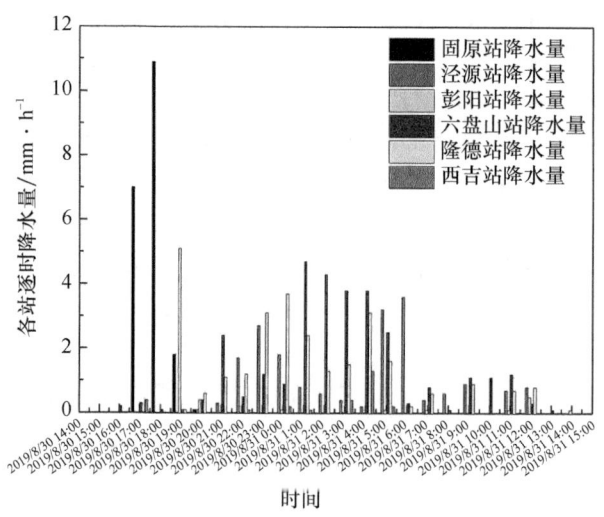

图1　2019年8月30日14时—8月31日15时六盘山区各站逐时降水量

## 3.2　天气背景分析

由MICAPS4.0的高空实况的天气形势来看,见图2。30日08时500 hPa欧亚范围中高纬度环流形势总体为两槽(巴尔喀什湖、东北地区)一脊(新疆到蒙古国西部),宁夏处于脊前西北气流中,有冷空气不断从巴尔喀什湖槽底部穿脊东移,在脊区形成多个小波动,其中甘肃中东部到青海东南部有一短波槽,受脊前西北气流引导,自西北向东南方向移动。30日20时,短波槽向东南方向移动,主体位于宁夏海原到青海东部一带,短波槽前部开始影响六盘山区,受此影响,六盘山区开始出现降水,30日21时至31日07时,受短波槽过境影响,六盘山区各站出现了第一次降水峰值。31日08时,短波槽移出,降水明显减弱,此时在宁夏西北部地区又出现一短波横槽,移速较快,主体于31日10—13时影响宁夏六盘山区,造成六盘山区再次出现一次小的降水峰值,14时以后,横槽移出,对六盘山地区影响结束,降水也趋于结束。

30日08时700 hPa上河北—山西—陕西—宁夏南部有一明显横槽,六盘山区位于横槽尾部,四川东部—陕西南部—宁夏南部—河西走廊一带存在一支东南暖湿气流,为此次降水提供了必要的水汽条件和热力条件。30日20时,横槽东移南压,在六盘山区出现一东北风与东南风的切变,造成低层暖湿气流的辐合抬升,配合500 hPa短波槽,30日后半夜六盘山区出现了明显降水。31日08时,宁夏中南部地区继续受一偏南风和偏东风的切变影响,有较好的低层水汽输送和辐合条件,配合 500 hPa 横槽,31 日中午前后,六盘山区再次出现一次小量降水过程。

综上所述,受两槽一脊的环流背景的影响下,30 日 20 时前六盘山区出现阵性降水,30 日 20 时后,受 500 hPa 短波槽和 700 hPa 切变的共同影响,出现了明显的稳定性降水过程。

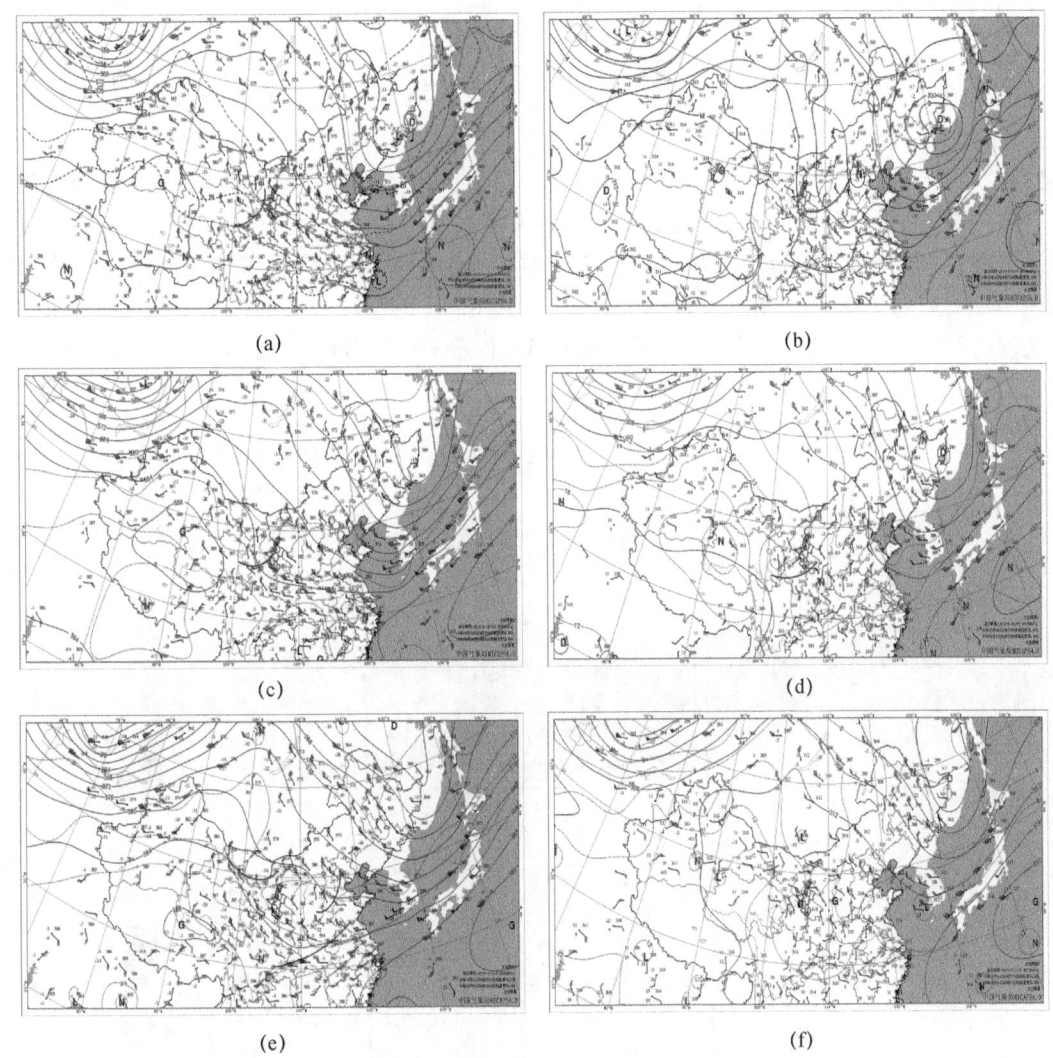

图 2　2019 年 8 月 30 日 08 时、20 时及 31 日 08 时环流形势

## 4　Ka 毫米波云雷达宏微观特征分析

云垂直结构反映了云体内部热力和动力以及微物理过程,在辐射收支、能量平衡、水汽循环等方面对地气系统起着重要作用,已有研究表明[17-18],毫米波云雷达可以探测直径远小于雷达波长的粒子,具有穿透云的能力而能描述云内部物理结构,并且可以连续监测云的垂直剖面变化,可为研究云的宏观特性及预测云系发展提供良好的支撑,而降水对毫米波具有一定的衰减,因此,云雷达一般只探测从直径为几微米的云粒子到弱降水粒子的范围,主要研究对象为非降水云、毛毛雨、雾及沙尘暴。此次降水过程六盘山气象站降水时段为 30 日 15:52 至 31 日 12:05,本文重点对此次降水过程六盘山气象站的云宏观特征进行分析。

为了分析此次降水过程六盘山站云系的垂直结构,对六盘山站 Ka 波段毫米波云雷达云参量随时间-高度廓线图进行分析,见图3。由图3可见,从 30 日 02 时开始六盘山站出现中、高云,本次过程最大云高出现在降水发生前,为 11000 m 左右,随着云系的发展,云层数呈波动性增加,于 30 日 08 时云层数发展至 3 层,随后云系中以中低云为主,最高层云底高、顶高降低,厚度增大,8 月 30 日 15 时 52 分六盘山站降水过程发生时,云雷达产品显示云系变成深厚的单层云,近地面云雷达的回波强度逐渐增强,云内粒子以下沉运动为主,同时也伴有微弱的上升运动,这是维持降水过程的发生发展重要条件之一。8 月 30 日 15 时 52 分至 20 时的阵性降水阶段,阵性降水云内回波较不稳定,回波生成消亡过程变化迅速,降水旺盛时云内回波强度较大值可达云体中部,云体上部上升运动较强,此后云系发展较为旺盛,最大云高达 10000 m 左右,近地面回波强度较为稳定,垂直上升的径向速度变弱,对流活动削弱,降水由强烈的对流性降水转化为稳定的层状云降水。降水过程结束时,即 8 月 31 日 12 时,云层数变为双层云,云体内回波强度与径向速度显著减弱,低云云系变得浅薄,中云云系底高增高,随后云系波动性消散。

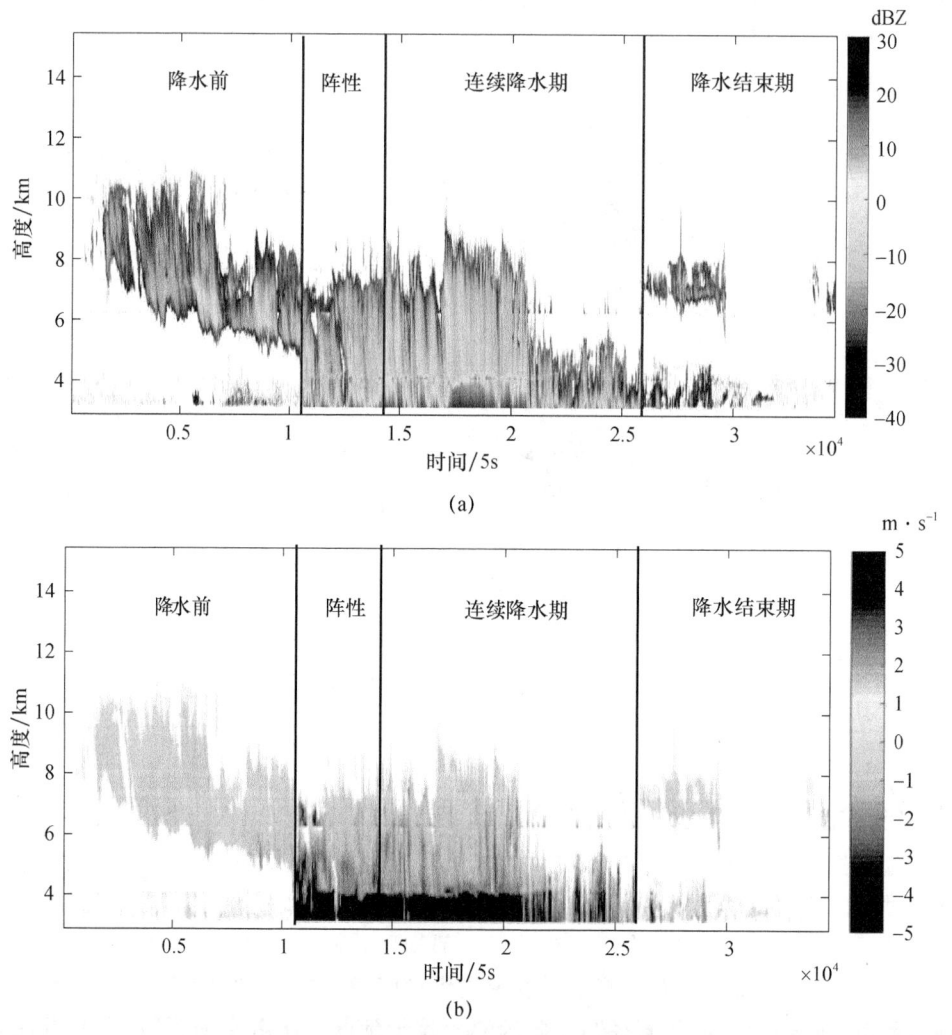

图 3 2019 年 8 月 30 日 00 时—31 日 24：00 六盘山站 Ka 波段毫米波云雷达云参量随时间-高度廓线图
(a)回波强度；(b)径向速度(负值为下落速度,正值为上升速度)

综上分析可见,在降水发生前,云系不断发展,以多层云为主,降水发生降水发生时,云系变为深厚的单层云,云内回波强度与径向速度增强,云内粒子以下沉运动为主,同时也伴有微弱的上升运动,这一云的宏观特征可为降水的诊断提供重要的可参考性依据。

## 5 结论与探讨

利用2019年8月30—31日区域自动站逐时降水量观测资料、探空资料、ERA-Interim高分辨率再分析资料,以及同期HT101型全固态Ka波段毫米波云雷达资料,对六盘山区一次降水天气过程的天气形势及云宏观特征进行分析,得出以下结论。

(1)此次降水天气过程中,六盘山区处于两槽一脊的环流背景下,主要的影响系统为500 hPa短波槽和700 hPa切变。受两槽一脊的环流背景的影响下,30日20时前六盘山区出现阵性降水,30日20时后,受500 hPa短波槽和700 hPa切变的共同影响,出现了明显的稳定性降水过程。

(2)在降水发生前,云系不断发展,以多层云为主,降水发生时,云系变为深厚的单层云,云内回波强度与径向速度增强,云内粒子以下沉运动为主,同时也伴有微弱的上升运动,这是维持降水过程的发生发展重要条件之一;降水过程结束时,云层数变多,云体内云层数变为双层云,云体内回波强度与径向速度显著减弱至消散。

(3)在降水阶段,稳定性降水过程比阵性降水过程的最大云高更高,回波强度更为稳定,垂直上升的径向速度更弱。

**参考文献**

[1] 陈海波,严华生,陈文,等. 宁夏六盘山区多年降水的时空变化分析[J]. 干旱气象,2009(2):103-110.
[2] 李艳春. 宁夏干旱区气候承载力分布特征分析[J]. 干旱区资源与环境,2010,24(8):96-99.
[3] 陈豫英,冯建民,陈楠,等. 西北地区东部可利用降水的时空变化特征[J]. 干旱区地理,2012,35(1):56-66.
[4] SUMARGO E,CAYAN D R. Variability of cloudiness over mountain terrain in the Western United States [J]. Journal of Hydrometeorology,2017,18:1227-1245.
[5] BARTH E L. Cloud formation along mountain ridges on Titan[J]. Planetary and Space Science,2010,58:1740-1747.
[6] 崔洋,谭志强. 1961—2009年西北地区东部降水时空分布及成因[J]. 干旱区研究,2013,30(6):1094-1099.
[7] 刘黎平,钱永甫,王致君. 平凉地区云的雷达回波和降水的气候特征[J]. 高原气象,1997,16(3):265-273.
[8] 李强,纪晓玲,肖艳红,等. 宁夏六盘山地区一次局地暴雨天气过程诊断分析[J]. 宁夏工程技术,2019,18(1):12-17+22.
[9] 杨文海,余文梅,景博,等. 2017年3—5日固原局地暴雨天气过程分析[J]. 农业科技与信息,2017(20):61-62.
[10] 高翠翠,李昀英,寇雄伟,等. 2017. 中国东部暖季对流云与层状云的比例及与降水的对应关系[J]. 大气科学,41(3):490-500.
[11] RUTLEDGE S A,HOUZE R A. 1987. A diagnostic modelling study of the trailing stratiform region of a midlatitude squall line [J]. J Atmos Sci,44 (18):2640-2656.
[12] 刘屹岷,燕亚菲,吕建华,等. 2018. 基于CloudSat/CALIPSO卫星资料的青藏高原云辐射及降水的研究

进展[J]. 大气科学,42(4):847-858.
[13] 王亚敏,冯起,李宗省. 1960—2005年西北地区低云量的时空变化及成因分析[J]. 地理科学,2014,34(5):635-640.
[14] 王小勇,张婕,武岩,等. 祁连山东部春季云参数特征与降水的关系研究[J]. 安徽农业科学,2011,39(33):20885-20887.
[15] BHARTI A P,BAHL I J. Millimeter wave engineering and applications[M]. Hoboken N J:Wiley,1984:31-35.
[16] 张沛,姚展予,谭超,等. 六盘山地区空中水资源特征及水凝物降水效率研究[J]. 大气科学,2019,43(6):421-434.
[17] 赵静,马尚昌,代桃高,等. Ka波段毫米波云雷达探测能力的分析研究[J]. 成都信息工程学院学报,2016,31(1):29-34.
[18] 仲凌志,刘黎平,葛润生. 毫米波测云雷达的特点及其研究现状与展望[J]. 地球科学进展,2009,24(4):383-391.

# 宁夏六盘山西侧 2018 年降水天气近地层垂直气流分析[*]

周积强[1,5]　黄艳红[2,5*]　柳佳俊[1,5]　杨　勇[1,5]　姚肖萌[1,5]　李化泉[3,5]　李进玉[4,5]

(1. 宁夏气象灾害防御技术中心,银川 750002；2. 宁夏气象信息中心,银川 750002；
3. 隆德县气象局,固原 756300；4. 泾源县气象局,固原 756400；
5. 宁夏气象防灾减灾重点实验室,银川 750002)

**摘　要**：近地层大气上升运动是地面烟炉作业技术的关键因素。为提高人工影响天气地面烟炉科学作业能力,结合宁夏六盘山西侧 2018 年降水情况,从降水雨型、月份、降水日 24 h 分布、降水日日平均分布对近地层大气垂直运动进行了分析,得出在降水天气过程中：近地层大气存在明显的上升运动；雨型与垂直气流运动强度具有正相关关系；降水日垂直大气上升运动在下垫面平坦的环境下 1—7 月份随着月份逐渐增强；近地层大气上升运动最强时间出现在凌晨 00 时、早晨 05 时和下午 13 时左右；近地层大气垂直上升速度大小与日降水量无明显对应关系。

**关键词**：六盘山西侧；降水天气；垂直气流；

## 1 引言

人工影响天气是用人为手段使天气现象朝着人们预定的方向转化。现代人工影响天气主要是通过飞机、火箭、高炮、地面烟炉等手段向云中播撒碘化银、干冰等催化剂,对局部区域内云中的微物理过程施加影响,从而达到增(消)雨(雪)、防雹、消雾、防霜等目的[1]。其中地面烟炉(碘化银地面发生器)具有作业成本低,指挥环节少,不受空域限制等特点,位置一般设置在高山迎风坡。六盘山地区位于青藏高原东部,黄土高原西北边缘,处于宁夏、甘肃、陕西的交界地带,是黄土高原重要的水源涵养地、生态保护区,是北方重要的分水岭,黄河水系的泾河、清水河、葫芦河三河均发源于此。为了加强六盘山地区人工影响天气科学作业能力,宁夏人工影响天气中心在该地区安装了多台地面烟炉发生器和超声三维风速仪。

地面烟炉增雨(雪)作业关键技术是在作业时段中作业点位置是否处于上升气流区,这样才能保证一定量的有效粒子进入云内[2]。徐华英对起伏条件下重力碰并造成的暖云薄云降水机理进行研究,发现上升气流有起伏的环境下,同样大小的云滴在云中可以发展成不同大小的较大云滴[3]。徐华英对垂直气流速度起伏条件下形成降水的各因子进行分析,研究表明垂直速度的起伏量和平均值,云中含水量及云厚等参量,只有在适当的配置下,才能形成降水,起伏量太大对降水形成不利[4]。何媛等在分析地面烟炉选址和作业时,表明使用地面烟炉开展人工增雨作业的关键环节是作业点附近的上升气流[5]。祁红彦等在西岭雪山开展地形云人工增

---

[*] 基金资助："六盘山区地形云空中云水资源开发利用关键技术及应用示范"(2019BEG03001),宁夏自然科学基金资助项目"宁夏六盘山区地面碘化银烟炉增雨雪作业条件研究"(2019AAC03255),中国气象局旱区特色农业气象灾害监测预警与风险管理重点实验室指令性项目六盘山区三维风速仪资料分析和应用研究(CAMP—202010)资助。
作者简介：周积强(1986—),男,工程师,硕士,主要从事人工影响天气工作。Email:545852413@163.com。
通讯作者：黄艳红(1986—),女,工程师,硕士,主要从事气象信息系统维护和软件开发。E-mail:510525046@qq.com。

雨实验研究发现,地面风速和风向对碘化银凝结核的入云效率和作业目标区具有较大的影响[6]。周万福等研究祁连山地形云的形成与垂直风速关系时指出上升气流与云的形成存在一定的关系[7]。王林等对一次暴雪过程前后近地层物理量场特征分析发现,暴雪前,风向转变,水平风速和垂直风速明显增大[8]。袁正旋等对湖南岳阳一次大暴雨过程近地层湍流特征分析发现,风速在大暴雨过程中出现异常偏大[9]。张新科等对雷暴系统影响下的黄土高原塬区微气象特征研究发现,雷暴系统过境前几小时近地层便出现较强上升气流,30 min 平均垂直速度可达 0.25 m·s$^{-1}$[10]。因此研究六盘山区降水天气过程中近地层大气垂直运动情况对研究该地区降水机理和地面烟炉作业技术等具有重要的作用。

为了提高人工影响天气地面烟炉作业科学性和合理性,使用安装在隆德气象站附件的陈靳、城关、好水站三维风速仪垂直风速观测记录和国家气象观测站隆德站 2018 年地面降水日观测资料。对宁夏六盘山西侧降水天气过程,按照降水雨型、月份、降水日 24 h 分布、降水日日平均分布对近地层大气垂直风速进行了分析。研究结果对地面烟炉作业提供了技术支持,同时该观测结果对其他相关研究具有一定的参考。

## 2 装备布局和资料来源及处理方法

### 2.1 设备布局及安装情况

为了实时观测宁夏六盘山西侧近地层大气运动情况,同时为地面烟炉催化作业时机判断提供实时观测数据支持,宁夏人工影响天气中心分别在隆德气象站附件的城关、好水、陈靳 3 个人工影响天气标准化作业点安装了超声三维风速仪。安装的三维风速仪能够实时输出秒级近地层水平和垂直风速风向数据,其输出风速范围为 0~45 m·s$^{-1}$(精度为 0.01 m·s$^{-1}$),输出风向为 0—359°。输出数据保存格式为 txt 文档。

为了降低周边建(构)筑物和环境对垂直风速观测的影响,将其安装在 10 m 高的支架顶部。陈靳站观测点位于靠近六盘山西侧,三维风速仪安装在作业点屋顶上方,作业点周围环境平坦,无山体、树木、建(构)筑物、电子通信设备影响,安装位置为该地最高点,距离隆德气象站直线距离 6 km。城关站观测点位于六盘山西侧、隆德县北侧山上(图1),三维风速仪安装城关站院内,周边有树木和高于观测点的小山包,距离隆德气象站直线距离 2.39 km。好水站观测点位于六盘山西侧、隆德县西北侧的狭长山谷位置的南侧,该狭长山谷为东西走向。三维风速仪安装在作业点的屋顶上,南侧有一坡度较小的小山,无树木遮挡,距离隆德气象站直线距离 8.05 km。图 1 所示为安装位置分布和周边环境情况,其左下角为安装的超声波三维风速传感器,右侧为依次为好水、城关、陈靳站周边环境情况和隆德县所处宁夏位置。

### 2.2 地面降水资料和其他

使用国家气象观测站隆德气象站 2018 年地面降水日观测资料,分析宁夏六盘山西侧降水情况。使用安装在隆德气象站附近陈靳、城关、好水的三维风速仪垂直风速数据进行近地层垂直气流观测和分析。年、季、月降水日定义为日降水量≥0.1 mm 日数的总和。采用全国统一的降水强度等级划分标准,按照 24 h 降水总量判断降水雨型。降水统计日界为北京时 20 时。利用全国综合气象信息共享平台(CIMISS)统计数据,使用中国地面日值资料,统计逐日降水量分布、降水日数和降水强度。按照气象划分法划分四季,3—5 月为春季,6—8 月为夏季,

图 1 三维风速仪安装位置分布和周边环境

9—11月为秋季,12月—次年2月为冬季。

## 2.3 数据处理和分析方法

三维风速仪观测数据在使用前需进行质量控制[11],即通过野点筛选去除观测中的粗大误差。野点筛选(排除异常数据)有四种常用准则,分别是拉伊达准则,格拉布斯准则、肖维勒准则和狄克逊准则[12],本文使用拉伊达准则进行判断。筛选出的野点值采用滑动窗口平均法计算后进行插补,也就是将出现野点值前后 1 s 的风速值进行平均。因 3 台三维风速仪输出的观测数据起始时间、观测长度不一致,需建立标准数据集。将观测数据以北京时间 20 时为日界,建立时间长度为 24 h 的三维风速日观测数据集。本文仅分析降水天气过程中近地层大气垂直运动情况。

对三维风速进行逐小时平均,用来代表该观测点 1 h 内近地层大气垂直速度,这样就建立起降水日 24 h 逐时平均垂直气流数据。为了便于分析,定义大气垂直向上运动为正方向,表示气流做上升运行。垂直气流向下为负方向,表示气流做下沉运动。另取风速的绝对值表示风速的大小。根据雨型分类标准将不同雨型垂直气流按照 24 h 做逐小时对应累加平均,以分析各雨型垂直气流 24 h 的分布变化。按照不同月份将垂直气流按照 24 h 做逐小时对应累加平均,以分析不同月份垂直气流在降水日内 24 h 分布变化。将所有降水日垂直气流按照 24 h 做逐小时对应累加平均,用以分析降水日垂直气流 24 h 的分布变化情况。将降水日当天垂直气流速度进行 24 h 累加平均,用以分析该降水日垂直气流运动情况。

## 3 隆德站地面降水概况

2018年全年降水日数为 121 d,全年占比为 33%;季降水日分布为春季 27 d,夏季 42 d,秋季 34 d,冬季 18 d;其中,夏季降水日数最多,占全年降水日数比为 35%,冬季降水日数最少,占全年降水日数比为 15%。最大月降水日出现在 7 月,为 18 d;最小月降水日出现在 2 月,为 5 d;月平均降水日为 10 d。

2018年全年降水量累积达到 627 mm。季降水量分布为春季 118.70 mm、夏季 395.00 mm、秋季 98.80 mm、冬季 14.50 mm;其中,夏季降水量最大,占全年降水量比为 63%,冬季降水量最小,占全年降水量比为 2%。最大月降水量出现在 7 月,为 207.9 mm;最小月降水量出现在 12 月,为 2.8 mm;月平均降水量为 52.25 mm。

月降水量变化趋势为 1—6 月逐渐上升,在 7 月增大到最大值,8 月快速下降,随后缓慢减少,月降水量变化幅度达 100 mm。其中,2 月较上月减少,11 月较上月增加,变化量较小。月降水日数大体趋势与月降水量保持一致,但在 2、5 月较上月减小,9 月较上月增加。图 2 所示隆德气象站月降水日和降水量分布。

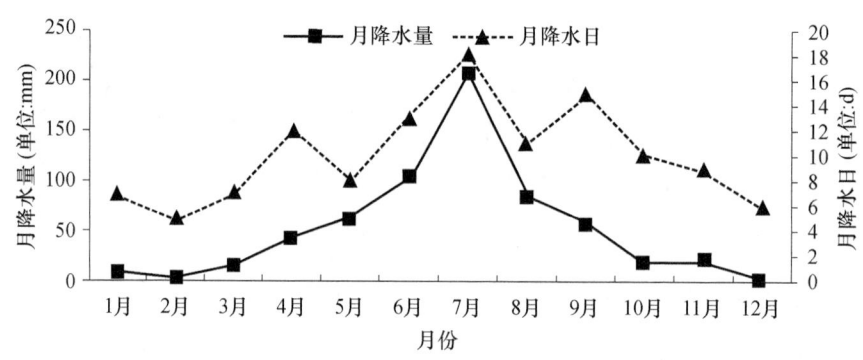

图 2 隆德气象站 2018 年月降水日和降水量分布

## 4 近地层大气垂直运动分析

陈靳、城关、好水三地三维风速仪安装目的为对各种天气现象下近地层大气垂直运动进行常年连续观测。但由于供电、保障、人员操作等原因,导致在一些降水日中无三维风速观测数据。表 1 为 3 个观测点 2018 年按月份在降水日有三维风速风向观测记录的天数。

表 1 三维风速仪 2018 年各月份观测记录天数(单位:d)

| 站点 | 月份 | | | | | | | | | | | | 合计 |
| --- | --- | --- | --- | --- | --- | --- | --- | --- | --- | --- | --- | --- | --- |
| | 1月 | 2月 | 3月 | 4月 | 5月 | 6月 | 7月 | 8月 | 9月 | 10月 | 11月 | 12月 | |
| 陈靳 | 7 | / | / | 6 | 7 | 3 | 6 | 4 | / | / | / | / | 33 |
| 城关 | 4 | 4 | 3 | 3 | 7 | 4 | 18 | 1 | 13 | / | / | / | 57 |
| 好水 | 3 | / | / | / | / | / | / | / | / | / | / | / | 3 |

注:"/"表示当月有降水日,但三维风速仪无观测记录。

### 4.1 陈靳站近地层大气垂直运动

陈靳站在降水日三维风速仪观测记录有 33 d。其中,小雨天数 25 d,中雨天数 7 d,大雨天数 1 d,暴雨及以上无观测记录。

#### 4.1.1 不同雨型近地层大气垂直运动

小雨情况下垂直气流风速最小为 0.21 m·s$^{-1}$,最大为 0.56 m·s$^{-1}$,平均为 0.43 m·s$^{-1}$;整体变化趋势比较稳定,呈现缓慢波动的状态。中雨情况下垂直气流最小为 0.22 m·s$^{-1}$,最大为 0.64 m·s$^{-1}$,平均为 0.49 m·s$^{-1}$;整体变化趋势比较稳定,呈现缓慢波动的状态。大雨情况下垂直气流最小为±0.01 m·s$^{-1}$(上升气流最小 0.01 m·s$^{-1}$,下沉气流最小约 0.01 m·s$^{-1}$),最大为 1.39 m·s$^{-1}$,平均为 0.54 m·s$^{-1}$;整体变化趋势波动较大。次日凌晨 03—11 时垂直气流上升速度较大,在 06 时出现波谷,但风速高于平均风速;次日下午 15 时以后出现下沉气流,但风速较低。总体来看近地层大气垂直运动强度与雨型具有正相关关系,垂直风速波动越大,风速平均值越大,相对应的降水雨型越高。垂直气流上升运动平均风速大雨最大,逐小时平均风速在某些时段远高于中雨和小雨。中雨垂直气流上升运动平均风速和逐小时平均风速均大于小雨,其变化趋势基本一致。图 3 为不同雨型平均垂直气流速度逐时分布。

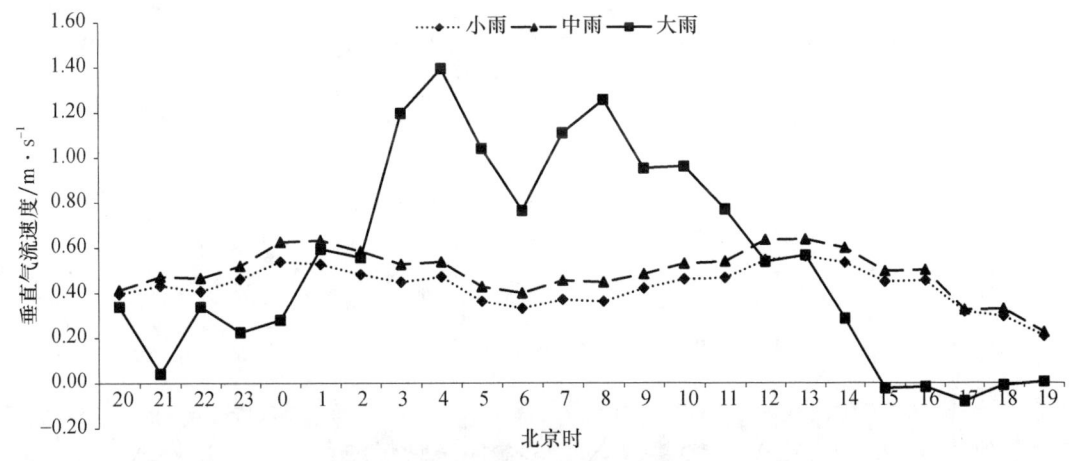

图 3 陈靳站不同雨型垂直气流速度逐时分布

### 4.1.2 不同月份近地层大气垂直运动

1 月份垂直气流最小为 0.06 m·s$^{-1}$,最大为 0.34 m·s$^{-1}$,平均为 0.21 m·s$^{-1}$;整体变化趋势比较稳定,呈现缓慢波动的状态。4 月份垂直气流最小为 0.01 m·s$^{-1}$,最大为 0.77 m·s$^{-1}$,平均为 0.30 m·s$^{-1}$;整体变化趋势波动较大,20 时到次日 02 时垂直气流较大。次日 04 时为将为最小 0.01 m·s$^{-1}$ 后继续增大,呈现缓慢波动的状态。5 月份垂直气流最小为 0.23 m·s$^{-1}$,最大为 0.52 m·s$^{-1}$,平均为 0.36 m·s$^{-1}$;呈现缓慢波动的状态。总体来看 5 月垂直气流平均风速要强于 4 月和 1 月,4 月要强于 1 月。逐时平均风速在一些时间段 4 月份垂直气流要强于 5 月。图 4 为 1 月、4 月、5 月降水天气过程中垂直气流速度分布。

6 月份垂直气流最小为 0.04 m·s$^{-1}$,最大为 0.76 m·s$^{-1}$,平均为 0.45 m·s$^{-1}$;整体变化趋势呈现波动状,从 20 时开始逐渐上升,到次日 04 时达到最大值,随后保持相对高位波动,在次日 18 时以后逐渐下降。7 月份垂直气流最小为 0.51 m·s$^{-1}$,最大为 1.39 m·s$^{-1}$,平均为 1.02 m·s$^{-1}$;整体变化趋势呈现波动状,从 20 时开始持续上升,在次日 14 时达到最大值,然后逐渐变小。8 月份垂直气流最小为 0.20 m·s$^{-1}$,最大为 0.89 m·s$^{-1}$,平均为 0.55 m·s$^{-1}$;整体变化趋势呈现波动状,在次日 13 时之前呈波动上升状,然后逐渐减小。总体来看 7 月垂直气流平均风速要强于 6 月和 8 月,8 月要强于 6 月,总体变化趋势相似,从 20 时开始逐渐上升,到次日下午 15 时左右开始下降。图 5 为 6 月、7 月、8 月降水天气过程中垂直气流分布。

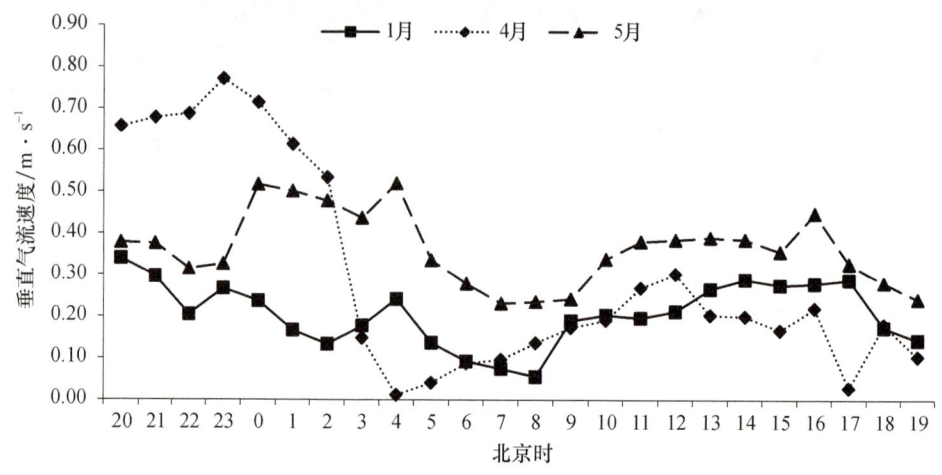

图4 陈靳站1月、4月、5月垂直气流速度逐时分布

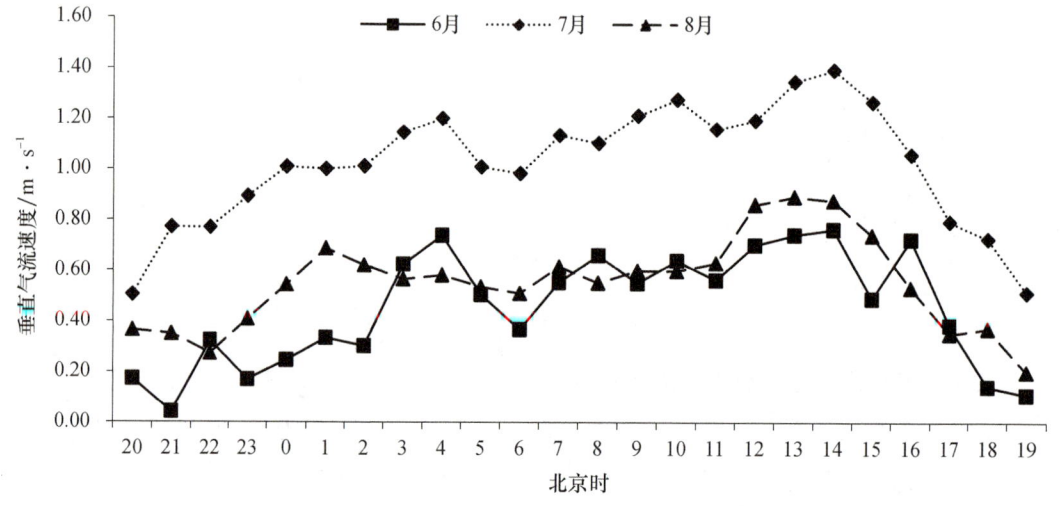

图5 陈靳站6月、7月、8月垂直气流速度逐时分布

陈靳站观测结果表明：7月垂直气流平均风速要强于其他各月，7月之前上升气流平均风速随着月份逐渐增强。8月垂直气流平均风速虽弱与7月，但比1月、4—6月要强。近地层逐时平均风速1月、4月、5月随着时间大体先减小后增加，随后平缓。而6—8月变化趋势先逐渐增强，到达最大值后逐渐减小。

#### 4.1.3 降水日大气垂直运动逐时分布

降水日中垂直气流最小为 $0.21\ m\cdot s^{-1}$，最大为 $0.56\ m\cdot s^{-1}$，平均为 $0.43\ m\cdot s^{-1}$；整体变化趋势呈波动状。20时开始逐渐缓慢上升，在凌晨00时达到次大值，然后逐渐下降，在次日06时出现波谷，接着逐渐上升，在13时达到最大值，最后逐渐变小。可以看出在降水天气过程中，垂直气流呈现明显的上升状态。图6为降水日垂直气流速度逐时分布。

#### 4.1.4 降水日大气垂直运动日平均分布

近地层大气垂直运动日平均风速最小为无，最大为 $2.04\ m\cdot s^{-1}$，平均速度达到 $0.44\ m\cdot s^{-1}$。

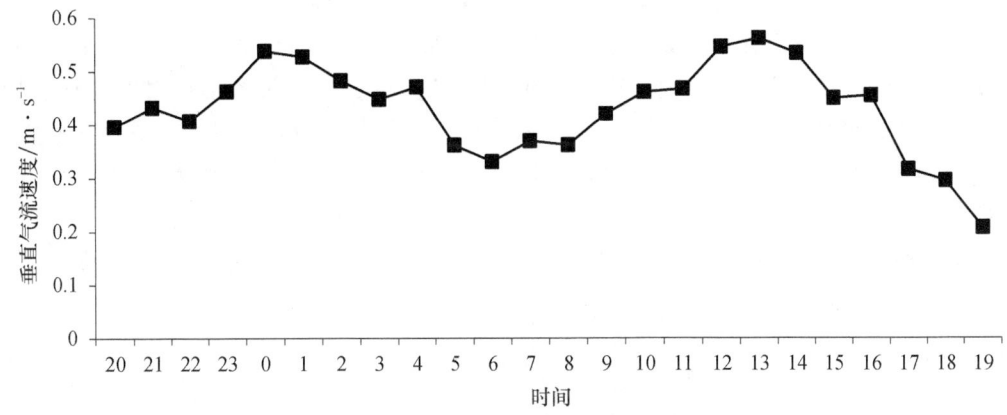

图6 陈靳站降水日垂直气流分布

1—8月份观测结果表明:陈靳站垂直气流在降水天气过程中整体均为上升状态。7月份3次降水过程日平均垂直气流风速较大,整体呈现缓慢波动状态。日降水量与近地层大气垂直上升速度大小没有明显的对应的关系。图7为降水日垂直气流速度日平均和日降水量分布,其中横坐标为降水日日期。

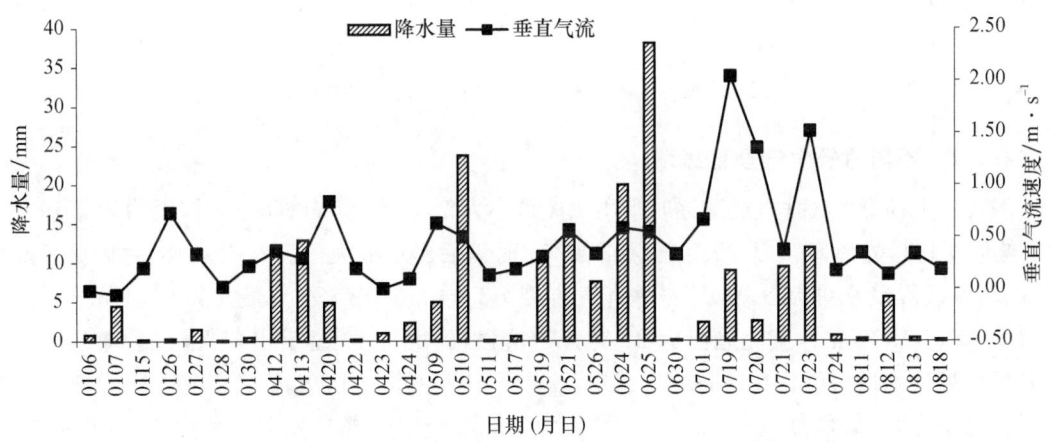

图7 陈靳站降水日垂直气流速度日平均和日降水量分布

## 4.2 城关站近地层大气垂直运动

城关站有降水日三维风速的观测记录有58 d。其中,小雨天数47 d,中雨天数8 d,大雨天数1 d,暴雨天数1 d,暴雨以上无观测记录。

### 4.2.1 不同雨型大气垂直运动

小雨情况大气垂直运动逐时平均风速最小为0.03 m·s$^{-1}$,最大为0.19 m·s$^{-1}$,平均为0.10 m·s$^{-1}$;整体变化趋势比较平缓,呈缓慢波动状态。中雨情况下逐时平均风速最小为0.04 m·s$^{-1}$,最大为0.15 m·s$^{-1}$,平均为0.09 m·s$^{-1}$;整体变化趋势比较稳定,呈现缓慢波动的状态。大雨情况下垂直气流最小为−0.01 m·s$^{-1}$,最大为0.21 m·s$^{-1}$,平均为0.07 m·s$^{-1}$;整体变化趋势波动较大,次日09时为上升气流最大,10时以后出现下沉气流,并且次日下午波动较大,呈现上升气流和下沉气流交替出现的情况。暴雨情况下垂直气流最小为±0.01 m·s$^{-1}$(上升气流和下沉气流均有),最大为0.38 m·s$^{-1}$,平均为0.09 m·s$^{-1}$;从21时到次日01时呈现快速上升,最大上升气流出现在次日凌晨01时后,03—06时气流运动强度下降,同时上升气流转为下沉气流。次日07时以后气流总体为上升趋势,呈现波动状态。总体来看大气垂直运动风速中雨强于小雨,变化趋势稳定。暴雨强于大雨,呈现较大波动状态,上升气流和下沉气流在某一时段交替出现,变化剧烈。近地层大气垂直运动强烈程度与降水雨型有明显的正相关性,波动越强,降水雨型越强。图8所示为不同雨型垂直气流速度逐小时分布。

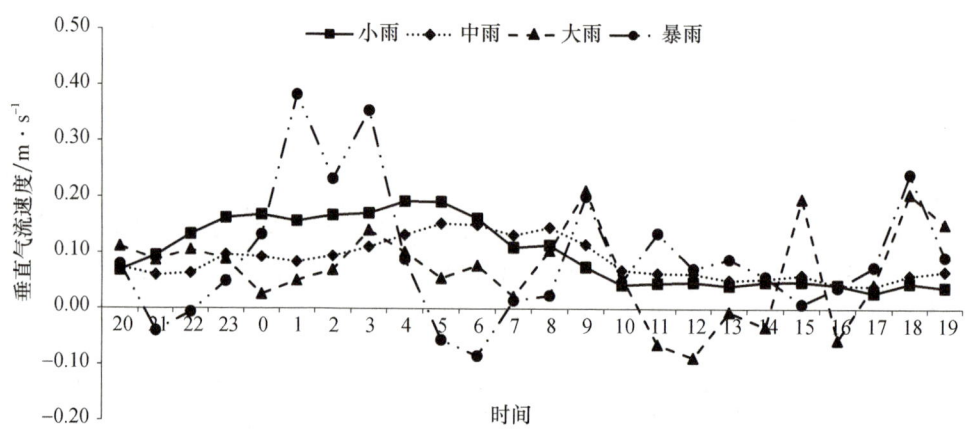

图8 城关站不同雨型垂直气流速度逐小时分布

### 4.2.2 不同月份大气垂直运动

城关站1月份大气垂直运动逐时平均风速最小为无,最大为0.56 m·s$^{-1}$,平均为0.19 m·s$^{-1}$;整体变化趋势为20时开始增强,在次日01时以后出现极大值。在次日07时以后逐渐变弱,同时呈现缓慢波动状态。2月份垂直气流最小为-0.01 m·s$^{-1}$,最大为0.51 m·s$^{-1}$,平均为0.09 m·s$^{-1}$;整体变化趋势为20时开始增强,到次日00时后出现次峰值,随后风速减小后又增加达到最大值。在次日07时以后由上升气流变为下沉气流,但风速较小。3月份垂直气流最小为无,最大为0.52 m·s$^{-1}$,平均为0.25 m·s$^{-1}$;整体变化趋势为20时开始增强,在次日01时以后出现极大值。在次日07时以后逐渐变弱,但在10时以后又开始增强,在16时以后出现峰值,最后减弱。总体来看垂直气流上升速度3月最强,2月最弱;在变化趋势上次日07时之前,都呈现波包变化,07时以后1月、2月变化平缓,3月变化强一些。图9为1月、2月、3月降水天气过程中垂直气流速度分布。

城关站4月份大气垂直运动逐时平均风速最小为-0.03 m·s$^{-1}$,最大为0.72 m·s$^{-1}$,平均为0.12 m·s$^{-1}$;整体变化趋势为20时开始增强,在22时出现极大值后开始减弱。在次日07时以后成为下沉气流,速度最大为-0.26 m·s$^{-1}$,随后逐渐减弱。5月份垂直气流最小为无,最大为0.29 m·s$^{-1}$,平均为0.13 m·s$^{-1}$;整体变化趋势较为平缓,呈现缓慢波动状态。6月份垂直气流最小为0.01 m·s$^{-1}$,最大为0.33 m·s$^{-1}$,平均为0.09 m·s$^{-1}$;整体变化趋势较为平缓,呈现缓慢波动状态。总体来看4月降水日中垂直气流变化剧烈,在次日后半天表现为下沉气流为主;5月、6月份变化趋势相似,垂直气流以上升为主,风速不大。图10为城关站4月、5月、6月降水天气过程中垂直气流速度逐时分布。

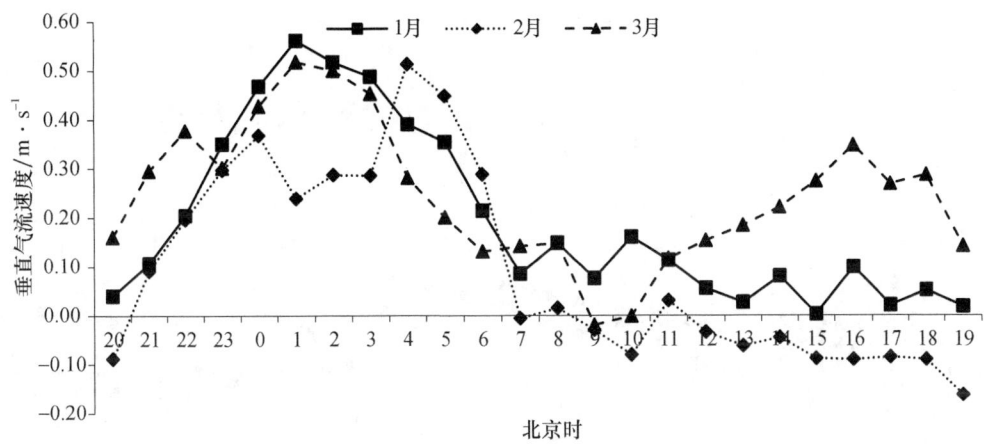

图 9 城关站 1 月、2 月、3 月垂直气流速度逐时分布

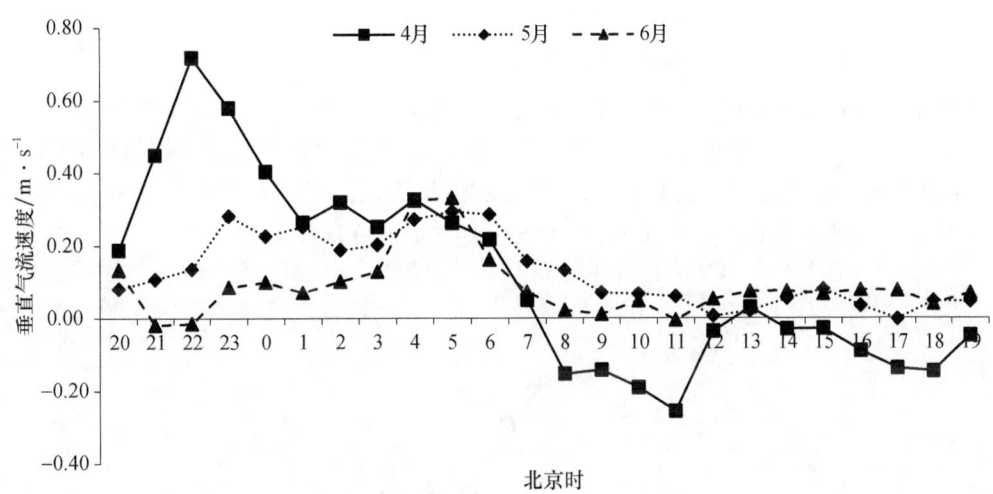

图 10 城关站 4 月、5 月、6 月垂直气流速度逐时分布

城关站 7 月份大气垂直运动逐时平均风速最小为 0.05 m·s$^{-1}$,最大为 0.13 m·s$^{-1}$,平均为 0.08 m·s$^{-1}$;整体变化趋势较为平缓,呈现缓慢波动状态。8 月份垂直气流最小为 0.01 m·s$^{-1}$,最大为 0.47 m·s$^{-1}$,平均为 0.21 m·s$^{-1}$;整体变化趋势剧烈,从 20 时开始上升气流减弱,23 时到次日 10 时逐渐增强到最大值,然后逐渐减弱。9 月份垂直气流最小为 −0.01 m·s$^{-1}$,最大为 0.17 m·s$^{-1}$,平均为 0.05 m·s$^{-1}$;整体变化趋势较为平缓,呈现缓慢波动状态,在次日 12 时以后上升气流和下沉气流交替出现。总体来看 7 月、9 月降水日中垂直气流变化趋势相似,表现比较平缓。8 月统计样本仅有 1 个降水日,仅对当天垂直气流变化进行了分析。图 11 为城关站 7 月、8 月、9 月降水天气过程中垂直气流速度逐时分布。

城关站观测结果表明:1—6 月,近地层大气垂直气流运动趋势相近,20 时到次日 07 时左右,大气垂直运动较强,呈现波包变化。次日 07 时以垂直运动较弱,呈现缓慢波动状态,同时在部分时段垂直气流以下沉运动为主。7 月、9 月大气垂直运动较弱,呈现缓慢波动趋势,两月变化趋势相近。8 月仅有 1 次观测记录,垂直运动强烈,呈现波动运动趋势。

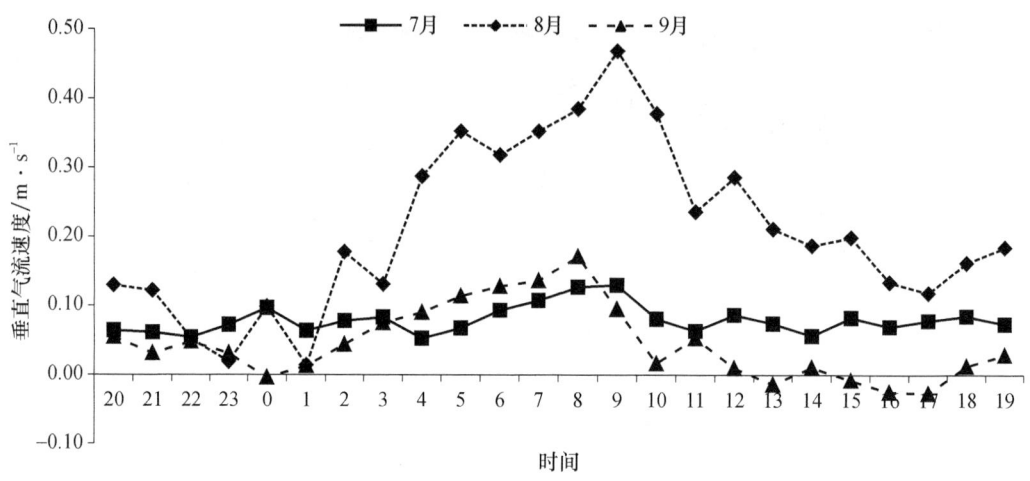

图11 城关站7月、8月、9月垂直气流速度逐时分布

#### 4.2.3 降水日大气垂直运动逐时分布

在降水天气过程中,降水日垂直气流平均风速最小为 0.03 m·s$^{-1}$,最大为 0.19 m·s$^{-1}$,平均为 0.10 m·s$^{-1}$;20 时开始逐渐缓慢上升,在凌晨 04 时达到最大值,然后逐渐下降,在次日 10 时后变化趋势平缓,20 时到次日 10 时成波包状变化。可以看出在降水天气过程中,垂直气流呈现明显的上升状态。图 12 为降水日垂直气流速度逐时分布。

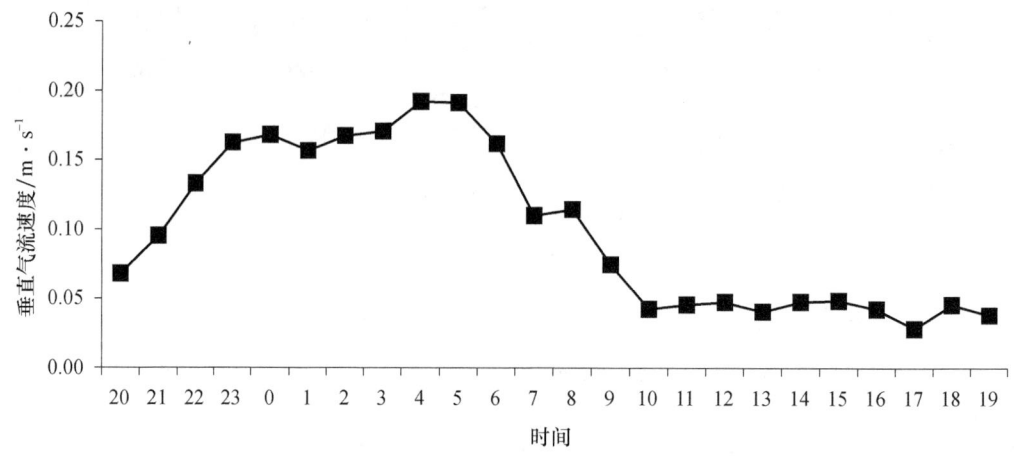

图12 城关站降水日垂直气流逐时分布

#### 4.2.4 降水日大气垂直运动日平均分布

近地层大气垂直运动日平均速度最小为无,最大为 0.44 m·s$^{-1}$,平均速度为 0.10 m·s$^{-1}$。1—9 月份观测结果表明:陈靳站垂直气流在降水天气过程中整体均为上升状态。1月、5月份变化较为剧烈,整体呈波动状态,上升气流风速不大。降水量与近地层大气垂直运动风速大气小没有明显的对应的关系。图 13 降水日垂直气流日分布,其中横坐标为降水日对应日期。

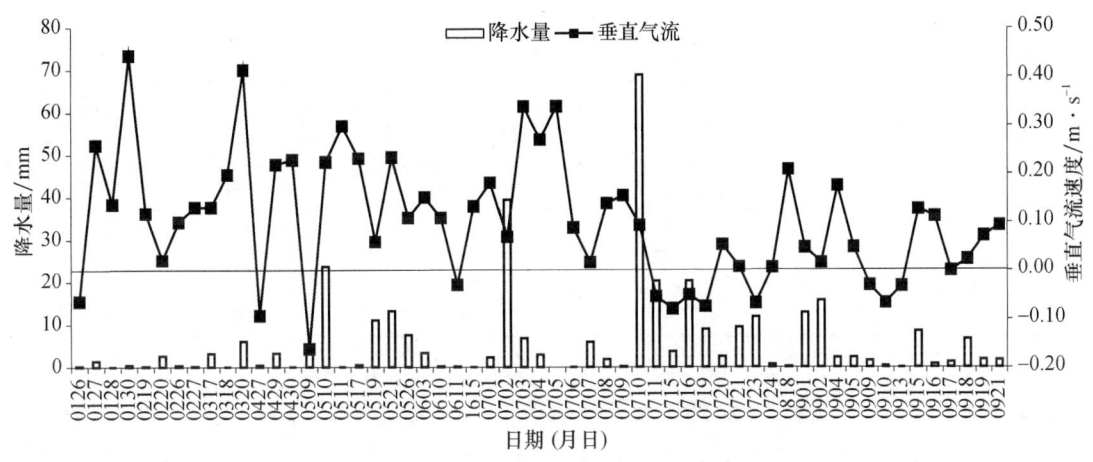

图 13　城关站降水日垂直气流速度日平均和日降水量分布
(垂直气流速度 0.00 m·s$^{-1}$ 处细实线以上表示气流做上升运动,细实线以下表示气流做下沉运动)

### 4.3　好水站近地层大气垂直运动

好水站在降水日有观测记录仅有 3 d,分别为 1 月 6、7、15 日,日降水量分别为 0.80 mm、4.50 mm、0.20 mm。降水天气过程中,近地层大气垂直运动逐时平均风速最小为 0.01 m·s$^{-1}$(上升运动和下沉运动均有),最大为 0.28 m·s$^{-1}$,平均为 0.01 m·s$^{-1}$;整体变化趋势呈波动状。22 时、次日 02—09 时、次日 14 时垂直气流以上升运动为主,其余时间以下沉运动为主,次日 05 时上升运动达到最大值。总体来看,好水站观测结果为降水日当天两头时间垂直气流主要以下沉为主,中间时间段以上升运动为主。图 14 为降水日垂直气流速度逐时分布。

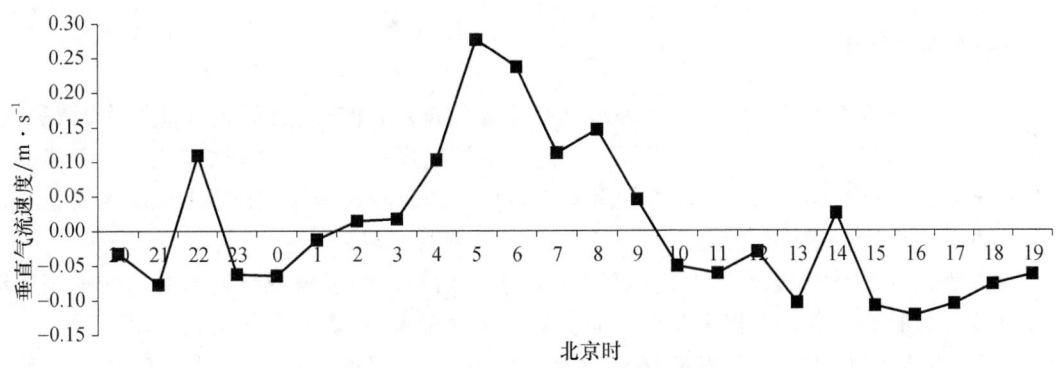

图 14　降水日垂直气流速度逐时分布

### 4.4　综合对比分析

综合陈靳、城关、好水 3 处近地层垂直气流运动观测结果分析。降水天气过程中,近地层气流具有明显的上升运动,逐小时平均风速在大雨的情况最大速度能达到 1.39 m·s$^{-1}$,出现在 7 月。气流在上升过程中,某些时段也存在下沉运动,但风速相比上升速度较弱。如表 2 所示为按照雨型和月份的极值统计。

表2 垂直气流速度按雨型和月份极值统计表（单位：m·s$^{-1}$）

| 分类 | 最小值/备注 | 最大值/备注 | 最大平均值/备注 | 最小平均值/备注 | 观测点 |
|---|---|---|---|---|---|
| 雨型 | −0.01/大雨 | 1.39/大雨 | 0.54/大雨 | 0.43/小雨 | 陈靳站 |
|  | 0.03/小雨 | 0.38/暴雨 | 0.10/小雨 | 0.07/大雨 | 城关站 |
|  | ±0.01/小雨 | 0.28/小雨 | 0.01/小雨 | 无/小雨 | 好水站 |
| 月份 | 0.01/4月 | 1.39/7月 | 1.02/7月 | 0.21/1月 | 陈靳站 |
|  | 无/1月 | 0.72/4月 | 0.25/3月 | 0.05/9月 | 城关站 |
|  | ±0.01/1月 | 0.28/1月 | 0.01/1月 | 无/1月 | 好水站 |

注：备注为垂直气流速度出现的雨型或月份。

按降水日 24 h 分布来看，垂直气流上升运动最强出现在凌晨 00 时、早晨 05 时前后和下午 13 时前后，逐小时最大风速能达到 0.56 m·s$^{-1}$。按照降水日日平均垂直风速，逐小时最大风速能达到 2.04 m·s$^{-1}$。表3 为按照降水日 24 h 分布和降水日日平均的极值统计。

表3 垂直气流速度按降水日 24 h 分布和降水日日平均的极值统计表（单位：m·s$^{-1}$）

| 分类 | 最小值/备注 | 最大值/备注 | 平均值 | 观测点 |
|---|---|---|---|---|
| 降水日 24 h 分布 | 0.21/19时 | 0.56/13时 | 0.43 | 陈靳站 |
|  | 0.03/17时 | 0.19/04时,05时 | 0.10 | 城关站 |
|  | ±0.01/01时,02时 | 0.28/05时 | 0.01 | 好水站 |
| 降水日日平均 | 无/20180423 | 2.04/20180719 | 0.44 | 陈靳站 |
|  | 无/20180917 | 0.44/20180310 | 0.10 | 城关站 |
|  | 无/20180107 | 0.01/20180106 | 0.01 | 好水站 |

注：备注为垂直气流速度出现的时间或日期。

## 5 结论与讨论

近地层大气垂直上升运动对产生降水具有重要的作用，超声三维风速仪能够实时观测近地层大气运动情况。近地层大气上升运动对地面烟炉生成的人工影响天气催化剂是否能够进入目标催化区具有重要作用。本文主要针对六盘山区西侧降水天气过程中近地层大气垂直运动情况进行了分析，主要结论有：

在降水天气过程中，近地层大气具有明显的上升运动。降水雨型与近地层大气垂直运动活动强度（波动状态）具有正相关关系。也就是降水量越大，近地层大气垂直运动越强烈。小雨、中雨垂直运动风速较弱，呈现缓慢波动状态，变化趋势相近。暴雨、大雨大气垂直运动较强，呈现强烈波动状态，在某些时段呈现上升运动和下沉运动交替出现。陈靳站观测结果表明近地层大气垂直运动速度和强度在 1—7 月随着月份增加而增加，8月份开始下降，但风速仍强于 1—6 月份。城关站观测结果表明 1—6 月份近地层大气垂直气流运动在夜间风速和波动强度较强，白天呈现缓慢波动的状态，风速和强度均低于夜间，在某些时段呈现上升运动和下沉运动交替出现。近地层大气上升运动最强时间段一般出现在早晨或者中午时间，其风速大小与日降水量没有明显对应关系。

由于三维风速仪运行保障的原因，导致 2018 年观测结果不连续，在某些月份和降水日无观测记录，致使统计结果并不能完全反映出降水日宁夏六盘山西侧近地层大气垂直运行情况。

同时近地层大气垂直运动分析应针对个天气系统类型和降水天气过程,从降水量、湿度、云底高度、雨滴谱、雷达、卫星等观测资料进行详细分析。该研究有待继续深入,以期为宁夏六盘山地区地面烟炉科学作业技术提供支撑。

## 参考文献

[1] 陈少琴,叶德彪,林长城. 福建周宁水库地面暖云人工增雨作业效果分析[J]. 气象科技,2015,43(2):338-342.

[2] 秦长学,杨道侠,金永利. 碘化银地面发生器增雨(雪)作业可行性及作业时机选择[J]. 气象科技,2003,31(3):174-178.

[3] 徐华英,顾震潮. 起伏条件下重力碰并造成的暖性薄云降水[J]. 气象学报,1963,33(1):108-114.

[4] 徐华英. 垂直气流速度起伏条件下形成降水的各因子分析[J]. 气象学报,1964,34(3):378-382.

[5] 何媛,黄彦彬,李春鸾,等. 海南省暖云烟炉设置及人工增雨作业条件分析[J]. 气象科技,2016,44(6):1043-1052.

[6] 祁红彦,申辉,韦巍,刘志. 西岭雪山地形云人工增雪试验研究[J]. 气象与环境学报,2017,33(4):93-101.

[7] 周万福,肖宏斌,孙安平,等. 祁连地形云与垂直风的关系[J]. 山地学报,2012,30(6):641-647.

[8] 王林,覃军,陈正洪. 一次暴雪过程前后近地层物理量场特征分析[J]. 大气科学学报,2011,34(3):305-311.

[9] 袁正旋,覃军,曾向红,等. 湖南岳阳一次大暴雨过程近地层湍流特征分析[J]. 暴雨灾害,2017,36(5):431-439.

[10] 张新科,陈晋北,余晔,等. 雷暴系统影响下的黄土高原塬区微气象特征研究[J]. 高原气象,2017,36(2):384-394.

[11] 张宏昇. 大气湍流基础[M]. 北京:北京大学出版社,2014:147-149.

[12] 熊艳艳,吴先球. 粗大误差四种判别准则的比较和应用[J]. 大学物理实验,2010,23(1):66-68.

# 六盘山区一次典型混合云降水过程的云物理特征分析*

林　彤　舒志亮*　穆建华　邓佩云　戴言博

(1. 中国气象局旱区特色农业气象灾害监测预警与风险管理重点实验室，银川 750002；
2. 中国气象局云雾物理环境重点开放实验室，北京 100081；
3. 宁夏气象防灾减灾重点实验室，银川 750002)

**摘　要**：本文利用微波辐射计、毫米波云雷达和雨滴谱仪，对六盘山区 2019 年 9 月 18—19 日一次混合云降水过程进行分析，并结合同期降水资料，利用统计法分析了该个例过程的水汽、云水等分布特征，并分析了山顶山脚降水粒子的差异。结果表明：(1) 本次降水属于混合型降水，并发现在降水情况下两种不同型号的微波辐射计观测的液态水含量存在明显的差异。(2) 云雷达反演的各因子显示云接地的起止时间 >1 h、回波强度达 10 dBZ 以上、速度谱宽 >2 m·s$^{-1}$、信噪比 >20 dBZ、粒子半径 >100 μm 时，液态水含量及云水含量较充沛，云系较深厚，此外，云内下层有上升气流是维持降水稳定维持的因素。(3) 降水粒子的最大粒径、数浓度山顶大于山脚，雨强和含水量山脚大于山顶。

**关键词**：六盘山；混合云水汽含量；云液态水含量；云物理特征

## 1　引言

云和降水的形成、发展和消亡，除了受热力条件和动力条件影响之外，地形的抬升及云内部的微物理过程也起着重要的作用，云中微物理因素的微小变化都影响着云中结构以及降水的形成[1]。水汽是大气中最活跃的元素之一，由于水的相态转换、传输和循环预示着降水天气的发生、发展和消亡，并且对大气辐射、全球能量平衡和气候变化等方面都起着至关重要的作用，因此对于地形作用、云降水的结构，尤其是云系中液态水的分布及其演变规律等研究，对于了解云和降水，对降水、天气的预报和提高人工影响天气工作效率等方面都是十分有意义的[2-4]。

近年来，国内各个地区针对不同云降水的结构特征进行了一系列的研究和分析[5-9]，随着微波辐射计、毫米波云雷达和雨滴谱仪等特种观测仪器的应用，为加强对云降水过程中宏微观物理结构的进一步了解和探索提供了新的手段和资料[10-17]。借助多种综合探测手段和多种特种观测设备，来分析云和降水的宏微观结构，有助于对不同类型降水云系的结构模型进行建立，并为科学有效的制定人工增雨催化方案提供基础依据与重要科技支撑。因此，本文将综合利用微波辐射计、毫米波云雷达及雨滴谱仪，结合天气背景和地面降水资料分析，对 2019 年 9 月 18—19 日六盘山区一次混合云降水过程中，云系发生发展过程中大气水汽、液态水含量、山

---

\* 作者简介：林彤(1993—)，女，山东烟台人，硕士，助理工程师，主要从事人工影响天气及大气物理方面研究。E-mail：lintong0213@126.com。

通讯作者：舒志亮(1981—)，男，甘肃酒泉人，高级工程师，主要从事人工影响天气工作。E-mail：8633204@163.com。

峰山谷的云物理变化特征及粒子尺度进行研究与探讨。

## 2 数据概况

本文选取 2019 年 9 月 18—19 日降水过程，对六盘山区降水云系的宏微观特征进行分析。通过对隆德气象站安装的中国电波传播研究所（青岛）QFW-6000 型微波辐射计和德国 RPG-HATPRO-G4 型微波辐射计两种型号微波辐射计水汽含量和云液态水含量的对比分析，并利用六盘山、隆德云雷达和泾源大湾炮点、六盘山气象站 OTT 雨滴谱仪对本次过程的宏微观特征进行分析。

## 3 降水过程概况

### 3.1 天气背景分析

由 2019 年 9 月 18 日 20 时 500 hPa 高空形势场可见（图 1），六盘山区处于槽前西南水汽输送中，在 700 hPa 宁夏东南部存在一弱切变，降水开始发展，直至 19 日 08 时，受高空槽和底层切变线的影响，六盘山区降水开始加强。20 时 500 hPa 以西北风为主导，700 hPa 的底层切变线移出宁夏，降水减弱。由 $t$-$\ln p$ 图可见（图 2），从 18 日的 20 时开始，CAPE 值达 22.6，出现不稳定能量，19 日 08 时为 0，19 日 20 时 CAPE 值达 85.9，不稳定能量增强，结合环流形势分析，在 19 日 20 时降水虽然减弱但仍维系了一段时间。本次降水过程主要是高空槽及低空切变线引起，由于对流不稳定较强，本次降水属于混合型降水过程。

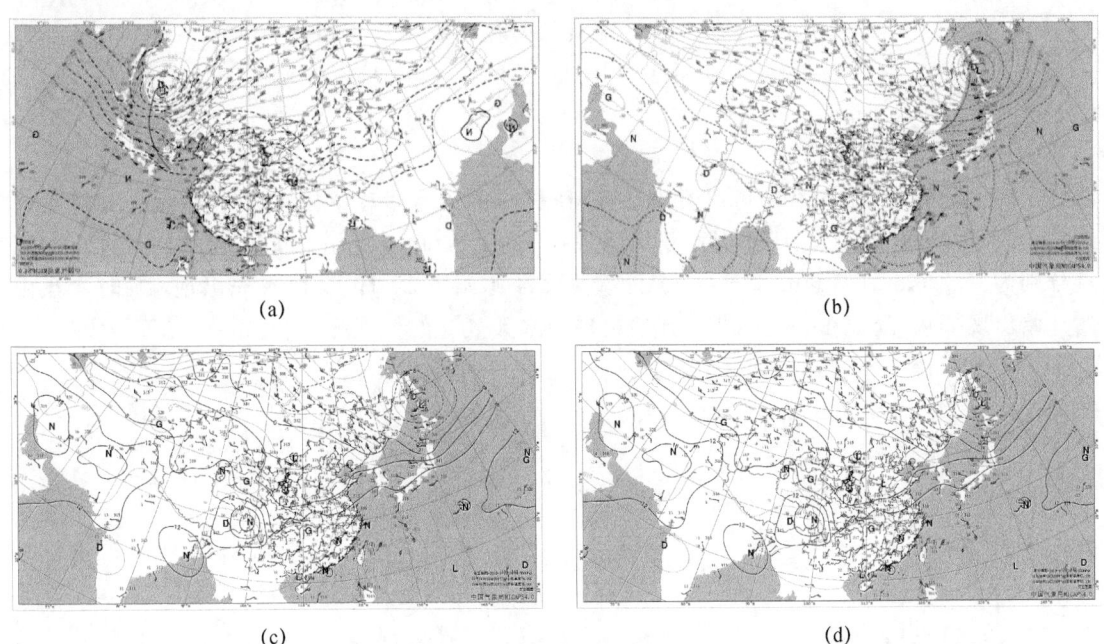

图 1 高空形势场图

(a)18 日 20 时 500 hPa；(b)19 日 20 时 500 hPa；(c)18 日 20 时 700 hPa；(d)19 日 20 时 700 hPa 环流形势

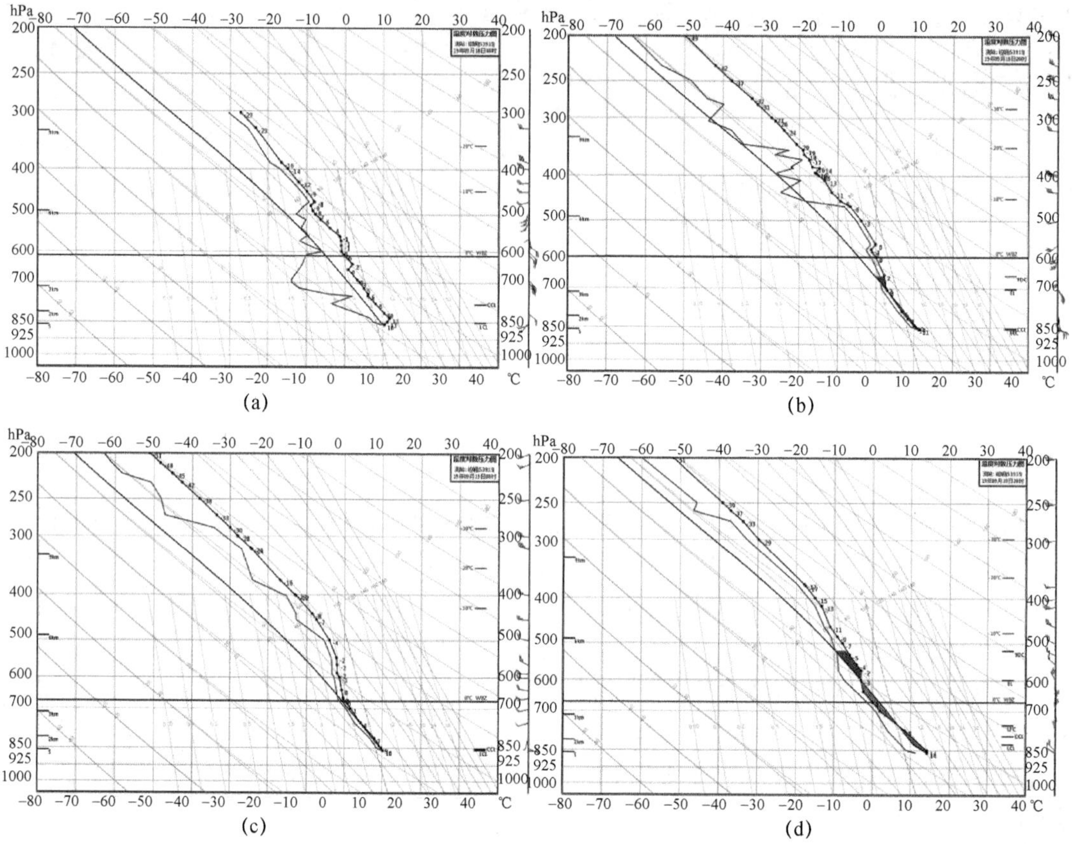

图 2　平凉 $t\text{-}\ln p$ 探空图

(a)18 日 08 时；(b)18 日 20 时；(c)19 日 08 时；(d)19 日 20 时

## 3.2　降水分布概况

从降水量的分布图(图3)可以看出，9 月 18—19 日降水过程整体表现为：六盘山站降雨量最大、其次为泾源、隆德，最大小时雨量均出现在 19 日 04 时，六盘山、泾源、隆德的最大小时雨量分别为：4.2 mm、4.3 mm、4.5 mm。此次降水泾源站于 18 日 17 时首先出现，18 时六盘山站开始出现降水，隆德在 18 日 22 时开始出现降水天气。

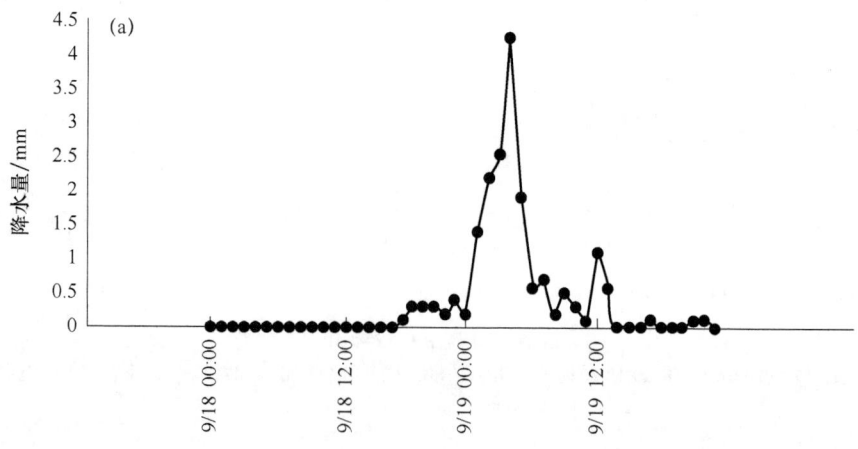

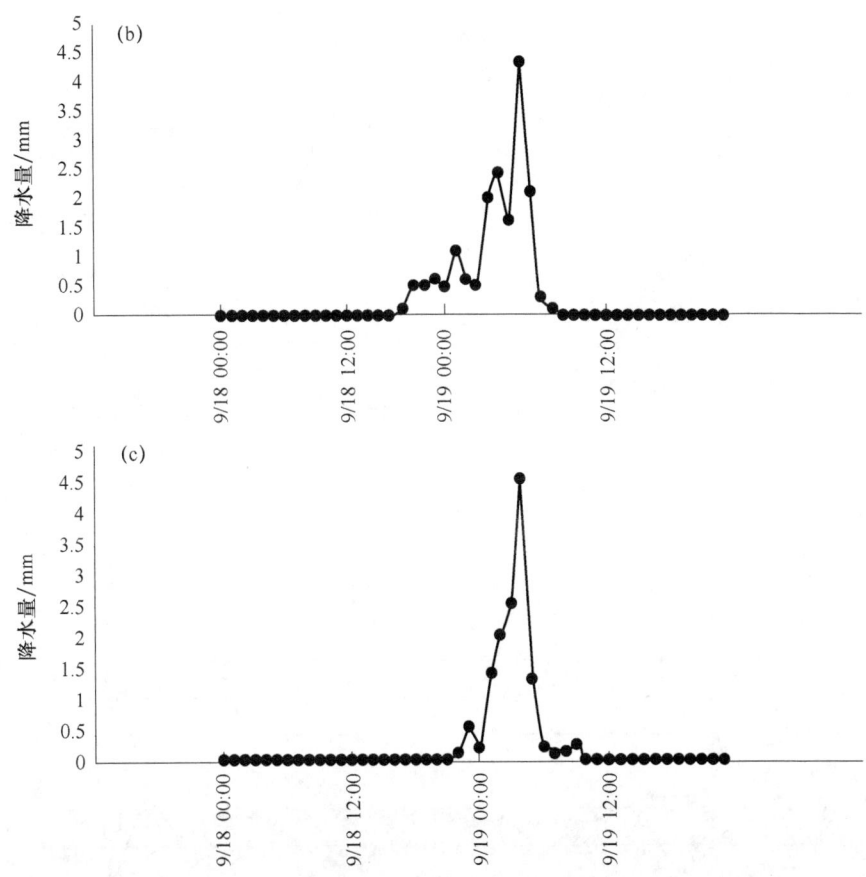

图 3 2019 年 9 月 18—19 日六盘山(a)、泾源(b)、隆德(c)站逐小时降雨量图

六盘山山顶累计降水量为 18.4 mm;隆德县累计降水量在 12.2~18.6 mm,降雨量在全县范围分布比较均匀;泾源县累计降水量在 11.4~25.4 mm,泾源县沿六盘山山脚一带降水量级大于其他地区。通过分析发现,在雨强较大时,气压波动明显,总体呈下降趋势,雨强变弱时气压上升明显,之后又呈下降趋势;降雨出现时,气温下降 1 ℃左右,降雨停止时气温逐渐回升;湿度略有上升。

### 3.3 风向风速变化特征分布

隆德县城关镇炮点位于隆德县城北部 1.9 km 处的山坡上,在该站点上安装一部三维风速仪(图 4),山坡上的水平风以东南风为主,水平风速主要集中在 4~8 m·s$^{-1}$。最大值在 9 月 19 日 16 时,为 5.4 m·s$^{-1}$,最小值在 9 月 19 日 3 时,为 0.58 m·s$^{-1}$。

山坡上的垂直风速主要集中在 0.1~−0.1 m·s$^{-1}$,最大值在 9 月 15 日 15 时,为 0.68 m·s$^{-1}$;最小值在 9 月 19 日 14 时,为−0.21 m·s$^{-1}$,出现明显拐点,在 9 月 18 日 23 时至 9 月 19 日 11 时,为下沉气流。气流上升时,降水量很小或者没有降水,气流下沉时,降水量增大。

## 4 降水宏观特征对比分析

如图 5、图 6 所示,针对 9 月 18—19 日降水过程中两种型号的微波辐射计对比分析发现(灰色折线为青岛微波辐射计,黑色折线为德国微波辐射计),此次降水过程中,德国微波辐射

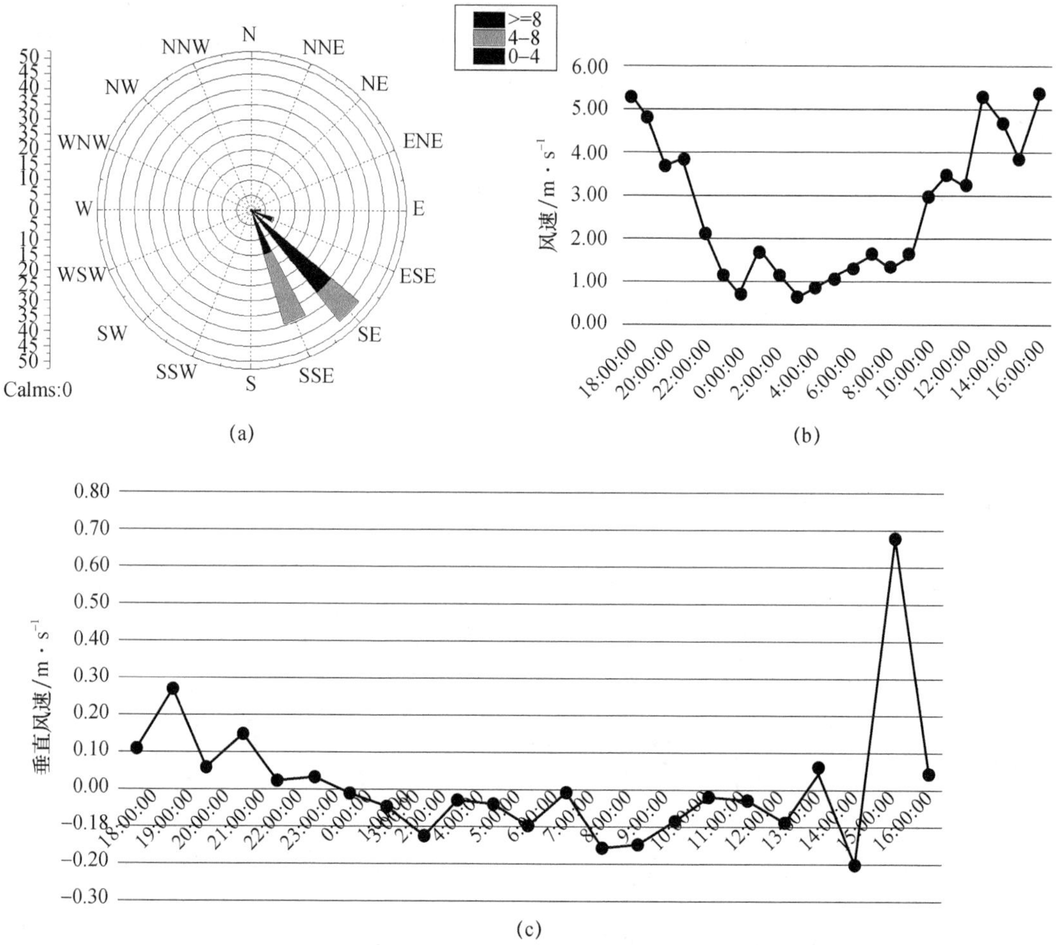

图 4 三维风速仪
(a)风向；(b)水平风速；(c)垂直风速

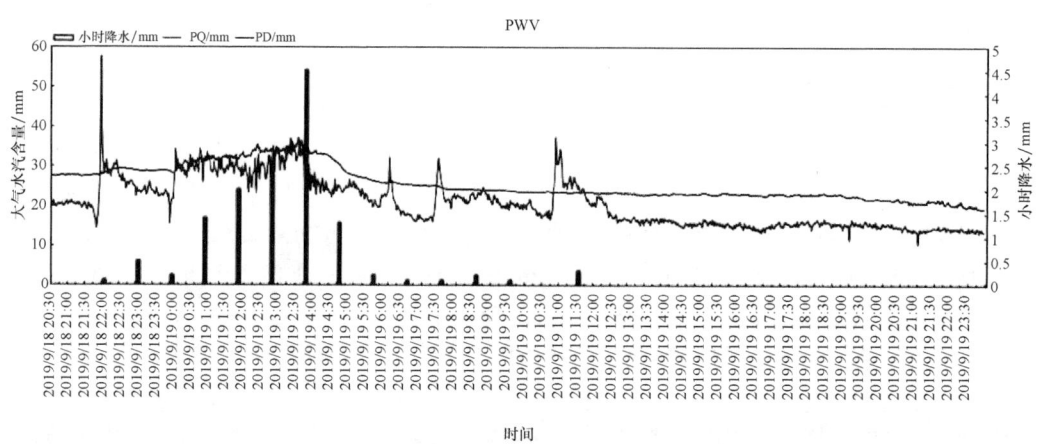

图 5 两微波辐射计 PWV 与降水变化的对比

计反演的大气水汽含量(PWV)比青岛微波辐射计反演的值大且波动较小,青岛微波辐射计的PWV波动较大,在降水时段内两微波辐射计PWV的值较为相似;从图6中可以看出,在非降水情况下青岛微波辐射计与德国微波辐射计得到的云液态水含量(LWP)相差不多,在降水情况下青岛微波辐射计得到的LWP高于德国微波辐射计的值,说明降水对青岛微波辐射计的影响比对德国微波辐射计的影响大。

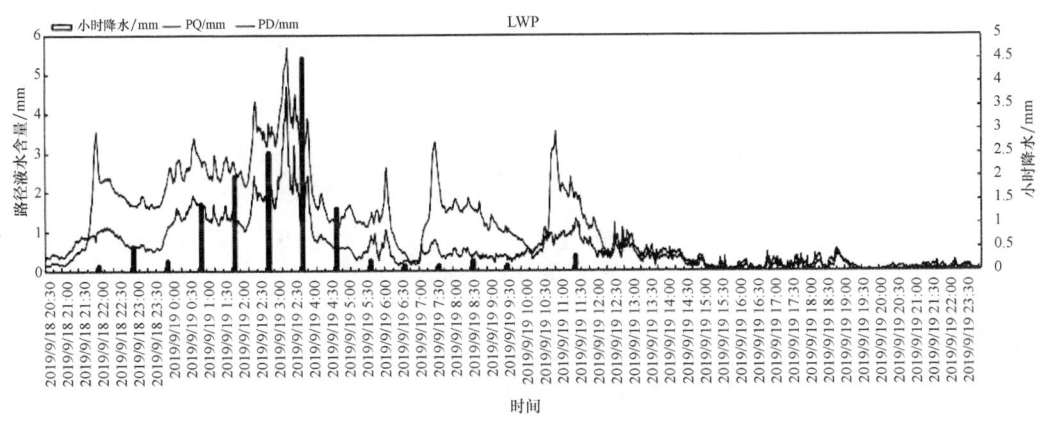

图6 两微波辐射计LWP与降水变化的对比

# 5 云和降水粒子微观特征分析

## 5.1 云垂直微观特征分析

从图7、图8可以看出,六盘山气象站毫米波云雷达接地起止时间主要集中在18日16—19日16时。云系发展旺盛的时段集中在19日00—05时,对应时段的累计降雨量也最大,雨强在04时达最强。隆德站云接地起止时间主要为18日17时—19日11时,回波强度在19日01—03时达到40 dBZ以上。由两站的速度谱宽来看,在降水发展前有明显的上升气流,在下沉气流的上方,上升气流仍贯穿云体。在降水过程接近结束时云系处于消散阶段,下沉气流占据主导作用,速度谱宽特征对降水时段有较好的表征作用,谱宽>2 m·s$^{-1}$的时段均对应有降水。由液态水含量图(图7 d,图8 d)可以看出,隆德气象站的水汽条件比六盘山气象站更充沛。六盘山气象站与隆德气象站的信噪比产品对降水的指示略有差异,六盘山气象站信噪比>20 dBZ时对应降水,隆德气象站达50 dBZ以上才对应有降水过程。

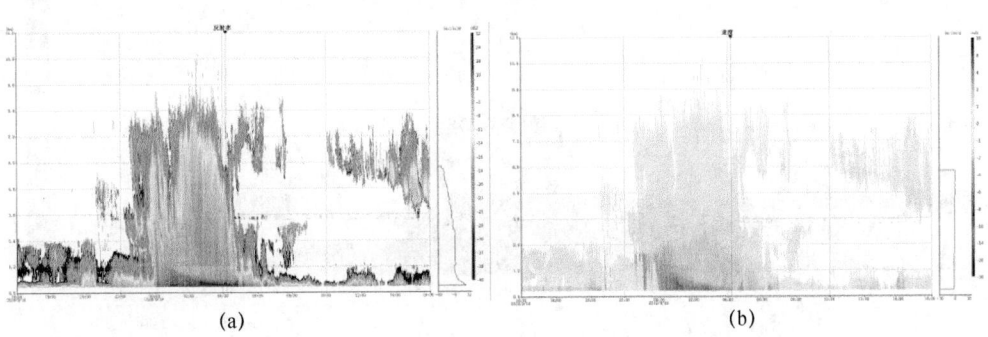

(a)            (b)

(c)

(d)

(e)

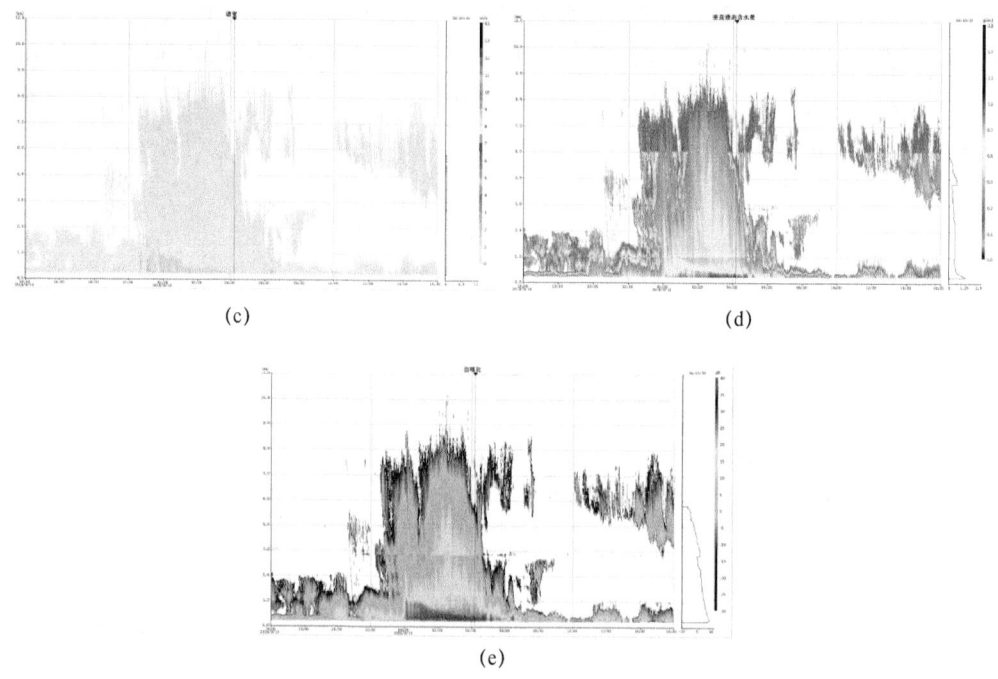

图 7　六盘山站

(a)云雷达反射率图，(b)云雷达速度图，(c)云雷达速度谱宽图，(d)液态水含量图，(e)信噪比图

(a)

(b)

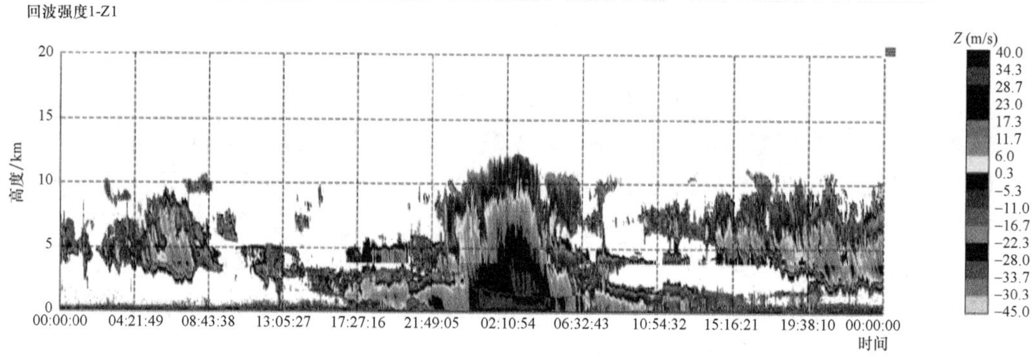

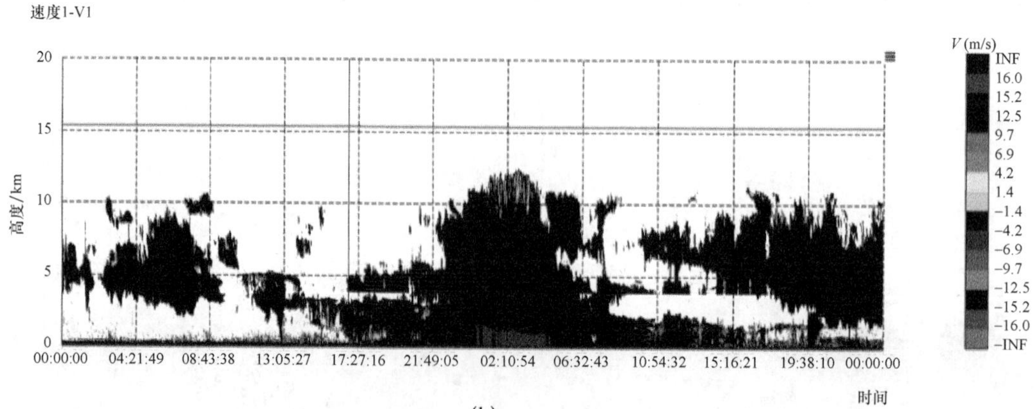

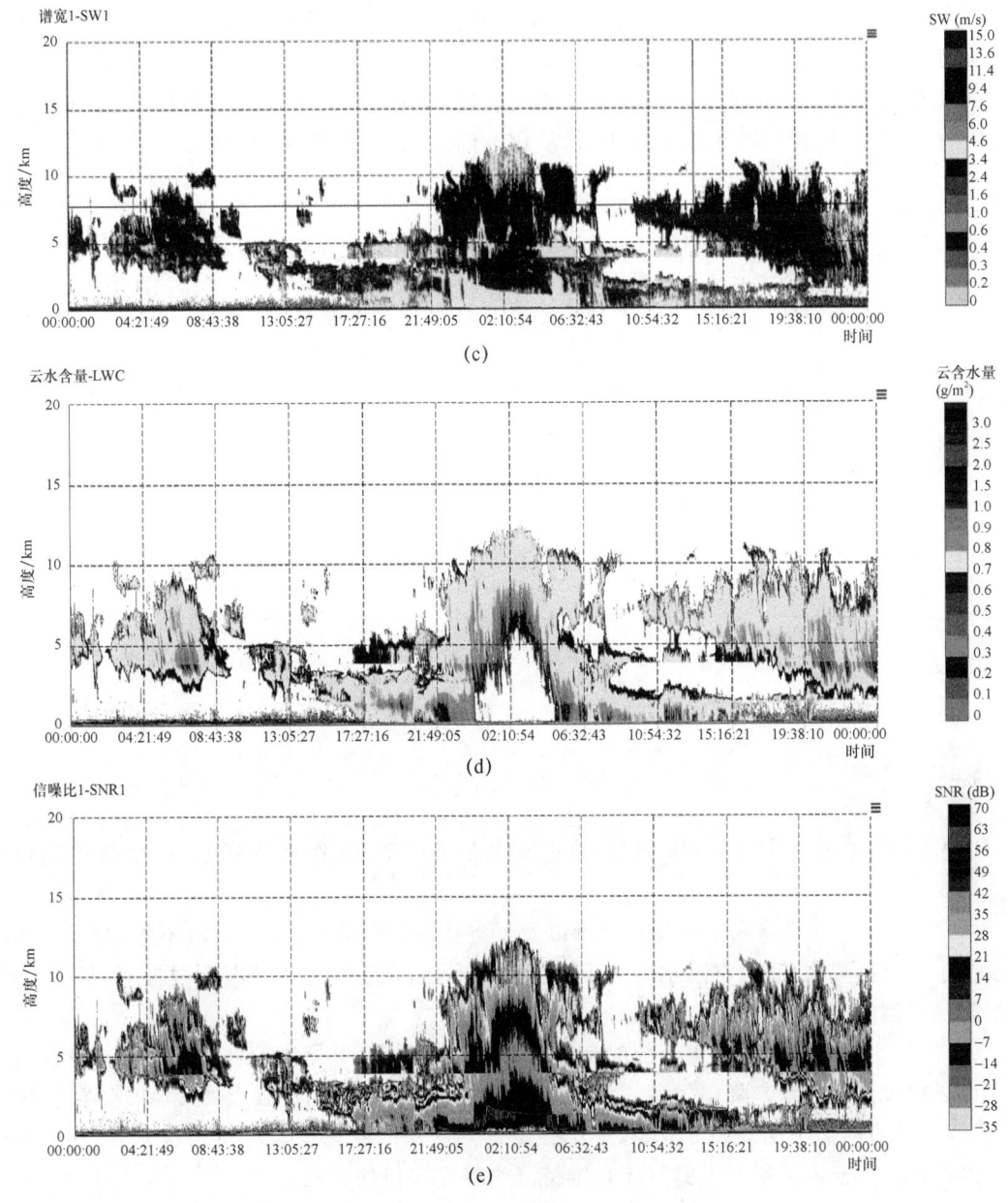

图 8 隆德站

(a)云雷达反射率图,(b)云雷达速度图,(c)云雷达速度谱宽图,(d)液态水含量图,(e)信噪比图

## 5.2 雨滴谱特征分析

表 1 山顶山脚各微物理量平均值

| 站点 | 样本数 /个 | 平均粒径 /mm | 众数粒径 /mm | 最大粒径 /mm | 雨强 /mm·h$^{-1}$ | 数浓度 /个·m$^{-3}$ | 含水量 /g·m$^{-3}$ |
|---|---|---|---|---|---|---|---|
| 山顶 | 430 | 0.341 | 0.514 | 1.736(6.5) | 0.84 | 272 | 0.041 |
| 山脚 | 430 | 0.478 | 0.613 | 1.618(3.75) | 0.93 | 167 | 0.045 |

取18—19日降水过程中山顶和山脚同时存在降水时段中的样本,共计430个,本次累计降水量山顶17.7 mm,山脚14.4 mm。如表1所示,平均直径反映降水粒子的平均大小,众数粒径反映了数密度最大的直径。山脚除了最大粒径其他直径参量都大于山顶,在雨强和含水量方面也大于山顶,但是数浓度小于山顶,从谱宽图(图9)同样也有所反映。

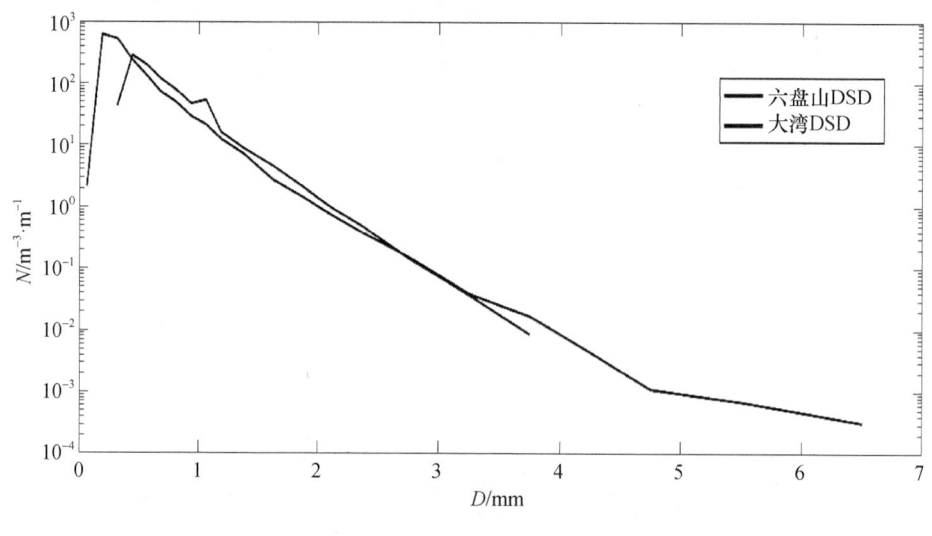

图9 山顶、山脚雨滴谱图

## 6 结论

通过对2019年9月18—19日降水过程的天气背景、云物理特征分析,结果得到以下结论。

(1)9月18—19日降水主要是高空槽以及低空切变线引起的,由于对流不稳定较强,本次降水属于混合型降水;通过将降水的宏观特征进行对比,发现在降水情况下两种不同型号的微波辐射计观测的液态水含量存在明显的差异。

(2)云雷达产品各因子较为全面的表征了本次降水过程,并根据回波强度及云接地的发展时间可以初步诊断并预判降雨过程。云接地的起止时间>1 h、回波强度达10 dBZ以上、速度谱宽>2 m·s$^{-1}$、信噪比>20 dBZ、粒子半径>100 μm时,液态水含量及云水含量较充沛,云系较深厚,此外,云内下层有上升气流是维持降水稳定维持的因素。

(3)降水粒子的最大粒径、数浓度山顶大于山脚,雨强和含水量山脚大于山顶。

本文对六盘山区一次短时降水过程的大气环流形势、对流参数CAPE指数等很好地描述了对流天气发生前云及不稳定能量的变化,对大气热力分析有很好的作用,同时通过微波辐射计、毫米波云雷达以及雨滴谱仪数据对本次过程中云系发展的微观物理过程进行了简单分析,结合多种观测资料为分析降水过程提供了有效的辅助参考资料。

**参考文献**

[1] 齐彦斌,郭学良,金德镇.一次东北冷涡中对流云带的宏微物理结构探测研究[J].大气科学,2007,31(4):621-634.

[2] 张文刚,徐桂荣,万蓉,等.基于地基微波辐射计的大气液态水及水汽特征分析[J].暴雨灾害,2015,34

(4):367-374.

[3] 张秋晨,龚佃利,王俊,等.基于地基微波辐射计反演的济南地区水汽及云液态水特征[J].气象与环境学报,2017(5):35-43.

[4] 巩宁刚,孙美平,闫露霞,等.1979—2016年祁连山地区大气水汽含量时空特征及其与降水的关系[J].干旱区地理,2017,40(4):762-771.

[5] 苏爱芳,周毓荃,吴蓁,等.一次典型降水层状云的结构特征和增雨潜势分析[J].气象与环境科学,2007(1):58-65.

[6] STEINKE S, LOHNERT U, CREWELL S, et al. Water Vapor Tomography With Two Microwave Radiometers[J]. IEEE Geoscience and Remote Sensing Letters, 2014, 11(2):419-423.

[7] COSSU F, HOCKE K, MARTYNOV A, et al. Atmospheric water parameters measured by a ground-based microwave radiometer and compared with the WRF model[J]. Atmospheric Science Letters, 2015, 16(4):465-472.

[8] 李军霞,李培仁,晋立军,等.地基微波辐射计在遥测大气水汽特征及降水分析中的应用[J].干旱气象,2017(5):61-69.

[9] 田磊,桑建人,姚展予,等.六盘山区夏秋季大气水汽和液态水特征初步分析[J].气象与环境学报,2019,35(6):28-37.

[10] 王慧娟,熊守权,李德俊,等.基于激光雨滴谱仪的一次降水云滴谱特征分析[J].高原山地气象研究,2013,33(1):17-22.

[11] 王凯,孙美平,巩宁刚.西北地区大气水汽含量时空分布及其输送研究[J].干旱区地理,2018,41(2):73-80.

[12] 胡雅君,张伟,赵玉春,等."5·7"闽南沿海暖区特大暴雨中尺度特征分析[J].气象,2020,46(5):629-642.

[13] 吕珊珊,周青,张勇.基于毫米波雷达观测及探空反演的云垂直结构对比分析[J].气候与环境研究,2021,26(1):1-13.

[14] 霍娟,吕达仁,段树,等.基于2014—2017年Ka毫米波雷达数据分析北京地区云宏观分布特征[J].气候与环境研究,2020(1):45-54.

[15] 王瑾,岳治国,贺文彬,等.西安地区积层混合云的 $Z$-$R$ 关系研究[J].暴雨灾害,2020,39(4):409-417.

[16] 邓诗茹,解震华.CSAT3三维超声风速仪观测资料质量检验[J].气象与减灾研究,2019,42(2):156-160.

[17] 袁正旋,覃军,曾向红,等.湖南岳阳一次大暴雨过程近地层湍流特征分析[J].暴雨灾害,2017,36(5):431-439.

# 六盘山区一次对流天气综合观测分析[*]

党张利  常倬林[*]  贾乐

(1. 中国气象局旱区特色农业气象灾害监测预警与风险管理重点实验室,银川 750002;
2. 宁夏气象防灾减灾重点实验室,银川 750002)

**摘 要**:本文利用卫星云图、高空温压场分布、探空等常规观测资料和云雷达、微雨雷达、雨滴谱仪等人工影响天气特种观测资料,对六盘山区 2019 年 8 月 28 日一次对流性降水天气过程进行分析。结果表明:(1)此次降水过程主要是在东北冷涡后部短波槽和暖高压共同影响下,六盘山区在 8 月 28 日 13—16 时发生了一次对流性降水天气过程,最大累计降水量为 27.4 mm。(2)云雷达反演的各因子显示云接地的起止时间>1 h,回波强度达 10 dBZ 以上、速度谱宽>2 m·s$^{-1}$、信噪比>20 dBZ 时液态水含量及云水含量较为充沛,云系较为深厚,此外,云内下层有上升气流,是维持降水稳定维持的因素,且瞬时降雨率>2 mm·h$^{-1}$时,对降雨的实况有较好的表征指示作用。(3)通过微雨雷达发现此次降水的水凝物主要是雪颗粒和霰,且山脊在降水过程中-4 ℃到 0 ℃温度窗水凝物粒子下落末速度比山谷略小;雨滴谱呈多峰型,符合不稳定型降水的特征。

**关键词**:六盘山区;对流天气;Ka 波段云雷达;微雨雷达;雨滴谱仪;综合观测

## 1 引言

不同地区对流系统及其降水特征并不完全相同,许多研究对不同区域对流性降水进行分析,王华荣等[1]对西南低涡对流云团特征进行分析,发现对于同一时刻具有相同最低红外或最低水汽亮温特征的云,其降水落区与量级都不尽相同。还有研究利用不同探测设备对对流云微观特征进行分析,张涛等[2]、仲凌志等[3]、唐洁等[4]利用 Ka 波段云雷达研究青藏高原对流云分布特征,研究表明对流云中强上升气流贯穿-17~-7 ℃的过冷水层,冰晶与过冷水撞冻和凇附增长形成较大的霰,反之,上升气流较弱,凇附增长较弱,霰粒子较小,且冰晶和霰的融化出现在环境 0 ℃层上方的 300 m 区域内。胡子浩等[5]、陈宝君等[6]、李艳伟等[7]、刘红燕等[8]利用雨滴谱仪资料对对流云降水特征进行分析,发现对流云降水特征直径均大于层状云降水,两类云降水的中数直径较小,小于相对应的平均直径,对流云降水拟合时的 Gamma 分布曲线与实际雨滴谱分布曲线整体吻合程度较高。

讨论降水云的微物理量的演变规律和特征,对研究发展具有地域特点的人工增雨工作有很大的促进作用[9],很多学者[1-8]利用不同手段对对流性降水过程展开了大量的观测与研究,但缺乏对山区地形下对流性降水的观测研究[7]。六盘山位于青藏高原东北缘,处在西风带的

---

[*] 资助项目:西北区域人影建设研究试验项目(RYSY201904),国家自然科学基金面上项目(42075073),第二次青藏高原综合科学考察研究项目(2019QZKK0104),宁夏自然科学基金项目(2020AAC03468,2020AAC03469)共同资助。
作者简介:党张利(1988—),女,助工,主要从事人工影响天气与大气物理方面的研究。E-mail:1336833529@qq.com。
通讯作者:常倬林(1981.10—),女,山西文水人,硕士,高级工程师,主要从事大气物理与大气环境、人工影响天气、卫星遥感等研究。E-mail:changzhl05@126.com。

中低层,位于受青藏高原阻挡而形成的南北两支气流的交汇区域,同时也处于季风区的边缘、是胡焕庸线经过的地区,山体又具有山地气候的特点,气流遇山地抬升,温度降低,有利于水汽凝结形成云雾降水。

本文首先根据 2019 年 8 月 28 日降水过程中环流背景、探空、卫星云图分析降水影响系统和降水类型,其次利用云雷达、微雨雷达、雨滴谱仪和三维风速仪分析云系宏微观特征以及降水粒子在山脊和山谷水凝物和谱型分布特征。

## 2 对流降水发生的环流背景

2019 年 8 月 28 日午后,六盘山区出现了一次对流性降水天气过程。最大降水出现在泾源县六盘山镇东山坡林场,降水量为 27.4 mm,最大小时降水量出现在泾源县红峡林场,降水量为 17.9 mm。从降水时序(图略)来看,降水出现时段为 13—16 时,其中 13—14 时为降水最强的时段。

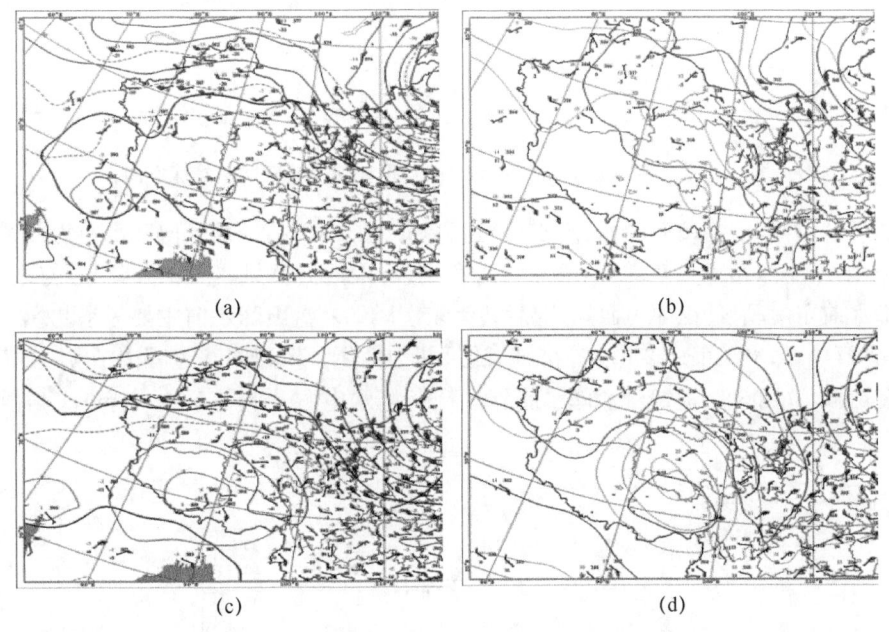

图 1 2019 年 8 月 28 日 08 时、20 时环流形势图
(a)28 日 08 时 500 hPa;(b)28 日 08 时 700 hPa;(c)28 日 20 时 500 hPa;(d)28 日 20 时 700 hPa

500 hPa,8 月 28 日 08 时欧亚范围中高纬度环流形势总体为两槽(巴尔喀什湖、内蒙古东部—东北地区)一脊(新疆到蒙古国西部),内蒙古—东北地区有一明显的冷涡,冷涡环流中心位于内蒙古东部,该环流形势为宁夏夏季强对流天气的典型环流形势(图1)。宁夏处于脊前西北气流中,随着冷涡的旋转,引导北部冷空气向南活动,沿着高压脊前的西北气流自西北向东南方向移动,08 时,在甘肃中部—青海东北部,西北气流中存在一短波槽,受脊前西北气流及东北冷涡后部气流的引导,短波槽快速向东南方向移动。受 500 hPa 短波槽过境影响,28 日午后六盘山区出现了对流性降水天气。28 时 20 时,短波槽继续向东南方向移动,主体移至山东—湖北一带。700 hPa 环流形势与 500 hPa 类似,基本为"两槽一脊",28 日 08 时,宁夏处于高压脊前部,受高压脊东移影响,28 日白天低层增暖明显,配合 500 hPa 短波槽所带来的冷空气影响,大气不稳定层结增强,导致六盘山区出现对流性降水天气过程。

28日平凉站探空图(图2)来看,28日08时,600~500 hPa高度存在一干层,低层存在一定的对流抑制能量(CIN),CAPE值较小,K指数达到35 ℃,SI指数为-0.14 ℃,存在热力不稳定。28日白天随着低层升温,热力不稳定层结进一步加强,午后受500 hPa弱冷空气侵入影响,加剧了大气不稳定层结,触发了强对流天气,六盘山区出现了明显的对流性降水天气。28日20时,可以看到受干冷空气侵入影响,中高层相对湿度明显减小,对流有效位能CAPE值达到501.2,由于已发生对流性天气,对流抑制能量明显减小,K指数为34 ℃,SI指数为-0.37 ℃,存在明显的不稳定层结。

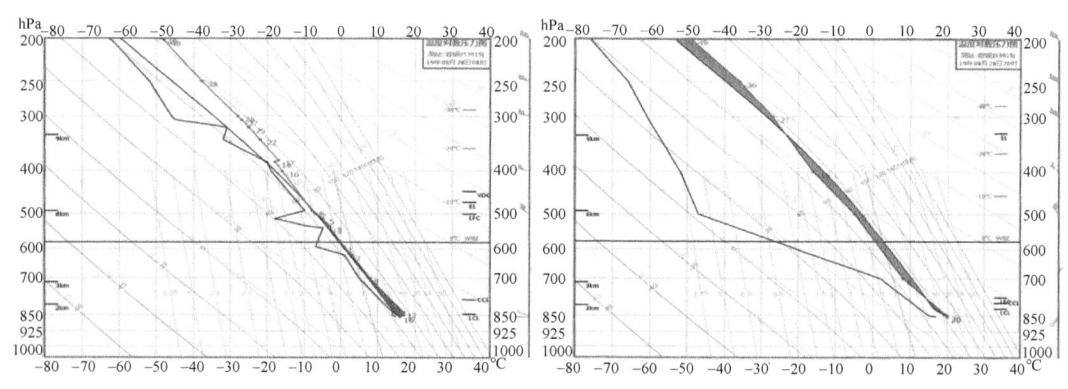

图2 2019年8月28日08时(左)、20时(右)平凉气象站探空图

此次过程泾源和六盘山有降水,降水后温度降低、湿度增大,泾源风向降水前为西风,降水前3 h转为东南风,降水结束为东北风,随后转为东南风,最后为西风。隆德无降水,与之相对应的时间段,降水前东南风,过程中为西风,随后转为东南风。六盘山降水前主要为东北风,降水过程中逐渐转为西风,降水结束后2 h为东北风,随后转为西风。风速降水过程中泾源、隆德、好水均增大,六盘山减小(图3)。垂直气流降水前总体上升,降水中下沉,降水后0.01 m·s$^{-1}$,微弱上升。

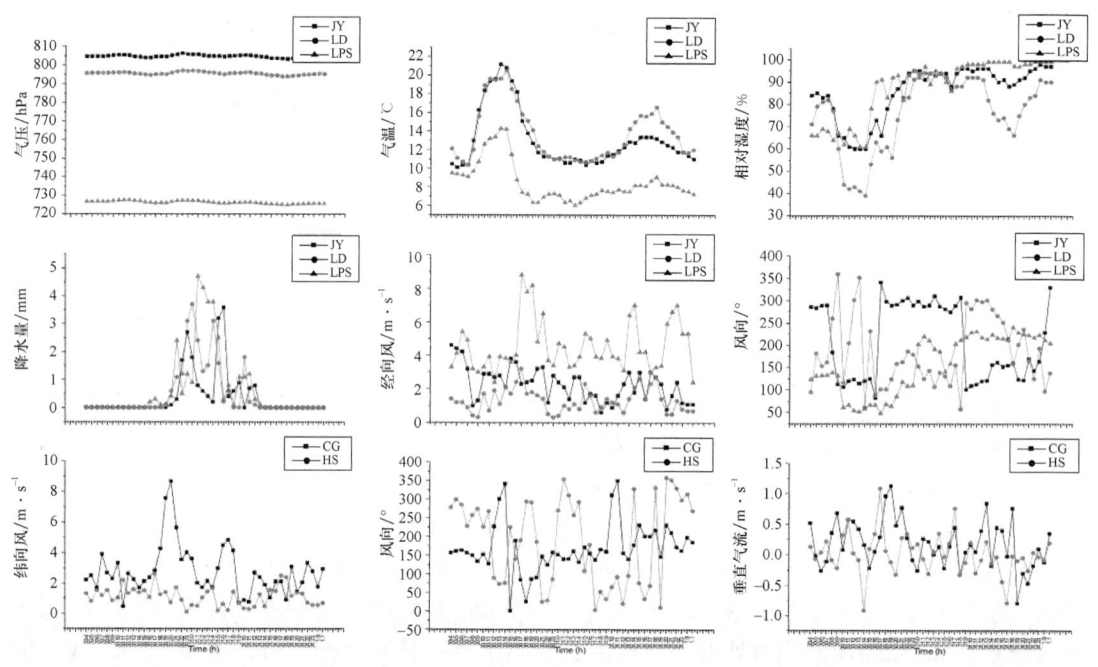

图3 隆德城关、好水三维风观测与泾源、隆德、六盘山地面风观测对比

## 3 云宏微观分布特征

### 3.1 云图分布特征

从降水期间红外云图和可见光云图(图4)来看,此次降水过程云系整体由西北向东南方向移动,主降水阶段云顶亮温基本在−30～−20 ℃,可见光云图色调不均匀,反射率起伏较大,降水区域反射率基本在0.9～1,属于对流性降水云图特征。

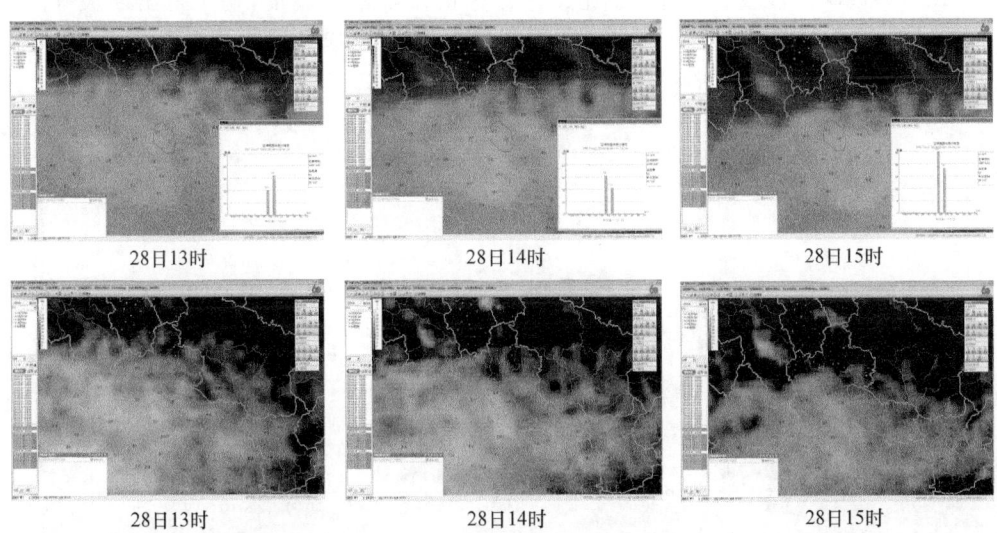

图4　2019年8月28日13—15时FY-2G红外云图(上)、可见光云图(下)

从主降水时段(28日14时)卫星反演产品(图5)来看,此次降水过程云顶高度在6～7 km,云顶温度为−20～−30 ℃,过冷层厚度2.5～3 km,光学厚度16～56,属于一般强度的对流性降水。可能由于是小范围对流性降水,云系范围较小,降水区液水路径和有效粒子半径反演值均为0。

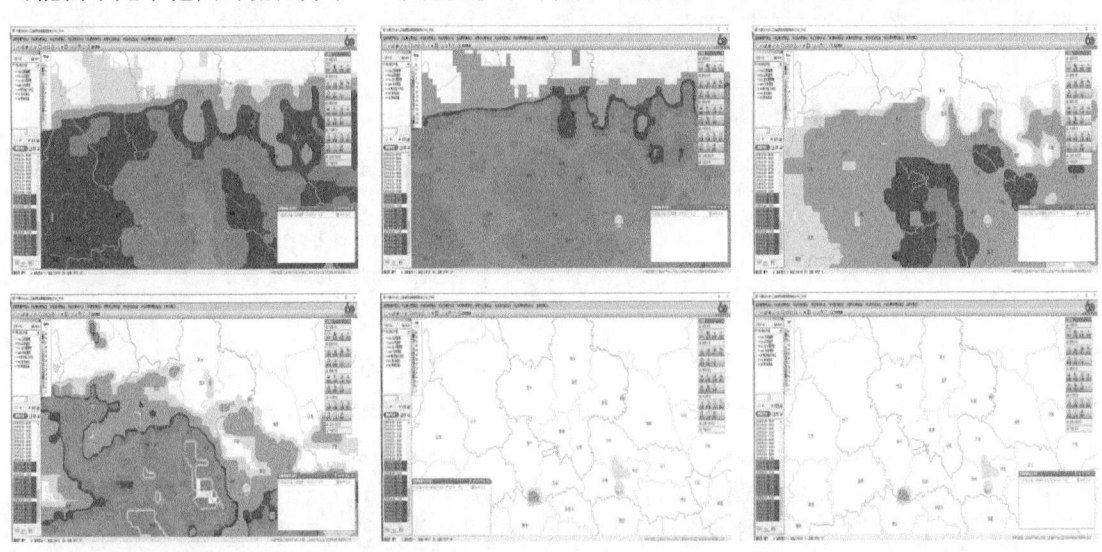

图5　2019年8月28日14时卫星反演产品
(从左到右、从上到下依次为云顶高度、云顶温度、过冷层厚度、光学厚度、液水路径、有效粒子半径)

## 3.2 云雷达回波特征分析

通过六盘山站与隆德站云雷达 28 日 00 时至 29 日 00 时反射率因子(图 6)可以看出,六盘山站云顶高度在 5.4~7.5 km,隆德站云顶高度在 6~9 km,六盘山站云雷达探测的云接地起止时间为 5:50—6:30;11:50—16:10,其中,回波强度大值区出现在 12—14 时,12 时,云体高度达到最高 7.5 km,在 12:30 达到最强为 24 dBZ。隆德站的云接地起止时间为 6:30—7:00;12:00—12:40;逐时降雨量为 0 mm。通过对比分析及多个例验证,初步得出回波强度达 10 dBZ 以上以及云接地的起止时间>1 h 时,易出现降雨天气,因此可根据云雷达的回波强度以及云接地的发展时间初步诊断并预判降雨过程。

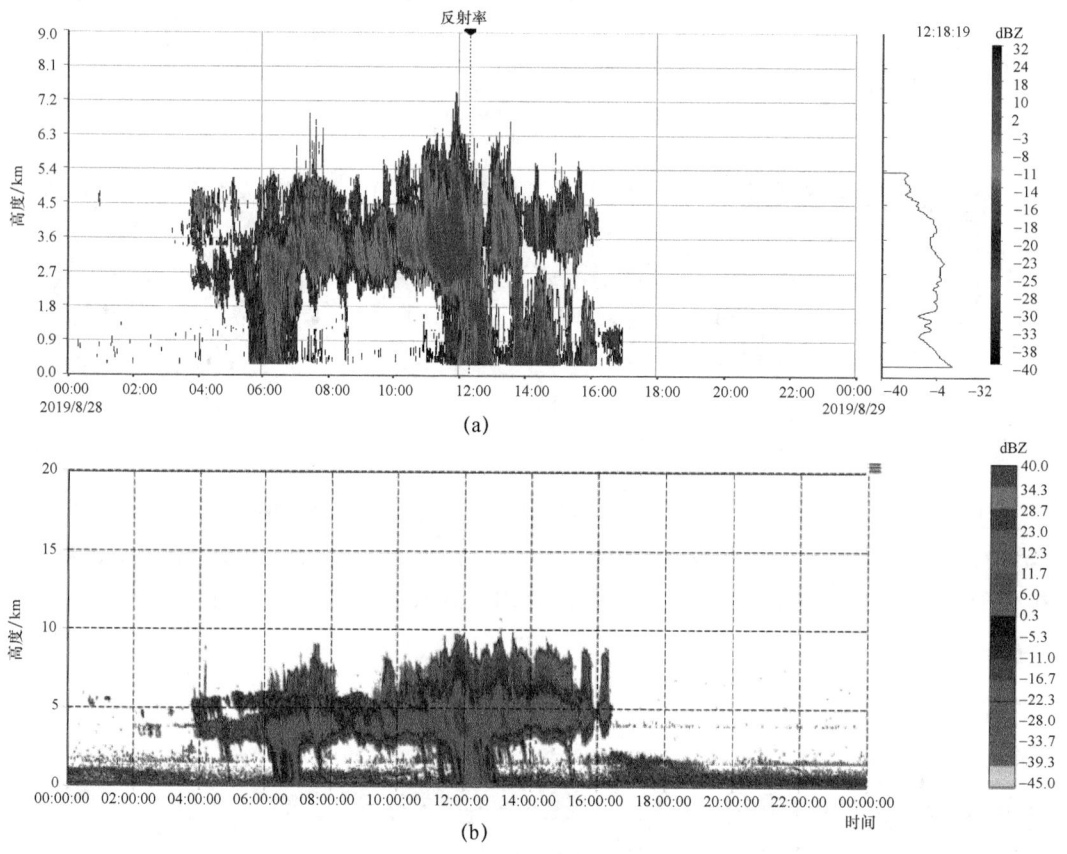

图 6　2019 年 8 月 28 日 00 时—29 日 00 时云雷达探测的反射率因子分布图
(a)六盘山站;(b)隆德站

从六盘山站和隆德站云雷达径向速度(图 7)可以看出,云雷达的径向速度时空分布与反射率因子的轮廓基本一致,但分层现象更明显。上层云体密度较稀疏,云内部有明显的下沉运动,期间并伴随着间断性上升运动,云体不断发展,其中,0 ℃层亮带以上粒子的下降速度较小,0 ℃层亮带以下,粒子的下落速度显著增大,基本超过 $-4$ m·s$^{-1}$,最大速度在 12:30 达 $-8$ m·s$^{-1}$ 以上,表明该次观测个例在 0 ℃层上下有明显的粒子相态演变过程,冰雪等粒子下落的过程中,通过大气在 0 ℃层后,表面开始融化,从固态转化成液态,下落速度增大,渐渐变成液水、毛毛雨到大雨滴。进一步分析垂直速度的廓线图,可见云内下层有上升气流,这是维持这一时段降水稳定维持的因素。隆德站云内下层无上升运动。从速度谱宽可以看出(图略),云体下部谱宽大值区和强反射率因子对应,反映了液态过冷水下落过程的碰并增长结果,谱宽最大值为 5 m·s$^{-1}$,出现在该过程的主要降水时段中 12—14 时降水时段中,对应时段的小时降水量也较强。隆德站云在接地时段内速度谱宽为 1 m·s$^{-1}$ 及以下,初步诊断表明,速度谱宽>2 m·s$^{-1}$ 时,易产生降雨天气。

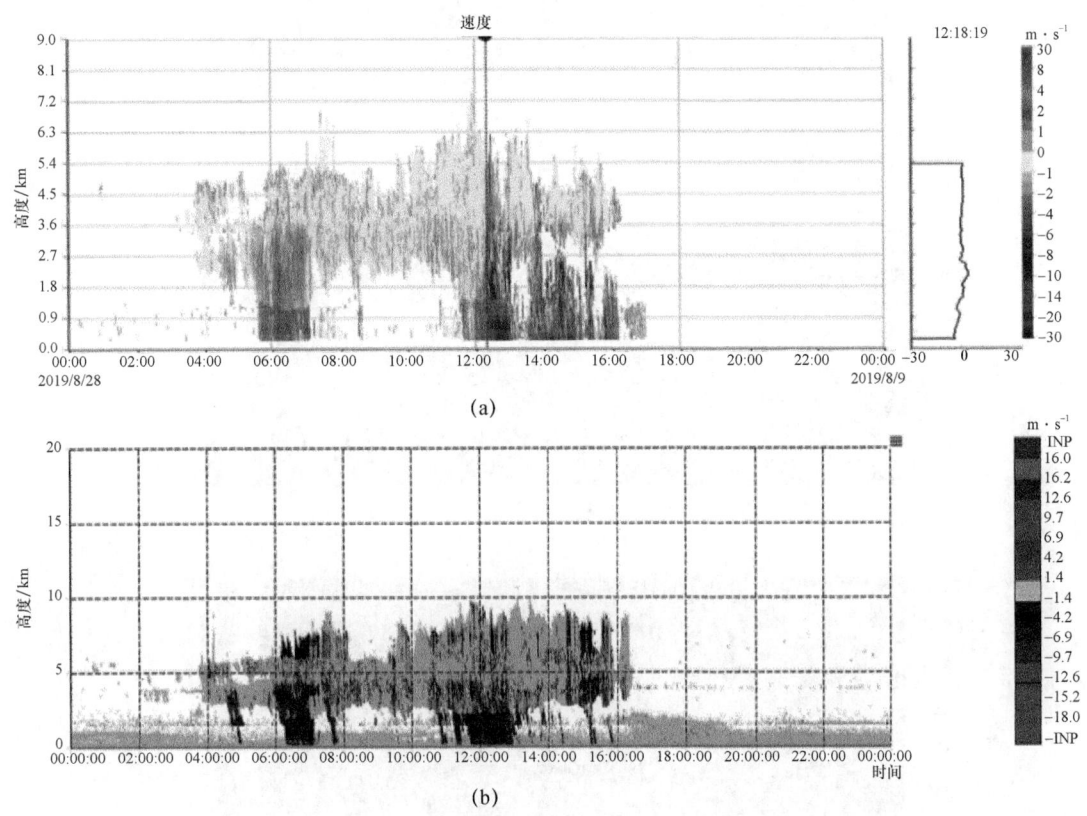

图 7　2019 年 8 月 28 日 00 时至 29 日 00 时云雷达探测的速度分布图
(a)六盘山站；(b)隆德站

从六盘山、隆德两站的云分布宏观特征(图略)可以看出,六盘山站的云系较为深厚,10 km 以下的低层云与中层云为主,隆德站上空为雨层云,水汽条件较为充沛。云层数以及云的底高顶高厚度等宏观条件指标与降水量的相关性有待进一步深入分析。已有研究表明,有效粒子半径与降水量关性较好,从隆德站云雷达反演粒子半径和瞬时降雨率产品(图略)来看,粒子有效半径在强降雨时段基本在 20~100 μm,瞬时降雨率与实况也对应良好。

## 4　降水粒子分布特征

### 4.1　微雨雷达分布特征

MRR-2 垂直探测雷达反射率因子在 0 ℃ 等温线以下 $Z$ 的值先增大后减小,存在一个强雷达回波区(图8),而从地表到强雷达回波区底部的垂直反射率几乎是恒定的;在 0 ℃ 等温线 $w$ 的值先增大最后基本稳定,本次过程符合层状云降水特征。

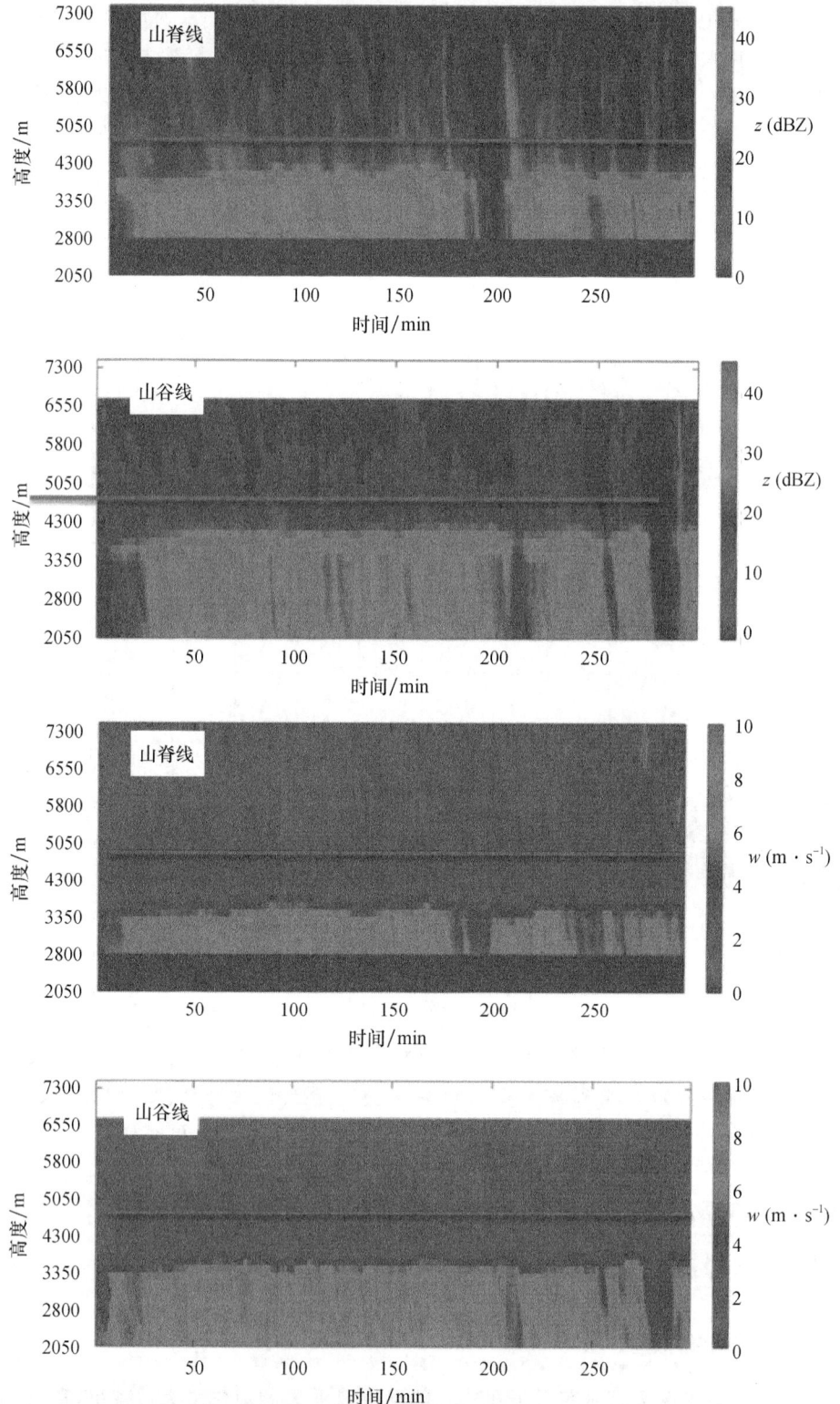

图 8 六盘山区 MRR-2 降水参量随时间和高度变化
(a,b 为雷达反射率因子,c,d 为下落末速度。粗实线为 0℃等温线高度)

六盘山区层状云降水在BBb以下回波较弱,其大湾和六盘山站地面的$z$均值约为25 dBZ和27 dBZ且随高度变化很小,略低,$w$地面均值分别为5 m·s$^{-1}$和4.5 m·s$^{-1}$,六盘山站略低。在0 ℃等温线以上,大湾和六盘山站层状云反射率平均值随高度增高而迅速减弱至约17 dBZ左右。本次过程降水参数平均值垂直变化,可见两站的亮带顶高、底高及厚度分别为3000 m、2700 m和300 m左右,山谷站的亮带顶高、底高及厚度分别为3105 m、2460 m和645 m,0 ℃等温线的高度为3330 m,两站亮带顶高距离0 ℃等温线约300 m,山脊站和山谷站0 ℃层亮带顶高和底高对应温度分别为1.9 ℃和3.8 ℃。

六盘山区层状云降水在BBb以下回波较弱,其大湾和六盘山站地面的$z$均值约为26.8 dBZ和27.2 dBZ且随高度变化很小,大湾略低,$w$地面均值分别为5 m·s$^{-1}$和4.7 m·s$^{-1}$,六盘山站略低。在0 ℃等温线以上,大湾和六盘山站层状云反射率平均值随高度增高而迅速减弱至约17 dBZ左右。可以看出在此次降水过程中,−4 ℃到0 ℃温度窗两站各层水凝物的下落速度稳定在110～400 cm·s$^{-1}$,可以推断水凝物主要是雪颗粒和霰;水凝物的下降末速度随着高度减小而逐渐增大,可以推测在下降的过程中经历淞附过程影响的雪颗粒和霰的生长。相对而言,山脊站在降水过程中−4 ℃到0 ℃温度窗水凝物粒子比山谷站略小。

## 4.2 雨滴谱仪分布特征

利用隆德陈靳、西吉田坪、泾源惠台的雨滴谱资料和六盘山、隆德气象站的降水现象仪观测资料,反演计算了总数浓度、峰值数浓度、众数粒径、平均粒径、雨强、最大粒径、平均体积粒径、雷达反射率因子、优势粒径、含水量、动量通量等微物理特征量(表1)。对此次降水过程降水微物理特征进行了分析。六盘山气象站:(1)从雨强变化看,降水时段为11:23—16:08。降水较大时段集中在13:00—15:00。(2)雨强最大为15.3 mm·h$^{-1}$,粒子最大直径7.5 mm,数浓度最大为573,含水量最大为0.62。西吉田坪作业点:(1)从雨强变化看,降水时段为08:23至12:19。降水较大时段集中在08:00—09:00。(2)雨强最大为3.1 mm·h$^{-1}$。粒子最大直径5.5 mm,数浓度最大为260,含水量最大为0.87。隆德、陈靳作业点:(1)从雨强变化看,降水时段为12:01—13:14。降水较大时段集中在12:00—13:00。(2)雨强最大为2.1 mm·h$^{-1}$。粒子最大直径6.5 mm,数浓度最大为255,含水量最大为0.12。泾源、惠台作业点:(1)从雨强变化看,降水主要时段为12:21—15:47。降水较大时段集中在13:00—15:00。(2)雨强最大为11.1 mm·h$^{-1}$,粒子最大直径6.5 mm,数浓度最大为594,含水量最大为0.45。

表1 各站点雨滴谱微物理特征量均值

| 站点 | 平均直径/mm | 最大直径/mm | 众数直径/mm | 优势直径/mm | 平均体积直径/mm | 雨强/mm·h$^{-1}$ | 数浓度/m$^{-3}$ | 含水量/g·m$^{-3}$ | 动能通量/J·m$^{-2}$·h$^{-1}$ |
|---|---|---|---|---|---|---|---|---|---|
| 六盘山 | 0.708 | 1.907 | 0.529 | 1.458 | 0.887 | 1.429 | 96.279 | 0.056 | 11.414 |
| 田坪 | 0.731 | 1.394 | 0.654 | 1.046 | 0.813 | 0.317 | 48.629 | 0.023 | 4.102 |
| 陈靳 | 0.571 | 1.358 | 0.46 | 1.14 | 0.687 | 0.256 | 61.991 | 0.016 | 2.87 |
| 惠台 | 0.633 | 1.951 | 0.43 | 1.189 | 0.783 | 1.756 | 206.887 | 0.085 | 17.708 |

从各点雨滴谱微物理特征量均值对比来看(图9),陈靳雨滴平均直径最小为0.571 mm,这是因为陈靳粒子谱宽小的原因,平均直径田坪最大;最大直径均值是惠台的最大,陈靳的最下;雨强是惠台最大,陈靳最小;数浓度惠台最大,田坪最小;含水量惠台最大,陈靳最小。雨滴

谱(图10)均呈多峰型,不稳定型降水特征,惠台谱宽最大,陈靳最小(剔除大于6 mm 大雨滴)。四个点谱分布均在 0~0.5 mm 出现峰值,惠台小滴数浓度最大。

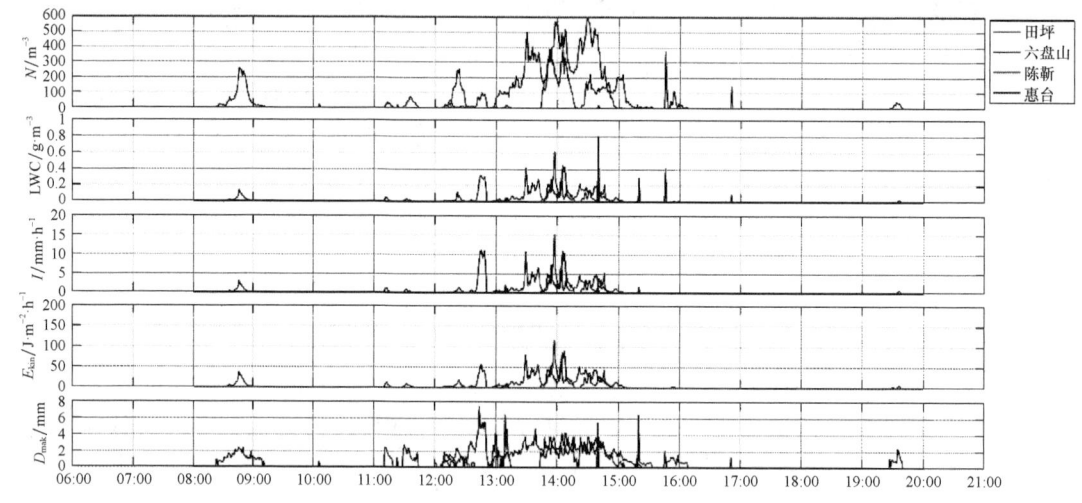

图9　各站点雨滴谱微物理特征时序变化对比图

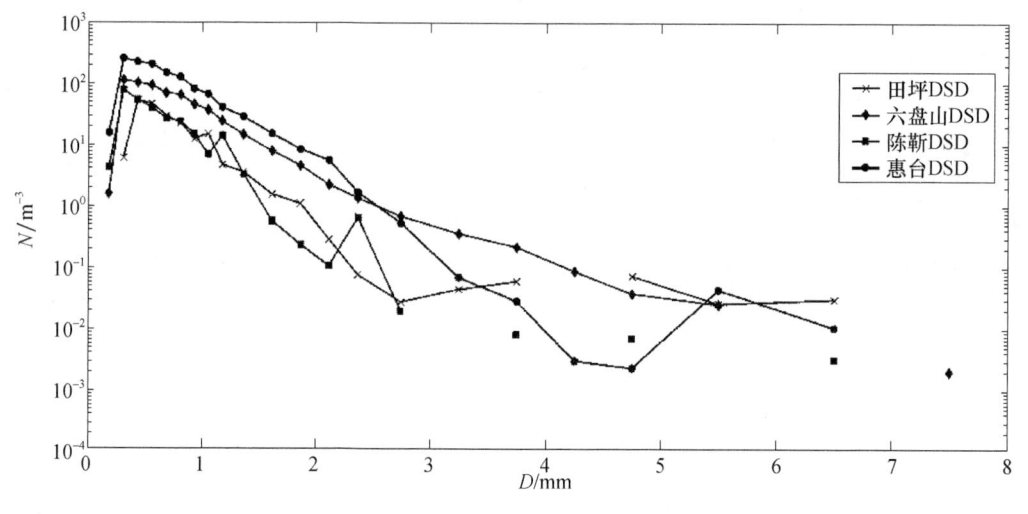

图10　各站点雨滴谱分布图

## 5　结论

(1)此次对流性降水过程发生在两槽一脊的环流背景下,主要的影响系统为 500 hPa 东北冷涡后部沿脊下滑短波槽和 700 hPa 暖高压,500 hPa 短波槽主要提供了冷空气条件,低层暖高压东移过程中造成低层增温,在其共同影响下,形成了明显的层结不稳定,导致六盘山区出现了对流性降水。

(2)云雷达产品各因子较为全面的表征了本次降水过程,并根据回波强度及云接地的发展时间可以初步诊断并预判降雨过程。云接地的起止时间>1 h 时、回波强度达 10 dBZ 以上、速度谱宽>2 m·s$^{-1}$ 时、信噪比>20 dBZ,液态水含量及云水含量较为充沛,云系较为深厚,此外,云内下层有上升气流,是维持降水稳定维持的因素,且瞬时降雨率>2 mm·h$^{-1}$时,对降雨的实况有较好的表征指示作用。

(3)此次降水水凝物主要是雪颗粒和霰,且山脊在降水过程中-4～0 ℃温度窗水凝物粒子下落末速度比山谷略小。

(4)此次降水雨滴谱呈多峰型是典型不稳定型降水特征,其中,惠台谱宽最大,陈靳最小。

## 参考文献

[1] 王华荣,何光碧,谌贵珣. 西南低涡对流云团及其降水的一些特征[J]. 高原山地气象研究,2012,32(2):26-31.

[2] 张涛,郑佳锋,刘艳霞. 利用 Ka 波段云雷达研究青藏高原对流云和降水的垂直结构及围观物理特征[J]. 红外与毫米波学报,2019,38(6):777-789.

[3] 仲凌志,刘黎平,葛润生. 毫米波测云雷达的特点及其研究现状与进展[J]. 地球科学进展,2009,24(4):383-391.

[4] 唐洁,郭学良,常祎. 青藏高原那曲地区夏季一次对流云降水过程的云微物理量及区域水分收支特征[J]. 大气科学,2018,42(6):1327-1343.

[5] 胡子浩,濮江平,张欢. 庐山地区层状云和对流云降水特征对比分析[J]. 气象与环境科学,2013,36(4):43-49.

[6] 陈宝君,李子华,刘吉成. 三类云降水雨滴谱分布模式[J]. 气象学报,1998,56(4):506-511.

[7] 李艳伟,杜秉玉,周晓兰. 新疆天山山区雨滴谱特性及分布模式[J]. 南京气象学院学报,2003,26(4):465-472.

[8] 刘红燕,雷恒驰. 基于地面雨滴谱资料分析层状云和对流云降水的特征[J]. 大气科学,2006,30(6):693-702.

[9] 濮江平,姜爱军,白卡娃,等. 南京地区不同云状降水雨滴谱分析研究[A]//第十五届全国云降水与人工影响天气科学会议暨中国人工影响天气事业 50 周年纪念大会论文集[C]. 长春:中国气象学会,2008:393-397.

# 基于云雷达及 ERA 资料的六盘山区 830—831 降水天气过程分析[*]

邓佩云[1,2,3] 舒志亮[1,2,3]* 孙艳桥[1,2,3] 林彤[1,2,3]
李进玉[4] 马兴明[4] 孔承承[4]

(1. 中国气象局旱区特色农业气象灾害监测预警与风险管理重点实验室,银川 750002;
2. 宁夏气象防灾减灾重点实验室,银川 750002;
3. 宁夏回族自治区气象灾害防御技术中心,银川 750002;4. 泾源县气象局,固原 756400)

**摘 要**:基于六盘山区区域自动站和探空资料、ERA-Interim 高时空分辨率的再分析资料以及 Ka 波段毫米波云雷达资料,采用天气特征分析、物理量诊断以及多资料融合分析方法,对六盘山区 2019 年 8 月 30—31 日一次降水天气过程进行诊断分析。结果表明:(1)该次降水过程是受两槽一脊的环流背景以及 500 hPa 短波槽和 700 hPa 切变的共同影响形成的稳定性层状云降水。(2)六盘山区降水强盛阶段,水汽通量散度在六盘山系东坡存在低层辐合或弱辐散、高层辐散的动力场,区域平均水汽通量为 2.50 g·(s·hPa·cm)$^{-1}$,水汽来源为孟加拉湾、南海。(3)此次降水前后云层数呈双峰型,降水发生时,云系从多层云变为深厚的单层云,且在小时雨量最大值出现的前 1 h,达最大云厚,降水过程结束前 1 h,云系由单层云变为双层云,随着降水过程的结束,云系波动性消散。(4)低云云厚的发展有利于促进降水过程的形成。

**关键词**:六盘山区;天气背景;毫米波云雷达;云垂直结构

## 1 引言

六盘山区是重要的水源涵养林基地及雨养农业区,也是海洋暖湿气流进入西北内陆的门户,维系西北内陆地区空中水汽输送的关键区域,对于陕、甘、宁三省(区)水源地供水有着重要作用。作为中国气象局精准扶贫行动计划示范区,其干旱少雨、灾害性天气多、区域降水差异大等气候特征严重制约着当地经济发展[1-2]。陈豫英等[3]发现近 50 年来区内可利用降水总体呈东部减少趋势(六盘山区尤甚),因此,明晰该地区降水过程的空间分布成因、水汽源地以及云-降水的宏观特征,有利于评估区域空中水资源的利用潜力,为区域降水预测以及人工增雨作业方案提供可参考性依据,具有重要的现实意义和科学价值。

已有研究表明,山地上空的云量较周边区域偏多[4],空气的上升运动在较低海拔山脉可产生对流云[5],崔洋等[6]发现六盘山地形对西北地区东部降水分布有着重要的影响。刘黎平等[7]用 EOF 和相关分析方法研究了平凉地区的对流云和降水的日、月变化规律及地理分布,

---

[*] 基金项目:第二次青藏高原综合科学考察研究项目(2019QZKK0104),宁夏回族自治区重点研发计划项目(2019BEG03001),宁夏自然科学基金项目(2021AAC03490,2020AAC03468,2019AAC03255),中国气象局旱区特色农业气象灾害监测预警与风险管理重点实验室 2020 年度青年培养项目(CAMT—202006)。
作者简介:邓佩云(1993—),女,宁夏银川人,硕士研究生,研究方向为大气物理学与大气环境。E-mail:734785297@qq.com。
通讯作者:舒志亮(1981—),男,甘肃酒泉人,高级工程师,主要从事人工影响天气工作。E-mail:8633204@163.com。

得到了这些量与地形高度及坡度的关系,并揭示了六盘山对本地区云和降水影响的规律。李强等[8]对宁夏六盘山地区的一次区域性暴雨天气过程进行了诊断分析,得出该区域低层辐合高层辐散,有利于强降水的发生、发展和维持。杨文海等[9]从环流背景、水汽动力等条件对固原地区出现的局地暴雨天气过程进行了分析,发现六盘山山脉地形辐合及地形抬升作用,加强了上升运动并引起了降水量的增幅。云作为地球-大气系统中气候的重要影响因子,与降水的关系密切,二者的分布也可改变区域辐射状况,进而影响大气环流与天气气候[10-11]。刘屹岷等[12]基于卫星资料对青藏高原上云宏观和微观结构特征、云与降水相关性、云辐射效应以及模式中的云-辐射问题等方面进行研究,指出高原上较少的水汽对云层厚度和层数有显著压缩作用,云对总降水的贡献随着云层数增多而减少。王亚敏等[13]研究指出,低云量与降水、相对湿度等呈显著正相关。王小勇等[14]利用2005—2007年春季降水和MODIS云资料对祁连山东部云参数特征与降水的关系进行分析,得出降雨(雪)量与低云量、低云冰水路径、低云云顶-云底气压差呈明显正相关。目前,有关降水天气过程的雷达观测相对较少,特别是利用高时空分辨率的垂直定向雷达研究降水天气过程发生发展时云系的垂直结构与特征更为匮乏,六盘山区针对降水天气过程的水汽源地及空间分布差异的成因以及云-降水宏观特征的系统分析还鲜有研究。基于毫米波多普勒云雷达具有体积小、穿透性强、空间分辨力高等特点[15],本文利用布设在六盘山站的Ka波段毫米波云雷达资料,结合地面、高空资料、ERA-Interim高时空分辨率的再分析资料,对2019年8月30—31日发生在六盘山区的一次降水天气过程的天气背景和Ka波段毫米波云雷达反演的云系宏观特征进行研究,以期明晰此次降水天气过程的成因,初步探讨六盘山区云的宏观参数特征与降水的相关性,为后续云和降水物理过程参数化方案等相关研究和应用提供可参考性依据。

## 2 资料介绍

使用的资料包括2019年8月30—31日HT101型全固态Ka波段毫米波云雷达资料以及同期区域自动站(西吉站、隆德站、六盘山站、泾源站、固原站、彭阳站)逐时降水量观测资料、探空资料、ERA-Interim高分辨率再分析资料。具体说明如下:

(1)HT101型全固态Ka波段毫米波云雷达,设置于宁夏六盘山气象站(简称LPS,2842 m a.s.l.),数据采集频率为5 s/次,垂直分辨率为30 m,探测范围可达10 km以上高空,主要包含云底高度、云顶高度、云层数、云厚度、回波强度、垂直速度以及速度谱宽气象产品数据。

(2)地面实测逐时降水资料来自宁夏地面基础气象资料服务平台,探空资料使用的MICAPS4.0高空实况资料。

(3)ERA-Interim高分辨率再分析资料来自欧洲中期天气预报中心(ECMWF),空间分辨率为$0.125°×0.125°$,垂直分为16层等压面。具体包括:位势高度场、风场、相对湿度、表面气温、海平面气压场和垂直速度等。

## 3 降水实况及天气背景分析

### 3.1 降水实况

六盘山位于青藏高原东部,黄土高原的西北边缘,近似南北走向,与南北向夹角近30°,范围约在 105.2°—107°E,34.7°—36.5°N 内,本文以六盘山站(2842 m)为基准,向东至宁夏东部边缘范围为六盘山东坡区域,即 106.2°—107°E,34.7°—36.5°N,西坡区域为六盘山站至宁夏西部边缘范围,即 105.2°—106.2°E,34.7°—36.5°N,其中,西吉、隆德站位于六盘山的西坡,泾源、固原、彭阳站位于六盘山的东坡。

2019 年 8 月 30 日 16 时至 31 日 14 时,受东移冷空气和西南暖湿气流共同影响,六盘山区出现了一次明显的降水天气过程,见图 1。此次降水过程此次降水过程主要集中在六盘山区南部,累积雨量较大值集中在六盘山系附近,山系东坡的累积降水量高于西坡,此次降水过程六盘山区大部分区域降水量级以小到中雨(泾源、隆德两县及西吉县南部)为主,其中,六盘山气象站降水量级达到了大雨,且出现的时间最早、持续时间最长(降水起止时间为 30 日 16 时—31 日 14 时)、单站累积降水量最高,为 30.2 mm。进一步由红外云图演变来看(图略),此次降水过程云系整体由西北向西南方向移动,云图色调均匀,云系覆盖范围大,属于稳定性层状云降水,此次降水过程在六盘山区具有代表性,且大雨或将影响该山系山体滑坡、泥石流等自然灾害。本文对此次降水过程的天气背景进行分析,并借助 Ka 波段云雷达产品,明晰此次降水过程成因以及六盘山气象站云的宏观特征及降水的相关性,可对该区域降水过程预测预报和大到暴雨灾害的预警与防治提供理论依据,具有重要的实际意义和科学价值。

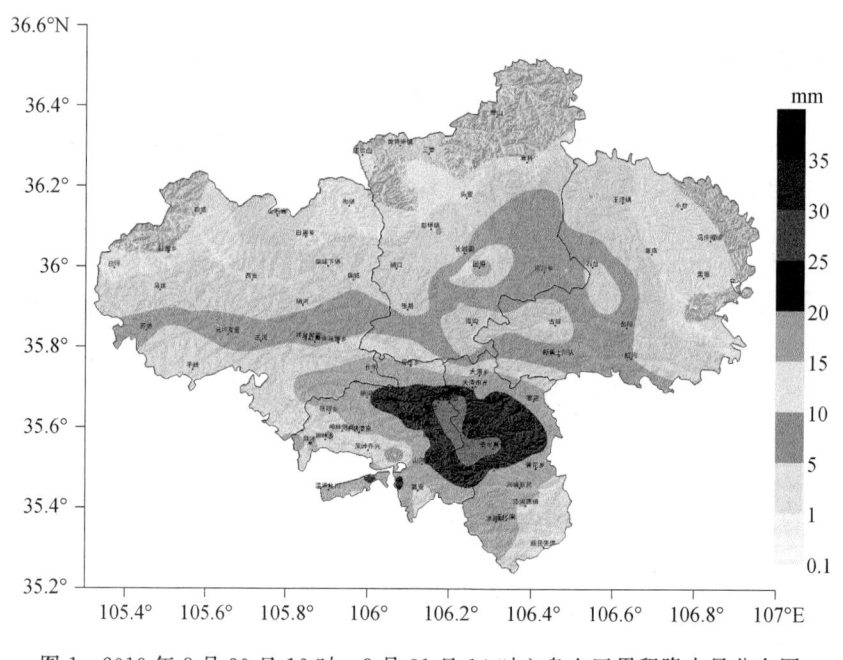

图 1　2019 年 8 月 30 日 16 时—8 月 31 日 14 时六盘山区累积降水量分布图

## 3.2　天气背景分析

30 日 08 时 500 hPa 欧亚范围中高纬度环流形势总体为两槽(巴尔喀什湖、东北地区)一脊(新疆到蒙古国西部),宁夏处于脊前西北气流中,有冷空气不断从巴尔喀什湖槽底部穿脊东移,在脊区形成多个小波动,其中甘肃中东部到青海东南部有一短波槽,受脊前西北气流引导,自西北向东南方向移动。30 日 20 时,短波槽向东南方向移动,主体位于宁夏海原到青海东部一带,短波槽前部开始影响六盘山区,受此影响,六盘山区开始出现降水,30 日 21 时至 31 日

07时,受短波槽过境影响,六盘山区各站出现了第一次降水峰值。31日08时,短波槽移出,降水明显减弱,此时在宁夏西北部地区又出现一短波横槽,移速较快,主体于31日10—13时影响宁夏六盘山区,造成六盘山区再次出现一次小的降水峰值,14时以后,横槽移出,对六盘山地区影响结束,降水也趋于结束。

30日08时700 hPa上河北—山西—陕西—宁夏南部有一明显横槽,六盘山区位于横槽尾部,四川东部—陕西南部—宁夏南部—河西走廊一带存在一支东南暖湿气流,为此次降水提供了必要的水汽条件和热力条件。30日20时,横槽东移南压,在六盘山区出现一东北风与东南风的切变,造成低层暖湿气流的辐合抬升,配合500 hPa短波槽,30日后半夜六盘山区出现了明显降水。31日08时,宁夏中南部地区继续受一偏南风和偏东风的切变影响,有较好的低层水汽输送和辐合条件,配合500 hPa横槽,31日中午前后,六盘山区再次出现一次小量降水过程(图略)。

综上所述,此次降水发生在两槽一脊的环流背景下,主要的影响系统为500 hPa短波槽和700 hPa切变,500 hPa短波槽主要提供了冷空气条件,低层切变和偏南气流提供了水汽条件和辐合条件,在其共同影响下,六盘山区出现了明显的降水。

## 3.3 动力、水汽和热力条件分析

取此次六盘山区降水强盛阶段对应的较强降水时刻(2019年8月31日00时),从水汽通量散度场的高低层配置对六盘山区此次降水过程的动力条件进行分析,见图2。由图2可见,500 hPa六盘山区整层的水汽通量散度在$0.1\sim 1$ g·(s·hPa·cm$^2$)$^{-1}$范围内,区域平均水汽通量散度值为0.53 g·(s·hPa·cm$^2$)$^{-1}$,水汽辐散,其中,东坡区域整层的水汽通量散度在$0.2\sim 1$ g·(s·hPa·cm$^2$)$^{-1}$范围内,东坡区域平均水汽通量散度值为0.41 g·(s·hPa·cm$^2$)$^{-1}$,西坡区域整层的水汽通量散度在$0.1\sim 0.9$ g·(s·hPa·cm$^2$)$^{-1}$范围内,西坡区域平均水汽通量散度值为0.53 g·(s·hPa·cm$^2$)$^{-1}$。而在800 hPa六盘山的东坡范围内水汽通量散度在$-1\sim 2$ g·(s·hPa·cm$^2$)$^{-1}$范围内,东坡区域平均水汽通量散度值为0.87 g·(s·hPa·cm$^2$)$^{-1}$,尤其在六盘山东部南部区域,为负值区或弱正值区,为弱辐散或辐合,800 hPa水汽通量散度正值的大值区集中在六盘山系西坡,水汽通量散度在$0.9\sim 3.9$ g·(s·hPa·cm$^2$)$^{-1}$范围内,西坡区域平均水汽通量散度值为1.46 g·(s·hPa·cm$^2$)$^{-1}$,水汽辐散降水偏少,受地形的抬升作用在东坡引起的低层辐合或弱辐散高层辐散的动力场[16],使东坡相较于西坡有着更为有利的较强降水发生发展条件,这种现象在六盘山区南部更为明显,这也是此次降水过程中,降水发展以及东坡的降水量大于西坡降水量的重要成因之一。

六盘山区700 hPa的水汽通量值在$1\sim 3$ g·(s·hPa·cm)$^{-1}$范围内,区域平均水汽通量为2.50 g·(s·hPa·cm)$^{-1}$,较周边邻近平地区域具有更大的水汽通量值,为明晰此次降水过程的水汽来源,对2019年31日00时的水汽通量进行分析,见图3。由图3可见,此次降水过程的水汽来源主要来源于孟加拉湾、南海,孟加拉湾至南海有明显的西南风水汽输送带,经云南、四川转为向西北输送,六盘山区处在青藏高原以及四川盆地的交界带,在地形的影响下,水汽输送带经峡口地带延伸至甘肃东南部、宁夏南部、陕西一带,六盘山区的水汽较为充沛。进一步分析表明,六盘山区在700 hPa六盘山区以西南风水汽输送为主,750 hPa以下以东南风水汽输送为主(图略),六盘山东侧为东南风迎风坡,受六盘山地形强迫影响,东南暖湿气流在东坡抬升,加之700 hPa西南风水汽输送,造成此次六盘山系降水呈东高西低的分布特征。

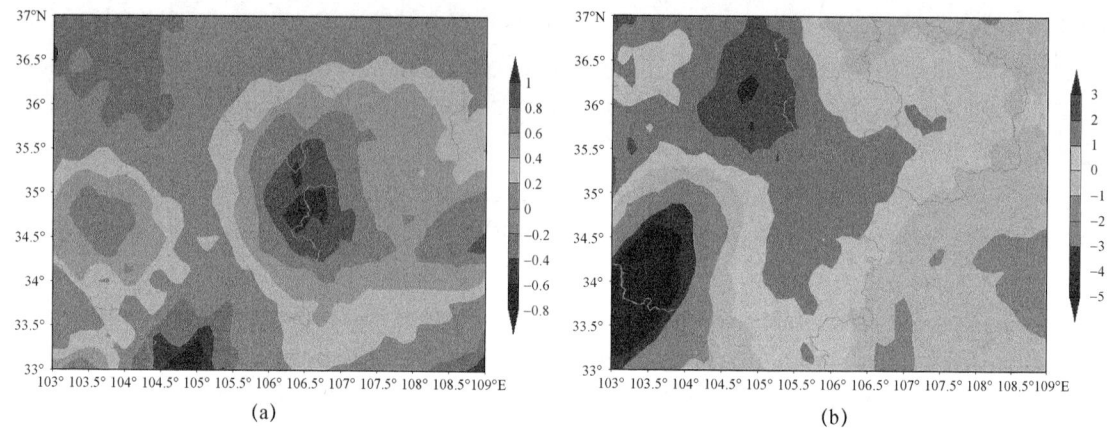

图2 2019年8月31日00时水汽通量散度图[单位:g·(s·hPa·cm$^2$)$^{-1}$]
(a. 500 hPa；b. 800 hPa)

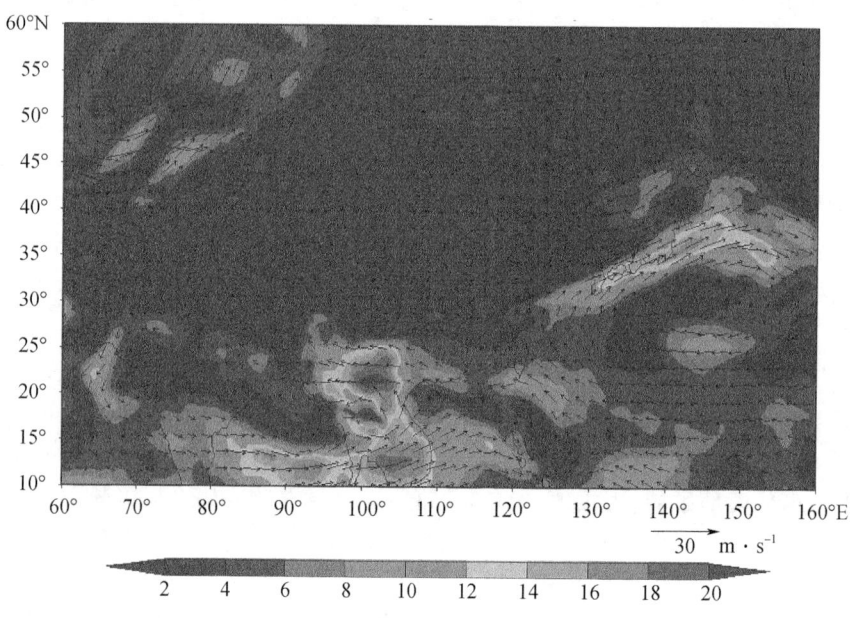

图3 2019年8月31日00时700 hPa水汽通量图[单位:g·(s·hPa·cm)$^{-1}$]

## 4 Ka毫米波云雷达宏观特征分析

　　云垂直结构反映了云体内部热力和动力以及微物理过程,在辐射收支、能量平衡、水汽循环等方面对地气系统起着重要作用,为了分析此次降水过程六盘山站云系的垂直结构,对六盘山站Ka波段毫米波云雷达的云底高、顶高、云层数等云宏观特征进行数据处理分析,并与对应降雨时段中,区域自动站的逐时雨量进行对比,见图4,其中图4b统计的为六盘山基准站(2842 m)以上的云高,Ka波段云雷达据地300 m,故海拔高度为3172 m时即认定为云系接地。对比分析图4a、b可见,从30日02时开始六盘山站出现高云,随着云系的发展,云层数呈波动性增加,于30日08时云层数发展至3层,随后云系发展为以中低云为主的双层云,30日16时,在降水过程发生时,云系底高开始接地,变为云顶高为7102 m,云厚度为3930 m的深厚的单层中云,随着降水过程的发展,云厚度逐渐增大,小时降水量也增大,最大云厚出现在31日00时,即小时雨量最大值(4.7 mm·h$^{-1}$)出现的前1 h,为5760 m,此后,云顶高波动性下降,云厚度变薄至900 m,31日13时,即降水过程结束前1 h,云层数由单层云变为双层云,此时小时雨量仅为0.1 mm·h$^{-1}$,至31日14时,降水过程结束,此时云系变得浅薄,云系底高增高,随着降水过程的结束,云系波动性消散。

综上分析可见,此次降水前后云层数呈双峰型,在降雨发生前,云系不断发展,以多层云为主,降雨发生降水发生时,云系发展为云厚为3930 m的深厚的单层云,在小时雨量最大值出现的前1 h,云系达最大云厚,为5760 m。这一云的宏观特征可为降雨的预测预警提供重要的可参考性依据。

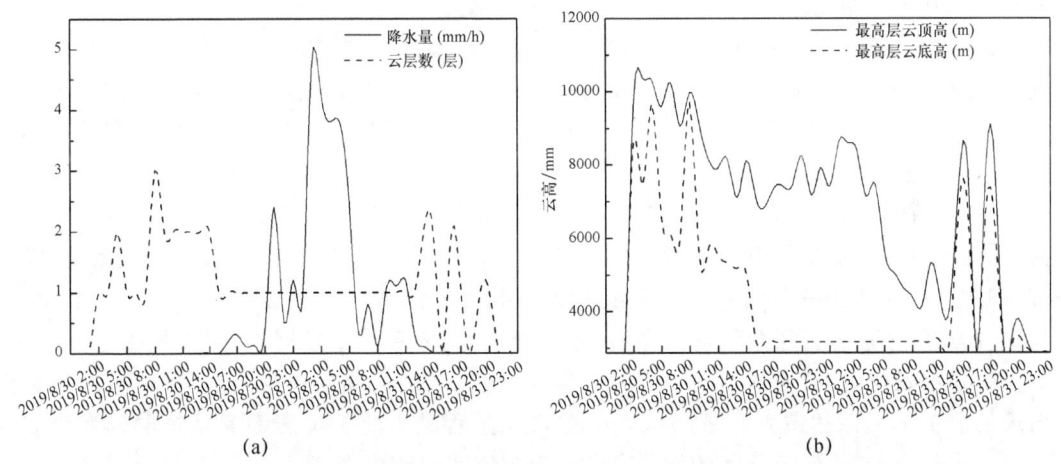

图4　2019年8月30日—31日六盘山站云宏观特征图
(a)逐时降水量与云层数统计图;(b)最高层云顶高与底高统计图

进一步对小时降水量与低云云厚的相关性进行分析,见图5。由图5可见,小时降水量与低云云厚的相关系数为0.55,通过了$\alpha=0.01$的显著性水平检验,可见降水量与低云云厚呈正相关关系,云雾粒子在长大成降水粒子的过程中受到了多种因子的综合作用,例如凝结增长和碰并增长等的影响,而降水是多种因子起作用的复杂物理过程,低云云厚越大表明低云发展

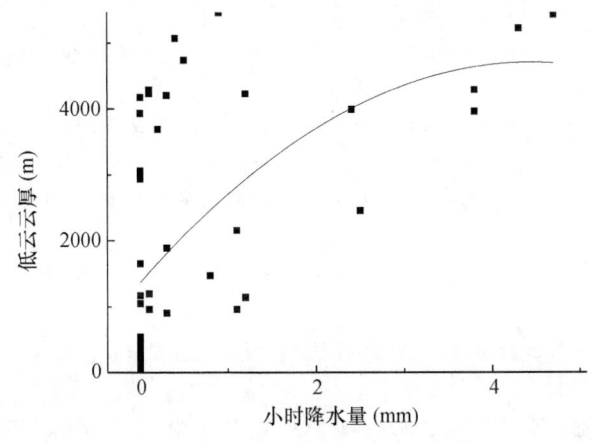

图5　2019年8月30日—31日六盘山站小时雨量-低云云厚散点图

越旺盛,为降水过程提供了更多地水汽,伴随着上升运动,使水汽凝结为液态水,以降水形式降落到地面,因此,低云云厚的发展有利于促进降水过程的形成。对于高云而言,其云层较薄,且高度较高,对降水天气过程影响不大。

## 5 结论

利用2019年8月30—31日区域自动站逐时降水量观测资料、探空资料、ERA-Interim高分辨率再分析资料,以及同期HT101型全固态Ka波段毫米波云雷达资料,对六盘山区一次降水天气过程的天气形势及云宏观特征进行分析,得出以下结论。

(1)此次降水天气过程中,六盘山区处于两槽一脊的环流背景下,主要的影响系统为500 hPa短波槽和700 hPa切变。

(2)六盘山区降水强盛阶段,水汽通量散度在六盘山系东坡地区存在低层辐合(水汽通量散度:$(-1\sim 0)$ g·(s·hPa·cm$^2$)$^{-1}$)或弱辐散(区域平均水汽通量散度值为0.06 g·(s·hPa·cm$^2$)$^{-1}$)、高层辐散0.41 g·(s·hPa·cm$^2$)$^{-1}$的动力场,使东坡相较于西坡有着更为有利的降水发生发展条件。

(3)此次降水过程的水汽来源主要来源于孟加拉湾、南海,六盘山区处在青藏高原以及四川盆地的交界带,在地形的影响下,水汽输送带经峡口地带延伸至甘肃东南部、宁夏南部、陕西一带,加之低层切变和偏南气流,六盘山区的水汽较为充沛。

(4)此次降水前后云层数呈双峰型,在降雨发生前,云系不断发展,云层数最多达3层云,降雨发生降水发生时,云系从双层云变为云厚为3930 m的深厚的单层云,且在小时雨量最大值出现的前1 h,云系达最大云厚,为5760 m,降水过程结束前1 h,云系又从单层云变为双层云。进一步分析表明,低云云厚的发展有利于促进降水过程的形成。

## 参考文献

[1] 陈海波,严华生,陈文,等.宁夏六盘山区多年降水的时空变化分析[J].干旱气象,2009(2):103-110.

[2] 李艳春.宁夏干旱区气候承载力分布特征分析[J].干旱区资源与环境,2010,24(8):96-99.

[3] 陈豫英,冯建民,陈楠,等.西北地区东部可利用降水的时空变化特征[J].干旱区地理,2012,35(1):56-66.

[4] SUMARGO E,CAYAN D R. Variability of cloudiness over mountain terrain in the Western United States[J]. Journal of Hydrometeorology,2017,18:1227-1245.

[5] BARTH E L. Cloud formation along mountain ridges on Titan[J]. Planetary and Space Science,2010,58:1740-1747.

[6] 崔洋,谭志强.1961—2009年西北地区东部降水时空分布及成因[J].干旱区研究,2013,30(6):1094-1099.

[7] 刘黎平,钱永甫,王致君.平凉地区云的雷达回波和降水的气候特征[J].高原气象,1997,16(3):265-273.

[8] 李强,纪晓玲,肖艳红,等.宁夏六盘山地区一次局地暴雨天气过程诊断分析[J].宁夏工程技术,2019,18(1):12-17+22.

[9] 杨文海,余文梅,景博,等.2017年3—5日固原局地暴雨天气过程分析[J].农业科技与信息,2017(20):61-62.

[10] 高翠翠,李昀英,寇雄伟,等.2017.中国东部暖季对流云与层状云的比例及与降水的对应关系[J].大气科学,41(3):490-500.

[11] RUTLEDGE S A, HOUZE R A. 1987. A diagnostic modelling study of the trailing stratiform region of a midlatitude squall line [J]. J Atmos Sci, 44 (18):2640-2656.

[12] 刘屹岷,燕亚菲,吕建华,等.2018.基于 CloudSat/CALIPSO 卫星资料的青藏高原云辐射及降水的研究进展[J].大气科学,42(4):847-858.

[13] 王亚敏,冯起,李宗省.1960—2005 年西北地区低云量的时空变化及成因分析[J].地理科学,2014,34(5):635-640.

[14] 王小勇,张婕,武岩,等.祁连山东部春季云参数特征与降水的关系研究[J].安徽农业科学,2011,39(33):20885-20887.

[15] BHARTI A P, BAHL I J. Millimeter Wave Engineering and Applications[M]. Hoboken N J:Wiley,1984:31-35.

[16] 张沛,姚展予,谭超,等.六盘山地区空中水资源特征及水凝物降水效率研究[J].大气科学,2019,43(6):421-434.

# 第五部分　数值模拟及作业效果检验

# 六盘山区一次典型暴雨过程的敏感性模拟试验*

马思敏  穆建华*  孙艳桥  邓佩云

（1. 中国气象局旱区特色农业气象灾害监测预警与风险管理重点实验室,银川 750002；
2. 宁夏气象防灾减灾重点实验室,银川 750002）

**摘 要**：地形对局地云和降水的形成、发展过程起着重要作用。本文以2018年7月10日六盘山区一次典型的暴雨天气过程为例,利用WRFV3.4中尺度数值模式,分析了此次过程的动力场、水汽场、云微物理结构的演变特征,通过改变初始场中六盘山地形高度进行敏感性试验,讨论六盘山地形对降水及云中水凝物场分布的影响。结果表明：控制试验较好地模拟出此次降水的空间分布、强水中心位置、强降水时段以及风场的特征；700 hPa切变线系统和低层东南暖湿气流遇到六盘山地形强迫抬升是此次暴雨过程的主要动力机制；六盘山地形作用下云和降水的微物理结构随云的不同发展阶段呈现出不同特征；控制试验与敏感试验对比,六盘山地形对降水带的分布影响不大,但对强降水中心的降水量级影响显著,地形的强迫抬升作用使得上升气流进一步加强,云中冰相过程发展充分,过冷云水为雪和霰的增长提供有利条件,进而使得地面降水增多。

**关键词**：六盘山；WRF模式；暴雨；敏感性试验

## 1 引言

一定水汽含量的湿空气在盛行风的作用下,受地形阻挡抬升后达到饱和,便形成了地形云。地球上不同尺度的地形对大气环流和天气气候会产生不同的动力作用,尤其在局地云和降水的形成、发展过程中起着重要作用[1-5]。国内外已有的人工增雨试验结果表明,地形云是人工增雨效率较高的催化作业对象之一。六盘山是全国为数不多的近南北走向的狭长山地,地处青藏高原与黄土高原的交汇带,是中国大地形第一阶梯和第二阶梯的过渡区,是黄河支流重要的水源涵养区之一,同时也是国家级14个集中连片扶贫开发区之一。深入研究六盘山地形云和降水的宏微观结构及演变特征,对于进一步提高开发该地区空中云水资源的能力,提高人工影响天气作业的科学性具有重要意义。

随着数值模式的不断发展与完善,数值模式已经成为研究地形云降水的主要方法之一,在观测受到地形限制的区域,它可以作为对观测设备的有效补充。国内外的许多学者对地形云的数值模拟研究较多。Cotton等使用科罗拉多大学的云模式,通过敏感性试验研究地形云降雪,研究结果发现冰晶的碰并过程影响云水含量、冰晶浓度以及地面降水[6]。邵元亭利用ARPS模式分析祁连山一次典型的地形云降水过程的宏微观结构,结果表明强降水时期,在地形和低层气流辐合的共同作用下,云中水凝物粒子丰富,过冷水和冰晶在较大范围的共

---

\* 基金项目：中国气象局旱区特色农业气象灾害监测预警与风险管理重点实验室指令性项目"地形对六盘山区降水影响的数值模拟研究"（CAMP—202009）资助。
作者简介：马思敏（1991—）,女,本科,工程师,主要从事大气物理及云降水物理研究工作。E-mail：msm053@163.com。
通讯作者：穆建华（1981—）,男,青海民和人,高级工程师,主要从事人工影响天气工作。E-mail：musa328@163.com。

存,使得凇附过程强烈,促进地面降水的发展[7]。于晓晶等对新疆天山山区一次典型强降水利用 WRF 模式进行模拟,通过改变初始场中的天山地形高度进行敏感试验,结果表明天山地形对雨带分布影响较小,但对降水大值区的范围和量级影响较大,地形对雪和冰晶的中心值和维持时间影响显著[8]。马玉芬等利用 WRF 模式对新疆一次降水过程进行了地形高度敏感试验模拟分析,结果表明天山山脉的地形作用是此次强降水天气过程的主要原因之一,地形的抬升作用对暴雨在山脉迎风坡一侧的降雨量有明显的增幅作用,对其雨带分布也有显著影响[9]。这些研究表明,地形对山区降水雨带的分布以及云的宏微观结构特征具有较大影响。

2018 年 7 月 10 日白天至夜间,宁夏大部地区出现了明显降水天气,其中六盘山区大部出现了暴雨天气。本文将利用 WRF 中尺度模式,对此次暴雨过程进行数值模拟分析,并通过改变初始场中六盘山地形高度进行敏感性试验,讨论六盘山地形作用对暴雨的影响机制。

## 2 试验方案设计与控制试验结果检验

### 2.1 天气过程概述

2018 年 7 月 10 日白天至夜间,宁夏大部出现降水天气,六盘山区大部出现暴雨,其他地区出现了中雨以下量级的降水,24 h 最大累计雨量出现在泾源县黄花乡站,为 108.4 mm。从环流形势场来看(图 1),宁夏受蒙古冷涡底部冷槽影响,副热带高压边缘 584 dagpm 线位于六盘山区,受副热带高压外围偏南暖湿气流与冷涡底部冷空气共同影响,以及 700 hPa 低空切变线,是造成此次宁夏降水的主要原因。

### 2.2 试验方案设计

利用 WRF 中尺度模式,以时间间隔为 6 h、分辨率为 1°×1° 的 NCEP 再分析资料为初始场和边界场,采用双重网格嵌套,网格分辨率分别为 9 km、3 km,格点数分别 210×210、211×211,输出结果时间间隔分别为 1 h、6 min。模拟时间从 2018 年 7 月 10 日 08 时至 11 日 08 时(北京时),采用 15 s 的积分步长。微物理过程选用 WSM6 方案(其水凝物包括云水、雨水、冰

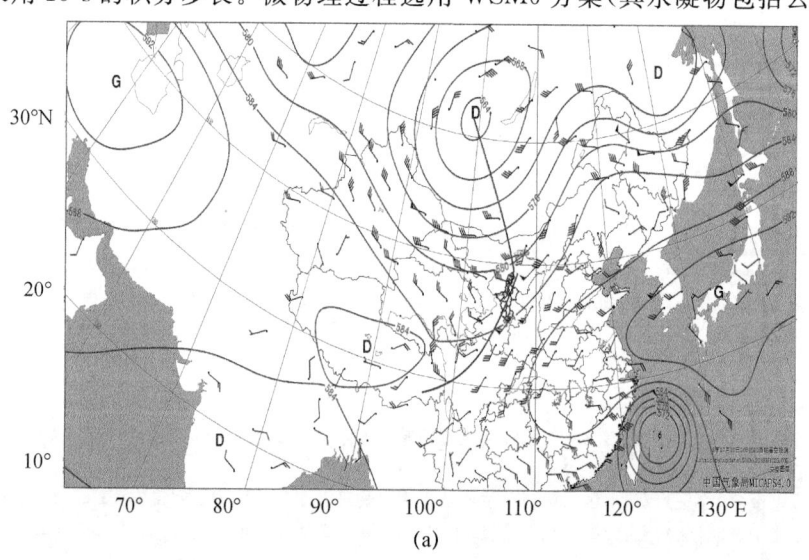

(a)

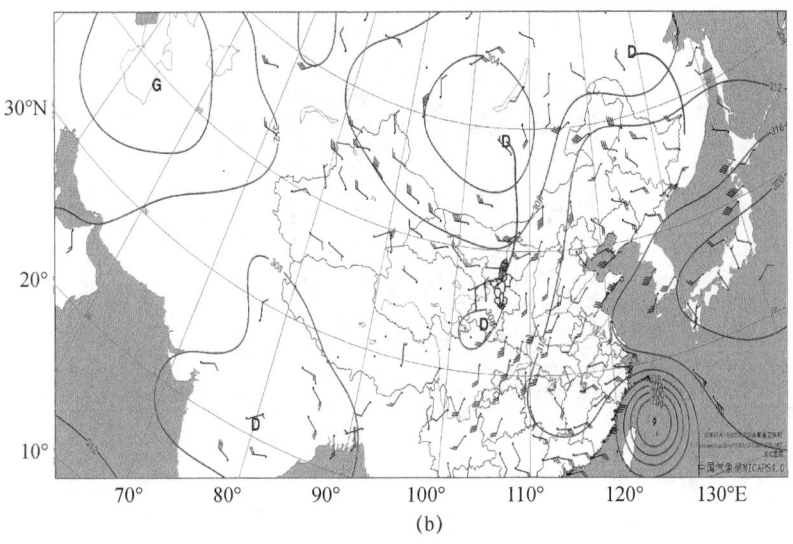

图1 7月10日20时500 hPa(a)和700 hPa(b)形势场

晶、雪和霰5种粒子),其余物理过程方案选取如下:RRTM长波和Dudhia短波辐射方案、Monin-Obukhov近地面层方案、Noah陆面过程方案和YSU边界层方案。

地形高度敏感试验方案如表1所示,将六盘山模式地形降低或者增加,其他方案保持不变,通过比较控制试验(CTRL)与敏感试验($H_{1.7k}$,$H_{1.5}$)结果,讨论六盘山地形对降水过程的影响。图2是基于不同地形敏感试验方案的地形高度分布图。

表1 地形敏感试验方案

| 试验名称 | 试验方案 |
| --- | --- |
| CTRL | 保持原地形高度 |
| $H_{1.7k}$ | 将六盘山地形高于1.7 km的区域降低为1.7 km |
| $H_{1.5}$ | 将六盘山地形高于2 km的区域增加至原地形高度的1.5倍 |

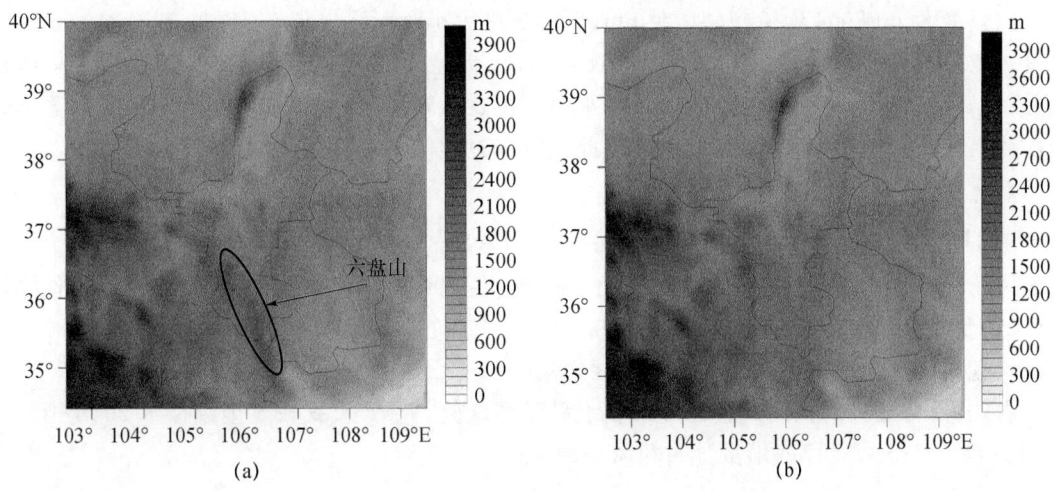

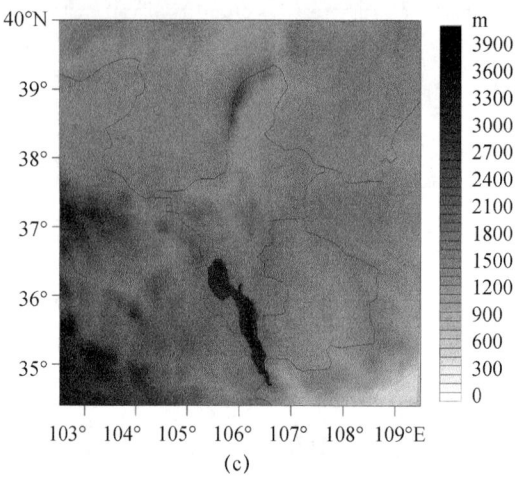

图 2 基于不同地形敏感试验方案的地形高度分布图
(a)CTRL;(b)$H_{1.7k}$;(c)$H_{1.5}$

## 2.3 控制试验结果检验

### 2.3.1 降水模拟结果检验

对降水模拟能力的检验是评价模式结果是否可信的重要指标。从 WRF 模拟 24 h 累计降水量与实况对比图来看(图 3a,b),模拟的降水带与实况相比略偏南,在贺兰山沿山和盐池的北部预报降水量级较实况偏大,但对于六盘山区的降水模拟与实况较为一致,雨带的分布、强降水中心的位置与实况一致,但降水量级较实况偏大,总体来说模拟效果较好。对比逐 3 h 模拟与实况降水量分布图(图略),模拟的降水发展趋势与实况一致,先影响南部山区,再向东北方向移动发展,最后移出六盘山区。

最大累计降水量出现在泾源县东南部的黄花乡站(图 3b 五角星标记位置),进一步通过比较该站观测和模拟的逐小时降水量演变图来验证此次模拟结果。从图 3c 可以看出,模拟的逐小时降水变化趋势与实况比较吻合,但模拟的变化趋势比实况在时间上提前了约 1 h。模拟的小时雨强最大出现在 17:00,为 19.9 mm,而实况最大小时雨强出现在 18:00,为 23.3 mm,但是该站点 24 h 累计降水量模拟值为 109.8 mm,与实况的 108.4 mm 相比误差较小。总体来看,控制试验结果较为准确的刻画了强降水中心位置及强降水时段,虽然在单站模拟的逐小时降水量上与实况有所差异,但仍能反映出此次降水过程的总体特征。

### 2.3.2 水平风场模拟结果检验

图 4 为 7 月 10 日 14 时 ERA-Interim 分析和模拟的 700 hPa 水平风场对比。从图中可以看出风场的模拟结果与 ERA 分析结果比较一致,在 700 hPa,六盘山区有东北—西南向的切变线,切变线的北侧为偏北气流,南侧为偏南气流。切变线附近有水平辐合,有利于上升运动,这是六盘山区此次产生暴雨的动力学原因之一。

由此得出,通过对控制试验的降水和水平风场检验,WRF 模式较好地模拟了 2018 年 7 月 10 日六盘山区暴雨过程的雨量分布和风场的特征。

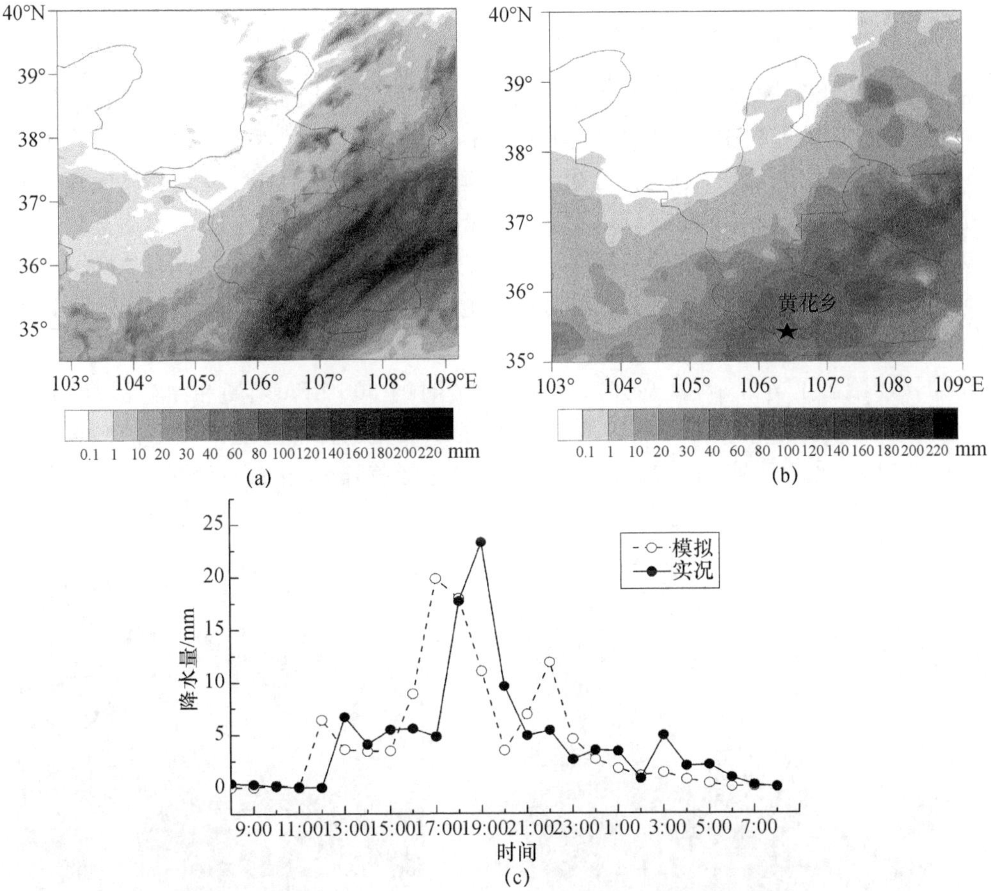

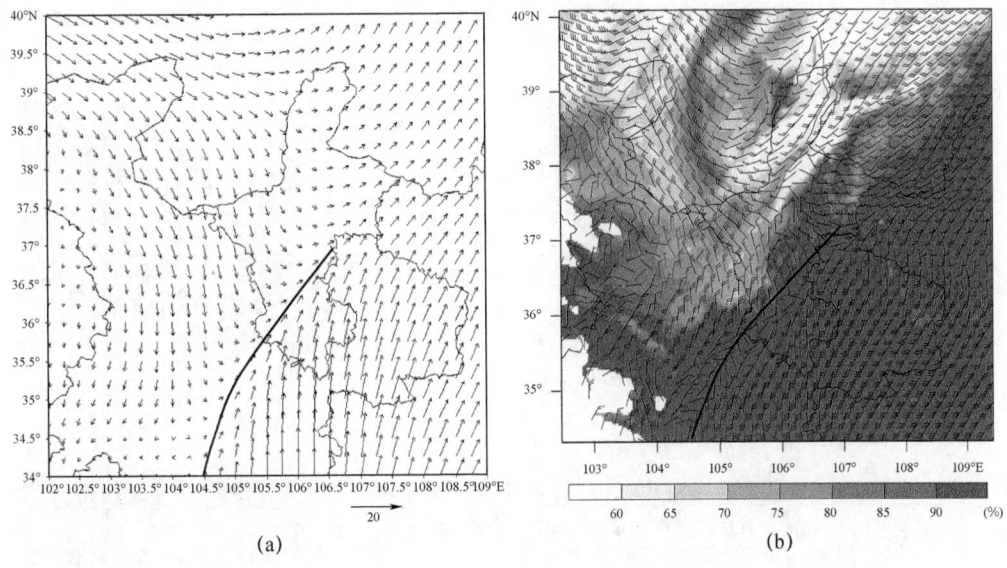

图3 7月10日08时至7月11日08时WRF模拟24 h降水量分布图(a)、实况24 h降水量分布图(b)和黄花乡站观测与模拟的逐小时降水量对比图(c)

图4 7月10日14时ERA-Interim分析(a)与模拟(b)700 hPa水平风场的对比(单位:m·s$^{-1}$)

## 3 控制试验动力和水汽条件分析

图 5a,b,c 给出了 7 月 10 日 08 时、14 时和 17 时的 700 hPa 风场和相对湿度场分布图。从 700 hPa 的水平风场和相对湿度场的演变来看,10 日 08 时,在六盘山的西北方向有一西北气流和偏南暖湿气流的低空切变线,切变线的南侧有源源不断的偏南暖湿气流输送至六盘山区;之后该切变线进一步东移发展,14 时进入六盘山区;17 时,该切变线在移动至六盘山东坡的泾源县时,切变线两侧的偏北气流和西南气流风速加强,气流辐合进一步加强,六盘山区 700 hPa 的相对湿度达到 90% 以上,此时对应了地面小时雨强最大值。11 日 02 时,该切变线基本移出六盘山区。

图 5d,e,f 给出了 7 月 10 日 08 时、14 时和 17 时的 800 hPa 风场和相对湿度场分布图。由于六盘山区海拔较高,800 hPa 靠近地面,图中的缺测空白区属于地形以下的区域。可以看出,10 日 08 时,六盘山区有东南暖湿气流输送,在地形扰流作用下,西坡受东南偏南气流影响;14 时,随着系统东移,西北气流延伸至六盘山区的北部,800 hPa 在六盘山区北部有西北气

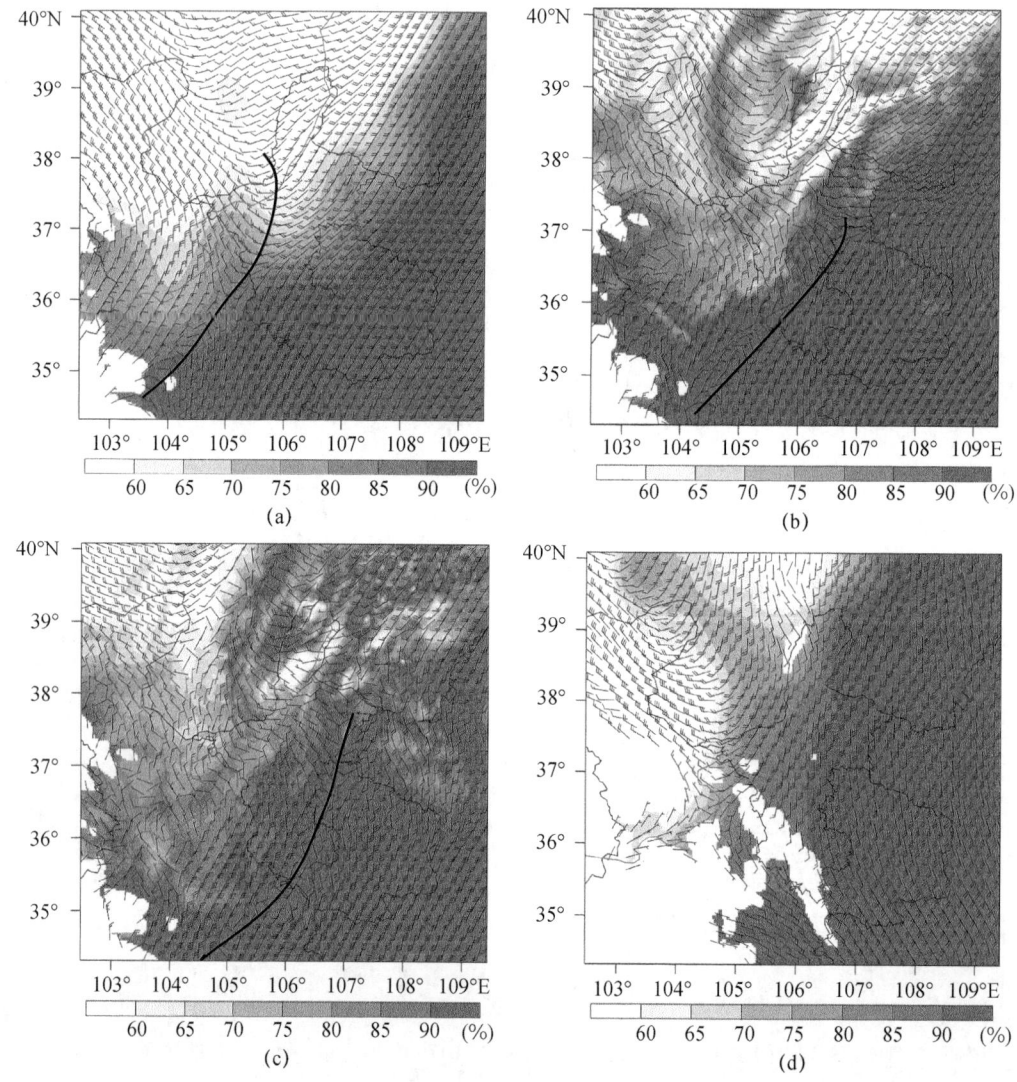

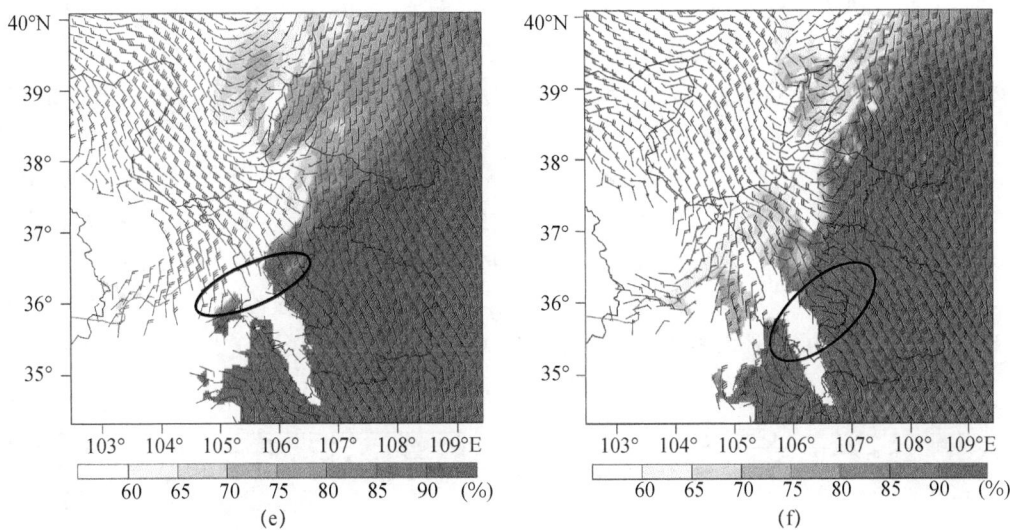

图 5 模拟的 7 月 10 日 08 时(a)、14 时(b)、17 时(c)700 hPa 以及 7 月 10 日 08 时(d)、14 时(e)、17 时(f)800 hPa 的风场(风向标,单位:m·s$^{-1}$)和相对湿度分布图(阴影,单位:%)

流和东南暖湿气流的辐合区,当东南暖湿气流遇到六盘山脉的阻挡时,风速明显减小,在东坡辐合产生上升运动(图5e椭圆区域);17时东南风明显增强,西北气流和东南暖湿气流辐合上升运动进一步增强(图5f椭圆区域)。

从 WRF 模拟的 7 月 10 日 14 时的隆德站和泾源站的探空层结图(图略)分析,两站在 500 hPa 以下空气湿度达到了 100%,水汽条件好,500 hPa 以上空气湿度逐渐减小,探空层结曲线呈"喇叭口"型,空气上干下湿。近地面至 500 hPa 风向的转变呈东南风转偏南风再转西南风的变化。

水汽通量散度是指在单位时间内,单位体积(底面积 1 cm$^2$,高 1 hPa)内汇入进来或辐散出去的水汽质量。水汽通量散度为负时,有净的水汽流入;水汽通量散度为正时,有净的水汽流出。从水汽通量散度图(图略)可以看出,14 时在六盘山区北部有一条东北—西南向的水汽辐合带,位置与切变线一致,水汽通量散度负值大值区在六盘山北部的西吉县附近,强度达到了 $80\times10^{-5}$ g·cm$^{-2}$·hPa$^{-1}$·s$^{-1}$。17 时水汽辐合区发展东移,东北—西南向的水汽辐合带移动至六盘山区的南部,强度增大至 $100\times10^{-5}$ g·cm$^{-2}$·hPa$^{-1}$·s$^{-1}$,说明有充足的水汽供应。18 时,水汽辐合区继续东移发展,水汽辐合大值区在泾源县南部,强度增大至 $120\times10^{-5}$ g·cm$^{-2}$·hPa$^{-1}$·s$^{-1}$。20 时水汽辐合区基本移出宁夏(图略)。总体来看水汽辐合区是随着切变线移动的,当水汽辐合区东移至六盘山主峰附近时进一步加强。

由此得出,700 hPa 切变线系统和低层东南暖湿气流遇到六盘山地形强迫抬升是此次暴雨过程的主要动力机制;水汽辐合区是随着切变线系统移动的,水汽辐合区的极大值出现在泾源县南部(六盘山主峰东坡)。

## 4 控制试验云微物理结构特征

图6是不同时刻沿着雷达回波组合反射率最大处作纬向剖面的云中云水、雨水、冰晶、雪和霰粒子的垂直分布图。09:18(图6a,b,c)为降水初生时期,环境风基本为平直气流,垂直运

动较弱。在山的西侧有偏西南气流受地形抬升形成云水,而在山东侧偏东南气流同样受到地形强迫抬升,在近地面有一条弱的云水区。云水集中在近地面到 5 km 高空中(0 ℃以下),六盘山脊处云水混合比最大,为 0.7 g·kg$^{-1}$。雨水在山的东侧形成,位于云水大值区的前侧。此时降水主要是由暖云产生的。

11:40(图 6d,e,f)为降水发展时期,山东西两侧的低层气流进一步增强,使得地形强迫作用增强,云中已经出现了明显的上升气流,云水被输送至 7 km(−10 ℃左右)的高空中,六盘山脊处靠近东坡处云水混合比最大,为 1.1 g·kg$^{-1}$。此时云中开始已经形成雪和霰,属于混合云降水,冰晶、雪、霰和云水在 0 ℃层以上直到−40 ℃层之间共存,并且云中过冷云水丰富,有利于冰相粒子的碰冻增长和贝吉龙过程的发生。雪混合比最大为 1 g·kg$^{-1}$,霰混合比最大为 2.1 g·kg$^{-1}$。雨水主要分布在六盘山顶以及六盘山的东侧,雨水混合比增大到 1.3 g·kg$^{-1}$。

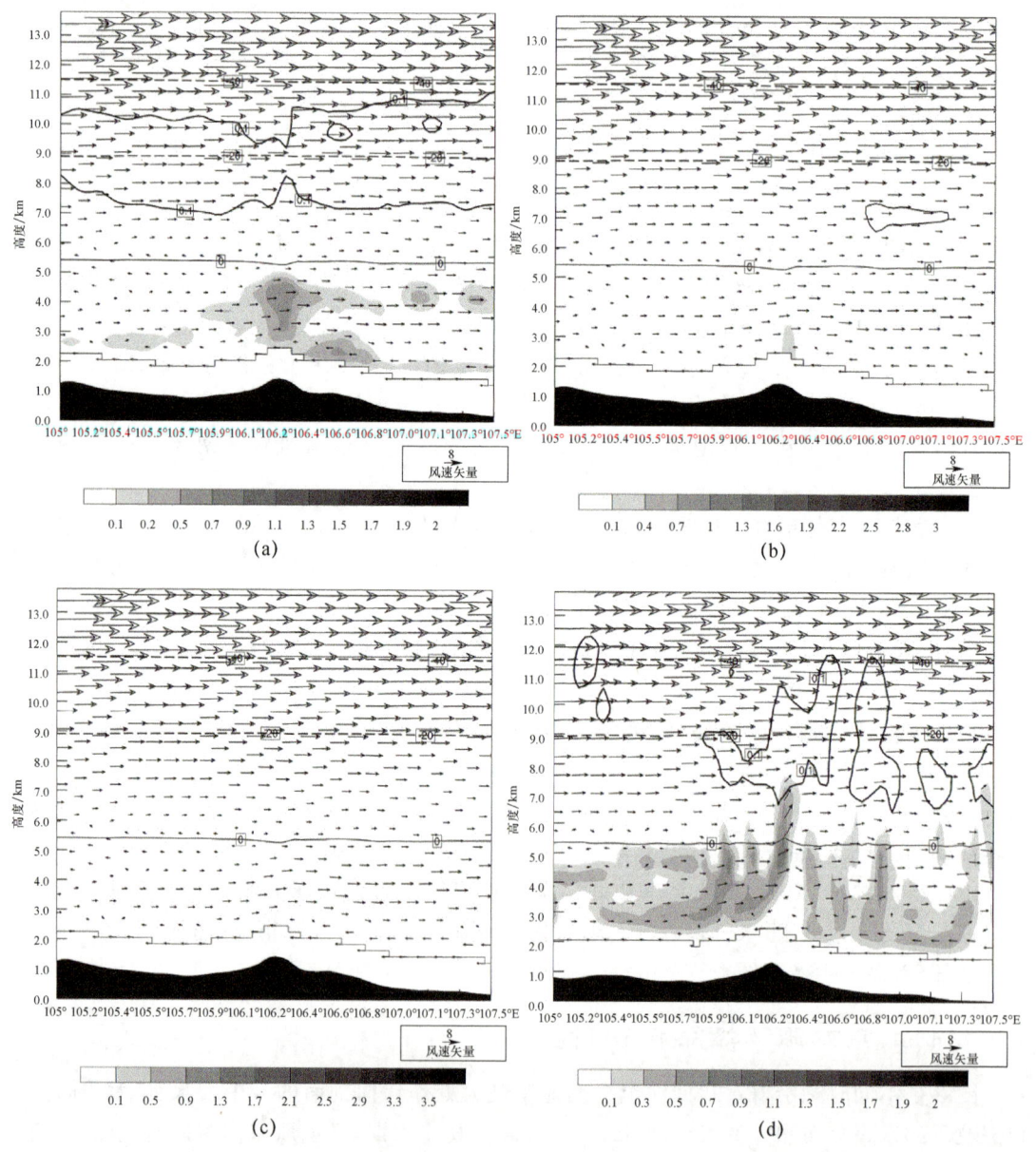

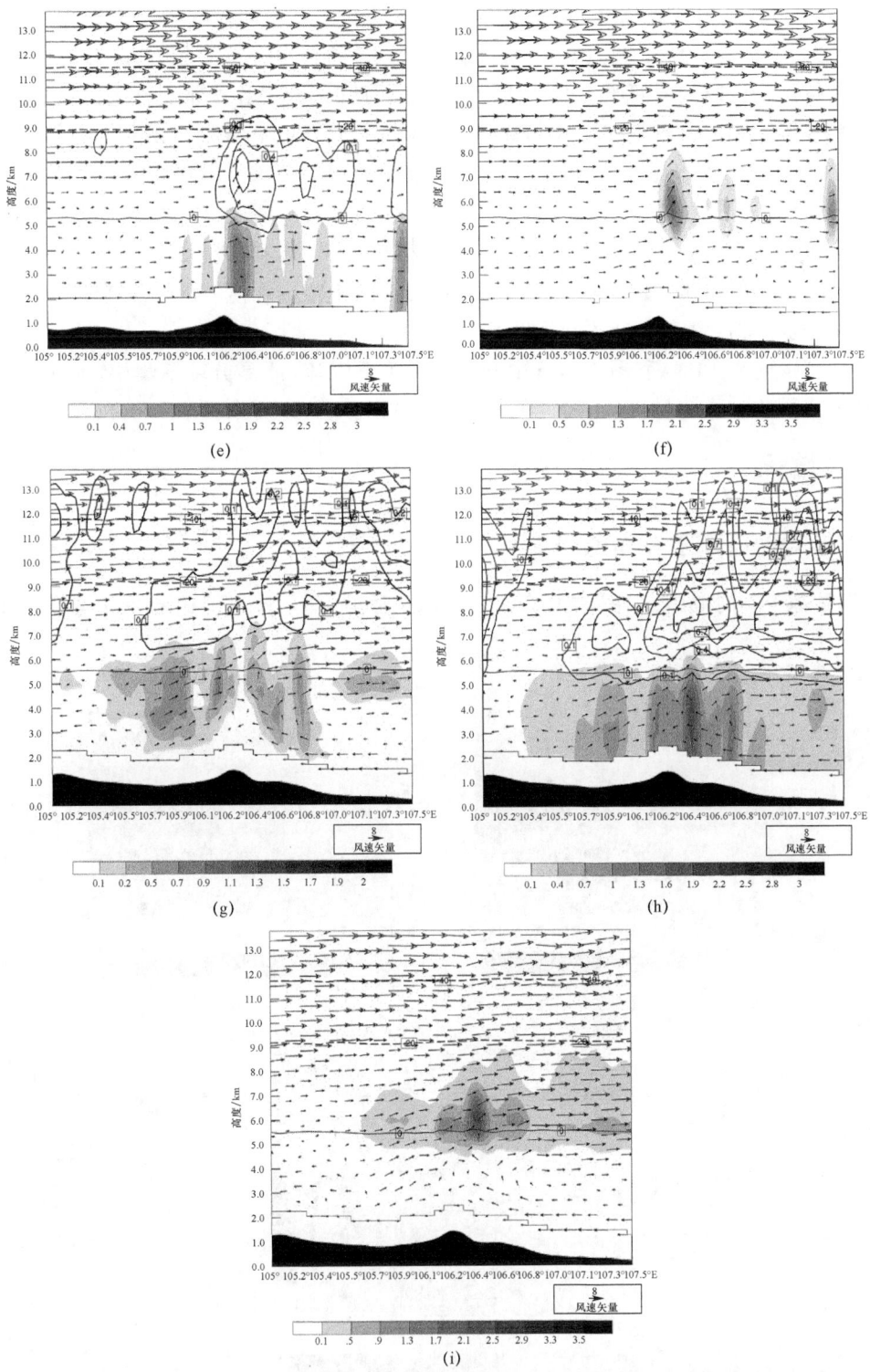

图 6　7 月 10 日 09:18(a,b,c)、11:40(d,e,f)和 16:36(g,h,i)的云水、冰晶、雪、霰和雨水混合比、温度、U-W 合成($W×2.5$)纬向剖面图

a,d,g:云水(阴影);冰晶(黑色实线);UW 风矢量(箭头),温度(平直线);b,e,h:雨水(阴影);雪(黑色实线);UW 风矢量(箭头),温度(平直线);c,f,i:霰(阴影),UW 风矢量(箭头),温度(平直线)

16:36(图6g,h,i)为强降水时期,此时700 hPa切变线东移至六盘山区南部(泾源隆德一带),山东侧近地面的东南风增强,在六盘山的作用下,低层东南暖气流强迫抬升,配合700 hPa辐合切变线,使得山东西两侧的两股上升气流汇聚加强。此时,云中过冷水充沛,云中冰相过程进一步发展,冰晶和雪的高度达到了13 km左右,冰晶的混合比最大为0.3 g·kg$^{-1}$,雪混合比最大为1.6 g·kg$^{-1}$,雪和冰晶的位置相对应,说明雪主要是由冰晶相碰粘连形成的;霰混合比最大增大到2.5 g·kg$^{-1}$,且大值区在上升气流的出口区,霰分布在过冷云水和冰晶之间,说明充足的过冷水为霰的增长提供了有利条件;雨水主要分布在六盘山顶以及六盘山的东西两侧,且大值区在东侧,此时雨水混合比增大到1.9 g·kg$^{-1}$,大值区在雪和霰大值区的下方,说明霰和雪在下落到0 ℃层之下的暖区后融化形成雨水。

22:34为降水减弱时期(图略),云中基本没有上升气流,冰晶分散不集中,云水集中在中层,云中各水凝物粒子含量明显减弱,降水向东北方向移动,逐渐减弱移出宁夏。

## 5 试验结果

### 5.1 地形对地面降水分布的影响

图7是基于不同地形方案模拟的7月10日08时至7月11日08时的24 h累积降水量分

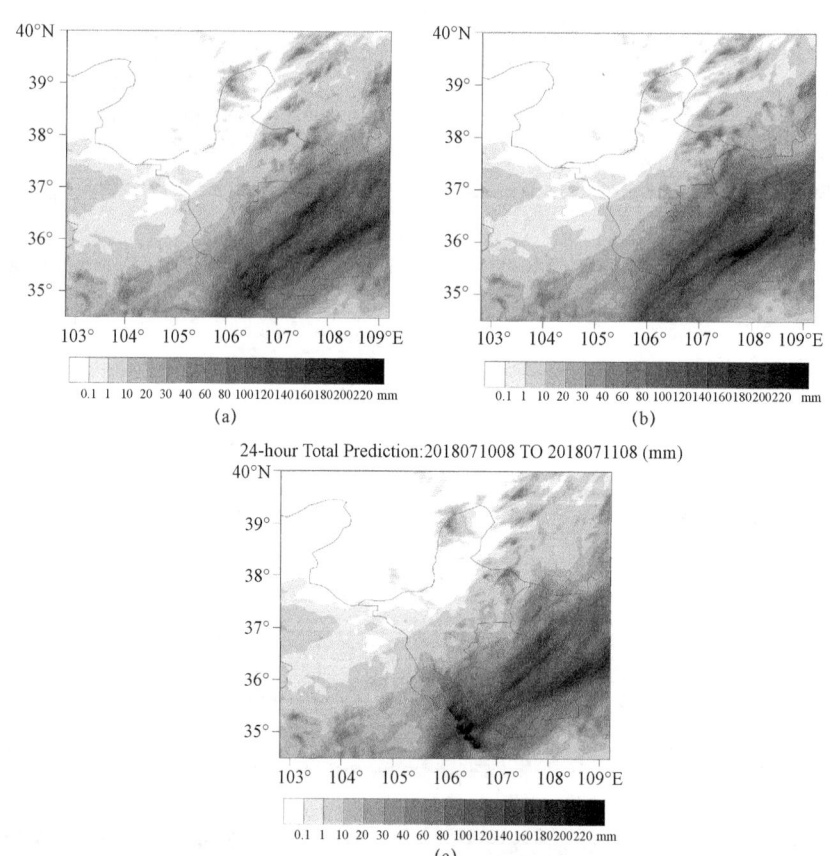

图7 基于不同地形方案模拟的7月10日08:00—7月11日08:00的24 h累计降水量分布图
(a)CTRL;(b)$H_{1.7k}$;(c)$H_{1.5}$

布图。可以看出,地形高度的变化对于整个降水雨带的位置影响不大,但对强降水中心的降水量级影响较为显著。当将六盘山地形整体降低为 1700 m 后(图 7b),原来 CTRL 试验中在沿六盘山脊及其东侧的大于 120 mm 以上的强降水中心消失,且在六盘山区的降水量级减小。而当将六盘山高于 2 km 的地形增加至原地形高度的 1.5 倍后(图 7c),较 CTRL 试验相比,沿六盘山脊及其东侧的强降水中心的位置偏南,且强降水中心量级增大至 220 mm。根据逐 3 h 降水量分布图(图略)来看,$H_{1.7k}$ 试验较 CTRL 试验降水开始的晚,结束得早,而 $H_{1.5}$ 试验较 CTRL 试验降水开始的早、结束的晚。由此得出,平坦地形下使得六盘山区降水减少;增高六盘山地形,使得六盘山区降水增加。

## 5.2 地形对云中水凝物的影响

图 8 是基于不同地形方案模拟(CTRL,$H_{1.7k}$,$H_{1.5}$)的在强降水时期雷达组合反射率最大处作纬向剖面的云中云水、雨水、冰晶、雪和霰粒子的垂直分布图。在 CTRL 试验中(图 8,d,g),强降水时期,山东西两侧的近地面风速增强,在六盘山的作用下强迫抬升,配合 700 hPa 切变线,使得山东西两侧的两股上升气流汇聚加强,此时云中最大垂直上升气流的速度为 2.6 m·s$^{-1}$,云水延伸至 7 km,云水混合比最大为 0.9 g·kg$^{-1}$,雪和霰的混合比最大分别为 1 g·kg$^{-1}$ 和 2.5 g·kg$^{-1}$,雨混合比最大为 1.9 g·kg$^{-1}$。在 $H_{1.7k}$ 试验中(图 8b,e,h),在平坦地形下,由于没有地形强迫抬升的效应,云中最大垂直上升气流的速度小于 CTRL 试验,为 1.8 m·s$^{-1}$,由于云内上升气流较弱,云水分布范围和混合比最大值均小于 CTRL 试验,云水混合比最大为 0.7 g·kg$^{-1}$,雪和霰粒子混合比最大分别为 1 g·kg$^{-1}$ 和 1.7 g·kg$^{-1}$,产生的雨水也相对较少,雨混合比最大为 1.6 g·kg$^{-1}$。在 $H_{1.5}$ 试验中图(8c,f,i),地形高度增高,地形强迫抬升作用增强,山的东西坡两侧垂直运动进一步增强,云中最大垂直上升气流的速度大于 CTRL 试验,为 3.2 m·s$^{-1}$,云水最大高度增高至 9 km,云水混合比最大为 1.5 g·kg$^{-1}$,过冷水含量丰沛,云中冰相过程发生更加充分,雪和霰混合比最大值分别为 1.6 g·kg$^{-1}$ 和 2.9 g·kg$^{-1}$,雨水混合比最大为 2.5 g·kg$^{-1}$。高空冰晶混合比的最大值三组试验均为 0.2 g·kg$^{-1}$。

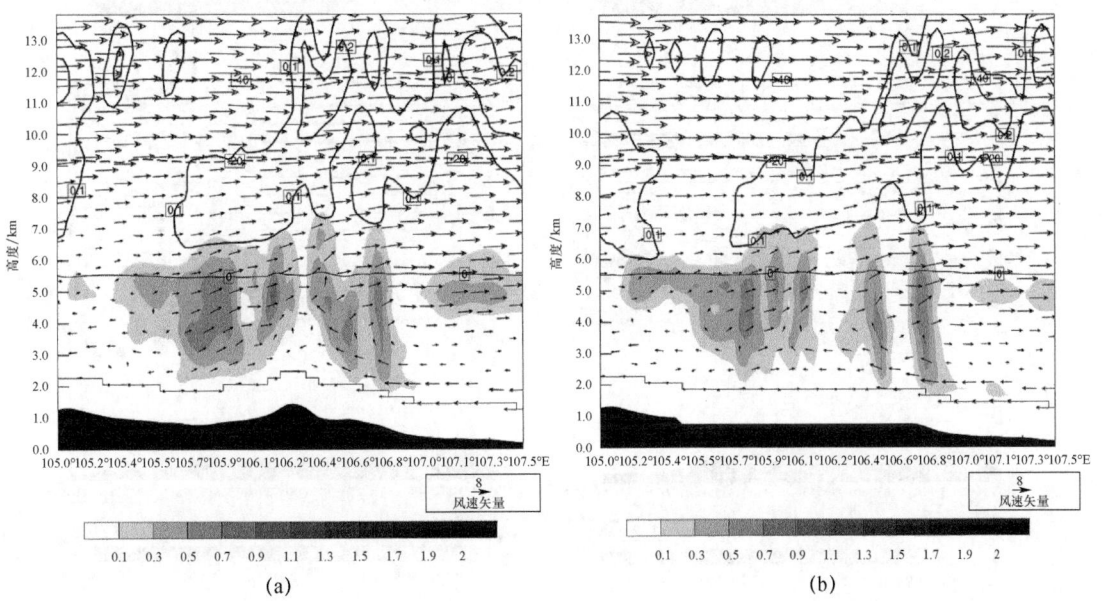

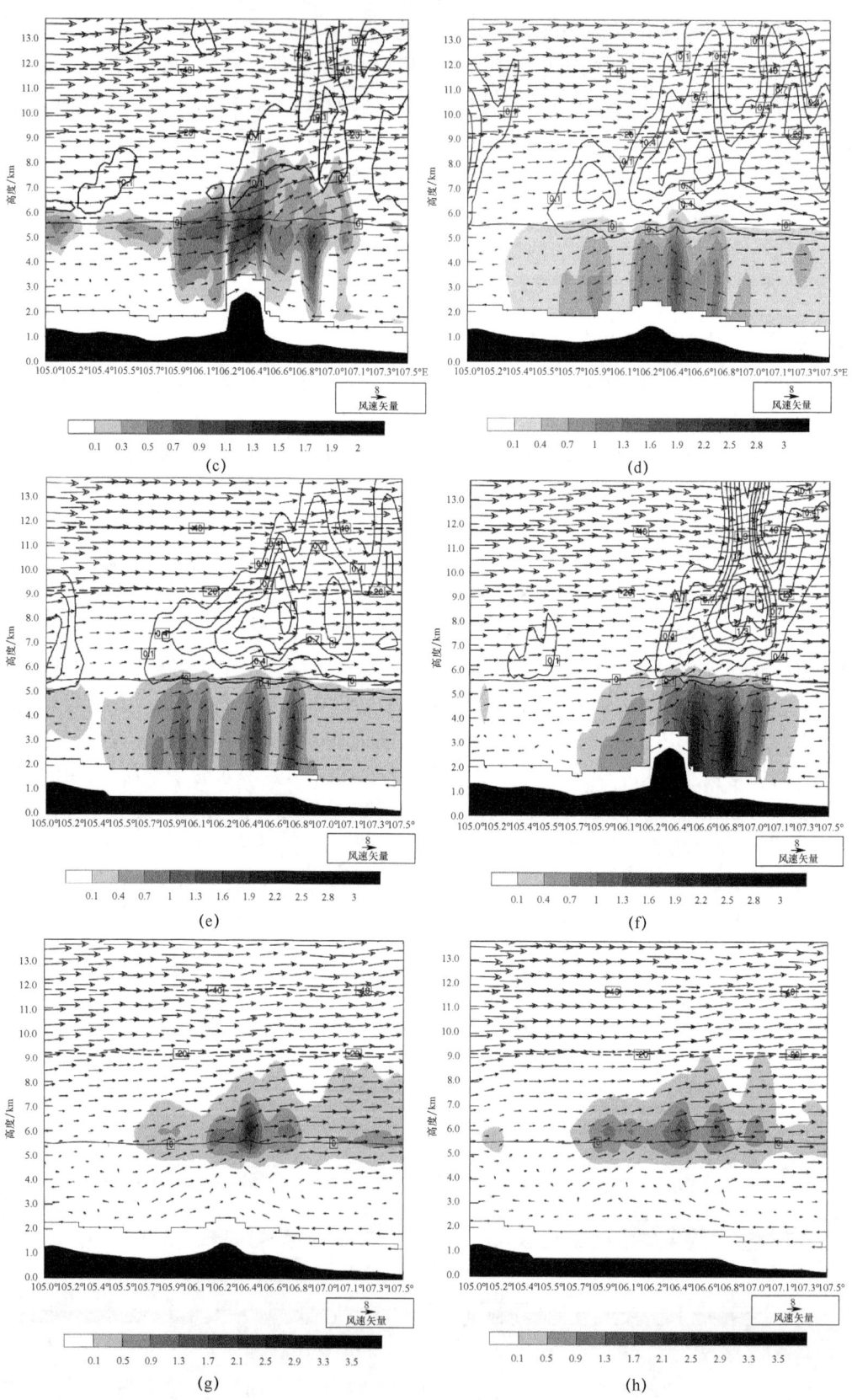

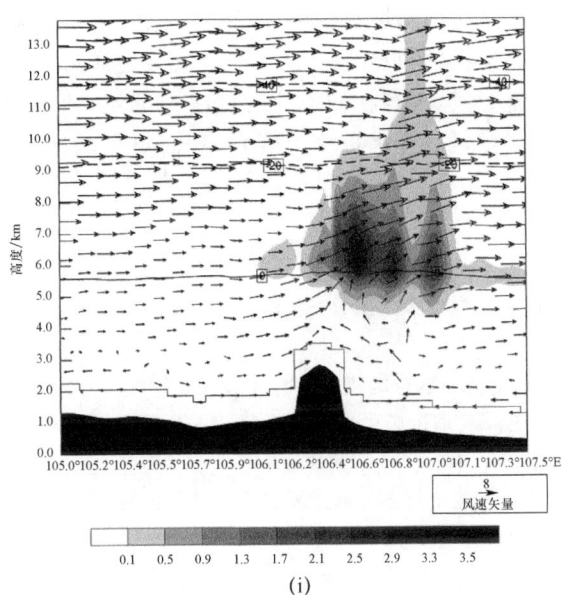

(i)

图 8 CTRL(a,d,g)、$H_{1.7k}$(b,e,h)、$H_{1.5}$(c,f,i)试验在强降水时期中云水、冰晶、
雪、霰和雨水混合比、温度、U-W 合成($W×2.5$)纬向剖面图
a,b,c:云水(阴影);冰晶(黑色实线);$UW$ 风矢量(箭头);温度(平直线);d,e,f:雨水(阴影);雪(黑色实线);
$UW$ 风矢量(箭头);温度(平直线);g,h,i:霰(阴影);$UW$ 风矢量(箭头);温度(平直线)

综上所述,平坦地形下($H_{1.7k}$),由于没有地形强迫抬升的效应,云中上升气流减弱,云水、雪、霰、雨水混合比最大值小于真实地形(CTRL);增高六盘山地形后($H_{1.5}$),地形强迫抬升作用增强,云中上升气流增强,云水、雪、霰、雨水混合比最大值大于真实地形(CTRL),三组试验中高空冰晶混合比的最大值一致。

# 6 结论与讨论

(1)通过对控制试验的降水和水平风场检验,WRF 模式较好地模拟了 2018 年 7 月 10 日六盘山区暴雨过程的降水空间分布、强降水中心位置、强降水时段以及风场的特征。

(2)700 hPa 切变线系统与低层东南暖湿气流遇到六盘山地形强迫抬升共同作用是此次暴雨过程的主要动力机制;水汽辐合区是随着切变线系统移动的,水汽辐合区的极大值出现在泾源县南部(六盘山主峰东坡)。

(3)在六盘山地形的作用下,水凝物粒子分布及演变特征随云的不同发展阶段呈现出不同特征。降水初生阶段,垂直运动较弱,云水集中在 0 ℃层以下。降水发展阶段,地形强迫作用增强,云中有明显上升气流,各水凝物粒子的含量均有所增大。强降水时期,云水、冰晶、雪、霰的含量丰富,且分布范围增大。降水减弱时期,云中基本没有上升气流,雨水含量明显减弱。

(4)控制试验与敏感试验对比,六盘山地形对降水带的分布影响不大,强降水中心的量级影响显著,平坦地形下使得六盘山区降水减少;增高六盘山地形,使得六盘山区降水增加。地形的强迫抬升作用使得上升气流进一步加强,云中冰相过程发展充分,过冷云水增多,为雪和霰的增长提供有利条件,进而使得地面降水增多。

根据六盘山区常年的年平均降水量资料显示,六盘山东坡平均降水量大于西坡,且多年再分析资料表明750 hPa以下六盘山东坡为东南风,东坡为东南暖湿气流的迎风坡,导致了东坡降水大于西坡。本文挑选的本次的典型个例讨论了东坡为迎风坡时,地形对降水及其微物理过程的影响。由于不同环流背景,也存在低层的西南暖湿气流,西坡为迎风坡的典型个例,尚需选取更多个例按不同环流背景分类进行深入研究,从而更全面地探讨六盘山地形对该地区降水影响的机制。

## 参考文献

[1] 吴国雄,王军,刘新,等. 欧亚地形对不同季节大气环流影响的数值模拟研究[J]. 气象学报,2005,63(5):603-612.

[2] 廖菲,洪延超,郑国光. 地形对降水的影响研究概述[J]. 气象科技,2007,35(3):309-316.

[3] 朱素行,徐海明,徐蜜蜜. 亚洲夏季风区中尺度地形降水结构及分布特征[J]. 大气科学,2010,34(1):71-82.

[4] 周万福,肖宏斌,孙安平,等. 祁连地形云与垂直风的关系[J]. 山地学报,2012,30(6):641-647.

[5] BRAUN S A, ROTUNNO R, KLEMP J B. Effects of coastal orography on landfalling cold fronts. Part Ⅱ: Effects of surface friction [J]. Journal of the atmospheric sciences,1999,56(19):3366-3384.

[6] COTTON W R, TRIPOLI G J, RAUBER R M, et al. Numerical simulation of the effects of varying ice crystal nucleation rates and aggregation processes on orographic snowfall [J]. Journal of climate and applied meteorology,1986,25(11):1658-1680.

[7] 邵元亭,刘奇俊,荆志娟. 祁连山夏季地形云和降水宏微观结构的数值模拟[J]. 干旱气象,2013,31(1):18-23.

[8] 于晓晶,赵勇. 地形对天山夏季降水影响的模拟[J]. 中国沙漠,2016,36(4):1133-1143.

[9] 马玉芬,赵玲,赵勇. 一次强天气过程天山地形方案的敏感性试验研究[J]. 中国沙漠,2012,32(4):1127-1134.

# 不同云滴数浓度对六盘山区一次
# 对流性天气影响的数值模拟*

马思敏　常倬林*　孙艳桥　周　楠

(1. 中国气象局旱区特色农业气象灾害监测预警与风险管理重点实验室,银川 750002;
2. 宁夏气象防灾减灾重点实验室,银川 750002)

**摘　要**：利用 WRF 模式和 1°×1°的 NCEP 再分析资料,对 2007 年 7 月 14 日宁夏固原市发生的一次强对流天气进行了数值模拟分析,总结此次强对流天气的有利环流形势、物理量场分布以及雷达回波特征,得到以下结论：(1)WRF 模拟的降水区较实况略偏东南,且降水量偏大；(2)WRF 模拟的高层辐散和中低层辐合配置、"喇叭口"探空曲线与对流性降水区较为符合；(3)霰、雪是雨水形成的主要来源,云水又是雪和霰增长的主要来源；(4)云滴数浓度对对流云降水有着十分重要的影响。增加云滴数浓度,使前期对流云产生的累计降水量和范围均有减少,而后期高浓度状况下存在大量冰相粒子,造成累计降水量及范围大于低、中浓度的降水；(5)云滴数浓度对对流云中水成物的分布也有影响,增加云滴数浓度,云水含量增加,前期雨水、冰晶、霰含量减少,后期雨水、冰晶、霰含量增多。

**关键词**：WRF 模式；对流云；云滴数浓度

## 1　引言

雷暴、冰雹、龙卷等是严重的灾害性强对流天气,具有空间尺度小、生命期短等特点[1],其突发性、局地性强。多普勒天气雷达是研究强对流天气的有效手段之一,可明显提高强对流天气的短时临近预报能力[2-3]。杨侃等[4]利用宁夏近 50 年的冰雹实测资料统计分析了宁夏冰雹的时空分布特征,得出宁夏冰雹主要分布在南部黄土丘陵区。固原市位于宁夏南部山区,地形复杂,常有冰雹等强对流天气发生,不仅给农业、通信、交通等带来严重危害,还给人民生命及财产安全造成严重的影响和损失[5],该区平均每年受不同程度的雹灾影响面积达 20000 $hm^2$ 左右[6]。

现今,人类活动的加剧导致了大气中气溶胶浓度的增加,从而影响了云的微物理过程及其降水,因此气溶胶—云—降水的相互作用是当今大气科学研究的热点和前沿问题。Van 等[7]通过观测佛罗里达半岛一次气溶胶异常偏高时的云降水变化发现,随着气溶胶粒子浓度增加,CCN 浓度增加,强对流云发展更为旺盛,降水量也随之增大。Storer 等[8]利用 RAMS 模式模拟了不同初始环境、不同初始气溶胶浓度对对流天气发展的影响,得出初始气溶胶浓度、初始 CAPE 值较大的风暴有着较强的上升气流和更多的累计降水。

中尺度数值模式(如 RAMS,ARPS,MM5,WRF 等)不仅考虑了下垫面等环境影响因子,

---

\* 基金项目：中国气象局旱区特色农业气象灾害监测预警与风险管理重点实验室指令性项目"地形对六盘山区降水影响的数值模拟研究"(CAMP—202009)资助。
作者简介：马思敏(1991—),女,本科,工程师,主要从事大气物理及云降水物理研究工作。E-mail:msm053@163.com。
通讯作者：常倬林(1981.10—),女,山西文水,硕士,高级工程师,主要从事大气物理与大气环境、人工影响天气、卫星遥感等研究。E-mail:changzhl05@126.com。

还考虑了大尺度环流背景对对流系统的作用以及中尺度对流系统对大尺度环流的反馈作用,可以模拟包括自然启动在内的对流发展的全过程,且模拟范围大,已成为强对流云形成、演变研究的重要手段[9-12]。WRF模式是新一代非静力、高分辨率中尺度数值模式,支持多层网格嵌套,易于不同地理位置定位,物理过程全面,且具有三维资料同化功能,对中尺度天气系统具有较好的模拟效果,也可以模拟不同气溶胶浓度背景下对流云中各水成物的转变及其降水的发展。已有的研究结果表明WRF模式对中尺度系统具有良好的模拟效果[13-16]。肖辉等[14]利用WRF模式对山西的一次强降水过程进行了数值模拟,并对不同污染背景下气溶胶对云微物理结构、降水变化的影响进行敏感性试验,发现污染背景下的降水区域无明显变化,后期降水量比清洁背景下要多。Li等[15]利用WRF模式模拟了Houston地区的一个对流系统,发现CCN浓度在150~3000 $cm^{-3}$ 时,模拟产生的总降水量随着CCN浓度的增加而增加,而当CCN浓度超过3000 $cm^{-3}$ 后,随着CCN浓度的增加模拟产生的总降水量反而减小。截至目前,对于气溶胶是否会影响降水以及是增加还是减少降水的问题尚未十分确定。

2007年7月14日,宁夏固原市出现了对流性天气过程,降水主要发生在固原市和泾源县,过程雨量分别为9.6 mm和6.7 mm,固原站最大雨强为7.3 mm·$h^{-1}$。本文利用WRF模式和1°×1°的NCEP再分析资料,对此次强对流天气进行数值模拟分析,总结此次强对流天气的有利环流形势、雷达回波特征、物理量场分布以及云中水凝物分布特征,并分别取3组不同云滴浓度进行敏感性试验,探讨云滴数浓度对此次过程降水、云中水凝物的分布以及垂直气流的影响。

## 2 模式试验设计

WRF模式试验方案设计采用时间间隔为6 h、分辨率为1°×1°的NCEP再分析资料为背景场,模拟区域中心为固原,采用双重网格嵌套,大网格点数为120×120,水平分辨率为3 km,输出结果时间间隔为1 h,细网格数为181×181,水平分辨率为1 km,输出间隔为6 min。模式顶层为100 hPa,垂直分层为35层。模拟时间从2007年7月14日02时至15日02时(北京时),采用18 s的积分步长。物理过程选用Morrison微物理参数化方案、RRTM长波和Dudhia短波辐射方案、Monin-Obukhov近地面层方案、Noah陆面过程方案和YSU边界层方案。

在Morrison微物理方案中,将云滴初始数浓度($N_c$)设为常数,分别选取$N_c$值为80 $cm^{-3}$(低浓度)、250 $cm^{-3}$(中浓度)、2 500 $cm^{-3}$(高浓度)3种大气进行敏感性试验,其他方案不变,区域嵌套、积分步长、物理方案等保持一致。

## 3 天气形势与水汽条件分析

### 3.1 形势场

从7月14日08时的高空形势图来看,200 hPa上(图1a),青藏高原和伊朗高原上空的南亚高压稳定且向东延伸至西太平洋上空;500 hPa上,西太平洋副热带高压(以下简称"副高")西北侧边缘有"万宜"台风活动(中心位置在130°E,30°N附近),导致副高位置较常年偏南偏东,副高脊线在20°N以南,西脊点在125°E附近,588dagpm线位于30°N附近(图1b)。700 hPa上(图1c),青藏高原东北侧有暖脊北抬至宁夏南部($T_{700\ hPa}$>12 ℃),固原上空500 hPa与700 hPa温差达20 ℃,上冷下暖的大气层结有利于强对流天气的发生。

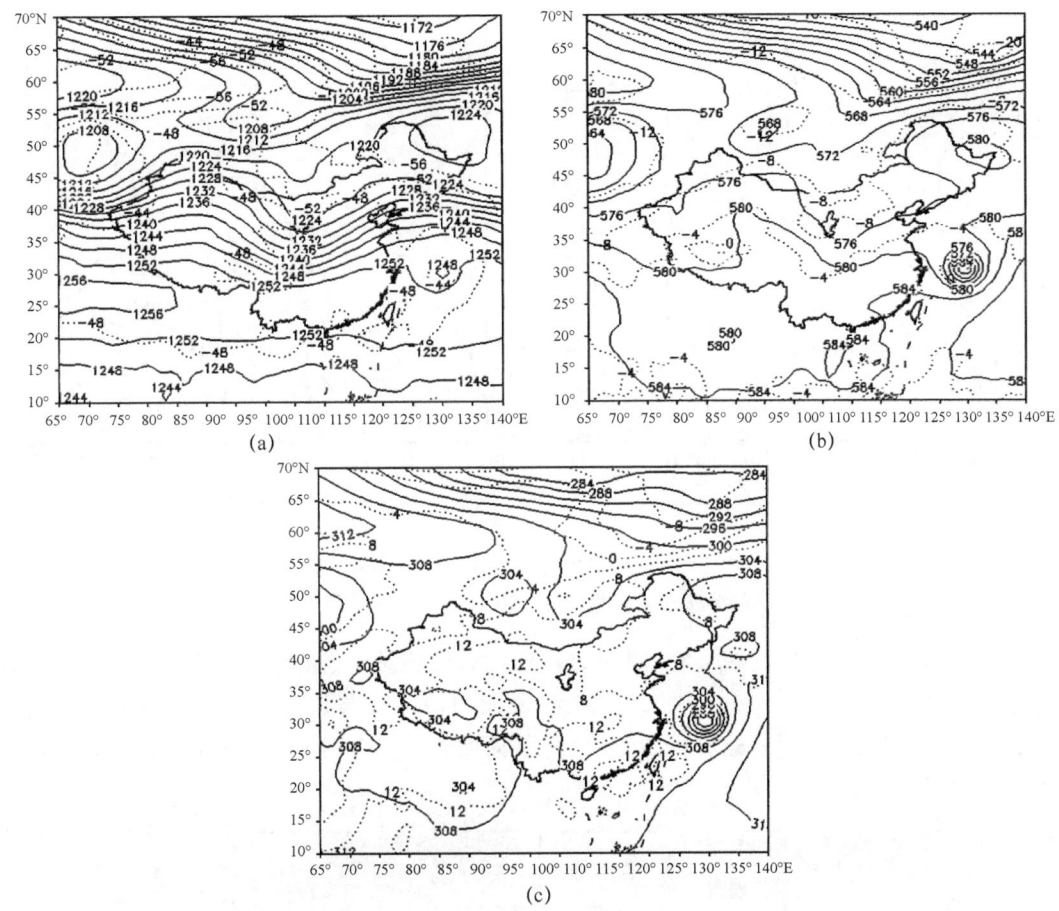

图 1 2007年7月14日08时200 hPa(a)、500 hPa(b)、700 hPa(c)
高度场(单位:dagpm)和温度场(单位:℃)叠加图

## 3.2 水汽通量及散度

水汽通量是反映水汽输送强度的物理量,是表示在单位时间内流经某一单位面积的水汽质量。水汽通量散度定义为:在单位时间里,单位体积内汇合进来或辐散出去的水汽质量。水汽通量散度为负时,有净的水汽流入;水汽通量散度为正时,有净的水汽流出。由图2可知,7月14日08时700 hPa上,宁夏南部有来自北边水汽的输送,且水汽通量散度中心为负,说明此时有水汽辐合,有利于对流性天气的发生(图2a);20时,700 hPa上有水汽辐散(图2b)。

## 4 多普勒雷达回波分析

固原站雷达基本反射率因子显示(图3a,d),13:39,雷达站北侧有1个新单体生成,回波强度达40~45 dBZ。13:44,该单体回波强度增强至50~55 dBZ,且在该单体的南侧和北侧,各生成1个新单体(图略)。13:55,这3个单体向东南方向移动发展,靠近雷达站的单体回波强度达到55~60 dBZ,同时,泾源至平凉一带有一片范围较大的回波带。14:33,北侧的2个单体合并,回波强度达55 dBZ,而靠近雷达站的单体回波范围明显扩大。14:44,合并的新单体继续向东南方向移动并减弱,而靠近雷达站的单体少动,回波强度稳定在55~60 dBZ。从

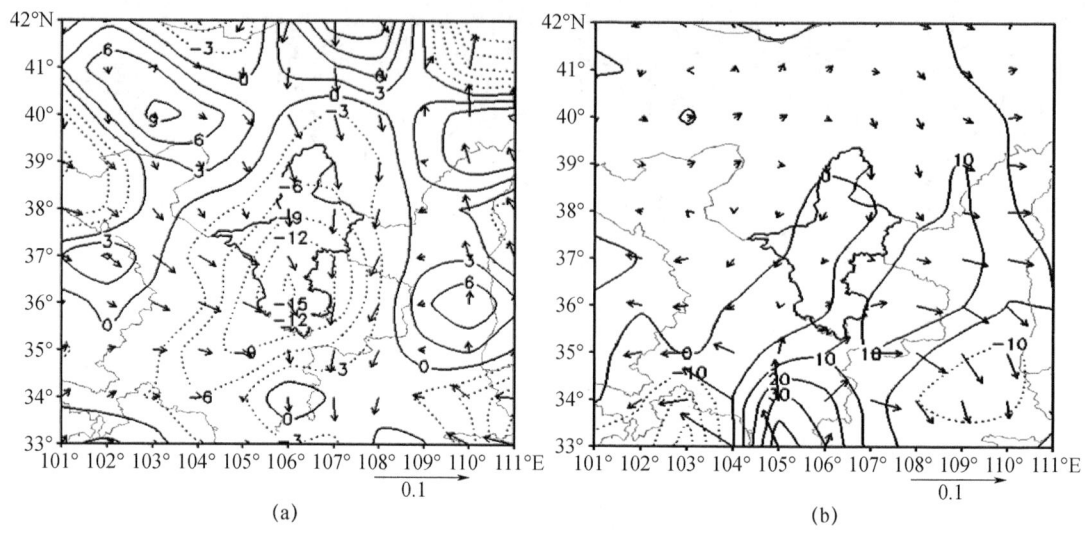

图 2 2007 年 7 月 14 日 08 时(a)、20 时(b)700 hPa 水汽通量(单位:g·cm$^{-1}$·s$^{-1}$)
和水汽通量散度(单位:10$^6$ g·cm$^{-2}$·s$^{-1}$)

1.5°和 9.89°仰角的径向速度图上看(图 3e,f),14:33,固原站附近以及泾源站西南侧(黑色箭头所指)有水平范围为 5~10 km 的气旋结构,最大回波中心与该气旋所在的高度和位置接近,且在 9.89°仰角上有辐散,这种低层辐合、高层辐散的结构有利于强烈上升运动的发展和强对流天气的产生。

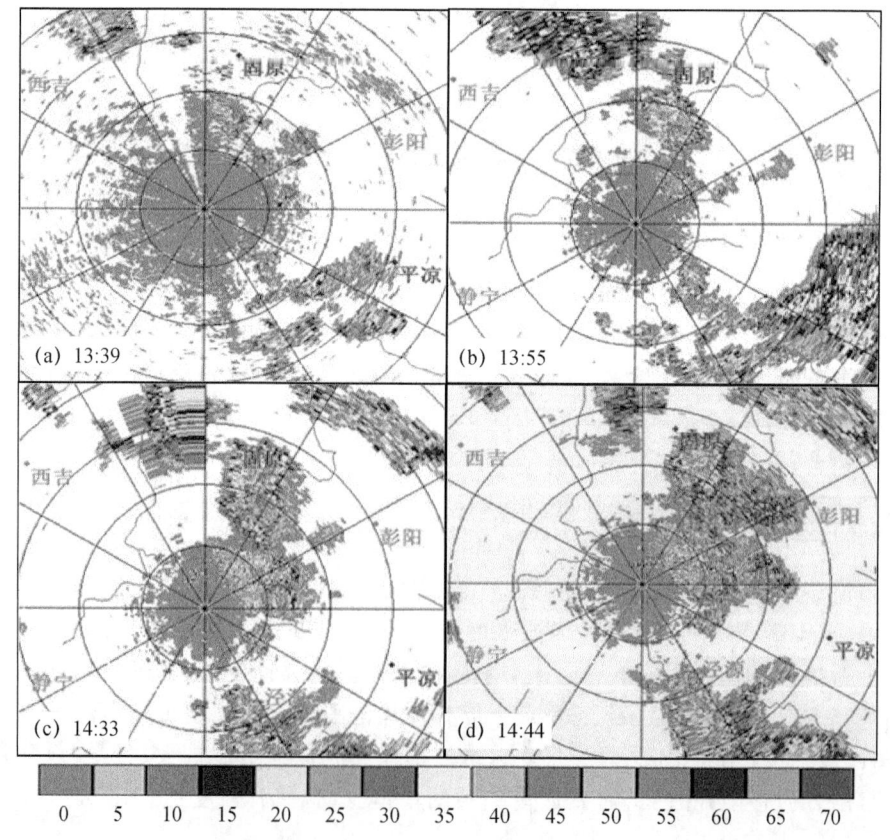

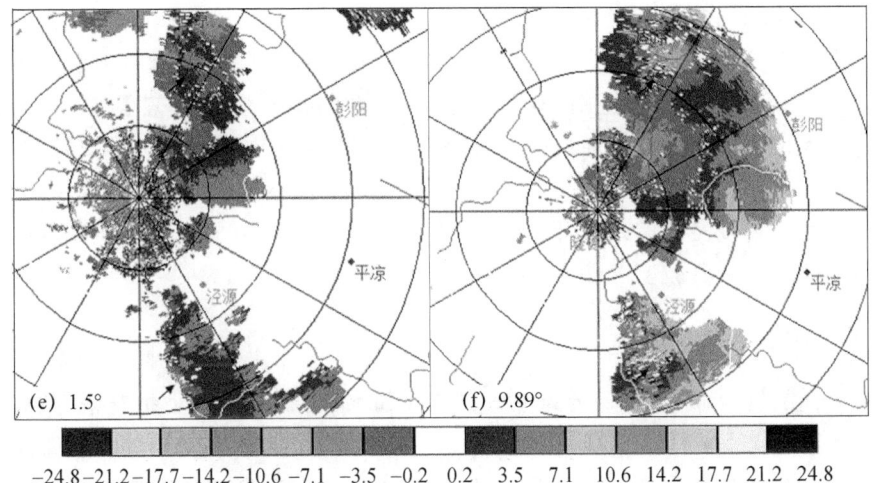

图3 固原站2007年7月14日13:39—14:44(a—d)3.4°仰角上的雷达回波(单位:dBZ)以及1.5°(e)、9.89°(f)仰角上14:33径向速度(单位:m·s$^{-1}$)演变(雷达半径为75 km)

## 5 模拟结果分析

### 5.1 降水模拟结果与雷达回波的对比

由雷达回波图(图3b,c)可知,13:00—14:00,泾源至平凉一带有一范围比较大的回波带

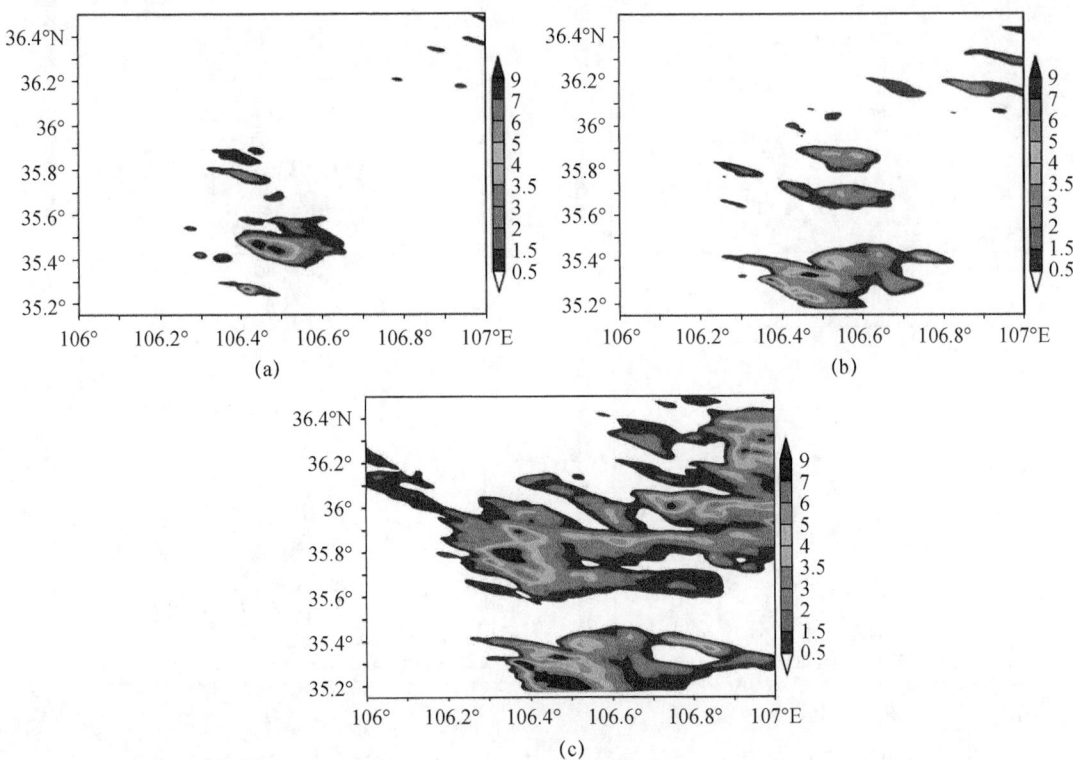

图4 WRF模式模拟的13:00—14:00(a)、14:00—15:00(b)以及14:00—20:00(c)累计降水量(单位:mm)

(35.2°—34°N,106.28°—106.5°E);而WRF模拟的同期1 h累计降水显示(图4a),泾源至平凉一带有降水,最大降水量的位置与雷达强回波地带较一致,但模拟的固原附近单体(35.7°—36°N,106.2°—106.35°E)的降水范围、强度都比雷达探测的要小,且位置偏东南。14:00—15:00,雷达回波上最大反射率中心在固原南侧(35.58°—36.04°N,106.22°—106.4°E)和泾源西南侧(35.2°—35.5°N,106.23°—106.4°E),这2个位置的降水中心被模式较好地模拟出来,但模拟的降水大值中心位置较实际偏东南(图4b)。对比14:00—20:00累计降水量的模拟值和实况发现,WRF模拟的降水量较实况偏大。

## 5.2 散度场和涡度场

对流性天气的发生,除了有一定的不稳定条件和水汽条件外,动力抬升条件也不可或缺。为了考察降水区域上空的散度情况,分别沿35.4°N、35.32°N作涡度和散度的纬向垂直剖面(图5)。14日14:00散度垂直分布显示(图5a),降水区域上空(106.5°E附近)350 hPa至对流层顶为辐散层,750～350 hPa为辐合层,散度负值中心为$-4\times10^{-3}\,s^{-1}$,750 hPa以下为辐散层,这是因为此时伴随降水产生的下沉气流所致;14:30(图5c),降水区域上空(106.45°E附近)400 hPa至对流层顶为辐散层,400 hPa以下为辐合层,散度负值中心为$-4\times10^{-3}\,s^{-1}$。这种低层辐合、高层辐散的配置有利于水汽的积聚、向上输送,从而触发不稳定能量释放,致使对流得以强烈发展。14日14:00和14:30的涡度剖面(图5b,d)显示,14:00,降水区域上空

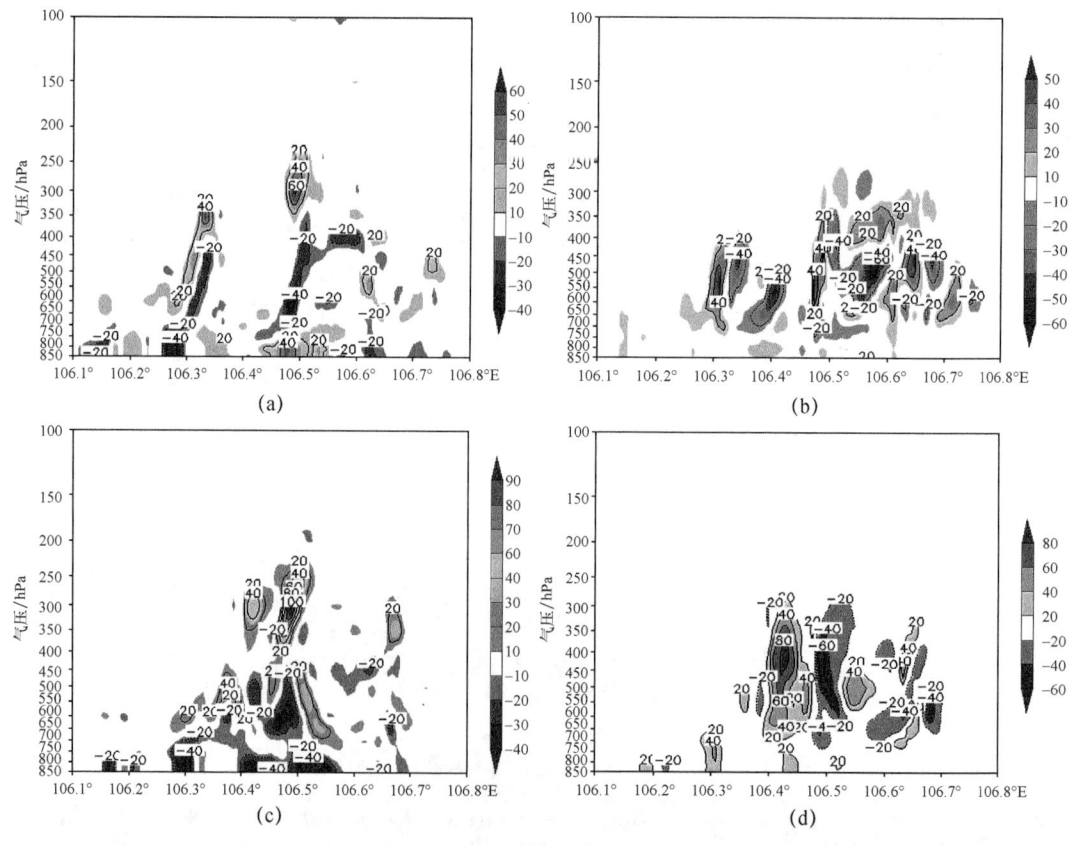

图5 2007年7月14日14:00(a,b)沿35.4°N和14:30(c,d)沿35.32°N的散度(a,c)、涡度(b,d)纬向垂直剖面(单位:$10^{-3}\,s^{-1}$)

(106.5°E 附近)600~300 hPa 范围存在 1 个正涡度中心,最大正涡度中心值为 $4\times10^{-3}\ s^{-1}$。14:30,降水区域上空(106.45°E 附近)250 hPa 以下均为正涡度区域,正涡度中心最大值为 $8\times10^{-3}\ s^{-1}$,降水区域上空处于上升运动区域,而上升运动是产生对流性天气、触发不稳定能量释放的必要条件。

### 5.3  $t$-$\ln p$

图 6 为 WRF 模式模拟的温度对数压力图。可以看出,12:00、15:00 的探空曲线均呈现典型的强对流天气的"喇叭口"型结构,600 hPa 左右以上空气湿度迅速减小,空气上干下湿,15:00,600 hPa 的湿度约为 100%。CAPE 值越大则对流不稳定能量释放后形成的上升气流强度越强,形成强对流天气的可能性也就越大。12:00 时固原站的 CAPE 值为 334 $J\cdot kg^{-1}$,15:00 时 CAPE 值增加至 789 $J\cdot kg^{-1}$,不稳定能量明显增加,为强对流天气提供了有利的条件。另外还发现,存在明显的垂直风切变,这也有利于对流的发展。

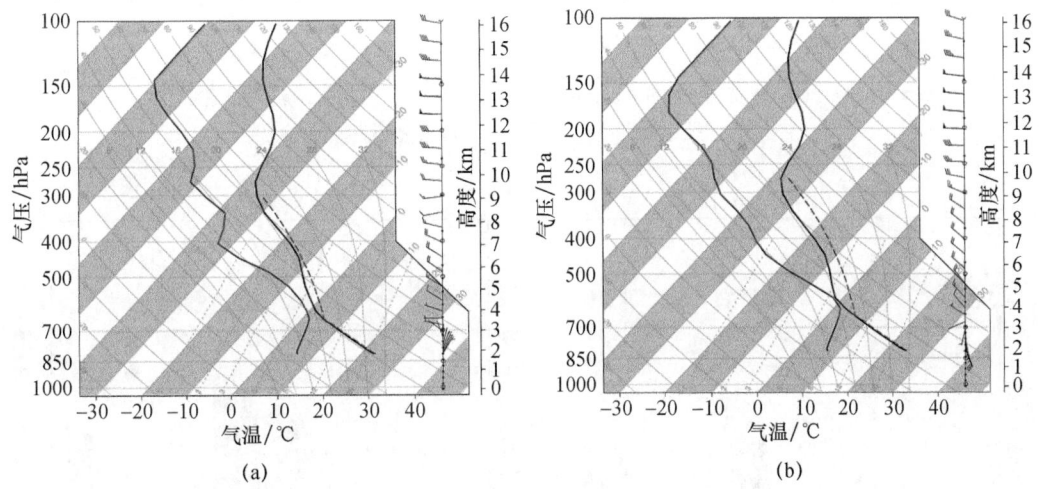

图 6  2007 年 7 月 14 日 12:00(a)、15:00(b)固原站的 $t$-$\ln p$ 图

### 5.4  水汽和水成物分布及演变

图 7 给出了 2007 年 7 月 14 日 14:00 沿 35.4°N 和 16:00 沿 35.2°N 剖面上的比湿垂直分布。可以看出,比湿随高度的升高逐渐减小,两个时次水汽的输送高度都达到了 300 hPa 左右,且低层均有高值中心,14:00 时刻的比湿>11 $g\cdot kg^{-1}$,随着对流云的发展,16:00 的比湿最大值减小至 10 $g\cdot kg^{-1}$,16:00 比湿分布变得比较平缓,说明对流系统已经减弱,此时地面累计降水量逐渐减小。在水汽充足的位置易形成各水成物粒子。

图 8 给出了 14:24—14:42 沿 35.32°N 剖面上的云水及雨水混合比分布。14:24,云水主要分布在上升气流区域,区域中心的比湿为 1.5 $g\cdot kg^{-1}$,气流速度为 10 $m\cdot s^{-1}$;14:30,上升气流增强,气流速度增至 18 $m\cdot s^{-1}$,云水随着上升气流的增强在垂直方向的范围明显增大,云水混合比中心比湿增至 2 $g\cdot kg^{-1}$;14:36—14:42,上升气流减弱,云水中心值及范围明显减小,云水仍处在上升气流区域内,为冰相水凝物的生成、生长提供了有利条件(图 8a—d)。14:24,雨水主要分布在云水的下方;14:30,雨水最大中心的比湿达到最大,为 2.1 $g\cdot kg^{-1}$,之

后,伴随上升气流强度的减弱,雨水最大中心值明显减小;14:42,低层的云体被下沉气流控制,雨水主要分布在下沉气流中(8e—h)。

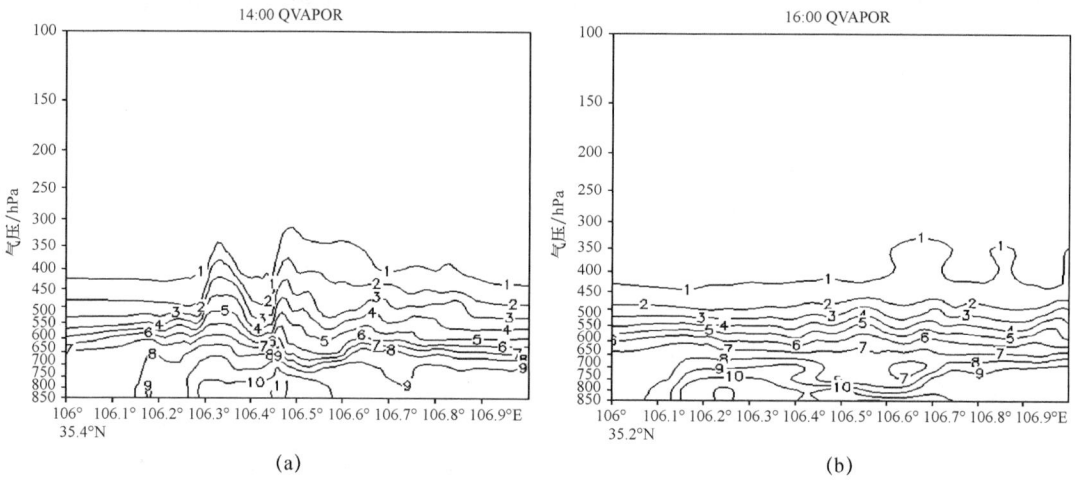

图7 2007年7月14日14:00(a)沿35.4°N以及16:00(b)沿35.2°N的比湿垂直分布(单位:g·kg$^{-1}$)

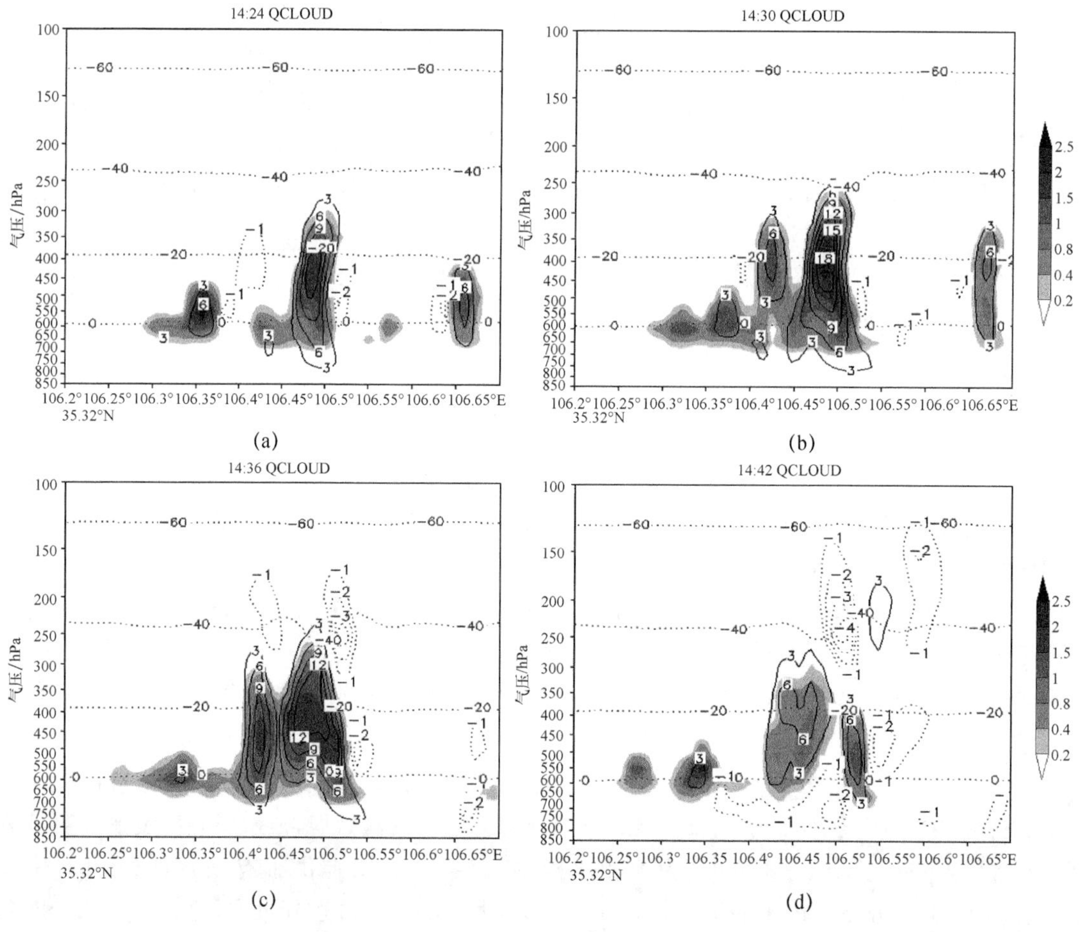

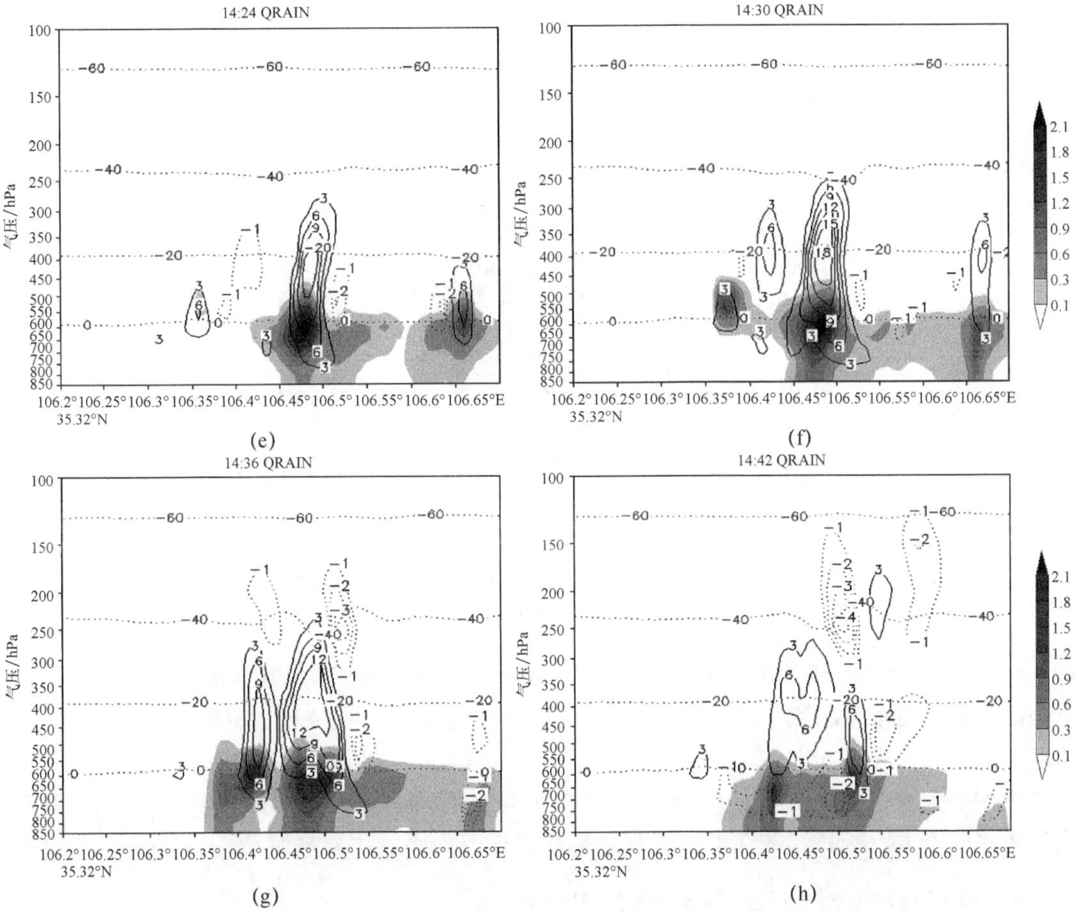

图 8  2007 年 7 月 14 日 14:24—14:42 沿 35.32°N 的云水(a,b,c,d)和雨水(e,f,g,f)
混合比(单位:g·kg$^{-1}$)、垂直气流(单位:m·s$^{-1}$)及温度(单位:℃)垂直剖面
(阴影为云水/雨水混合比;竖线为垂直气流速度;横线为温度)

图 9 是 7 月 14 日 14:36 沿 35.32°N 的冰晶、雪、霰混合比和垂直气流以及温度的垂直剖面。可以看出,冰晶含量的强中心位于上升气流的顶端,中心比湿>0.6 g·kg$^{-1}$,中心温度接

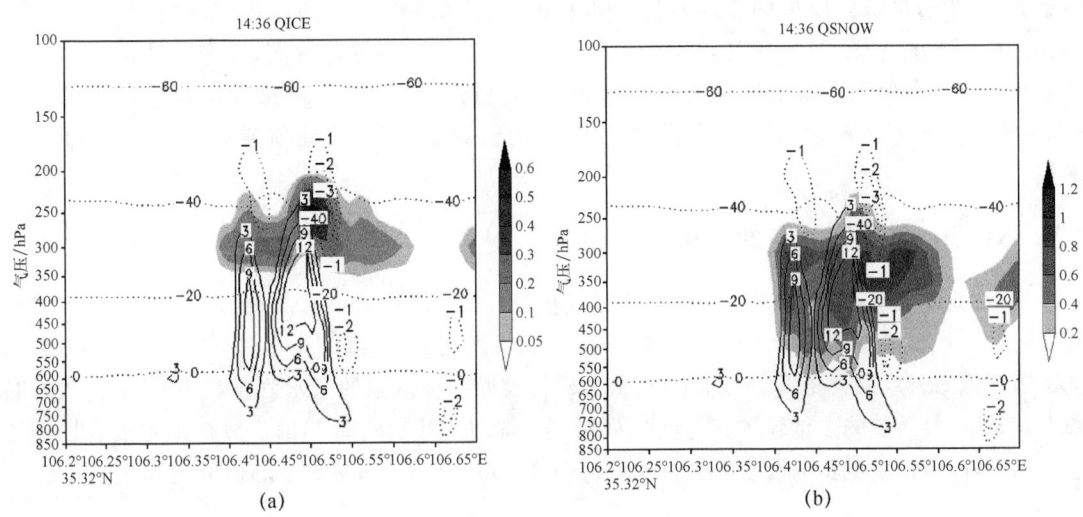

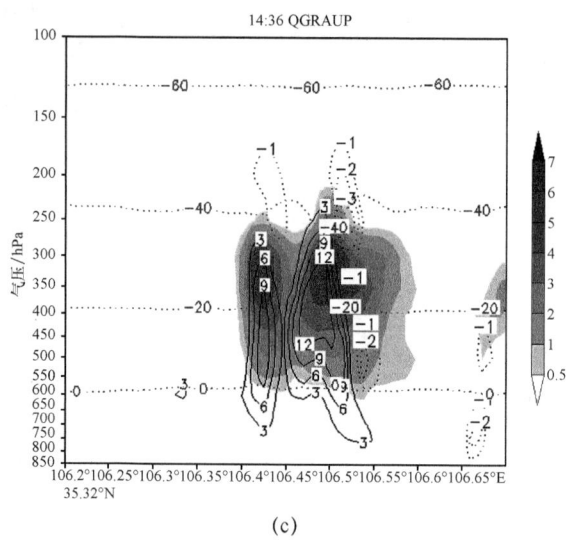

(c)

图9 2007年7月14日14:36沿35.32°N的冰晶(a)、雪(b)、霰(c)混合比(单位:g·kg$^{-1}$)和垂直气流(单位:m·s$^{-1}$)以及温度(单位:℃)的垂直剖面

近−40 ℃。对比2个单体的冰晶混合比发现,上升气流越强的单体,其冰晶混合比越大,这说明强的上升气流能将水汽带到高层,更有利于云滴的凝结、碰并过程,从而形成冰晶;对流云中的霰粒子主要存在于550～250 hPa之间,位于上升气流的右上端,且处在冰晶的下方;对流云中的雪主要分布在450～300 hPa,且位于上升气流的右端,略高于霰分布的位置。雪、霰正好位于雨水的上方,说明雪、霰在下落过程中融化是低层雨水的主要来源。

## 6 云滴数浓度对对流云发展的影响

### 6.1 对地面累计降水量的影响

从模拟的地面累计降水量分布(图10)来看,14:00—15:00,降水主要分布在106.35°—106.7°E、35.2°—35.45°N,低浓度试验模拟的1 h累计降水量大于中浓度试验的降水量,且范围更大,而中浓度试验模拟的1 h累计降水量的数量和范围均较高浓度试验的大。15:00—16:00,3组试验模拟的1 h累计降水分布较14:00—15:00的位置偏南,其中中浓度试验模拟的1 h累计降水量大于低浓度试验的降水量,且范围最大,而小于高浓度试验的降水量。可见,对流云降水对云滴数浓度的变化较敏感,增加云滴数浓度,可使前期降水减弱,后期降水增强。

### 6.2 对云中水凝物分布的影响

图11是7月14日14:30高、低数浓度试验下模拟的对流云中水凝物的垂直分布。可以看到,14:30,2组试验模拟的云水分布在700～250 hPa之间,且气温多为0～−40 ℃。其中,高浓度试验模拟的云水混合比强中心值达3 g·kg$^{-1}$,较低浓度试验的云水含量(2 g·kg$^{-1}$)大。高浓度背景下,气溶胶的数量较多,产生的云水混合比较大(图11a、图11b)。分析雨水混合比的垂直分布发现,低浓度试验的雨水混合比主要分布在550 hPa以下,最大中心值可达2.5 g·kg$^{-1}$,

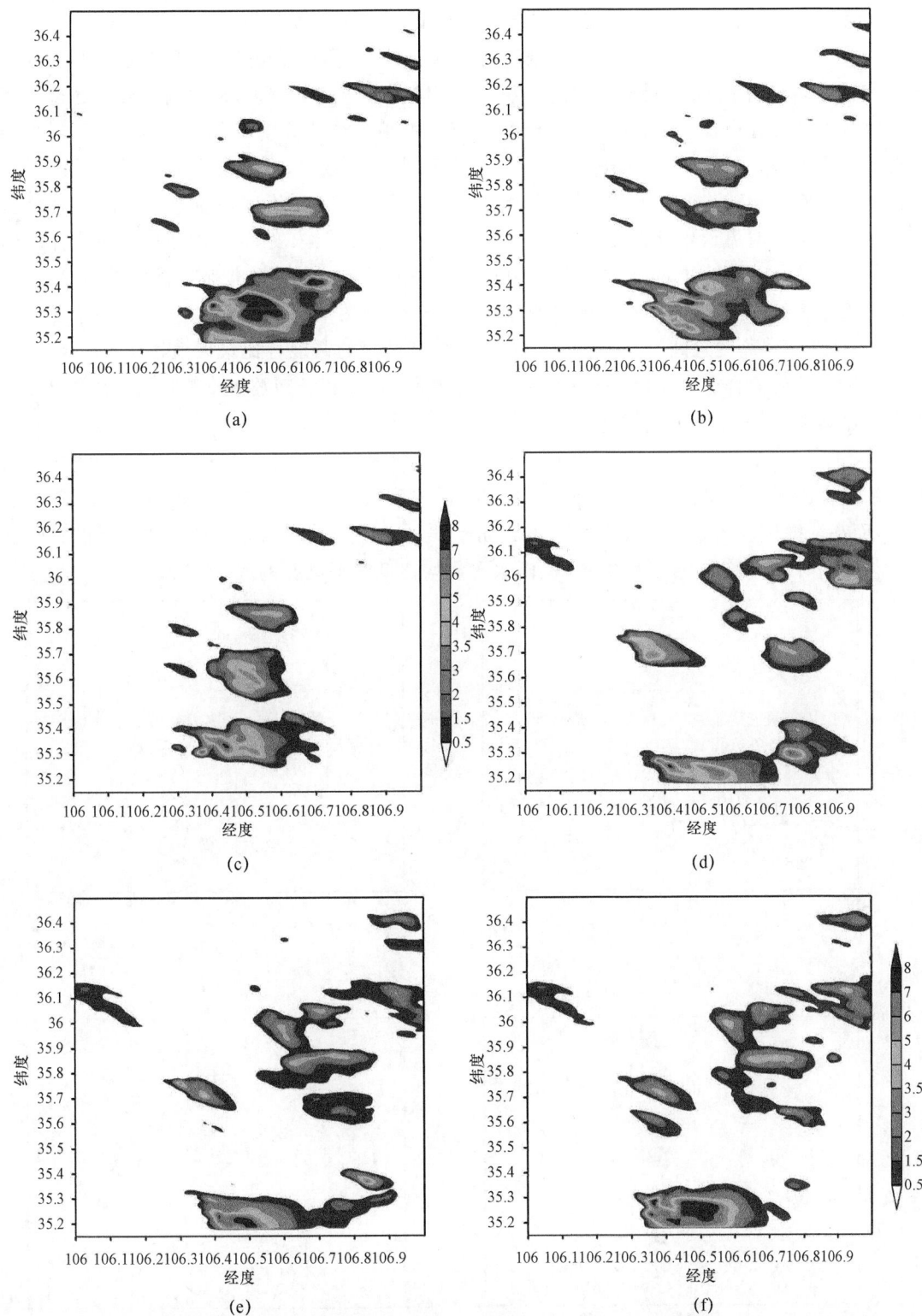

图 10 WRF 模拟的 14:00—15:00(a,b,c)和 15:00—16:00(d,e,f)低(a,d)、中(b,e)、高(c,f)浓度试验的累计降水量(单位:mm)

而高浓度试验的雨水混合比也集中在 550 hPa 以下，但分布范围较小，最大中心值仅有 0.9 g·kg$^{-1}$（图 11c,d）。可见，云滴数浓度对云水、雨水含量的影响效果相反。这是因为云滴数浓度的增加有利于水汽的凝结，进而导致对流云中云水含量的增多，而雨滴主要是通过云滴凝结以及碰并过程增长，云滴浓度增多导致对流云中小云滴数目增多，从而降低了云-雨之间的自动转化和碰并效率，抑制了雨水的形成，导致雨水含量减少，最终使得地面降水减少。这也是前期随着云滴数浓度的增加，地面降水减弱的主要原因。2 组试验模拟的冰晶垂直分布类似（图 11e,f），对流云中冰晶分布在 350～200 hPa 之间，低浓度试验中最大冰晶混合比达 0.35 g·kg$^{-1}$，高浓度试验的冰晶含量强中心为 0.3 g·kg$^{-1}$，略小于低浓度试验的冰晶含量。随着云滴浓度的增大，雪晶的混合比无明显差异（图略）。图 11g,h 显示，对流云中霰主要分布在 600～250 hPa 高度之间，均在 0 ℃层以上，低浓度试验的霰混合比最大值达 7 g·kg$^{-1}$，而高浓度试验的霰混合比最大值为 5 g·kg$^{-1}$。综上所述，随着云滴数浓度的增加，雨水、冰晶、霰混合比减少，而云水混合比增加。

与 14:30 相比，15:30 低浓度试验的云水含量明显减少，仅为 0.4 g·kg$^{-1}$，而高浓度实验的云水混合比无明显变化。就冰晶而言，15:30 低浓度试验的冰晶混合比较前期 14:30 明显减小，而高浓度试验的冰晶混合比由 0.3 g·kg$^{-1}$ 增大至 0.35 g·kg$^{-1}$，且较低浓度试验的值大。与此同时，后期高浓度试验组的霰、雨水含量均比低浓度试验的大（图 12）。

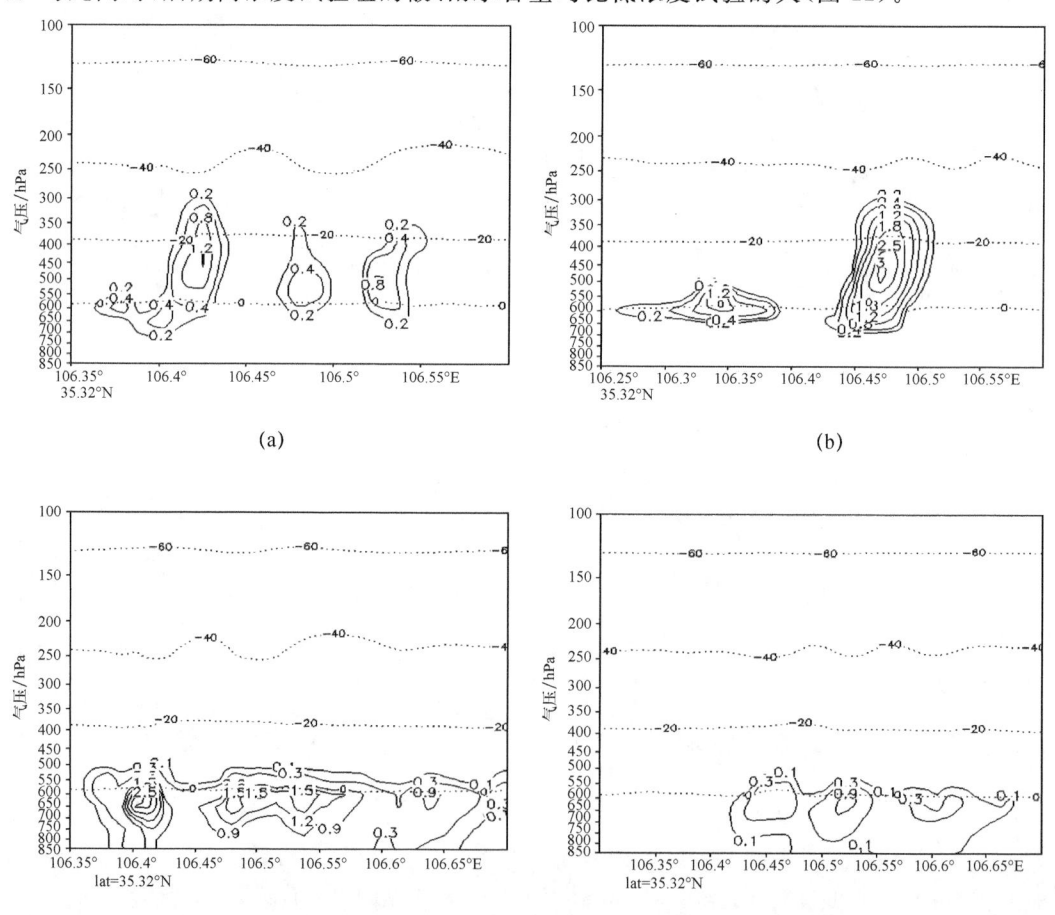

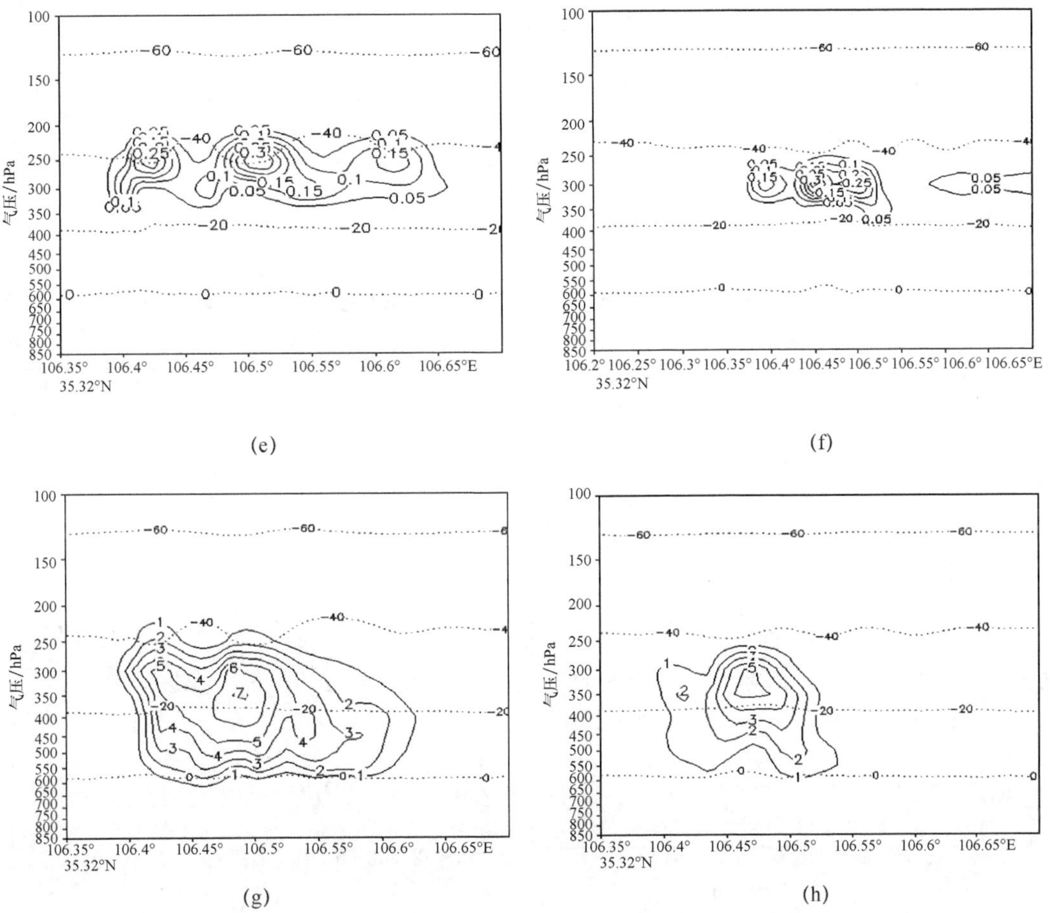

不同云滴数浓度对六盘山区一次对流性天气影响的数值模拟

(e)

(f)

(g)

(h)

图 11  7 月 14 日 14:30 低浓度(a,c,e,g)、高浓度(b,d,f,h)试验模拟的云水(a,b)、雨水(c,d)、
冰晶(e,f)、霰(g,h)混合比的垂直分布(单位:g·kg$^{-1}$)(虚线为温度等值线,单位:℃)

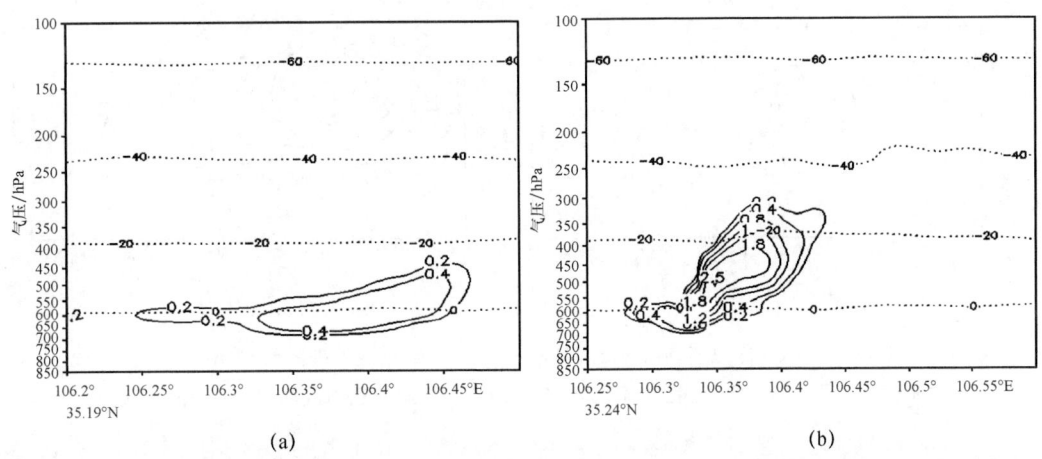

(a)

(b)

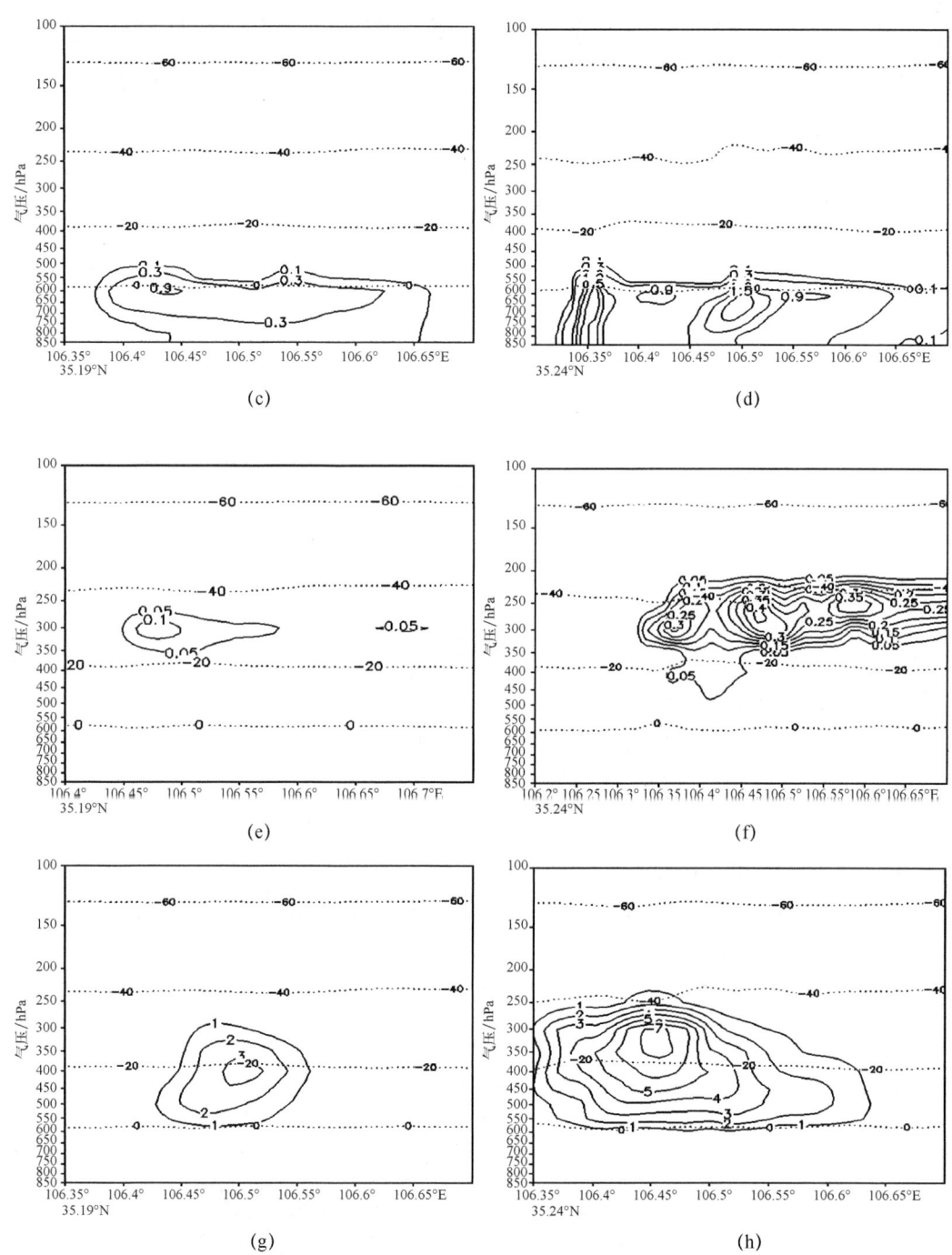

图12 7月14日15:30低浓度(a,c,e,g)、高浓度(b,d,f,h)试验模拟的云水(a,b)、雨水(c,d)、冰晶(e,f)、霰(g,h)混合比的垂直分布(单位:g·kg$^{-1}$)(虚线为温度等值线,单位:℃)

## 6.3 对垂直速度的影响

14:30,低浓度试验的最大上升速度明显大于中、高浓度试验(图13a)。15:30,低浓度试验的最大上升速度明显降低,而高浓度试验的最大上升速度明显增大,其值大于低、中浓度试验,在 500 hPa 处达到最大,为 10.7 m·s$^{-1}$(图 13b)。这表明,云滴数浓度增大会使云滴尺度减小,而小云滴的碰并效率比较低,导致雨滴形成延迟,更多的云滴随着云内上升气流到达高空,增强了云滴冻结的潜热释放,进而使得上升气流的速度和冰相粒子浓度都会增加,这也是高浓度实验后期地面累计降水增大的主要原因。

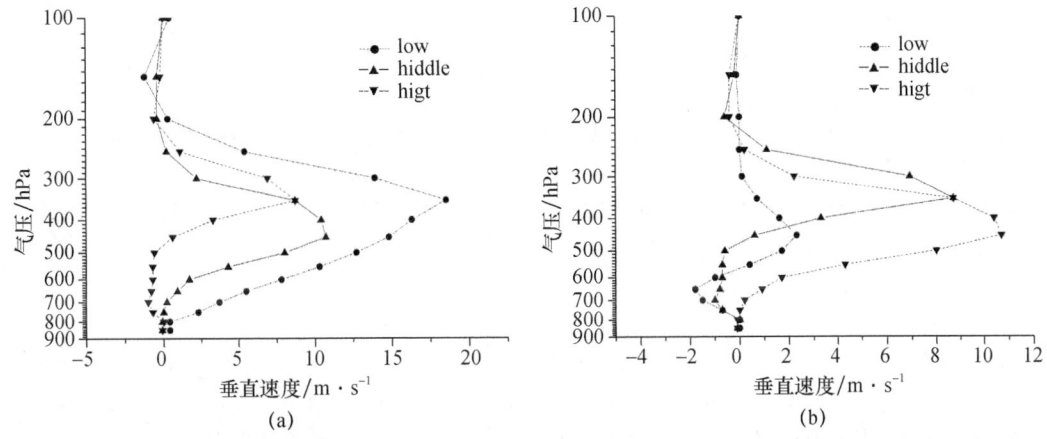

图 13  7 月 14 日 14:30(a)和 15:30(b)低、中、高浓度试验的垂直速度随高度的变化(单位:m·s$^{-1}$)

## 7 结论

(1)WRF 模拟的降水区域和中心与雷达回波相比位置偏东南,在今后的研究中还需对参数化方案和物理化方案进行优化,使模拟结果与实况更为接近;高层辐散和中低层辐合配置,使得上升运动进一步加强,促进不稳定能量的释放和降水的加强;WRF 模拟出的探空"喇叭口"曲线与对流性降水较为吻合。

(2)云中水汽和各水成物的垂直分布表明,水汽充足的地方易形成各水成物粒子;云水大多分布在上升气流区内,冰晶含量的强中心位于上升气流的顶端,雨水位于上升气流的末端及下沉气流内,而雪和霰主要分布在上升气流的右端,且位于雨水的上方、冰晶的下方,说明雪晶和霰的形成过程相似。

(3)云滴数浓度对对流云降水及云中水成物分布有重要的影响。增加云滴数浓度,前期会引起雨水、冰晶、霰含量减少,地面累计降水量减少,降水范围减小,而后期雨水、冰晶、霰含量增多,地面累计降水量增多,降水范围略有增大。

**参考文献**

[1] 陆汉城. 中尺度天气原理和预报[M]. 北京:气象出版社,2000:61-68.
[2] 俞小鼎,姚秀萍,熊廷南,等. 新一代天气雷达原理和应用讲义(修订本)[Z]. 北京:中国气象局培训中心, 2004:1-3,187-197.
[3] 李森,刘健文,刘玉玲. 强对流天气临近预报技术研究[J]. 气象与环境科学,2010,33(2):85-89.
[4] 杨侃,桑建人,李艳春,等. 宁夏 50a 冰雹气候特征[J]. 干旱气象,2012,30(4):609-614.
[5] 雷雨顺,吴宝俊,吴玉华,等. 冰雹概论[M]. 北京:科学出版社,1978.
[6] 宁夏气象科学研究所. 防雹技术指导手册[Z]. 银川,1986.

[7] VAN DEN HEEVER S C, COTTON W R. The impacts of Saharan dust on Florida convection[C]//Proceedings of 14th ICCP/IAMAS international conference on clouds and precipitation. Bologna, Italy, 18-23 July, 2004.

[8] STORER R L, VAN DEN HEEVER S C, STEPHENS G L. Modeling Aerosol Impacts on Convective Storms in Different Environments[J]. J Atmos Sci, 2010, 67: 3904-3915.

[9] 刘艳华, 马鑫鑫, 邵宇翔, 等. 河南春季一次强降水过程水汽收支和微物理过程数值模拟[J]. 气象与环境科学, 2011, 34(3): 14-20.

[10] 薄燕青, 闵锦忠, 赵桂香. 黄河中下游地区一次暴雨过程的数值模拟和诊断[J]. 干旱气象, 2013, 32(1): 60-69.

[11] 陶玥, 李宏宇, 洪延超. 一次华北暴雨的云物理特征及霰雹分类对云和降水影响的数值研究[J]. 高原气象, 2013, 32(1): 166-178.

[12] 靖春悦, 寿绍文, 贺哲, 等. 河南省2005年7月22日大暴雨过程数值模拟与诊断分析[J]. 气象与环境科学, 2007, 30(3): 45-49.

[13] 李安泰, 何宏让, 阳向荣. 甘肃东南部一次暴雨天气的数值模拟和螺旋度分析[J]. 干旱气象, 2010, 28(3): 309-314.

[14] 肖辉, 银燕. 污染气溶胶对山西一次降水过程影响的数值模拟[J]. 大气科学, 2011, 35(2): 235-246.

[15] LI G H, WANG Y, ZHANG R Y. Implementation of a two-moment bulk microphysics scheme to the WRF model to investigate aerosol-cloud interaction [J]. J Geophys Res, 2008. 113(15): D15211.

[16] 张文军, 李建. 对甘肃酒泉一次暴雨的数值模拟和诊断分析[J]. 干旱气象, 2012, 30(1): 100-106.

# 基于典型个例的CPEFS模式预报产品初步检验*

曹 宁[1,2]　常倬林[1,2]*　姚展予[3]　马 宁[1,2]　田 磊[1,2]　马思敏[1,2]

(1.中国气象局旱区特色农业气象灾害监测预警与风险管理重点实验室,银川 750002;
2.宁夏气象防灾减灾重点实验室,银川 750002;3.中国气象科学研究院,北京 100081)

**摘　要**:基于卫星产品、雷达、探空、雨量和人影特种设备等观测资料,对典型个例进行了CPEFS模式云和降水场等预报产品进行了初步的定性检验,得到以下主要结论:从形势场来看,CPEFS模式预报的各个高度的风场基本能够反映气旋、反气旋和风切变等的演变,风场风速量级相当,云带覆盖范围、移动路径强弱变化的趋势和卫星有很好一致性,在降水情况下相对湿度的量级与实况资料比较一致,大值区的范围较实况略偏大;从云宏观观来看,云顶高度较实况偏高,云顶温度偏低,云底高度略偏低,温度偏低;预报产品的垂直分布特征、云顶高度、水凝物含量大值区与实况回波垂直分布特征、回波顶高、较强雷达回波强度出现的高度范围比较接近,其温度场垂直特征层0 ℃、−10 ℃、−20 ℃和−40 ℃与探空特征层温度的高度相当;从降水常来看,预报的降水场演变与实况相当,1 h(量级相当)、3 h和6 h预报的降水量级偏小且降水范围偏小,强降水中心位置偏北,南部降水落区有位置偏北、量级偏小或有漏报的情况,12 h和24 h的累积降水量与实况降水相比,预报量级整体相当,强降水范围略偏大,强降水中心位置与实况比较一致。

**关键词**:宁夏;人工增雨;人影模式;CPEFS;产品检验

## 1 引言

为了提高我国数值天气预报水平,加快我国数值预报研究与业务的发展,我国科学家从2001年开始自主研制新一代数值预报模式GRAPES模式是全球/区域同化预报系统,是中小尺度与大尺度通用的先进数值预报系统[1],近年来,中国气象科学研究院自主研发的CAMS云降水方案[2]的WRF(v3.5)动力框架形成云降水显式预报系统(Cloud Precipitation Explicit Forecast System,CPEFS)在国内首次实现了对云场的3 km高分辨率预报,弥补了原先对对流云预报能力的不足,CPEFS在全国范围设置成八大区域,对层状(混合)云、对流云的宏微观云场演变过程进行模拟,可以满足各地对增雨作业条件分析的需求,为作业方案设计等人工影响天气的关键环节提供科技支撑,利用CPEFS,中国气象局人影中心成功进行了2015年"9·3"纪念活动、2016年G20峰会、2017年内蒙古自治区成立70周年和天津全运会人工消云减雨气象保障,2016年安庆积冰探测试验、邢台云物理综合探测试验保障,预报产品在各地得到广泛

---
\* 资助项目:国家自然科学基金面上项目(41775139),六盘山地形云人工增雨技术研究试验(RYSY201904),宁夏回族自治区重点研发计划项目(2019BEG03001),宁夏自然基金(NZ17232),宁夏气象局指令性项目:云降水显式预报(CPEFS)产品在宁夏人工增雨作业中的解释应用。
作者简介:曹宁(1981—),男,宁夏西吉人,高级工程师,云降水物理与人工影响天气。E-mail:caoning_2007@163.com.
通讯作者:常倬林(1981.10—),女,山西文水人,硕士,高级工程师,主要从事大气物理与大气环境、人工影响天气、卫星遥感等研究。E-mail:changzhl05@126.com.

应用,显现出了良好的预报性能[3]。其中,在2017年内蒙古自治区成立70周年活动作业条件潜力预报与合理性分析时,中国气象局人工影响天气中心对发生在2017年8月8日的一次对流云降水过程进行人工影响天气作业条件潜力预报,并提前24 h制定作业预案[4];2018年6月7—9日,中国气象局人工影响天气中心针对青岛上合峰会人影保障服务,利用CPEFS开展了作业条件预报服务,同时也进行了模式检验[5]。2016年,中国气象局人工影响中心利用CPEFS进行了安庆地区一次飞机积冰的气象条件分析,模拟出了与实测比较一致的云宏微观结构,云粒子相态分布和过冷水含量变化趋势与实测吻合[6]。河北利用CPEFS模式预报产品,选取2017—2018年天津地区6次典型降水天气过程,从人影作业所关注的云场结构、冷暖层配置、云宏微观物理量演变等方面入手,重点针对云系发展演变特征、云系宏观特征、云垂直结构与云系性质、降水场及其演变特征进行对比检验。通过检验,验证了CPEFS模式对于天津地区复杂降水云系及降水场的实际预报效果,有助于提高云和降水场模式预报产品在人影决策中的业务释用水平及指导作用[7]。

在中国气象局人工影响天气中心的指导下,CPEFS也在各级气象局人工影响天气业务和重大活动保障中也开展了不同程度的应用和检验,2017年年底,宁夏气象局人影中心就完成了CPEFS在宁夏人影综合处理分析与指挥系统(以后简称CPAS)显示和分析使用,CPEFS在2018年至今的人工影响天气"五段式"业务中发挥了重要作用,也在2018年宁夏60周年庆祝活动保障中发挥了积极作用。宁夏处于CPEFS的西北区域东部(陕宁甘青、内蒙古西部),属于9 km第一重预报区域,预报区域代码为ENWC,西北区域东部经纬度范围为30.3°—42.8°N,87.3°—113.8°E。为了提高云和降水场模式预报产品在人影决策中的业务释用水平及指导作用,改进模式的预报效果,进一步提高模式对人工影响天气作业条件的预报能力及判识能力,在前期MM5和GRAPES模式产品检验的基础上[8],从2018年开始,依托宁夏气象局指令性项目等,根据中国气象局人工影响天气中心省级检验指南,利用观测产品开展了典型过程的云和降水预报产品定性检验。

## 2 数据和检验内容

本文使用的数据包括CPEFS模式产品数据和实况数据。CPEFS模式产品包括云宏观场、云微观场、云垂直结构场和降水场等预报。云宏观场包括垂直累积总水成物、垂直累积液态水、垂直累积过冷水、云顶温度(高度)、云底温度(高度)、雷达反射率等,云微观场包括各层云水、雨水、冰晶、雪、霰比质量和数浓度及其与风场温度场叠加,云垂直结构场包括沿任意剖面的云微观场和垂直速度温度场,降水场包括1 h、3 h、6 h、12 h、24 h累积降水,垂直层次为19层,时间分辨率为1 h。对比检验使用的实况数据主要包括EC预报初始场、卫星、C波段天气雷达产品,云雷达、微波辐射计和云高仪,以及气象站降水实况资料。具体需要检验的预报产品见表1。

表1 云和降水预报产品定性检验的主要内容

| 检验内容 | 检验的预报产品 | 对应的监测产品 |
| --- | --- | --- |
| 云系的发展演变特征 | 风场 | 天气实况、EC预报初始场 |
| | 云带 | FY卫星云光学厚度/黑体亮温雷达组合反射率 |
| | 相对湿度 | 再分析资料,微波辐射计 |

续表

| 检验内容 | 检验的预报产品 | 对应的监测产品 |
| --- | --- | --- |
| 云系的宏观特征 | 云顶温度 | FY卫星反演的云顶温度、云雷达、云高仪、微波辐射计 |
|  | 云顶高度 | FY卫星反演的云顶高度、云雷达、云高仪 |
|  | 云底高度 | 云雷达、云高仪 |
|  | 云底温度 | 云雷达、微波辐射计 |
|  | 垂直累积液态水 | 雷达VIL产品 |
|  | 垂直最大反射率 | 雷达组合反射率 |
| 云垂直结构和云性质 | 垂直结构 | 探空云分析、雷达回波剖面 |
|  | 垂直结构产品的特征温度层高度 | 探空云分析的特征温度层高度 |
| 降水场及其演变 | 1 h,3 h,6 h,12 h,24 h降水 | 全区气象站点的实况降水 |

# 3 结果

## 3.1 形势场

### 3.1.1 风场

2020年9月25日,降水发生在两槽一脊环流的环流背景下,新疆北部有低涡分裂东移,低涡南部形成低压槽影响宁夏地区。从图1可以看出,2020年9月25日08:00,从EC模式预

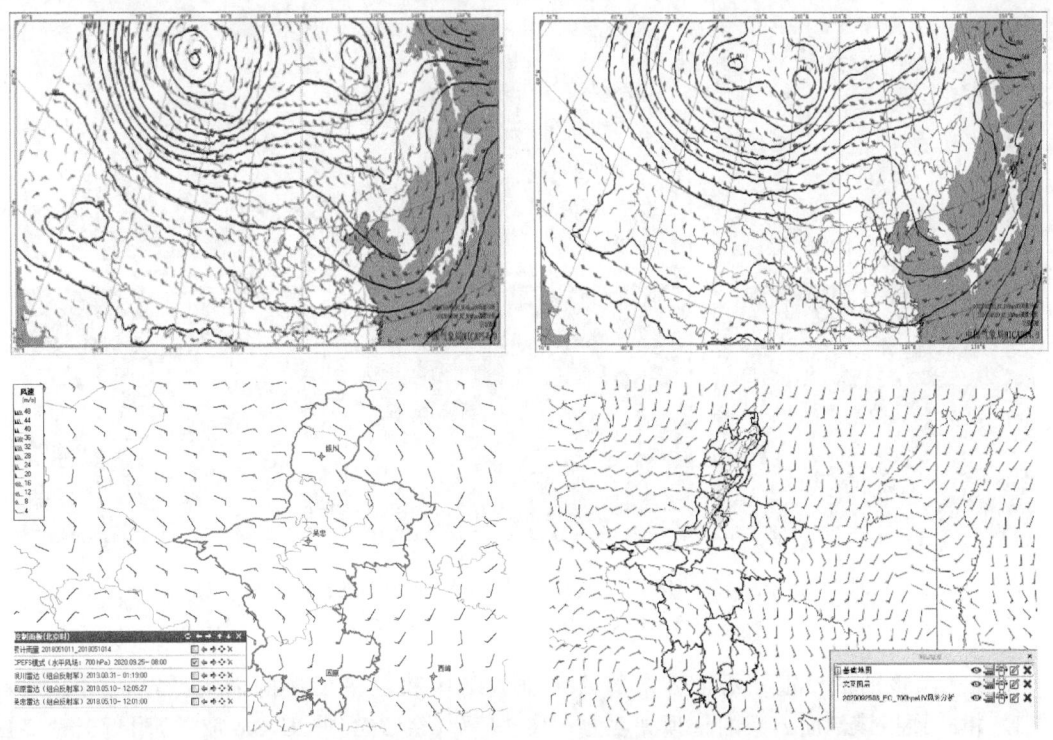

图1 2020年9月25日高度场(08时500 hPa高度场、风场(上左),20时500 hPa高度场、风场(上右))
典型降水个例CPEFS模式风场(下左)和EC模式预报初始场风场(700 hPa下右)

报初始场风场(700 hPa)东南暖湿气流控制宁夏,全区风速为 2～6 m·s$^{-1}$,南部山区风速略大,普遍为 4～6 m·s$^{-1}$,中部及以北地区风速为 2～4 m·s$^{-1}$,CPEFS 模式预报的 700 hPa 风场与 EC 模式预报初始场风场基本一致,银川及以北 CPEFS 模式预报的风向为东南风,而 EC 模式预报初始场的风向为西南风,但量级相当,CPEFS 模式预报的全区风速也为 2～6 m·s$^{-1}$,CPEFS 模式预报的南部山区低层 4～6 m·s$^{-1}$ 风速的范围比 EC 模式预报初始场更大,范围延伸至中部。

### 3.1.2 云带发展演变特征检验

如图 2,从 CPEPS 模式 2018 年 9 月 17 日 08 时预报的 10 时、13 时及 16 时(白天 9 时及 17 时之后没有云光学厚度反演产品)云带和 FY-4 卫星反演的相应时次的云光学厚度对比发现,从整体来看,模式预报的云系覆盖的大致范围和卫星反演的基本一致,但模式预报的云系和卫星反演的相比整体偏弱,且在局部地区强弱差异较为明显。

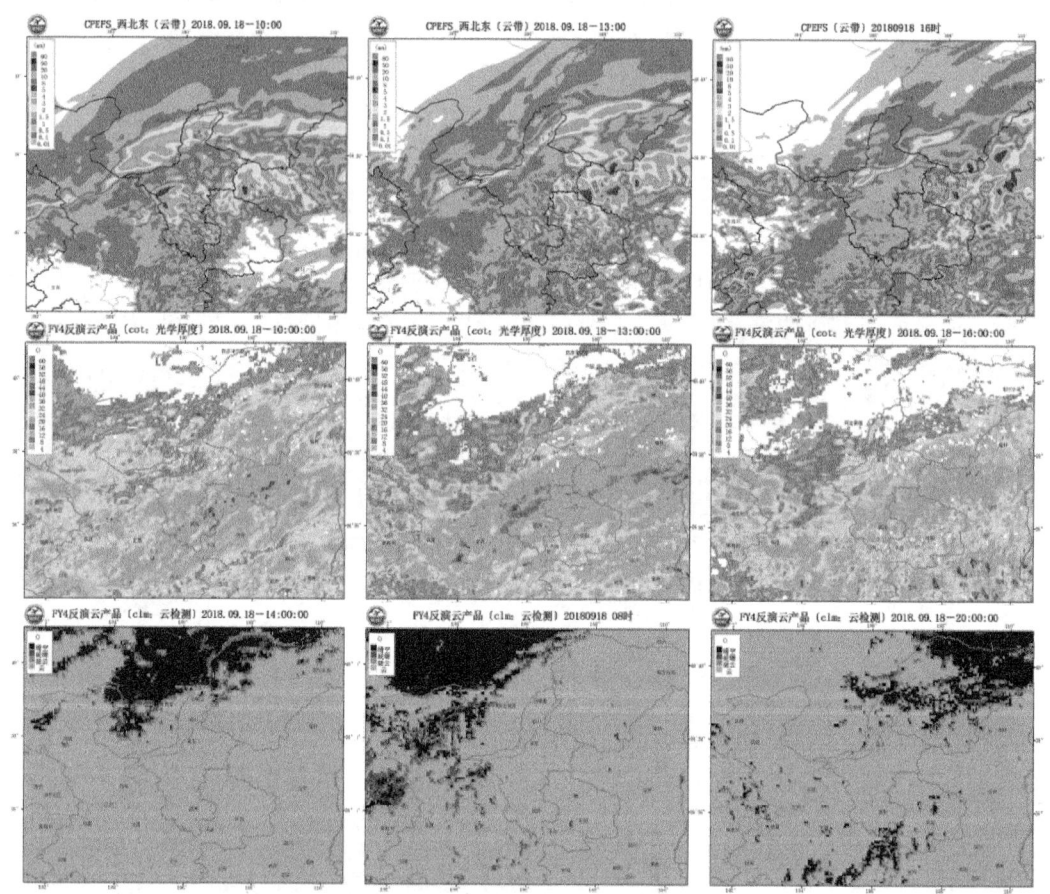

图 2 典型降水个例 CPEFS 模式云带和 FY-4 反演的云光学厚度及云检测结果对比(2018 年 9 月 18 日)

从模式预报的沿白银—西吉方向的云系垂直结构和卫星反演的云类型产品对比来看(图 3),模式预报该剖面云系的云顶高度为 $-10～5\ ℃$,除 (104.93°E,36.72°N) 附近云顶高度在大多在 0 ℃ 以上(暖云)外,其他地方云顶高度均在 0 ℃ 以下(冷暖混合云);卫星反演的云类型产品显示,该剖面绝大部分为过冷云;两者显示的云类型在空间上比较一致。

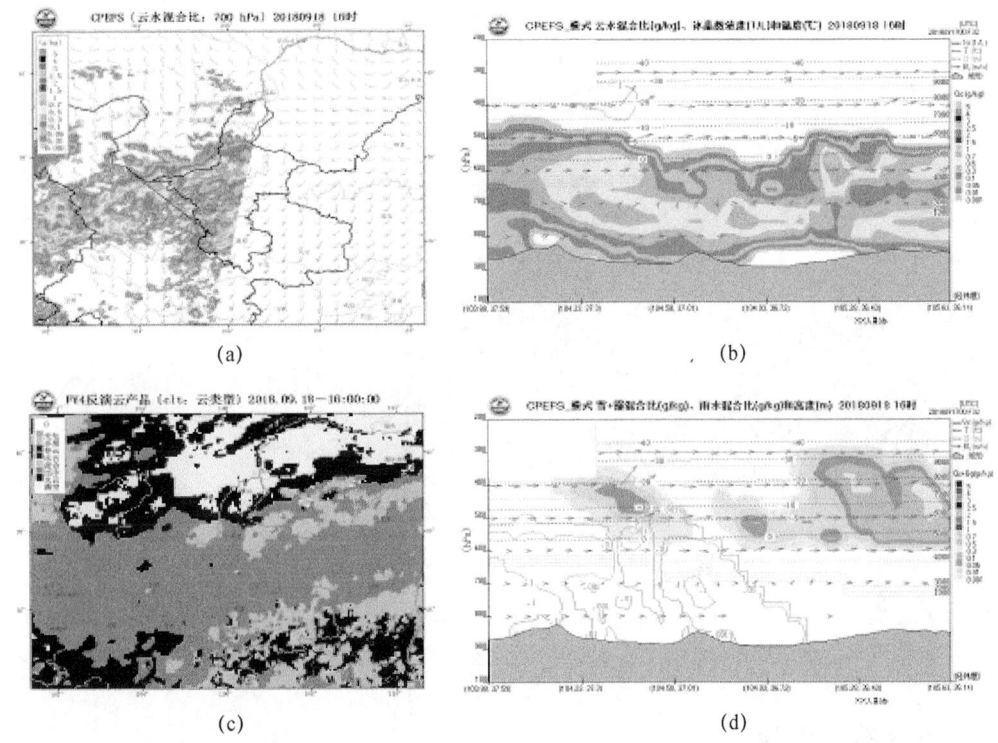

图3 典型降水个例 CPEFS 云系垂直结构（2018年9月18日16时）
(a)预报云水混合比；(c)FY4云分类产品；(b,d)沿白银—西吉方向的云系垂直结构

因影响宁夏的此次过程为连阴雨过程，宁夏全区自2018年9月17日起一直有云系覆盖，因此不能对模式预报的云系进出宁夏的时间进行检验。具体检验情况如表2所示。

表2 2018年9月18日 CPEFS 预报云带发展与实况对比

| 云系特征 | 预报 | 实况 |
| --- | --- | --- |
| 云系性质 | 层状云 | 层状云 |
| 云系进入宁夏时间 | 18日一直在区内 | 18日一直在区内 |
| 云系移出宁夏时间 | 18日一直在区内 | 18日一直在区内 |
| 云系移动方向 | 东北 | 东北 |
| 云系移动速度 | 30～40 km·h$^{-1}$ | 50～60 km·h$^{-1}$ |
| 云顶高度范围 | 3～11 km | 4～12 km |
| 云顶温度范围 | −70～0 ℃ | −70～−5 ℃ |
| 云系垂直结构 | 冷暖混合型 | 冷暖混合型 |

### 3.1.3 相对湿度

从图4(左)来看，2020年9月25日08:00宁夏700 hPa相对湿度为60%～100%，中北部地区为60%～70%，南部山区为70%～100%，低值区在中部的同心、中宁及沙坡头区等地，对比700 hPa上 CPEFS 模式预报相对湿度来看，全区相对湿度也为60%～100%，中部预报的相对湿度出现了大于70%情况，北部预报的相对湿度为60%，且部分地区没有数值；从隆德相对湿度来看(图4右),隆德县近地面相对湿度达到90%,且相对湿度从近地面到1000 m的高度维持,从气象站小时数据查阅发现,25日08:00的气压为790 hPa,因此,通过定性检验和定量推算,在降水情况下CPEFS模式预报的相对湿度的量级比较准确,大值区的范围略大。

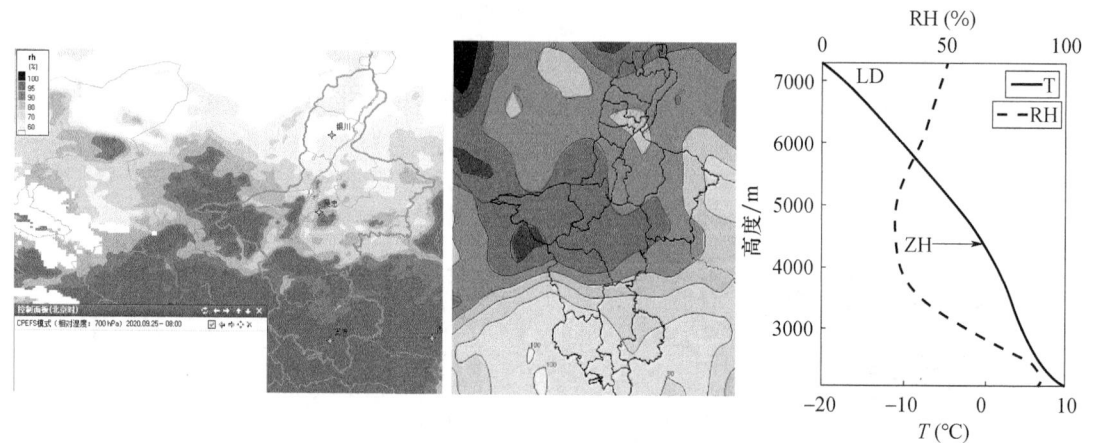

图4 典型降水个例700 hPa的CPEFS模式预报相对湿度(左)、EC模式预报初始场相对湿度(中)和隆德站湿度垂直廓线(右)(2020年9月25日08:00)

## 3.2 云宏观特征检验

### 3.2.1 云顶高度和温度

如图5所示,从CPEFS模式预报的云顶温度和FY-4卫星反演的云顶温度对比来看:18日08时,相对于卫星反演的实况云顶温度,模式预报的云顶温度在宁夏西北方向一带(内蒙古乌海、阿拉善盟东部及甘肃武威)及西南地区(青海东部及甘肃西南部)偏差较大,西北方向模式预报的云顶温度约为−60~−40 ℃,但卫星反演的实况是该方向大部区域无云,零散云团的云顶温度约为−20~−10 ℃,一条窄云带的云顶温度约为−60~−50 ℃;西南方向大部区域模式预报的云顶温度约为−10~0 ℃,但卫星反演的实况是该方向大部区域云顶温度约为−20~−10 ℃,整体云顶温度均在−25 ℃以上;在宁夏境内,模式预报的宁夏北部的云顶高度和卫星反演的实况基本一致,模式预报的宁夏中部的云顶温度相对卫星偏低、宁夏南部基本一致;在宁夏东北方向一带(内蒙古鄂尔多斯、陕西北部)及宁夏东南部一带(陕西西部、甘肃东部)模式预报的云顶高度和卫星反演的基本一致,偏差不大。

18日14时,相对于卫星反演的实况云顶温度,模式预报的云顶温度在宁夏西北、正北及东北方向一带(内蒙古乌海、阿拉善盟东部及巴彦淖尔南部)偏差较大,模式预报的云顶温度约为−60~−40 ℃,但卫星反演的实况是该方向大部区域无云;其他区域模式预报的云顶温度和卫星反演的相比,云顶温度高低分布基本一致,但在宁夏南部模式预报的云顶温度偏高,甘肃东部及陕西西部模式预报的温度偏低。

18日20时,相对于卫星反演的实况,模式预报的云系覆盖范围偏小,宁夏西北方向一带(内蒙古乌海、阿拉善盟东部及甘肃武威)的云团没有预报出来。模式预报的宁夏中北部及宁夏东北方向区域的云顶温度偏低,东南方向区域的云顶温度偏高。

从卫星反演的光学厚度和云检测产品显示的云区对比来看,云检测产品现实的云的覆盖

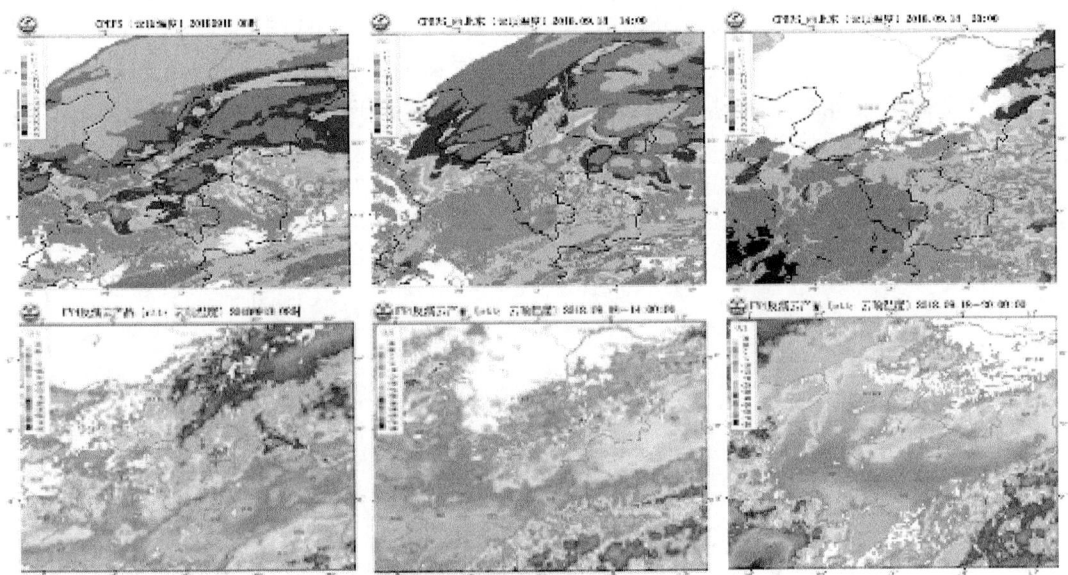

图 5 CPEFS 模式云顶温度和 FY-4 反演云顶温度对比 PEPS 模式云带和
FY-4 反演云顶温度对比(2018 年 9 月 18 日)

范围比光学厚度现实的云的覆盖范围略大,如图 6,从 CPEPS 模式预报的云顶高度和 FY-4 卫星反演的云顶高度对比来看:三个特征时次模式预报的云顶高度和卫星反演的云顶高度的差异和两者在云顶温度方面的差异非常一致。整体来看,模式预报和卫星反演的云顶温度和云顶高度在宁夏西北、正西方向的差异较大。

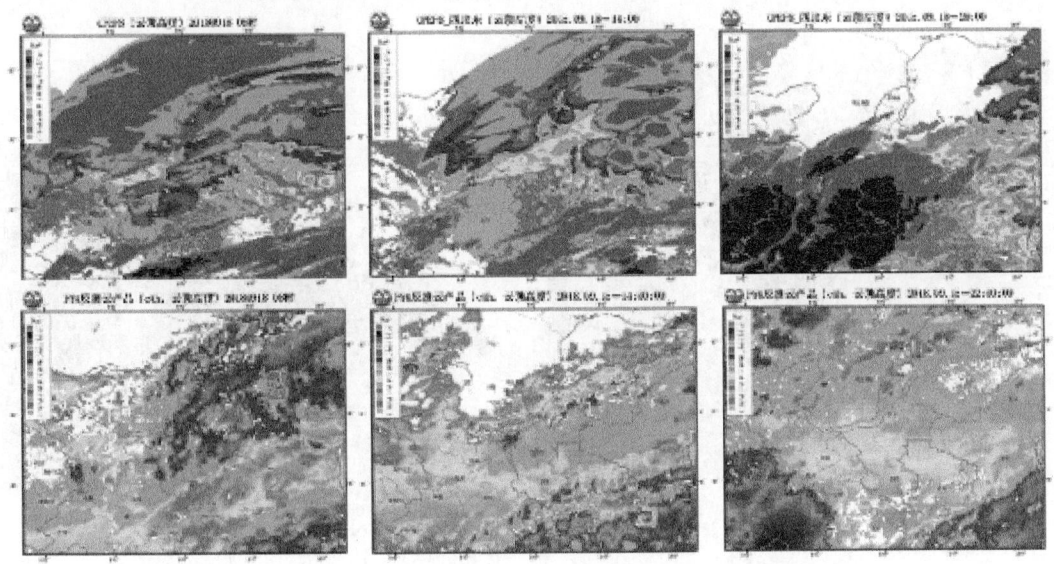

图 6 2018 年 9 月 18 日 CPEPS 模式云顶高度和 FY-4 反演云顶高度对比
PEPS 模式云带和 FY-4 反演云顶温度对比

图 7 为 2019 年 9 月 12—13 日六盘山站云雷达反射率,可以看到,20:00 之前为非降水或零星降水时段,平均云顶高度在 4 km 左右,20:00 之后为层状云降水时段,平均云顶高度在 12 km

左右,16:00 和 21:00 的云顶高度分别为 4.8 km 和 11.5 km。从图 8 可以看出,六盘山区 2019 年 9 月 12 日 16:00(左)和 21:00(右)CPEFS 模式云顶高度分别为 4～5 km 和 13～14 km,相对而言,非降水或零星降水时段 CPEFS 模式云顶高略低于云雷达的云顶高度,降水时段 CPEFS 模式云顶高高于云雷达的云顶高度。

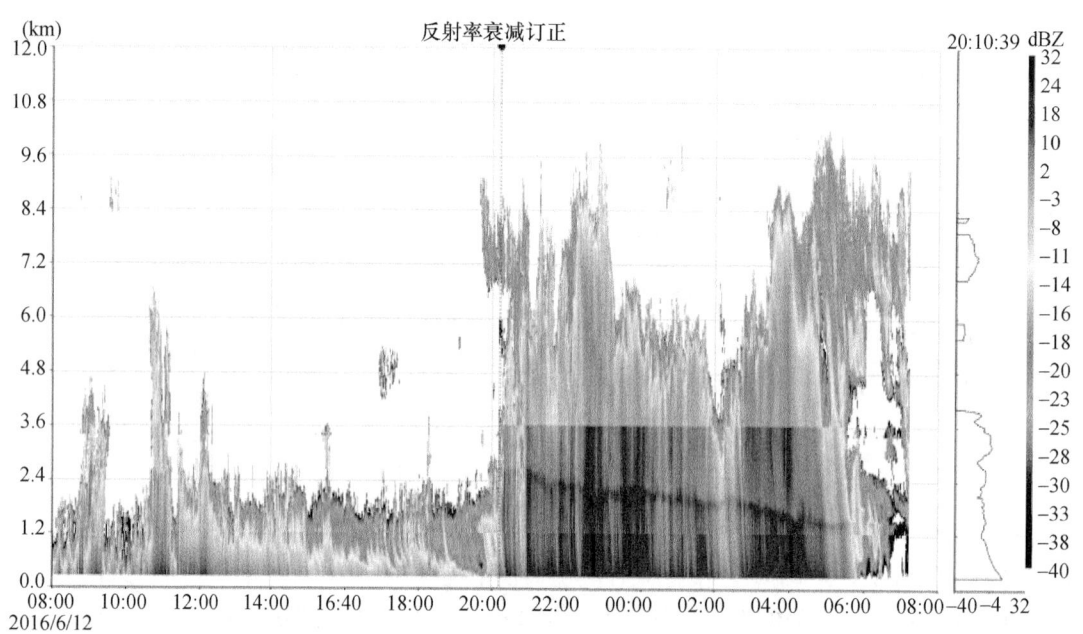

图 7　2019 年 9 月 11—13 日宁夏六盘山站云雷达的雷达反射率

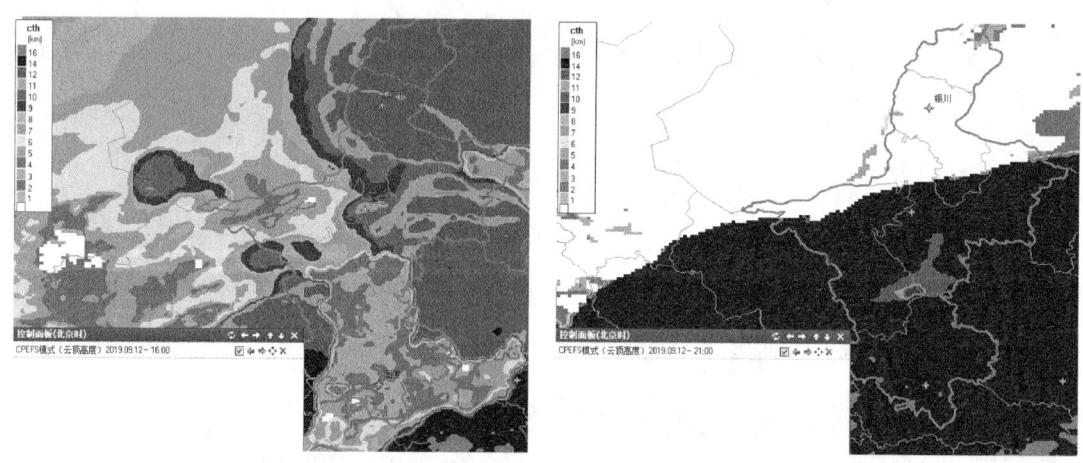

图 8　2019 年 9 月 12 日 16:00(左)和 21:00(右)CPEFS 模式云顶高度产品

从 2020 年 9 月 25 日六盘山云雷达的雷达反射率廓线随时间-高度的变化可以看出(图 9),03:00 云顶的高度为 3.6 km,CPEFS 模式反演的六盘山站云顶高度在 4 km,其云底高度略高于云雷达同时刻的云底高度,隆德微波辐射计温度廓线 3.6 km 对应的温度为 −8 ℃,CPEFS 模式反演的六盘山站云顶温度为 −10 ℃,低于微波辐射计同时刻的温度。

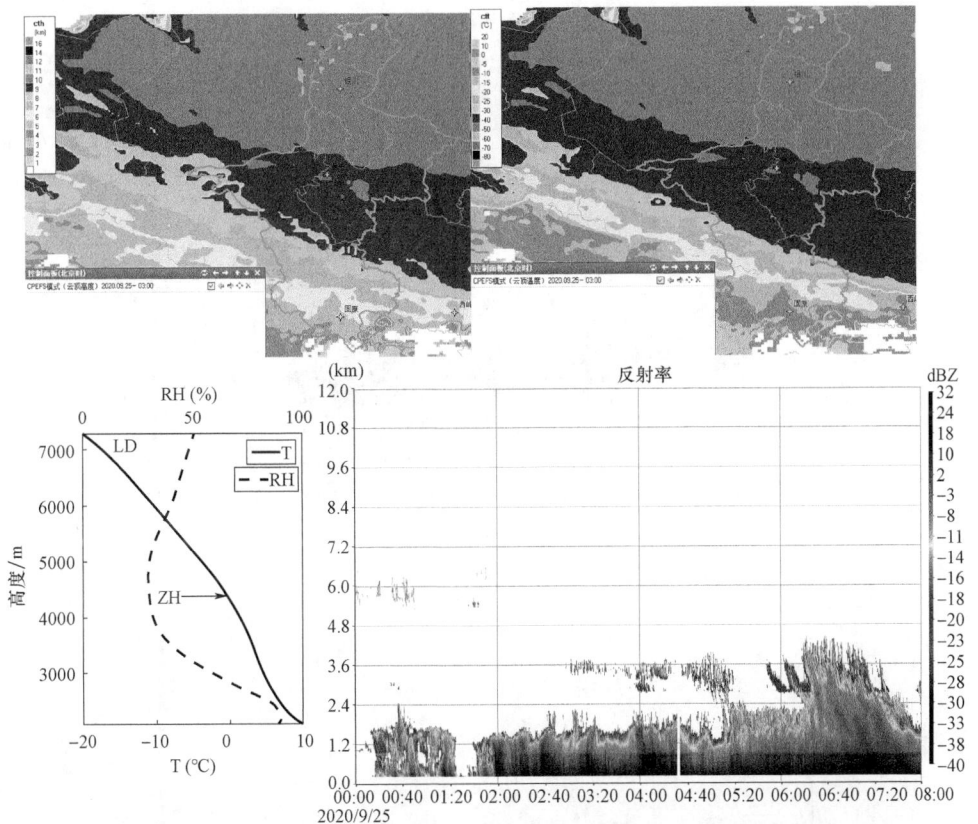

图9 CPEFS模式云顶高度(上左)、云顶温度(上右)和隆德微波辐射计温度廓线(下左),
2020年9月25日03:00六盘山云雷达雷达反射率廓线时间-高度图(下左)

### 3.2.2 云底高度及温度

经与云雷达、云高仪和微波辐射计资料对比检验发现,CPEFS模式产品的云底高度略偏低,温度偏低。从图10—图12来看,2020年9月24日19:00六盘山站、隆德站和泾源站云雷达及云高仪探测的云底高度为4.5 km,云雷达和云高仪探测云底高度比较一致,而CPEFS产品的云底高度为3 km,较云雷达和云高仪偏低1.5 km左右。

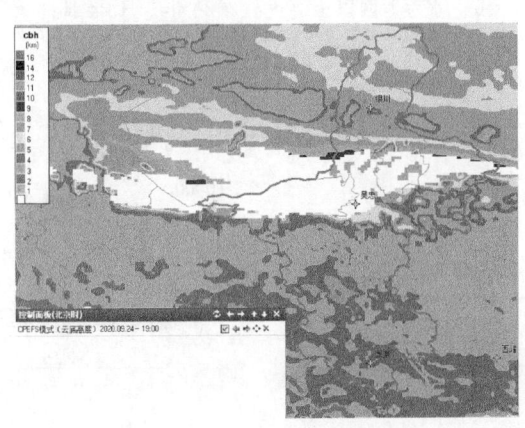

图10 典型个例CPEFS产品云底高度(2020年9月24日19:00)

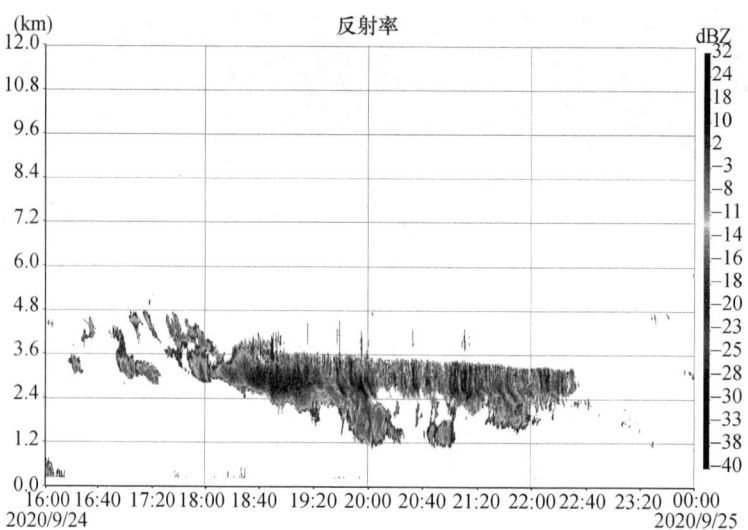

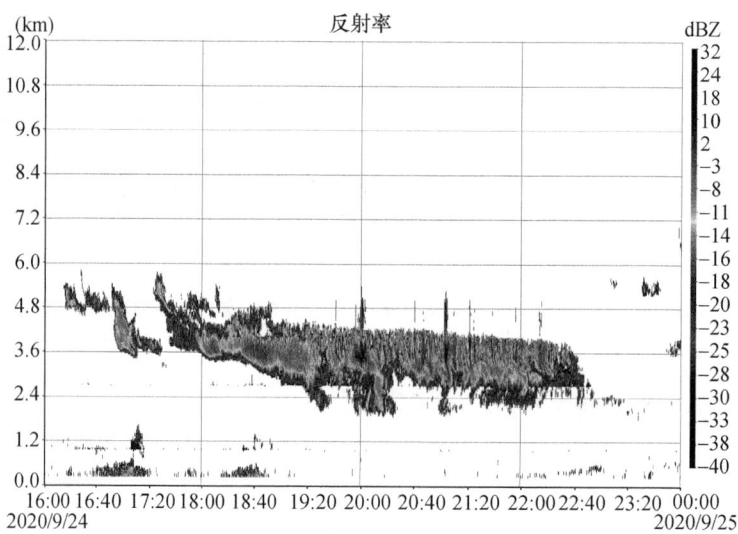

图 11 典型个例六盘山站(左)和大湾站(右)云雷达雷达强度时间高度廓线
(竖轴为地面以上高度)(2020 年 9 月 24 日)

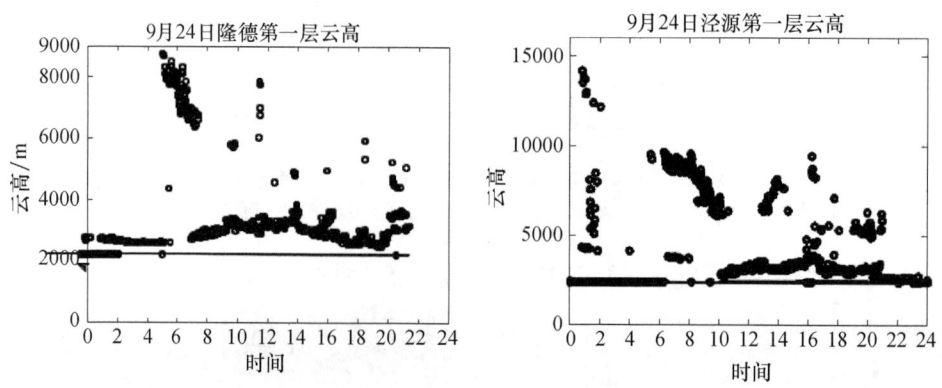

图 12 2020 年 9 月 24 日隆德站(左)和泾源站(右)激光云高仪云底高度(竖轴为地面以上高度)

由图13可知,2019年9月24日21:00云底高度为4.5 km,同时刻隆德微波辐射计温度在4.5 km对应的高度的温度为−2 ℃左右,CPEFS在六盘山区预报云底温度为−15～−20 ℃,相比微波辐射计探测的同高度对应的温度偏低。

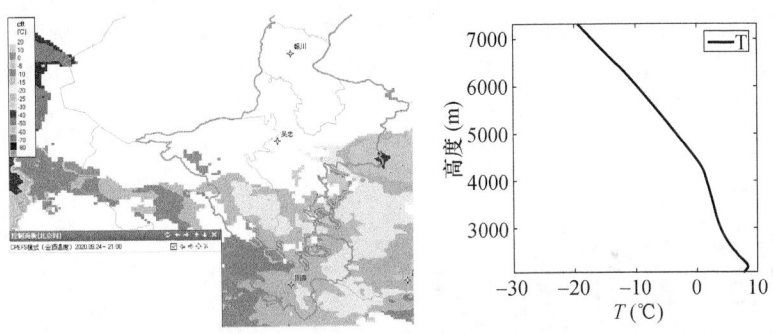

图13 典型个例CPEFS预报云底高度(左)和隆德微波辐射计温度廓线(右)

(2019年9月24日21:00)

### 3.2.3 垂直累积液态水含量

经过对比发现,CPEFS模式垂直累积液态水含量大值与C波段天气雷达垂直积分液态水含量VIL大值区不符。由图14的典型降水个例对比发现,CPEFS模式垂直累积液态水含量大值区出现在宁夏南部和北部,而C波段天气雷达垂直积分液态水含量VIL大值区出现在宁夏中部。

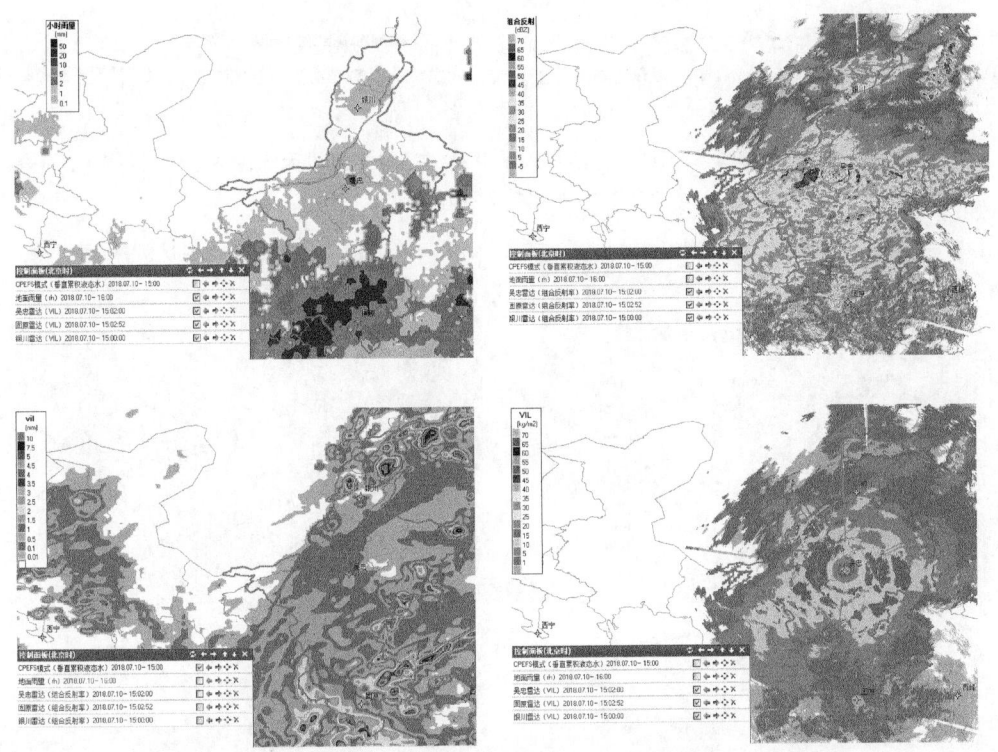

图14 典型降水个例CPEFS模式垂直累积液态水含量(单位:mm)(下左)和
C波段天气雷达垂直积分液态水含量VIL(单位:kg·m$^{-2}$)(下右)对比

(上左:2018年7月10日16:00地面小时降水确;上右:2018年7月10日15:00宁夏三部C波段天气雷达组合反射率)

### 3.2.4 雷达反射率检验

经对比检验,发现在降雪天气过程中 CPEFS 模式的雷达反射率与 C 波段天气雷反射率量级相当,在降雨过程中 CPEFS 模式的雷达反射率比略低 5 dBz 左右,降雪过程中 CPEFS 模式的雷达反射率大值区覆盖的范围略大,反而降雨过程中大值区覆盖的范围偏小,无论是降水还是降雪过程,CPEFS 模式的雷达反射率在南部山区有漏报的情况。典型降雪和降水时段雷达反射率的对比情况分别见图 15 和图 16。

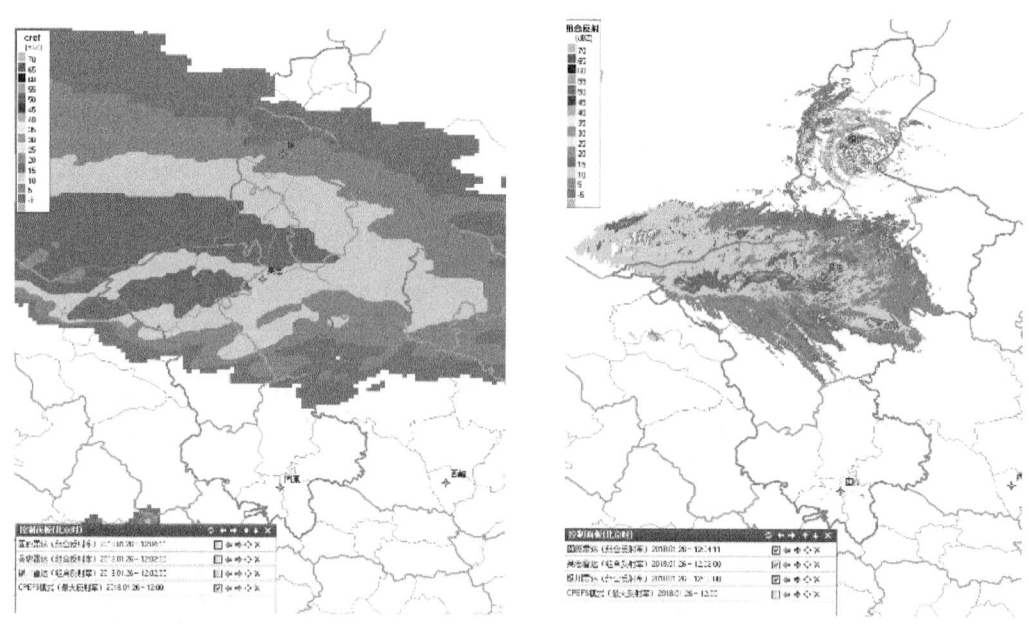

图 15 典型降雪个例 CPEFS 产品雷达最大反射率(左)与 C 波段天气雷达组合反射率(右)
(2018 年 1 月 26 日 12:00)

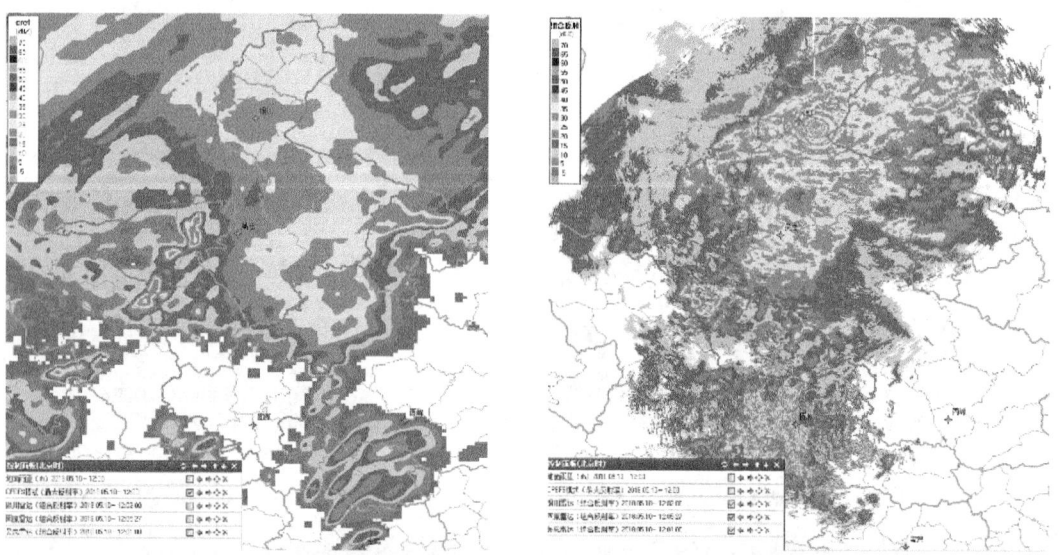

图 16 典型降水个例 CPEFS 产品雷达最大反射率(左)与 C 波段天气雷达组合反射率(右)
(2018 年 5 月 10 日 12:00)

## 3.3 云垂直结构和性质检验

### 3.3.1 云垂直结构

如图17,根据CPEFS模式预报产品,2019年9月18日08—14时,云系逐渐影响银川地区,云系整体自西向东移动(20~30 km·h$^{-1}$),单体云自西南向东北方向移动,移速快,约40~50 km·h$^{-1}$;18日18时之后,云系减弱东移。积层混合云的垂直分布特征、云顶高度、水凝物含量大值区的预报与实况回波垂直分布特征、回波顶高、较强雷达回波强度出现的高度范围接近。

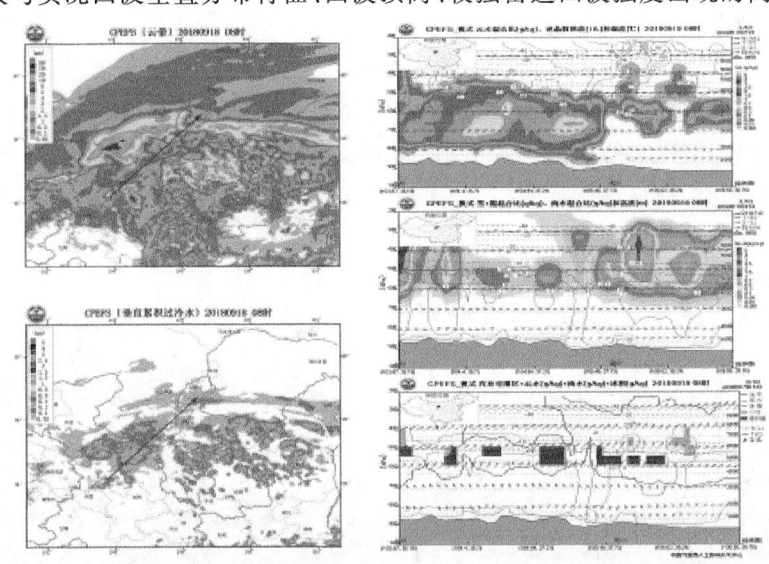

图17　2018年9月18日08时云系的垂直结构和降水机制(甘肃中南部到宁夏北部)

### 3.3.2 特征温度层高度检验

经与探空资料对比检验发现,CPEFS温度场垂直特征层高度0 ℃和−10 ℃层高度层高度略偏高于探空特征层温度的高度,偏高不足500 m,−20 ℃和−40 ℃层高度与探空特征层温度的高度相当。具体对比检验的降水个例见图18和表3。

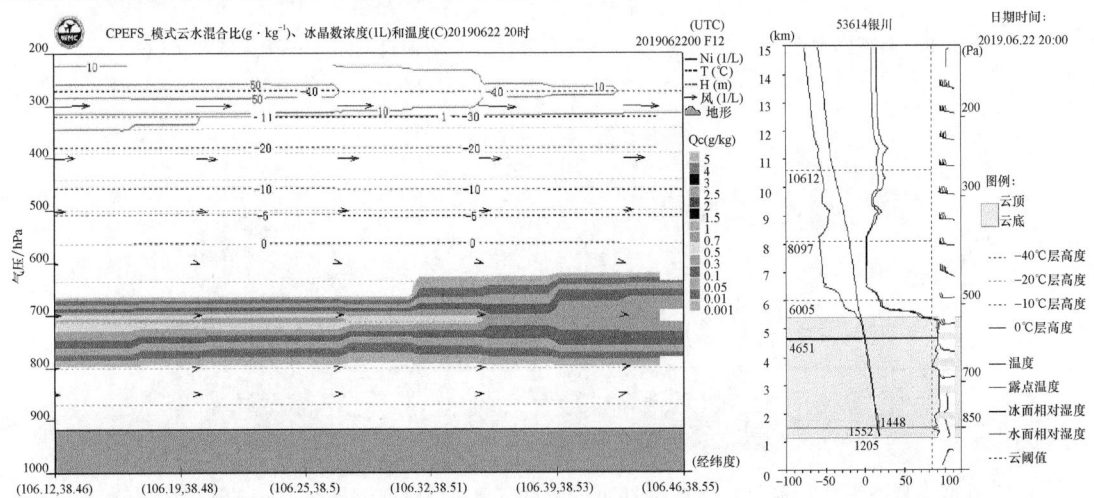

图18　2019年6月22日20时CPEFS温度场垂直特征(左)与银川探空(右)对比

表3 CPEFS温度场垂直特征层高度与银川探空对比

| 编号 | 项目 | CPEFS温度层/m | 银川探空/m | 结果 |
|---|---|---|---|---|
| 1 | 0 ℃层高度 | 4900 | 4651 | 偏高 |
| 2 | −10 ℃层高度 | 6500 | 6005 | 偏高 |
| 3 | −20 ℃层高度 | 8000 | 8097 | 相当 |
| 4 | −40 ℃层高度 | 10000 | 10612 | 相当 |

## 3.4 降水场检验

经过降水实况资料和CPEFS模式预报的降水场产品检验，预报降水演变与实况相当，总体来看，1 h（量级相当）、3 h和6 h预报的降水量级偏小且降水范围偏小大约1个量级，强降水中心位置偏北，南部降水落区有位置偏北、量级偏小或有漏报的情况；12 h和24 h的累积降水量与实况降水相比，预报量级整体相当，强降水范围略偏大，强降水中心位置与实况比较符合，强降水中心量级和范围较实况略偏小且偏南。典型降水个例CPEFS降水产品地面自动站降水实况的对比见图19和图20。

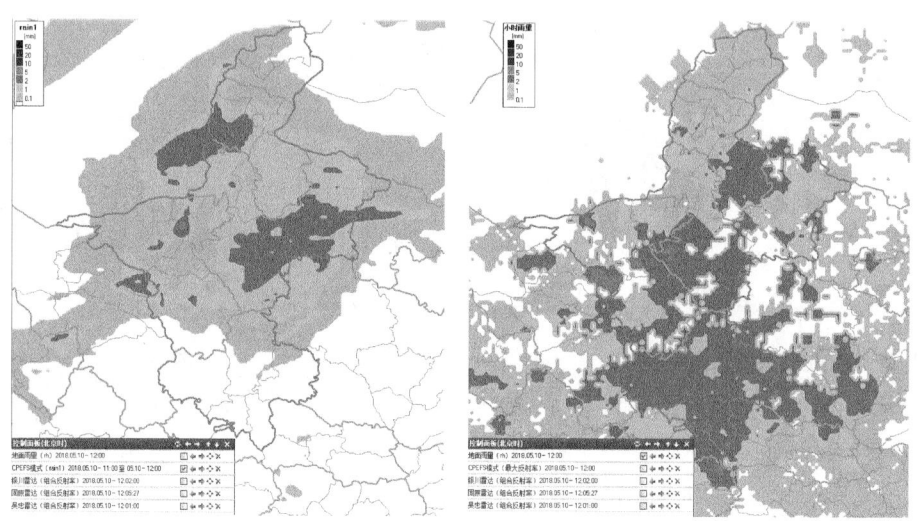

图19 典型降水个例CPEFS产品1 h降水量（左）与地面自动站1 h降水量对比（右）
（单位：mm）(2018年5月10日12:00)

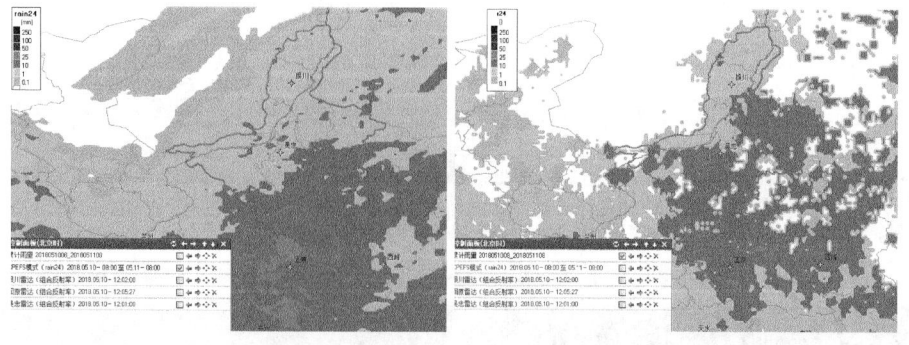

图20 典型降水个例CPEFS产品24 h降水量（左）与地面自动站24 h降水量对比（右）
（单位：mm）(2018年5月10日08:00至11日08:00)

## 4 结论

基于卫星产品、雷达、探空、雨量和人影特种设备等观测资料,对典型个例进行了CPEFS模式云和降水场等预报产品进行了初步的定性检验,得到以下主要结论。

(1)从形势场来看,CPEFS模式预报的各个高度的风场基本能够反映气旋、反气旋和风切变等的演变,风场风速量级相当。云带和卫星反演的云的覆盖范围、移动路径强弱变化的趋势有很好一致性。在降水情况下相对湿度的量级比较准确,与实况资料比较一致,大值区的范围较实况略偏大。

(2)从云宏观场来看,云顶高度较实况偏高,云顶温度偏低,云底高度略偏低,温度偏低;垂直累积液态水含量大值与C波段天气雷达垂直积分液态水含量VIL大值区不符。

(3)云垂直结构和性质检验发现,云的垂直分布特征、云顶高度、水凝物含量大值区的预报与实况回波垂直分布特征、回波顶高、较强雷达回波强度出现的高度范围接近;CPEFS模式预报产品的垂直分布特征、云顶高度、水凝物含量大值区与实况回波垂直分布特征、回波顶高、较强雷达回波强度出现的高度及水平范围比较接近,最大水平范围偏差在几千米范围以内;CPEFS温度场垂直特征层高度0 ℃和−10 ℃层对应高度层高度略偏高于探空特征层温度的高度,−20 ℃和−40 ℃层高度与探空特征层温度的高度相当。

(4)从降水常来看,CPEFS模式预报的降水场演变与实况相当,1 h(量级相当)、3 h和6 h预报的降水量级偏小且降水范围偏小大约1个量级,强降水中心位置偏北,南部降水落区有位置偏北、量级偏小或有漏报的情况;12 h和24 h的累积降水量与实况降水相比,预报量级整体相当,强降水范围略偏大,强降水中心位置与实况比较符合,强降水中心量级和范围较实况略偏小且位置偏南。

### 参考文献

[1] 薛纪善,陈德辉,陈贤. 新一代气象数值预报模式系统研究开发取得丰硕成果[R]. 中国气象科学研究院年报(2003),2004:6-8.

[2] 史月琴,刘卫国,孙晶,等. 云降水显示预报系统[Z]. 中国气象科学研究院. 2017.

[3] 刘卫国,陶玥,党娟,等. 2014年春季华北两次降水过程的人工增雨催化数值模拟研究[J]. 大气科学,2016,40(4):669-688.

[4] 史月琴. 内蒙古70周年大庆作业条件潜力预报与合理性分析[A]//第35届中国气象学会年会人工影响天气理论与应用技术研讨[C]. 2018.

[5] 陶玥,刘卫国,史月琴,等. 上合峰会人影保障服务中作业条件预报及检验[A]//第35届中国气象学会年会人工影响天气理论与应用技术研讨[C]. 2018.

[6] 孙晶,蔡淼,王飞,等. 安庆地区一次飞机积冰的气象条件分析[J]. 气象,2019,45(10):1341-1351.

[7] 宋薇,聂浩皓,孙密娜,等. 基于CPEFS模式的云和降水场预报产品检验[Z]. 天津市人工影响天气办公室,2019.

[8] 马思敏,翟涛,常倬林,等. 宁夏一次降水过程人工影响天气模式系统云和降水预报产品检验分析[J]. 宁夏工程技术,2017(3):198-205.

# 宁夏一次降水过程人影模式系统云和降水预报产品检验分析

马思敏　翟　涛　常倬林　穆建华　田　磊　曹　宁

(1. 中国气象局旱区特色农业气象灾害监测预警与风险管理重点实验室,银川 750002;
2. 宁夏气象防灾减灾重点实验室,银川 750002;3. 宁夏气象科学研究所,银川 750002)

**摘　要**:应用中国气象局人工影响天气中心研发的 GRAPES-CAMS 模式对宁夏 2016 年 8 月 24—25 日降水过程预报产品,如云系的发展演变特征、云系的宏观特征、云垂直结构和云性质、降水场及其演变进行检验分析。检验结果表明:GRAPES-CAMS 模式预报宁夏此次混合云系的发展演变趋势、移向与实况基本一致,但预报混合云系的移动速度比实况慢,导致云带整体位置偏西;预报云的云顶高度偏低,云顶温度偏高;预报降水演变与实况相当,但对于北部降水预报范围和量级都偏大,相反对于南部降水预报范围偏小,24 h 的降水强度比实况小一个等级。该模式能够较好的模拟出宁夏混合云系的位置、范围及发展演变特征,可作为宁夏人工增雨条件决策的重要依据,对于科学开展人工影响天气作业指挥有一定指导意义。

**关键词**:GRAPES-CAMS 模式;检验

## 1　引言

干旱是我国最主要的自然之一,据统计,自然灾害中 85% 是气象灾害,而干旱灾害又占气象灾害的 50% 左右。现代人工影响天气始于 1946 年,目前我国使用飞机、火箭和高炮开展的人工增雨的范围和规模已居世界首位[1]。云模式于 1959 年开始出现,随后云模式的发展经历了从 0 维到 3 维、时间定常及时间非定常的演变过程,现在已发展成详细的双参数总体水模式和分档模式[2]。云降水数值模式可以通过模拟相同云况下播撒催化剂与否效果差异来检验播云效果,也可在对比区检验播云后的潜在效果,许多学者在研究增雨、防雹催化效果、催化时间窗口、最佳催化位置等方面都运用了降水数值模式,并取得了非常重要的理论发展[3-6]。

云降水模式与中尺度模式动力框架进行耦合后,可以提高模式对热动力过程和云降水过程的模拟能力,提高预报结果准确性。国家气象中心研发了一套双参数云微物理显示方案,并将其与 GRAPES 中尺度数值模式实现动力框架协调,完成了云方案和中尺度模式的耦合,形成了人工增雨云系模式系统并实现业务化运行[7]。随后中国气象局人影中心利用 CAMS 云方案与 GRAPES 耦合,形成了 GRAPES-CAMS 模式。模式自 2007 年以来一直自动化运行[8-9]。模式以 T213 资料为初始场,采用 15 km 分辨率的一套网格,每天提供 48 h 预报时效的人工影响天气微物理量场和降水预报。模拟结果结合中央气象台的降水预报,分析和预报具有人工影响天气催化潜力的区域和时段。模式能较好地预报云的微物理量场和天气形势场,可作为云系人工增雨条件决策的重要参考依据[10]。

## 2　天气过程概况

2016 年 8 月 24 日 08 时至 25 日 08 时,宁夏大部出现降水天气,中卫市南部和固原市大部出现大雨以上量级,其中,中卫市南部、固原市西部和南部的部分乡镇出现暴雨到大暴雨。23日20时,500 hPa亚洲中高纬为两槽一脊型,500 hPa 上贝加尔湖至巴尔喀什湖有一横槽,受台风影响,副热带高压588 dagpm线北抬至40°N左右,冷暖空气交绥形成锋区,此时宁夏受副热带高压控制,处在副热带高压西北缘,水汽输送条件较好,且存在不稳定能量。24日08时至25日08时,500 hPa贝加尔湖至巴尔克什湖的横槽主体东移,锋区进一步南压,副热带高压588 dagpm线南退至38°N左右,压在银川石嘴山一带,宁夏处于副热带高压外围西南部高湿高能区,700 hPa高原东部有低涡,冷空气南下在河套西侧形成温度槽,而且此温度槽在河套地区加强滞留,与700 hPa低涡共同影响宁夏南部山区出现暴雨(图1)。

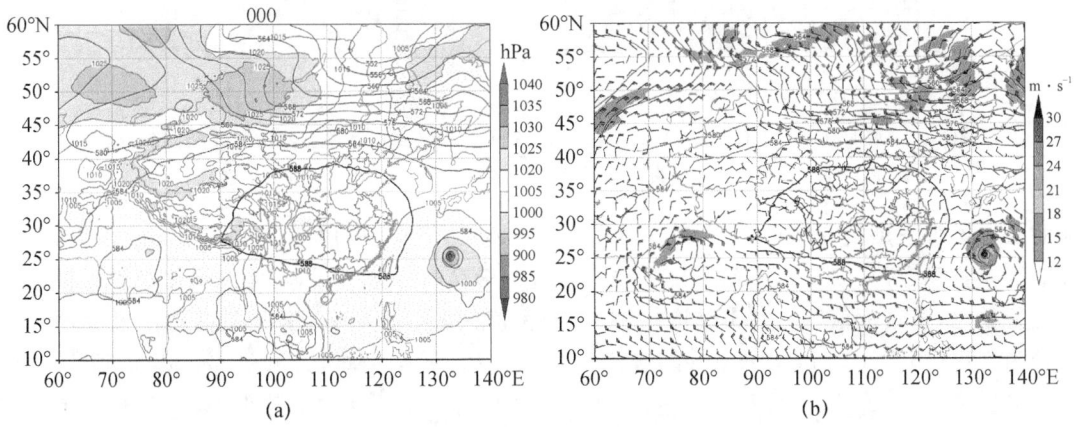

图1　EC模式2016年8月24日08时(北京时)500 hPa形势场(a)和700 hPa风场(b)实况

## 3　模拟结果定性分析

### 3.1　云系的发展演变特征检验

选取此次过程3个时刻的预报产品与实况进行对比,即降水初期(24日08—20时)、降水加强(25日02时)、降水结束(25日08时)。针对云系的位置、覆盖范围、移动方向及移动速度、云系性质等,对比GRAPES_CAMS预报云带产品和卫星云黑体亮温(图2),定性检验预

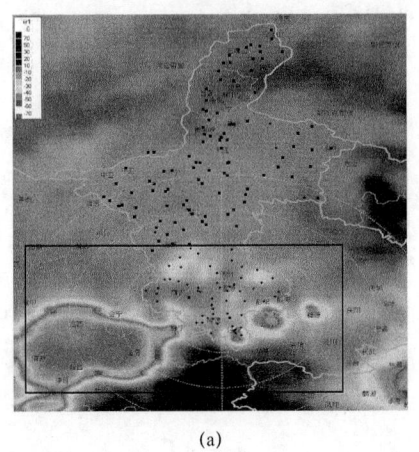
(a)

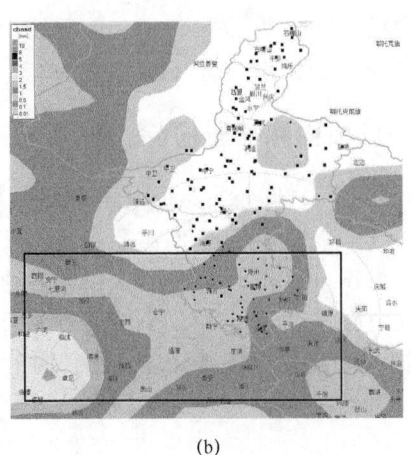
(b)

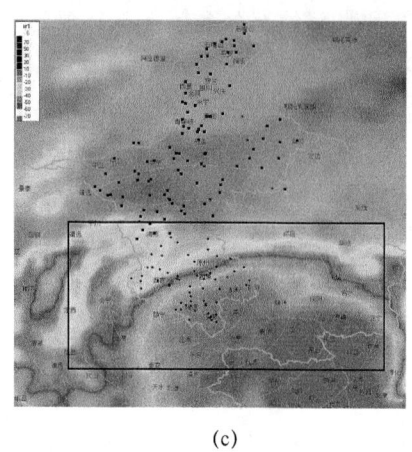 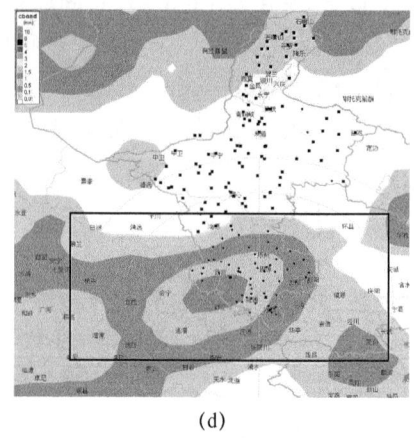

(c)　　　　　　　　　　　　　　(d)

图2　2016年8月24日20时(a,b)和8月25日02时(c,d)卫星反演的黑体亮温(a,c)
与GRAPES_CAMS预报的云带(b,d图中标示时间为预报初始场时间)

报的云系宏观发展演变特征。24日20时,实况显示云带自西向东移动,逐渐影响宁夏,云带大值区在甘肃定西一带,模式预报出了在宁夏南部山区有一云带区,与实况黑体亮温低值区相比位置偏北,云带大值区在甘肃临潭一带,云带大值区较实况偏西,云带覆盖范围及移向与实况较为一致;25日02时,实况显示随着云系东移北抬,云层变厚,云系前部在逐渐消散,黑体亮温最低可达－70 ℃,云系发展旺盛,模式预报的比实况的云带位置略偏西,云带覆盖范围较实况偏小;25日08时,云系逐渐移出宁夏;08时,云带减弱逐渐,移出宁夏,模拟结果较实况相比云带移出宁夏时间较为滞后。

模式预报此次过程混合云系的发展演变趋势、移向与实况比较一致,云系均自西南向东北方向移动,但预报系的整体移动速度比实况慢,导致预报云系的位置比实况偏西。

## 3.2　云系宏观特征检验

通过对比典型时刻的GRAPES_CAMS预报云顶温度/高度产品和反演的云顶温度/高度(图3),检验云系宏观特征。卫星反演云顶温度/高度显示,宁夏地区混合云系的云顶温度范围为－60～5 ℃,云顶高度范围为3～14 km,且随着云系的发展,云顶温度越低,云顶高度越高。模式预报云顶温度/高度特征和实况较为一致,预报云顶温度在－50～5 ℃,云顶高度3～12 km,较实况云顶温度偏高,云顶高度偏低。

## 3.3　云垂直结构和性质检验

通过对比24日20时雷达回波垂直剖面和对应位置的云垂直结构剖面(图4),发现实况显示此时回波垂直发展旺盛,回波顶高为4～11 km,强度大于30 dBZ的回波位于2～6 km。模式预报结果显示云系发展深厚,云顶高度约为3～12 km,水凝物含量大值区在4～6 km,与实况回波大值区相对应。GRAPES-CAMS预报此次过程的垂直分布特征、云顶高度、水凝物含量大值区与实况回波垂直分布特征、回波顶高、较强雷达回波强度出现的高度范围比较接近。

(a) (b)

(c) (d)

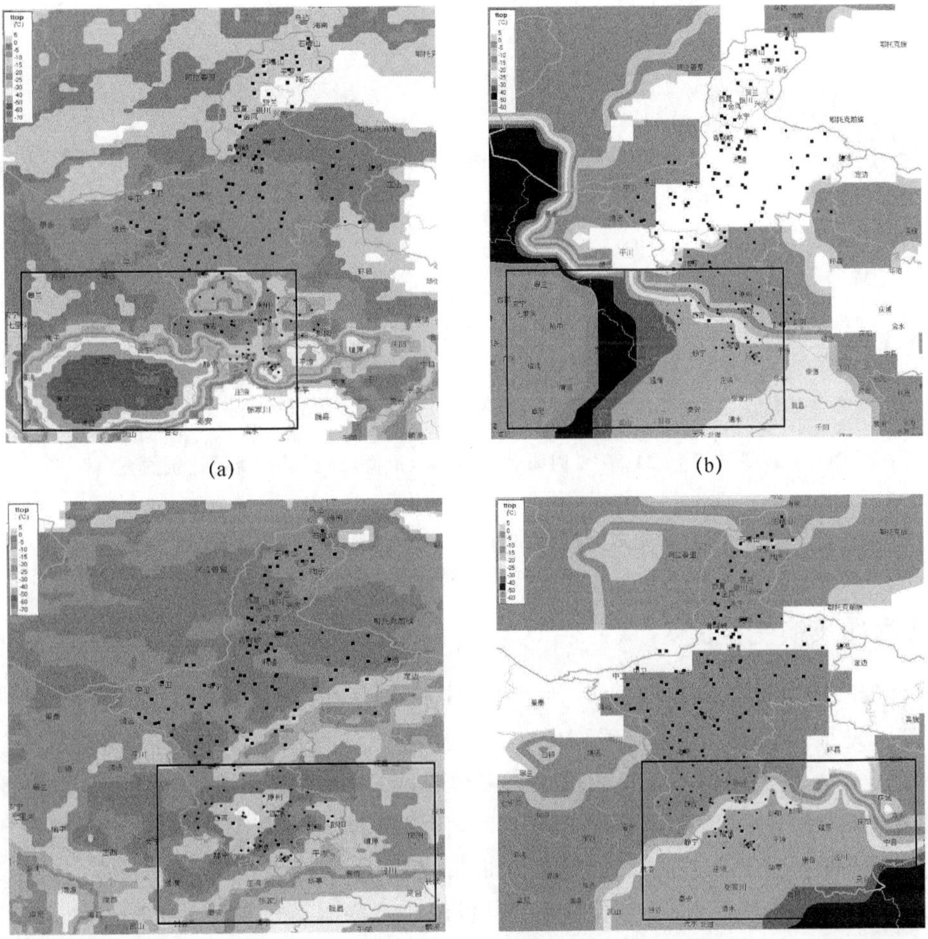

图 3　2016 年 8 月 24 日 20 时(a,b)、25 日 08 时(c,d)卫星反演的云顶温度(a,c)和 GRAPES_CAMS 反演的云顶温度(b,d 图中标示时间为预报初始场时间)

(a) (b)

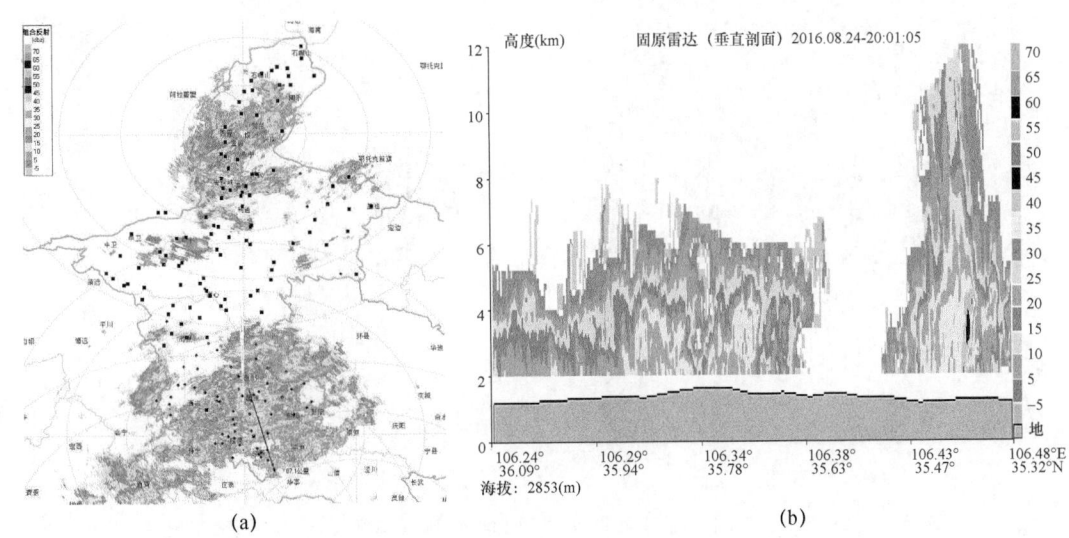

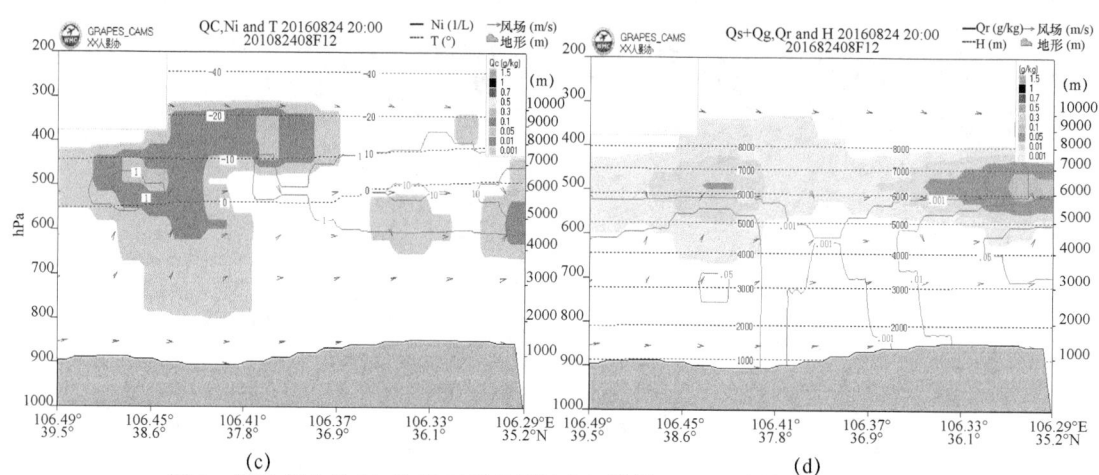

图 4 2016 年 8 月 24 日 20 时雷达回波(a)、沿图(a)云区实线雷达剖面图(b)
与模式预报云垂直结构(c,d)对比
(c:填色阴影为云水,等值实线为冰晶,等值虚线为等温线;
d:填色阴影为雪+霰,等值实线为雨,等值虚线为等高线)

## 3.4 降水场及演变检验

图 5 给出了 2016 年 8 月 24 日 08 时至 25 日 08 时地面 24 h 降水的实况和预报结果。从预报的 24 h 地面累积降水量可以看到,24 日 08 时至 25 日 08 时宁夏大部出现降水天气,24 h 降水量为 10 mm,且雨强中心位于固原南部和银川市,与实况降水相比,预报量级整体偏小,银川市强降水中心位置与实况不符。24 日 08—14 时降水开始发生,预报与实况较一致,但预报量级较实况偏小,且南部降水落区位置偏北,北部降水落区预报与实况不符;24 日 14—20 时雨带东移影响宁夏大部地区,预报的降水量级偏小且降水范围偏小;24 日 20 时至 25 日 02 时雨带继续东移,预报的降水量级偏小且降水范围偏小,但强降水中心位置偏西南;25 日 08—14 时,预报降水趋于结束,与实况较为一致(图略)。

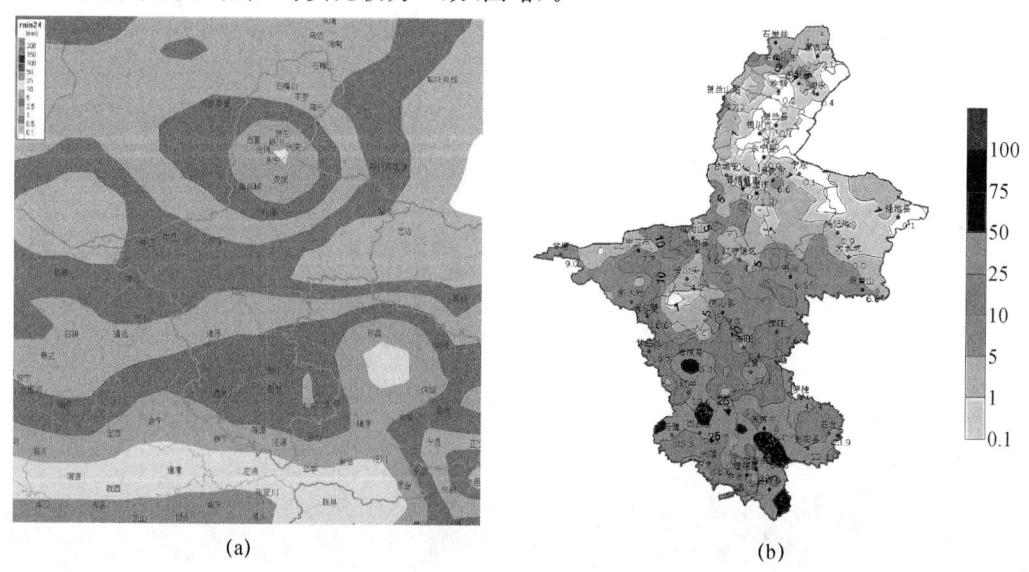

图 5 2016 年 8 月 24 日 08 时至 25 日 28 时地面 24 h 降水量(a:预报;b:实况)

## 4 结论

针对受副热带高压外围高湿高能区配合低空切变线影响的2016年8月24—25日降水过程,综合云和降水预报产品的云系发展演变特征、云系宏观特征、降水场及其演变检验分析,GRAPES_CAMS模式较好地预报了此次云降水过程。在云的性质、云系的发展演变趋势等方面的预报效果较好,而此次过程降水云系的移速、云顶高度、云顶温度及降水量级与观测结果还有一定的差距。

(1)此次天气过程是500 hPa贝加尔湖至巴尔克什湖的横槽与副热带高压形成的锋区,配合700 hPa高原东部有低涡和河套西侧形成的温度槽共同作用下形成的。

(2)预报宁夏此次混合云系的发展演变趋势、移向与实况基本一致,但预报混合云系的移动速度比实况慢,导致云带整体位置偏西。

(3)预报云的云顶高度偏低,云顶温度偏高。

(4)预报降水演变与实况相当,但对于北部降水预报范围和量级都偏大,相反对于南部降水预报范围偏小,24 h的降水强度比实况小一个量级。

(5)该模式能够较好地模拟出宁夏混合云系的位置、范围及发展演变特征,可作为宁夏人工增雨条件决策的重要依据,对于科学开展人工影响天气作业指挥有一定指导意义。

### 参考文献

[1] 张良,王式功,尚可政,等. 中国人工增雨研究进展[J]. 干旱气象,2006,24(4):73-81.

[2] 盛裴轩,毛节泰,李建国,等. 大气物理学[M]. 北京:北京大学出版社,2003.

[3] COTTON W R. Testing, implementation, and evolution of seeding concepts-A review[J]. Meteorological Monographs,1986,21:139-150.

[4] BRUINTJES R T. A review of cloud seeding experiments to enhance precipitation and some new prospects [J]. Bull Amer Meteor Soc,1999,80:805-820.

[5] (美)国家科学院国家研究理事会美国人工影响天气研究和作业现状与未来发展专业委员会. 人工影响天气研究中的关键问题[M]. 郑国光,等,译. 北京:气象出版社,2005.

[6] ORVILLE H D. A review of cloud modeling in weather modification[J]. Bull Amer Meteor Soc,1996,77:1535-1555.

[7] 章建成,刘奇俊. GRAPES模式不同云物理方案对短期气候模拟的影响[J]. 气象,2006,32(7):3-12.

[8] 孙晶,楼小凤,胡志晋,等. CAMS复杂云微物理方案与GRAPES模式耦合的数值试验[J]. 应用气象学报,2008,19(3):315-325.

[9] LOU X F,SHI Y Q,SUN J,et al. Cloud-resolving model for weather modification in China[J]. China Sci Bull,2012,57:1055-1061.

[10] 马占山,刘奇俊,秦琰琰,等. 利用TRMM卫星资料对人工增雨云系模式云微观场预报能力的检验[J]. 气象学报,2009,67(2):260-271.

# 卫星反演产品在一次飞机增雨效果检验中的应用*

田 磊　孙艳桥　翟 涛　常倬林　穆建华　曹 宁

(1. 中国气象局旱区特色农业气象灾害监测预警与风险管理重点实验室,银川 750002；
2. 宁夏气象防灾减灾重点实验室,银川 750002；)

**摘　要**：本文利用风云2G静止卫星反演产品,对宁夏一次典型飞机增雨催化作业后云参数变化情况进行了分析。结果表明,经过催化后,作业区的云光学厚度、液态水含量、云有效粒子半径相比对比区均有明显增长,同时作业区云过冷水含量相比对比区在催化后下降较快。从这一结果可以反映,对作业区目标云进行催化后,促进了目标云的发展,加速了目标云过冷水向液态水转化的过程,有利于地面降水的增加。

**关键词**：飞机增雨；云顶高度；过冷水厚度；光学厚度；物理检验

## 1　引言

宁夏深居内陆,地处干旱半干旱地区,降水偏少,地表水和地下水都十分贫乏,是全国干旱危害最严重的地区之一。水资源短缺严重影响着宁夏农牧业生产、生态环境建设及社会可持续发展。据各地的气象观测资料和卫星遥感观测数据推算,全球大气云中的含水量约为900亿t,与大气中气态水总量比,"云水"仅占0.7%。因此,合理开发利用空中云水资源,无疑是一条缓解此难题的"开源"之路。

我们认识到要合理地开发空中水资源、增强人工增雨能力,首先需要客观地认识降水云的微物理特征、作业催化效果。飞机携带观测仪器飞入云中对云进行直接观测将得到客观的、高时间分辨率的云微物理参数,但这种观测手段价格非常昂贵。近年来,随着卫星资料应用技术的逐渐成熟,研究者开始尝试利用卫星资料来反演云的微物理参数,这种方法有价格低廉、观测范围大等优点。目前利用卫星资料反演云微物理参量的方法已经成熟,国内外应用都比较广泛。

在国外,Nakajima和King[1]在渐近理论的基础上,使用0.75 $\mu m$和2.16 $\mu m$波段的太阳反射辐射同时反演了云的光学厚度和有效粒子半径。Rosenfeld等[2-4]利用NOAA的AVHRR数据反演云顶附近的云粒子有效半径,通过与雷达回波的对比发现,3.7 $\mu m$的辐射中确实包含降水云云顶粒子物理状态的信息；他利用这一反演方法分析了城市和工业污染对降水的影响,分析了播撒作业之后,云微物理特性的变化。

在国内,刘健等[5]利用NOAA卫星的AVHRR资料的通道3数据中所包含的太阳反射光信息,分析了云和雾中粒子的大小分布状况．并把分析结果与地面观测资料相对比,发现具有CH3反射率小值的云中大粒子区与降水区间存在一定的关系。叶晶等[6]利用中分辨率成像光谱仪(MODIS)吸收通道和非吸收通道,研究了多层云的光学厚度和有效粒子半径微物理参数的反演算法,利用SBDART辐射传输模式模拟冰云覆盖在低层水云上的多层云对云微物

---

\* 作者简介：田磊,男,1984年生,工程师,主要从事人工影响天气及大气物理方面研究。

理参数反演的影响。濮江平等[7]结合飞机观测到的云物理参数,反演计算云顶向上的辐射谱分布,并且与静止地球卫星观测到的辐射通量密度进行了对比。发现,通过卫星若干辐射通道资料反演云的云底高度与厚度、云体光学厚度(云液态水路径)和粒子有效半径在技术上是可行的。邓军等[8]利用EOSS/MODIS可见光和近/短波红外通道的光学特性,反演了云雾光学厚度和有效粒子半径。研究表明,不同波长的近/短波红外波段反射率对不同高度上的粒子敏感度不同,使用不同通道组合反演所得的有效粒子半径反映了云层不同高度上的粒子尺度特征。陈英英等[9]利用FY-2C静止卫星在通道4的探测数据,反演了云粒子有效半径,并与TERRA上MODIS的相应产品做了比较。结果表明,FY-2C和MODIS资料能一致地反映云粒子有效半径分布的主要特征,但反演的粒子大小存在差异。

本文利用风云2系列静止卫星的反演产品,分析典型人工增雨作业过程中作业单元和对比单元云微观参量的变化特征,从云微物理参量在人工催化前后变化特征的角度,研究分析催化作业效果。

## 2 研究方法

本文使用FY-2系列卫星资料,并利用中国气象局人工影响天气中心卫星资料反演软件反演得到云顶高度、过冷层厚度、液水路径(液态水含量)、光学厚度、有效粒子半径等云宏微观特征参量产品,产品水平分辨率为5 km。选择了2016年9月5日一次典型的针对大范围层状云降水的飞机人工增雨作业过程个例,根据一定原则选择作业单元与对比单元,分析作业前后卫星反演的云宏微观特征变化。

作业单元与对比单元的选择原则:
(1)选择开展飞机绕飞作业的区域为作业单元。
(2)选择在作业单元上风或侧风方向且没有开展作业的区域作为对比单元。
(3)选择的作业单元和对比单元在催化作业时的云参数一致。

## 3 数据分析

如图1所示,从2016年9月5日天气形势图看,500 hPa形势场形成明显的南支槽,西南

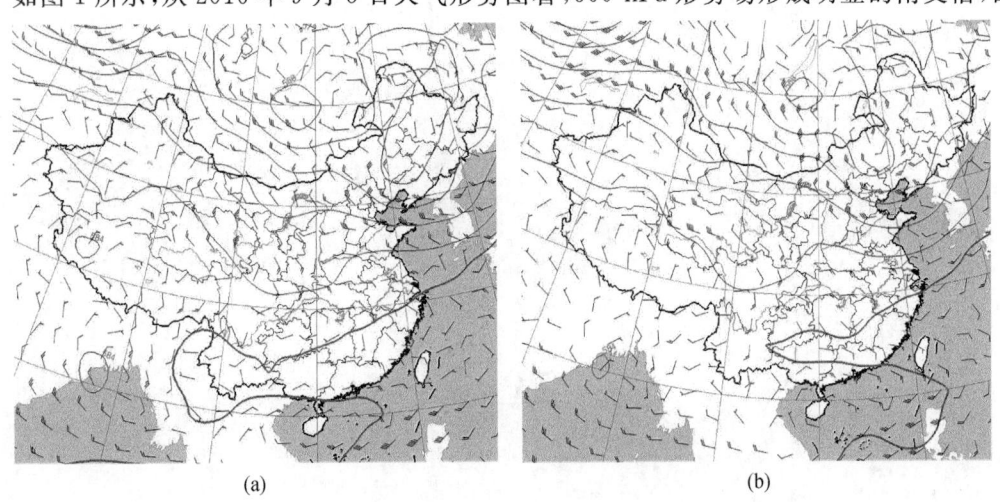

图1  9月5日08时(a)和20时(b)500 hPa高度场和700 hPa风场

水汽输送通道建立;700 hPa风场来看,在宁夏中南部有风向切变,形成辐合区。受此系统影响,9月5日白天到夜间宁夏大部出现小到中雨。5日10:18,增雨飞机在河东机场起飞,在宁夏中南部地区开展飞机增雨作业。如图2所示,飞机沿预定航线进行了增雨催化作业,其中依次在航点中卫、海原、西吉、固原、同心、盐池进行了绕飞催化作业,共使用碘化银烟条30根,共飞行4小时36分钟,14:54返回河东机场。增雨飞机催化作业高度约为5000 m,催化高度层的温度为-5~-3 ℃;催化作业时,西吉、隆德、原州区一带有大片雷达回波强度为20~30 dBZ的中等偏弱的降水云系。该云系云顶高度约为6 km,过冷水厚度为2~3 km,从西南向东北方向移动,移动速度为15~20 km·h$^{-1}$。

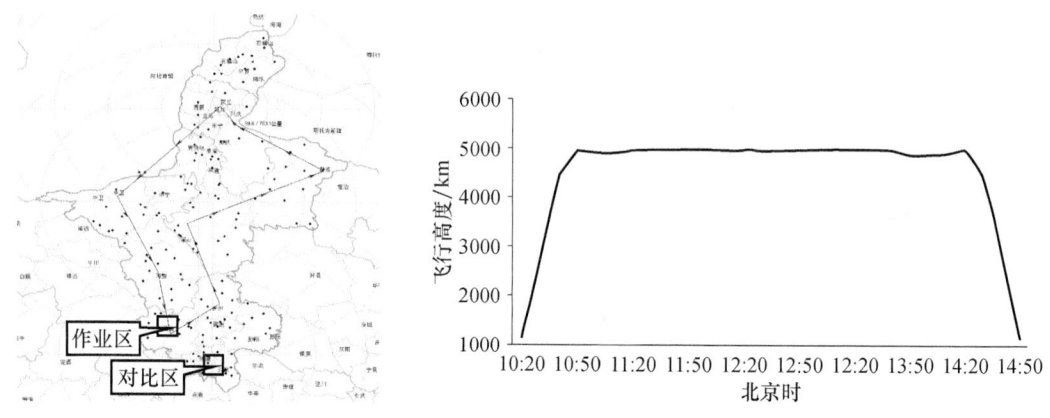

图2 飞行航线及飞行高度示意图

如图3所示,选择云水条件较好(作业时,云顶高度大于5 km,过冷层厚度大于2.5 km),在12:00时左右开展了绕飞催化作业的航点西吉县城所在的方形区域(纬度范围为35°51′—36°02′N,经度范围为105°36′—105°50′E)作为增雨催化作业区;选择相对云系移动方向在西吉县城侧风方向离西吉县城约55 km处且没开展催化作业的隆德县城所在的方形区域(纬度范围为35°28′—35°39′N,经度范围为106°02′—106°16′E)作为增雨作业对比区。两者作业前后的云微物理参量的变化特征如下。

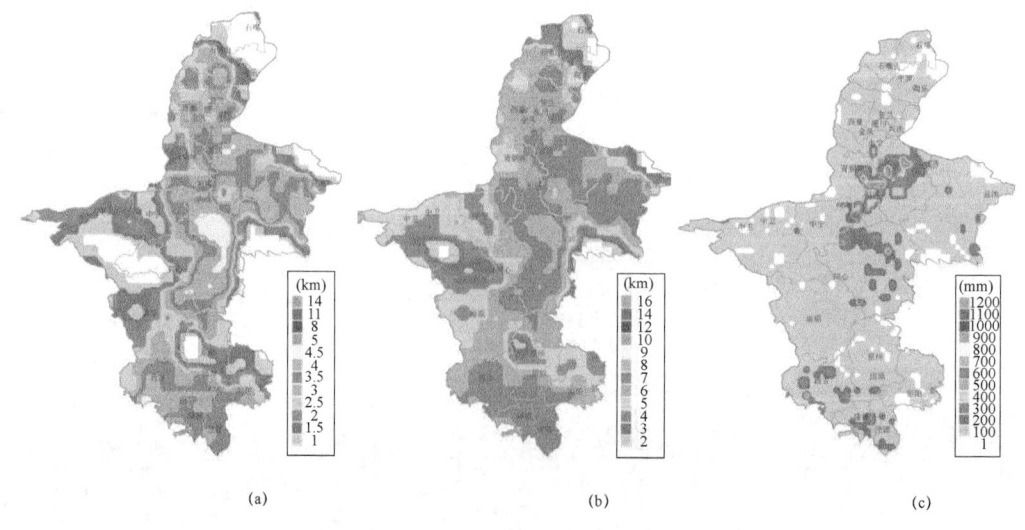

(a)　　　　　　　　(b)　　　　　　　　(c)

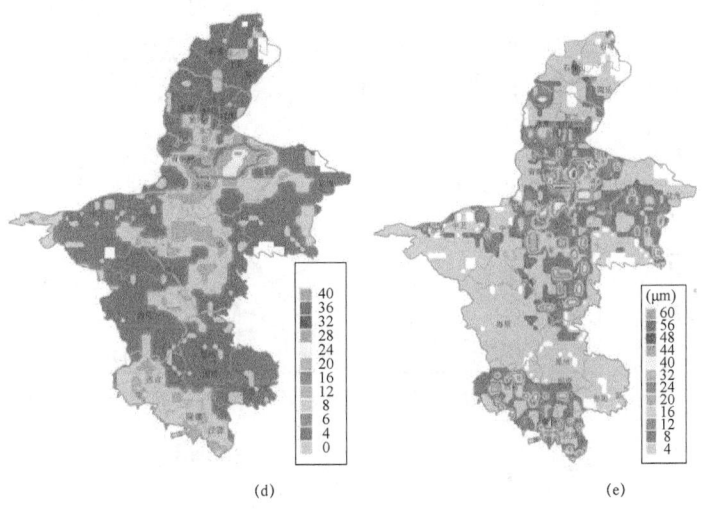

图3 a—e 依次为催化作业开始时(12:00)云顶高度、过冷层厚度、液水路径、光学厚度、有效粒子半径的分布图

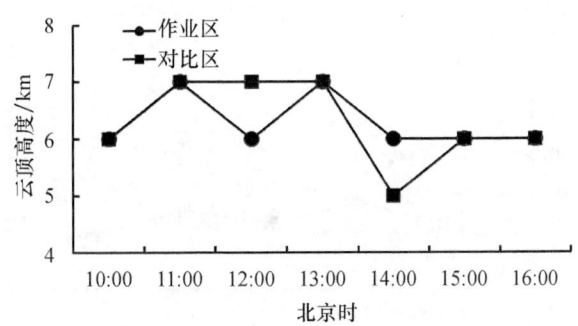

图4 催化前后云顶高度变化特征

从图4可以看出,在催化作业2.5 h前,作业区和对比区的云顶高度基本一致,均为6 km左右,作业区云顶高度在作业前为6~7 km,对比区云顶高度先上升,然后维持在7 km左右;增雨催化作业0.5 h后,作业区云顶高度基本维持不变,对比区云顶高度呈先下降,后上升的趋势。

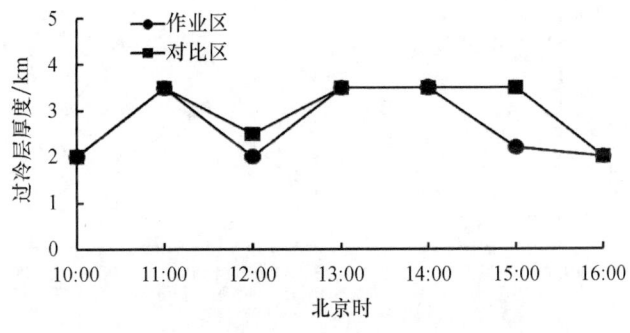

图5 催化前后过冷层厚度变化特征

从图 5 可以看出,在增雨催化作业前,作业区及对比区的过冷层厚度变化趋势一致,均在 2～4 km 之间波动;催化作业后,作业区和对比区的过冷层厚度均呈下降趋势,但作业区过冷层厚度的下降速度比对比区明显较快。

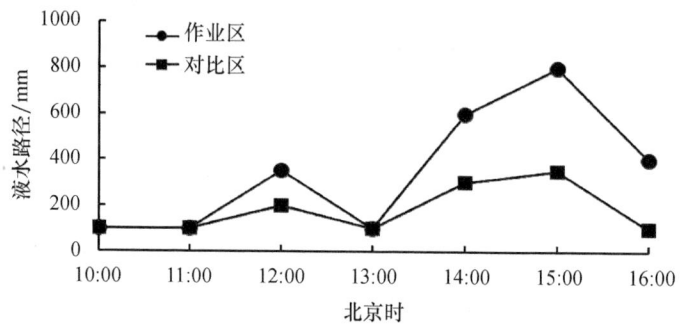

图 6　催化前后液水路径变化特征

从图 6 可以看出,作业区和对比区的液水路径在增雨催化作业前变化较小,在 100～400 mm 之间;催化作业后,作业区和对比区的液水路径均呈现增大后减小的趋势,但作业区液水路径比对比区增长明显较快,2 h 内由不到 200 mm 增长到 800 mm。

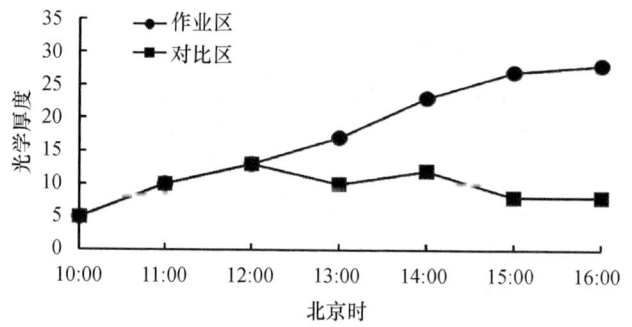

图 7　催化前后光学厚度变化特征

从图 7 可以看出,作业区和对比区的光学厚度在增雨催化作业前均呈缓慢增长趋势,且增长幅度比较一致。催化作业后,作业区的光学厚度呈增大趋势,催化作业后增长幅度较大,随后增长幅度逐渐变小,对比区光学厚度呈先增大后减小趋势。

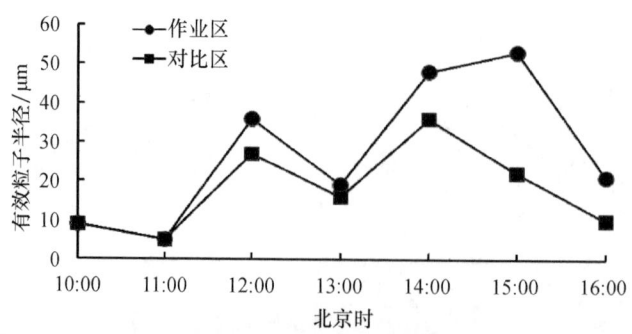

图 8　催化前后有效粒子半径变化特征

从图8可以看出,作业区及对比区的云有效粒子半径变化趋势及变化幅度基本一致;催化作业后,作业区和对比区的云有效粒子半径均有呈先增大后减小的趋势,但作业区云有效粒子半径比对比区增长明显较快,且相对对比区,作业区云有效粒子半径大值的维持时间较长。

表1 催化后云微物理参数统计表

| | 云顶高度/km | 过冷层厚度/km | 液水路径/mm | 光学厚度 | 有效粒子半径/μm |
|---|---|---|---|---|---|
| 作业区 | 6.3 | 2.9 | 475 | 24 | 34 |
| 对比区 | 6 | 3.1 | 175 | 9.5 | 20.5 |

从催化后4 h内作业区和对比区云微物理各参数的平均值来看(表1):作业区云顶高度和对比区相差不大,作业区比对比区高0.2 km;作业区过冷层厚度比对比区小0.2 km;作业区液水路径、光学厚度及有效离子半径比对比区大,其中液水路径为对比区的2.71倍,光学厚度为对比区的2.53倍,有效粒子半径为对比区的1.66倍。可以从一定程度上反映出在地面催化作业下,作业区有更多的过冷水转化为较大粒径的云滴;较高的光学厚度反映出作业区的云中相比对比区有更多云粒子;人工催化有效地促进了云滴增长,有利于形成更多降水。

## 4 小结

本文通过对比催化作业区及对比区在催化后的云微物理参数变化特征,发现当云水条件比较好(云顶高度大于5 km,过冷层厚度大于2.5 km)时,经过催化后,作业区的云光学厚度、液态水含量、云有效粒子半径相比对比区均有明显增长,同时作业区云过冷水含量相比对比区在催化后下降较快。从这一结果可以反映,对作业区目标云进行催化后,促进了目标云的发展,加速了目标云过冷水向液态水转化的过程,有利于地面降水的增加。

在开展飞机增雨作业时,根据运七型飞机性能及空域管制部门要求,宁夏增雨飞机巡航高度一般为4000~5500 m,为保证飞机能在云中穿梭播撒催化剂,针对云顶高度大于5500 m,且过冷水厚度大于2.5 km的层状云进行催化比较适宜,且层状云过冷层厚度越厚飞机增雨潜力越大。

**参考文献**

[1] NAKAJIMA T, KING M D. Determination of the optical thickness and effective particle radius of clouds from reflected solar radiation measurements. Part I: Theory[J]. Journal of the Atmospheric Sciences, 1990, 47:1878-1893.

[2] ROSENFELD D, GUTMAN G. Retrieving microphysical properties near the tops of potential rain clouds by multispectral analysis of AVHRR data[J]. Atmospheric Research, 1994, 34:259-283.

[3] ROSENFELD D. Suppression of rain and snow by urban and industrial air pollution[J]. Science, 2000, 287(5459):1793-1796.

[4] ROSENFELD D, WOODLEY W L, KRAUSS T. Satellite observations of the microstructure of natural and seeded severe hailstorms in Argentina and Alberta[A]//15th Conference on Planned and Inadvertent Weather Modification[M]. AMS, Albuquerque, New Mexico, 2001:68-74.

[5] 刘健,许健民,方宗义. 利用NOAA卫星的AVHRR资料试分析云和雾顶部粒子的尺度特征[J]. 应用气象学报,1999,10(1):28-33.

[6] 叶晶,李万彪,严卫.利用MODIS数据反演多层云光学厚度和有效粒子半径[J].气象学报,2009,67(4):613-622.
[7] 濮江平,单陈华.辐射传输模式模拟层状云微物理参数方法在人工影响天气作业中的应用前景[C]//第十四届云降水物理和人工影响天气会议.贵阳,2005.
[8] 邓军,白洁,刘健文.基于EOS/MODIS的云雾光学厚度和有效粒子半径反演研究[J].遥感技术与应用,2006,21(3):221-226.
[9] 陈英英,周毓荃,毛节泰.利用FY-2C静止卫星资料反演云粒子有效半径的试验研究[J].气象,2007,33(4):30-34.

# 固原市一次春季防雹的分析研究

马思敏

(1. 中国气象局旱区特色农业气象灾害监测预警与风险管理重点实验室,银川 750002;
2. 宁夏气象防灾减灾重点实验室,银川 750002)

**摘 要**:2017年5月4日宁夏固原市原州区出现冰雹天气,是2017年出现的第1次冰雹,未造成灾情。本文利用MICAPS实况资料、$t$-$\ln p$ 探空资料、固原新一代多普勒天气雷达等资料分析此次冰雹特征,结果表明:东北冷涡后部下滑弱冷空气和700 hPa风切变是此次冰雹产生的主要原因;$T$-$\ln p$ 图呈现明显"上干下湿"喇叭口结构甚至多个干湿层水汽分布不均的不稳定层结状况,说明大气存在着潜在的不稳定能力,考虑由于0 ℃层高度较高暖层较厚,冰雹在降到地面之前有所融化,所以均是小冰雹,未造成灾害;此次过程降雹前最大回波强度达到最大值,VIL和强回波面积在降雹前一个体扫到最大,回波顶高无明显变化特征,由此可见此次冰雹过程强回波面积、最大回波强度、VIL指示作用明显,回波顶高指示作用较差;对目标云作业后的20 min最大回波强度、VIL、强回波($>$35 dBZ)面积均呈明显减弱趋势。

**关键词**:人工防雹;雷达参数变化;作业合理性分析

## 1 引言

冰雹是指从冰雹云中降落到地面的固态降水,其强度和尺度随不同的冰雹云而异,由于其突发性、局地性强,预测预警难度大,由此而造成的危害也轻重不一,轻者损害农作物,重者会导致建筑物受损,甚至人员伤亡。

冰雹是宁夏主要气象灾害之一,每年3—10月都有不同程度的发生。全自治区平均每年受雹灾面积达2.67万 hm$^2$,约占总播种面积的3.2%,重雹灾年受灾面积均在6.67万 hm$^2$以上。其中尤以宁南山区最为严重,固原市位于宁夏南部山区,地形复杂,常有冰雹等强对流天气发生,不仅给农业、通信、交通等带来严重危害,还给人民生命及财产安全造成严重的影响和损失[1]。

人工防雹作业的目的在于减少或消除冰雹,或雹胚在转化为冰雹之前提前下降地面形成降水,怎样评估人工防雹作业成功与否是一件极为困难的事情。郭学良等[2-3]研究证实,高炮防雹抑制雹云的发展主要是AgI在爆炸点附近播撒,并使过冷水滴冻结,从而减少冻滴的平均质量和直径;炮弹爆炸动力抑制爆炸点下方附近上升气流的发展,高炮防雹在有效抑制雹云发展的同时,有利于地面降水的产生。王雨曾等[4-6]研究表明,防雹作业后雷达回波顶高、雷达回波强度及30 dBZ强回波顶高比作业前显著变小;王芳[7]等对川西地区一次春季冰雹分析各项雷达参数的响应变化,发现垂直累计液态水含量和强回波面积的指示效果最明显;张磊[8]等对新疆地区的冰雹天气形势和雷达特征进行了总结分析,指出大气层结的不稳定,0 ℃层和 $-$20 ℃层的适宜高度以及较强的垂直风切变促使冰雹生成。刁秀广等[9]发现降雹单体在成熟前期有明显的 VIL 跃增现象,降雹时间基本上是在 VIL 达到最大后开始。随着社会经济的快速发展,宁夏部分作业点周围修建居民区或单位迁入,作业方位角越来越小,作业环境持续恶化。

本文分析了宁夏固原市 2017 年一次春季冰雹天气的环流背景、不稳定能量和雷达回波特征,重点分析了冰雹发生前后和防雹作业前后各项雷达参数变化特征,同时对此次防雹作业进行了合理性分析。

## 2 冰雹天气环流形势

2017 年 5 月 4 日傍晚固原市大部分地区出现对流性降水天气,最大 1 h 降水量达 11.4 mm,20 时 00 分左右原州区南郊一带出现冰雹天气。图 1 为 5 月 4 日 20 时 700 hPa 环流形势场分析图,可以看出此次为有利于宁夏出现冰雹天气的环流背景,宁夏处于西高东低环流形势下,处于发展深厚的东北冷涡的后部,受冷涡后部下滑弱冷空气影响,且固原在 700 hPa 有暖平流影响,在固原一带冷暖空气交汇形成降水,配合 700 hPa 在固原一带有明显风向切变,触发冰雹发生。

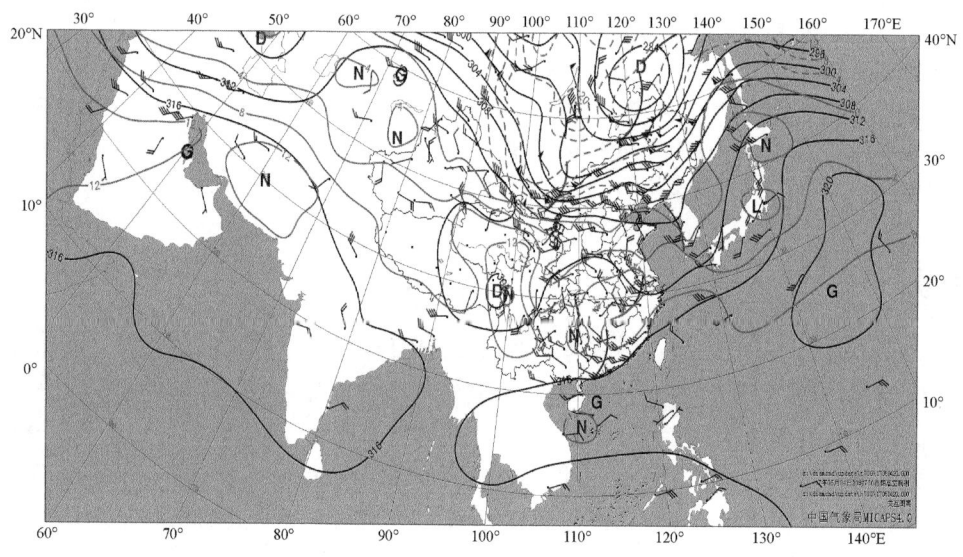

图 1  2017 年 5 月 4 日 20 时 700 hPa 高度场(黑线)、
温度场(灰线)和风场(风向标)

## 3 不稳定能量分析

固原无探空站,因此利用距离固原最近的平凉探空站资料进行分析,具有一定参考意义。3 日固原市只出现了阵雨天气,图 2 为 3 日 20 时(a)和 4 日 20 时(b)平凉探空站 $t\text{-}\ln p$ 图,可以看出图 2b 的"上干下湿"喇叭口的层结结构比图 2a 更明显,且图 2b 中存在多个干湿层等水汽分布不均的状况,说明大气存在潜在的不稳定能量,需要通过对流交换达到水汽的平衡,从表 1 中 $K$ 指数和 $SI$ 指数也可以看出 4 日 20 时的不稳定能量更大,有利于冰雹发生。3 日 20 时和 4 日 20 时 $-20\ ℃$ 层高度基本相近,但 $0\ ℃$ 层的高度 4 日的更高,说明 4 日低层暖平流更强,导致 $H_{-20\ ℃}-H_{0\ ℃}$ 厚度变小,"上冷下暖"的不稳定层结结构已经形成,而且此次冰雹生成时 $0\ ℃$ 层高度较高,暖层较厚,冰雹在降到地面之前有所融化,所以均是小冰雹,未造成灾害。

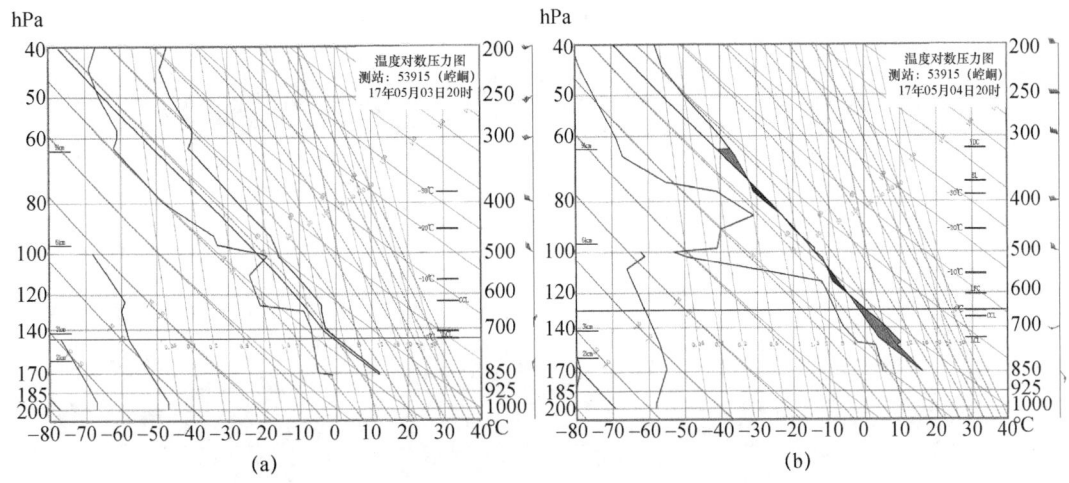

图 2　5 月 3 日 20 时(a)和 4 日 20 时(b)平凉探空站 $t\text{-}\ln p$ 图

表 1　5 月 3 日 20 时和 4 日 20 时平凉探空指数对比

| 时间 | 站点 | K/℃ | SI/℃ | CAPE /J·kg$^{-1}$ | CIN /J·kg$^{-1}$ | 0 ℃层高度 /m | −20 ℃层高度 /m | $H_{-20℃}-H_{0℃}$ /m |
|---|---|---|---|---|---|---|---|---|
| 5 月 3 日 20 时 | 平凉 | 19 | 7.38 | 0 | 0 | 2814 | 6340 | 3526 |
| 5 月 4 日 20 时 | 平凉 | 23 | 0.71 | 77 | 229.5 | 3892 | 6447 | 2618 |

## 4　雷达资料分析

此次冰雹过程是由絮状回波中的积状云回波发展成对流单体所造成，属混合降水回波。从图 3 和图 4 分析，19:30，在固原西吉县北部至原州区中部有一最大回波强度为 30 dBZ 的对流云团生成，该对流云团不断向东偏南方向移动，且在云系西侧即西吉县北部不断激发出新的对流单体，对流云系回波强度和面积也在不断增大；19:45 最大回波强度达到 45 dBZ，此时 RHI 已经呈现明显悬垂回波结构。19:50，45 dBZ 的强回波区高度达 4 km(参考平凉站探空资料在 0 ℃层附近)，回波顶高 6 km。随着对流云团发展加强，20:00 左右原州区开始出现冰雹(图 3c 圆圈标示处)，RHI 显示此时最大回波强度的高度明显下降，说明冰雹拖曳作用形成的下沉气流大于云中上升气流，地面出现降雹。此时刻由于空域限制等原因，未实施地面防雹作业。21:01 西吉至彭阳一带逐渐形成带状回波对流云团特征，21:11 彭阳古城附近有一对流云团东移加强，此时彭阳作业点已经待命，在 21:33 申请空域获批向西北方向实施了防雹作业，未出现冰雹。

分析各项雷达参数的响应变化(图 5a)，降雹前，强回波(>35 dBZ)面积由 2.5 km$^2$ 增大至 83 km$^2$，最大回波强度由 30 dBZ 增大至 52 dBZ，VIL 由 7 kg·m$^{-2}$ 增至 12 kg·m$^{-2}$，降雹时最大回波强度达到最大值，VIL 和强回波面积在降雹前一个体扫达到最大，降雹时间基本上是在 VIL 达到最大后开始[9]；然而回波顶高在降雹前有先增后降的趋势，降雹后无明显变化特征。由此可见，此次冰雹过程强回波面积、最大回波强度、VIL 指示作用明显，回波顶高指示作用较差。

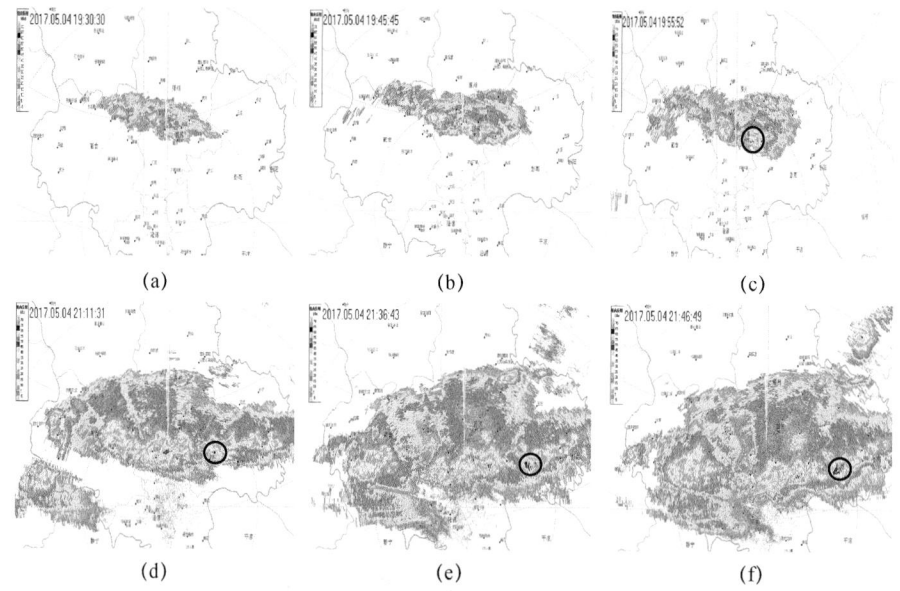

图3　5月4日固原雷达组合反射率图
(a)19:30;(b)19:45;(c)19:55;(d)21:11;(e)21:36;(f)21:46

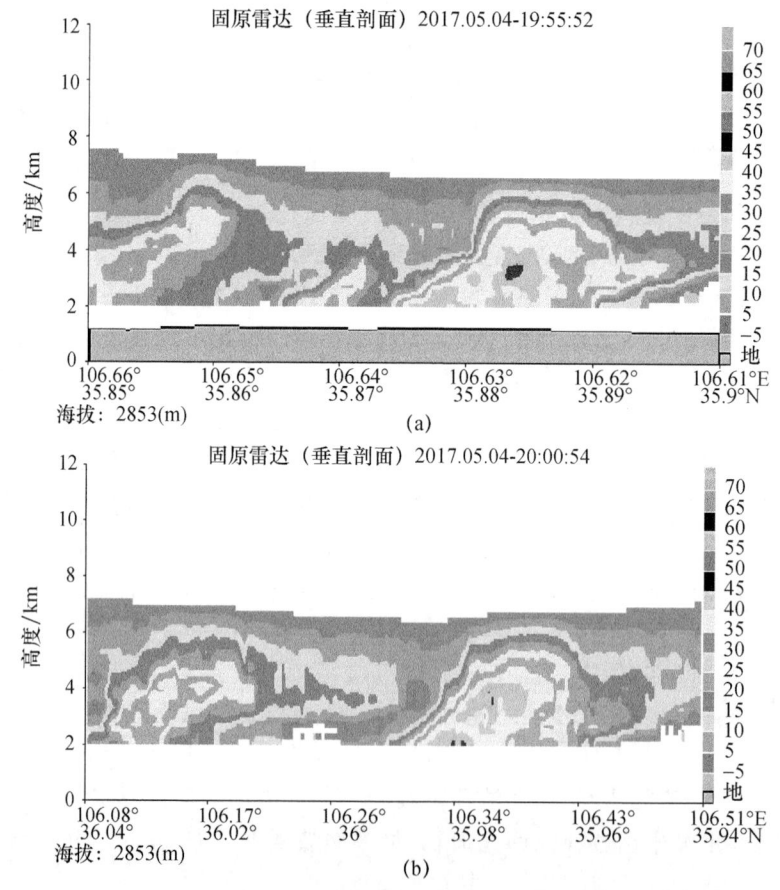

图4　5月4日固原雷达垂直剖面图(a,19:55;b,20:00)

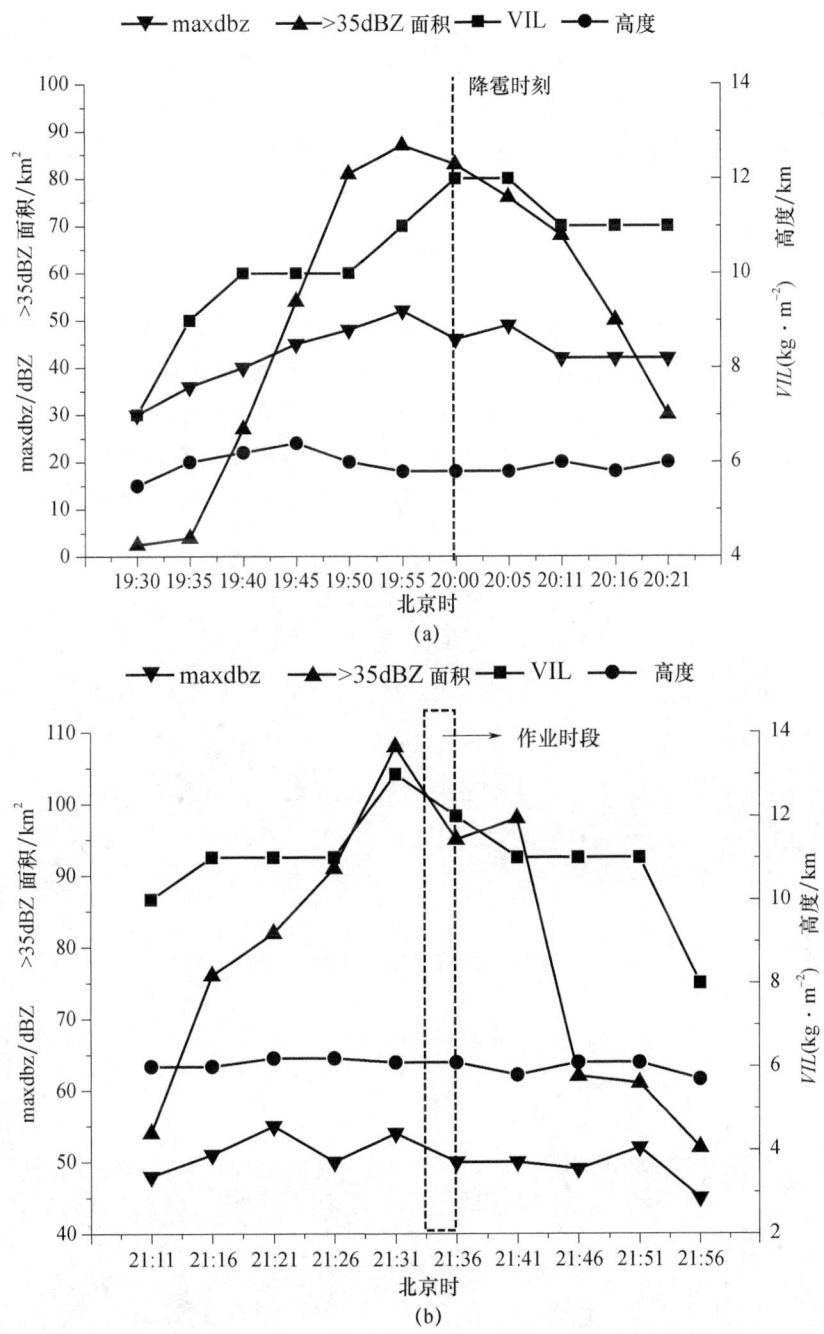

图 5 对流云团降雹前后(a)和作业前后(b)不同雷达参数随时间变化图

## 5 防雹作业合理性分析及作业效果

分析在彭阳古城实施防雹作业前后雷达参数变化(图6b),在彭阳县图3d圆圈位置处有一对流云团生成增强发展并向偏东方向移动,在21:31最大回波强度达到54 dBZ,回波顶高达到6.1 km,强回波(>35 dBZ)面积达到104.2 km²,此时正处于对流云团发展时期,如果抓住云体发展期进行防雹作业可以有效减少冰雹降落到地面,21:33—21:36在彭阳作业点对目标云进行了防雹作业,作业时机选择较为合理。由于作业点安全射界范围限制,作业时不能向对流云团强回波区域的西南方向进行作业,而是向西北方向实施了防雹作业,所以作业位置不在强回波中心,实际作业部位不太理想。图 6b 是利用宁夏人影综合处理分析平台(CPAS 系统)绘制的火箭弹道和发射方向的雷达回波垂直剖面图,可以看出火箭弹播撒碘化银高度在 4~5 km,参考表 1 平凉探空站 0 ℃层高度为 3.9 km,催化高度位于 0~−10 ℃的冷区,较为合理。

从图 6b 可以看出,作业后的 20 min 最大回波强度下降到 45 dBZ,VIL 减少至 8 kg·m$^{-2}$,强回波(>35 dBZ)面积也减少至 52.3 km$^2$,各项雷达参数均呈明显减弱趋势。说明目标云经过人工防雹作业后,催化剂充当人工冰核,它比自然状态下的冰雹胚胎夺取水分的能力要强得多,它们争食云中有限的水分,从而抑制冰雹的生长,同时在碘化银争食水分、促进自身凝结增长的作用下,云内水滴和冰晶较快达到降水尺度,导致提前降雨,这样也缩短了冰雹胚胎在云中生长的时间,云中微物理的变化导致云宏观的变化,所以目标云的雷达参量会发生相应变化。

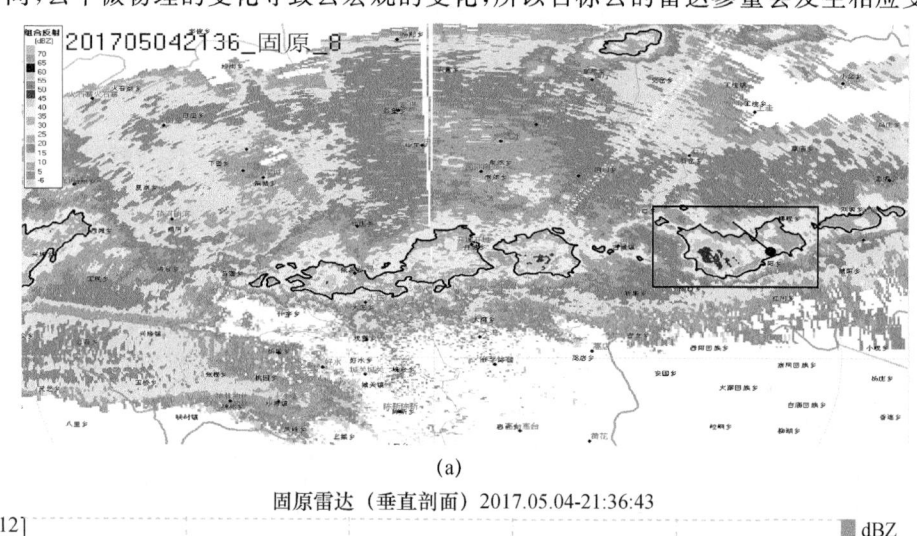

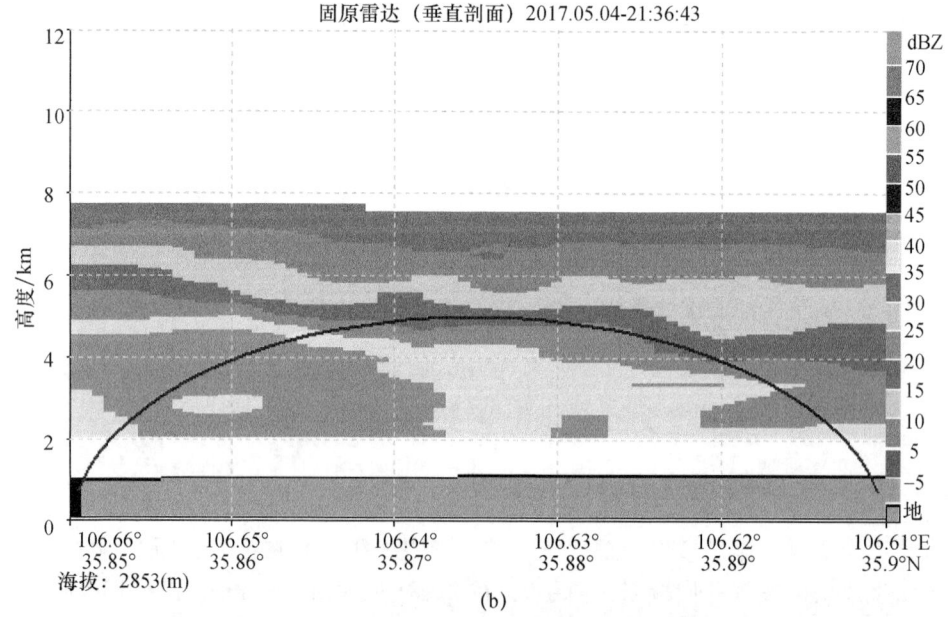

图 6 2017 年 5 月 4 日宁夏固原 21:36 雷达组合反射率、作业方向示意图(a)和
火箭弹道和发射方向的雷达回波垂直剖面图(b)

## 6 结论

(1)此次为有利于宁夏出现冰雹天气的环流背景,宁夏处于西高东低环流形势下,受东北冷涡后部下滑弱冷空气影响,配合700 hPa在风切变,触发冰雹发生;

(2)$t$-$\ln p$ 图呈现明显"上干下湿"喇叭口结构甚至多个干湿层水汽分布不均的不稳定层结状况,说明大气存在着潜在的不稳定能力;0 ℃层的高度较高,低层暖平流较强,导致 $H_{-20℃}-H_{0℃}$ 厚度变小,考虑由于0 ℃层高度较高暖层较厚,冰雹在降到地面之前有所融化,所以均是小冰雹;

(3)此次过程降雹前最大回波强度达到最大值,VIL和强回波面积在降雹前一个体扫达到最大,回波顶高无明显变化特征,由此可见,此次冰雹过程强回波面积、最大回波强度、VIL指示作用明显,回波顶高指示作用较差;

(4)对此次防雹作业合理性进行分析,发现作业时机和催化高度较为合理,催化位置由于安全射界限制影响催化位置不佳;目标云作业后的20 min最大回波强度、VIL、强回波(>35 dBZ)面积均呈明显减弱趋势。

### 参考文献

[1] 董永祥,等.宁夏气候与农业[M].银川:宁夏人民出版社,1986:64-68.
[2] 郭学良.三维强对流云的冰雹形成机制及降雹过程的冰雹分档数值模拟研究[D].北京:中国科学院大气物理研究所,1997:44-49.
[3] 周非非,肖辉,黄美元,等.人工抑制上升气流对冰雹云降水影响的数值实验研究[J].南京气象学院学报,2005,28(2):10-19.
[4] 王雨曾,刘新元,赵宗然,等.人工防雹效果差异分析[J].气象,1996,22(12):31-34.
[5] 王雨曾,郁青.多物理参量检验防雹效果的研究[J].气象,1995,21(10):3-9.
[6] 李金辉.陇县防雹作业前后雷达回波变化分析[J].陕西气象,2009,(6):9-12.
[7] 王芳,范思睿,吕明,等.川西地区一次人工防雹的分析与研究[J].高原山地气象研究,2017,37(1):84-88.
[8] 张磊,张继东,热苏力·阿不拉.南疆阿克苏冰雹天气的判识指标研究[J].干旱气象,2014,32(4):629-635.
[9] 刁秀广,朱君鉴,黄秀韶,等.VIL和VIL密度在冰雹云判据中的应用[J].高原气象,2008,27(5):1131-1139.

# 基于多普勒雷达的宁夏六盘山区冰雹特征及人工防雹效果浅析*

武军军[1,2,3]　穆建华[1,2]　杨文海[1,2,3]　龚晓丽[1,2,3]

(1. 中国气象局旱区特色农业气象灾害监测预警与风险管理重点实验室,银川 750002;
2. 宁夏气象防灾减灾重点实验室,银川 750002; 3. 固原市气象局,固原 756000)

**摘　要**：利用多普勒雷达资料对 2011—2015 年 40 个冰雹天气个例进行了分析,统计归纳出冰雹天气发生过程中基本反射率($R$)、组合反射率($CR$)、回波顶高($ET$)、垂直累积液态水含量($VIL$)、强回波区面积、冰雹指数($HI$)等参数的变化情况,得出宁夏六盘山区的雹云雷达回波识别指标。结果表明：当有冰雹天气发生时,雷达回波组合反射率因子一般 50 dBZ 以上,回波顶高大于 9 km,一般在 11 km 左右；垂直累积液态水含量连续多个体扫出现跃增,且至少有 1 次相邻 2 个体扫增长幅度在 10～20 kg·m$^{-2}$。对 104 次防雹作业过程前后雷达数据的分析表明,合理的防雹作业对雹云的催化效果是明显的,防雹作业效果持续约 15～20 min。

**关键词**：宁夏六盘山区；冰雹；回波特征；防雹作业；效果分析

## 1　引言

宁夏六盘山区自 20 世纪 70 年代开展高炮防雹作业以来[1],防雹作业装备和队伍均取得长足的发展和壮大,目前拥有防雹 37 高炮 50 门,作业人员 100 余人。特别是自 2004 年六盘山新一代天气雷达投入业务运行后,冰雹天气监测预警手段更加丰富,作业水平向更加科学合理方向迈进。关于雹云的识别模型和特征指标,国内已获得大量研究成果。王昂生等[2]指出雹云在形成过程阶段可以对其进行识别。李金辉等[3]利用强回波 45 dBZ 高度及平均 0 ℃ 层高度作为提前识别冰雹云的指标,对不同类型冰雹云给出了提前预警时间量。王若升等[4]、廖向花等[5]、张磊等[6]利用新一代天气雷达资料分析了当地冰雹云的雷达回波特征,分别用不同参数对雹云指标进行了量化,但由于受地形及气候条件等局地因素影响,得出的结果也不尽相同,研究成果并不能直接应用。要了解和掌握雹云的详细特征,对本地历史冰雹云雷达资料的统计分析是十分必要的。

宁夏南部是西北地区 5 个冰雹发源地之一[7],而六盘山区是冰雹源地频发中心[8],同时也是宁夏开展防雹作业的重点地区,据统计,2011—2015 年六盘山区 113 次气象灾害中共有 54 次为冰雹灾害或伴随冰雹灾害发生,冰雹灾害占全部气象灾害的 47.8%。开展六盘山区冰雹天气过程及防雹作业效果的多普勒雷达指标研究,为我们了解和掌握冰雹天气过程的演变,建立作业条件的指标和判据,制定科学的作业方案提供了有针对性,科学合理的作

---

\* 资助项目：国家自然科学基金面上项目(41775139),中国气象局旱区特色农业气象灾害监测预警与风险管理重点实验室 2016 年度开放基金项目"南部山区高炮防雹效果物理检验方法研究"共同资助。

作者简介：武军军(1982—)男,工程师,主要从事人工影响天气方面的研究。E-mail:wjj_252@163.com

业依据。

本文选取 2011—2015 年宁夏六盘山区 5 年内发生冰雹天气时的多普勒雷达资料,统计分析了在冰雹天气发生过程中冰雹云团的雷达回波强度、回波顶高、垂直液态水含量、强回波区面积及冰雹指数等各项指标的变化情况,研究得出宁夏六盘山区冰雹天气的多普勒雷达监测指标,并选取 5 年中进行大规模作业(选取条件为单点次作业发射人雨弹大于 30 发或目标区多作业点同时进行作业)的典型过程,分析了防雹作业前后目标云雷达相关参数特征变化情况,得出高炮防雹效果物理检验方法,为人工影响天气指挥人员提高冰雹的提前识别能力和指挥防雹作业提供参考。

## 2 资料与方法

### 2.1 资料

本文所用资料为 2011—2015 年六盘山区冰雹灾害统计数据,防雹作业记录及冰雹天气过程期间六盘山 CINRAD/CD 波段新一代多普勒天气雷达体扫资料。

### 2.2 方法

(1)统计所选个例中冰雹发生时间、持续时间、冰雹尺寸等信息,将冰雹个例按冰雹尺寸分为弱冰雹过程(冰雹直径 $d\leqslant 5$ mm)、中等强度冰雹过程($5$ mm$<d\leqslant 20$ mm)、强冰雹过程($d>20$ mm)三类,研究得出 2011—2015 年期间固原市冰雹日、月变化特征以及不同强度冰雹在各月的分布情况。

(2)利用敏视达雷达软件反演计算组合反射率($CR$)、回波顶高($ET$)、垂直累积液态水含量($VIL$)、强回波区面积、冰雹指数($HI$)等雷达参量产品,统计分析三类冰雹过程中导致降雹的雷达回波块的雷达参量指标,并通过对比防雹作业前后雷达回波参量变化分析防雹作业效果。

## 3 六盘山区冰雹时间分布特征

5 年中,六盘山区冰雹最早出现在 4 月份,最晚出现在 10 月份,每年 6—8 月为冰雹日数最多的月份,其中 6 月、7 月份出现冰雹的频次最多,平均达到 14 次,其次是 8 月份,冰雹频次达到 10 次(图 1b)。从一天内冰雹发生的频次来看,13—18 时为六盘山区冰雹发生主要时段(图 1a),5 年中在此时段发生的冰雹约占总数的 90%。14 时后是降雹高峰期,19 时以后随着

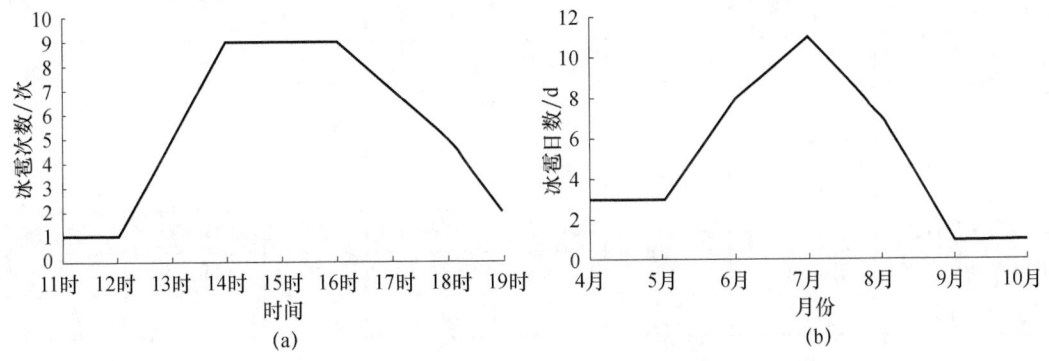

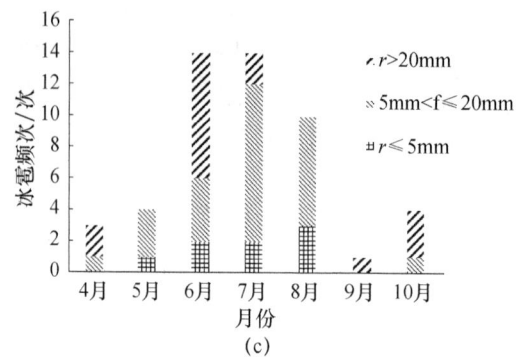

图1 六盘山区冰雹时间分布特征(2011—2015)
(a)冰雹日数月变化特征;(b)冰雹频次日变化特征;(c)不同强度冰雹频次月变化特征

气温的迅速降低,冰雹天气发生的概率逐渐降低。时间分布特征与陕西[9],宁夏全区[10]基本一致。从冰雹强度来看,6月出现强冰雹的频次最多,达到8次,占本月总冰雹次数的57%,其次是10月,达3次,4月、7月和9月也有一定的概率出现强冰雹天气,5月、7月和8月份以中等强度和弱强度冰雹天气为主(图1c)。

## 4 六盘山区冰雹雷达识别指标

### 4.1 不同强度冰雹天气过程多普勒雷达回波特征

对2011—2015年40次冰雹天气过程按照冰雹尺寸[11]分为弱冰雹过程(冰雹直径$d \leqslant 5$ mm)、中等强度冰雹过程($5$ mm$< d \leqslant 20$ mm)、强冰雹过程($d > 20$ mm)三类进行统计分析,其中弱冰雹过程10次,中等强度冰雹过程17次,强冰雹过程13次(表1,表2,表3)。利用雷达资料挑选出了产生冰雹的共计40次强对流天气过程,并对回波强度、回波顶高、垂直累积液态水含量、强回波区面积等雷达参量的特征及演变情况进行了统计分析。

表1 弱冰雹过程单体的回波特征

| 日期 | 回波强度(1.5°仰角)/dBZ | | 回波顶高/km | VIL/kg·m$^{-2}$ | | 强回波面积/km$^2$ | |
|---|---|---|---|---|---|---|---|
| | 平均 | 最大 | | 平均 | 最大 | $\geqslant 45$ dBZ | $\geqslant 50$ dBZ |
| 2011年7月25日 | 55~58 | 64 | 10~13 | 23~33 | 38 | 126~180 | 60~90 |
| 2012年5月9日 | 48~63 | 60 | 11~13 | 13~18 | 23 | 35~70 | 22~30 |
| 2012年6月20日 | 45~50 | 58 | 10~11 | 18~28 | 43 | 75 | 30 |
| 2012年6月23日 | 53~58 | 63 | 11~13 | 13~18 | 23 | 80~100 | 40~60 |
| 2012年8月25日 | 55~63 | 65 | 11~13 | 33~38 | 45 | 45~60 | 21~33 |
| 2013年8月1日 | 45~50 | 55 | 11 | 13~23 | 33 | 12.5~25 | 0~9 |
| 2014年6月16日 | 35~40 | 45 | 6~8 | 2 | 3 | 0 | 0 |
| 2014年7月29日 | 45~50 | 55 | 14~16 | 18~23 | 38 | 38~65 | 19~38 |
| 2014年8月16日 | 45~50 | 55 | 11 | 18~23 | 28 | 180~250 | 120~175 |
| 2015年8月11日 | 45~50 | 61 | 9 | 10~15 | 20 | 12~30 | 8~20 |

**表 2　中等冰雹过程单体的回波特征**

| 日期 | 回波强度(1.5°仰角)/dBZ | | 回波顶高/km | VIL/kg·m⁻² | | 强回波面积/km² | |
|---|---|---|---|---|---|---|---|
| | 平均 | 最大 | | 平均 | 最大 | ≥45 dBZ | ≥50 dBZ |
| 2011年7月17日 | 48～58 | 66 | 8～11 | 28～38 | 43 | 60～170 | 50～90 |
| 2012年5月18日 | 48～53 | 61 | 10～11 | 13～18 | 23 | 40～70 | 20～40 |
| 2012月6月3日 | 48～53 | 57 | 8 | 18～28 | 33 | 36～100 | 13～48 |
| 2012年6月18日 | 48～58 | 63 | 11 | 23～38 | 43 | 75～170 | 60～90 |
| 2012年6月23日 | 50～58 | 63 | 11～13 | 23～38 | 48 | 80～140 | 40～110 |
| 2012年8月25日 | 50～53 | 62 | 10～11 | 18～23 | 28 | 10～25 | 4～10 |
| 2013年6月24日 | 48～50 | 60 | 11 | 23～25 | 32 | 140～170 | 80～100 |
| 2013年7月31日 | 53～55 | 63 | 11 | 23～35 | 43 | 100～120 | 60～70 |
| 2013年8月11日 | 45～53 | 61 | 11～14 | 13～25 | 33 | 80～130 | 45～100 |
| 2014年4月23日 | 40～45 | 50 | 10～13 | 5～8 | 12 | 30～45 | 0～6 |
| 2014年7月1日 | 35～40 | 45 | 8 | 3～6 | 6 | 0 | 0 |
| 2014年8月16日 | 50～55 | 65 | 9～11 | 18～25 | 31 | 110～200 | 70～120 |
| 2014年10月3日 | 50～55 | 63 | 11 | 25～30 | 36 | 100～160 | 50～110 |
| 2015年5月30日 | 45～48 | 55 | 11 | 13～15 | 20 | 21～35 | 7～13 |
| 2015年5月30日 | 48～50 | 59 | 11 | 15～23 | 27 | 30～40 | 10～20 |
| 2015年7月17日 | 40～45 | 48 | 10 | 8～12 | 13 | 10～20 | 0～8 |
| 2015年8月23日 | 45～48 | 52 | 9～11 | 10～13 | 15 | 50 | 15～25 |

**表 3　强冰雹过程单体的回波特征**

| 日期 | 回波强度(1.5°仰角)/dBZ | | 回波顶高/km | VIL/kg·m⁻² | | 强回波面积/km² | |
|---|---|---|---|---|---|---|---|
| | 平均 | 最大 | | 平均 | 最大 | ≥45 dBZ | ≥50 dBZ |
| 2012年4月28日 | 48～53 | 58 | 11～13 | 13～18 | 23 | 175～270 | 60～100 |
| 2012年6月20日 | 53～58 | 65 | 11～14 | 33～43 | 63 | 140～375 | 60～120 |
| 2012月6月20日 | 48～53 | 63 | 10～11 | 18～28 | 38 | 56～70 | 37.5～52.5 |
| 2012年6月20日 | 53～58 | 63 | 11～14 | 13～33 | 48 | 50～90 | 37.5～50 |
| 2012年6月21日 | 48～58 | 66 | 12～14 | 18～38 | 53 | 50～90 | 25～60 |
| 2012年6月21日 | 48～53 | 69 | 13～14 | 13～38 | 57 | 80～150 | 30～100 |
| 2012年6月23日 | 53～60 | 66 | 13～14 | 33～43 | 53 | 126～190 | 50～120 |
| 2012年9月6日 | 55～60 | 68 | 10～12 | 35～40 | 54 | 125～150 | 85～120 |
| 2013年6月6日 | 53～58 | 68 | 11～13 | 23～33 | 43 | 160～170 | 80～90 |
| 2013年6月6日 | 50～53 | 67 | 11～13 | 23～28 | 38 | 100～200 | 60～125 |
| 2013年7月31日 | 53～60 | 66 | 11 | 18～28 | 38 | 135～180 | 35～100 |
| 2014年10月3日 | 50～55 | 64 | 11～14 | 25～35 | 55 | 180～250 | 100～180 |
| 2014年10月3日 | 45～50 | 55 | 11 | 15～20 | 28 | 38～64 | 20～36 |

## 4.2 多普勒天气雷达回波特征分析

### 4.2.1 回波强度、回波顶高

40个个例中雹云单体组合反射率平均值为50～65 dBZ,冰雹大小与回波强度有较好的对应关系[12],回波强度越强,强回波(回波强度 $Z \geqslant 50$ dBZ)持续时间越长,冰雹的直径越大。1.5°仰角基本反射率均值为45～63 dBZ,最大可达69 dBZ(表1,表2,表3)。

在降雹时段或雹云发展中后期,雹云回波顶高基本在9～14 km,最大可达16 km。当1.5°仰角回波强度 $Z \geqslant 45$ dBZ,回波顶高 $H > 9$ km 时,可能产生降雹。

### 4.2.2 垂直累积液态水含量

40个个例中,降雹时段垂直累积液态水含量(VIL)均值在13～43 kg·m$^{-2}$。降雹时垂直累积液态水含量最大值 $VIL_{max} > 20$ kg·m$^{-2}$,最大可达63 kg·m$^{-2}$。

在冰雹发展初期的2～6个体扫垂直液态水含量呈跳跃性增长[12-13],相邻2个体扫增长幅度在10～20 kg·m$^{-2}$。通过分析各种冰雹天气过程的垂直液态水含量演变过程可以看出,垂直液态水含量跃增时间越长,高垂直累积液态含水量($VIL \geqslant 20$ kg·m$^{-2}$)维持时间越长,冰雹直径越大。

### 4.2.3 强回波区面积

通过对40个冰雹个例强回波区面积(组合反射率回波强度大于45 dBZ)特征的分析可以看出,弱冰雹过程中强回波面积一般在10～100 km$^2$;中等强度冰雹过程中强回波面积略大于弱冰雹过程,一般在30～170 km$^2$;而强冰雹过程中,强回波面积明显大于其他两类冰雹过程,强回波面积一般在50～200 km$^2$。从表1、表2、表3中可以看出,强回波区面积与冰雹大小之间无确定的直接联系,但强回波面积越大,形成大冰雹的概率越大。

### 4.2.4 冰雹指数

分析2011—2015年各次冰雹天气过程的冰雹指数,除对2014年7月1日冰雹个例漏报外,其余冰雹过程,冰雹指数均显示为实心三角,冰雹指数的漏报率较低,为2.5%,但在资料分析过程中发现过程出现冰雹指数而实况未发生降雹的情况也比较多,所以应结合回波强度、顶高、垂直累积液态含水量等其他产品综合判断降雹的可能性[14]。

## 5 六盘山区高炮防雹作业典型过程效果分析及检验

在2011—2015年防雹作业中挑选进行了较大规模(单点次作业发射炮弹>30发或目标区多作业点同时进行作业)作业的个例,根据作业的仰角、方位以及作业点离强回波的距离对作业的合理性进行了检查,由于2014年及以前作业信息中无作业方位和仰角记录,故作业科学性检查以作业点距离目标云强回波的距离作为参考[15]。对目标云团作业前后各约30 min的雷达回波特征量变化情况进行分析,得出对防雹催化作业的物理响应特征。在104次大规模作业过程中我们挑选了5次具有代表性的作业过程进行分析(表4)。

表 4 防雹作业个例及物理响应

| 日 期 | 作业点 | 作业时间 | 炮弹用量/发 | 作业点距强回波距离/km | 防雹作业物理响应 |
|---|---|---|---|---|---|
| 2011.7.17 | 隆德陈靳 | 13:57—13:59<br>14:24—14:26 | 20<br>25 | 5<br>3.5 | 第一次作业后 $R, ET, VIL$ 均升高，第二次作业后 $VIL$ 略有短暂下降，作业效果不明显 |
|  | 隆德奠安 | 13:57—13:59<br>14:24—14:26 | 35<br>40 | 8<br>6 |  |
| 2012.7.4 | 彭阳石岔 | 15:47—15:51 | 32 | 5 | $R, ET, VIL$ 先下降，约 20 min 后又升高，作业效果较好 |
| 2013.7.5 | 彭阳刘塬 | 17:50—17:54 | 40 | 4 | $R, ET, VIL$ 均下降，作业效果较好 |
| 2015.5.30 | 彭阳刘塬 | 13:52—13:54 | 30 | 1 | $R, ET, VIL$ 均下降，作业效果好 |
| 2015.7.18 | 彭阳刘塬 | 16:51—16:52 | 40 | 5 | $R, ET, VIL$ 均下降，作业效果好 |

## 5.1 典型防雹作业过程分析

2011 年 7 月 17 日过程中在隆德陈靳南北两面均有较强回波生成发展，作业目标为隆德奠安东面的云团，13:57—13:59 第一次作业时目标云团强度较弱，但不在隆德奠安作业点有效作业范围内，14:20 左右雷达回波显示有新的强回波区产生(图 2a)，14:24—14:26 第二次作业时，目标云团已发展为中等强度雹云[17]，14:28 与北面较强回波区又有一次合并加强过程。

2012 年 7 月 4 日作业过程用弹量小于 50 发，目标雹云为中等强度冰雹云，故作业没有彻底消除雹云，我们看到在作业后约 20 min 后雹云又有所加强(图 2b)；2013 年 7 月 5 日及 2015 年 2 次作业目标云均为弱冰雹云，用弹量均小于 50 发，作业后约 0.5 h 雹云基本消散(图 2c, d, e)。

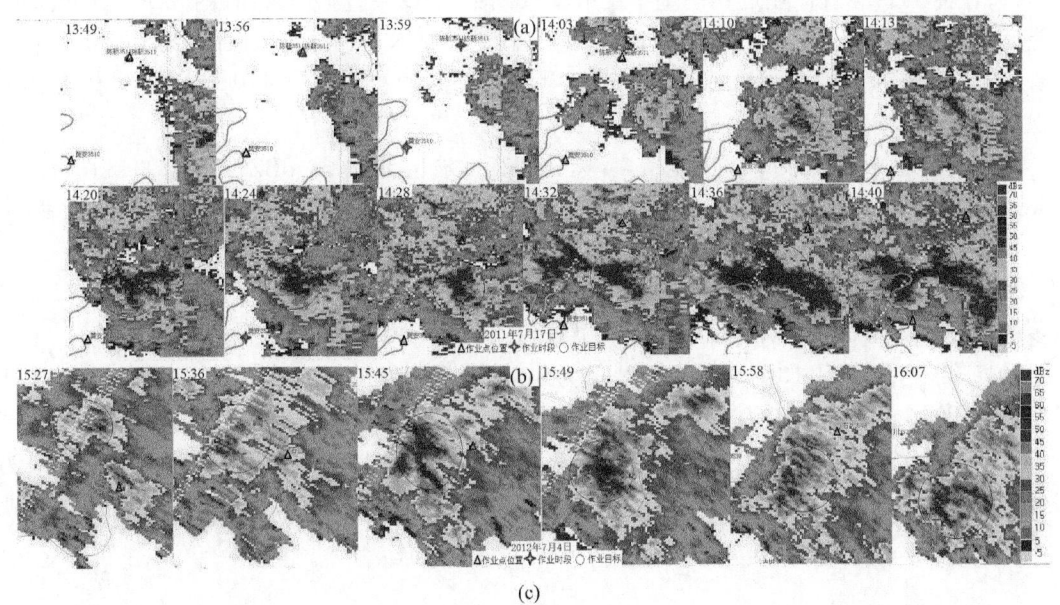

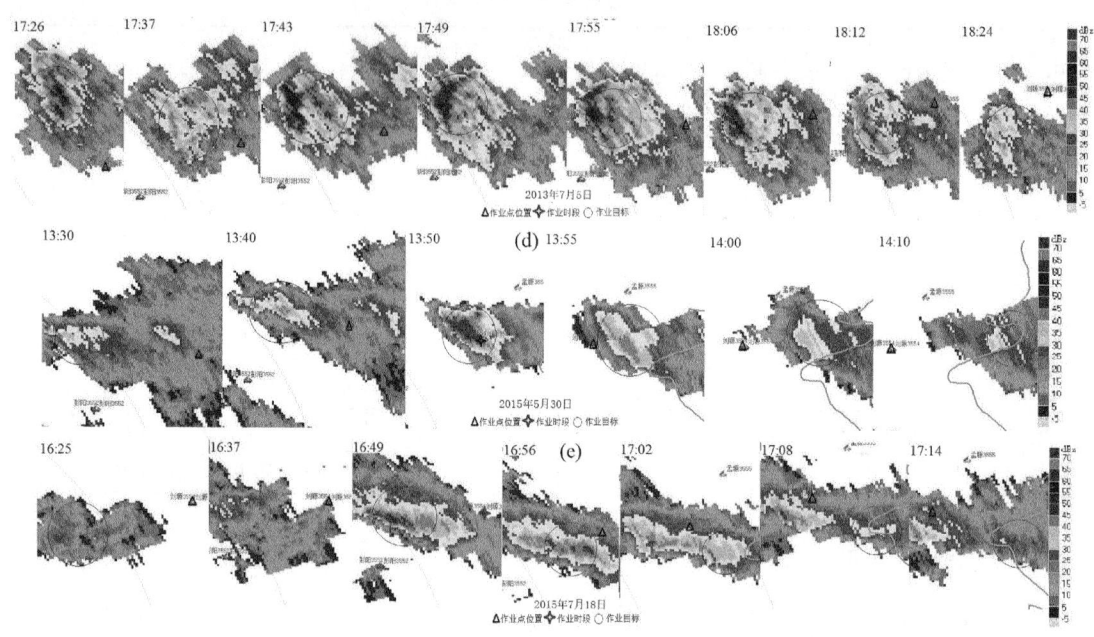

图 2 典型防雹作业个例回波演变过程

## 5.2 防雹作业效果分析

本文人工防雹作业的效果检验方法采用动态雷达回波参量法[16],该方法利用雷达回波的强度、回波高度及垂直液态水含量等参数,对目标冰雹云高炮防雹作业前、后的雷达回波进行比较。我们统计并给出了防雹作业前后各约 30 min 的雹云参数数据,考虑到雹云的自然变化,本文在分析防雹效果时只引用作业后 3~5 个体扫的数据资料参与效果检验。

2011 年 7 月 17 日作业过程中基本反射率 $R$,$ET$,$VIL$ 一直持续升高(图 3a),其数据变化不能反映作业是否有效,作业效果不理想。此次作业效果不理想有 2 个原因:第一是作业时间略有提前,且用弹量偏少;第二是此次过程中不断有新的雹云单体生成且有多单体合并的过程。

2012 年 7 月 4 日 15:45 体扫显示,目标云团强回波区 $R$ 为 50 dBZ,$ET$ 为 8 km,$VIL$ 为 25 kg·m$^{-2}$,15:47—15:51 作业 32 发炮弹后,15:58 $R$ 降至 48 dBZ,$ET$ 至 7 km,$VIL$ 为 15 kg·m$^{-2}$(图 3b)。但因作业用弹量偏小,16:02 后目标云团雷达回波各参量又有所加强。

2013 年 7 月 5 日 17:49 目标云团 $R$ 为 53 dBZ,$ET$ 为 7 km,$VIL$ 为 18 kg·m$^{-2}$,作业后各参量缓慢下降约 30 min(图 3c),作业效果较好。

2015 年 5 月 30 日 13:50 目标云团 $R$ 为 48 dBZ,$ET$ 为 9 km,$VIL$ 为 20 kg·m$^{-2}$,作业后目标云 $R$ 为 40 dBZ,$ET$ 为 7 km,$VIL$ 为 15 g·m$^{-2}$,至 14:05 后相关参数略有增大(图 3d),但雹云体系已基本瓦解。7 月 18 日作业前目标云团 $R$ 为 50 dBZ,$ET$ 为 9 km,$VIL$ 为 20 kg·m$^{-2}$,约 15 min 后 $R$ 为 35 dBZ,$ET$ 为 6 km,$VIL$ 为 15 kg·m$^{-2}$(图 3e)。两次作业效果显著。

# 基于多普勒雷达的宁夏六盘山区冰雹特征及人工防雹效果浅析

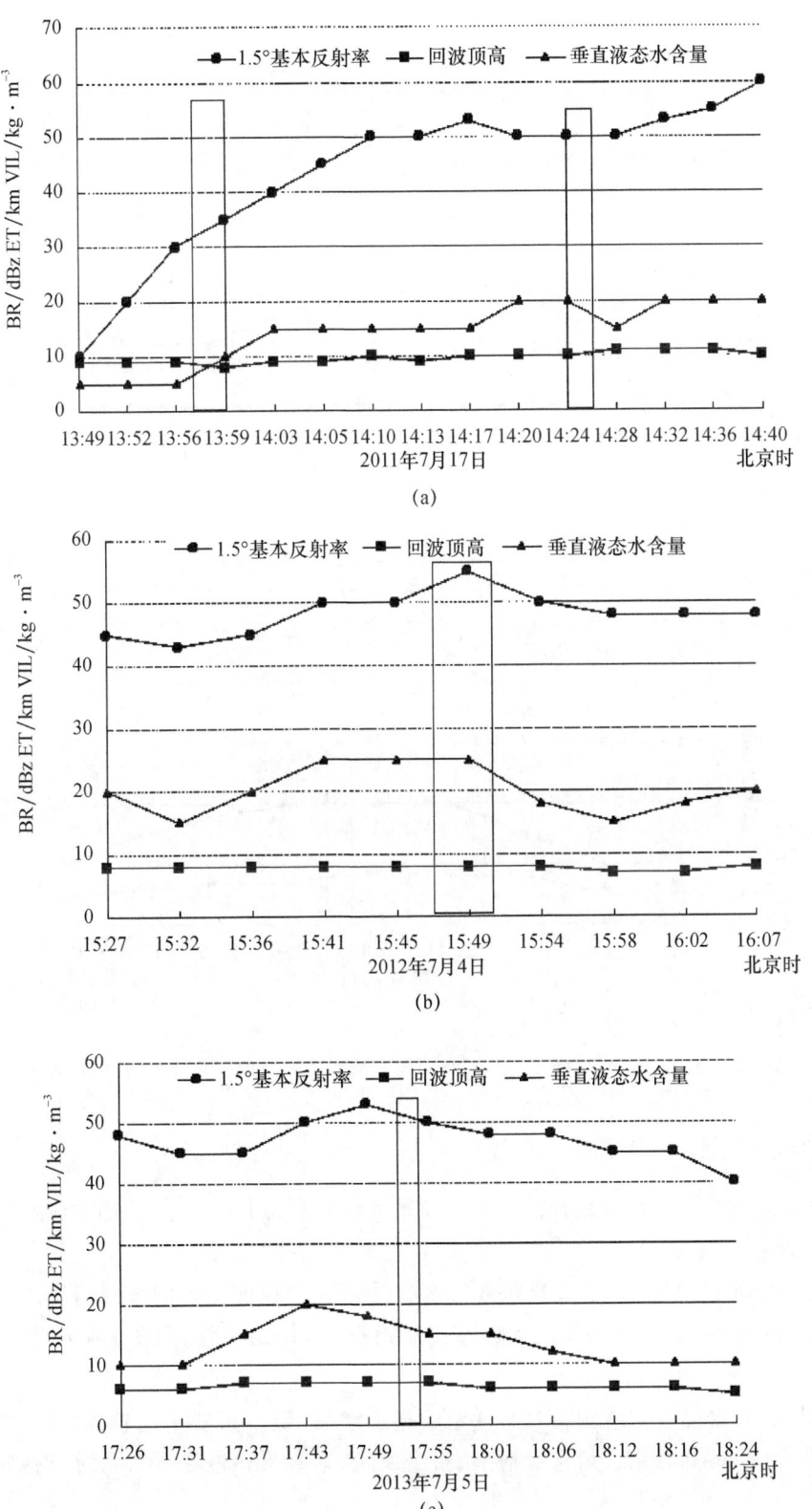

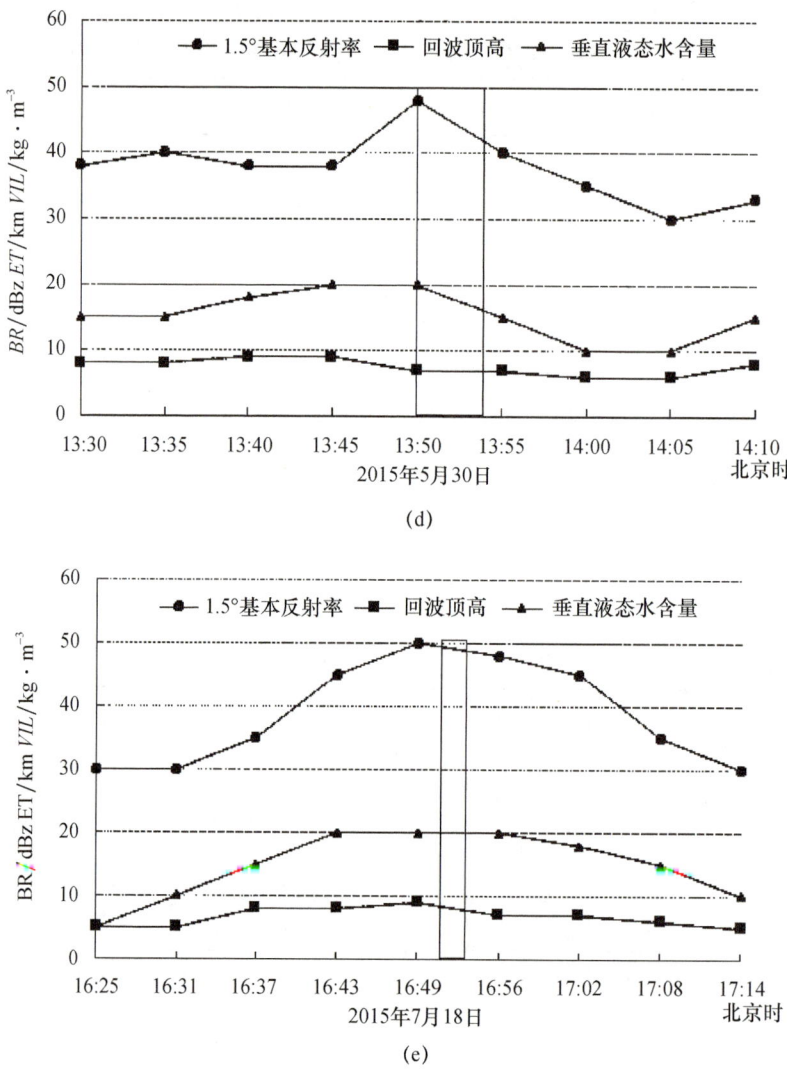

图3 防雹作业前后1.5°基本反射率、回波顶高、垂直液态含水量的变化特征(柱状位置为作业时段)

## 6 结论与讨论

(1)强对流云组合反射率大于50 dBZ,1.5°基本反射率大于45 dBZ,且回波顶高大于9 km可作为六盘山区雹云判定指标。

(2)大部分冰雹个例中,垂直累积液态水含量值在降雹前出现明显跃增。六盘山区冰雹云VIL判别阈值为20 kg·m$^{-2}$。在防雹作业指挥中,特别要注意强对流云体VIL值幅度在10~20 kg·m$^{-2}$的突增。

(3)冰雹指数产品对冰雹预警具有一定的指示意义,但空预警率也较高,当冰雹产品标识为实心大三角时,应同时结合组合反射率、回波顶高、垂直累积液态水含量等其他雷达参量综合判别。

(4)对2011—2015年5次较大规模高炮防雹作业典型个例的分析表明,在雹云发展初期合理的防雹作业,能起到较好的防雹效果,防雹作业效果持续约15～20 min,对于中等强度及以上的雹云应加大作业用弹量。

**参考文献**

[1] 徐阳春. 固原地区防雹经济效益的分析[J]. 宁夏农林科技,1999(1):33-35.

[2] 王昂生,赵小宁,康玉霞,等. 昔阳地区冰雹云形成过程的一些特征[J]. 大气科学,1980,4(2):186-194.

[3] 李金辉,樊鹏. 冰雹云提前识别及预警的研究[J]. 南京气象学院学报,2007,30(1):114-119.

[4] 王若升,张彤,樊晓春,等. 甘肃平凉地区冰雹天气的气候特征和雷达回波分析[J]. 干旱气象,2013,31(2):373-377.

[5] 廖向花,林娜,李轲,等. 利用多普勒雷达产品识别重庆冰雹云指标分析[J]. 西南大学学报,2011,33(11):131-135.

[6] 张磊,张继东,热苏力·阿不拉. 南疆阿克苏冰雹天气的判识指标研究[J]. 干旱气象,2014,32(4):629-635.

[7] 李照荣,丁瑞津,董安祥,等. 西北地区冰雹分布特征[J]. 气象科技,2005,33(2):160-166.

[8] 赵红岩,宁惠芳,徐金芳,等. 西北地区冰雹时空分布特征[J]. 干旱气象,2005,23(4):37-40.

[9] 姚静,屈丽玮,朱庆亮,等. 陕西省强对流天气气候特征分析与对流指标探讨[J]. 陕西气象,2017(3):29-35.

[10] 杨侃,桑建人,李艳春,等. 宁夏50a冰雹气候特征[J]. 干旱气象,2012,30(4):609-614.

[11] GB/T 27957—2011:冰雹等级[S]. 北京:中国标准出版社,2012.

[12] 王福侠,张守保,裴宇杰,等. 可能降雹多普勒雷达产品特征指标分析[J]. 气象科技,2008(2):228-232.

[13] 蒋汉开,刘小艳. 一次多单体降雹过程及防雹作业情况分析[J]. 安徽农业科学,2015,43(31):166-169.

[14] 李柏. 天气雷达及其应用[M]. 北京:气象出版社,2011:165-167.

[15] 赖巧珍,焦志敏,陈菲,等. 龙岩人工防雹作业效果分析[J]. 海峡科学,2017(6):44-49.

[16] 中国气象局科技发展司. 人工影响天气岗位培训教材[M]. 北京:气象出版社,2003:234-237.

[17] 中国气象局培训中心. 人工影响天气技术与管理(修改稿)[Z]. 北京:中国气象局培训中心,2010:124-126.

# 宁夏增雨效果评估及个例防雹效果分析[*]

常倬林[1,3]　姚展予[2,4]　曹　宁[1,3]　田　磊[1,3]　马思敏[1,3]　党张利[1,3]

(1. 中国气象局旱区特色农业气象灾害监测预警与风险管理重点实验室,银川 750002；
2. 中国气象局云雾物理环境重点开放实验室,北京 100081；
3. 宁夏气象防灾减灾重点实验室,银川 750002；4. 中国气象科学研究院,北京 100081)

**摘　要**：本文基于宁夏回族自治区人工影响天气作业历史资料、自动气象站及雷达等资料,分析了宁夏人影作业效果评估工作的概况及现状,按照人工影响天气作业的需求程度,结合地理、气候、空域特征等对宁夏地面和飞机人工增雨作业对比及目标区进行区划；采用经典的区域历史回归统计方案和物理检验方案结合宁夏开展的人工增雨、防雹作业情况,对典型个例的人工增雨效果和人工防雹效果进行了客观定量评估。结果表明：(1)宁夏地面作业统计效果评估表现出较好的统计显著性特征,能在一定程度上定量反映出增雨作业效果,典型个例中建立的回归方程有55％的个例通过了显著性检验,大部分增雨作业效果为正效果,增加了降水 0.15～2.57 mm,部分人工增雨作业出现了负效果。(2)经过物理效果检验可以根据雷达回波等物理量的变化指导实时调整作业量,针对8月26日进行的两次高炮防雹作业,根据物理检验结果,第一次防雹作业的作业量偏少,再次进行防雹作业后,作业的效果明显。

**关键词**：统计检验；物理检验；对比区及目标区区划；效果评估

## 1　引言

人工影响天气活动的健康持续发展取决于其实际播云作业的效果。Silverman[1]指出效果检验在所有的播云计划中都应放在首位。人工影响天气作为开发空中云水资源、防灾减灾的科学手段,增雨防雹的效果如何、效率怎样、投入产出比多大,这些数据既为宁夏各级人影部门所需要,也为宁夏回族自治区政府决策部门、增雨防雹受益单位、社会公众所关心。人工影响天气效果的准确评估是社会和公众对这项活动支持和投入的依据。同时,人工影响天气理论和方法是否正确,只有通过评估的效果来检验,作业效果的科学检验又可以促进人工影响天气理论和方法的发展。

当前,全世界有30多个国家共开展着超过100多个不同目的的人工影响天气项目[2],并重视强调对随机试验的催化效果统计[3,4],但由于随机试验的方案设计与实际需求间的差异,在实践中常难以采纳[5,6],而多采用的是非随机化试验方案。国际上普遍可接受的两项较成

---

[*] 基金项目：宁夏青年拔尖人才培养专项、宁夏回族自治区重点研发计划项目(2019BEG03001),中国气象局旱区特色农业气象灾害监测预警与风险管理重点实验室指令性项目(CAMP—201917),西北区域人影建设研究试验项目(RYSY201904),国家自然科学基金面上项目(41775139),第二次青藏高原综合科学考察研究项目(2019QZKK0104)共同资助。

作者简介：常倬林(1981.10—),女,山西文水人,硕士,高级工程师,主要从事大气物理与大气环境、人工影响天气、卫星遥感等研究。E-mail:changzhl05@126.com。

功的人工增雨试验计划是 Climax 试验计划与以色列人工增雨计划。对落基山地形云进行随机播撒试验是随机化试验的典型代表,该试验分为 Climax Ⅰ(1960—1965)和 Climax Ⅱ(1965—1970)两期。它是少数在统计上具有显著性,并在物理上获得一定解释的播云增雨成功的试验之一。最著名的以色列播云随机试验,至今仍然被公认为是目前国际上开展的最好的试验,在立项、设计、作业和效果评估等方面都具有示范性的长期稳定的严格试验设计。以色列播云随机试验不仅统计效果显著,而且微物理证据合理,云和降水物理概念模型清晰(即以色列冬季大陆性冷积云,云滴谱窄,不易通过碰并产生降水,缺乏自然冰核,云体维持时间较长,具有静力催化可能性),因而以色列播云随机试验得到国际云降水物理学界较普遍的认可,该试验也为以色列随后进行的人工增雨业务作业提供了较系统的科学依据和方法。

在我国,从1958年吉林省首次进行飞机人工增雨试验,以缓解当地旱情以来,由地方政府支持有组织的人工影响天气活动相继在各地开展[7]。在人工影响天气效果评估方面,较有影响力的随机化试验是20世纪70年代福建古田积云统计试验。该试验在福建古田水库流域按区域控制随机设计方案进行高炮和火箭人工增雨试验,试验效果平均增雨23.8%,统计显著性检验水平为0.01,按回波顶温度分层统计,回波顶温度大于$-5$ ℃时效果不显著,温度为$-5$~$-10$ ℃时,增雨43.6%,效果最佳,温度为$-10$~$-15$ ℃时,增雨27.2%,效果次好[8]。2014年,在科技部公益性行业(气象)科研专项的支持下,我国再次启动了人工增雨随机化外场试验,期望通过5~10年的试验,给出中国的随机化人工增雨作业效果。在非随机化检验方面,随着对云和降水机制的深入研究,探测技术、数值模拟和计算机技术的发展,新的集合统计方法、物理方法和数值模拟的综合效果检验应用,国内许多专家学者利用统计检验、物理检验及数值模拟检验等各种方法开展了大量作业效果评估研究[9-12]。近年来,卫星资料、微波辐射仪、GNSS/MET 监测大气水汽总量、X波段双偏振雷达等仪器开始逐步应用于人工影响天气作业效果评估[13-17]。

宁夏地处黄土高原、蒙古高原和青藏高原的交汇地带,西面、北面至东面,由腾格里沙漠、乌兰布和沙漠和毛乌素沙地相围,南面与黄土高原相连,跨东部季风区域和西北干旱区域,属于典型的大陆性半湿润半干旱气候。干旱、冰雹作为宁夏的主要气象灾害,所造成成灾面积占全区自然灾害成灾面积的61.2%[18]。目前,宁夏人工影响天气效果评估工作在业务中主要分为两部分:一是飞机增雨效果评估,二是地面增雨作业效果评估。在评估方法上主要采用的是统计检验方法和物理检验方法,而数值模式检验评估方法在业务中仍处于探索阶段。

## 2 资料与方法

### 2.1 研究区域及资料

本文以宁夏全区为研究区域,所用资料包括:1954—2013年国家基本气象站逐日降水数据、2004—2013年区域自动气象站逐日降水数据、2014年区域自动气象站逐时降水数据及2005—2014年宁夏地面及飞机人工增雨防雹作业等资料。

### 2.2 方法

在综合分析宁夏2014年人工增雨作业信息和历史降水资料及2014年降水资料、宁夏历年旱灾雹灾情况的基础上,采用"以点概面"的方法,从宁夏2014年全年人工增雨雪、防雹作业样本中选择一种样本组合,针对所选定的样本组合进行效果检验。

应用经典的区域历史回归分析方法对宁夏人工增雨雪作业组合样本开展效果评估。区域历史回归分析方法,根据目标区和对比区的历史雨量资料,建立区域雨量历史回归方程,将作业期对比区的雨量带入回归方程求出作业期目标区的自然雨量的估计值,再与作业期目标区实测雨量值做比较来确定增雨效果。

相对增雨率:作业影响区作业期实测降水量 $Y_2$ 与对比区作业期实测降水量 $X_2$ 的比值减去 1 再乘以 100%,公式为:

$$R_{AR} = \left(\frac{Y_2}{X_2} - 1\right) \times 100\% \tag{1}$$

绝对增雨量:作业影响区作业期实测降水量 $Y_2$ 与雨量期望值(用对比区作业期实测降水量 $X_2$ 近似代替未开展作业的情况下作业影响区的自然降水量)的差值,公式为:

$$O_{AR} = Y_2 - X_2 \tag{2}$$

## 2.3 物理检验方案

利用宁夏银川和固原多普勒雷达资料,针对播云与未播云作业的云,针对常用的物理量(回波顶高、回波反射率、回波体积、垂直累积液态水含量、降水通量),选择合适的目标单元与对比单元进行人工影响天气作业效果的物理检验,给出宁夏人工影响天气作业物理响应的证据。具体:基于银川和固原多普勒雷达资料,选择雷达回波顶高、回波反射率、回波体积、降水通量及垂直累积液态水含量等物理量,首先找到作业之前 0.5 h 与选择的物理量的值较为相近的单元作为预选单元,计算每个预选单元与作业单元在作业前的每个时段的差异的均值,将与作业单元的生命史最接近的预选单元作为对比单元,分析作业后作业单元与所选的对比单元各物理量的变化特征及规律作为作业效果物理响应的证据。

# 3 结果分析

## 3.1 宁夏人工增雨作业区与对比区选择

### 3.1.1 地面作业区及对比区选择

在效果检验试验前,为了便于选择科学合理的人工增雨作业影响区和对比区,我们统计了宁夏各县和各作业点年平均作业次数,统计出宁夏全区作业较多的区域和较少区域,绘制出宁夏地面作业需求分布图。

以县为单位统计的宁夏地面作业情况,由图 1 可见,宁夏各县(区)全区平均地面火箭作业量为 106 枚,每年作业最多的为盐池,10 a 平均 250 枚,作业最少的为惠农区,10 a 平均仅为 30 枚;高于全区平均水平的县(区)有 9 个,分别为:海源县、红寺堡区、彭阳县、沙坡头区、同心县、西吉县、盐池县、原州区、中宁县,其余 13 县(区)近 10 a 火箭作业量均低于全区平均。将宁夏地面作业情况,按照作业点来进行统计,宁夏作业量较多的作业点主要分布在吴忠的扁担沟、红寺堡镇、沙泉、中卫的中宁白马、宁安、长山头、喊叫水一带的作业点,其次为吴忠盐池的鸭儿沟、王乐井、永宁的望洪、海原的杨明、红羊等作业点,石嘴山及固原的东南部等地作业量较少。

根据宁夏地理及天气气候特征,综合历年人工影响天气作业统计分析结果,我们将全区分北部、中部和南部三个区域进行效果检验影响区和对比区的划分。在这三个区域中依照作业

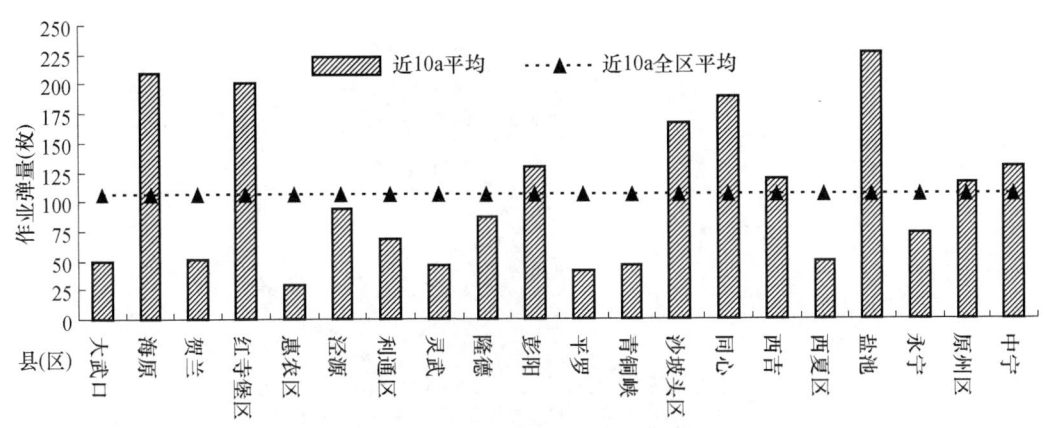

图 1 宁夏地面火箭作业统计

量多的区域视为影响区,作业量少的区域视为对比区的原则进行划分,划分结果如图 2 所示。北部划出一个影响区(1 区)和一个对比(1-1 区),中部划出一个影响区(2 区)和 2 个对比区(2-1 区和 2-2 区),南部划出一个影响区(3 区)和 2 个对比区(3-1 区和 3-2 区)。为了检验影响区与对比区划分的合理性,对人影作业影响区和对比区的逐日降水量进行相关性分析,在北部,我们选择降水日数相对较多且降水量较大的 2012 年 7 月逐日降水量序列进行相关性实验。结果显示,影响区(1 区)和对比区(1-1 区)的相关系数为 0.99,在中部,我们选择降水日数相对较多且降水量较大的 2012 年 6 月逐日降水量序列进行相关性实验。结果显示,影响区(2 区)和对比区(2-1 区)的相关系数为 0.97;影响区(2 区)和对比区(2-2 区)的相关系数为 0.99。在南部,我们选择降水日数相对较多且降水量较大的 2012 年 7 月逐日降水量序列进行相关性实验。结果显示,影响区(3 区)和对比区(3-1 区)的相关系数为 0.75;影响区(3 区)和对比区(3-2 区)的相关系数为 0.8。

### 3.1.2 飞机作业对比区和影响区的确定

根据宁夏飞机增雨作业历史资料统计,由于受到天气气候特征、农作物分布特征、空域限制及作业需求的影响等,宁夏地区飞机增雨作业最多的区域为中部干旱带(中卫、海原、同心、盐池),其次是引黄灌区(银川、石嘴山、吴忠),最后为固原原州区、西吉县。固原原州区、西吉一线以东南地区及中卫地区的西部开展飞机作业较少。结合影响宁夏天气系统分析,影响宁夏的天气系统基本从西部、西北部、西南部开始,以东移、东南移或者东北移为主。其中在春秋冬季主要以西部、西北部路径为主,以东移、东南移为主,在夏季主要以西南部、西路为主,以东移、东北移为主,因此,将固原原州区、西吉一线以东南地区及中卫地区的西部作为宁夏飞机增雨作业的对比区,根据 2 个对比区的位置,西吉、原州区一线以东南位于宁夏的最南部,大多数情况下,当天气系统向东或东北移动时,该地区不受其他地区作业的影响,因此优先选择该地区作业对比区。与西吉、原州区一线以东南地区的对比区相对应,当飞机在宁夏中南部地区作业时,可作为影响区,因此对应该对比区选择两个影响区,一个位于中部干旱带,另一个位于南部山区北部区域,包括原州区、西吉一带。与中卫偏西地区的对比区相对应,当飞机在中北部作业时,可以作为影响区,因此对应该对比区选择贺兰山沿山作为影响区(图 3)。

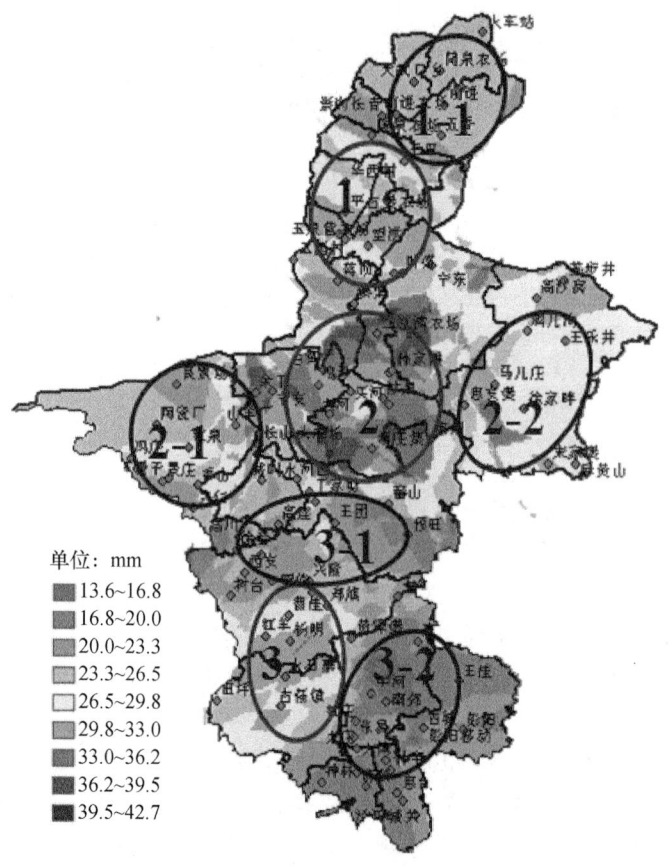

图 2　地面作业影响区和对比区划分示意图

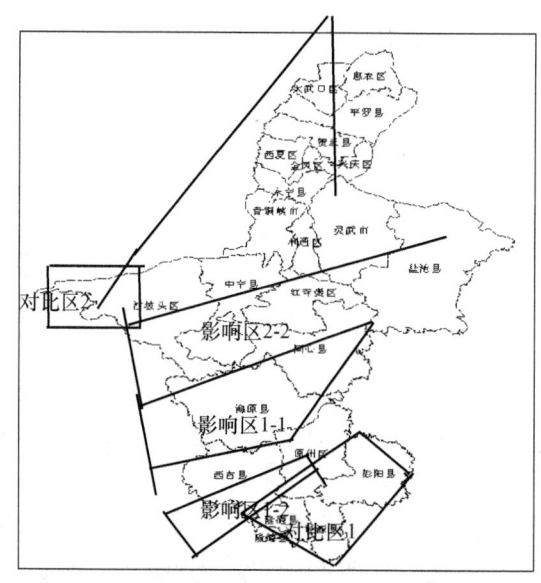

图 3　飞机作业影响区和对比区划分示意图

## 3.2 人工增雨作业效果统计检验分析

我们主要采用基于雨量资料的区域历史回归统计检验方法来对宁夏回族自治区 2014 年开展的地面作业个例进行作业效果统计检验分析。

宁夏回族自治区 2014 年地面作业个例统计检验主要利用区域自动站小时雨量资料进行效果检验。首先分析作业个例的作业信息,根据作业点经、纬度在地图上准确定位该作业个例所有作业点;然后根据作业点的集中作业区域并结合所做的气候区域划分情况进行分区域作业效果统计检验;在确定作业点位置的基础上,给出影响半径(10 km)粗略定出作业可能影响范围;然后根据作业起始时间,并考虑作业时作业高度高空风的影响,确定作业影响区域范围,同时根据相应标准选择合适的对比区。进行统计检验计算时,统计变量取区域小时雨量,作业影响时效取作业后 6 小时。

由于宁夏回族自治区区域自动站的小时雨量资料每年只有 4—9 月有完整的观测数据,所以还利用宁夏回族自治区国家级地面气象站日雨量资料对没有小时雨量数据的 2 月、4 月作业个例进行效果检验。首先根据所做的宁夏回族自治区气候区划,将不同地区开展的地面作业分别进行效果检验,逐日根据作业信息定位作业站点,结合作业高度高空风的影响确定作业影响区和选择合适对比区,然后基于日雨量进行统计检验计算。由于国家级站点较稀疏,作业影响范围内可能未找到相应作业影响区雨量站点,或者一日中开展作业的作业点较多,不能找到合适的对比区雨量站点,所以在有小时雨量资料的情况下尽量基于小时雨量进行统计检验计算和分析。

对 4 月 11 日在全区范围开展的地面火箭人工增雨作业效果进行分析。在做统计效果检验前,我们根据 4 月 9—10 日人工增雨地面作业信息及相应的天气背景资料等,确定每个作业点次作业目标区范围(包含的雨量站点)和合适的对比区,在做统计检验时选择了区域自动气象站小时数据和国家基本气象站日降水数据两类数据进行检验。选定的目标区和对比区见表 1。为了对选定的目标区和对比区的合理性进行分析,我们首先对目标区及对比区的相关性进行分析(表 1),经过分析,每个作业点作业后选定的目标区和对比区基本可信,其中北部黄羊滩农场、中部同心窑山、吴忠秦渠、青铜峡蒋顶、红寺堡沙泉大河,南部山区火石寨选择较南部的曹洼、郑旗、原州区及中部同心预旺的相关系数高选择更为合理。然后对目标区及对比区历史降水数据进行柯氏检验,经检验在北部黄羊滩农场、中部同心窑山、吴忠秦渠、青铜峡蒋顶、红寺堡沙泉大河,南部山区火石寨、曹洼、郑旗、原州区作业后,选定的目标区和对比区的小时降水数据柯氏值均小于 1.36,符合正态分布要求,而使用区域自动气象站数据进行柯氏检验的在同心预旺作业的影响区及对比区降水,以及只使用国家基本气象站日雨量进行检验的降水数据不符合正态分布要求,这可能与国家基本气象站在宁夏分布不多且使用日雨量有关,因此对不符合正态分布的作业做取对数、4 次方根、2 次方根等正态变换,变换后做柯氏检验,最后取柯氏值最小的变换方法进行最终正态变换。利用符合正态分布的降水数据建立目标区及对比区的回归方程,结果见表 2。根据建立的回归方程将 4 月 9—11 日过程期间作业后对比区 6 h 降水数据带入回归方程计算出目标区理论的降水值,与实际降水值进行计算后,得出每个作业点作业后绝对增雨量与相对增雨百分比,具体结果见表 2。可见,4 月 9—11 日在全区开展的人工增雨作业进行区域历史回归统计检验中,建立的回归方程有 55% 的个例通过了置信度水平相对较低,小于 0.09,通过置信水平检验的统计检验中,大部分增雨作业效果为正效果,增加了降水 0.15~2.57 mm,在同心窑山作业点开展的人工增雨作业出现了负效果。

对 2014 年宁夏开展的人工增雨作业其他典型个例同样使用区域历史回归方法进行效果检验(表略)。2 月 4—6 日地面作业个例,利用日雨量进行统计检验计算,北部、中部和中南部均有作业,只有西北部作业带来不显著的负效果,其余均为正效果;由于作业样本数较少,只有当相对增雨率比较大时,才能通过显著性检验,如中部和中南部作业效果的统计检验。4 月 16—18 日地面作业个例,分别利用小时雨量和日雨量进行统计检验计算,作业主要集中于中部和南部,所以主要对南部、中南部作业点作业效果进行统计检验分析。基于小时雨量的统计检验得到一个为负效果,其余均为较显著的正效果。日雨量也得到同样的结果,中南部作业带来显著的正效果,北部和中部的负效果和正效果均不显著。5 月 9 日地面作业个例,利用小时雨量进行统计检验计算,作业主要集中于中部和南部,统计检验分析得到南部作业带来负效果,且通过显著性检验;中部作业均为较显著的正效果。8 月 15—16 日地面防雹作业个例,利用小时雨量进行统计检验计算,作业主要集中于中部,统计检验分析防雹作业带来增雨效果,但显著性水平不符合要求,所以防雹作业是否能增加降水还有待进一步分析。9 月 10—11 日地面作业个例,利用小时雨量进行统计检验计算,作业主要集中于北部和南部,根据统计检验结果,南部作业总体来看带来正效果,且多数通过显著性检验。

表 1 2014 年 4 月 9—11 日地面作业个例目标区及对比区选择

| 地面增雨作业个例 | 目标区 | 对比区 |
| --- | --- | --- |
| 2014-04-11 北部<br>(黄羊滩农场) | 望洪镇靖益村、胜利乡征沙林场、胜利乡五渠村、良田镇金星村、良田镇园子村、兴泾镇西干村、良田镇光明村、胜利乡金沙林场 | 兴泾镇泾河村、李俊镇、胜利乡杨显林场、镇北堡镇平吉堡、兴泾镇 |
| 2014-04-11 中部<br>(窑山作业点) | 高崖乡、王团镇圆枣村科技园、王团镇圆枣村、预旺镇郭阳洼村、窑山管委会 | 田老庄乡政府、下马关镇五里墩村、下马关镇申家滩村 |
| 2014-04-11 中部<br>(同心予旺作业点) | 贾塘乡南湾、李旺乡、张家源乡折腰沟村 | 甘城乡王团镇吊堡子村张家源乡范堡子村 |
| 2014-04-11 中部<br>(秦渠作业点) | 青铜峡镇同兴村、108 塔景区、青铜峡镇火车站、大坝镇王老滩村、大坝镇新桥村 | 大坝镇滑石沟村、大坝镇政府、滨河社区、青铜峡水务局 |
| 2014-04-11 中部<br>(蒋顶作业点) | 大坝镇滑石沟村、庙山湖、树新林场场部、瞿靖镇银光村 | 青铜峡贺兰山柳木槁、御马酒庄、邵岗镇禹皇酒庄 |
| 2014-04-09 中部<br>(红寺堡、沙泉、大河作业点) | 南川乡南塬村、罗山、南川乡中川村、红寺堡镇上源村、红寺堡镇中圈塘村、大河乡香园村、红寺堡镇玉池村、大河乡政府、太阳山镇沙泉村、红寺堡镇政府、太阳山镇买河 | 韦州、韦州镇巴庄村、太阳山开发区、惠安堡镇政府 |
| 2014-04-11 南部<br>(火石寨作业点) | 红耀乡、新营、火石寨沙岗村、白城 | 偏城下堡村、白崖乡、陶堡 |
| 2014-04-11 南部<br>(曹洼、郑旗) | 曹洼乡、曹洼乡马铃薯种业、南华山鸦儿湾草场、郑旗乡巨湾、史店乡田拐 | 三河镇苋麻、海原新区、三河镇、郑旗乡撒台 |
| 2014-04-11 南部<br>(原州区作业点) | 李俊乡、黄铎堡镇、九彩乡、须弥山 | 彭堡申庄村、陶堡、头营大疙瘩村 |
| 2014-04-09 北部<br>(日雨量) | 吴忠、永宁 | 青铜峡 |
| 2014-04-11 南部<br>(日雨量) | 固原、西吉、六盘山、彭阳 | 隆德、泾源 |

表2 2014年4月9—11日地面作业效果区域历史回归分析结果

| 地面增雨作业个例 | 相关系数 | 正态变换 | 柯氏检验 目标区 | 柯氏检验 对比区 | 回归方程 $y=bx+a$ $b$ | 回归方程 $y=bx+a$ $a$ | 增雨效果 绝对增雨/mm | 增雨效果 相对增雨/% | 显著度 |
|---|---|---|---|---|---|---|---|---|---|
| 2014-04-11 北部（黄羊滩农场） | 0.8333 | — | 0.5 | 0.4142 | 0.3086 | −0.0346 | 1.06 | 36.41 | 0.4518 |
| 2014-04-11 中部（窑山作业点） | 0.7369 | — | 1.3062 | 1.0314 | 1.2642 | 0.0033 | −2.75 | −75.33 | 0.067 |
| 2014-04-11 中部（同心予旺作业点） | 0.3915 | 0.45次方根 | 0.9624 | 0.6905 | 0.1317 | 0.0737 | 2.47 | 256.18 | ≪0.01 |
| 2014-04-11 中部（秦渠作业点） | 0.9471 | — | 0.3856 | 0.4465 | 0.3145 | 0.0222 | 0.62 | 466.57 | ≪0.01 |
| 2014-04-11 中部（蒋项作业点） | 0.9505 | — | 0.6248 | 0.5971 | 1.4967 | −0.0234 | 0.15 | 117.77 | 0.0862 |
| 2014-04-09 中部（红寺堡、沙泉、大河作业点） | 0.7915 | — | 1.2324 | 1.4213 | 0.0989 | 0.0096 | 0.29 | 271.73 | ≪0.01 |
| 2014-04-11 南部（火石寨作业点） | 0.5888 | — | 1.0663 | 1.2398 | 0.5323 | 0.1375 | 0.27 | 9.04 | 0.7355 |
| 2014-04-11 南部（曹洼、郑旗） | 0.3395 | — | 0.7558 | 0.5605 | 0.2836 | 0.0198 | 0.85 | 59.02 | 0.6147 |
| 2014-04-11 南部（原州区作业点） | 0.4226 | — | 0.4954 | 0.4783 | 0.3469 | 0.1907 | 0.69 | 29.32 | 0.3607 |
| 2014-04-09 北部（日雨量） | 0.8244 | 取对数 | 0.678 | 0.5789 | 0.8073 | 0.1339 | 0.41 | 8.28 | 0.8841 |
| 2014-04-11 南部（日雨量） | 0.8524 | 4次方根 | 1.1667 | 0.8884 | 0.725 | 0.2136 | 2.57 | 71.31 | 0.0665 |

## 3.3 人工防雹作业效果物理检验分析

人工防雹作业效果物理检验主要使用的是8月26日在宁夏中卫和固原两市开展的高炮人工防雹作业个例，在作业单元的选取上，识别的阈值为回波强度35 dBZ，具体作业个例情况见表3。

表3 2014年8月26日南部山区防雹作业个例

| 作业站点 | 海拔高度/m | 作业时间 | 用弹量/发 | 目的 |
|---|---|---|---|---|
| 中卫海原郑旗 | 1610 | 16:51—16:53 | 10 | 防雹 |
| 原州区黄铎堡 | 1575 | 17:21—17:25 | 15 | 防雹 |

对该个例物理检验主要利用固原市多普勒雷达资料,首先对雷达资料原始数据进行分析计算反演,得到雷达回波顶高、雷达回波反射率、回波体积、降水通量及累计垂直液态水含量等物理量的分布情况,再选择作业之前的 0.5 h 与作业单元的物理量的值相近的单元作业预选单元,计算每个预选单元作业前每个时间段的物理量与作业单元的差值,选择差值最小的预选单元作为作业单元的对比单元,雷达回波变化图略。

从作业单元与对比单元在高炮防雹作业前后的雷达回波顶高的变化情况(图4),16:23—16:53,作业前 0.5 h 作业单元在各个时段的差值与对比单元在作业前的雷达回波顶高的差值变化不大,在 16:53 进行防雹作业后,作业单元回波顶高仍有小幅上升的趋势,对比单元雷达回波顶高出现下降趋势但在 17:13 又再次出现上升的变化,可能预示着本次高炮防雹作业 10 发高炮弹的用量偏少,而在 17:25 再次进行高炮防雹作业后,作业单元的回波顶高出现了明显的下降,同时对比单元的回波顶高呈现上升的趋势,可见,在第二次的高炮防雹作业后,从雷达回波顶高的变化来看,防雹作业效果显著。

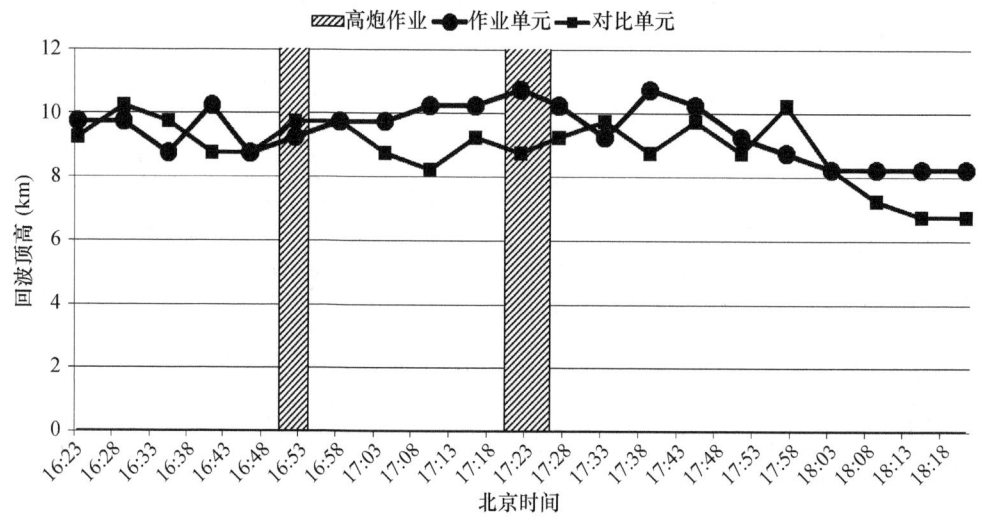

图4　8月26日作业单元与对比单元的雷达回波顶高在作业前后的对比

作业单元与对比单元在高炮防雹作业前后的雷达回波体积的变化情况(图5),16:23—16:33,作业单元雷达回波体积一直呈上升的趋势,16:33 开始作业单元回波体积已开始下降,在 16:33 可能是第一次防雹作业的最佳时机,实际在 16:53 进行防雹作业后,作业单元回波体积继续呈下降的变化趋势,不同的是回波体积下降的幅度大于作业前的下降幅度,同时对比单元的雷达回波体积却出现了上升的变化趋势,可见从雷达回波体积的变化来看,第一次防雹作业的效果显著。17:18 开始,作业单元与对比单元的雷达回波体积都又开始呈现出上升的变化趋势,在 17:25 再次进行高炮防雹作业后,作业单元的回波体积迅速下降,同时对比单元的回波体积却出现了明显的上升,可见在第二次的高炮防雹作业后,从雷达回波顶高的变化来看,防雹作业效果较为显著。

作业单元与对比单元在高炮防雹作业前后的雷达最大反射率的变化情况来看(图6),与作业单元的雷达回波体积变化相似,16:33 开始作业单元最大反射率开始呈现下降的变化趋势,同时 16:33 也可能是第一次防雹作业的最佳时机,16:48 开始,作业单元的雷达回波开始逐渐上升,在 16:53 进行防雹作业后,作业单元最大反射率继续呈上升的变化趋势,可见从雷

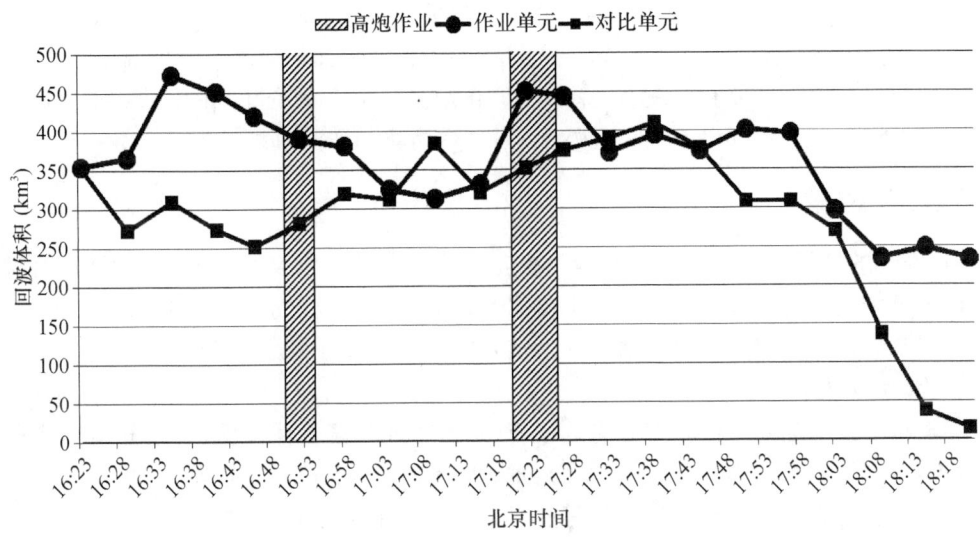

图 5　2014 年 8 月 26 日作业单元与对比单元的雷达回波体积在作业前后的对比

达回波的最大反射率的变化来看,第一次防雹作业的用弹量偏少。在 17:25 再次进行高炮防雹作业前,作业单元与对比单元的最大反射率都一直呈现出上升的变化,而在第二次高炮防雹作业后,作业单元的雷达回波最大反射率开始迅速下降,而对比单元的最大雷达回波强度却保持继续上升的变化,可见在第二次的高炮防雹作业后,从雷达回波最大反射率的变化来看,高炮防雹的作业效果较为显著。

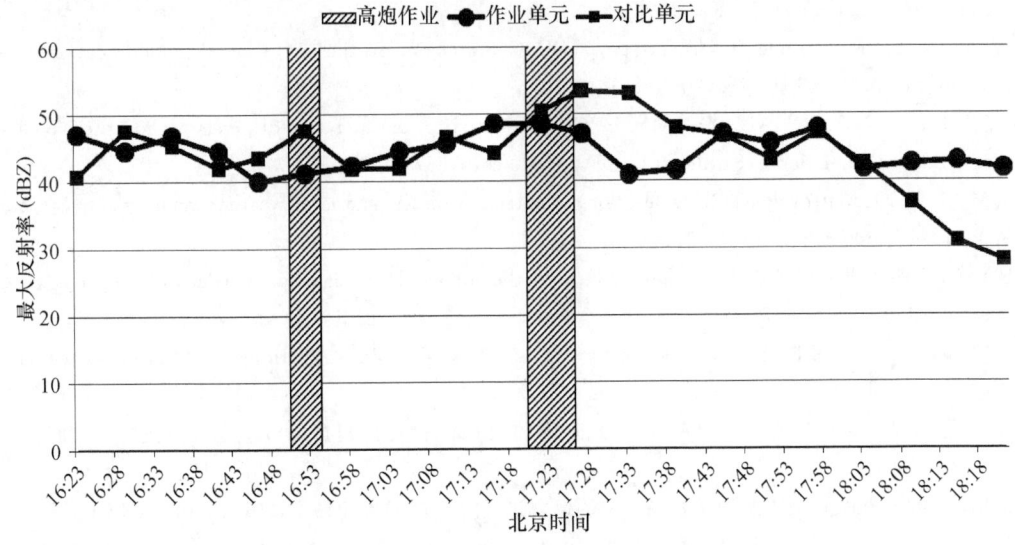

图 6　作业单元与对比单元的最大反射率在作业前后的对比

作业单元与对比单元在高炮防雹作业前后的垂直累计液态水含量和降水通量的变化情况看(图略),与作业单元的雷达回波顶高与雷达回波最大反射率的变化相近,在 16:53 进行第一次防雹作业前 20 min(16:33),作业单元的垂直累计液态水含量呈现了下降的趋势,而在第一次防雹作业后,垂直累计液态水含量开始呈现上升的变化趋势。在 17:25 再次进行高炮防雹作业前,作业单元与对比单元的垂直累计液态水含量开始迅速的下降,第二次高炮防雹的作业效果显著。在 16:53 进行第一次防雹作业前 20 min,作业单元的降水通量呈现了下降的趋势,而在第一次防雹作业后 20 min 左右,降水通量开始呈现上升的变化,在 17:25 再次进行高炮防雹作业后下降,作业单元降水通量开始下降,高炮防雹的作业效果显著。

## 4 结果与讨论

采用经典的区域历史回归统计方案和物理检验方案结合宁夏开展的人工增雨、防雹作业情况,对典型个例的人工增雨效果和人工防雹效果进行了客观定量评估,得到以下主要结论。

(1)宁夏地面作业统计效果评估表现出较好的统计显著性特征,能在一定程度上定量反映出增雨(雪)作业效果。

(2)典型个例中建立的回归方程有 55% 的个例通过了显著性检验,大部分增雨作业效果为正效果,增加了降水 0.15~2.57 mm,部分人工增雨作业出现了负效果。

(3)效果检验中可以根据雷达回波等物理量的变化指导实时调整作业量,针对 2014 年 8 月 26 日进行的两次高炮防雹作业,根据物理检验结果,第一次防雹作业的作业量偏少,再次进行防雹作业后,作业的效果明显。

(4)在统计检验时也存在部分个例统计变量相关性不高以及增雨效果评估显著性水平不够等问题,个例效果评估仍会存在着不确定性,还需进一步使用其他方法进行分析和验证。

### 参考文献

[1] SILVERMAN B A. A critical assessment of glaciogenic seeding of convective clouds for rainfall enhancement[J]. Bull Amer Mete or Soc,2001,82(5):903-923.

[2] WMO( World Meteorological Organization). WMO Statement on the art of weather modification. Executive Council Meeting LIII[R]. Geneva,June,2001.

[3] GABRIEL K R,AVICHAL Y,STAINBERG R. A statistical investigation of persistence in the Israeli artificial rainfall stimulation experiment[J]. J Appl Meteor,1967,6(2):323-325.

[4] WMO ( World Meteorological Organization). Statement on the status of weather modification[J]. Journal of Weather Modification,1993,25:1-6.

[5] RANGNO A L,HOBBS P V. Further analysis of the climax cloud seeding experiment[J]. J Appl Meteor,1993,32(12):1837-1847.

[6] RANGNO A L,HOBBS P V. A new look at the Israel cloud seeding experiment[J]. J Appl Meteor,1995,34(5):1169-1193.

[7] 汪学林,刘健. 吉林省 1980—1987 年播云降雨的效果检验及其判据[J]. 应用气象学报,1992,3(4):418-423.

[8] 房彬,王吉宏,杨文霞. 人工增雨效果检验的研究进展[J]. 安徽农业科学,2010,38(13):6756-6758.

[9] 程鹏,陈祺,蒋友严,等. 河西走廊石羊河流域近 10 年人工增雨效果检验评估[J]. 高原气象,2020,39(12):1-9.

[10] 颜文胜,林继生,汪瑛,等. 广东省人工增雨作业效果的数值统计评估方法研究[A]//中国气象学会 2006 年年会"人工影响天气作业技术专题研讨会"分会场论文集[C]. 中国气象学会,2006.5.

[11] 孙跃. 冷云人工增雨效果统计评估方法的改进与应用研究[D]. 成都:成都信息工程大学,2016.

[12] 胡鹏,谷湘潜,冶林茂,等. 人工增雨效果的数值统计评估方法[J]. 气象科技,2005(2):189-192.

[13] 马秀玲,杨雷斌,彭九慧,等. 基于区域雨量站资料的人工增雨效果评估系统[J]. 气象水文海洋仪器,

2008(2):56-58.
[14] 刘伯华,张鑫,周鹏,等.几种气象资料在人工增雨效果评估中的应用[A]//第35届中国气象学会年会S16人工影响天气理论与应用技术研讨[C].中国气象学会,2018.2.
[15] 范思睿.四川省多普勒天气雷达地面作业效果评估软件的设计与应用[A]//第33届中国气象学会年会S1灾害天气监测、分析与预报[C].中国气象学会,2016.11.
[16] 王勇,段昌辉,徐军昶,邓芳莲.气象卫星资料在飞机人工增雨效果评估中的应用[J].气象,2002(11):26-28.
[17] 王以琳,薛晓萍,刘文.飞机人工增雨的农业效益评估[J].气象,2000(3):17-21.
[18] 常倬林,崔洋,张武,等.基于CERES的宁夏空中云水资源特征及其增雨潜力研究[J].干旱区地理,2015,38(6):1112-1120.

# 2003—2015年宁夏人影作业情况的降水特征分析

周积强[1]　沙　勇[2]　黄艳红[3]　柳佳俊[1]　穆建华[1]　常倬林[1]

(1. 宁夏气象灾害防御技术中心,银川 750002；2. 中国华云气象科技集团公司,北京 100089；
3. 宁夏气象信息中心,银川 750002)

**摘　要**：本文分析了2003—2015年宁夏人工影响天气作业情况。使用宁夏区域24个气象站1990—2015年日降水资料,利用统计方法,从逐年降水量、月降水量、降水日和月雨型占比进行分析,研究了26年宁夏降水分布特征。结果表明：2003年以后大部分月降水量、降水日数增加,小雨、中雨出现的概率增加,大雨和暴雨出现的概率减少。对宁夏人工增加降水作业效果评估具有一定的参考意义。

**关键词**：宁夏；人工影响天气；降水特征

人工影响天气是用人为手段使天气现象朝着人们预定的方向转化,也就是在一定的有利时机和条件下,通过人工催化等技术手段,对局部区域内大气中的物理过程施加影响,使其发生某种变化,从而达到减轻或避免气象灾害目的的一种技术措施。现代人工影响天气主要是通过飞机、火箭、高炮、地面烟炉等手段向云中播撒碘化银、干冰等催化剂,对局部区域内云中的微物理过程施加影响,从而达到增(消)雨(雪)、防雹、消雾、防霜等目的。

几十年来,我国在开展人工影响天气业务工作的同时进行了一系列观测和实验研究,在云和降水物理过程和降水机制研究、云的微物理结构、云水资源和人工增雨潜力评估、催化条件预测、催化剂和催化技术等方面取得了显著进展[1]。其中作业效果评估是人工影响天气业务中非常重要的环节,也是用于各级政府决策的重要依据。由于云和降水自然变率大,预报预测技术限制等原因,人工增雨效果检验一直是个世界性难题。对于人工增加降水而言,效果评估就是要使用科学合理的方法找出作业后的实测降水量和自然发展云的降水量之间的差值[2]。目前国内外常用的人工增加降水检验效果的方法有统计检验、物理检验和数值模式检验[3]。统计检验方法是以地面降水量为统计量进行检验的。随着科学技术的进步,近年来人工影响天气试验、效果评估技术、高性能遥感探测技术设备的应用、催化模式模拟及应用、云降水物理等等方面均取得一定发展[4-6]。

为了研究宁夏人工影响天气作业对降水分布特征的影响,本文分析了宁夏人影作业发展历程和作业情况,并对人工增雨作业量和规模进行了逐年、月统计分析；对宁夏降水分布特征和变化趋势研究现状进行了介绍和分析。鉴于宁夏是从2003年以后全年开展人工影响天气作业,本文使用1990—2015年宁夏区域内24个国家气象观测站日降水资料,使用统计方法[7]从逐年降水量、月降水量、月降水日数、月雨型占比4个方面对2003年前后各13年宁夏降水

---

\* 基金资助:基于宁夏人影作业情况的降水特征分析　基金项目:宁夏自然科学基金资助项目(NZ17232),中国气象局旱区特色农业气象灾害监测预警与风险管理重点实验室开放研究基金资助项目(CAMF—201814)。
作者简介:周积强(1986—),男,工程师,硕士,主要研究人工影响天气。Email:545852413@163.com。

特征分布进行分析,从而得到人工影响天气作业对降水分布的影响,对宁夏人工影响天气业务作业效果评估具有一定的参考意义。

# 1 宁夏人工影响天气作业情况

## 1.1 发展历程

宁夏干旱情况严重[8-10],水资源供需矛盾大[11],对人工影响天气增加降水需求迫切。田磊等对宁夏空中云水资源分布特征进行分析,表明宁夏自然降水率较低,有较大的人工增雨潜力[12]。20 世纪 60 年代以来,宁夏人工影响天气工作发展历程大致可分为五个阶段。依次是土炮防雹阶段(1960 年前);防雹作业发展阶段(1960—1974 年);作业手段和技术成熟阶段(1974—1987 年);业务体系和组织机构完善阶段(1988—2002 年);空地立体联合作业阶段(2003 年—今)。建成了宁夏新一代火箭防雹增雨作业系统,地面人工防雹和增雨规模不断扩大,作业目的由原来单纯的南部山区防雹作业调整为全区防雹、增雨(增雪)作业,作业时间由原来夏季延长到全年,基本形成地面高炮、火箭和空中飞机作业的空地立体联合作业体系。人工影响天气作为宁夏抗旱减灾的重要手段,在增加水资源、防雹减灾、生态环境建设、降低森林火险等级等方面做出了重要贡献[13]。

## 1.2 逐年、月分布分析

因 2003 年作业数据不完整,故使用 2004—2015 年数据进行分析。火箭和飞机增雨作业分别通过作业发射数量和作业范围进行统计。图 1 为逐年作业分布情况,飞机作业范围 2007 年达到最大,为 99.5 万 $km^2$。变化情况相对稳定在 60 万 $km^2$。2004—2007 年火箭年发射量在 1000 枚以下,2008—2011 年火箭年发射量在 2000 枚左右,2012 年数量减少至 1000 枚左右,2013—2015 年快速增长。除 2012 年减少至 1237 枚外,火箭弹使用量呈逐年增加趋势。2015 年作业量达 2004 年的 13 倍以上。可看出宁夏火箭作业可分为 3 个阶段,分别为缓慢增长期、稳定期、快速增长期。

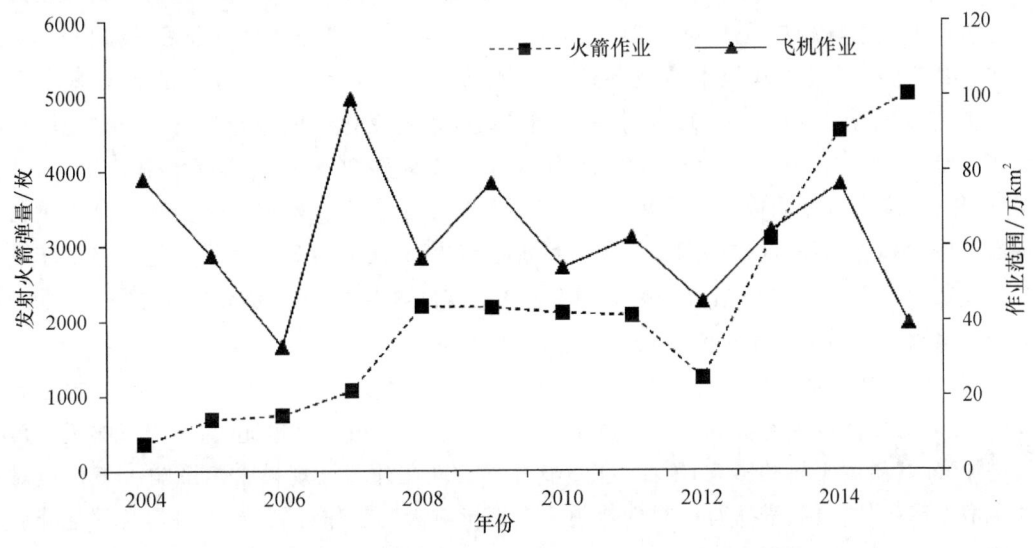

图 1 宁夏人工影响天气增雨作业 2004—2015 年逐年作业量分布

图 2 为逐月作业分布情况。将 2004—2015 年作业信息按月累加进行逐月统计。其中飞机作业时间为每年的 4—10 月,5 月份达到最大,7—9 月作业情况基本相当。火箭增雨全年均有作业,5 月份达到最大,4—6 月份作业量远大于其他月份。因宁夏春旱情况严重,全区对人工增加降水需求强烈,从而大量作业也集中在这一时段。同时飞机作业还与天气稳定度相关,该时段相对稳定条件适合飞机开展人工影响天气作业。

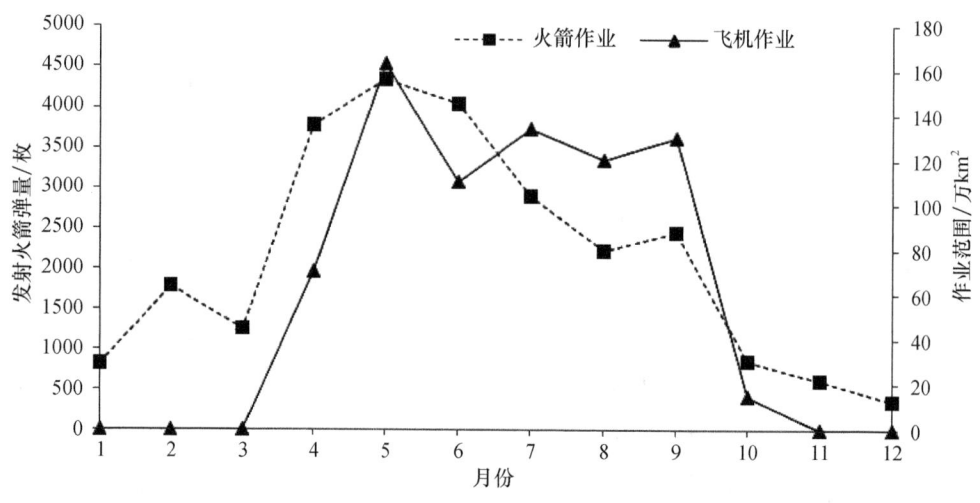

图 2 宁夏人工影响天气增雨作业 2004—2015 年逐月作业量分布

## 2 宁夏降水分布特征概况

宁夏深居内陆,处于黄土高原、蒙古高原和青藏高原的交汇地带,全年大部分时间受西风环流的支配,北方大陆气团控制的时间很长,大陆性气候表现十分典型,冬冷夏热、干旱少雨。信忠保等对宁夏 1959—2001 年的月降水数据发现:20 世纪 60—80 年代宁夏降水有较明显的干旱趋势,但 90 年代降水较 80 年代有所增加[14]。陈豫英等对 1951—2005 年宁夏秋季降水进行分析得出呈下降趋势[15]。对 1961—2005 年近 45 年来宁夏降水进行分析,得出总体呈减少趋势。冬季降水增加,其他季节及各地区降水减少,其中秋季和宁夏南部山区减少最明显[16]。李菲等对宁夏 1962—2011 年宁夏不同等级降水的变化特征进行分析,得出宁夏 50 年平均降水量为 277.4 mm。20 世纪 60—70 年代降水量偏多,80 年代初期降水偏少,80 年代后期至 90 年代,降水量在均值左右变化,2000 年以后降水量大体在均值以下变动。降水量与降水日数呈减少趋势,而降水强度则呈微弱的增加趋势[17]。杜灵通等对气候变化背景下宁夏近 1960—2012 年干旱变化特征研究,得出年降水量呈现减少趋势[18]。樊宽等对 1961—2014 年中卫市年降水分布研究得出年降水量总体为上升趋势[19]。

上述研究成果表明,处于干旱、半干旱区的宁夏在气候变暖背景下,正在面临降水量逐渐减少的形势,对宁夏国民经济和人民生产生活产生了不利影响。事实证明,人工影响天气可以有效增加降水,缓解干旱的影响,因此,进一步摸清宁夏在开展大规模人工影响天气作业对宁夏降水增加产生的作用,进而有针对性地制定人工影响天气工作计划,更加科学有效地开展人工影响天气工作有重要意义。

## 3 数据资料和统计方法

为了资料完整性(贺兰山站、彭阳站资料不全,沙湖站建站时间短),选取宁夏1990—2015年24个国家气象观测站1—12月降水量资料对降水特征分布进行分析。其中宁夏国家气象观测站地理位置分布如图3。年、季、月降水日定义为日降水量≥0.1 mm日数的总和。采用全国统一的降水强度等级划分标准,按照24 h降水总量判断降水雨型。降水统计日界为北京时20时。

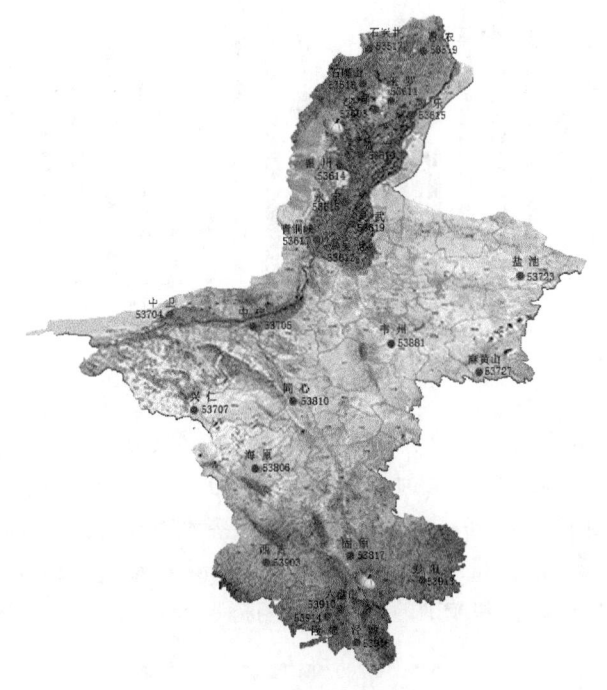

图3 国家气象站在宁夏的位置分布图

考虑宁夏人工影响天气业务从2003年开始全年开展作业,因此本文以2003年为界,对其前后各13年降水数据进行统计对比分析。利用全国综合气象信息共享平台(CIMISS)统计数据,使用中国地面月值资料,统计逐月降水量分布、降水日数和降水强度。

## 4 降水特征分布

### 4.1 逐年降水量特征分布

图4为1990—2015年宁夏年平均降水分布。其中最大值为371.91 mm,时间为1990年;最小值为199.88 mm,时间是2005年;平均值为281.09 mm,年平均降水量与李菲等[17]研究1962—2011年平均降水量277.4 mm相差3.69 mm。1991—1996年宁夏年平均降水量增加,1998—2000年平均降水量减少,2009—2014年宁夏降水增加。总体来看1990—2015年年降水量呈微弱减少趋势,与陈豫英等[15]和李菲等[17]研究结果基本保持一致。

### 4.2 逐月降水量分布特征对比

宁夏降水主要集中在夏季(图5),6—9月份雨量较大,月平均降水量23.45 mm,夏季降水

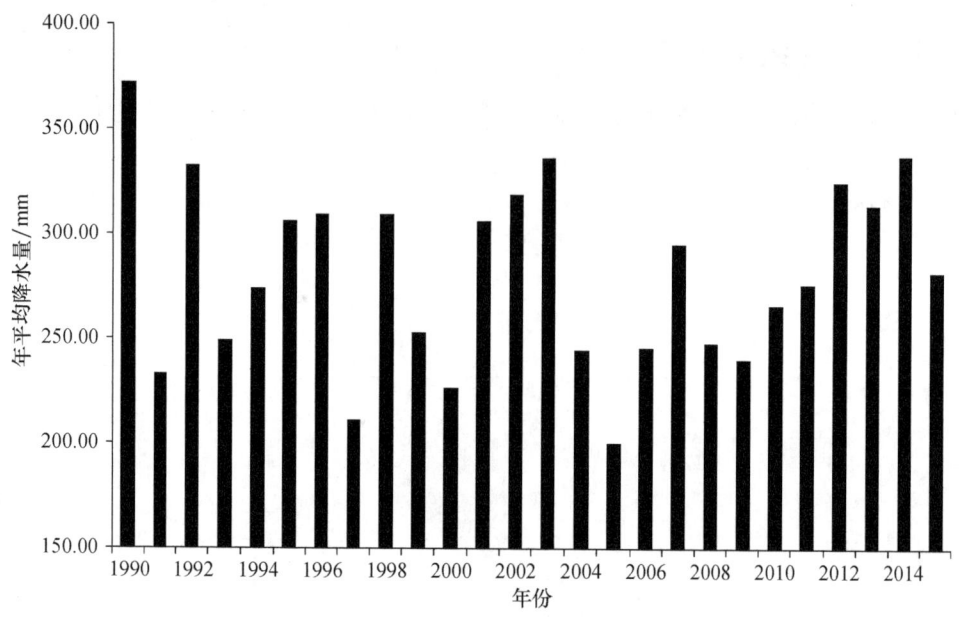

图 4　1990—2015 年宁夏年平均降水变化

远大于其他季节,冬季降水最少。1990—2002 年与 2003—2015 年两个时间段对比来看,1 月、2 月、9—12 月月平均降水量增加。增加最多的月份为 9 月,降水量增加为 17.41 mm。增加最少的月份为 12 月,增加量为 0.29 mm。3—8 月份月平均降水量减少。减少最多的月份为 7 月,减少量为 11.35 mm。减少量最小的月份为 5 月份,减少量为 0.15 mm。7 月、8 月、9 月份变化明显。降水量增加的月份和减少的月份数量相持平,各为 6 个月。

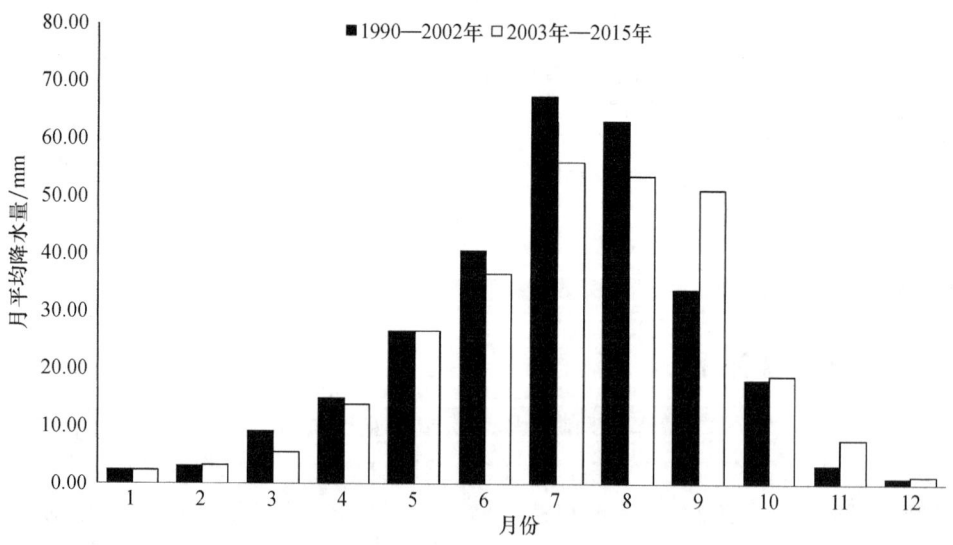

图 5　1990—2002 年与 2003—2015 年逐月平均降水分布

## 4.3　逐月降水日数分布特征对比

对 1990—2002 年与 2003—2015 年两个时间段内 1—12 月份累计降水日数进行逐月统

计。例如,1990—2002 年 1 月份累计降水日数为 19 d,表示 1990—2002 年发生在 1 月份的所有降水日数的合计。结果如表 1 所示,其中字体斜体加粗为 1990—2002 年降水日统计结果。差值为 2003—2015 年时间段的月降水日数减去 1990—2002 年时间段的月降水日数。

表 1  宁夏 1990—2002 年与 2003—2015 年 24 个台站降水日分布(单位:d)

| 台站 | 1月 | | 2月 | | 3月 | | 4月 | | 5月 | | 6月 | | 7月 | | 8月 | | 9月 | | 10月 | | 11月 | | 12月 | | 1990—2002 | 2002—2015 | 差值 |
|---|---|---|---|---|---|---|---|---|---|---|---|---|---|---|---|---|---|---|---|---|---|---|---|---|---|---|---|
| 石炭井 | *19* | 22 | *23* | 19 | *43* | 31 | *43* | 33 | *58* | 68 | *70* | 78 | *129* | 107 | *105* | 92 | *72* | 91 | *41* | 46 | *22* | 38 | *20* | 30 | 645 | 655 | 10 |
| 石嘴山 | *13* | 27 | *13* | 15 | *30* | 18 | *30* | 28 | *51* | 58 | *70* | 74 | *107* | 106 | *101* | 94 | *63* | 107 | *39* | 45 | *11* | 24 | *11* | 16 | 539 | 612 | 73 |
| 惠农 | *8* | 13 | *13* | 12 | *34* | 15 | *29* | 23 | *47* | 57 | *78* | 65 | *105* | 90 | *101* | 91 | *58* | 103 | *36* | 43 | *10* | 18 | *10* | 4 | 529 | 534 | 5 |
| 贺兰 | *17* | 27 | *15* | 14 | *32* | 14 | *42* | 38 | *57* | 61 | *66* | 73 | *92* | 94 | *108* | 94 | *74* | 111 | *43* | 56 | *20* | 30 | *11* | 9 | 577 | 621 | 44 |
| 平罗 | *15* | 23 | *14* | 14 | *35* | 14 | *43* | 29 | *53* | 50 | *77* | 71 | *97* | 106 | *109* | 93 | *68* | 102 | *44* | 49 | *11* | 22 | *13* | 5 | 579 | 582 | 3 |
| 吴忠 | *13* | 20 | *9* | 19 | *38* | 23 | *47* | 41 | *55* | 64 | *76* | 67 | *94* | 94 | *86* | 98 | *72* | 109 | *44* | 60 | *21* | 28 | *10* | 7 | 565 | 630 | 65 |
| 银川 | *17* | 27 | *13* | 13 | *34* | 17 | *40* | 38 | *58* | 57 | *64* | 65 | *94* | 91 | *106* | 91 | *74* | 103 | *36* | 49 | *19* | 22 | *12* | 10 | 567 | 594 | 27 |
| 陶乐 | *13* | 18 | *11* | 11 | *34* | 17 | *36* | 31 | *48* | 56 | *70* | 75 | *98* | 99 | *94* | 78 | *65* | 105 | *40* | 48 | *13* | 23 | *12* | 5 | 534 | 566 | 32 |
| 青铜峡 | *13* | 20 | *10* | 17 | *36* | 19 | *48* | 47 | *50* | 60 | *76* | 72 | *100* | 100 | *100* | 105 | *80* | 108 | *36* | 60 | *20* | 31 | *7* | 6 | 576 | 651 | 75 |
| 永宁 | *15* | 27 | *15* | 17 | *37* | 19 | *42* | 44 | *60* | 61 | *78* | 71 | *95* | 103 | *97* | 97 | *72* | 106 | *41* | 51 | *21* | 29 | *12* | 7 | 590 | 634 | 44 |
| 灵武 | *12* | 24 | *10* | 20 | *39* | 25 | *49* | 47 | *58* | 65 | *76* | 75 | *104* | 95 | *102* | 105 | *74* | 102 | *43* | 60 | *21* | 28 | *10* | 9 | 598 | 655 | 57 |
| 中卫 | *18* | 26 | *13* | 12 | *32* | 16 | *43* | 37 | *62* | 54 | *77* | 71 | *101* | 94 | *93* | 99 | *74* | 106 | *44* | 57 | *12* | 32 | *7* | 8 | 582 | 624 | 42 |
| 中宁 | *16* | 26 | *16* | 18 | *35* | 18 | *45* | 48 | *60* | 61 | *91* | 76 | *111* | 92 | *100* | 93 | *74* | 108 | *44* | 62 | *16* | 30 | *10* | 7 | 618 | 651 | 33 |
| 兴仁 | *23* | 31 | *30* | 34 | *52* | 33 | *66* | 43 | *84* | 75 | *103* | 90 | *123* | 120 | *116* | 125 | *92* | 136 | *60* | 81 | *17* | 40 | *7* | 17 | 773 | 817 | 44 |
| 盐池 | *30* | 33 | *27* | 31 | *49* | 36 | *63* | 55 | *61* | 74 | *105* | 85 | *117* | 117 | *128* | 121 | *98* | 135 | *62* | 78 | *34* | 45 | *13* | 18 | 787 | 828 | 41 |
| 麻黄山 | *36* | 40 | *53* | 46 | *66* | 58 | *70* | 64 | *80* | 90 | *118* | 96 | *133* | 132 | *134* | 127 | *101* | 143 | *70* | 82 | *47* | 54 | *22* | 22 | 930 | 954 | 24 |
| 海原 | *44* | 47 | *51* | 40 | *76* | 48 | *85* | 61 | *101* | 92 | *127* | 93 | *134* | 137 | *116* | 107 | *82* | 153 | *38* | 54 | *17* | 30 | *999* | 962 | | | −37 |
| 同心 | *28* | 35 | *33* | 33 | *50* | 27 | *63* | 49 | *73* | 82 | *104* | 74 | *114* | 106 | *118* | 91 | *84* | 127 | *57* | 74 | *22* | 36 | *8* | 15 | 754 | 749 | −5 |
| 固原 | *50* | 45 | *67* | 68 | *81* | 73 | *93* | 81 | *95* | 108 | *130* | 105 | *156* | 156 | *148* | 142 | *114* | 166 | *98* | 104 | *51* | 63 | *28* | 37 | 1111 | 1146 | 35 |
| 韦州 | *27* | 26 | *32* | 26 | *52* | 19 | *62* | 58 | *63* | 73 | *100* | 79 | *115* | 111 | *128* | 109 | *93* | 122 | *57* | 69 | *26* | 43 | *8* | 15 | 765 | 770 | 5 |
| 西吉 | *48* | 54 | *57* | 63 | *87* | 66 | *89* | 75 | *124* | 111 | *142* | 120 | *160* | 166 | *153* | 140 | *123* | 160 | *114* | 111 | *51* | 63 | *24* | 34 | 1172 | 1163 | −9 |
| 六盘山 | *97* | 79 | *110* | 94 | *128* | 92 | *129* | 102 | *144* | 130 | *175* | 161 | *198* | 211 | *189* | 192 | *155* | 202 | *136* | 137 | *76* | 93 | *48* | 59 | 1585 | 1552 | −33 |
| 隆德 | *78* | 82 | *86* | 82 | *106* | 92 | *102* | 99 | *131* | 134 | *167* | 155 | *192* | 197 | *163* | 172 | *143* | 185 | *135* | 131 | *68* | 85 | *58* | 44 | 1429 | 1458 | 29 |
| 泾源 | *78* | 66 | *96* | 87 | *108* | 98 | *108* | 92 | *131* | 147 | *127* | 189 | *189* | 201 | *195* | 153 | *201* | 125 | *138* | 59 | *83* | 42 | *50* | | 1402 | 1509 | 107 |

总降水日数除海原站、同心站、西吉站、六盘山站以外,其他台站降水日数均增加。总降水日增加的台站中,泾源站相差最大(107 d),平罗站相差最小(3 d)。总降水日减少的台站中,海原站相差最大(37 d),同心站相差最小(5 d)。

1 月份除韦州站、泾源站减少外,其余台站均增加。2 月份,惠农站、麻黄山站、海原站、固原站、韦州站、六盘山站、隆德站减少,陶乐站持平,剩余其他站均增加。3 月份,全部台站均减少。4 月份,除中宁增加外其余台站均减少。5 月份,平罗站、银川站、中卫站、兴仁站、海原站、西吉站减少,其余台站均增加。6 月份,石炭井站、石嘴山站、贺兰站、银川站、陶乐站、青铜峡、中卫站增加,其余台站均减少。7 月份,石炭井站、石嘴山站、惠农站、贺兰站、银川站、灵武站、中卫站、中宁站、麻黄山站、海原站、同心站、韦州站减少,吴忠站、盐池站、固原站持平,剩余台站均增加。8月份,吴忠站、青铜峡站、灵武站、中卫站、兴仁站、隆德站、六盘山站、泾源站增加,其余月份均减少。9月份,所有台站增加。10月份,西吉站、隆德站减少,其余台站均增加。11月份,所有台站均增加。12月份,惠农站、贺兰站、平罗站、吴忠站、银川站、陶乐站、青铜峡站、永宁站、灵武站、中宁站减少,其余台站均增加。

综上所述,1月、2月、5月、9月、10月、11月,大部分台站降水日数增加。7月、12月份将近一半左右的台站降水日数增加。3月、4月、6月、8月大部分台站降水日数减少。从逐月累计降水日数分布来说,宁夏1990—2002年与2003—2015年这两个阶段相比较,大部分地区降水日数呈增加趋势。

## 4.4 逐月雨型占比分布特征变化分析

人工人影天气作业的目的是增加影响区内的降水量,如果人工影响天气作业起到效果的话,可能会使自然降水的雨型(雨量级别)发生改变[4]。雨型分为小雨、中雨、大雨、暴雨、大暴雨及特大暴雨。例如小雨有可能在人工影响的作用下成为中雨。因此本文对1990—2002年与2003—2015年两个时间段的日降水雨型占比进行了统计分析。

表2为宁夏1990—2002年与2003—2015年雨型占比逐月分布统计结果,其中差值为2003—2015年各雨型占比减去1990—2002年各雨型占比,百分比为正表示增加,百分比为负表示减少。雨型占比表示24个国家气象观测站当月降水强度达到该雨型的累加降水日数占当月所有类型的降水日数合计的百分比。从表2可以看出,小雨、中雨、大暴雨及特大暴雨出现的概率增加,其中小雨从90.83%增加到91.04%,增加了0.21%;中雨从7.26%增加到7.40%,增加了0.14%。大暴雨及特大暴雨从0.00%增加到0.58%。大雨和暴雨出现的概率减少。其中大雨从1.67%减少到1.39%,减少了0.29%;暴雨从0.49%减少到0.17%,减少了0.33%。

表2 宁夏1990—2002年与2003—2015年雨型占比逐月分布(单位:%)

| 年份 | 日降水量 | 1月 | 2月 | 3月 | 4月 | 5月 | 6月 | 7月 | 8月 | 10月 | 11月 | 12月 | 平均 |
|---|---|---|---|---|---|---|---|---|---|---|---|---|---|
| 1990—2002 | <10 mm | 99.86 | 99.88 | 96.80 | 92.09 | 87.26 | 83.52 | 77.13 | 77.75 | 91.63 | 99.15 | 100.00 | 90.83 |
| | ≥10 mm且<25 mm | 0.14 | 0.12 | 3.04 | 7.70 | 10.53 | 12.77 | 16.27 | 16.13 | 6.99 | 0.85 | 0.00 | 7.26 |
| | ≥25 mm且<50 mm | 0.00 | 0.00 | 0.15 | 0.20 | 2.11 | 3.25 | 5.38 | 5.19 | 1.37 | 0.00 | 0.00 | 1.67 |
| | ≥50 mm且<100 mm | 0.00 | 0.00 | 0.00 | 0.00 | 0.00 | 3.25 | 0.46 | 1.18 | 0.93 | 0.00 | 0.00 | 0.49 |
| | ≥100 mm | 0.00 | 0.00 | 0.00 | 0.00 | 0.00 | 0.00 | 0.00 | 0.00 | 0.00 | 0.00 | 0.00 | 0.00 |
| 2003—2015 | <10 mm | 99.88 | 99.88 | 98.03 | 90.74 | 86.60 | 83.43 | 82.31 | 80.45 | 92.24 | 95.66 | 99.79 | 91.04 |
| | ≥10 mm且<25 mm | 0.12 | 0.12 | 1.97 | 8.71 | 11.97 | 12.78 | 12.50 | 14.58 | 7.48 | 4.34 | 0.21 | 7.40 |
| | ≥25 mm且<50 mm | 0.00 | 0.00 | 0.00 | 0.55 | 1.42 | 3.52 | 4.08 | 4.46 | 0.28 | 0.00 | 0.00 | 1.39 |
| | ≥50 mm且<100 mm | 0.00 | 0.00 | 0.00 | 0.00 | 0.00 | 0.28 | 1.04 | 0.51 | 0.00 | 0.00 | 0.00 | 0.17 |
| | ≥100 mm | 0.00 | 0.00 | 0.00 | 0.00 | 0.00 | 0.00 | 7.00 | 0.00 | 0.00 | 0.00 | 0.00 | 0.58 |
| 差值 | <10 mm | 0.02 | 0.00 | 1.23 | −1.35 | −0.66 | −0.09 | 5.18 | 2.70 | 0.61 | −3.49 | −0.21 | 0.21 |
| | ≥10 mm且<25 mm | −0.02 | 0.00 | −1.07 | 1.01 | 1.44 | 0.01 | −3.77 | −1.55 | 0.49 | 3.49 | 0.21 | 0.14 |
| | ≥25 mm且<50 mm | 0.00 | 0.00 | −0.15 | 0.35 | −0.69 | 0.27 | −1.30 | −0.73 | −1.09 | 0.00 | 0.00 | −0.29 |
| | ≥50 mm且<100 mm | 0.00 | 0.00 | 0.00 | 0.00 | 0.00 | −3.25 | −0.18 | −0.14 | −0.42 | 0.00 | 0.00 | −0.33 |
| | ≥100 mm | 0.00 | 0.00 | 0.00 | 0.00 | 0.00 | 0.00 | 7.00 | 0.00 | 0.00 | 0.00 | 0.00 | 0.58 |

小雨出现的平均概率均达到90%以上。中雨出现的平均概率稍高于7%。中雨出现的平均概率在1.5%左右,暴雨及特大暴雨出现的平均概率在0.6%以下。

按月份来看,小雨出现概率增加的月份为1月、3月、7月、8月、10月、11月,相持平的是2月,降低的是4月、6月、9月、12月。中雨出现概率增加的月份是4月、5月、6月、9月、10月、11月、12月,相持平的是2月份,降低的是1月、3月、7月、8月。大雨出现概率增加的月份是9月份,相持平的是1—4月、10—12月,降低的是5—8月。宁夏暴雨出现的月际分布仍然是多出现在7月、8月[21]。大暴雨与特大暴雨出现的月份在6—9月,7月、8月明显大于6月、9月。大暴雨及特大暴雨增加的月份是7月份。

宁夏人工影响天气作业主要目的为增加降水和防雹,在开展作业时一般需要权衡作业所产生的有利和不利影响,在总体上利大于弊的情况下,则选择开展作业。一般情况下当出现大雨时,考虑降水产生的不利影响会大大增加,人工影响天气作业规模会相应减少,而暴雨、大暴雨及特大暴雨因其致灾性,通常不选择作业。因此人工影响天气作业对大雨、暴雨、大暴雨及特大暴雨影响程度不大。从表2统计结果来看大雨和暴雨出现的概率减少,这从一定程度上与年降水缓慢减少的趋势相一致;大暴雨及特大暴雨的出现概率有所增加,这与在气候变暖的大背景下,宁夏出现极端天气的概率越来越高有关;而小雨和中雨出现的概率增加,这种变化在时间上与宁夏开展全区性大规模人工影响天气作业时间以及规模基本一致,在宁夏年平均降水减少的趋势下,出现这种变化,这可能就是人工影响天气作业产生的效果。

## 5 结论

为了得到宁夏人工影响天气作业对降水分布特征的影响,本文分析了2003—2015年宁夏人工影响天气作业情况。使用宁夏区域24个气象站1990—2015年日降水资料,利用统计方法,从逐年降水量、月降水量、降水日和月雨型占比进行分析,研究了26年宁夏降水分布特征。得出如下结论。

(1)从火箭使用量来看,可分为3个阶段,2004—2007年为缓慢增长期、2008—2011年为稳定期、2012—2015为快速增长期。飞机作业时段为每年的4—10月,作业的范围保持相对稳定。宁夏人工影响天气增加降水全年均开展作业,3—7月作业量明显大于其他月份。

(2)1990—2015年宁夏年平均降水为281.09 mm,其中最大值为371.91 mm,时间为1990年。最小值为199.88 mm,时间是2005年。总体来看1990—2015年逐年降水量趋势微弱减少。

(3)以宁夏开始全年开展人工影响天气作业的年份为界,对2003年前(1990—2002年)后(2003—2015年)各13年宁夏降水分布特征的对比分析表明,逐月雨型占比分布中,小雨、中雨、暴雨及特大暴雨出现的概率增加,大雨和暴雨出现的概率减少,结合期间宁夏整体降水变化趋势、气候变暖的影响以及不同雨型过程中人工影响天气作业情况综合分析,在宁夏年平均降水减少的趋势下,小雨和中雨过程出现的概率增加,这可能就是人工影响天气作业的产生的效果,对宁夏人工增加降水效果评估具有一定的参考意义。

本文虽然对比分析了2003年前后的宁夏降水分布特征,但是鉴于宁夏在20世纪60年代就开展人工影响天气作业,对比分析的降水特征各参数的统计结果已经包含了人工影响天气的作用,再加上气候变化,导致无法对人工影响天气前后的降水效果进行统计分析,因此本文仅仅是从整体趋势上进行了概况分析。

## 参考文献

[1] 郑国光,郭学良. 人工影响天气科学技术现状及发展趋势[J]. 中国工程科学,2012,(9):20-27.

[2] 徐冬英,张中波,唐林,等. 几种人工增雨效果检验方法分析[J]. 气象研究与应用,2015(1):105-107.

[3] 刘晴. 人工增雨效果统计检验方案优选及个例分析[D]. 北京:中国气象科学研究院,2013.

[4] 洪延超,雷恒池. 云降水物理和人工影响天气研究进展和思考[J]. 气候与环境研究,2012,17(6):951-967.

[5] 郭学良,付丹红,胡朝霞. 云降水物理与人工影响天气研究进展(2008—2012年)[J]. 大气科学,2013,37(2):351-363.

[6] 段婧,楼小凤,卢广献,等. 国际人工影响天气技术新进展[J]. 气象,2017,43(12):1562-1571.

[7] 靳瑞军,王婉,宋薇,等. 天津市降水特征及人影作业影响分析[J]. 气象,2011,(1):92-98.

[8] 刘锦增. 清代宁夏地区干旱灾害的时空分布及特征[J]. 宁夏大学学报(人文社会科学版),2017,39(2):70-74.

[9] 张耀宗,张勃,刘艳艳,等. 1960—2012年宁夏强干旱时空格局及影响因素分析[J]. 灾害学,2016,31(1):120-127.

[10] 纳丽,郑广芬,任少云,等. 宁夏春、夏、秋季干旱与降水集中期及集中度的关系[J]. 冰川冻土,2013,35(4):1015-1021.

[11] 陈玉春. 气候变化背景下宁夏泾河水资源变化分析[J]. 宁夏大学学报(自然科学版),2013,34(3):275-278.

[12] 田磊,翟涛,常倬林,等. 宁夏空中水资源分布特征的初步分析[J]. 宁夏工程技术,2016,15(3):193-196.

[13] 常倬林,崔洋,翟涛,等. 新形势下提高宁夏人工影响天气为农服务能力的思考[J]. 宁夏农林科技,2014(9):59-61.

[14] 信忠保,谢志仁,王文. 宁夏降水变化及其与ENSO事件的关系[J]. 地理科学,2005,25(1):49-55.

[15] 陈豫英,陈楠,王式功,等. 近55年宁夏秋季降水的时空变化特征及其大尺度环流背景[J]. 干旱区地理,2009,25(1):9-16.

[16] 陈豫英,陈楠,郑广芬,等. 近45a宁夏气温、降水及植被指数的变化分析[J]. 自然资源学报,2008,23(4):626-634.

[17] 李菲,张明军,李小飞,等. 1962—2011年来宁夏不同等级降水的变化特征[J]. 生态学杂志,2013,32(8):2154-2162.

[18] 杜灵通,宋乃平,王磊,等. 气候变化背景下宁夏近50年来的干旱变化特征[J]. 自然灾害学报,2015,24(2):157-164.

[19] 樊宽,毛万忠,王勇. 中卫市近54a气候变化特征与突变分析[J]. 宁夏大学学报(自然科学版),2017,38(4):420-425.

[20] 郑广芬,陈晓光,孙银川,等. 宁夏气温、降水、蒸发的变化及其对气候变暖的响应[J]. 气象科学,2006(4):412-421.

[21] 丁永红,王文,陈晓光,等. 宁夏近44年暴雨气候特征和变化规律分析[J]. 高原气象,2007(3):630-636.

# 第六部分　人影装备应用技术

# RPG_HATPRO_G4 型地基微波辐射计温度数据质量控制方法与效果分析*

孙艳桥[1,2,3] 汤达章[1] 桑建人[2,3] 王洋[4] 吕晶晶[5] 田磊[2,3]

(1. 南京信息工程大学大气科学学院,南京 210044;
2. 中国气象局旱区特色农业气象灾害监测预警与风险管理重点实验室,银川 750002;
3. 宁夏气象防灾减灾重点实验室,银川 750002; 4. 平凉市气象局,平凉 744000;
5. 南京信息工程大学大气物理学院,南京 210044)

**摘 要**:针对隆德站地基微波辐射计温度资料,根据数据本身规律及各类疑误数据表现形式,结合历史探空资料,利用垂直变化强度极值检查、标准差检查、极值检查、奇异值检查和僵值检查5种检查方法进行质量控制实验,与同期探空资料比对,分析其应用效果。结果表明,各质量检查结果对数据质量均有一定的区分能力,且对控制参数是敏感的;数据质量以晴空最优、云天次之、降水稍差,各高度层数据质量基本相当。质量控制结果相关性分析表明,各高度层上晴空相关性最好,云天次之、降水稍差,相关性都处在较高的水平上;降水情况下质量控制效果最显著。

**关键词**:地基微波辐射计;温度;探空;质量控制

## 1 引言

随着气象科学事业的不断深入与发展,新型仪器仪表有力地推动着气象观测能力和技术手段的提高,气象观测的数据量不断增加,然而气象资料质量往往受到测站位置、观测仪器、观测技术、观测时间、观测方法等非气象因素的影响[1-3]。气象资料的质量控制是气象资料处理中一项十分重要的工作[4],观测研究必须对其所用的资料首先进行质量检查与处理,这样才能揭示真实的天气、气候变化特征与规律[5]。因此,结合气象数据特点和新型仪器仪表的信息获取原理与方法,开展新型气象仪器仪表的观测数据验证和质量控制研究,可为气象观测和数据应用提供技术保障[6]。

地基微波辐射计是观测不同高度大气参数的新型探测设备,可同时反演高垂直分辨率的大气温度、湿度、液态水廓线和大气垂直积分水汽、云液态水总量等数据,具有可无人值守连续工作、高时间和空间分辨率、操作简洁方便等优点,是对常规探空的有益补充,已逐渐成为遥感大气温度、湿度、液态水廓线以及大气水汽和云液态水总量的有力工具[7-14]。利用地基微波辐射计,可高效、准确观测降水前后云中水汽、液态水含量分布和变化,为暴雨天气预报、人工增雨作业提供有力的监测手段[15-19]。不同季节和天气条件下微波辐射计探测资料的精度有差异[20-23],微波辐射计反演系数不当、天线罩上的积水、电磁干扰、电源、通信等外界影响会导致

---

\* 基金资助:西北区域人影建设研究试验项目(RYSY201904),第二次青藏高原综合科学考察研究项目(2019QZKK0104)。
作者简介:孙艳桥(1983—),男,高级工程师,硕士,研究方向为大气物理及人工影响天气。E-mail:sunyanqiao007@163.com。

观测数据出现异常，因此，开展系统的质量控制是合理有效使用微波辐射计探测资料的基础[24-25]。

针对常规气象观测数据，国内外气象工作者提出了多种质量控制方案。Collins[26]给出了针对大气探空资料中高度和温度的质量控制方法，发展和完善了常规质量控制方法。Durre[27]针对全球探空数据集设计了一套完整的质量控制系统，对温度超过气候极值、垂直一致性差、僵值、时间突变等多种类型的疑误数据设计了不同的检查方法。熊安元[28]介绍了北欧国家对实时和非实时气象资料进行质量控制的流程以及采用的方法、技术等。张志富[29]研制了适用于自动站土壤水分小时数据的质量控制方案。

微波辐射产品属非常规气象探测数据，产品一般分为3级，其中Level-0为原始电压，Level-1为亮温，Level-2为温、湿度廓线及垂直积分水汽、液态水含量等产品。因其时间分辨率更高，探测原理、错误来源、疑误数据表现形式与常规气象资料存在差异，针对常规气象观测资料的质量控制方法不完全适用于微波辐射计[25]。鉴于此，国内部分气象工作者对微波辐射计数据质量控制进行了研究。李青等[6]基于辐射传输理论，检验了一台多通道微波辐射计亮温数据的"晴空"观测和数值模拟结果之间的一致性。朱雅毓等[24]针对地基微波辐射计，研究其亮温数据的质量控制方案，提出极值、时间一致性、辐射传输计算、多通道亮温交叉检查。敖雪等[30]通过个例分析微波辐射计观测值与计算值的一致性，并判断各通道观测值的合理性。这些质量控制方法主要针对Level-1数据展开，而针对Level-2数据研究较少。目前，国内应用较多的是以美国MP-3000A为代表，以"串行常规合成器变频技术"为基础的地基微波辐射计。而德国RPG公司研制的RPG-HATPRO-G4型地基多通道微波辐射计（以下简称RPG）采用"多通道并行测量技术"，其工作原理与MP-3000A型地基微波辐射计不同，有其自身的技术特点[31]。本研究利用甘肃平凉气象站历史探空资料和宁夏隆德县气象站RPG-HATPRO-G4型地基多通道微波辐射计资料，在总结前人数据质量控制方法的基础上，根据数据本身的特点及各种类型疑误数据表现形式，首次给出了一套针对RPG-HATPRO-G4型地基多通道微波辐射计Level-2温度数据的质量控制方法，为业务中有效使用其温度资料提供技术支持。

## 2 数据与方法

### 2.1 数据处理

选用隆德气象站(35.37°N, 106.07°E, 海拔2078 m)2017年6月10日—2017年12月31日(仪器于6月9日完成标定)RPG温度数据展开研究，其时间分辨率为1 min，垂直高度(记为$H$)0～10 km内共93层，垂直分辨率见表1。

表1 RPG温度廓线垂直分辨率（单位：m）

| $H$ | 分辨率 | $H$ | 分辨率 | $H$ | 分辨率 |
|---|---|---|---|---|---|
| 0～10 | 10 | 500～1 200 | 40 | 3 500～4 500 | 160 |
| 10～25 | 15 | 1 200～1 800 | 60 | 4 500～6 000 | 200 |
| 25～100 | 25 | 1 800～2 500 | 90 | 6 000～9 800 | 300 |
| 100～500 | 30 | 2 500～3 500 | 120 | 9 800～10 000 | 200 |

选用甘肃平凉站(海拔 1468 m,距隆德气象站 49 km)2013—2017 年 6—12 月每日两次(08 时,20 时)的探空数据,作为确定质量控制阈值的样本。每组数据时间分辨率为 1 s,垂直分辨率为 6～7 m。探空资料已通过台站级质量控制,可直接使用。

对 RPG 数据和探空数据做如下处理:

(1)统一高度:将探空数据插值到对应 RPG93 个高度层上,共获得探空廓线样本 2139 个,探空数据样本 197065 个。

(2)统一时间:将 RPG 时间格式转换为北京时,根据 2017 年 6 月—2017 年 12 月插值后探空数据起止时间,选取对应时间范围内的 RPG 温度数据,共获得温度廓线样本 9679 个,数据样本 900147 个。

## 2.2 质量控制方法

针对 RPG 温度廓线数据特点,根据 Zahumensky 等[1]、马小红等[2]、王伯民等[4]等质量控制设计思路和方法,设计垂直一致性检查、极值检查和时间一致性检查 3 类检查方法(含 5 个单项检查方法),并最终给出组合和加权 2 种综合检查结果(图 1)。综合考虑检查结果的区分度和效果,均将 3 类、5 项检查结果分成 4 档,分别用数据质量标识符 0、3、6、9 区分标识[24]。

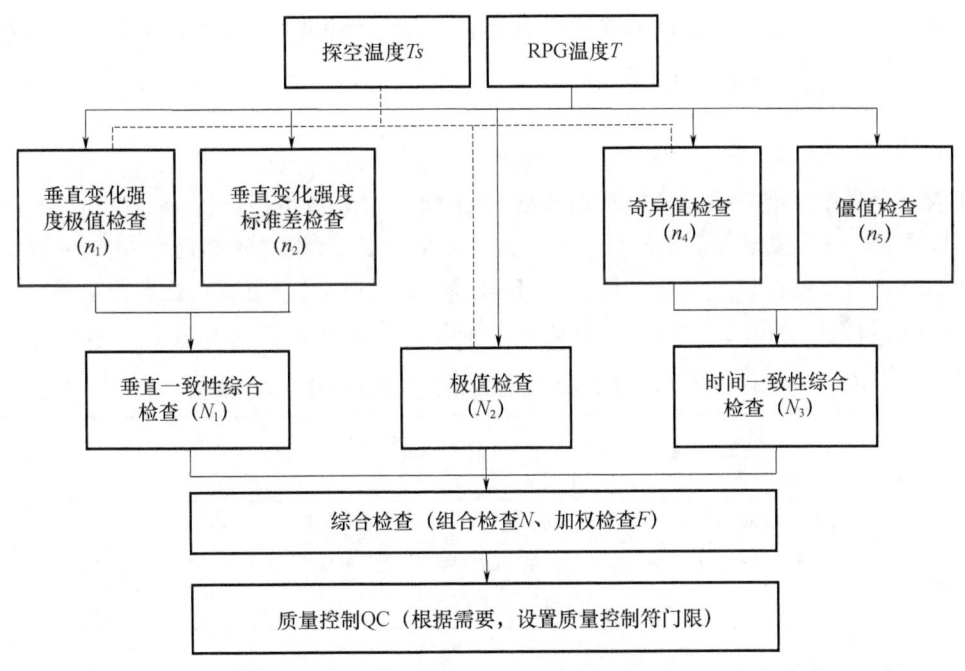

图 1 RPG 温度数据质量控制方案流程

### 2.2.1 垂直一致性检查

相邻高度上温度差异应在一定范围内,探空温度资料质量控制一般都包含垂直一致性检查[27]。常见不满足垂直一致性的情况主要有垂直方向存在奇异值、层际变化大等特征[25]。RPG 温度廓线数据记为 $T$,垂直变化强度记为 $dT_h$[32](单位:℃·(100 m)$^{-1}$),计算公式如下:

$$dT_h = 100 \times \frac{\Delta T}{\Delta H} = 100 \times \frac{T_{h+1} - T_h}{H_{h+1} - H_h} \tag{1}$$

式中：$T_h$，$T_{h+1}$ 为第 $h$、$h+1$ 层温度；$H_h$，$H_{h+1}$ 为对应的高度。

(1) 垂直变化强度极值检查

垂直变化强度极值检查就是 $dT_h$ 应在历史探空样本垂直变化强度（记为 $dTs$）的最大、最小值之间取值。考虑 $dT_h$ 存在显著的季节性，且在各高度上存在差异，开展检查时，以自然月各高度层为划分单位，参考探空资料统计结果，针对 6—12 月 92 层分别设置检查阈值，最大、最小值分别记为 $dTs_{h\max}$、$dTs_{h\min}$，定义 $\delta$ 为二者之差除以 100。依据所获阈值，逐廓线逐层开展检查，数据质量标识符用 $n_1$ 表示，含义见表 2。

表 2 垂直变化强度极值检查数据质量标识符 $n_1$ 取值解释

| $n_1$ | 检查条件 |
| --- | --- |
| 0 | $dT_h \in [dTs_{h\min}, dTs_{h\max}]$ |
| 3 | $dT_h \in [dTs_{h\min} - 3\delta, dTs_{h\min}] \cup [dTs_{h\max}, dTs_{h\max} + 3\delta]$ |
| 6 | $dT_h \in [dTs_{h\min} - 6dt_h, dTs_{h\min} - 3\delta] \cup [dTs_{h\max} + 3\delta, dTs_{h\max} + 6\delta]$ |
| 9 | $dT_h \in [-\infty, dTs_{h\min} - 6\delta] \cup [dTs_{h\max} + 6\delta, +\infty]$ |

(2) 垂直变化强度标准差检查

垂直变化强度标准差检查以温度层际变化不应太大为依据，将垂直变化强度标准差记为 $\sigma$[25]，见(2)式，其中 $m$ 为廓线样本数。

$$\sigma = \sqrt{\frac{1}{m}\sum_{h=1}^{m}(dT_h - \overline{dT_h})^2} \quad (2)$$

垂直变化强度标准差检查采用动态阈值，即当日当层 $\sigma$ 值由当天为中心，步长为 15 d 的该层 $dT_s$ 样本求得。根据朱雅毓等[24]分档和质量标识方法，逐廓线逐层进行检查，对满足一定条件的数据进行质量标识。考虑六盘山区相邻时刻温度变化及垂直变化强度较东部沿海地区大，质量控制阈值进行一定尺度放宽，数据质量标识符用 $n_2$ 表示，含义见表 3。

表 3 垂直变化强度标准差检查数据质量标识符 $n_2$ 取值解释

| $n_2$ | 检查条件 |
| --- | --- |
| 0 | $dT_h \in [\overline{dT_h} \pm 2\sigma]$ |
| 3 | $dT_h \in [\overline{dT_h} - 2.5\sigma, \overline{dT_h} - 2\sigma] \cup [\overline{dT_h} + 2\sigma, \overline{dT_h} + 2.5\sigma]$ |
| 6 | $dT_h \in [\overline{dT_h} - 3\sigma, \overline{dT_h} - 2.5\sigma] \cup [\overline{dT_h} + 2.5\sigma, \overline{dT_h} + 3\sigma]$ |
| 9 | $dT_h \in [-\infty, \overline{dT_h} - 3\sigma] \cup [\overline{dT_h} + 3\sigma, +\infty]$ |

(3) 垂直一致性综合检查

结合加权判别技术[4]和数据质量分档标识方法[24]，垂直一致性综合检查数据质量标识符用 $N_1$ 表示，含义见表 4。

表 4 垂直一致性综合检查数据质量标识符 $N_1$ 取值解释

| $N_1$ | 检查条件 | $N_1$ | 检查条件 |
| --- | --- | --- | --- |
| 0 | $n_1 + n_2 = 0$ | 6 | $n_1 + n_2 = 6$ |
| 3 | $n_1 + n_2 = 3$ | 9 | $n_1 + n_2 \geq 9$ |

#### 2.2.2 极值检查

极值检查就是 $T$ 应在历史探空样本温度最大、最小值之间取值。开展极值检查时,以自然月各高度层为划分单位,参考探空历史资料统计结果,针对6—12月92层分别设置极值检查阈值,分别记为 $Ts_{\max}$ 和 $Ts_{\min}$,定义 $t$ 为二者之差除以100,数据质量标识用 $N_2$ 表示,含义见表5。

表5 极值检查数据质量标识符 $N_2$ 取值解释

| $N_2$ | 检查条件 |
|---|---|
| 0 | $T \in [Ts_{\min}, Ts_{\max}]$ |
| 3 | $T \in [Ts_{\min}-3t, Ts_{\min}] \cup [Ts_{\max}, Ts_{\max}+3t]$ |
| 6 | $T \in [Ts_{\min}-6t, Ts_{\min}-3t] \cup [Ts_{\max}+3t, Ts_{\max}+6t]$ |
| 9 | $T \in [-\infty, Ts_{\min}-6t] \cup [Ts_{\max}+6t, +\infty]$ |

#### 2.2.3 时间一致性检查

(1)奇异值检查

奇异值检查,适用于温度随时间变化存在突变的数据。定义相邻时次变化值超过其平均值 $m$ 倍标准差的数据为疑误数据[25]。定义见式(3)、(4):

$$|dT_t - \overline{dT_t}| > m \times \sigma \tag{3}$$

$$dT_t = T_t - T_{t+1} \tag{4}$$

式中:$dT_t$ 为温度随时间的变化值;$T_t$ 和 $T_{t+1}$ 分别为 $t$ 和 $(t+1)$ 时刻温度;$m$ 为偏离标准差的倍数;$\sigma$ 定义见(2)式。质量控制阈值 $\sigma$ 仍采用动态阈值,数据质量标识符用 $n_4$ 表示,含义见表6。

表6 奇异值检查数据质量标识符 $n_4$ 取值解释

| $n_4$ | 检查条件 |
|---|---|
| 0 | $dT_t \in [\overline{dT_t} \pm 2\sigma]$ |
| 3 | $dT_t \in [\overline{dT_t}-3\sigma, \overline{dT_t}-2\sigma] \cup [\overline{dT_t}+2\sigma, \overline{dT_t}+3\sigma]$ |
| 6 | $dT_t \in [\overline{dT_t}-4\sigma, \overline{dT_t}-3\sigma] \cup [\overline{dT_t}+3\sigma, \overline{dT_t}+4\sigma]$ |
| 9 | $dT_t \in [-\infty, \overline{dT_t}-4\sigma] \cup [\overline{dT_t}+4\sigma, +\infty]$ |

(2)僵值检查

僵值检查适用于温度随时间变化而无变化的数据,依据相邻时次廓线值连续不变的条数(记为 $m$)划分数据质量等级,质量标识符用 $n_5$ 表示,含义见表7。

表7 僵值检查数据质量标识符 $n_5$ 取值解释

| $n_5$ | 检查条件 | $n_5$ | 检查条件 |
|---|---|---|---|
| 0 | $m=0$ | 6 | $m \in [6,9]$ |
| 3 | $m \in [2,5]$ | 9 | $m \in [10,+\infty]$ |

(3)时间一致性综合检查

时间一致性综合检查数据质量标识符用 $N_3$ 表示,含义见表8。

表8 时间一致性综合检查数据质量标识符 $N_3$ 取值解释

| $N_3$ | 检查条件 | $N_3$ | 检查条件 |
|---|---|---|---|
| 0 | $n_4+n_5=0$ | 6 | $n_4+n_5=6$ |
| 3 | $n_4+n_5=3$ | 9 | $n_4+n_5 \geqslant 9$ |

#### 2.2.4 综合检查

完成3类检查后,进行综合检查。综合检查中,组合检查定义为3类检查质量标识符的各类组合($N=N_1N_2N_3$),$N$ 各数位值越大,相应数据疑点越大;加权检查定义为3类检查质量标识符之和($F=N_1+N_2+N_3$),$F$ 值越大,数据疑点越大。

## 3 结果与分析

### 3.1 三类质量检查结果分析

为对比不同天气背景、不同高度的数据质量检查结果,将 $N_1$,$N_2$ 和 $N_3$ 的93层数据间隔500 m 分割为20层,并按不同天气背景条件分别进行频率分布统计(图2)。其中晴空(各高度层相对湿度<85%[33])、云天(无降水且有1层及以上相对湿度≥85%)、降水样本数分别为477834,326802,95511个。晴空背景下各高度层 $N_1=0$,$N_2=0$,$N_3=0$ 的数据占比均分别高于 94.28%,99.91%,92.64%;云天背景下各高度层 $N_1=0$,$N_2=0$,$N_3=0$ 的数据占比均分别高于 95.53%,98.26%,93.27%;降水背景下各高度层 $N_1=0$,$N_2=0$,$N_3=0$ 的数据占比均分别高于 91.83%,91.62%,78.77%。3类检查方法对数据质量均有一定的指示能力,数据质量均以晴空最优、云天次之、降水最低,$N_1=9$,$N_2=9$,$N_3=9$ 均以降水背景贡献最大。

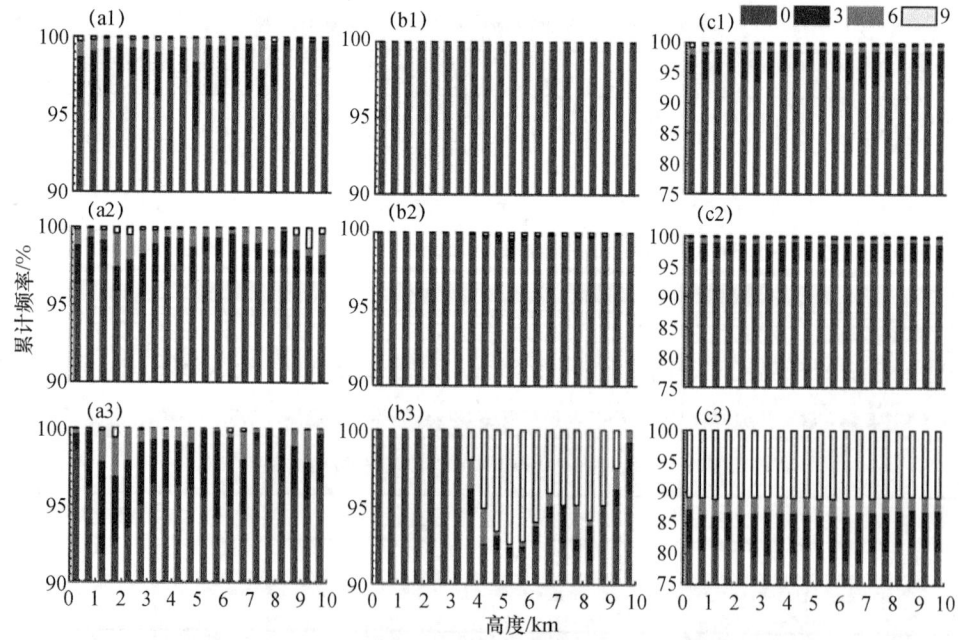

注:(a1)晴空$N_1$;(b1)晴空$N_2$;(c1)晴空$N_3$;(a2)云天$N_1$;(b2)云天$N_2$;(c2)云天$N_3$;(a3)降水$N_1$;(b3)降水$N_2$;(c3)降水$N_3$;(a)全样本$N_1$;(b)全样本$N_2$;(c)全样本$N_3$。

图2 不同天气背景、不同高度、不同检查方式微波辐射计温度数据质量检查结果频率分布

## 3.2 综合质量检查结果与区分度分析

综合检查中 $N$ 各位数的取值或 $F$ 值的大小,对应着一定的数据质量区分能力,称为区分度[24]。对 $N$ 进行全样本统计,对 $F$ 进行不同天气背景及全样本的分类统计,具体分析如下。

(1)全样本 900147 个数据随 $N$ 的变化如表 9 所示,$N=000$ 数据个数为 811859,占数据总量的 90.19%;$N$ 各位数最大的组合为 $N=399$,其数据个数仅为 94,占数据总量的 0.01%。

表 9 全样本组合检查 $N(N_1 N_2 N_3)$ 对应数据个数

| $N$ | 数据个数 | $N$ | 数据个数 | $N$ | 数据个数 | $N$ | 数据个数 |
|---|---|---|---|---|---|---|---|
| 000 | 811 859 | 300 | 21 592 | 600 | 6 169 | 900 | 1 333 |
| 003 | 34 846 | 303 | 1 197 | 603 | 295 | 903 | 61 |
| 006 | 7 390 | 306 | 333 | 606 | 187 | 906 | 15 |
| 009 | 11 729 | 309 | 475 | 609 | 144 | 909 | 4 |
| 030 | 408 | 330 | 2 | 630 | 0 | 930 | 1 |
| 033 | 66 | 333 | 0 | 633 | 0 | 933 | 0 |
| 036 | 27 | 336 | 7 | 636 | 0 | 936 | 0 |
| 039 | 121 | 339 | 13 | 639 | 0 | 939 | 0 |
| 060 | 106 | 360 | 4 | 660 | 0 | 960 | 0 |
| 063 | 36 | 363 | 1 | 663 | 0 | 963 | 0 |
| 066 | 33 | 366 | 6 | 666 | 0 | 966 | 0 |
| 069 | 135 | 369 | 13 | 669 | 0 | 969 | 0 |
| 090 | 319 | 390 | 22 | 690 | 2 | 990 | 1 |
| 093 | 327 | 393 | 16 | 693 | 1 | 993 | 0 |
| 096 | 78 | 396 | 2 | 696 | 0 | 996 | 0 |
| 099 | 677 | 399 | 94 | 699 | 0 | 999 | 0 |

(2)全样本及不同天气背景下数据样本随 $F$ 的变化如表 10 所示,取 $F \leqslant 3$,则全样本、晴空、云天、降水情况下,可能高质量数据分别占各自数据量的 96.51%、97.86%、97.83% 和 84.21%。数据个数不为 0 的 $F$ 最大值为 21,全部出现在降水数据中。可见,晴空和云天背景数据质量都很高,均优于降水背景数据,但即使是数据质量相对较差的降水背景数据,$F \leqslant 3$ 数据个数依然占降水背景数据样本总量的 84.21%,这说明微波辐射计观测性能优良。

表 10 不同天气背景下加权检查 $F(N_1+N_2+N_3)$ 对应数据个数及频率

| $F$ | 全样本<br>数据个数(频率/%) | 晴空<br>数据个数(频率/%) | 云天<br>数据个数(频率/%) | 降水<br>数据个数(频率/%) |
|---|---|---|---|---|
| 0 | 811 859(90.192) | 436 926(91.439) | 301 201(92.166) | 73 732(77.197) |
| 3 | 56 846(6.315) | 30 681(6.424) | 18 512(5.665) | 7 653(8.013) |
| 6 | 14 930(1.659) | 7 255(1.518) | 5 139(1.573) | 2 536(2.655) |
| 9 | 14 076(1.564) | 2 791(0.584) | 1 855(0.568) | 9 430(9.873) |
| 12 | 1 235(0.137) | 161(0.034) | 83(0.025) | 991(1.038) |

续表

| $F$ | 全样本<br>数据个数(频率/%) | 晴空<br>数据个数(频率/%) | 云天<br>数据个数(频率/%) | 降水<br>数据个数(频率/%) |
|---|---|---|---|---|
| 15 | 409(0.045) | 17(0.004) | 12(0.004) | 380(0.398) |
| 18 | 698(0.078) | 3(0.001) |  | 695(0.728) |
| 21 | 94(0.010) |  |  | 94(0.098) |

### 3.3 敏感度分析

垂直变化强度标准差检查结果 $n_2$ 和时间一致性奇异值检查结果 $n_4$ 依赖于各自的 $\sigma$ 值。如果分别以各自 $\sigma$ 为阈值参考值,分别做"放宽阈值"(增大 $\sigma$),则相应地" $n_2$ 取小值"" $n_4$ 取小值"的发生频率应该增加。这就是质量检查结果对质量检查阈值的敏感度[24]。$n_2$ 和 $n_4$ 分别以各自 $\sigma$ 作为参考值,将其百分比增量记为 $\Delta$,$\Delta$ 从 $-25\%$ 至 $25\%$ 每隔 $2.5\%$ 取一值,重新对微波辐射计温度全样本数据进行检查结果的频率分布统计,如图 3 所示。

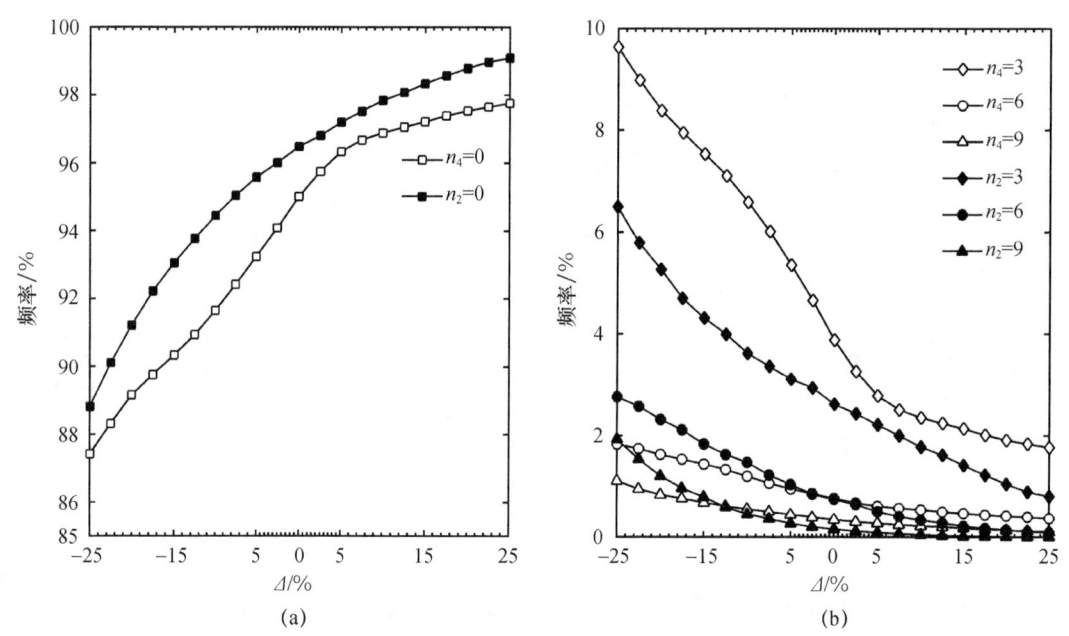

图 3 垂直变化强度标准差检查($n_2$)和时间一致性奇异值检查($n_4$)各档取值频率随 $\Delta$ 的变化
(a)$n_2=0$,$n_4=0$;(b)$n_2>0$,$n_4>0$ 各档

可见,随 $\Delta$ 增大,$n_2=0$ 和 $n_4=0$ 的频率逐渐增大,$n_2>0$ 和 $n_4>0$ 各档的频率均逐渐减小,表明数据质量控制结果对控制参数是敏感的。在微波辐射计温度数据的后续使用中,用户可根据需要,通过设置质量控制符门限来控制使用的数据。

### 3.4 相关性分析

根据同期探空资料起止时间选取获得 RPG 温度廓线样本 9679 条,其中晴空、云天、降水样本分别为 5138、3514、1027 条。基于综合质量加权检查结果 $F$ 设置质量控制符门限为例,

首先根据不同的 $F$ 值分别对 RPG 温度廓线数据进行质量控制,再将单次探空时段内 RPG 温度资料逐层进行平均,共获得与探空温度廓线一一对应的廓线分别为 232、168、64 条。最后按不同高度与对应的探空数据进行相关统计,得到不同天气背景下加权检查质量控制前后相关系数随高度的变化结果,如图 4 所示,图中各相关系数均通过了显著性水平为 0.01 的显著性检验。

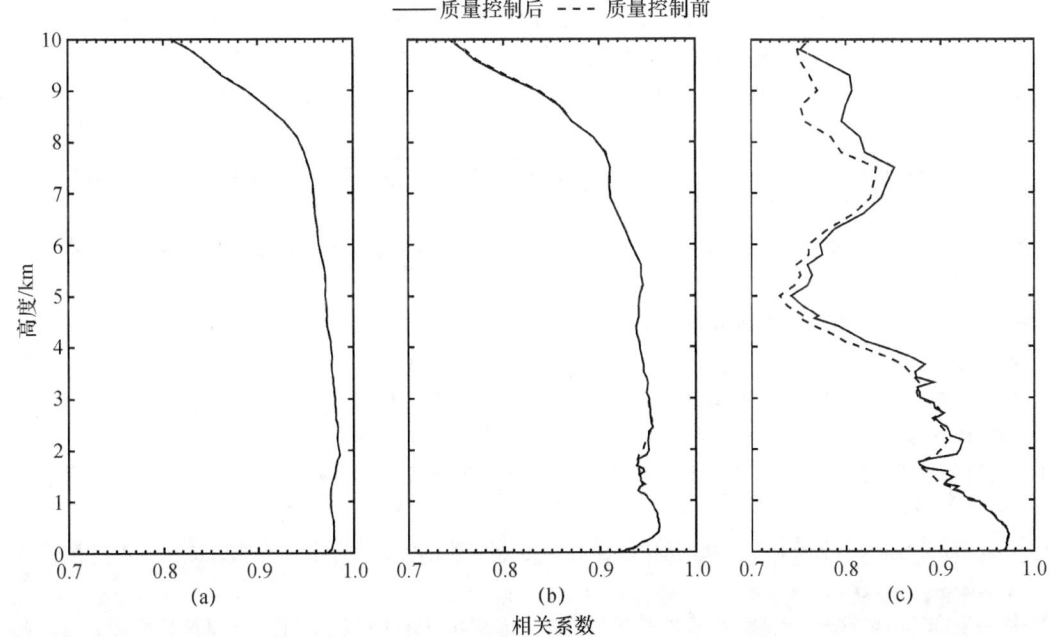

图 4 不同天气背景下加权检查($F=0$ 作为质量控制符门限)质量控制
前后相关系数($R$)随高度的变化
(a)晴空;(b)云天;(c)降水

可见,各高度层上晴空背景下相关性最好,云天次之,降水较晴空和云天稍差,但总体相关性处在较高水平上。以 $F=0$ 作为质量控制符门限为例,质量控制后对应整层相关系数平均值分别为晴空 0.967、云天 0.934、降水 0.880。降水情况下质量控制后相关系数有一定提高,$F=0$、$F\leqslant3$ 所对应数据的相关系数与质量控制前数据的相关系数相比分别提高 0.015 和 0.008。

## 4 结论

综合以上分析,得出主要结论如下。

(1)各类数据质量检查结果对数据质量均具有一定的区分能力,数据质量以晴空最优、云天次之、降水稍差,微波辐射计观测性能优良。

(2)数据质量控制结果对控制参数是敏感的,在微波辐射计温度数据的后续使用中,通过设置质量控制符门限来控制使用的数据。

(3)质量控制前后,各高度层上晴空背景下数据相关性最好,云天次之,降水较晴空和云天稍差,相关性都处在较高的水平上,降水情况下的数据质量控制效果最显著。

## 参考文献

[1] ZAHUMENSKY I, SHMI J. Guidelines on quality control procedures for data from automatic weather stations [R]. World Meteorological Organization, 2004.

[2] 马小红,苏永红,鱼腾飞,等. 荒漠河岸胡杨林生态系统涡度相关通量数据处理与质量控制方法研究[J]. 干旱区地理,2015,38(3):626-635.

[3] 刘小宁,任芝花. 地面气象资料质量控制方法研究概述[J]. 气象科技,2005,33(3):199-203.

[4] 王伯民. 基本气象资料质量控制综合判别法的研究[J]. 应用气象学报,2004,15(增刊):50-58.

[5] 任芝花,刘小宁,杨文霞. 极端异常气象资料的综合性质量控制与分析[J]. 气象学报,2005,63(4):526-533.

[6] 李青,胡方超,楚艳丽,等. 北京一地基微波辐射计的观测数据一致性分析和订正实验[J]. 遥感技术与应用,2014,29(4):547-556.

[7] 黄建平,何敏,阎虹如,等. 利用地基微波辐射计反演兰州地区液态云水路径和可降水量的初步研究[J]. 大气科学,2010,34(3):548-558.

[8] 陈添宇,陈乾,丁瑞津. 地基微波辐射仪监测的张掖大气水汽含量与雨强的关系[J]. 干旱区地理,2007,30(4):501-506.

[9] 赵维忠,孙艳桥,桑建人. 利用地基双频段微波辐射计遥感宁夏大气汽态水含量[J]. 宁夏工程技术,2011,10(1):7-11.

[10] 田磊,孙艳桥,胡文东,等. 银川地区大气水汽、云液态水含量特性的初步分析[J]. 高原气象,2013,32(6):1774-1779.

[11] 刘红燕,王迎春,王京丽,等. 由地基微波辐射计测量得到的北京地区水汽特性的初步分析[J]. 大气科学,2009,33(2):388-396.

[12] 姚俊强,杨青,韩雪云,等. 乌鲁木齐夏季水汽日变化及其与降水的关系[J]. 干旱区研究,2013,30(1):67-73.

[13] 张秋晨,龚佃利,冯俊杰. RPG-HATPRO-G3地基微波辐射计反演产品评估[J]. 海洋气象学报,2017,37(1):104-110.

[14] 郭丽君,郭学良. 利用地基多通道微波辐射计遥感反演华北持续性大雾天气温、湿度廊线的检验研究[J]. 气象学报,2015,73(2):368-381.

[15] 朱元竞,胡成达,甄进明,等. 微波辐射计在人工影响天气研究中的应用[J]. 北京大学学报(自然科学版),1994,30(5):597-606.

[16] 雷恒池,魏重,沈志来,等. 微波辐射计探测降雨前水汽和云液水[J]. 应用气象学报,2001,12(增刊):73-79.

[17] 黄治勇,徐桂荣,王晓芳,等. 地基微波辐射资料在短时暴雨潜势预报中的应用[J]. 应用气象学报,2013,24(5):576-584.

[18] 党张利,张京朋,曲宗希,等. 微波辐射计观测数据在降水预报中的应用[J]. 干旱气象,2015,33(2):340-343.

[19] 汪小康,徐桂荣,院琨. 不同强度降水发生前微波辐射计反演参数的差异分析[J]. 暴雨灾害,2016,35(3):227-233.

[20] 张文刚,徐桂荣,廖可文,等. 降水对地基微波辐射计反演误差的影响[J]. 暴雨灾害,2013,32(1):70-76.

[21] 刘红燕. 三年地基微波辐射计观测气温廊线的精度分析[J]. 气象学报,2011,69(4):719-728.

[22] 刘建忠,何晖,张蔷. 不同时次地基微波辐射计反演产品评估[J]. 气象科技,2012,40(3):332-339.

[23] 韩珏靖,陈飞,张臻,等. MP-3000A型地基微波辐射计的资料质量评估和探测特征分析[J]. 气象,2015,

41(2):226-233.

[24] 朱雅毓,王振会,楚艳丽,等.地基微波辐射计亮温观测数据的综合质量控制与效果分析[J].气象科学,2015,35(5):621-628.

[25] 傅新姝,谈建国.地基微波辐射计探测资料质量控制方法[J].应用气象学报,2017,28(2):209-217.

[26] COLLINS W G. The operational complex quality control of radiosonde heights and temperatures at the national centers for environmental prediction[J]. Journal of Applied Meteorology. 2001,40(2):152-168.

[27] DURRE I M,VOSE R S,WUERTZ D B. Robust automated quality assurance of radiosonde temperatures [J]. Journal of Applied Meteorology and Climatology,2008,47(8):2081-2095.

[28] 熊安元.北欧气象观测资料的质量控制[J].气象科技,2003,31(5):314-320.

[29] 张志富.自动站土壤水分资料质量控制方案的研制[J].干旱区地理,2013,36(1):101-108.

[30] 敖雪,王振会,徐桂荣,等.微波辐射计亮温观测质量控制研究[J].气象科学,2013,33(2):130-137.

[31] 李建强,李新生,董文晓,等.RPG-HATPRO微波辐射计反演的温度和湿度数据适用性分析[J].气象与环境学报,2017,33(6):89-95.

[32] 刘增强,郑玉萍,李景林,等.乌鲁木齐市低空大气逆温特征分析[J].干旱区地理,2007,30(3):351-356.

[33] 黄润恒,邹寿祥.两波段微波辐射计遥感云天大气的可降水和液态水[J].大气科学,1987,11(4):397-403.

# 六盘山区两种地基微波辐射计观测个例对比分析[*]

林彤[1,2]　温芸芸[3]　田慧[3]　李化泉[3]　常倬林[1,2]

(1. 中国气象局旱区特色农业气象灾害监测预警与风险管理重点实验室,银川 750002；
2. 宁夏气象防灾减灾重点实验室,银川 750002；3. 隆德县气象局,固原 756300)

**摘　要**：地基微波辐射计能很好地反演大气水汽,为分析降水过程中水汽含量的变化提供可靠依据。本文使用 2019 年 10 月 3—6 日宁夏六盘山区一次连阴雨过程中隆德气象站 QFW-6000 型和 RPG-HATPRO-G4 型两个不同型号微波辐射计探测资料和气象站降水观测资料,对比分析了两型微波辐射计大气水汽含量、云液态含水量和亮温的变化。结果表明：非降水背景下,两型微波辐射计观测数据变化趋势相一致,但大气水汽含量 QFW-6000 型整体比 RPG-HATPRO-G4 型高；亮温值在非降水背景下差值比降水背景下差值小；在降水开始前两型微波辐射计云液态水含量都有跃增现象,从跃增开始到降水开始之间的时间长短随着降水强度的不同也有所不同；降水背景下,随着降水量的增大,降水对 RPG-HATPRO-G4 型微波辐射计的亮温测量影响也增大。此结果不仅可为日后两个微波辐射计不同址观测时提供对比依据,而且可为微波辐射计在人工影响天气业务中的应用提供技术参考。

**关键词**：六盘山；微波辐射计；大气水汽含量；云液态含水量；亮温

## 1 引言

　　水汽是大气中十分活跃的因素之一,水的相态转变及其在大气中的循环和传输预示着降水天气的发生、发展和消亡,在全球能量平衡、水循环、大气辐射等过程中起很大的作用,并且对于人工影响天气方面也有着重要研究意义。因此,对大气中的水汽和液态水含量的监测在气象探测、人工影响天气、数值天气预报、通信和军事等领域都有重要作用[1-2]。

　　传统大气探测一般通过探空气球、火箭和航天飞机等设备携带传感器直接探测,这些手段不仅价格昂贵还很难获得实时连续的观测数据,不利于大气参数的实时监测和分析,而地基多通道微波辐射计采用被动接受方式工作,具有高灵敏性、保密性、高分辨率、高精度、无人值守和实时连续等优点,被广泛运用于探测大气温度廓线、湿度廓线、大气水汽含量、液态水含量等大气特征[3-4]。因此地基微波辐射计在国内外得到了深入、广泛的应用。张文刚等[5]用探空资料与同址 MP-3000A 型微波辐射计资料,分析了微波辐射计探测偏差的时间序列变化特征；海阿静等[6]通过与探空数据和文献中 MP-3000 输出结果以及典型天气过程下观测结果的分析,表明该设备具有优良的工作性能；卢会国等[7]进行了阳江国际探空试验的 GPS、探空、微波辐射计水汽资料的一系列对比分析；Sdnchez 等[8]对微波辐射计与相邻探空资料进行对比

---

[*] 资助项目：西北区域人影建设研究试验项目(RYSY201904),国家自然科学基金面上项目(41775139),宁夏自然科学基金项目(2019AAC03255),宁夏回族自治区重点研发计划一般项目(2019BEG03001)共同资助。
作者简介：林彤(1993—),女,山东烟台人,硕士,助理工程师,主要从事人工影响天气及大气物理方面研究。E-mail: lintong0213@126.com。

分析,发现两者距离较远且资料时间跨度短,其结果代表性不强;张天旗等[9]列举在典型晴天、阴天条件下 MWP967KV 型微波辐射计的数据,来验证仪器的适用性,结果表明仪器性能稳定具有较高试用价值;刘红燕等[10]分析了地基微波辐射计、无线电探空和 GPS 接收站的观测数据之间的差异,结果得到地基微波辐射计与探空资料的一致性较 GPS 好;李铁林等[11]利用地基微波辐射计观测资料,分析了河南一次层状云降水大气垂直积分含水量和云中液态含水量的演变特征;Zhao 等[12]研究了地基微波辐射计与云雷达配合测量水汽剖面的实例,结果表明地基微波辐射计与云雷达相结合可能提高降雨条件下水汽密度垂直剖面精度;Zhang 等[13]研究了积雪条件下微波辐射计反演的不确定性,研究表明,大雪对反演精度的影响比小雪更大,但非天顶观测可以减轻降雪的影响;赵玲等[14]指出,微波辐射计的误差来源之一是微波辐射计天线罩上的液态水导致亮温测量值的偏高。

为了研究降水发生前、发生时以及发生后不同型号微波辐射计的探测性能,做好微波辐射计的应用,本文利用布设在宁夏隆德气象站的两部不同型号的地基微波辐射计资料对 2019 年 10 月一次连阴雨过程的大气水汽含量和云液态水含量进行对比分析,尝试分析微波辐射计反演的水汽及液态水含量资料及其测得的亮温在降水天气过程中的敏感性、准确性问题。由于微波辐射计观测数据受降水影响较大,降水期间其探测值有很大误差[14-16],因此降水期间的数据只进行两型微波辐射计探测性能比较,不做降水期间水汽特征分析。

## 2 数据与方法

### 2.1 站点

如图 1,位于宁夏六盘山西侧的隆德气象站(海拔高度 2079 m),与六盘山山脊线水平距离约 10 km,距离山顶最高点垂直距离约 800 m。在该站点布设有 RPG-HATPRO-G4 型和 QFW-6000 型地基多通道微波辐射计各 1 部,因此本文选用该站点资料进行量微波辐射计资料的对比分析。

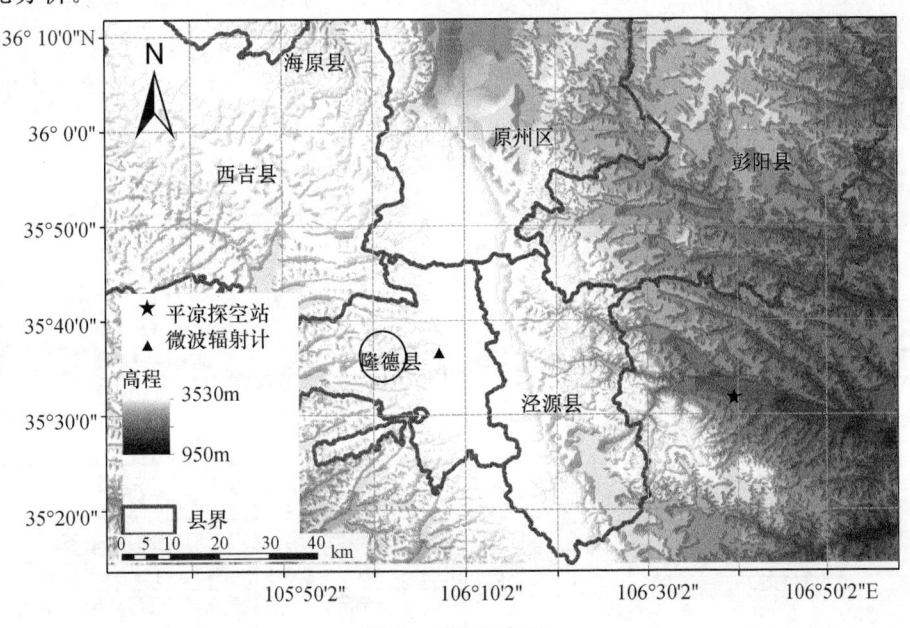

图 1 观测站位置

## 2.2 工作原理

近代量子理论是大气辐射遥感的物理基础:宇宙中的一切物质,只要处在绝对温度零度以上,任何时刻都在向外辐射电磁波。德国物理学家普朗克提出著名的黑体辐射公式,即绝对温度为 $T$ 的黑体辐射谱谱密度为:

$$B_f(T) = \frac{2hf^3}{c^2} \frac{1}{\exp[hf/(kT)]-1} \tag{1}$$

地基多通道微波辐射计的工作原理就是根据大气对不同频率微波频段辐射吸收的差异,通过不同的微波通道来探测大气的亮度温度(亮温)变化。其中,22.2 GHz 附近表现特征为一个水汽谐振带,即根据水汽分布的气压高度表现的压力加宽;60 GHz 附近的表现特征是一个大气氧气谐振带;而在此波段云液态水的发射光谱无谐振,并近似与频率的二次方成正比。通过测量氧气在 60 GHz 附近的辐射强度或亮度温度得出温度廓线,通过观测来自于水汽线压力增宽的辐射强度或亮度温度信息,反演得到水汽廓线[17]。

## 2.3 数据与方法

本文选取 2019 年 10 月 3 日 00 时至 10 月 7 日 00 时隆德气象站 RPG-HATPRO-G4 型和 QFW-6000 型地基多通道微波辐射计亮温、大气水汽含量(PWV)、云液态含水量(LWP)资料和同时段的小时降水资料。在数据分析和处理中,将时间同步为北京时间并将 RPG-HATPRO-G4 型微波辐射计原秒数据做分钟平均与 QFW-6000 型微波辐射计分钟数据进行对比分析。

# 3 结果分析

## 3.1 大气水汽含量对比

降水产生的必要条件之一是必须有充足的水汽条件。微波辐射计的重要功能之一就是能得到 0～10 km 范围内的大气温度、湿度廓线、综合大气水汽含量、云液态水含量、云底高度等数据产品。因此选取研究时间段内,RPG-HATPRO-G4 型和 QFW-6000 型地基多通道微波辐射计大气水汽含量与同时刻的气象站小时降水进行对比分析(图 2)。

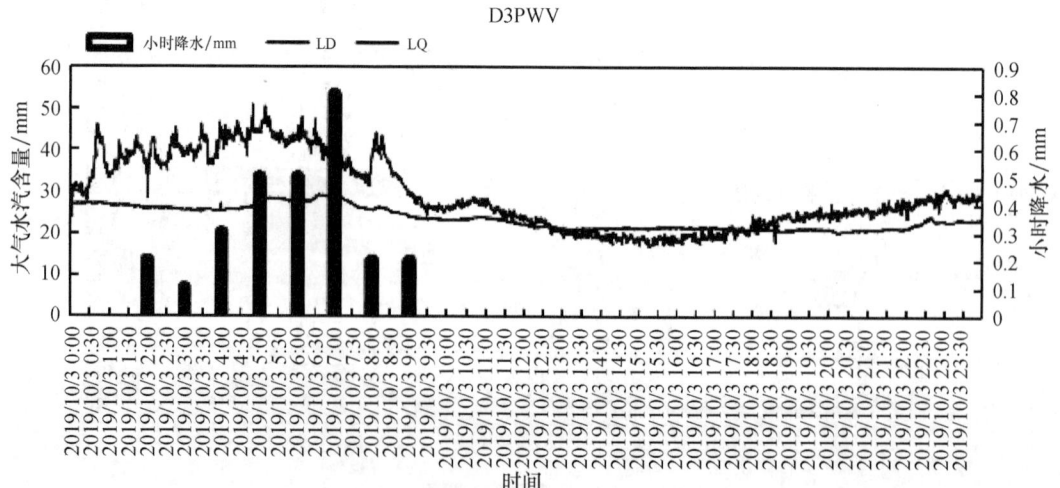

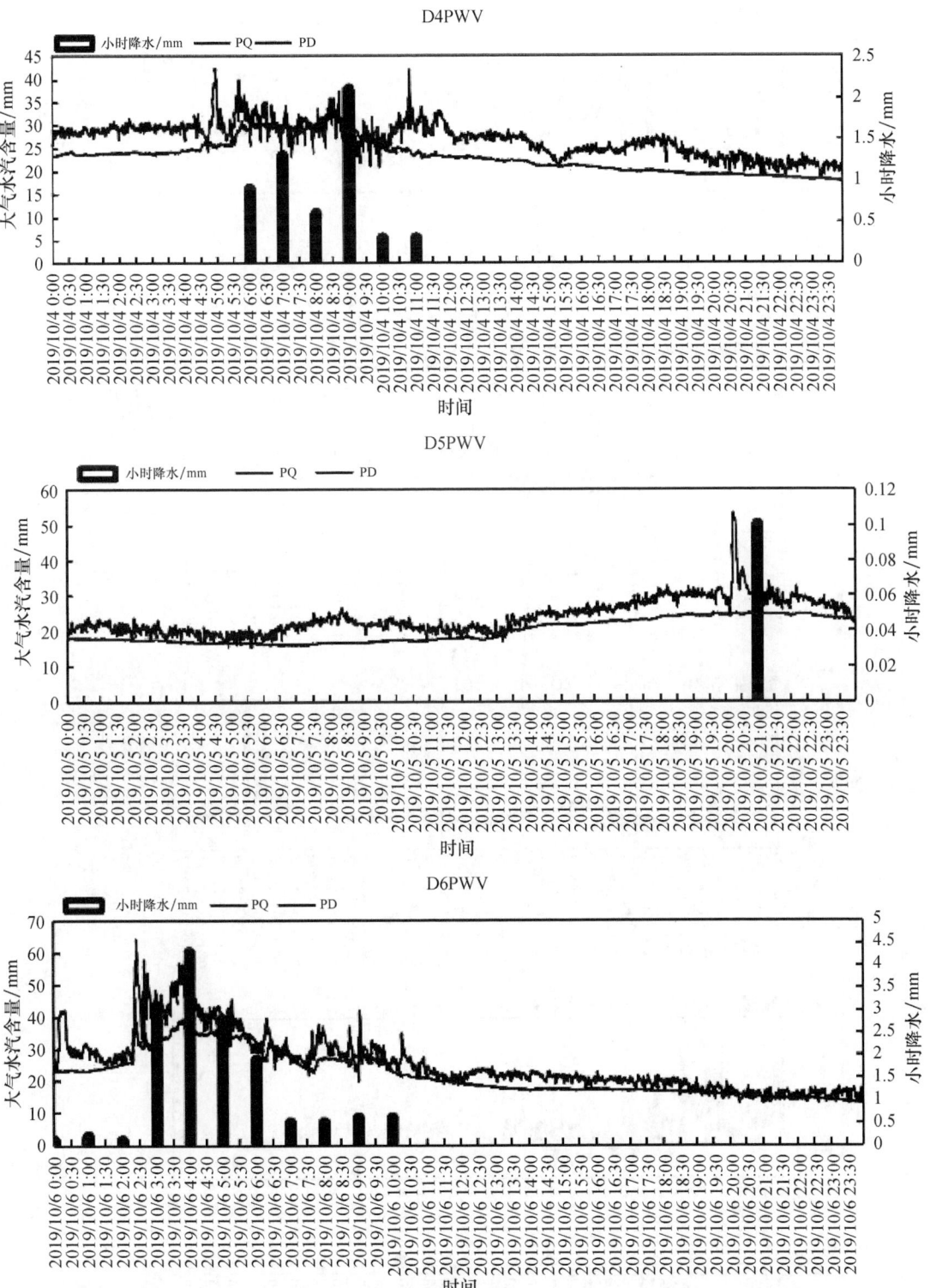

图 2 两微波辐射计大气水汽含量对比图

(灰色折线 PQ 为 QFW-6000 型微波辐射计,黑色折线 PD 为 RPG-HATPRO-G4 型微波辐射计)

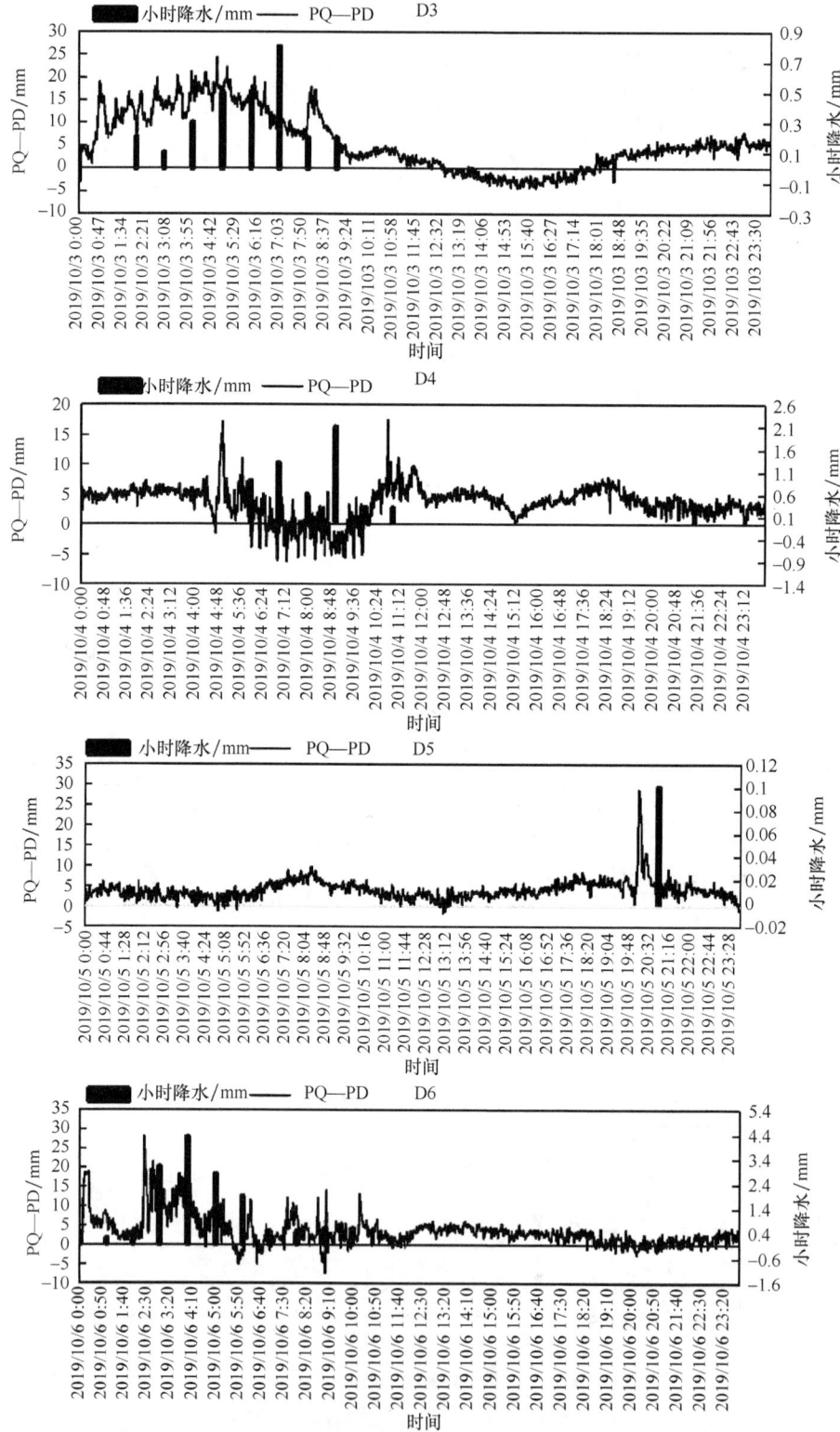

图 3 两微波辐射计大气水汽含量差值
(PQ 为 QFW-6000 型微波辐射计，PD 为 RPG-HATPRO-G4 型微波辐射计)

表1 不同背景下 PQ－PD 平均值

| 日期 | 非降水/mm | | | 降水量/mm | 降水/mm | | |
| --- | --- | --- | --- | --- | --- | --- | --- |
| | PQ | PD | 差值 | | PQ | PD | 差值 |
| 10月3日 | 24.85 | 22.23 | 2.62 | 2.8 | 38.21 | 26.04 | 12.17 |
| 10月4日 | 25.93 | 21.6 | 4.33 | 5.5 | 29.32 | 27.69 | 1.63 |
| 10月5日 | 23.51 | 19.48 | 4.03 | 0.1 | 28.93 | 24.47 | 4.46 |
| 10月6日 | 18.68 | 16.36 | 2.32 | 14.7 | 33.35 | 28.15 | 5.2 |
| 平均值 | 23.24 | 19.92 | 3.33 | 5.78 | 32.45 | 26.59 | 5.87 |

从图2看出 QFW-6000 型微波辐射计大气水汽含量整体比 RPG-HATPRO-G4 型高,且 QFW-6000 型地基多通道微波辐射计受通道接收机电压影响比 RPG-HATPRO-G4 型大,大气水汽含量存在明显的规律波动。二者的整体变化趋势较为相似,在每次降水前后都有一个增大到减小的变化。此次降水过程,10月6日小时降水量最大,超过4 mm;4日次之,最大小时降水量超过 2 mm,3 日最大小时降水量不到 1 mm,而 5 日小时降水量最小为 0.1 mm,且持续时间最短。针对5日的阵性降水,QFW-6000 型微波辐射计的变化明显比 RPG-HATPRO-G4 型大,可能由于 QFW-6000 型微波辐射计对降水量小的阵性降水的敏感度较高,该结论还需要多个个例进行统计分析验证。

从两微波辐射计大气水汽含量差值(图3)和不同背景下 PQ－PD 平均值(表1)看出,非降水背景下,QFW-6000 型比 RPG-HATPRO-G4 型大气水汽含量值平均高出 3.33 mm;降水背景下,10月3日两型微波辐射计出现差异最大,平均为 12.17 mm,10月4日两型微波辐射计出现差异最小,平均为 1.63 mm。

### 3.2 云液态含水量对比

通过两型微波辐射计云液态含水量以及同时段小时降水之间的对比(图4),可以看出二者云液态含水量的变化趋势一致,在降水开始前云液态水含量都存在跃增现象,随着降水量的大小不同,其跃增开始到降水开始之间的时间长短也不同,由于小时降水数据是过去一小时累计降水量,无法得知确切的降水时间段,因此只能确定跃增开始到降水开始的时间段分布在 0～30 min,具体跃增时间还需要进行降水时间的细化分析,将在后续的工作中进一步分析。RPG-HATPRO-G4 型地基多通道微波辐射计对云液态含水量的敏感性比 QFW-6000 型高,当 RPG-HATPRO-G4 型云液态含水量小于 0.15 mm 时,QFW-6000 型基本都为 0;在非降水时段内两型微波辐射计云液态含水量的值相差不大,但在降水时间段内,降水对于 QFW-6000 型微波辐射计的影响比 RPG-HATPRO-G4 型高;随着降水量的增大,降水对 RPG-HATPRO-G4 型微波辐射计的影响也增大,如3日和5日的小时降水量较小,在降水时间段内 QFW-6000 型微波辐射计比 RPG-HATPRO-G4 型微波辐射计的值高,最高差值达 1.5～2.2 mm,6日的小时降水量最大,两型微波辐射计所得到的结果相对比较一致。

### 3.3 亮温通道对比

由于微波辐射计的产品数据都是根据其所测得的亮温进而反演计算得到的,因此对两型微波辐射计相同通道的亮温值进行对比分析。RPG-HATPRO-G4 型微波辐射计采用 42 通道和 14 个接收器并行和波导捷变频测量技术,其中 K 频段(22.24～31.9 GHz)的 21 个通道用于测量及反演水汽含量、液态水含量及大气水汽廓线的;QFW-6000 型微波辐射计采用 16 通道并行测量技术,其中 K 频段(22.24～31.4 GHz)的 8 个通道用于测量及反演水汽含量、液态水含量及大气水汽廓线的。

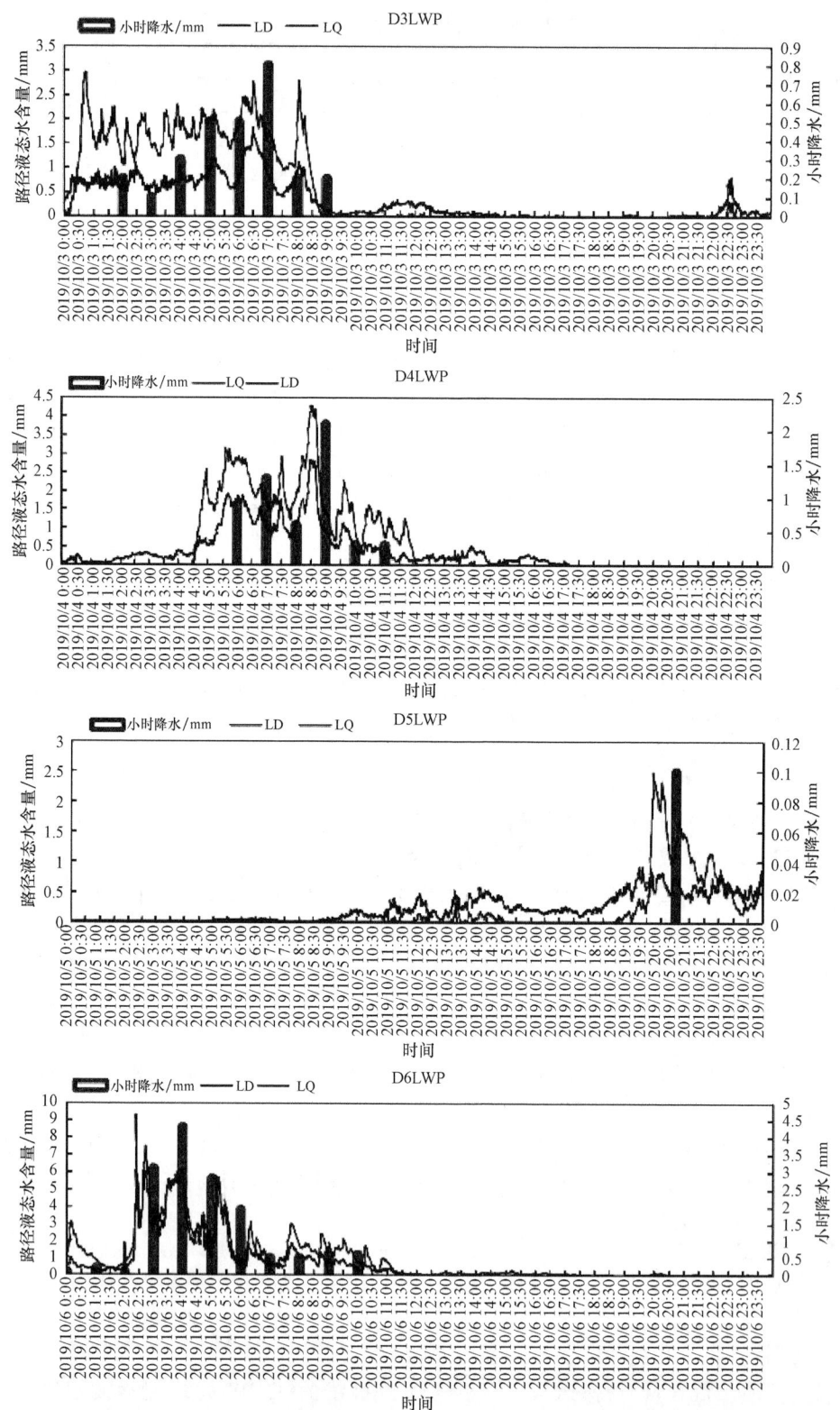

图 4 两微波辐射计云液态含水量对比图

(灰色折线为 QFW-6000 型微波辐射计,黑色折线为 RPG-HATPRO-G4 型微波辐射计)

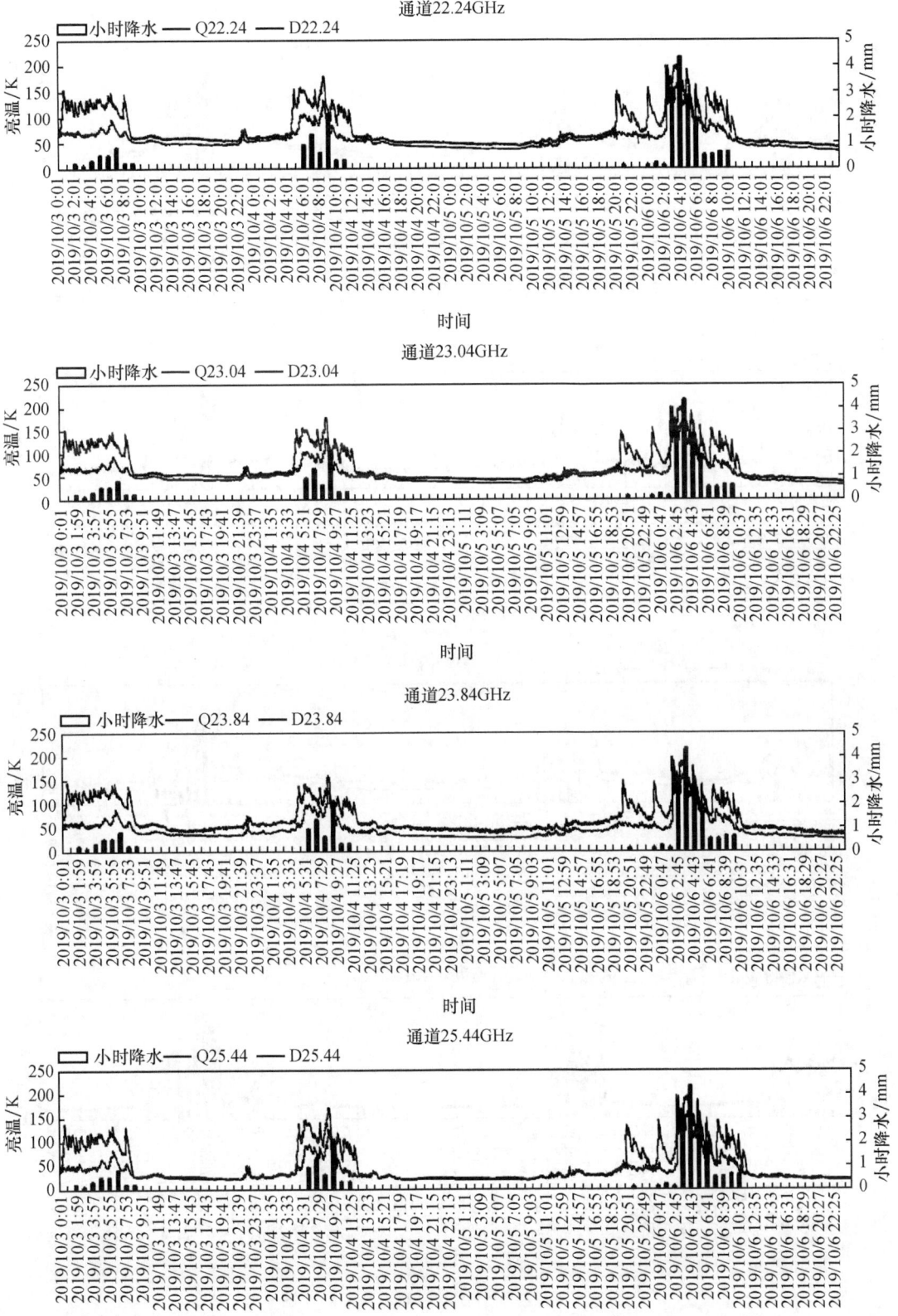

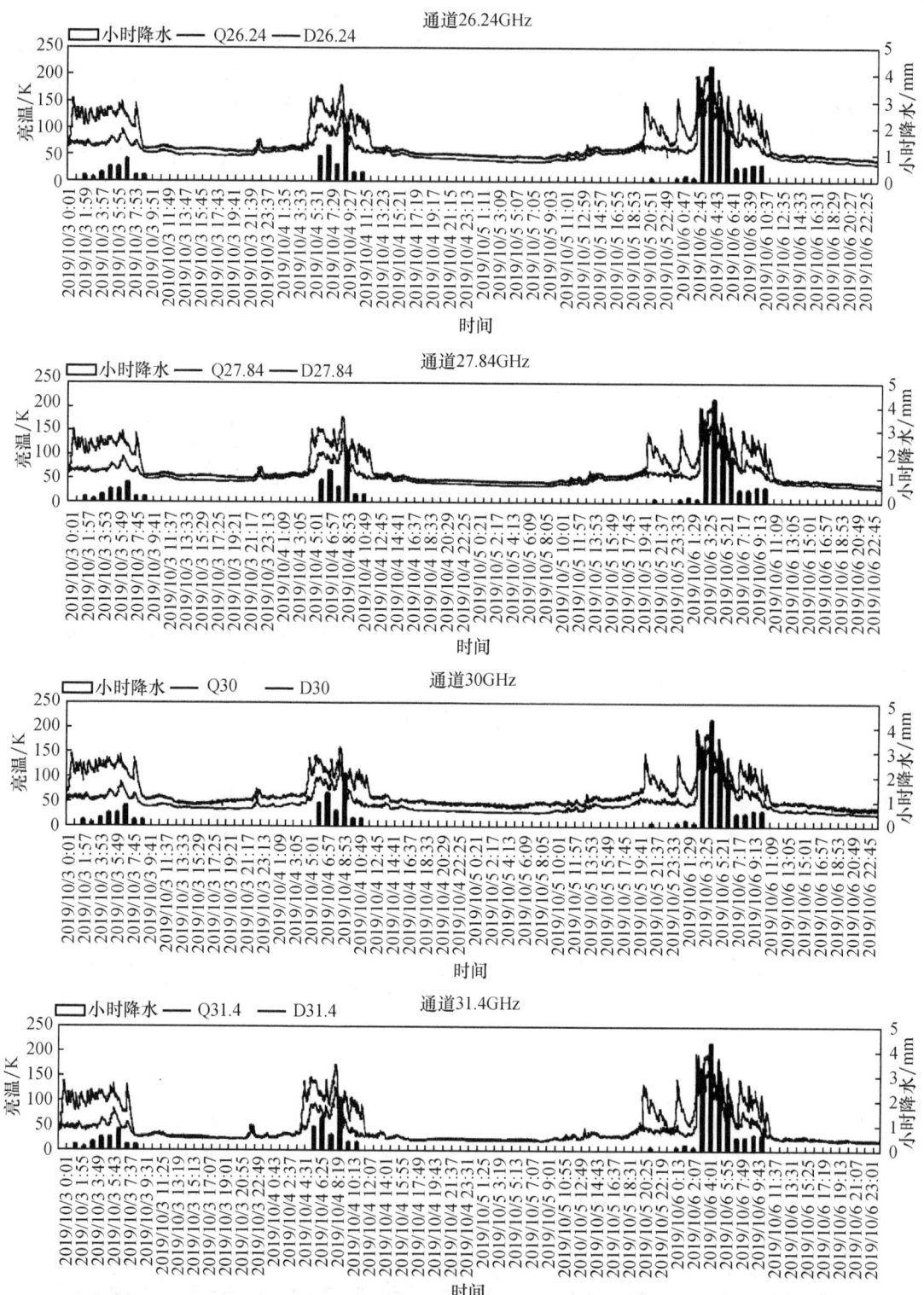

图 5 两微波辐射计不同通道亮温对比图

(灰色折线为 QFW-6000 型微波辐射计,黑色折线为 RPG-HATPRO-G4 型微波辐射计)

表 2 不同背景各通道 QFW-6000 型与 RPG-HATPRO-G4 型亮温差值

| | 通道 | 22.24GHz | 23.04GHz | 23.84GHz | 25.44GHz | 26.24GHz | 27.84GHz | 30GHz | 31.4GHz | 平均值 |
|---|---|---|---|---|---|---|---|---|---|---|
| 非降水 | QFW-6000 | 58.81 | 54.44 | 53.71 | 31.37 | 29.78 | 26.61 | 27.59 | 22.55 | 38.11 |
| | RPG-HATPRO-G4 | 47.75 | 44.39 | 36.46 | 26.57 | 29.29 | 22.23 | 20.38 | 22.82 | 31.24 |
| | 差值 | 11.06 | 10.05 | 17.25 | 4.8 | 0.49 | 4.38 | 7.21 | 0.27 | 6.94 |
| 降水 | QFW-6000 | 119.17 | 116.13 | 108.17 | 99.17 | 98.28 | 98.61 | 103.92 | 100.25 | 105.46 |
| | RPG-HATPRO-G4 | 80.57 | 78.03 | 70.47 | 61.96 | 65.35 | 61.14 | 62.28 | 66.26 | 68.26 |
| | 差值 | 38.6 | 38.1 | 37.7 | 37.21 | 32.93 | 37.47 | 41.64 | 33.99 | 37.21 |

从两型微波辐射计相同频段的不同通道亮温值对比(图 5)和亮温差值(表 2)可以看出,两微波辐射计每个通道所测得的亮温变化趋势是一致的,且在非降水背景下,QFW-6000 型微波辐射计的值稍高,前三个通道差值大于 10,后五个通道的亮温值差值小于 10,基本保持一致;在降水背景下,QFW-6000 型微波辐射计受降水的影响比 RPG-HATPRO-G4 型微波辐射计大,且测得的亮温值比 RPG-HATPRO-G4 型平均高出 37.21;并且随着降水量的增大,降水对 RPG-HATPRO-G4 型微波辐射计的亮温测量影响也增大。

## 4 结论

本文利用两种不同型号微波辐射计资料和自动站降水资料分析对比了大气水汽含量、云液态含水量和亮温的变化,得到以下结论。

(1)QFW-6000 型和 RPG-HATPRO-G4 型微波辐射计得到的大气水汽含量整体变化趋势相似,在每次降水前后都有一个增大到减小的变化。非降水背景下,QFW-6000 型比 RPG-HATPRO-G4 型大气水汽含量值平均高出 3.33 mm;降水背景下,两型微波辐射计出现差异根据降水大小的不同也有差异。

(2)两微波辐射计得到的云液态含水量的变化趋势一致,且在降水开始前云液态水含量都有一个跃增现象,但根据降水量大小不同,从跃增开始到降水开始之间的时间长短也不同;RPG-HATPRO-G4 型地基多通道微波辐射计对云液态含水量的敏感性比 QFW-6000 型微波辐射计高;非降水时段内得到的云液态含水量的值较为一致,但降水时段内,降水对于 QFW-6000 型微波辐射计的影响比 RPG-HATPRO-G4 型的影响高,且随着降水量的增大,降水对 RPG-HATPRO-G4 型微波辐射计的影响也增大。

(3)两微波辐射计各通道亮温变化趋势一致。非降水背景下差值比降水背景下差值小;降水背景下,QFW-6000 型微波辐射计受降水的影响比 RPG-HATPRO-G4 型微波辐射计大,且测得的亮温值比 RPG-HATPRO-G4 型平均高出 37.21;并且随着降水量的增大,降水对 RPG-HATPRO-G4 型微波辐射计的亮温测量影响也增大。

从两微波辐射计的大气水汽含量、云液态水含量和亮温值对比总体来看,QFW-6000 型微波辐射计所得到的值比 RPG-HATPRO-G4 型高且规律性波动变化较大,出现该差异的原因主要由于仪器差异,QFW-6000 型微波辐射计是 16 通道,RPG-HATPRO-G4 型是 42 通道,相比之下 42 通道的微波辐射计更能保证仪器观测的稳定性,保证卓越的噪声性能($<2 \text{ g} \cdot \text{m}^{-2}$

RMS),而并行与波导捷变频技术同时极大地减少了变频次数,提高通道占空比,保证了高信噪比,所以 RPG-HATPRO-G4 型微波辐射计所测数据稳定性较强。另外,目前世界上只有基于并行观测技术的德国 RPG 微波辐射计可以真正实现边界层高度角扫描模式,而且可以实现 25~40 m 的垂直分辨率,保证了整个对流层和边界层的准确和高分辨率观测[18],而 QFW-6000 型微波辐射计的输出廓线数据的分层密度及精度相对较差,还需要提高[6]。

## 参考文献

[1] 朱磊,卢建平,雷连发. 新型多通道微波辐射计及大气观测分析[J]. 火控雷达技术,2014,43(1):84-88.

[2] 卢建平,黄建平,郭学良,等. 探测大气温湿廓线的 35 通道微波辐射计设计原理与特点[J]. 气象科技,2014,42(2):193-197.

[3] 刘朝顺,吕达仁,杜秉玉. 地基遥感大气水汽总量和云液态水总量的研究[J]. 南京气象学院学报,2006,29(5):606-612.

[4] 刘红燕,李炬,曹晓彦,等. 遥感大气结构的 12 通道微波辐射计测量结果分析[J]. 遥感技术与应用,2007,22(2):222-229.

[5] 张文刚,徐桂荣,颜国跑,等. 微波辐射计与探空仪测值对比分析[J]. 气象科技,2014(5):737-741.

[6] 海阿静,于永杰,张志国,等. QFW-6000 型地基多通道微波辐射计及典型天气过程观测结果分析[J]. 火控雷达技术,2016,45(4):6-11.

[7] 卢会国,李国平,蒋娟萍. 阳江国际探空试验的 GPS、探空、微波辐射计水汽资料对比分析[J]. 气象科技,2014,42(1):158-163.

[8] SDNCHEZ J L,POSADA R,ORTEGA E G,et al. A method to improve the accuracy of continuous measuring of vertical profiles of temperature and water vapor density by means of a ground based microwave radiometer[J]. Atmospheric Research,2013,122:43-54.

[9] 张天旗,黄海玲,张荣智,等. MWP967KV 型微波辐射计晴阴天气分析[J]. 民航学报,2019,3(3):82-87.

[10] 刘红燕,王迎春,王京丽,等. 由地基微波辐射计涓景褥到的北京地区水汽特性的初步分析[J]. 大气科学,2009,33(2):388-396.

[11] 李铁林,刘艳华,邵振平,等. 利用地基微波辐射计测空中水汽和液态含水量[C]. 全国云降水物理和人工影响天气科学会议. 2005.

[12] ZHAO Y L,CHEN Y B,LI B,ET Al. A study on detecting vapor profile using ground based microwave radiometer and cloud radar[C]. IGARSS,2017.

[13] ZHANG W G,XU G R,LIU Y B,et al. Uncertainties of ground-based microwave radiometer retrievals in zenith and off-zenith observations under snow conditions[J]. Atmospheric Measurement Techniques,2017,10(1):155-165.

[14] 赵玲,马玉芬,张广兴。MP-3000A 微波辐射计的探测原理及误差分析[J]. 沙漠与绿洲气象,2009,3(5):53-57.

[15] XU G R. WARE R,ZHANG W G,et al. Effect of off-zenith observations on reducing the impact of preciptation on ground-based microwave radiometer measuremet accuracy[J]. Atmospheric Research(in Review),2014,140:85-94.

[16] 张秋晨,龚佃利,王俊,等. 基于地基微波辐射计反演的济南地区水汽及云液态水特征[J]. 气象与环境学报,2017(5).

[17] 周秀骥,吕达仁,黄润恒,等. 大气微波辐射及遥感原理[M]. 北京:科学出版社,1982:51-54.

[18] 刘敏,李礼,许丽萍,等. RPG-HATPRO 地基多通道微波辐射计的使用与维护[J]. 分析仪器,2014(5):89-92.

# 六盘山西侧一次降水过程不同微波辐射计与 FY-2 卫星数据对比*

林 彤 桑建人 孙艳桥 田 磊

(1. 中国气象局旱区特色农业气象灾害监测预警与风险管理重点实验室,银川 750002;
2. 中国气象局云雾物理环境重点开放实验室,北京 100081;
3. 宁夏气象防灾减灾重点实验室,银川 750002)

**摘 要**:利用 2019 年一次六盘山区降水过程,对同址不同型号的两个微波辐射计的水汽资料进行分析对比,并与风云 2 号卫星反演产品的云液态水路径进行了对比分析,结果表明:在非降水情况下,QFW-6000 型微波辐射计的 PWV 值比 RPG-HATPRO-G4 型微波辐射计平均高;RPG-HATPRO-G4 型微波辐射计对水汽的敏感度高,当它测得的值非常小(<0.15 mm)时,QFW-6000 型的 LWP 值基本都为 0;在降水情况下,RPG-HATPRO-G4 型微波辐射计的 LWP 明显比 QFW-6000 型微波辐射计小,并且在降水开始之前一段时间,LWP 值有一个跃增现象;卫星资料显示隆德站周边在降水情况下的 LWP 值比非降水情况下高;非降水情况下卫星资料和微波辐射计资料的差值比在降水情况下二者的差值小;降水情况下,RPG-HATPRO-G4 型微波辐射计得到的 LWP 值与卫星反演得到的 LWP 值更接近。结合二者对降水过程进行综合观测,对提高人工影响天气工作的效率有重大帮助。

**关键词**:大气水汽含量;云液态水含量;六盘山;微波辐射计;风云卫星

## 1 引言

大气中的水汽时刻都在发生变化,它随着时间和空间变化明显不同,是预测天气和气候变化的一个重要物理量。云液态水路径(liquid water path,LWP)也称为云液态水含量,是指云中液态水密度在垂直方向上的积分总量,它的分布和变化与对应天气系统的变化密切相关,且在降水开始前,LWP 有一定的变化规律,可以对降水的发生有一定的指示意义[1-3]。

现阶段监测大气水汽的手段相对较多,主要有飞机穿云探测,常规探空探测,微波辐射计探测及卫星探测等,其中,卫星反演可以反映大范围的水汽状态、反映云的发生发展状况[4-5],已有很多学者使用卫星资料对云各物理参数和水汽进行了分析,例如衡志炜[6]基于多种卫星资料、再分析资料,对全球尺度以及东亚地区的云水路径(cloud water path,CWP)、液态水路径以及冰水路径(ice water path,IWP)的气候分布特征以及变化规律进行了分析;李浩等[7]使用美国宇航局 NASA 的 CloudSat 卫星的二级产品资料分析了新疆北部沿天山一带的一次暴雨过程,得到云中液态水粒子有效半径、粒子数浓度、液态水含量等微物理属性的

---

\* 资助项目:西北区域人影建设研究试验项目(RYSY201904),国家自然科学基金面上项目(41775139),宁夏自然科学基金项目(2019AAC03255),宁夏回族自治区重点研发计划一般项目(2019BEG03001)共同资助。
作者简介:林彤(1993—),女,山东烟台人,硕士,助理工程师,主要从事人工影响天气及大气物理方面研究。E-mail:lintong0213@126.com。

垂直分布特征;宋灿等[8]选取一次层状云降水过程,对比分析 FY-2 与 MODIS 反演云参数及飞机观测结果,探索了飞机检验卫星云参数的飞行方案,结果表明:FY-2 反演云参数演变趋势与飞机观测结果有较好的一致性;飞机观测计算得到的光学厚度($\tau$)和 LWP 与卫星反演 $\tau$ 和 LWP 差异较大,FY-2 反演值明显偏小。卫星反演获取天气过程前后云参量的变化情况,这些云系物理特征参数,不仅可为云系变化的监测和短时临近精细天气预报提供帮助,也可为人工影响天气作业提供指导,有利于人工增雨的效果物理检验,对人工影响天气有重要的参考意义[9-10]。

尽管卫星数据的空间分辨率很高,但对于人工影响天气业务来说,其时间分辨率较低,且卫星反演产品普遍存在结果偏大的误差问题,因此对于精度和高时间分辨率的要求,微波辐射计的探测成为了有效的数据获取途径,尤其在非降水情况下,微波辐射计的准确度较高。

现阶段,已有很多学者使用微波辐射计来长时间监测大气水汽相关特征量的变化,例如:海阿静等[11]通过与气象探空数据及参考文献中 MP-3000 输出结果的对比分析,以及典型天气过程下的观测结果的分析,表明 QFW-6000 型地基多通道微波辐射计具有优良的工作性能;雷连发等[12]介绍了自主研制的地基多通道微波辐射计以及数据反演方法,同时将微波辐射计反演的大气参数与探空资料对比分析了反演精度;崔雅琴等[13]分析了 L 波段探空雷达和德国 14 通道地基微波辐射计观测数据,对其实施了质量控制、精度和可信度、检验,分析了相对湿度、液态水路径和综合水汽含量等物理参量特征和日变化规律。国外学者也使用微波辐射计资料进行相关研究和反演方法的改进,例如 Tan 等[14]利用 35 通道微波辐射计建立了统计模型,其检索结果优于辐射计提供的神经网络剖面。通过数值分析,发现云液水处理引起的水汽密度反演误差较大,研究了在观测期内两种典型天气现象的辐射计反演剖面,发现利用文中讨论的方法,反演剖面可以很好地捕捉大气条件的演变过程;Steinke 等[15]介绍了利用两个微波辐射计,利用层析成像技术推导二维水汽场的方法;Zhang 等[16]研究了积雪条件下微波辐射计反演的不确定性,并探讨了微波辐射计反演天顶和非天顶方法的差异;Cossu 等[17]将 WRF 模型模拟的结果与微波辐射计的综合水汽(integrated water vapour,IWV)和综合云液态水(integrated liquid water,ILW)测量的结果进行对比,发现二者的 IWV 吻合度高,平均偏差仅为 0.7 mm,而 WRF 模型得到的 ILW 高估了晴空出现概率的比例(WRF 为 83%,微波辐射计为 60%)。

西北地区是我国缺水最严重的地区,其降水主要集中在山区,靠山区降水转化为山区冰雪或与冰雪融水相汇合,形成地表径流,成为滋润绿洲的宝贵水源;六盘山位于青藏高原与黄土高原的交汇处,主峰位于宁夏隆德和泾源两县交界处,最高峰达到 2942 m,它是西风带与东亚季风的过渡带,是海洋暖湿气流进入西北内陆的通道之一,也是西北内陆地区空中水汽输送的重要区域。由于六盘山区由南到北气候从半湿润区、半干旱过渡到干旱区,具有大陆性和海洋季风边缘气候特点,且其作为黄土高原重要的水源涵养地,水汽相对较丰富并且由于地形的抬升作用,围绕山脉附近经常形成地形云从而产生降水。因此,监测、分析六盘山周边地区的降水过程中大气水汽的变化,结合卫星产品对降水过程的发生发展进行综合预判,对进一步研究六盘山区的降水特征有重要意义及应用价值,并且可以用于判断该地区云系是否处于降水产生阶段,更好的应用于人工增雨作业。

本文使用微波辐射计资料和卫星反演产品资料对六盘山西侧一次降水过程进行对比

分析,结合卫星反演产品资料和微波辐射计探测数据来分析降水和非降水情况下大气水汽及云液态水含量的变化,可以很好地对二者进行对比并合理结合利用,为今后分析该地区的大气水汽变化特征奠定理论基础并为人工影响天气作业条件的判断提供一定的技术支撑。

## 2 资料与方法

天气背景:2019 年 10 月 31 日—11 月 1 日,受扩散冷空气和偏南气流共同影响,宁夏六盘山区有降水天气发生,实际 10 月 31 日累计降水量 4.4 mm,11 月 1 日累计降水量 5.2 mm。

本文所使用的微波辐射计数据,是选取 2019 年 10 月 30 日 0:00 时到 11 月 2 日 0:00 时间段内一次降水过程,隆德气象站布设的两个不同型号地基多通道微波辐射计(RPG-HAT-PRO-G4 型微波辐射计和 QFW-6000 型微波辐射计)具有时空分辨率高、全天候和全天时观测的优点,时间分辨率为一秒一个数据,可以实时连续监测并获得 0~10 km 范围内的大气温、湿度廓线、综合大气水汽含量、云液态水含量、云底高度等数据产品。选取 2019 年 10 月 31 日—11 月 1 日两微波辐射计连续的大气水汽含量(PWV)、云液态含水量(LWP)和亮温资料,在微波辐射计数据分析处理过程中,对数据进行简单的质量控制,剔除异常值和平滑个别缺测值,将时间同步为北京时间并将两个微波辐射计的数据预处理为分钟平均数据进行对比分析。文中使用的小时降水资料是使用同时间段隆德国家气象站自动站小时雨量观测资料。

卫星数据选用中国气象局人工影响天气中心下发的利用人工影响天气云降水特征参量静止卫星反演系统(CPPS-GSSL2.0),对我国 FY2C/D/E/F 静止气象卫星探测资料、L 波段探空秒数据进行联合反演,得到一组同云系人工增雨作业条件直接相关的人工影响天气云降水宏微观物理特征参数,反演产品每半小时发布一次,发布时间比对应时次的卫星观测数据时间延后约 60 min;产品空间分辨率采用 0.05°×0.05°卫星观测数据进行反演计算,产品空间分辨率为 5 km×5 km。本文卫星数据选取天气过程时间段内的 LWP 物理量进行对比分析。

## 3 结果分析

### 3.1 微波辐射计结果

由两微波辐射计 PWV 与 LWP 对比图(图 1)看出,在非降水情况下,QFW-6000 型微波辐射计的 PWV 值比 RPG-HATPRO-G4 型微波辐射计平均高出 5.2 mm;LWP 值二者相差不大,相差在 0.5 mm 之内,数据分析过程中发现 RPG-HATPRO-G4 型微波辐射计对水汽的敏感度高,当它测得的值非常小(<0.15 mm)时,QFW-6000 型的 LWP 值基本都为 0。在降水情况下,PWV 的值两种微波辐射计相差不大,上下相差不超过 3.5 mm,但对于 LWP 的值,RPG-HATPRO-G4 型微波辐射计明显比 QFW-6000 型微波辐射计小,并且在降水开始之前一段时间,LWP 值有一个突然增加的过程,也称为跃增现象。为了验证降水情况下 LWP 值哪个微波辐射计更可信,哪个微波辐射计受降水的影响更大,后面会使用风云 2 号卫星的反演产品数据进行对比说明。

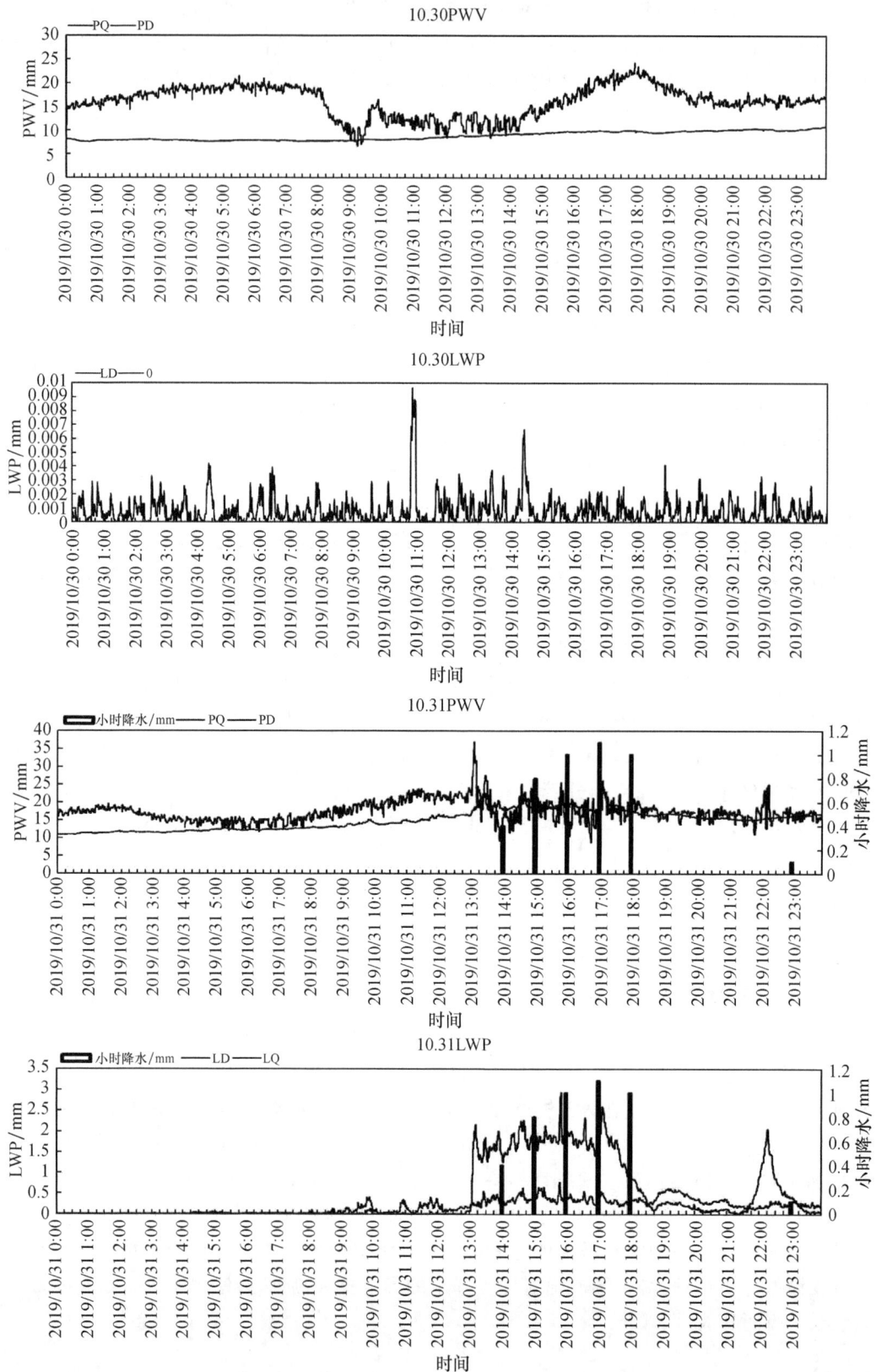

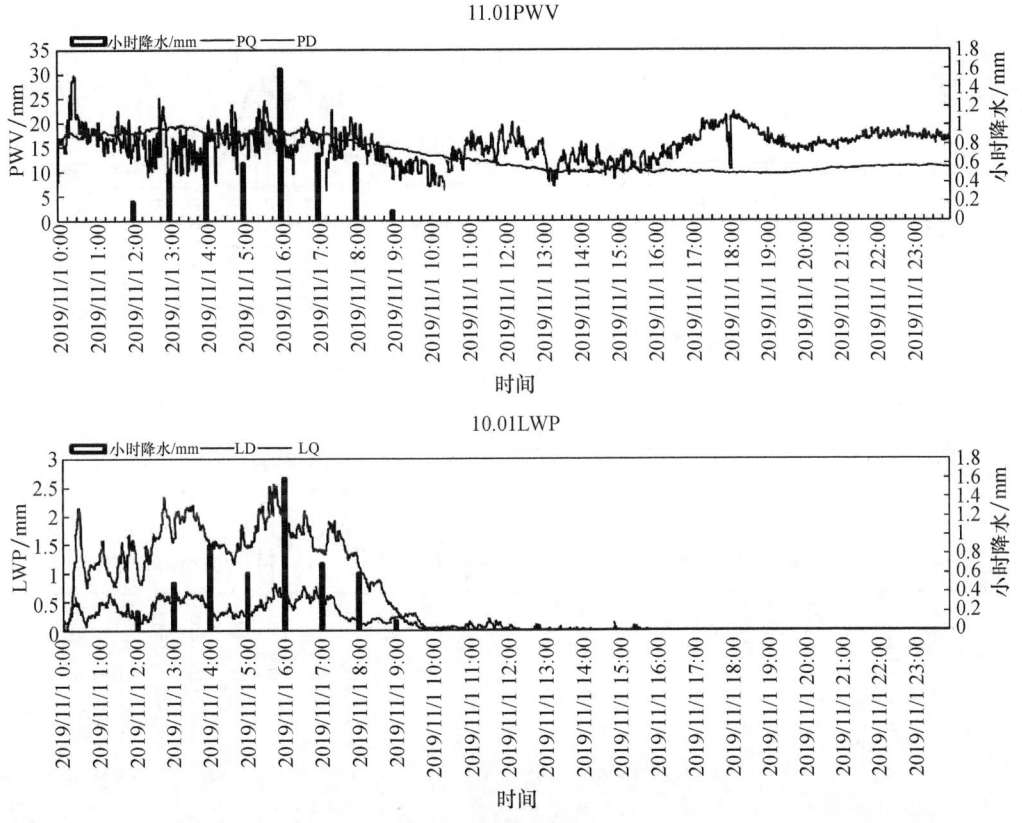

**图 1  微波辐射计 PWV 与 LWP 变化图**

(PD,LD 表示 RPG-HATPRO-G4 型微波辐射计数据;PQ,LQ 表示 QFW-6000 型微波辐射计数据)

图 2 是两个不同型号微波辐射计的亮温值对比图,由图可以看到在非降水情况下两个微波辐射计的亮温值相差不大,而降水情况下,QFW-6000 型微波辐射计第一次降水变化不大,第二次降水过程 QFW-6000 型微波辐射计明显比 RPG-HATPRO-G4 型微波辐射计受降水的影响大,前者比后者高出的值大于 50 K。RPG-HATPRO-G4 型微波辐射计两次降水过程都出现了变化,而 QFW-6000 型微波辐射计第一次降水过程亮温值基本没变化,第二次降水过程亮温值变化较大,其原因还需要进一步探究。

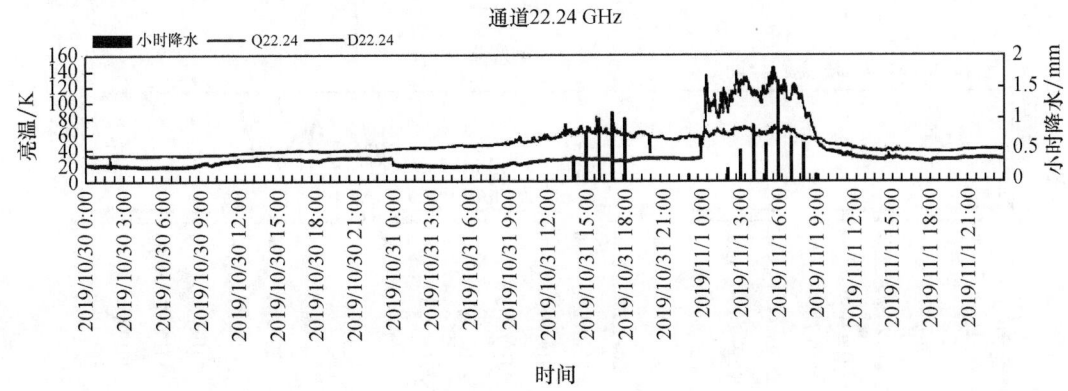

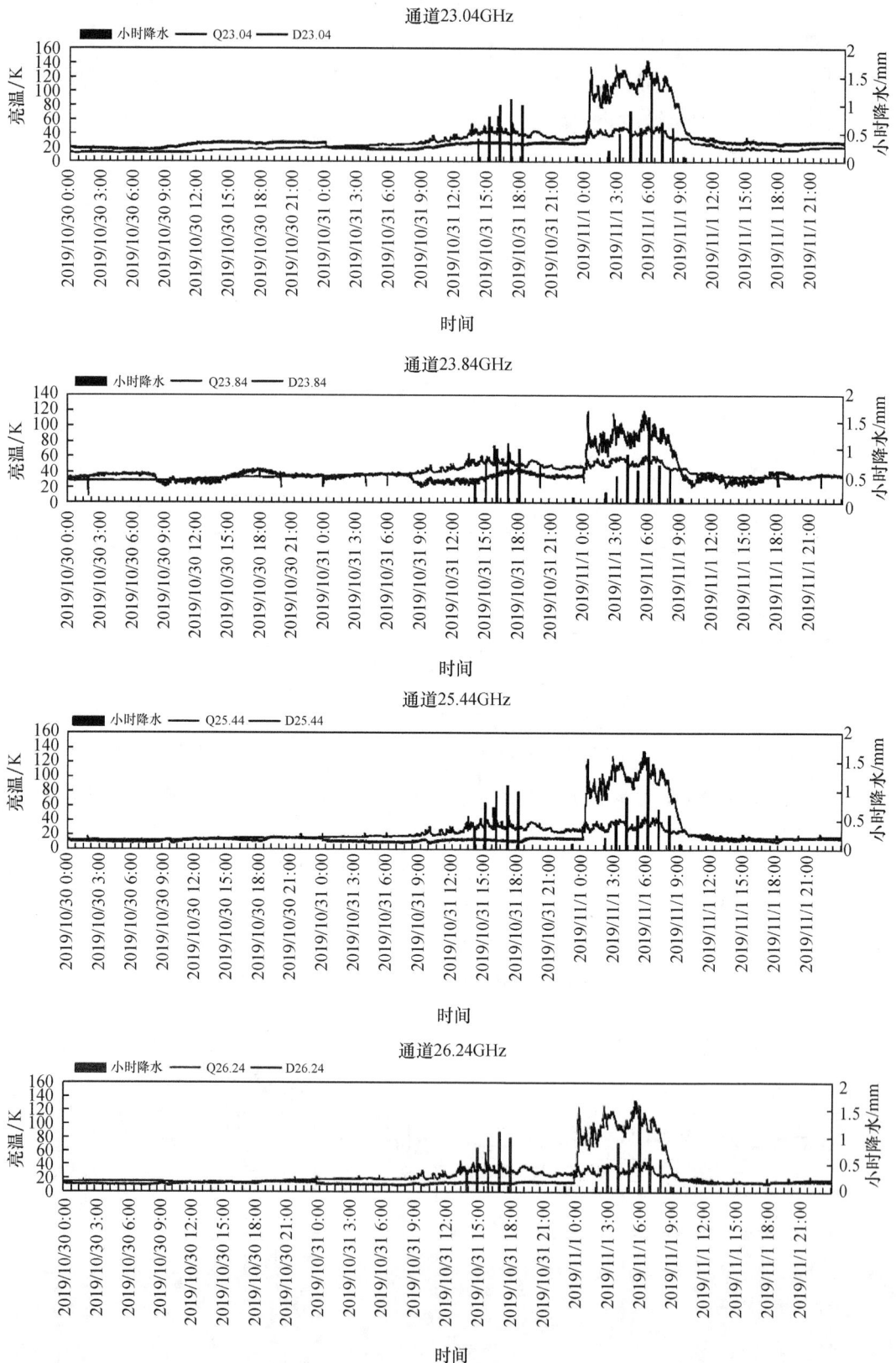

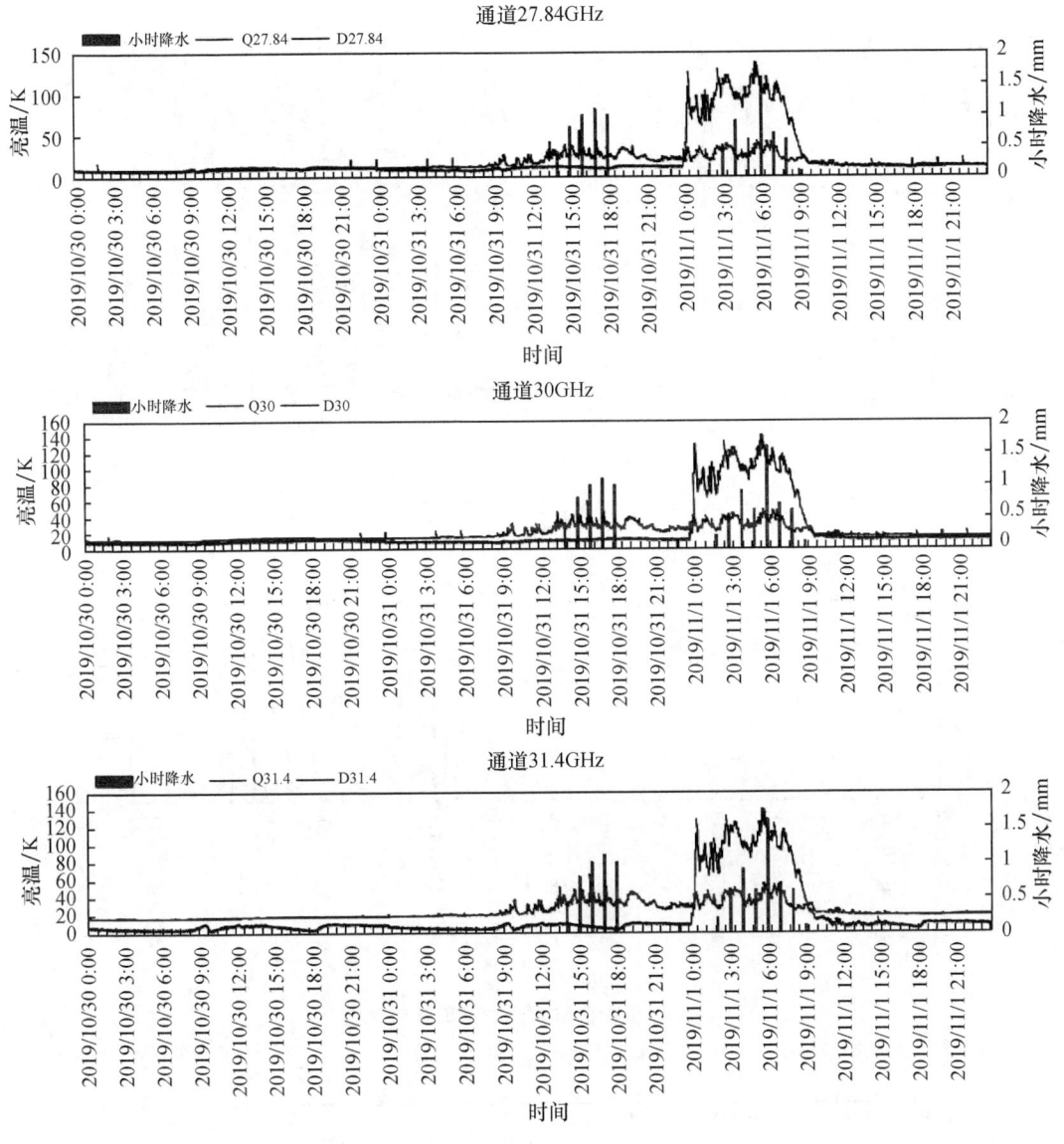

图 2 不同型号微波辐射计亮温对比图

## 3.2 卫星数据对比

天气过程中卫星产品 LWP 的平均分布图(图 3)所示,由于降水情况下数据较少,因此此次过程中卫星数据计算出的平均值不具有代表性,但还是可以从图中看出,隆德站周边在降水情况下的 LWP 值比非降水情况下高,最大高出 0.5 mm。

从图 4、图 5 中可以看出,卫星资料和微波辐射计资料在非降水情况下相差比在降水情况下相差小,并且 QFW-6000 型微波辐射计所得到的 LWP 值在降水情况下与卫星反演得到的 LWP 相差很大,最大达到 2 mm,平均相差 1.15 mm;降水情况下,两微波辐射计得到的数值比卫星反演得到的 LWP 值大,相对比下,降水情况下 RPG-HATPRO-G4 型微波辐射计得到的 LWP 值与卫星反演得到的 LWP 值更接近,最大相差 0.55 mm,平均相差在 0.23 mm。

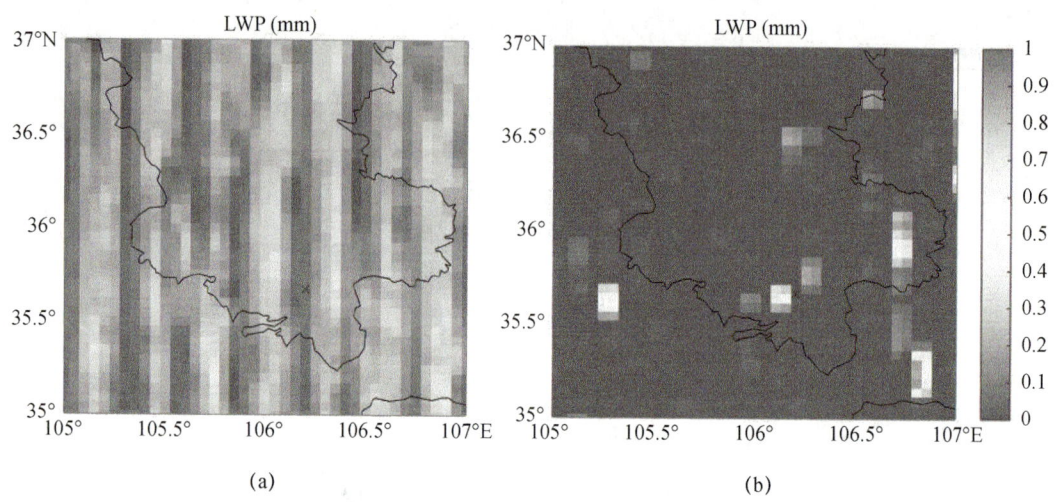

**图 3　天气过程时段 FY-2 卫星 LWP 平均分布图**
(a)非降水情况;(b)降水情况。(图中×为隆德站位置)

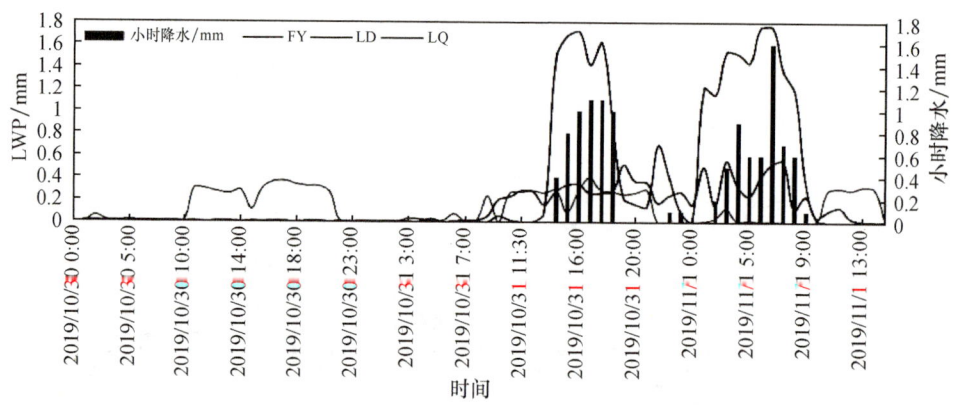

**图 4　卫星数据与两微波辐射计对比图**
(FY 表示卫星数据;LD 表示 RPG-HATPRO-G4 型微波辐射计数据;LQ 表示 QFW-6000 型微波辐射计数据)

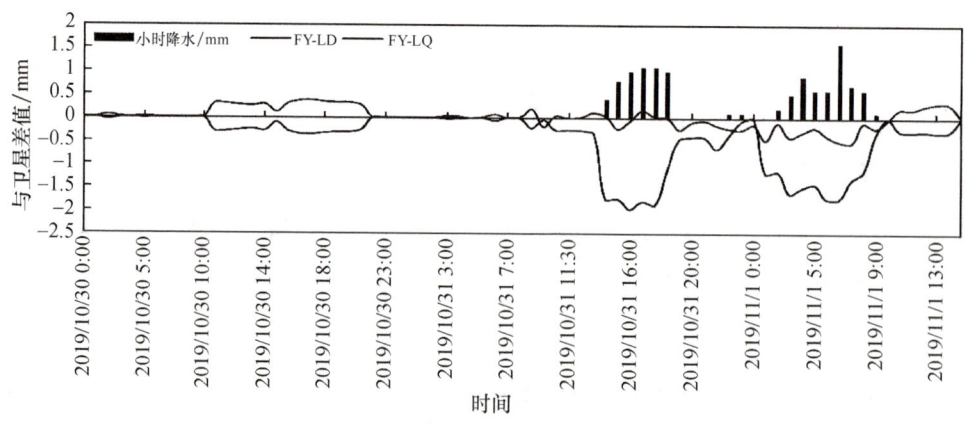

**图 5　卫星与两微波辐射计的差值图**
(FY－LD 表示卫星与 RPG-HATPRO-G4 型微波辐射计数据差值;FY－LQ 表示卫星与 QFW-6000 型微波辐射计数据差值)

微波辐射计受降水影响较大,但它在晴空条件下的观测值比较准确,而卫星反演产品正好可以弥补在阴天和降水背景下对大气水汽和云液态水状态的监测,结合二者的优点可以得到更为准确的结果。

## 4 结论与讨论

本文使用风云2号卫星资料与微波辐射计资料对六盘山区一次降水过程的大气水汽和云液态水含量进行分析对比,结论如下。

(1)在非降水情况下,QFW-6000型微波辐射计的PWV值比RPG-HATPRO-G4型微波辐射计平均高;LWP值二者相差不大,相差在0.5 mm之内,数据分析过程中发现RPG-HATPRO-G4型微波辐射计对水汽的敏感度高,当它测得的值非常小(<0.15 mm)时,QFW-6000型的LWP值基本都为0;非降水情况两个型号微波辐射计的亮温值相差不大。

(2)在降水情况下,PWV的值两种微波辐射计相差不大,但对于LWP的值,RPG-HATPRO-G4型微波辐射计明显比QFW-6000型微波辐射计小,并且在降水开始之前一段时间,LWP值有一个突然增加的过程,也称为跃增现象;降水情况下,QFW-6000型微波辐射计第一次降水变化不大,第二次降水过程QFW-6000型微波辐射计明显比RPG-HATPRO-G4型微波辐射计受降水的影响大,前者比后者高出的值大于50 K。RPG-HATPRO-G4型微波辐射计两次降水过程都出现了变化,而QFW-6000型微波辐射计第一次降水过程亮温值基本没变化,第二次降水过程亮温值变化大,其原因还需要进一步探究。

(3)从卫星数据看出,隆德站周边在降水情况下的LWP值比非降水情况下高;卫星资料和微波辐射计资料在非降水情况下的差值比在降水情况下二者的差值小;在降水情况下,RPG-HATPRO-G4型微波辐射计得到的LWP值与卫星反演得到的LWP值更接近,在实际应用中有需要结合其他气象观测仪器综合分析,可以用来预判降水的临近和云系的发展阶段。

本文得到的是依据个例数据分析的初探性结果,可以为预判降水是否临近、预测云系是否处于降水产生阶段提供一定的技术参考,并且可以为人工增雨作业条件指标提供一定参考价值,但在实际应用中需要对指标进一步检验,并结合其他气象观测仪器进行综合决策。

### 参考文献

[1] 刘晓春,范水勇,毛节泰. 云顶参数与降水间关系的统计分析和数值模拟[J]. 气候与环境研究,2012,17(2):3-16.

[2] 雷恒池,洪延超,赵震,等. 近年来云降水物理和人工影响天气研究进展[J]. 大气科学,2012,32(6):967-974.

[3] 段婧,楼小凤,等. 国际人工影响天气技术新进展[J]. 气象,2017(12):1562-1571.

[4] 周万福,田建兵,康小燕,等. 基于FY-2卫星数据的青海东部春季不同类型降水过程云参数特征[J]. 干旱气象,2018,36(3):431-437.

[5] 邵洋,刘伟,孟旭,等. 人工影响天气作业装备研发和应用进展[J]. 干旱气象,2014(4):649-658.

[6] 衡志炜. 基于卫星及数值模式资料的云水凝物的气候特征分析和检验[D]. 合肥:中国科学技术大学,2013.

[7] 李浩,邓军英,刘岩,等. 一次暴雨过程云中液态水微物理属性垂直分布[J]. 干旱区研究,2015,32(1):161-167.

[8] 宋灿,周毓荃,赵洪升. 卫星云参数与飞机云物理探测对比研究和飞行方案设计[J]. 气象与环境科学,

2019(2):10-18.

[9] 林丹.利用MODIS卫星产品分析西南地区云水特征[J].气象科技,2015,43(1):138-144.

[10] 陈超,郭晓军,邱晓斌,等.中国华北地区云垂直结构及云水含量卫星遥感研究[J].气象与环境学报,2015(5):159-164.

[11] 海阿静,于永杰,张志国,等.QFW-6000型地基多通道微波辐射计及典型天气过程观测结果分析[J].火控雷达技术,2016,45(4):6-11.

[12] 雷连发,马若飞,朱磊,等.地基多通道微波辐射计在大气遥感中的应用[J].火控雷达技术,2018,47(1):18-24.

[13] 崔雅琴,张佃国,王洪,等.2015年济南地区雾霾天气过程大气物理量特征初步分析[J].大气科学,2019,36(4):13-16.

[14] TAN H B,MAO J T,CHEN H H,ET al. A study of a retrieval method for Temperature and humidity profiles from microwave radiometer observations based on principal component analysis and stepwise regression[J]. J Atmos Oceanic Technol,2011,28:378-389.

[15] STEINKE S,LOHNERT U,CREWELL S,ET Al. Water Vapor Tomography With Two Microwave Radiometers[J]. IEEE Geoscience and Remote Sensing Letters,2014,11(2):419-423.

[16] ZHANG W G,XU G R,LIU Y B,et al. Uncertainties of ground-based microwave radiometer retrievals in zenith and off-zenith observations under snow conditions[J]. Atmospheric Measurement Techniques,2017,10(1):155-165.

[17] COSSU F,HOCKE K,MARTYNOV A,et al. Atmospheric water parameters measured by a ground-based microwave radiometer and compared with the WRF model[J]. Atmospheric Science Letters,2015,16(4):465-472.

# MRR-2 型微雨雷达的组成及物理基础*

曹 宁  桑建人*  马思敏  田 磊  常倬林

(1. 中国气象局旱区特色农业气象灾害监测预警与风险管理重点实验室,银川 750002;
2. 宁夏气象防灾减灾重点实验室,银川 750002)

**摘 要**:本文简述了 MRR-2 型微雨雷达的组成和物理基础,得出以下几点结论:MRR-2 使用调频连续波技术实现对目标高度和速度等的探测;MRR-2 使用了液滴下落速度与粒子直径之间的关系公式,同时使用了包含一个高度依赖密度校正的下降速度推论公式,最后通过功率谱反射率密度和单粒子后向散射截面反演得到雨滴谱分布;通过反演得到的雨滴谱分布,可以分别通过公式计算得到雷达反射率因子、降雨率、液态水含量和特征下落末速度;MRR-2 的波长($\lambda$)为 12.38 mm,所测量的粒子中心直径($D_i$)在 6 mm 以下,可知,$\lambda/D_i \gg 1$,因此有效雷达发射率因子 $Z_e$ 近似于雷达反射率因子 $Z$。

**关键词**:微雨雷达;MRR-2;物理基础;FMCW;DSD

## 1 引言

MRR-2 型微雨雷达是德国 METEK 公司生产的垂直指向的小型调频连续波(frequency modulated continuous wave,FMCW)雷达,波长为 12.38 mm(Ku 波段),具体参数见表 1。电磁波在调波器里振荡后发射,传输的电磁波强度约为 50 mW,线直径约为 60 cm。波束宽度为 2°,在振荡器内将散射回来的电磁波在信号处理器中比较其频率的变化,即多普勒频移,可以得到降水粒子的下落速度($W$)。根据雨滴直径与下落末速度之间的关系可以获取雨滴谱的垂直分布。通过雨滴谱可反演得到 $Z$、降雨率($RR$)、液态含水量($LWC$)等的廓线信息,这些廓线产品中已经进行了噪声剔除、衰减订正、Mie 散射订正、空气密度订正等[1],Peters 等详细讨论了 MRR 衰减校正的技术[2]。MRR-2 可以弥补一般的圆锥扫描式雷达在低层资料的不足,可以得到垂直方向上的高时空分辨率雨滴谱资料,给出降水粒子在大气中的分布及变化。

20 世纪 90 年代以来,MRR 的出现对于雨滴谱分布(drop size distribution,DSD)、定量降水估计和降水微物理结构特征研究意义重大。空间和长时序的雷达反演资料对于研究 DSD 等方面优势明显,相对于风廓线雷达测量,MRR 在 DSD 研究中略显优势[3]。近年来国学者内对于 MRR 的研究也越来越深入,在 MRR 的测量精度方面,陈勇等[4-5],结合雨量计进行了

---

\* 资助项目:国家自然科学基金面上项目(41775139),中国气象局旱区特色农业气象灾害监测预警与风险管理重点实验室 2018 年度指令性科研项目"云降水显式预报(CPEFS)产品在宁夏人工增雨作业中的解释应用"和"宁夏夏季对流云降水雨滴谱分布特征研究"共同资助。
作者简介:曹宁(1981—)男,高级工程师,主要从事人工影响天气方面的研究。E-mail:caoning_2007@163.com。
通讯作者:桑建人(1964—)男,正研级高工,主要从事人工影响天气及大气物理研究。E-mail:sangjr@126.com。

MRR 的误差模拟和校准,并使用 MRR 观测了两次夏季层状云降雨过程的垂直 DSD,并利用强度顺序滤波方法计算了 Z-R 关系。温龙等[6]表明 MRR 探测结果在层状云降水过程中优于对流性降水过程。何思远等[7]研究了 MRR 反演雨滴谱剔除垂直气流方法。王洪等[8]利用数值模拟的方法,对微降水雷达的探测精度进行了分析,并将 MRR 资料与同步观测的雨滴谱仪数据进行比对,表明两种仪器探测的雷达反射率、雨强、对数浓度、中值体积直径在时间序列上都有较好的吻合度,变化趋势和幅度相近。

2017 年 6 月宁夏在六盘山区布设了 2 部新型 MRR-2 型微雨雷达,分别布设在六盘山和隆德气象站开展全天候连续观测,为了更好地与布设在六盘山区的微波辐射计、云雷达、雨滴谱仪、多普勒天气雷达和 GNSS/MET 等专业探测设备协同观测,进而探究盘山地形云的宏微观和微物理特征,揭示六盘山区地形云的发生发展规律和降水形成发展机理等,本文简要描述了 MRR-2 组成及物理基础,为宁夏在使用 MRR-2 并分析降水云宏微观物理参量的演变特征提供参考。

## 2　MRR-2 的硬件组成及功能

### 2.1　软硬件配置

MRR-2 雷达系统由室外部件、室内部件和高级软件组成。图 1 显示了 MRR-2 雷达系统部件组成。室外和室内部件通过控制缆线连接,串行电缆连接电脑和室内部件。室外部件即雷达前端,由雷达接收机(RADAR Control and Processing Device,RCPD)、接收电子机(Transceiver)及抛物面天线(Antenna)组成。Antenna 完成雷达信号的传输与后向散射信号的接收,RCPD 产生雷达发射调制信号并将其传送给 Transceiver,并分析了后向散射接收信号,计算了多普勒谱(原始功率谱),并通过接线盒向电脑传递平均功率谱。室内部件主要是接线盒(Junction box),Junction box 通过 RS232 串行接口连接计算机(MRR-2 PC),由安装在 MRR-2 PC 的高级软件完成高度分辨率、平均时间输入和测量参数的选择,以及 MRR-2 各参数的输出。表 1 分别列出了 MRR-2 雷达系统室外部件、室内部件的主要参数及高级软件的主要功能。

表 1　MRR-2 硬件配置和主要参数

| 部件 | 配置 | 参数及功能 |
| --- | --- | --- |
| 室外部件 | 抛物面天线 | 天线直径:60 cm;波束宽度:1.5°,3 dB;所需支杆外径:48 mm |
| | 雷达接收机(内置于圆柱形铝盒) | 调频:FM-CW;偏振:线性;频率:24.23 GHz;传输功率:50 mW |
| | | 频率调制:根据不同测量高度范围采用不同频率:1.5 mHz 时,高度间隔 100 m,3.0 MHz 时 |
| | 接收机电子(内置于方形防水盒内,270×170×110 mm,IP65) | 功率谱多普勒功率谱分析:取样时间 10 s;数据传输:RS232,速率可调,最大 11520 波特;操作指示器:LED;速率分辨率:0.1887 m·s$^{-1}$;速度范围:0~12.192 m·s$^{-1}$;存储操作参数,断电自动恢复功能;功耗:25 W |
| | 25 m 电缆 | 连接室内外部件 |
| 室内部件 | 电源/接线盒 | 230VAC/200×120×70 mm,4 kg |

续表

| 部件 | 配置 | 参数及功能 |
| --- | --- | --- |
| 高级软件 | 系统控制、参数调节和数据传输 | 功率谱采样速率:10 s;高度取样数:30层(从2×高度分辨率到30×高度分辨率);垂直分辨率:10~200 m可调;雨滴谱粒径范围:0.109~6 mm;最低测量高度:2×高度分辨率 |
| | 功率谱多普勒功率谱在线处理 | 瞬时或平均廓线;功率谱多普勒功率谱、反射率、降雨率、液态水含量,可选;时间分辨率:10~3600 s;降落速度密度相关补偿 |
| | 自动功能 | 操作参数储存;断电自动恢复 |
| | 绘图和显示 | 廓线、时间序列、雨滴谱和统计信息;每幅1或4或9图;时间和高度范围可选;平滑功能;打印输出和文件格式输出:txt,tif,eps,wmf,bmp等;成列数据的数字化输出;存储所有参数设置 |

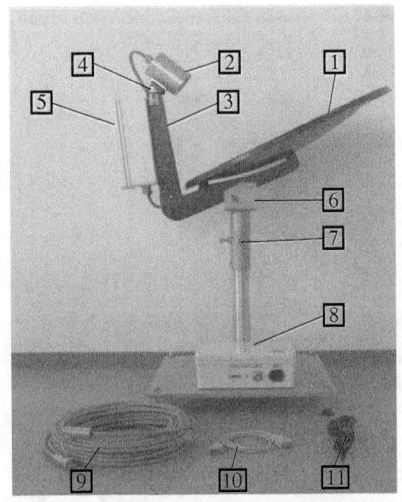

图 1 MRR-2 型微雨雷达系统部件组成
(1. 抛物面天线;2. 无线电收发机;3. 天线臂;4. 泡状水准仪;5. RCPD;6. 枢轴;
7. 管座;8. 接线盒;9. 控制电缆;10. 串行电缆;11. 电力电缆)

## 2.2 MRR-2 前端

调频连续波(FMCW)雷达整个雷达系统的核心就是射频前端,它是完成信号发射和接收的重要模块,其中包括频率源、功率放大器、天线、低噪声放大器和混频器等组件。图 2 为 MMR-2 型雷达组件和功能示意。MMR-2 雷达前端的核心部件是一个标称发射功率为 50 mW 的集成混频二极管的调频耿氏振荡器。线性极化射频功率通过波导器和天线馈入,后向散射信号也通过此天线接收。接收信号的探测是由波导器和天线之间安装在耿氏振荡器混频二极管完成。因为在发射机关闭期间接收器也不工作,所以混频二极管不能在脉冲模式下出现电压,但在连续波模式下,混频二极管会出现由发射信号和接收信号之间的相位差产生的输出电压,此电压通过低噪声放大器(LNA)放大后输入至数字信号处理器进行进一步的信号处理。

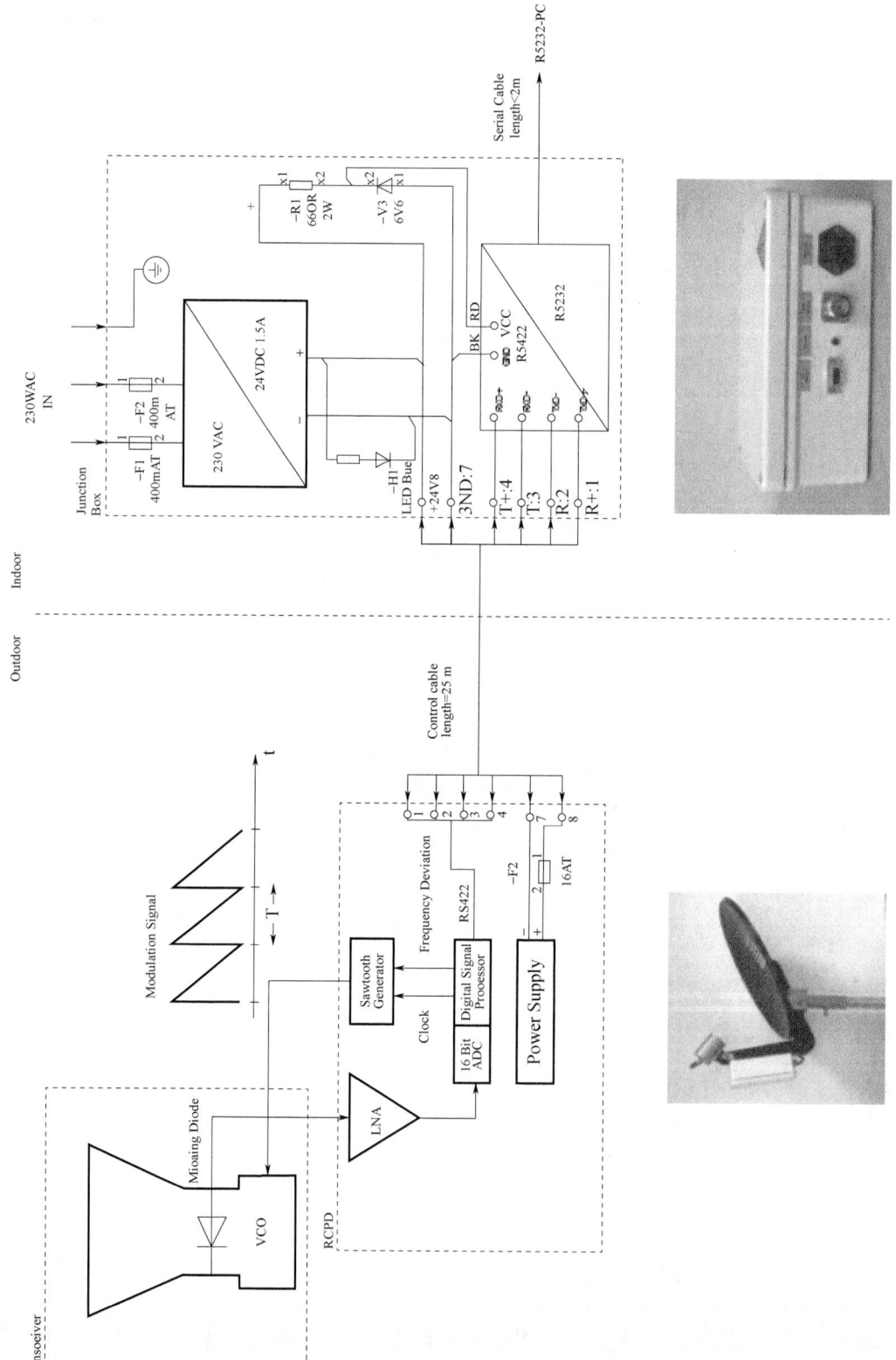

图2 MRR-2结构及功能图
(左:雷达前端(室外部件);右:电源/接线盒(室内部件))

## 3 MRR-2 的物理基础

### 3.1 点目标雷达测量

#### 3.1.1 静止点目标

调频连续波(FMCW)雷达通过比较任意时刻回波信号频率与此时刻发射信号的频率之差(frequency difference)的方法来得到目标的距离信息,距离正比于两者的频率差。目标的径向速度和距离可由测量的二者频率差处理后得到[9]。由图 2 可知,MRR-2 的为调制波为线性调频连续波的锯齿波,其波形为降坡曲线加一条垂直横轴的直线,并按照周期重复这些波。锯齿波测距时,由于时间延迟效应引起的发射信号和回波信号频率存在差异,根据频率的差异和延迟的时间来求相应的距离信息[10-11]。图 3 上部为因延时 FMCW 锯齿波调制雷达发射和接收信号频率与时间的关系曲线,可以看出,发射信号的频率线性地从 $f_0+B/2$ 到 $f_0-B/2$ 扫描然后跳回初始值,接收信号频率曲线相比于发射信号频率有时间延迟,时间延迟 $t_h$ 与发射和接收信号间的频率差 $f$ 之间的关系为:

$$t_h = T \cdot \frac{f}{B} = 2h/c \tag{1}$$

式中,$T$ 为 MRR-2 单次扫描的周期;$B$ 为发射频率调制的频偏(frequency deviation),即调频宽度;$h$ 为静止点目标距 MRR-2 的距离;$c$ 为光速。由于 MRR-2 为垂直指向雷达,静止点目标距 MRR-2 的距离 $h$ 即为 MRR-2 的测量高度。

MRR-2 在一次扫描中静止点目标的距离与频率差的关系用以下公式表达:

$$h = \frac{c}{2} \cdot T \cdot \frac{f}{B} \tag{2}$$

式中,$h$ 为 MRR-2 的测量高度,$f$ 为发射和接收信号的频率之差。由式(2)可知,当 MRR-2 的测量高度越高,频率差就越大。图 3 的下部示出了混频二极管的相应输出,它的频率等于发射和接收信号之间的恒定频率差 $f$。

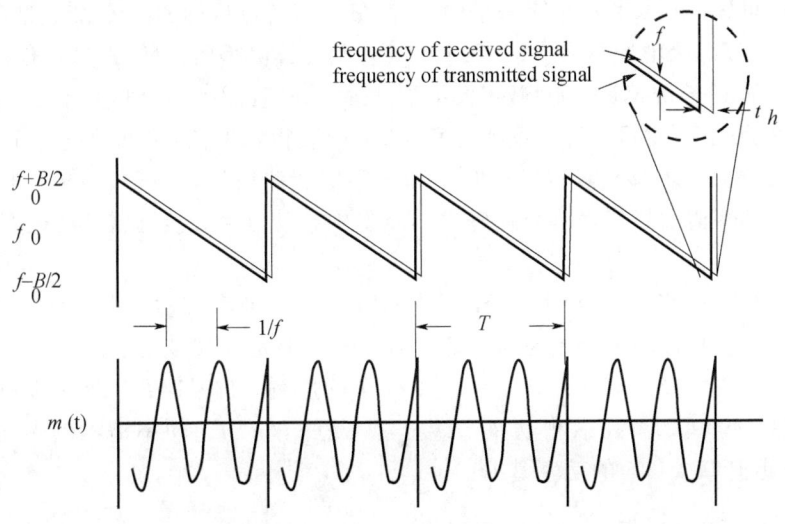

图 3 静止点目标测距(上部:发射信号和回波的频率;下部:混频器输出)

### 3.1.2 高度分辨率

距离分辨力是指同一方向上两个大小相等点目标之间的最小可区分距离。决定距离分辨力的是 MRR-2 发射频率调制的频偏 $B$，即调频宽度，调频宽度越大，距离分辨率力越好。MRR-2 为垂直指向雷达，距离分辨率也称高度分辨率。由公式 1 可知，MRR-2 在一次周期为 $T$ 的扫描中，延时分辨率 $\delta t_h$ 和频率差分辨率 $\delta f$ 之间有以下关系：

$$\delta t_h = \frac{T}{B} \delta f \tag{3}$$

式中，$B$ 为发射频率调制的频偏。MRR-2 高度分辨率 $\delta h$ 为：

$$\delta h = \frac{c}{2} \cdot \delta t_h \tag{4}$$

式中，$\delta t_h$ 为延时分辨率，$c$ 为光速。当 $\delta f = 1/T$ 时，得到 MRR-2 高度分辨率 $\delta h$ 为：

$$\delta h = \frac{c}{2} \cdot \frac{1}{B} \tag{5}$$

式中，$B$ 为发射频率调制的频偏，$c$ 为光速。由公式(5)可知，MRR-2 高度分辨率只与其发射频率调制的频偏 $B$ 有关，比如，当 MRR-2 频率调制为 1.5 MHz 时，高度分辨率 100 m。由于 MRR-2 共有 31 个距离库，当高度分辨率 100 m 时，测量高度范围：$100 \times 32 = 3200$ m，由此可见，MRR-2 高度分辨率值越小，也即高度分辨率越好，则可测量的高度越小。

### 3.1.3 移动点目标

多普勒效应是指当发射源和接收者之间有相对径向运动时，接收的信号的频率将发生变化。由多普勒效应可知，当移动点目标和 MRR-2 之间有径向速度时，MRR-2 接收的信号的频率会有附加频移，多普勒频移正比于移动点的径向速度。MRR-2 在一次扫描期间观测到的总频移 $\Delta f_{\text{total}}$ 是多普勒频移 $f_D$ 与发射和接收信号的频率差 $f$ 的和：

$$\Delta f_{\text{total}} = \underbrace{\frac{2}{\lambda} v}_{\text{Doppler}} = \underbrace{B \frac{2h}{cT}}_{\text{range}} \tag{6}$$

式中，$v$ 为目标的径向（朝天线的速度为正值）速度；$\lambda$ 为波长。

由公式(6)可知，MRR-2 在单次扫描中，其测量的移动点目标的速度和高度的频率信号出现混叠现象，即 $\Delta f_{\text{total}}$ 为混频信号。MRR-2 在处理其连续测得的混频信号时，使用快速傅里叶变换(fast Fourier transrorm，FFT)对数字模拟信号进行处理：使用一阶傅里叶变换($1^{\text{st}}$ FT)获得复谱，采样速度为 $1/T$；使用二阶傅里叶变换($2^{\text{nd}}$ FT)获得功率谱，采样速度为 $1/nT$。图 4 显示了 MRR-2 多次扫描的移动点目标在时间和频率域回波信号，复谱线在极坐标中用箭头表示，功率谱每个功率谱谱线代表一个距离库 $r$，本例中移动点目标接近雷达的速度为：

$$v = \pi/(8T) \tag{7}$$

即目标的位置以 $\lambda/8$ 的速度从一个距离库到下一个距离库移动。由于目标的位置变化远小于距离库的深度，目标的位置始终位于距离库 3~4，但是其回波的相位在随后的扫描中增加 90°。复谱电压在每个距离库作为一种新的时了间序列，其以 $1/T$ 的速率取样。为了如果使用二阶傅里叶变换($2^{\text{nd}}$ FT)获得功率谱线分辨为 $1/(nT)$。功率谱本例中功率谱功率的最大值出现在距离库 3 和 4 的功率谱中：

$$f_D = f_N/4 \tag{8}$$

由公式(7)和(8)可知，移动点目标的多普勒频移 $f_D = 2v/\lambda$，只与多普勒速度有关。

为了避免速度和高度的频率信号出现混叠现象,MRR-2 通过反复扫描的速率 $1/T$ 来控制奈奎斯特频率 $f_N$(Nyquist frequency)间隔,当满足 $0 \leqslant f_D < f_N = 1/T$ 时,从 $2^{nd}$ FT 功率谱产生的功率谱为对应距离库的多普勒谱。

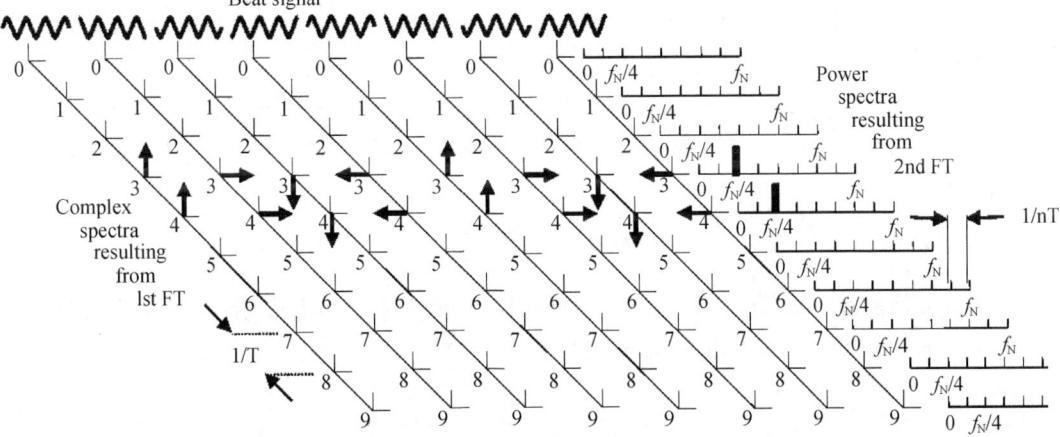

图 4　缓慢运动点目标的在时间域和频率域回波信号

## 3.2 雨滴谱分布(DSD)的推导

由雷达接收的原始功率谱功率 $f(n,i)$(记录在工程单元)为:

$$f(n,i) = \frac{10^2 \cdot TF(i)}{C} \frac{1}{i^2 \Delta h} \eta(n,i) \tag{9}$$

式中,$n$ 是多普勒谱线的个数($n=0,\cdots,63$);$i$ 是距离库的数量($i=0,\cdots,31$);$TF(i)$ 和 $C$ 分别是数据输出端给定的传递函数和校准常数;$\Delta h$ 是高度分辨率,单位为米(m);$\eta(n,i)$ 是反射率功率谱功率谱,也就是每个取样体积的后向散射截面,单位为 $m^{-1}$;$TF(i)$ 和 $C$ 存储在 MRR-2 硬件中。

"瞬时"和"平均"反射功率谱被校正为本底噪声和衰减。原谱功率以"$dB\eta$"的对数标度显示:

$$F(n,i) = 10 \cdot \lg\eta(n,i) \tag{10}$$

式中,$i=0,\cdots,31$。(距离库 $i=0$ 在原始功率谱中出现)。

谱线 $n$ 的多普勒速度是:

$$v(n) = n \cdot \Delta v = n\Delta f \cdot \lambda/2 \tag{11}$$

式中,$\Delta f = 30.52$ Hz 多普勒频谱的频率分辨率相当于速度分辨率 $\Delta v = \Delta f \cdot \lambda/2 = 0.1887 \text{ m} \cdot \text{s}^{-1}$。

关于雨滴谱分布的推导,MRR_2 采用了由 Gunn 和 Kintzer[12]发现的雨滴的下落速度 $v$ 与液滴直径 $D$ 之间的关系式,这已经由 Atlas[13]将以上关系式变成了解析公式(图5),因此,我们 MRR_2 使用包含一个高度依赖密度校正的下降速度的 $\delta v(h)$ 的推论公式[14]，具体为：

$$v(D)[\mathrm{m \cdot s^{-1}}] = (9.65 - 10.3 \cdot \exp(-0.6 \cdot D[\mathrm{mm}]))\delta v(h) \quad 0.109 \leqslant D \leqslant 6 \mathrm{~mm} \quad (12)$$

假设空气密度的高度依赖于标准的大气条件，使用由 Foote 和 duToit[15] 发现的关系 $v \propto \rho^{-0.4}$，在这种假定下 $\delta v(h)$ 二阶近似为：

$$\delta v(h) = [1 + 3.68 \cdot 10^{-5} + 1.71 \cdot 10^{-9} h^2] \tag{13}$$

功率谱反射率密度与速度的关系为 $\eta(v,i) = \eta(n,i)/\Delta v$，由此导出功率谱反射率密度与雨滴直径的关系：

$$\eta(D,i) = \eta(v,i) \frac{\partial v}{\partial D} \tag{14}$$

代入公式(12)得到的 $\partial v/\partial D[\mathrm{m \cdot s^{-1} \cdot mm^{-1}}] = 6.18 \cdot \exp(-0.6 \cdot D[\mathrm{mm}])\delta(h)$ 代入公式(14)后得到：

$$\eta(D,i)[\mathrm{m^{-1} \cdot mm^{-1}}] = \eta(v,i) \cdot 6.18 \cdot \exp(-0.6 \mathrm{~mm^{-1}} \cdot D[\mathrm{mm^{-1}}])\delta v(i \cdot \Delta h) \tag{15}$$

$H(D,i)$ 除以 $D$ 为雨滴直径的单粒子后向散射截面 $\sigma(D)$ 得到 DSD 分布 $N(D,i)$，即单位体积和直径的雨滴的数量：

$$N(D,i) = \frac{\eta(D,i)}{\sigma(D)} \tag{16}$$

如果后向散射截面 $\sigma(D)$ 已知，公式(15)和(16)一起代表了多普勒谱与 DSD 的关系，当雨滴直径小于波长，$\sigma(D)$ 可以表达为(瑞利近似)：

$$\sigma_R = \frac{\pi^5}{\lambda^4} \underbrace{\left| \frac{m^2-1}{m^2+1} \right|^2}_{K} D^6 \tag{17}$$

式中，$m$ 是水的复折射率。由于 MRR 波长大于所有自然发生的降水滴径，如果瑞利近似并不适用，则 $\sigma(D)$ 的计算根据米散射理论代替。图 5 为相对于瑞利近似的单粒子散射截面，直径被定义为体积等效的球体直径：$D = (6V/\pi)^{1/3}$，其中 $V$ 为雨滴的体积。

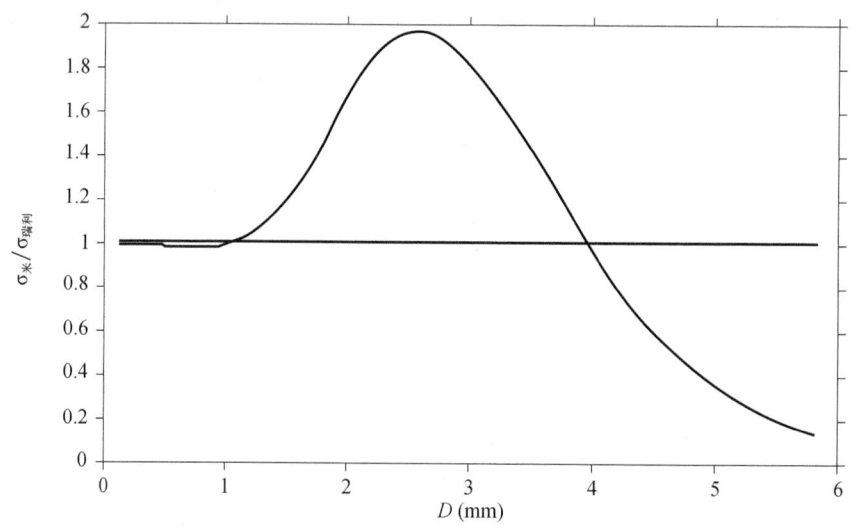

图 5　用瑞利散射散射截面归一化 24.1 GHz 水滴的单粒子后向散射截面

尽管 MRR-2 初步计算了 64 个速度步长对应 $v = 0, \cdots, 12.08 \mathrm{~m \cdot s^{-1}}$，公式(15)仅在 $0.246 \leqslant D \leqslant 5.03 \mathrm{~mm}$ 大小范围内适用，其对应于高度归一化速度范围为 $0.75 \mathrm{~m \cdot s^{-1}} \leqslant$

$\delta v(h) \leqslant 9.25 \text{ m·s}^{-1}$。由于给定大小的雨滴的高度依赖于下落速度,所分析的速度范围的界限也与高度有关。反演间隔被调整到全线增长,MRR-2 引入了一个阶梯状的结构如图 6 所示。

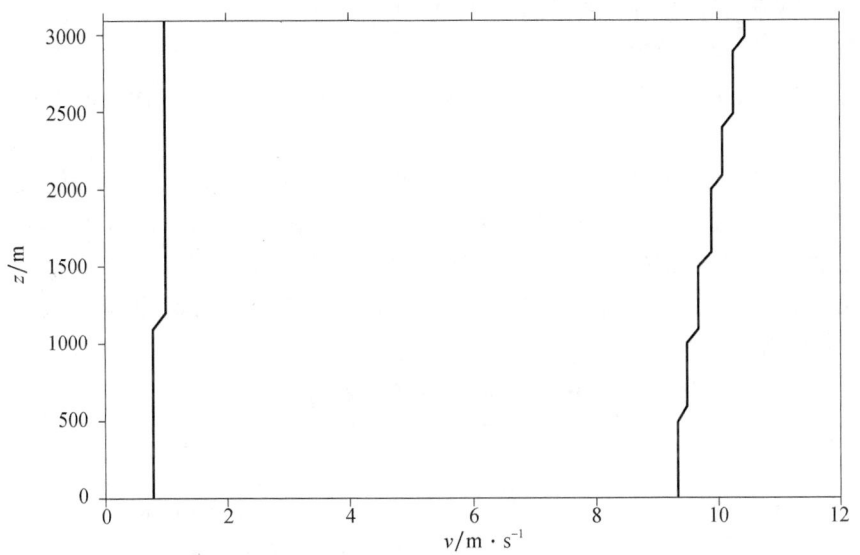

图 6 速度随高度变化的反演范围

## 3.3 降雨参数的推导

### 3.3.1 谱求和与积分

MRR 中所有的积分都被线 $nn$(从 $\min(h)$ 到 $\max(h)$)上的求和所代替,其在地面($h=0$)是 $\min(0)=4$ 和 $\max(0)=49$,图 7 显示了最小值和最大值随高度的变化。

$$\int_0^\infty g(f)\mathrm{d}f \to \sum_{\min(h)}^{\max(h)} g_m \tag{18}$$

式中,$g(f)$ 代表一个功率谱功率谱密度而且

$$g_m = g(f_m)\Delta f_D \tag{19}$$

是宽度 $\Delta f_D = 30.52$ Hz 线 $nn$ 内相应的功率谱功率。与 $v$ 有关的功率谱功率谱密度由以下公式得到:

$$g(v) = g_m \frac{\partial f}{\partial v}\frac{1}{\Delta f} \tag{20}$$

其中

$$\frac{\partial f}{\partial v}\frac{1}{\Delta f} = \frac{1}{0.1887[\text{m·s}^{-1}]}$$

与 $D$ 有关的功率谱密度由以下公式得到:

$$g(D) = g_m \frac{\partial f}{\partial v}\frac{1}{\Delta f}\frac{\partial v}{\partial D} \tag{21}$$

其中

$$\frac{\partial f}{\partial v}\frac{1}{\Delta f}\frac{\partial v}{\partial D}[\text{mm}^{-1}] = 3.18 \cdot (9.65 \cdot \delta v(h) - v[\text{m·s}^{-1}]) \tag{22}$$

如果将公式(10)中定义的功率谱反射系数 $\eta(n,i)$ 插入式(21),可以得到功率谱反射率密度 $\eta(D)$,$\eta(D)$ 可以依据公式(16)计算出(DSD)$N(D)$:

$$N(D,h)\Delta D = \frac{\eta(D,h)}{\sigma(D)}\Delta D \tag{23}$$

式中，$N(D,h)$为粒子数密度，$\sigma(D)$为单粒子后向散射截面。

### 3.3.2 MRR-2 参数反演

反演得到 DSD，就可以得到雷达反射率因子 $Z$，$Z$与粒子直径的 6 次方成正比。液态水含量是所有液滴体积与水密度的乘积，除以散射体积，因此，它与雨滴谱分布的 3 次方成正比。$RR$ 等于微滴数密度的体积乘以下落末速度，$LWC$ 和 $RR$ 分别通过表 2 的相关公式计算得到[16]。表 2 列出了以上几个 MRR-2 参数反演的公式及物理意义。在 MRR-2 中，当 $\lambda/D_i \gg 1$ 的条件满足时，有效雷达发射率因子 $Z_e$ 近似于雷达反射率因子 $Z$，MRR-2 的波长($\lambda$)为 12.38 mm，所测量的粒子中心直径($D_i$)在 6 mm 以下，所以条件 $\lambda/D_i \gg 1$ 满足，因此，可以直接将 $Z$ 值当作 $Z_e$ 来进行分析。

表 2　MRR-2 参数反演的公式

| 符号 | 物理量名称 | 单位 | 公式 |
|---|---|---|---|
| $Z$ | 雷达反射率因子 | dBZ | $Z\int_0^\infty N(D)D^6 dD$ |
| $LWC$ | 液态水含量 | g·m$^{-3}$ | $LWC = \rho_W \frac{\pi}{6}\int_0^\infty N(D)D^3 dD$<br>式中，$\rho_W$ 为水密度。 |
| $RR$ | 降雨率 | mm·h$^{-1}$ | $RR = \frac{\pi}{6}\int_0^\infty N(D)D^3 v(D)dD$<br>式中，$\pi/6 \cdot N(D)D^3$ 为滴数密度的体积；$v(D)$ 为下落末速度。 |
| $W$ | 特征下落末速度 | m·s$^{-1}$ | $W = \frac{\pi}{2}\int_{f-1/e}^{f+1/e}\eta(f)f df / \frac{\pi}{2}\int_{f-1/e}^{f+1/e}\eta(f) df$<br>式中，$f\pm1/e$ 是功率谱峰环境的 $1/e$ 上下限。 |

## 4　结论与讨论

(1) MRR-2 室外部件的核心部件是雷达接收机、接收机和抛物面天线。抛物面天线完成雷达信号的传输与后向散射信号的接收，RCPD 产生雷达发射调制信号并将其传送给接收电子机，并分析了后向散射接收信号，计算了多普勒谱(原始功率谱)，通过接线盒向 MRR-PC 传递平均功率谱。接线盒 RS232 串行接口连接 MRR-PC 完成高度分辨率、平均时间输入和测量参数的选择，以及各种 MRR-2 各个参数的输出。

(2) MRR-2 是一种调频连续波(FMCW)雷达，通过调制发射信号的频率，从回波和发射信号之间的频移得到目标的高度。MRR-2 是通过对频移信号进行快速傅里叶变换，在奈奎斯特频率采样间隔分离了移动目标速度和高度"混叠"频率信号的，实现对于移动目标的速度和高度的确定。

(3) 为了推导 DSD，MRR-2 使用了液滴下落速度与粒子直径之间的关系公式，同时使用了包含一个高度依赖密度校正的下降速度推论公式，将平均速度近似地修正为与高度的函数，最后通过反射功率谱率密度和单粒子后向散射截面反演得到 DSD。

(4)通过反演得到的雨滴谱分布,可以分别通过公式计算得到雷达反射率因子、降雨率、和液态水含量和特征下落末速度;MRR-2 的波长($\lambda$)为 12.38 mm,所测量的粒子中心直径($D_i$)在 6 mm 以下,可知,$\lambda/D_i \gg 1$,因此有效雷达发射率因子 $Z_e$ 近似于雷达反射率因子 $Z$。

## 参考文献

[1] METEK, cited 2017. MRR physical basics[Z]. Version 5.2.0.9, Metek mbH, Elmshorn.

[2] Peters G, Fischer B, Clemens M. Rain attenuation of radar echoes considering finite-range resolution and using drop size distributions[J]. J Atmos Oceanic Technol, 2010, 27:829-842.

[3] 何思远,刘晓阳,孙大利. 测雨雷达反演雨滴谱剔除垂直气流方法的研究[J]. 气象科技进展, 2015, 5(4):45-52.

[4] 陈勇,刘辉志,安俊岭,等. 垂直指向测雨雷达的误差模拟及相互校准[J]. 大气科学, 2010, 34(6):1114-1126.

[5] CHEN Yong, AN Junling, LIU Huizhi, et al. An observational study on vertical rain drop size distributions during stratiform rain in a semiarid plateau climate zone [J]. Atmospheric and Oceanic Science Letters, 2016, 9(3):178-184.

[6] 温龙,刘溯,赵坤,等. 两次降水过程的微降雨雷达探测精度分析[J]. 气象, 2015, 41(5):577-587.

[7] 何思远,刘晓阳,孙大利,等. 速度谱低端法在 MRR 反演雨滴谱中的应用研究[J]. 北京大学学报(自然科学版), 2015b, 51(3):427-436.

[8] 王洪,雷恒池,杨洁帆. 微降水雷达测量精度分析[J]. 气候与环境研究, 2017, 22(4):392-404.

[9] BIEN F, KIM Y. A Enhanced Noise-Performing 77 GHz FMCW Radar with Low Cost Pratical Implementation[C]. TENCON 2012 IEEE Region Lo Conference, 2012:1-6.

[10] BUDGE M, BURT M. Range Correlaion Effects on Phase and Amplitude Noise [C]. Southeastcon's, Proc. of IEEE, 1993.

[11] WIESBECK W. Radar System Engineering [R]. Lecture Script, University of Karlsruhe, 2003.

[12] GUNN R, KINZER G D. The terminal velocity of fall for water droplets in stagnant air[J]. J Meteor, 1949, 6:243-248.

[13] ATLAS D, SRIVASTAVA R, SEKHON R. Doppler radar characteristics of precipitation atvertical incidence[J]. Rev Geophys Space Phys, 1973, 11:1-35.

[14] PRAT O P, BARROS A P. Ground observations to characterize the spatial gradients and vertical structure of orographic precipitation-Experiments in the inner region of the Great Smoky Mountains[J]. J Hydrol, 2010, 391:143-156.

[15] FOOTE G B, DU TOIT P S. Terminal velocity of raindrops aloft[J]. J Appl Meteorol, 1969, 8:249-253.

[16] DAS S, SHUKLA A K, MAITRA A. Investigation of vertical profile of rain microstructure at Ahmedabad in Indian tropical region[J]. Advances in Space Research, 2010, 45(10), 1235-1243.

# 三维风速仪数据质量控制软件设计和应用*

周积强[1,4]　程晓龙[2,4]　黄艳红[2,4]　桑建人[1,4]　田磊[1,4]　李化泉[3,4]

（1. 宁夏气象灾害防御技术中心,银川 750002；2. 宁夏气象信息中心,银川 750002；
3. 隆德县气象局,固原 756000；4. 宁夏气象防灾减灾重点实验室,银川 750002）

**摘　要**：使用拉伊达准则筛选野点的方法,设计了一种三维风速仪风速数据质量控制软件,并进行了实际应用。结果表明：野点对风速极值统计结果具有明显偏大的影响,随着统计时距的延长,这种影响逐渐减小。设计的软件能够自动完成数据质量控制,可为科研、业务人员提供帮助。

**关键词**：三维风速仪；质量控制；野点

## 1　引言

　　风是空气运动产生的气流。它是由许多在时空上随机变化的小尺度脉动叠加在大尺度规则气流上的三维矢量。地面气象观测中测量的风是两维矢量(水平运动),用风向和风速表示。而在人工影响天气地面烟炉催化剂扩散[1]、地形云研究[2]、近地层湍流观测[3-6]、大气扩散[7]等领域需对风进行实时三维风观测。三维风速仪较一般气象观测台站观测,最大特点是除了监测水平风速和风向以外,其能够监测垂直气流速度,其广泛应用于测量大桥、大楼、风场、气象、湍流等风的观测和研究中。

　　本文使用三维风速仪为英国 Gill 公司生产的超声波风速风向仪,能够实时进行三维风测量(水平风速 U 和风向,垂直风速 W),数据输出频率为 1 Hz。输出风速范围为 $0\sim 45\ m\cdot s^{-1}$ (精度为 $0.01\ m\cdot s^{-1}$),输出风向为 $0—359°$。三维风速仪监测资料在使用前需进行数据质量控制。主要目的一是对由于设备运行不稳定等原因造成的数据缺测等进行插值修正。二是使用算法对监测数据中野点(粗大误差)进行剔除并插补[8]。

　　三维风速仪长期观测时将产生大量的秒级数据,使用人工计算的方法进行质量控制无疑带来大量的人力消耗和较长的时间成本,因此需使用软件技术实现自动完成数据质量控制。本文简要说明了三维测风仪测量三维风的基本原理,分析了三维风速仪监测数据使用过程中存在的问题。使用拉伊达准则对水平、垂直风速数据进行野点筛选,并用滑动平均(野点前后 1 s 风速的平均值)对野点剔除后进行插补,设计了一种能够实现三维风速仪数据质量控制的软件,同时按逐秒、逐 3 s、2 min、10 min、30 min、1 h 风速平均统计,风速散点分布对质量控制前后数据进行对比分析,经应用证明该软件能够实现数据质量控制目的,能较好地应用于相关业务、科研工作中。

---

\* 基金资助：宁夏回族自治区重点研发计划项目"六盘山区地形云空中云水资源开发利用关键技术及应用示范"(2019BEG03001),宁夏自然科学基金资助项目"宁夏六盘山区地面碘化银烟炉增雨雪作业条件研究"(2019AAC03255)资助,中国气象局旱区特色农业气象灾害监测预警与风险管理重点实验室指令性项目"六盘山区三维风速仪资料分析和应用研究"(CAMP-202010)资助。

作者简介：周积强,1986 年生,硕士,工程师,主要研究人工影响天气。Email:545582413@163.com。

## 2 三维风速仪测量原理

图1为三维风速仪测量风速原理。装置1和2为超声波信号发生和接收器。$L$ 为两个传感器之间的距离。$T_1$ 为超声波从传感器1到传感器2的所用时间。$T_2$ 为超声波从传感器2到传感器1所用的时间。

$V$ 表示风速,$C$ 表示声速。那么可由式(1)和(2)表示 $L,T_1,T_2,C,V$ 之间的关系。

$$T_1=\frac{L}{C+V} \tag{1}$$

$$T_2=\frac{L}{C-V} \tag{2}$$

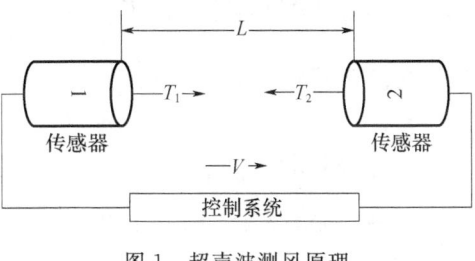

图1 超声波测风原理

由公式(1)(2)可得出 $V$

$$V=\frac{L}{2}\left(\frac{1}{T_1}-\frac{1}{T_2}\right) \tag{3}$$

根据公式(3)可以计算水平和垂直方向上风速。根据风速可计算风向。

## 3 监测数据存在问题

三维风速仪在实际使用中发现存在一些问题:一是风速记录中存在较少的风向数据缺测,表现形式为空值;二是出现极少的风速数据缺测,表现形式为乱码;三是观测记录文件命名无法直接体现观测时间信息;四是数据存储、显示软件为单机使用,数据记录存储在本地计算机;五是监测数据没有进行野点剔除(粗大误差处理)。因此三维风速数据使用前需进行质量控制,主要目的为对缺测数据进行定位和插补,对野点数据进行识别、剔除和插补。

## 4 质量控制方法

三维风速仪监测数据质量控制主要是对风向,水平和垂直风速进行完整性检查和野点处理。完整性检查主要对缺测的风向和风速记录进行定位,并使用滑动平均(缺测记录前后各1秒的平均值))的方法对缺测记录插补。野点处理是对风速监测数据存在的粗大误差进行识别,并利用滑动平均(野点前后各1 s的平均值)对野点数据进行插补。其中风向数据仅进行完整性检查,水平和垂直风速数据进行完整性检查和野点处理。当数据完成完整性检查后,则对数据进行野点识别、剔除并插补,各项功能均由软件自动完成。

野点识别有4种常用准则[9],分别是拉伊达准则、格拉布斯准则、肖维勒准则和狄克逊准则。其中拉伊达准则是以3倍测量数据的标准偏差为极限取舍标准,该准则适用于测量次数 $n>10$ 的情况。三维风速仪观测风速是每秒输出一次风速数据,因此适用拉伊达准则进行野点识别。公式(4)为拉伊达准则判断方法。$X_i$ 为观测值,$\overline{X}$ 为算数平均值,$\sigma$ 为标准差。筛选出的野点值采用滑动窗口平均法计算后进行插补,也就是将野点剔除后用前后1 s的平均风速进行插补替换。

$$\begin{cases}若|X_i-\overline{X}|>3\sigma,则\ X_i\ 为野点值\\ 若|X_i-\overline{X}|\leqslant3\sigma,则\ X_i\ 为正常值\end{cases} \tag{4}$$

每次剔除野点并补点后,应按照公式(4)重新判别,直至全部记录符合正常值要求。一般情况下野点会出现多个,同时考虑到垂直气流有上升和下沉(定义气流上升为正方向,气流下沉为负方向)两种运动方式,因此需按照绝对值从大到小依次剔除。当一组数据野点数目超过1%,应考虑该次观测数据的可靠性[8]。

## 5 软件设计

### 5.1 功能设计

功能主要一是对三维风速监测记录进行完整性检查;二是对三维风速数据进行野点处理;三是对三维风速日观测文本文件重命名;四是需提供文件夹选择框的方式选择待处理的数据文件和处理完数据文件存放目标文件夹地址;五是将野点处理情况进行简单描述并显示,详细为水平和垂直方向野点数目和占全部记录的比例。按照野点处理方法要求,软件开发关键点一是定位和识别风向风速数据缺测、乱码记录,二是实现野点数据循环识别和滑动平均插补。

### 5.2 流程设计

软件运行流程设计如图2所示。三维风速仪监测资料存储格式为文本文件,因此需先通过文件夹选择框来确定质量控制目标文件和质量控制后文件输出地址。当目标文件地址确定

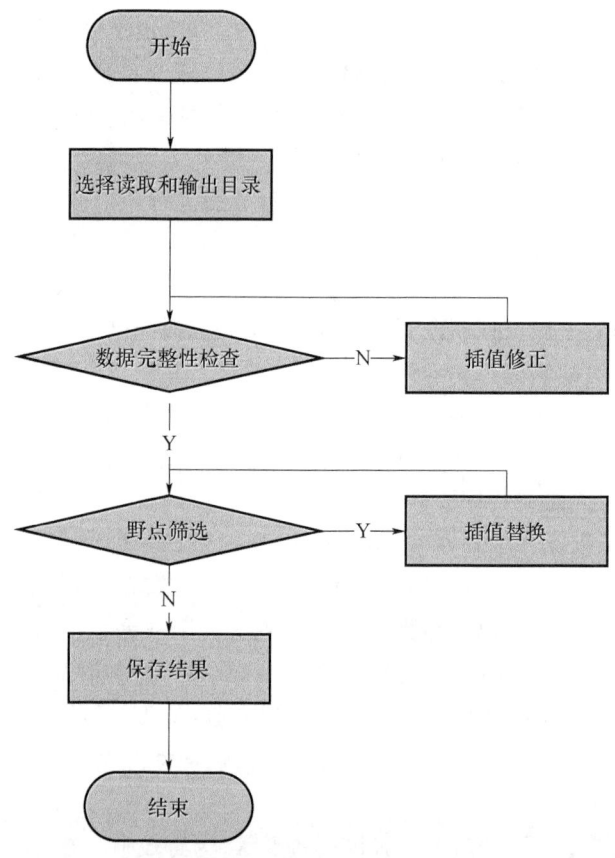

图2 数据质量控制软件流程设计

后，则程序对数据进行完整性检查。通过完整性检查后流程进入野点处理。对符合野点条件的数据按照绝对值大小依次进行插补并重新循环判断。详细为处理完一个野点后，软件按照公式(4)重新进行野点判断，然后依次循环进行计算，直到全部野点插补完毕。另外，野点计算过程中会出现替换掉一个野点后，再次对数据进行野点识别时，野点数目会出现增多的情况。

## 6 实际应用

以 2018 年 2 月 10 日 11：05：06 到 11 日 11：05：25 的三维风速仪观测记录为例，使用三维风速仪数据质量控制软件进行质量控制。本次观测记录有 86464 条，经处理后水平风速野点数目为 168 个，占比 0.002%。垂直风速野点数目为 576 个，占比 0.007%。从不同时距水平和垂直风速统计，风速散点分布三个方面对三维风速仪监测数据质量控制前后进行对比，以分析野点处理对数据统计的影响，并测试软件功能。风速平均时距取步长依次为逐秒、3 s、2 min、10 min、30 min 和 1 h 的风速平均值代表该时间段风速特征值。

### 6.1 水平风速对比

表 1 为水平风速数据质量控制前后各时间步长下的累加和、最小值、中位数、最大值统计结果，表中字体加粗部分为质量控制前后出现变化的数据。为了便于分析质量控制前后个特征值变化，数据计算结果保留三位有效数字。按逐秒统计时：风速累加值和最大风速变小，其他值没有变化。逐 3 s 平均统计时：风速累加值和最大风速变小，其他值没有变化。逐 2 min 平均统计时：风速累加值变小，风速中位数增大，其他值没有变化。逐 10 min 平均统计时：风速累加值和中位数变小，其他值没有变化。逐 30 min 平均统计时：风速累加值和中位数变小，风速最大值增大，其他值没有变化。逐 1 h 平均统计时各特征值没有变化。当数据保留两位有效数字时：风速累加值在逐秒，逐 3 s、2 min 平均变小，其他值没有变化。风速最大值在逐秒、逐 3 s 平均变小，其他值没有变化。

野点处理对三维风速水平风速累加值和最大风速具有显著影响，对其他统计值影响不大。各统计值在计算过程中由于平均和保留小数有效数字的处理，随着统计平均时间步长的延长，野点（粗大误差）带来的影响逐渐减小。

表 1 水平风速数据质量控制（野点处理）前后对比（单位：$m \cdot s^{-1}$）

| 时间步长 | 状态 | 平均值 | 累加和 | 最小值 | 中位数 | 最大值 |
|---|---|---|---|---|---|---|
| 逐秒 | 质控前 | 2.121 | 183227.15 | 0.01 | 1.450 | 10.58 |
| | 质控后 | 2.121 | 183226.09 | 0.01 | 1.450 | 9.32 |
| 3 s 平均 | 质控前 | 2.121 | 61075.717 | 0.023 | 1.450 | 9.657 |
| | 质控后 | 2.121 | 61075.363 | 0.023 | 1.450 | 8.950 |
| 2 min 平均 | 质控前 | 2.121 | 1526.893 | 0.166 | 1.457 | 6.651 |
| | 质控后 | 2.121 | 1526.884 | 0.166 | 1.459 | 6.651 |
| 10 min 平均 | 质控前 | 2.121 | 305.379 | 0.277 | 1.402 | 5.260 |
| | 质控后 | 2.121 | 305.377 | 0.277 | 1.401 | 5.260 |
| 30 min 平均 | 质控前 | 2.121 | 101.793 | 0.539 | 1.308 | 4.935 |
| | 质控后 | 2.121 | 101.792 | 0.539 | 1.307 | 4.936 |

续表

| 时间步长 | 状态 | 平均值 | 累加和 | 最小值 | 中位数 | 最大值 |
|---|---|---|---|---|---|---|
| 1 h平均 | 质控前 | 2.121 | 50.896 | 0.713 | 1.307 | 4.930 |
|  | 质控后 | 2.121 | 50.896 | 0.713 | 1.307 | 4.930 |

## 6.2 垂直风速对比

表 2 为垂直风速数据质量控制前后各时间步长下累加值、最小值、中位数、最大值统计结果,表中字体加粗部分为质量控制前后出现变化的数据。为了便于分析质量控制前后变化,同样数据计算结果保留三位有效数字。逐秒统计时:风速累加值变小、上升和下沉最大风速变小,其他值没有变化。逐秒、逐 3 s 平均统计时,累加值变小、上升和下沉最大风速变小,其他值没有变化。逐 2 min 平均统计时:累加值变小、上升最大风速变小,其他值没有变化。逐 10 min 平均统计时:风速累加值、上升和下沉最大风速变小,其他值没有变化。逐 30 min 平均统计时风速累加值、上升和下沉最大风速变小,风速中位数变大,其他值没有变化。逐 1 h 平均统计时:风速累加值、上升最大风速变小,其他值没有变化。当数据保留两位有效数字时。风速累加值、上升和下沉最大风速在逐秒、逐 3 s 平均时变小,其他值没有变化。

野点处理对三维风速仪垂直风速记录风速累计值、上升和下沉最大风速具有显著影响,对其他统计值影响不大。各统计值在计算过程中由于平均和保留小数有效数字的处理,随着统计平均时间步长的延长,野点(粗大误差)带来的影响逐渐减小。

表 2  垂直风速数据质量控制(野点处理)前后对比(单位:$m \cdot s^{-1}$)

| 时间步长 | 状态 | 平均值 | 累加和 | 最小值 | 中位数 | 最大值 |
|---|---|---|---|---|---|---|
| 逐秒 | 质控前 | 0.136 | 11783.92 | −2.68 | 0.06 | 3.420 |
|  | 质控后 | 0.136 | 11776.28 | −1.72 | 0.06 | 3.280 |
| 3 s平均 | 质控前 | 0.136 | 3927.973 | −2.337 | 0.063 | 3.100 |
|  | 质控后 | 0.136 | 3925.427 | −1.510 | 0.063 | 2.997 |
| 2 min平均 | 质控前 | 0.136 | 98.199 | −0.369 | 0.081 | 1.532 |
|  | 质控后 | 0.136 | 98.136 | −0.369 | 0.081 | 1.532 |
| 10 min平均 | 质控前 | 0.136 | 19.640 | −0.185 | 0.071 | 1.131 |
|  | 质控后 | 0.136 | 19.627 | −0.183 | 0.071 | 1.133 |
| 30 min平均 | 质控前 | 0.136 | 6.547 | −0.119 | 0.102 | 0.749 |
|  | 质控后 | 0.136 | 6.542 | −0.119 | 0.103 | 0.751 |
| 1 h平均 | 质控前 | 0.136 | 3.273 | −0.086 | 0.100 | 0.650 |
|  | 质控后 | 0.136 | 3.271 | −0.086 | 0.100 | 0.648 |

## 6.3 风速散点分布对比

图 3 所示为水平和垂直风速散点分布。水平风速野点分布在横坐标的最右侧,垂直风速野点分布在纵坐标的上下末端。经过质量控以后,可以明显看出风速野点得到识别并修正。开发设计的质量控制软件能够实现设计目的。

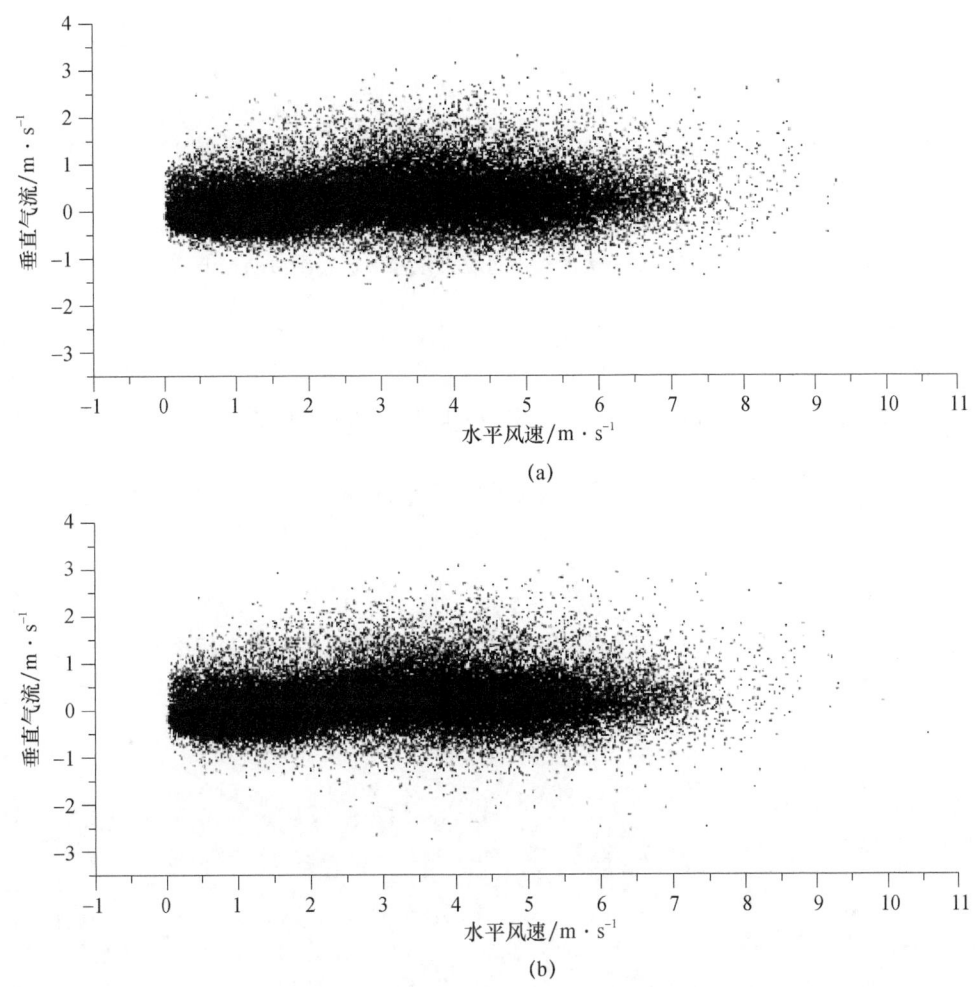

图 3 水平和垂直风速质量控制(野点处理)散点分布(横坐标为水平风速,纵坐标为垂直风速;
(a)图为质量控制后散点分布,(b)图为质量控制前散点分布)

## 7 结论

三维风速仪监测数据在使用前需进行数据完整性检查和野点处理,以剔除粗大误差对统计值的影响。通过人工的方式进行计算费时费力。同时三维风速仪监测数据由于设备运行的原因,在监测数据中存在较少的缺测现象。因此需设计一种能够实现三维风速仪数据质量自动控制的软件。本文在分析监测数据存在问题的基础上,采用现代软件技术,使用伊拉达准则进行野点识别,并用滑动平均的方法对识别的野点进行剔除并插补。利用设计的质量控制软件对一次三维风速监测资料进行了实际应用。按照不同统计时间步长对质量控制前后累加和、极值、中位数和散点分布进行对比分析。

野点使三维风速极值统计具有明显偏大的影响。在逐秒统计和逐 3 s、2 min 平均统计时,水平和垂直风速的最小值、中位数、最大值均大于质量控制后的统计值。随着统计平均时间步长的延长,这种影响逐渐减小。采用散点分布对风速数据质量控制前后进行对比,可直观地看出软件能够有效识别和插补野点,软件达到了设计目的,其能够为科研和业务人员提供一种方便快捷的数据质量控制工具。

## 参考文献

[1] 秦彦硕,段英,李二杰,等. 河北大茂山碘化银地面发生器增雪作业影响分析[J]. 气象,2015,41(2):219-225.

[2] 周万福,肖宏斌,孙安平,等. 祁连地形云与垂直风的关系[J]. 山地学报,2012,30(6):641-647.

[3] 袁正旋,覃军,曾向红,等. 湖南岳阳一次大暴雨过程近地层湍流特征分析[J]. 暴雨灾害,2017,36(5):431-439.

[4] 杜云松,彭珍,张宁,宋丽莉. 南京地区一次降水过程湍流特征研究[J]. 南京大学学报(自然科学版),2011,47(6):703-711.

[5] 许丽人,李宗恺,张宏昇. 不同下垫面上近地层湍流的多尺度属性研究[J]. 气象学报,2000,58(1):83-94.

[6] 沈铁元,陈少平,陈正洪,等. 三峡坛子岭单点地面矢量风分析[J]. 气象,2003(3):12-16.

[7] 吴艳标,阳继宏,刘树旺,等. 广东西部地区的湍流强度及大气扩散参数探讨[J]. 广州环境科学,1998,13(2):10-15.

[8] 张宏昇. 大气湍流基础[M]. 北京:北京大学出版社,2014:147-149.

[9] 熊艳艳,吴先球. 粗大误差四种判别准则的比较和应用[J]. 大学物理实验,2010,23(1):66-68.

# 三维风速仪在人工影响天气应用中的问题分析*

周积强[1,4]　黄艳红[2,4]*　桑建人[1,4]　柳佳俊[1,4]　杨　勇[1,4]　李进玉[3,4]

(1. 宁夏气象灾害防御技术中心,银川 750002；2. 宁夏气象信息中心,银川 750002；
3. 泾源县气象局,固原 756000；4. 宁夏气象防灾减灾重点实验室,银川 750002)

**摘　要**：近地层大气运动对人工影响天气地面烟炉催化剂扩散能力具有决定作用。为使三维风速仪在人工影响天气中更好地发挥作用,本文分析了三维风速仪安装环境和风速统计时距要求,并结合一次降水日地面气象观测实例,对风速与风向散点分布、概率分布、与地面气象观测参数相关性进行了分析。得出结论：三维风速仪安装应考虑观测环境和目的,尽量选择干扰少的位置布设。风速统计结果随着时距的延长,风速极值大小向中间靠拢。风的变化与近地层气象观测结果密切相关。

**关键词**：近地层；三维风；人工影响天气；分析

## 1　引言

人工影响天气是用人为手段使天气现象朝着人们预定的方向转化。现代人工影响天气主要是通过飞机、火箭、高炮、地面烟炉[1]等手段向云中播撒碘化银、干冰等催化剂,对局部区域内云中的微物理过程施加影响,从而达到增(消)雨(雪)、防雹、消雾、防霜等目的。其中地面烟炉(碘化银地面发生器)具有作业成本低,指挥环节少,不受空域限制等特点,位置一般设置在高山迎风坡。地面烟炉增雨(雪)作业关键技术是在作业时段中作业点位置是否处于上升气流区,这样才能保证一定量的有效粒子进入云内[2]。何媛等在分析地面烟炉选址和作业时,表明使用地面烟炉开展人工增雨作业的关键环节是作业点附近的上升气流[3]。周万福等研究祁连山地形云的形成与垂直风速关系时指出上升气流与云的形成存在一定的关系[4]。同时近地层大气湍流扩散对催化剂的影响范围和高度也具有重要的作用[5],因此研究近地层大气三维流场对人工影响天气地面烟炉作业和地形云[6-7]形成具有重要的作用。

三维风速仪能够实时观测水平、垂直风速及风向,广泛应用于测量大桥、大楼、风场、气象、湍流等风的观测和研究中。较一般气象观测台站观测风,最大特点是能够观测垂直方向的风速,基于这一特点其能够满足人工影响天气地面烟炉作业条件识别和初步判断催化

---

\* 基金资助：中国气象局科技与气候变化司西北区域人影科学试验研究项目-研究试验总设及成果集成(RYSY201909),宁夏回族自治区重点研发计划项目"六盘山区地形云空中云水资源开发利用关键技术及应用示范"(2019BEG03001),宁夏自然科学基金资助项目"宁夏六盘山区地面碘化银烟炉增雨雪作业条件研究"(2019AAC03255),中国气象局旱区特色农业气象灾害监测预警与风险管理重点实验室指令性项目六盘山区三维风速仪资料分析和应用研究(CAMP—202010)资助。

作者简介：周积强(1986—),男,工程师,硕士,主要研究人工影响天气。Email:545852413@163.com。

通讯作者：黄艳红(1986—),女,工程师,硕士,主要从事信息系统维护和软件开发等工作。E-mail:510525046@qq.com。

剂作用时间、范围等。还可以对地面烟炉合理布设选址提供科学依据。随着人工影响天气作业手段多元化发展和能力的提高,地面烟炉在全国范围也逐步广泛开始应用。因此研究三维风速仪在人工影响天气工作的应用问题具有重要意义,包括三维风速仪安装环境要求、风速数据统计时间步长等。本文对三维风速仪安装位置和环境要求进行了详细分析,对比分析了不同时距三维风统计量变化。使用一次降水日地面气象观测资料和三维风速日观测记录,从风速风向散点分布、概率分布、与近地层地面气象观测物理量(温度、湿度、气压、降水量)相关性进行了分析,以期为人工影响天气地面烟炉作业和选址合理性分析提供实时数据支撑。

## 2 安装位置与环境要求

潘乃先等在研究不同下垫面表面层的湍流度时,将三维风速仪安装在气象观测站内10 m杆的顶端,在非气象站环境下将仪器安装在孤立或最高的位置[8]。苏红兵等在北京城郊开展近地层湍流实验观测时,将其安装在气象观测塔(325 m)的47 m和120 m处[9]。吴艳标等在广东西部地区开展湍流强度及大气扩散参数研究时,将其安装在楼顶(25 m)的6 m高的支架上[10]。许丽人等在开展不同下垫面上近地层湍流的多尺度属性研究时,将其安装在农村开阔地形的8 m和16 m处,并进行梯度观测[11]。沈铁元等在三峡坛子岭进行单点地面风分析时,将仪器位置选择在地形高、周边无遮挡的位置,架设高度为4.5 m[12]。杜云松等对一次降水过程进行湍流特征分析时,将仪器安装在空旷环境,安装高度为2 m[13]。综上所述三维风速仪在人工影响天气领域应用并不是很多,综合考虑在气象观测场三维风速仪一般安装在风塔(风杆)顶端,在非气象观测台站一般选择空旷环境、位置最高点或者梯度观测塔上。

三维风速仪安装要求建议如图1所示。世界气象组织(WMO)建议将其安装在开阔平坦的水平地面上10 m高度处,其与任何障碍物之间的距离至少是障碍物高度的10倍($L_1 \geqslant 10H_1$),空旷环境要求如图1a所示。图1b表示三维风速仪安装在塔、杆等装置的横臂处,其中$R_1$表示塔、杆的直径或者对角线长度。$L_2$表示横臂的长度,那么要求$L_2 \geqslant 2R_1$。图1c表示安装在杆的顶端,其中$L_3$表示相邻两根杆之间的距离,$R_2$表示杆的直径,那么要求$L_3 \geqslant 10R_2$。图1d为安装在建筑物上,其中$H_3$表示三维风速仪安装高度,$H_4$表示建筑物垂直高度,那么要求$H_3 \geqslant 1.5H_4$。

结合当前三维风速仪安装使用现状,选址安装时应尽可能选择周边空旷的环境安装,并且具有一定的架设高度,以避免周边的建筑物、地形、障碍物等引起气流运动对风速测量产生的影响,如树木、杆、和建(构)筑物等。当安装在气象观测站10 m风塔顶端时,若顶端已安装水平风速风向装置,需考虑其相互影响的作用,为了降低相互影响,一般两者应保持一定的距离。还要考虑电磁兼容方面的要求,安装时要确保不受当地其他电子设备的影响,如无线电、雷达、发电机等设备,需保持一定的隔离距离,隔离距离一般5 m以上即可。实际应用中地面烟炉选址一般都在山的迎风坡,三维风速仪安装很难满足周边空旷的环境要求,因此选址时应尽可能选择周边障碍物少的地点,尽量安装在比较高的位置,在数据使用时应考虑周边障碍物带来的风速干扰等问题。若考虑与其他地面气象站观测保持风的观测一直性,建议安装高度为10 m。

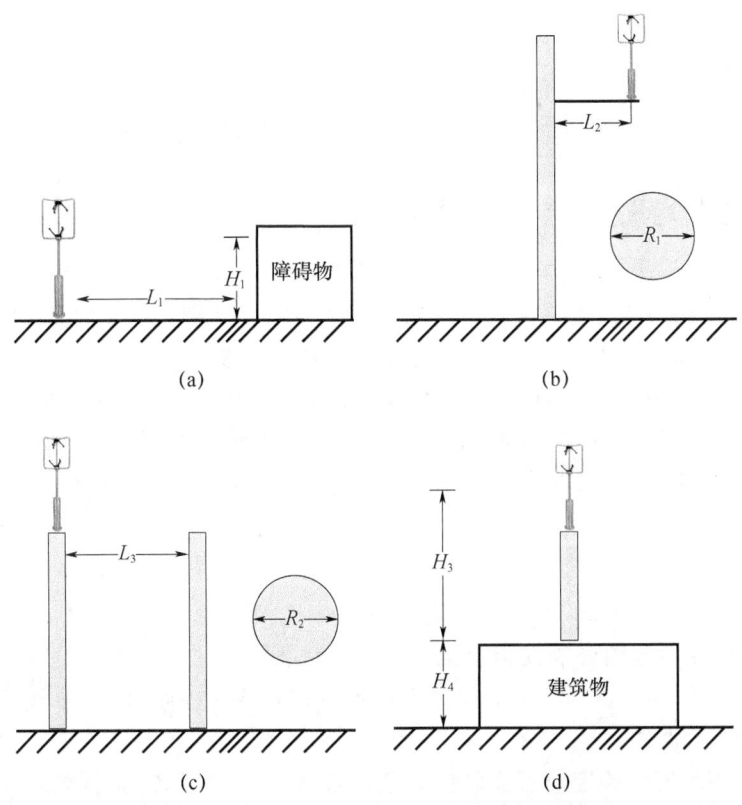

图 1　三维风速仪安装位置和高度

## 3　数据来源和处理方法

### 3.1　数据来源

本文所用三维风速仪为英国 Gill 公司生产的一种超声波风速风向仪,能够实时输出三维风测量数据,输出数据频率 1 Hz,输出风速范围为 $0\sim45$ m·s$^{-1}$s(精度为 0.01 m·s$^{-1}$),输出风向为 $0°—359°$。将三维风速仪安装在宁夏固原市隆德县陈靳人工影响天气标准化作业点处 10 m 高铁杆的顶端。三维风观测资料时间为 2018 年 5 月 9 日 20:00 到 10 日 20:00。地面观测资料使用隆德国家气象站相同时间段地面降水、温度、湿度、气压观测数据。隆德站海拔高度 2079 m,陈靳作业点海拔高度 2244 m,陈靳作业点位于隆德气象站东南方位,两者直线距离 6 km 左右,均位于宁夏六盘山的西侧。

### 3.2　野点筛选

三维风速仪数据使用前应进行粗大误差剔除处理,也就是野点筛选[14]以剔除粗大误差对风速统计的影响。通常野点筛选有 4 种常用准则,分别是拉伊达准则、格拉布斯准则、肖维勒准则和狄克逊准则。其中拉伊达准则是以三倍测量数据的标准偏差为极限取舍标准,该准则适用于测量次数 $n>10$[15]。三维风速仪观测风速是每秒输出一次风速数据,因此适用拉伊达准则进行野点筛选。公式(1)为拉伊达准则判断方法。$X_i$ 为观测值,$\overline{X}$ 为算数平均值,$\sigma$ 为标准差。筛选出的野点值采用滑动窗口平均法计算后进行插补,也就是将出现野点值前后 1 s 的风速值进行平均。

$$\begin{cases} 若|X_i-\overline{X}|>3\sigma,则\ X_i\ 为野点值 \\ 若|X_i-\overline{X}|\leqslant 3\sigma,则\ X_i\ 为正常值 \end{cases} \quad (1)$$

## 4 不同风速平均时距对比分析

为了表达风速大小,通常采用一定时间间隔内的平均风速值来表示。《地面气象观测规范》中测量的风是两维矢量(水平风),用风速和风向表示。风的平均量是指在规定时间段的平均值,有 3 s、2 min 和 10 min 的平均值。而三维风速仪测量风是三维矢量,有水平风和垂直风,同样需分析不同时距下风速数学统计结果变化情况。杨克用使用马耳他和浙江镇海县气象站风的观测资料,对比分析了 2 min、10 min、1 h 三种时距对风速统计大小的影响,得出不同时距对平均风速之间并不存在因时距的加长而使平均风速必然减少的趋势[16]。周万福等[4]在研究祁连山地形云与垂直风关系时,因使用降水量和云量观测数据为 1 h 资料,为了与之相对应三维风速时距确定为 1 h。沈铁元等[12]在三峡坛子岭进行单点地面三维风分析时,三维风速仪每次观测时间为 9 min,因此时距确定为 9 min。苏红兵等[9]在开展北京城郊近地层湍流实验观测时,在综合国外观测研究的基础上,考虑资料平均和处理的方便,选择时距为 84 min。孙爱东等[17]为了得到不同时间尺度与不同时段谱的特征,分别选取了 1 s、5 s、10 s、10 min、1 h 5 种不同时距。

综上三维风平均时距确定应考虑研究对象特点、观测设备性能、数据处理要求等。人工影响天气的主要目的之一是增加降水,若使用地面气象观测站降水资料为逐小时累计降水量,因此建议三维风速平均时距选择为 1 h。若为了研究地面烟炉催化剂扩散等,平均时距可根据实际情况进行确定。通常定义大气上升为正方向,气流下沉为负方向。为了与地面风的观测相匹配,本文从平均时距分别为逐 1 s、3 s、2 min、10 min、30 min 和 1 h 对水平风速和垂直风速的平均值、最小值(水平风为最小风速,垂直风为下沉气流最大风速)、中位数、最大值在不同时距下进行了对比分析。

### 4.1 水平风对比分析

表 1 为不同时距下水平平均风速日平均值、最小风速、中位数风速和最大风速。不同时距对日水平风速平均值没有影响。最小风速随着时距的延长逐渐增大。风速中位数保持相对稳定。风速最大值随着时距延长逐渐减小。

表 1 不同平均时距下水平风速统计特征(单位:m·s$^{-1}$)

| 时间步长 | 最小值 | 中位数 | 最大值 |
| --- | --- | --- | --- |
| 逐秒 | 0.00 | 2.76 | 10.58 |
| 3 s 平均 | 0.01 | 2.76 | 10.21 |
| 2 min 平均 | 0.23 | 2.78 | 8.23 |
| 10 min 平均 | 0.51 | 2.86 | 7.37 |
| 30 min 平均 | 0.54 | 2.72 | 6.34 |
| 1 h 平均 | 0.76 | 2.76 | 6.03 |

## 4.2 垂直风对比分析

表2为不同时距下垂直平均风速日平均值、最小风速、中位数风速和最大风速。不同时距对整体垂直风速平均值没有影响。最小风速随着时距的延长逐渐增大,在时距30 min以上时统计结果显示从下沉运动变为上升运动。风速中位数保持相对稳定。风速最大值随着时距延长逐渐减小。

表2　不同平均时距下垂直风速统计特征(单位:$m \cdot s^{-1}$)

| 时间步长 | 最小值 | 中位数 | 最大值 |
| --- | --- | --- | --- |
| 逐秒 | −1.39 | 0.42 | 3.71 |
| 3 s 平均 | −1.12 | 0.42 | 3.12 |
| 2 min 平均 | −0.26 | 0.41 | 2.02 |
| 10 min 平均 | −0.02 | 0.42 | 1.37 |
| 30 min 平均 | 0.07 | 0.45 | 1.14 |
| 1 h 平均 | 0.09 | 0.42 | 1.00 |

## 5　近地层物理量观测分析

近地层大气运动和地面大气气象观测温度、湿度、气压、降水具有密切关系。大气运动变化特征对人工影响天气作业指标和催化剂扩散能力密切相关。本文从风速风向散点分布和概率分布及三维风与温度、湿度、气压、降水相关性进行详细分析,以为人工影响天气地面烟炉催化作业条件确定和选址提供技术支撑。

### 5.1　三维风散点分布

图2为三维风速仪风速风向24 h散点分布。其中图2a为水平风速与风向散点,水平风速主要分布10.58 $m \cdot s^{-1}$以下,风向集中在135°—200°和330°—360°,表现为东南和西南风、西北风。图2b为垂直风速与风向散点,垂直风速主要分布−1.39~3.71 $m \cdot s^{-1}$,风向集中在135°—210°和330°—360°,表现为东南和西南风、西北风。水平风速大的时候垂直风速也比较大,水平风由山地地形的强迫抬升导致垂直风速同步增大。

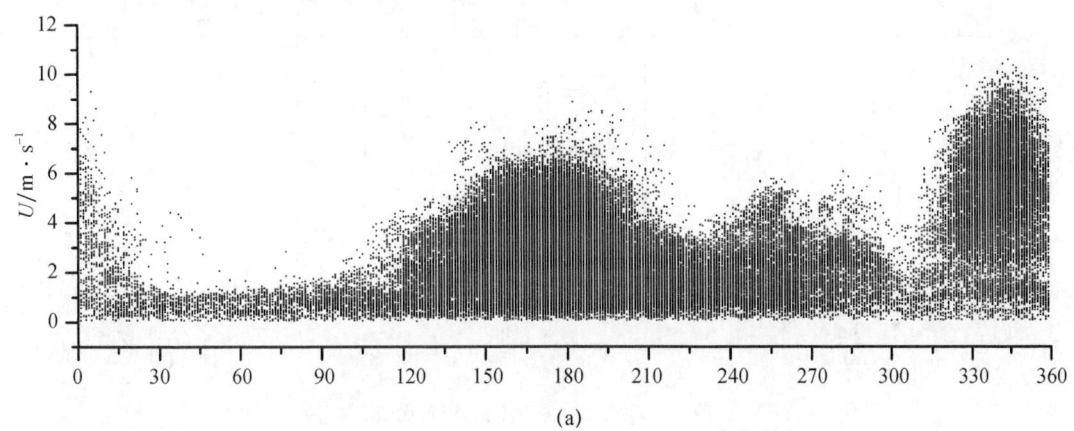

(a)

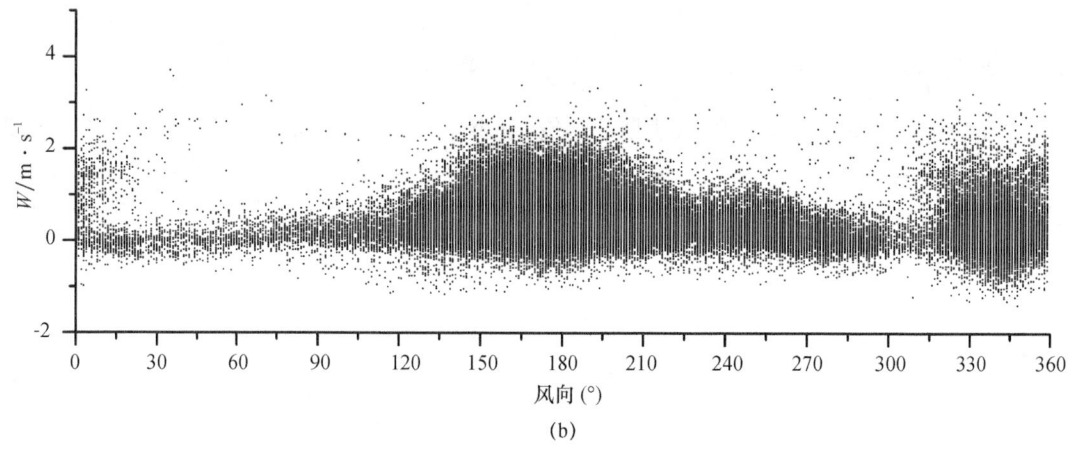

图 2 三维风速和风向 24 h 散点分布

## 5.2 三维风概率分布

如图 3 为近地层风速风向概率统计分布,其中图 3a 为垂直风速概率分布,图 3b 为水平风速概率分布,图 3c 为风向概率分布。可以看出,垂直气流做下沉运动概率占 30%,上升运动概率占 70%。垂直气流上升运动风速主要在 0～1 m·s$^{-1}$ 区间,占总风速概率的 53%。垂直风速出现概率最大为 0.3 m·s$^{-1}$,累计次数为 15209,占比达 18%,在 0.1 m·s$^{-1}$ 和 0.5 m·s$^{-1}$ 出现概率次之,为 15% 左右。水平风速主要为 0～5.75 m·s$^{-1}$,概率达 93%。风速在 0～2.75 m·s$^{-1}$ 区间概率达 54%。水平风速出现概率最大为 1.75 m·s$^{-1}$,累计次数为 9322,占比达 11%,在 1.25 m·s$^{-1}$ 和 1.75 m·s$^{-1}$ 出现概率次之,为 10% 左右。水平风速为 0.75～3.25 m·s$^{-1}$,各区间风速出现概率相对均匀。风向主要集中在 170°左右,出现概率最高为 170°,累计次数为

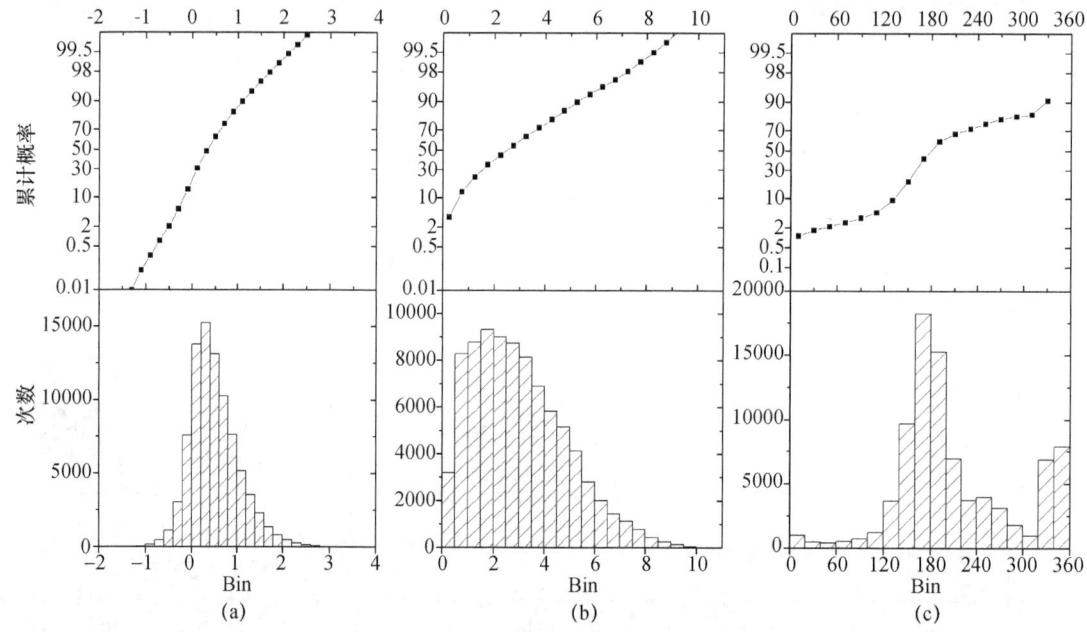

图 3 近地层三维风概率统计分布

18230次,频率达到21%,风向在190°出现概率次之,达到18%。本次降水天气过程,风向主要为南风,水平风力等级为和风及以下。

## 5.3 风与地面观测参数相关性分析

结合人工增雨目的,将三维风速和地面气象观测站(气压、气温、相对湿度)和降水量间变化关系进行分析。图4为隆德气象站地面观测特征参数和陈靳站三维风24 h逐小时平均分布,其中柱状表示降水量,图4a是风向与降水逐时分布;图4b水平风与降水逐时分布;图4c垂直风与降水分布;图4d是气压与降水逐时分布;图4e是气温与降水逐时分布;图4f相对湿度与降水逐时分布。

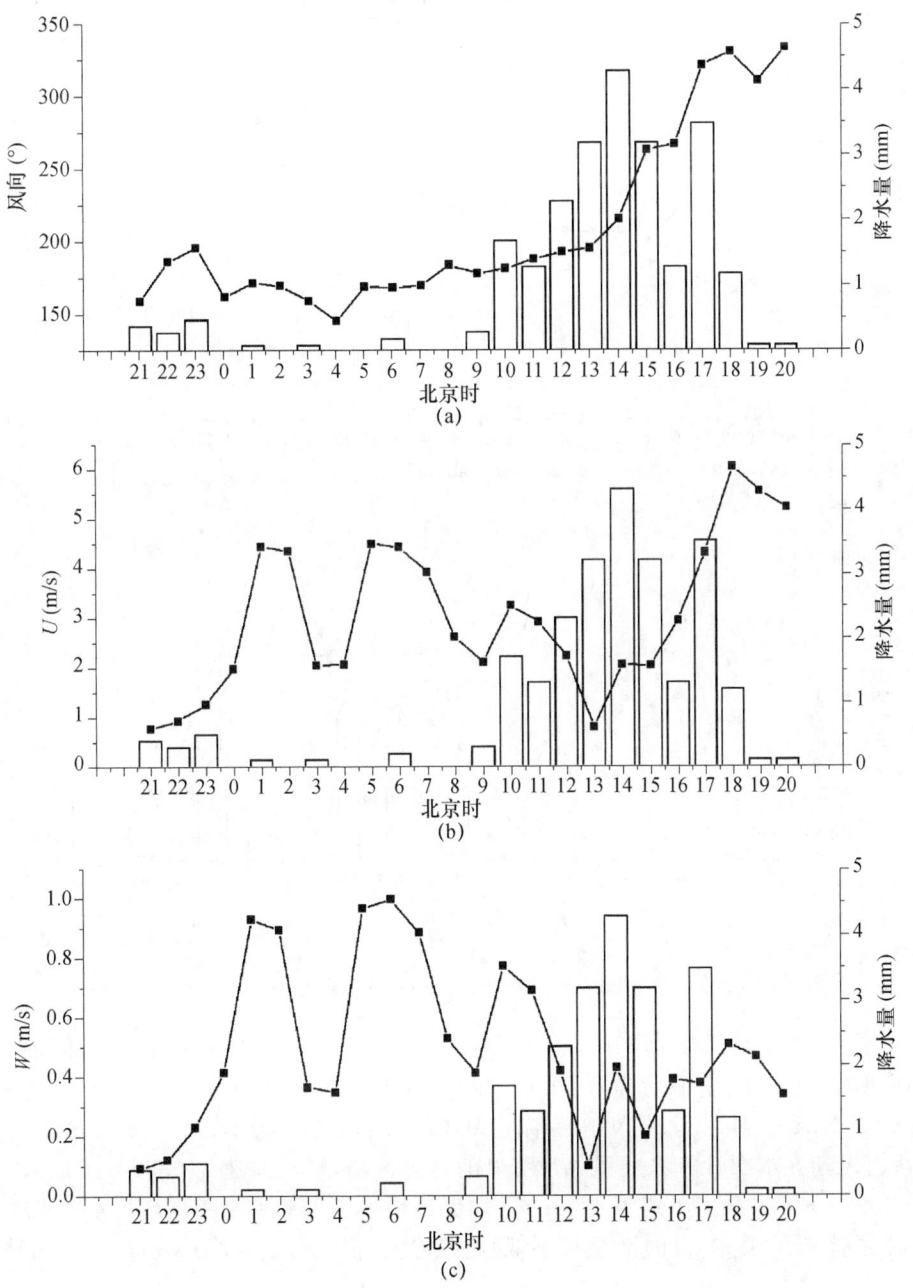

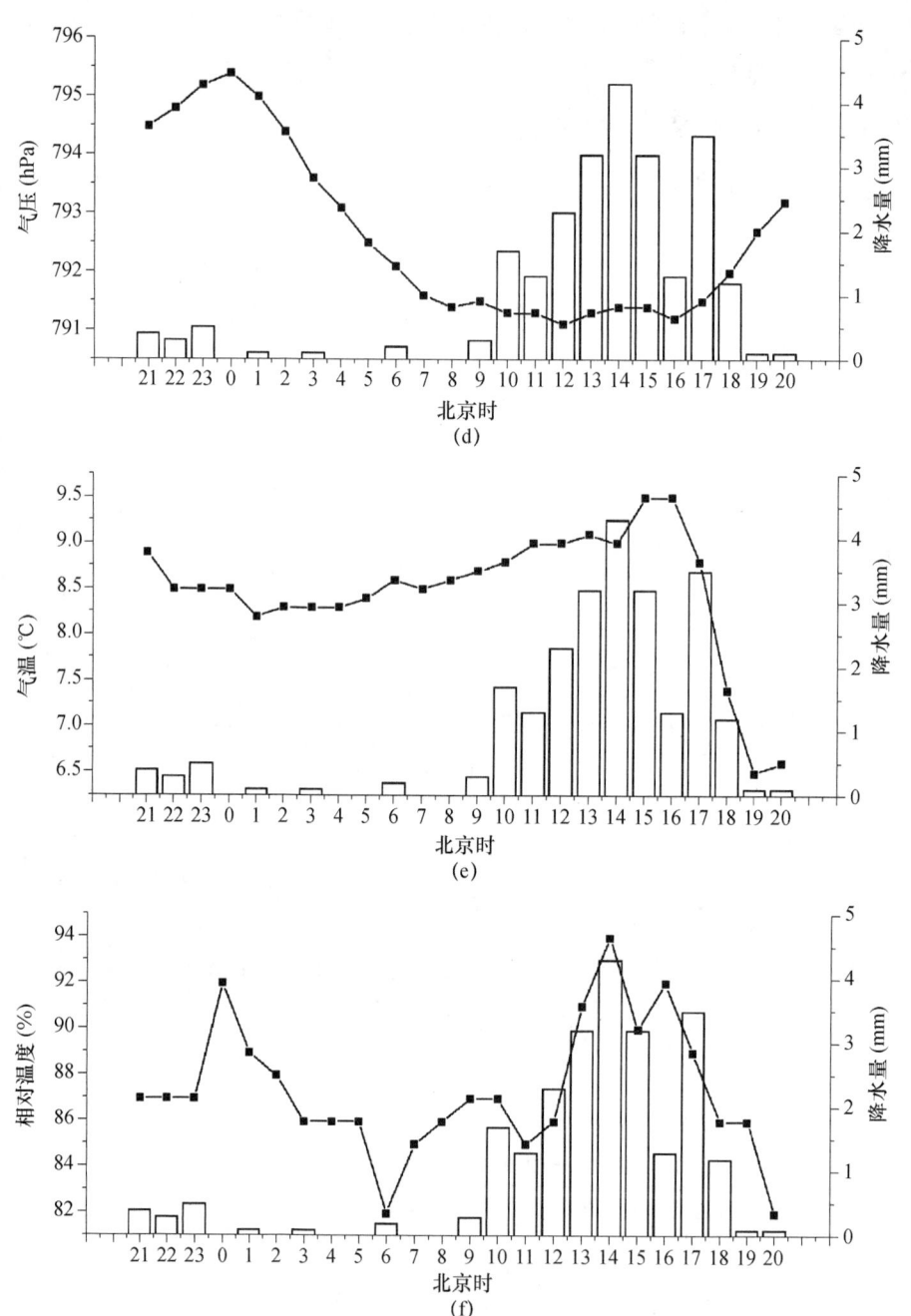

图 4 气象站地面观测特征参数分布

可看出逐小时平均风向为 210°,最小风向为 146°,最大风向为 334°,随着时间逐渐从东南风转为西北风。水平风速平均为 3.02 m·s$^{-1}$,最小风速最小为 0.76 m·s$^{-1}$,最大风速为 6.02 m·s$^{-1}$。21—01 时,水平风速逐渐增大,02—13 时逐渐减小,14—18 时逐渐增大,随后减小。垂直风速在本次日降水过程中为明显的上升运动,平均风速为 0.50 m·s$^{-1}$,下沉最大风速为 0.09 m·s$^{-1}$,最大风速为 1 m·s$^{-1}$。变化趋势与水平风速相似,01 时之前逐渐增大,02—15 时逐渐减小,其中 13 时减至最小,随后又增大,但上升速度维持在 0.5 m·s$^{-1}$ 以下,表现为先震荡增大,降水开始后减小,随后保持相对稳定状态。

平均气压为 793 hPa,最小气压为 791 hPa,最大气压为 795 hPa。气压在 00 时以前逐渐增加,01—16 时逐渐减小,随后逐渐上升。地面平均温度为 8.5 ℃,最低温度为 6.5 ℃,最高温度为 9.5 ℃。16 时之前温度保持在 8.7 ℃,随后温度逐渐降低。地面平均相对湿度为 87%,最小湿度为 82%,最大湿度为 94%。12 时之前和 18 时之后湿度相对维持在 87% 左右,13—17 时湿度较大,其中 14 时达到最大值。

平均降水量为 1 mm,最大降水量为 4.3 mm。降水主要集中在 10—18 时,其中 14 时达到最大。综上所述,随着降水的明显增大,风向从东南风转为西南风,最后转为西北风,水平风速逐渐增大,大气上升运行逐渐减弱,气压逐渐降低,温度在降水后期快速下降,地面相对湿度变化趋势与降水量保持一致。

# 6 结论

地面烟炉作为人工影响天气的一种作业手段,具有不受空域、人员、时间等因素的限制,将会在人工影响天气研究中的得到广泛应用。近地层大气扩散能力决定了地面烟炉作业能否有效发挥作用。三维风速仪能够实时监测近地层大气运动状态和扩散能力,可提高地面烟炉作业的针对性、有效性和科学性,因此研究三维风速仪在人工影响天气领域中的应用具有重要意义。

三维风速仪在安装时要考虑周边环境对风的影响,尽量选择在空旷、平坦的环境中,并具有一定的架设高度。如周边存在一些障碍物,如树木、山包、建(构)筑物等,应保持一定的隔离距离或架设高度,降低障碍物对风速的影响。人工影响天气作业点一般都布设在山地环境,很难满足空旷、平坦的环境,因此在安装时要尽可能地降低周边障碍物对风观测的影响。另还需要考虑电磁兼容性能,保持一定的隔离距离。

野点筛选对风速观测数据非常重要,当一组湍流数据的野点数目超过 1%,则应考虑该组数据的可靠性[14]。风速平均时距确定一般按照观测方式、研究对象数据特点等确定,一般情况下为 2 min、10 min、30 min 或者 1 h 等。随着时距的延长,水平和垂直风速极值,风速中位数保持稳定。对于垂直风当时距较长时,下沉气流会随着时距的延长大气下沉运动信息会在数学统计运算中淹没,大气整体运动统计显示为上升状态。

近地层大气运动与地面气象观测具有一定的相关性。在本次降水天气过程中,随着降水的明显增大,风向从东南分转为西南分,最后转为西北风,水平风速逐渐增大,大气上升运行逐渐减弱,气压逐渐降低,温度在降水后期快速下降,地面相对湿度逐渐增大。因此在降水天气系统来临时,通过观测三维风变化,特别是在垂直气象上升运动强的时候,既可开展地面烟炉作业。

本文结合人工影响天气工作需求,对三维风速仪安装位置和环境要求、风速平均时距、水平和垂直风分布和近地层气象观测物理量进行了分析。下一步将结合天气过程,针对地面烟炉作业关键要素,分析近地层上升气流特点和大气扩散能力,以期为地面烟炉作业时机选择提供参考,同时为地面烟炉布设提供科学依据。

**参考文献**

[1] 陈少琴,叶德彪,林长城. 福建周宁水库地面暖云人工增雨作业效果分析[J]. 气象科技,2015,43(2):

338-342.

[2] 秦长学,杨道侠,金永利. 碘化银地面发生器增雨(雪)作业可行性及作业时机选择[J]. 气象科技,2003, 31(3):174-178.

[3] 何媛,黄彦彬,李春鸾,等. 海南省暖云烟炉设置及人工增雨作业条件分析[J]. 气象科技,2016,44(6): 1043-1052.

[4] 周万福,肖宏斌,孙安平,等. 祁连地形云与垂直风的关系[J]. 山地学报,2012,30(6):641-647.

[5] 秦彦硕,段英,李二杰,等. 河北大茂山碘化银地面发生器增雪作业影响分析[J]. 气象,2015,41(2): 219-225.

[6] 郑国光,陈跃,陈添宇,等. 祁连山夏季地形云综合探测试验[J]. 地球科学进展,2011,26(10): 1057-1070.

[7] 陈添宇,郑国光,陈跃,等. 祁连山夏季西南气流背景下地形云形成和演化的观测研究[J]. 高原气象, 2010,29(1):152-163.

[8] 潘乃先,陈家宜,栾胜基. 不同下垫面表面层的湍流度统计特征[J]. 北京大学学报(自然科学版),1993 (5):622-628.

[9] 苏红兵,洪钟祥. 北京城郊近地层湍流实验观测[J]. 大气科学,1994(6):739-750.

[10] 吴艳标,阳继宏,刘树旺,等. 广东西部地区的湍流强度及大气扩散参数探讨[J]. 广州环境科学,1998, 13(2):10-15.

[11] 许丽人,李宗恺,张宏昇. 不同下垫面上近地层湍流的多尺度属性研究[J]. 气象学报,2000,58(1): 83-94.

[12] 沈铁元,陈少平,陈正洪,等. 三峡坛子岭单点地面矢量风分析[J]. 气象,2003(3):12-16.

[13] 杜云松,彭珍,张宁,宋丽莉. 南京地区一次降水过程湍流特征研究[J]. 南京大学学报(自然科学版), 2011,47(6):703-711.

[14] 张宏昇. 大气湍流基础[M]. 北京:北京大学出版社,2014:147-149.

[15] 熊艳艳,吴先球. 粗大误差四种判别准则的比较和应用[J]. 大学物理实验,2010,23(1):66-68.

[16] 杨克用. 关于风速时距的取值问题[J]. 水运工程,1982(1):42-43+53.

[17] 孙爱东,徐玉貌. 一次降水性冷锋的边界层谱特征及尺度分析[J]. 气象科学,1997(1):17-27.

# HMB-KPS型云雷达质量控制说明及其在六盘山区探测能力研究[*]

邓佩云[1,2,3]　常倬林[1,2,3*]　孙艳桥[1,2,3]　田磊[1,2,3]　曹宁[1,2,3]　田慧[4]

(1. 中国气象局旱区特色农业气象灾害监测预警与风险管理重点实验室,银川 750002;
2. 中国气象局云雾物理环境重点开放实验室,北京 1000811;
3. 宁夏回族自治区气象灾害防御技术中心,银川 750002; 4. 隆德县气象局,固原 756300)

**摘　要**：本文利用2019年8月26日降水天气过程隆德站逐时降水量观测资料、探空资料以及同期HMB-KPS型全固态Ka波段毫米波云雷达资料,对该部云雷达数据质量控制方法进行说明,并针对不同信号处理方法及数据收发机制下的云雷达产品在六盘山区一次降水天气过程的云宏微观特征进行对比分析。结果表明,(1)HMB-KPS型云雷达利用DSP处理方法在非降水时段有一明显的地物杂波,在降水时段云系更为深厚,各物理量回波更强,噪声功率较谱处理的更高;通道2数据比通道1数据在降水时段各物理量的回波更强,在非降水时段云系较为浅薄或无云系出现,不可较好表征云系的发生发展状况。综合对比分析,谱处理的通道1数据最具可靠性,可较好地反映本次层状云降水过程的发生发展状况。(2)在降水发生前,云系以浅薄的多层云为主,随着降水的临近,在降水发生前20 min,云系开始接地,变为深厚的单层云;降水开始时,云雷达反演的反射率因子、信噪比、速度谱宽、线性退极化比均有跃增现象,云体内除了下沉气流外有明显的上升气流出现,这是维系降水过程发展的重要因素之一;降水过程结束时,各物理量的回波强度显著减弱,降水过程结束后1 h,云系变为多层云,随着时间的演变波动性减弱或消散。(3)降水过程中在3 km附近有一厚度为500 m左右的0 ℃层亮带,冰晶、雪花通过0 ℃层后表面开始融化,云雷达反射率因子、信噪比、速度谱宽、线性退极化比都迅速增大,下沉运动增强,在亮带下面,粒子融化成雨滴,粒子下落末速度的增加及蒸发作用导致反射率因子、信噪比、速度谱宽、线性退极化比均降低,随着水凝雾渐渐变成液水、毛毛雨到大雨滴,亮带下方的云内各物理量在垂直方向上从上往下有增加趋势。

**关键词**：六盘山区;毫米波云雷达;云垂直结构;质量控制

# 1　引言

六盘山区是重要的水源涵养林基地及雨养农业区,也是海洋暖湿气流进入西北内陆的门户,维系西北内陆地区空中水汽输送的关键区域,对于陕、甘、宁三省(区)水源地供水有着重要

---

[*] 基金项目：第二次青藏高原综合科学考察研究项目(2019QZKK0104),宁夏回族自治区重点研发计划项目(2019BEG03001),宁夏自然科学基金项目(2021AAC03490,2020AAC03468,2019AAC03255),中国气象局旱区特色农业气象灾害监测预警与风险管理重点实验室2020年度青年培养项目(CAMT—202006)。

作者简介：邓佩云(1993—),女,宁夏银川人,助理工程师,硕士,主要从事大气物理及人工影响天气研究。734785297@qq.com。

通讯作者：常倬林(1981.10—),女,山西文水人,硕士,高级工程师,主要从事大气物理与大气环境、人工影响天气、卫星遥感等研究。E-mail:changzhl05@126.com。

作用。作为中国气象局精准扶贫行动计划示范区,其干旱少雨、灾害性天气多、区域降水差异大等气候特征严重制约着当地经济发展[1-2]。云垂直结构反映了云体内部热力和动力特征以及微物理过程,在辐射收支、能量平衡、水汽循环等方面对地气系统起着重要作用。云与降水的关系密切,二者的分布也可改变区域辐射状况,进而影响大气环流与天气气候[3-4]。在全球变暖的背景下,其重要性愈加受到学界的关注[5-8]。

目前,对云的探测现已形成机载仪器取样、微波辐射计反演、雷达探测反演、卫星观测反演、云幂测量及无线电探空等多探测手段,随着毫米波测云雷达的发展,发现其对非降水云及弱降水云有很高的探测敏感性,具有探测小粒子、测速精度较高、空间分辨力高的特点[9],是其他探测手段的有效补充。毫米波测云雷达可连续观测云的水平、垂直结构变化,获得准确的云内宏、微观参数,可为研究云的结构特性及预测云系发展提供良好的支撑。我国最早从20世纪80年代开始,重点发展军用毫米波雷达[10]。1979年,中国科学院大气物理研究所和安徽井冈山机械厂合作研发了X波段(3 cm)和Ka波段(8.2 mm)双波长雷达,并进行了天气雷达和毫米波雷达观测云和降水结构的理论和观测对比比较,得到更优的适用性,该工作也是我国首次利用毫米波雷达进行云的观测[11]。2006年空军第七研究所与安徽四创电子有限公司联合研发了一部波长为8.6 mm的测云雷达。该雷达没有偏振和多普勒功能,主要用于监测云内积冰情况,便于飞机安全飞行。2007年中国气象科学研究院灾害天气国家重点实验室与中国航天研究二院第二十三研究所联合研发出具有多普勒和极化功能的8.6 mm测云雷达,并且于2008年成功进行了外场试验,这是我国第一部用于气象探测的灵敏度较高的具有极化和多普勒功能的毫米波雷达[12],初步的数据分析表明,该雷达能够有效探测到层积云、高层云、台风外围深对流云等典型云系。近年来,气象学家们越来越关注云在气候变化作用中的重要性,开始重点发展云垂直结构的探测。已有研究表明,云底高、云厚、云层数是主要的云的宏观观测要素,其中云底的高低决定了云的分类和降水概率[13],为提高云宏观结构的探测能力,科研工作者们在云参数的探测及对比方面做了大量的工作,李思腾等[14]对毫米波云雷达与激光云高仪观测数据进行对比分析,发现激光云高仪对于中低层薄云的探测较为准确,唐英杰等[15]发现者二者观测的云底高度相关系数为0.92,降水过程中激光云高仪和探空观测的云底高度均略高于云雷达。毫米波雷达其波长更接近云粒子尺度,利用云粒子对电磁波的散射特性,通过分析云的雷达回波参数可以了解云的宏观和微观结构[16]。

为明晰布设在六盘山区HMB-KPS型毫米波测云雷达在降水过程下探测云微物理参数的能力,及其在降水前、降水时、降水后的云结构特征,本文利用2019年8月26日降水过程进行系统分析,对布设在隆德站的HMB-KPS型毫米波测云雷达进行数据质量控制,对比分析不同通道及处理方法下探测云微物理参数特征,明晰其敏感性、准确性问题,相关研究有利于为HMB-KPS型毫米波测云雷达在六盘山区的应用提供依据,具有重要的现实意义和科学价值。

## 2 资料的选取及仪器介绍

使用的资料包括2019年8月26日隆德国家气象观测站(海拔高度2078.6 m)观测的HMB-KPS型毫米波测云雷达资料以及同期六盘山区常规地面和高空观测资料、探空资料、卫星资料。

HMB-KPS型毫米波测云雷达(北京无线电测量研究所,文中简称北京23所),由雷达设备和显控终端两部分组成。工作频段35 GHz±500 MHz,天线口径1.8 m,最大探测高度为

20 km、具有－45～＋30 dBZ的探测能力，并且达到高度30 m、时间1 min的分辨率要求，采用全固态、高占空比毫米波发射单元，大口径、高增益天线，脉冲压缩和脉冲积累等技术，通过分析雷达回波信号反映云的宏微观结构、云的特性及云的垂直变化，揭示云的时空结构和演变特征，可测量并输出云回波的回波强度、径向速度、速度谱宽、线性退极化比、信噪比等一次产品，并且在此基础上反演获得云顶高、云底高、云厚、云量、云中液态水含量等二次产品，具有探测小粒子的优势和良好的穿透能力。探测目标主要为非降水云、弱降水云、弱降水、降雪等。数据收发体制为单发双收，其中数据通道1是水平发射，水平接收得到的；通道2是垂直接收得到的，通过通道1和通道2的数据可以得到线性退极化比(LDR)。云雷达信号处理方法包括谱处理与DSP处理，HMB-KPS型毫米波测云雷达性能指标具体见表1。

表1 HMB-KPS型毫米波测云雷达性能指标

| 体制 | 工作频段 | 探测范围 | 天线口径 | 空间分辨率 | 探测精度 | 参数测量范围 |
|---|---|---|---|---|---|---|
| 全固态，单发双收 | Ka波段，35 GHz±500 MHz | 120 m～20 km | 1.8 m | 30 m | 强度：1 dBZ<br>速度：≤1 m·s$^{-1}$<br>谱宽：≤1 m·s$^{-1}$ | 强度：-45～＋30 dBZ<br>速度：±18 m·s$^{-1}$；<br>谱宽：0～4 m·s$^{-1}$ |

## 3 HMB-KPS型毫米波测云雷达信号处理方法和质量控制方法

### 3.1 HMB-KPS型毫米波测云雷达信号处理方法

HMB-KPS型毫米波测云雷达信号处理方法包括谱处理与DSP处理，其中谱处理是将时域数据变换到频域，通过谱识别方法得到信号功率值，将功率谱4等分后取最小者作为噪声，进而计算出信噪比与反射率因子；DSP处理是选取某一库的功率值作为噪声功率(一般选取较远的无回波处或保护开关关闭时段)，其他距离库得到的功率值减去此噪声功率，得到信噪比，进而计算出反射率因子。

### 3.2 HMB-KPS型毫米波测云雷达数据质量控制方法

全固态毫米波测云雷达采用组合信号门限质量控制方法，剔除无效和干扰数据，提高雷达数据质量。组合信号门限算法包括信号质量因子(SQI)门限，天气信号功率(SIG)门限，信噪比(LOG)门限，杂波校正门限(CCOR)等。信号处理系统根据用于描述信号特性的门限值来接受或放弃输入数据，通过用户软件不显示"放弃"的数据进行质量控制。各信号门限准则及应用如表2所示。

表2 HMB-KPS型毫米波测云雷达信号门限准则及应用

| 门限准则名称 | 符号 | 通过准则 | 应用数据 | 应用准则 |
|---|---|---|---|---|
| 信号质量因子 | SQI | SQI>门限 | V,W | 速度比反射率覆盖更大的范围，因为速度更为灵敏。通过选择最低的门限值消除显示噪声，如果SQI的值太高，会损失灵敏度 |
| 天气信号功率 | SIG | SIG>门限 | W | SIG门限放在最后进行。通过选择最低的门限值消除显示噪声，如果SIG门限设置的太高，会损失灵敏度 |

续表

| 门限准则名称 | 符号 | 通过准则 | 应用数据 | 应用准则 |
|---|---|---|---|---|
| 信噪比 | LOG | LOG＞门限 | dBZ,dBT | 选择最低的门限值消除显示噪声,如果 LOG 门限太高,会损失灵敏度 |
| 杂波校正 | CCOR | CCOR＞门限 | dBZ,V,W | CCOR 设为在系统相干性对杂波抑制度的数值上加 10 dB,在－1°的天线仰角处显示 dBZ 的 PPI,无任何杂波目标,其次,降低 CCOR 来增加显示中杂波目标的数量,直到杂波目标数量不再增加,CCOR 的最优值比这个点要大 5 dB |

## 4 HMB-KPS 型毫米波测云雷达在六盘山区探测云微物理参数能力研究

为进一步探究选取 HMB-KPS 型毫米波测云雷达在六盘山区探测云微物理参数能力,本文六盘山区 2019 年 8 月 26 日一次典型的降水个例,对 HMB-KPS 型毫米波测云雷达在六盘山区探测云微物理参数能力研究。

### 4.1 降水实况及环流背景分析

受东移冷空气和西南暖湿气流共同影响,六盘山区于 2019 年 8 月 26 日出现了一次明显的层状云降水过程。原州区、彭阳、泾源及隆德大部出现了大雨局地暴雨,其余地区中雨,降水主要呈双峰型,主降水时段有两次,分别出现在 26 日 05—08 时、10—13 时。从六盘山东西两侧降水分布来看,六盘山东侧降水量明显高于西侧降水量,隆德、六盘山和泾源三站中,降水量最大的是位于山顶的六盘山站,其次是东侧的泾源站,西侧隆德站降水最小。

此次降水发生在一槽(蒙古国西北部)一脊(东北地区)的环流背景下,主要的影响系统为 500 hPa 低压槽和 700 hPa 低涡,25 日,2019 年第 11 号台风"白鹿"在广东东部登陆并向西偏北方向移动,受台风影响,副热带高压先向西偏北方向移动,副热带高压 588 dagpm 线升至宁夏中部地区,26 日 08 时,低压槽东移,主体位于贝加尔湖东南部至宁夏一带,台风"白鹿"移至广西东北部,副热带高压 588 dagpm 线南落至甘肃南部,受低压槽东移和副热带高压南退影响,冷空气开始影响六盘山地区,为六盘山降水提供了冷空气条件,此外,700 hPa 青海东南部的低涡向东北方向移至宁夏六盘山区,为降水提供了充足的水汽输送和水汽辐合条件,26 日 20 时,低压槽移至内蒙古东北部到山西北部一带,低层低涡也移至河南西北部,对六盘山地区影响结束。

### 4.2 HMB-KPS 型毫米波测云雷达在六盘山区探测云微物理参数能力研究

云垂直结构反映了云体内部热力和动力以及微物理过程,在辐射收支、能量平衡、水汽循环等方面对地气系统起着重要作用,已有研究表明[17-18],毫米波云雷达可以探测直径远小于雷达波长的粒子,具有穿透云的能力而能描述云内部物理结构,并且可以连续监测云的垂直剖面变化,可为研究云的宏观特性及预测云系发展提供良好的支撑,而降水对毫米波具有一定的衰减,因此,云雷达一般只探测从直径为几微米的云粒子到弱降水粒子的范围,主要研究对象为非降水云、毛毛雨、雾及沙尘暴。此次六盘山区的降水过程以六盘山系西侧的隆德站降水最小。为此,本文利用布设在隆德站的 HMB-KPS 型毫米波测云雷达,重点对此次降水过程的非降水云进行研究,以期明晰其在六盘山区降水过程云微物理参数探测能力。隆德站此次降水过程分为三个阶段,第一阶段于 2019 年 8 月 26 日 04:10 开始降水,07:55 结束。第二阶段为 09:05—12:55;第三阶段为 13:40—13:55。由云雷达反射率因子图可见,在降水发生前,谱处理 1 通道得到的反射率因子图(图 1a)显示云系为多层云,回波强度在 −10～5 dBZ 左右,谱处理 2 通道得到的反射率因子图(图 1b)上无云系出现;DSP 处理 1 通道得到的反射率因子图(图 2a)显示云系于降水发生前的 4 h 已经接地,云系较为深厚,云体内反射率强度为 −10～10 dBZ,降水发生前 2 h 已发展为云后为 6 km 左右的单层云;由 DSP 处理 2 通道得到的反射率因子图(图 2b)可见降水发生前有一回波强度较弱的云系间断性出现。综合以上对比分析,该部云雷达谱处理 1 通道可更好地表征实际降水过程发生前的云系状况。2019 年 8 月 26 日 04:10 第一次降水过程开始时,两种处理方式两通道得到的反射率因子均有跃增现象出现,云系均发展为深厚的单层云,谱处理 1 通道(图 1a)反演的云系云顶高达 8 km,云内最大反射率因子达 20 dBZ 以上,在 3 km 左右有一厚度为 500 m 左右的 0 ℃层亮带出现,可以较好反映本次层状云降水过程。这是由于缓慢降落的冰晶和雪花在 0 ℃层附近发生表面融化而使反射率增大的结果,在亮带下面,粒子融化成雨滴,下落速度较大,使粒子浓度减小,反射率降低,在亮带下面,反射率因子在垂直方向上由低到高有减弱趋势,降水过程中回波强度较为均匀,可较好的反应此次积层混合云降水过程,07:55 结束,云体内反射率强度骤减,云系由深厚的单层云变为多层云,09:05 第二阶段降水过程开始,云系又变为单层云,云厚较第一阶段降水过程更为深厚,最大云顶高达到 9 km,云体内回波强度也更强,反射率因子最大值达 30 dBZ,大值出现在 09—10 时,对应的小时雨量也最大为 195 mm。12:55 分降水过程结束,云内反射率强度减弱,云厚减小,云系仍维系为单层云,13:40 第三降水阶段开始后,云体内回波强度又出现跃增现象,最大回波强度为 20 dBZ 以上 13:55 分降水过程结束后,云系逐渐减弱,在降水过程结束后的 1 h,云系变为浅薄的多层云,随后逐渐减弱至消散。

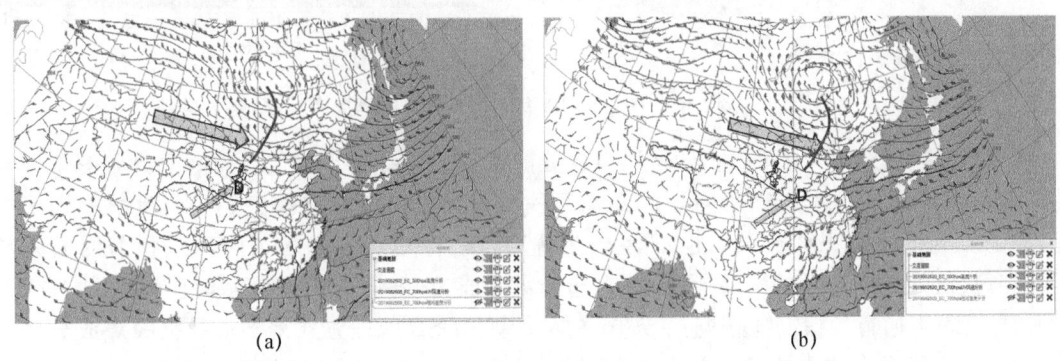

图 1 2019 年 8 月 26 日 08 时(a)、26 日 20 时(b)形势场(500 hPa 高度场及 700 hPa 风场)

谱处理 2 通道得到的反射率因子图(图 1b)在降水过程中反射率因子最大值为 10 dBZ 左右,未达到降水标准,降水结束时无云系;由 DSP 处理 1 通道得到的反射率因子图(图 2a)可见,降水开始时,云体内反射率因子高达 30 dBZ,0 ℃层亮带不明显,反射率因子平均值较谱处理的 1 通道值高 10 dBZ 左右,三次降水阶段的间歇期云系仍为深厚的单层云,反射率因子在非降水阶段仍处于较大值区,13:55 降水过程结束后的 2 h,云系变为多层云,云系减弱后,在 2 km 内仍有一稳定的地物回波,由 DSP 处理 2 通道得到的反射率因子图(图 2b)可见,降水发生时云体内反射率因子有跃增,最大回波强度为 10～20 dBZ,降水结束后近地面仍有一地物回波现象存在。经多个例的分析及应用,反射率因子＞20 dBZ 时产生降水,稳定的层状云降水时反射率因子＜25 dBZ,层状云降水反射率因子为20～35 dBZ。综上对比分析可见,谱处理1通道数据反演出的反射率因子在六盘山区有更优的适用性,数据最为可靠。

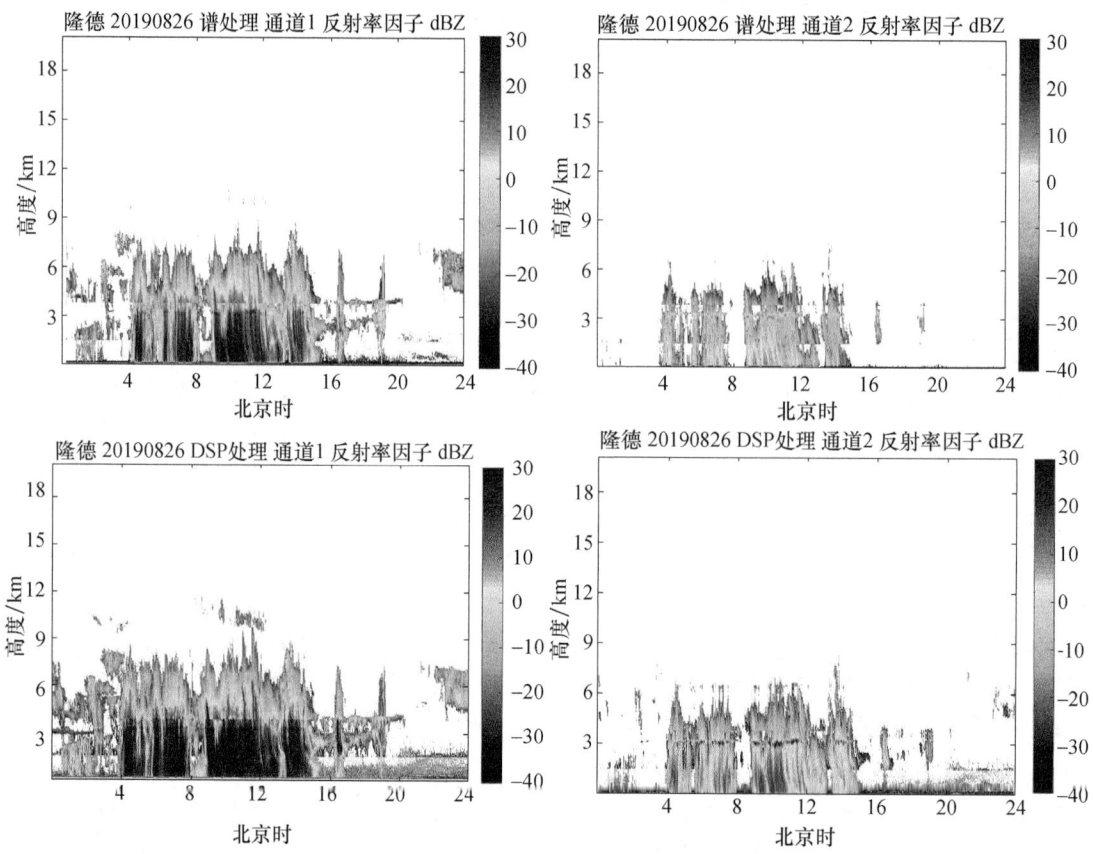

图2  2019年8月26日隆德站多个通道反射率因子图

　　信噪比是描述信号中有效成分与噪声成分的比例关系参数。为信号中有效成分的功率与噪声成分功率之比。图3中两种处理方式两种通道得到的信噪比演变趋势与反射率因子相近,降水发生前云系以多层云为主,云系较为稀薄,图3a可更好的表征降水过程前的云系状况,同时次谱处理1通道的信噪比最大,在非降水时段为5～15 dB,在降水时段为20～40 dB,比DSP处理1通道的信噪比普遍高5 dB左右,说明DSP处理方式得到的数据噪声成分较谱处理的高,或信号中的有效成分探测能力更差,因此在非降水时段地物回波也更明显,两种处理方式下2通道的数据反演的信噪比在降水阶段较弱,未达到降水标准,因此综上对比分析,谱处理1通道数据反演的信噪比更可靠,谱处理的方式也可以更好地去除掉噪声成分。

　　径向速度,是目标相对参考点的速度在二者连线上的分量,又称视向速度,即物体或天体在观察者视线方向的运动速度,一般指物体运动速度在观察者视线方向的速度分量,即速矢量在视线方向的投影,在习惯上,正的视向速度表示物体在远离,如果是负值,物体则是在接近。由2019年8月26日隆德站云雷达反演的径向速度图可见(图4),两种处理方式两通道数据下的径向速度整体变化趋势较为一致,通道2的数据反演的径向速度较弱,DSP处理下的数据在非降水时段地物杂波较强,与反射率因子及信噪比的分析类似,谱处理的1通道数据反演的径向速度最为可靠。

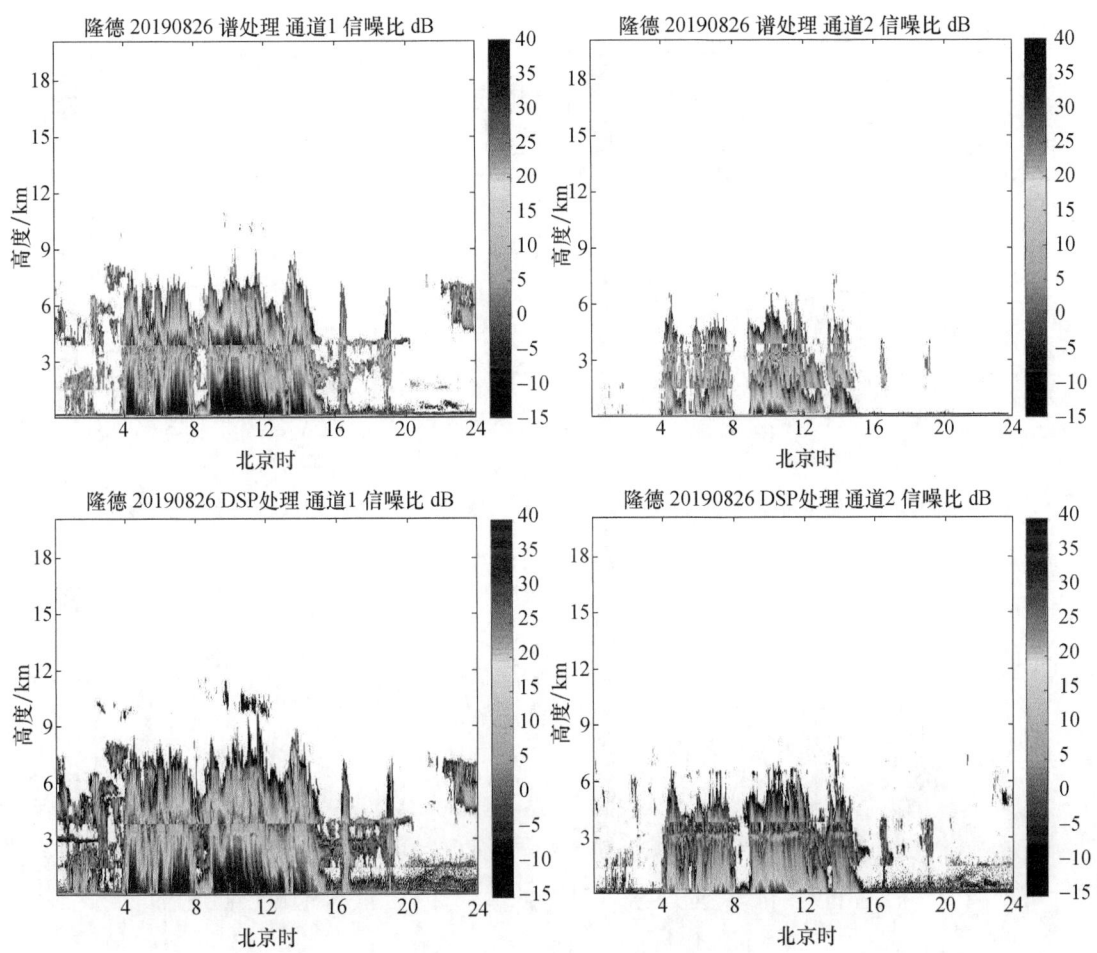

图 3  2019 年 8 月 26 日隆德站多个通道信噪比图

进一步对谱处理 1 通道的数据进行分析,可以看到云雷达的径向速度时空分布与反射率因子的轮廓基本一致,但分层现象更明显,两种处理方式两通道数据反演出的径向速度图上均可看到 0 ℃层亮带。在降水发生前,上层云体密度较稀疏,云内部有明显的下沉运动,降水开始时,云体内伴随着间断性上升运动,云系不断发展,其中,0 ℃层亮带以上粒子的下降速度较小,0 ℃层亮带以下,粒子的下落速度显著增大,基本超过 $-5 \text{ m·s}^{-1}$,最大速度在 9—10 时达 $-10 \text{ m·s}^{-1}$以上,也对应着小时雨强最大值。表明该次观测个例在 0 ℃层上下有明显的粒子相态演变过程,冰雪等粒子下落的过程中,通过大气在 0 ℃层后,表面开始融化,从固态转化成液态,下落速度增大,渐渐变成液水、毛毛雨到大雨滴。降水过程中云内下层的上升气流,是本次降水稳定维持的重要因素,在第三阶段降水过程(13:40—13:55)结束时,云系仍维系为单层云,但云内下层无上升运动。在降水过程结束后 1 h,云系变为多层云,随着时间的演变波动性减弱或消散。

速度谱宽作为云雷达的基本产品之一,可提供由于风切变、湍流和速度样本质量引起的平均径向速度变化的观测。进一步由图 5 分析表明,速度谱宽的云系演变趋势与其余各量变化趋势一致,在降水开始前云系以多层云为主,降水开始前 20 min 云系开始接地,降水开始后云系维系为深厚的单层云,谱宽大值区集中在 0 ℃层之上,反映了液态过冷水下落过程的碰并增

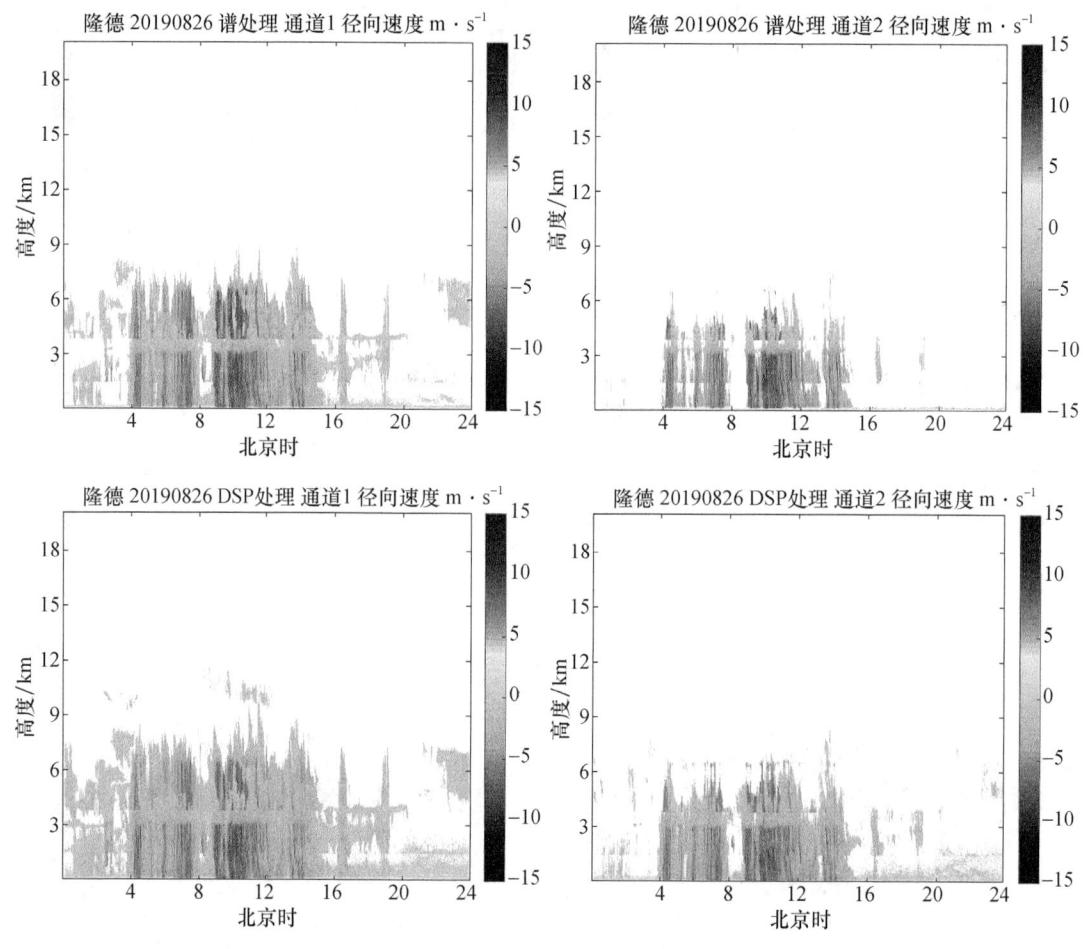

图4 2019年8月26日隆德站多个通道径向速度图

长结果,谱宽最大值达到 $2.5\ m\cdot s^{-1}$,出现在该过程对应时段的小时降水量也最强的09—10时,最大值也集中在雨强较强时段。降水结束后,云系变为浅薄的多层云,云系减弱至消散。

对比两种处理方式两种通道下的速度谱宽的垂直廓线图可以看到,降水发生前谱处理的1通道数据可最好反演降水发生前云系的多层浅薄云情况,DSP 处理的1通道数据在降水发生前 4 h 已接地,且在降水结束后仍有 2 km 的地物杂波存在,两种处理方式下的通道2数据反演的速度谱宽图较弱,在非降水时段不能较好表征云系发生发展状况,在降水时间衰减较强。因此,谱处理的1通道反演的速度谱宽可最好的表征云系的发生发展状况。

进一步分析表明,通道1数据是水平发射,水平接收得到的,通道2是垂直接收得到的,当探测目标云中的粒子运动不规则,相态不一致的时候,垂直极化的回波强度就会越大,当粒子非常规则的时候,理论上垂直分量应该是零,因此通道2的数据较通道1的数据反演出的参量较弱。

Ka 波段云雷达为双极化测量,雷达发射机通过天线向空间定向发射高功率的 Ka 波段微波脉冲信号,借助云目标的后向散射来探测和分析云目标的回波特性,本雷达具有双接收通道,同时接收同极化回波和正交极化回波,通过对极化回波信号的处理,可得到云目标的反射率因子,用于反映气象目标的回波强度信息。根据同极化回波和正交极化回波强度的差异可以得到云目标的退极化比(LDR),可进一步了解云粒子的相态(水相、冰相、冰水混合),通过

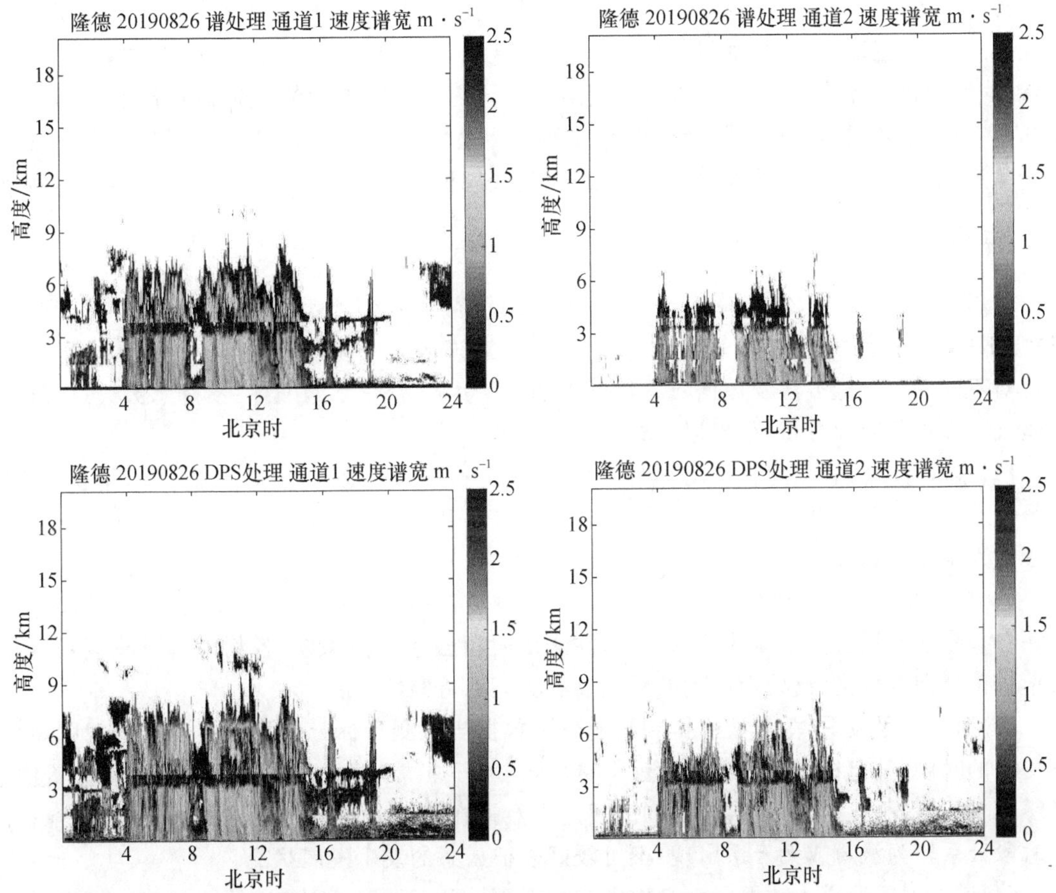

图 5  2019 年 8 月 26 日隆德站多个通道速度谱宽图

两种通道的处理,得到谱处理下的线性退极化比与 DSP 处理下的线性退极化比,见图 6。由图 6 可见,在非降水时段,谱处理下的线性退极化比较微弱,而 DSP 处理下的线性退极化比更强,这是因为 DSP 处理方式得到的气象目标的回波信息未能更好的剔除地物杂波,不能更精准的表征云回波信息。

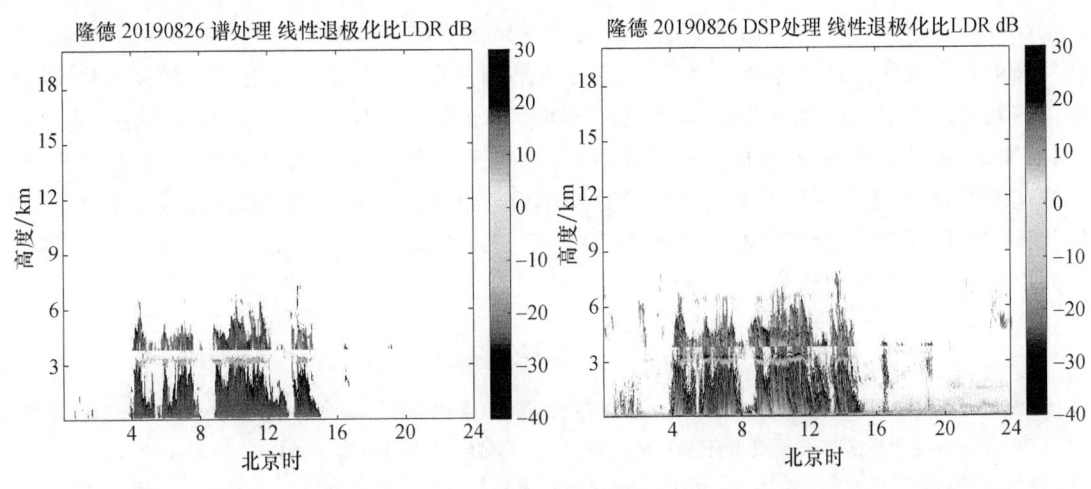

图 6  2019 年 8 月 26 日隆德站线性退极化比图

孙晓光等[20]对参数的敏感性进行了分析,得出线性退极化比对融化层的敏感性要更高,由隆德站云雷达探测的线性退极化图可以看到,在降水过程中,云系在 3 km 左右有一 0 ℃层亮带,线性退极化比为 −10 dB 左右,显著高于云体内其余高度的线性退极化比值,这是因为冰晶、雪花在下落的过程中,通过 0 ℃层,表面开始融化,水凝体的融化及其引起的介电常数、粒子落速、形状、尺度以及浓度的变化,使得雷达线性退极化都迅速增大,形成了明显的亮带。

## 5 结论

利用 2019 年 8 月 26 日降水天气过程隆德站逐时降水量观测资料、探空资料以及同期 HMB-KPS 型全固态 Ka 波段毫米波云雷达资料,对该部云雷达数据质量控制方法进行说明,并针对不同信号处理方法及数据收发机制下的云雷达产品在六盘山区一次降水天气过程的云宏微观特征进行对比分析,得出以下结论:

(1)本次降水过程发生在一槽(蒙古国西北部)一脊(东北地区)的环流背景下,主要的影响系统为 500 hPa 低压槽和 700 hPa 低涡,HMB-KPS 型云雷达可较好地反映本次层状云降水过程的发生发展状况。

(2)HMB-KPS 型毫米波测云雷达信号处理方法包括谱处理与 DSP 处理,其中 DSP 处理方法在非降水时段有一明显的地物杂波,在降水时段云系更为深厚,各物理量回波更强,噪声功率较谱处理的更高,谱处理得到的数据具有更高的可靠性。

(3)通过水平发射,垂直接收得到的通道 2 数据当探测目标云中的粒子运动不规则,相态不一致的时候,垂直极化的回波强度就会越大,当粒子非常规则的时候,理论上垂直分量应该是零,比通过水平发射,水平接收得到的通道 1 数据在降水时段各物理量的回波更强,在非降水时段云系较为浅薄或无云系出现,不可较好表征云系的发生发展状况。

(4)谱处理的通道 1 数据在六盘山区最具适用性及可靠性。在降水发生前,云系以浅薄的多层云为主,随着降水的临近,在降水发生前 20 min,云系开始接地,变为深厚的单层云;降水开始时,云雷达反演的反射率因子、信噪比、速度谱宽、线性退极化比均有跃增现象,云体内有除了下沉气流外有明显的上升气流出现,这是维系降水过程发展的重要因素之一;降水过程结束时,各物理量的回波强度显著减弱,降水过程结束后 1 h,云系变为多层云,随着时间的演变波动性减弱或消散。

(5)降水过程中在 3 km 附近有一厚度为 500 m 左右的 0 ℃层亮带,在谱处理的 1 通道数据反演的各物理量中最为显著。冰晶、雪花在下落的过程中,通过 0 ℃层后表面开始融化,水凝体的融化及其引起的介电常数、粒子落速、形状、尺度以及浓度的变化,使得云雷达反射率因子、信噪比、速度谱宽、线性退极化都迅速增大,径向速度为正,下沉运动增强,在亮带下面,粒子融化成雨滴,粒子下落末速度的增加及蒸发作用导致反射率因子、信噪比、速度谱宽、线性退极化比均降低,随着水凝雾渐渐变成液水、毛毛雨到大雨滴,亮带下方的云内各物理量在垂直方向上从上往下有增加趋势。

参考文献

[1] 陈海波,严华生,陈文,等. 宁夏六盘山区多年降水的时空变化分析[J]. 干旱气象,2009(2):103-110.
[2] 李艳春. 宁夏干旱区气候承载力分布特征分析[J]. 干旱区资源与环境,2010,24(8):96-99.
[3] 高翠翠,李昀英,寇雄伟,等. 2017. 中国东部暖季对流云与层状云的比例及与降水的对应关系[J]. 大气

科学,41(3):490-500.
[4] RUTLEDGE S A,HOUZE R A. 1987. A diagnostic modelling study of the trailing stratiform region of a midlatitude squall line [J]. J Atmos Sci,44 (18):2640-2656.
[5] LI Z Q,BARKER H W,MOREAU L. The variable effect of clouds on atmospheric absorption of solar radiation [J]. Nature,1995,376 (6540):486-490.
[6] RANDALL D,KHAIROUTDINOV M,ARAKAWA A,et al. Breaking the cloud parameterization deadlock [J]. Bull Amer Meteor Soc,2003,84 (11):1547-1564.
[7] LIOU K N. 大气辐射导论[M]. 郭彩丽,周诗健,译. 2版. 北京:气象出版社,2004.
[8] STEPHENS G L. Cloud feedbacks in the climate system: A critical review [J]. J Climate,2005,18 (2):237-273.
[9] BHARTIA P,BAHL I J. Millimeter wave engineering and applications[M]. Hoboken N J:Wiley,1984:31-35.
[10] 向敬成,张明友. 毫米波雷达及应用[M]. 北京:国防工业出版社,2004.
[11] 吴新星,吴进忠. 毫米波测云雷达发展概述[J]. 中文科技期刊数据库(文摘版)自然科学:2016:258.
[12] 吴举秀,魏鸣,周杰. 94GHz云雷达回波及测云能力分析[J]. 气象学报. 2014,72(2):402-416.
[13] 王帅辉,姚志刚,韩志刚,等. CloudSat云底高度外推估计的可行性分析[J]. 气象,2012(2):84-93.
[14] 李思腾,马舒庆,高玉春,等. 毫米波云雷达与激光云高仪观测数据对比分析[J]. 气象,2015,41(2):212-218.
[15] 唐英杰,马舒庆,杨玲,等. 云底高度的地基毫米波云雷达观测及其对比[J]. 应用气象学报,2015,26(6):680-687.
[16] 王德旺,刘黎平,仲凌志,等. 毫米波雷达资料融化层亮带特征的分析及识别[J]. 气象,2012(6):74-83.
[17] 赵静,马尚昌,代桃高,等. Ka波段毫米波云雷达探测能力的分析研究[J]. 成都信息工程学院学报,2016,31(1):29-34.
[18] 仲凌志,刘黎平,葛润生. 毫米波测云雷达的特点及其研究现状与展望[J]. 地球科学进展,2009,24(4):383-391.
[19] 孙晓光,刘宪勋,贺宏兵,等. 毫米波测云雷达融化层自动识别技术[J]. 气象,2011(6):74-80.

# 六盘山区两种不同型号云雷达探测个例的对比分析[*]

邓佩云　常倬林[*]　田　磊　曹　宁　孙艳桥　马思敏

(1. 中国气象局旱区特色农业气象灾害监测预警与风险管理重点实验室,银川 750002;
2. 中国气象局云雾物理环境重点开放实验室,北京 1000811;
3. 宁夏回族自治区气象灾害防御技术中心,银川 750002)

**摘　要**：本文利用 2019 年 10 月 31 日—11 月日宁夏六盘山区一次降水天气过程中隆德气象站 HMB-KPS 型与 HT101 型云雷达探测资料和气象站降水观测资料,对比分析了两种不同型号云雷达回波强度、信噪比、径向速度、谱宽的变化。结果表明,(1)HT101 型和 HMB-KPS 型云雷达得到的回波强度整体变化趋势一致,HMB-KPS 型比 HT101 型云雷达云系更为深厚,回波强度也更强,在非降水背景下,HMB-KPS 型比 HT101 型云雷达回波强度值高 10 dBZ 左右,在降水背景下,HMB-KPS 型比 HT101 型云雷达回波强度值高 20 dBZ 左右。(2)HMB-KPS 型云雷达的信噪比比同时次 HMB-KPS 型云雷达的信噪比大 10 dBZ 左右,反演的云系更为深厚,云接地起止时间较 HT101 型云雷达早 1 h。(3)同时次 HMB-KPS 型云雷达探测到的径向速度比 HT101 型云雷达探测的径向速度更大,谱宽值更小,范围高 0.5～1 km。(4)在降水发生前 1 h,两部云雷达均显示云系均变为单层云,云系更为深厚,HMB-KPS 型云雷达比 HT101 型云雷达反演的云内回波强度、信噪比、径向速度更强、速度谱宽更弱,两部云雷达显示的回波强度有跃增现象。相关结果可为两个云雷达在不同站址观测时提供对比依据,为云雷达在人工影响天气业务中的应用提供技术参考。

**关键词**：六盘山；云雷达；回波强度；信噪比；径向速度；谱宽

## 1　引言

宁夏位处西北干旱地区,水资源极为匮乏,属于重度缺水区,人均水资源占有量仅为黄河流域的 1/3,全国的 1/12,人均水资源可利用量仅有 670 m³,为全国平均值的 1/3,水资源是制约宁夏发展的最关键因素之一。宁夏六盘山作为西北地区东部的主要山脉,位于青藏高原东部,黄土高原的西北部,是海洋暖湿气流进入西北内陆的重要门户,维系着西北内陆地区的空中水汽输送,对于陕、甘、宁三省(区)水源地供水有着重要作用,是重要的水源涵养林基地及雨养农业区,也是宁夏生态保护红线"三屏一带五区"的重要生态屏障之一。其干旱少雨、灾害性天气多、降水量分布不均等生态问题一直是政府、公众和学界关注的焦点[1-3],相关研究被《自

---

[*] 基金资助：宁夏回族自治区重点研发计划项目(2019BEG03001),第二次青藏高原综合科学考察研究项目(2019QZKK0104),西北区域人影建设研究试验项目(RYSY201904),国家自然科学基金面上项目(41775135),宁夏自然科学基金项目(2021AAC03490,2020AAC03468,2019AAC03255),中国气象局旱区特色农业气象灾害监测预警与风险管理重点实验室 2020 年度青年培养项目(CAMT—202006)。

作者简介：邓佩云(1993—),女,宁夏银川人,硕士研究生,研究方向为大气物理学与大气环境。E-mail：734785297@qq.com。

通讯作者：常倬林(1981.10—),女,山西文水人,硕士,高级工程师,主要从事大气物理与大气环境、人工影响天气、卫星遥感等研究。E-mail：changzhl05@126.com。

治区"十二五"科学技术发展规划》列为的优先资助领域,宁夏回族自治区"十三五"规划中也将南部水源涵养区列为重点研发对象。为满足宁夏建设黄河流域生态保护和高质量发展先行区,实施生态立区、推进绿色发展的要求,通过不断创新发展人工影响天气技术进而增加降水量是一条具有较高可行性和较低成本的重要途径。六盘山区云水资源开发是当下生态环境建设急需解决的问题,而对六盘山区云垂直结构特征的研究,是有效评估区域空中云水资源的利用潜力的重要途径之一,可为当地降水预测以及人工增雨作业方案提供可参考性依据,对缓解干旱缺水,防御气象灾害,改善当地生活生产水平具有重要作用。

  已有研究表明,山地上空的云量较周边区域偏多[4],空气的上升运动在较低海拔山脉可产生对流云[3],崔洋等[6]发现六盘山地形对西北地区东部降水分布有着重要的影响。刘黎平等[7]用 EOF 和相关分析方法研究了平凉地区的对流云和降水的日、月变化规律及地理分布,得到了这些量与地形高度及坡度的关系,并揭示了六盘山对本地区云和降水影响的规律。李强等[8]对宁夏六盘山地区的一次区域性暴雨天气过程进行了诊断分析,得出该区域低层辐合高层辐散,有利于强降水的发生、发展和维持。杨文海等[9]从环流背景、水汽动力等条件对固原地区出现的局地暴雨天气过程进行了分析,发现六盘山山脉地形辐合及地形抬升作用,加强了上升运动并引起了降水量的增幅。云作为地球-大气系统中气候的重要影响因子,与降水的关系密切,二者的分布也可改变区域辐射状况,进而影响大气环流与天气气候[10-11]。刘屹岷等[12]基于卫星资料对青藏高原上云宏观和微观结构特征、云与降水相关性、云辐射效应以及模式中的云-辐射问题等方面进行研究,指出高原上较少的水汽对云层厚度和层数有显著压缩作用,云对总降水的贡献随着云层数增多而减少。王亚敏等[13]研究指出,低云量与降水、相对湿度等呈显著正相关。王小勇等[14]利用 2005—2007 年春季降水和 MODIS 云资料对祁连山东部云参数特征与降水的关系进行分析,得出降雨(雪)量与低云量、低云冰水路径、低云云顶-云底气压差呈明显正相关。

  目前,宁夏利用高时空分辨率的垂直定向雷达研究降水天气过程发生发展时云系的垂直结构与特征较为匮乏,毫米波云雷达可以探测直径远小于雷达波长的粒子,具有穿透云的能力而能描述云内部物理结构,并且可以连续监测云的垂直剖面变化,可为研究云的宏观特性及预测云系发展提供良好的支撑[15],而降水对毫米波具有一定的衰减,因此,云雷达一般只探测从直径为几微米的云粒子到弱降水粒子的范围,主要研究对象为非降水云、毛毛雨、雾及沙尘暴。基于云雷达对弱降水粒子有更优的探测性,因此,本文利用布设在隆德站的两部不同型号的云雷达资料对对 2019 年 10 月 31 日—11 月 1 日一次降水过程,在降水发生前、发生时及发生后的探测性能进行对比分析研究,尝试分析两种云雷达仪器的回波强度、径向速度、速度谱宽、信噪比在降水天气过程时的表征特征及其敏感性、准确性,明晰二者的共性及差异性,为后两个云雷达仪器在不同站址观测时提供对比依据,也可为云雷达在人工影响天气业务及六盘山区云和降水物理过程的相关研究和应用提供可参考性依据。

## 2 数据与方法

  本文所选取的资料来自于隆德国家气象观测站,海拔高度:2078.6 m,距离六盘山顶最高点约为 800 m,与六盘山山脊水平距离约为 10 km。2019 年 9 月 26 日,宁夏六盘山野外科学试验基地将 HT101 型 Ka 波段毫米波云雷达(西安华腾有限责任公司)搬迁至隆德国家气象观测站,与 2019 年 8 月 22 日搭建的 HMB-KPS 型(北京无线电测量研究所,简称北京 23 所)

Ka 波段毫米波云雷达进行对比观测。本文选取 2019 年 10 月 31 日 00 时至 11 月 1 日 12 时的 HT101 型与 HMB-KPS 型云雷达资料,结合同期六盘山区常规地面和高空观测资料,对六盘山区 2019 年 10 月 31—2019 年 11 月 1 日的降水过程进行分析。在数据的处理和分析中,将时间同步为 1 min,对两种型号云雷达的回波强度、径向速度、速度谱宽、信噪比等产品数据统一到隆德站的海拔高度以及同一探测范围进行对比分析。两种型号的云雷达产品及数据具体说明如下:

(1) HT101 型 Ka 波段测云仪(西安华腾有限责任公司),由雷达设备和显控终端两大部分组成。工作中心频率 35 GHz,天线口径 1.6 m,最大探测高度大于 15 km,定量测量高度大于 10 km;具有 $-40\sim+40$ dBZ 的探测能力,并且达到高度 30 m、时间 5 s 的分辨率要求,采用全固态、准连续波体制和脉冲压缩信号的形式,以顶空垂直固定扫描的方式工作。利用云滴/雨滴对电磁波的散射特性,连续不间断获取站点上空高时空分辨率的气象目标宏微观和动力学特性等信息,可测量并输出云回波的回波强度、垂直速度、速度谱宽、信噪比等一次产品,并且在此基础上反演获得云顶高、云底高、云厚、云量等二次产品,实现云降水连续演变过程的探测。数据采集频率为 5 s/次,垂直分辨率为 30 m,探测范围可达 10 km 以上高空,主要包含云底高度、云顶高度、云层数、云厚度、回波强度、垂直速度以及速度谱宽气象产品数据。HT101 型毫米波测云雷达性能指标具体见表 1。

表 1 HT101 型毫米波测云雷达性能指标

| 体制 | 工作频段 | 探测范围 | 天线口径 | 空间分辨率 | 探测精度 | 参数测量范围 |
|---|---|---|---|---|---|---|
| 全固态、全相参普勒、脉冲压缩 | Ka 波段,35 GHz±500 MHz | 120 m~20 km | 1.6 m | 30 m | 强度:1 dBZ<br>速度:≤1 m·s$^{-1}$<br>谱宽:≤1 m·s$^{-1}$ | 强度:-40~+40 dBZ<br>速度:±15 m·s$^{-1}$<br>谱宽:0~15 m·s$^{-1}$ |

(2) HMB-KPS 型毫米波测云雷达(北京无线电测量研究所,文中简称北京 23 所),由雷达设备和显控终端两部分组成。工作频段 35 GHz±500 MHz,天线口径 1.8 m,最大探测高度为 20 km,具有 $-45\sim+30$ dBZ 的探测能力,并且达到高度 30 m、时间 1 min 的分辨率要求,采用全固态、高占空比毫米波发射单元,大口径、高增益天线、脉冲压缩和脉冲积累等技术,通过分析雷达回波信号反映云的宏微观结构、云的特性及云的垂直变化,揭示云的时空结构和演变特征,可测量并输出云回波的回波强度、径向速度、速度谱宽、线性退极化比、信噪比等一次产品,并且在此基础上反演获得云顶高、云底高、云厚、云量、云中液态水含量等二次产品,具有探测小粒子的优势和良好的穿透能力。数据收发体制为单发双收,云雷达信号处理方法包括谱处理与 DSP 处理,本文进行数据分析时采用通道 1 和谱处理下得到的数据。HMB-KPS 型毫米波测云雷达性能指标具体见表 2。

表 2 HMB-KPS 型毫米波测云雷达性能指标

| 体制 | 工作频段 | 探测范围 | 天线口径 | 空间分辨率 | 探测精度 | 参数测量范围 |
|---|---|---|---|---|---|---|
| 全固态,单发双收 | Ka 波段,35 GHz±500 MHz | 120 m~20 km | 1.8 m | 30 m | 强度:1 dBZ<br>速度:≤1 m·s$^{-1}$<br>谱宽:≤1 m·s$^{-1}$ | 强度:-45~+30 dBZ<br>速度:±18 m·s$^{-1}$<br>谱宽:0~4 m·s$^{-1}$ |

## 3 降水实况

2019年10月31日中午至11月1日上午,六盘山区出现一次显著降水过程。此次降水过程六盘山区处在两槽一脊的环流背景下,受不断穿脊东移的冷空气影响,六盘山上游地区形成短波槽东移,配合低层暖湿气流,六盘山区出现了一次明显的自南向北降水天气过程。此次降水过程中,西吉中南部以及隆德、泾源大部降水量大于10 mm,其他地区降水量小于10 mm,从六盘山东西两侧降水分布来看,东侧的泾源站降水量最大,其次是山顶六盘山站,西侧隆德站降水最小。其中,隆德站降水从10月31日13:23开始,降水结束在11月1日08:02,降水持续约19 h,过程累积雨量为9.6 mm。

## 4 结果分析

### 4.1 回波强度与信噪比对比

为了分析此次降水过程六盘山站云系的垂直结构,对隆德站HT101型与HMB-KPS型Ka波段毫米波云雷达反演的回波强度进行对比分析,见图1。由图1可见,两部云雷达变化趋势较为一致,在降水发生前有一云底高度>6 km的高云,两种仪器反演的顶高均为10～12 km间波动,HMB-KPS型比HT101型云雷达云顶高高出1～2 km,从回波强度的大小以及范围来看,HMB-KPS型比HT101型云雷达的回波强度高10 dBZ左右。在云系发展的过程中,HT101型云雷达在10月31日9时出现底高为4 km左右的中云,HMB-KPS型云雷达中云云系更为深厚且出现时间较HT101型云雷达早1 h,回波强度也更强,随着云系的发展,云厚度增大,在降水发生前1 h,HT101型与HMB-KPS型云雷达反映云系均变为单层云,云系更为深厚,云内回波强度也更强,HMB-KPS型云雷达显示的回波强度有跃增现象。此外,HMB-KPS型云雷达在近地面有一层较均匀的回波,这是由于地物杂波引起的非气象回波,HT101型云雷达产品在数据预处理时已去地物杂波,这一性能可较优的真实表征降雨发生前的云回波状况。

10月31日13:23降水开始,两部云雷达的回波强度均有剧增现象,在垂直结构上表现出了从高到低增大的特征,在HT101型云雷达上回波分布较均匀,回波强度上有一0 ℃层亮带,高度为1.5 km左右,为层状云降水,可更好的表征降水性质,隆德站降水在11月1日05—06时雨强最强,小时雨量为1.6 m,为小雨,HMB-KPS型云雷达反演的回波强度高出HT101型云雷达回波强度20 dBZ左右,在降水过程中受到衰减的影响程度较小,主要降水时段回波强度高达30 dBZ,为大雨量级,与实际的降水过程相比,HMB-KPS型云雷达回波强度的反映剧烈,HT101型云雷达反演的回波强度大小可更好的表征实际降水过程,进一步分析表明,HMB-KPS型云雷达反演的云顶高比HT101型云雷达高2 km左右,在10月31日18—24时,可明显的表征云底高为6 km左右的中、高云。

11月1日08:02,隆德站降水过程结束,两种型号的云雷达显示云系也逐渐减弱至消散。同时次HMB-KPS型云雷达反演的回波强度高出HT101型云雷达回波强度20 dBZ左右,反演的云系也更为深厚,云顶高度更高,对于降水结束时,HT101型云雷达产品在六盘山区探测降水云的适用性更高,HMB-KPS型云雷达对中高层弱云的探测能力更优。

信噪比指的是信号的平均功率和噪声的平均功率之比,通过对比两种型号的云雷达反演

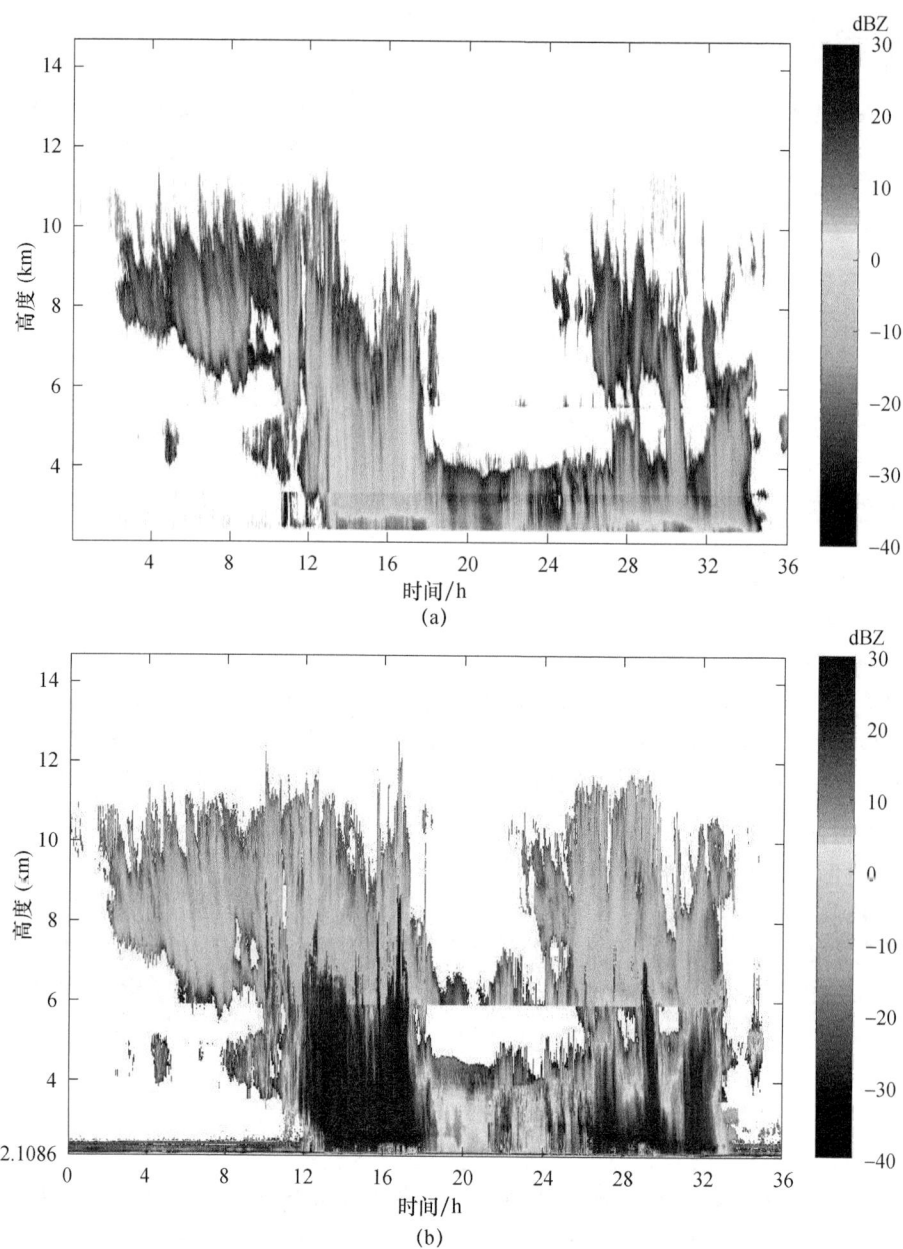

图 1　2019 年 10 月 30 日 00 时—11 月 01 日 12 时两种云雷达反演的回波强度
(a)HT101 型;(b)HMB-KPS 型

的信噪比之间的对比分析(图 2),可以看到二者信噪比的变化趋势一致,在降水开始前 1 h,云系开始接地,信噪比呈现垂直方向由上往下增大的趋势,降水开始时,信噪比均存在跃增现象,HMB-KPS 型云雷达的信噪比比同时次 HMB-KPS 型云雷达的信噪比探测的大值区高 4 km,降水结束阶段,云层变为双层云,HMB-KPS 型云雷达反演的云系更为深厚,信噪比更强,随着云系的减弱至消散,HMB-KPS 型云雷达的信噪比表征的云接地结束时间较 HT101 型云雷达早 1 h。综上对比分析,HMB-KPS 型云雷达的信噪比比同时次 HMB-KPS 型云雷达的信噪比大 10 dBZ 左右,反演的云系更为深厚。

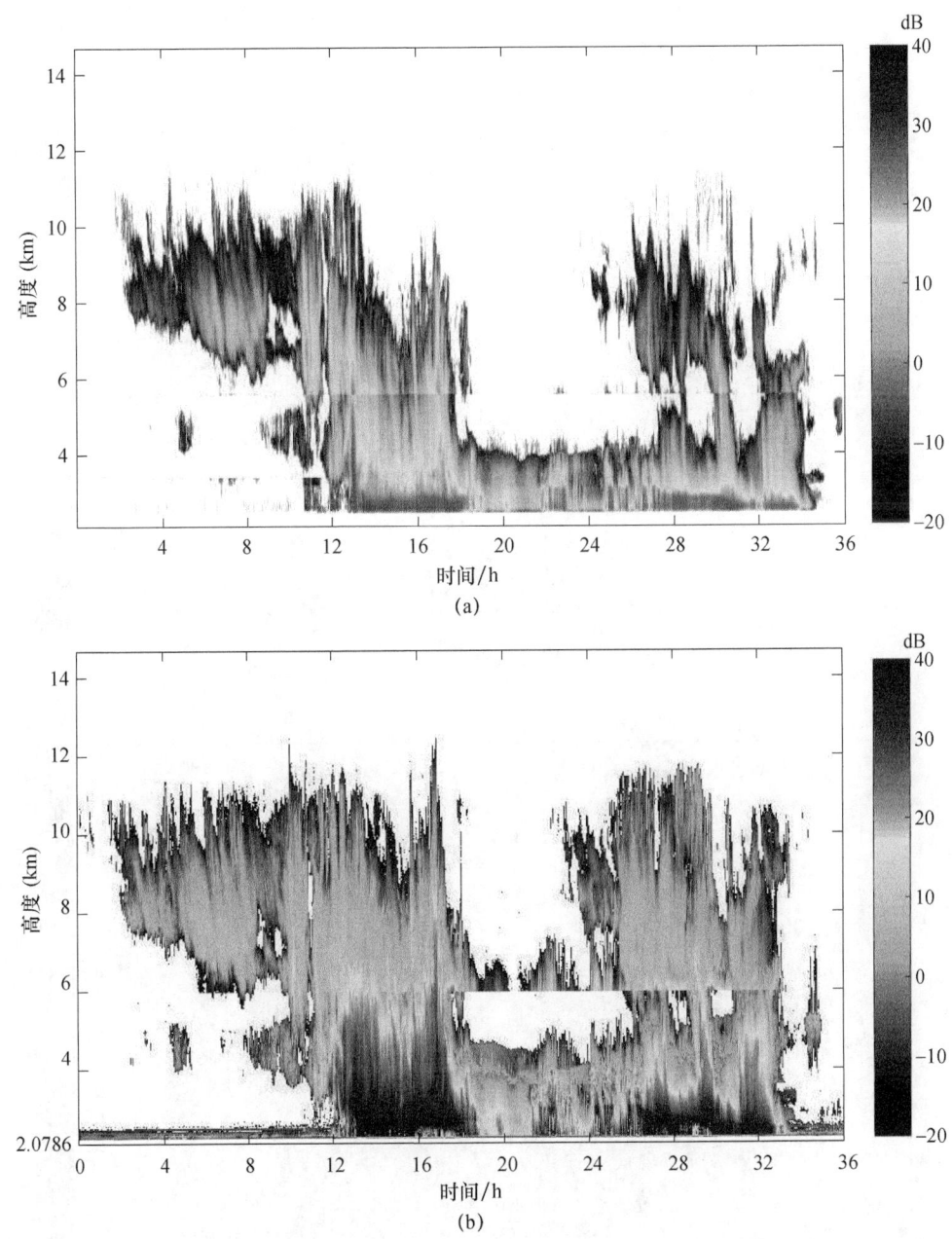

图 2 2019 年 10 月 30 日 00 时—11 月 01 日 12 时两种云雷达反演的信噪比
(a)HT101 型；(b)HMB-KPS 型

## 4.2 径向速度与谱宽对比

由两部云雷达的径向速度图可见(图 3)，二者径向速度的变化趋势一致，在降水发生前，云体内气流有微弱的上升运动，这是因为水汽到达高层大气之后发生凝结，凝结过程中向周围环境释放热量，空气吸收热量上升形成上升运动。对 HT101 型与 HMB-KPS 型云雷达径向速度产品的差异性对比分析可见，HMB-KPS 型云雷达接近雷达天线的低层有地物杂波出现，同时次 HMB-KPS 型云雷达探测到的径向速度比 HT101 型云雷达探测的径向速度略大，范围高 0.5~1 km。

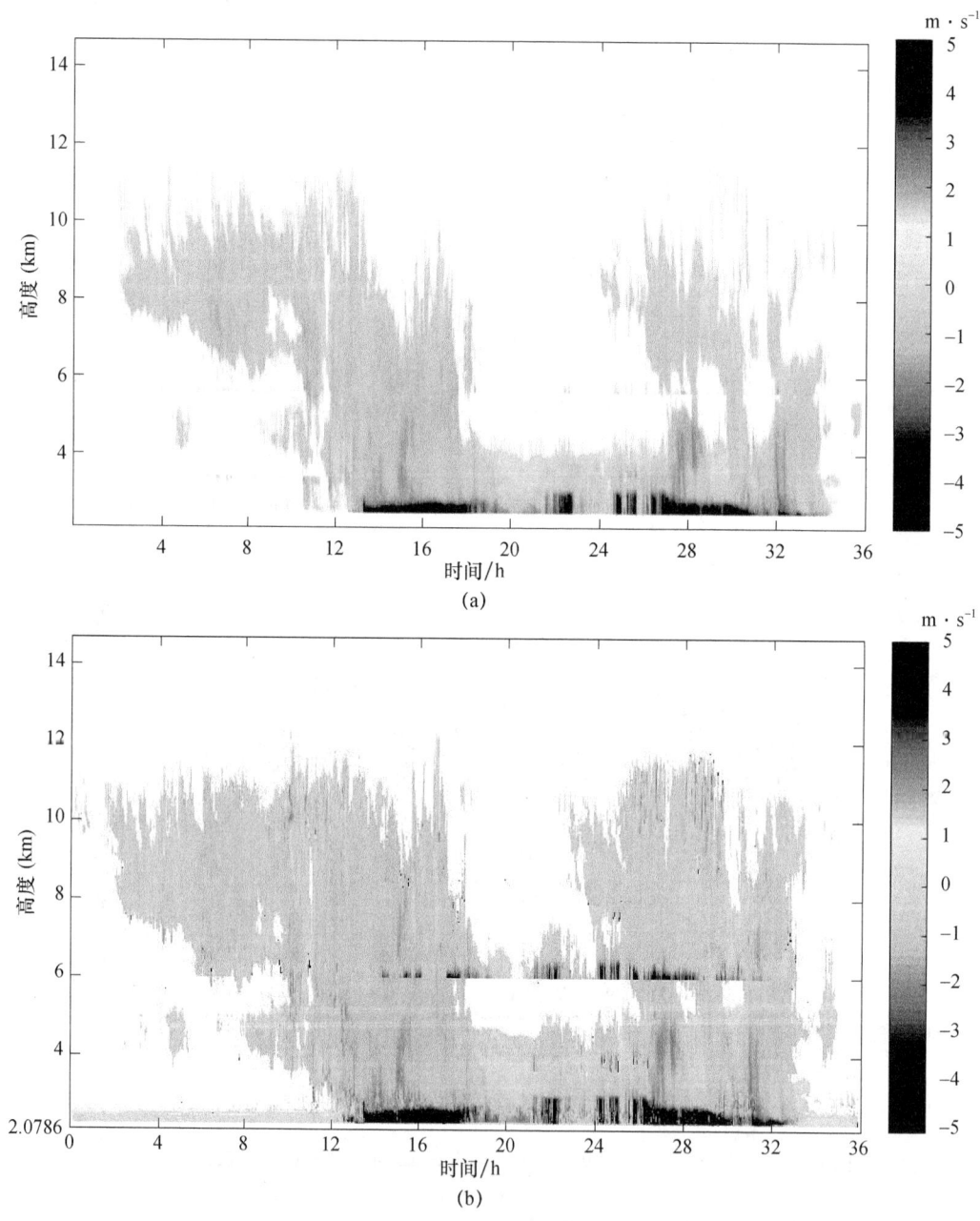

图 3　2019 年 10 月 30 日 00 时—11 月 01 日 12 时两种云雷达反演的径向速度
(a)HT101 型；(b)HMB-KPS 型

随着云系不断发展，水汽随上升气流上升到一定高度后液化形成大粒子降落，云系接地变为深厚的单层云，产生降水。在降水过程中，云层上部有频繁上升运动，随后积层混合云发展较为深厚，在距地面 2 km 左右出现了一个范围较小的谱宽大值区(图 4)，谱宽代表粒子群垂直运动偏高平均状态的程度，可反应滴谱宽窄变化、风切变和湍流强度等，降水时出现谱宽大值区说明云体中上部湍流运动剧烈,可能是积状云中雨滴通过碰并作用增大,云系既有上升运动又有下沉运动,云体内湍流运动剧烈,对流十分旺盛。接近雷达天线的低层可以明显看到降雨形成的下落速度,其他的速度不明显。云体内均以下沉运动为主。在10月31日下午第一次降水时段结束后,两部云雷达云体内下层有明显的上升运动,这为降水过程的维持和发展提供了重要的动力因素,进一步形成11月1日02:00开始的第二次降水过程,第二次降水过程云体大部分区域都是下沉运动,对比分析可见,在降水过程中同时次的HMB-KPS型云雷达比HT101型云雷达的径向速度值大0.1~0.5 m·s$^{-1}$左右,靠近云雷达天线有更明显的由降水引起的下沉运动,HMB-KPS型云雷达比HT101型云雷达探测的径向速度范围及强度更大,HT101型云雷达比HMB-KPS型云雷达探测的谱宽值高0.4 m·s$^{-1}$左右,HMB-KPS型云雷达在2019年10月31日18—24时有一明显的中高层弱云,而HT101型云雷达无显示。

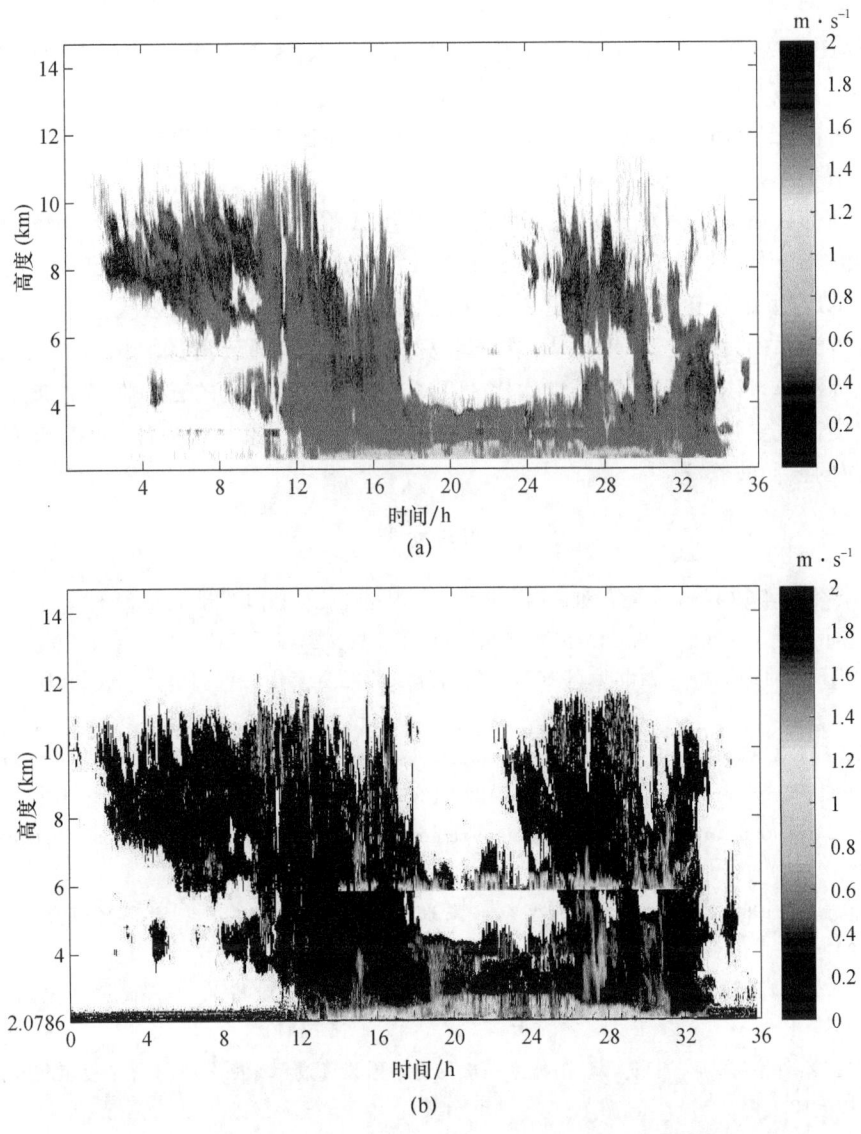

图4 2019年10月30日00时—11月01日12时两种云雷达反演的速度谱宽
(a)HT101型;(b)HMB-KPS型

降水过程快结束时二者云雷达云体内上升运动骤减,同时谱宽值减小,云系内对流减弱,云系也逐渐消散,降水逐渐停止,HT101型云雷达对此过程中云系的结构特征变化更具敏感性。

## 5 结果与讨论

本文利用布设在隆德站的两种不同型号云雷达资料和区域自动站资料,针对一次降水过程个例,对比分析了回波强度、信噪比、径向速度和速度谱宽的变化,得到以下结论。

(1)HT101型和HMB-KPS型云雷达得到的回波强度整体变化趋势一致,HMB-KPS型比HT101型云雷达云顶高高出1～2 km,在非降水背景下,HMB-KPS型比HT101型云雷达回波强度值高10 dBZ左右,在降水背景下,HMB-KPS型比HT101型云雷达回波强度值高20 dBZ左右。

(2)HMB-KPS型云雷达的信噪比比同时次HMB-KPS型云雷达的信噪比大10 dBZ左右,反演的云系更为深厚,云接地结束时间较HT101型云雷达早1 h。

(3)同时次HMB-KPS型云雷达探测到的径向速度比HT101型云雷达探测的径向速度更大,谱宽值更小,范围高0.5～1 km。

(4)从两部云雷达整体对比来看,HMB-KPS型云雷达在近地面有一层较均匀的回波,这是由于地物杂波引起的非气象回波,HT101型云雷达产品在数据预处理时已去地物杂波。

HMB-KPS型云雷达中云云系更为深厚且出现时间较HT101型云雷达早1 h,回波强度也更强,随着云系的发展,云厚度增大,在降水发生前1 h,两部云雷达均显示云系均变为单层云,云系更为深厚,HMB-KPS型云雷达比HT101型云雷达反演的云内回波强度、信噪比、径向速度、速度谱宽更强,两部云雷达显示的回波强度有跃增现象。这一性能可较优的真实表征降雨发生前的云回波状况。

**参考文献**

[1] 陈海波,严华生,陈文,等. 宁夏六盘山区多年降水的时空变化分析[J]. 干旱气象,2009(2):103-110.

[2] 李艳春. 宁夏干旱区气候承载力分布特征分析[J]. 干旱区资源与环境,2010,24(8):96-99.

[3] 陈豫英,冯建民,陈楠,等. 西北地区东部可利用降水的时空变化特征[J]. 干旱区地理,2012,35(1):56-66.

[4] SUMARGO E,CAYAN D R. Variability of cloudiness over mountain terrain in the Western United States[J]. Journal of Hydrometeorology,2017,18:1227-1245.

[5] BARTH E L. Cloud formation along mountain ridges on Titan[J]. Planetary and Space Science,2010,58:1740-1747.

[6] 崔洋,谭志强. 1961—2009年西北地区东部降水时空分布及成因[J]. 干旱区研究,2013,30(6):1094-1099.

[7] 刘黎平,钱永甫,王致君. 平凉地区云的雷达回波和降水的气候特征[J]. 高原气象,1997,16(3):265-273.

[8] 李强,纪晓玲,肖艳红,等. 宁夏六盘山地区一次局地暴雨天气过程诊断分析[J]. 宁夏工程技术,2019,18(1):12-17+22.

[9] 杨文海,余文梅,景博,等. 2017年3—5日固原局地暴雨天气过程分析[J]. 农业科技与信息,2017(20):61-62.

[10] 高翠翠,李昀英,寇雄伟,等. 2017. 中国东部暖季对流云与层状云的比例及与降水的对应关系[J]. 大气科学,41(3):490-500.

[11] RUTLEDGE S A, HOUZE R A. 1987. A diagnostic modelling study of the trailing stratiform region of a midlatitude squall line [J]. J Atmos Sci, 44 (18):2640-2656.

[12] 刘屹岷,燕亚菲,吕建华,等. 2018. 基于CloudSat/CALIPSO卫星资料的青藏高原云辐射及降水的研究进展[J]. 大气科学,42(4):847-858.

[13] 王亚敏,冯起,李宗省. 1960—2005年西北地区低云量的时空变化及成因分析[J]. 地理科学,2014,34(5):635-640.

[14] 王小勇,张婕,武岩,等. 祁连山东部春季云参数特征与降水的关系研究[J]. 安徽农业科学,2011,39(33):20885-20887.

[15] BHARTI A P, BAHL I J. Millimeter wave engineering and applications[M]. Hoboken N J: Wiley, 1984: 31-35.

# 三维风速仪在人工影响天气中的初步应用研究[*]

周积强[1]　黄艳红[2*]　桑建人[1]　殷占福[3]　汪晓滨[3]　田　磊[1]　柳佳俊[1]

(1. 宁夏气象灾害防御技术中心,银川 750002；2. 宁夏气象信息中心,银川 750002；
3. 中国气象科学研究院,北京 100081)

**摘　要**：近地层大气扩散情况是地面烟炉在人工影响天气作业中能否发挥作用的关键因素。使用三维风速仪监测大气扩散,为地面烟炉作业时机选择提供了一种有效观测手段,能够使作业更具科学性。本文对三维风速仪安装环境、风速平均时距确定进行了分析,并计算了一次观测实例湍流特征,其对地面烟炉选址、作业条件分析等具有一定的参考价值。

**关键词**：三维风速仪；地面烟炉；湍流

## 1　引言

人工影响天气是用人为手段使天气现象朝着人们预定的方向转化。现代人工影响天气主要是通过飞机、火箭、高炮、地面烟炉[1]等手段向云中播撒碘化银、干冰等催化剂,对局部区域内云中的微物理过程施加影响,从而达到增(消)雨(雪)、防雹、消雾、防霜等目的。其中地面烟炉(碘化银地面发生器)具有作业成本低,指挥环节少,不受空域限制等特点,位置一般设置在高山迎风坡。

地面烟炉增雨(雪)作业关键技术是在作业时段中作业点位置是否处于上升气流区,这样才能保证一定量的有效粒子进入云内[2]。何媛等在分析地面烟炉选址和作业时,表明使用地面烟炉开展人工增雨作业的关键环节是作业点附近的上升气流[3]。周万福等研究祁连山地形云的形成与垂直风速关系时指出上升气流与云的形成存在一定的关系[4]。相关研究表明上升气流对地面烟炉作业和云的形成具有重要作用。另外近地层大气扩散对催化剂的影响范围、高度也具有重要作用[5]。使用三维风速仪监测近地层气流运动对地面烟炉布设、作业条件分析、效果评估等提供了科学依据。

三维风速仪能够观测水平、垂直风速及风向,广泛应用于大桥、大楼、风场、气象、湍流等风的观测和研究中。其最大特点是能够观测垂直方向的风速,能够很好地满足地面烟炉人工影响天气作业条件识别和初步判断催化剂作用时间、范围。随着人工影响天气作业手段多元化发展和能力的调高,地面烟炉在全国范围也逐步广泛开始应用。

---

[*] 基金资助：中国气象局科技与气候变化司西北区域人影科学试验研究项目-研究试验总设及成果集成(RYSY201909),宁夏回族自治区重点研发计划项目"六盘山区地形云空中云水资源开发利用关键技术及应用示范"(2019BEG03001),宁夏自然科学基金资助项目"宁夏六盘山区地面碘化银烟炉增雨雪作业条件研究"(2019AAC03255),中国气象局旱区特色农业气象灾害监测预警与风险管理重点实验室指令性项目六盘山区三维风速仪资料分析和应用研究(CAMP—202010)资助。

作者简介：周积强(1986—),男,工程师,硕士,主要从事研究人工影响天气工作。Email:545852413@163.com。

通讯作者：黄艳红(1986—),女,工程师,硕士,主要从事气象信息系统维护和软件开发。E-mail:510525046@qq.com。

本文介绍了一种超声三维风速仪的测风原理,根据其在各研究领域的应用情况,分析了安装位置、环境、高度、平均风速时距。使用一次三维风速观测示例数据,利用拉伊达准则进行野点数据筛选,采用滑动平均法对野点数据进行了订正,实现了监测数据质量的控制。对比分析了野点剔除对风速统计结果的影响。计算了湍流基本特征参数,并对比分析两次坐标轴旋转对计算结果的影响。该研究对地面烟炉选址、作业条件分析等具有一定的参考价值。

## 2 三维风速仪测量原理

图1所示为超声波三维风速仪测量风速的原理。装置1和2为超声波信号发生和接收器。$L$ 为两个传感器之间的距离。$T_1$ 为超声波从传感器1到传感器2的所用时间。$T_2$ 为超声波从传感器2到传感器1所用的时间。$V$ 表示风速,$C$ 表示声速。那么可由式(1)和(2)表示 $L, T_1, T_2, C, V$ 之间的关系。

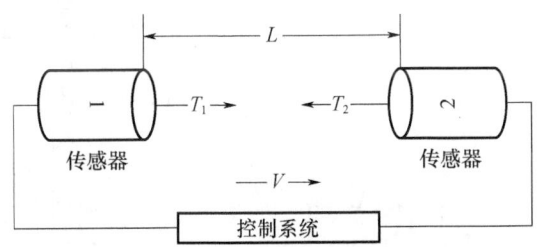

图1 超声波测风原理

$$T_1 = \frac{L}{C+V} \tag{1}$$

$$T_2 = \frac{L}{C-V} \tag{2}$$

由公式(1)(2)可得出 $V$。

$$V = \frac{L}{2}\left(\frac{1}{T_1} - \frac{1}{T_2}\right) \tag{3}$$

根据公式(3)可以计算水平和垂直方向上风速。根据风速可计算风向。

## 3 安装环境和位置

潘乃先等在研究不同下垫面表面层的湍流度时,将三维风速仪安装在气象观测站内10 m杆的顶端,在非气象站环境下将仪器安装在孤立或最高的位置[6]。苏红兵等在北京城郊开展近地层湍流实验观测时,将其安装在气象观测塔(325 m)的47 m和120 m处[7]。吴艳标等在广东西部地区开展湍流强度及大气扩散参数研究时,将其安装在楼顶(25 m)的6 m高的支架上[8]。许丽人等在开展不同下垫面上近地层湍流的多尺度属性研究时,将其安装在农村开阔地形的8 m和16 m处,并进行梯度观测[9]。沈铁元等在三峡坛子岭进行单点地面风分析时,将仪器位置选择在地形高、周边无遮挡的位置,架设高度为4.5 m[10]。杜云松等对一次降水过程进行湍流特征分析时,将仪器安装在空旷环境,安装高度为2 m[11]。综合当前三维风速仪使用情况,在气象观测场一般安装在风塔(风杆)顶端,在非气象观测台站一般选择空旷环境、位置最高点或者梯度观测塔上。但以上研究并未对三维风速具体安装位置和安装方式进行详细描述。

根据三维风速仪安装使用说明手册要求,如图 2 所示为三维风速仪安装环境和高度要求示意图。世界气象组织(WMO)建议在开阔平坦的水平面上,安装高度为 10 m,三维风速仪和任何障碍物之间的距离至少是障碍物高度的 10 倍。图 2a 表示空旷环境的具体要求,其中 $A$ 点为三维风速仪安装位置,$B$ 点为障碍物位置,$L_1$ 为 $A$ 点到 $B$ 点距离,$H_1$ 表示障碍物高度,那么要求 $L_1 \geqslant 10H_1$。图 2b 表示三维风速仪安装在塔、桅杆等装置的吊杆处,其中 $R_1$ 表示塔或者桅杆的直径或者对角线长度。$L_2$ 表示吊杆的长度,那么要求 $L_2 \geqslant 2R_1$。图 2c 表示安装在杆的顶端,其中 $L_3$ 表示相邻两根杆 $D,E$ 之间的距离,$R_2$ 表示杆的直径,那么要求 $L_3 \geqslant 10R_2$。图 2d 为安装在建筑物上,其中 $H_2$ 表示三维风速仪安装高度,$H_3$ 表示建筑物垂直高度,那么要求 $H_2 \geqslant 1.5H_3$。

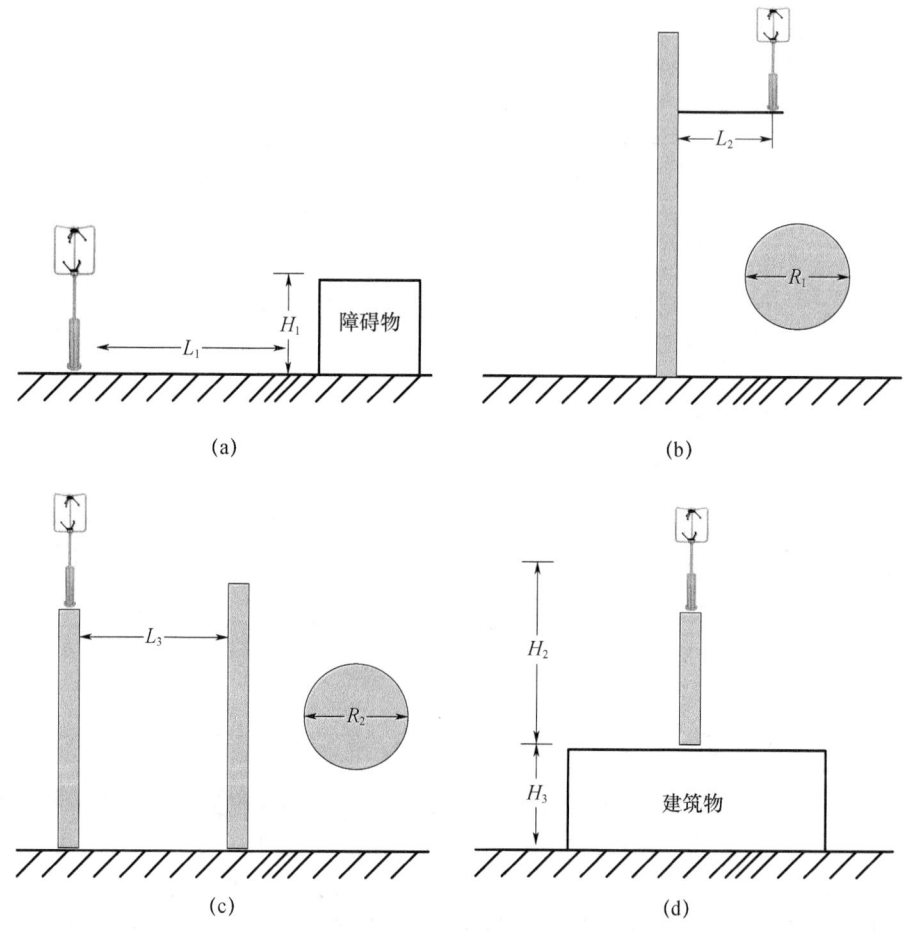

图 2 三维风速仪安装环境和高度

三维风速仪安装环境应尽可能选择周边空旷的环境,并且具有一定的架设高度,同时避免周边的建筑物、地形、障碍物等引起湍流对风速测量产生影响,如树木、桅杆、和建筑物等。另外还要考虑电磁兼容方面的要求。安装时要确保不受当地其他电子设备的影响,如无线电、雷达、发电机等设备,要求保持一定的隔离距离,隔离距离一般 5 m 以上即可。实际应用中地面烟炉选址一般都在山的迎风坡,三维风速仪安装很难满足周边空旷的环境要求,因此选址时应尽可能选择周边障碍物少的地点,尽量安装在比较高的位置,在数据使用时应考虑周边障碍物带来的风速干扰等问题。若考虑与其他地面气象站观测保持风的观测一直性,建议安装高度为 10 m。

## 4  风速平均时距

为了正确表达风速大小,通常采用一定时间间隔内的平均风速值来表示。《地面气象观测规范》中测量的风是两维矢量(水平风),用风速和风向表示。风的平均量是指在规定时间段的平均值,有 3 s、2 min 和 10 min 的平均值。而三维风速仪测量风是三维矢量,有水平风和垂直风,同样需要对平均时距进行确定。杨克用使用马耳他和浙江镇海县气象站风的观测资料,对比分析了 2 min、10 min、1 h 三种时距对风速统计大小的影响,得出不同时距对平均风速之间并不存在因时距的加长而使平均风速必然减少的趋势[12]。周万福[4]在研究祁连山地形云与垂直风关系时,因使用降水量和云量观测数据为 1 h 资料,为了与之相对应三维风速时距也确定为 1 h。沈铁元等[10]在三峡坛子岭进行单点地面矢量风分析时,三维风速仪每次观测时间为 9 min,因此时距确定为 9 min。苏红兵等在开展北京城郊近地层湍流实验观测时,在综合国外观测研究的基础上,考虑资料平均和处理的方便,选择时距为 84 min。孙爱东等[13]为了得到不同时间尺度与不同时段谱的特征,分别选取了 1 s、5 s、10 s、10 min、1 h 5 种不同时距。综上三维风平均时距确定应考虑研究对象特点、观测设备性能、数据处理要求等。人工影响天气的主要目的之一是增加降水,如进行风与降水之间的关系,风速平均时距应与降水资料观测时距相一致。

## 5  数据来源和处理方法

本试验所用三维风速仪是英国 Gill 公司生产的超声波风速风向仪,能够实时输出三维风测量数据,输出风速范围为 $0 \sim 45 \ \mathrm{m \cdot s^{-1}}$(精度为 $0.01 \ \mathrm{m \cdot s^{-1}}$),输出风向为 0°—359°。三维风速仪安装在宁夏隆德县人工影响天气标准化作业点屋顶 2 m 位置处。目的一是观测作业点大气扩散能力,确定地面烟炉作业催化时间。二是判断该作业点是否适合地面烟炉作业。观测资料时间段为 2018 年 1 月 6 日 16:00—17:00 风速风向观测数据。

### 5.1  野点筛选

野点筛选(排除异常数据)有四种常用准则,分别是拉伊达准则,格拉布斯准则、肖维勒准则和狄克逊准则。其中拉伊达准则是以三倍测量列的标准偏差为极限取舍标准,该准则适用于测量次数 $n>10$ 或预先经大量重复测量已统计出其标准误差的情况[14]。三维风速仪观测风速是每秒输出一次风速数据,因此适用拉伊达准则进行野点筛选。公式(4)为拉伊达准则判断方法。$X_i$ 为观测值,$\overline{X}$ 为算数平均值,$\sigma$ 为标准差。筛选出的野点值采用滑动窗口平均法计算后进行插补,也就是将出现野点值前后 1 s 的风速值进行平均。

$$\begin{cases} 若 |X_i - \overline{X}| > 3\sigma, 则 X_i 为野点值 \\ 若 |X_i - \overline{X}| \leqslant 3\sigma, 则 X_i 为正常值 \end{cases} \tag{4}$$

### 5.2  标轴旋转

垂直方向平均风速等于零是应用涡动相关法的基本条件之一,否则需要进行相应的倾斜修正,包括将水平坐标轴旋转到平均风方向、垂直方向倾斜修正等,一般需要进行 2~3 次旋转[15]。三维风速仪输出数据为水平风速 $U$、垂直风 $W$、风向 $\theta$(0—359°)，在做坐标系旋转之前，需将三维风速仪观测的水平风速进行分解，即将水平 $U$ 分解到 $u_m$ 和 $v_m$ 方向，其中 $u_m$ 正方向为北，$v_m$ 正方向为东。垂直风 $w_m$ 和 $W$ 相等。分解方法按照公式(5)计算。

$$\begin{cases} u_m = U\cos\theta, v_m = U\sin\theta, & \text{当 } 0° < \theta \leq 90° \\ u_m = -U\cos(180°-\theta), v_m = U\sin(180°-\theta), & \text{当 } 90° < \theta \leq 180° \\ u_m = -U\sin(270°-\theta), v_m = -U\cos(270°-\theta), & \text{当 } 180° < \theta \leq 270° \\ u_m = U\cos(360°-\theta), v_m = -U\sin(360°-\theta), & \text{当 } 270° < \theta \leq 359° \end{cases} \quad (5)$$

## 5.3 湍流强度和动能

三维风速仪观测数据经分解和坐标轴旋转后，水平风用 $u(t)$，$v(t)$ 表示和垂直风用 $w(t)$ 表示。水平平均风速用 $\overline{U}$ 表示，垂直平均风速用 $\overline{W}$ 表示。水平脉动风速 $u'(t)$，$v'(t)$ 和垂直脉动风速 $w'(t)$ 按照公式(6)计算。

$$\begin{cases} u'(t) = u(t) - \overline{U} \\ v'(t) = v(t) \\ w'(t) = w(t) - \overline{W} \end{cases} \quad (6)$$

式中，$I_u$，$I_v$，$I_w$ 分别表示水平湍流强度、垂直脉动强度[16]；$\sigma_u$，$\sigma_v$ 表示水平脉动速度 $u'(t)$，$v'(t)$ 的标准差；$\sigma_w$ 表示垂直脉动速度 $w'(t)$ 的标准差。水平和垂直方向的湍流强度按照公式(7)计算。

$$\begin{cases} I_u = \dfrac{\sigma_u}{U} \\ I_v = \dfrac{\sigma_v}{U} \\ I_w = \dfrac{\sigma_w}{U} \end{cases} \quad (7)$$

湍流动能 $TKE(t)$[16]（单位：$m^2 \cdot s^{-2}$）按照公式(8)计算。

$$TKE(t) = \frac{1}{2}[u'(t)^2 + v'(t)^2 + w'(t)^2] \quad (8)$$

# 6 实例分析

## 6.1 野点剔除对风速的影响

经计算水平风速有 1 个数据为野点值，占比不到 1‰；垂直风速发现有 33 个野点值，占比 9‰。野点剔除和订正对平均风速没有影响，对风速极大值有影响。野点剔除前最大水平风速 7.30 m·s$^{-1}$，剔除后为 6.81 m·s$^{-1}$。剔除前最大垂直风速为 2.03 m·s$^{-1}$，剔除后为 1.06 m·s$^{-1}$。

## 6.2 平均风速

水平风速最大为 3.81 m·s$^{-1}$，最小为 2.77 m·s$^{-1}$，平均为 3.38 m·s$^{-1}$。垂直风速最大为 0.04 m·s$^{-1}$，最小为无，平均为 0.01 m·s$^{-1}$。图 3 为水平、垂直风速 10 min 平均分布。

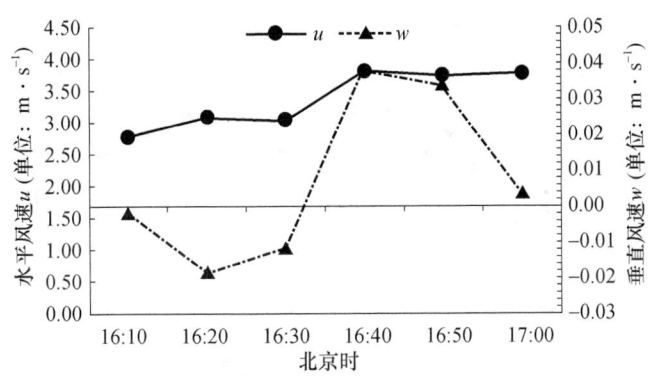

图 3 10 min 平均水平和垂直风速

## 6.3 湍流强度

$I_u$,$I_v$,$I_w$ 最大值分别为 0.46,0.47,0.12,最小值分别为 0.35,0.30,0.09,平均值分别为 0.42,0.39,0.10。水平方向湍流强度大于垂直方向湍流强度,表示近地层水平扩散能力大于垂直扩散能力。表明地面烟炉催化剂在水平范围会快速扩散,垂直高度扩散较慢。图 4 为坐标轴第一次旋转 10 min 平均湍流强度变化,其中次要坐标为 $I_w$ 刻度。

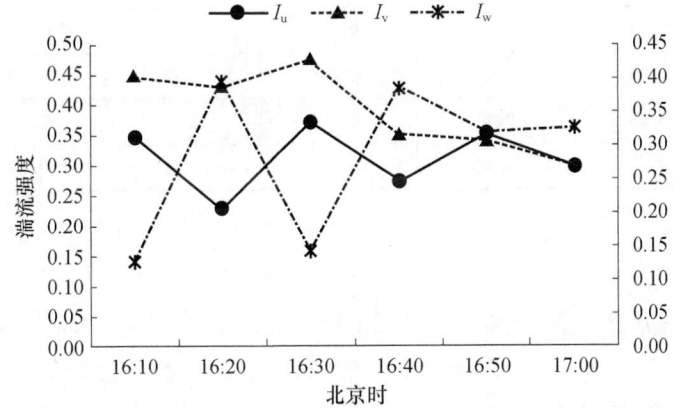

图 4 坐标轴第一次旋转后 10 min 平均湍流强度

$I_u$,$I_v$,$I_w$ 最大值分别为 0.35,0.47,0.39,最小值分别为 0.23,0.30,0.13,平均值分别为 0.31,0.39,0.28。垂直方向湍流强度变化幅度较大。图 5 为坐标轴第二次旋转 10 min 平均湍流强度变化,其中次要坐标为 $I_w$ 刻度。

表 1 为坐标轴两次旋转后水平方向和垂直方向湍流强度对比。其中差值为第一次旋转与第二次旋转之差。坐标轴经第二次旋转后 $I_v$ 大小不变,湍流强度没有变化。$I_u$ 经旋转后减小,变化幅度较小。$I_w$ 经旋转后增大,变化幅度大。在研究不同天气过程、不同下垫面近地层湍流特征参数时,不同的研究者在数据处理时,会根据需要进行一次或两次坐标轴旋转。坐标轴旋转次数的不同会导致湍流强度计算结果的不同,因此在人工影响天气作业指标确定中,或者对比分析不同区域、天气过程、研究对象的湍流特征参数时,需注意湍流强度通过第几次坐标轴旋转计算的,确保对比的湍流强度参数具有一致性。

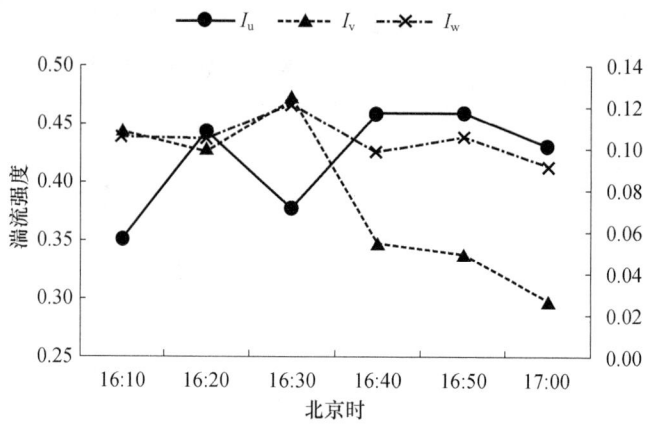

图 5　坐标轴第二次旋转后 10 min 平均湍流强度

表 1　坐标轴两次旋转湍流强度对比

| 时间 | 坐标轴第一次旋转 | | 坐标轴第二次旋转 | | 差值 | |
| --- | --- | --- | --- | --- | --- | --- |
| | $I_u$ | $I_w$ | $I_u$ | $I_w$ | $\Delta I_u$ | $\Delta I_w$ |
| 16:10 | 0.35 | 0.11 | 0.34 | 0.13 | 0.01 | −0.02 |
| 16:20 | 0.44 | 0.11 | 0.23 | 0.39 | 0.22 | −0.29 |
| 16:30 | 0.38 | 0.12 | 0.37 | 0.14 | 0.01 | −0.02 |
| 16:40 | 0.46 | 0.10 | 0.27 | 0.38 | 0.18 | −0.28 |
| 16:50 | 0.46 | 0.11 | 0.35 | 0.32 | 0.11 | −0.21 |
| 17:00 | 0.43 | 0.09 | 0.30 | 0.32 | 0.13 | −0.23 |

## 6.4　湍流动能

湍流动能是湍流活动能量的度量。湍流动能最大值为 8.03 m²·s⁻²,最小值为 4.30 m²·s⁻²,平均湍流动能为 6.51 m²·s⁻²。湍流动能随时间逐渐增加,湍流活动能量逐渐增强,湍流活动强烈。表明如湍流动能持续增加时,有利于地面烟炉生成的催化剂扩散。说明大气经计算湍流动能不随坐标轴旋转而变化。图 6 为 10 min 平均湍流动能变化。

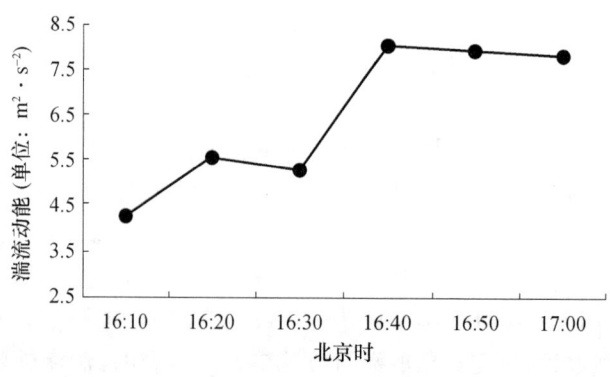

图 6　10 min 平均湍流动能

## 7 结论与不足

三维风速仪在安装时要考虑周边环境对风的影响,尽量选择在空旷、平坦的环境中,并具有一定的架设高度。如周边存在一些障碍物,如树木、山包、建(构)筑物等,应保持一定的隔离距离或架设高度,降低障碍物对风速的影响。人工影响天气作业点一般都布设在山地环境,很难满足空旷、平坦的环境,因此在安装时要尽可能地降低周边障碍物对风观测的影响。另还需要考虑电磁兼容性能,保持一定的隔离距离。风速平均时距一般按照观测方式、研究对象数据特点等确定。

野点筛选对风速观测数据非常重要,当一组湍流数据的野点数目超过1‰,则应考虑该组数据的可靠性[15]。当重复观测样本大时,野点筛选与风速观测极大值直接相关,对平均风速影响不大。为了使垂直方向的平均风速等于零,需要将三维风速数据坐标轴旋转到平均风向,垂直方向倾斜修正等。坐标轴两次旋转计算的湍流强度结果并不一致,湍流动能保持一致。因此在作业指标确定时,或与其他研究湍流特征参数对比时,要注意坐标轴是经过几次旋转的。

本文从三维风速仪在人工影响天气的应用角度对其安装环境要求、风速时距确定、野点数据筛选、坐标轴旋转、近地层湍流特征部分参数计算方法进行了详细分析,并通过实例进行了计算。下一步将结合天气过程,针对地面烟炉作业关键要素,分析近地层上升气流特点和湍流特征参数,以期为地面烟炉作业时机选择提供参考,同时为地面烟炉布设提供科学依据。

### 参考文献

[1] 陈少琴,叶德彪,林长城. 福建周宁水库地面暖云人工增雨作业效果分析[J]. 气象科技,2015,43(2): 338-342.

[2] 秦长学,杨道侠,金永利. 碘化银地面发生器增雨(雪)作业可行性及作业时机选择[J]. 气象科技,2003, 31(3):174-178.

[3] 何媛,黄彦彬,李春鸾,等. 海南省暖云烟炉设置及人工增雨作业条件分析[J]. 气象科技,2016,44(6): 1043-1052.

[4] 周万福,肖宏斌,孙安平,等. 祁连地形云与垂直风的关系[J]. 山地学报,2012,30(6):641-647.

[5] 秦彦硕,段英,李二杰,等. 河北大茂山碘化银地面发生器增雪作业影响分析[J]. 气象,2015,41(2): 219-225.

[6] 潘乃先,陈家宜,栾胜基. 不同下垫面表面层的湍流度统计特征[J]. 北京大学学报(自然科学版),1993 (5):622-628.

[7] 苏红兵,洪钟祥. 北京城郊近地层湍流实验观测[J]. 大气科学,1994(6):739-750.

[8] 吴艳标,阳继宏,刘树旺,等. 广东西部地区的湍流强度及大气扩散参数探讨[J]. 广州环境科学,1998,13 (2):10-15.

[9] 许丽人,李宗恺,张宏昇. 不同下垫面上近地层湍流的多尺度属性研究[J]. 气象学报,2000,58(1): 83-94.

[10] 沈铁元,陈少平,陈正洪,等. 三峡坛子岭单点地面矢量风分析[J]. 气象,2003(3):12-16.

[11] 杜云松,彭珍,张宁,宋丽莉. 南京地区一次降水过程湍流特征研究[J]. 南京大学学报(自然科学版), 2011,47(6):703-711.

[12] 杨克用. 关于风速时距的取值问题[J]. 水运工程,1982(1):42-43+53.

[13] 孙爱东,徐玉貌. 一次降水性冷锋的边界层谱特征及尺度分析[J]. 气象科学,1997(1):17-27.
[14] 熊艳艳,吴先球. 粗大误差四种判别准则的比较和应用[J]. 大学物理实验,2010,23(1):66-68.
[15] 张宏昇. 大气湍流基础[M]. 北京:北京大学出版社,2014:147-149.
[16] 袁正旋,覃军,曾向红,等. 湖南岳阳一次大暴雨过程近地层湍流特征分析[J]. 暴雨灾害,2017,36(5):431-439.

# 宁夏人工影响天气装备弹药物联网管理系统设计[*]

李 伟[1,2]　孙许浩[3]　穆建华[1,2]　曹 宁[1,2]　王 宁[4]　贾永辉[5]

(1. 中国气象局旱区特色农业气象灾害监测预警与风险管理重点实验室,银川 750002;
2. 宁夏气象灾害防御技术中心,银川 750002;3. 北京新晨科技股份有限公司性,北京 100097;
4. 银川市气象局,银川 750002;5. 固原市气象局,固原 75600)

**摘　要**:基于物联网技术,利用条码、移动互联网技术等设计开发的针对宁夏区、市、县、作业点四级人工影响天气装备弹药物联网管理系统。该系统可解决全区范围内地面作业装备弹药信息管理、数据自动化采集及地面作业实时监控问题,实现人工影响天气作业装备与弹药的全程、规范、自动化、信息传递实时监控与管理,提高了人工影响天气作业安全管理的科技水平。

**关键词**:人工影响天气;装备弹药物联网管理;实时监控;信息传递

## 1　引言

弹药存储运输和使用的专业化管理是人工影响天气安全管理的核心内容,是安全开展人工影响天气工作的前提和保障。随着物联网技术飞速发展,交通、物流、气象、环境监测、安防等多个领域应用前景广阔。车云飞等[1]指出物联网技术的应用,解决了大范围内的作业数据自动化采集及地面作业信息实时监控,提高人工影响天气作业安全管理的科技水平和业务信息化现代化程度。张会等[2]指出基于物联网技术的人工影响天气装备弹药物联网管理系统,实现了人工影响天气装备弹药从生产、销售、转运、储存到作业各个环节的安全管理,提高了人工影响天气装备弹药的监管水平,保障了人工影响天气装备弹药的安全使用。李林红等[3]指出人工影响天气作业装备弹药物联网管理系统实现了对省、市、县、作业站点四级的装备、弹药从采购、运输、存储、报废等整个周期的实时监管和全区作业站点及作业人员的管理。通过网络实时全程监控,提高了信息安全管理的规范化和自动化程度,达到了提高人工影响天气装备弹药等管理安全性的目的,最终实现人工影响天气装备弹药管理规范化、科学化。互联网+物联网+气象信息技术的应用[4-6],促进了气象业务运行的高效率、气象服务的高效益、管理决策的高效能,对建设"智慧气象"具有重要意义。

## 2　现状分析

目前,宁夏境内5个地级市分别设立市人工影响天气中心,16个县级人工影响天气办公室(业务兼管理),下设县级移动作业点和各乡镇(农场)人工影响天气作业点。共有地面增雨(雪)防雹作业点179个,火箭作业点171个,高炮作业点62个,烟炉作业点20座,集地面火箭和高炮为一体的作业点62个,集地面火箭、高炮、烟炉为一体的作业点12个。固定作业点77个,标准化作业点71个。宁夏开展的人工影响天气常规化工具有飞机、火箭、高炮、地面烟

---

[*] 作者简介:李伟(1964—),男,工程师,主要从事气象灾害防御工作。E-mail:1772434797@qq.com。

炉,火箭使用的是 RYI-6300 型增雨防雹火箭;飞机使用的是 FT-46L 机载冷云催化焰条,地面烟炉使用的是 RYJ-1 型地面烟炉,全年全域实施空地立体作业模式。

宁夏人工影响天气弹药的运输,由弹药生产厂家使用专业弹药运输车运送至宁夏各地市弹药库,弹药的存储分别由五个地基市人影办负责,存放于当地民兵武器装备库或者自建弹药库。作业时,根据各县(区)弹药需求情况由市人工影响天气办公室配送。个别县由县财政局拨款在作业点自建弹药库房,并购买弹药保险柜,单独存放管理并有人全年 24 h 值班看守。弹药配送和弹药回收均由当地县人工影响天气办公室根据需求自行负责,弹药出库、入库时双方核准数量,填写出入库登记单并签字。传统纸质的管理模式在弹药使用与调拨工作效率不高,弹药数据统计不规范,弹药身份追踪与库存查询费时,弹药的生命周期信息缺乏监控,配送、回收及运输管理分散,表现在:每年都要对宁夏五市(精确到了作业点)重复进行弹药库存量情况统计上报;弹药过期预警阀值形同虚设,导致有时在较弱的防雹增雨过程中,人为超量使用即将过期或超期弹药;甚至存在个别站点因信息反馈不及时,弹药得不到补充,有人工影响天气作业潜力天气过程时,却出现无弹作业现象。一直以来装备弹药的存储与使用都没有一个完整的系统数据平台进行统一管理,弹药在流转过程中没有严格量化的监控手段。因此,提高弹药管理能力,建立科学化、规范化的弹药管理系统迫在眉睫。

## 3 人工影响天气装备弹药物联网系统设计

### 3.1 设计目标

利用物联网条码技术、声电光自动感应技术、移动互联技术等,建设宁夏人工影响天气装备和弹药从生产、验收、转运、仓储到发射的全程监控系统,建设作业信息的自动采集系统,实现人工影响天气作业装备与弹药的全程、规范、自动化、实时监控与管理,提高人工影响天气作业安全管理的科技水平和业务现代化程度。

### 3.2 设计原则

(1)实用性:采用的技术成熟、可靠,并且具有一定的先进性,能够满足未来业务迅速增长的需求。

(2)标准开放性:系统设计采用国家局统一标准,具有开放式体系结构,便于将来系统升级,以及和其他系统的专网、国际互联网等的联接。

(3)安全性:制订统一的骨干网安全策略,整体考虑网络平台的安全性。

(4)灵活性及可扩展性:根据未来业务的增长和变化,系统可以平滑地扩充和升级,最大程度的减少对网络架构和现有设备的调整。

### 3.3 系统设计

该系统总体应具备信息采集、信息处理和信息显示 3 部分功能。

#### 3.3.1 信息采集

利用物联网条码技术、无线通信技术,建设区级、市县级、作业站点覆盖人影装备弹药仓储(包括出入库)、转运、发射、报废(销毁)等各环节的装备弹药状态信息的实时采集系统。各类模式、各个环节的信息实时汇入自治区级数据库。

#### 3.3.2 信息处理

遵循国家级人工影响天气作业弹药信息库的标准和规范,建设自治区级人工影响天气作业弹药信息数据库,收集全区(市)范围内弹药转运、仓储、发射等环节各类信息,统一入库管理,提供分角色、分权限共享使用。

#### 3.3.3 信息显示

基于地理信息系统,开发 B/S 架构的终端系统(包括手机 App)实现区内人工影响天气作业弹药的转运位置实时跟踪、库存动态和统计分析的综合展示。

### 3.4 系统技术架构

宁夏人工影响天气物联网系统规划设计采用的技术包括物联网技术、移动互联网技术、条形码扫描识别、卫星定位功能、GIS 界面平台、4G/3G/GPRS/WIFI 无线网传输等,依托气象专网、3G/4G 网,为"五层两体系"的总体技术架构。"五层"指的是网络支撑层、系统支撑层、数据资源与基础服务层、业务逻辑处理层、用户展现层;"两体系"指的是贯穿系统整体设计的标准规范体系和系统安全体系,见图 1。

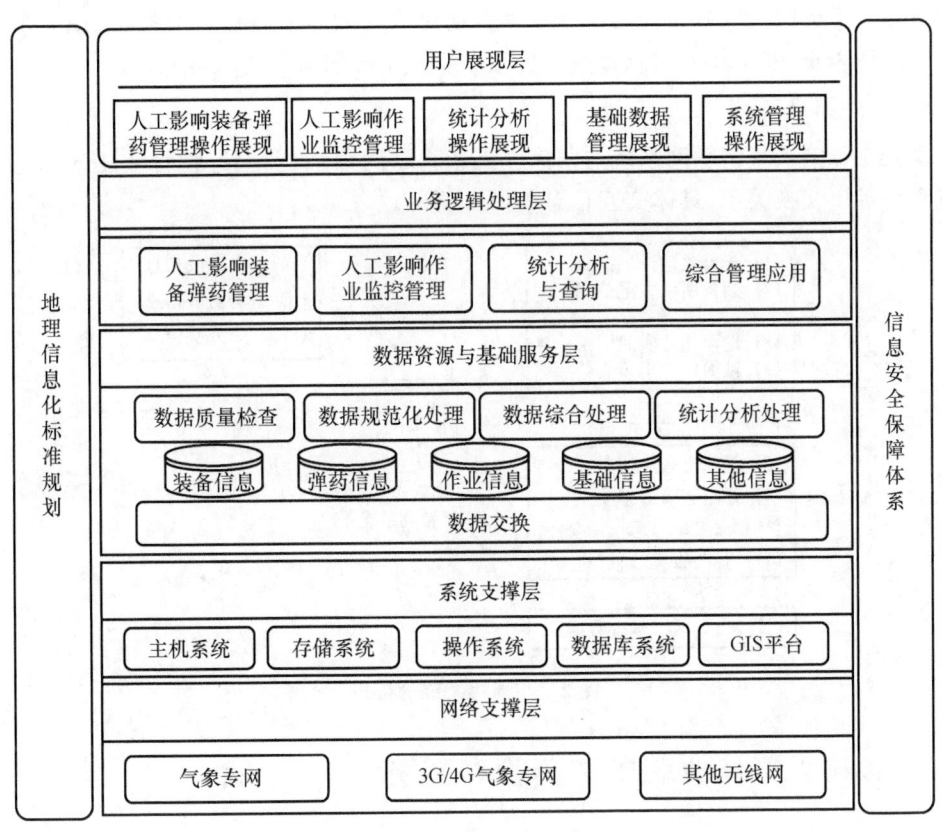

图 1 宁夏人工影响天气物联网系统技术体系架构

用户展现层是系统面向宁夏用户的人机交互界面,业务逻辑处理层是用于实现人工影响天气作业装备弹药信息和人工影响天气作业信息监控管理等主体功能的业务逻辑处理;数据资源与基础服务层是为系统提供数据预处理、数据归档/提取和数据交换等基础服务;系统支持层和网络支撑层是为系统运行提供 IT 设备和系统基础运行环境支撑。

该系统具体内容包括：人工影响天气作业装备弹药信息管理子系统和人工影响天气作业信息实时采集监控子系统两部分。参照国家人工影响天气作业信息化、规范化、一体化的建设思想,根据"宁夏人工影响天气综合业务系统建设""全国人工影响天气作业信息采集处理系统 V1.0""中国气象局上海物资管理处系统""人工影响天气装备弹药监控管理系统应用接口规范""国家级系统"的标准接口(API)、协议 http 请求,数据库共享访问、文件实时共享实现数据信息的交互,达到全链路数据信息共享目的。

## 3.5 系统接口设计

### 3.5.1 接口设计

系统接口设计支持 Oracle 11G 数据库;后台服务器操作系统为:64 位 redHat Server 6.5/AIX 操作系统;席位操作系统为:64 位 Windows 7 旗舰版;网络通信环境:TCP/IP;软件开发环境:Java,Flex,C/C++,对数据进行加密,确保数据传输安全。

### 3.5.2 内部接口

完成与人工影响天气装备弹药生产厂家自动化火箭发射装备接口对接,实现人影火箭弹作业信息自动采集,并将作业信息实时上传至宁夏人工影响天气物联网系统。

### 3.5.3 外部接口

宁夏人工影响天气物联网系统与国家级人影物联网系统,及上海物管处装备弹药质量验收系统存在接口交换关系,具体交互信息如图 2 所示。

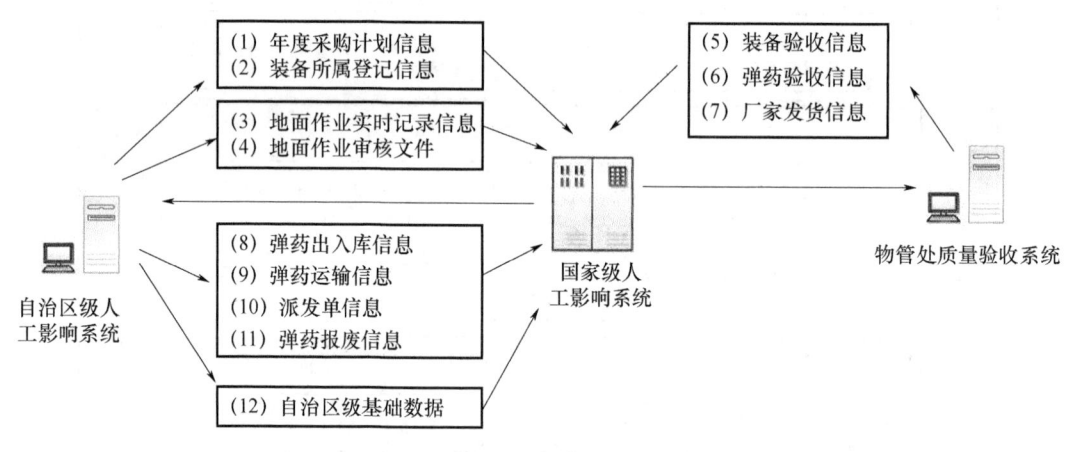

图 2 与周边系统的接口

## 4 人工影响天气作业装备弹药管理系统

### 4.1 装备弹药信息管理子系统

汇聚人工影响天气作业装备弹药出厂验收质量管理系统(部署在中国气象局上海物资管理处)和宁夏各市、县、作业点的人工影响天气作业装备弹药管理与使用信息;建立宁夏人工影响天气作业弹药信息数据库,收集出厂验收、转运、仓储、作业等环节各类信息,统一入库管理,提供分角色、分权限、共享使用;并基于地理信息系统实现全区各市、县、作业点人工影响天气作业弹药的转运位置实时跟踪、库存动态和统计分析的综合展示。

## 4.2 作业信息实时采集监控子系统

利用卫星定位和地空数据链技术,实时采集全区和各市、县、作业点人工影响天气作业信息。依托气象专网,实现全区各市、县、作业点信息采集与本地存储的同时,向宁夏人工影响天气物联网系统实时汇集,并存储宁夏数据库,依托气象专网,汇集存储全区各市、县、作业点上报的地面人工影响天气作业信息;建立人工影响天气作业信息数据库,收集人工影响天气地面作业各环节各类信息,对各类信息进行标准化、数据一致性、数据完整性以及业务关联性等综合处理,形成业务产品数据,统一入库管理,提供分角色、分权限共享使用;基于地理信息系统,实现全区人工影响天气地面作业的实时跟踪、作业动态和统计分析的综合展示。

## 4.3 手持终端 App

利用手持终端设备,采集装备弹药出(入)库、转运、作业和报废(销毁)等信息,同时依托3G/4G气象专网,将信息传输到人工影响天气物联网系统中,为宁夏人工影响天气物联网系统装备弹药全生命周期管理提供数据支持。

为保障信息安全,手持终端 App 支持移动设备管理(mobile device management,MDM)功能,可通过人工影响天气物联网系统对手持终端 APP 进行人员验证、功能权限限制等功能操作。

## 5 人工影响天气作业装备弹药信息流程

人工影响天气物联网管理系统实现对宁夏范围内人影弹药从厂家生产验收到作业点使用的全流程跟踪管理,弹药流程包括:生产验收信息导入、采购、转运、仓储、发射(作业)和报废(销毁)等环节,弹药各环节中信息流转如图3所示。

(1)生产验收信息导入,弹药厂家生产弹药并由上海物管处验收合格后,将弹药验收信息提交至宁夏人工影响天气物联网系统中,为保障系统中弹药的合法性、安全性提供数据支持。

(2)采购环节,宁夏区级库房管理人员使用手持终端对购买的弹药进行采购入库操作,采集采购入库信息,并依托 3G/4G 气象专网,将采购信息传输至人工影响天气物联网系统中。

(3)转运环节,宁夏区各级库房管理人员使用手持终端根据实际转运情况对转运的弹药进行运输出(入)库操作,采集弹药转运出(入)库信息,转运过程中全程采集弹药实时位置,并依托 3G/4G 气象专网,将弹药转运出(入)库信息及弹药实时位置信息传输至人工影响天气物联网系统中。

(4)作业环节,各作业点库房管理人员使用手持终端根据实际作业情况,进行弹药作业出(入)库操作,采集弹药作业出(入)库信息,并通过自动化火箭发射设备采集人工影响天气作业信息,依托 3G/4G 气象专网,将弹药作业出(入)库信息及人工影响天气作业信息传输至人工影响天气物联网系统中。

(5)报废(销毁)环节,自治区各级库房管理人员使用手持终端根据实际转运情况对弹药进行报废(销毁)操作,采集弹药报废(销毁)信息,并依托 3G/4G 气象专网,将弹药报废(销毁)信息传输至人工影响天气物联网系统中。

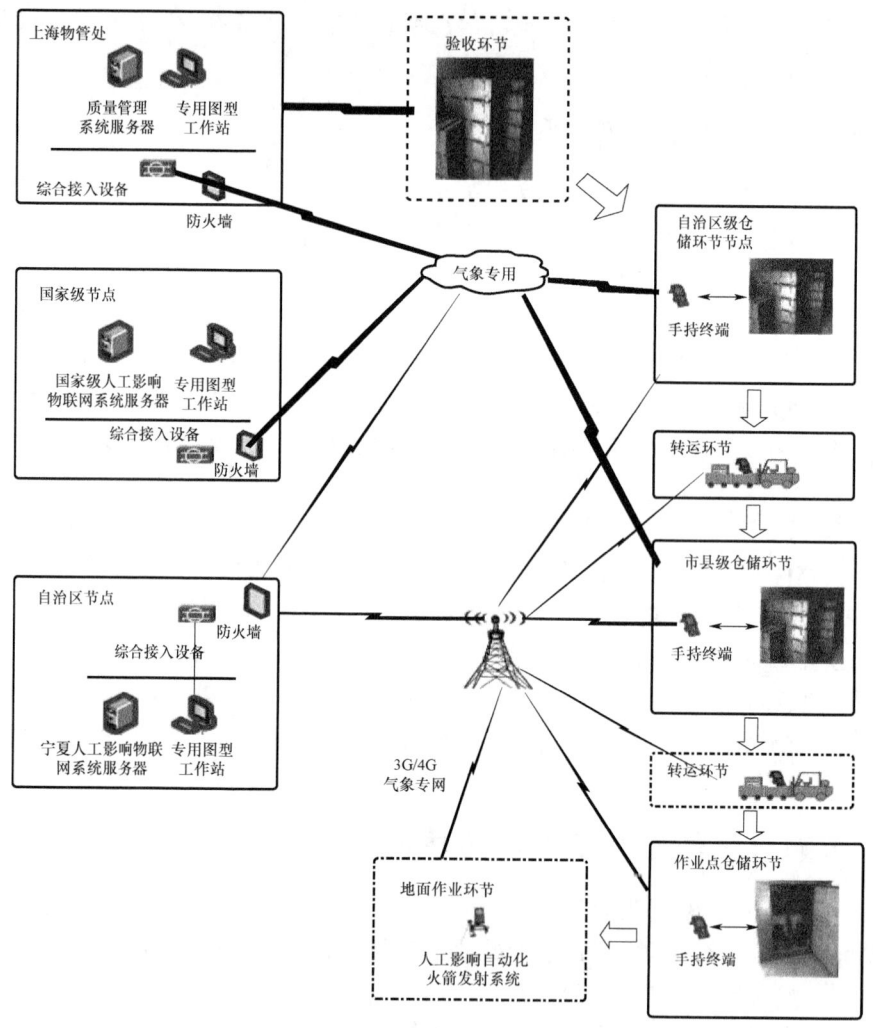

图 3 装备弹药信息流程

宁夏人工影响天气物联网系统采集到弹药采购信息、转运出(入)库信息、实时位置信息、作业出(入)库信息、作业信息和报废(销毁)信息后,实时上报至国家级人工影响天气物联网系统。

## 6 系统试用情况

由于人工影响天气弹药具有一定的特殊性,弹药自动识别终端需在视距范围内逐个读取相关信息,作业信息的采集还需要人工干预。在试用过程中发现部分作业人员对系统与手持终端操作技能不熟练,需要加强人工影响天气从业人员的安全作业教育管理和业务素质培训,提升县级人工影响天气弹药物联网系统的操作能力;加强网络信息安全管控,保证装备弹药流转信息不泄露,同时,对偏远山区基层作业点的通信保障,这也是后续工作推进中需要注意的问题。

## 7 总结

对装备弹药从出厂验收到转运、仓储、作业和报废销毁等全过程监管,是人影业务综合管理重要内容和业务系统平台建设的重要组成,也是新时期信息安全管理规范化和自动化的迫切需求。宁夏人工影响天气装备弹药物联网管理系统,应具备开放式体系结构和强大的运行功能,实现宁夏区、市、县、作业点四级人影作业装备与弹药的全程、规范、自动化、实时监控与管理,提高人影作业安全管理的科技水平和业务现代化程度,具备符合国家级物联网系统接口规范的数据接口,数据通过综合接入网关和实现与国家级物联网系统的互联互通,保障数据转发过程中的高效性和安全性。

## 参考文献

[1] 车云飞,房文,李宏宇,等. 物联网在人工影响天气装备弹药管理中的应用[J]. 气象科技,2018,46(5):1044-1049.
[2] 张会,刘悦,靳宝柱,等. 人工影响天气装备弹药物联网管理系统的实现[J]. 山西科技,2019,34(2):65-67.
[3] 李林红,沙拉木,黄晓辉,等. 广西人工影响天气装备弹药物联网管理系统设计[J]. 气象研究与应用,2018,39(2):78-81.
[4] 沈文海."智慧气象"内涵及特征分析[J]. 中国信息化,2015(1):80-91.
[5] 杨有林,陈海波,王建林,杨侃,等. 宁夏智能化综合气象业务共享管理平台设计与实现[J]. 宁夏气象,2018,40(1):25-31.
[6] 曹宁,桑建人,高国清,等. 宁夏双"三七"高炮电控改造及作业信息自动采集管理设想[J]. 宁夏气象,2019,41(2):57-61.

# 六盘山地形云野外科学试验基地建设大事记

|  |  |
|---|---|
| 2017年6月11日 | 六盘山地形云野外科学试验基地建设首批特种观测设备1部多通道微波辐射计及2部微雨雷达在隆德县气象局(2017年6月7日)及六盘山气象站(1部微雨雷达、2017年6月8日)完成安装调试,拉开了六盘山地形云野外科学试验基地空地立体探测系统建设的序幕。 |
| 2017年6月24日 | 完成了可监测冰雹的OWI-430型天气现象仪(借用南京信息工程大学)的安装。 |
| 2017年7月14日 | 首部测云仪(HT101型)在六盘山气象站完成安装调试工作。 |
| 2017年8月16日 | 基于基地的首个国家自然科学基金"六盘山区地形云结构特征及其人工催化试验效果检验"(41775139)项目获得资助。 |
| 2017年8月27日 | 隆德县好水标准化人工影响天气作业点近地层三维风速仪(GILL_WINDMASTER 1590-PK-020)建设完成并开始观测。 |
| 2017年10月17日 | 中国气象局"西北人影工程研究项目"在六盘山实地考察研讨。 |
| 2017年11月4日 | 隆德县奠安标准化人工影响天气作业点近地层三维风速仪(GILL_WINDMASTER 1590-PK-020)建设完成并开始观测。 |
| 2017年12月12日 | 6部华云DSG5型雨滴谱仪完成建设。 |
| 2017年12月22日 | 隆德县陈靳标准化人工影响天气作业点近地层三维风速仪(GILL_WINDMASTER 1590-PK-020)建设完成并开始观测。 |
| 2018年5月20日 | 隆德县城关标准化人工影响天气作业点近地层三维风速仪(GILL_WINDMASTER 1590-PK-020)建设完成并开始观测。 |
| 2018年6月8日 | 主办六盘山地形云研究高峰论坛,中国气象局人工影响天气中心、中国人民解放军战区环境研究所、南京大学、南京信息工程大学等单位的近20位专家学者共同研讨六盘山地形云野外科学试验示范基地建设等工作。 |
| 2018年6月10日 | 西北区域人工影响天气工程项目管理办公室及甘肃、内蒙古、陕西、青海、新疆、宁夏六省(区)人工影响天气办公室齐聚六盘山气象站,共同讨论六盘山地形云人工增雨雪技术研究试验方案。 |
| 2018年7月24日 | 中国气象局人工影响天气中心、中国人民解放军战区环境研究所、中科院西北生态环境资源研究院、宁夏回族自治区气象台、宁夏回族自治区气候中心、宁夏回族自治区气象服务中心、宁夏回族自治区气象信息中心、宁夏回族自治区人工影响天气中心、银川市气象局等单位的专家学者在"中科院西北生态环境资源研究院平凉陆面过程与灾害天气观测研究站"及宁夏飞机人工增雨基地共同研讨六盘山地形云人工增雨雪天气气候背景分析工作。 |
| 2018年9月1日 | 宁夏人影中心田磊入选第三批宁夏青年科技人才托举工程。 |
| 2018年10月9日 | 主办"2018年西北区域人工影响天气经验交流及学术讨论工作",来自甘肃、陕西、青海、宁夏、内蒙古、新疆六省(区)及南京信息工程大学的特邀专家参加会议。围绕云中宏微观物理量的特征变化及相关参数、人工增雨(雪)试验设计与结果分析等进行讨论。 |
| 2018年10月28日 | 华中科技大学电气与电子工程学院、兰州大学大气科学学院教授等一行7人赴六盘山地形云野外科学试验基地考察,调研基地气象观测设备的布点情况及站点环境,初步确定六盘山作为带电粒子增雨催化装备的野外试验场地开展人工增雨雪科学试验的相关事宜。 |

## 六盘山地形云野外科学试验基地建设大事记

续表

| | |
|---|---|
| 2018年11月7日 | 美国亚利桑那大学董希泉教授在武汉指导六盘山地形云试验研究工作。 |
| 2018年12月19日 | 宁夏人影中心常倬林荣获全国人工影响天气工作先进个人称号。 |
| 2019年3月29日 | 西北区域人影建设研究试验"六盘山地形云人工增雨技术研究试验"(RYSY201904)获批。 |
| 2019年4月29日 | 西北区域人工影响天气工程项目管理办公室、云水工程南京有限公司和宁夏回族自治区气象局,就西北区域人工影响天气科学试验研究项目"六盘山地形云人工增雨技术研究试验"实施方案进行对接研讨。 |
| 2019年4月12日 | 宁夏自然科学基金项目"宁夏六盘山区地面碘化银烟炉增雨雪作业条件研究"(2019AAC03255)获批。 |
| 2019年6月2日 | 中国气象局人影中心组织召开六盘山地形云人工增雨技术研究外场试验方案论证会,来自中国气象局、北京市气象局、中国气象局人影中心、河北省人影办、南京云水公司以及宁夏回族自治区气象局等单位的专家和相关技术人员参加会议。 |
| 2019年6月12日 | 宁夏回族自治区重点研发计划项目"六盘山区地形云空中云水资源开发利用关键技术及应用示范"(2019BEG03001)获批。 |
| 2019年7月6日—7月7日 | 南京云水公司举办合肥地形云国际研讨会。美国亚利桑那大学董希泉、袭百克、曾旭斌教授,美国佐治亚州理工大学邓毅教授指导基地规划设计。 |
| 2019年8月22日 | HMB-KPS型测云仪在隆德站完成安装调试并开始使用。 |
| 2019年8月23日 | 泾源大湾人工影响天气作业点布设完成第3套德国产MRR-2型微雨雷达,实现六盘山地形云野外科学试验基地山前、山顶和山后都有微雨雷达布设的科学布局。 |
| 2019年8月27日 | 自治区林业和草原局批复关于宁夏试验示范基地观测系统建设工程在六盘山自治区级自然保护区实验区建设(宁林函〔2019〕269号) |
| 2019年8月28日 | 隆德县气象局、六盘山气象站、大湾人工影响天气作业点布设完成3台OTT Parsivel$^2$激光雨滴谱仪。 |
| 2019年9月4日 | 韩国气象厅(KMA)和气象科学研究院(NIMS)2位专家到基地考察交流。 |
| 2019年9月7日 | 宁夏人影中心常倬林入选2019年自治区青年拔尖人才培养工程国家级学术技术带头人后备人员。 |
| 2019年9月18日 | QFW-6000型微波辐射计(租用)在隆德气象局完成安装调试,开始不同型号微波辐射计在同一地点的连续9个月对比观测试验。 |
| 2019年9月20日 | "六盘山扶贫区地形云空中云水资源开发利用学术交流会"在银川召开,围绕着空中云水资源开发利用的主题,从仪器分析、环流背景、数值模拟以及参数化方案等方面多角度、多方法总结了地形云的研究成果,并对空中云水资源开发利用的最新进展和研究动态进行了交流,来自中国科学院大气物理研究所、北京大学、华中科技大学、广东省突发事件预警信息发布中心、福建省气象科学研究所等单位的40多位专家学者参加会议。 |
| 2019年9月25日 | 宁夏回族自治区林业和草原局审核同意准予试验基地使用林地许可(宁林资许准临〔2019〕117号);峰台林场、杨家店、六盘山梯度、东坡山腰、东坡山顶、大湾标准化作业点近地层三维风速仪(GILL_WINDMASTER 1590-PK-020)建设完成并开始观测。 |
| 2019年9月26日 | 六盘山气象站HT101型测云仪搬迁至隆德气象局与HMB-KPS型测云仪开展对比观测。 |
| 2019年10月18日 | "六盘山地形云科学试验基地建设"列入中国气象局与宁夏回族自治区政府新一轮省部合作协议。 |

续表

| | |
|---|---|
| 2019年10月19日 | 中国气象局刘雅鸣局长在六盘山气象站听取六盘山地形云野外科学科学试验基地建设情况汇报。 |
| 2019年10月22日 | 泾源站(HT101型)测云仪开始使用。 |
| 2019年10月24日 | 六盘山站西安华腾(HT101型)测云仪开始使用。 |
| 2019年10月25日 | 六盘山气象站FM-120型雾滴谱仪完成安装调试并正常观测。 |
| 2019年11月3日 | 宁夏人影中心桑建人受邀参加由韩国气象厅(KMA)和气象科学研究院(NIMS)在韩国首尔组织召开的"国际人工影响天气和云-气溶胶研讨会"。 |
| 2019年11月 | 第二次青藏高原综合科学考察研究项目第1子专题第4子专题第7子专题"六盘山云降水过程综合观测试验"(2019QZKK010407)获批。 |
| 2019年12月11日 | 在成都信息工程大学与中国气象局人工影响天气中心联合成立人影研究中心会议上桑建人被聘为硕士生导师。 |
| 2019年12月18日 | 试验基地东西两侧垂直方向每隔200 m布设8个梯度观测站建设完成投入使用。 |
| 2020年1月4日 | 宁夏回族自治区气象局"六盘山地形云人工增雨雪技术研究创新团队"成立。 |
| 2020年4月21日 | 桑建人任职西北区域人工影响天气工程副总设计师。 |
| 2020年5月5日 | 六盘山气象站、东坡山脚通信塔近地层三维风速仪(GILL_WINDMASTER 1590-PK-020)建设完成并开始观测。 |
| 2020年6月9日 | "六盘山区山地雾微物理结构特征研究"(2020AAC03468),"六盘山区空中云水资源反演模型建立及开发潜力研究"(2020AAC03469),"宁夏夏季云降水概念模型及云水资源开发技术方法研究"(2020AAC03470)3项宁夏自然基金项目同时获批。 |
| 2020年6月18日 | 隆德站(HMB-KPS型)测云仪搬迁至泾源站投入使用;泾源站(HT101型)测云仪搬迁至大湾站;孙艳桥、曹宁、陶涛获得南京信息工程大学气象学硕士学位。 |
| 2020年6月23日 | 宁夏回族自治区发改委项目"宁夏城乡生态环境保护气象服务工程"获批,生态修复人工影响天气能力提升项目作为其中子项目同时获批。 |
| 2020年7月5日 | 租用1部PR11 d型X波段全固态双偏振天气雷达在彭阳县孟塬人影标准化作业点布设完成。 |
| 2020年7月26日 | 中国气象局徐祥德院士面授六盘山地形云野外科学试验基地规划修改建议。 |
| 2020年7月30日 | 华中科技大学国家重点研发项目"带电粒子催化人工降雨雪新原理新技术应用示范(天水计划)",在六盘山基地完成3套带电粒子催化装置的建设,并于8—10月开展带电粒子催化观测试验。 |
| 2020年8月5日 | 中国气象局人工影响天气中心与宁夏人工影响天气中心、固原市气象局、六盘山气象站、隆德县气象局、泾源县气象局在六盘山地形云野外科学试验基地联合开展野外科学试验。 |
| 2020年8月15日 | 基地首部云凝结核计数器(CCN-100型)在六盘山气象站建设完成。 |
| 2020年8月31日 | 隆德县气象局、六盘山气象站、大湾人工影响天气作业点布设完成3台激光云高仪。 |
| 2020年9月4日 | 中国科学院秦大河院士一行到基地考察。 |
| 2020年9月8日 | 由中国气象学会、中国气象局人工影响天气中心、宁夏回族自治区气象局共同举办的"全国人工影响天气技术交流会议"在基地召开,围绕人工影响天气外场科学试验开展经验交流,来自中国气象局、北京大学、中国科学研究院大气物理所、中国气象科学研究院,国防科技大学、兰州大学等科研院所和高校及全国19个省(区、市)气象部门的近50名专家学者参加会议。 |

续表

| | |
|---|---|
| 2020年9月18日 | 与南京信息工程大学大气物理学院合作申报国家自然基金项目"毫米波云雷达联合多源资料揭示地形云演变机制"(42075073)获批。 |
| 2020年9月28日 | "六盘山试验进展专题报告"亮相黄河流域生态保护和高质量发展气象保障高峰论坛。 |
| 2020年10月31日 | 完成6部华云雨滴谱仪传输方式改造工作。 |
| 2020年12月4日 | 宁夏人影中心周积强入选第五批宁夏青年科技人才托举工程。 |
| 2020年12月11日 | "六盘山地形云野外科学试验基地发展规划"由宁夏回族自治区气象局正式印发。 |
| 2020年12月18日 | CL51型激光云高仪在隆德县气象局完成安装调试,与国产激光云高仪进行对比观测。 |
| 2020年12月29日 | 宁夏人影中心常倬林入选中国气象局"气象高层次科技创新人才西部和东北优秀人才"。 |
| 2021年1月18日 | 宁夏人影中心桑建人入选新时代宁夏气象高层次科技创新人才计划"气象领军人才",常倬林、穆建华入选新时代宁夏气象高层次科技创新人才计划"首席气象服务专家",田磊、孙艳桥入选新时代宁夏气象高层次科技创新人才计划"气象青年新秀"。 |
| 2021年1月18日 | 中国气象局创新发展专项"地形云人工增雨效果检验方法验证和研究"(CXFZ2021J043)获批。 |